제2개정 증보판

측량학 개관

CONCEPT OF SURVEY

유복모 | 유연

2015년도 대한민국학술원 선정
우수학술도서

◆ 지형과 공간에 대해 신속 정확한 정보를
   체계적으로 정리!

◆ 관측값처리 및 좌표기준계, 위치결정,
   도형, 영상 및 사회시설기반해석 등을 정리!

박영사

|제2개정증보판|

　본서에 베풀어 주신 독자 여러분의 성원에 감사드리면서 제2개정증보판에서는 일부 미흡한 내용을 보완 수정하였습니다.

　또한 행열과 행열식은 일반수학에서 다루고 있음으로 삭제하였으나 최근 각종 분야에서 활용되고 있는 무선식별기(RFID)에 관한 기본적 사항을 추가하였습니다.

　본서에 대한 좋은 조언을 보내주시면 지속적으로 보완 수정을 하여 좋은 도서로 만들 것을 약속드리면서 독자 여러분의 건승과 값진 삶을 이루어 가시기를 기원합니다.

(재)석곡관측과학기술연구원에서

2016년 7월 19일

저자 씀

|제2판을 내면서|

　　본서의 출판 이후 독자 여러분들이 베풀어주신 성원과 본서를 2013년도 대한민국 학술원 우수학술도서로 선정하여 주신 관계자 여러분에게 깊이 감사드리면서 초판에 미흡한 내용을 수정 보완하여 제2판을 출간하게 되었습니다. 제2판에서는 새로운 내용을 추가하여 수정·보완하였을 뿐만 아니라 난이도 조절을 하여 측량학의 기본개념을 짧은 시간 내에 쉽게 이해할 수 있도록 전반부에서 간략하게 다루었고 이해하는 데 많은 시간이 소요되거나 기본개념에 참고가 되는 사항들(이론전개, 수식, 종전에 이용하였던 방법, 관측값 해석방법 등)은 후반부로 옮겨 기술하였습니다. 특히 지형공간정보체계 용어의 창출 및 국제적 동향 명시, 최근 정보용어 사용의 혼동을 바로 잡기 위해 지형정보와 공간정보에 대한 명확한 정의, GPS에 의한 위치관측방법에 대한 보강, 관측값 해석에 이용되는 최소제곱법에서 관측방정식 이용, 미정계수 이용, 조건방정식 이용 등에 관한 이론 및 예제, 방정식 처리에 필요한 행렬 및 행렬식 등을 다루었습니다.

　　측량학과 관련시켜 연계, 융·복합에 의한 가치창출의 가능한 영역설정 및 성과도출에 관심이 있으신 분들에게 도움이 될 수 있는 도서로 "지공탐측학개관(박영사 간)" "지형공간정보학개관 2판(동명사 간)" "영상탐측학개관(동명사 간)"을 추천하고자 합니다. 본서에 대한 좋은 조언을 보내 주시면 지속적으로 보완·수정을 하여 새로운 도서로 만들 것을 약속드리며 독자 여러분의 학력상승과 번영을 기원합니다.

(재)석곡관측과학기술연구원에서
2013년 8월 15일

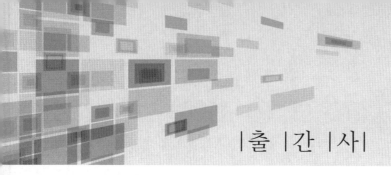

|출 |간 |사|

그간 강의경험과 산업현장을 돌아보면서 측량학교육환경을 개선해야 할 시점이라 생각하여 본서집필을 준비하게 되었다. 이제까지 측량학은 생활기반조성을 위한 조사, 계획, 설계, 시공 및 유지관리에 많은 자료제공을 하여 왔으나 다양하고 다변해가는 현실요구에 부응하기 위하여 측량학의 필수적인 이론의 체계적 정립, 관련분야와의 상호연계 및 융합가능성, 측량학이 기여할 수 있는 영역, 산학협동의 순조로운 계기마련, 각종 자격검정 및 시험대비 등을 고려하여 측량학 이론부분을 중심으로 "측량학개관"을 집필하게 되었으며 최근 새로운 장비와 기법이 다양해짐에 따라 이에 부응하는 실무를 수행할 수 있도록 측량실무개관이라는 별도의 교재를 준비하게 되었다.

영상에 관한 사항은 "영상탐측학개관(동명사 간)," GIS에 관한 사항은 "지형공간정보학개관(동명사 간)," 측지, 우주개발, 에너지 자원, 재해예방 및 주거환경 개선에 관한 자세한 내용은 "지공탐측학개관(박영사 간)"을 참고하기 바란다. 또한 독자 여러분께서 좋은 자료를 주신다면 내용들을 참조하여 조속한 시일 내에 보완수정을 할 것입니다.

본서 집필에 계기를 마련하여 준 내자 崔連淳, 원고정리에 도움을 준 석곡연구원 이사 洪在旼, 측량현장실무에 관련된 각종 자료를 제공하여 주신 (주)동원측량컨설턴트 사장 林秀奉, 원고 교정에 많은 수고를 하여준 연세대 손홍규 교수 및 측량연구실 대학원생, 세명대 연상호 교수, 경상대 유환희 교수, 상지대 이현직 교수, 본서 편집을 담당하신 심성보 편집위원을 비롯한 박영사 관계자 여러분들에게 깊은 감사의 뜻을 전합니다.

지속적인 보완을 시행하여 소기의 목적에 충실코자 하오니 선배제현과 현장에서 종사하시는 관련분야 분들의 많은 협조와 격려를 부탁드립니다.

2012년 1월 17일

CONTENTS  측/량/학/개/관

서 론

제 Ⅱ 편

위치관측

제 2 장 측량의 좌표계, 좌표투영 및 우리나라의 측량원점과 기준점

제 3 장 각 관 측

제 4 장 거리관측

제 5 장　고저측량

제 6 장 **다각측량**

제 7 장 삼각측량

제 8 장 삼변측량

제 9 장 3차원 및 4차원 위치해석

제Ⅲ편

도면 제작

제11장　면·체적 산정

영상탐측학

제12장　영상탐측학

제 V 편

지형공간정보학

제13장 지형공간정보학

제Ⅵ편

단지조성, 교통, 수자원, 지하 및 사회기반시설 개선을 위한 측량

제14장　단지조성측량

제15장 **도로 및 철도노선측량**

제20장 하천측량

제26장 해양측량

제27장 지하시설물 및 지하자원측량

제28장 지진측량

제31장 **탄성파측량**

제32장 **건축측량과 건물주변환경측량**

제35장　초구장(또는 골프장)측량

부 록

부록 제 3 장   토지, 자원 및 환경관측을 위한 인공위성 현황 및 우주개발

제 I 편

서 론

제 1 장 서 론

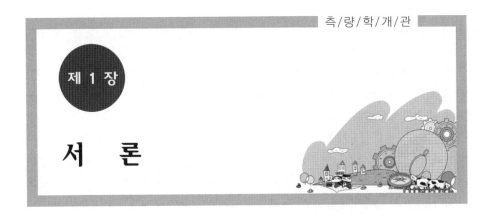

제 1 장

서 론

1. 측량학의 의의

측량학(測量學, surveying)은 지구 및 우주공간에 존재하는 제 점간의 위치관계와 그 특성을 해석하는 것으로서 위치결정, 도면제작(圖面制作)과 도형해석, 정보화를 위한 정보체계구축, 자연환경 친화를 위한 관측 및 평가, 생활공간 개선과 유지관리에 필요한 자료 마련을 통하여 쾌적한 생활환경의 조성에 기여할 뿐만 아니라 우주과학기술개발에도 참여하는 학문으로 발전하고 있다.

① 측량은 평면, 곡면 및 공간을 고려한 각, 길이, 좌표 및 시간의 조합해석에 의해 1차원(x 또는 z), 2차원(x, y), 3차원(x, y, z) 및 4차원(x, y, z, t)으로 제 점간의 위치를 결정(positioning), 도면제작(mapping), 도형해석(graphics), 생활개선을 위한 사회기반시설 및 대상들에 대한 조사, 계획, 설계, 시공, 개발, 유지관리 등에 기여한다.

② 측량에 의한 위치자료가 취득되어야만 지형정보와 공간정보를 이루어 나갈 수 있다. 이에 위치정보와 특성정보에 의한 지형공간정보체계(GIS : Geo-Spatial Information System)의 활용으로 의사결정과 각종 대상에 연계시켜 생활에 편익을 도모하고,

③ 자연환경 친화를 위하여 지형, 영상처리로 시각특성 및 표현방법 등에 의하여 대상을 관측하며 평가(assessment)를 한다.

④ 생활환경공간(지상, 지하, 해양, 시설물, 공간 및 우주영역 등) 개선을 위한 개발과 유지관리에 필요한 자료를 제공할 뿐만 아니라 최근 인공위성관측을 통해 우주과학에도 기여하고 있다.

인류가 생활기반시설을 조성하기 위하여 처음으로 시행된 기술이 측량이다. 측량은 대상물을 관측(대상물의 형상 및 현상에 대한 요소를 재고 추정하는 것)하는 것으로 눈(目測), 손(掌測, 把測), 발(步測)로 시작하여 줄자(tape), 각도기(compass), 광학기기(transit, theodolite, total-station, level, camera 등), 센서, 전파, 신호(signal), Laser, Radar, VLBI, GPS 등을 이용하는 기술로 발전되어 가고 있다.

측량(測量)이라는 용어는 중국 주(周)나라에서 3,100년 전부터 사용한 측천(測天)(하늘을 헤아림)과 양지(量地)(땅을 관측함)에서 유래되었으며 survey는 3,000년 전 구약성서 여호수아 18장 4절 등에서 사용되어 온 용어이다.

2. 측량의 분류

(1) 측량할 지역의 넓이에 의한 분류

① 소지측량(small area survey)

소지측량(小地測量)은 지구의 곡률(曲率)을 고려하지 않은 측량으로 반경 11km 이내의 지역을 평면으로 취급하여 평면측량(平面測量 : plane survey)이라고도 한다.

〈그림 1-1〉의 C점에서 지구의 표면을 따라 관측한 거리 D는 C점에서 접하고 있다. 지금 평면으로 관측한 거리 d와의 차가 1 : 1,000,000 이내인 범위를 평면으로 보면,

$$d = 2r \tan \frac{\theta}{2} \quad \text{(단, } \theta \text{는 호도법에 의한 값)}$$

또한, $\tan \frac{\theta}{2} = \frac{\theta}{2} + \frac{1}{3} \left(\frac{\theta}{2} \right)^3 + \frac{2}{15} \left(\frac{\theta}{2} \right)^5 + \cdots$ 이고 여기서 $\theta \approx 0$이므로 3항 이상은 생략되며, 또 $r\theta = D$에서 $\frac{\theta}{2} = \frac{D}{2r}$를 대입하면,

$$d = 2r \tan \frac{\theta}{2} = 2r \left\{ \frac{\theta}{2} + \frac{1}{3} \left(\frac{\theta}{2} \right)^3 \right\} = 2r \left\{ \frac{D}{2r} + \frac{1}{3} \left(\frac{D}{2r} \right)^3 \right\}$$

그림 1-1

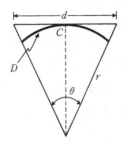

$$=D+\frac{1}{12}\cdot\frac{D^3}{r^2}$$

따라서

$$\frac{d-D}{D}=\frac{1}{12}\left(\frac{D}{r}\right)^2 \tag{1.1}$$

그러므로 $\frac{d-D}{D}$ 에 의하여 허용오차가 구해진다. 즉, 지구반경 $r=6{,}370\text{km}$, 거리허용오차를 $\frac{1}{10^6}$, 즉 $\frac{d-D}{D}\leq\frac{1}{1{,}000{,}000}$ 이라 하면 $D=22\text{km}$, 따라서 거리오차가 약 $+2\text{cm}$이며, 정확도가 $1:1{,}000{,}000$의 측량이면 반경 11km, 면적 약 400km^2 이내의 범위를 평면으로 볼 수 있다.

② **대지측량**(large area survey)

대지측량(大地測量)은 국지적인 소지측량에 대응되는 것으로, 지구의 형상과 크기, 즉 지구곡률을 고려하여 지표면을 곡면으로 보고 행하는 정밀측량이다. 대지측량의 범위는 측량정밀도가 $1/1{,}000{,}000$일 경우 반경 11km 이상 또는 면적이 약 400km^2 이상인 넓은 지역에 해당되며, 대륙간의 측량도 이 범위에 속한다. 따라서 대규모 정밀측량망 형성을 위한 정밀삼각측량, 고저측량, 삼변측량, 천문측량 및 공간삼각측량 등은 물론, 대규모로 건설되는 철도, 수로 및 선로(線路) 등 긴 구간에 대한 건설측량(engineering survey)도 이에 속한다.

회전타원체인 지구의 형상을 정확히 결정하기 위해서는 지구의 형상, 운동 및 지구 내부특성과 그 시간적 변화 등을 연구하는 기초과학학문체계인 측지학(測地學, geodesy)을 측량학에 도입하여야 하며, 이와 같이 측지학을 도입한 측지측량(測地測量, geodetic survey)은 중력, 지자기, 탄성파, 인공위성 관측 등에 의해 대규모 지역에 대한 측량뿐만 아니라 지구의 형상과 내부구조 및 지표의 장기적 변동 등을 파악하는 데 필요하다.

지구역학적인 제 문제들을 연구대상으로 하던 종래의 측지학은 위성측량, 레이저측량 및 중력측량 등에 힘입어 위치의 시간적 변화까지도 논하는 4차원 측량으로 발전하였다. 과거의 기하학적 및 물리학적 측지학의 구분은 위치결정 및 지구특성을 관측하기 위한 것이었으나, 위치 및 지구특성 해석이 이미 중력을 받는 지구중력장 안에서 이루어지는 것이므로 이들은 엄밀히 구분하기는 어렵다고 할 수 있다.

예제 1.1 지구반경 $r=6,400\,\text{km}$라 하고 거리의 허용정확도가 $1/10^5$이면 반경 몇 km까지를 평면으로 볼 수 있는가? 이때 거리의 오차는 몇 m인가?

해답 $\dfrac{d-D}{D}=\dfrac{1}{12}\left(\dfrac{D}{r}\right)^2=\dfrac{1}{10^5}$

$r=6,400\,\text{km}$이므로,

$D=\sqrt{\dfrac{12\times r^2}{10^5}}=\sqrt{\dfrac{12\times 6,400^2}{10^5}}=70.108\,\text{km}.$ 따라서 반경은 $D/2=35.054\,\text{km}$

또 거리오차 $(d-D)=\dfrac{D}{10^5}=\dfrac{70.108}{10^5}=0.701\,\text{m}$

(2) 측량법의 규정에 의한 분류

① 기본측량

기본측량은 모든 측량의 기초가 되는 측량이며, 국토교통부 장관의 명을 받아 국토지리정보원이 실시하는 측량으로서 천문측량, 중력측량, 지자기측량, 삼각측량, 고저측량, 검조(檢潮) 등이 있다.

② 공공측량

공공측량이라 함은 공공의 이해에 관계가 있는 측량으로서 기본측량 이외의 측량 중 대통령령이 정하는 바에 따라 국토교통부 장관이 지정하는 측량을 제외한 측량을 말한다.

③ 일반측량

일반인들이 사회기반시설에 관한 조사, 계획, 설계, 시공 및 유지관리에 필요한 측량을 말한다.

(3) 측량의 정확도를 고려한 분류

넓은 지역을 측량하는 데는, 우선 측량의 기준이 되어 있는 점을 지역 전체에 전개하고 이것을 골조로 하여, 각 기준점의 위치를 필요로 하는 정확도로 측량한다. 다음에, 그 기준점을 기초로 하여 세부측량을 하면, 전체적으로 균형있고 정밀한 측량의 결과가 얻어진다.

① 기준점측량 혹은 골조측량(control survey or skeleton survey)

측량의 기준으로 되어 있는 점의 위치를 구하는 측량으로, 이 측량은 천문측량, 삼각측량, 다각측량, 고저측량, 중력측량, 지자기측량, 수로측량, 지적측량 GPS 등에 의하여 행하여진다. 이들의 측량으로 설정된 경위도원점, 수준(고저)원점, 중력원점, 위성기준점, 수준점, 중력점, 통합기준점, 삼각점, 지자기점, 수로기준점, 영해기준점, 지적기준점 등을 총칭하여 기준점(基準點)이라 한다.

기준점측량은 측량의 기준으로 되어 있는 관측점 관측이나 지형도를 만들기 위한 골조를 형성하기 위한 측량으로 골조측량(骨組測量)이라고도 말한다.

골조측량에는 천문측량, 위성측량, 삼각측량, 다각측량, 고저측량, GPS측량, 광파 및 전파측량, 삼변측량 등이 있다.

② 세부측량(minor survey or detail survey)

각종 목적에 따라 내용이 다른 도면이나 지형도를 만드는 측량을 세부측량이라 한다. 이러한 과정을 거쳐 얻어진 지도는 많은 분야에 이용되고 있다. 측량방법은 기준점에 기초를 두고 전자평판측량, 영상탐측, 그 밖의 측량방법으로 행하여진다. 이 측량은 기준점의 측량인 골조측량(기준점측량) 성과를 기준으로 하여, 광범위한 지역의 지형(지모와 지물)에 대한 측량으로 지형도를 작성하므로 세부측량이라고 부른다. 세부측량에는 전자평판측량, 영상탐측, 시거측량, 음파측량, 고저측량, 레이저측량 등이 있다.

3. 측량에 필요한 관측의 요소

측량에 필요한 관측의 요소는 길이(또는 거리), 각, 시 및 좌표계이다.

(1) 길이(長, length, distance)

① 길이의 의의

"길이" 또는 "거리"는 공간상에 위치한 두 점(또는 물체)간의 상관성을 나타내는 가장 기본적인 양으로서, 두 점간의 1차원좌표의 차이라 할 수 있으며, 두 점을 잇는 어떤 선형을 경로로 하여 관측된다. 일반적으로 길이는 물체의 크기를, 거리는 두 장소가 서로 멀리 떨어진 정도를 나타내는 데 사용되는 것으로 인식되어 왔으나 이 두 용어 사이에 엄밀한 구분을 주기란 쉽지 않은 일이다. 또한 일반적인 통념에서 탈피하여 되도록 순수한 우리말을 우선적으로 사용하려는 의도와 함께 학문적 차원에서 볼 때 그 기본적인 측량요소를 정의함에 있어서는 "거리"쪽이 대개 중력장의 영향을 받는 수평면 내의 양을 지칭한다면, "길이"쪽이 보다 포괄적이며 순수한 의미에서 사용될 수 있다고 하겠다. 따라서 본서에서는 경우에 따라 "장(長)" 등으로 혼용할 수도 있겠으나 원칙적으로 "거리"를 사용하고자 한다. 이와 함께 "거리"는 두 점을 잇는 직선을 경로로 잰 최소량을 가리키는 것으로 편의상 구분하고자 한다.

위치결정에는 수평거리측량, 수직거리측량, 곡면거리측량, 공간거리측량 등이 있다(곡면 및 공간거리측량은 측량학원론 참조).

② 선형의 정의 및 분류

길이 또는 거리는 하나의 직선(straight line 또는 line) 또는 곡선(curve) 내의 두 점의 위치(또는 좌표)의 차이를 나타내는 양으로서 각과 함께 위치결정에 가장 기본이 되는 요소이다. 길이의 관측경로가 되는 선형은 평면선형, 곡면선형, 공간선형으로 크게 나눌 수 있다.

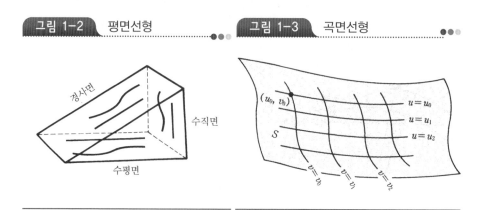

그림 1-2 평면선형

그림 1-3 곡면선형

가) 평면선형(line on plane)

평면거리는 평면상의 선형을 경로로 하여 측량한 거리이며, 평면은 중력방향과의 관계에 따라 수평면, 수직면, 경사면으로 크게 나눌 수 있다. 평면상 두 점을 잇는 평면선형은 수평면상의 수평직선(horizontal straight line)과 수평곡선(horizontal curve), 수직면상의 수직직선(vertical straight line)과 수직곡선(vertical curve), 경사면상의 경사직선(slope straight line), 경사곡선(slope curve)으로 구분할 수 있다.

나) 곡면선형(line on curved surface)

곡면거리는 곡면상의 선형을 경로로 하여 측량한 거리이다. 곡면의 형태는 무수히 많겠으나 측량에서는 일반적으로 구면과 타원체면을 위주로 한다. 지구 및 천구의 측량에서 주로 이용되는 곡면선형에는 대원, 자오선, 평행권, 측지선, 항정선(航程線), 묘유선(卯酉線) 등이 있다(측량학원론 참조).

다) 공간선형(line in space)

공간거리는 공간상의 두 점을 잇는 선형을 경로로 측량한 거리이다. 위성측량(satellite surveying)이나 공간삼각측량(space triangulation) 등에서 지상에 있는 다수의 관측점으로부터 목표물까지의 거리를 관측하는 경우 개개의 관측점과 목표물 사이의 거리는 수직면상의 거리로 간주되나, 이들을 조합하여 일관된 좌표계산에 의한 위치해석을 위해서는 전체 관측점들과 목표물 사이의 3차원공간상 선형을 고려할 필요가 있다. 이러한 문제는 천문측량, 인공위성이나 우주선의 궤도를 해석하거나 우주공간상에서 위치해석을 하는 경우에도 적용된다.

그림 1-4 공간선형

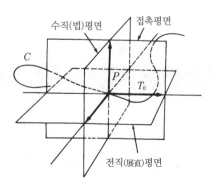

대개의 경우에는 공간선형을 단순한 수식으로 표현할 수 있지만, 공간나선이나 불규칙한 공간곡선을 표현하려면 복잡한 벡터방정식이 필요할 경우도 있다.

(2) 각(角, angle)

각은 두 방향선의 차이를 나타내는 양으로, 공간상 한 점의 위치는 지향점을 표시하는 방향과 원점으로부터의 길이로 결정된다.

① 각의 종류

면과 공간을 고려한 각은 평면각, 곡면각, 공간각이 있다.

각은 호와 반경의 비율로 표현되는 평면각(plane angle)과 구면 또는 타원체면상의 성질을 나타내는 곡면각(curved surface angle) 또 넓이와 길이의 제곱과의 비율로 표현되는 공간각(solid angle)으로 나눈다. 각의 단위는 무차원이므로 순수한 수처럼 취급할 수 있으나 방정식의 의미를 분명하게 하거나 위치결정, vector해석, 광도관측 등에서 중요한 역할을 한다.

가) 평면각(plane angle)

일반측량에서는 60진법표시(sexadesimal representation)와 호도법(circular measure, radian)이 주로 사용되며, 군(포병)에서는 mil(milliemes)을 사용하기도 하나, 요즈음 구미 각국에서는 계산에 편리한 100진법(grade 또는 grad)도 많이 사용되고 있다.

$$전원(全圓)=360°=2\pi\text{rad}=400^g=6,400\text{mils}$$
$$1^g=100^c(\text{centi-grade})=10,000^{cc}(\text{centi-centi grade})=0.9°=54'$$
$$1\text{rad}=\frac{180°}{\pi}=57.2958°(63.6620^g)=206,265''(636,620^{cc})$$
$$1°=10/9\text{ grade}(1.1^g)=160/9\text{mils}(17.8\text{mils})=0.01745\text{rad}$$

■■ 표 1-1 보조단위를 사용하는 SI 조합단위의 예

관 측 량	명 칭	기 호
각속도	매 초당 라디안	rad/s
각가속도	매 제곱초당 라디안	rad/s²
복사도	매 스테라디안당 와트	W/sr
복사휘도	매 제곱미터·스테라디안당 와트	W/m²·sr

〈계산예〉

$$50.5602^g (= 50^g 56^c 02^{cc})$$
$$133.6241^g (=133^g 62^c 41^{cc})$$
$$+) \ 93.7284^g (= 93^g 72^c 84^{cc})$$
$$277.9127^g (=277^g 91^c 27^{cc})$$

⇐같다⇒

$$45°30'15''(= 45.5042°)$$
$$120°15'42''(=120.2617°)$$
$$+) \ 84°21'20''(= 84.3556°)$$
$$250°07'17''(=250.1215°)$$

$$\begin{pmatrix} 1^g = (1/0.9)° \\ 1^c = 0.54' = 32.4'' \\ 1^{cc} = 0.324'' \end{pmatrix}$$

수평 및 수직축을 기준할 경우 수평각과 수직각이 있다.

(ㄱ) 수평각

수평면 내에서의 수평각은 전(前)관측선과 다음 관측선과 이루는 교각, 전 관측선의 연장과 다음 관측선이 이루는 편각, 기준선에서 시계방향으로 이루어 지는 방향각 등이 있으며, 방향각에서 기준선이 남북자오선일 경우는 방위각이 된다.

그림 1-5   방향과 각

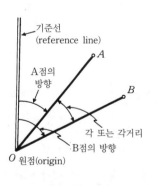

그림 1-6   방향의 표시

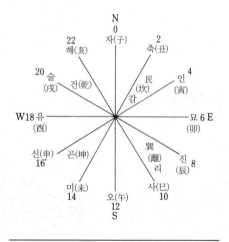

그림 1-7 교각

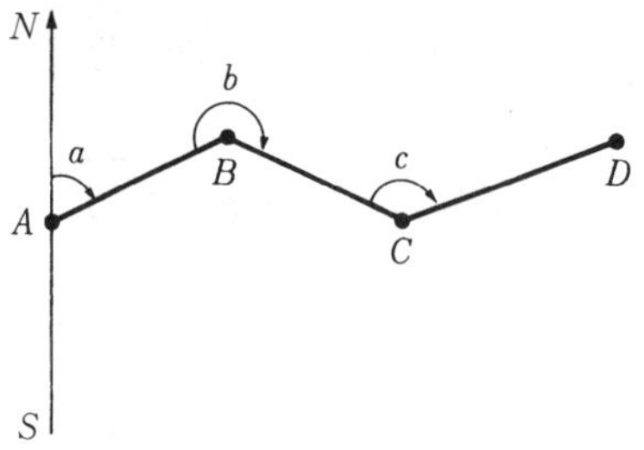

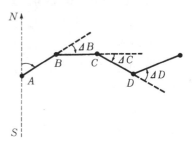

그림 1-8 편각

그림 1-9 방위각

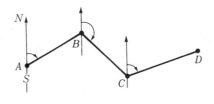

(ㄴ) 수직각

수직면에서의 각으로 천정각거리, 고저각, 천저각거리가 있다.

그림 1-10 수직각

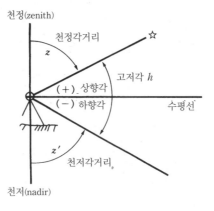

(i) 천정각거리(zenith distance or zenith angle)   천문측량 등에 주로 이용되는 각으로 연직선 위쪽을 기준으로 목표점까지 내려서 잰 각을 말한다. 천문측량에서는 관측자의 천정(연직상방과 천구의 교점), 천극 및 항성으로 이루어지는 천문삼각형(astronomical triangle)을 해석하는 데 있어서 기본관측량의 하나로 중요하다.

(ii) 고저각(altitude)   일반측량이나 천문측량의 지평좌표계에서 주로 이용되는 각으로 수평선을 기준으로 목표점까지 올려 잰 각을 상향각(또는 앙각 : angle of elevation), 내려 잰 각을 하향각(또는 부각 : angle of depression)이라 한다. 따라서 천정각거리 z와 고저각 h는 여각인 관계가 있다. 즉, $h=90°-z$이다.

(iii) 천저각거리(nadir angle)   항공영상면을 이용한 측량에서 많이 이용되는 각으로서 연직선 아래쪽을 기준으로 시준점까지 올려서 잰 각을 말한다.

나) 곡면각(curved surface angle)

대단위 정밀삼각측량이나 천문측량 등에서와 같이 구면 또는 타원체면상의 위치 결정에는 평면삼각법을 적용할 수 없으며 구과량(球過量)이나 구면삼각법의 원리를 적용해야 하며, 이때 곡면각의 특성을 잘 파악해야 한다.

(ㄱ) 구면삼각형

측량대상지역이 넓을 경우 평면삼각법만에 의한 측량계산에는 오차가 생기므로 곡면각의 성질을 알아야 한다. 측량에서 이용되는 곡면각은 대부분 타원체면이나 구면삼각형(spherical triangle)에 관한 것이다.

구의 중심을 지나는 평면과 구면의 교선을 대원(大圓, great circle)이라 하고, 세변이 대원의 호로 된 삼각형을 구면삼각형이라 한다. 구면삼각형의 세

그림 1-11   구면삼각형

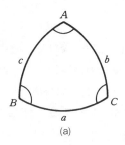
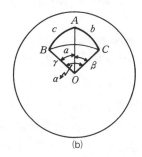

$\alpha=a/r,\ \beta=b/r,\ \gamma=c/r$
$r=1$ 일 때
$\alpha=a,\ \beta=b,\ \gamma=c$

(a)   (b)

변 길이는 일반적으로 대원호의 중심각과 같은 각거리(angular distance)로 표시한다.

(ㄴ) 구과량(spherical excess)

구면삼각형 ABC의 세 내각을 A, B, C라 할 때 내각의 합은 180°를 넘으며 이 차이를 구과량이라 한다. 즉, 구과량을 ε이라 하면,

$$A+B+C>180°$$
$$\varepsilon=A+B+C-180° \tag{1.2}$$

이며 구과량은 구면삼각형의 면적 F에 비례하고 구의 반경 r의 제곱에 반비례한다. 즉, $\rho''=1\,\text{rad}=206265''$일 때

$$\varepsilon''=\frac{F}{r^2}\rho'' \tag{1.3}$$

(ㄷ) 구면삼각법(spherical trigonometry)

구면삼각형에 관한 삼각법을 구면삼각법이라 한다. 천문측량에서 천극, 천정, 항성의 세 점으로 이루어지는 천문삼각형(celestial triangle)의 해석이나 대지측량에서의 삼각망계산, 지표상 두 점간 대원호 길이 계산 등에 구면삼각법이 적용된다. 구면삼각법의 두 가지 중요한 공식인 sine법칙과 cosine법칙(2변과 1각을 알 때 대변을 구하는 공식)은 다음과 같다.

$$\text{sine법칙}: \frac{\sin a}{\sin A}=\frac{\sin b}{\sin B}=\frac{\sin c}{\sin C} \tag{1.4}$$

$$\text{cosine법칙}: \cos a=\cos b\cos c+\sin b\sin c\cos A \tag{1.5}$$

$$\cos b=\cos c\cos a+\sin c\sin a\cos B \tag{1.6}$$

$$\cos c=\cos a\cos b+\sin a\sin b\cos C \tag{1.7}$$

다) 공간각(또는 입체각, solid angle)

평면각의 호도법은 원주상에서 그 반경과 같은 길이의 호를 끊어서 얻은 2개의 반경 사이에 끼는 평면각을 1라디안(radian: rad로 표시)으로 표시한다. 이와 마찬가지로 반지름 r인 단위구 상의 표면적을 구의 중심각으로 나타낼 수 있다. 스테라디안(steradian: sr로 표시)은 공간각의 단위로서 구의 중심을 정점으로 하여 구표면에서 구의 반경을 한 변으로 하는 정사각형의 면적과 같은 면적(r^2)을

그림 1-12 스테라디안

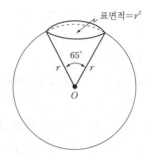

구의 각표면적＝4πsr＝5.35×10″제곱초

1sr＝1제곱라디안＝(57.3도)²＝3283제곱도

＝(206265초)²＝4.25×10¹⁰제곱초

갖는 원과 구의 중심이 이루는 공간각을 말한다. 구의 전 표면적은 $4\pi r^2$이므로 전 구를 입체각으로는 4π스테라디안으로 나타낼 수 있다. 구의 중심을 지나는 평면상에서 1sr을 나타내는 양 반경 사이의 평면각은 약 65°가 된다.

이 스테라디안은 복사도(W/sr), 복사휘도(W/m²·sr), 광속(루멘: 1m＝cd·sr)의 관측 등에도 사용된다. 여기서 W는 와트, cd는 칸델라이다.

(3) 시(時, time)

① 시(時)의 종류

가) 항성시[(Local) Sidereal Time: LST 또는 ST]

1항성일(sidereal day)은 춘분점이 연속해서 같은 자오선을 두 번 통과하는 데 걸리는 시간이다(23시간 56분 4초). 이 항성일을 24등분하면 항성시(恒星時)가 된다. 즉 춘분점을 기준으로 관측된 시간을 항성시라고 한다. 항성시는 그 지방의 경도에 따라 다르므로 지방시(地方時, LT: Local Time)라고도 한다.

나) 태양시(solar time)

지구에서의 시간법은 태양의 위치를 기준으로 한다.

(ㄱ) 시태양시(apparent time)

춘분점 대신 시태양(視太陽, apparent sun)을 사용한 항성시이며 태양의 시간각(hour angle)에 12시간을 더한 것으로 하루의 기점은 자정이 된다.

$$시태양시 = 태양의 \ 시간각 + 12^h \tag{1.8}$$

태양의 연주운동은 그 각도가 고르지 않기 때문에 태양의 시간각은 정확하게 시간에 비례하지 않으므로 시태양시는 고르지 못하고 시태양일(apparent solar day)의 길이도 연중 일정하지가 않다.

(ㄴ) 평균태양시[mean solar time: (local) civil time, LMT(Local Mean Time)]

시태양시의 불편을 없애기 위하여 천구 적도상을 1년간 일정한 평균각속도로 동쪽으로 운행하는 가상적인 태양, 즉 평균태양(mean sun)의 시간각으로 평균태양시를 정의하며 이것이 우리가 쓰는 상용시(civil time)이다. 평균태양일(mean solar day)은 항상 1/365.2564년이다.

다) 세계시(Universal Time: UT, GCT, GMT)[1]

(ㄱ) 지방시와 표준시[LST(Local Sidereal Time) and standard time]

천체를 관측해서 결정되는 시(항성시, 평균태양시)는 그 시점의 자오선마다 다르므로 이를 지방시라 한다. 지방시를 직접 사용하면 불편하므로 이러한 곤란을 해결하기 위하여 경도 15° 간격으로 전 세계에 24개의 시간대(time zone)를 정하고, 각 경도대 내의 모든 지점을 동일한 시간을 사용하도록 하는데 이를 표준시라 한다. 우리나라 표준시는 동경 135°를 기준으로 하고 있다.

(ㄴ) 세계시

표준시의 세계적인 표준시간대는 경도 0°인 영국의 Greenwich를 중심으로 하며, Greenwich 자오선에 대한 평균태양시(Greenwich 표준시)를 세계시라 한다.

한편 지구의 자전운동은 극운동(자전축이 하루 중에도 순간적으로 변화하는 것)과 계절적 변화(연주변화와 반연주변화)의 영향으로 항상 균일한 것은 아니다. 이러한 영향을 고려하지 않은 세계시를 $UT0$, 극운동으로 생기는 천구에 대한 각각의 경도값의 변화량 $\Delta\lambda$를 고려한 것을 $UT1$, 계절적 변화의 수정값 Δs를 $UT1$에 고려한 것을 $UT2$라 한다. 이들 사이의 관계는 다음과 같다.

$$UT2 = UT1 + \Delta s = UT0 + \Delta\lambda + \Delta s \tag{1.9}$$

라) 역표시(曆表時, ET: Ephemeris Time)

태양계에 있는 천체의 위치를 예측하기 위한 천체역학에서는 일정한 속도로 꾸준히 계속되는 시간의 기준이 필요하여 역표시를 사용한다. 지구는 자전운

1) GCT=Greenwich Civil Time, GMT=Greenwich Mean Time

동뿐 아니라 공전운동도 불균일하므로 이러한 영향 ΔT를 고려하여 균일하게
만들어 사용하는 것을 역표시라 한다.

$$ET = UT2 + \Delta T \tag{1.10}$$

역표시에서는 1900년 초(1899년 12월 31일 정오)에 태양의 기하학적 평균황
경이 $279°41'48.04''$인 순간을 1900년 1월 0일 $12^h ET$로 한다.

4. 관측의 일반적 사항

(1) 관측의 의의

관측은 대상의 형상 및 현상의 요소를 헤아리는 것(재고 추정함)으로 자연과
학적 측면과 인문과학적 측면을 다룬다. 관측과정에서 일반적으로 관측값에는
오차(또는 오류)를 생성하게 된다. 관측값의 오차의 종별에는 수치 및 물리 화학
적 해석방법으로 처리가능한 일반적 오차, 논리상으로는 추정가능하나 처리방법
의 해결이 잘 이루어지지 않는 논리적 오차, 논리적 추정이나 해결방법이 이루
어지기 어려운 사항으로 주로 종교적 대상으로 다루어지고 있는 비논리적(또는
추상적) 오차(또는 非科學的 오류)가 있다.

(2) 관측의 분류

대상의 참된 값을 헤아리는 과정을 관측대상, 관측성격, 관측방법 및 모형
에 따라 분류하면 다음과 같다.
① 관측대상에 의한 분류
가) 지형(地形) 자료(geo data)
삶의 터전[또는 지구(地球) 및 지구와 관련된 영역]에 존재하는 자연물과 인
공물로 일정한 형상[(形象) 또는 형태(形態)]으로 나타내는 것으로 생존할 수 있
도록 마련된 삶의 기본적인 대상을 관측한다.
나) 공간(空間) 자료(space data)
무한히 비어 있는 영역[공(空)]의 일부 제한된 영역[간(間) 또는 사이]에서
자연 및 인간의 특성이 시간과 위치(時·位)에 관련되어 발생되는 현상[(現象) 또
는 상태(狀態)]으로 나타내는 것으로 생존해 가면서 이루어지는 삶의 활용적인
대상을 관측한다.

② 관측의 성격에 따른 분류

가) 독립관측(independent observation)

어떤 구속제약을 받지 않고 독립적인 입장에서의 관측을 뜻한다. 예를 들면 2점간의 거리를 관측하거나 삼각형의 2각을 관측할 때와 같이 각각의 관측성과로부터 쉽게 관측값을 구할 수 있는 관측을 말한다.

나) 조건부관측(conditional observation)

조건부관측은 관측값 사이에 어떤 조건하에서 수행하는 관측으로서, 관측된 값을 어떤 조건에 대하여 비교해 보면 그 정확성을 판단할 수 있는 관측을 말한다. 예를 들면, 삼각측량에서 삼각형의 세 개의 내각 합은 180°가 되어야한다는 조건하에서 관측하는 경우를 들 수 있다.

③ 관측방법에 따른 분류

가) 직접관측(direct observation)

구하려는 값을 직접 관측하는 방법으로 줄자로 거리를 관측하거나 각측량기로 각도를 관측하고 고저측량기인 레벨로 고저차를 관측하는 방법이다.

나) 간접관측(indirect observation)

간접관측은 구하려는 값 이외의 것을 관측하여 계산에 의하여 구하는 방법으로서 관측요소가 많고, 각각의 정밀도에 의해 얻어지는 값의 정확도가 좌우된다(삼각형의 변의 길이를 다른 변의 길이와 내각으로부터 구하는 경우, 또는 전자기파의 도달시간으로 거리를 구하는 경우 등). 일반적으로 각 요소를 매우 정밀하게 관측하는 경우를 제외하고는 일반적으로 직접관측에 비해 간접관측의 오차가 클 수 있다.

④ 관측모형(observed model)에 따른 분류

기하학적인 또는 물리학적인 조건과 오차가 내포되어 있는 관측에서, 수학적인 모형은 함수모형과 추계모형으로 이루어진다고 볼 수 있다.

가) 함수모형

함수모형(functional model)은 기하학적인 또는 물리학적인 특성을 표시하는 것으로, 삼각측량의 경우 내각을 관측하여 평면삼각형의 형태를 결정할 때 잉여관측값으로부터 삼각형을 정확히 설명하기 위한 함수 모형은 내각의 합이 180°라는 조건이 성립된다.

나) 추계모형

반복관측에서는 동일조건으로 관측한다 해도 그 관측 값은 불규칙하므로, 이 관측값들로부터 필요한 결과값을 얻기 위해서는 통계적인 변화를 신중히 고려하여야 한다. 이와 같이 추계모형(stochastic model)은 위에서 설명한 함수모형에 포함되어 있는 모든 요소들의 통계학적인 특성을 나타내는 것으로 관측값들의 상관관계를 나타내는 정밀도와 관측점의 정확도를 평가하는 부가적인 값을 제공한다.

(3) 관측값의 오차

대상을 헤아리는 관측은 자연과학적(물질적) 측면과 인문과학적(정신적) 측면을 다룬다. 관측과정에서 일반적으로 관측값에는 오차(또는 오류)를 생성하게 된다. 관측값에 관한 오차의 종별에는 수치 및 물리학적 해석방법으로 처리가능한 일반적 오차, 논리상으로는 추정가능하나 처리방법의 해결이 잘 이루어지지 않는 논리적 오차, 논리적 추정이나 해결방법이 이루어지기 어려운 사항으로 주로 종교적 대상으로 다루어지고 있는 비논리적 오차(또는 비과학적 오류)가 있다. 여기서는 일반적인 오차를 수치해석, 관측시의 성질 및 원인에 따라 분류하여 기술한다.

◆ 수치해석에 따른 오차의 종별

① **참오차**(true error) ⋯ 관측값과 참값의 차이

$\varepsilon = x - \tau$ ⋯ x는 관측값, τ는 참값 (1.11)

② **잔차**(residual error) ⋯ 관측값과 최확값[2]의 차이

$v = x - \mu$ (1.12)

③ **편의**(bias) ⋯ 평균값(μ)과 참값(τ)의 편차

$\beta = \mu - \tau$ (1.13)

④ **상대오차**(relative error) ⋯ 잔차의 절대값에 대한 관측값의 비율

$Re = \dfrac{|v|}{x}$ (1.14)

⑤ **평균오차**(mean error) ⋯ 잔차의 절대값에 대한 평균오차

$Me = \sum \dfrac{|v|}{n}$ (1.15)

⑥ **평균제곱오차**(mean square error)

$M^2 = \sigma^2 + \beta^2 = E[(x - \tau)^2]$ ⋯ [MSE] (1.16)

---

2) 최확값(most probable value): 대상에 대한 참값을 알기 위하여 관측할 경우에 오차(인위적, 기기적, 자연조건 등에 의한 오차)가 있으므로 관측값에 대한 보정(정오차인 경우) 및 조정(부정오차인 경우)한 값을 최확값(또는 조정환산값)이라 한다. 일반적으로 최확값을 평균값이라고도 한다.

⑦ **평균제곱근오차**[3](root mean square error)

$$\sigma = \pm \sqrt{\frac{[vv]}{n-1}} \cdots [\text{RMSE}] \tag{1.17}$$

예제 1.2 줄자를 이용하여 5회 관측한 결과, 다음과 같은 값을 얻었다. 최확값(또는 조정 환산값)과 1관측의 평균제곱근오차 및 최확값에 대한 평균제곱근오차의 최종 최확값을 구하시오.

■■ 표 1-2

No.	관측값	v[m]	vv
1	111m	0.2	0.04
2	109m	2.2	4.84
3	114m	−2.8	7.84
4	110m	1.2	1.44
5	112m	−0.8	0.64
Σ	556	0.0	14.80

해답 최확값은

$$x_0 = \frac{556}{2} = 111.2[\text{m}]$$

이며, 1관측의 평균제곱근오차는

$$\sigma = \pm \sqrt{\frac{vv}{n-1}} = \pm \sqrt{\frac{14.80}{5-1}} = \pm 1.9[\text{mm}]$$

가 된다. 따라서, 최확값의 평균제곱근오차는

$$\sigma_{x0} = \pm \sqrt{\frac{vv}{n(n-1)}} = \pm \sqrt{\frac{14.80}{5(5-1)}} = \pm 0.9[\text{mm}]$$

이므로,

최종최확값 = 111.2[m] ± 0.9[mm]

가 된다.

예제 1.3 쇠줄자를 사용하여 10m를 관측한 결과 관측자의 교대로 인해 관측값이 차이가 있으므로, 〈표 1-3〉과 같이 경중률 W를 고려하였다. 최확값 및 1관측의 평균제곱근오차 및 최확값의 평균제곱은 오차를 구하고 최종최확값을 결정하시오.

---

[3] 평균제곱근오차(root mean square error): 잔차의 제곱을 산술평균한 값의 제곱근을 평균제곱근오차라 하며 밀도 함수 전체의 68.26%인 범위이다. 또한 표준편차와 같은 의미로 사용되며 독립 관측값인 경우의 분산(σ^2)의 제곱근이다.

■■ 표 1-3

관측횟수	관측값[m]	경중률[W]	v	vv	Wvv	lw
1	10.124	1	1	1	1	10.124
2	10.128	3	−3	9	27	30.384
3	10.123	2	2	4	8	20.246
4	10.129	4	−4	16	64	40.516
5	10.121	3	4	16	48	30.363
Σ	50.625	13			148	131.633

해답 최확값(또는 최확값)은 $x_0 = \dfrac{[lw]}{[w]} = \dfrac{131.633}{13} ≒ 10.126[\text{m}]$가 되며, 1관측의 평균제곱근오차는

$$\sigma = ±\sqrt{\frac{[Wvv]}{n-1}} = ±\sqrt{\frac{128}{4}} ≒ ±6[\text{mm}]$$

이므로, 최확값에 대한 평균제곱근오차는

$$\sigma_{x0} = ±\sqrt{\frac{Wvv}{[W](n-1)}} = ±\sqrt{\frac{128}{13(5-1)}} = ±2[\text{mm}]$$

따라서 최종최확값은

최종최확값 $= 10.125[\text{m}] ± 2[\text{mm}]$가 된다.

• 경중률(W: Weight)은 관측값들의 신뢰도를 나타내는 값으로 관측횟수에 비례하고 관측거리 및 관측각에 반비례한다. 또한 평균제곱근오차(또는 표준편차)의 제곱에 반비례한다.

– 길이와 경중률

$$W_1 : W_2 : W_3 = \frac{1}{S_1} : \frac{1}{S_2} : \frac{1}{S_3}$$

단, W_1, W_2, W_3: 경중률

　　　S_1, S_2, S_3: 관측길이

– 관측각의 조정량과 경중률

$$W_1 : W_2 : W_3 = \frac{1}{\alpha_1} : \frac{1}{\alpha_2} : \frac{1}{\alpha_3}$$

단, α_1, α_2, α_3: 각각의 각조정량

– 평균제곱근오차(또는 표준오차)와 경중률

$$W_1 : W_2 : W_3 = \frac{1}{M_1{}^2} : \frac{1}{M_2{}^2} : \frac{1}{M_3{}^2}$$

단, M_1, M_2, M_3: 각각의 평균제곱근오차

가) 1관측의 평균제곱근오차

(ㄱ) 관측정밀도가 같을 때

$$\sigma = \pm\sqrt{\frac{[v^2]}{n-1}} \tag{1.18}$$

(ㄴ) 관측정밀도(경중률: W)가 다를 때

$$\sigma = \pm\sqrt{\frac{[Wv^2]}{n-1}} \tag{1.19}$$

나) 최확값의 평균제곱근오차

(ㄱ) 관측정밀도가 같을 때

$$\bar{\sigma} = \pm\sqrt{\frac{[v^2]}{n(n-1)}} \tag{1.20}$$

(ㄴ) 관측정밀도(경중률: W)가 다를 때

$$\bar{\sigma} = \pm\sqrt{\frac{[Wv^2]}{[W](n-1)}} \tag{1.21}$$

⑧ **표준편차**(standard deviation) … 잔차의 제곱을 평균하여 구한 오차로 평균자승오차라고도 한다.

$$\sigma = \pm\sqrt{\frac{[v^2]}{(n-1)}} \text{ 독립 관측값의 정밀도, 분산}(\sigma^2)\text{의 제곱근}$$

⑨ **표준오차**(standard error)

$$\sigma_L = \pm\sqrt{\frac{[vv]}{n(n-1)}} \text{ 최확값의 정밀도 … 조정환산값(평균값)의 정밀도} \tag{1.22}$$

⑩ **확률오차**(probable error) … 밀도함수 전체의 50% 범위를 나타내는 오차로서 표준편차의 승수 k가 0.6745(67.45%)인 오차를 뜻한다.

가) 1관측에 대한 확률오차

(ㄱ) 관측정밀도가 같을 때

$$r = \pm 0.6745\sqrt{\frac{[v^2]}{n-1}} \tag{1.23}$$

(ㄴ) 관측정밀도가 다를 때

$$r = \pm 0.6745\sqrt{\frac{[Wv^2]}{n-1}} \tag{1.24}$$

나) 최확값에 대한 확률오차

(ㄱ) 관측정밀도가 같을 때

$$r = \pm 0.6745\sqrt{\frac{[v^2]}{n(n-1)}} \tag{1.25}$$

(ㄴ) 관측정밀도(경중률: W)가 다를 때

$$r = \pm 0.6745 \sqrt{\frac{[Wv^2]}{[W](n-1)}} \tag{1.26}$$

◆ 자료처리시 발생하는 오차

⑪ **절단오차**(truncation error) ··· 수치처리과정에서 무한급수를 유한급수로 처리시 발생하는 오차

⑫ **마무리오차**(round-off error) ··· 전산기의 유한한 기억자리수에 표현할 시 오차

⑬ **입력오차**(input error) ··· 전산기에 무한한 수를 유한한 수로 입력시 오차

⑭ **변환오차**(translation error) ··· 전산기의 기억장치에서 진법변환시 오차

예제 1.4 동일 경중률로써 각 관측을 하여 다음의 관측값을 얻었다. 최확값 및 확률오차를 구하시오.

■■ 표 1-4

관측수	관측값	v[초]	vv
1	35°42′35″	+2″	4
2	35°42′35″	+2″	4
3	35°42′20″	−13″	169
4	35°42′05″	−28″	784
5	35°43′15″	42″	1764
6	35°42′40″	7″	49
7	35°42′10″	−23″	529
8	35°42′30″	−3″	9
9	35°42′50″	17″	289
10	35°42′30″	−3″	9
Σ			3,610

해답 최확값은

$$l_0 = \frac{[l]}{n} = 35°42′33″$$

이며, 확률오차는

$$\bar{\gamma} = \pm 0.6745 \sqrt{\frac{3,610}{10(10-1)}} = \pm 4.3″ \text{이다.}$$

예제 1.5 어떤 관측선의 길이를 관측하여 〈표 1-5〉의 결과를 얻었다. 최확값 및 정확도는 얼마인가?

■■ 표 1-5

관측군	관측값[m]	관측횟수
I	100.352	4
II	100.348	2
III	100.353	3

해답 관측값의 경중률은 I : II : III = 4 : 2 : 3

최확값은

$$l_0 = \frac{[l_1 w_1 + l_2 w_2 + l_3 w_3]}{w_1 + w_2 + w_3} = 100.3 + \frac{52 \times 4 + 48 \times 2 + 53 \times 3}{(4+2+3) \times 1,000}$$
$$= 100.531\text{m}$$

따라서

$$\gamma_0 = \pm 0.6745 \sqrt{\frac{[Wvv]}{W(n-1)}} = \pm 0.6745 \sqrt{\frac{34}{9(3-1)}} = \pm 0.93\text{mm}$$

그러므로 정확도는

$$\frac{r_0}{l_0} = \frac{0.93}{100.351} = \frac{1}{107.904}\text{mm}$$

■■ 표 1-6

관측군	최확값[m]	관측값[m]	v	vv	W	Wvv
I		100.352	1	1	4	4
II	100.351	100.348	−3	9	2	18
III		100.353	2	4	3	12
Σ					9	34

◆ 관측의 성질에 따른 오차의 종별

⑮ **착오, 오차**(mistake, blunder) … 관측자 미숙, 오차가 크며 주의하면 없앨 수 있다.

⑯ **정오차, 계통오차, 누차**(constant, systematic, cumulative error) … 원인명확, 보정계산

⑰ **부정오차, 우연오차, 상차**(random, accident, compensation error) ···
　원인불명확, 최소제곱법으로 소거

부정오차는 원인불명으로 해석이 가능하도록 다음과 같은 오차법칙을 설정하고 오차를 소거(예: 최소제곱법)한다.

미지량을 관측할 경우 부정오차가 일어날지 또는 일어나지 않을지가 확실하지 않는 경우, 이 오차가 일어날 가능성의 정도를 확률(probability)이라 한다. 이런 오차는 어떤 법칙을 가지고 분포하게 되며 분포특성을 다음과 같이 정의할 수 있다.

가) 매우 큰 오차는 발생하지 않는다. 나) 오차들은 확률법칙에 의하여 분포한다. 다) 양(+)방향 및 음(-)방향으로 발생할 오차의 확률은 같다. 라) 큰 오차가 발생할 확률은 작은 오차가 생길 확률보다 낮다.

부정오차에서 위의 오차 법칙특성을 나타내는 곡선을 확률곡선(probable curve)이라 한다. 확률분표 X가 μ(평균값)=0이고 σ^2(표준편차)=1인 특수한 분표를 할 때 X는 표준정규분포(또는 가우스분포, standard normal distributions or Gaussian distribution)를 이룬다. 이로 인하여 확률곡선을 오차곡선(error curve) 또는 정규분포곡선(normal distributions curve)이라고도 한다.

◆ 관측시 원인에 따른 오차의 종별
⑱ **개인오차**(personal error) ··· 관측자의 습관과 부주의
⑲ **기계적 오차**(instrument error) ··· 관측기의 상태와 정밀도
⑳ **자연적 오차**(natural error) ··· 주위환경 및 현상의 조건

(4) 정확도와 정밀도

정확도(正確度, accuracy)는 관측값과 참값의 편차로써 적합성(適合性 ― 관측결과에 발생)을 뜻하며 지표는 평균제곱오차($M^2=\sigma^2+\beta^2$)이다.

정밀도(精密度, precision)는 반복 관측의 경우 관측값 간의 편차로써 균질성(均質性 ― 관측 도중 발생)을 뜻하며 지표는 평균제곱근오차 $\left(\sigma=\pm\sqrt{\dfrac{[vv]}{n-1}}\right)$이다.

※ 정밀도가 좋다고 반드시 정확도가 좋은 것은 아니다. 편의(偏倚)가 없을 때 정밀도가 좋으면 정확도가 좋다.

5. 측량학의 활용분야

측량학은 위치관측, 도면제작 및 도형해석, 사회기반시설조성을 위한 기획, 조사, 설계, 시공 및 유지관리, 정보분야에 자료제공, 인공위성관측에 의한 우주과학기술 분야 등에 기여하는 학문으로 발전하고 있다.

일반적으로 활용분야를 나누어 보면 다음과 같다.

(1) 토   지

인간활동을 위한 각종 시설물의 설치와 시민생활의 편의를 제공하려는 목적으로 토지이용조사 및 계획수립을 위해서 국가기본도 및 지형도 작성, 토지이용도 및 도시계획도 작성, 국토재정비사업, 해안선 및 해저수심조사, 임야도 및 토양도 작성, 센서에 의한 구조물조사·관찰 및 감시, 항공기나 인공위성을 이용하여 넓은 지역을 비교적 적은 비용으로 빠른 기일 내에 주기적인 관측을 통하여 주요 농작물에 관한 재배현황, 분포, 관개농경지, 임상의 분류, 재배지, 황폐, 피해상황의 파악, 산림면적 조사 및 관리 등에 기여하고 있다.

(2) 자   원

전자기파나 인공위성(Landsat, SPOT, KOMPSAT, Radarsat 등)을 이용하여 지질(단층 및 구조선 등) 및 광물자원(광맥의 분포 및 양 등) 조사측량, 자원을 관리할 수 있는 전역적 및 국부적 분포도 작성에 활용되고 있으며, 농작물의 종별, 분포 및 수확량 조사, 삼림의 수종 및 산림 자원조사, 어군의 이동상황 및 분포 등을 조사하는 데 이용한다.

(3) 환경 및 재해

센서(sensor)에 의한 지상, 항공 및 인공위성 관측으로 광범위한 지역의 대기오염, 수질오염 및 해양오염조사, 야생동물 보호, 식물의 활력조사 및 수온, 조류, 파속 등 해양 환경조사, 빙산의 변동과 기상변환(온도분포, 바람, 수분, 해수면온도) 관측 및 분석, 강우, 호우(홍수), 폭설, 태풍진로예상 등에 관한 자연재해 조사 및 대응책 마련, 대기복사효과조사 및 오존층 파괴 조사, 영상 및 GPS에 의한 방재 및 긴급구조, 여가선용 등에 이용된다.

(4) 지형공간정보체계

지형공간정보체계(GIS)에 의해 각종 자료들을 지형 및 공간적 기준에 따라 자료기반화하게 되면 정보의 관리는 물론 새로운 정보를 창출하여 생활의 편의제공에 매우 유용하게 이용된다. 따라서, 지형공간정보체계는 국토개발, 지역계획, 도시계획, 환경관리, 토지관리, 자원개발 등 지형 및 공간을 기반으로 하는 모든 분야에서 다양하게 활용할 수 있다.

지형공간정보체계를 구축하는 데 있어서 전체 비용의 70~80% 이상을 감당하는 자료기반의 구축에 있어서 필수로 요구되는 위치자료, 도형자료, 영상자료 제공이 측량에 의해 이루어지므로 측량의 정확도와 경제성은 GIS에 큰 영향을 미친다. 또한 각종 정보들은 지형 및 공간적 기준에 의해 중첩, 분류 또는 검색되므로 측량의 도움이 없이는 지형공간정보체계의 구축은 이루어질 수 없다.

(5) 건설사업관리

고품질의 건설사업관리(CM : Construction Management)를 하기 위하여 건설공사의 계획단계로부터 시행, 시행완료 및 유지관리단계별(계획준비, 기본설계, 실시설계, 시공, 준공, 유지관리) 조사에 책임측량사제도(QS System : Quantity Surveyor System)를 도입하여 조사의 적정성 및 정확성 확보와 공사 시행중 각 단계별로 엄격하고 정확한 점검 관측으로 품질의 질과 양을 보장하고 공사완료시 준공측량도면을 제출케 하여 정확·신속 및 완결성 있는 유지관리를 할 수 있도록 한다.

(6) 군   사

측량학은 항공기나 인공위성 등에 의한 영상처리나 위치자료취득으로 대상지역에 접근하지 않고 다양한 정보를 얻을 수 있는 최첨단의 기술분야로서, 이 자료는 지상군 무기, 함대, 공군기, 미사일기지 등의 현황 및 이동을 신속, 정확하게 탐지한다. 지형의 3차원 해석에 의한 연속적인 투시로 신속, 정확한 군작전 계획 수립, 작전지역의 지형분석 모형화, 군사지도작성, 넓은 지역의 위성영상 동시출력, 도로망 및 중화기 이동 가능성 자료조사, 엄폐 및 은폐지역의 사전조사, 적지 및 작전수행 지역의 지형 및 지질정보 취득, 군수물자의 분포 및 이동상황 탐지, 적외선 파장 및 위성사진 분석에 의한 위장지역의 탐지, 기상조건에 관계없이 능동적 센서에 의한 적정의 탐지, 화학, 생물 및 방사능 오염지역의 탐색 등에 이용된다.

(7) 우주개발

위성이나 달표면에 반사경을 설치하여 위성레이저측량(SLR)이나 달레이저측량(LLR) 등을 통한 위치해석, 인공위성 전파신호해석에 의한 위치결정(GPS), 위성측량에 의한 인공위성궤도해석, 각종 위성, 지구로부터 105광년 멀리 있는 준성을 관측하여 위치를 구하는 VLBI들에 의한 위치 관측 등 우주개발에 필요한 지구와 혹성들 간의 위치관측 및 우주과학기술개발에 측량학이 활발히 기여되고 있다.

(8) 인체공학, 유형문화재 및 교통

영상에 의한 고적지발견 및 고적의 도면제작, 문화재보존과 복원, 토목 및 건축물에 관한 시설물위치, 크기 및 변위량, 의상 및 인체공학에 필요한 영상과 도면자료제공 및 디자인, 영상처리에 의한 진단, 인체의 상태변화 등에 관한 의학에 적용, GPS에 의한 차량항법, 운송분야, 물류분야, 항공운항분야, 고속도로 및 수로 관리, 교통량, 차량주행방향 등의 교통조사, 교통사고 및 도로상태조사, 산업생산품설계 및 제품조사, 범죄상황조사 등의 사회문제연구 등에 활용할 수 있어 측량의 활용도가 광역화 및 고도화되어 가고 있다.

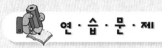

연·습·문·제

1장 서 론

다음 사항에 대하여 약술하시오.

① 측량학의 의의
② 소지측량 및 대지측량
③ 기본측량 및 공공측량
④ 항성시, 태양시, 세계시 역표시
⑤ 최확값, 평균제곱근오차
⑥ 경중률
⑦ 절단오차
⑧ 확률, 확률곡선, 오차곡선, 정규분포곡선, 표준정규분포(가우스 분포)
⑨ 정확도, 정밀도

제 Ⅱ 편

위치관측

우리가 지구상이나 천구에 대하여 위치를 관측할 경우 좌표계를 떠나서는 이루어질 수도 없고 표현될 수도 없다. 이에 위치관측을 위해서는 좌표계 설정이 필수적이다.

1차원(각, 거리, 높이), 2차원(수평위치: 다각, 삼각, 삼변), 3차원(수평 및 수직 위치: 영상탐측, 관성측량체계 및 3차원 공간측량, TS, GPS, GLONASS, GALILEO, SLR) 4차원 측량 등을 통하여 갖가지 인류의 생활개선에 기여할 수 있을 것이다.

제 2 장

측량의 좌표계, 좌표투영 및 우리나라의 측량원점과 기준점

위치는 공간상에서 대상이 어느 계(系)에서 다른 대상과 어떤 기하학적 상관관계를 갖는가를 의미하는 것으로 이 때 어느 계의 기준이 되는 고유한 1점을 원점(origin), 매개가 되는 실수를 좌표(coordinate) 또는 좌표계라 한다.

1. 차원별 좌표계

좌표계(coordinate system)에는 1차원 좌표계, 2차원 좌표계(평면직교좌표, 평면사교 좌표, 2차원극좌표, 원·방사선좌표, 원·원좌교, 쌍곡선·쌍곡선좌표), 3차원 좌표계(3차원직교좌표, 3차원사교좌표, 원주좌표, 구면좌표, 3차원 직교곡선좌표) 등이 있다.

(1) 1차원 좌표계(one-dimensional coordinate)

1차원 좌표는 주로 직선과 같은 1차원선형에 있어서 점의 위치를 표시하는데 쓰인다. 예를 들면, 직선상을 등속운동하는 물체를 생각할 때 어느 시점에서 이 물체의 위치는 기준점으로부터의 거리로 표시되며 이것은 시간과 속도의 함수로 나타낼 수 있다.

(2) 2차원 좌표계(two-dimensional coordinate)

① 평면직교좌표(plane rectangular coordinate)

평면 위의 한 점 O를 원점으로 정하고, O를 지나고 서로 직교하는 두 수직직선 XX', YY'을 좌표축으로 삼는다. 평면상의 한 점 P 위의 위치는 P를 지나며 X, Y축에 평행한 두 직선이 X, Y축과 만나는 P' 및 P''의 좌표축상 $OP''=x$, $OP''=y$로 나타낼 수 있다.

② 평면사교좌표(plane oblique coordinate)

그림 2-1   평면직교좌표와 평면사교좌표

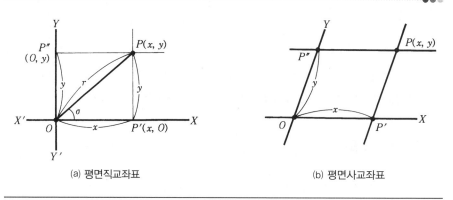

(a) 평면직교좌표   (b) 평면사교좌표

③ 2차원극좌표(plane polar coordinate)

2차원극좌표는 평면상 한 점과 원점을 연결한 선분의 길이와 원점을 지나

그림 2-2   2차원극좌표

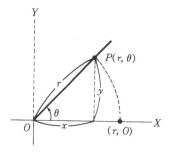

는 기준선과 그 선분이 이루는 각으로 표현되는 좌표이다.

평면직교좌표와 2차원극좌표는 다음과 같은 관계가 성립된다.

$$r=\sqrt{x^2+y^2}, \quad \theta=\tan^{-1}(\frac{y}{x})$$
$$x=r\cos\theta, \quad y=r\sin\theta \tag{2.1}$$

④ 원·방사선좌표

원점 O를 중심으로 하는 동심원과 원점을 지나는 방사선을 좌표선으로 하는 좌표로서 각 좌표선이 되는 원과 방사선은 평면상 모든 곳에서 서로 직교하므로 이 좌표계는 일종의 평면직교좌표계를 형성한다. 이 좌표계는 레이더탐지에 의한 물체의 위치표시나 지도투영에서 쓰인다.

그림 2-3 원·방사선좌표

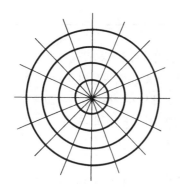

⑤ 원·원좌표

한 점을 중심으로 하는 동심원과 또 다른 동심원은 좌표선으로 하는 좌표계에 의한 좌표이다. 각 좌표선은 한 정점으로부터 등거리인 위치선으로서 원을 이루고 좌표선 간의 간격은 일정하다. 한 점의 위치는 두 개의 원호의 교점으로 결정되며 그 좌표는 한 정점에서의 거리 r_a와 다른 정점에서의 r_b에 의해 (r_a, r_b)로 표시될 수 있다. 이 좌표계는 주로 중단거리용인 Raydist 등의 원호방식에 응용된다.

⑥ 쌍곡선·쌍곡선좌표

두 정점을 초점으로 하는 하나의 쌍곡선군과 또 다른 두 정점에 의한 쌍곡선군을 좌표선으로 하며, 좌표선 간의 간격은 원점에서 멀어질수록 커지고 좌표

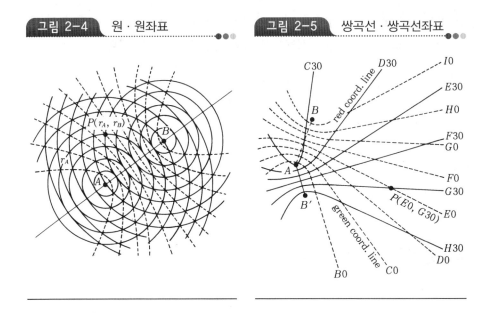

그림 2-4 원·원좌표

그림 2-5 쌍곡선·쌍곡선좌표

선들은 서로 사교하므로 위치결정의 정확도는 거리에 비례하여 낮아진다. 이 좌
표계는 전자기파측량에서 주로 장거리용인 LORAN, DECCA 등의 쌍곡선방
식에 응용된다. 이 경우 쌍곡선인 위치선마다 고유번호를 부여하고 두 개의 쌍
곡선군을 적·녹으로 구분하면 한 점의 위치는 녹색위치선 L_G 및 적색위치선
L_R에 의한 좌표 (L_G, L_R)로 표시된다.

(3) 3차원 좌표계(three-dimensional coordinate)

① **3차원직교좌표**(three-dimensional rectangular or cartesian coordinate)
3차원직교좌표계는 공간의 위치를 나타내는데 가장 기본적으로 사용되는
좌표계로서 평면직교좌표계를 확장해서 생각하며, 서로 직교하는 세 축 OX,
OY, OZ로 이루어진다.

$$\rho = \sqrt{x^2 + y^2 + y^2}$$
$$\cos^2\alpha + \cos^2\beta + \cos^2\gamma = \frac{x^2}{\rho^2} + \frac{y^2}{\rho^2} + \frac{z^2}{\rho^2} = 1 \qquad (2.2)$$

② **3차원사교좌표**(three-dimensional oblique coordinate)
공간에 한 점 O를 원점으로 정하고, O를 지나며 서로 직교하지 않는 세
평면상에서 O를 지나는 세 개의 수치직선 XOX', YOY', ZOZ'를 좌표축으로
잡는다. OX, OY, OZ를 양의 반직선으로 하는 좌표계를 도입하면 공간상 한

그림 2-6 3차원직교좌표

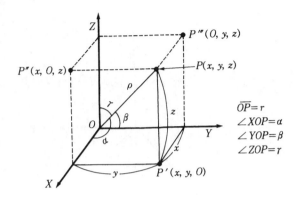

$$\overline{OP}=r$$
$$\angle XOP=\alpha$$
$$\angle YOP=\beta$$
$$\angle ZOP=\gamma$$

그림 2-7 3차원사교좌표

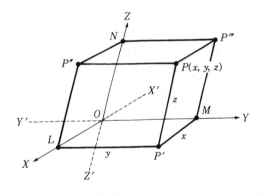

점 P에 대하여 세 개의 실수의 순서쌍이 대응된다. 이 대응을 3차원공간에서의 사교(또는 평행) 좌표계라 한다.

③ **원주좌표**(cylindrical coordinate)

공간에서 점의 위치를 표시하는데 원주좌표가 종종 편리하게 쓰인다. 원주좌표에서는 평면 $z=0$ 위의 (x, y) 대신 극좌표(r, θ)를 사용한다.

원주좌표와 3차원직교좌표 사이에는 다음과 같은 관계가 성립된다.

$$r=\sqrt{x^2+y^2}, \quad \theta=\tan^{-1}(\frac{y}{x}), \quad z=z$$
$$x=r\cos \theta, \quad y=r\sin \theta, \quad z=z$$

(2.3)

그림 2-8   원주좌표

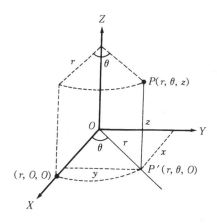

④ **구면좌표**(spherical coordinate)

구면좌표는 원점을 중심으로 대칭일 때 유용하다. 구면좌표에서는 하나의 길이와 두 개의 각으로 공간상 위치를 나타낸다.

3차원직교좌표, 원주좌표, 구면좌표 사이에는 다음 관계가 있다.

$$\begin{pmatrix} x \\ y \\ z \end{pmatrix} = \begin{pmatrix} r\cos\theta \\ r\sin\theta \\ z \end{pmatrix}, \quad \begin{pmatrix} r \\ \theta \\ z \end{pmatrix} = \begin{pmatrix} \rho\sin\phi \\ \theta \\ \rho\cos\phi \end{pmatrix}, \quad \begin{pmatrix} x \\ y \\ z \end{pmatrix} = \begin{pmatrix} r\cos\theta \\ r\sin\theta \\ z \end{pmatrix} \tag{2.4}$$

2. 지구좌표계

(1) 지구형상

지구형상은 물리적 지표면(육지나 해양 등이 자연상태의 지표면), 지오이드(중력의 등포텐셜면), 회전타원체(수학적으로 계산을 유효하게 수행하기 위하여 간단히 정의되는 타원체), 수학적 지표면(중력장에 의한 지표면을 수학적으로 표시하는 텔루로이드, 의사지오이드 등의 수학적 지표면)으로 크게 구분한다.

한 타원체의 주축을 회전하여 생기는 입체를 회전타원체라 한다. 지구는 단축을 주위로 회전하는 타원체로 실제 지구의 부피와 모양에 가장 가까운 것으로 규정하고 있다. 이 회전타원체를 지구타원체라 한다. 지구타원체는 기하학적

타원체로 굴곡이 없는 매끈한 면으로 지구의 부피, 표면적, 반경, 표준중력, 삼각측량, 경위도측량, 지도제작 등에 기준으로 한다.

(2) 지오이드(geoid)

지구타원체는 지표의 기복과 지하물질의 밀도차가 없다고 생각한 것이므로 실제 지구와 차가 너무 커서 좀 더 지구에 가까운 모양을 정할 필요가 있다. 지구타원체를 기하학적으로 정의한 데 비하여 지오이드는 중력장이론에 따라 물리학적으로 정의한다. 지구표면의 대부분은 바다가 점유하고 있다. 정지된 평균해수면(mean sea level)을 육지까지 연장하여 지구 전체를 둘러쌌다고 가상한 곡면을 지오이드라 한다. 지오이드면은 평균해수면과 일치하는 등퍼텐셜면으로 일종의 수면이라 할 수 있으므로 어느 점에서의 중력방향은 이 면에 수직이며, 주변지형의 영향이나 국부적인 지각밀도의 불균일로 인하여 타원체면에 대하여 다소의 기복이 있는(최대 수십 m) 불규칙한 면으로 간단한 수식으로는 표시할 수 없다. 고저측량은 지오이드면을 표고 0으로 하여 측량한다. 따라서 지오이드면은 높이가 0m이므로 위치에너지($E=mgh$)가 0이다. 일반적으로 지구상 어느 한 점에서 타원체의 수직선과 지오이드의 수직선은 일치하지 않게 되며 두 수직선의 차, 즉 수직선편차(또는 연직선편차)가 생긴다. 지오이드면은 대륙에서는 지오이드면 위에 있는 지각의 인력 때문에 지구타원체보다 높으며, 해양에서는 지구타원체보다 낮다.

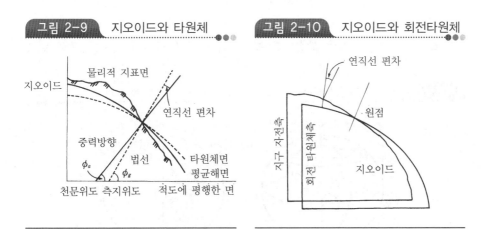

| 그림 2-9 지오이드와 타원체 | 그림 2-10 지오이드와 회전타원체 |

(3) 경위도좌표

지구상 절대적 위치를 표시하는데 일반적으로 가장 널리 쓰이는 곡면상의 좌표이다. 어느 지점의 경도는 본초자오선으로부터 적도를 따라 그 지점의 자오선까지 잰 최소각거리로 동, 서쪽으로 0°에서 180°까지 잰다. 한편 위도는 자오선을 따라 적도에서 어느 지점까지 관측한 최소각거리로써 남·북쪽으로 0°에서 90°까지 관측한다.

기본측량과 공공측량에 있어서 기준타원체(또는 준거타원체)에 대한 지점위치를 경도, 위도 및 평균해수면에서부터의 높이로 표시한 것을 측지측량좌표(〈그림 2-11〉 참조)라 부르는데, 일반적으로는 지리좌표라 말한다.

경도는 본초자오선(그리니치 천문대를 통과하는 자오선)을 기준으로 하여, 어떤 지점을 지나는 자오선까지의 각거리 λ로 표시하고, 위도는 어떤 지점에서 기준타원체에 내린 수직선[또는 법선(法線)]이 적도면과 이루는 각 φ로 표시한다. 천문학적으로 관측한 위도는 그 지점에서 연직선, 즉 지오이드를 기준하여 내린 수직선이 적도면과 이루는 각이며 측지위도는 기준(또는 준거)타원체를 기준하여 내린 수직선이 적도면과 이루는 각이다. 기준이 다른 면(타원체, 지오이드면)에 내린 연직선으로 인하여 연직선 편차가 발생한다. 기준(또는 준거)타원체를 기준으로 한 경우를 측지경위도(geodetic longitude and latitude), 지오이드를 기준으로 한 경우를 천문경위도(astronomic longitude and latitude)라 한다.

또 경위도 원점값은 천문측량에 의해 정해지므로 천문경위도이지만 기준타원체상의 측지 제점에 관해서는 측지경위도로 간주한다.

측량의 목적, 지역의 광협, 측량의 정확도 등에 따라서 지구를 구로 보고

그림 2-11 측지측량좌표(지리좌표)

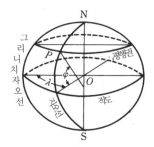
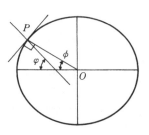

그 표면상에서 지점의 위치를 표시하는 경우가 많다.

이 경우 구의 반경은 주로 다음 식으로 표시되는 평균 곡률반경을 이용하고 있다.

평균 곡률반경 : $r=\sqrt{R_m N}$ (2.5)

단, R_m : 자오선의 곡률반경

     N : 횡(묘유선방향)의 곡률반경

(4) 평면직교좌표

측량범위가 크지 않은 일반측량에서는 평면직교 좌표가 널리 사용된다. 평면직교 좌표에서는 측량지역에 1점을 택하여 좌표원점으로 정하고 그 평면상에서 원점을 지나는 자오선을 X축, 동서방향을 Y축으로 하며, 각 지점의 위치는 평면상의 직교좌표값, X, Y로 표시된다.

(5) UTM좌표계(Universal Transverse Mercator coordinate)

UTM 투영법에 의하여 표현되는 좌표계로서 적도를 횡축, 자오선을 종축으로 한다. 이 방법은 지구를 회전타원체로 보고 지구 전체를 경도 $6°$씩 60개의 구역으로 나누고 그 각 종대의 중앙자오선과 적도의 교점을 원점으로 하여 횡메르카토르 투영법으로 등각투영한다. 각 종대에는 $180°W$ 자오선에서 동쪽으로 $6°$간격으로 1부터 60까지 번호를 붙인다. 종대에서 위도는 남·북에 $80°$까지만 포함시키며 다시 $8°$간격으로 20구역으로 나누어 C에서 X까지(단 I와 O는 제외) 20개의 알파벳문자로 표시한다. UTM 좌표에서 거리단위는 m 단위로 표시하며 종좌표에서는 N을, 횡좌표에는 E를 붙인다.

(6) UPS좌표계(Universal Polar Stereographic coordinate)

UPS 좌표는 위도 $80°$이상의 양극지역의 좌표를 표시하는 데 사용한다. UPS 좌표는 극심입체 투영법에 의한 것이며 UTM 좌표의 투영법과 같은 특징을 가진다. 이 좌표계는 양극을 원점으로 하는 평면직교 좌표계를 사용하며, 거리좌표는 m 단위로 나타낸다.

(7) 3차원직교좌표계(three-dimensional or space cartesian coordinate)

3차원직교좌표의 원점은 지구중심이고, 적도면상에 X 및 Y축을 잡고, 지구의 극축을 Z축으로 한다. 인공위성이나 관측용 장비에 의한 천체를 관측할 경우 측량망 결합에 이용된다.

3. 세계측지측량기준계

나라마다 다른 국가기준계로부터 얻은 위치정보는 대규모 지역에 대해서는 요구를 충족시킬 수 없으므로 하나의 통합된 측지측량기준계가 필요하게 되었다.

세계측지측량기준계(WGS : World Geodetic System)는 다음과 같다.

WGS(1960)는 미 국방성에서 전세계에 대하여 하나의 통일된 좌표계를 사용할 수 있도록 만든 지심좌표계로서 당시에 이용할 수 있었던 모든 중력, 천문측량 등의 관측자료를 종합하여 결정되었다.

WGS(1966)는 확장된 삼각망과 삼변망 도플러 및 광학위성자료를 적용하여 정하였으며 WGS(1972)는 도플러 및 광학위성자료, 표면중력측량, 삼각 및 삼변측량, 고정밀 트래버스, 천문측량 등으로부터 얻은 새로운 자료와 발달된 전산기와 정보처리기법을 이용하여 결정하였다. WGS(1984)는 WGS72를 개량하여 지구질량중심을 원점으로 하는 좌표체계로, GRS 80(Geodetic Reference System, 1980)은 IUGG/IGA 제17차 총회(1979)에서 새로이 제정된 것으로 우리나라의 측량 기준의 기준 타원체로 채택하고 있다.

■■ 표 2-1 타원체별 제원

구분	벳셀	GRS80	WGS84
장반경(a)	6,377,397.155m	6,378,137m	6,378,137m
편평율(f)	1/299.152813	1/298.257222	1/298.257223

4. 국제지구기준좌표계(ITRF)

국제지구회전관측연구부(IERS)[1]에서 설정한 국제지구기준좌표계(ITRF)는 IERS Terrestrial Reference Frame의 약자로 국제지구회전관측연구부라는

---

1) IERS : International Earth Rotation Service

국제기관이 제정한 3차원국제지심직교좌표계이다. 세계 각국의 VLBI, GPS, SLR 등의 관측 자료를 종합해서 해석한 결과에 의거하고 있다.

　IERS는 국제시보국(BIH : Bureau International De L'euve)의 지구회전부문과 국제극운동연구부(IPMS)[2]를 종합해서 1988년에 설립되었다. ITRF는 좌표원점을 지구중심(대기를 포함)으로 한 지구중심계이며, ITRF에서 위도와 경도가 필요할 때는 GRS80을 이용할 수 있다. 1996년에 WGS84가 ITRF의 구축에 이용되고 있는 지구동력학에 대한 국제 GPS 사업(IGS)[3]의 관측자료를 이용하여 조정한 후부터 ITRF와 WGS84의 차이는 cm단위로 접근하게 되었다.

　ITRF는 IERS에서 제공하고 있는 지구중심의 국제기준계이며, IERS는 1987년 국제천문학연합인 IAU[4]와 국제측지·지구물리학연합인 IUGG[5]에 의하여 공동으로 설립된 기구로서 초장기선간섭계(VLBI),[6] SLR(Satellite Laser Ranging) 등의 관측에 의하여 결정된 값이다. ITRF는 현제 국제시보국의 BTS(BIH Terrestrial System)을 승계하고 있으며 WGS84보다 더 정확한 기준계로서 각국에서 사용되고 있다.

　GPS위성의 궤도정보에 대한 정확도가 관측정확도에 큰 영향을 미치므로 위성추적관제국(Terrestrial System)을 통한 정밀력(ephemeris)의 제공이 필요하다. GPS의 정밀력은 미국 국방성의 NIMA[7]에서 관장하고 있다. 또한 IGS와 국제협동 GPS망(CIGNET)[8]은 전 지구에 걸쳐 실시되고 있는 민간의 GPS위성 궤도추적을 위한 망이다.

　IGS는 1991년에 IUGG산하기구인 국제측지학협회(IAG)[9]에서 제안한 것으로서 연속추적을 위한 주된 관측망과 보다 많은 수의 기점망으로 구성하고 있다.

　CIGNET는 1992년에 운용된 약 20점의 추적국으로 구성되며 미국 NGS(National Geodetic Survey)에서 관장하고 있는 민간용 추적체계이다. 국가기본망의 구축을 위해서는 먼저 국제적인 ITRF/IGS와 관련되는 대륙망이

---

2) IPMS : International Polar Motion Service
3) IGS : International GPS Geodynamics Service or International GPS Service for Geodynamics
4) IAU : International Astronomical Union
5) IUGG : International Union of Geodesy and Geophysics
6) VLBI : Very Long Baseline Interferometry
7) NIMA : National Imagery and Mapping Agency
8) CIGNET : Coorperative International GPS Network
9) IAG : International Association of Geodesy

결정되어야 하며 구성이 곤란한 경우는 국제적인 VLBI/SLR관측점을 활용하는 것이 필요하다.

5. 좌표의 투영(projection for coordinates)

엄격히 표현하면 지표면은 평면이 아닌 구면이다. 삼각측량의 경우에도 삼등 삼각측량 이하와 같이 거리가 짧을 때는 곡면이란 것을 생각지 않아도 되지만 일등, 이등 삼각측량과 같이 1변의 거리가 길게 되고 범위가 넓게 되면 지구의 곡률을 고려하지 않으면 안 되게 된다. 이와 같이 하여 둥근 지구 표면의 일부에 국한하여 얻어진 측량의 결과를 평탄한 종이 위에 어떤 모양으로 표시할 수 있겠는가 하는 문제를 취급하는 것이 투영법(投影法)이다.

투영법에는 그 지도를 사용하는 목적에 따라 여러 가지 방법이 있다. 그러나 어떤 방법이든 지구를 평면으로 표시하는 이상 무리가 일어나는 것은 당연하므로 어디에서도 비틀어짐이 생기지 않게 평면상에 표시할 수는 없다. 그러므로 지구면의 형상을 정확히 표시할 수 있는 것으로서는 지구의밖에는 없다. 그러나 지구 전체를 1/50,000로 축소한 지구의를 만들어 이를 이용하는 것은 더욱 곤란하다. 그래서 지금 이와 같은 지구의가 되었다고 하고 그 표면을 충분히 평면으로 간주할 수가 있을 정도로 좁은 간격의 자오선과 평행하게 잘라 본다. 그리고 그 1편을 1장의 지도로 하면 그 지도를 충분히 정확한 지구의 표면을 축도한 것으로 할 수 있다. 이와 같이 하여 지도를 만드는 방법을 다면체투영법이라 한다(〈그림 2-12〉 참조).

그림 2-12 다면체투영법

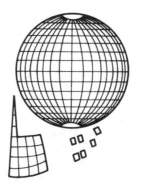

같은 경도차라 하여도 위도가 변하면 그 평행권의 길이가 변한다. 따라서 다면체투영법에 의한 지도는 사각형이 아니고 등각의 사다리꼴로 되고 또 1장의 지도에 포함되는 면적도 남과 북이 다르게 된다. 이것을 순서대로 붙여 나가면 이음이 차차 둥글어져 구형이 될 것이다.

현재 발행되고 있는 지형도는 〈표 2-2〉과 같은 표준에 의하여 1장의 지형도가 되고 있다.

■■ 표 2-2 국가기준계의 특징

축 척	경 도 차	위 도 차
1/5,000	1′30″	1′30″
1/25,000	7′30″	7′30″
1/50,000	15′	15′

지구의 투영법으로서는 다면체투영법 외에 메르카토르법(경선은 경도차에 따른 등간격의 평행직선이고 위선은 그것에 직교하는 직선으로 표현한다. 두 지점간의 등각항로가 항상 직선이므로 방위각이 올바로 표시된다. 해도의 투영법으로서 중요하다), 본느법(면적을 똑같이 나타내도록 한 도법), 도레미법(각 경선상에서는 거리가 옳게 나타난다) 등 목적에 의하여 여러 방법이 사용된다. 횡원통도법(transverse cylindrical projection)은 적도에 지구와 원통을 접하여 투영하는 것으로 대표적인 방법은 다음과 같다.

(1) 가우스 이중투영(Gauss double projection)

① 지구를 원으로 가정하여 타원체에서 구체로 등각투영하고 이 구체로부터 평면으로 등각횡원통 투영하는 방법이다.
② 소축척지도에서는 지구 전체를 구에 투영하고 대축척지도에서는 지구의 일부를 구에 투영한다.
③ 우리나라 지적도 제작에 이용하고 있다.

(2) 가우스-크뤼거도법(Gauss-Krügers projection)

① 회전타원체로부터 직접 평면으로 횡축등각원통도법에 의해 투영하는 방법으로 횡메르카토르도법(TM : Transverse Mercator projection)이라고도 한다.

② 원점은 적도상에 놓고 중앙경선을 X축, 적도를 Y축으로 한 투영으로 축상에서는 지구상의 거리와 같다.

③ 투영범위는 중앙경선으로부터 넓지 않은 법위에 한정한다.

④ 투영식은 타원체를 평면의 등각투영이론에 적용하여 구할 수 있다.

⑤ 우리나라 지형도 제작에 이용되었으며 남북이 긴 우리나라 형상에는 적합한 투영방법이다.

(3) 국제횡메르카토르도법(UTM : Universal Transverse Mercator projection)

① 지구를 회전타원체로 보고 80°N~80°S의 투영범위를 경도 6°, 위도 8°씩 나누어 투영한다.

② 투영식 및 좌표변환식은 가우스-크뤼거(TM)도법과 동일하나, 원점에서의 축척계수를 0.9996으로 하여 적용범위를 넓혔다.

③ 지도제작시 구역 경계가 서로 30°씩 중복되므로 적합부에 빈틈이 생기지 않는다.

④ 우리나라 1/50,000 군용지도에서 사용하였으며 UTM좌표는 제2차 세계대전에 이용되었다.

투영법은 그 성질에 따라 등거리도법, 등각도법, 등적도법으로 분류되고 (〈표 2-3〉 참조), 투영면에 따라서는 방위도법, 원통도법, 원추도법, 의사도법으로 크게 나눌 수 있다(〈표 2-4〉 참조).

그림 2-13 본느도법과 도레미법

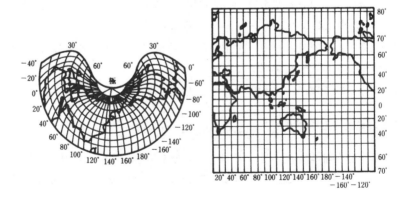

■■ 표 2-3

도 법	성 질	용 도	예
등각도법	등각, 미소지역에서의 상사성(相似性)	미소지역의 관측	측량좌표계, 해도, 항공도, 천기도
등적도법	임의의 면적이 항상 일정한 비율로 나타난다.	면적으로 분포를 비교할 때	분포도
등거리도법	거리가 바르게 나타난다. 왜곡이 균등하고 작도하기 쉽다.	특정점을 기준으로 한 거리의 관측, 전체의 관찰	일람도
심사도법	측지선이 항상 직선으로 나타난다.	대원항로의 조사	무선방향 탐지도
메르카토르 도법	등방위선이 항상 직선으로 나타난다.	항로의 조사	해도

■■ 표 2-4

투영면 성질	방위도법	단원추도법		다원추도법 다면체도법	원통도법		의사(방위·원추·원통)도법
		접원추	할원추		접원통	할원통	
정리(正距) (등거리)	정사도법	토레미 도법(정)	De L'isle	정규다원추도법	정사각형도법 카시니	직사각형 도법	
정각(正角) (등각)	평사도법	람베르트 도법	상사원추	메르카토르	메르카토르(정) 람베르트정각원통(횡) 가우스·크뤼거(횡) 〈메르카토르〉 U.T.M		
정적(正積) (등적)	람베르트 정적방위 도법	람베르트 정적원추 도법(정)	알베르		람베르트정적원통(정)		본느(추) 상송(통) 몰와이데(통) 햄머(방) 에케르트(통)
기 타	심사도법 외사도법	심사원추 (정)		직각다원추도법 다면체도법	심사원통(정) 밀러	갈	에이토프(방)

주 : 도법명칭에서 ( )는 천정도법(천), 방위도법(방), 정축(정), 횡축(횡), 사축(사), 원통(통), 원추(추).

6. 우리나라의 측량원점과 기준점

우리나라는 3개의 측량원점(경위도원점, 수준원점, 중력원점)과 위성기준점,

수준점, 중력점, 통합기준점, 삼각점, 지자기점, 수로기준점, 영해기준점 등과
같은 국가기준점 및 지적기준점(datum point) 등이 있다.

(1) 측량원점

① 경위도원점

경위도원점은 한 나라의 모든 위치의 기준으로서 측량의 출발점이 되는 점
이다. 우리나라의 측지측량은 1910년대에 일본의 동경원점으로부터 삼각측량방
법으로 대마도를 건너 거제도, 절영도를 연결하여 우리나라 전역에 국가기준점
을 설치 국가기간산업의 근간으로 활용하였으며, 1960년대 이후 정밀측지망 설
정사업으로 서울의 남산에 한국원점이라고 설치되었으나 시통장애 및 주변 여건
의 변화 및 독자적인 경위도원점의 설치가 요구됨에 따라 새로이 현재의 국토지
리정보원 구내에 대한민국경위도원점이 설치 운영되고 있다.

우리나라 경위도좌표계의 원점으로서 국토지리정보원에서는 정밀측지망측
량의 기초를 확립하기 위해 1981부터 1985년까지 5년간에 걸쳐 정밀천문측량을
실시하였다. 또한 세계측지계에 따른 우리나라 모든 측량 및 위치결정의 기준을
규정하여 새로운 측지계의 효율적 구현을 도모하고자 국제 측지VLBI(Very
Long Baseline Interferometry) 관측을 실시하여 2002년 경위도원점(국토지리정
보원에 있는 대한민국 경위도원점 금속표의 십자선 교점)의 세계측지계좌표로 설정하
였다.

그림 2-14 대한민국 경위도 원점

출처 : 좌(국토지리정보원), 우(인하공전 박경식 교수)

- 설치 : 1985. 12. 27
- 위치 : 국토지리정보원내(수원)
- 좌표 : 동경 127°03′14.8913″
         북위 37°16′33.3659″
- 원방위각 : 3°17′32.195″[원점으로부터 진북을 기준으로 오른쪽 방향으로
  관측한 서울과학기술대학교(공릉동) 내 위성기준점 금속표 십자선 교점의
  방위각]

경위도원점을 기준으로 한 삼각점은 토지의 형상, 경계, 면적 등을 정확하
게 결정하거나 각종 시설물의 설계와 시공에 관련된 위치결정을 하기 위하여 측
량을 실시할 때에 그 기준이 되는 점이다. 삼각점은 전국에 일정한 분포로 등급
별 삼각망을 형성하고, 그 지점에 삼각점을 매설하여 경도와 위도, 높이, 직각
좌표(또는 직교좌표), 진북방향과 거리를 관측하고 그 결과를 성과표로 작성하여,
각종 GIS사업, 시설물 관리, 수치지형도 제작, 공공측량, 일반측량, 지적측량
등 각종 국토건설계획 및 시공, 유지 관리시 이용할 수 있도록 그 성과표를 제
공한다. 현재 전국에 16,410여 개의 삼각점이 설치·관리되고 있다.

② 수준원점

우리나라의 육지표고의 기준은 전국의 검조장에서 다년간 조석 관측한 결
과를 평균 조정한 평균해수면(중등 조위면, Mean Sea Level : MSL)을 사용한다.
평균해수면은 일종의 가상면으로서 수준측량(또는 고저측량)에 직접 사용할 수 없
으므로 그 위치를 지상에 연결하여 영구표석을 설치하여 수준원점(Original
Bench Mark : OBM)으로 삼고 이것으로부터 전국에 걸쳐 주요 국도를 따라 수
준망(또는 고저측량망)을 형성하였다. 수준원점(또는 고저측량원점)의 형태는 원점
을 보호하는 원형 보호각 안의 화강석 설치대에 부착된 자수정에 음각으로 십자
(+) 표식을 하였다. 측량·수로조사 및 지적에 관한 법률에 의하여 우리나라의
높이의 기준은 대한민국 수준원점을 기준하도록 되어 있다. 대한민국 수준원점
(인하공업전문대학 교정 내에 있는 원점표석 수정판의 영 눈금선 중앙점)은 1963년에
1910년대에 설치된 인천수준기점으로부터의 연결관측에 의하여 설정되었고 인
천만의 평균 해면상으로부터 26.6871m이다.

현재 전국에 수준원점을 기준으로 약 7,220여 개의 수준점(고저기준점)을 설
치·운영하고 있으며, 이를 이용하여 일상생활에 필요한 상·하수도를 비롯하여
하천 제방공사 및 교량높이기준설정 등의 치수사업과 도로 경사나 구조물 등 각

그림 2-15   수준원점 전경과 원점표석의 수정판(영눈금)

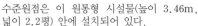

수준원점은 이 원통형 시설물(높이 3.46m, 넓이 2.2평) 안에 설치되어 있다.

출처 : 좌(국토지리정보원), 우(인하공전 박경식 교수)

그림 2-16   우리나라 수준점 개요도

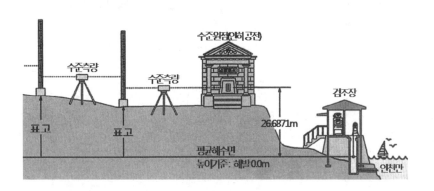

종 토목공사시 높이를 결정하고 있다.

　③ **중력원점**

　중력원점은 2000년 한일 측지협력사업으로 국토지리정보원과 일본의 국토지리원이 공동으로 절대중력관측을 실시하여 그 값을 아래와 같이 국토지리정보원 고시 제2001-82호(2001.3.6)로 고시하였다.

　－ 관측목직 : 국제중력망과의 결합 및 높은 정확도의 대한민국 중력관측망

구축을 위하여 대한민국 중력원점 설치
- 관측기간 : 1999. 12. 10-12. 16(7일간)
- 관측장비 : 절대중력계 FG5
- 관측결과

경위도좌표	중력값(mgal)	표고(m)	표준편차
경도 127° 3′21.979″E 위도 37° 16′21.576″N	979918.775±0.0001	56.5273	0.0115 mgal

중력원점을 설치하는 이유는 크게 두 가지로 구분할 수 있는데, 첫째는 중력망을 안정적으로 관리함으로써 상대중력 관측값의 망조정으로 중력망의 뒤틀림이나 편이 등을 제거할 수 있다. 두 번째로 중력의 변화를 정기적으로 모니터링하여 지구 동역학적인 문제를 연구한다. 지하에 광물이 있거나 지각운동이 일어나면 중력이 변하기 때문이다. 전 세계적인 절대중력망의 네트워크는 이러한 지구 동역학을 규명하는 데 중점을 두어 노력하고 있으며, 지각, 지하수, 맨틀 상부의 밀도변화 등 다양한 문제에 응용된다.

현재 중력원점으로부터 전국 주요 지점의 상대중력을 관측한 중력기준점이 12점이고 중력보조점이 약 6,970여 개가 설치·관리되고 있다.

그림 2-17 중력원점(좌)과 중력기준점(우)

(2) 국가기준점 및 지적기준점

① 위성기준점(GPS상시관측소)

위성기준점은 지리학적 경위도, 지구중심 직교좌표의 관측 기준으로 사용하기 위하여 대한민국 경위도원점을 기초로 정한 기준점이다.

그림 2-18 위성기준점(GPS상시관측소) 현황과 위성기준점(국토지리정보원 내)

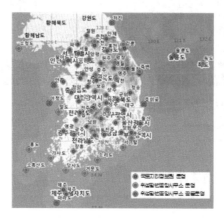

출처 : 국토지리정보원

국가 기준 좌표계로서의 활용, 자동항법시스템의 활용, 지도제작, 지각변동 등의 목적으로 1995년 3월 수원 GPS상시관측소 운영을 시작으로 1997년 GPS 무인 원격관측소를 4곳 설치하였고, 1998년 GPS 무인원격관측소 중앙국을 설치하였으며, 2012년 현재 국토지리정보원은 72개의 GPS상시관측소를 운영하고 있다.

위성기준점은 지상 약 20,200km에서 지구 주위를 하루에 2회 회전하는 24개(31개 위성 중 24개만 이용)의 GPS 위성으로부터의 수신된 자료를 국토지리정보원 GPS 중앙처리센터로 전송하고 정밀 기선 해석을 통하여 위성기준점 위치를 높은 정확도로 결정한다. 이러한 GPS수신자료를 사용자가 우리나라 어느 곳에서든지 손쉽게 이용할 수 있도록 전국에 등분포로 위성기준점을 설치하고, 이에 대한 측량성과는 국토지리정보원 고시 제2001-153(2001. 6. 4)호로 공표하였으며, 그 측량성과 및 GPS관측자료는 국토지리정보원 홈페이지 등을 통하여 일반에게 제공하고 있다.

② **통합기준점**

2008년부터 국토지리정보원에서는 위치, 높이 및 중력값의 정보를 담고 있는 통합기준점을 설치하여 왔다. 통합기준점이란 평탄지에 설치·운용하여 측지, 지적, 수준, 중력 등 다양한 측량분야에 통합 활용할 수 있는 다차원·다기능 기준점을 말한다. 경위도(수평위치), 높이(수직위치), 중력 등을 통합 관리 및

그림 2-19 통합기준점(수원)

제공, 영상기준점 역할을 한다. 현재 약 1,200여 개의 통합기준점이 설치·관리되고 있다.

③ 지자기점(地磁氣點)

지구가 가지는 자석의 성질 즉, 지자기 3요소인 편각, 복각, 수평분력을 관측하여 관측지역에 대한 지구자기장의 지리적 분포와 시간변화에 따른 자기장 변화를 조사, 분석하는 것이 지자기측량으로 이를 위하여 설치한 점이 지자기점이다. 전국의 지자기도, 지형도, 항로 및 항공도 작성과 위성측지측량, 수준측

그림 2-20 지자기점(국토지리정보원 내)

출처 : 국토지리정보원

량, 중력측량 등의 관측자료와 함께 이를 이용한 지구 내부 구조해석에 활용하고 국가 기본도의 지침편차자료와 지하자원의 무굴삭 탐사, 지각 내부구조연구 및 지구 물리학의 기초자료로 활용된다. 지자기점은 현재 약 30여 개가 설치·관리되고 있다.

④ 수로기준점

수로조사 시 해양에서의 수평위치와 높이, 수심관측 및 해안선 결정 기준으로 사용하기 위하여 위성기준점과 기본수준면을 기초로 정한 기준점으로서 수로측량기준점, 기본수준점, 해안선기준점으로 구분한다.

가) 수로측량기준점

수로조사시 해양에서의 수평위치 측량의 기준으로 사용하기 위하여 위성기준점, 통합기준점 및 삼각점을 기초로 정한 국가기준점을 말한다.

나) 기본수준점

수로조사시 높은 관측의 기준으로 사용하기 위하여 조석관측을 기초로 정한 국가기준점을 말한다. 〈그림 2-21〉의 기본수준원점은 인천지역의 수심기준인 약최저저조면과 우리나라 해발고도의 기준인 평균해수면으로부터의 높이를 정한 점이다.

다) 해안선기준점

수로조사시 해안선의 위치 측량을 위하여 위성기준점, 통합기준점 및 삼각

그림 2-21 인천 기본수준원점(국립해양조사원 내) ●●●

점을 기초로 정한 국가기준점을 말한다.

⑤ **영해기준점**

영해기준점은 우리나라의 영해를 획정(劃定)하기 위하여 정한 기준점이다.

⑥ **지적기준점**

지적측량 시 수평위치 측량의 기준으로 특별시장·광역시장·도지사 또는 특별자치도지사나 지적소관청이 지적측량을 정확하고 효율적으로 시행하기 위하여 국가기준점을 기준으로 하여 따로 정하는 측량기준점이다. 우리나라의 지적기준점은 구소삼각원점, 특별소삼각원점, 특별도근측량원점 및 통일원점 등 다양한 원점체계를 기준으로 하고 있다. 지적기준점에는 지적삼각점, 지적삼각보조점, 지적도근점 등이 있다.

가) 지적삼각점(地籍三角點)

지적측량 시 수평위치 측량의 기준으로 사용하기 위하여 국가기준점을 기준으로 하여 정한 기준점이다.

나) 지적삼각보조점

지적측량 시 수평위치 측량의 기준으로 사용하기 위하여 국가기준점과 지적삼각점을 기준으로 하여 정한 기준점이다.

다) 지적도근점(地籍圖根點)

지적측량 시 필지에 대한 수평위치 측량 기준으로 사용하기 위하여 국가기준점, 지적삼각점, 지적삼각보조점 및 다른 지적도근점을 기초로 하여 정한 기준점이다.

그림 2-22 지적삼각점

측/량/학/개/관

제 3 장

각 관 측

1. 개   요

　각측량(angle surveying)용 기기에는 트랜시트(transit), 데오돌라이트 (theodolite), 광파종합관측기(TS: Total Station) 등이 있다. 트랜시트는 망원경이 그 수평축의 주위를 회전할 수 있으나, 데오돌라이트는 회전할 수 없고 대개 compass도 장치되어 있지 않다. 각관측에 있어서는 트랜시트보다 데오돌라이트나 TS가 높은 정밀도로 각을 관측할 수 있다. 원래 트랜시트는 미국(정준나사 4개), 데오돌라이트는 유럽(정준나사 3개)에서 사용되어 왔으나 지금은 뚜렷하게 구별되지는 않는다. 각측량기기에 대한 것은 측량실무 개관에서 설명하기로 한다.

　본장에서는 수평각과 수직각관측 방법 및 관측에 따른 오차와 정밀도에 관하여 기술하겠다.

2. 수평각 관측법

　수평각은 트랜시트, 데오돌라이트, TS 등으로 수평축을 기준하여 교각법, 편각법, 방위각법 등이 있으며 수평각을 관측하는 방법에는 단각법, 배각법, 방향각법 및 조합각관측법(또는 각관측법)의 4종류가 있다. 어느 방법을 사용하느냐 하는 것은 측량의 종류, 소요 정확도 및 사용되는 시간 등에 따라서 결정

- 56 -

한다.

(1) 수평각의 기준

수평각은 중력방향과 직교하는 평면, 즉 수평면 내에서 관측되는 각으로서 그 기준선의 설정과 관측 방법에 따라 방향각, 방위각, 방위 등으로 구분된다. 수평각은 대개의 경우 자오선(子午線 : meridian)을 기준으로 하는데 원칙적으로는 진(북)[眞(北)]자오선(true meridian)을 사용하는 것이 이상적이지만 측량의 편의상 자(북)[磁(北)]자오선(magnetic meridian), 도(북)[圖(北)]자오선(grid meridian), 가상자오선(assumed meridian) 등도 기준으로 한다.

진(북)자오선은 천문측량이나 관성측량에 쓰이고, 자(북)자오선은 주로 공사측량에 사용되며, 도(북)자오선은 대규모 건설공사에 필요한 측량좌표계 및 평면직교좌표계, 삼각측량 및 다각측량좌표계에 이용되며, 가상자오선은 작은 범위 내에서 상대적인 값만을 필요로 할 때 사용된다.

(2) 방향각(direction angle)

방향각은 기준선으로부터 어느 관측선까지 시계방향으로 잰 수평각을 말하는 것으로 넓은 의미로는 방위각도 포함된다고 할 수 있다. 일반적으로 측량에서 방향각이란 좌표축의 X^N방향, 즉 도북방향을 기준으로 어느 관측선까지 시계방향으로 잰 수평각을 가리킨다.

(3) 방위각(azimuth, whole circle bearing, meridian angle)

자오선을 기준으로 어느 관측선까지 시계방향으로 잰 수평각을 방위각(方位角)이라 하며 일반적으로 자오선의 북쪽(N)을 기준으로 하지만 남반구에서는 자오선의 남쪽(S)을 기준으로 하기도 한다.

진북방위각(true azimuth)과 평면직교좌표계의 X^N좌표축방향을 기준으로 하는 방위각 사이에는 다음 관계가 있다.

$$방향각(T) = 진북방위각(\alpha) + 자오선수차(\pm\gamma) \qquad (3.1)$$

여기서는 자오선수차(子午線收差 : meridian convergence) 또는 진북방위각(true bearing)이란 평면직교좌표계에서의 진북(N)과 도북(X^N)의 차이를 나타내는 것으로 좌표원점에서는 진북과 도북이 일치하므로 0이지만 동서로 멀어질수

그림 3-1 방향각과 방위각

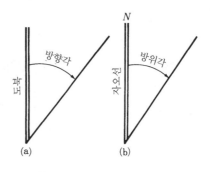

그림 3-2 방향각과 진북방위각

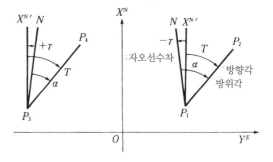

록 그 값이 커지게 되며 관측점이 원점의 서쪽에 있을 때는 +값(〈그림 3-2〉에서 $\angle X^{N'}P_3N=+\gamma$)을, 동쪽에 있을 때는 −값(〈그림 3-2〉에서 $\angle X^{N'}P_1N=-\gamma$)을 갖게 된다.

자북방위각(磁北方位角 : magnetic azimuth)은 자북방향을 기준으로 한 방위각으로서 일반적으로 자북과 진북은 일치하지 않기 때문에 자북방위각으로부터 진북방위각을 구하려면 자침편차를 더해 주어야 한다. 즉,

$$진북방위각(\alpha)=자북방위각(\alpha_m)+자침편차(\pm\varDelta) \tag{3.2}$$

자침편차(磁針偏差 : magnetic declination)는 진북방향을 기준으로 한 자북방향의 편차를 나타내는 것으로 자북이 동편일 때는 +값을, 서편일 때는 −값을

그림 3-3 진북, 자북, 도북의 관계

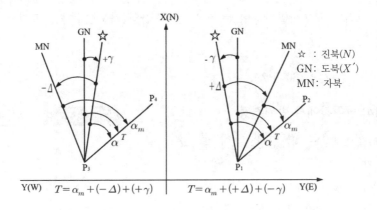

$$T=\alpha_m+(-\Delta)+(+\gamma) \qquad T=\alpha_m+(+\Delta)+(-\gamma)$$

가지며 우리나라에서는 일반적으로 $4°{\sim}9°\mathrm{W}$이다.

자북방위각으로부터 방향각을 환산하는 식은 식 (3.1)과 식 (3.2)로부터

$$T=\alpha_m+(\pm\Delta)+(\pm\gamma) \tag{3.3}$$

임을 알 수 있다.

한편, 평면측량에서 두 점 P_1, P_2를 생각할 때 도북과 진북은 일치한다고 간주할 수 있으므로, P_1에서 P_2를 관측한 경우의 방위각과 P_2에서 P_1을 관측한 방위각은 $180°$만큼 차이가 있다. 이 경우 후자를 역방위각(逆方位角 : re-ciprocal azimuth)이라 한다.

즉, 〈그림 3-4〉에서

그림 3-4 역방위각

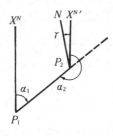

$$\alpha_1 = \alpha_2 + 180° \tag{3.4}$$

이다. 그러나 구면상일 경우에는 역시 두 점간의 자오선수차를 고려해 주어야
한다. 즉

$$\alpha_1 = \alpha_2 + 180° + \gamma \tag{3.5}$$

(4) 방위각에서 방위결정

N축으로부터 시계방향으로의 각이 $\alpha°$ 일 때

방위각			방위
$\alpha= 20°$	N	α	E	$N\,20°\,E$
$\alpha=130°$	$S(180-130)E$		$S\,50°\,E$
$\alpha=210°$	$S(210-180)W$		$S\,30°\,W$
$\alpha=320°$	$N(360-320)W$		$N\,40°\,W$

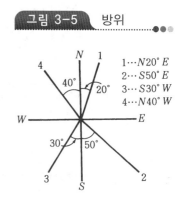

그림 3-5 방위

1···$N20°E$
2···$S50°E$
3···$S30°W$
4···$N40°W$

(5) 수평각의 관측방법

① **단각법**(〈그림 3-6〉 참조)

1개의 각을 1회 관측으로 관측하는 방법이며 그 결과는 '나중 읽음값－처
음 읽음값'으로 구해진다.

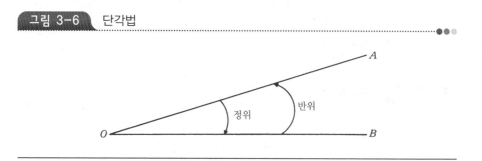

그림 3-6 단각법

② **배각법(반복법)**(〈그림 3-7〉 참조)

가) **방   법**

배각법은 $\angle AOB$를 2회 이상 반복관측하여 관측한 각도를 모두 더하여 평

균을 구한다. 이 방법은 아들자의 최소 읽기가 $20''\sim1'$으로 나쁜 눈금의 이중축 (복축)을 가진 트랜시트에서 그의 이중축을 이용하여 읽기의 정밀도를 높이기 위한 방법이다.

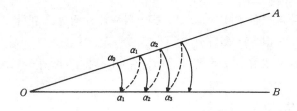

1회 최후의 B를 시준한 때의 눈금이 α_n이라 하면,

$$\angle AOB = \frac{\alpha_n - \alpha_0}{n} \tag{3.6}$$

로 구해진다. 일반적으로 정·반위의 망원경에 쓰이는 방법이다.

나) 배각법의 각관측정밀도

(ㄱ) n 배각의 관측에 있어서 1각에 포함되는 시준오차 m_1

$$m_1 = \frac{\sqrt{2}a \cdot \sqrt{n}}{n} = \sqrt{\frac{2a^2}{n}} \qquad 단, a: 시준오차 \tag{3.7}$$

(ㄴ) 읽음 오차 m_2

$$m_2 = \frac{\sqrt{2}\beta}{n} = \frac{\sqrt{2\beta^2}}{n} \qquad 단, \beta: 읽기 오차 \tag{3.8}$$

(ㄷ) 1각에 생기는 배각관측오차 M

$$M = \pm\sqrt{m_1^2 + m_2^2} = \pm\sqrt{\frac{2}{n}\left(a^2 + \frac{\beta^2}{n}\right)} \tag{3.9}$$

다) 배각법의 특징

(ㄱ) 배각법은 방향각법과 비교하여 읽기 오차 β의 영향을 적게 받는다.

(ㄴ) 눈금을 직접 관측할 수 없는 미량의 값을 누적하여 반복횟수로 나누면 세밀한 값을 읽을 수 있다.

(ㄷ) 눈금의 불량에 의한 오차를 최소로 하기 위하여 n회의 반복결과가 360°에 가깝게 해야 한다.

(ㄹ) 내축과 외축을 이용하므로 내축과 외축의 수직선에 대한 불일치에 의하여 오차가 생기는 경우가 있다.

(ㅁ) 배각법은 방향수가 적은 경우에는 편리하나 삼각측량과 같이 많은 방향이 있는 경우는 적합하지 않다.

③ **방향각법**(〈그림 3-8〉 참조)

가) 방   법

이 방법은 어떤 시준방향을 기준(O방향)으로 하여 각 시준방향의 내각을 관측하여 기준방향선에 결합한 경우 최초의 읽기(O방향)와 일치하도록 조절한다. 또 오차가 있는 경우는 각각의 각에 평균분배한다. 그리고 기계적 오차를 제거하기 위해서 정·반의 관측평균값을 취하면 된다.

나) 방향각법의 각관측오차

(ㄱ) 1방향에 생기는 오차 m_1

$$m_1 = \pm\sqrt{\alpha^2+\beta^2} \qquad \text{단, } \alpha: \text{시준오차, } \beta: \text{읽기 오차} \tag{3.10}$$

그림 3-8 방향각법과 조합각관측법

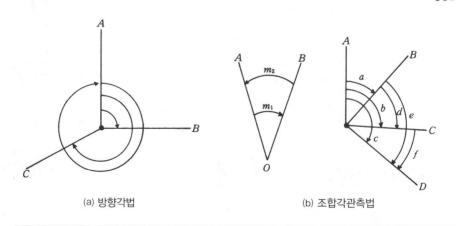

(a) 방향각법   (b) 조합각관측법

(ㄴ) 각관측(두 방향의 차)의 오차 m_2

$$m_2 = \sqrt{2}\, m_1 = \pm \sqrt{2(\alpha^2 + \beta^2)} \tag{3.11}$$

(ㄷ) n회 관측한 평균값에 있어서의 오차 M

$$M = \pm \frac{\sqrt{n}\, m_2}{n} = \pm \frac{m_2}{\sqrt{n}} = \pm \sqrt{\frac{2}{n}(\alpha^2 + \beta^2)} \tag{3.12}$$

④ **조합각관측법**(또는 각관측법)

수평각관측법 중 가장 정확한 값을 얻을 수 있는 방법으로 1등 삼각측량에 이용된다. 관측할 여러 개의 방향선 사이의 각을 차례로 방향각법으로 관측하여 최소제곱법에 의하여 각 각의 최확값을 구한다. 한 점에서 관측할 방향수가 N 일 때 총 각관측수와 조건식수는 다음과 같다.

$$\text{총 각관측수} = N(N-1)/2 \tag{3.13}$$
$$\text{조건식수} = (N-1)(N-2)/2 \tag{3.14}$$

〈그림 3-8〉 (b)의 경우에 방향수 $N=4$이므로 총 각관측수=6, 조건식수 =3이다.

3. 수직각관측법

수직각은 망원경을 트랜싯이나 각관측기 등의 수평축 주위로 회전하여 수직분도원상에서 읽어서 관측한다. 수준기의 기포가 수평을 나타낼 때 망원경의 수평방향이 수평이 되지 않으면 수직각의 관측정밀도는 낮아진다. 수직분도원의 시준선방향은 천정각거리 관측용 기계에서는 90° 및 270°, 고저각관측용 기계에서는 0° 및 180°로 되어 있다.

수직각은 고저각, 천정각거리(또는 천정각), 천저각거리(또는 천저각) 등이 있다.

(1) 고저각과 천정각거리

고저각은 수평선을 기선으로 목표에 대한 시준선과 이룬 각을 말한다. 상향각(또는 앙각)을 ＋, 하향각(또는 부각)을 －로 한다. 이것에 대한 연직선 방향을 기준으로 나타낸 각을 천정각거리(天頂角距離)라 말한다. 그러므로 천정각거

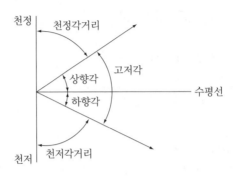

그림 3-9

천정

천정각거리

고저각

상향각

하향각

수평선

천저

천저각거리

리와 고저각 a와는 여각($a=90°-Z$)의 관계가 있다.

(2) 천정각거리의 관측

트랜시트의 고도눈금은 우회(右回)로 0°~360°까지의 눈금으로 되어 있고 망원경이 수평일 때 아들자의 지표가 90°와 270°를 가리키고 0~90°까지 좌우의 눈금으로 되어 망원경을 수평으로 할 때, 아들자가 0°를 가리키게 된다. 대부분의 트랜시트는 아들자가 하나인 것이 많으나 정밀한 기계에는 아들자가 2개 있다. 수직각의 관측은 수평각과 똑같이 망원경 정반의 관측을 실시하고 기계오차를 소거한다.

목표를 시준할 때는 십자횡선에 대하여 정확히 목표를 맞추면 고도 기포관의 기포를 정확히 중앙으로 하여 눈금을 읽지 않으면 안 된다. 눈금 0°~360°의 것을 사용하여 관측한 정반(正反)의 관측값과 천정각거리의 관계는 다음과 같다. 망원경은 90°, 270°를 이은 선에 일치된 경우 목표를 시준(視準)하고 망원경을 수평축 주위로 회전하면 분도원도 한 번 회전하며 아들자 A의 눈금을 읽는다. 그러나 망원경의 장치가 정확히 90°의 선에 일치하지 않으므로 오차 c를 가지며 또 아들자의 위치도 오차 n을 갖는다고 생각하지 않으면 안 된다.

이 경우 망원경 정위(正位)의 관측값을 r, 반위(反位)의 관측값을 l로 하여 구한 천정각거리 Z와의 관계는 〈그림 3-10〉에서

$$정위:\ 90°-Z=90°-r+c-n \tag{3.15}$$

$$반위:\ 90°-Z=l-270°-c+n \tag{3.16}$$

그림 3-10

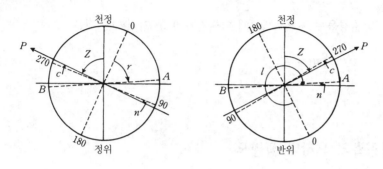

양식을 더함으로써

$$2Z = r - l$$

망원경 정위의 관측값에서 반위의 관측값을 빼는 것은 c, n의 양오차를 소거하여 천정각거리의 2배각을 얻는다. 그러므로 구하려는 천정각거리는

$$Z = \frac{1}{2}(r - l) \tag{3.17}$$

눈금이 왼쪽방향으로 둥글게 새긴 것, 또는 정위, 반위의 눈금이 〈그림 3-10〉과 반대로 붙어 있는 경우에는

$$Z = \frac{1}{2}(l - r) \tag{3.18}$$

로 되므로 사용기계는 미리 점검하지 않으면 안 된다.

(3) 고도상수

식 (3.15)와 (3.16)과의 차로부터

$$r + l = 360° + 2(c - n) = 360° + K \tag{3.19}$$

$2(c - n) = K$는 고도상수(또는 영점오차)라 말하고 이 기계에 있어서는 상수로 되

며 눈금의 원근이나 고저에 관계되지 않으므로 천정각거리관측의 양부판정에 사용된다.

또 망원경을 수평으로 할 때 아들자가 0°를 가리키는 것은

$$r+l=180°+K \tag{3.20}$$

로 된다.

4. 각관측의 오차와 정밀도

(1) 각관측의 오차

① 수평각 관측의 오차

수평각 관측의 오차 중 조정할 수 없는 읽기오차, 시준오차 등의 우연오차와 기계의 조정, 측량작업에 주의를 하면 제거되는 기계오차, 구심오차가 있다. 소거할 수 없는 눈금의 읽기오차 및 시준오차만을 생각하면 수평각 관측에서의 각관측 오차는 다음과 같다.

② 단각법에서의 시준읽기 오차

〈그림 3-11〉의 각관측에서의 시준오차를 α, 읽기오차를 β라 하면 등거리에서의 양시준점을 낀 각의 오차 γ는 α와 β 사이에는 공분산이 존재하지 않으므로 오차 전파의 법칙에 따라

$$\gamma^2=\alpha^2+\beta^2$$

그림 3-11 단각법의 각오차

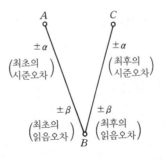

$$\therefore \ \gamma = \pm\sqrt{\alpha^2 + \beta^2} \tag{3.21}$$

이며 한 각을 잰 경우는 2방향의 차가 되므로 이 단각법에 의한 각관측오차 m_s는

$$m_s{}^2 = 2\gamma^2 = 2(\alpha^2 + \beta^2)$$
$$\therefore \ m_s = \pm\sqrt{2(\alpha^2 + \beta^2)} \tag{3.22}$$

이 된다.

③ 배각법의 시준 · 읽기오차

배각법의 관측에서 망원경으로 처음 목표에 시준하였을 때에 읽은 값은 θ_0, n회 반복한 후에 읽은 값을 θ_n이라 하면 구하는 각 $\theta = (\theta_n - \theta_0)/n$이다.

이때 한 방향의 시준오차는 $\sqrt{n}\alpha$가 되며 θ_n, θ_0에 각각 $\sqrt{n}\alpha$ 오차가 있으므로 한 각에 대한 시준오차 $m_1 = \sqrt{2\alpha^2/n}$이다. 다음에 읽기오차는 최초와 최후의 2회뿐이므로 한 각에 대한 읽기오차 $m_2 = \sqrt{2\beta^2/n^2}$이 되며 배각법에 의한 한 각에 생기는 각관측오차 m_r은 다음과 같이 구한다.

$$m_r{}^2 = (m_1)^2 + (m_2)^2 = \frac{2\alpha^2}{n} + \frac{2\beta^2}{n^2} = \frac{2}{n}\left(\alpha^2 + \frac{\beta^2}{n}\right)$$
$$\therefore \ m_r = \pm\sqrt{\frac{2}{n}\left(\alpha^2 + \frac{\beta^2}{n}\right)} \tag{3.23}$$

특히 망원경을 정위 · 반위로 하여 동시에 n회의 배각관측을 하였을 경우는 그 평균에 대한 각오차 m'_r는 다음과 같이 된다.

$$m'_r = \frac{m_r}{\sqrt{2}}$$
$$\therefore \ m'_r = \pm\sqrt{\frac{1}{n}\left(\alpha^2 + \frac{\beta^2}{n}\right)} \tag{3.24}$$

④ 총합에 대한 오차

삼각형, 다각형 또는 1점의 주위에 수 개의 각이 있을 경우에 그 각오차의 총합은 다음과 같이 된다. 즉,

$$E_s = \pm E_a\sqrt{n} \tag{3.25}$$

단, E_a: 1각에 대한 오차

$\quad n$: 각의 수

(2) 각관측의 정밀도

① 각관측오차와 거리관측오차의 관계

다각측량에 있어서는 각과 거리의 관측 정밀도를 같게 하는 것이 바람직하다. 그러기 위해서는 각관측에 기인하는 오차와 거리의 오차가 동등하게 되도록 측량기계와 관측방법을 고려하여야 한다.

$\Delta ABC = \beta$의 각관측오차를 e_β라 하고, BC 거리 l에서의 e_β에 기인하는 거리오차를 e_d라 하면(〈그림 3-12〉 참조),

$$e_\beta = e_d$$

여기서

$$e_d \fallingdotseq e_\beta \cdot l = \frac{e_\beta('')}{206,265} \cdot l \tag{3.26}$$

$l = 100$m라 하면 〈표 3-1〉과 같다.

이와 같은 것을 참고하여 각관측, 길이 관측의 균형을 취하도록 고려한다.

② 폐합비와 관측조건과의 관계

가) 폐합비를 1/1,000 이내로 유지하는 경우

이 경우에는 트랜시트로 관측한 각은 1′까지 읽고 눈짐작으로 pole을 수직으로 세워 시준하고 허용각폐합차를 $1'30''\sqrt{n}$(n은 각의 수)이라 하고 거리는 유리섬유자로 1cm까지 관측하며 거리의 왕복차는 거리의 1/3,000로 하고 3% 이하의

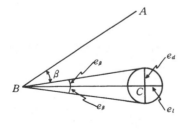

그림 3-12

■■ 표 3-1

각오차 e_β	거리 100m에 있어서의 거리오차 e_d	정 밀 도
10′	0.291m	1/340
5′	0.145	1/690
1′	0.029	1/3,400
30″	0.0145	1/6,900
20″	0.0097	1/10,000
10″	0.00485	1/21,000
5″	0.00242	1/41,000
1″	0.00048	1/206,000

경사는 평지로 보아 경사가 이것보다 클 때는 목측(目測)으로 수평에서 표준장력으로 인장하면 된다.

대부분의 예측, 지가가 낮은 지역의 토지측량 등은 이 정도로 충분하다.

나) 폐합비를 1/3,000 이내로 유지하는 경우

이 경우에는 트랜시트로 관측한 각은 30″까지 읽으며 정확히 수직으로 세운 pole을 시준하고 허용각폐합차를 $1'\sqrt{n}$으로 하고 거리는 쇠줄자를 사용하여 1cm까지 읽고 거리의 왕복차는 거리의 1/5,000로 하며 거리는 2%까지는 평지로 보고 경사가 이것보다 클 때는 사거리를 관측하여 보정하고 수평거리를 구하든가 또는 대략 표준장력으로 수평으로 줄자를 잡아당겨 수평거리를 구하며 표준온도보다 10℃ 이상의 온도 변화가 있을 경우는 온도에 대한 보정을 하면 된다. 일반적인 토지측량, 철도, 가로의 실제관측에 대하여 필요한 정밀도는 이 정도이다.

다) 폐합비를 1/5,000 이내로 유지하는 경우

이 경우에는 20″까지 읽는 트랜시트를 사용하여 망원경을 정위 및 반위로 2배각을 재어 그 평균을 구하고 수선 또는 매우 정밀하게 수직으로 세운 pole을 시준하여 허용각폐합차를 $30''\sqrt{n}$으로 하며 거리는 쇠줄자로 5mm까지 읽고 거리는 왕복거리의 1/10,000 이내로 하며 경사는 2% 이내의 정확성으로 관측하고 보정한다. 대략 표준장력으로 잡아당겨 표준온도보다 7.5℃ 이상의 변화가 있을 때는 보정을 실시한다. 이 정밀도를 요하는 범위는 대부분의 시가지 또는 중요 경계측량이다.

라) 폐합비를 1/10,000 이내로 유지하는 경우

이 경우에는 20″까지 읽는 트랜시트를 완전히 조정하여 사용하는 양 아들자를 사용한 망원경을 정위 및 반위로 반복법에 의하여 각관측을 하고 허용각폐합차를 $15''\sqrt{n}$으로 하며 거리는 쇠줄자로 2mm까지 읽고 거리의 왕복차는 거리의 1/20,000 이내로 하고 경사는 2% 이내로 결정하며 이것에 대한 보정을 하고 온도는 2℃까지 결정하여 관측하고 줄자를 수평으로 잡아당길 때는 표준장력보다 2kg 이상의 변화에 대하여 장력 및 처짐에 대한 보정을 하면 된다. 정확한 시가지 측량 및 다른 특별한 중요측량이 이 오차의 범위에 속한다.

제 4 장

거리관측

1. 개   요

거리측량(距離測量 ; distance surveying)은 2점간의 거리를 직접 또는 간접으로, 또한 횟수를 1회로 하거나 혹은 여러 회로 나누어서 측량하는 것을 말한다. 〈그림 4-1〉에 있어서 AB는 수평이고 B는 C의 연직 투영점이다. 이때 $\overline{AC}$를 사거리(斜距離, slope distance), $\overline{AB}$를 수평거리(水平距離, horizontal distance)라 부른다. 관측범위가 넓으면 A에서 B로 고저측량을 한 고저차가 영으로 되어도, 비고차(比高差)가 영인 점을 연결하면 직선이 되지 않는다. 그러나 여기에서는 그같이 넓은 범위의 측량을 대상으로 하지 않는 경우, 즉 〈그림 4-1〉이 성립하는 경우를 생각하기로 한다.

그림 4-1

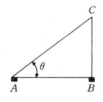

측량에서 필요로 하는 것은 대부분이 수평거리이나, 관측가능한 거리는 사거리이므로 관측거리(사거리)를 기준평면에 투영(reduction to reference plane)한 수평거리로 고쳐서 사용한다.

거리관측에 주로 이용되어오던 줄자(천 및 쇠줄자)는 최신 전파, 광파 등에 의한 기기로 바뀌어가고 있으므로 본장(4장)에서는 전자기파, 광파, 레이저, VLBI, 9장에서 TS(Total Station)에 관하여 간단히 기술하고, 거리관측의 원리를 익히기 위해 부록 4에서 줄자를 기준으로 한 직접거리측량 및 간단한 기기에 의한 간접거리측량에 관하여 설명을 하고자 한다. 좁은 지역의 거리측량은 현재 줄자도 많이 이용되고 있다.

2. 거리관측의 분류

거리관측의 분류로서 여러 가지로 나누는 방법이 있지만 간단히 다음과 같이 분류한다.

(1) 직접거리관측

줄자 등을 이용하여 직접 거리를 관측하는 방법이다.

① 줄자(tape ; cloth, bamboo, steel, invar, fiber glass)

② 측쇄(測鎖, chain)

③ 측승(測繩, measuring rope)

④ 보측(步測, by pacing) 및 목측(目測, eye-measurement)

(2) 간접거리관측

기구 등을 이용하여 전파, 광학, 삼각 및 기하하적 방법으로 거리를 간접적으로 구하는 방법이다.

① 직교기선법

② 수평표척(substense bar)

③ 평판(plane table에서 alidade를 이용)

④ 시거법(transit나 tacheometer에 의한 방법)

⑤ 거리계(rangefinder)에 의한 방법

⑥ 음측

⑦ 시각(視角)법

⑧ 윤정계(輪程計, odometer)

⑨ 전자기파거리관측법 $\begin{cases} \text{전파거리측량기(예 : tellurometer 등)} \\ \text{광파거리측량기(예 : geodimeter 등)} \\ \text{광파종합관측기(예 : TS-Total Station 등)} \end{cases}$

⑩ 영상탐측(imagematics)

⑪ 초장기선간섭계(VLBI)

⑫ 위성레이저측량(SLR)

⑬ 기타

거리관측 보조기로서는 집게(grip handle), 용수철(spring balance), 온도계 (tape thermometer), 핀(pin), 직각기(equerre or optical square), 보수계(步數 計) 등이 있다.

3. 전자기파거리측량기

전파 및 광파에 의한 간접거리측량을 할 수 있는 장비를 전자기파거리측량 기라 한다. 사용기계로서는 전파에 의한 것은 전파거리측량기, 광파에 의한 것 은 광파거리측량기라고 한다. 최근에 개발된 측량기계로 장거리를 높은 정밀도 로 신속히 관측할 수 있으므로 이미 여러 나라에서 각 방면에 이용되고 있다.

최근 전자기파를 이용한 광파종합관측기(total station)는 수평거리뿐만 아 니라 수직거리(높이), 경사거리, 수평각, 수직각, 경사각을 동시에 관측할 수 있 고 내장된 컴퓨터에 의해 위치(거리, 수평 및 수직위치), 지형도제작, 면·체적 산 정, GIS 및 각종 위치 활용분야에 기여하고 있다.

(1) 전자기파거리측량기의 분류

전자기파거리측량기는 크게 다음과 같이 이분된다.

전자기파거리측량기(EDM) electromagnetic distance measuring instrument $\begin{cases} \text{전파거리측량기(electro wave distance meter)} \\ \text{광파거리측량기(optical wave distance meter)} \\ \text{광파종합관측기(TS: Total Station)} \end{cases}$

① 전파거리측량기〔테루로메타(tellurometer) 등〕

주국(主局)과 종국(終局)으로 되어 있는 관측점에 세운 주국으로부터 목표점의 종국에 대하여 극초단파를 변조고주파로 하여 발사하고 이것이 종국을 지나 다시 주국으로 돌아오는 반사파의 위상과 발사파의 위상차로부터 거리를 구하는 장치이다.

② **광파거리측량기**〔**지오디메타**(geodimeter) 등〕

전파 대신에 빛을 쓰는 것으로 강도 변조한 빛(매초 15×10^6회의 명암을 가한 빛)을 관측점에 세운 기계로부터 발사하여 이것이 목표점의 반사경에 반사하여 돌아오는 반사파의 위상과 발사파의 위상차로부터 거리를 구하는 장치이다.

③ **레이저**(LASER: Light Amplification by Stimulated Emission of Radiation)**에 의한 광파거리측량기**

위에서 말한 광파거리측량기의 광원은 백색광이나 최근에는 헬륨 네온·가스·레이저라고 하는 단색광(파장 6328Å)의 강력한 수평광선을 보내는 광원장치가 개발되어 이것을 이용한 거리측량기로서 미국의 스펙트라피직스사의 데오돌라이트는 그의 일례로 관측가능거리는 야간 80km, 주간 32km, 오차는 ±1mm 이내라 한다. 또한 Geodimeter 8형은 60km 관측이 가능하다.

④ **광파종합관측기**(TS: Total Station)

TS는 거리(수평거리, 수직거리, 경사거리) 및 각(수평각, 수직각)을 관측하는 관측기로서 거리측량에서 $(1{\sim}2\text{mm})+1\text{ppm}: 1/1,000,000$의 정확도이다. 자세한 내용은 3차원측량에서 다루기로 한다.

(2) 전파 및 광파거리측량기의 특징 비교(〈표 4-1〉 참조)

■■ 표 4-1 광파와 전파거리측량기의 특징 비교

항 목	광파거리측량기	전파거리측량기
정확도	±(5mm+5ppm×D)	±(15mm+5ppm×D) 이내
최소 조작인원	1명(목표점에 반사경이 놓여 있는 것으로 하여)	2명(주·종국 각 1명)
기상조건	안개나 눈으로 시통이 방해받음	안개나 구름에 좌우되지 않음
관측 가능거리	약 10m~60km(원거리용) 약 1m~1km(근거리용)	약 100m~60km
방해물	시준이 필요 광로 및 프리즘 뒤에 방해를 해서는 안 됨	관측점 부근에 움직이는 장애물(가령 자동차)이 있어서 관측되지 않는 경우가 있다. 송전선 부근도 별로 좋지 않음
조작시간	한 변 10~20분방해물	한 변 20~30분

(3) 전자기파거리측량기 원리

현재의 전자기파거리측량기는 광파나 전파를 일정파장의 주파수로 변조하여 이 변조파의 왕복 위상 변화를 관측하여 거리를 구한다. 대기중의 전자기파 속도 v는 약 3×10^8m/sec의 값을 가지고 있다. 이 전자기파를 일정한 주파수로 변조하면 v/f로 정해지는 파장을 갖는 변조파가 된다. 가령 $f=7.5 \times 10^6$Hz라면 변조파장 λ는 40m가 된다. 이 변조파장을 거리관측의 매개체로 하여 쓴다.

지금 $2\pi f=w$로 하여 w 및 v에서 변조파의 왕복에서 위상차 ϕ를 관측하면 D가 구해진다. 여기서 위상은 파의 진동상태를 각도로 나타낸 것이므로 일반적으로 $2n\pi+\phi$의 형태로 표시된다. 그리하여 거리 D는 〈그림 4-2〉에서 바로

$$\frac{2D}{\lambda}=n+\frac{\phi}{2\pi} \tag{4.1}$$

그리하여

$$D=n\frac{\lambda}{2}+\frac{\phi}{2\pi} \cdot \frac{\lambda}{2} \quad (n=2D \text{ 사이에 포함된 변조파의 수}) \tag{4.2}$$

로 되며 n과 ϕ를 관측하면 거리 D가 얻어진다.

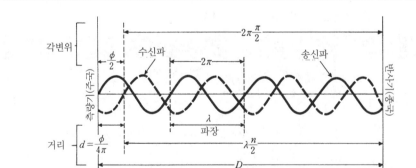

그림 4-2

(4) 전파 및 광파거리측량기의 보정

전자기파(전파 및 광파)가 왕복하는 대기중의 온도·기압·습도는 전자기파의 굴절률에 영향을 주는 것으로 정밀한 거리관측에서는 이러한 요소들에 대한 보정이 필요하다. 또 관측 길이는 일반적으로 사거리이므로, 경사보정, 평균해수면에의 보정을 해야 한다. 전파는 기후 장해로는 거의 영향을 받지 않으나 전파거리측량기로부터 발사된 전파는 약 10°의 폭으로 퍼지므로 전파장해물이 많은 시가지, 삼림 등 또는 해수면에 가까운 곳이나 지상에 기복이 있는 경우에는 불규칙한 반사 등의 영향을 받아 좋은 결과를 얻지 못한다. 광파는 어느 정도 평행광선이므로 다소의 안개나 비 등에도 영향을 받아 관측이 곤란하다.

① 기상보정(meteorological correction)

전자기파거리측량기를 사용하여 거리를 관측할 경우에 가장 기본적인 값은 '광속도'이다. 진공중에 있어서 광속도 C_0는 299,792.5km/sec로 정하였다. 그러나 관측을 실제로 행하는 것은 공기중이므로 관측할 때의 공기중의 광속도 C를 구해야 한다.

C, C_0의 관계는 다음 식으로 주어진다.

$$C = C_0 / n \tag{4.3}$$

여기서 n은 대기의 굴절률(refractive index of air)이며 기압·기온·습도에 의해 결정된다. 따라서 기온·기압 등의 오차가 관측거리에 영향을 미친다. 기온에 대해서는 1℃의 관측오차, 기압에 대해서는 3mmHg의 관측오차가 각각의 관측거리에 1/1,000,000의 오차를 준다. 습도의 영향은 전파를 사용한 거리관측에는 영향을 크게 주나, 빛을 사용한 거리관측(광파거리측량기)에는 많은 영향을 주지 않으므로 일반적으로 생략된다. 일반적으로 광파거리측량기에서는 일정한 기상조건(예 15℃, 760mmHg)에 있어서의 값을 표시하게 된다. 실제의 경우에는 기상조건을 25℃, 760mmHg로 하면 오차 ΔD는

$$\Delta D = 1\text{km} \times (25 - 15) \times 10^{-6} = 1.0\text{cm} \tag{4.4}$$

로 된다. 따라서 관측에 필요한 정확도가 수 cm정도이면 기상의 보정을 전혀 행할 필요가 없다. 정확한 거리를 구하기 위해서는 관측시에 기온·기압을 관측하여 보정식·보정표 또는 보정척을 사용하여 거리의 보정값을 구하여 관측값에

가한다. 이 보정을 기상보정(meteorological correction)이라 한다. 장거리정밀관측 때에는 기온의 관측방법이 문제가 된다. 그러나 대개 수 km의 거리관측에서는 전혀 문제가 되지 않는다.

② **반사경**(reflector)

광파거리측량기가 전파거리측량기보다도 편리한 점의 하나는 전자가 후자보다도 사용기계가 간편하다는 점이다. 즉, 전파거리측량기를 사용하는 경우는 주·종국 2대를 1조로 하여 사용하는 데 대해 광파거리측량기를 사용할 때는 관측점의 일단에 빛을 거리측량기로 되돌려 보내는 반사경을 설치하면 되고 정확도에 있어서는 광파거리측량기는 전파거리측량기보다 양호하다. 작업 능률면에서도 반사경을 사용하는 경우는 이동이 용이, 관측중에는 사람의 손이 불필요하고, 여러 개를 준비하여 많은 점을 동일점에서 간단히 관측할 수 있는 점 등의 이점이 있다. 일반적으로 반사경으로서는 프리즘 반사경을 사용한다. 이 반사경의 특징은 빛의 반사성에 있다. 즉, 반사된 빛은 반드시 빛의 방향(거리관측기의 방향)으로 진행하므로 프리즘의 방향을 엄밀히 하지 않고도 작업을 용이하게 할 수 있다(〈그림 4-3〉 참조).

그림 4-3 ●●●

③ **전자기파거리측량기에 의한 거리관측의 오차**

전자기파거리측량기를 사용하는 경우에 생기는 오차에는 거리에 비례하는 것과 비례하지 않는 것이 있다.

가) 거리에 비례하는 오차

(ㄱ) 광속도의 오차

진공중의 광속도는 국제적으로 299,792.5km±0.4km의 값을 쓰기로 결정하였다. 이것으로부터 기인되는 오차는 일반적인 측량에는 전혀 영향이 없다. 일반적으로 진공중의 광속도의 오차에 관해서는 생각하지 않는다.

(ㄴ) 광변조주파수의 오차

주파수의 오차는 관측거리에 크게 영향을 준다. 광변조주파수를 f, 주파수의 오차를 Δf라 하면 관측거리 D에 미치는 오차 dD는 $-(\Delta f/f) \cdot D$로 된다. 즉, 주파수의 상대오차는 같다.

(ㄷ) 굴절률의 오차

굴절률의 오차를 Δn이라 하면 거리의 오차는

$$dD = -(\Delta n/n) \cdot D \tag{4.5}$$

로 된다.

관측거리가 수 km로서 1/10,000 정도의 거리관측 정밀도가 요구되어지면 관측양단의 기상 자료로부터 굴절률을 구하면 충분하다.

나) 거리에 비례하지 않는 오차

(ㄱ) 위상차관측의 오차

전자동적으로 위상차를 얻는 거리측량기에는 기계 그 자체가 갖고 있는 분해능, 또는 관측자가 위상차를 구하는 거리측량기에는 기계의 분해능에 가해지는 관측자의 관측오차가 있다. 이 크기는 일반적으로 1~2cm 정도이다.

(ㄴ) 기계상수, 반사경상수의 오차

거리측량기에는 기계상수가 있으나 이 오차의 크기는 2~3mm 정도이다. 반사경상수도 같은 정도이다.

(ㄷ) 거리측량기와 반사경의 기준점(참조점)이 지상점에서 벗어남에 의한 오차

이 목적에는 일반적으로 수직추를 쓰나 1~2mm 정도의 오차가 있다. 단거리 관측에서는 이 오차에 주의할 필요가 있다.

상기의 전자기파거리측량기의 오차는 모두 주파수 및 굴절률에 의해 많은 영향을 받는다. 2~3km 정도의 거리측량에서는 주파수가 올바르게 점검된 거리측량기를 사용하면 종합오차가 1~2cm로 작아지므로 중거리 관측용에는 적당하다.

4. 초장기선간섭계(VLBI)에 의한 장거리 측량

(1) 개   요

초장기선 간섭계(VLBI : Very Long Baseline Interferometer)는 동일 전파원으로부터 방사된 전파를 멀리 떨어진 2점에서 동시에 수신하여, 2점에서 전파

가 도착하는 시간차(지연시간)를 정확히 관측함으로써 2점 사이에 거리를 매우 안정된 관측값으로 확보할 수 있다. 한편 GPS, SLR관측은 인공위성을 기준으로 하고 있기 때문에 장기적으로는 위성궤도의 오차발생, 기술운용의 방법 등으로 안정성 있는 위치 확보에 한계가 있다. 안정된 천문기준좌표계에 의거한 VLBI 관측자료는 장기적으로도 안정하다. 이로써 VLBI는 GPS 등 다른 우주 기술의 관측자료의 장기 안정성을 확보할 수 있는 지침이 될 수 있다. GPS관측으로 얻어진 관측점은 GPS안테나의 위상중심(位相中心)에 위치하고 있기 때문에 외부의 전자기(電磁氣)환경에 의해 변위될 수 있으므로 측량에 적용 시 오차에 대한 처리기술이 필요하다. VLBI 기법은 전파를 발사하는 천체의 위치나 구조를 관측하는 기술로써 고안되었으나, 1960년대 말경부터 대규모 측량에 적용할 수 있도록 발전되고 있다. 전파망원경에서는 광선에 비해 방향의 분해능이 대단히 나쁘므로 안테나 지름을 크게 해야 하지만, 너무 크게 하기에는 경비나

그림 4-4 VLBI의 원리

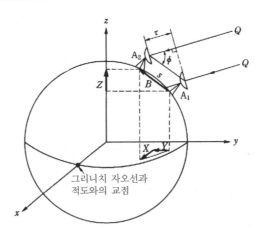

그림 4-5 시간차 τ의 관측

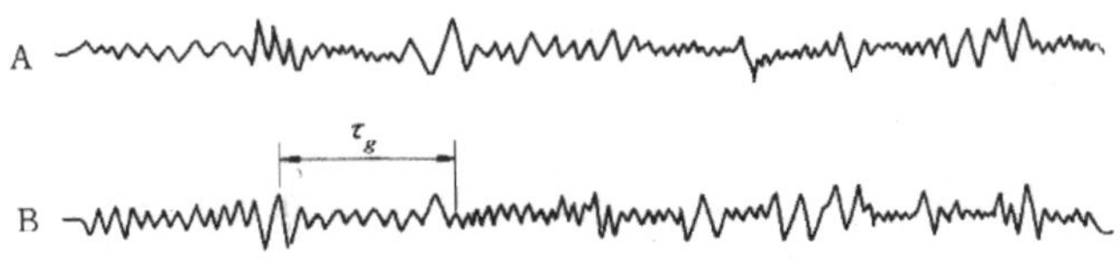

기술적인 면에서 곤란하기 때문에 작은 지름의 안테나를 멀리 설치하여 큰 지름의 안테나와 같은 분해능을 갖도록 고안되고 있다. 초장기선 간섭계는 전파 분해능을 이용하여 전파원으로부터 109광년의 거리에 있는 준성(quasar)에 백색에 가까운 1~100GHz 정도의 주파수를 발사하여 초장(超長 : 수천 km)기선관측으로 수 mm 정밀도로 위치 관측이 가능하다. 무한거리에 있다고 볼 수 있는 준성에서의 전파는 거리 s만큼 떨어진 2개의 안테나에 평행하게 입사하므로, 도착시간차는 기하학적 지연시간(遲延時間, geometrical delay time)인 τ_g이다. 지연시간의 관측은 준성으로부터의 전파를 정확한 시간과 함께 테이프 기록기에 기록하고 양안테나에서의 기록된 값으로부터 최대의 간섭이 얻어지는 시간차 τ를 결정한다. 이 시간차의 관측정밀도는 $\pm 0.1ns(1ns = 10^{-9}$초)에 달하며 광속으로 환산한 거리는 $\pm 3cm$에 해당한다. 측지 VLBI망은 전 세계에 구축되어 있다. GPS는 단거리 관측에서는 VLBI에 필적하는 정확도를 확보할 수 있으나 지구를 주기적으로 회전하고 있는 인공위성을 기준으로 하고 있으므로 지구규모의 초장기선 관측에서는 정확도가 떨어지므로 측지VLBI를 사용해야 한다.

기선 벡터를 B, 준성의 방향단위 벡터를 Q, 광속을 c라 할 때 τ_g는

$$\tau_g = \frac{B \cdot Q}{c} \tag{4.6}$$

이다.

(2) 우주측지기술로서의 측지VLBI, GPS, SLR의 상관성

국제지구회전기준좌표계제공(IERS : International Earth Rotation and Reference Systems Service)에서 이용되고 있는 3가지 우주측지기술에 관한 표는 〈표 4-2〉와 같다.

■■ 표 4-2 우주측지기술에 있어서의 VLBI의 역할

observational techniques	reference frames		earth orientation parameters			polar motion accuracy
	ICRF	IRTF	Pol. Mot.	UTI	Prec. & Nut	
VLBI	○	○	○	○	○	≤0.2mas
GPS	×	○	○	△	×	0.2mas
SLR	×	○	○	△	×	0.3~0.4mas

mas: milli arc second(밀리 각 초)

VLBI는

① 우주론적 원방(遠方)에 있는 은하계외(銀河系外) 전파원(電波源)에 기준을 두고(준거 : 準據) 있으며 순수기하학적인 측지원리를 이용하고 있다.

② 천구기준좌표계(ICRF : International Celestial Reference Frame)를 구축하고 지구자세를 나타내는 모든 parameter(Polar motion, UTI, Precession & Nutation)를 결정한다(UTI는 지구회전계의 세계시임).

③ 가장 높은 정확도를 확보할 수 있어 최첨단 기술로서 중요한 관측방법으로 역할을 할 수 있다.

5. 레이저에 의한 위성 및 달의 거리 측량
[SLR or LLR: Satellite (or Lunar) Laser Ranging]

위성 측량방법으로 위성의 방향을 관측하는 광학적 방향관측법이 일찍부터 실시되었으나 대기의 영향에 의해 정확도면에서 만족할 만한 값을 얻지 못하였다, 따라서 지상측량에서 삼각측량이 삼변측량으로 대체되는 것과 같이 위성이나 달측량에 있어서도 방향관측에 대신하여 거리관측이 등장하게 되었다. 인공위성이나 달까지 거리를 관측하는 방법에는 전파를 사용하는 방법이 있으나 대출력의 레이저 펄스를 이용하는 방법이 정확도면에서 유리하므로 현재는 레이저 거리측량방식이 주류를 이루고 있다. 위성 또는 달 레이저 거리측량은 위성 또는 달을 향해 레이저 펄스를 발사하고 위성 또는 달로부터 반사되어 돌아오는 왕복시간으로부터 위성 또는 달까지의 거리를 관측하는 방법이다.

(1) SLR(Satellite Laser Ranging)

SLR은 지상관측소와 인공위성 사이에 레이저파의 소요시간을 관측하여 두 점 간의 거리를 산정할 수 있는 체계이다. 이는 지상관측소에서 단파장($\lambda =$ 10~150ps)의 레이저를 인공위성을 향해 발사하게 되면 정밀한 시간관측장치(TIC: Time Interval Counter)를 작동시킨 후 레이저파가 인공위성의 역발사체(retroreflector)에 의해 발사되어 지상의 관측소로 복귀하면서 시간관측장치를 중단시킨다. 이때 관측된 소요시간에 속도를 곱하여 얻은 거리를 이등분하면 지상관측소와 인공위성 사이의 거리를 산정할 수 있다. 현재 전 세계적으로 약 58개의 SLR 지상관측소가 운영되고 있다.

SLR의 활용분야와 기술현황은 ① 지구회전 및 지심변동량관측, ② 해수면

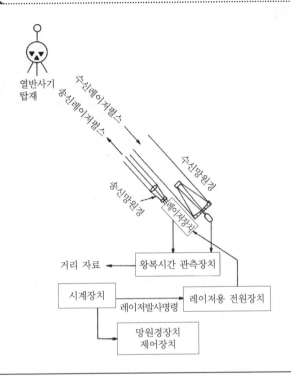

그림 4-6 SLR(Satellite Laser Ranging)의 원리

과 빙하면을 관측, ③ 지형 및 평균해수면의 높이를 직접관측, ④ 지각변동연구 및 기초물리학의 연구자료제공, ⑤ 지구중력장에서 시간에 따른 변화량의 관측, 지구의 수직운동 등을 감시(monitor)할 수 있어 SLR관측망을 통하여 지구중심의 움직임을 mm단위로 감시하는데 이용, ⑥ 일반상대성이론을 실험할 수 있는 유일한 기술로 이용, ⑦ SLR 관측소는 VLBI, GPS 시스템을 포함하여 국제적 우주측지관측망을 형성하는 데 중요한 역할을 한다. 이로써 SLR은 지상과 위성 간의 거리관측, 지구중심의 변동량모니터, 표면의 관측, 해수면의 관측 등 지구물리학 분야에 중요한 관측방법으로 이용되고 있으며 국제지구기준좌표계(ITRF: International Terrestrial Reference Frame)의 유지에도 크게 기여하고 있다.

(2) LLR(Lunar Laser Ranging)

LLR는 1969년 아폴로Ⅱ호의 달 착륙이 성공되면서 이때 설치한 달 역반사체를 이용하여 달까지의 거리를 관측할 수 있다.

제 5 장

고저측량

1. 개   요

　　고저측량(高低測量, leveling)이라 함은 지구상에 있는 점들의 고저차를 관측하는 것을 말하며 수준측량(水準測量) 또는 레벨측량이라고도 한다.

　　육상에서는 고저측량(수직위치 또는 수준측량)은 하천이나 해양에서는 수심측량(또는 측심)이라 하며, 지하에서는 지하깊이측량이라 한다.

　　정밀한 높이 관측에 사용되는 대표적인 측량 장비로 일반적인 레벨, 자동레벨(기계가 수평을 이룬 상태에서 기계 및 기포가 다소 기울더라도 일정한 범위 내에서 자동보정장치(compensator)에 의해 기계 수평이 자동으로 유지되며 망원경이 배율이 높고 기포관 감도가 예민할수록 정밀한 레벨이다), 전자레벨[(디지털 레벨) : 최근 매우 높은 정확도를 요구하는 측량에 사용되고 있는 레벨로 일반 자동레벨과 달리 바코드로 된 스타프를 적외선 광선으로 감지하여 0.01mm 단위로 높이값을 자동 독취함으로 개인 오차가 없다] 등이 있다.

2. 고저측량 분류

(1) 측량방법에 의한 분류

① **직접고저측량**(direct leveling)

고저측량기(또는 레벨 : level)를 사용하여 2점에 세운 표척의 눈금차로부터 직접고저차(比高, 수준차)를 구하는 방법이다.

② **간접고저측량**(indirect leveling)

레벨 이외의 기구를 사용하여 고저차를 구하는 방법으로 예를 들면 다음과 같다.

가) 2점간의 고저각과 수평거리를 관측하여 고저차를 구하는 삼각법 (trigonometric leveling)

나) 2점간의 고저각과 사거리를 관측하여 고저차를 구하는 시거법(stadia 측량)

다) 평판의 알리다드에 의한 방법

라) 기압고저측량(barometric leveling)

마) 중력에 의한 방법

바) 영상탐측(imagematics)에 의한 방법

사) 레이저(laser)에 의한 법

아) Radar에 의한 방법

자) GPS에 의한 방법

③ **교호고저측량**(reciprocal leveling)

강 또는 계곡 등으로 인하여 전 후시를 같게 할 수 없거나 접근이 곤란한 2점간의 고저차를 직접 또는 간접고저측량에 의하여 구하는 방법이다.

④ **약(略)고저측량**

간단한 레벨로서 정밀을 필요로 하지 않는 점간의 고저차를 구하는 측량

(2) 측량목적에 의한 분류

① **고저측량**(differential leveling)

떨어져 있는 2점간의 고저차를 관측하기 위한 고저측량이다.

② **단면고저측량**(area leveling)

도로, 수로 등의 정해진 선을 따라 일정한 간격으로 표고를 정함으로 단면이

나 토량을 알기 위하여 실시하는 측량으로 종단고저측량과 횡단고저측량이 있다.

3. 고저측량 용어

(1) 수준면(level surface)

수준면(水準面)은 각 점들이 중력방향에 직각으로 이루어진 곡면이다. 즉, 지오이드면이나 정수면과 같은 것을 말한다. 수준면은 일반적으로 구면 또는 회전타원체면이라 가정하지만 소범위의 측량에서는 이것을 평면으로 가정하여도 무방하다.

(2) 수준선(level line)

지구의 중심을 포함한 평면과 수준면이 교차하는 선을 말한다.

1점에서 수준면에 접하는 평면을 지평면(horizontal plane)이라 하고, 1점에서 수준선에 접하는 직선을 지평선(horizontal line)이라 한다.

어떤 지점의 표고(標高, height 또는 elevation)라 하는 것은, 기준으로 하는 어떤 수준면으로부터 그 점에 이르는 수직거리를 말하며 그 기준으로 취한 고도를 영의 수준면 혹은 기준수준면(datum plane)이라 한다. 기준수준면은 일반적으로 수년 동안 관측하여 얻은 평균해수면(MSL : Mean Sea Level)을 사용하고 있다.

(3) 고저기준점(또는 수준점, BM: Bench Mark)

기준수준면에서의 고도를 정확히 구하여 놓은 점으로 고저측량의 기준이 되는 점이다. 이를 고저기준기표(또는 수준기표)라고도 한다. 우리나라에서는 국

그림 5-1

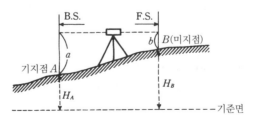

토지리정보원이 전국의 국도를 따라 약 4km마다 1등고저기준점, 이들 기준으로 다시 2km마다 2등고저기준점을 설치하였으며 그 수평(X, Y) 및 수직(H or Z)위치를 기입한 고저측량 성과표 및 지도를 발행하고 있다. 일반적으로 실시하는 고저측량이나 특히 중요한 구조물의 위치에도 고저기준점을 설치하여 두면 편리하다.

(4) 고저측량망(leveling network)

고저측량에는 일반으로 노선의 거리에 대응한 누적오차가 포함되므로 넓은 지역의 고저측량은 결합단순노선이나 단일환에서는 관측결과로 생긴 폐합차를 출발고저기준점으로부터의 거리에 비례하여 배분하고 관측값을 수정할 수 있는 기법으로 이용되고 있다. [참조: 연습문제 6)]

〈그림 5-2〉는 점 A에 폐합한 환의 경우를 설명한 것이다. 이 방법은 노선 내의 일부분에 큰 오차가 있는 경우 그 오차를 전체로 평균화시키는 무리함도 있으나 누적오차의 일반개념에 의하면 정확한 방법이 된다. 이것은 복합환의 고저측량망에도 똑같이 적용된다.

여러 등급(예, 1, 2등급)의 수준측량을 혼합하여 복잡한 망을 구성하고 있는 경우 일반적으로 단지 1급만으로나 또는 2급만의 노선으로 구성된 망으로 간주하여 조정계산을 하였다. 그러나 지반침하조사 등으로는 1, 2급혼합망의 조정계산을 한 경우도 있다. 이때는 각 등급에 적당한 경중률을 붙인다.

그림 5-2 단일환인 경우의 폐합차배분

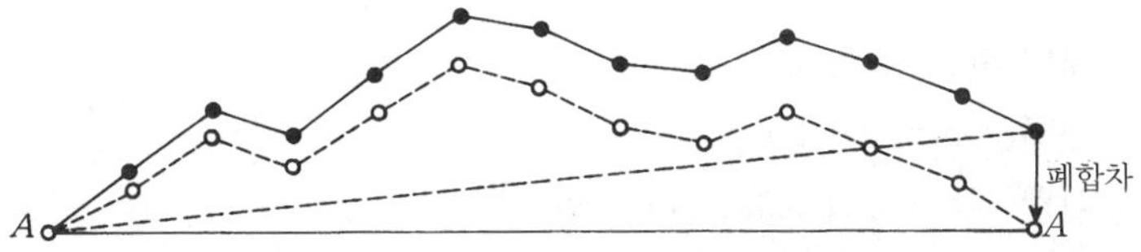

(5) 후시(後視, BS: Back Sight)

기지점에 세운 표척의 눈금을 읽는 것.

(6) 전시(前視, FS: Fore Sight)

표고를 구하려는 점에 세운 표척의 눈금을 읽는 것.

(7) 기기고(器機高, IH: Instrument Height)

기기를 고정시켰을 때 지표면으로부터 망원경의 시준선까지의 고도.

(8) 전환점(TP: Turning Point)

여러 번 기계를 고정시켜 고저차를 구하려고 할 때 전후의 측량을 연결하기 위하여 전시·후시를 함께 취하는 표척점을 T.P.라 말한다. 즉, 전시·후시의 연결점으로 전시가 많을 경우 마지막 전시점이 전환점이 된다. 전환점은 측량결과에 중요한 영향을 주는 점이므로 전시·후시를 취하는 동안에 이동하거나 침하되는 일이 없어야 하므로 가장 적당한 점을 선택하여야 한다.

(9) 중간점(IP: Intermediate Point)

전시만 하는 점으로 표고를 관측할 점을 말한다. 이 점의 오차는 다른 점에 영향을 주지 않으며 시준값은 중간시(I.S.)의 값이 된다.

4. 고저측량에 사용되는 기기 및 기구

(1) 레벨의 종류

① Y레벨(Y-level)
② 덤피레벨(dumpy level)
③ 절충레벨(combined level)
④ 미동레벨(경독식레벨, tilting level)
⑤ 자동레벨(auto level)
⑥ 전자레벨(digital level)

(2) 표척의 종류

① 수준척 또는 표척(leveling staff)
② 표적표척(target rod)

③ 자독표척(self-reading rod)

④ 인바표척(invar rod)

5. 야장기입법

간단한 지형일 때는 위치도에 의하여도 되지만 대부분의 경우 복잡하므로 표로 나타낸다. 이와 같이 고저측량의 결과를 표로 나타낸 것이 고저측량야장이 며 야장기입법에는 고차식(高差式), 승강식 및 기고식(器高式) 등이 있다.

(1) 고차식 야장법(differential or two-column system)

이 야장법(野帳法)은 후시(後視)와 전시(前視)의 2란만 있으면 고저차를 알 수 있으므로 2란식이라고도 한다. 이 방법은 2점의 고도만을 구하는 것이 주목적이 며 점검이 용이하지 않다. 그 계산은 다음과 같다.

기지점의 지반고＋Σ(T.P.점의 후시)－Σ(T.P.점의 전시)＝미지점의 지반고

(2) 승강식 야장법(rise & fall system)

F.S.값이 B.S.값보다 작을 때는 그 차를 승(昇)란에, 클 때는 강(降)란에 기 입한다. 만약 승강을 하나의 난에 기입할 때는 승을 (＋), 강을 (－)의 부호를 넣어 구별한다. 승값의 대수합과 강값의 대수합의 차에서 먼저 점의 지반고를 더하거나 빼어서 그 점의 지반고를 구하는 야장기입법을 승강식이라 한다. 이 방법은 완전한 검산을 계산으로 할 수 있으므로 높은 정확도를 필요로 하는 측 량에 적합하나 중간점이 많을 때는 계산이 복잡하며 시간이 많이 소요되는 단점 도 있다.

(3) 기고식 야장법(height system)

이 방법은 시준고를 구한 다음 여기에 임의의 점의 지반고에 그 후시를 더 하면 기계고를 얻게 되고, 이것에서 다른 점의 전시를 빼면 그 점의 지반고를 얻는다. 기고식은 이 관계를 이용한 것으로 후시보다 전시가 많을 때 편리하고 승강식보다 기입사항이 적고 고차식보다 상세하므로 시간이 절약된다. 또한 중 간시가 많은 경우에 편리한 방법이나 완전한 검산을 할 수 없는 결점이 있다.

이 방법은 일반적으로 종단고저측량에 사용된다.

(4) 야장기입법의 실례

〈그림 5-3〉과 같은 고저측량 결과의 고차식, 승강식 및 기고식 야장기입법은 다음과 같다. 단, A의 표고는 100.0m이다.

그림 5-3 고저측량 결과

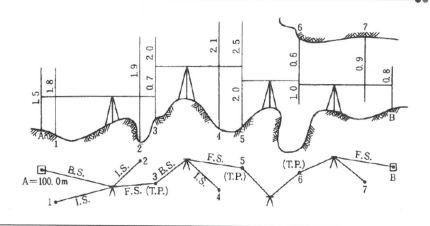

■■ 표 5-1 고차식 야장기입법

관측점	후시(BS)	전시(FS)	기계고(IH)	지반고(GH)	비 고
A	1.5		101.5	100	A의 지반고
3	2.0	0.7	102.8	100.8	=100m
5	2.0	2.5	102.3	100.3	
6	-1.0	-0.6	101.9	102.9	
B		0.8		101.1	
계	4.5	3.4		$\Delta H = 1.1$	
검 산	\multicolumn{5}{c}{$\Delta H = \sum BS - \sum FS = 1.1[m]$, $\Delta H_B = \Delta H_A = 1.1[m]$ ∴ O.K.}

■■ 표 5-2 승강식 야장기입법

관측점	후시	전 시		승(+)	강(−)	지반고	비 고
		전환점	중간점				
A	1.5					100	$GH_A=100\text{m}$
1			1.8		0.3	99.7	
2			1.9		0.4	99.6	
3	2.0	0.7		0.8		100.8	
4					0.1	100.7	
5	2.0	2.5	2.1		0.5	100.3	
6	−1.0	−0.6		2.6		102.9	
B		0.8			1.8	101.1	
계	4.5	3.4				$\Delta H=1.1$	
검산	$\Delta H=\sum BS-\sum FS=1.1[m]$, $\Delta H=\Delta H_B=\Delta H_A=1.1[m]$ ∴ O.K.						

■■ 표 5-3 기고식 야장기입법

관측점	BS	IH	FS		GH	비 고
			TP	IP		
A	1.5	101.5	(+)		100.0	$GH_A=100\text{m}$
1		"	(−)	1.8	99.7	IP
2		"	(+)	1.9	99.6	IP
3	2.0	102.8	0.7		100.8	TP
4		"		2.1	100.7	
5	2.0	102.3	2.5		100.3	TP
6	−1.0	101.9	−0.6		102.9	TP
7		"		−0.9	102.8	
B		"	0.8		101.1	$GH_B=100.1\text{m}$
계	$\sum BS=4.5$		$\sum FS=3.4$		$\Delta H=1.1$	

검산 : $\Delta H=\sum BS-\sum FS=4.5-3.4=1.1m$
  $\Delta H=H_B=H_A=101.1-100=1.1m$ ∴ O.K.
단, IP점들은 검산이 안 됨

6. 직접고저측량(direct leveling)

레벨에 의하여 직접 고도를 관측하는 것이다. 레벨을 사용하여 2점에 세운 표척의 눈금 읽음값 차이로 2점간의 고저차를 구하는 방법이다.

(1) 직접고저측량의 원리

〈그림 5-4〉에서 각 구간에서의 표척의 눈금값을 a_1b_1, a_2b_2, …라 한다면, A, B 2점간의 고저차는 다음 식으로 계산된다.

$$
\begin{aligned}
\Delta H &= (a_1 - b_1) + (a_2 - b_2) + \cdots \\
&= (a_1 + a_2 + a_3 \cdots) - (b_1 + b_2 + b_3 \cdots) \\
&= \Sigma B.S.\text{의 값} - \Sigma F.S.\text{의 값}
\end{aligned}
\tag{5.1}
$$

즉, B점의 표고$=A$점의 표고$+$(후시의 합$-$전시의 합)

그러므로 후시의 값은 항상 $+$, 전시의 값은 항상 $-$로 하고 후시의 값의 합으로부터 전시의 합을 뺄 때 그 차가 양($+$)이면 전시의 점이 높은 것을 의미한다.

그림 5-4

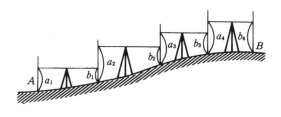

(2) 직접고저측량의 시준거리

① 시준거리의 표준

레벨에서 표척까지의 거리를 시준거리(length of sight)라 말한다. 시준거리를 길게 하면 작업은 순조로우나 관측자가 표척의 눈금을 확실히 읽을 수 없으므로 그 결과의 정확도는 낮다. 그러므로, 높은 정확도의 결과보다, 오히려 신속을 요할 경우 이외에는 지나치게 시준거리를 길게 하지 않는다. 또 시준거리를 짧게 하면, 작업이 순조롭지 못하고, 레벨을 움직이는 횟수가 증가하기 때문에 관측결과의 정확도가 낮아진다.

시준거리를 길게 하면, 공기에 의해 빛이 불규칙한 굴절을 하므로, 높은 정확도로 관측하지 못할 경우가 많다. 이 같은 경우에는 공기가 안정될 때를 기다리거나, 시준거리를 단축하는 것 이외에 다른 방법은 없다. 공기의 상태는 일출 무렵부터 오전 9시 정도까지와 오후 3시 정도부터 일몰까지가 좋다. 또 구름이 낀 날은 맑은 날보다도 양호하다.

일반적인 레벨에 있어서 적당한 시준거리의 표준은 다음과 같다.

가) 아주 높은 정확도의 고저측량 : 40m

나) 일반적인 정확도의 고저측량 : 50~60m

다) 그 외의 고저측량 : 30~60m

② 등시준거리의 중요성

가) 레벨의 조정이 불완전하여 시준선이 기포관축과 평행하지 않을 때 표척의 눈금값(讀數)에 생긴 오차는 시준거리에 정비례하므로 〈그림 5-5〉와 같이 전후의 시준거리를 똑같이 하면 이 오차는 소거된 고저차에 영향을 주지 않는다. 이것은 다음과 같이 입증된다.

d : 전시와 후시를 같게 한 시준거리

v : 시준선의 경사각

a_1, b_1 : 관측한 후시와 전시

그림 5-5

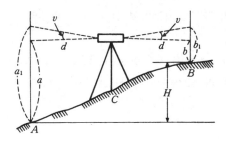

a, b : 정확한 후시와 전시

로 하면,

$$a=a_1-d \tan v \qquad b=b_1-d \tan v$$
$$\therefore H=a-b=a_1-d \tan v-(b_1-d \tan v)=a_1-b_1 \tag{5.2}$$

즉, a_1-b_1을 구하면 시준선이 기포관축과 평행하지 않는 경우에도 정확히 고저차 H가 얻어진다.

　나) 그리고 전후의 점에 대한 시준거리를 똑같이 하면 지구의 곡률오차와 빛의 굴절오차가 소거된다.

　다) 시준거리를 같게 하면 초점나사를 움직일 필요가 없으므로 그로 인하여 일어난 오차가 줄어들게 되는 이점이 있다.

　그러므로 전후의 점에 대한 시준거리가 같게 되도록 레벨을 세우거나 표척을 세운 점을 잘 선정하는 것은 높은 정확도의 고저차를 관측할 경우에 대단히 중요한 조건이 된다.

7. 간접고저측량(indirect leveling)

　간접고저측량은 레벨에 의해 표고를 직접 관측하지 않고 평판 앨리데이드, 삼각고저측량, 광파종합관측기(TS: Total Station)나 GPS 등에 의해 이루어지는 고저측량을 말한다.

(1) TS에 의한 간접고저측량

　① 표고 값을 알고 있는 기지점에 TS를 설치하고 미지점에 반사경을 설치하여 관측하면 즉시 미지점의 고도를 알 수 있다.

　② 가까운 거리에서는 지구곡률이나 공기 굴절율이 미소하므로 고려하지 않는다.

　③ TS에 의한 간접 고저측량시는 TS의 각 정확도(2mm+2ppm 또는 5mm+3ppm 등)에 따라 오차가 발생하므로 높은 정밀도를 요하는 고저측량에는 적용치 않는 것이 좋다.

　〈그림 5-6〉으로부터

그림 5-6

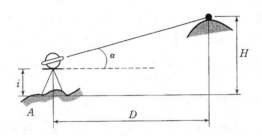

$$H = H_A + D\tan\alpha + i + \frac{1-K}{2R}D^2 \qquad (5.3)$$

단, i =기계고

  K =공기의 굴절계수

  R =지구의 반지름

(2) GPS에 의한 간접고저측량

① 레벨에 의해 직접 고저측량으로 구해진 높이 값은 표고이나 GPS에 의해 관측된 높이값은 타원체고에 해당한다(〈그림 5-7〉).

그림 5-7 　GPS 수준측량

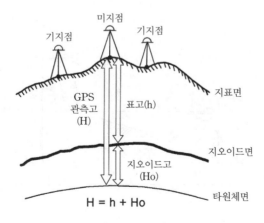

② 표고는 지오이드로부터의 높이값이므로 GPS 측량과 고저측량을 동일 관측점에서 실시하면 그 지점의 지오이드고를 알 수 있다.

③ 현재 우리나라는 지오이드 모형이 고시되지 않은 상태이므로 2개의 기지점에서 GPS관측을 하여 두 점간의 국소지오이드 경사도를 구한 후, 미지점의 위치를 GPS 관측높이를 보정함으로써 GPS 고저측량값을 얻을 수 있다.

(3) 알리다드에 의한 고저측량

알리다드를 이용하여 다음과 같이 A, B 2점간의 고저차를 구한다. 〈그림 5-8〉에서 점 A로부터 시준공까지의 높이를 I ; A, B 양점의 표고를 H_A, H_B ; AB간의 거리를 D ; B점의 시준고를 H라 하면,

$$\left.\begin{array}{l} H_B = H_A + I + H - h \\[2mm] H = \dfrac{n}{100} D \end{array}\right\} \tag{5.4}$$

여기서 $I = h$로 하면,

$$H_B = H_A + H \tag{5.5}$$

이 결과 시준공을 통하여 본 표척의 일정한 길이에 대한 시준판의 눈금을 $n_1 - n_2 = n$으로 값을 읽으면 2점간의 거리 D가 구하여져 $I = h$로 함에 따라 측량을 신속히 할 수 있다.

그림 5-8

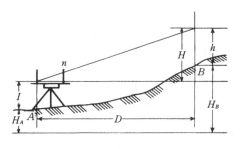

(4) 삼각고저측량(trigonometric leveling)

삼각고저측량은 트랜시트를 사용하여 고저각과 거리를 관측하고 삼각법을 응용한 계산에 의하여 2점의 고저차를 구하는 측량이다. 일반적으로 삼각측량의 보조수단으로 멀리 떨어진 측점상호의 고저차를 구하는 경우에 사용된다. 직접고저측량에 비하여 비용 및 시간이 절약되지만 정확도는 훨씬 떨어진다.

이것은 주로 대기중에서 광선의 굴절에 기인하는 오차가 일정하지 않기 때문에 일어나며 기온·기압뿐만 아니라 지방에 따라서도 달라지는 것이다. 이 고저각의 관측은 낮이나 밤이 가장 적당하며, 아침·저녁은 공기중의 굴절 변화가 매우 많기 때문에 피한다. 정밀한 각관측에는 고저각관측용 트랜시트를 사용한다.

이 기계는 수직 분도원이 $10''\sim20''$인 트랜시트로 정위반위의 평균을 취하면 높은 정확도가 얻어진다.

① 2점 A, P간의 수평거리 D와 고저각 α를 알고 있는 경우

수평거리 D가 가까운 거리인 경우는 곡률 및 굴절이 미소하므로 $H=D\tan\alpha+i$ 이고 P의 고도는 $H_P=H_A+D\tan\alpha+i$ 가 되며, D가 커져서 곡률 및 굴절의 영향을 고려할 때 P의 고도는

$$H_P=H_A+D\tan\alpha+i+\frac{1-K}{2R}D^2 \tag{5.6}$$

이 된다. 여기서 i는 기계고, K는 공기의 굴절계수, R은 지구의 반경, H_A는 A점의 고도이다.

그림 5-9

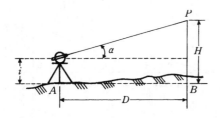

② 3점 *A*, *B*, *P*가 동일연직면내에 있을 경우

〈그림 5-10〉에서와 같이 미지점 *P*에 갈 수 없을 경우 다음과 같이 관측을 한다.

그림 5-10

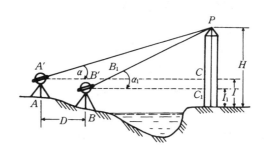

지반으로부터 미지점 *P*의 높이 *H*를 구하려면 점 *A*에 트랜시트 또는 데오돌라이트를 세워 망원경을 수평으로 한 후, 건물에 횡차선의 위치 *C*를 표시하여 지반에 대해 고도 *I*를 관측한다. 또한 *P*에 대한 고저각 *α*를 관측한 다음에 *AP*의 연직면내에서 거리 *D*만큼 떨어진 점 *B*에 기계를 옮겨 점 *A*에서 한 것과 마찬가지로 점 *B*에서의 수평시준선 C_1을 표시한다. 지반에 대한 C_1의 높이 I_1을 관측하고 점 *P*에 대한 고저각 α_1을 구할 때 〈그림 5-11〉과 같이 점 *A*와 점 *B*에서 점 *P*를 시준한 시준선의 가상 교점을 B_1이라면,

$$H=\{D+(I-I_1)\cot \alpha_1\} \frac{\sin \alpha \sin \alpha_1}{\sin(\alpha-\alpha_1)} +I$$

그림 5-11

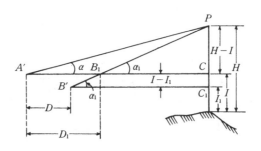

또한 $A'B_1=D_1$이라면,

$$D_1=D+(I-I_1)\cot \alpha_1 \tag{5.7}$$

이 되며 $A'P$ 및 $B'P$를 각각 사변으로 하는 두 직각삼각형에서

$$(H-I)\cot \alpha -(H-I)\cot \alpha_1=D_1$$
$$D_1=(H-I)(\cot \alpha -\cot \alpha_1)$$
$$\therefore\ H=D_1\frac{\sin \alpha_1 \sin \alpha}{\sin(\alpha_1-\alpha)}+I \tag{5.8}$$

가 되며, 식 (5.8)에 식 (5.7)를 대입하면,

$$H=\{D+(I-I_1)\cot \alpha_1\}\frac{\sin \alpha_1 \sin \alpha}{\sin(\alpha_1-\alpha)}+I \tag{5.9}$$

즉, 윗 식을 이용하여 BC간의 거리를 관측하지 않고 점 P의 고도를 구할 수 있다.

③ 3점 A, B, P가 동일연직면내에 없을 경우

점 P에 갈 수 없을 경우에 〈그림 5-12〉에서의 점 A에 대한 점 P의 높이 H를 관측하려면 다음과 같이 한다. 〈그림 5-12〉와 같이 적당한 위치에 두 점 A, B를 선정하여 수평거리를 정밀히 관측하여 D라 하고 A점에서의 수평각 α'과 고저각 α를 관측하고 기계를 B점에 옮겨 세워 수평각 β'를 관측하면,

$$H=\frac{D\sin \beta' \times \tan \alpha}{\sin(\alpha'+\beta')}+i \tag{5.10}$$

에 의하여 고도 H를 구할 수 있다.

또한 점 A에 기계를 세워 점 B에 대한 고저각과 시준고를 관측하면 점 B의 고도 H_B를 구할 수 있고 또 점 B에 기계를 세워 기계고와 P의 고저각을 관측하면 점 B에 대한 P의 표고 H_1을 구할 수 있으므로 $H=H_B+H_1$이 된다. 그러므로 점 A에서 구한 P 혹은 B의 고도를 비교하면 서로 검사할 수 있다.

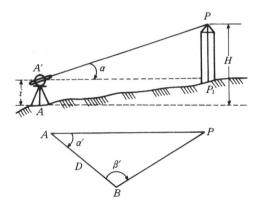

그림 5-12

8. 교호고저측량(reciprocal leveling)

고저측량의 관측선 중에 하천, 계곡 등이 있으면 레벨로 관측점의 중간에서 관측할 수가 없게 된다. 예를 들면 〈그림 5-13〉에서와 같이 하천이 있을 경우 한쪽의 안(岸)까지만 관측하면 레벨의 기기오차, 표척의 읽기 오차가 증가한다. 이 오차의 증가분을 소거한 관측방법을 교호고저측량(또는 도하고저측량, 교호수준측량)이라 말한다. 그 방법은 다음과 같다.

① A, B 2점간의 고저차를 구하기 위해서 우선 A, B 양점으로부터 $aA=bB$가 되도록 $\angle aAB=\angle bBA$ 또는 〈그림 5-13〉과 같이 AB직선상에 레벨을 세울 점 a, b를 설정한다.

② a점에 세운 레벨에 의하여 A, B양점의 표척의 읽은 값을 a_1, b_1, 다음에 b점에서의 A, B양점의 표척의 읽은 값을 a_2, b_2로 한다.

③ 레벨과 표척의 거리가 각각 같으므로 시준선이 기포관축에 평행하지 않아도 기차(빛의 굴절), 구차(지구의 곡률) 및 표척의 읽음값 등에 의하여 a_1, b_1 및 a_2, b_2에서 생긴 오차 e_1, e_2는 같다. 그러므로 A, B양점간의 고저차 h는 다음 식으로 구하여진다.

$$h=\frac{1}{2}\{(a_1-b_1)+(a_2-b_2)\} \tag{5.11}$$

그림 5-13

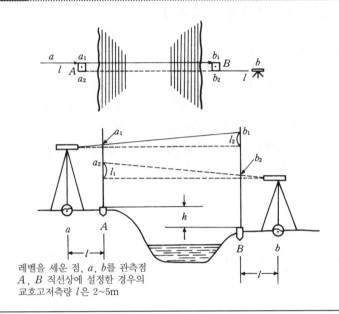

레벨을 세운 점, a, b를 관측점
A, B 직선상에 설정한 경우의
교호고저측량 l은 2~5m

이 교호고저측량은 기상의 변화에 의한 오차가 제거되므로 a, b양점의 동시관측이 바람직하다. 또 A, B의 거리가 먼 경우는 시준판이 부착된 표척을 사용한다.

관측횟수 및 관측오차(평균값의 표준편차)의 제한은 〈표 5-4〉를 표준으로 한다. 단, S는 km단위이고 떨어져 있는 거리이다.

■■ **표 5-4** 교호고저측량의 관측횟수 및 오차의 제한

급 별	레벨감도($''$/2mm)	한쪽의 관측대횟수	제한관측오차(mm)
1급 고저측량	10	$85S^{1.6}$	$\pm 2\sqrt{S}$
2급 〃	10	$45S^{1.6}$	$\pm 5\sqrt{S}$
3급 〃	20	$35S^{1.6}$	$\pm 10\sqrt{S}$
보조 〃	40	$10S^{1.6}$	$\pm 20\sqrt{S}$

9. 종단고저측량 및 횡단고저측량

(1) 종단측량(profile leveling)

〈그림 5-14〉와 같이 철도, 도로, 수로 등의 노선측량에는 1chain때마다 중심말뚝을 박아 중심선을 확정하고 그 중심선에 연한 지반의 고도를 측량하여 종단면도를 작성한다. 이 측량을 종단측량이라 한다. 위와 같이 1chain마다 말뚝을 박는 대신에 지반의 기울기의 변화가 있는 곳에 적당히 말뚝을 박아 고도를 관측하는 동시에 거리를 관측하게 된다. 어느 곳이든 적당한 지점에 레벨을 정치하고 고저기준 등의 기지점 고도를 후시하여 기계고를 결정하고 모든 점을 순차로 전시하여 고도를 구하여 간다. 이때 한곳에서 많은 전시를 취하면 작업은 빠르나 시준선 길이가 여러 번 변화하면 오차가 증가하므로 적당한 곳에 전환점을 설치하여 레벨을 옮길 필요가 있다. 이때 전환점은 반드시 중심선상에 있을 필요는 없다.

그림 5-14

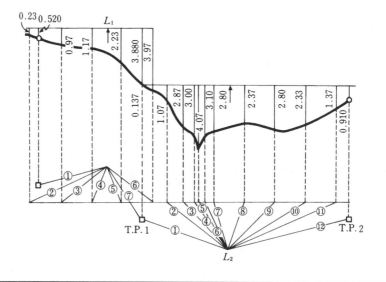

(2) 횡단측량(cross section leveling)

횡단측량이라 함은 종단측량에 의하여 정해진 중심선상의 각 관측점에 있어서 이것에 직각인 방향으로 지표면을 끊었을 때의 횡단면을 얻기 위하여 중심말뚝을 기준으로 좌우 지반고의 변화가 있는 점까지의 거리 및 그 점의 고도를 관측하는 측량이다. 횡단측량은 일반적으로 hand level을 이용하는 경우가 많다. 이 측량으로 종단면과 횡단면을 알게 됨으로써 도로·철도 등의 공사로 인한 토공용적을 계산할 수 있다. 이 측량방법은 다음과 같다.

① 레벨과 줄자에 의한 방법

레벨로 고도를, 줄자로써 중심말뚝까지의 수평거리를 직접 측량함으로서 평지나 구릉지에서 능률이 오르는 방법이다. 측량의 방법은 고저측량과 똑같으며 야장기입법은 종단측량과 똑같은 기고식을 사용하나 〈표 5-5〉와 같이 중심말뚝

■■ 표 5-5 횡단측량야장(기고식)   관측점번호 No. 2

중심말뚝에서 각 관측점까지의 거리		후 시 (B.S.)	기 계 고 (I.H.)	전 시 (F.S.)		지 반 고 (G.H.)	적 요
좌 측	우 측			전 환 점 (T.P.)	중 간 점 (I.P.)		
		3.40	210.30			206.90	No.2 지반고 206.90m
5.00					2.10	208.20	
7.00					2.00	208.30	
10.00					1.80	208.50	
12.00					1.75	208.55	
	3.00				2.50	207.80	
	5.00	3.01	212.41	0.90		209.40	
	10.00				1.50	210.91	

그림 5-15

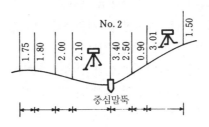

중심말뚝

에서 각 관측점까지의 거리의 난을 좌측과 우측의 2개로 분리한다(〈그림 5-15〉).
아주 높은 정확도를 필요로 하지 않는 경우, 지형이 매우 급한 경우 및 개략관
측(槪略觀測)의 경우 등에서는 핸드 레벨을 사용하는 경우가 많다.

② 폴에 의한 횡단측량

이 방법은 매우 간단한 횡단측량이라든지 재해조사할 때에 있어서 횡단재
관측 또는 보측(補測) 등을 할 경우에 〈그림 5-16〉(a)와 같이 폴을 조합하여
"몇 m 가서 몇 m 내려감 혹은 올라감"으로 지시하면서 순차적으로 횡단을
관측하는 방법이다. 이 측량방법으로는 오차가 누적되어 가고 1회 관측한 거
리도 경사가 급한 경우 짧게 되므로 주의를 요한다. 〈그림 5-16〉(b)는 그 기장
의 한 예이다.

그림 5-16

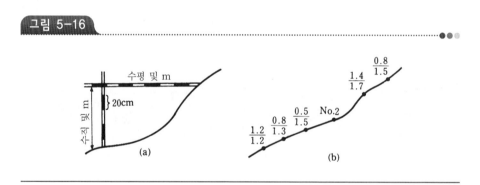

10. 고저측량에서 생기는 오차

(1) 기기조정 잔류오차에 의해 생기는 오차

기기를 완전무결하게 조정하는 것은 불가능하므로 약간의 허용오차는 고려
해야 한다. 이 중에서 연직축의 기울음에 의한 오차는 일반적으로 미량이며 높
은 정확도의 측량 이외에서는 일반적으로 무시한다. 그러나 가능한 한 연직축이
기울지 않도록 기계를 정확히 정치한다. 시준선과 기포관축이 평행하지 않기 때
문에 일어나는 오차, 즉 시준선오차는 정오차이며 거리가 길게 늘어나 전시·후
시가 부등거리가 되면 이 거리의 차이만큼 높이에 오차가 생길 수 있다.

〈그림 5-17〉에 있어서 시준선의 경사 δ, 후시·전시의 시준거리 및 읽음값
을 각각 S_1, S_2 및 a, b라 하면 이 구간의 고저차 Δh는

그림 5-17

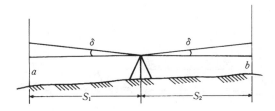

$$\Delta h=\left(a-\frac{\delta}{\rho}S_1\right)-\left(b-\frac{\delta}{\rho}S_2\right)$$
$$=(a-b)-\frac{\delta}{\rho}(S_1-S_2) \hspace{3cm} (5.12)$$

곧 후시·전시의 거리 차에서 시준선오차가 생길 수 있으므로 같은 거리를 취하면 오차를 소거할 수 있다.

(2) 시차에 의한 오차

시차(視差)가 있는 망원경으로 표척을 읽으면 눈의 위치가 변하여 정확한 값을 얻을 수 없어 부정오차가 발생한다. 망원경은 시차가 없도록 조정해야 한다. 그리고 우선 허공 등 흰 곳에 망원경을 향하고 접안경을 조절하여 십자선을 명백히 한 다음 목표가 명확히 보일 때에 대물경을 조절한다.

(3) 표척의 눈금이 정확하지 않을 때의 오차

고저차는 표척의 눈금 읽기에 의하여 관측되므로, 눈금오차는 직접 고저차에 영향을 준다. 이 오차는 정오차로서 고저차에 비례하여 증가한다. 즉, 1m에 있어 0.1mm는 100m에서는 1cm, 1km면 10cm가 된다.

이 오차를 없애기 위해 미리 표척을 정확히 기준자와 비교하여 관측결과를 보정한다. 높은 정확도의 고저측량에 이용되는 정밀표척은 그 특유의 정수 및 관측시의 온도에 대한 보정도 해야 한다.

(4) 표척 영눈금의 오차(영점오차)

저면이 마모·변형·부상(浮上)할 경우는 표척의 눈금이 표척의 아래면과

그림 5-18

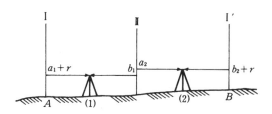

일치하지 않아 이것에 의하여 오차가 생긴다. 이 오차는 정오차이고, 이 오차를 없애기 위해 출발점에서 쓰던 표척을 도착점에도 쓰면 좋다. 즉, 기계의 정치수를 짝수횟수로 하는 것이 좋다.

〈그림 5-18〉에 있어서 Ⅰ의 표척에 영점오차 r이 있으면 (1) 구간의 후시의 읽기 a에서는 이것을 포함하고, (2) 구간의 전시의 읽기에서도 이것이 포함된다.

그러므로 기계정치수를 짝수회(이 경우 2회로 한다)로 한 A, B간의 고도차 Δh는

$$\Delta h = \{(a_1+r)-b_1\} + \{a_2-(b_2+r)\} = (a_1-b_1)+(a_2-b_2) = \Sigma a - \Sigma b \qquad (5.13)$$

로 되어 r의 오차는 소거되는 것이다.

(5) 표척의 기울기에 의한 오차

표척이 기울어져 있으면 표척읽기에 커다란 오차가 생긴다. 이 오차는 표척의 읽음값의 크기에 비례하며, 또 그 경사각의 제곱에 비례한다.

〈그림 5-19〉에서 수직으로 세워진 표척에서 a를 읽고 θ만큼 기운 경우, a'를 읽을 때, $oa'-oa$의 오차가 생긴다.

즉,

$$\overline{oa} = \overline{od} \cos\theta = \overline{od}\left(1-2\sin^2\frac{\theta}{2}\right) = \overline{od} - 2\overline{od}\sin^2\frac{\theta}{2}$$

$$\therefore \overline{oa} - \overline{od} = -2\overline{od}\sin^2\frac{\theta}{2} \qquad (5.14)$$

θ는 일반적으로 미소각이고 $\sin^2\frac{\theta}{2}$를 전개하여 그의 제1항을 쓰면,

그림 5-19

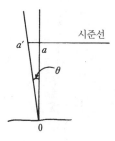

$$\overline{oa} - \overline{od'} = -2\overline{od'} \times \frac{\theta^2}{4\rho^2} = -\overline{od'} \times \frac{\theta^2}{2\rho^2}$$

이다. 이 식에서 오차는, 읽음값의 크기 $\overline{od'}$ 에 비례하고 또 경사각 θ 의 제곱에 비례함을 알 수 있다.

표척은, 부속의 환형기포관에서, 이 수직을 규정하기 때문에 환형기포관이 틀리면, 이 표척은 항상 일정한 한 방향으로 기울어져 있게 된다. 그러므로 고저차가 있는 경우, 정오차가 누적되고, 이 고저차는 크게 관측되어진다. 〈그림 5-20〉에서 I호 표척이 항상 기계에 대하여 뒤로 일정하게 기울어져 있다. 관측점 (1)에 있어서 후시읽기 a_1 에서는 경사의 오차 d_1 을 포함하며, 관측점 (2)에 있어서 전시읽기 b_2 에서는 경사의 오차 d_2 를 포함하기 때문에 AB 간의 고저차 $\varDelta h$ 는

그림 5-20

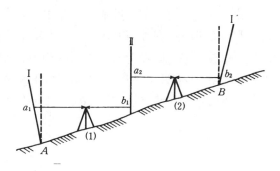

그림 5-21

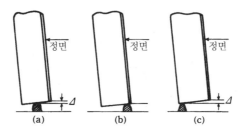

$$\Delta h = \{(a_1 - d_1) - b_1\} + \{a_2 - (b_2 - d_2)\}$$
$$= (a_1 - b_1) + (a_2 - b_2) - (d_1 - d_2)$$
$$= \Delta h' - (d_1 - d_2)$$
$$\therefore \ \Delta h' = \Delta h + (d_1 - d_2) \tag{5.15}$$

즉, 관측고저차 $\Delta h'$ 에는 $(d_1 - d_2)$의 오차가 포함되어 있어서 경사지에서는 d_1과 d_2의 차가 크게 되어 이것이 누적되는 것이다.

또 표척의 기울기에 관해서는 다음과 같은 것도 고려하여야 한다. 표척은 일반적으로 표척대의 돌기부에 대해서 표척저면 중앙부에 접하여 서 있으므로, 이 상태에서 경사는 〈그림 5-21〉(a)에서와 같이 그 하부에 일종의 영눈금오차에 해당하는 Δ가 생기며 이것과 상기의 경사 오차가 함께 영향을 미친다. Δ는 같은 그림에서도 (b)에서는 작고 (c)에서는 크다. 표척은 때때로 조정하고 항상 수직으로 서 있어야 한다.

(6) 기기 및 표척의 침하에 의한 오차

후시를 읽고 나서 전시를 읽는 사이 기계의 삼각이 침하하면 항상 전시의 읽기가 작다. 또 기계를 운반하는 도중 TP점인 표척대의 침하는 항상 후시가 크게 읽힌다. 이 오차도 정오차로 되어 누적되고 경사지에서 위로 갈 경우, 고저차가 커지고 내려갈 경우 고저차는 작게 관측된다. 오차를 작게 하려면 기계의 삼각 및 표척대를, 견고한 지반에 잘 정치를 하고 단시간 내에 관측을 끝내야 한다.

(7) 삼각고저측량의 곡률오차 및 굴절오차

① 곡률오차

지구표면은 구상 표면에 있다. 그러므로 이것과 연직면과의 교선, 즉 수평선은 원호로 보게 된다. 그러므로 대지역에 있어서는 수평면에 대한 고도와 지평면에 대한 고도와는 다소 다르다. 이 차를 곡률오차(error of curvature)라 한다. 〈그림 5-22〉에 있어서 NAN을 수평면, 그 반경을 r, A에 대한 지평면을 AH, B'에 대한 고저각을 $BB'=h$로 하고, $AB=D$, A에 있어서 B'를 시준할 때의 고저각$=v'$, $\angle AOB=\theta$로 하면 $\angle HAB=\dfrac{\theta}{2}$이므로 $\triangle ABB'$에 있어서

$$\angle B' = 180° - (90° + v' + \theta) = 90° - (v' + \theta)$$

그러므로 다음 식이 얻어진다.

$$\frac{h}{D} = \frac{\sin\left(v' + \dfrac{\theta}{2}\right)}{\sin B'} = \frac{\sin\left(v' + \dfrac{\theta}{2}\right)}{\cos(v' + \theta)} \tag{5.16}$$

그런데 θ는 미소하게 되므로 윗 식에 있어서

$$\sin\left(v' + \frac{\theta}{2}\right) = \sin v' \cos\frac{\theta}{2} + \cos v' \sin\frac{\theta}{2} \fallingdotseq \sin v' + \frac{\theta}{2}\cos v'$$

그림 5-22

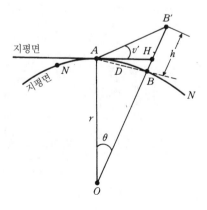

$$\cos{(v'+\theta)}=\cos v'\cos\theta-\sin v'\sin\theta \fallingdotseq \cos v'$$

으로 하면,

$$\frac{h}{D}=\frac{\sin v'+\dfrac{\theta}{2}\cos v'}{\cos v'}=\tan v'+\frac{\theta}{2}$$

또 $\theta=\dfrac{D}{r}$ 로 볼 수 있다. 따라서

$$h=D\tan v'+\frac{D^2}{2r} \tag{5.17}$$

그러므로 ΔC를 곡률오차라 하면,

$$\Delta C=+\frac{D^2}{2r} \tag{5.18}$$

즉, 곡률오차는 거리의 제곱에 비례하여 변화하는 것을 알 수 있다.

② 굴절오차

광선이 대기중을 진행할 때는 밀도가 다른 공기층을 통과하면서 일종의 곡선을 그린다. 그러므로 물체는 이 곡선의 접선방향에 서서 보면 이 시준방향과 진방향과는 다소 다르게 되는 것을 알 수 있다. 이 차를 굴절오차(error of refraction)라 말한다.

〈그림 5-23〉에 있어서 B' 에서 A에 오는 광선은 곡선이 되므로 B' 는 그 접선 AB''와 연직선 BB' 연장과의 교점 B''에 온다고 본다. 지금 접선 AB''와 AB' 가 이룬 각을 δ라 하고 AB''와 지평면과 이룬 각을 v라 하며 다른 것은 전항의 기호를 사용하면,

$$v'=v-\delta$$
$$\tan v'=\tan(v-\delta)=\frac{\tan v-\tan\delta}{1+\tan v\ \tan\delta}$$

그런데 δ는 미소하게 되므로 분모의 제2항을 생략하고 또한 $\tan\delta$의 대신으로 δ를 사용하면,

$$\tan v'=\tan v-\delta$$

그림 5-23

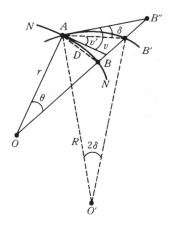

곡선 $B'A$를 원호로 가정하고 그 중심을 O'로 하면 중심각은 2δ가 된다. 그 반경을 R이라 하면 $\dfrac{r}{R}=k$가 되며 이때 k는 굴절계수(coefficient of refraction)라 한다. 호 AB 및 호 AB'는 r에 비하여 미소하므로 $AB=AB'=D$로 된다. 그러므로 다음 식으로 쓸 수 있다.

$$\delta=\frac{1}{2}\cdot\frac{D}{R} \qquad \therefore \ \delta=\frac{kD}{2r}$$

이것을 앞 식에 대입하면,

$$\tan v'=\tan v-\frac{kD}{2r}$$

$$\therefore \ D\tan v'=D\tan v-\frac{kD^2}{2r}$$

따라서 굴절오차를 Δr로 하면,

$$\Delta r=-\frac{k}{2r}D^2 \tag{5.19}$$

따라서 Δr 또한 거리의 제곱에 비례한다. 우리나라에서는 $k=0.14$를 택하고 있다. 전항 및 본항의 결과에서 A에 대한 B'의 고도 h는 다음과 같이 된다.

$$h = D \tan v' + \Delta C = D \tan v + \Delta r + \Delta C$$

또는

$$h = D \tan v + \frac{1-k}{2r} D^2$$

이 식 우변 제2항은 항상 정수로 된다.

$r = 6,370\text{km}$, $k = 0.14$로 하면,

$$\Delta h = \Delta r + \Delta C = \frac{1-k}{2r} D^2 = 6.67 D^2 \text{cm}(\text{단},\ D\text{는 km로 한다.}) \qquad (5.20)$$

지금 $D = 1\text{km}$로 하면 고도에 대한 보정 $\Delta h = 6.67\text{cm}$로 되고 $D = 2\text{km}$로 하면 $\Delta h = 26.7\text{cm}$로 된다. 따라서 시준거리가 크게 될 때는 Δh를 더하지 않으면 안 된다. 여기서 곡률오차 ΔC와 굴절오차 Δr을 합하여 양차(兩差)라 한다.

(8) 천후기상의 상태에 따라 생기는 기타의 오차

태양의 광선, 바람, 습도 및 온도의 변화 등이 기계나 표척에 미치는 영향은 일정하지 않으며 측량결과에 각각 오차를 미친다. 예를 들면 레벨의 생명인 기포관에 온도차가 있으면 온도가 높은 쪽은 액체의 표면장력이 감소하기 때문에 기포는 온도가 높은 쪽으로 끌려가 올바른 수평을 나타낼 수 없다.

높은 정확도의 측량에서는 우산으로써 기계를 태양이나 바람으로부터 막고, 또 왕복관측은 오전 · 오후에 하되 그 평균값을 구하여 측량결과로 이용함으로써 가능한 한 오차를 작게 하도록 할 필요가 있다.

(9) 관측자에 의한 오차

관측자의 개인오차, 기포의 수평조정, 표척의 읽기오차 등이 있다. 개인의 습관에 따른 개인차는 이것이 일정해지면 별다른 문제가 없다. 기포의 수평조정이나 표척면의 읽기는 사람으로서의 한계가 있으나 이것으로 인한 오차는 일반적으로는 허용범위 안에 들 수 있다.

(10) 고저측량에서 일어나기 쉬운 과실

고저측량에서는 상술한 바와 같은 오차 이외에 부주의로 인한 과실이 있다. 이 과실 중 일어나기 쉬운 과실은 다음과 같다.

① 표척을 잘못 읽는 경우(특히 m 단위의 틀림, 예를 들면 3.92m를 2.92m로 하는 것)

② 전시와 후시의 난을 잘못 기입하는 경우

③ 전시를 읽고 후시할 동안에 표척의 위치가 변하는 경우

④ 함척(函尺)일 때 완전히 뽑지 않았든가 밑에 표시한 눈금을 알지 못하고 위를 읽은 경우

관측에 과실이 있으면 관측결과를 점검할 때 매우 큰 차가 생길 수 있다.

11. 직접고저측량의 오차조정

(1) 동일점의 폐합 또는 표고기지점에 폐합한 직접수준

출발점으로부터 몇 개 고저기준점의 고저를 관측하고 출발점 또는 고저기지점에 폐합된 때에 생긴 오차를 고저폐합오차라 말한다. 이 폐합오차는 각 관측점간의 거리에 정비례로 생긴 것으로 하여 각 고저기준점에 배분한다.

지금 L을 전관측선의 길이, E_c를 폐합오차, 출발점에서 수준점 A, B, $\cdots$, N에 이르는 거리를 a, b, $\cdots$, n, 또 C_a, C_b, $\cdots$, C_n을 고저기준점 A, B, $\cdots$, N에서 관측한 고도의 조정값이라 하면 다음과 같은 식이 성립한다.

$$C_a = -\frac{a}{L}E_c, \quad C_b = -\frac{b}{L}E_c, \quad \cdots, \quad C_n = -\frac{n}{L}E_c \qquad (5.21)$$

(2) 2점간 직접고저측량의 오차조정

동일조건으로 2점간을 왕복관측한 경우에는 2개의 관측값을 산술평균하여 구한 최확값이 표고로 된다. 또 이 2점간을 2개 이상의 다른 노선을 측량한 경우에는 관측값의 경중률을 고려한 조정값에 의하여 구한 최확값이 표고가 된다.

12. 고저측량의 정확도

(1) 고저측량의 정확도

고저측량의 경우도 폐합다각형과 같이 측량한 폐합오차를 합리적으로 배분한다. 후시 및 전시에 대한 시준거리를 똑같이 하고 반환점 및 레벨의 안정에 주의한다. 정오차의 원인을 제거하면 오차는 일반적으로 우연오차로 생각된다.

$$E = C\sqrt{n} \tag{5.22}$$

단, E : 수준측량의 오차

C : 1회의 관측에 의한 오차

n : 관측횟수

또 시준거리가 일정할 때는 이것을 변형하여

$$n = \frac{L}{2S} \quad \therefore \ E = \pm C\sqrt{\frac{L}{2S}} = \pm K\sqrt{L} \ \text{또는} \ K = \pm \frac{E}{\sqrt{L}} \tag{5.23}$$

단, S : 시준거리

L : 고저측량선의 총길이

즉, 고저측량의 오차 E는 전체 길이의 제곱근에 정비례하게 되므로 K는 1km의 고저측량의 오차에 해당한다. 그러므로 이 K의 값에 의해 정확도를 비교한다.

(2) 고저측량의 허용오차의 범위

① 우리나라

가) 기본고저측량과 공공고저측량에서의 허용오차는 〈표 5-6〉과 같다.

■■ 표 5-6 우리나라 고저측량의 허용오차

구 분	기본고저측량		공 공 고 저 측 량				
	1등	2등	1등	2등	3등	4등	간 이
왕복차	$2.5\text{mm}\sqrt{L}$	$5.0\text{mm}\sqrt{L}$	$2.5\text{mm}\sqrt{L}$	$5\text{mm}\sqrt{L}$	$10\text{mm}\sqrt{L}$	$20\text{mm}\sqrt{L}$	$40\text{mm}\sqrt{L}$
폐합차	$2.0\text{mm}\sqrt{L}$	$5.0\text{mm}\sqrt{L}$	$2.5\text{mm}\sqrt{L}$	$5\text{mm}\sqrt{L}$	$10\text{mm}\sqrt{L}$	$20\text{mm}\sqrt{L}$	$50\text{mm}+$ $40\text{mm}\sqrt{L}$

* L은 관측거리(km).

나) 종횡단측량은 2회 이상 실제 관측하고 이것의 평균을 취하며 그 오차범위는 4km에 대하여 유조부 10mm, 무조부 15mm, 급류부 20mm이다.

② 외국의 실례

가) International Geodetic Association 확률오차

$1\text{mm}\sqrt{L(\text{km})}$: 우, $2\text{mm}\sqrt{L(\text{km})}$: 양

$3\text{mm}\sqrt{L(\text{km})}$: 가, $5\text{mm}\sqrt{L(\text{km})}$: 제한오차

나) US Coast and Geodetic Survey 및 US Geological Survey에서는

$4mm\sqrt{L(km)}$

다) 일본의 하천측량 : 종단측량은 적어도 왕복 1회 이상 시행하고 그 오차는 거리 5km에 대하여 감조부 12mm, 완류부 15mm, 급류부 20mm 이내가 되어야 한다.

라) 일본의 국유철도 : 직접고저측량의 허용오차는 대략 1km마다 10mm 정도이다.

13. 하천이나 해양에서의 수심(수직위치)측량

수심측량은 하천과 해안의 깊이를 관측하는 것으로 그 기준은 평균최저간 조면(MLLW)으로 하여 해도상에 표시한다. 수심측량의 방법은 측심봉(rod)이나 측심추에 의한 방법, 음향측심기에 의한 방법 및 사진측량에 의한 방법 등이 있으나 주된 수심측량은 측심봉, 측심추, 음향측심기에 의해 이루어진다.

(1) 측심봉과 측심추에 의한 수심측량

측심봉은 수심 5m 이내의 얕은 곳을 측량할 때 이용되는 것으로 5m 정도의 막대에 10cm씩 백색과 적색으로 교대로 칠하여 1m마다 표를 붙이고 하단은 납이나 철 등으로 무겁게 하고 수면 밑의 토사에 묻히지 않도록 넓게 만든다.

측심추는 마사제(麻糸製)로 된 줄에 투연(投鉛)을 매달고 줄에 눈금을 새겨서 수심을 측량하는 것으로 투연은 수심에 따라 7.5kg, 6.4kg, 4kg이 이용된다.

추의 줄이 장애물 등으로 수직을 유지하기 힘든 경우는 〈그림 5-25〉처럼

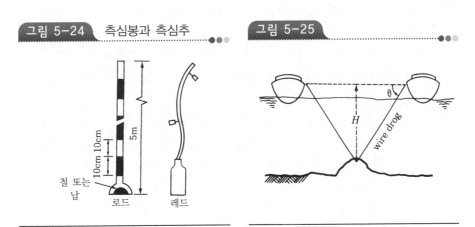

그림 5-24 측심봉과 측심추

그림 5-25

경사길이와 각의 관측에 의해 수심을 측량하기도 한다. 호소의 경우 측심추에 의한 수심은 20m 정도까지가 적당하지만 최대 60m까지도 측량하고, 해양에서는 수심 100m 내외에 대하여는 직접 손으로 내리지만, 그 이상의 깊이(약 500m 정도)에는 원통에 감긴 강선을 내리는 장비(추측심기)를 이용한다.

추측에 의한 수심관측단위는 수심 31m 미만은 0.1m, 그보다 깊은 곳은 0.5m 단위로 한다. 관측수심에는 줄의 신축, 추측심기의 오차, 조고(潮高) 등에 대한 보정을 가하여 실수심을 구한다. 즉,

실수심=관측수심±줄의 신축 및 기차±조고보정량

이 된다.

(2) 단일빔음향측심기(SBES : Single Beam Echo Sounder)

수심(D)은 음파의 속도(V)와 왕복시간(t)을 알 때

$$D=\frac{1}{2}V \cdot t \qquad (5.24)$$

로 구해진다. 이때 수중의 음파속도는 물의 온도, 밀도, 염분, 압력 등 물리적 조건에 따라 변화하므로 음속의 정확한 값을 알기 위해서는 이들 물리적 조건들도 정확히 관측하여야 한다.

음파의 지향성은 음파의 주파수, 음파의 확산폭, 음향측심기의 출력, 음향반사경(acoustic reflector)의 유무, 음원소자의 배열 등에 관련된다.

지향성을 높이려면 가능한 출력을 높이거나, 일정출력하에서는 높은 주파수를 선택하고, 지향각을 좁게 하는 것이 바람직하다.

① 음향측심의 보정

음파에 의해 측량한 수심의 보정에는 다음과 같은 것이 있다.

가) 송수파기의 흘수보정은 측량선 자체의 흘수가 원인으로 변화하므로 수시로 점검하여 보정해야 한다.

나) 음속도보정에는 Barcheck에 의한 방법과 계산에 의한 보정이 있다.

다) 조석보정은 조석의 기본수준면에 대한 보정으로 기본수준면은 그 지역에 있어서 장기간의 조석관측에 의하여 얻어진 평균수면과 조석조화상수로 얻어진다.

라) 기차(器差)보정은 동기발진기(同期發振器)의 발진주파수의 변동, 기록범위의 절체폭의 부정에 의한 변환오차(shift error), 기록펜 속도의 비직선성 등

에 대한 보정이다.

② 수심측량의 정확도

수심의 정확도는 수심 자체의 관측오차와 위치관측오차의 함수이지만, 여기서는 수심측량오차만을 생각한다. 수심측량오차(평균제곱근오차) M_D는 일반적으로 수심측량에 관계되는 제반요소에 대한 오차, 즉 기계적 오차 m_m, 수심 읽기오차 m_r, 음속수정값의 오차 m_v, 파에 대한 오차 m_w, 기준면결정의 오차 m_d, 조고보정의 오차 m_t 등에 의하여 다음과 같이 정해진다.

$$M_D^2 = m_m^2 + m_r^2 + m_v^2 + m_w^2 + m_d^2 + m_t^2 \tag{5.25}$$

기계적 오차는 각 기계에 따라 그 값이 주어져 있고, 수심읽기오차는 최소눈금의 1/2로 본다.

음향측심기는 기본적으로 〈그림 5-26〉과 같이 기록기, 송신기 및 수신기, 송파기 및 수파기로 구성되며 천해용, 중심해용, 심해용 및 정밀심해용 등이 있다.

가) 기록기(recorder)는 음향측심기의 가장 핵심이 되는 부분으로 송신기에 송신지령을 공급하고, 송신펄스와 수신펄스를 기록하여 그 시간간격을 관측하고, 시간간격을 거리로 환산하여 측심선 해저의 수심을 기록한다.

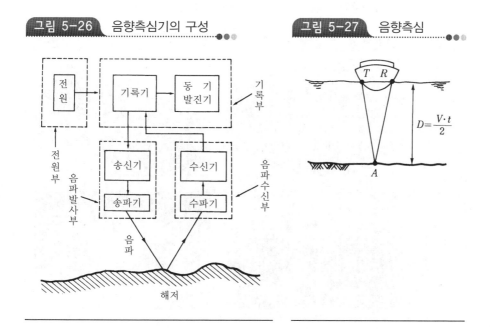

그림 5-26 음향측심기의 구성

그림 5-27 음향측심

　　나) 송신기(transmission unit)는 기록기의 송신지령을 받아서 전기펄스를 발생시켜 송파기에 공급한다.

　　다) 송파기(transmitting transducer)는 전기펄스를 음향펄스로 변환하여 수중으로 방사한다.

　　라) 수파기(receiving transducer)는 해저로부터 도달한 반향펄스를 전기펄스로 변환하여 수신기로 보낸다.

　　마) 수신기(receiving amplifier)는 수파기로부터의 미약한 펄스신호를 기록기작동에 충분하도록 증폭하여 기록기로 보낸다.

(3) 다중빔음향측심기(MBES: Multi Beam Echo Sounder)에 의한 수심측량

　　다중빔음향측심기는 배가 이동하면서 다중 음향신호를 발사하고, 이를 다시 수신함으로써 송·수파 가능 범위의 해저 횡단면 전체를 동시에 측량하는 음향측심기를 말한다. 해저 지형도를 작성하는 데에 사용된다.

　　기존의 음향측심기가 조사선의 수직하부 한 지점의 측심만 할 수 있는 것과는 달리 다중빔음향측심기는 송·수파 가능 범위의 해저 횡단면 전체를 동시

■■ 표 5-7　단일빔음향측심과 다중빔음향측심의 비교

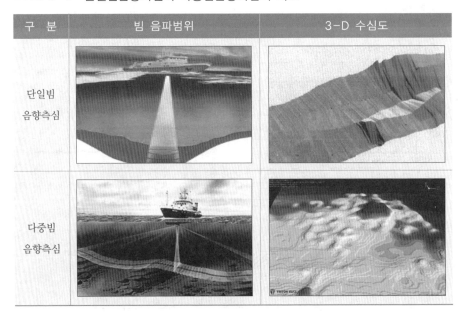

구 분	빔 음파범위	3-D 수심도
단일빔 음향측심		
다중빔 음향측심		

■■ 표 5-8 수중탐측장비별 특징과 장단점

장 비	단일빔음향탐측기	다중빔음향측심기
특징	• 계획된 경로를 따라 선박의 밑바닥에 대한 수심측량용 장비	• N개의 단빔을 설치, 수심을 측심할 수 있으며 3차원 자료를 추출
장점	• 설치가 간편	• 측심폭이 단빔의 3배 • 누락부분이 훨씬 적고 넓은 면적에 대해 측심이 용이
단점	• 경로를 벗어난 곳은 측량이 안 됨 • 암초나 대륙붕 등을 놓치기 쉬움 • 측심시간이 오래 걸림	• 송신기와 수신기가 여러 개 달려 있어 복잡 • 점 단위로 송수신함으로써 누락 부분이 발생
용도	• 하천 및 저수지 수심측량 등	• 해도작성, 수로 조사사업 등

에 측량할 수 있다. 측량자료는 기존의 음향측심기보다 우수하고, 조사해역 해저면의 해저측량(bathymetry)은 약 1m 이상의 해상도로 정확하게 표현할 수 있다. 측량된 자료는 선상(船上)에 있는 컴퓨터를 통해서 실시간 등심도(等深圖) 또는 지형도가 컬러그래픽으로 작성되며, 여러 형태의 정보로 분석·처리된다. 천해용과 심해용이 있는데, 심해용은 1만 1,000m까지 측량할 수 있다.

14. 지하에 대한 고저(지하깊이)측량

지하고저(또는 깊이)측량은 터널 및 광산 등에서 지표면으로부터 밑으로 지하갱도를 통하여 지하고저를 측량하는 것과 지하매설물측량에 주로 이용되는 전기심사 및 탄성파측량, 지자기에 의한 방법 등이 있고 그의 보링(boring)에 의한 방법이 있다.

(1) 전기탐사에 의한 지하고저측량

측량방법은 송신기를 지하매설물에 연결한 후 〈그림 5-28〉과 같이 수신기를 지상에서 45° 위치로 하여 전위의 최소값이 나올 때까지 움직인다. 이와 같은 작업을 양쪽으로 교대로 반복하여 실시한 후 최초 최소값과 최후 최소값과의 거리가 매설고도다. 경사진 지형 속에 시설물이 있을 경우 수신기로 그 위치에서 수직으로 세우고 같은 방법을 실시한다. 만일 고도확인시 양쪽의 최소량이 시설물 중심에서 같은 간격을 유지하지 않으면 등분하여 매설고도로 결정한다.

그림 5-28 평지와 경사지의 고저측량

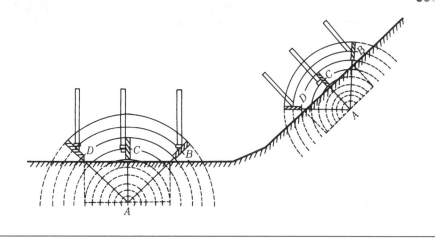

$$T = \frac{D-B}{2} \tag{5.26}$$

(2) 탄성파에 의한 지하고저측량

측량하는 순서는 원하는 선을 따라 충격발생장치를 움직이고, 충격을 유도하는 거리의 주어진 간격으로 충격지점에서 geophone까지 거리(d)와 충격파운동시간(t)을 기록한다. 이 결과들을 도면에 기록하면 그 그래프의 처음부분의 기울기는 $\frac{t}{d} = \frac{1}{속도}$ 이 된다.

그림 5-29 거리가 같지 않은 시설물의 고저측량법

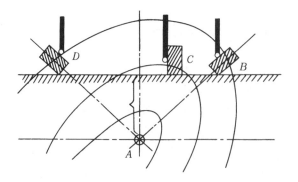

그림 5-30 지하고저측량

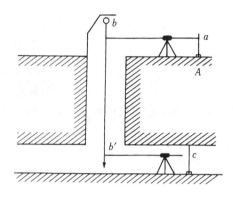

(3) 터널에서의 지하고저측량

터널에서 수직갱을 뚫어 지하고저를 측량하는 경우에는 그림에서처럼 수직 통로 내에 자(피아노선)를 내리고 수준측량을 한다. 고도기지점 A의 고도 H_A에 서부터 후시 a 및 b, b', 지하갱도상의 점 c에서 전시 c를 측량하면 점 c의 고도는 다음 식이 된다.

$$H_C = H_A + a - (b - b') - c \tag{5.27}$$

15. 육상과 해상의 고저기준체계

육상의 고저(표고)기준은 국가에서 정한 평균해수면(예 : 인천만의 평균해수면)을 기준으로 하며 해상의 고저기준은 그 지역의 평균해수면을 기준으로 하고 있다. 이와 같이 이원화된 국가고저기준체계를 효율적으로 관리하기 위해서는 육상의 BM(Bench Mark)과 해상의 TBM(Tide Bench Mark)의 값을 정확하게 변환할 수 있는 모형식이 필요하게 되었다. 이에 BM과 TBM의 연결에 의한 2차원적 고저변환식이 아닌 물리적 측면을 고려(중력지오이드와 지역적인 기하학적 지오이드고 간의 차이를 고려한 모형화)하여 3차원적인 고저변환이 가능한 합성지오이드모형식을 개발하여 활용하고 있다.

제 6 장

다각측량

1. 개　　요

　　다각측량(多角測量, traverse surveying)은 기준이 되는 관측점을 연결하는 관측선의 길이와 그 방향을 관측하여 관측점의 수평위치(x, y)를 결정하는 방법이다.

　　과거의 다각측량은 일반적으로 높은 정확도를 요하지 않는 골조측량에 이용되어 왔다. 삼림지대, 시가지 등, 삼각측량이 불리한 지역, 관측점이 선상(線狀)으로 좁고 긴 지역 등의 기준점 설치에 다각측량은 유리하므로 경계측량, 삼림측량, 노선측량, 지적측량 등의 골조측량에 널리 이용된다. 그러나 전자기파거리측량기의 출현으로 거리관측의 정확도가 높아짐에 따라 고정밀결합다각망에 의한 수평위치결정은 삼각측량이나 삼변측량 성과에 못지않은 정확도를 얻을 수 있다.

2. 다각측량의 특징

　　다각측량은 거리와 각에 의한 수평위치를 결정하는 것으로 다음과 같은 특징이 있다.

　　① 국가기본삼각점이 멀리 배치되어 있어 좁은 지역에 세부측량의 기준이 되는 점을 추가 설치할 경우에 편리하다.

② 복잡한 시가지나 지형의 기복이 심해 시준이 어려운 지역의 측량에 적합하다.

③ 선로(도로, 수로, 철도 등)와 같이 좁고 긴 곳의 측량에 편리하다.

④ 거리와 각을 관측하여 도식해법에 의하여 모든 점의 위치를 결정할 때 편리하다.

⑤ 일반적인 다각측량은 삼각측량과 같은 높은 정확도를 요하지 않는 골조측량에 사용되나, 전자기파거리측량기를 이용한 결합다각측량은 고정밀도 국가측지기본망에도 이용되고 있다.

3. 다각형의 종류

길이와 방향이 정하여진 선분이 연속된 것을 다각형(traverse)이라 한다.

(1) 개다각형(open traverse)

연속된 관측점에 있어서 출발점과 종점간에 아무런 관련이 없는 것(〈그림 6-1〉 참조)으로 측량결과의 점검이 안 되어 높은 정확도의 측량에는 사용하지 않으나 노선측량의 답사에는 편리한 방법이다.

(2) 결합다각형(decisive or combined traverse)

어떤 기지점으로부터 출발하여 다른 기지점에 결합시키는 것(〈그림 6-2〉 참조)으로 이때 기지점으로는 삼각점을 이용한다. 측량결과의 검사가 되며 가장 높은 정확도의 다각측량을 할 수 있다. 대규모지역의 정확성을 요하는 측량에 이용된다.

그림 6-1 개다각형

그림 6-2 결합다각형

(3) 폐다각형(closed-loop traverse)

어떤 관측점으로부터 시작하여 차례로 측량을 함으로써 최후에 다시 출발점으로 되돌아오는 것(〈그림 6-3〉 참조)이며 관측선에 의하여 폐다각형이 형성된다.

측량결과가 검토는 되나 결합다각형보다 정확도가 낮다. 소규모지역의 측량에 이용된다.

(4) 다각망(traverse network)

위에서 설명한 1, 2 및 3종류의 다각형을 소요에 따라 그물 모양으로 결합한 것이다(〈그림 6-4〉 참조).

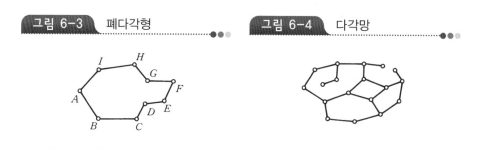

그림 6-3 폐다각형

그림 6-4 다각망

(5) 다각망의 구성

다각점에 이르는 도중에 거리와 교각을 관측하는데 측량표지를 설치하지 않은 점을 다각 절점이라 하며, 절점 및 다각점을 연결한 측량의 진행선을 다각노선이라 말한다. 다각노선 또는 이것에 의한 망은 〈그림 6-5〉 중의 어느 한 가지 형을 취하게 된다. 그림 (a)는 단순결합노선이고 그림 (b)(c)⋯(f)는 각각 Y형, X형, H형, A형, Θ형의 다각망이다. 단 A형은 H형의 2기지점, A, C가 일치한 경우, Θ형은 H형 2조의 2기지점 A, C 및 B, D가 일치한 경우이며 H형과 본질적으로 다른 것은 아니다.

또한 X 및 Y형은 3개 이상의 기지점에 근거하여 교점 1개를 평균하며, A, H형은 교점 2개를 평균하게 된다.

다각노선의 교점을 다각교점이라 말한다. 점의 표시기호로서 교1, 교2 등을 사용하고 또 노선외의 첨탑 등으로 2개 이상의 절점을 기준으로 하고 위치를 교선법(交線法)으로 결정한 점을 다각교선점이라 한다. 노선번호를 표시할 필요가 있을 때는 〈그림 6-5〉 (c)와 같이 (1), (2)⋯로 표시한다.

삼각측량의 차수와 똑같이 다각망 및 점의 차수를 다음과 같이 규정한다. 4등 이하의 국가삼각점 또는 2등 다각점을 기지점으로 하여 구성한 망을 기준다각망, 그것에 의하여 결정한 다각점을 기준다각점이라 말한다. 이 기준다각점

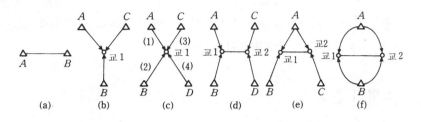

그림 6-5

이상을 기지점으로 하여 구성된 망 및 다각점을 각각 보조다각망 및 보조다각점
이라 한다.

기준 및 보조다각측량을 일괄하여 1차 다각망 및 1차 다각점이라 한다.

1차 다각점 이상을 기지점으로 한 망과 2차 다각망 및 2차 다각점이라 하
고 이하 순차적으로 차수를 결정한다. 단 기준다각망은 2차까지, 보조다각망은
3차까지를 한도로 한다.

4. 다각측량의 순서

다각측량은 일반적으로 다음과 같이 외업으로는 ① 계획, ② 답사, ③ 선
점, ④ 조표(造標), ⑤ 거리관측, ⑥ 각관측, ⑦ 거리와 각관측정확도의 균형을
이루며 내업으로는 계산 및 측점의 전개를 한다.

(1) 계획(planning)

소요의 측량정확도·경제성·작업시일 등을 고려하여 각 기관이 발행한 각
종지형도를 이용함으로써 전체적인 계획을 세운다. 기준점의 성과는 국토지리정
보원의 삼각 및 수준측량성과표를 이용한다.

(2) 답사(reconnaissance)

답사는 계획에 따라 현지의 작업가능성을 재점검함으로써 계획을 확정시
킨다.

(3) 선점(selection of station)

답사와 계획에 따라 관측점을 현지에서 확정하는 것을 선점이라 한다.

(4) 조표(election of signal)

선점이 끝나면 관측점을 표시하기 위하여 측량의 목적에 따라 말뚝(나무, 돌 및 콘크리트 등)을 매설하고 적절한 표지를 한다.

5. 다각형의 관측

(1) 변의 길이 관측

다각형 각 변의 길이는 소요정확도와 현지 상황 등에 따라 사용기계, 관측 방법을 변경하여야 한다. 정밀한 결과를 요할 때는 전자기파거리측량기, 쇠줄자, 쇠띠자, 유리줄자 등이 사용되며 높은 정확도를 요구하지 않을 때는 유리줄자, 대나무자, 천줄자 등이 사용되며 또한 산지 등에서는 시거법이 사용된다.

이미 설명한 바와 같이 경사지에 있어서 직접 경사거리 l 을 관측한 경우에는 경사각 i 를 관측하여

$$d = l \cos i \quad (\langle그림\ 6\text{-}6\rangle\ 참조)$$

이 식으로 수평거리 d 를 구할 수 있다.

거리관측은 거리측량 항을 참조하기 바란다.

그림 6-6

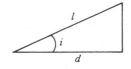

(2) 각 관 측

다각측량에서 각 인접변 사이의 각관측방법은 교각법, 편각법 및 방위각법으로 삼분된다.

① **교각법**(direct angle method)

어떤 관측선이 그 앞의 관측선과 이루는 각을 관측하는 것을 교각법이라

한다. 일명 협각법(夾角法)이라고도 한다.

교각법은 다각측량의 각관측에 일반적으로 널리 이용되는 방법으로 다음과 같은 이점이 있다.

가) 각 각이 독립적으로 관측되므로 잘못을 발견하였을 경우에도 다른 각에 관계없이 재관측할 수 있다.

나) 요구하는 정확도에 따라 방향각법, 배각법으로 각관측을 할 수 있다.

다) 결합 및 폐다각형에 적합하며 관측점수는 일반적으로 20점 이내가 효과 적이다.

〈각관측요령〉

〈그림 6-7〉(a), (b)의 A, B, C, …와 같이 관측 진행방향에 대한 우회의 수평각 a, b, c, …를 우회(clock-wise)교각이라 하고 〈그림 6-8〉(a), (b)의 A, B, C, …와 같이 관측진행 방향에 대한 좌회의 수평각 a', b', c', …를 좌회(counter clock-wise)교각이라 한다.

그림 6-7   우회의 교각

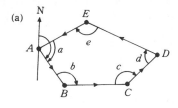
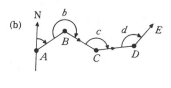

그림 6-8   좌회의 교각

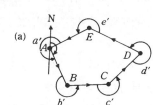
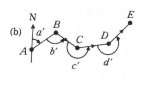

그림 6-9 편 각

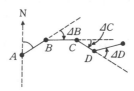

② **편각법**(deflection angle method)

각 관측선이 그 앞 관측선의 연장과 이루는 각을 관측하는 방법을 편각법이라 하며, 도로, 수로, 철도 등 선로의 중심선측량에 유리하다.

③ **방위각법**(azimuth, full circle method)

각 관측선이 일정한 기준선과 이루는 각을 우회(右回)로 관측하는 방법이 방위각법이다. 진북방향과 관측선과 이루는 각을 방위각(azimuth, meridian angle)이라 하고, 임의 기준선의 방향과 관측선의 방향 사이의 수평각을 시계 방향으로 관측한 각을 방향각(direction angle) 혹은 전원방위(whole circle bearing)라 한다. 진북은 일반적으로 관측이 용이하지 않으므로 자침에 의한 북을 기준선으로 할 때가 많다. 이 방법의 특징은 각 관측선을 따라 진행하면서 방위각을 관측하므로 각관측값의 계산과 제도도 편리하고 신속히 관측할 수 있어 노선측량이나 지형측량에 널리 사용된다. 그러나 한번 오차가 생기면 그 영향은 끝까지 미치며 지형이 험준하고 복잡한 지역에서는 적합하지 않은 단점이 있다.

(3) 거리와 각관측 정확도의 균형

다각측량은 거리와 각도를 조합함으로써 다각점의 위치를 구하는 것으로 다각점의 정확도는 이의 관측정확도에 따라 좌우된다. 그러므로 거리를 아무리 정확도 높게 관측해도 각관측이 부정확하면 정확한 거리관측이 무의미하게 된다. 이 때문에 다각측량에서는 거리관측 정확도와 각관측 정확도의 균형을 고려함이 원칙이다.

〈그림 6-10〉에서, 교각($\angle QOP = \beta$)은 관측할 때 여기서 $\pm e_\beta$의 관측오차를 포함하면, 거리 l에서 임의점 P는, A 또는 B로 편위된다. 또한 거리 l에서 $\pm e_d$의 오차를 포함하면 이 양 오차의 P점은 C, D 혹은 E, F로 편위된다. 거리와 각관측정밀도의 균형을 고려하면 각관측오차 $\pm e_d$에서 생기는 P점의 편위량 $l \cdot \dfrac{e_\beta''}{l''}$와 거리의 오차 $\pm e_d$가 대개 같아진다. 곧,

그림 6-10

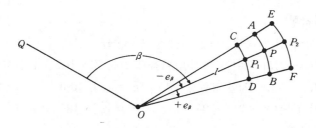

$$e_d = l \cdot \frac{e''_\beta}{\rho''}$$

여기서

$$e''_\beta = \frac{e_d}{l} \cdot \rho''$$

로 된다.

지금, 거리의 정밀도 1/5,000에서 각관측오차를 구하면 다음과 같다.

$$e''_\beta = \frac{e_d}{l} \cdot \rho'' = \frac{1 + 206265''}{5000} \fallingdotseq 41''$$

(4) 다각측량의 계산과정

외업으로 각과 거리관측이 끝나면 다음의 순서에 따라서 계산한다.
① 각관측값의 오차검토
② 각관측값의 허용오차범위 및 오차배분
③ 방위각 및 방위계산
④ 위거 및 경거의 계산
⑤ 다각형의 폐합오차 및 폐합비계산
⑥ 폐합비의 허용범위
⑦ 폐합오차의 조정
⑧ 좌표계산
⑨ 면적계산

(5) 각관측값의 오차점검

① 폐다각형

폐다각형의 변의 총수를 n, 교각의 관측값을 a_1, a_2, $\cdots$, a_n이라 하면 그 총합은 $180°(n-2)$가 되어야 하지만 다음과 같은 각오차(E_a)가 실제로 생긴다.

가) 내각관측(우회교각인 경우)　　　　$E_a=[a]-180°(n-2)$

나) 외각관측(좌회교각인 경우)　　　　$E_a=[a]-180°(n+2)$

다) 편각관측　　　　　　　　　　　　$E_a=[a]-360°$

　　　　　　　　　　　　　　　　　단, $[a]=a_1+a_2+\cdots+a_n$

② 결합다각형

결합다각형이라 함은 〈그림 6-11〉에 표시한 바와 같은 기지점 A, B를 연결한 다각형으로 A점 및 B점에서 다른 기지의 삼각점 L 및 M이 시준되며 a_1, a_2, a_3, $\cdots$, a_{n-1}, a_n을 관측한 경우의 검사법은 다음과 같다.

〈그림 6-11〉에서 $\overrightarrow{AL}$ 및 $\overrightarrow{BM}$의 방위각이 측량선과 ω_a 및 ω_b로서 알고 있다면,

또한,
$$\left.\begin{array}{l} a_1'=360°-\omega_a \\ a_1''=a_1-a_1'=a_1-(360°-\omega_a) \\ a_n'=a_n-\omega_b \end{array}\right\} \tag{6.1}$$

$$\left.\begin{array}{l} a_1''+a_2'=180° \\ a_2''+a_3'=180° \\ \cdots\cdots\cdots\cdots\cdots \\ a_{n-1}''+a_n'=180° \end{array}\right\}(n-1)개 \tag{6.2}$$

그림 6-11　결합다각형의 각관측오차 ●●●

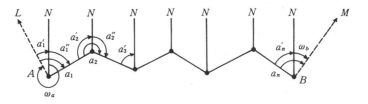

식 (6.2)에 식 (6.1)을 대입하면 다음 식으로 된다.

$$\{a_1 - (360° - \omega_a)\} + a_2 + a_3 + \cdots + a_{n-1} + (a_n - \omega_b) = 180°(n-1)$$

따라서

$$[a] + \omega_a - \omega_b = 180°(n+1) \tag{6.3}$$

즉, 〈그림 6-11〉인 경우는 식 (6.3)이 성립하여야 하지만 일반적으로는 각 오차가 있다. 각오차 E_a는 다음 식으로 표시할 수 있다.

$$E_a = \omega_a - \omega_b + [a] - 180°(n+1) \tag{6.4}$$
$$\text{단, } [a] = a_1 + a_2 + a_3 + \cdots + a_{n-1} + a_n$$

같은 방법에 의하면 L 및 M이 차지하는 위치가 각각 a_1'' 및 a_n' 내에 있는가, 밖에 있는가의 조합에 따라 다른 식이 된다.

그림 6-12 각종의 결합다각형

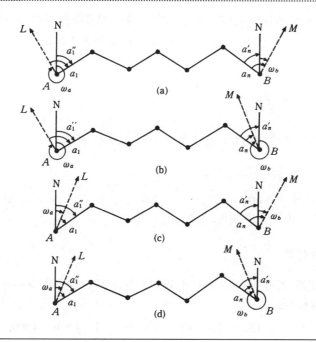

L 및 M이 〈그림 6-12〉의 어디에 있는가에 따라 다음 식으로 주어진다.

〈그림 6-12〉의 (a)인 경우

$$E_a = \omega_a - \omega_b + [a] - 180°(n+1) \tag{6.5}$$

〈그림 6-12〉의 (b), (c)인 경우

$$E_a = \omega_a - \omega_b + [a] - 180°(n-1) \tag{6.6}$$

〈그림 6-12〉의 (d)인 경우

$$E_a = \omega_a - \omega_b + [a] - 180°(n-3) \tag{6.7}$$

6. 각관측값의 허용오차범위 및 오차배분

(1) 허용오차범위

관측값의 오차검토 결과 E_a가 허용범위 내에 있는가를 조사한다. 각관측값의 오차가 허용범위 이내인 경우에는 기하학적인 조건에 만족되도록 그 오차를 조정하여야 하지만 허용오차보다 클 경우에는 다시 각관측을 하여야 한다.

각관측에서 1측점의 수평각의 허용오차 ε_a와 각관측수 n일 때 일반식은 다음과 같다.

$$E_a = \pm \varepsilon_a \sqrt{n}$$

일반적으로 허용오차범위는 지형에 따라 다음과 같다.

시가지: $20'' \sqrt{n} \sim 30'' \sqrt{n}$
평탄지: $0.5' \sqrt{n} \sim 1' \sqrt{n}$
산림 및 복잡한 지형: $1.5' \sqrt{n}$

(2) 오차배분

각관측결과 기하학적 조건과 비교하여 허용오차 이내일 경우는 다음과 같이 오차를 배분한다.
① 각관측의 정확도가 같을 때는 오차를 각의 대소에 관계없이 등분하여

배분한다.

② 각관측의 경중률이 다를 경우에는 그 오차를 경중률에 비례하여 그 각 각의 각에 배분한다.

③ 변길이의 역수에 비례하여 각 각에 배분한다. 이 방법은 변의 길이를 같게 하면 오차가 적어지므로 ①의 방법을 적용하여도 오차의 차는 그리 크지 않다.

7. 방위각 및 방위의 계산

(1) 방위각계산

다각측량을 한 경우에 그 관측한 각이 방위각이 아니고 교각이나 편각이라 면 다음과 같이 하여 방위각을 계산할 수 있다.

① 교각을 잰 경우

다각형의 교각을 잰 경우에 어떤 변 AB 및 그 다음 변 BC의 방위각을 각 각 (AB), (BC)로 표시하고 괄호의 양변의 교각을 B로 표시하면 〈그림 6-13〉 (a)와 같이 $(AB)+B>180°$일 때는

$$(AB)-(BC)+B=180°$$
$$\therefore (BC)=(AB)+B-180°$$

또한 〈그림 6-13〉 (b)와 같이 $(AB)+B<180°$일 때는

$$(AB)+\{360°-(BC)\}+B=180°$$

그림 6-13

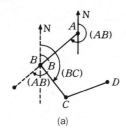

(a)

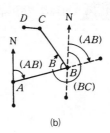

(b)

$$\therefore \ (BC)=(AB)+B+180°$$

따라서 다음과 같이 말할 수 있다.

즉, 어떤 관측선 AB의 방위각(AB)에 그 관측선과 다음 관측선 사이의 교각 B를 가한 경우에

가) $(AB)+B>180°$라면 $(AB)+B$에서 180°를 뺀 것이 다음 관측선 BC의 방위각 (BC)가 되며,

나) $(AB)+B<180°$라면 $(AB)+B$에 180°를 더한 것이 다음 관측선 BC의 방위각 (BC)가 된다. 즉,

(어떤 관측선의 방위각)＝(하나 앞 관측선의 방위각)＋교각＋180°

단,

가) 진행방향에 대해 우회교각 관측시: 전관측선의 방위각＋180°＋그 관측선의 교각

나) 진행방향에 대해 좌회교각 관측시: 전관측선의 방위각＋180°－그 관측선의 교각

으로 된다. 단, 방위각의 값으로서 360°보다 큰 값을 얻었을 때는 그 값에서 360°를 감하여 방위각으로 한다.

이와 같은 가), 나)의 양법칙에 따라 차례로 관측선의 방위각을 계산할 수 있다. 그 밖에 후시방향으로 향하여 우회교각을 (＋), 좌회교각을 (－)라 하면 위 법칙은 좌회교각을 관측한 경우에도 적용할 수 있다.

② **편각을 잰 경우**

다각형의 편각을 잰 경우에 어떤 변 AB 및 그 다음 변 BC의 방위각을 각각 (AB), (BC)로 표시하는 한편 편각을 $\varDelta B$로 표시하면 〈그림 6-14〉에서 표

그림 6-14 편각과 방위각과의 관계

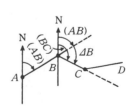

시한 바와 같이

$$(BC) = (AB) + \Delta B$$

가 된다. 즉,

(어떤 관측선의 방위각) = (하나 앞 관측선의 방위각)
　　　　　　　　　　　+ (그 관측선의 편각)

으로 된다. 단, 편각은 우편각이 (+), 좌편각이 (−)인 것으로 한다.

　그러므로 어떤 관측선 AB의 방위각(AB)에 B에서의 편각 ΔB를 대수적으로 가하면 다음 관측선 BC의 방위각(BC)이 됨을 알 수 있다. 방위각의 값으로서 360°보다 큰 것을 얻었을 때는 이것으로부터 360°를 뺀 것, 또한 음수의 값(−)을 얻었을 때는 이것에 360°를 가한 것을 방위각으로 한다.

(2) 방위의 계산

　각 관측선의 방위각이 주어져 있는 경우에 이것을 방위로 고치기 위해서는 다음 관계에 주의할 필요가 있다. 즉, 〈그림 6-15〉에 있어서 관측선 AB의 방위각 (AB)를 방위로 고친다고 하면 〈표 6-1〉과 같다.

그림 6-15　방 위

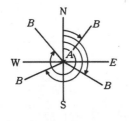

■■ 표 6-1

관측선 AB의 방위각	관측선 AB의 방위
$0° < (AB) < 90°$	N (AB) E
$90° < (AB) < 180°$	S$180° - (AB)$E
$180° < (AB) < 270°$	S$(AB) - 180°$W
$270° < (AB) < 360°$	N$360° - (AB)$W

8. 위거 및 경거의 계산

(1) 위거(latitude)

　일정한 자오선에 대한 어떤 관측선의 정사영(正射影)을 그의 위거(緯距)라 하며 관측선이 북쪽으로 향할 때 위거는 (+)로 하고 관측선이 남쪽으로 향할 때 위거는 (−)로 한다.

(2) 경거(departure)

일정한 동서선에 대한 어떤 관측선의 정사영을 그의 경거(經距)라 하여 관측선이 동쪽으로 향할 때 경거는 (+)로 하고 관측선이 서쪽으로 향할 때 경거는 (−)로 한다.

(3) 공 식

〈그림 6-16〉에 있어서 OA, OB, OC, OD의 방위를 각각 $N\theta_1 E$, $N\theta_2 W$, $S\theta_3 W$, $S\theta_4 E$라 하고 그 수평거리를 각각 a_1, a_2, a_3, a_4라 하며, 그 위거·경거를 각각 L_1, L_2, L_3, L_4 및 D_1, D_2, D_3, D_4라 하면 〈그림 6-16〉에 의하여 다음 식이 주어진다.

$$L_1 = +a_1 \cos \theta_1, \quad D_1 = +a_1 \sin \theta_1$$
$$L_2 = +a_2 \cos \theta_2, \quad D_2 = -a_2 \sin \theta_2$$
$$L_3 = -a_3 \cos \theta_3, \quad D_3 = -a_3 \sin \theta_3$$
$$L_4 = -a_4 \cos \theta_4, \quad D_4 = +a_4 \sin \theta_4$$

즉, 위거는 관측선의 수평거리에 방위의 cos을 곱한 것으로 그 부호는 방위의 앞에 붙어 있는 문자가 N일 경우 (+)이며 S일 경우 (−)이다. 또한, 경거

그림 6-16 위거·경거

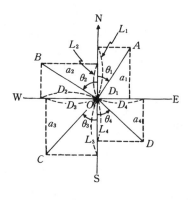

는 관측선의 수평거리에 방위의 sin을 곱한 것으로 그 부호는 방위의 뒤에 붙어 있는 문자가 E일 경우 (+)이며 W일 경우 (−)이다.

(4) 계　　산

① 경위거표(traverse table)

위거·경거의 계산은 경위거표에 의하면 시간과 일을 많이 줄일 수 있다. 경위거표는 0°에서 90°까지의 각 도분에 대한 sin, cos의 1배로부터 10배 내지는 100배까지를 계산하여 표기한 것으로 이것을 사용하면 간단한 기법에 따라 위거·경거가 얻어진다.

② 대 수 표

일반적으로 삼각함수 및 수의 대수표를 사용하여 위거 및 경거가 계산된다.

③ 전자계산기

계산량이 다량일 때는 탁상전자계산기나 컴퓨터를 사용하면 능률적이다.

9. 다각형의 폐합오차 및 폐합비

(1) 폐합오차(error of closure)

① 폐합다각형의 폐합오차

일반적으로 폐다각형 측량에 있어서 방위 또는 각과 변의 길이를 정확히 관측하는 것은 실제적으로 곤란하며 다소의 오차를 포함하는 것이다. 그러므로 계산한 $\sum L$ 및 $\sum D$는 정확히 0이 되지 않는 것이 보통이다. 지금 만약 위거·경거에서의 전 오차를 각각 E_L, E_D라 하면 이것을 각각 $\sum L$, $\sum D$에 가하여 0이 된다. 즉,

$$\sum L + E_L = 0 \qquad \sum D + E_D = 0$$

이다. 그러므로 다음 식이 얻어진다.

$$E_L = -\sum L, \qquad E_D = -\sum D \tag{6.8}$$

그리고 길이의 오차는 〈그림 6-17〉에서 알 수 있는 바와 같이 $\sum L$, $\sum D$를 두 변으로 하는 직각삼각형의 빗변에 상당하므로,

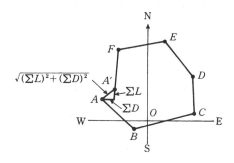

$$\text{길이의 오차} = \sqrt{(\sum L)^2 + (\sum D)^2} = \sqrt{E_L^2 + E_D^2}$$

이 길이의 오차를 폐합오차라 한다. 그러므로,

$$\text{폐합오차} = \sqrt{(\sum L)^2 + (\sum D)^2} \tag{6.9}$$

② 결합다각형의 폐합오차

A점으로부터 B점에 결합하는 다각형노선(〈그림 6-18〉 참조)에 있어서

α_a, α_1, α_2 …… 각 관측선의 정방향각
S_a, S_1, S_2 …… 각 관측선 길이(다각변의 길이)

기지점 A 및 B의 좌표를 (X_a, Y_a), (X_b, Y_b), 각 점의 좌표값을 (x_1, y_1), (x_2, y_2), …라면 각 점의 좌표값은 다음의 식으로 계산된다.

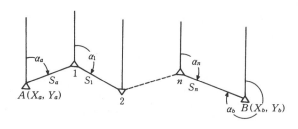

① $x_1 = X_a + S_a \cos \alpha_a, \quad y_1 = Y_a + S_a \sin \alpha_a$

② $x_2 = x_1 + S_1 \cos \alpha_1, \quad y_2 = y_1 + S_1 \sin \alpha_1$

③ $x_3 = x_2 + S_2 \cos \alpha_2, \quad y_3 = y_2 + S_2 \sin \alpha_2$

....

$B, \quad x_b = x_n + S_n \cos \alpha_n, \quad y_b = y_n + S_n \sin \alpha_n$

위 식을 정리하면,

$$x_b = X_a + \sum S \cos \alpha, \quad y_b = Y_a + \sum S \sin \alpha$$

이 x_b, y_b는 기지점 A의 좌표값에 기준하여 계산된 점 B의 좌표값이다. 점 B의 기지좌표값과의 차가 좌표의 폐합오차이다. 즉,

$$x_b - X_b = E_x$$
$$y_b - Y_b = E_y$$

(2) 폐합비(ratio of closure)

지금 $\sum S$를 폐다각형 각 변의 관측값의 합이라 하면 폐합오차를 $\sum S$로 나눈 것을 폐합비(또는 폐비)라 한다. 즉,

$$\text{폐합비} = \frac{\sqrt{(\sum L)^2 + (\sum D)^2}}{\sum S}$$

이 폐합비는 일반적으로 $1/m$, 즉 분자가 1인 분수의 형태로 표시하고 외업의 양부(良否)의 판정은 이 폐합비로 판단하며 폐합비가 적은 관측의 결과는 정밀하다고 한다.

(3) 폐합비와 측량방법과의 관계

다각측량의 폐합비는 측량의 목적, 지형, 사용기계 등에 따라 다른 것으로 소요의 폐합비를 얻기 위한 측량방법은 〈표 6-2〉와 같다.

■■ 표 6-2 폐합비와 측량방법과의 관계

폐합비	수 평 면 의 관 측			거 리 의 관 측			
	사용트랜시트	최소의 읽 기	허용제한값	사용 줄자	최소의 읽 기	정오차의 보 정	허 용 정확도
1/1,000	1′읽기 망원경 정으로 관측	1′	$1.5'\sqrt{n}$	유리자 줄자	1cm		1/2,000
1/3,000	1′읽기 망원경 정반으로 관측	1′	$1'\sqrt{n}$	쇠줄자	5mm	특성값 보정	1/5,000
1/5,000	20″ 또는 30″ 읽기 망원경 정반으로 관측	30″	$30''\sqrt{n}$	쇠줄자	1mm	특성값 보정 온도보정	1/10,000
1/10,000	20″읽기 망원경 정반으로 관측	20″	$15''\sqrt{n}$	쇠줄자	1mm	특성값 보정 온도보정 장력보정	1/20,000

(n은 관측점의 수)

(4) 폐합비의 허용범위

다각측량에 있어서 폐합비의 허용범위는 소요의 정확도, 측량기술 및 지형의 조건에 따라 다르나 일반적인 허용범위는 다음과 같다.

시가지나 평탄지: 1/5,000~1/10,000
낮은 산이나 평야: 1/1,000~1/3,000
험준한 산이나 시통이 잘 안되는 지역: 1/300~1/1,000

(5) 폐합오차의 조정(balance of the error of closure)

폐다각형을 측량하였을 경우에 계산상 $\Sigma L=0$, $\Sigma D=0$인 관계식이 성립하지 않거나 제도하였을 때에 최초의 점과 최후의 변의 종단(終端)이 일치하지 않는 예가 많다. 이 오차는 각 변의 방위 또는 각과 변의 길이를 관측하였을 때의 오차로 인해 생기는 것이다. 이 오차를 각 변에 적당히 배분하여 다각형을 폐합 및 결합시키는 조정방법의 주된 것으로는 콤파스법칙(compass rule)과 트랜시트법칙(transit rule)의 두 종류가 있다.

① 콤파스법칙

각관측과 거리관측의 정밀도가 동일할 때 실시하는 방법으로 각 관측선길이(다각변의 길이)에 비례하여 폐합오차를 배분한다.

위거에 대한 조정량 $= \sum l = \dfrac{-\sum L}{\sum S} S$

경거에 대한 조정량 $= \sum d = \dfrac{-\sum D}{\sum S} S$ $\qquad\qquad$ (6.10)

단, $\sum l$, $\sum d$: 위거 및 경거의 조정량

$\qquad \sum L$, $\sum D$: 위거 및 경거의 폐합오차

$\qquad \sum S$: 관측선 길이 총합

$\qquad S$: 어떤 관측선의 길이

이등다각측량에서 이용되는 방법으로 다각점간의 거리가 같을 경우는 오차로 등분하여서 배분한다.

② 트랜시트법칙

각관측의 정밀도가 거리관측의 정밀도보다 높을 때 실시하는 방법으로 위거 L과 경거 D의 크기에 비례하여 폐합오차를 배분한다.

위거에 대한 조정량 $= \sum l = \dfrac{-\sum L}{\sum |L|} \cdot |L_i|$

경거에 대한 조정량 $= \sum d = \dfrac{-\sum D}{\sum |D|} \cdot |D_i|$ $\qquad\qquad$ (6.11)

단, $\sum |L|$, $\sum |D|$: 위거 및 경거의 절대값의 총합

$\qquad L_i$, D_i: 어떤 관측선의 위거 및 경거

③ 조정방법의 선정

폐다각형의 조정을 할 경우, 콤파스법칙과 트랜시트법칙 중 어떠한 조정법에 의하여야 할 것인가는 각 또는 방위 및 변의 길이가 어느 정도까지 정밀하게 관측되었는가를 판단하고, 만약 이 양자가 대략 같은 정확도로 관측되었다고 인정될 때는 콤파스법칙의 조정방법을 적용하고 또한 변의 길이에 비하여 각 또는 방위가 특히 정확하다고 인정될 때는 트랜시트법칙의 조정방법에 의하여 한다. 예를 들면 각은 1′ 읽기 트랜시트로 1배각을 관측하고 변의 길이는 30m의 쇠줄자로 1cm까지 재었을 경우 또는 각은 20″읽기 트랜시트로 2배각을 관측하고 변의 길이는 50m의 쇠줄자로 5mm까지 잰 경우에는 콤파스법칙의 조정법에 의하고 또한 각은 20″읽기 트랜시트로 배각법으로 정확하게 관측하고 변의 길이는 줄자로 1cm까지 잰 경우에는 트랜시트법칙으로 조정하는 것이 좋다.

그 밖에 다각측량을 할 경우에 변의 길이와 각관측의 정확도를 동일하게

관측하는 것은 매우 중요한 일이다. 예를 들면 길이 관측오차가 각관측오차에 비교하여 클 때는 어느 정도 각관측을 정밀히 하여도 무의미하게 폐합오차는 길이 관측오차에 좌우되어 정확한 결과를 얻기 어려운 것에 주의해야 한다.

10. 좌표의 계산

동서선을 y축, 자오선을 x축으로 하는 직교좌표축에 대한 어떤 관측선 시단(始端)의 좌표와 그 경거·위거를 알면 같은 관측선의 종단(終端)의 좌표를 계산할 수 있다. 단, 점의 횡좌표(abscissa)를 합경거(total departure), 종좌표(ordinate)를 합위거(total latitude)라 할 수 있다. 합위거(x)와 합경거(y)가 음(−)수로 되지 않게 하기 위하여 원점의 좌표에 일정한 값을 더하는 경우가 있다. 우리나라의 경우 지적도상의 좌표는 종축(x)에 $500,000$m, 횡축(y)에 $200,000$m를 더하여 $38°$선상의 4개의 원점(동해, 동부, 중부, 서부)을 정하여 음(−)수가 생기지 않게 했다.

〈그림 6-19〉에 있어서 $ABC\cdots$, 를 다각형이라 하고 그 제1변 AB, 제2변 BC, 제3변 CD, $\cdots$, 제n변 등의 시단의 좌표를 각각 $(x_1,\ y_1)$, $(x_2,\ y_2)$, $\cdots$, $(x_n,\ y_n)$으로 하고 제n변의 종단의 좌표를 $(x_{n+1},\ y_{n+1})$이라 하고 제1변, 제2변, $\cdots$, 제n변의 위거·경거를 각각 L_1, L_2, L_3, $\cdots$, L_n 및 D_1, D_2, D_3, $\cdots$, D_n이라 하면 다음식과 같이 된다.

$$x_2 = x_1 + L_1 \qquad\qquad y_2 = y_1 + D_1$$
$$x_3 = x_2 + L_2 = x_1 + L_1 + L_2 \qquad y_3 = y_2 + D_2 = y_1 + D_1 + D_2$$

그림 6-19

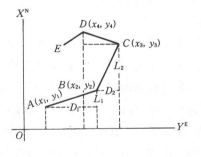

일반식은 다음과 같이 쓸 수 있다.

$$x_{n+1}=x_1+L_1+L_2+\cdots+L_n, \qquad y_{n+1}=y_1+D_1+D_2+\cdots+D_n$$

이들의 식은 다각형 각 모서리의 좌표를 계산할 경우에 사용되는 것이다.

11. 두 점의 좌표에 의한 관측선의 길이 및 방위계산

두 점의 좌표를 알면 이 두 점을 연결하는 직선의 길이와 방위를 계산할 수가 있다.

〈그림 6-20〉에 있어서 A, B의 좌표를 각각 (x_1, y_1), (x_2, y_2)라 하면 직각삼각형 ABC로부터

$$AB=\sqrt{(x_2-x_1)^2+(y_2-y_1)^2} \tag{6.12}$$

또한, AB의 방위를 θ라 하면,

$$\tan\theta=\left|\frac{y_2-y_1}{x_2-x_1}\right| \tag{6.13}$$

그러므로 직선의 길이 및 방위는 식 (6.12), (6.13)에 의하여 구하여진다. 단, 식 (6.12)에 의하면 계산에 불편하므로 먼저 식 (6.13)에 의하여 θ를 구하고 이것을 사용하여 식 (6.14)에서 AB를 구하는 것이 좋다.

그림 6-20

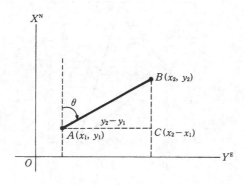

$$AB = \frac{y_2 - y_1}{\sin \theta} = \frac{x_2 - x_1}{\cos \theta} \tag{6.14}$$

그 외에 식 (6.13)의 분모·분자의 부호는 방위 앞뒤에 있는 문자를 결정하는 데 중요한 것이다. 즉, 만약 식 (6.13)의 분모가 (+)라면 방위의 앞에 붙는 문자를 N으로 하고 (−)라면 S로 한다. 또한 식 (6.13)의 분자가 (+)라면 방위의 뒤에 붙는 문자를 E로 하고 (−)라면 W로 한다. 그리고 θ를 계산할 때에는 식 (6.13)의 분모·분자의 부호를 생략하여도 된다.

12. 면적계산

어떤 관측선의 중점으로부터 기준선(남북자오선)에 내린 수선의 길이를 횡거 (橫距)라 한다. 다각측량에서 면적을 계산할 때 위거와 횡거에 의하는데 이때 횡거를 그대로 이용하면 계산이 불편하므로 횡거의 2배인 배횡거를 사용한다.

(1) 배 횡 거

① 제1관측선의 경우: 제1관측선의 경거의 길이
② 임의 관측선의 경우: (하나 앞의 관측선의 배횡거)+(하나 앞의 관측선
  의 경거)+(그 관측선의 경거)

그림 6-21

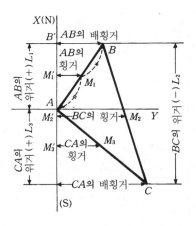

(2) 다각형의 면적 (A)

$$\text{(A)} = \frac{1}{2} \times \sum (\text{배횡거} \times \text{위거}) \tag{6.15}$$

계산된 면적은 부호에 관계없이 절대값을 이용한다.

13. 관측점의 전개

다각측량의 결과 얻은 각 관측점의 위치는 일반적으로 합경거·합위거의 값에 따라서 기준으로 한 직교좌표계를 이용하여 도지(圖紙)상에서 구한다. 이것을 점의 전개라 부른다. 이와 같이 각 관측점의 위치를 그 좌표값에 의하여 전개한 것은

① 각 관측점의 위치는 다른 관측점과 전혀 관계가 없으므로, 1개의 점의 오차가 다른 점에 영향을 미치지 않는다.

② 미리 정확히 측량구역의 형이나 크기를 알고 있는 것이 편리하다.

③ 점검방법이 편리하다.

④ 도지의 신축을 용이하게 알 수 있으므로 적절히 보정할 수 있다.

등의 이점이 있다.

관측점을 전개하는 데는 먼저 전관측점이 포함된 사변형의 크기를 합위거·합경거에서 구한다. 이 사변형은 합경거의 가장 큰 관측점과 가장 작은 관측점을 지나는 자오선을 각각 우와 좌변으로 잡고, 합위거의 가장 큰 관측점과 가장 작은 관측점을 지나는 평행권(동서선)을 각각 상과 하변으로 한 직사각형이다(〈그림 6-22〉 참조).

그림 6-22

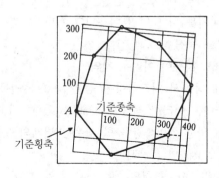

도면이 크고, 많은 관측점을 전개해야 할 때에는 전체를 같은 간격의 자오
선 및 동서선으로 몇 개의 정방형으로 나누어진다. 그 간격은 100m 또는
1,000m의 정수배로 되고 또 도면상에서 5cm~10cm 간격으로 하는 것이 좋
다. 각 관측점의 위치를 결정하기 위해서는 합위거·합경거의 값을 기준으로 하
든가 또는 나누어진 자오선 및 동서선에서 관측한다.

이와 같이 하여 각 점이 결정되면, 각 관측선의 길이가 정확하게 되어 있는
지의 여부를 반드시 도상에서 관측하여 점검하는 것이 좋다.

14. 방향각교차, 좌표교차

다각측량에서의 거리관측 및 각관측을 규정에 따라 행하여 각각 제한조건
이내에 있으면 계산결과는 자연히 다각에 기대된 값으로 얻어지게 된다. 같은
노선계산상의 제한조건은 〈표 6-3〉과 같은 표준으로 하는 것이 좋다.

■■ 표 6-3 다각노선계산상의 제한조건

구 분	기준다각노선	보조다각노선
방향각교차	$10''+15''\sqrt{n}$	$15''+20''\sqrt{n}$
좌표 교차	$20\text{cm}+2.5\sqrt{s}\ \text{cm}$	$25\text{cm}+3\sqrt{s}\ \text{cm}$

n : 노선중의 절점 수 s : 절점간의 변 수

15. 다각측량값의 응용

다각측량은 삼각측량의 대용으로 건설, 농림, 지적 그 밖의 기초공사 및 시
공용 지도의 기준점 설치를 위해 널리 이용되고 있다. 다각측량이 삼각측량보다
유리한 일반적인 경우를 들면 다음과 같다.

① 장애물이 많아서 시통이 어려운 지역

시가지나 삼림 내 등에서 삼각측량은 높은 측표나 벌목을 필요로 하여 비
경제적이나, 다각측량에는 이러한 점들을 피할 수 있다. 단, 고층건물의 옥상과
전자기파거리측량기에 의한 삼변측량을 할 경우는 별개의 문제이다.

② 선형 또는 대상(帶狀)의 측량지역

도로나 철도의 계획조사, 하천의 개수공사 등의 경우는 삼각측량에서는 가

늘고 긴 삼각형을 조합하게 되든지 또는 넓은 면적의 무모한 측량이 되기 쉽지만 다각측량은 효율적으로 할 수 있는 특징을 가지고 있다.

③ 간격 300m 이하 정도의 고밀도로 기준점이 요구되는 경우

지적측량, 사진측량 등에서 표정점 설정작업이다.

(1) 노선측량에의 응용

노선측량은 도로, 철도 등 좁고 긴 지역에 만들어지는 시설의 계획이나 시공을 위한 측량으로 그 내용은

① 이미 만들어진 축척지형도에 의한 기본계획

② 예정 노선지역의 대축척지형도(1/5,000~1/2,500)의 작성

③ 노선중심선의 현지설정

④ 시공용의 종횡단면의 측량과 토공량 등의 계산

등이다.

여기에서 대축척지형도의 작성 및 노선중심선의 설정에 쓰이는 기준점을 다각측량으로 설치하는 경우의 일반적인 주의사항은 다음과 같다.

다각노선은 좁고 길기 때문에 기설 국가기준점으로 고정하는 것이 곤란할 때가 많은데 될 수 있는 한 결합다각형으로 한다. 개다각형은 대단히 짧은 거리 이외에는 피하도록 한다. 또한 실제로는 일어날 수 없다고 생각되나 동일점에서 폐합되는 폐다각형도 좋지 않다.

삼각점이 산꼭대기에 있고 노선이 계곡 밑을 따라서 있는 경우는 〈그림 6-23〉에 예시한 것 같이 삼각측량을 병용하여 결합점을 설치하는 것이 필요하다.

〈그림 6-24〉는 고속도로 건설계획에서 인터체인지 설치예정지 부근의 측량계획인데 이와 같은 다각측량과 삼각측량의 병용은 때로는 효과적이며 계산방

그림 6-23 다각노선의 삼각점에의 결합

그림 6-24 인터체인지 부근의 기준점 측량

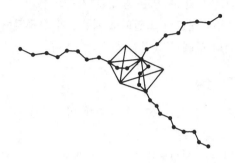

그림 6-25

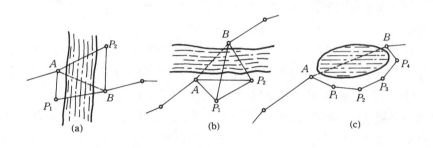

(a)   (b)   (c)

식이 다소 다를 뿐이므로 각각의 특징을 잘 이용하여 능률적인 작업이 가능하다. 또한 전방 또는 후방교선법에 의한 다각교선점의 설치도 응용하면 좋다.

다각노선의 도중에 절점간의 거리가 내(川)나 논에 의하여 직접 관측이 되지 않는 경우도 가끔 있다. 〈그림 6-25〉의 (a), (b), (c)의 각 그림에서 AB의 직접관측이 불가능한 경우의 관측예가 도시되었다.

(2) 터널측량에의 응용

터널의 양 예정갱구를 잇는 중심선의 거리와 방위각을 구할 경우 지형의 악조건 때문에 중심선측량이나 삼각측량이 불가능하면 다각측량에 의한다.

〈그림 6-26〉은 그 한 예이다. 중심선 AB의 거리 및 방위각 α는

$$AB=\{(\textstyle\sum \varDelta x)^2+(\textstyle\sum \varDelta y)^2\}^{\frac{1}{2}}$$

$$\alpha=\tan^{-1}(\textstyle\sum \varDelta y/\textstyle\sum \varDelta x)$$

그림 6-26 다각에 의한 중심선의 측량

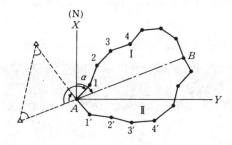

로 구해진다. 그림의 좌측과 같이 국가삼각점에 연결하면 좋다. 짧은 터널이라
하면 AI방향을 X축으로 하는 좌표계에 의해 간단히 A, B의 상대적인 위치관
계를 구할 수 있다. 어느 것으로 해도 단일노선 I만으로는 개다각형에 지나지
않으므로 노선 II를 추가하여 최소한 폐다각형으로 하지 않으면 안 된다. 노선
I 및 II에 의한 결과의 차가 요구정확도의 범위 내이면(예를 들어 1/10,000), I,
II가 거의 같은 점수와 거리인 것을 조건으로 양자의 평균값을 써도 좋다.

(3) 지적측량에의 응용

지적용 기준점 및 보조기준점을 다각측량으로 결정한 경우는 지적용 기준

■■ **표 6-4** 지적용 기준점 측량의 허용오차

구　　분		수 평 위 치 의 　오 차				높 이 의 　오 차	
		좌표의 오　차	변길이의 폐 합 비	각의 폐합차	거리관측 의 오차	출합차	폐합차
지적용 기준점	삼 각 점	±10cm	1/10,000	20″		30cm	
	다 각 점	±10cm	1/5,000	$30\sqrt{n}''$	1/10,000		$10\text{cm}+3\sqrt{n}\,\text{cm}$
	고저기준점					1.5cm/2km	$1.0\sqrt{S}\,\text{cm}$
지적용 보 조 기준점	삼 각 점	±20cm	1/7,000	40″		45cm	
	다 각 점	±20cm	1/3,000	$40\sqrt{n}''$	1/5,000		$15\text{cm}±5\sqrt{n}\,\text{cm}$
	고저기준점					1.5cm/1km	$1.5\sqrt{S}\,\text{cm}$

1) 좌표의 오차라 함은, 기지점에서 산출한 해당점의 좌표값의 평균제곱근오차(표준편차를 말함).
2) 각의 폐합차라 함은, 삼각점에 있어서는 삼각형의 폐합차를, 다각점에 있어서는 기지방향에 대한
　방향의 폐합차를 말함.
3) n은 다각노선의 변 수, S는 고저측량노선의 전체 길이를 km 단위로 표시한 수.

다각점이라 한다. 그 측량의 한도는 〈표 6-4〉에 나타낸 것과 같다.

지적도용 도근점을 다각측량으로 결정할 때 이것을 지적용 도근다각측량이

■■ 표 6-5 지적용 도근다각측량에 있어서 관측값의 허용오차

구　　분		정확도 구분		갑 1	갑 2 ~ 을 3	
					(가)	(나)
수 평 각	방 향 각 법	대　　회　　수		2	2	1
		관　　측　　차		45″	60″	…
		교　　　　차		…	…	60″
		배　　각　　차		60″	120″	…
	배 각 법	배　　각　　차		2	2	…
		정반의 관측값의 차		60″	120″	…
수직각		대　　회　　수		1	1	1
		상　　수　　차		60″	60″	60″
		동일구간에 대한 전후시차		90″	90″	90″

[비고] 정확도구분 갑 2~을 3란 중 (나)는 다음의 각호에 게재한 지적용 도근다각측량을 말하고 (가)는 (나) 이외의 지적용 도근다각측량을 말한다.
1) 그 노선이 갑 2 이하의 정확도구분에 속하는 2차노선이고 그 노선에 3차노선의 출발점 또는 폐합점을 포함하지 않는 지적용 도근다각측량.
2) 그 노선이 갑 2 이하의 정확도구분에 속하는 2차노선인 지적용 도근다각측량.

■■ 표 6-6 지적용 도근다각측량에 있어서 계산값의 허용오차

정확도구분	계　산　단　위				계 산 값 의 허 용 오 차			
	관측각값	변의 길이		좌표값 및 표고값	방향각의 폐 합 차	좌표의 폐합차	표고의 폐합차	
		진수	대수				직 접 법	간 접 법
갑 1	10″	cm	5	cm	$30''\sqrt{n}+10''$	0.005m$\sqrt{S}$+0.05m		
갑 2	〃	〃	〃	〃	$45''\sqrt{n}+20''$	0.01m$\sqrt{S}$+0.10m		
갑 3	〃	〃	〃	〃	$60''\sqrt{n}+30''$	0.02m$\sqrt{S}$+0.20m	cm　cm	cm　cm
을 1	〃	〃	〃	〃	$90''\sqrt{n}+30''$	0.03m$\sqrt{S}$+0.20m	$15+30\sqrt{\dfrac{S}{1000}}$	$15\times5\sqrt{N}$
을 2	〃	10cm	〃	10cm	$90''\sqrt{n}+45''$	0.04m$\sqrt{S}$+0.20m		
을 3	〃	〃	〃	〃	$120''\sqrt{n}+45''$	0.06m$\sqrt{S}$+0.20m		

주) n: 관측점 수, N: 변 수, S: 전길이(m)

라고 한다. 이 다각측량은 국가삼각점, 지적의 기준점(삼각점 또는 다각점), 지적
용 도근삼각점(다각점은 사용할 수 없다)을 기지점으로 한다.

다각노선의 차수는 3차까지로 된다. 1차노선은 도근삼각점 또는 2등다각
점 이상을 기지점으로 하는 노선으로 그 연장은 1.5km 이내를 표준으로 한다.
2차노선은 1차의 다각점 이상을 기지점으로 하고, 3차노선은 2차의 다각점 이
상을 기지점으로 하는 노선이고 또한 그 연장은 1km 이내를 표준으로 한다.
지적용 도근다각측량에서 관측값의 제한조건을 〈표 6-5〉에, 계산의 단위 및 계
산값의 제한조건은 〈표 6-6〉과 같다. 실제의 작업에 있어서는 작업규정준칙에
따라야만 한다.

(4) 삼림측량에의 응용

삼림측량에 필요한 제1차 도근주점(圖根主點) 및 제2차 도근주점을 다각측
량으로 구하는 경우는 다음 기준에 따른다. 제1차 주점(主點)은 국가삼각점을

■■ 표 6-7 다각측량에 삼림도근점의 관측과 공차

도근점의 종류			제1차 및 제2차 주점	제1차 및 제2차 보점
수평각	관 측 대 회 수		2	2
	공차	정 반 의 교 차 (較差)	50″	50″
		각 대 회 의 교 차	30″	30″
		관 측 차	45″	45″
		배 각 차	60″	60″
		각 규 약 에 대 한 교 차	$30″\sqrt{n}$	$40″\sqrt{n}$
		기정각(旣定角)에 대한 교차	$30″\sqrt{n}$	$40″\sqrt{n}$
수직각	관 측 대 회 수		1	1
	공차	수차	60″	60″
거리	관 측 횟 수		2	2
	공차	읽 음 값 의 차	1cm	1cm
종횡선계산	공차	폐 합 비	1/3,000	1/2,000
고저계산	공차	폐 합 오 차	$10\sqrt{n}$cm	$10\sqrt{n}$cm

n: 관측점 수

주어진 점으로 하는 1관측계 10점을 한도로 결합다각측량으로 결정한다. 이 규격은 2등다각측량과 같은 정확도로 해야 한다.

제2차 주점은 제1차 주점 이상의 정확도를 갖는 기준점을 주어진 점으로 하는 결합다각측량으로 결정한다. 제1차 제2차 보점(補點)은 삼각측량에 의한 경우와 마찬가지로 생각해도 좋으나, 제1차 보점을 위한 다각노선의 1측계의 점 수는 20점 이하로 한다.

〈표 6-7〉은 이상의 주점 및 보점을 결정하기 위한 다각측량에서 관측방향과 그 허용오차(표에는 공차로 표현하고 있다)를 나타낸 것이다. 일반적인 주의사항은 다각점간의 거리를 30m 이내로 하고 수평각은 원칙적으로 방향각법에 의할 것, 거리는 쇠줄자 또는 대자로 2회 측량을 할 것 등이다.

제 7 장

삼각측량

1. 개   요

　삼각측량(三角測量, triangulation)은 다각측량, 지형측량, 지적측량 등 기타 각종 측량에서 골격이 되는 기준점인 삼각점(triangulation station)의 위치를 삼각법으로 정밀하게 결정하기 위하여 실시하는 측량방법으로 높은 정확도를 기대할 수 있다. 삼각측량을 측량구역의 넓이에 따라 두 가지로 크게 나누면 대지삼각측량(또는 측지삼각측량, geodetic triangulation)과 소지삼각측량(또는 평면삼각측량, plane triangulation)이 있다. 전자는 삼각점의 위도, 경도 및 표고를 구하여 지구상의 지리적 위치를 결정하는 동시에 나아가서는 지구의 크기 및 형상까지도 결정하려는 것으로서 그 규모도 크고, 계산을 할 때 지구의 곡률을 고려하여 정확한 결과를 구하려는 것이다. 후자는 지구의 표면을 평면으로 간주하고 실시하는 측량이며 취급할 수 있는 범위, 예를 들면 100만분의 1의 정확도를 바라는 경우에는 반지름 11km의 범위를 평면으로 간주하는 삼각측량이다.

　삼각측량에서 출발점을 측지원점이라 하며, 출발점의 경도, 위도, 방위각, 지오이드 높이 및 기준(또는 준거), 지구타원체의 요소를 측지원점요소(測地原點要素 또는 測地原子)라 한다.

2. 삼각측량의 일반사항

(1) 수평위치

한 지점의 수평위치(또는 평면위치)를 결정하려면 방향과 거리를 알면 된다. 거리를 줄자 등으로 잴 수 있는 곳은 삼각측량이 불필요하나 거리가 멀거나 또는 산이나 강 등의 장애가 있어서 잴 수 없는 경우에는 삼각측량의 방법이 쓰여진다. 〈그림 7-1〉에서 B점을 기준으로 하여 A점의 위치를 구하려 할 경우 먼저 B점의 옆에 적당한 지점 C를 선정한다. 이 선정의 조건으로서는 BC의 거리가 관측될 것과 C에서 B 및 A가 보여야 한다. C점이 결정되면 BC간의 거리 a를 정확히 관측한다. 이 거리는 삼각측량의 기준변이 되는 것으로 이것을 기선(基線)이라 하고 기선을 관측하는 작업을 기선측량이라 한다. 다음에 점 B, C에서 트랜시트를 사용하여 $\angle ABC$ 및 $\angle BCA$를 관측한다. 그렇게 하면 수평각 $\angle A'BC$, $\angle BCA'$를 얻을 수 있다(이 그림의 경우 B와 C는 대체로 평지에 있는 것으로 가정한다). 따라서 삼각형의 내각의 합은 $180°$이므로,

$$\angle BA'C = 180° - (\angle A'BC + \angle BCA')$$

즉, 1변과 3각을 알므로 수학의 삼각법에 있어서(sine 법칙)

$$\frac{a}{\sin A'} = \frac{b}{\sin B} = \frac{c}{\sin C}$$

그림 7-1

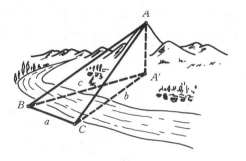

를 이용하여 다음 식으로부터 b 및 c를 구할 수 있다.

$$b = \frac{a \sin B}{\sin A'} , \quad c = \frac{a \sin C}{\sin A'}$$

여기에서는 $\angle BA'C$를 직접 구하지 않고 간접적으로 구했다.

이론적으로는 간접적으로 구하는 것도 좋으나 측량에서는 $\angle BA'C$도 직접 관측하는 것이 바람직하다.

(2) 수직위치

삼각점의 수직위치(또는 표고, 높이)는 직접고저측량 또는 간접고저측량(삼각 고저측량)으로 구한다. 삼각점에서 비교적 가까운 곳에 고저기준점(또는 수준점)이 있고 또 삼각점이 평지 또는 낮은 산 등 직접 고저측량이 용이한 곳에 있으면 직접고저측량에 의하여 그 수직위치를 구하지만 그렇지 않을 때는 간접고저측량에 의한다.

(3) 삼 각 점

국토교통부 국토지리정보원이 실시한 측량을 기본측량이라 말하고 이것에 의하여 설치된 삼각점, 다각점, 고저기준점(또는 수준점) 등을 국가기준점이라 말한다.

삼각점은 각관측정밀도에 의하여 일등삼각점, 이등삼각점, 삼등삼각점, 사등삼각점의 4등급으로 나누어진다(〈그림 7-2〉 참조).

그림 7-2

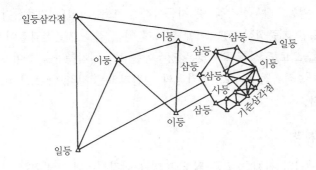

■■ 표 7-1 삼각점의 정확도

구 분	대 삼 각		소 삼 각	
	일 등	이 등	삼 등	사 등
평균 변의 길이	30km	10km	5km	2.5km
교 각	약 60°	30°~120°	25°~130°	15° 이상
최소읽음값	0.1″	0.1″	1″	1″
관 측 법	각 관 측	〃	〃	〃
수평각의 제한 대 회 수	12	12	3	2
배 각 차			15″	20″
관 측 차	1.5″	2.0″	8″	10″
삼각형의 폐 합 차	1.0″	5.0″	15.0″	20.0″
조 정 법	조건식에 의한 망조정	좌표조정 (3차까지)	〃 (6차까지)	간략좌표 조정 (5차)
변길이의 계산단위	대수 8자리	대수 7자리	대수 6자리	대수 6자리
각의 계산단위	0.001″	0.01″	0.1″	1.0″
수평각의 평균 제곱근오차	1방향±0.5″	〃 ±1.0″	〃 ±2.0″	수평위치±5cm

이 삼각점들은 경위도원점을 기준으로 경위도를 정하고 고저기준원점(또는 수준원점)을 기준으로 하여 그 표고를 정한다. 〈표 7-1〉은 삼각점의 정확도를 나타내고 축척 1/50,000 정도의 지형도를 작성할 때는 삼등삼각점, 축척 1/10,000 정도에서는 사등삼각점의 설치가 필요하게 된다.

그 외에 일등, 삼등삼각점 및 사등삼각점 또는 기설의 기준삼각점에서 실시한 삼각측량을 기준삼각측량, 이에 의하여 얻은 점을 기준삼각점이라 말한다. 또, 기준삼각점으로도 정확도가 낮은 경우에는 보조삼각측량을 하여 보조삼각점을 구한다. 기준삼각점 및 보조삼각점의 점간거리는 각각 약 1.5km, 0.7km를 표준으로 한다.

(4) 삼 각 망

삼각망은 지역 전체를 고른 밀도로 덮는 삼각형이며 광범위한 지역의 측량에 사용된다.

삼각망을 구성하는 삼각형은 가능한 한 정삼각형에 가까운 것이 바람직하나 지형 및 기타 등으로 이 조건을 만족하기 어려우므로 1각의 크기를 25°~130°의 범위로 취하는 것이 일반적인 기준이다. 이것은 각이 지니는 오차가 변에 미치는 영향을 작게 하기 위한 것이다.

각관측의 정밀도는 각 자체의 대소에는 관계없으나 변의 길이 계산에서는 sin법칙을 사용하므로 sin 5°로부터 90°까지의 변화를 대수표에서 조사해 보면 각도 1″의 변화에 대하여 대수 6자리에서의 변화는 다음과 같다.

sin	5°	10°	15°	20°	25°	30°	40°	50°	60°	70°	80°	90°
1″의 표차	24	12	7.9	5.8	4.5	3.6	2.6	1.8	1.2	0.7	0.4	0

sin 10°와 sin 80°를 비교하면 약 30배의 영향을 미친다. 따라서 각관측오차가 같은 경우 이 오차가 변길이에 미치는 영향은 각이 작을수록 큰 것을 알수 있다. 변길이 계산에 기초가 되는 기선은 하나의 삼각망에서 하나만 있으면되나 넓은 지역인 경우 그 삼각망의 최후변에 있어서 각관측오차로부터 생기는변길이 오차가 누적되어 실제 길이와 큰 차이가 생긴다. 이것을 조정하기 위하여 적당한 위치에 또 하나의 기선을 설치한다. 이것을 검기선(점검기선)이라 한다.

기선은 삼각망에서 한 변을 취할 수 있으면 좋으나, 일반적으로 지형 및 기타의 상황에 의하여 삼각망의 한 변을 취하는 것은 곤란하므로 적당한 길이의 기선을 별개로 실치해 이것을 그 삼각망에 연결한다. 이를 위해 〈그림 7-3〉과 같이 실제 관측한 기선길이를 차례로 확대하여 바라는 길이로 하기 위하여 소삼각형의 조합을 기준으로 한 기선삼각망을 설치한다. 1회의 확대는 기선길이의

그림 7-3

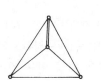

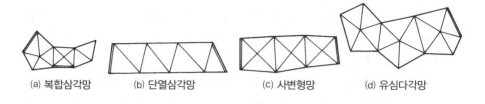

그림 7-4

(a) 복합삼각망   (b) 단열삼각망   (c) 사변형망   (d) 유심다각망

3~4배로 하고, 또 확대의 횟수도 2회 정도까지로 한정하고 최종 확대 변은 기선길이의 10배 이내로 하는 것이 바람직하다.

삼각망의 종별은 〈그림 7-4〉에 나타난 바와 같이 ① 단열(單列)삼각망, ② 유심다각망, ③ 사변형망 등이 있으며 이들의 특징은 다음과 같다.

① 단열삼각망

가) 폭이 좁고 거리가 먼 지역에 적합하다. 하천측량, 노선측량, 터널측량 등에 이용된다.

나) 거리에 비하여 관측수가 적으므로 측량이 신속하고 측량비가 적게 드나 조건식이 적기 때문에 정확도가 낮다.

② 유심다각망(육각형, 중심형)

가) 방대한 지역의 측량에 적합(농지측량)

나) 동일관측점수에 비하여 포함면적이 가장 넓다.

다) 정확도는 단열삼각형보다 높으나 사변형보다 낮다.

③ 사변형망

가) 조건식의 수가 가장 많아 정확도가 가장 높다.

나) 조정이 복잡하고 포함면적이 적으며 시간과 비용을 많이 요하는 것이 결점이다.

(5) 삼각측량의 특징

① 삼각측량은 삼각점간의 거리를 비교적 길게 취할 수 있고, 또 한 점의 위치를 정확하게 결정할 수 있으므로 넓은 지역에 똑같은 정확도의 기준점을 배치하는 것이 편리하다. 우리나라의 일등삼각측량은 변의 평균 길이가 30km 정도이다.

② 삼각측량은 넓은 면적의 측량에 적합하다.

③ 삼각점은 서로 시통이 잘 되어야 하고, 또 후속 측량에 이용되므로 일반적으로 전망이 좋은 곳에 설치한다. 따라서 삼각측량은 산지 등 기복이 많은 곳에 알맞고, 평야지역과 삼림지대 등에서는 시통을 위하여 많은 벌목과 높은 측표 등을 필요로 하므로 작업이 곤란하다.

④ 조건식이 많아 계산 및 조정방법이 복잡하다.

⑤ 각 단계에서 정확도를 점검할 수 있다. 즉, 삼각형의 폐합차, 좌표 및 표고의 계산결과로부터 측량의 양부를 조사할 수 있다.

3. 삼각망의 관측

(1) 각 관 측

각관측의 일반사항은 3장에서 설명하였으므로 여기서는 편심관측만 설명한다.

삼각측량에서 삼각점의 표석, 관측표 및 기계의 중심이 연직선으로 일치되어 있는 것이 이상적이나 현지의 상황에 따라 이들 3자가 일치될 수 없는 조건하에서 부득이 측량하여야 할 때에는 편심시켜서 관측을 하여야 하며 이것을 편심(또는 귀심)관측이라 한다.

① 편심의 관측

삼각점의 표석중심을 C, 관측표를 B, 관측표중심을 P라 할 때 이것들을 동일연직선내에 있게 하여 각관측을 하는 것이 원칙이다. 그러나 높은 관측표를 건설할 것을 절약하고 벌채를 하지 않고 또 관측표의 설치당시에는 $P=C$이나 시일의 경과에 따라 $P \neq C$의 상태로 되어 많은 편심이 일어난다. 특히 시가지에는 빌딩의 건설로 그 옥상에 기계를 고정하여 각관측을 하는 등의 필요성이 생긴다. 이와 같이 하여 $C=B$에서 관측하고 $P \neq C$의 관측표를 건설한 경우에는 B 및 P의 C에 대한 편심량 e를 관측하고 $B=C=P$의 조건에 의하여 각관측값을 구하기 위하여 조정계산을 한다. 이것을 편심조정의 계산이라 말한다. 또한 편심조정의 계산을 편심계산 혹은 귀심(歸心)계산이라고도 말한다. 계산에 필요한 편심거리 e와 편심각 φ를 편심요소라 말하며 편심의 종류는 다음과 같다.

가) $(B=P) \neq C$의 경우

〈그림 7-5〉(b) 및 〈그림 7-6〉(1)에서 나타낸 바와 같이 표석의 위치에 고정시킬 수 없으므로 e만큼 떨어진 지점에 관측표를 세워 관측한다. 예를 들면, 도

그림 7-5

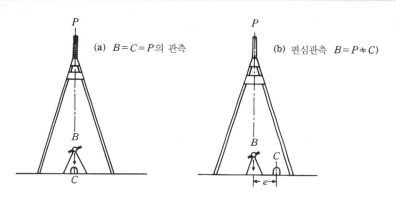

(a) $B=C=P$의 관측

(b) 편심관측 $B=P \neq C$

그림 7-6 편심의 종류

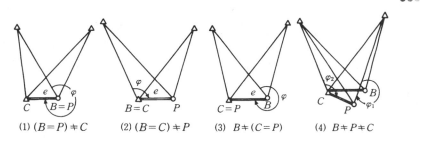

(1) $(B=P) \neq C$　(2) $(B=C) \neq P$　(3) $B \neq (C=P)$　(4) $B \neq P \neq C$

근점을 설치함으로써 선점, 조표, 관측후매석을 할 단계에서 표석의 보존상 모두 교체하는 경우이다.

나) $(B=C) \neq P$의 경우

〈그림 7-6〉(2)에서 나타낸 바와 같이 관측표의 설치가 정확하게 되며 관측표가 오래된 경우에 생기는 예가 있다. 일반적으로 편심량이 작고 편심관측 중에서 제일 많다.

다) $B \neq (C=P)$의 경우

말뚝의 삼각점을 시준할 때 이 하나의 시준이 불가능하며 이 경우의 편심관측으로 도시하면 〈그림 7-6〉(3)과 같다. 그러나 일반적으로 이와 같은 경우는 거의 없다.

■■ 표 7-2 편심관측과 조정량 x의 부호

편심 ＼ φ	B에서 관측한 경우	C에서 관측한 경우	P에서 관측한 경우
$(B=P) \neq C$	정방향 $+x$ 반방향 $+x$	정방향 $-x$ 반방향 $-x$	정방향 $+x$ 반방향 $+x$
$(B=C) \neq P$	반방향 $-x$	반방향 $-x$	반방향 $+x$
$B \neq (C=P)$	정방향 $+x$	정방향 $-x$	정방향 $-x$
$B \neq C \neq P$	정방향 $+x$ ($C \neq P$의 조정)	정방향 $-x$ ($B \neq C$의 조정) 반방향 $-x$ ($C \neq P$의 조정)	반방향 $+x$ ($C \neq B$의 조정)

■■ 표 7-3 편심거리에 따른 편심요소의 관측기준

등급	s/e	e	편심각 관측방법	편심각 각의 단위	편심거리	관측방법	관측단위
1·2급 기준점측량	3,600 이상	10cm 미만	분도기에 의함	30′	30cm 미만	자에 의함 (mm 자)	mm
		10cm 이상	sehnen표 또는 삼각함수에 의함				
	600 이상	3m 미만		10′	25m 이하	쇠줄자에 의함	
		2m 이상					
	60 이상		트랜시트에 의한 2대회	1′	25m 이상	쇠줄자 또는 광파 거리측량기에 의함	
	10 이상			10″			
	6 이상			1″			
3·4급 기준점측량	3,600 이상		분도기에 의함	1°	30cm 미만	자에 의함(mm 자)	mm
	1,800 이상			30′	25m 이하	쇠줄자에 의함	
	300 이상		sehnen표 또는 삼각함수에 의함	10′	25m 이상	쇠줄자 또는 광파 거리측량기에 의함	
	60 이상		트랜시트에 의함	1′			
	10 이상			10″			

＊편심거리 1cm 미만은 계산 생략.

라) $B \neq C \neq P$의 경우

관측점, 표석중심, 관측표중심이 흩어지는 경우가 있고 〈그림 7-6〉(4)와 같다. 이 경우 1관측점에서 2개의 편심조정을 할 필요가 있다. 상기의 편심관측에 따르는 편심조정량 x의 부호를 표시하면 〈표 7-2〉와 같다.

② 편심요소의 관측

편심요소는 전술한 바와 같이 편심조정계산에 필요한 편심거리 e 및 편심각 φ이다.

편심거리는 관측점과 표석중심간의 거리로서 mm까지 관측한다. 쇠줄자를 사용한 경우는 왕복 관측을 하지 않고 필요에 따라 자(척)의 상수, 온도, 경사 또는 표고의 각 조정계산을 한다. 편심각의 관측은 편심거리에 따라 30′ 단위에서 1″단위까지 5단계로 구분하여 실시한다. 각각의 단계에서 분도기, 트랜시트, 데오돌라이트를 사용한다. 편심거리에 따른 편심요소의 관측기준은 〈표 7-3〉과 같다.

(2) 기선관측

삼각측량을 하려면 우선 기선을 정하고 기선을 확대하여 삼각망을 구성하여야 한다. 기선의 관측방법에 대해서는 앞의 거리관측에서 다루었으므로 여기서는 생략한다.

4. 각 및 기선관측값의 조정계산

삼각측량의 각 삼각점에 있어 모든 각의 관측은 다음 세 조건이 만족되어야 한다.

① 하나의 관측점 주위에 있는 모든 각의 합은 360°가 될 것.

② 삼각망 중에서 임의 한변의 길이는 계산의 순서에 관계없이 동일할 것.

③ 삼각망 중 각각 삼각형 내각의 합은 180°가 될 것(n각형 내각의 합은 $(n-2) \times 180$°가 된다).

①을 점조건식, ②를 변조건식, ③을 각조건식이라 한다. 그러나 신중히 관측하여도 항상 오차가 포함되어 이 조건이 만족되지 않으므로 위의 조건이 만족되도록 모든 관측각을 조정한다. 이 조정에 필요한 계산을 조정계산 또는 평균계산이라 말한다. 만약 관측값의 오차가 제한값 이상일 경우는 다시 관측한다.

(1) 조정에 필요한 조건

조정에 필요한 조건에는 관측점조건과 도형조건이 있다.

① 관측점조건

한 관측점의 둘레 각의 합은 360°가 되어야 한다는 조건이다. 이것은 임의의 1관측점을 공통으로 하는 각각의 각 사이의 성립하는 기하학적 조건이다.

〈그림 7-7〉에 있어서 다음 식이 성립된다.

$$\alpha_0 = \alpha_1 + \alpha_2 + \alpha_3$$
$$360° = \alpha_1 + \alpha_2 + \alpha_3 + \alpha_4$$

그림 7-7 관측점조건

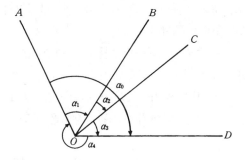

② 도형조건

삼각망의 도형이 폐합하는 까닭에 삼각형의 내각의 합은 180°라는 각조건과, 삼각망중의 임의의 한 변의 길이는 계산의 순서에 관계없이 어느 변에서 계산하여도 같다는 변조건이 성립한다. 이 조건에 의한 식을 각조건식 〈그림 7-8〉, 변조건식 〈그림 7-9〉라 한다. 각조건식을 표시하면,

$$\alpha + \beta + \gamma = 180°$$

이다.

그림 7-8	각조건

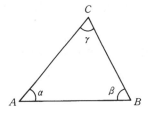

그림 7-9	변조건

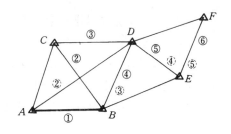

③ 조정에 필요한 조건식수

가) 조건식의 총수

〈그림 7-8〉에 표시한 것처럼 1개의 기선 AB를 이용하여 1점 C의 위치를 정하는 데는 2각 α, β를 관측할 필요가 있다. 또 나머지의 각 γ를 관측하면 $\alpha+\beta+\gamma=180°$인 조건식이 만들어진다.

따라서 삼각점의 총수를 p, 관측각수를 a라 하면, $a-2(p-2)$는 나머지에서 관측한 각수, 곧 조건식의 총수가 된다.

그런데 〈그림 7-10〉처럼 검기선 EF를 관측하면, 점 F는 각 γ_4를 관측하면 결정된다. 따라서 각 α_4는 나머지(여분)관측각, 곧 조건식을 1개 증가시키는 경우의 관측각이 된다.

여기서, 기선 및 검기선의 수를 B라 하면, 검기선의 수$(B-1)$만큼 $a-2(p-2)$보다 조건식 수가 많아진다.

이 결과 조건식의 수 K_1은 일반적으로 식 (7.1)처럼 표시한다.

그림 7-10	

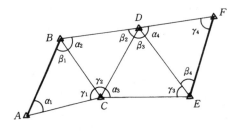

$$K_1=a-2(p-2)+(B-1)=a-2p+3+B \tag{7.1}$$

나) 각조건식의 수

〈그림 7-11〉에 있어서 CE, DE처럼 편측각을 관측한 관측선 그리고 편측 관측변의 수를 l', 삼각망의 변 수를 l이라 하면, 양측 관측변의 수는 $l-l'$이다. 또, p개의 삼각점에서 임의의 1개의 삼각점에 모든 삼각점을 결합시키면, 그 변 수는 $(p-1)$이 된다. 또 1개의 변이 조합되는 경우에 1개의 삼각형이 만들어지고, 각 조건이 1개씩 증가하게 된다. 이 결과 각조건식 수 K_2는 다음 식으로 표시된다.

$$K_2=l-l'-(p-1)=l-l'-p+1$$

그림 7-11 각조건식의 수

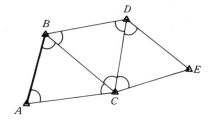

다) 변조건식의 수

기선의 양단 2점을 제외한 모든 삼각점 $(p-2)$개는 모두 1점이 2개의 변으로 그 위치가 결정되므로 모두 삼각점에 있어서는 $2(p-2)$의 변 수가 필요하다.

여기에서, 기선 및 검기선 수를 B라 하면 $(B-1)$의 조건식이 더하여져서 변조건식의 수 K_3는 다음 식으로 표시된다.

$$K_3=l-\{2(p-2)+1\}+(B-1)=l-2p+2+B$$

라) 관측점 조건식의 수

관측점 조건식의 수 K_4는 조건식의 총수 K_1에서, 각조건식의 수 K_2, 변조건식의 수 K_3를 빼면 구해진다. 따라서

$$K_4=K_1-(K_2+K_3)=a+p-2l+l'$$

(2) 단삼각형의 조정과 변길이 계산

① 단삼각형의 조정

독립된 하나의 삼각형을 단삼각형이라 말한다. 〈그림 7-12〉에 있어서 관측각을 α, β, γ, 조정량을 v_1, v_2, v_3, 조정각을 α', β', γ', 기선을 S_c라 하면 다음의 각조건식이 성립된다.

$$(\alpha + v_1) + (\beta + v_2) + (\gamma + v_3) = 180°$$

여기서 폐합오차를 ε이라 하면,

$$(\alpha + \beta + \gamma) - 180° = -(v_1 + v_2 + v_3) = \varepsilon$$

각 각이 같은 정밀도로 관측된다고 하면 최소제곱법에 의하여

$$v_1 = v_2 = v_3$$

로 된다. 그러므로,

$$v_1 = v_2 = v_3 = -\frac{\varepsilon}{3}$$

이 결과 조정각 α', β', γ'는 다음 식으로 된다.

$$\left.\begin{array}{l} \alpha' = \alpha \mp \dfrac{\varepsilon}{3} \\[2mm] \beta' = \beta \mp \dfrac{\varepsilon}{3} \\[2mm] \gamma' = \gamma \mp \dfrac{\varepsilon}{3} \end{array}\right\} \tag{7.2}$$

그림 7-12

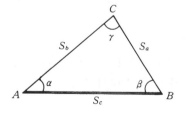

② 변 길이의 계산

조정내각 α', β', γ'와 기선길이 S_c에서 다른 2변, S_a, S_b를 sine법칙에 의하여 구한다.

$$\left. \begin{array}{l} S_a = \dfrac{\sin \alpha'}{\sin \gamma'} S_c \\[3mm] S_b = \dfrac{\sin \beta'}{\sin \gamma'} S_c \end{array} \right\}$$ (7.3)

(3) 사변형의 조정계산

〈그림 7-13〉에 있어서 기선 AB와 8개의 내각을 관측한 경우의 조정법에는 엄밀법과 근사법이 있다. 엄밀법은 각조건과 변조건을 동시에 고려한 방법이고, 근사법은 각조건에 의하여 조정한 후, 변조건조정을 하는 조정법이다.

최근 컴퓨터의 발달로 근사법은 잘 사용하지 않으므로 엄밀법에 관하여 기술한다.

조건식의 총수 $= a - 2p + 3 + B = 8 - 2 \times 4 + 3 + 1 = 4$
각조건식의 수 $= l - p + 1 = 6 - 4 + 1 = 3$
변조건식의 수 $= l - 2p + 2 + B = 6 - 2 \times 4 + 2 + 1 = 1$

① 엄밀법에 의한 조정

〈그림 7-13〉에 있어서 각 각의 조정량을 v_1, v_2, $\cdots$, v_g라 하면,

$$\{(1) + v_1\} + \{(2) + v_2\} + \{(3) + v_3\} + \cdots + \{(8) + v_8\} = 360°$$
$$\{(1) + v_1\} + \{(2) + v_2\} = \{(5) + v_5\} + \{(6) + v_6\}$$

그림 7-13 사변형의 조정

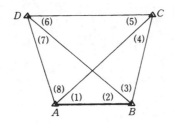

$$\{(3)+v_3\}+\{(4)+v_4\}=\{(7)+v_7\}+\{(8)+v_8\} \tag{7.4a}$$

윗 식에 있어서

$$\{(1)+(2)+(3)+(4)+\cdots+(8)\}-360^\circ=\varepsilon_3$$
$$\{(1)+(2)\}-\{(5)+(6)\}=\varepsilon_1$$
$$\{(3)+(4)\}-\{(7)+(8)\}=\varepsilon_2 \tag{7.4b}$$

라 하면,

$$\left.\begin{array}{l} v_1+v_2+\cdots+v_8-\varepsilon 3=0 \\ v_1+v_2-(v_5+v_6)-\varepsilon_1=0 \\ v_3+v_4-(v_7+v_8)-\varepsilon_2=0 \end{array}\right\} \tag{7.4c}$$

다음에 $\triangle ABC$, $\triangle BCD$, $\triangle CDA$, $\triangle DAB$에서 sine법칙으로 다음의 변 조건식이 성립한다.

$$\frac{\sin\{(2)+v_2\}\cdot\sin\{(4)+v_4\}\cdot\sin\{(6)+v_6\}\cdot\sin\{(8)+v_8\}}{\sin\{(1)+v_1\}\cdot\sin\{(3)+v_3\}\cdot\sin\{(5)+v_5\}\cdot\sin\{(7)+v_7\}}=1 \tag{7.4d}$$

(4) 삼각형의 조정계산

도시한 두 기선 사이에 끼인 단열삼각망의 조정계산은 다음 순서에 의한 다. 이 경우 기지변에 대한 각을 β로 하고 삼각형의 순서에 따라서 β_1, β_2, β_3, β_4의 기호를 붙인다. 또 미지변[求邊]에 대한 각을 α_1, α_2, α_3, α_4로 한다.

① **각조건에 대한 조정**(제1조정)

164면 (2)①에서 말한 바와 같이 각각의 삼각형에 있어서

$$(\alpha_1+\beta_1+\gamma_1)-180^\circ=\varepsilon_1$$
$$(\alpha_2+\beta_2+\gamma_2)-180^\circ=\varepsilon_2$$
$$(\alpha_3+\beta_3+\gamma_3)-180^\circ=\varepsilon_3$$
$$(\alpha_4+\beta_4+\gamma_4)-180^\circ=\varepsilon_4$$

그러므로, 조정각은 삼각형 ①의 경우

$$\left.\begin{array}{l} \alpha_1' = \alpha_1 \mp \dfrac{\varepsilon_1}{3} \\[2mm] \beta_1' = \beta_1 \mp \dfrac{\varepsilon_1}{3} \\[2mm] \gamma_1' = \gamma_1 \mp \dfrac{\varepsilon_1}{3} \end{array}\right\} \tag{7.5}$$

로 구하게 된다. 이하 삼각형 ②, ③, ④에 있어서도 마찬가지다.

　② **방향각에 대한 조정**(제2조정)

　이 조정은 관측점 A에 있어서 관측선 AC의 방향각 T_0로부터 시작하여 계산한 관측선 EF의 방향각 T_b'가 관측선 EF의 기지방향각 T_b와 같지 않은 경우에 실시한다. 생긴 오차는 각각에 조정하여 배분한다.

　〈그림 7–14〉에 있어서

> CB의 방향각 $T_1 = T_0 + 180° + \gamma_1'$
> BD의 방향각 $T_2 = T_1 + 180° - \gamma_2'$
> DE의 방향각 $T_3 = T_2 + 180° + \gamma_3'$
> ･･････････････････････････

　일반적으로 최종방향각 T_b'는 방향각수를 n으로 하면,

그림 7-14 삼각망의 조정

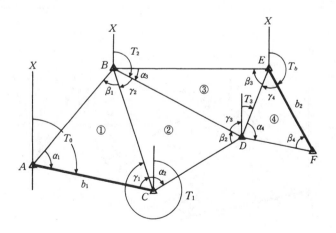

$$T_b' = T_0 + 180° \times n - [\gamma'\text{짝수}] + [\gamma'\text{홀수}] \tag{7.6}$$

$T_b' - T_b = \varepsilon_2$로 하면 각 방향각의 조정량 v_2는 식 (7.7)에 의하여 구하여진다.

$$\left.\begin{array}{l} \gamma\text{에 대하여} \quad v_2 = -(-1)^n \dfrac{\varepsilon_2}{n} \\[4mm] \alpha,\ \beta\text{에 대하여} \quad v_2 = +\dfrac{\varepsilon_2}{2n} \end{array}\right\} \tag{7.7}$$

③ 변조건에 대한 조정(제3조정)

이 조정은 삼각망의 실측값 b_2가 기선 b_1에서 시작하여 구한 계산값과 같지 않은 경우에 실시한다.

〈그림 7-15〉에 있어서

$$S_1 = \frac{b_1 \sin \alpha_1''}{\sin \beta_1''}, \quad S_2 = \frac{S_1 \sin \alpha_2''}{\sin \beta_2''}$$

로 되므로,

$$b_2 = b_1 \frac{\sin \alpha_1'' \sin \alpha_2'' \sin \alpha_3'' \sin \alpha_4''}{\sin \beta_1'' \sin \beta_2'' \sin \beta_3'' \sin \beta_4''} \tag{7.8}$$

그림 7-15

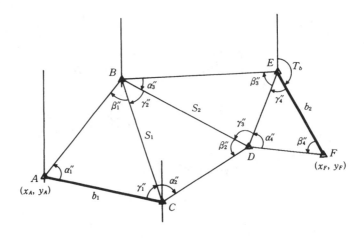

④ **좌표조건에 대한 조정**

삼각망 내의 기지삼각점에서 조정된 방향각과 변의 길이를 사용하여 각 삼각점의 좌표를 계산하고 다른 기지삼각점에 이을 때에 계산된 좌표와 기지의 좌표와는 반드시 일치하며 좌표의 폐합오차가 생긴다. 이 같은 경우에 조정된 방향각 및 변의 길이를 사용한다. 다음과 같이 하여 각 점의 좌표를 조정한다.

변의 길이 S_1, S_2, S_3, b_2는

$$S_1 = \frac{b_1 \sin {\alpha_1}'''}{\sin {\beta_1}'''} \quad S_2 = \frac{S_1 \sin {\alpha_2}'''}{\sin {\beta_2}'''}$$

$$S_3 = \frac{S_2 \sin {\alpha_3}'''}{\sin {\beta_3}'''} \quad b_2 = \frac{S_3 \sin {\alpha_4}'''}{\sin {\beta_4}'''}$$

각 변의 방향각 T_1, T_2, T_3, T_b는

$$T_1 = T_0 + 180° + {\gamma_1}''' \qquad T_2 = T_1 + 180° - {\gamma_2}'''$$

$$T_3 = T_2 + 180° + {\gamma_3}''' \qquad T_b = T_3 + 180° - {\gamma_4}'''$$

A점의 좌표를 (x_A, y_A)로 표시할 때 각 점의 좌표를 나타내면,

$$
\begin{aligned}
{x_C}' &= x_A + b_1 \cos T_0 & {y_C}' &= y_A + b_1 \sin T_0 \\
{x_B}' &= {x_C}' + S_1 \cos T_1 & {y_B}' &= {y_C}' + S_1 \sin T_1 \\
{x_D}' &= {x_B}' + S_2 \cos T_2 & {y_D}' &= {y_B}' + S_2 \sin T_2 \\
{x_E}' &= {x_D}' + S_3 \cos T_3 & {y_E}' &= {y_D}' + S_3 \sin T_3 \\
{x_F}' &= {x_E}' + b_2 \cos T_b & {y_F}' &= {y_E}' + b_2 \sin T_b
\end{aligned}
$$

여기서

$$ {x_F}' - x_F = e_x \qquad {y_F}' - y_F = e_y $$

로 두고 삼각점을 n이라 하면,

$$ e_x = (x_A - x_F) + \sum S \cos T + b_1 \cos T_0 + b_2 \cos T_b $$
$$ e_y = (y_A - y_F) + \sum S \sin T + b_1 \sin T_0 + b_2 \sin T_b $$

여기서

그림 7-16

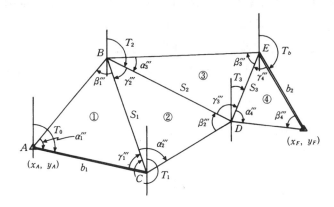

$$d_x = \frac{-e_x}{n-1} \qquad d_y = \frac{-e_y}{n-1}$$

로 하면 각 점의 좌표는 각각

$$
\begin{aligned}
x_C &= x_C' + d_x & y_C &= y_C' + d_y \\
x_B &= x_B' + 2d_x & y_B &= y_B' + 2d_y \\
x_D &= x_D' + 3d_x & y_D &= y_D' + 3d_y \\
x_E &= x_E' + 4d_x & y_E &= y_E' + 4d_y \\
x_F &= x_F' + 5d_x & y_F &= y_F' + 5d_y
\end{aligned}
$$

로 된다.

(5) 두 삼각형의 조정

〈그림 7-17〉과 같이 삼각점 A, B, C를 신설하고 삼각점 D를 증설할 경우의 조정법에 대해서 기술한다. 그림 중에 α, β, γ는 관측각, θ는 기지각, S_1, S_2는 기지변이다.

① 각조건에 대한 조정(제1조정)

164면 (2)①에서 서술한 단삼각형의 조정과 똑같이 하면 된다. 삼각형 ABD, 삼각형 BCD의 폐합오차를 각각 ε_1, ε_2라 하면 조정각은 ε_1, ε_2를 3등분하여 각 각에 부호를 바꾸어 놓는다. 즉,

그림 7-17

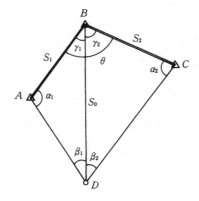

$$\alpha_1{}' = \alpha_1 \mp \frac{\varepsilon_1}{3} \qquad \alpha_2{}' = \alpha_2 \mp \frac{\varepsilon_2}{3}$$

$$\beta_1{}' = \beta_1 \mp \frac{\varepsilon_1}{3} \qquad \beta_2{}' = \beta_2 \mp \frac{\varepsilon_2}{3} \tag{7.9}$$

$$\gamma_1{}' = \gamma_1 \mp \frac{\varepsilon_1}{3} \qquad \gamma_2{}' = \gamma_2 \mp \frac{\varepsilon_2}{3}$$

로 된다.

② **관측점조건에 대한 조정**(제2조정)

$$(\gamma_1{}' + \gamma_2{}') - \theta_2 = \pm \varepsilon_3$$

로 하면,

$$\gamma_1{}'' = \gamma_1{}' \mp \frac{\varepsilon_3}{2} \qquad \gamma_2{}'' = \gamma_2{}' \mp \frac{\varepsilon_3}{2} \tag{7.10}$$

이 결과 각각의 삼각형내각의 합은 $180°$가 되지 않으므로 γ를 조정한 양의 $1/2$을 다른 2각에서 뺀다. 즉,

$$\left. \begin{array}{ll} \alpha_1{}'' = \alpha_1{}' \pm \dfrac{\varepsilon_3}{4} & \alpha_2{}'' = \alpha_2{}' \pm \dfrac{\varepsilon_3}{4} \\[2ex] \beta_1{}'' = \beta_1{}' \pm \dfrac{\varepsilon_3}{4} & \beta_2{}'' = \beta_2{}' \pm \dfrac{\varepsilon_3}{4} \end{array} \right\} \tag{7.11}$$

③ **변조건에 대한 조정**(제3조정)

α_1'', α_2'', β_1'', β_2'' 및 S_1, S_2의 사이에는 식 (7.12)와 같은 식이 성립된다.

$$\frac{\sin \alpha_2'' \cdot \sin \beta_1''}{\sin \alpha_1'' \cdot \sin \beta_2''} = \frac{S_1}{S_2} \tag{7.12}$$

(6) 유심다각망의 조정

⟨그림 7-18⟩에 표시된 바와 같이 수 개의 삼각형이 공통의 중심을 가지며 인접한 변이 공통인 이 도형을 유심다각망(有心多角網)이라 말한다. 유심다각망의 조정은 각조건 또는 변조건에 대하여 실시한다.

① **각조건에 대한 조정**(제1조정)

각 삼각형 내각의 합이 180°가 되도록 관측각을 조정한다. 이것은 단삼각형의 경우와 똑같다.

② **각관측조건에 대한 조정**(제2조정)

각조건에 대한 조정은 각도에 대하여 유심점 주위에 있는 각의 합이 360°가 되도록 조정한다.

⟨그림 7-18⟩(a)의 경우

$$\gamma_1 + \gamma_2 + \gamma_3 + \gamma_4 - 360° = \pm \varepsilon_2$$

그림 7-18

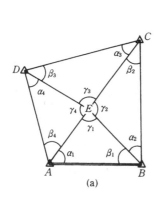

(a)

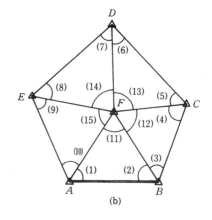

(b)

$$\therefore\ v_2 = \mp \frac{\varepsilon_2}{4}$$

〈그림 7-18〉(b)의 경우

$$(11)+(12)+(13)+(14)+(15)-360° = \pm\varepsilon_2$$

$$\therefore\ v_2 = \mp \frac{\varepsilon_2}{5}$$

③ **변조건에 대한 조정**(제3조정)

〈그림 7-18〉(a)에 있어서 각 각의 사이에는 다음 식이 성립된다.

$$\frac{\sin \alpha_1 \sin \alpha_2 \sin \alpha_3 \sin \alpha_4}{\sin \beta_1 \sin \beta_2 \sin \beta_3 \sin \beta_4} = 1$$

5. 관측조정값의 계산과 정리

(1) 계산정리의 순서

조정계산이 완료된 조정각 및 기선으로부터 처음 신설하는 삼각점의 위치를 구하는 순서는 다음과 같다.

① 편심조정계산
② 삼각형의 계산(변길이의 계산, 방향각계산)
③ 좌표조정계산
④ 표고계산
⑤ 경위도계산(필요에 따라서)

이 경우 계산에 쓰인 길이, 각도의 최소단위는 〈표 7-4〉와 같다.

■■ 표 7-4 삼각측량의 계산단위

구　　　분			기준삼각점	보조삼각점
각　　　도			초　단위까지	초　단위까지
변의 길이	진　　　수		cm　 ″	cm　 ″
	대　　　수		6　자리까지	6　자리까지
좌 표 및 표 고			cm 단위까지	cm 단위까지

그림 7-19

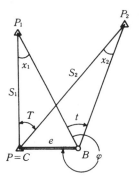

(2) 편심조정의 계산

편심조정의 계산에는 sine법칙에 의한 방법과 두 변 사이의 교각에 의한 방법이 있다.

① cos 법칙에 의한 방법

〈그림 7-19〉에 있어서 $P=C \neq B$인 관측에 적당하다. 기기를 e만큼 떨어진 B점에 고정시키고 t, φ, e를 관측할 때 삼각점 C에 있어서 T는 다음과 같이 계산한다.

$$T = t + x_2 - x_1 \tag{7.13}$$

여기에 sine법칙을 이용하면 x_1 및 x_2는 미소하므로,

$$x_1 = \frac{e}{S_1} \sin(360° - \varphi)\rho'' \tag{7.14}$$

$$x_2 = \frac{e}{S_2} \sin(360° - \varphi + t)\rho'' \tag{7.15}$$

로 된다. 식 (7.14)와 (7.15)에서 x_1, x_2를 구하여 식 (7.13)에 대입하면 각 T가 계산된다.

② 2변교각에 의한 방법

〈그림 7-20〉에 나타난 바와 같이 γ 및 $OC=S$인 관측에 적당하다.

$S=S'$로 되지 않는 경우에는 sine법칙에 의하여 조정계산을 하지 않고 2

그림 7-20

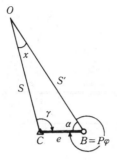

변교각에 의한 방법을 사용한다. 그림에 있어서 $\angle OBC = \alpha$라 하면,

$$\gamma + x = 180° - \alpha$$

$$\therefore \frac{1}{2}(\gamma + x) = 90° - \frac{\alpha}{2} \tag{7.16}$$

또한 뽀데노(pothenot)의 방법에 의하여 S', e, γ, x의 사이에는 다음 식이 성립된다.

$$\frac{S'-e}{S'+e} = \frac{\tan\frac{1}{2}(\gamma - x)}{\tan\frac{1}{2}(\gamma + x)}$$

윗 식을 식 (7.16)의 관계를 사용하여 고치면,

$$\tan\frac{1}{2}(\gamma - x) = \frac{S'-e}{S'+e}\tan\left(90° - \frac{\alpha}{2}\right)$$

$$= \frac{\dfrac{S'}{e} - 1}{\dfrac{S'}{e} + 1}\tan\left(90° - \frac{\alpha}{2}\right)$$

여기서 $\dfrac{S'}{e} = \tan\lambda$로 놓으면,

$$\tan\frac{1}{2}(\gamma - x) = \frac{\tan\lambda - 1}{\tan\lambda + 1}\tan\left(90° - \frac{\alpha}{2}\right)$$

그림 7-21

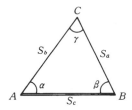

$$=\tan{(\lambda-45°)}\tan{\left(90°-\frac{\alpha}{2}\right)} \tag{7.17}$$

이 결과 식 (7.16)과 (7.17)에서 $\frac{1}{2}(\gamma+x)$, $\frac{1}{2}(\gamma-x)$를 계산하여 x를 구한다.

③ 편심조정계산상의 주의사항

가) 편심각은 관측부분에 따라 180°가 틀리게 된다. 따라서 어디에서 관측하는가를 명확히 하여 놓을 것.

나) 서로 마주 본 관측점이 모두 큰 편심을 갖게 되면 계산이 복잡하게 되므로 동시에 편심이 되지 않도록 한다.

다) 사등삼각측량(삼각점간의 평균거리 1.5km)에서는 편심거리가 2m 정도까지는 편심각을 어떤 점에서 관측하여도 sine법칙의 방법에 의하여 계산된다.

라) 편심거리 e가 커서 $S=S'$로 볼 수 없는 경우는 S를 안다고 가정하고 편심각의 관측을 한다.

마) 편심조정계산을 한 후 삼각형의 내각의 합을 구하면 계산결과의 점검을 행하게 된다.

(3) 삼각형의 계산

① 변 길이의 계산

삼각망에서 조정계산의 종료 후 그 조정각을 사용하여 변길이를 계산한다. 변길이의 계산에는 식 (7.18)을 사용한다.

$$S_a=\frac{\sin\alpha}{\sin\gamma}S_c \qquad S_b=\frac{\sin\beta}{\sin\gamma}S_c \tag{7.18}$$

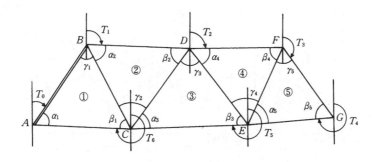

그림 7-22

② 방향각계산

변 길이의 계산을 한 다음 삼각점의 좌표값을 구하기 위해서 기지방향 및 조정각을 사용하여 각 관측선의 방향각을 계산한다. 소규모인 삼각측량에는 삼각망을 하나의 다각형으로 생각하여 외측관측선의 방향각을 계산하여 좌표계산의 기초로 한다. 〈그림 7-22〉에 있어서 관측선 AB에 대한 방향각을 T_0로 하면,

$$BD의\ 방향각\ T_1 = T_0 + 180° - (\gamma_1 + \alpha_2)$$
$$DF의\ 방향각\ T_2 = T_1 + 180° - (\beta_2 + \gamma_3 + \alpha_4)$$
$$FG의\ 방향각\ T_3 = T_2 + 180° - (\beta_4 + \gamma_5)$$
....

일반적으로 우회(右回)의 경우 이 점의 방향각 T_n은

$$T_n = T_{n-1} + 180° - (방향각\ 계산에\ 이용된\ 각(\gamma)의\ 합) \qquad (7.19)$$

좌회(左回)의 경우는

$$T_n = T_{n-1} + 180° + (방향각\ 계산에\ 이용된\ 각(\gamma)의\ 합)$$

이다.

③ 좌표계산

〈그림 7-23〉 (a)에 있어서 기지점 P_1의 평면직교좌표를 x_1, y_1, P_1, P_2 사이의 수평거리를 S라 하고, P_1에서 P_2에의 방향각을 T로 할 때 미지점의 좌표

그림 7-23

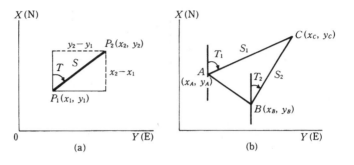

값 x_2, y_2는 다음 식으로 구하여진다.

$$\left.\begin{array}{l} x_2=x_1+S \cos T \\ y_2=y_1+S \sin T \end{array}\right\}$$

또, 그림 (b)와 같이 기지점 A, B에서 미지점 C의 좌표를 구할 경우는

$$\left.\begin{array}{ll} x_{A \to C}=x_A+S_1 \cos T_1, & y_{A \to C}=y_A+S_1 \sin T_1 \\ x_{B \to C}=x_B+S_2 \cos T_2, & y_{B \to C}=y_B+S_2 \sin T_2 \end{array}\right\} \tag{7.20}$$

을 사용한다. 두 식에서 얻은 좌표값의 평균값을 점 C의 좌표로 한다.

④ 표고계산

삼각점간의 고저차는 고저각을 관측하고 간접적인 계산으로 구하는 경우가 많다. 〈그림 7-24〉에 있어서 A, B 양점의 표고, 기기고, 관측표고를 각각 H_A, i_A, h_A 및 H_B, i_B, h_B, 양차(양차는 곡률 및 굴절오차로써 식 (5.20) 참조)를 K로 하면 기지점 A에 의하여 미지점 B를 관측할 때(정방향관측 또는 직시)

$$H_B=H_A+i_A+S \tan \alpha_A-h_B+K \tag{7.21}$$

또 미지점 B에 의하여 기지점 A를 관측할 때(반방향관측 또는 반시)

$$H_B=H_A+h_A+S \tan \alpha_B-i_B-K \tag{7.22}$$

그림 7-24

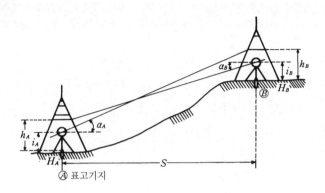

정 · 반 양방향관측을 한 경우 식 (7.21), (7.22)에서

$$H_B = H_A + \frac{S}{2}(\tan \alpha_A + \tan \alpha_B) + \frac{1}{2}(i_A + h_A) - \frac{1}{2}(i_B + h_B) \qquad (7.23)$$

윗 식의 계산을 간략히 하기 위하여 고저각이 20° 까지 될 때는 $\frac{(\alpha_A + \alpha_B)}{2}$ $= \alpha$ 라 하여

$$H_B = H_A \pm S \tan \alpha + \frac{1}{2}(i_A + h_A) - \frac{1}{2}(i_B + h_B) \qquad (7.24)$$

로 하여도 별 차이가 없다. 단, 부각일 때는 −이다.

식 (7.24)에서 아는 바와 같이 정 · 반 양측을 실시하면 양차 K에 의한 보정은 필요치 않다.

6. 삼각측량의 정확도

삼각점의 수평위치의 정확도는 주로 삼각망의 형상, 각관측의 정확도 및 기지점의 정확도에 따라 좌우된다. 각 등삼각점의 수평위치는 일반적으로 3~5개의 기지점을 이용하여 1개씩 점차 좌표조정법에 의하여 계산한다. 따라서, 그 위치의 정확도는 등급에 관계없이 같은 방법으로 구할 수가 있다.

삼각망의 형상, 관측법 및 관측의 모든 제한조건은 〈표 7-5〉에 표시되어 있는데 등급의 저하에 따라서 각관측의 정확도도 낮아진다. 기지점에 대한 상대

■■ 표 7-5 도형과 관측의 제한조건

	1등삼각점	2등삼각점	3등삼각점	4등삼각점
평 균 변 의 길 이	30km	10km	5km	2.5km
삼 각 형 내 각	30°		25°	15°
조정계산의 방향수	3~5 방향			
조 정 차 수	4차	5차	6차	5차
경 위 의	Wild T3		Wild T2	
관 측 법	각관측	방향관측		
대 횟 수	방향관측6대회 상당	6	3	2
배 각 차	−	10″	15″	20″
관 측 차	교차 2″	4″	8″	10″
삼 각 형 폐 합 차	2″	5″	10″	20″

적인 위치의 정확도는 등급에 관계없이 대개 하나의 꼴로 되는 것으로 생각하고 있다.

(1) 각관측의 정밀도

각관측의 정밀도는 같은 등급의 삼각측량에서도 사용기계나 작업지역 등에 따라 차이가 있다. 신·구 삼각측량 수백 점의 자료에서 평균값을 구한 것이 〈표 7-6〉에 표시되고 있다.

이 표에서 m_Δ는 삼각형 폐합차에서 산출한 방향1의 평균제곱근오차, m_δ는 조정계산의 결과에 의한 것이다. m_Δ와 m_δ와의 차이는 주로 기지점오차에서

■■ 표 7-6 1방향관측의 평균제곱근오차

	1등삼각점	2등삼각점	3등삼각점	4등삼각점
m_Δ	0.7″	0.8″	1.6″	2.2″
m_δ	0.9″	1.3″	2.3″	3.2″

m_Δ: 삼각형폐합에서 구한 1방향의 평균제곱근오차
m_δ: 조정계산의 결과에서 구한 1방향의 평균제곱근오차

기인되는 수가 많다.

(2) 수평위치의 정밀도

구점의 수평위치의 정밀도는 오차타원에 의한 표현법이 있는데, 이것은 장축·단축의 두 양으로 표시하는 경우이다. 한편, 한 개의 양에 의한 표현법으로 다음의 식으로 구해지는 평균제곱근오차 M이 있다.

$$M=\sqrt{m_x^2+m_y^2} \tag{7.25}$$

여기서 m_x, m_y는 오차전파의 법칙을 적용하여 구한 평균제곱근오차이다.

위의 식은 위치정확도의 표현으로는 정확하지는 못하지만, 한 개의 양으로 표현하였기 때문에 간편하다. 또, 도형의 회전에 대하여 불변의 양을 가지고 있으므로 편리하다.

M은 도형과 관측의 정확도와의 관계인데, 기지점에 대한 구점의 상대적 정확도를 표시하는 것이라 할 수 있다. 따라서, 좌표원점에 대한 구점의 정확도를 표시할 필요는 없고, 또 고차삼각점의 오차에 의한 삼각망 전체의 비틀림이나 신축에 있어서 아무런 의미도 없다.

(3) 2기선간 삼각망의 정밀도

계산에 의하여 구한 검기선의 길이와 실측한 검기선의 길이를 비교하여 정밀도를 나타낸다. 기선의 길이를 b_1, 검기선의 길이를 b_2, 계산에 의한 검기선의 길이를 b'라 하면

$$\log b_2'=\log b_1+\sum\log \sin \alpha-\sum\log \sin \beta \tag{7.26}$$
단, α, β는 변의 사이 각

이 결과

$$정밀도=\frac{b_2'-b_2}{b_2}$$

로 된다. 이 정밀도는 대삼각측량에서 1/100,000 이상, 소삼각측량에서 1/5,000~1/10,000 이상, 하천측량에는 1/6,000, 일반적으로 소규모인 삼각측량에도 1/3,000 이상이 요구된다.

7. 측량과정에 관한 기록정리

수평각, 수직각의 관측야장 및 관측기록을 각각 구분하여 정리한다. 조정 (평균)계산, 편심계산, 삼각형의 계산, 좌표계산, 표고계산 등은 계산장부로 구 분하여 정리한다.

8. 삼각 및 수준(또는 고저)측량 성과표

(1) 성과표 이용의 의의

대지측량에 의하여 대한민국전역에 대한 삼각측량의 결과와 고저측량의 결 과를 종합 기록하여 놓은 것을 삼각 및 고저측량 성과표(또는 삼각 및 수준측량 성 과표)라 한다.

삼각 및 고저측량 성과표는 삼각측량에서 산지 혹은 기선을 관측하기 곤란 한 경우 과거 실제관측 계산에 의한 삼각 및 고저측량 성과표를 이용하여 단시 일 내에 경비를 절감시켜 측량할 수 있도록 작성된 성과표이다.

(2) 삼각 및 고저(또는 수준)측량 성과표 내용

① 삼각점의 등급, 번호 및 명칭

등급은 번호표시로 되어 있으며 삼각점에는 명칭, 관자(冠字)번호를 붙인 다. (◎ : 1등, ◎ : 2등, ⊙ : 3등, ○ : 4등삼각점)

② 측참(測站) 및 시준점

측참은 다른 삼각점을 관측하기 위하여 기계를 세운 삼각점이며 측참에서 시준된 점을 시준점이라 한다.

③ 방위각

평면직교좌표계의 원점을 통과하는 자오선에 평행한 방향을 기준으로 하여 시계방향으로 관측하는 각을 말한다.

④ 진북방향각

삼각점 X좌표의 정축(그 점에 대한 평면직교좌표원점을 통과하는 자오선에 평행 한 선의 북쪽)에서 그 점을 통한 자오선까지의 방향각이 있다. 우회로 관측한 각 을 양으로 한다. 그러므로 원점을 중심으로 동에 있는 삼각점은 음, 서에 있는 삼각점은 양으로 한다.

삼각점 및 고저기준 성과표

고 양	의 정 부	청 평 천
서 울		마석우군
군포장	광 주	양 평

(지도 그림: 삼각점 위치도)

○ 양40   ○ 보84   ○ 보80   ○ 평동산
○ 양39   ◎ 불암산   ○ 보77   ○ 보78   ○ 보79
○ 양65   ○ 보94   ○ 보76   ◎ 문산   ○ 보59
○ 창동   ○ 백산   ○ 일낙유   ○ 보73   ○ 보68   보35
○ 양70   ○ 보98   ○ 보75
○ 보74
돈암리   ○ 곡7   ○ 보72   ○ 보67 응봉   보66
파12○ ○ 곡1   자산
○ 용미산   ○ 보70   보33
○ 보95
○ 홍수동   ○ 봉산   ○ 보96   하일   ○ 흥심산
○ 곡8   ◎ 용마산   ○ 보71   ○ 망월   ○ 보65
○ 파10 ○ 자마   ○ 보97 ○ 고덕   ○ 능곡   당정○   보84
파12 ○ 중창   ○ 곡4   ○ 곡교   ○ 호
○ 파5   ○ 곡5   ○ 수상산   창도○
○ 파25 ○ 곤도   ○ 곡6   풍납   ○ 덕소   ○ 천현
○ 해자   ○ 광암   ○ 상교   산곡
언양비   ○ 학동   ○ 북계   ○ 송파   둔촌
○   ○ 남부   ○ 마천   ○ 반만

(좌표: 127° 15′, 37° 40′, 37° 30′, 127° 0′)

■■ 표 7-7 삼각점 성과표

시준점의 명칭	조정방향각	거리의 대수	시준점의 명칭	조정방향각	거리의 대수
		○ 슬 비 산 (동)			
	$B=35°\ 42'\ 45''.426$		$X=-253,710.16$m		
	$L=128\ 31\ 22.\ 436$		$Y=-43,167.76$		
		$H=1,083.58$			
진북방향각	$\alpha=+0°\ 16'\ 42''.61$		효굴산	218 04 06.41	4.676 4360
팔공산	25° 09′ 15″.39	4.566 0227	국1 미타산	224 01 36.80	4.486 8503
심21칠리봉	30 32 51.70	4.082 5686	〃19용소산	227 43 20.60	4.005 9543
석두산	75 19 39.43	4.673 0130	〃 3 소학산	246 03 10.50	4.296 1113
서16학일산	90 37 42.20	4.490 8827	오도산	263 54 35.26	4.611 1561
운문산	103 50 26.12	4.650 0509	평 3 법수봉	263 13 16.50	4.357 1292
서12화악산	131 57 53.70	4.306 4436	성 산	317 26 38.47	4.446 8173
덕대산	166 50 50.05	4.479 1872	심 3 와룡산	356 23 39.80	4.231 5785
서13증룡산	177 42 21.50	4.272 5304			

⑤ 평균거리의 대수(對數)

여기서 표시한 거리는 회전타원체면상의 호길이의 대수로 된다. 평면상의 거리로 고치기 위해서는 축척계수를 고려해야 하며 단위는 m로 한다.

⑥ 평면직교좌표

X, Y로 표시되며 X축은 남북거리, Y축은 동서거리이다.

⑦ 위도 · 경도

위도 · 경도를 Breite(φ), Länge(λ)로 표시하며 이는 측지학적 경위도이다.

⑧ 삼각점의 표고

H로 표시되며 인천만의 평균해수면(중등해면)으로부터의 높이이며 삼각점의 높이는 직접고저측량으로 기본수준점을 관측하고 그 밖의 삼각점표고는 수직각과 정점거리를 관측하여 간접고저측량에 의하여 정한다.

(3) 삼각측량 성과표의 이용방법

삼각측량의 성과표를 이용하는 방법은 다음과 같다. 즉 점의 등급, 경위도, 직교좌표점의 표고, 진북방향각 등을 알 수 있으므로 기설점간의 방위와 거리를 산출할 수 있다. 이것을 기선 및 검기선으로 잡아 신설삼각망을 구성하고 삼각망의 수평관측각으로 각 변의 방위 및 변장을 산출할 수 있다. 따라서 직교좌표를 계산할 수 있으며 진북방향각을 각 변의 방향각에 가감하여 방위각을 산출할 수 있고 또한 경위도좌표도 구할 수 있다. 기지점의 표고를 기준으로 하여 고저각에 의한 간접고저측량으로 점차 전삼각점의 표고를 구할 수 있다.

제 8 장

삼변측량

1. 개   요

장거리를 정확하게 관측한다는 것은 매우 어려운 일이었으므로 거리관측을 최소로 하는 삼각측량이 수평위치결정에 널리 이용되어 왔다. 그러나 전자기파 거리측량기(EDM)의 출현으로 장거리 관측의 정확도가 높아짐에 따라 변만을 관측하여 수평위치를 결정하는 삼변측량방식이 선용되기에 이르렀다. 삼변측량 (三邊測量)은 cosine 제2법칙, 반각공식을 이용하여 변으로부터 각을 구하고 구한 각과 변에 의하여 수평위치가 구하여진다. 관측값에 비하여 조건식이 적은 것이 단점이나 최근 한 점에 대하여 복수변길이를 연속 관측하여 조건식의 수를 늘리고 기상보정을 하여 정확도를 높이고 있다.

삼변측량(trilateral surveying)은 관측요소가 변길이뿐이므로 삼각형의 내각을 구하기 위해 다음과 같은 방법이 이용되고 있다. cosine 제2법칙에서

$$\cos A = \frac{b^2 + c^2 - a^2}{2bc}, \ \cos B = \frac{a^2 + c^2 - b^2}{2ac}$$

$$\cos C = \frac{a^2 + b^2 - c^2}{2ab} \tag{8.1}$$

이 되며 반각공식으로부터

$$\sin A/2 = \sqrt{\frac{(s-b)(s-c)}{bc}}, \ \cos A/2 = \sqrt{\frac{s(s-a)}{bc}}$$

$$\tan A/2 = \sqrt{\frac{(s-b)(s-c)}{s(s-a)}} \tag{8.2}$$

이 되고 면적조건으로부터

$$\sin A = \frac{2}{bc} \sqrt{s(s-a)(s-b)(s-c)} \tag{8.3}$$

$$단, \ s = \frac{1}{2}(a+b+c)$$

가 된다. 삼변측량에 의한 좌표계산은 기지점이 2개 이상인 경우는 두 좌표로 부터 방향각이 결정되기 때문에 좌표계산에는 편리하다. 삼변측량의 조정방법에 는 조건방정식에 의한 조정과 관측방정식에 의한 조정방법이 있다.

2. 조건방정식에 의한 조정

(1) 조건식의 수

1개의 삼각형을 결정하기 위해서는 3개의 변길이가 필요하고, 한 삼각형에 연속한 삼각형은 2개의 변길이를 추가해 가는 것이므로 1개의 새로운 점을 추 가할 경우 두 변을 추가해야 한다. 따라서 기지점이 1점인 경우 조건식의 수는

$$l - \{2(n-3)+3\} = l - 2n + 3$$

이 되며, 여기서 l: 총변수, n: 관측점수이다.

다음에 기지점이 2점 이상일 때는 $L-2N$이 되며 여기서 L은 기지변을 제외한 총변수이고 N은 미지점의 관측점수이다. 삼변망에는 단삼변망, 사변망, 유심다변망으로 구성할 수 있으며, 이는 모두 1개 이상의 조건식이 성립한다. 〔참조 : 연습문제〕

(2) 단삼변망

〈그림 8-1〉에서

그림 8-1

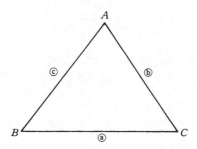

$$A+B+C-180°=0 \tag{8.4}$$

변관측값을 a, b, c, 변보정량을 δ_a, δ_b, δ_c라 하고 각계산은 다음과 같다.

$$\angle A' = \cos^{-1}\frac{b^2+c^2-a^2}{2bc}$$

$$\angle B' = \cos^{-1}\frac{a^2+c^2-b^2}{2ac} \tag{8.5}$$

$$\angle C' = \cos^{-1}\frac{a^2+b^2-c^2}{2ab}$$

여기서 $\angle A'$, $\angle B'$, $\angle C'$는 관측변으로 계산된 각이며 $\cos A = (b^2+c^2-a^2)/2bc$에서 전미분을 취하면,

$$-\sin A\,dA =$$

$$\frac{2bc(2bdb+2cdc-2adc)-2c(b^2+c^2-a^2)db-2b(b^2+c^2-a^2)dc}{4b^2c^2} \tag{8.6}$$

식 (8.6)에 $b^2+c^2-a^2=2bc\cos A$, $b=c\cos A+a\cos C$, $c=a\cos B+b\cos A$를 대입하여 정리하면,

$$dA = \frac{a}{bc\sin A}da - \frac{a\cos C}{bc\sin A}db - \frac{a\cos B}{bc\sin A}dc \tag{8.7}$$

가 된다. 여기서 정현(正弦)비례식을 적용하여 정리하면,

$$dA = \frac{da}{c \sin B} - \frac{\cot C}{b} db - \frac{\cot B}{c} dc$$

$$dB = \frac{db}{a \sin C} - \frac{\cot A}{c} dc - \frac{\cot C}{a} da \qquad (8.8)$$

$$dC = \frac{dc}{b \sin A} - \frac{\cot B}{a} da - \frac{\cot A}{b} db$$

이고, 각조건방정식은

$$dA + dB + dC + \varepsilon = 0 \qquad (8.9)$$

이다. 여기에 윗 식의 값을 대입하면,

$$\left[\frac{1}{c \sin B'} - \frac{\cot C'}{a} - \frac{\cot B'}{a} \right] da + \left[\frac{1}{a \sin C'} - \frac{\cot A'}{b} - \frac{\cot C'}{b} \right] db$$

$$+ \left[\frac{1}{b \sin A'} - \frac{\cot B'}{c} - \frac{\cot A'}{c} \right] dc + \varepsilon = 0 \qquad (8.10)$$

이며 $\varepsilon = \angle A' + \angle B' + \angle C' - 180°$ 이다.

식 (8.10)에서

$$G_a = \frac{1}{c \sin B'} - \frac{\cot C'}{a} - \frac{\cot B'}{a}$$

$$G_b = \frac{1}{a \sin C'} - \frac{\cot A'}{b} - \frac{\cot C'}{b} \qquad (8.11)$$

$$G_c = \frac{1}{b \sin A'} - \frac{\cot B'}{c} - \frac{\cot A'}{c}$$

라고 가정하면 식 (8.10)은 $G_a \cdot da + G_b \cdot db + G_c \cdot dc + \varepsilon = 0$가 되고, a, b, c는 km, δ_a, δ_b, δ_c는 cm의 차원으로 통일하면 $\varepsilon = 10^5 \varepsilon / \rho''$이다.

각 변의 오차량은 상기조건식을 미정계수법에 의한 최소제곱법을 적용하여 계산할 수 있다.

$$\delta_i = K \cdot G_i \quad (i = a, b, c)$$

$$K = \frac{-\varepsilon}{(G_a{}^2 + G_b{}^2 + G_c{}^2)} \qquad (8.12)$$

(3) 사 변 망

〈그림 8-2〉의 6개의 변길이로 구성되는 사변망에서 AC의 길이 b에 오차가 있다고 가정하면 C점이 C' 또는 C''로 되어 일치하지 않는다. C점이 일치하기 위한 조건으로서는 $\angle BAC + \angle DAC = \angle BAD$이며 또는 $\alpha_1 + \alpha_2 = \alpha_3$, $\alpha_1 + \alpha_2 - \alpha_3 = 0$이고, 각 변길이 사이에는 다음과 같은 cosine 법칙이 성립한다.

$$\triangle ABC에서 \cos \alpha_1 = (a^2 + b^2 - c^2)/2ab$$
$$\triangle ACD에서 \cos \alpha_2 = (b^2 + f^2 - e^2)/2bf$$
$$\triangle ABD에서 \cos \alpha_3 = (a^2 + f^2 - d^2)/2af$$

$$(8.13)$$

이것을 전미분하여 정리하면,

$$da_1 = \frac{dc}{a \cdot \sin \beta_2} - \frac{\cot \gamma_1}{b} db - \frac{\cot \beta_2}{a} da$$

$$da_2 = \frac{de}{b \cdot \sin \gamma_2} - \frac{\cot \delta_2}{f} df - \frac{\cot \gamma_2}{b} db$$

$$da_3 = \frac{dd}{a \cdot \sin \beta_1} - \frac{\cot \delta_1}{f} df - \frac{\cot \beta_1}{a} da$$

$$(8.14)$$

이며, 각조건식은 $da_1 + da_2 - da_3 + \varepsilon = 0$ 또는 $\varepsilon = \alpha_1 + \alpha_2 - \alpha_3$로부터 유도된다.

$$\frac{1}{a}(\cot \beta_1 - \cot \beta_2)da - \frac{1}{b}(\cot \gamma_1 + \cot \gamma_2)db + \frac{dc}{a \sin \beta_2}$$

$$(8.15)$$

그림 8-2 사변망

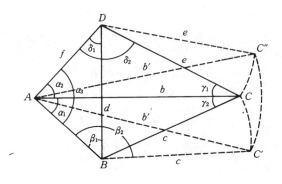

$$-\frac{dd}{a \sin \beta_1}+\frac{de}{b \sin \gamma_2}+\frac{1}{f}(\cot \delta_1-\cot \delta_2)df+\varepsilon=0$$

여기서

$$\lambda_a=\frac{1}{a}(\cot \beta_1-\cot \beta_2), \quad \lambda_b=-\frac{1}{b}(\cot \gamma_1+\cot \gamma_2)$$

$$\lambda_c=\frac{1}{a \sin \beta_2}, \quad \lambda_d=\frac{-1}{a \sin \beta_1} \tag{8.16}$$

$$\lambda_e=\frac{1}{b \sin \gamma_2}, \quad \lambda_f=\frac{(\cot \delta_1-\cot \delta_2)}{f}$$

로 놓고 미정계수법에 의한 최소제곱법을 적용하기 위하여 2차식을 만들면,

$$F=da^2+db^2+dc^2+dd^2+de^2+df^2-2k(\lambda_a da+\lambda_b db$$
$$+\lambda_c dc+\lambda_d dd+\lambda_e de+\lambda_f df+\varepsilon) \tag{8.17}$$

이고, 이것을 편미분하여 최소값을 구하면 각 변길이의 오차량을 구하게 된다.

$$\delta_i=K \cdot \lambda_i, \quad (i=a,\ b,\ c,\ d,\ e,\ f)$$
$$K=\frac{-\varepsilon}{(\lambda_a^2+\lambda_b^2+\lambda_c^2+\lambda_d^2+\lambda_e^2+\lambda_f^2)} \tag{8.18}$$

(4) 유심다변망

〈그림 8-3〉에서 $\gamma_1+\gamma_2+\gamma_3+\gamma_4+\gamma_5-360°=0$이고 조건방정식은 $d\gamma_1+d\gamma_2+d\gamma_3+d\gamma_4+d\gamma_5+\varepsilon=0$이며 $\cos \gamma_1=(f^2+g^2-a^2)/2fg$를 전미분하여 정리하면 다음과 같다.

$$d\gamma_1=\frac{a}{fg \sin \gamma_1} da-\frac{\cot \alpha_1}{f} df-\frac{\cot \beta_1}{g} dg$$

$$d\gamma_2=+\frac{b}{gh \sin \gamma_2} db-\frac{\cot \alpha_2}{g} dg-\frac{\cot \beta_2}{h} dh$$

$$d\gamma_3=\frac{c}{hi \sin \gamma_3} dc-\frac{\cot \alpha_3}{h} dh-\frac{\cot \beta_3}{i} di \tag{8.19}$$

$$d\gamma_4=\frac{d}{ij \sin \gamma_4} dd-\frac{\cot \alpha_4}{i} di-\frac{\cot \beta_4}{j} dj$$

그림 8-3 오변유심망

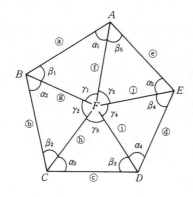

$$d\gamma_5 = \frac{e}{jf \sin \gamma_5} de - \frac{\cot \alpha_5}{j} dj - \frac{\cot \beta_5}{f} df$$

식 (8.19)를 조건방정식에 대입하면,

$$\frac{a}{fg \sin \gamma_1} da + \frac{b}{gh \sin \gamma_2} db + \frac{c}{hi \sin \gamma_3} dc + \frac{d}{ij \sin \gamma_4} dd$$
$$+ \frac{e}{if \sin \gamma_5} de - (\cot \alpha_1 + \cot \beta_5)\frac{df}{f}$$
$$- (\cot \alpha_2 + \cot \beta_1)\frac{dg}{g} - (\cot \alpha_3 + \cot \beta_2)\frac{dh}{h}$$
$$- (\cot \alpha_4 + \cot \beta_3)\frac{di}{i} - (\cot \alpha_5 + \cot \beta_4)\frac{dj}{j} + \frac{10^5 \varepsilon}{\rho''} = 0$$

(8.20)

이며, 식 (8.20)을

$$m_a = \frac{a}{fg \sin \gamma_1}, \quad m_b = \frac{b}{gh \sin \gamma_2}$$
$$m_c = \frac{c}{hi \sin \gamma_3}, \quad m_d = \frac{d}{ij \sin \gamma_4}$$
$$m_e = \frac{e}{jf \sin \gamma_5}, \quad m_f = \frac{-(\cot \alpha_1 + \cot \beta_5)}{f}$$
$$m_g = \frac{-\cot \alpha_2 - \cot \beta_1}{g}, \quad m_h = -\frac{\cot \alpha_3 + \cot \beta_2}{h}$$

(8.21)

$$m_i = -\frac{\cot \alpha_4 - \cot \beta_3}{i}, \quad m_j = -\frac{\cot \alpha_5 + \cot \beta_4}{j}$$

라 두고 미정계수법에 의한 최소제곱법을 적용하여 각 변의 오차량을 구하면,

$$\delta_i = K \cdot m_i, \quad (i = a, b, c, d, e, f, g, h, i, j)$$
$$K = \frac{-\varepsilon}{[m_i^2]} \tag{8.22}$$

가 된다.

(5) 삼변망의 좌표결정

삼변측량에 의해 좌표계산은 기지점이 1개일 경우는 좌표계산상 방위각을 별도로 관측해야 함에 비하여 기지점이 2개 이상일 경우는 두 좌표로부터 방향각이 계산되기 때문에 좌표계산에는 편리하다.

$$\left.\begin{array}{l} X_C = X_A + p\cos\theta + r\sin\theta = X_B - q\cos\theta + r\sin\theta \\ Y_C = Y_A + p\sin\theta - r\cos\theta = Y_B - q\sin\theta - r\cos\theta \end{array}\right\} \tag{8.23}$$

이 식에서 p, q, r, θ는 다음 관계로부터 계산된다.

$$\cos\theta = \frac{X_B - X_A}{c}, \quad \sin\theta = \frac{Y_B - Y_A}{c}$$

 그림 8-4　좌　표

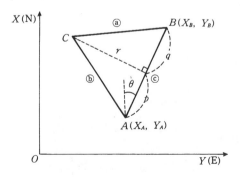

$$p=\frac{1}{2}\cdot\frac{b^2+c^2-a^2}{c}, \ q=\frac{1}{2}\cdot\frac{a^2-b^2+c^2}{c}$$
$$r=\sqrt{b^2-p^2}=\sqrt{a^2-q^2} \tag{8.24}$$

3. 삼변망의 관측방정식에 의한 조정

관측방정식에 의한 망조정은 조건방정식에 의한 망조정보다 훨씬 많은 방정식을 처리해야 하므로 과거에는 잘 사용되지 않았으나 오늘날에는 컴퓨터의 발달에 힘입어 널리 이용되고 있으며 기본관측방정식은 다음과 같다.

$$K_{Lij}+V_{Lij}=\{(X_j-X_i)^2+(Y_j-Y_i)^2\}^{1/2} \tag{8.25}$$

이 비선형방정식을 Taylor 급수를 이용해서 선형화하면 다음과 같은 거리측량에 대한 최종선형관측방정식이 된다.

$$K_{Lij}+V_{Lij}=\left[\frac{X_{i0}-X_{j0}}{(IJ)_0}\right]dx_i+\left[\frac{Y_{i0}-Y_{j0}}{(IJ)_0}\right]dY_i$$
$$+\left[\frac{X_{j0}-X_{i0}}{(IJ)_0}\right]dx_j+\left[\frac{Y_{j0}-Y_{i0}}{(IJ)_0}\right]dY_j \tag{8.26}$$

〈그림 8-5〉에 나타나 있는 미지점 U의 좌표는 X, Y좌표를 알고 있는 기준점 A, B, C로부터 AU, BU, CU의 거리를 관측함으로써 구할 수 있다. 이들 거리관측값 중 2개만 있으면 U점의 X, Y좌표를 구할 수 있으며 나머지 1개의

그림 8-5　거리관측

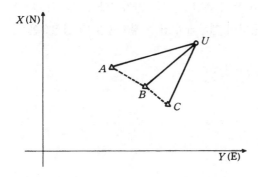

관측값은 잉여관측값으로 이 값에 의해 최적의 U좌표값을 계산할 수 있다.

관측방정식 (8.26)에 길이 AU에 대해서는 i 대신에 a, j 대신에 u를, BU와 CU에 대해서도 마찬가지로 처리하면 식 (8.27)이 된다. 변의 임의의 끝점이 기준점이면 그 점의 좌표는 변하지 않으므로 관측방정식에서 이들 항은 없어진다. 위와 같은 과정을 거치면 이들 선형화 관측방정식 결과는 다음과 같게 된다.

$$(L_{au} - AU_0) + V_{Lau} = \left[\frac{X_{u0} - X_a}{AU_0}\right](dX_u) + \left[\frac{Y_{u0} - Y_a}{AU_0}\right](dY_u)$$

$$(L_{bu} - BU_0) + V_{Lbu} = \left[\frac{X_{u0} - X_b}{BU_0}\right](dX_u) + \left[\frac{Y_{u0} - Y_b}{BU_0}\right](dY_u) \quad (8.27)$$

$$(L_{cu} - CU_0) + V_{Lcu} = \left[\frac{X_{u0} - X_c}{CU_0}\right](dX_u) + \left[\frac{Y_{u0} - Y_c}{CU_0}\right](dY_u)$$

여기서,

$$AU_0 = \sqrt{(X_{u0} - X_c)^2 + (Y_{u0} - Y_a)^2}$$
$$BU_0 = \sqrt{(X_{u0} - X_c)^2 + (Y_{u0} - Y_b)^2}$$
$$CU_0 = \sqrt{(X_{u0} - X_c)^2 + (Y_{u0} - Y_c)^2}$$

L_{au}, L_{bu}, L_{cu}는 관측거리이며 X_{u0}, Y_{u0}는 2개의 관측거리로부터 얻은 U점의 초기좌표의 값이다. 위의 선형관측방정식을 행렬형태로 나타내면 다음과 같다.

$$DQ = K + V \quad (8.28)$$

여기서 D는 미지수의 계수 행렬이고, Q는 미지보정값 dX_u, dY_u 행렬이며, K는 상수, 행렬 V는 관측한 길이의 잔차이다. 가장 적당한 보정값 dX_u, dY_u는 최소제곱법을 이용하여 계산되며 같은 경중률일 때 방정식은

$$Q = (D^T D)^{-1} D^T K \quad (8.29)$$

이다.

제 9 장

3차원 및 4차원 위치해석

1. 3차원 위치해석

1) 영상탐측

영상면과 기준점성과를 이용하여 기계적, 해석적 및 수치적 방법으로 3차원 좌표를 구한다. 기계적(analogue) 방법은 중복촬영된 투명양화를 정밀입체도화기에 장치한 다음 내부, 상호표정을 마친 후, 기준점성과를 이용하여 절대표정을 하면 3차원 좌표를 구할 수 있다.

해석적(analysis) 방법은 중복촬영된 영상면으로부터 좌표를 관측한 다음, 기준점성과를 이용하는 수치적 방법으로 표정을 마치면 3차원 좌표를 구할 수 있다.

수치적(digital) 방법은 중복촬영한 영상면으로부터 좌표를 관측한 다음 기준점 측량성과를 이용하여 수치적 방법으로 표정을 마치면 3차원 좌표를 구할 수 있다. 해석적 조정방법에는 독립모형법(IMT)이나 광속조정법(bundle adjustment) 등이 있으며 일반적으로 영상탐측에서는 다음과 같은 표정식을 이용한다.

$$\begin{bmatrix} X_G \\ Y_G \\ Z_G \end{bmatrix} = SR \begin{bmatrix} X_m \\ Y_m \\ Z_m \end{bmatrix} + \begin{bmatrix} X_0 \\ Y_0 \\ Z_0 \end{bmatrix} \tag{9.1}$$

X_G, Y_G, Z_G는 구하려는 3차원 좌표, S는 축척, R은 x, ψ, ω로 구성되는 회전행렬, X_m, Y_m, Z_m은 입체모형(model)좌표, X_0, Y_0, Z_0는 평행변위이다.

2) 광파종합관측

(1) 개 요

광파종합관측기(TS : Total Station)는 광파거리관측기, theodolite(각관측기)와 computer가 합쳐진 관측 장비로서 각(수평각, 수직각)과 거리(수평거리, 수직거리, 경사거리)를 관측하여 삼각 및 다각측량원리를 이용하여 3차원좌표값을 구할 수 있다. 관측범위는 3km 정도이며 높은 정확도를 요할 시(1~1.5초 독취로 각관측)는 (1mm~2mm)+1ppm[1]이고 일반적인 경우(3~5초 독취로 각관측)는 (3mm~ 5mm)+3ppm의 정확도를 확보할 수 있다. TS는 관측 시 공간적(지상, 지하, 좁은 지역, 건물, 숲속, 가로수 아래, 복잡한 도심 등) 제한을 안 받고 관측값을 구할 수 있으며 관측장비도 저렴하고 휴대도 가능하다. TS관측 시 시준선이 확보되어야 하며 기상조건에 영향이 큰 것이 단점이다. 거리관측 시 광파가 대기 중을 통과하여 반사경에 반사된 후 다시 관측장비로 되돌아 올 때까지의 시간을 계산하여 거리를 산출하여야 하므로 대기의 온도와 기압에 따라 관측값이 다르게 나타나므로 반드시 이를 보정해야 하는 번거로움이 있다.

(2) TS의 종류

TS는 반사경을 수동으로 시준하는 일반형 측설점을 자동 시준하는 모터 구동형, 반사경 없이 측량이 가능(기종에 따라 50m~600m 무반사경 측량 가능)한 무타깃형, 반사경 없이 측량이 가능하며 측설점을 자동으로 시준할 수 있는 무타깃 모터 구동형, 이동 중이라도 반사경이 자동으로 추적하여 시준하는 반사경 추적형 등이 있다.

(3) TS 관측의 체계

TS관측의 체계는 다음 〈그림 9-1〉과 같다.

---

1) ppm(part per million)은 1/1,000,000을 뜻하며 1ppm은 거리에 따른 오차량으로 1km의 거리관측시 1mm의 오차가 더 생긴다는 것을 의미한다.

그림 9-1 관측의 흐름도

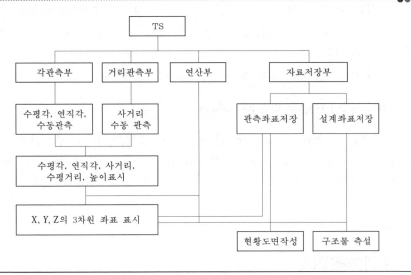

(4) TS의 정확도

① 각관측의 경우

독취각의 초독에 따른 정확도의 경우, 1초~1.5초 정확도는 정밀시공 및 관측업무에, 2초 정확도는 정밀시공 및 정밀설계에, 3초~5초 정확도는 일반시공 및 일반설계에 사용하고 있다.

② 거리관측의 경우

독취단위가 모두 1mm 일 때, (1mm~2mm)+1ppm일 경우는 정밀시공 및 관측에, (3mm~5mm)+3ppm인 경우는 일반시공 및 설계에 이용되고 있다.

따라서 (5mm+3ppm)의 거리 정확도를 가진 TS를 이용하여 1km의 거리 관측시에는 기계오차 5mm와 거리에 따른 오차 3mm가 더해지는데, 이때 서로 성질이 다른 두 가지의 오차에 대한 합이므로 평균제곱근 오차를 적용하면 $\sqrt{(5)^2+(3)^2}\,\mathrm{mm}=\sqrt{34}\,\mathrm{mm}=5.83\mathrm{mm}$의 오차가 발생하게 된다.

(5) TS 사용시 주의사항

TS로 거리 관측시는 적외선 광경이 대기 중을 통과하여 반사경에 반사된 후 다시 장비로 되돌아 올 때까지의 시간을 관측하여 거리를 관측하게 되므로 대기의 온도와 기압에 따라 관측값이 달라지기 때문에 반드시 이를 보정하여야 한다.

　　① TS 제작시 설계 온도 및 기압 : 15℃에서의 표준기압(1,013hPa=1,013mbar)

　　② 측량시 온도 및 기압을 관측하거나 기상청 자료를 입수하여 장비에 입력을 하여야 한다.

　　③ TS의 각종 부속품의 제원이 정상인가를 점검한다.

3) 라이다(LiDAR)에 의한 위치관측

　　LiDAR는 Laser Scanner, GPS, 관성항법체계(INS)로 구성되어 있으므로 위치는 GPS가, 센서의 자세는 INS(Inertial Navigation System)가 바로잡고 레이저 스캐너가 센서를 지표면과의 거리를 관측하여 지표면상의 3차원 좌표(X, Y, Z)를 구할 수 있는 위치결정체계이다. 자세한 내용은 영상탐측과 원격탐측에서 설명하기로 한다.

4) 관성측량체계

　　관성측량체계(ISS : Inertial Survey System 또는 INS : Inertial Navigation System)는 세 가속도계를 서로 수직으로 설치하여 여기에 각각 자동평형기인 자이로(gyro)를 부착한 후 탑재기(platform)에 장착하여 물체의 거동으로부터 회전각과 이동거리의 변화를 계산하는 자주적(autonomous)인 위치결정체계이다. 관성측량체계는 원래 공중 및 해상에서의 비행을 목적으로 개발된 관성항법체계로부터 출발하여 최근 측지측량에 활용되고 있다. 관성측량의 특징은 기후조건과 관측지역에 완전히 무관하게 신속히 관측이 가능하며 또한 위치, 속도, 방향 및 가속도를 동시에 결정할 수 있는 장점을 지니고 있다. 〈그림 9-2〉은 이러한 관성항법체계의 기타 다른 항법체계와 비교한 장점을 도시한 것이다.

　　관성측량체계는 현재 위치결정에 관한 한 단독체계(stand alone)로서는 GPS에 반하여 그 중요성이 점차 적어지고 있는 실정이며, 단지 산악이나 산림지역과 같이 GPS의 적용이 불가능한 곳에서 그 활용도가 인정되고 있다. 관성측량체계는 회전각의 결정에서는 기본센서로서 계속 주된 역할을 하고 있다. 이는 GPS에 의한 회전각 결정의 정확도가 아직도 매우 낮기 때문이다.

　　관성측량체계는 최근 레이저 스캐너와 GPS/INS 구성에 의한 LiDAR, GPS/INS 통합체계와 두 대의 Video 혹은 CCD Camera를 사용한 이동식도면화체계(MMS) 등 다양한 관측분야에 활용되고 있다.

그림 9-2   관성항법체계의 장점

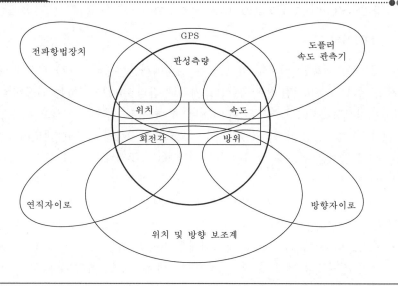

5) 위성측지

위성측지(satellite geodesy)는 GPS와 같은 위성위치관측체계를 말하며 이는 현대 사회의 전반에 걸쳐 활용되고 있다. 기초 산업분야에서는 생산성 향상에 기여하며 GPS 위성의 원자시계로부터의 정밀시각은 정보화시대의 기반이 되는 통신망 동기화, 전력계통 관리, 전자상거래 인증과 같은 경제활동에 중요한 역할을 담당하고 있다. 이와 같은 민간 및 상업적인 응용분야의 증가 외에도 다양한 종류의 군 장비에 활용되고 있으며, 점차 국가 안보확보에 필수적인 시스템으로 인식되고 있다.

현재 위성측지분야는 미국의 GPS, 러시아의 GLONASS, 유럽연합의 Galileo 등이 활용중이거나 계획 중에 있다. 현재 우주기반 위치결정, 항법 그리고 시각동기를 위해 전 세계에서 가장 많이 사용되는 체계는 GPS라 알려진 NAVSTAR[2]이다. 본래 군사적 목적으로 개발되었고 미 국방부가 운영하고 있는 장비이나 현재는 95% 이상이 민간분야에 활용되고 있다.

---

2) NAVSTAR : NAVigation Satellite Timing And Ranging

6) GPS(Global Positioning System)

(1) GPS의 기본

GPS는 정확한 위치를 알고 있는 위성에서 발사한 전파가 지상의 수신기까지 도달하는 소요시간을 관측함으로써 미지점의 위치를 구하는 인공위성의 범지구 위치결정체계이다. GPS는 1978년 첫 발사된 이래 62기였으나 현재에는 31개(예비용 7기 포함)가 약 20,200km의 고도에서 6개의 궤도에 적도면과 55° 각도로 원에 가까운 궤도를 그리면서 11시간 58분 주기로 지구를 공전한다. GPS 수신기는 31개의 인공위성 중 최소 4개, 최대 9개의 위성을 이용하여 지구상 어느 곳(육, 해, 공)에서 날씨(기상)에 관계없이 24시간 그 위치를 몇 m의 범위 안으로 정확하게 수평성분(x, y)과 수직성분(z or h)을 제공함으로써 3차원 정보를 얻을 수 있다. GPS의 보강 및 보정체계를 사용할 경우 몇 cm 내지 몇 mm 수준의 높은 정확도를 얻을 수 있다. GPS는 세계측지기준계(WGS84)를 사용하므로 이용자는 그 지역의 측지기준계로 환산하여 관측값을 사용하여야 한다. GPS의 관측법은 의사거리를 이용한 단독위치관측방법[또는 절대위치관측, point or absolute positioning, 또는 의사거리위치관측 및 코드상관기법(pseudo-ranging positioning, code correlation)]과 상대위치관측방법[또는 정밀위치관측, relative or differential positioning, 또는 방송파위상관측기법(carrier phase measurement)]으로 위치를 결정한다.

GPS 영상탐측학은 기존의 영상탐측기법에 GPS 측량기술을 접목시킨 새로운 학문으로서 발전 속도가 빠르고 활용분야도 점차 넓어지고 있다. 그 응용분야를 대별하여 보면 지형도 작성을 위한 항공영상탐측분야와 GPS Van에 의한 도면화체계, 자원 및 생태계 관측 및 분석 등에 기여하고 있다.

GPS 항공영상탐측의 기본원리는 항공영상탐측기에 GPS 수신기를 장치하여 수신된 위성의 신호를 분석하여, 영상의 취득과 동시에 사진기의 노출위치, 즉 영상면의 외부표정요소를 직접 구하는 기법이다. 사진기의 노출위치는 촬영구역 내에 설치된 기준국(reference station)과 연계한 반송파 관측에 의한 이동식 GPS(kinematic mode GPS) 기법으로, 높은 정확도의 위치결정이 이루어지고 있다. 이러한 정확도로 관측된 GPS 노출위치는 항공삼각측량의 블록조정 시 부가의 변수로 도입되어 미지점의 정밀위치결정에 활용되고 있다.

GPS 항측기술(airborn GPS)은 재래식 방법에 비해 특히 두 가지 장점이

있다. 첫째, 확실한 비행경로를 유지하여 정밀촬영이 가능하므로 계획된 중복도
의 실현이 간편하다. 둘째, 정확한 노출위치의 결정은 항공기에 탑재된 GPS
수신기가 대신하므로 항공삼각측량에 필요한 지상기준점의 수를 대폭 줄일 수
있다. 따라서 GPS 항공삼각측량이 성공적으로 활용되면 지형도제작에 소요되
는 시간과 경비를 크게 절약할 수 있다.

또한, GPS 영상탐측 분야는 현재 GPS의 단점을 보완하기 위해서 관성항
법체계(INS : Inertial Navigation System)와 결합하여 새로운 연구 분야로 발전
하고 있다.

(2) GPS의 역할 및 기능에 따른 구성

GPS는 위성체 연구, 좌표계와 GPS 신호, 위성제도의 향상 및 수신기술개
발 등이 접목되어 다양한 응용분야로 급속히 확산되고 있다. 물론 GPS 이전의
항행 및 위치결정체계인 미해군의 도플러 방식에 의한 TRANSIT(NNSS[3])도
존재하였으나, 그 활용범위나 정확도면에서 GPS와 비교할 바가 아니다.

다른 위성항행체계와 마찬가지로 GPS도 그 역할과 기능에 따라서 세 분야
로 구분되는데, 위성의 배치와 관련된 우주부문(space segment)과 이를 통제하
고 시간을 조정하며 궤도를 추정하는 제어부문(control segment) 및 수신기와
관련된 사용자부문(user segment)이다.

① 우주부문

GPS의 우주부문은 실시간(real time) 군사비행을 목적으로 개발되어 지구
상에서 언제 어디서나 관측이 가능하도록 설계되었다. 위성은 3.9km/s의 속도
로 회전하며, 주기는 항성시(sidereal time, 23시간 56분 4초/1항성일)를 기준으로
12시간으로 태양시(또는 세계시 : solar time or universal time)보다 하루 4분
빠르며, 매일 반복된 위성형상을 이룬다. 각 위성은 매우 정확한 시간정보의 제
공을 위해서 세슘(Cs)과 루비듐(Rb) 원자시계를 탑재하고 있다. 현재 총 31개의
GPS 위성(Block ⅡA 10기 및 Block ⅢR 12기, Block ⅡR-M 7기, Block ⅡF 2
기)이 완전 작동 중에 있다. 향후 계획된 새로운 위성들은 보다 정밀한 원자시
계 등을 탑재하여 GPS에 의한 위치결정의 정확도를 한층 더 높여 줄 것으로
기대된다.

GPS 위성의 번호표기는 위성의 발사순서에 따른 SVN(Space Vehicle

---

3) NNSS : Navy Navigation Satellite System

Number)과 궤도의 배열에 관련된 PRN(Pseudo Random Noise)으로 나눈다. Block Ⅰ 위성에서는 그 번호의 명명이 SVN과 PRN에서 같지 않으나 Block Ⅱ의 SVN 14부터는 번호표기가 일치하며, 일반적으로 수신기에는 PRN 번호가 나타난다.

② 제어부문

제어부문은 그 위치가 매우 정확한 Colorado Springs의 주제어국(master control station), 적도상에 균등 배치된 5개의 조정국(monitor station) 및 3개의 지상송신소(ground antenna)로 구성되어 있다. 정밀한 세슘(Cs) 시계를 장착한 5개 조정국에서는 모든 위성들로부터 신호를 수신하여 각 위성의 작동상태, 궤도 및 시간에 대한 정보를 주제어국으로 보낸다. 주제어국에서는 이 정보들을 이용하여 궤도요소를 추정하고, 시간을 수정한 후 다른 필요한 위성정보와 함께 지상 안테나를 통하여 다시 각 위성으로 발송한다. 이러한 작업은 하루에도 몇 차례 반복되므로 이용자는 위성에 대한 생생한 정보를 얻을 수 있다.

③ 사용자부문

사용자부문은 위성신호의 취득에 필요한 하드웨어 분야인 수신기와 자료처리를 위한 소프트웨어로 구성되며, 앞의 두 부문과는 달리 사용자 자신의 최소한의 선택권이 주어진다. GPS 수신은 기본적으로 수동, 즉 수신된 신호 수신기의 개발경향은 현재 매우 빠른 속도로 진행 중이고 전자동 처리가 가능하며, 저가의 소형품 특히 신호차단(AS : Anti Spoofing)에 대비한 새로운 수신기들이 등장하고 있다.

한편, GPS 이용자의 편의를 제공하고 신속한 정보를 제공하기 위한 민간 GPS 정보안내소(GPS information service)들이 전 세계적으로 건립되고 있는데, 현재 IGS(International GPS Geodynamics Service), GIBS, CBB, GPSIC 등이 운영되고 있다.

(3) GPS 위성신호의 구성요소

위성에서 발사하는 모든 신호는 반송파(carrier : L_1, L_2), 코드(code : P-code, C/A code), 항법메시지(navigation message), 자료신호(data signal) 등으로 구성되어 있다. 위성에 탑재된 발신기에서 기본주파수 f_0(10.23MHz)에 154배인, $154f_0$(1,575.42MHz)인 반송파 L_1과 120배인 $120f_0$(1,227.60MHz)인 반송파 L_2를 연속적으로 발사하고 있다. L_1파로 전송되는 SPS(Standard Positioning Service)는 일반이 사용할 수 있는 것(예 : 핸드폰으로 이용)이며 L_1과 L_2파로 전

송되는 PPS(Precise Positioning Service)는 암호키를 가진 자만이 사용할 수 있다. L_1과 L_2를 동시에 조합시키면 전리층효과(ionospheric effect)를 보정할 수 있다. C/A코드(clear/access code or coarse acquisition code)는 $f_0/10$(1.013MHz) 주파수로 1ms[4]주기로 변조시켜 일반인이 자유로이 사용할 수 있으나 P코드(Precise code)는 f_0(10.23MHz) 주파수로 일반인의 사용에 제한을 받는다. L_1은 C/A와 P-코드를 다 가지고 있으나 L_2는 P-코드만 가지고 있다 (〈그림 9-3〉).

　　1990년 3월 25일부터 2000년 5월 1일까지 C/A-코드에 인위적으로 궤도오차 및 시계오차를 첨가시킨 SA(Selective Availability : 선택적 가용성)를 실시한 적이 있었다. 반송파 L_1과 L_2는 수신기에 위성시각, 궤도매개변수(Parameter) 등의 정보를 송신하기 위해 코드값을 변조[이진이중위상변조(binary biphase modulation) : 반송파 위상을 180°이동시킴]시킨다. 항법메시지는 GPS신호에 포함된 37,500비트의 메시지를 초당 50비트로 송신한다. 여기에는 위성의 궤도력 (ephemeris), 시계(clock)자료, 위성력(almanac), 위성들과 그 신호에 대한 정보들이 포함된다. 자료신호는 2진위상(binary biphase)기법으로 변조(modulation)

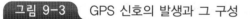

그림 9-3 GPS 신호의 발생과 그 구성

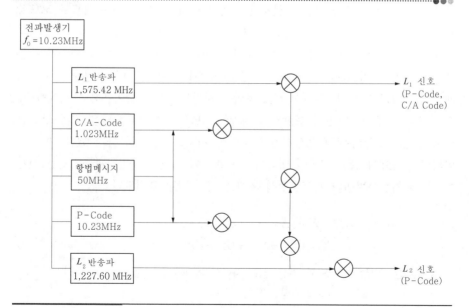

─────────────────────────────

4) ms : mili second, 1/1,000초

된다.

(4) GPS 위치결정방법

GPS는 위성에 발사한 전파가 지상의 수신기에 도달하는 데 소요되는 시간을 관측한 후 전파의 전달속도를 곱하여 거리를 환산하는 일방향거리관측체계(one way ranging system)이다.

GPS에 의한 3차원 위치관측에는 단독위치관측방법과 상대위치관측방법으로 대별되고 있는데 단독위치관측방법은 수신기 한 대로 4개 이상의 위성을 관측하여 수신기에서 PRN코드신호의 시간차에 의하여 계산된 의사거리를 이용한다. 상대위치관측방법은 수신기 2대로 4개 이상의 위성을 관측하며 위성으로부터 송신된 수신기 자체의 발진기에서 발생한 동기신호(同期信號 : synchronized code)의 반송파의 변위(위상차)를 이용한다. 이 경우 두 측점 중 한 점은 기지점을 이용한다. 상대위치관측방법이 단독위치관측방법에 비해 정확도가 높다.

① **단독위치관측방법**(또는 코드상관기법)

단독위치관측에서는 한 개의 수신기에서 4개 또는 4개 이상의 위성에 의한 의사거리를 이용하여 후방교선법(resection)으로 위치를 구한다. 단독위치관측시 코드관측에서는 위성에서 발사한 코드와 수신기에서 미리 복사된 코드(replica)를 비교하여 두 코드가 완전히 일치할 때까지 걸리는 시간을 관측하므로 코드상관기법(code correlation)이라 한다. 그러나 관측 중 대기층의 영향과 수신기의 시계가 위성의 시계만큼 정확하지 않으므로 인하여, 약간의 오차가 생기기 때문에 이를 의사거리(pseudo−range)라 부른다. GPS 위성은 아주 정밀한 세슘시계를 탑재하고 있으며, 지상에서 전송되는 시간보정자료를 이용하여 시계를 계속 수정하게 된다. 반면에 수신기의 시계는 GPS 시계보다는 낮은 정확도로 인하여 수신기의 난수배열 생성시간은 일정한 시각오차를 포함하게 된다. 따라서 임의의 측점에서 단일 위성에 대하여 코드관측에 의한 의사거리관측기법을 적용한 단독위치관측방법의 기본방정식은 식 (9.2)와 같이 표현된다.

$$PR = c \cdot \Delta t = |X_S - X_R| + c \cdot \delta t$$
$$= \sqrt{(X_S - X_R)^2 + (Y_S - Y_R)^2 + (Z_S - Z_R)^2} + c \cdot \delta t \tag{9.2}$$

단, PR : 위성(S)과 수신기(R) 사이의 의사거리관측값
(X_S, Y_S, Z_S) : 위성의 위치
(X_R, Y_R, Z_R) : 수신기의 위치

그림 9-4 의사거리에 의한 단독위치관측방법

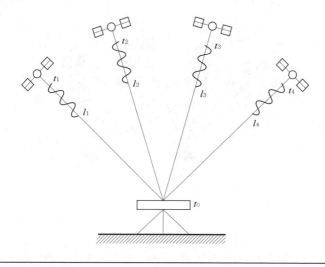

Δt : 위성과 수신기간 신호의 도달시간

c : 신호의 전파속도

δt : 수신시 시계오차(GPS와 수신기 간의 시각동기오차)

식 (9.2)에서 Δt는 관측 가능하므로 4개의 미지수 X_R, Y_R, Z_R, δt가 존재한다. 따라서 의사범위를 이용한 위치결정은 〈그림 9-4〉과 같이 4개의 위성을 관측하게 되면 원하는 수신기의 위치와 시각오차를 구할 수 있다. 또한 관측시 발생하는 각종 오차를 고려하여 코드관측에 의한 의사거리관측기법의 함수모형은 식 (9.2)로부터 식 (9.3)와 같이 표시된다.

$$PR_{CD}(t) = R(t) + c \cdot \delta t_{sym} + c \cdot \delta t_a + c \cdot \delta t_S + n_R \tag{9.3}$$

단, $R(t)$ 임의의 시점에서 위성과 수신기 간의 경사거리

δt_{sym} : 위성과 수신기 간의 시각동기오차

δt_a : 대기의 영향에 의한 오차(이온층 및 대류층)

δt_S : 위성시계의 오차

n_R : 관측의 잡음(noise)

② **상대위치관측방법(또는 반송파위상관측기법)**

〈그림 9-5〉와 같이 수신기 두 개(또는 두 개 이상)에서 동일한 위성을 동시

그림 9-5 상대위치관측방법

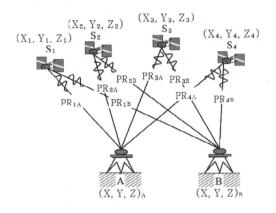

에 관측하여 수신기의 3차원위치를 결정하는 방법으로 두 개의 측점 중 하나는 기지점으로 하고 다른 한점을 기지점과 관련시켜 위치를 구한다. 반송파의 위상차(또는 위상변위 : phase difference)를 사용하는데 파장의 크기가 작을수록 더 정밀한 관측값을 얻을 수 있다.

비행이나 저정밀도 목적을 위한 코드를 관측, 전파의 도달시간을 계산하여 위치를 결정하는 의사거리관측기법(pseudo-ranging)을 이용한 단독위치관측방법과는 달리 정밀위치결정을 위한 GPS의 이용은 반송파 관측에 의한 상대위치결정방법이 많이 이용되고 있다. 반송파 위상관측기법(carrier phase measurement)을 이용한 상대위치관측방법에서는 위성에서 보낸 파장과 지상에서 수신된 파장의 위상차를 관측하므로 단독위치관측방법보다 높은 정확도의 유지가 가능하므로 현재 거의 모든 측지위치결정에 이용되고 있다.

반송파위상관측에서 대기의 영향에 의한 오차와 관측잡음(noise)을 고려한 기본방정식은 식 (9.4)와 같다.

$$PR_{CR}(t) = R(t) + c \cdot \delta t_{sym} + c \cdot \delta t_{ta} + c \cdot \delta t_S + N \cdot \lambda + n_R \tag{9.4}$$

단, N : 파장의 불명확 상수값(또는 파장의 모호성)

λ : 파장

위 식에서 각 항목에 대한 설명은 앞의 세 식과 동일하다.

반송파 관측방정식은 의사거리관측기법(〈그림 9-4〉)의 방법과 비교하여 단지 파장의 불명확상수 N이 하나 더 추가되었음을 알 수 있다. 전체 관측시간 동안 위성신호의 차단이 일어나지 않으면 최초에 발생한 모호상수를 한 번만 결정하면 되지만, 신호의 차단과 더불어 하드웨어 또는 소프트웨어 문제 등으로 주파수 단절(cycle slips)로 불리는 신호의 불연속이 종종 일어나는데, 이때는 새로운 불명확상수를 해결해야만 한다. 이 불명확상수 문제는 GPS 활용에서 가장 큰 중심테마를 이루며, 이의 정확한 결정이 GPS의 정확도를 좌우한다.

GPS 항공영상탐측을 위한 이동식(kinematic) 위치결정에서의 불명확상수 문제는 지상에서보다 더 큰 어려움이 있는데 이는 빠른 비행속도에 기인한 공기동력학(aerodynamic)에 따른 안테나의 거동, 비행동체에 의한 다중경로, 비행시간 단축을 위한 곡선(curve)에서의 급선회 등이다. 현재 이의 해결을 위해 가장 많이 이용되는 방법은 비행과 동시에 짧은 순간에 불명확상수를 결정하는 on-the-fly 기법이다.

가) 불명확 상수값(또는 파장의 모호성)

위성관측에서 시계의 불완전성(위성과 수신기에 있는 시계가 불일치)으로 인한 문제점 이외에 수신기까지 전달되는 경로에서 파장의 총수를 정확히 알 수 없는데 이를 GPS관측에서는 불명확 상수값[또는 파장의 모호성(N_{SR}) : ambiguity or integer ambiguity]이라 한다. 이는 한 파장 내에서의 위상차만 관측하므로 전

그림 9-6 반송파 위상관측과 모호성(ambiguity)의 개념도 ●●●

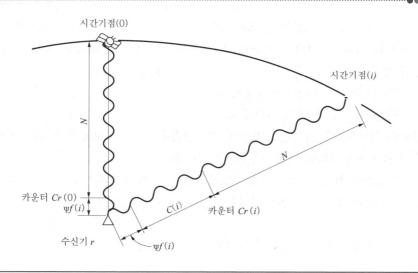

체 파장의 숫자는 정확히 알려져 있지 않기 때문이다.

반송파 위상관측기법의 원리와 모호성의 개념은 〈그림 9-6〉과 같다.

〈그림 9-6〉에 나타낸 바와 같이 일정한 시간 기점[epoch(0)]에서 관측이 시작되면 수신기 r에서는 위상변이량 $\psi_f(0)$를 관측함과 동시에 내부의 파장의 수를 세는 카운터(counter)는 0의 상태가 된다. 다음 기점(i)에서는 이에 해당하는 위상변이량 $\psi_f(i)$와 단지 기점(0)에 대한 파장의 증가값 $C(i)$만을 관측한다.

따라서 파장의 불명확상수인 전체 파장의 숫자 N은 미지수로 남게 된다. 위의 과정을 토대로 임의의 기점(t)에서의 반송파의 위상관측은 식 (9.5)으로 표시된다.

$$\psi_f(t) = \frac{2\pi}{\lambda}(|X_S - X_r| - N \cdot \lambda + c \cdot \delta t) \tag{9.5}$$

단, $\psi_f(t)$: 시간기점 t에서 관측된 위상값
   N : 파장의 불명확상수
   λ 파장

나) 위상차분법(phase differencing)

상대위치관측법에서 불명확 상수값을 소거하기 위해서는 다수의 수신기와 위성관측으로 인하여 생성되는 많은 방정식을 동시에 처리해야 하는 번거로움이 있다. 이러한 번거로움을 단순화하여 미지값을 해석하기 위하여 하나의 관측방정식에서 다른 관측방정식을 차감(差減 : differencing)하는 차분방법을 이용한다. 위상차분에는 단일차분법(또는 단순차법 : single differencing), 2중차분법(또는 2중차법 : double differencing), 3중차분법(또는 3중차법 : triple differencing) 등이 있다.

(ㄱ) 단일차분법(single differencing)

단일차분법은 하나의 위성에 대하여 두 대의 수신기가 동시에 수신하여 순간적인 위상차를 관측하는 방법이다. 이 방법에서는 위성시계의 편차는 제거할 수 있으나 수신기의 시계편차는 제거할 수 없다.

위성관측값(ϕ), 위성(j), 수신기(A, B)에 대한 단일차분관계는 〈그림 9-7a〉를 참고하면 다음과 같이 표시한다.

$$\phi_B^j(t) - \phi_A^j(t) = \frac{1}{\lambda}[\rho_B^j(t) - \rho_A^j(t)] + N_B^j - N_A^j + f^j[\delta_B(t) - \delta_A(t)] \tag{9.6}$$

$\phi_{AB}^{j}(t) = \phi_B^j(t) - \phi_A^j(t)$, $\rho_{AB}^j(t) = \rho_B^j(t) - \rho_A^j(t)$, $N_{AB}^j(t) = N_B^j(t) - N_A^j(t)$, $\delta_{AB}(t) = \delta_B(t) - \delta_A(t)$라 놓으면, 최종적으로 단일차 식은 다음과 같다.

$$\phi_{AB}^j(t) = \frac{1}{\lambda}\rho_{AB}^j(t) + N_{AB}^j + f^j\delta_{AB}(t) \tag{9.7}$$

단, $\phi_A^j(t)$, $\phi_B^j(t)$: 위성 j와 수신기 A, B에 대한 반송파 위성관측값(cycle)

$\delta_A^j(t)$, $\delta_B^j(t)$: 위성과 수신기 시계의 오차(sec)

$\rho_A^j(t)$, $\rho_B^j(t)$: 위성과 수신기의 기하학적 거리(m)

λ : 반송파의 파장(L_1, L_2)

$N_A^j(t)$, $N_B^j(t)$: 불명확 상수값(cycle)

f^j : 위성 신호의 진동수

(ㄴ) 2중차분법(double differencing)

2중차분법은 두 개의 위성에 대하여 두 대의 수신기에서 단일차분법을 두 번 반복하는 방법이다. 즉 〈그림 9-7b〉에서와 같이 한 위성에 대한 단일차분법을 시행함과 동시에 다른 위성에 대하여서도 같은 단일차분법을 시행한 것에 대한 관측방정식을 구성한 다음 서로 차감하는 방식이다. 이 방법에서는 위성시계와 수신기 시계편차는 제거될 수 있으나 다중파장경로에 대한 오차는 제거할 수 없다. 2중차분법에 관한 2중차분관계식[$\phi_{AB}^{jk}(t)$]은 다음과 같이 표시한다.

$$\phi_{AB}^k(t) - \phi_{AB}^j(t) = \frac{1}{\lambda}[\rho_{AB}^k(t) - \rho_{AB}^j(t)] + N_{AB}^k - N_{AB}^j \tag{9.8}$$

위의 식을 줄여서 2중차 식을 표현하면 식 (9.9)와 같다.

$$\phi_{AB}^{jk}(t) = \frac{1}{\lambda}\rho_{AB}^{jk}(t) + N_{AB}^{jk} \tag{9.9}$$

단, $\phi_{AB}^{jk}(t) = \phi_B^k(t) - \phi_B^j(t) - \phi_A^k(t) + \phi_A^j(t)$

$\rho_{AB}^{jk}(t) = \rho_B^k(t) - \rho_B^j(t) - \rho_A^k(t) + \rho_A^j(t)$

$N_{AB}^{jk}(t) = N_B^k(t) - N_B^j(t) - N_A^k(t) + N_A^j(t)$

(ㄷ) 3중차분법(triple differencing)

3중차분법은 〈그림 9-7c〉에서와 같이 2중차분법을 동시에 두 번 수행한 것에 대한 관측방정식을 구성한 다음 서로 차감하는 방식이다. 이 방법에서는 각 수신기에서 4개 이상의 위성을 동시에 관측할 뿐만 아니라 많은 잉여관측값

그림 9-7   차분별(differencing)에 관한 위성 및 수신기

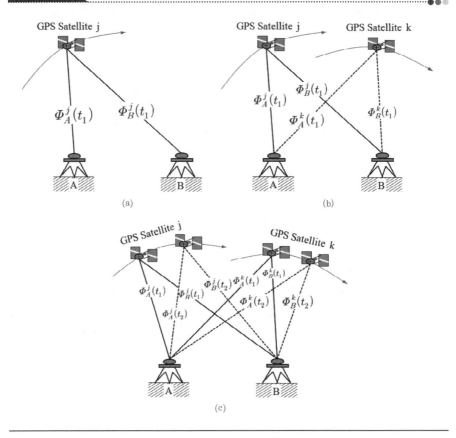

등(예, 순간적 위상변위)을 관측하기 때문에 최소제곱법을 이용하여 관측값을 처리한다. 이 방법을 활용하면 시계편차, 위상에 대한 변위 및 불명확값(예, 불명확 상수)들을 제거할 수 있다.

$$\phi_{AB}^{jk}(t_2) - \phi_{AB}^{jk}(t_1) = \frac{1}{\lambda}[\rho_{AB}^{jk}(t_2) - \rho_{AB}^{jk}(t_1)] \tag{9.10}$$

위의 식을 간단히 표기하면 다음과 같이 표현된다.

$$\phi_{AB}^{jk}(t_{12}) = \frac{1}{\lambda}\rho_{AB}^{jk}(t_{12}) \tag{9.11}$$

$$단, \phi_{AB}^{jk}(t_{12}) = \phi_B^k(t_2) - \phi_B^j(t_2) - \phi_A^k(t_2) + \phi_A^j(t_2) - \phi_B^k(t_1) + \phi_B^j(t_1) + \phi_A^k(t_1) - \phi_A^j(t_1)$$
$$\rho_{AB}^{jk}(t_{12}) = \rho_B^k(t_2) - \rho_B^j(t_2) - \rho_A^k(t_2) + \rho_A^j(t_2) - \rho_B^k(t_1) + \rho_B^j(t_1) + \rho_A^k(t_1) - \rho_A^j(t_1)$$

(5) GPS 관측기법

GPS 관측기법에는 정지식 관측(static GPS), 정밀식 관측(DGPS), 정지·이동식 관측(SGK GPS), 연속이동식 관측(CK GPS), 실시간이동관측(RTK GPS) GPS 등이 있다.

① 정지식 GPS(static-GPS)

정확도가 높은 측지측량 등에 이용한다. 기선길이가 20km 이상인 경우 많은 시간을 요하는 관측으로 SA나 멀티패스영향을 소거할 수 있으나 천공각을 충분히 확보하고 전파방해지역을 피해야 한다. 정확도가 ±(5mm+1ppm)이므로 기준점측량, 지구물리분야 등 측지분야에 이용된다.

② 정밀GPS(DGPS : Differential GPS, Pseudorange or code-phase differential GPS)

정밀GPS는 위치를 정확히(수 cm 이내) 알고 있는 곳에 정밀한 시계와 수신기를 갖춘 기준국을 두고, GPS 위성의 신호를 받아 수신기로 계산한 위치값과 미리 알고 있는 자신의 위치를 비교하여 위치의 오차에 대한 보정값을 계산한다. 의사거리 혹은 좌표로 표현된 보정값에 대한 정보를 기준국 주위에서 움직이는 사용자에게 실시간 혹은 후처리(post processing)로 넘겨주어, 같은 위성의 신호를 수신하는 사용자가 이 값을 이용해서 보다 정확한 위치를 계산한다는 원리이다. 후처리 DGPS인 경우 단순차분법과 2중차분법에 의한 관측방정식을 구성하여 최소제곱법으로 관측값을 구한다. 이 DGPS로 정확한 위치 계산이 가능한 이유는 기준국의 정확한 위치 계산뿐만 아니라 위성궤도오차, 위성시계오차, 전리층 시간지연, 대류층 시간지연 등을 제거할 수 있기 때문이다. GPS 이용에 회의적인 분야에서도 이 GPS에 대해 많은 관심을 갖고 있다. 그러나 실제의 경우 두 수신기 간의 거리, 두 수신기 간의 정보 전달속도, 계산에 쓰이는 알고리즘및 하드웨어의 성능 요인들이 DPGS의 정확도에 커다란 영향을 미친다.

DGPS는 위성이나 라디오 비콘(radio beacon) 등과 같은 다양한 자료연결(data link)을 이용하기 때문에 자료신호(data message)의 표준화를 필요로 한다. 특히 실시간 응용에서 표준 자료형식(data format)의 필요성 때문에 미국

RTCM—SC 104(Radio Technical Commission for Maritime services Special Committee 104)는 실시간 DGPS에 이용되어질 수 있는 다양한 형태의 표준화된 자료형식(data format)을 제정했다.

특히 두 수신기 간의 거리가 문제시되는 것은 거리가 멀면 한 위성과 두 수신기 사이에 놓여 있는 전리층과 대류권의 성질이 다를 수 있으므로, 이들에 의한 시간지연값이 두 수신기에 다르게 나타나기 때문이다. 그러므로 일반적으로 DGPS를 구성할 때 기준국과 사용자간의 거리가 100km를 넘지 않도록 기준국을 배열해야 한다.

한편, 특정한 목적의 측량과 같은 분야에서는 절대위치 관측보다는 두 점간의 상대위치 정보가 필요할 수도 있다. 이런 경우는 주변의 임의의 위치에 한 수신기를 놓아 기준국으로 하고, 두 수신기 간의 상대적 위치를 매우 정확히 관측할 수 있다. 현재 미국 해안경비대(coast quard)와 연방항공국(FAA)을 비롯한 여러 단체를 중심으로 C/A 코드 위치 관측에 대한 정밀도를 높이기 위해 가장 활발하게 연구되고 있는 방법이 DGPS이다. 위성에서의 항법신호는 사용자의 수신기에 도달하면서 위성시계와 수신기 시계의 불일치, 전리층이나 대류권에서 전파의 지연으로 생기는 시간차, 주파수 단절(cycle slip) 등으로 인해 정확도가 떨어지게 된다. 이러한 문제점을 해결하기 위해서 정밀 GPS 기법이 개발되었다. 이러한 DGPS 기법을 사용하면 정확도는 고정점과 기선거리에 따라 다르나 일반적으로 0.1~0.3m 정도이다.

③ **정지·이동식 GPS**(SGK GPS : Stop & Go Kinematic GPS)

연속적인 미지점 관측시에 이용되며 라디오모뎀을 통한 실시간 처리 및 후처리를 선택할 수 있으며 초기 기지점 또는 다른 기지점에 연결하여 오차점검을 해야 한다. 정확도는 2cm+1ppm이므로 정확도가 낮은 기준점측량, 지형측량, 시공측량, 경계측량, 영상면기준점 및 항공영상면의 위치측량 등에 사용된다.

④ **연속이동식 GPS**(CK GPS : Continuous Kinematic GPS)

도로나 수로의 중심선관측에 이용되며 Stop & Go Kinematic GPS와 비슷한 정확도로 이용되며 완공된 도로선형의 수치지도갱신 및 동체의 궤적 등을 추적할 경우 등에 많이 사용된다.

⑤ **실시간이동GPS**(RTK GPS : Real—Time Kinematic GPS)

실시간이동GPS인 경우 기준국의 보정값을 무선으로 이동국에 송신하여 의사거리를 보정한 후 위치를 계산한다. 후처리(post processing)방식에서는 양국에서 수신한 자료를 컴퓨터에서 보정하여 위치를 해석한다. 〈그림 9-8〉은 정밀

| 그림 9-8 | DGPS에 의한 위치해석 |

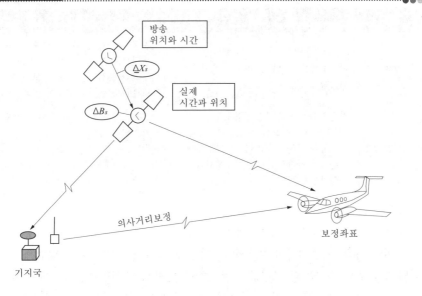

GPS(DGPS)를 이용한 위치해석 방법으로 현장에서 즉시 관측결과를 사용할 수 있어 차량 및 항공기의 실시간 항법용으로 이용, 지질학연구, 해양시추선에 활용, 댐의 변형연구 등에 수 cm 정도 이내의 정밀도를 요구하는 분야에 응용, 이동점의 위치좌표를 실시간으로 수신할 수 있어 실시간현황측량, 절토 및 구조물결합의 확인 등 시공측량에 편리하게 이용되고 있다.

(6) 연결조직망 RTK GPS(Network RTK GPS)

연결조직망 RTK는 복수의 상시관측소에서 취득한 위성자료로부터 계통적 오차를 분리, 모형화하여 생성한 보정자료를 사용자에게 실시간 전송함으로써 수신기 1대만으로도 높은 정확도의 RTK측량을 가능하도록 하는 기술로써 단일연결조직망, 다중연결조직망, VRS, FKP 방식 등이 있다.

① **단일연결조직망**(단일기준점 위치관측)

하나의 기준국을 이용하여 이동국의 위치를 관측하는 방법으로 기준국에서 위치보정데이터를 생성하여 이동국으로 직접 전송한다. 또한 기준국과 이동국간 거리의 증가에 따라 오차가 증가하므로, 관측지점에서의 현장 검증(calibration) 과정이 필요하다.

■■ 표 9-1 단일 및 다중 RTK 특징 비교

구분	단일 RTK	다중 RTK
장점	• 장비의 설치 및 사용이 간편 • 위치보정신호 오류의 발견과 조치가 신속함	• 기준국 장비가 필요 없이 1대의 이동국 장비만으로도 측량가능 • 다수의 기준점 관측자료를 모두 사용하므로 위치관측의 신뢰성이 높음
단점	• 기준국과 이동국 등 2대의 RTK-GPS 장비가 필요함 • 기준국과 이동국간 거리 증가에 따라 오차가 증가하므로 관측지역에서의 현장검증이 필요	• 시설 및 시스템 구축에 고가의 비용이 소요 • 시스템 유지관리의 어려움 • 위치보정신호의 무결성 판단이 어려움 • 공공측량 등의 실용화에 시간이 필요함

② **다중연결조직망**(다중기준점 위치관측)

여러 개의 기준점망을 이용하여 이동국의 위치를 관측하는 방법으로 기준점망에서 주요 오차원의 보정값을 추정하여 면보정 매개변수(parameter)를 생성하거나, 가상기준점에 대한 위치보정값을 생성하여 이동국으로 전송한다. 또한 연결 망내에서는 거리에 따른 오차가 없고 신뢰성이 높다.

③ **가상기준국방식**(VRS : Virtual Reference Station)

가) 의   의

가상기준국방식은 기준국(GPS 상시관측소) 3점 이상을 이용하여, 이동국(관측점) 주변에 가상의 기준국을 설정하고, 관측오차보정 요소(전리층, 대류권 및 위성궤도 오차, 다중경로 오차 등)를 제거한 자료를 이동국에 전송함으로써, 관측위치 정확도나 초기화 시간이 기준국(GPS 상시관측소)간 거리에 좌우되지 않는 RTK GPS 체계이다. 이때 만들어진 오차모형은 가상기준점국망을 형성하는 모든 기준국에서 관측한 값으로 만들게 되므로 한 점을 기준으로 만드는 보정값보다 정밀하고 신뢰성이 높다.

VRS 관측방법은 이동국의 개략위치를 제어센터로 송신하고, 제어센터는 수신된 자료를 가지고 이에 맞는 위상보정값을 RTCM(Radio Technical Commission for Maritime Services)형식으로 이동국에 송신한다. 이동국은 보정값을 수신하고 수신기 위치를 DGPS 방식으로 계산하여 이를 다시 제어센터로 송신한다. 제어센터는 다시 새로운 RTCM 보정값을 계산하여 전송하고 이때 보정값은 이동국 바로 옆에 위치한 가상의 기준국에 대한 값이다.

그림 9-9	VRS 관측 개요도

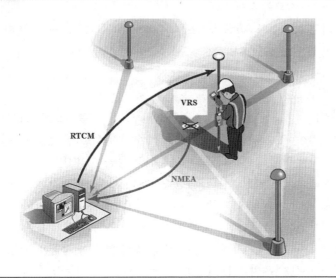

나) VRS 위치관측의 장점

(ㄱ) 종래의 RTK 또는 DGPS 위치관측시의 문제점을 해결할 수 있다.

ⅰ) 기지국 GPS가 필요 없음(경제적임)

ⅱ) 위치보정자료 송수신을 위한 무선 모뎀 장치가 필요 없음

ⅲ) 휴대전화의 사용으로 통신거리에 제약이 없음

ⅳ) 실시간 측량을 위한 장비의 초기화가 필요 없음

(ㄴ) 다양한 종류의 GPS 위치관측 서비스를 제공할 수 있다.

ⅰ) 정밀 위치관측 : cm 단위의 RTK-VRS 서비스

ⅱ) 일반 위치관측 : Sub meter 단위의 DGPS-VRS 서비스

ⅲ) Static 위치관측 : 후처리 방식의 정지식 측량 VRS 서비스

(ㄷ) Static VRS인 경우 기지점에 GPS 수신기를 설치할 필요 없이 상시관측소 간의 기선을 세션관측시 그대로 이용하므로 적은 GPS장비로 많은 양의 관측이 가능해진다.

다) VRS 위치관측의 단점

(ㄱ) GPS 상시 관측망에 근거한 VRS망 외부 지역에서는 위치관측 불가능

(ㄴ) 휴대전화 가청 범위로 위치관측 제한

(ㄷ) 양방향 통신으로 인하여 서버에 대한 동시 접속 연결 회선수에 제한을 받는 환

경이고, 이용자수도 이에 따라 제한이 된다.

(ㄹ) 휴대전화 요금의 문제

(ㅁ) 상시 관측소 설치, VRS 서비스센터 구축, 휴대전화 기지국 망의 확충 및 통화 품질 등 전체적인 VRS 시스템 구축에 막대한 비용 소요

라) 해석방법

(ㄱ) VRS 방식의 원리

ⅰ) VRS 서비스센터에서 상시관측소의 GPS 관측자료를 24시간 수신하고, 가상 기준국에 설치한 이동국 수신기의 GPS 관측자료를 수신한다. 이때 NMEA형식으로 이동통신망 등을 이용한다.

ⅱ) 상시관측소와 가상기준국의 관측자료를 이용, 정적간섭 위치관측 방식으로 순간 처리하여 가상 기준국의 위치보정자료를 생성하고 이에 맞는 위상보정값을 RTCM형식을 이용하여 이를 휴대전화 또는 무선 인터넷 모뎀으로 이동국 GPS 사용자에게 송신한다. 이동국은 보정값을 수신하여 수신기 위치를 DGPS방식으로 계산하며 이동국 수신기는 다시 새로운 위치를 VRS 서비스센터로 보낸다.

ⅲ) 연결조직망(network)서버는 다시 새로운 RTCM 보정값을 계산하여 이동통신망을 이용하여 전송한다. 여기서 보정값은 이동국 옆에 위치한 가상의 기준국에 대한 것으로, 전리층과 대류권 지연효과를 전체 기준망의 관측값을 이용하여 모형화하므로 보다 정확한 값을 갖게 된다. 이 기법은 자료가 가시화되지도 않으며, 실제로 관측하지도 않은 가상의

그림 9-10 VRS 운영체계도

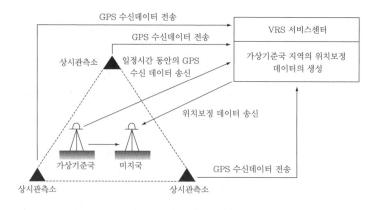

기준국의 개념을 도입하였으므로 '가상기준국' 기법이라 한다.

(ㄴ) VRS 위치관측의 조건

ⅰ) 국가의 측지 기준점 체계 확보

ⅱ) 상시 관측소가 최소 30~50km 간격으로 균등하게 배치

ⅲ) 위치보정자료를 순간 생성할 수 있는 GPS 기선 해석 및 망조정 기술 능력의 확보

ⅳ) 제공되는 위치보정자료에 대하여 측지 성과로서의 공신력 확보

ⅴ) 위치보정자료의 통신 매체인 휴대전화나 인터넷모뎀 등의 통신 품질의 확보

ⅵ) 이동국 GPS 사용자의 GPS 측량에 대한 기초지식이 필요

④ **FKP 방식**(Flächen Korrektur Parameter)

가) 개　요

다수의 상시관측소 데이터를 이용하여 시계오차, 위성궤도오차, 전리층오차 등의 주요 오차원의 보정값을 관측하여 이를 기초자료로 면보정 매개변수를 계산한 후 사용자에게 전송하는 방식이다.

나) 특　징

그동안 국토지리정보원에서는 VRS방식을 이용하여 위치보정정보 자료를 사용자에게 제공하고 있지만, 인터넷 통신 모뎀을 사용하여 서비스하는 가상기준국은 사용자와 보정정보생성 서버 간의 양방향 송수신 시스템으로 서비스 회선수가 200회선으로 제한되어 있어 200명 이상 동시 접속시 위치정보를 제공해주는 서버의 렉(wreck) 발생 등으로 많은 불편함이 있었다. 이러한 불편함을 해

그림 9-11　FKP 방식 흐름도

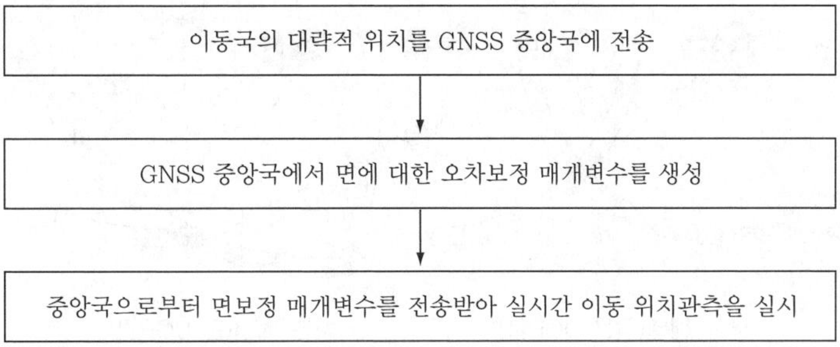

이동국의 대략적 위치를 GNSS 중앙국에 전송

↓

GNSS 중앙국에서 면에 대한 오차보정 매개변수를 생성

↓

중앙국으로부터 면보정 매개변수를 전송받아 실시간 이동 위치관측을 실시

소하기 위하여 2012년 말부터 3cm 미만의 FKP-GPS 위치정보서비스를 단방향 통신으로 전송(방송 또는 인터넷으로 보정계수를 전송)함으로써 누구나 쉽고 정확하게 위치자료를 활용할 수 있는 환경이고, 이용자수는 무제한이라는 장점이 있다.

⑤ 연결조직망(network) RTK시스템 구축시 필요사항

수 cm 이내의 RTK측량을 위해서는 최소 40~50km 간격의 상시관측소 연결조직망이 필요하며, 연결조직망 구성 및 데이터통신 시설의 구축비용, 보안성, 자료의 시간지연 등을 고려하여야 한다. 또한 시스템의 유지관리, 장애시 처리를 위한 철저한 계획이 필요하다.

(7) GPS의 위치 결정에 영향을 주는 오차의 종류 및 오차처리

GPS를 이용하여 위치를 결정할 때 발생하는 중요한 오차요인은 위성(기하학적 분포, 궤도, 시계), 위성신호전달(전리층, 대류권, 다중경로), 수신기(시계, 주파수)에 의한 오차 등이 있다.

① 위성에 관한 오차

가) 위성의 기하학적 분포에 따른 오차

수신기 주위로 위성이 적당히 고르게 배치되어 있는 경우에 위치의 오차가 작아진다. 이때 보이는 위성배치의 고른 정밀도를 DOP(Dilution Of Precision)라고 하며 일반적으로 위성들 간의 공간이 더 많으면 많을수록 수신기에서 결정하는 위치정밀도는 높다고 할 수 있다. DOP에는 기하학적 DOP(GDOP :

그림 9-12 위성의 기하학적 배열 관계

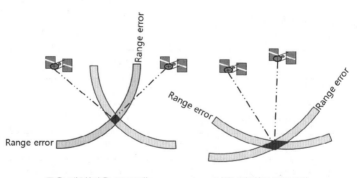

좋은 배열(작은 DOP값)　　　　나쁜 배열(큰 DOP값)

Geometric DOP), 3차원위치 DOP(PDOP : Positional DOP), 수직위치 DOP(VDOP : Vertical DOP), 평면위치 DOP(HDOP : Horizontal DOP), 시간 DOP(TDOP : Time DOP) 등이 있다.

DOP는 모든 위성의 항법메시지를 해석하여 예측할 수 있다. 수신가능한 위성수와 DOP의 관계를 이용해 GPS 관측이 가장 양호한 시간대를 정하여 관측하면 보다 정확한 결과값을 얻을 수 있다. 관측정확도, 위치정확도, DOP의 관계는 다음과 같다.

$$\sigma_P = \text{DOP}\sigma_{UERE} \tag{9.12}$$

단, σ_{UERE} : 관측정확도(measurement accuracy, user equivalent range error)

σ_P : 위치정확도(position accuracy)

DOP는 다음과 같이 구분하여 계산할 수 있다.

$$\text{기하학적 DOP(GDOP)} = \sqrt{\frac{\sigma_E^2 + \sigma_N^2 + \sigma_U^2 + \sigma_T^2}{\sigma}} \tag{9.13}$$

$$\text{위치 DOP(PDOP)} = \sqrt{\frac{\sigma_E^2 + \sigma_N^2 + \sigma_U^2}{\sigma}} \tag{9.14}$$

$$\text{평면위치 DOP(HDOP)} = \sqrt{\frac{\sigma_E^2 + \sigma_N^2}{\sigma}} \tag{9.15}$$

$$\text{수직위치 DOP(VDOP)} = \sqrt{\frac{\sigma_U^2}{\sigma}} = \frac{\sigma_U}{\sigma} \tag{9.16}$$

■■ 표 9-2 DOP값의 의미

DOP값	양호한 정도	비　고
<1	이상적	가장 높은 신뢰도, 항상 높은 정확도를 가짐
1~2	매우 좋음	충분히 높은 신뢰도, 민감한 정확도가 요구되는 분야에 사용 가능
2~5	좋음	경로 안내를 위한 요구사항을 만족시키는 신뢰도
5~10	보통	위치관측 결과를 사용 가능하나 좀 더 열린 시야각에서의 관측을 요함
10~20	불량	낮은 신뢰도, 위치관측 결과는 대략적인 위치를 파악할 때만 사용
>20	매우 불량	매우 낮은 신뢰도(6m의 오차를 가지는 기기가 약 300m 정도 발생)

$$\text{시간 DOP(TDOP)} = \sqrt{\frac{\sigma_T^2}{\sigma}} = \frac{\sigma_T}{\sigma} \tag{9.17}$$

여기서 σ_E^2, σ_N^2, σ_U^2은 수신기 위치 추정변동량을 동쪽(East), 북쪽(North), 위쪽(Up) 성분으로 표시한 것이고, σ_T^2은 수신기 시계오차 추정변동량을, σ는 거리에 대한 표준편차를 나타낸 것이다. 참고로 $\text{PDOP}^2 = \text{HDOP}^2 + \text{VDOP}^2$, $\text{GDOP}^2 = \text{PDOP}^2 + \text{TDOP}^2$과 같다. 그리고 비행계획 수립 시 PDOP는 3~5, HDOP는 2.5 이하로 하는 것이 좋다.

나) 위성의 궤도에 의한 오차

위성에 작용하는 여러 힘들[예: 부정확한 모형화인 선택적 가용성(SA : Selective Availability)에 의한 인위적인 위성정보 적용]에 의하여 정해진 궤도로 위성이 진행하지 않아서 수신기에 틀린 정보를 제공으로 함으로써 생기는 오차가 궤도에 대한 오차이다. 수신기 두 대 이상을 설치하여 관측하거나 차분법을 사용하면 오차를 많이 줄일 수 있다.

다) 시계오차

GPS위성들은 시간유지와 신호동기(synchronizing)를 위해 고도의 정밀도를 가진 세슘(Cs) 또는 루비듐(Rb) 원자시계를 이용한다. 위성시계의 오차는 정확하게 교정될 수 있다.

② 위성신호전달에 의한 오차

가) 전리층오차

지표면으로부터 80~1,000km 사이의 전리층을 신호전파가 통과 시 분산이 일어나고 전압의 변화가 생기므로 발생되는 오차이다. 고주파(L_1)신호에 비해 저주파(L_2)신호가 전리층에서 속도가 느리므로 두 신호의 지연차를 비교하여 지연효과를 계산하고 소거하는 과정에 오차모형화를 이용하면 오차를 감소시킬 수 있다.

나) 대류권 오차

지표면으로부터 평균 12km 사이의 대류권 통과 시 구름과 같은 수증기에 의한 굴절로 오차가 발생한다. 대류권오차는 표준보정식(예 : Hopfield model)에 의해 소거될 수 있으나 오차모형화에 의한 오차감소방법을 수행하기도 한다.

다) 다중경로에 의한 오차

바다표면이나 빌딩 등에서 반사신호에 의해 직접 신호의 간섭으로 오차가 발생한다. 특별히 제작된 안테나(예 : choke ring 안테나)를 사용하든가 적절한 위치선정(예 : 수신기 안테나 근처에 사물로 인한 굴절이 안 되는 곳)을 해야 오차를 소거할 수 있다.

③ 수신기에 의한 오차

가) 수신기 시계의 오차

수신기에는 위성의 원자시계보다 저가의 시계를 사용하므로 GPS시각의 동기오차가 발생한다. 이를 해결하기 위해 시계오차를 미지수로 다루는 3개의 의사거리 방정식을 이용하여 수신기위치(X, Y, Z)와 시계오차(t)를 구하여 수신기 시계오차를 소거한다.

나) 주파수 오차

주파수 모호성(cycle ambiguity)과 주파수단절(cycle slip, 예 : 수신을 방해하는 건축물, 나무, 비행기, 조류 등에 의한 관측환경 불량으로 갑자기 신호가 끊김)로 생기는 오차이다.

(8) GPS 관측값의 측지학적 고도와 지오이드 고도

GPS에서 관측의 높이(고도)값은 타원체의 수학적 표면을 기준으로 하였기 때문에 물리적인 지오이드고와 차이가 있다.

$$H = h + N \tag{9.18}$$

단, H : 측지학적 고도(정표고 : orthometic height)

　　h : 평균해수면으로부터의 고도(타원체고 : ellipsoidal height)

　　N : 지오이드 고도(geoidal height)

그림 9-13　측지학적 고도와 지오이드 고도차

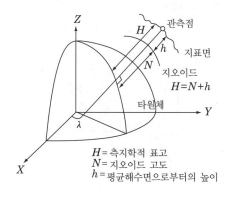

GPS의 수평위치의(X, Y)의 값은 정확도가 좋으나 수직위치(고도)의 값(h)의 정확도는 수평위치의 정확도에 비해 낮다(종래의 Level 측량성과보다 정확도가 떨어진다).

(9) GPS 관측성과의 좌표변환

GPS측량에서는 지구중심좌표계 WGS84(World Geodetic System 1984)를 기준좌표계를 사용하고 있지만 각 나라마다 각기 다른 좌표계를 사용하기 때문에 좌표계 사이에 변환관계가 명확하게 정립되어야 한다. 향후 GPS관측에 의한 측지망의 구성 및 지도제작의 신뢰성, 자료의 균질성 및 통일성을 확보하기 위하여서는 각 나라가 국가적 차원에서 정확한 좌표전환요소를 산출하여 공시할 필요가 있다. 우리나라에서는 일반적으로 TM좌표계를 사용하고 군사적 목적으로는 UTM좌표계를 사용한다. 즉 GPS관측성과를 사용자의 지역에 맞게끔 좌표를 환산하여 이용한다. 좌표변환 방법에는 매개변수변환, molodensky변환, 회귀다항식변환 방법이 있으나 일반적으로 이용되고 있는 매개변수(parameter) 방법만을 소개한다.

① 매개변수(parameter)에 의한 변환 방법

매개변수에 의한 방법에는 3-매개변수변환(3-parameter transformation)과 7-매개변수변환(7-parameter transformation)이 있다.

가) 3-매개변수변환

두 기준계(Ⅰ,Ⅱ)의 좌표 (X, Y ,Z)축이 평행이며 그 크기가 동일한 경우로 평행변위(translation : $\triangle X$, $\triangle Y$, $\triangle Z$)요소만을 고려하여 보정한다.

그림 9-14 3-매개변수변환

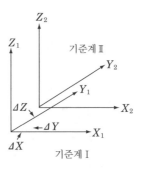

$$X_2 = X_1 + \triangle X, \quad Y_2 = Y_1 + \triangle Y, \quad Z_2 = Z_1 + \triangle Z \tag{9.19}$$

단, X_1, Y_1, Z_1 : 기준계 I 의 직교좌표

　　X_2, Y_2, Z_2 : 기준계 II 의 직교좌표

　　$\triangle X$, $\triangle Y$, $\triangle Z$: 두 타원체 간의 평행변위(translation)

나) 7-매개변수변환

두 기준계(I, II)의 좌표(X, Y, Z)축의 크기와 변형이 다르므로 평행변위 (translation : $\triangle X$, $\triangle Y$, $\triangle Z$), 회전변위(rotation: R_X X축의 쌍곡선형 변형, R_Y Y축의 포물선형 변형, R_Z Z축의 타원형 변형), 축척인자(scale factor : S)를 고려하여 보정해야 한다.

$$\begin{bmatrix} X_Z \\ Y_Z \\ Z_Z \end{bmatrix} = S_1 \begin{bmatrix} 1 & R_Z & -R_Z \\ -R_Z & 1 & R_X \\ R_Y & -R_X & 1 \end{bmatrix} \begin{bmatrix} X_1 \\ Y_1 \\ Z_1 \end{bmatrix} + \begin{bmatrix} \triangle X \\ \triangle Y \\ \triangle Z \end{bmatrix} \tag{9.20}$$

그림 9-15 7-매개변수변환　　　　　　　　　　　　　●●●

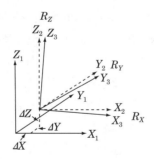

(10) GPS의 활용분야

현재 GPS의 활용분야는 거의 제한이 없을 정도로 매우 광범위하며, GPS 측량기법의 우수성과 수신기의 가격하락으로 나날이 새로운 적용분야가 생겨나고 있다. 다음에서는 위치결정과 관련된 GPS의 활용분야를 간단히 소개한다.

① 측지측량기준망 설정

GPS 활용의 가장 대표적인 분야로서 GPS 측량기법은 재래식 삼각 또는 삼변측량으로는 불가능하였던 날씨와 기선장에 무관하게 3차원 위치를 높은 정

확도로 결정할 수 있게 되었다. 따라서 1980년대 말부터 세계 전역을 하나의 동일좌표계를 바탕으로 대륙간을 cm의 정확도로 연결하는 국제지구기준좌표계 ITRF(International Terrestrial Reference Frame)가 설정되었으며, 현재도 계속 갱신작업이 추진 중이다. 이를 위하여 지구상에 균등 배치된 VLBI, SLR 등을 이용하여 관측소에서 준성, 위성 등을 목표물로 장기간 관측한 자료들을 분석하여, 현재 망의 정확도를 ±1cm로 유지하고 있다.

각 대륙은 이를 바탕으로 기선장 300~500km 내외의 대륙측량망을 구축하였으며, 대표적인 예로 유럽의 EUREF(European REferencing), 북미의 ACS(Active Control System) 등을 들 수 있다. 또한 각국은 이 대륙측량망을 기본으로 기선장 50~100km의 국가 GPS 기준망을 설정하여, 지역별로 20~50km의 밀도로 배치하여 고밀화 측지측량망으로 정확도 갱신, 수준측량 및 지적측량 등에 활용하고 있다. 그러나 이러한 성공적인 GPS 활용을 위해서는 세계좌표계와 지역좌표계 간의 정확한 변환요소 결정과 지오이드기복고도에 대한 정밀모형이 우선적으로 해결되어야만 한다.

② 지구물리학적인 측면

GPS를 지구물리학적 측면에 활용할 경우 지각변동을 관측하는 작업이나 지질의 구조를 해석하는 일, 지오이드모형개발, 지구의 자전속도 및 극운동 변화량 검출, 지각변동, 항공 지구물리 등이 GPS를 응용하여 수행할 수 있는 분야이다. GPS를 이용한 기상학, 해수면 감시, 시추공의 위치 확인 및 결정, 해상의 중력측량, 해상탐색 및 구조, 준설작업, 해저지도 작성, 해양자원탐사에 활용도 증가, 인공위성의 궤도 및 자세의 결정 등을 위한 기술수단으로 큰 역할을 할 수 있을 것이다.

③ 국토개발

국토재정비 및 이용계획, 환경보존 등에 필요한 지형공간정보의 근간이 되는 기준점 설정을 GPS로 정확하게 처리할 수 있다. GPS 활용으로 해상구조물 측설, 수심측량시 수평위치결정, 해양탐사, 천연자원(미네랄, 석유, 석탄 등) 탐사 지역의 위치확인 및 영역설정, 습지, 숲, 목재 등의 천연자원관리를 저렴하고 정확하게 처리, 야생동물을 관찰하는 동물학자, 생태학자, 해양생물학자 등이 행하는 야생동물보호 및 동물들로부터 위협을 받는 자들이 자신을 지키기 위하여 위치확인 수단 등으로도 GPS가 이용될 수 있다.

④ 지적측량

GPS의 지적측량에는 실시간이동식 관측기법(realtime kinematic)과 보정자료전송의 편리성 및 상시관측소의 설치 등으로 앞으로 이 분야에의 활용이 크게 기대된다. 위성시계(視界)의 확보가 가능한 지역에서는 별 어려움 없이 현장에서 직접 도근점 설치, 지적경계선의 분할과 합병 등이 가능하며, 위성시계가 불량한 지역이라 할지라도 광파종합관측기(TS) 등과 연계하여 상기의 목적을 매우 효율적으로 수행할 수 있다.

⑤ **고저(수준)측량**

GPS는 3차원 정보를 제공하는 기술체계이므로 수평위치는 물론 높이의 결정도 가능하나, GPS 위치결정의 특성상 높이 좌표는 평면에 비해 항상 그 정확도가 떨어지는 단점도 있다. 또한 GPS에 의한 고도값은 기하학적으로 정의된 타원체고도이므로, 이를 실제에 활용하기 위해서는 정표고(중력을 기준으로 하는 고도)로의 환산을 위한 지오이드고도가 필요하다. 지오이드고가 cm 정도인 선진국에서는 이미 GPS에 의한 고저측량망(수준망) 조정, 검조위 관측 등이 보편화되고 있다. 현재 정밀중력측량을 실시하고 있으며, 각종 위성관측으로부터 유도된 중력자료의 정확도가 현저히 증가하여, 머지않은 장래에 GPS 측량은 삼각고저(수준)측량이나 레벨측량기법으로 대체될 것이다.

⑥ **지형공간정보**(지도, 자원 및 시설물유지관리 등)**에 활용**

3차원지형공간 자료취득 및 지도제작 과정은 GPS 측량과 밀접한 관계에 있다. 지도를 제작하거나 주제도를 분류하여 제작하는 일, 수자원 관리, 삼림관리 등에도 유용하게 이용될 수 있다. 정적 및 동적 관측대상에 대하여 GPS와 각종 센서(CCD : Charge Coupled Device나 video 등)를 결합하여, 각종 시설물(지상, 지하)에 대한 위치정보와 특성정보를 신속히 취득하여 지형공간정보의 자료기반(DB)을 구축한다. 예로서, 도로의 현황이나 전력선, 상수도관·하수도관, 가스관 등, 광범위하게 분포된 시설물의 위치와 상태를 GPS와 PenMap 등으로 현장에서 직접 독취하여 저장한 후, 유지보수와 관련된 모든 정보를 자동으로 관리한다.

또한, 동적인 관측(이동하면서 관측하거나 움직이는 대상이나 화재현장조사 등)의 경우 비디오로 촬영한 자료에 위치를 표시하거나, 이동물체나 현장의 변화상태를 실시간으로 감시할 수 있는 원격제어체계를 구축할 수 있다.

⑦ **차량항법체계**(CNS)**와 이동식도로정보화체계**(GPS Van) **및 군사적 응용**

GPS를 이용한 차량항법체계(CNS : Car Navigation System)를 구축하여 차 내에 장착된 액정영상면(screen)을 통해 격자형 및 벡터형 자료로 구성된 수치자료로 차량의 현재 위치를 파악하며, 미리 입력된 자료기반을 이용하여 목적

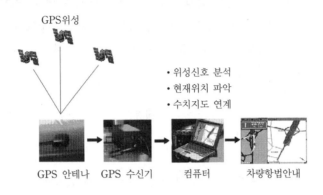

그림 9-16 차량항법체계

GPS위성

• 위성신호 분석
• 현재위치 파악
• 수치지도 연계

GPS 안테나   GPS 수신기   컴퓨터   차량항법안내

지를 검색할 수 있다. 또한, 차량의 최적경로를 안내하며 지형(지모, 지물) 정보를 제공한다. 운송분야에서는 택시, 버스, 상업용 차량을 운영하는 회사들이 각 차량을 추적할 수 있으며, 특히 혼잡한 주차장이나 철도 선로 구역에서 효과적으로 차의 위치를 확인할 수 있고, 물류분야에서는 택배나 화물운반 회사에서 보다 나은 물자의 실시간추적과 관리가 가능하며, 해양수산분야에서는 어업 경계선의 침범, 경계구역의 문제들을 효과적으로 해결할 수 있다. 고속도로 및 수로의 조사 및 유지관리에 필요한 자료를 GPS Van으로 처리한다. GPS Van은 일반차량에 GPS 수신기, 디지털 카메라, 자이로스코프, 가속도계 및 횡탐측기 등을 탑재하여 주행과 동시에 도로와 관련된 각종 시설물 현황이나 기타 특성정보를 실시간으로 자동 취득하는 차량기반 이동도면화체계(MMS : Mobile Mapping System)이다. GPS Van은 GPS 측량기술, 차량항법 및 수치영상 처리기술 등이 복합된 최신의 측량기법으로서, 도로와 관련된 효율적인 GIS 자료 취득에 가장 큰 주목을 받고 있는 점에 있어서도 유망한 GPS 영상탐측에 의한 분야이다. 지능형교통체계(ITS : Intelligent Transport System), 선박의 항법, 항공기 항법체계, 고속철도 등의 항법 및 교통 분야에서도 GPS의 정확도 향상으로 인하여 필요성이 확대될 것이다. 위성신호수신기와 무선통신을 통합시킴으로써 높은 정확도를 얻을 수 있으며, 위성신호 및 무선통신신호 수신 즉시 수신기의 위치를 계산할 수 있다. 높은 정확도의 위치관측값을 얻으므로 선박, 항공기나 미사일의 공격목표선정 및 최대공격효과 예측 등 항법장치에 이용되며, 군사 작전에 필요한 각종 정보를 사전 또는 실시간으로 취득할 수 있다.

⑧ 긴급구조 및 방재

소방대원, 경찰, 구급차를 급파하여 화재, 범죄현장, 사고피해자, 구급대원의 위치를 신속하고 정확하게 스크린에 나타낼 수 있다. 또한 긴급구조 119 휴대전화에 GPS 위치결정기술을 장착하여 간단하고 경제적인 구조활동을 할 수 있다. GPS 활용으로 조난 구조팀이 바다, 산, 스키장, 사막, 황무지 등에서 조난자들을 조사하고 구조할 수 있다. GPS 수신기를 차량에 장착하면 차량이 고장이 났을 경우 자신의 위치를 정확히 전달시킬 수 있으며, 견인차가 신속하게 도착할 수 있다. 방재를 위한 GPS 활용으로 기상, 예보, 홍수피해지역, 제방, 배수로와 같은 대상을 확인하고 영역을 결정하여 지형공간정보를 형성할 수 있다.

⑨ 여가선용

하이킹, 캠핑, 사냥을 할 경우 길을 잃었거나, 잃어버린 대상들을 찾는데 GPS를 활용하면, 안전하고 손쉽게 원하는 바를 마무리 지을 수 있다. 보트를 타거나 낚시의 경우 모래톱, 바위 및 여타 장애물 주위를 좀 더 안전하게 항해할 수 있고, 즐겨 찾는 지점을 정확하게 찾을 수 있으며, 낚시꾼들은 빠르고 효율적으로 안내할 수 있고 덫을 찾거나 설치하는 데 도움을 줄 수 있다.

⑩ 우주개발

위성궤도 추적을 위하여 GPS 수신기를 이용하면 정확하게 궤도 위치를 결정할 수 있으며, 엘리뇨 기상지도를 신속하고 경제적으로 제작하려면 DGPS 기술을 이용한다. 우주정거장 개발을 위하여 랑데부 운영을 쉽게 할 수 있고, 궤도 수정을 하는 동안 상호 GPS 운영을 효율적으로 할 수 있다.

⑪ 고응용체계

항공산업, 항구 내에서의 배의 운항, 정교한 기차의 운영을 수행하는 철로, 농업과 광업에서 요구하는 소요 정확도와 활용 등에서 높은 정확도를 요구하는 사용자에게는 DGPS에 의한 오차수정과정을 연구하여 보다 정확한 관측값을 제공하여야 할 것이다.

7) GLONASS

러시아의 GLONASS 개발은 미·소 냉전시대인 1970년대부터 시작되었고 1982년에 첫 번째 위성의 발사가 이루어졌다. 초기에는 24기의 위성으로 이루어진 체계를 계획하고 있었으나 위성의 너무 짧은 수명과 구소련의 붕괴 이후 러시아의 재정적 어려움으로 인해 계획은 현실화되지 못하였다. 1991년 가동

중인 7기의 위성으로 1단계 GLONASS 체계가 완성되고 이후 93~94년 사이에 발사된 Block Ⅱv(평균수명 3년)와 1995년부터 발사를 계획한 GLONASS-M(평균수명 7년)을 이용하여 3개의 궤도면에 24개 위성(각 궤도면에 8기)을 45°간격으로 배치하고 이웃하는 궤도면의 위성과는 15°간격을 가지는 2단계 GLONASS 체계를 완성할 계획이었으나 재정부족으로 2003년 말에 첫 GLONASS-M 위성이 발사되었다.

재정적 어려움으로 제 기능을 수행하지 못했지만 최근 주변국가의 재정협조로 2004년 말에 3대의 위성을 발사하여 14대의 위성이 활동 중이며 7대의 GLONASS-M 위성을 생산 중에 있으며 이후 GLONASS-K 위성을 배치할 계획에 있다. K 위성은 제3의 민간신호가 첨가됨으로써 신뢰도와 정확도의 향상을 달성할 수 있고, 수명이 10년 이상 증가할 것으로 전망된다.

8) GALILEO

유럽연합과 유럽 우주국의 Galileo 프로젝트는 유럽 독자의 GNSS(Global Naviagtion Satellite System)계획으로 1990년대 말 GPS 유료화 움직임 및 미국의 독점적 위치에 대응하고자 시작되어진 프로젝트이다. Galileo 프로젝트는 완전한 민간 체계로서 추진되고 있으며, 3개의 궤도 평면에 9개의 위성과 1개의 여유분을 가지도록 설계되어 총 30기의 위성으로 구성되어진다. 궤도평면 경사각은 GPS와 거의 동일하게 56°를 유지한다. Galileo위성의 정확도는 현재 GPS 위치관측 정확도의 90% 이상 수준으로 향상될 것으로 예상된다. Galileo 프로젝트에 대한 내용은 〈표 9-3〉와 같다.

Galileo는 GPS나 GLONASS와는 달리 유료 서비스를 제공할 계획이므로 정확한 위치관측정보를 위해서는 일정수준의 사용료를 제공하여야 하나 중저급 정밀도의 위치관측정보는 GPS와 마찬가지로 무료로 제공할 계획이다.

현재 추진 중인 Galileo 프로젝트에는 공식협정을 맺은 중국을 비롯하여 우리나라, 러시아, 인도, 호주, 브라질, 아르헨티나, 모로코, 우크라이나 등의 국가들이 참가할 의사를 표명한 것으로 알려졌다.

이러한 위성위치관측 체계의 주체국들은 상호협력을 통하여 향상된 서비스를 제공하고자 2004년에 러시아와 미국은 IGS(International GNSS Service)와의 협의를 통해 위성을 공동으로 사용하고 있으며 최근에는 미국과 EU와의 협의를 통해서 GPS와 Galileo 위성간의 상호 호환이 가능하도록 시도하고 있다. 미국의 GPS 의존으로 유럽주권의 종속우려로 2005년 12월 28일 30개의 위성

■■ 표 9-3 갈릴레오 프로젝트의 내용

단　　계	내　　용
초기(1999. 10~2000. 12)	갈릴레오 체계 설계(장비 발전 model 등)
개발(2001. 01~2001. 12)	위성 설계 검증
준비(2002. 01~2004. 12)	3개의 위성제작 발사. 지상국 일부 개발장비와 위성의 개발 가능성 증명
발전(2005. 01~2007. 12)	궤도결정. 수정위성 제작발사. 지상국 완성. 위성배치 완성 및 체계시험 운영
공급(　　~2008)	유럽 및 각 국가에 공급 개시

을 24,000km 상공에 발사할 계획으로 초기위성 GIOV-A(Galileo In Orbit Validution Element) 위성을 발사하여 2006년 1월 12일부터 항법메시지가 방송되었다 사업비와 공동사업의 차질로 2010년~2013년으로 연기된 상태이다. GPS의 도심지장애물로 55%만 측량할 수 있으나 Galileo와 공동 활용한다면 95% 이상의 지역에 대한 위치값 취득이 가능할 것으로 추정하고 있다.

9) 위성 레이저와 달 레이저 측량[SLR or LLR: Satellite (or Lunar) Laser Ranging]

위성 측량방법으로 영상에 의해 위성의 방향을 관측하는 광학적 방향관측법이 일찍부터 실시되었으나 대기의 영향에 의해 정확도 면에서 만족할 만한 값을 얻지 못하였다. 따라서 지상측량에서 삼각측량이 삼변측량으로 대체되는 것과 같이 위성이나 달측량에 있어서도 방향관측에 대신하여 거리관측이 등장하게 되었다. 인공위성이나 달까지 거리를 관측하는 방법에는 전파를 사용하는 방법이 있으나 대출력의 레이저펄스를 이용하는 방법이 정확도 면에서 유리하므로 현재는 레이저 거리측량방식이 주류를 이루고 있다. 위성 또는 달 레이저 거리측량은 위성 또는 달을 향해 레이저 펄스를 발사하고 위성 또는 달로부터 반사되어 돌아오는 왕복시간으로부터 위성 또는 달까지의 거리를 관측하는 방법이다.

(1) SLR

SLR(Satellite Laser Ranging)은 지상관측소와 인공위성사이에 레이저파의 소요시간을 관측하여 두 점간의 거리를 산정할 수 있는 체계이다. 이는 지상관

측소에서 단파장(λ=10150ps)의 레이저를 인공위성을 향해 발사하게 되면 정밀한
시간관측장치(TIC: Time Interval Counter)를 작동시킨 후 레이저파가 인공위
성의 역발사체(retroreflector)에 의해 발사되어 지상의 관측소로 복귀하면서 시
간관측장치를 중단시킨다. 이때 관측된 소요시간에 속도를 곱하여 얻은 거리를
이등분하면 지상관측소와 인공위성사이의 거리를 산정할 수 있다. 현재 전 세계
적으로 약 58개의 SLR지상관측소가 운영되고 있다.

　　SLR의 활용분야와 기술현황은 ① 지구회전 및 지심변동량관측, ② 해수면
과 빙하면을 관측, ③ 지형 및 평균해수면의 높이를 직접관측, ④ 지각변동연구
및 기초물리학의 연구자료 제공, ⑤ 지구중력장에서 시간에 따른 변화량의 관
측, 지구의 수직운동 등을 감시(monitor)할 수 있어 SLR 관측망을 통하여 지구
중심의 움직임을 mm단위로 감시하는 데 이용, ⑥ 일반상대성이론을 실험할 수
있는 유일한 기술로 이용, ⑦ SLR 관측소는 VLBI, GPS 시스템을 포함하여
국제적 우주측지관측망을 형성하는데 중요한 역할을 한다. 이로써 SLR은 지상

그림 9-17　SLR(Satelllte Laser Ranging)의 원리

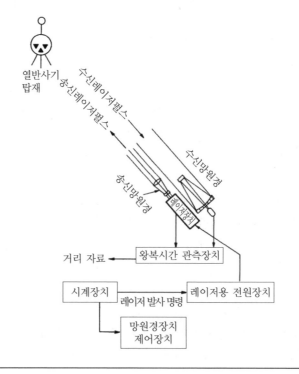

과 위성간의 거리관측, 지구중심의 변동량모니터, 표면의 관측, 해수면의 관측, 일반상대성이론의 실험 등 지구물리학분야에 중요한 관측방법으로 이용되고 있으며 국제지구기준좌표계(ITRF : International Terrestrial Reference Frame)의 유지에도 크게 기여하고 있다.

(2) LLR(Lunar Laser Ranging)

LLR는 1969년 아폴로Ⅱ호의 달 착륙이 성공되면서 이때 설치한 달 역반사체를 이용하여 달까지의 거리를 관측할 수 있다.

2. 4차원 위치해석

두 점 사이의 거리를 재는 데 있어서 시간은 두 점에서 동일하다고 생각하였으나 정확히 말한다면 떨어져 있는 두 점에서 시간은 동일하지 않다. 특수상대성이론이 생긴 후 3차원 입체기하학은 시간의 인자를 도입하여 텐서해석학(tensor analysis)으로 발전하였다. 따라서 4차원공간에서 두 점 사이의 거리(r)는 광속도(c)와 시간(t)이 첨가된 $r=\sqrt{x^2+y^2+z^2-(ct)^2}$으로 표시된다.

$$r=\sqrt{x^2+y^2+z^2-(ct)^2} \tag{9.21}$$

3차원공간의 점 $P(X, Y, Z)$를 2차원평면상의 점 $P(x, y)$로 투영하여 $P(x, y)$로부터 $P(X, Y, Z)$를 구하는 것을 3차원 측량이라 하면, 4차원공간의 점 $P(X, Y, Z, T)$를 3차원공간의 점 $P(x, y, t)$로 투영하여 $P(X, Y, Z, T)$를 구하는 것을 4차원 측량이라 한다. 측량방법은 영상탐측의 경우 카메라와 영화촬영기를 사용하여 일반영상탐측과 같은 방법으로 측량하지만 시간을 정확히 관측하기 위해 시간간격이 일정한 스트로보방전관을 사용한다.

〈그림 9-18〉은 높이가 70m이고 경사가 약 60°인 절벽 위에서 돌을 떨어뜨린 경우 이 낙석이 그리는 궤적을 구한 예이다.

그림 9-18   낙석의 4차원 측량

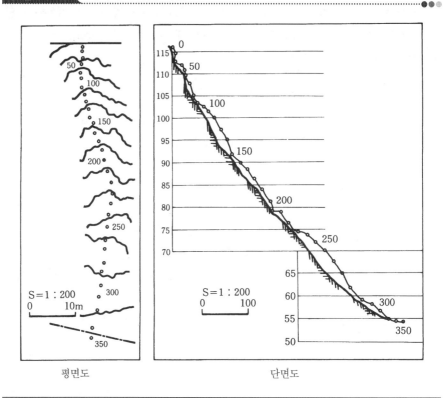

평면도   단면도

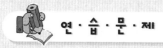 연·습·문·제

2장 측량의 좌표계, 좌표투영 및 우리나라의 측량원점과 기준점

1) 다음 각 사항에 대하여 약술하시오
① 차원별 좌표계
② 지구형상 및 지오이드
③ 경위도좌표
④ UTM 및 UPS 좌표
⑤ 세계측지측량기준계
⑥ WGS84
⑦ ITRF
⑧ 가우스이중투영, 가우스크뤼거도법
⑨ UTM
⑩ 우리나라 측량원점(경위도, 수준중력)
⑪ 우리나라 국가기준점 및 지적기준점
⑫ 은하좌표계

3장 각 관 측

1) 다음사항에 대하여 약술하시오
① 수평각의 관측방법
② 수직각의 관측방법
③ 각관측의 오차와 정밀도

2) 어떤 교각을 갑, 을, 병 3인의 관측각에 의하여 결정하고자 한다. 각각의 관측각은 다음과 같다고 하면 결정교각은 얼마인가? 초 이하 1자리까지 구하시오. 또한 결정교각의 평균제곱근 오차는 얼마인가?

갑 $\alpha_1 = 68°26'32'' \pm 3''.2$
을 $\alpha_2 = 68°26'27'' \pm 2''.9$
병 $\alpha_3 = 68°26'25'' \pm 3''.6$

3) A점에 있어서 C점을 기준방향으로서 B점
과의 교각을 관측하여 136°57′7″를 얻었
다. 그러나 C점에는 그림과 같은 편심이
있었다 하면 올바른 교각은 얼마인가? 단,
A점과 C점과의 거리를 2,000m로 하고 A
점 및 B점에는 편심이 없는 것으로 하여
P를 시준목표의 중심위치, C점은 표석중
심위치로 한다.

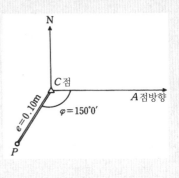

4장 거리관측

1) 다음사항에 대하여 약술하시오

① 거리관측의 분류
② 전자기파 거리측량기의 원리 및 특징
③ 초장기선간섭계(VLBI)
④ 레어저에 의한 위성 및 달의 거리측량(SLR, LLR)

2) 다음 표에서 얻은 최확값과 평균제곱근오차는 얼마인가? 또한 1관측의 평
균제곱근오차를 구하시오.

횟 수	관측값(m)	v(mm)	vv(mm²)
1	240.304	−52	2,704
2	240.432	+76	5,776
3	240.289	−67	4,489
4	240.376	+20	400
5	240.343	−13	169
6	240.296	−60	3,600
7	240.410	+54	2,916
8	240.312	−44	1,936
9	240.402	+46	2,116
10	240.393	+37	1,369
계	2,403.557		25,475

평균=240.356

3) 사면에서 거리측량을 할 때 경사에 의한 오차를 1/5,000까지 허용한다면 경사를 몇 도까지 허용하여야 되는가?

4) 어떤 기선을 관측하는데 이것을 4구간으로 나누어 관측하니 다음과 같다.

$$L_1 = 29.5512\text{m} \pm 0.0014\text{m}$$
$$L_2 = 29.8837\text{m} \pm 0.0012\text{m}$$
$$L_3 = 29.3363\text{m} \pm 0.0015\text{m}$$
$$L_4 = 29.4488\text{m} \pm 0.0015\text{m이다.}$$

여기서 0.0014m, 0.0012m, 0.0015m를 확률오차라 하면 이 전체 거리에 대한 확률오차는?

5장 고저측량

1) 다음 각 사항에 대하여 약술하시오
   ① 수준면
   ② 수준선
   ③ 고저기준점
   ④ 고저기준망
   ⑤ 전환점(TP: Turning Point)
   ⑥ 수준측량 시 야장기입법 종류
   ⑦ 삼각고저측량
   ⑧ 교호수준측량
   ⑨ 종단고저측량
   ⑩ 횡단고저측량
   ⑪ 양차
   ⑫ 굴절오차
   ⑬ 고저측량의 정확도
   ⑭ 하천이나 해양에서의 수심(수직위치)측량
   ⑮ 단일빔음향측심기(SBES: Single Beam Echo Sounder)
   ⑯ 다중빔음향측심기(MBES: Multi Beam Echo Sounder)
   ⑰ 지하에 대한 지하깊이(수직위치)관측방법
   ⑱ 육상과 해상의 고저기준체계인 합성지오이드모형

2) 고저측량의 관측작업에서 그림과 같이 A점에서 D점에 이르는 도중 BC 사이에 폭이 약 200m인 강이 있기 때문에 P 및 Q에 level을 설치하여 교

호수준을 하였다. A점에서 D점까지의 각 관측점에서의 전·후 표척의 읽음값의 차는 각각 다음과 같다. 단, A점의 표고는 2.545m로 한다.

$$A \rightarrow B = -0.512m$$

level P에 있어서 $B \rightarrow C = -0.344m$

level Q에 있어서 $C \rightarrow B = +0.386m$

$$C \rightarrow D = +0.636m$$

D점의 표고는 얼마인가?

3) 1등고저기준점 A에서 출발하여 1등고저기준점 B로 폐합하는 고저측량을 하여 다음과 같은 결과를 얻었다. 관측점 5의 표고는 얼마인가? 단, 1등고저기준점 A의 표고를 2.134m, 일등고저기준점 B의 표고를 24.678m로 한다.

관측점간	왕관측(往觀測)	복관측(復觀測)
$A \sim 1$	$+ 3.643$m	$- 3.651$m
$1 \sim 2$	$+25.325$	-25.312
$2 \sim 3$	$+78.476$	-78.488
$3 \sim 4$	-18.934	$+18.945$
$4 \sim 5$	-52.717	$+52.706$
$5 \sim B$	-13.282	$+13.292$

4) 지반고 125.31m의 지점 A에 기계고 1.23m의 트랜시트를 세워서 시준거리 116.00m의 지점 B에 세운 높이 1.95m의 관측선을 시준하면서 부각 30°를 얻었다. B점의 지반고는?

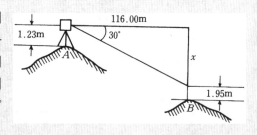

5) level을 사용하여 다음과 같은 상태로 관측한 경우에는 관측 결과에 얼마만큼의 오차가 생기는가?

① 4.00m 높이의 곳에서 20cm 기울여 세운 표척의 3.00m를 읽은 경우

② 감도 20″의 level로 1눈금(2mm) 만큼 기포가 벗어난 그대로 50m 떨어진 표척을 2.55m로 읽은 경우

6) 그림과 같은 고저측량망(leveling network)의 관측을 행한 결과는 다음
과 같다. 각각의 환의 폐합차를 구하시오. 또 재관측을 필요로 하는 경우에
는 재관측구간을 노선구간의 번호로 표시하시오. 단, 이 수준측량의 폐합
차의 제한은 $1.0\,\mathrm{cm}\sqrt{S}$이다. (S는 km단위)

선번호	고저차	거 리	선번호	고저차	거 리
(1)	+2.474m	4.1km	(6)	−2.115	4.0km
(2)	−1.250	2.2	(7)	−0.378	2.2
(3)	−1.241	2.4	(8)	−3.094	2.3
(4)	−2.233	6.0	(9)	+2.822	3.5
(5)	+3.117	3.6			

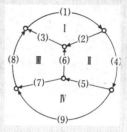

7) P, Q점의 표고를 구하는데, 그림의 A로부터 고저측량을 행하여 아래와
같은 값을 구하였다. A점의 표고를 17.533m라 할 때 P, Q의 표고를 구하
시오.

번 호	고저차
(1)	$l_1 = 4.250$m
(2)	$l_2 = -8.537$m
(3)	$l_3 = -12.781$m
(4)	$l_4 = -8.557$m

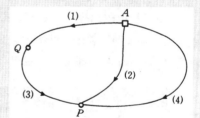

8) 어떤 공사를 위하여 B, C간의 고저차가 필요한데 B, C간에는 장애가 있
어 직접 측량을 할 수 없으므로 A점에서 B, C점까지의 고저측량을 하였
더니 다음 결과를 얻었다. 다음 물음에 답하시오.

선호	방향	고저차	거리	평균제곱근오차
①	$A \to B$	+12.573 m	6.2km	$2\sqrt{6.2}$mm
②	$A \to C$	+13.794 m	5.0km	$2\sqrt{5.0}$mm

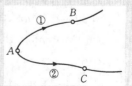

① B, C간의 고저차는 얼마인가?
② B, C간 고저차의 평균제곱근오차를 0.1mm까지 구하시오.

9) 다음 그림은 교호고저측량의 결과이다. B점의 표고를 구하시오. 단, A점의 표고는 50m이다.

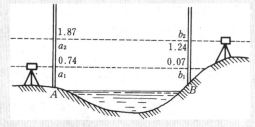

10) 그림과 같이 P점의 높이를 구하고자 A, B, C, D의 고저기준점에서 직접 고저측량을 하여 각각 다음 값을 얻었다. P점의 최확값을 구하시오.

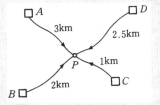

$A \rightarrow P = 34.241\text{m}$ $C \rightarrow P = 34.235\text{m}$

$B \rightarrow P = 34.249\text{m}$ $D \rightarrow P = 34.238\text{m}$

11) P점의 표고를 구하기 위하여, 그림처럼 고저측량을 행했다. A, B, C, D의 표고가 그림의 괄호 내의 값이고, 관측한 비고 및 거리가 각각 표와 같다고 하면, P점의 표고의 최확값은 얼마인가? 단, 비고에 대하여 관측값의 오차의 제곱은 2점 간의 거리에 비례하는 것으로 한다.

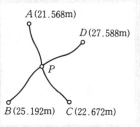

노 선	비 고	거 리
$A \rightarrow P$	$+10.536\text{m}$	2.8km
$P \rightarrow C$	-9.450	7.8
$B \rightarrow P$	$+6.919$	4.2
$P \rightarrow D$	-4.518	5.6

12) P점의 표고를 정하기 위하여 4개의 고저기준점 A, B, C, D에서 각각 왕복의 고저측량을 행하였다. 각 고저기준점의 표고는 그림의 괄호 내의 값이고 왕복관측에 의한 고저차의 평균값 및 관측거리는 각각 표 ①과 같다. P점의 최확값 및 그 평균제곱근오차(표준편차 또는 중등오차)는 얼마인가? 표 ② 중에서 해당하는 것을 골라라. 단, 관측자·기계·측량방법 등은 전부 동일하다고 한다.

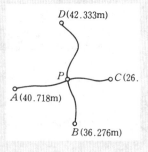

표 ①

노 선	고 저 차	거 리
$A \to P$	$-6.208\,\mathrm{m}$	$2.4\,\mathrm{km}$
$P \to C$	-7.680	2.5
$B \to P$	-1.764	1.2
$P \to D$	$+7.808$	4.2

표 ②

해 답	최 확 값	평균제곱근오차
(1)	$40.002\,\mathrm{m}$	$\pm 11.2\,\mathrm{mm}$
(2)	34.516	$\pm\ 3.8$
(3)	36.281	$\pm\ 8.2$
(4)	40.438	± 26.7
(5)	38.725	$\pm\ 1.6$

6. 다각측량

1) 다음 각 사항에 대하여 약술하시오

① 다각측량의 특징
② 다각형의 종류
③ 다각측량의 순서
④ 다각측량에서 각관측법의 종류
⑤ 콤파스법칙과 트랜시트법칙
⑥ 다각측량의 응용

2) 그림과 같은 결합다각형에서 다음과 같은 관측값을 얻었다.

W_a: (AL의 방위각) $12°\,43'\,18''$

W_b: (BM의 방위각) $351°\,42'\,51''$

$a_1 = 23°\,05'\,50''$

$a_2 = 196°\,38'\,27''$

$a_3 = 191°\,51'\,20''$

$a_4 = 217°\,28'\,20''$

$a_5 = 136°\,32'\,17''$

$a_6 = 113°\,22'\,50''$

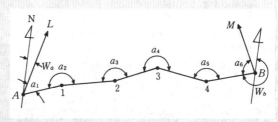

각관측오차는 얼마인가?

3) 그림과 같은 폐다각형에서 내각을 관측한 결과는 다음과 같다.

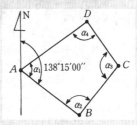

$\alpha_1 = 87°\,26'\,20''$, $\alpha_2 = 70°\,44'\,00''$

$\alpha_3 = 112°\,47'\,40''$, $\alpha_4 = 89°\,02'\,00''$

AB, BC, CD, DA 관측선의 방위각을 구하시오.

4) 관측점 7개의 폐다각형의 내각을 관측하여 표와 같은 결과를 얻었다. 내각
   을 조정하고 방향각을 계산하시오. 단, 제1관측점에서 제7관측점으로의
   방향각은 시계 방향으로 재어 $3°00'10''$이었다.

관 측 점	실제관측내각	조 정 내 각	방 향 각
1	$91°32'47''$		
2	$192°45'52''$		
3	$33°13'40''$		
4	$208°02'32''$		
5	$100°09'07''$		
6	$179°33'27''$		
7	$94°44'00''$		

5) 폐다각형에 있어서 다음과 같은 결과를 얻었다.

관 측 점	야	장	경 · 위거계산			
	방 위	거 리	경 거		위 거	
			E(+)	W(−)	N(+)	S(−)
A	N52°00'E	106.3m				
B	S29°45'E	41.0				
C	S31°45'W	76.9				
D	N61°0'W	71.3				

경 · 위거란을 채우고 이 측량의 폐합오차 및 폐합비를 구하시오.

6) 다음과 같은 폐다각형의 측량결과에서 빈 칸을 채우고 면적을 구하시오.

관측점	거리 (m)	위거(m)		경거(m)		조정위거(m)		조정경거(m)		배횡거	배면적
		+	−	+	−	+	−	+	−		
1~2	103.88	100.53		26.17							
2~3	112.26	41.93			104.14						
3~4	67.81		54.55		40.29						
4~5	65.33		58.47	29.14							
5~6	93.86		29.42	89.13							
계	443.14										

7) 다각측량에 있어서, 변 길이가 200m의 관측점에 대하여 2cm의 변위가 있는 경우, 각관측 오차의 허용한도는 몇 초인가?

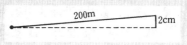

8) 다각측량에서, 그림과 같이 관측선의 길이 AB가 158m이고, A점의 각관측에 20″의 오차를 생기게 했다고 하면, 관측점 B에서 몇 cm의 오차로 되는가?

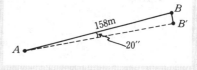

9) 다각측량에서, 절점간의 평균거리를 200m라 하고, 각 내각의 각관측오차를 ±20″라고 할 때, 각관측과 거리관측의 정확도를 같게 하기 위하여는, 거리관측의 오차를 얼마로 하지 않으면 안 되는가?

10) 20초까지 읽을 수 있는 트랜시트를 써서, 3배각의 배각(반복)법으로 관측하여 아래와 같은 결과를 얻었다.

관측점	시 준 점	망원경의 위 치	관측방향	읽음값	아들자A	아들자B	1회의 관측값
0	A	정	우회전	2° 32′	20″	40″	
	B			218° 46′	40″	40″	74° 37″
0	B	반	좌회전	312° 12′	00″	20″	
	A			95° 58′	20″	20″	240° 07″

이 각의 값은 얼마인가? 또한 이 값에는 트랜시트의 어떤 기계오차가 소거된다고 생각되는가?

11) 그림에서, AB의 방위각은 125°27′, 각 점의 교각은 그림과 같다. CD의 방위각은 얼마인가?

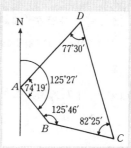

12) 그림과 같이, 관측점 A에서 출발하여 관측점 B에 결합하는 결합다각형에서, 각관측한 교각 b와 출발점 및 결합점에서의 방향각 a는 표와 같다. 관측한 각을 조정하여, 각 점에서 관측 방향각 및 조정한 방향각을 표에 기입하시오. 단, A점의 방향각 $a_A = 325°14'16''$, B점의 방향각 $a_B = 91°35'46''$이었다.

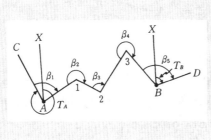

관측점	관측한 교각	관측 방향각	조정량	조 정 방향각
				$a_A = 325°14'16''$
A	68° 26′ 54″			
1	239° 58′ 42″			
2	149° 49′ 18″			
3	269° 30′ 15″			
B	118° 36′ 36″			$a_B = 91°35'46''$

13) 표에 의해 위거·경거의 조정량을 구하시오. 단, 각관측이 거리관측보다 정확도가 높은 것으로 한다.

관 측 선	거 리	위 거Δx	경 거Δy	조정위거	조정경거
1—2	103.88m	+100.53m	+ 26.17m		
2—3	112.26	+ 41.93	−104.14		
3—4	67.81	− 54.55	− 40.29		
4—5	65.33	− 58.47	+ 29.14		
5—1	93.86	− 29.42	+ 89.13		
계	443.14	+ 0.02	+ 0.01		

14) 어떤 다각측량에서 다음의 결과를 얻었다. 이때 폐합비는? 거리의 총합은 1,240m, 위거의 폐합차 −0.12m, 경거의 폐합차 +0.23m이다.

15) 농지구 개척계획의 지구경계 및 보조관측점에 있어서 다각측량의 폐합비는 얼마이며, 또 그 분배법은 보통 어느 것을 사용하는가?

16) 다각측량의 결과를 계산할 때 방위각이 90° 또는 270°에 가까운 값일 때 각 오차가 위거와 경거에 미치는 영향은 어느 것이 더 큰가?

7장 삼각측량

1) 다음 각 사항에 대하여 약술하시오

   ① 삼각측량의 원리
   ② 삼각망의 종류
   ③ 삼각측량의 특징
   ④ 편심관측의 종류
   ⑤ 삼각망조정에 필요한 조건식수
   ⑥ 삼각형의 조정계산의 제1, 제2, 제3의 조정
   ⑦ 두삼각형의 조정계산의 제1, 제2, 제3의 조정
   ⑧ 유심다각망의 조정계산에서 제1, 제2, 제3의 조정
   ⑨ 편심조정계산상의 주의사항
   ⑩ 삼각점간의 좌표계산 및 표고계산
   ⑪ 삼각측량의 각관측 및 수평위치정밀도
   ⑫ 삼각 및 수준성과표

2) 평균표고 300m의 지점 A, B간의 기선의 길이를 관측하였더니 수평거리가 500.423m이었다. 회전타원체상에 투영한 $\overline{AB}$의 거리를 구하시오. 단, 지구의 반경은 6,400km로 한다.

3) 평균 변장이 2km인 삼각측량에 있어서 시준점의 편심에 의한 영향을 $1''$ 이내로 하기 위해서는 편심거리는 어느 정도까지 허용되는가?

4) 그림에 있어서 O점의 표석 중심(C)에서 Q점 및 R점 방향이 보이지 않으므로 편심점(B)에서 T'를 관측하였다. 이 관측각 T'를 (C)에서의 관측각 T로 고치기 위하여 편심거리 e 및 편심각 φ를 관측하여 다음 결과를 얻었다.

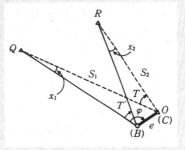

$T' = 60° 00' 00''$ $\varphi = 120° 00'$ $e = 0.200\text{m}$
$S_1 ≒ S_2 ≒ 2,000\text{m}$ $\rho'' = 2 \times 10^5$

5) 그림과 같은 유심다각형에서 ①에
서 ⑱까지의 각을 관측하였다. 이
를 조정하는 데 필요한 조건식을
전부 열거하시오.

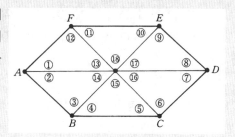

6) 바닷가에 서서 바라볼 수 있는 수평선까지의 거리는 얼마인가? 단, 눈의
높이는 바다수면에서 약 1.4m, 지구반경을 6,370km, 빛의 굴절계수
$k=0.14$로 한다.

7) 양차 0.01m가 되는 수평거리를 구하시오.
단, $k=0.14$로 한다.

8) 삼각점 A에 기계를 설치하여 삼각점 B가 시준되지 않
으므로 점 P를 관측하여 $T'=60°\,32'\,15''$를 얻었다. 보
정각 T를 구하시오. 단, $S=1.3km$, $e=5m$, $\varphi=302°$
$56'$ 이다.

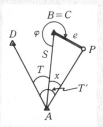

9) 4등삼각점은 평균 변의 길이 1.5km인데 이 삼각형이 차지하고 있는 면적
은 얼마인가?

10) 그림에서 $\angle ABD$(관측각)을 보정하여 $\angle ACD$를
구하시오. 단, 편심보정요소 및 ACDC의 개략 거
리는 기지로 한다.

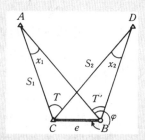

11) 표는 삼각측량에서의 수직각관측야장이다. 계산예에 따라 다른 시준점의 천
정각거리, 고저각을 계산하시오. 또한 이 관측의 상수차를 구하시오.

시 각	망원경	시준점 명칭에 따른 번호	목	수직각 도	아 들 자 I	아 들 자 II	평 균	결	과
13 : 10	r	소 산	A	89	22.′8	22.′8	89° 45.′6	$r-l=2Z=$	179° 31.′2
	l			270	7.2	7.2	270 14.5	$Z=$	89 45.6
							360 0.0	$\alpha=$	+ 0° 14′ 24″
	l	대 천	A	271	8.9	8.9		$r-l=2Z=$	
	r			88	21.5	21.4	_____	$Z=$	
								$\alpha=$	
	l	(6)	A	87	24.5	24.6		$r-l=2Z=$	
	r			272	5.5	5.5	_____	$Z=$	
								$\alpha=$	
13 : 25	l	중 산	A	269	10.7	10.8		$r-l=2Z=$	
	r			90	19.3	19.3	_____	$Z=$	
								$\alpha=$	

12) 그림의 점조건식, 각조건식, 변조건식을 구하시오.

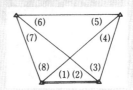

13) 간접고저측량에서 지구의 곡률에 의한 오차를 구하는 식을 나타내고, 수평
거리 5km일 때의 지구의 곡률오차를 구하시오.

14) 삼각측량에 있어서 삼각망을 구성하는 삼각형은 어떤 형이 좋은가?

15) 삼각망의 종류를 들고 조건식의 수와 그 특징을 설명하시오.

8장 삼변측량

1) 다음 각 사항에 대하여 약술하시오

① 삼변측량의 의의
② 삼변망의 종류
③ 삼변망의 좌표결정

2) 사변형 삼각망의 관측값을 조정하는 순서를 도시하고 설명하시오

3) 다음과 같은 삼변삼각형의 거리와 좌표 관측값을 얻었다. C점의 좌표값은 얼마인가?

관측선	거리값 (m)	관측점	좌표(m)	
			E	N
a	1,360.53	A	112.5	1,875.0
b	1,097.90	B	2,404.12	2,534.35

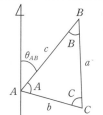

4) 그림과 같은 도형에서 U점에서 좌표를 삼변망의 관측방정식에 의한 최소 제곱법으로 구하시오. 단, $\overline{AU}=4,536.75\text{m}$, $\overline{BU}=3,552.00\text{m}$, $\overline{CU}=4,084.87\text{m}$

관측점	X(m)	Y(m)
A	649.05	3,395.36
B	1,824.42	1,535.44
C	2,148.92	20.36

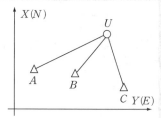

9장 3차원 및 4차원 위치해석

1) 다음 각 사항에 대하여 약술하시오

① 3차원위치관측을 위한 표정식

② 관성측량체계

③ 광파종합관측기(TS)

④ GPS에 의한 위치관측의 기본

⑤ GPS 항측기술(airborn GPS)

⑥ GPS의 역할과 기능에 따른 분류

⑦ GPS위성신호의 요소

⑧ GPS의 선택적 가용성(SA : Selective Availability)

⑨ GPS에 의한 단독위치관측법(코드상 관측기법)과 상대위치관측법(반송파위상 관측기법)의 특징차이

⑩ 정밀GPS(DGPS : Differential GPS)

⑪ 실시간이동 GPS(RTK GPS : Real-Time kinematic GPS)

⑫ 불명확상수값(또는 파장의 모호성)

⑬ 차분법(differencing)의 의의, 종별 및 종별에 따른 특성

⑭ GPS측량의 오차

⑮ 정밀도저하율(DOP : Dilution Of Precision)

⑯ GPS좌표성과의 좌표변환

⑰ GPS에 의한 챠량항법체계(CNS : Car Navigation System)

⑱ GPS Van

⑲ GPS의 활용분야

⑳ VRS(Virtual Reference Station)와 FKP(Flächen Korrektur Parameter)
의 의의, 장단점 및 해석방법

㉑ GLONASS

㉒ GALILEO

㉓ 위성레이저와 달레이저측량(SLR, LLR)

㉔ 4차원측량

제 Ⅲ 편

도면 제작

제10장

도면 제작

1. 개   요

도면 제작(mapping)은 절대좌표계(또는 기준좌표계: 경도, 위도, 표고 등)에 특성정보를 점·선·면의 집합으로 표현한 지도와 임의의 좌표계(또는 상대좌표계)에 특성정보를 점·선·면의 집합으로 표현한 뇌도면, 심장도면, 비지형 설계도면 등이 있다. 여기서 다루고자 하는 도면 제작은 일반지형도, 특수지형도(영상면지형도, 수치모형도, 수치형상도 등), 지적도 등이다.

일반적으로 지형(지모와 지물)을 표시한 지형도를 지도라고도 한다.

지형도(topographic map) 제작에는 종래의 지상측량방법, GPS와 TS에 의한 방법, 영상면에 의한 방법, 수치지도에 의한 방법, 위성영상에 의한 방법, LiDAR에 의한 방법 등이 있다.

2. 지형도 제작 방법

(1) 종래의 지상측량방법

① 기준점 측량(수평위치: 삼각, 다각측량 등/수직위치: 고저측량)

② 보조기준점(또는 도근점) 측량(다각, 고저측량 등)

③ 세부측량(세부도화: 평판, 시거, 지형측량 등)을 통하여 지형도를 작성한다.

(2) GPS와 TS에 의한 방법

① 기준점 및 보조기준점 측량(수평위치 : GPS에 의한 삼변측량, TS에 의한
   삼각 및 다각측량, 수직위치 : 고저측량, 조석관측)
② 세부측량(TS에 의한 지형〈지모 · 지물〉의 3차원 좌표취득)
③ 측량원도작성(CAD) 상에서 대상물의 같은 속성에 대한 3차원 좌표를
   연결하여 수치지도로서 지형도를 작성한다.

(3) 영상에 의한 영상탐측 방법

① 촬영에 의한 영상면과 투명양화 제작, ② 영상면에 필요한 기준점 측
량, ③ ①에서 얻은 영상면이나 투명양화를 표정(내부 및 상호표정)한 다음 ②
에서 얻은 기준점 성과를 이용하여 절대표정을 마치면 세부사항을 도화할 수
있다. 또한 이때 편위수정에 의한 영상면지도, 해석도화기 및 전산편집으로
수치지도제작, 절대좌표도 얻을 수 있다.

(4) 수치지도 작성에 의한 방법

종래의 지도제작 방법으로 완성된 지도를 digitizer 또는 scanner를 사
용하여 수치화하는 방법이 있고 또 다른 방법으로는 항공영상면의 도화작업에
이용되는 해석도화기를 사용하여 자료를 취득하는 방법이 있다.

◆ 수치지도화체계의 3단계
① 입력체계
도면이나 영상의 지형공간 정보를 수치화하여 자기테이프나 하드디스크
에 기록한다.
② 편집체계
입력된 수치자료(digital data)를 영상면상에 표시하여 대화적으로 영상면
이나 도형의 가공편집 수정을 행한다.
③ 출력체계
수치화된 지형공간 정보를 X-Y plotter, laser plotter 등의 출력장치
를 이용하여 직접 제도판용 필름(scribbing sheet)에 그려 내거나 자기테이프
(M/T)에서 hard copier 등의 기기를 통해 출력한다.

(5) 고해상도 위성영상에 의한 방법

인공위성에 탑재된 scanner에 의하여 취득된 고해상 영상면에 대하여 기하보정을 거친 후 기준점 성과를 이용하여 2차원 및 3차원 위치를 결정함으로써 도면을 제작한다.

(6) LiDAR[3차원 레이저 스캐너(scanner)]에 의한 방법

대상물의 표면을 스캐닝하여 대상물의 형상을 도면화하는 관측장비로 수평방향으로 360°, 연직방향으로 150° 범위를 회전하면서 1초당 2,000개의 레이저 빔을 발사한다. 관측대상물에 대하여 관측점의 정밀도를 높게 하여 취득된 3차원 좌표를 이용하여 모형화(modeling)함으로써 실제 물체의 형상과 거의 동일한 도면을 작성할 수 있다.

3. 지도분류

(1) 표현내용에 따른 분류

① 일반도(一般圖, general map)
일반인을 위한 다목적 지도로서, 국가기본도(1/5,000), 토지이용도(1/25,000), 대한민국전도(1/1,000,000) 등이 있다.

② 주제도(主題圖, thematic map)
어느 특정한 주제를 강조한 지도로서, 지질도, 토양도, 관광도, 교통도, 도시계획도, 산림도 등이 있다.

③ 특수도(特殊圖, specific map)
특수한 목적에 따라 사용되는 지도로서, 항공도, 해도, 천기도, 점자지도, 입체모형지도, 지적도 등이 있다.

(2) 제작방법에 따른 구분

① 실측도(實測圖)
실제 측량한 성과를 이용하여 제작하는 도면으로서, 1/5,000 및 1/25,000 국가지형도, 지적도, 공사용 대축척지도 등이 이에 속한다.

② 편집도(編輯圖)
기존의 지도를 이용하여 편집하여 제작하며 대축척도면으로부터 소축척도면으로

편집하는 것을 원칙으로 한다. 1/50,000 지형도 및 1/250,000 지세도는 각각 1/25,000 및 1/50,000 지형도를 모체로 하는 편집도이다.

③ **집성도**(集成圖)

기존의 지도, 도면 또는 영상면 등을 이어 붙여서 만든 것으로 항공영상을 집성한 사진집성도가 대표적인 예이다.

(3) 축척에 따른 구분

축척은 도상거리와 지상거리의 비를 말하는 것으로, 항상 분자를 1로 분모는 정수로 표시하며 분모가 작을수록 대축척이 된다.

① 대축척도: 1/500 ~ 1/3,000
② 중축척도: 1/5,000 ~ 1/10,000
③ 소축척도: 1/10,000 ~ 1/100,000 이하

(4) 대상물 표현에 따른 분류

① **지형도**(地形圖, topographic map)

지형〔지모(地貌: 계곡, 산정 등)과 지물(地物: 건물, 철도 등의 인공물과 암석, 수목 등의 자연물 등)〕에 대하여 3차원 기준점〔수평위치(x, y)와 수직위치(z)〕 성과를 이용하여 도면을 제작한 것이다. 우리나라의 국가지형도는 1/50,000(1910~1918: 종래 지상측량방법으로 남북한 전 지역 제작), 1/25,000(1966~1974), 1/10,000, 1/5,000 등으로 영상탐측방법으로 남한만을 제작, 영상면축척 (1/37,500~1/40,000), 또한 1975년부터 2001년 사이에 1/5,000 국가기본도 16,561도엽이 영상면축척 1/20,000에 의해 제작되었다.

② **기본도**(基本圖, base map)

전국을 대상으로 하여 제작된 지형도 중 규격이 일정하고 정확도가 통일된 것으로 축척이 최대인 것이어야 한다(측량·수로조사 및 지적에 관한 법률 시행규칙 제15조 참조). 우리나라의 경우 육지에서는 축척이 가장 큰 1/5,000 국가기본도 (national base map)가 있다. 해양에서는 국가해양기본도로 축척 1/250,000인 해저지형도, 중력이상도, 지자기 전자력도, 천부(淺部) 지층분포도가 1996년부터 제작되고 있다.

③ **지적도**(地籍圖, cadastral map)

토지에 대한 물권(物權)이 미치는 한계(위치, 크기, 모양, 경계 등)를 알기 위하여 2차원 기준점〔수평위치(x, y)만 필요함〕 성과를 이용하여 도면을 제작한 것

이다. 우리나라의 지적도에는 대지(垈地)나 전답(田畓)은 1/600(또는 1/500), 1/1,200(또는 1/1,000), 1/2,400, 임야는 1/3,000, 1/6,000로 표현된 임야도가 있다.

④ **선분도**(線分圖, line map)

대상물의 특성을 선추적 방식(vector)으로 표현(직선이나 곡선으로 표현)한 도면이다. 지형도, 기본도, 지적도, 관광도, 교통도 등 일반도면으로서 vector map이라고 한다.

⑤ **영상면지도**(映像面地圖, imagery map)

대상물의 특성을 격자형 방식(raster)으로 표현한 도면이다. 집성영상도면, 정사투영영상도면 등으로서 raster map이라고도 한다.

⑥ **부호도**(符號圖, signal map)

대상물의 특성을 일정한 기호나 점 등으로 표현한 도면이다. 기호지도, 부호도면, 점도면 등이 있다.

⑦ **수치도면**(數値圖面, digital map)

대상물의 위치 및 특성 정보를 수치화하여 저장하였다가 필요시 가시화하여 이용하는 도면이다.

4. 지도 제작시 고려사항

(1) 도   식

지도에서는 지상에 존재하는 대상물의 세부 상황을 총망라하여 도면을 제작하는 것이 이상적이지만 축척의 관계로 그것은 불가능하고 또 너무 상세히 하면 반대로 복잡하여 대상물의 읽기가 어려워진다. 도면 내용이 복잡한 것은 피하며 되도록 상세한 도면을 만들기 위하여 일정한 기호 및 표현상의 약속이 필요하게 된다. 이 기호 및 규정을 도식(圖式)이라 한다. 각종의 도면에서 동일한 도식을 사용할 수 있다면 대단히 편리하겠지만 지도의 사용목적과 축척의 크기가 각각 다르므로 모든 도면을 동일하게 할 수는 없다. 도식과 기호는 다음과 같은 조건을 만족하는 것이 중요하다.

① 지물의 종류가 그 기호로써 명확히 판별될 수 있을 것.
② 도면이 깨끗이 만들어지며 도식의 의미를 잘 알 수 있을 것.
③ 간단하면서도 대상을 도면으로 제작하는 것이 용이할 것.

(2) 색   채

도면 제작에 필요한 사항을 알기 쉽게 하기 위하여 색채를 이용할 경우가 있으나 도면의 색이 너무 짙으면 도면을 이용할 때, 필요한 사항을 도면 내에 표현하기가 불편하므로 색은 엷은 편이 좋다. 특히 주목해야 하는 지물이나 기호에는 짙은 홍색을 사용한다. 이 이외에는 원칙적으로 실제의 색에 따르도록 한다. 채색은 글자나 선을 쓰기 전에 하여야 한다.

측량한 도면을 청사진으로 할 때는 색을 낼 수가 없으나 이것을 인쇄할 때에는 각각의 색을 내는 다색인쇄가 가능하므로 자주 이용되고 있다.

(3) 정식(整飾)

도면이 다 이루어지면 표현하고자 하는 대상을 정리하고 체제를 정돈하여 내용의 설명 및 도면 제작에 필요한 사항 등을 남김없이 기재한다. 일반적으로 기입하는 사항은 다음과 같다.

① 표제, 도면의 종류 및 번호
② 인접도와의 관계, 도곽선에 있는 도로 및 철로의 경유지와 도착지명
③ 축척, 방위, 등고선 표고, 주요도식, 측량 및 제도연월일, 담당자명 등

5. 지형도의 특성 및 제작

(1) 지형도의 개요

지표면상의 지형[地形: 자연 및 인공적 지물(地物) · 지모(地貌)]의 상호위치관계를 수평적(x, y) 또는 수직적(z)으로 관측하여 그 결과를 일정한 축척과 도식으로 도지에 도시한 것을 지형도(topographic map)라 하는데 이 지형도를 작성하기 위한 측량을 지형측량(地形測量, topographic survey)이라 한다.

지형도상에 표현되는 것에는 지물과 지모의 두 가지가 있는데 이 두 가지를 총칭하여 지형이라 한다. 지물이라는 것은 지상에 있는 도로 · 하천 · 철도 · 시가 · 암석 등으로 형상을 갖추고 있는 대상들을 일정한 축척으로 나타낸 것인데 나타나지 않은 작은 물체나 지상물의 성질과 상태를 기호화한 것도 이에 포함된다. 지모는 산정(山頂) · 구릉 · 계곡 · 평야 · 경사지 등 토지의 기복을 말하며 등고선으로 표시된다. 따라서 이 같은 내용을 가진 지형도는 다목적으로 이용되고 각

종의 편집도, 토지이용도, 주제도작성 등의 기초가 된다.

(2) 지형의 표시방법

지형의 표시방법에는 자연적 도법과 부호적 도법이 있다. 자연적 도법은 태양광선이 지표면을 비칠 때에 생긴 명암의 상태를 이용하여 지표면의 입체감을 나타내는 방법이다.

부호적 도법은 일정한 부호를 사용하여 지형을 세부적으로 정확히 나타내는 방법이다. 널리 이용되는 국토해양부 국토지리정보원발행의 1/50,000, 1/25,000, 1/5,000의 지형도는 부호적 방법에 의한 것이다.

① 자연적 도법

자연적 도법에는 영선법(影線法)과 음영법(陰影法)이 있다.

가) 영선법(hachuring)

이 방법은 〈그림 10-1〉에 표시한 바와 같이 '게바'라 하는 단선상의 선으로 지표의 기복을 나타내는 것이다. 그러므로 이것은 일명 게바법이라고도 한다. 게바의 사이, 굵기, 길이 및 방법 등에 의하여 지표를 표시한다. 급경사는 굵고 짧게, 완경사는 가늘고 길게 표시한다. 그러므로 기복은 잘 판별되나 제도방법이 복잡 곤란하고 고저가 숫자로 표시되지 않으므로 토목공사에 별로 사용하지 않는 지형도이다.

나) 음영법(shading)

음영법은 태양광선이 서북쪽에서 경사 45°의 각도로 비친다고 가정하고 지표의 기복에 대하여 그 명암을 도상에 2~3색 이상으로 채색하여 지형을 표시하는 방법이다.

그림 10-1

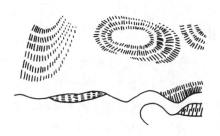

② **부호적 도법**

부호적 도법에는 단채법(段彩法), 점고법(點高法)과 등고선법이 있다.

가) 단채법(layer system)

이 방법은 등고선간 대상(帶狀)의 부분을 색으로 구분하고 채색하여 높이의 변화를 나타나게 하는 것이다. 채색의 농도를 변화시켜서 지표면의 고저를 나타내는 것으로 지리관계의 지도에 사용된다.

나) 점고법(spot system)

지표면상 임의점의 표고를 도상에 있는 숫자에 의하여 지표를 나타내는 방법이며 해도, 하천, 호소, 항만의 심천(深淺)을 나타내는 경우에 사용된다.

③ **등고선법(contour system)**

이 방법은 동일표고의 점을 연결한 곡선, 즉 등고선에 의하여 지표를 표시하는 비교적 정확한 지표의 표현방법이다. 여기에서 등고선은 〈그림 10-2〉와 같이 지표면을 일정한 높이의 수평면으로 자를 때에 이 자른 면의 둘레의 선이다. 등고선에 의하여 지표를 나타낸 경우는 등고선의 성질을 파악하지 않으면 안 된다.

그림 10-2

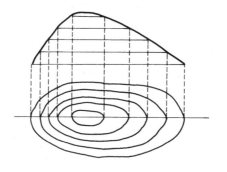

(3) 등고선의 성질

등고선의 주요한 성질은 다음과 같이 도해하여 요약할 수 있다.

① 동일 등고선상에 있는 모든 점은 같은 높이이다(〈그림 10-3〉 참조).

② 등고선은 도면 내나 외에서 폐합하는 폐곡선이다. 단, 지도의 도면 내에서 폐합하는 경우와 폐합하지 않는 경우가 있는 것은 물론이다(〈그림 10-4〉 참조).

③ 지도의 도면 내에서 폐합하는 경우 등고선의 내부에는 산꼭대기(山頂) 또

는 요지(凹地)가 있다. 요지에는 지소(池沼)가 있는데 물이 없는 경우에는 〈그림 10-5〉와 같은 방법으로 표시한다.

　④ 〈그림 10-6〉과 같이 2쌍의 등고선 볼록부가 상대하고 있고 다른 한쌍의 등고선의 바깥쪽으로 향하여 내려갈 때 그곳은 고개이다.

　⑤ 일반적으로 솟아오른 절벽이 있는 곳 이외에는 등고선은 〈그림 10-7〉과 같이 서로 만나는 것이 없으며 또 〈그림 10-8〉, 〈그림 10-9〉와 같은 등고선은 없다.

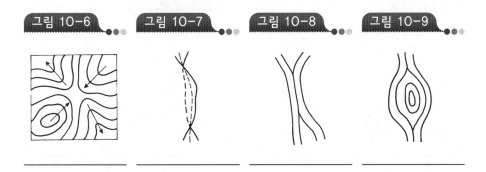

　⑥ 동등한 경사의 지표에서 양등고선의 수평거리는 서로 같다(〈그림 10-10〉 참조).

　⑦ 평면을 이루는 지표의 등고선은 서로 평행한 직선이다(〈그림 10-11〉 참조).

　⑧ 등고선은 계곡을 횡단할 경우에는 〈그림 10-12〉에 나타난 것과 같이 그 한쪽을 따라 올라가서 유선(流線)을 가로질러 또다시 내려와 대안(對岸)에 이른다.

　⑨ 등고선은 〈그림 10-13〉에 나타난 것과 같이 늘 최대 경사선과 직각으로 만나고 〈그림 10-12〉와 같이 유선을 횡단하는 점에서 유선과 직각으로 만난다.

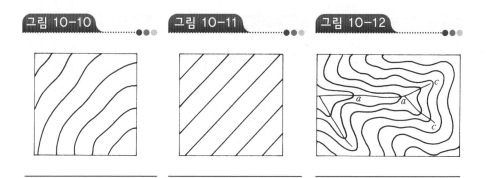

그림 10-10   그림 10-11   그림 10-12

⑩ 등고선은 분수선(능선)과 직각으로 만난다(〈그림 10-13〉 참조).

⑪ 일반적으로 산꼭대기와 산밑(산저)은 산중턱(산복)보다도 완경사이므로 등고선의 수평거리는 산꼭대기와 산밑에서는 크고, 산중턱에서는 작다(〈그림 10-14〉 참조).

⑫ 수원(水源)에 가까운 부분은 하류보다도 경사가 급하다. 따라서 등고선은 〈그림 10-12〉와 같이 수원에 가까운 부분에서는 가까워지고 하류에서는 떨어진다.

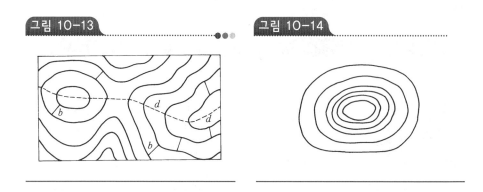

그림 10-13   그림 10-14

(4) 등고선의 간격 및 종류

일반적으로 등고선 간격의 기준이 되는 곡선을 주곡선(主曲線)이라 말하고 실선으로 표시한다. 〈그림 10-15〉에 나타난 바와 같이 완만한 경사지에는 등고선의 평면거리가 길기 때문에 국부적으로 지형의 변화가 불분명하다. 그러므로 이 같은 경우에는 등고선 간격의 1/2 또는 1/4의 간격으로 보조적인 등고선을 사용한다. 지형에 있어서 안정될 수 있는 최대경사는 45°이며 이 경사 이내에서 근접한 2선의 육안식별 한계는 0.2mm이고 곡선의 굵기는 0.1mm로 두 곡선의

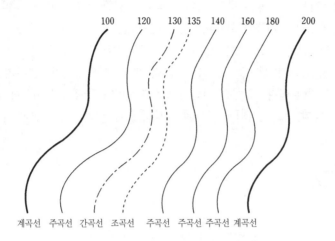

그림 10-15

계곡선 주곡선 간곡선 조곡선   주곡선   주곡선 주곡선 계곡선

중심 간격은 0.3mm로 되어 있으나 안전율을 고려하여 0.4mm~0.5mm를 택한다. 예로서 축척 1/10,000에서 0.4mm~0.5mm에 대한 실거리는 4m~5m, 이를 m단위로 표시할 경우 4/10,000~5/10,000 즉, 소축척은 축척분모수의 1/2,500~1/2,000에 해당된다. 일반적으로 말하는 등고선은 주곡선으로 주곡선의 간격은 소축척은 축척분모수의 1/2,500~1/2,000이나 중축척이나 대축척은 1/500~1/1,000로 정하고 있다. 주곡선(세실선으로 표시)의 간격은 1/50,000지형도의 경우 20m이고 10m간격으로 나타낸 보조곡선을 간곡선(세파선 또는 할선으로 표시)으로 하고 20m의 1/4, 즉 5m간격으로 나타낸 간곡선의 역할을 보조하기 위하여 조곡선(세점선으로 표시)을 사용한다. 또 등고선 수의 읽기를 쉽게 하기 위하여 주곡선을 5개마다 굵게 하여 이것을 계곡선(計曲線, 2호실선으로 표시)이라 한다.

(5) 지성선(topographical line)

지형도는 얼핏보기에 복잡하여 지표면의 형상은 불규칙하게 된 것처럼 보인다. 그러나 자세히 보면 지표는 많은 철선(능선), 요선(곡선), 경사변환선 및 최대경사선으로 구성되어 있다. 이와 같이 지성선(地性線)은 지표면을 다수의 평면으로 이루어졌다고 생각할 때 이 평면의 접합부, 즉 접선(接線)을 말하며 지세선(地勢線)이라고도 한다.

① 철선(능선)

철선은 지표면이 높은 곳의 꼭대기 점을 연결한 선으로 빗물이 이것을 경계로 하며 좌우로 흐르게 되므로 분수선, 미근근(尾根筋) 또는 능선이라고 한다. 〈그림 10-16〉의 AD, AE, AB, BC, CG, CF, BH는 모두가 철선이다. 철선은 지표면상에서 중요한 선으로 등고선을 그릴 때에 그 위치, 방향, 분기점(BC 등)을 정확히 그려야 한다. 철선은 일반적으로 직선이며 산꼭대기 이외에서는 1점에서 동시에 3방향으로 분리되지 않으며 구부러질 때는 반드시 지선이 다시 만들어진다.

그림 10-16

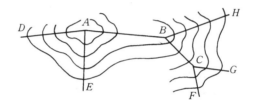

② 요선(계곡선)

요선은 지표면이 낮거나 움푹 패인 점을 연결한 선으로 합수선, 곡선 또는 합곡선(合谷線)이라고 한다.

곡저나 하천은 모두 요선으로서 사면을 흐른 물은 이 요선을 향하여 모이게 되므로 합수선이라 한다. 〈그림 10-17〉의 AB, AC, AD는 요선이다. 요선은

그림 10-17

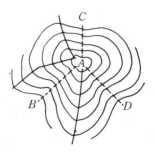

철선의 사이에 있으며 Y형으로 변화하는 경우가 많으며 곡선을 이룬다.

③ 경사변환선

동일방향의 경사면에서 경사의 크기가 다른 두 면의 접합선(평면교선)을 경사변환선이라 말한다.

〈그림 10-18〉(a)의 CD는 완경사에서 급경사로, EF는 급경사에서 완경사로 변화한 경사변환선이 된다. 또 그림 (b), (c) 중에서 쇄선은 모두 경사변환점이다.

철선 및 요선상에서 경사가 변화한 점을 경사변환점이라 말한다. 〈그림 10-18〉(a)의 C, E, G, I의 각 점은 이 예이다.

주요점의 표고를 알면 지성선을 기준으로 하여 등고선을 그릴 수 있다.

그림 10-18

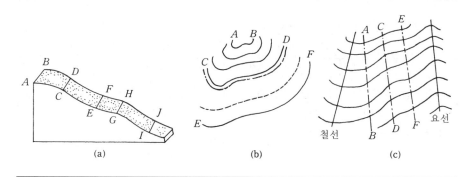

(a)　　　(b)　　　(c)

④ 최대경사선

지표의 임의의 1점에 있어서 그 경사가 최대로 되는 방향을 표시한 선을 말하며 등고선과 직각으로 교차한다. 이것을 물이 흐르는 방향이라는 의미에서 유하선(流下線)이라고도 한다.

(6) 지형도, 수치지도, 영상면지도, 수치형상모형, 이동식도면화 작성방법

지형도 작성방법은 지상측량에 의한 방법, 항공영상면과 지상영상면에 의한 방법, LiDAR에 의한 방법, 인공위성 측량방법으로 대별되는데, 항공영상면·지상영상면 및 인공위성영상면 등에 의한 방법은 정밀입체도화기를 이용한 지형도 작성, 영상면집성에 의한 영상면지도(제12장 영상탐측 참조), 정사투영사진면지도 등이 있다.

또한, 최근에 전산기가 급속히 발전함에 따라 지형을 수치화하여 전산기를 이용, 지형을 분석 및 처리하는 수치지도제작 방법이 활발히 연구되고 있다.

① 지상측량에 의한 지형도작성 방법

삼각측량, 삼변측량, GPS 측량, TS 측량, 또는 고저측량 등을 이용하여 기준점 측량을 실시하여 기준점을 정하고, 삼각측량, 고저측량, 다각측량 등에 의해 도근점 측량을 하여 일정한 간격의 도근점을 설치한 다음, 이 도근점을 기준으로 평판측량, 시거측량, 지형측량 등을 이용하여 세부측량을 실시하여 측량원도를 작성한다.

지형도작성의 기본적인 순서는 〈그림 10-19〉와 같다.

그림 10-19   지형도 작성 방법

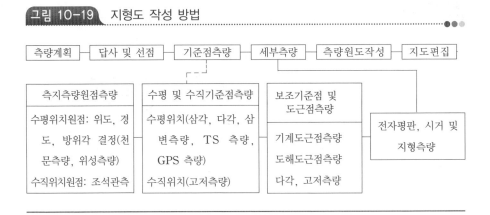

가) 측량계획

지형도작성을 위한 측량계획 작성에 있어서는 다음 사항을 검토하여 결정한다.

(ㄱ) 지형도작성의 목적에 적합한 측량범위, 축척, 도식, 정확도 등

(ㄴ) 지형도의 작성을 위해서 이용 가능한 자료를 수집

(ㄱ), (ㄴ)을 기초로 한 작업원 편성, 일수, 기계 등이며 주의할 점은 축척이다. 일반적으로 토목공사와 같은 공공사업에는 1/500 정도의 대축척 지형도가 필요하지만 지역계획의 입안을 위해서는 1/2,500~1/5,000이 적당하며 보다 넓은 지역을 대상으로 하는 경우에는 1/10,000~1/25,000이 적당하다.

〈표 10-1〉은 각 축척마다 실제 거리에 대응되는 도상의 길이를 표시한 것이다.

■■ 표 10-1 도상거리와 실거리의 관계

축 척	도상 1cm에 대응하는 실거리	도상 30cm에 대응하는 실거리	도상 50cm에 대응하는 실거리
1/100	1m	30m	50m
1/500	5m	150m	250m
1/1,000	10m	300m	500m
1/2,500	25m	750m	1,250m
1/3,000	30m	900m	1,500m
1/5,000	50m	1,500m	2,500m
1/10,000	100m	3,000m	5,000m
1/25,000	250m	7,500m	12,500m

나) 도근점측량

(ㄱ) 도근점측량의 종류

도근점(圖根點, supplementary control point)이라는 것은 기설의 기준만으로는 세부측량을 실시하기에 부족(단위 체적당의 수가 불충분)할 경우, 기설 기준점을 기준으로 하여 새로운 수평위치 및 수직위치를 관측(도근점측량)하여 결정되는 기준점을 말한다. 도근점의 설치에는 삼각·다각측량을 실시하여 도근점의 수평위치, 수직위치를 관측하고 이것을 전자평판상에 전개(위치를 평판 위에 옮기는 작업)하는 기계도근점측량과 전자평판측량에 의하여 직접 도해하여 전개하는 도해도근점측량이 쓰이게 된다. 기준점의 밀도가 낮은 경우는 기계도근점측량을, 높은 경우는 도해도근점측량을 이용한다. 도근삼각 및 다각측량방법은 이미 기술한 바 있는 삼각 및 다각측량요령과 같으므로 여기서는 도해도근점측량에 관하여서만 기술한다.

(ㄴ) 답사 및 선점

현지에서 선점을 하기 전에 먼저 도상선점을 실시한다. 이를 위해서는 될 수 있는 한 많은 기준 자료를 이용하는 것이 바람직하다. 국토지리정보원에서 작성한 1/25,000 지형도나 국가기본도는 선점을 위한 자료로서 효과적이나, 국가기본도가 없는 경우에는 지방공공단체에서 작성한 것을 될 수 있는 한 참고로 한다. 또 항공영상을 입체시함으로써 시준선의 유무를 확인하는 경우가 있으므로 항공영상은 빼놓을 수 없는 좋은 자료가 된다. 도근점의 배점 및 밀도는 일반적으로 도상 5cm당 한 점을 표준으로 한다. 도근점의 위치를 택하는 데 적당한 것은 기설의 기준점 분포와의 관계, 현지의 지형(지모·지물)의 분포상황을 충분히 고려할 필요가 있으며 표현하려는 대상이 많은 경우에는 배점 밀도를 약간 높게, 작은 부분은 약간 낮게 택한다. 도상선점 다음에 현지선점을 실시하는데 현지에서는 특히 시준선의 유무에 주의하고 편심(偏心)은 될 수 있는 한 피하도록 한다.

평지부에 있어서 높은 탑, 굴뚝, 고압선 등 주위로부터 쉽게 시준할 수 있는 건축물은 세부측량을 실시하는 데 대단히 유효하므로 될 수 있는 대로 이용한다. 도근점의 선점에 있어서는 항상 후속의 세부측량에 어느 정도 이용되는가를 판단기준으로 삼아야 한다.

(ㄷ) 도해도근점측량

도해법(graphical method)에 따라 도근점측량을 실시하는 데는 일반적으로 교선법(交線法, intersection)과 전진법(前進法, traversing)이 이용된다. 이들의 특징은 다음과 같다.

교선법은 측량범위가 광대하고 기복이 심한 장소와 2점간의 거리를 직접관측이 곤란하거나 불가능한 경우에 쓰이게 된다. 특히 산악지에 적당하다.

전진법은 측량범위가 비교적 협소하여 2점간의 거리관측이 가능한 경우에 쓰이게 된다. 특히 평야에서 많이 쓰이게 된다. 교선법·전진법에 관하여서는 전자평판측량을 참고하기 바란다.

다) 세부측량

(ㄱ) 계   획

세부측량은 표현할 지물의 위치, 형상, 지모의 형상을 정해진 도식을 이용하여 전자평판상에 작도하는 작업이다. 세부측량을 능률적으로 실시하려면 다음 사항에 주의하여야 한다.

(i) 작업에 중복이 없도록 면밀한 계획을 세울 것. 예를 들면 동일한 노선을 반복하지 않도록 관측순서를 정할 것.

(ii) 기설의 기준점은 빠짐없이 사용할 것.

(iii) 다른 측량구역과 접합부에서 어긋나지 않도록 할 것. 접합부에서는 인접 구역과 공통된 기준점을 이용하며 또 공통된 관측점을 설치할 것.

(iv) 관측점수를 적게 하기 위해서는 될 수 있는 한 전망이 트인 장소에 관측점을 설치할 것.

이상 기술한 조건을 만족시키기 위해서는 먼저 도근점측량에서 기술한 것과 같은 이미 만들어진 지형도, 항공영상면 등을 수집하는 것과 기설기준점의 유무에 따른 충분한 조사를 하는 것이 필요하다. 도식은 작업 전에 정해지므로 측량을 시작하기 전에 알아두면 효율적인 작업을 할 수 있다.

(ㄴ) 세부측량의 작업방법

세부측량에 이용되는 방법은 전자평판측량(교선법, 전진법, 방사법)과 지거법 등이 있으나 각 장에서 설명하였으므로 여기서는 생략한다.

(ㄷ) 지물측량의 진행방법

여기에서는 각 지물에 대한 위치관측의 진행방법에 관해서 간단히 설명한다.

(i) 도로, 철도　　　도로는 주요도로로부터 고속도로, 일반국도, 특별시도, 지방도, 시·군도 등의 순으로 측량한다. 주요도로의 중심선을 따라 전진법에 의하여 기준점을 설치하고 이것을 골격으로 하여 이 점으로부터 도로에 접한 부근의 지물을 방사법 등으로 결정한다. 대축척도의 경우는 도로표시로서 실제의 폭을 줄여 표시한 것(직폭도로)과 기호에 따라 나타낸 기호도로가 있다. 도로, 철도의 주요점은 곡선부의 변환점, 곡률반경 등이다.

(ii) 시가지, 촌락　　　시가지, 촌락 등은 구조물이 많아 시야가 가려지는 것이 일반적인 경우이다. 따라서 먼저 전진법·교선법 등에 따라 굴뚝, 높은 탑, 고층 건축물의 위치를 결정하면 후속작업이 용이하게 된다.

시가지의 내부에서는 교선법, 전진법으로써 주요가로를 따라서 기준점을 설정하고 이 점을 기준으로 부근 지물의 위치를 방사선법, 지거법에 의하여 정한다.

(iii) 하천　　　하천은 평수시(平水時)의 형상을, 그리고 합류점·만곡점 등 주요점은 교선법에 의해 결정한다. 특히 유의할 것은 절벽의 주요점을 정하는 경우에는 해안의 지물, 수애선의 주요물도 정해 놓으면 후속작업과의 연결이 용이하게 된다.

호수·항만 등에 관해서는 주위의 기준점으로부터 수애선의 주요점을 교선법에 의하여 정하고 수면의 표고를 주위의 기준점으로부터 구하여 설치한다.

(iv) 해안　　　해안선을 따라서는 전진법에 의하여 결정된 점을 중심으

■■ 표 10-2　등고선간격(소축척이므로 주곡선간격은 1/2,500~1/2,000)　(단위: m)

축척	등고선 종별 / 표시법	주 곡 선 세 실 선	계 곡 선 2호 실 선	간 곡 선 세 파 선	조 곡 선 세 점 선	2차조곡선
지 형 도	1/50,000	20	100	10	5	2.5
	1/25,000	10	50	5	2.5	1.25
	1/10,000	5	25	2.5	1.25	0.625
지 세 도	1/200,000	100	500	50	25	

■■ 표 10-3   토목공사용 등고선간격 (단위: m)

곡선종별 축척	주 곡 선	계 곡 선	간 곡 선	조 곡 선
1/5,000	5	25	2.5	1.25
1/2,500	2	10	1.0	0.50
1/1,000	1	5	0.5	0.25
1/500	1	5	0.5	0.25

로 하여 연안의 주요부를 주로 교선법으로 결정한다.

라) 지모의 측량

지모(地貌), 즉 토지의 기복 상황은 장소에 따라 현저히 다르다. 따라서 항상 일정한 표현법에 따라 기복상황을 표시하는 것은 어려운 일인데 최근에 이용되는 일반적인 표현법은 등고선(contour)법이다. 산악지와 같은 복잡한 지형에서는 지형의 상황을 상세히 측량하는 것이 곤란하므로 산악지형 상황의 골격이 되는 지평선을 도시한다. 이 선상의 대표점에 표고를 관측하여 연결한 등고선을 구하는 경우가 많다. 이와 같은 지모측량에 의하여 측량원도가 작성되어진다.

이 외에도 토목공사에 사용되는 대축척의 지형도에 대하여서는 〈표 10-3〉에 의한다(중·대축척이므로 주곡선 간격은 축척 분모의 1/500~1/1,000이다).

② 항공영상에 의한 지형도 제작

영상탐측에 이용되는 영상면은 취득 방법에 따라 항공영상면, 지상영상면, 위성영상면 등으로 분류되는데, 일반적으로 지형도 작성에는 항공영상면이 주로 이용되고, 지상영상면은 특수한 목적에 의해 소규모 지역에 대한 지형도를 작성하거나 또는, 항공영상면에 의한 지형도 작성에 있어 세부적인 지역에 대해 보조자료로서 이용되고 있으며 수평촬영을 한다는 점에서 항공영상면과 구분된다.

최근에는 인공위성의 기법이 발달함에 따라 광역에 대해 손쉽게 촬영을 할 수 있는 위성영상면을 이용하여 지형도를 제작하는 방법이 연구되고 있다.

가) 입체도화기에 의한 방법

항공영상면에 의한 지형도제작은 일반적으로 다음과 같이 촬영, 기준점측량과 세부도화의 세 과정에 의한다. 먼저 촬영은 능률적이며 경제적으로 소요의 정확도에 의한 촬영기선길이, 촬영고도, 소요영상면축척 등을 고려하여 촬영계획을 세워 촬영하여 음화필름을 얻는다.

촬영에서 얻어진 음화로부터 세부도화에 필요한 양화필름과 지상기준점측량에 필요한 밀착인화영상면 및 현지조사에 쓸 확대 인화영상면을 제작한다.

기준점측량은 세부도화에 필요한 수평위치기준점(planimetric control point: x, y) 및 수직위치기준점좌표(height control point: h)를 얻기 위해 지상측량방법을 이용한다. 경우에 따라 항공삼각측량을 행하여 필요한 점의 좌표를 구한다. 세부도화는 투명영상면을 정밀입체도화기에 장치한 다음 내부, 상호표정을 거쳐 기준점 성과를 이용하여 절대표정을 한다. 절대표정을 하면 영상면상의 상과 대응되는 대상물과 상사관계가 이루어진다. 절대표정이 끝난 후 대상의 지형을 입체도화에 의하여 최종도면축척으로 세부도화를 한다. 이로써 지형에 관한 측량원도가 작성된다. 또한 필요에 따라 현지지형조사 및 지상영상면 등에 의해 보완을 한 후 최종편집을 거쳐 색분리제도, 식자(植字) 등의 제반작업을 마친 후 인쇄하여 지도를 얻을 수 있다. 등고선지도의 제작방법은 사용 카메라와 도화기의 종류에 따라 약간의 차이가 있으나 지형도 제작과정의 흐름도에서 항공영상에 의한 기계적(analogue) 방법은 〈그림 10-20〉과 같으며 수치적(digital) 방법은

그림 10-20 항공영상탐측 방법에 의한 지형도 제작과정의 흐름도

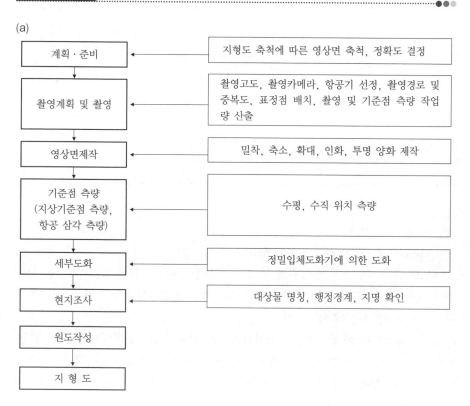

(b)

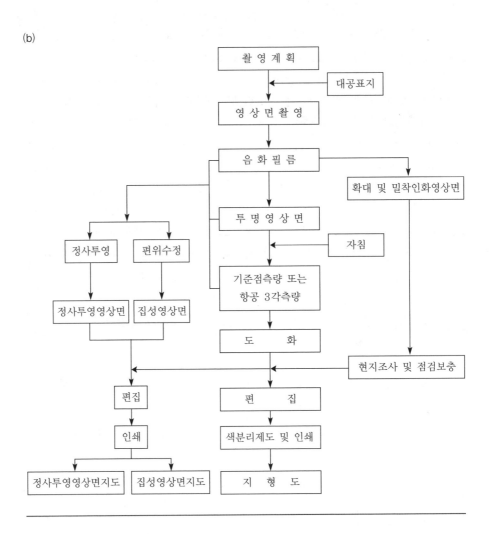

〈표 10-4〉와 같다.

나) 위성영상면에 의한 지형도 작성

1950년대 후반부터 인공위성 기법이 개발됨에 따라 지구, 달, 흑성 및 태양
계에 대한 특성규명에 많은 공헌을 하였고, 특히 위성영상탐측의 활용적인 측면
에서도 매우 큰 진전이 이루어져 왔다.

위성영상면과 항공영상면의 차이점은 항공영상면이 중심투영체계에 의해 얻
어지는 데 반하여 위성영상면은 전파주사(scanning)방식에 의하여 수치화된 영상
면을 얻는다. 위성영상처리기법으로 토양도, 산림도, 작물현황도 등의 주제도(主

■■ 표 10-4 수치지도 제작 작업공정

공정	작업내용
1	계획준비: 작업방법·작업계획의 입안, 사용할 기기 소프트웨어의 정비, 인원의 배치
2	표정점의 설치: 기설점 이외, 항공영상면의 표정이 필요한 기준점, 즉 수평(x, y) 및 수직(z)점을 설치
3	대공표지의 설치: 수평 및 수직 기준점, 표정점의 좌표를 관측하기 위해 영상면상에서 쉽게 알아볼 수 있도록 표지를 설정한다.
4	촬영: 측량용 항공영상면을 촬영한다.
5	자침: 항공영상면상의 기준점 위치를 현지 확인하여 시행한다.
6	현지조사: 지형도를 작성할 때에 항공영상면에서 얻을 수 없는 건물 명칭·가옥명 등의 정보를 현지 조사에서 수집한다.
7	항공삼각측량: 조정기법에 의해 종접합점, 횡접합점 및 기준점의 평면위치 및 표고값을 결정한다.
8	수치도화: 표정을 통해서 지모와 지물의 위치자료(수치도화 자료)를 해독한다.
9	지형보완측량: 지도정보 level 1,000 이상의 자료를 작성하는 경우에 특정 지역을 대상으로 하여 등고선, 표고점에 관한 현지 측량을 한다.
10	지도자료편집: 수치도화 자료 및 현지조사에 의해 얻어진 정보를 편집체계에 입력하여 편집한다.
11	현지보측: 항공영상면에 있어 잘 드러나지 않아 명확하지 않은 부분과 중요 사항을 현지관측에 의해 편집된 자료를 수정(또는 추가)한다. 이와 같이 하여 편집, 수정된 자료를 진위치 자료라 부른다.
12	진위치 자료파일의 작성: 보측편집시 진위치 자료를 작업순서에 따라 자기테이프들의 기록매체에 출력함으로써 진위치 자료 출력도, 정확도관리표, 진위치 자료파일의 설명서 등을 첨가하면 완성품이 된다.
13	작도 자료파일의 작성: 필요로 하는 제도 자료파일이 작성된다. 제도 자료파일의 진위치 내용을 지도표현기준에 따라 도식처리를 한다.
14	구조화 자료파일의 작성: 필요에 따라 구조화 자료파일이 작성된다.

題圖, thematic map) 등을 작성하는 데 이용되고 있다.

위성영상면은 그 자료형태 및 영상면의 기하학적 조건이 개개의 위성에 따라 다르므로 이에 대한 해석방법도 다르게 이루어진다. 그러나 영상면의 형태를 취한다는 점에서는 근본적으로 영상탐측의 개념을 벗어나지 않는다.

③ 수치지도에 의한 지형도 제작

수치지도는 항공영상면이나 위성영상면의 중복촬영에 의하여 입체시된 정보의 내용을 해석도화기를 이용해서, 촬영 대상의 도형 정보를 점, 선, 면 및 기호(symbol)의 형태로 수치화하고, 각 위치에 관련된 속성자료와 연결하여 지형도를 제작하거나 목적에 맞는 주제별 지도를 작성하여 출력하는 것으로 영상면이나 지도의 위치정보를 찾아내어 수치자료로 처리할 수 있는 컴퓨터 체계가 개발되어 일정한 원칙하에 모든 자료를 수치화하여 지도를 그려낸다.

가) 자료취득

수치지도 자료취득 방법으로는 종래의 지도작성방법으로 완성된 지도를 반자동방식인 digitizer나 자동방식인 scanner 등의 좌표관측기를 사용하여 수치화하는 방법과 항공영상면이나 인공위성영상면을 해석도화기를 이용하여 수치지도 자료를 직접 취득하는 방법 등이 있다. 지도작업의 과정에서 영상면지도 자료 취득은 후자의 방법(해석도화기)을 많이 이용하고 있다.

나) 입력체계

수치지도 제작의 입력체계 설계에 있어서는 해석도화기에 의한 수치자료의 취득이 가장 중요한 요건이 되며, 지도제작을 위하여 현지조사 자료의 삽입 및 도식 규정에 의한 지도 편집의 과정에 있어서는 정확한 위치의 설정에 의하여 필요한 정보의 입력과 편집 원칙에 따라 대화적으로 컴퓨터에 의하여 이루어진다. 수치지도 제작 작업공정은 〈표 10-4〉와 같다.

다) 도면화체계

수치도면화체계는 항공영상면 및 인공위성영상면의 해석도화에 의한 지도자료의 초기 입력부터 처리분석 및 출력에 이르기까지 전산기 도면 처리 체계에 의한 수치적 표현에 의하여 구성되고 있다.

④ 항공영상면에 의한 영상면지도 제작

촬영당시 카메라(또는 센서)의 자세에 따라 영상면에 포함된 변위(경사 및 축척에 의한 변위)를 제거하는 편위수정(偏位修正, rectification) 과정을 거쳐 정사영상면(正射映像面, ortho imagery)을 만들고 이를 지도 규정에 의해 지도처럼 만든 것을 영상지도라 한다. 기계적인 방법에서 편위수정기를 이용할 경우, 일반적으로 X, Y를 알고 있는 최소한 3점의 기준점을 이용하나 정밀을 요하거나 해석적인 방법일 때는 4점의 기준점을 이용하여 편위수정을 거친 후 정사영상면을 만든다. 수치적인 방법의 경우 수치형상모형[數値形象模形, DFM(Digital Feature Model : DEM, DTM, DSM)]을 이용하여 정밀 수치편위수정을 수행함으로써 정사영상면을 만들 수 있다. 정사영상면으로부터 지도의 제 규정을 참고하여 영상면지도를 제작한다. 대상을 선(line) 단위인 선추적 방식으로 표현한 일반지도를 선지도(line map) 또는 vector map이라 하고 영상소(pixel) 단위인 raster 방식으로 표현한 지도를 영상면지도(imagery map) 또는 raster map 이라고 한다.

가) 영상면지도의 종류

(ㄱ) 집성영상면지도

(i) 약조집성영상면지도(uncontrolled mosaic imagery map)   카메라의 경사에 의한 변위, 지표면의 비고에 의한 변위를 수정하지 않고 영상면을 그대로 집성하여 집성된 영상면지도로서 등고선이 삽입되어 있지 않다.

(ii) 반조정집성영상면지도(semi controlled mosaic imagery map) 편위수정기에 의한 편위를 일부만을 수정하여 집성한 영상면지도로서 등고선이 삽입되어 있지 않다.

(iii) 조정집성영상면지도(controlled mosaic imagery map)   편위수정을 거친 영상을 집성한 영상면지도로서 등고선이 삽입되어 있지 않다.

나) 정사영상면지도(ortho imagery map)

(ㄱ) 기계적 방법

정밀입체도화기와 연동시킨 정사투영기(ortho projector)에 의하여 영상면의 경사 및 축척에 의한 변위를 수정하여 등고선을 삽입한 영상지도

(ㄴ) 수치적 방법

항공영상면을 스캐너(scanner)에 의해 변환시킨 수치영상면 혹은 수치영상면과 수치형상모형(DFM)을 이용하여 상응하는 좌표에 영상면의 밝기값을 부여(또는 할당)함으로써 정사영상면을 얻는다. 정사영상면을 요구되는 좌표계에 통일시킨 후 주석을 기입하여 알맞은 축척으로 인쇄복사함으로써 정사영상면지도를 제작할 수 있다.

다) 정사영상면지도의 활용

종래의 지도는 대상물을 기호로 표시하므로 일반인들이 판독하기 쉽지 않았다. 정사영상면지도는 대상물을 영상면의 형태로 표현하고 있으므로 일반 지

형도에서 표현할 수 없는 여러 가지 사항을 현실감이 높고 판독을 용이하게 할 수 있으므로 향후 새로운 형태의 지도로서 조사 및 계획분야에 활용성이 증대될 것이다. 따라서 공학적인 용도의 지도는 물론 행정도, 관광안내도, 등반용 지도 등으로 활용될 경우에 종래의 지도에 비하여 보다 유용성이 높다.

정사영상면지도는 최근에 많이 활용되고 있는 지형공간정보 분야의 기본 자료로서 직접 이용할 수 있으며 이를 처리하여 각종 정보를 추출할 수 있음은 물론 지형에 관련된 다양한 정보체계에서 응용이 가능하므로 정보화시대에 있어서 필수적인 자료로 활용될 것이다.

⑤ **수치형상모형**(Digital Feature Model: DFM) **제작**

가) 개   요

3차원 좌표에 의하여 대상물의 형상(形象) 또는 지모, 지물 등에 관한 형상을 수치로 나타낸 자료를 통칭하여 수치형상모형(數値形象模形, DFM: Digital Feature Model)이라 한다. 수치형상모형(DFM)에는 수치지세모형(數値地勢模形, DTM: Digital Terrain Model), 수치고도모형(數値高度模形, DEM: Digital Elevation Model), 수치외관모형(數値外觀模形, DSM: Digital Surface Model) 등이 있다. DTM은 지상위에 아무것도 없는(수목도 제외시킴) 상태(bare-earth)인 지표면을 표현한 것으로 지표면에 일정간격으로 분포된 지점의 고도값을 수치로 기록함으로써 컴퓨터를 이용하여 분석이 용이하도록 만든 것이다. DEM은 대상물의 고도(또는 표고: H)를 수평위치좌표 X, Y의 함수로 표현한 자료로 수치고도자료의 유형으로는 여러 가지가 있으며, 지형을 일정 크기의 격자로 나누어 고도값을 격자형으로 표현한 Raster DEM과 불규칙 삼각형으로 나누어 지형을 표현한 TIN(Triangulated Irregular Network) DEM이 있다. DSM은 DEM 혹은 DTM과 유사하나, 지모뿐만 아니라 지물(건물의 꼭대기, 나무, 타워, 기타 지상표면에서 솟아오른 지물들)을 표현한 자료이다. 정사사진을 생성하기 위해서 DSM은 대단히 중요한 자료가 될 수 있다. 이외에도 DTD (Digital Terrain Data), DTED(Digital Terrain Elevation Data) 등이 있다.

나) 수치형상모형의 제작

지상영상면, 항공영상면, 위성영상면, 라이다(LIDAR) 및 SAR(Synthetic Aperture Radar) 위성영상면 등을 이용한 수치영상탐측 방법에 의하여 생성한다.

(ㄱ) 항공영상면 및 위성영상면을 이용한 수치형상모형생성 방법

 (i) 항공영상면의 스캐닝(영상의 디지털화)

 (ii) 공선조건식에 의한 후방교선법으로 외부표정요소(ω, ϕ, x, X_0, Y_0, Z_0)

를 결정(영상좌표와 지상기준점 활용)

    (iii) 외부표정요소와 내부표정요소(x, y, f)를 이용한 전방교선법으로 영상의 중복영역에 대해 지상좌표(X, Y, Z)를 결정한 후 보간법에 의해 정규격자형 DFM(DEM, DSM, DTM) 생성

    (ㄴ) 라이다(LiDAR)를 이용한 수치형상모형생성 방법

    LiDAR(LIght Detection And Ranging)는 레이저 스캐너와 GPS/INS로 구성되어 있으며 스캐너의 위치(X, Y, Z)와 자세(ω, ϕ, x)는 GPS/INS로부터 제공받고 레이저 펄스를 지표면에 주사하여 반사된 레이저파의 도달시간을 이용하여 지표면까지의 거리(D)를 구하여 3차원 위치좌표를 계산함으로써 수치형상모형을 생성한다.

    (ㄷ) SAR(Synthetic Aperture Radar) 위성영상을 이용한 수치형상모형생성 방법

    SAR 영상을 이용한 DEM 추출기법은 크게 입체시의 원리를 이용하는 기법과 레이더 간섭을 통한 두 영상면의 위상 정보를 이용하는 기법이 있다. 입체시 기법은 기존의 항공영상면이나 광학 원격탐측 영상면에 적용되었던 공선조건식에 기초하여 지상기준점과 위성 궤도에 대한 보조적인 정보를 이용하여 입체모형에 대한 변수를 최소제곱법에 의해 계산함으로써 모형식을 구성한다. 그런 다음 영상 매칭을 통해 DFM을 생성한다

    레이더 간섭 기법(interferometry)의 경우는 동일한 지표면에 대하여 두 SAR 영상면이 지니고 있는 위상정보의 차이값을 활용하는 것으로서, 공간적으로 떨어져 있는 두 개의 레이다 안테나들로부터 받은 신호를 연관시킴으로써 고도값을 추출하고 수치형상모형을 생성한다.

    다) 수치형상모형의 활용

    수치형상모형은 각종 공학적인 활용이나 도시계획, 군사 분야 등에서 대단히 중요성이 크다. 대표적인 예로서 댐의 건설을 위하여 현장을 설계할 때나 도로 건설을 위한 굴착을 할 때 수치형상모형을 기초로 하여 필요한 토공량을 계산할 수 있다. 또한 임의의 위치에서 시야가 가능한 지역의 파악을 위한 가시지역 분석을 할 수도 있다. 이러한 가시지역 분석 기능은 전파의 중계를 위한 송신탑의 건설이나 레이더와 같은 중요 시설물의 적정 위치 선정을 위한 적지 분석과도 동일한 분석이다. 또한 가시지역 분석은 도로의 적정 경로 분석이나 철도의 적정노선 선정을 위하여 사용될 수도 있다.

    ⑥ 인공위성 관측값을 이용한 이동식 도면화 작성체계

    이동식도면화체계(MMS : Mobile Mapping System)는 지형공간정보 자료

기반을 구축, 유지, 관리하기 위해 요구되는 기존 측량방법을 보완하여 비용 및 시간 면에서 효율성을 높이고 향후 활용성을 높이기 위한 첨단정보 체계로 발전시켜 일반 차량에 CCD카메라, 레이저 스캐너, 비디오 카메라 등의 영상 취득 장치(image acquisition device)와 GPS 수신기, INS(Inertial Navigation System), DMI(Distance, Measuring Indicator) 등의 네비게이션 정보 취득장치를 탑재하여 주행과 동시에 도로와 관련된 각종 시설물 현황이나 기타 특성정보를 실시간으로 자동 취득 및 갱신할 수 있는 체계이다. MMS에서 핵심적인 역할을 하는 GPS와 INS의 정보를 통합하여 영상 센서의 위치와 자세를 의미하는 외부표정요소(exterior orientation)를 직접적인 방식으로 결정할 수 있다.

가) MMS의 구성

MMS의 구성은 GPS/INS 통합체계와 두 대의 Video 혹은 CCD 카메라를 사용하며 추가적으로 지상 LiDAR 장비를 설치할 수 있다. 수치영상탐측기법을 이용하여 두 대의 카메라에 모두 나타나는 모든 물체의 정확한 위치를 결정할 수 있다. MMS의 위치정보는 GPS 수신기에 의해서 결정되지만, 비교적 낮은 자료 수신율(1Hz)과 최소 위성이 4개 보여야 한다는 단점 때문에 GPS만 사용하는 것은 바람직하지 않다. 이와 같은 GPS의 단점을 보완하기 위해서 짧은 시간 동안 높은 정확도의 위치와 자세 정보를 고주파로 얻을 수 있는 관성항법체계(INS)를 사용한다. GPS와 관성항법체계를 통합함으로써 정확한 GPS 위치정보가 관성항법체계의 자료로 갱신되어 GPS 신호가 없는 사이에 관성항법 센서가 자료를 제공한다. 관성항법체계의 경우 비교적 고가이므로 차속 휠 센서를 많이 이용하기도 한다. 휠 센서는 주로 차량의 두 바퀴에 부착하여 거리값 산정뿐만 아니라 차량 방향각 변화의 계산도 가능하다. 각종 센서와 GPS간 관측의 기점에 대한 시각동기화는 매초마다 발생하는 GPS 수신기의 신호를 이용하여 휠 센서와 고도차계의 관측값과 UTC 시간을 할당하기도 한다.

나) MMS의 활용

영상탐측학적 측면에서 보면, MMS는 GPS/INS의 위치, 자세 정보를 이용하는 입체 영상체계이다. 사람이 두 개의 눈으로 사물의 거리를 알아내는 것처럼, 두 영상면에 나타나는 모든 물체의 위치정보를 알 수 있다. 영상면은 GPS/INS 장치에 의해 결정되는 영상이 취득된 순간의 위치와 자세 정보를 갖고 있다. 취득된 영상의 처리를 위해서 우선 도로에 대한 실제 관측 작업 전 각종 센서들의 상태와 상호간의 편이벡터와 회전각을 실험실에서 관측한다. 정지 상태의 3차원 측량 성과를 이용하여 카메라의 내부표정 요소(초점거리, 주점 및 렌즈의 왜곡 매개변수) 및 외부표정 요소(카메라 촬영 때의 위치와 자세)를 결정할 수 있으며, 이러한 카메라 보정은 카메라의 내부표정 요소를 구하기 위해서도 필요한 과정이지만 항공 삼각측량과 같이 외부표정 요소를 산출할 수 있어 CCD/GPS/INS를 통합하기 위해서도 필요한 과정이다. 카메라 보정결과로 얻어지는 외부표정 요소와 동일 시간대의 GPS/INS 통합결과의 편이벡터와 회전 매트릭스를 계산하여 현장 측량에서 촬영된 모든 영상면에 대한 외부표정 요소를 지상기준점 없이 얻을 수 있다.

이 체계의 단점으로는 건물이 밀집되어 차량의 진입이 불가능한 지역에 대한 정보취득은 불가능하며, 체계 구축에 있어 초기 투자비용이 많이 소요된다. 또한 대상거리가 무한히 길고, 동일한 카메라로 사용하는 항공영상탐측과 달리 2대의 CCD 카메라가 탑재된 근거리 영상탐측체계로써 취득된 CCD 영상면으로부터 정밀한 3차원 위치정보를 얻기 위해서는 정확한 초점거리와 주점의 위치, 그리고 렌즈왜곡을 반드시 고려해야 하고 CCD 카메라의 위치 및 자세정보가 정확해야 한다. 이 체계는 복잡하고 정밀한 기기로 구성되어 개발 및 운용에 높은 기술력을 요구한다는 점도 단점이다.

(7) 지형도의 허용오차

① 개   요

지형도를 사용하여 지점의 위치를 결정하거나 계획, 설계에 이용할 경우, 지형도 자체에 포함된 오차가 문제가 된다. 지형도는 근본적으로 거리, 방향 및 면적에 오차가 발생할 수 있으며, 일반적으로 필요되는 중·대축척 지형도는 등각투영법을 주로 이용하므로 거리에 의한 오차가 더욱 문제될 수 있다.

지형도에서 위치오차는 측량, 제도 및 인쇄의 각 단계에서 발생하는 오차가 종합되어 나타나는 것이며, 또한 도지(圖紙)의 신축에 의해서도 오차가 발생할 수 있다. 전자에 의한 오차는 허용기준을 정하여 지형도의 사용목적에 적합한 최소오차한계 안에 들게 규정하며, 후자의 경우, 예를 들어 재산권에 관련되는 지적도 등에서는 알루미늄코팅도지 등을 사용하여 도지의 신축이 최소가 되도록 하는 방법이 사용된다. 종이지도인 경우 정밀하게 제도된 지형도에서 도지신축을 제외한 지물의 수평위치오차는 가능한 ±0.5mm의 표준오차 이내가 되도록 한다. 또한, 수평 및 수직위치오차가 클 경우, 인접하는 등고선이 서로 겹치게 되므로 이를 방지하기 위하여 도상에서 관측한 표고오차의 최대값은 등고선 간격의 1/2을 초과하지 않도록 규정하고 있다. 수치지형도의 허용오차와 관련된 규정은 수치지형도작성작업규정의 제10조 벡터화의 정확도(정확도는 래스터 데이터와 최종 벡터데이터를 화면에서 비교하여 도상 0.2 mm 이내이어야 하며, 확인용 출력도면은 지도원판과 비교하여 상대 최대오차가 도상 0.7mm, 표준편차가 도상 0.4 mm 이내이어야 한다)에 규정되어 있다.

수치도화의 축척별 오차의 허용범위는 다음과 같다.

도화축척	표 준 편 차			최 대 오 차			비 고
	평면위치	등고선	표고점	평면위치	등고선	표고점	
1/1,000	0.2 m	0.3 m	0.15 m	0.4 m	0.6 m	0.3 m	
1/5,000	1.0 m	1.0 m	0.5 m	2.0 m	2.0 m	1.0 m	
1/25,000	5.0 m	3.0 m	1.5 m	10.0 m	5.0 m	2.5 m	

② 등고선의 위치오차

일반적으로 산악지나 산림이 우거진 지역에서는 등고선의 수직위치오차가 크게 되고, 완경사지에서는 등고선의 수직위치가 벗어나기 쉽다. 등고선을 작성하기 위한 세부측량에서 발생한 수평위치관측오차를 ΔH, 수직위치관측오차를 ΔV라고 하고, 지면의 경사가 θ라면 이로 인한 등고선의 최대 수평위치오차 δH와 최대수직위치오차 δV는 각각 다음 식으로 표시된다(〈그림 10-21〉).

$$\delta H = \Delta H + \Delta V \cot \theta \qquad (10.1a)$$
$$\delta V = \Delta H \tan \theta + \Delta V \qquad (10.1b)$$

그림 10-21 등고선의 위치오차

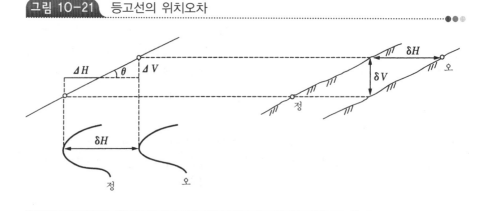

예제 10.1 표고측량의 최대오차가 지면경사 $10°$일 때 0.5m라고 한다. $1:50,000$ 지형도 등고선의 도상 수평위치변위의 최대허용값이 0.5mm라면 도상에서 결정한 위치에 포함될 수 있는 수평 및 수직위치오차의 최대값은 얼마인가?

해답 최대수평위치오차 $\delta H = \Delta H + \Delta V \cot \theta$

$$= \frac{0.5}{1,000} \times 50,000 + 0.5 \times \cot 10°$$

$$= 27,836\text{m(지상거리오차)}$$

$$27,836 \times \frac{1,000}{50,000} = 0.557\text{mm(도상오차)}$$

최대수직위치오차 $\delta V = \Delta H \tan \theta + \Delta V$

$$= \frac{0.5}{1,000} \times 50,000 \times \tan 10° + 0.5$$

$$= 4,908\text{m}$$

(8) 지형도의 활용

지형도는 지점의 위치를 비롯하여 지점간 거리, 방향, 대상지역의 면적산정 등 위치관계의 확인에 널리 이용되며 이 밖에도 도로, 철도, 교량, 댐 등 각종 건설공사의 입지선정, 시설물의 규모결정, 공사량추정 등이 기본자료로 이용된다. 또한 각종 단지계획, 도시계획, 국토계획에 가장 기초적인 자료로 이용된다. 다음에 그 이용면에 대하여 설명하기로 한다.

지형도에 의해 제작된 지도는 보다 편리한 생활환경을 조성하기 위하여 지형공간 정보의 자료기반으로 이용되어 정보화 생활과 자연환경 친화에 기여하고 있다. 지도는 지표면의 위치(경·위도, 표고), 방향, 거리, 경사, 면적(경사평면면

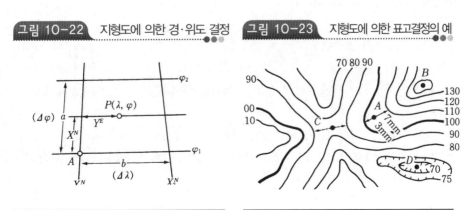

| 그림 10-22 | 지형도에 의한 경·위도 결정 | 그림 10-23 | 지형도에 의한 표고결정의 예 |

적, 경사곡면면적, 유역면적), 체적, 단면도, 성토 및 절토범위 등을 해석할 수 있는 자료의 각종 조사, 계획, 설계, 개발 및 유지관리에 활용되고 있다.

① 경·위도 결정

지형도의 도곽과 경선, 위도에 표시된 경·위도를 기준으로 하여 도상 임의점의 경위도를 결정할 수 있다. 경도 λ_1 및 λ_2인 두 경선의 경도차를 $\Delta\lambda$, 도상거리를 b, 위도 φ_1 및 φ_2인 두 위선의 위도차를 $\Delta\varphi$, 도상거리를 a라 할 때 $A(\lambda_1, \varphi_1)$점에서 도상거리 x, y 만큼 떨어진 곳에 있는 한 점 $P(\lambda, \varphi)$의 경위도는 다음 식으로 구한다.

$$\left.\begin{array}{l} \varphi=\varphi_1+\Delta\varphi \cdot \dfrac{x}{a} \\[3mm] \lambda=\lambda_1+\Delta\lambda \cdot \dfrac{y}{a} \end{array}\right\} \tag{10.2}$$

② 표고 결정

등고선상에 있지 않은 임의점의 표고는 주위 등고선으로부터 추정할 수 있다. 등고선 간격 Δh(m)인 지형도에서 표고 H_1과 $H_2(=H_1+\Delta h)$인 등고선 사이에 있는 한 점 P의 표고 H_P는

$$H_P=H_1+\frac{d_1}{d_1+d_2}\Delta h \tag{10.3}$$

로 구한다. 여기서 d_1, d_2는 P점을 지나는 좌우 등고선 사이의 최단거리선상에서 잰 좌우 등고선까지의 도상거리이다. 또한 표고 H_1인 폐곡선으로 된 등고선 중심에 있는 지점의 표고는

$$H_P=H_1\pm\frac{1}{2}\Delta h \tag{10.4}$$

로 구하며, 윗 식의 우변 2항의 부호는 철지(凸地)에서 (+), 요지(凹地)에서 (−)이다.

예를 들어, 〈그림 10-24〉와 같은 경우 $H_A=100+\dfrac{3}{10}\times 10=103$(m), $H_B=140+10/2=145$(m), $H_C=90-10/2=85$(m) 또는 $80+10/2=85$(m), $H_D=70-5/2=67.5$(m)이다.

그림 10-24 지형도에 의한 표고결정

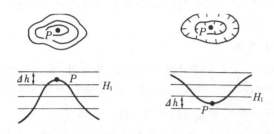

③ 단면도의 제작

지형도상의 등고선을 이용하여 지형도상의 임의의 선상에 단면도를 제작하게 된다. 〈그림 10-25〉에 있어서 AB선의 단면도는 다음과 같이 제작한다.

처음에 기선으로 $A'B'$선을 취하고 AB선과 등고선과의 교점에서 $A'B'$선에 수선을 내려 소정의 축척에 의한 등고선의 높이를 $A'B'$선상에 취하여 단면도를

그림 10-25

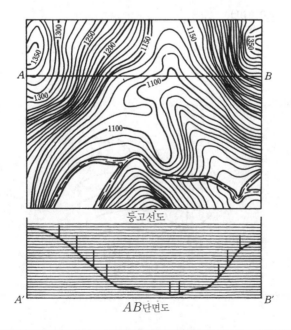

등고선도

AB단면도

그린다. 이같은 방법으로 임의의 선의 종단방향 및 횡당방향의 단면도를 구하게
되나 등고선의 정도가 매우 낮아서 등고선도에 따라 얻게 된 단면도는 신뢰하기
힘들다.

④ 등경사선의 관측

수평면에 대하여 일정의 경사를 가진 지표면상의 선을 등경사선이라 말한
다. 등경사선을 구하면 곡선반지름·거리·지형 등을 그때그때 고려하여 이 등
경사선에 가까이 부착하여 중심선을 결정한다.

지금 등고선의 간격을 h, 필요한 등경사선의 경사를 $i\%$, 수평거리를 L이라
하면,

$$L=\frac{100h}{i} \tag{10.5}$$

따라서 〈그림 10-26〉과 같이 점 A에서 지형도 축척에 따라서 수평거리 L
로써 등고선을 1개씩 1, 2, 3…로 자르면 소정의 등경사선을 구하게 된다.

> **예제 10.2** 축척 1/5,000, 등고선 간격 5.0m, 제한경사 5%일 때 각 등고선 간의 수평
> 거리 L을 구하여라.
>
> **해답** $L=\dfrac{5.0\times100}{5}=100(\mathrm{m})$
>
> 축척 1/5,000이므로 도상거리는 $10,000\times1/5,000=2.0\mathrm{cm}$로 된다.

그림 10-26

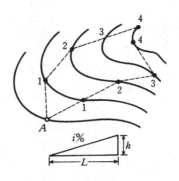

그림 10-27

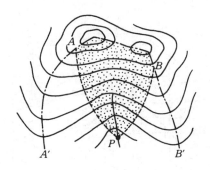

⑤ 유역면적의 관측

댐에 의한 발전계획이나 용수 등의 이수(利水)계획을 세울 경우 그 지점에 대하여 하천유량을 결정할 필요가 있다. 그렇기 때문에 이용지점에 용수가 유하(流下)한 범위, 즉 유역면적을 구하지 않으면 안 된다.

〈그림 10-27〉에 있어서 산 능선 AA', BB'는 하나의 분수선이고 그 양측에서 빗물은 각각 다른 방향으로 최대경사선을 따라 흘러내린다. 〈그림 10-27〉에서 파선은 분수선을 표시하고 점 P에 대하여 유역면적은 점 P에서 등고선에 직각방향으로 PA, PB를 그리게 되면 점선 상부가 점 P에서의 유역면적이 된다. 면적의 관측은 구적기(planimeter)를 사용한다.

⑥ 성토 및 절토 범위의 관측

토공계획에서 필요한 공사용지의 범위를 구하는 것은 원지반 등고선의 성토(盛土) 및 절토(切土)에 의하여 공사완성 후의 지반의 등고선을 그리고, 양자의 높이가 같은 등고선의 교점을 구하여 이으면 필요한 용지의 평면적인 형을 구하게 된다.

가) 흙댐(earth dam)의 경우

〈그림 10-28〉은 위 그림과 같은 횡단면형을 나타낸 흙댐을 지형도상에 나타낸 것이다.

댐의 등고선을 수평으로 자르면 경사면(傾斜面)의 어느 교점에서 지형도상에 수직을 내리고 같은 높이의 등고선과의 교점을 구한다. 이것들의 점을 이으면 현 지반과 댐의 경계를 나타낸 평면도가 얻어진다.

그림 10-28

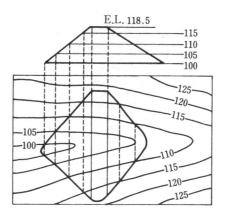

나) 도로계획의 경우

〈그림 10-29〉와 같은 지형도상에 No.10에서 5% 정도의 경사인 도로를 만들 경우 절취의 범위를 다음과 같이 구한다. 도시한 바와 같이 No.10의 계획고를 75m로 하고 중심 말뚝 사이의 거리를 20m로 하면 각 말뚝간의 계획고와의 고저차는 20m×0.05=1m이고 No.11, No.12, No.13의 계획고는 각각 76m, 77m, 78m로 된다. 도로의 양측 사면 경사를 1 : 1.5로 하고 노면은 평평한 것으

그림 10-29

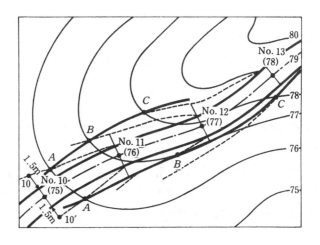

로 한다.

처음에 No.10의 도로의 양단을 따라서 1.5m 떨어진 10, 10′를 구한다. 10, 10′의 표고는 76m가 되므로 No.11의 도로양단과 곡선을 이어 이 곡선과 표고 76m의 등고선과의 교점 A를 구한다.

똑같이 하여 점 B, C를 구하여 이것들의 점을 이으면 이 선의 내측을 구한 절취범위로 한다.

⑦ 등고선도에 의한 체적계산

가) 계획면이 수평인 경우

부지의 정지작업이나 저수지의 용량을 관측할 때 사용된다.

댐의 저수량은 저수예정수면에서 밑까지 각 등고선과 댐에 의하여 둘러싸여진 면적을 구적기(planimeter)로 관측하여 각 등고선간의 면적을 구하고 그 총합에 의하여 저수량을 구한다. 〈그림 10-30〉에 있어서 등고선 간격을 h, 등고선을 둘러싼 면적을 A_1, A_2, A_3…라 하면 구간의 저수량을 구하는 공식에는 다음의 세 가지 방법이 있다.

(ㄱ) 양단면 평균법

저수량 V_1은 양단면 평균법을 사용하면,

$$V_1 = \left(\frac{A_1 + A_2}{2} \right) h$$

그러므로, 저수량은 V는

그림 10-30

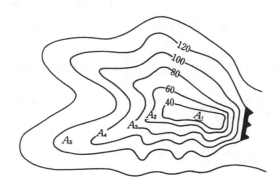

$$V = V_1 + V_2 + V_3 + V_4$$
$$= \frac{h}{2}\{A_1 + A_5 + 2(A_2 + A_3 + A_4)\} \tag{10.6}$$

로 되며, 여기서 식 (10.7)의 일반식이 얻어진다.

$$V = \frac{h}{2}\{A_1 + A_{n+1} + 2(A_2 + A_3 + \cdots + A_n)\} \tag{10.7}$$

〈그림 10-28〉에 표시된 흙댐의 축제(築堤)토량을 구할 때는 댐의 등고선과 지형도의 등고선에 둘러싸여진 면적을 구하여 식 (10.7)을 이용하면 된다.

(ㄴ) 각주공식

각주(角柱)공식에 의하여 저수량 V를 구하면,

$$V_1 = \frac{h}{3}(A_0 + 4A_1 + A_2)$$

$$V_2 = \frac{h}{3}(A_2 + 4A_3 + A_4)$$

$$+)\ \underline{V_n = \frac{h}{3}(A_{n-2} + 4A_{n-1} + A_n)}$$

$$\sum V = \frac{h}{3}\{A_0 + A_n + 4(A_1 + A_3 + \cdots + A_{n-1}) + 2(A_2 + A_4 + \cdots + A_{n-2})\}$$
$$\tag{10.8}$$

$$= \frac{h}{3}\{A_0 + A_n + 4\sum A_{\text{홀수}} + 2\sum A_{\text{나머지짝수}}\} \tag{10.9}$$

여기서 식 (10.8), (10.9)는 n이 짝수일 때만 사용하고 n이 홀수일 때는 최후의 한 구간은 양단면 평균법으로 구한다.

(ㄷ) 비례중항법

이것은 1구간마다 추체(錐體)공식을 이용하여 계산하는 것으로

$$V_1 = \frac{h}{3}(A_0 + \sqrt{A_0 A_1} + A_1)$$

$$V_2 = \frac{h}{3}(A_1 + \sqrt{A_1 A_2} + A_2)$$

·····························

$$+) \quad V_n = \frac{h}{3}(A_{n-1} + \sqrt{A_{n-1}A_n} + A_n)$$

$$\sum V = \frac{h}{3}\{A_0 + A_n + 2(A_1 + A_2 + \cdots + A_{n-1}) + (\sqrt{A_0A_1} + \sqrt{A_1A_2} + \cdots$$

$$+ \sqrt{A_{n-1}A_n})\} \tag{10.10}$$

$$= \frac{h}{3}\{A_0 + A_n + 2\sum_{r=0}^{n-1}A_r + \sum_{r=0}^{n-1}\sqrt{A_{r+1} \cdot A_r}\} \tag{10.11}$$

나) 계획면이 경사진 경우

절취, 성토 등의 체적계산에 이용된다. 〈그림 10-31〉에서 평면도 (a)의 실선 및 파선은 각각 원지반과 계획절취면의 등고선을 표시하기 때문에 동일높이의 양 등고선의 교점을 연결한 굵은 실선을 그으면 원지반과 계획면과의 교선이 되고 그 내측에는 절취, 외측에는 성토가 필요하게 된다. 절취토량을 산정하는 데에는 우선, 단면도 (b)에 표시된 것처럼 각 등고선에 해당하는 수평면에 대해 많은 수 평층으로 분할하여 생각한다. 이와 같이 하면 각 층의 양단면적은 평면도 (a)에서

그림 10-31

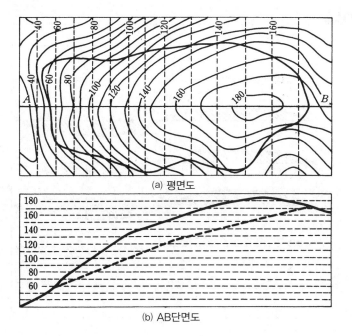

(a) 평면도

(b) AB단면도

높이가 같은 2조의 등고선에 둘러싸인 폐곡선 내의 면적이고 구적기에 의해 쉽게 구해지기 때문에 앞에서 유도한 공식을 적용하여 체적을 계산하면 된다.

다) 등고선을 이용한 경우

계획등고선(grading contour)은 정지(整地)된 후의 실등고선을 나타내기 위해 지형도 위에 그린 일정한 높이의 선을 뜻한다. 정지를 하면 일정한 경사를 가진 매끈한 표면이 되므로 계획등고선은 등간격을 가지는 일련의 직선이거나 곡선이 된다. 간단한 예를 〈그림 10-32〉에 나타내면, 그림에서 본래의 등고선을 굵은선으로 1m 간격으로 그려 있다. 계획등고선은 지도 위에 점선으로 표시되어 있다. 불규칙한 점선은 성토 및 절토면적을 나타내기 위해 정지점(grade point)을 통과하여 그려져 있다. Ⅰ로 표시된 지역은 본래의 879m 등고선과 879m 계획등고선으로 둘러싸여 있다. 즉, 지반고가 879m 수평면이다. 마찬가지로 Ⅱ로 표시된 지역은 지반고가 878m인 수평면이다. 이 두 표면 사이에 필요한 성토량은 각 지역에 대해 구적기를 사용하며 면적을 재고 두 지역 면적의 평균값에 두 지역의 등고선간격(여기서는 1m)을 곱함으로써 구할 수 있다. Ⅱ와 Ⅲ 사이의 체적과 Ⅲ과 Ⅳ 사이의 체적도 같은 방법으로 구하면 된다(점 F와 Ⅰ

그림 10-32

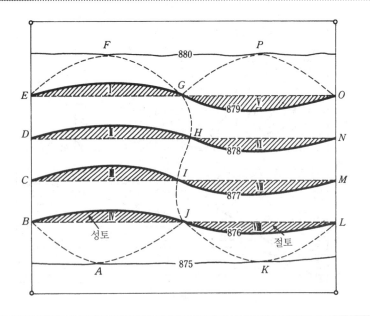

지역 사이의 성토는 각추(角錐) 모양이며 점 A와 IV지역 사이의 성토도 마찬가지이다). 두 경우의 체적은 각각 $\frac{1}{3}bh$로 취할 수 있다. 여기서 b는 체적의 빗금친 부분의 밑면적이고 h 등고선간격이다. K와 P 사이의 체적도 같은 방법으로 구할 수 있다.

　라) 등심선(equal-depth contour)에 의한 방법

　지형의 기복이 매우 불규칙한 지면의 성토량 또는 절토량을 구할 때 등심선을 이용하면 편리하다. 〈그림 10-33〉은 계곡에 성토사면을 조성하는 예이다. 가는 실선은 원지반의 등고선, 파선은 계획등고선(굵은선은 등심선이다), 원지반등고선과 계획등고선의 교점을 연결하면 등심선을 구할 수 있다. 예를 들어서, 100m 계획선과 98m 지반등고선의 교점을 연결한 곡선은 2m 등심선, 98m 계획선과 94m 지반선의 교점을 연결한 것은 4m 등심선, …등과 같이 된다.

　계획선 위쪽의 등심선은 성토윗면이 수평면일 경우에 원지반등고선과 일치하게 되며 여기서는 그림을 알아보기 쉽도록 0m 등심선만 표시하였다.

　등심선 안의 면적을 재어서 체적공식을 적용하면 토공량을 구할 수 있다.

그림 10-33 등심선

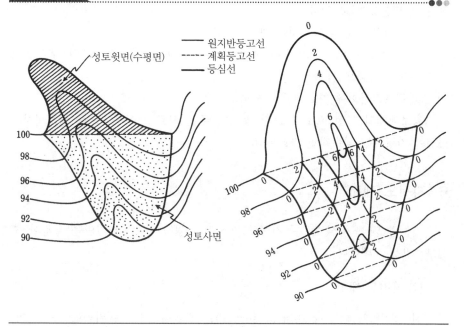

예제 10.3 〈그림 10-33〉의 각 등심선 내의 면적을 구적기로 잰 결과 $A_0 = 1,000\text{m}^2$, $A_2 = 600\text{m}^2$, $A_4 = 400\text{m}^2$, $A_6 = 100\text{m}^2$이었다. 성토량을 구하시오.

해답

성토깊이(m)	면적(m²)	높이차(m)	체 적(m³)
0	1,000		
		2	$\frac{1}{2} \times 2 \times 1,600 = 1,600$
2	600		
		2	$\frac{1}{2} \times 2 \times 1,000 = 1,000$
4	400		
		2	$\frac{1}{2} \times 2 \times 500 = 500$
6	100		
		1	$\frac{1}{3} \times 1 \times 100 = 33$
7	0		

토공량 = 3,133m³

⑧ **토지이용개발**

토지의 효율성을 높이기 위한 구획정리, 단지설계, 국토종합개발계획 등에 지형도가 이용되고 있다.

⑨ **편리한 교통체계에 기여**

차량항법체계(CNS), 도로 및 철도설계, 미지의 지역에 여행시 지형도의 자료가 큰 역할을 하고 있다.

⑩ **쾌적한 생활 환경조성에 기여**

공원, 정원, 등산, 하천이나 해변의 경관 음미 등 정서적인 생활 환경조성에 지형도가 큰 기여를 한다.

⑪ **정보화사회에 자료제공**

정보체계의 구성 요소로 도면 정보가 주된 자료로 이용되므로 정보화사회 구현에 지형도는 필수적인 자료이다.

6. 지적도 제작

기준점 및 도근점측량은 지형도 제작과 동일하게 수평위치만을 결정한 후 세부측량을 시행한다.

(1) 지적도 제작

지적측량(地籍測量: cadastral survey)은 토지를 필지 단위별로 등록하여,

토지에 대한 물권(物權)이 미치는 한계(위치, 크기, 모양, 경계 등)를 밝히기 위한 측량으로 2차원(x, y)위치만을 내포하고 있다.

우리나라 측량수로조사 및 지적에 관한 법률(제2조)상의 지적측량의 목적을 보면 다음과 같다. "지적측량은 토지를 지적공부에 등록하거나 지적공부에 등록된 경계점을 지상에 복원하기 위하여 제21호에 따른 필지의 경계 또는 좌표와 면적을 정하는 측량을 말한다."

이와 같이 지적측량은 토지의 등록단위인 1필지를 정량적으로 파악하여 (1필지의 경계, 좌표, 면적), 통일적으로 기록(지번지역, 지번, 지목)함으로써 토지 자원의 효율적인 관리와 법적인 결정에 의해 소유권을 보호하기 위한 것이라 할 수 있다.

지적조사는 국토를 효율적으로 이용하기 위한 토지조사로서 토지에 대한 등록의 조사이다. 토지에 대한 등록은 1필지에 대한 지적측량 결과의 정량적인 것을 근거로 하기 때문에 지적측량은 국토관리의 기초가 된다.

등록의 단위인 1필지는 일반적으로 다각형인 폐곡선으로서 다각형을 이루는 경우는 그 절점들의 위치를 측량함으로써 1필지의 형상과 면적을 구할 수 있지만, 곡선인 경우는 소정의 정확도에 따라 근사적인 다각형으로 치환하여 측량한다.

각 필지의 경계를 표시하는 경계점은 어느 때라도 일정한 공인 오차 범위 내에 재현될 수 있는 기록으로서의 측량이 이루어져야 한다. 측량된 점은 그 필지의 주변에서 쉽게 측량될 수 있는 인조점(引照點)을 설치해 놓으면 이후에 정확도가 높으며, 경제적인 측량이 가능하게 된다.

지적측량에 앞서 지적의 이해를 돕기 위하여 사용되는 용어를 지적법상에 정의된 것을 근거로 소개하면 다음과 같다.

필지(筆地)는 하나의 지번(地番)이 붙는 토지의 등록단위를 말하며, 지번은 토지에 붙이는 번호이다. 필지는 토지에 대한 법률적인 단위구역이므로 필지가 성립하기 위해서는 몇 가지 조건이 갖추어져야 한다. 지번지역이 동일하고, 지목(地目)이 같으며, 지적도 또는 임야도의 축척이 같아야 하며, 지반이 도로 · 하천 · 제방 등의 토지에 의해 단절되지 않고 연속되어야 한다. 그리고 소유자가 동일하고, 소유권 이외의 권리관계가 같으며 등기 여부가 같아야 한다. 여기서 지번지역은 리 · 동 또는 이에 준하는 지역으로 지번을 설정하는 단위지역을 말하며, 지목은 토지의 주된 사용 목적에 따라서 토지의 종류를 구분 · 표시하는 명칭으로 전, 답, 과수원, 목장용지, 임야, 광천지, 염전, 대(垈), 공장용지, 학교용지, 주차장, 주유소용지, 창고용지, 도로, 철도용지, 하천, 제방, 구거, 유

지, 수도용지, 공원, 체육용지, 유원지, 종교용지, 사적지, 묘지, 잡종지로 구
분한다. 이중 임야는 수목지, 죽림지, 암석지, 사력지, 사지(砂地), 초생지, 황
무지, 습지, 간석지 등을 합쳐서 말하며, 잡종지는 호전(芦田), 초평(草坪), 채석
장, 토취장, 물건장(物乾場), 물치장(物置場), 공작장, 도급장, 수차장(水車場), 화
장장, 도수장(屠獸場), 시장, 비행장, 공동우물, 비석부지, 방앗간, 상여집, 측량
표부지 등을 포함한다.

지적도나 임야도의 정확도를 높이기 위하여 다른 축척으로 변경하는 것을
축척변경이라 하며, 지적공부에 등록된 1필지를 2필지 이상으로 나누어 등록하
는 것을 분할, 2필지 이상을 1필지로 합하여 등록하는 것을 합병이라 한다. 지
적공부는 지적도, 임야도 및 수치지적부 그리고 토지대장과 임야대장을 말한다.
토지를 새로 지적공부에 등록하는 신규등록할 토지가 생기거나, 기등록지의 지
번, 지목, 경계, 좌표 또는 면적이 달라지는 것을 토지의 이동이라 한다.

지적측량의 기초가 되는 기초점은 지적측량용 삼각점과 보조삼각점 및 도
근점을 가리킨다.

(2) 일반적인 지적의 분류와 지적측량의 순서

① 도해지적

도해지적(圖解地籍)은 지적도 또는 임야도에 토지의 경계를 도면화하여 등록
하는 것이다. 일반적인 지상측량이나 항공영상탐측 등으로 실시되는 도해지적은
수치지적에 비해 정확도가 낮지만, 토지의 경계가 도면으로 표시되어 있기 때문
에 쉽게 볼 수 있고 이용하기에 편리하다.

② 수치지적

토지의 경계점을 도해적으로 표시하지 않고, 수학적인 좌표로 표시하는 것을
수치지적이라 하며, 일반적으로 데오돌라이트, 광파종합측량기(TS), GPS 등에
의한 측량이나 항공영상탐측 등으로 실시된다. 수치지적은 도해지적에 비해 정확
도가 훨씬 높기 때문에 경제성이 높은 지역이나 정확을 요하는 지역에서 이용된
다. 그러나 수치지적에서 도면은 전혀 만들지 않고, 좌표만을 사용할 경우 일반
인이 사용하기에 불편하므로, 안내역할을 할 수 있는 도면을 따로 설치할 필요가
있다.

(3) 지적측량의 축척과 정확도

지적측량을 시작하기 전에 측량지역, 지역의 면적 및 측량기간 등의 계획

과 함께 축척, 정확도 및 측량의 방법 등을 결정하여야 한다. 전국토를 동일한 정확도로 측량하는 것은 실용적이지 못하므로 지역에 맞는 정확도와 축척을 사용하는 것이 경제적이다.

우리 나라 지적도의 시행지역은 1/500, 1/600, 1/1,000, 1/1,200, 1/2,400이 있고 임야도 시행지역은 1/3,000, 1/6,000의 축척을 사용하고 있다. 1/1,200은 대부분 농촌지역에 적용되어 있으며, 시가 중심지에는 1/600이 사용되고 있다. 그리고 대부분의 산지는 1/6,000로 되어 있으나 시가지 주변의 산지는 1/3,000로 되어 있다. 그러나 최근에 실시하고 있는 1/500, 1/1,000 축척 등 1/500이 적용되는 곳은 구획정리, 도시계획에 의한 신시가지 등으로 수치측량에 의한 수치지적부(數値地籍簿)가 비치되도록 하고 있다. 1/1,000은 경지정리사업에 의한 농지의 새로운 축척으로 이용되며, 이때는 경우에 따라 수치지적부를 비치하지 않아도 된다.

(4) 지적측량의 순서

지적측량은 데오돌라이트, TS, GPS, 전자평판 등을 이용한 지상측량과 사진측량에 의한 방법으로 나누어진다. 기초측량은 데오돌라이트를 이용한 지상측량이나 영상탐측법에 의하여 실시하며 세부측량에서 확정측량은 데오돌라이트에 의하는 것을 원칙으로 하며, 그 외의 측량은 전자평판측량 또는 영상탐측에 의하여 실시한다. 영상탐측방법은 제14장에서 기술한 작업순서와 동일하므로, 여기서는 지상법에 의한 순서를 설명한다.

① **작업계획과 준비**
측량지역의 공부(公簿) 및 경계조사, 축척결정 등
② **1필지조사**
조사도의 소도(素圖)작성, 지적조사표작성, 경계표시말뚝준비 등의 준비작업과 현지에서의 경계조사, 조사도작성
③ **기초측량**
국가기본 삼각측량의 성과를 점검하고, 삼각측량, 삼각보조측량 및 다각측량(도근측량) 실시
④ **세부측량**
필요에 따라 세부도근측량을 실시하고, 1필지측량 실시
⑤ **면적산정**
필지의 수평면적을 좌표면적계산법이나 전자면적관측기(digital planimeter)

등을 이용하여 산정한다.

⑥ **지적도 정리**

측량결과에 따라 새로운 지적도를 작성하거나, 지적도상의 등록사항을 정정한다.

(5) 지적측량의 좌표 표현

필지의 경계 위치를 복원하기 위한 위치표현 방법은 크게 대지(大地)측량적 표현과 소지(小地)측량적 표현의 두 가지로 나눌 수 있다.

① **평면직교좌표**

대지측량에서 위치의 표현은 구면좌표로서 경위도를 사용하지만, 지적측량에서 상세하게 소지적인 지역을 표현하는 데는 불편하므로 적용범위를 동서 200km 정도(경도차 2°)로 구분하여 한 좌표계를 사용하는 평면직교좌표로 표현한다. 즉, 대지측량에서 이미 결정되어 있는 국가기본삼각점(1~4 등)의 경위도를 각각 평면좌표계의 X, Y 값으로 환산한 것을 기초로 삼각점, 도근점 등의 기초점 측량을 실시한다.

지적측량에 사용되는 평면직교좌표의 원점은 우리 나라 평면직교좌표의 원점과 동일하다. 즉, 동해원점(북위 38°선과 동경 131°선의 교점), 동부원점(북위 38°선과 동경 129°의 교점), 중부원점(북위38°선과 동경 127°선의 교점), 서부원점(북위 38°선과 동경 125°선의 교점)의 4대원점이다. 그러나 현재 우리나라에서는 이 원점

■■ 표 10-5 특별측량지역의 원점좌표(각 원점의 평면직교좌표(X, Y)=(0, 0))

위치	원점명	망 산	계 양	도 본	가 리
북 위		37°43′7″.060	37°33′1″.124	37°26′35″.262	37°25′30″.532
동 경		126°22′24″.596	126°42′49″.685	127°14′7″.397	126°51′59″.430

위치	원점명	등 경	고 초	율 곡	현 창
북 위		37°11′52″.885	37°9′3″.530	35°57′21″.322	35°51′46″.967
동 경		126°51′32″.845	127°14′41″.585	128°57′30″.916	128°46′3″.947

위치	원점명	구 암	금 산	소 라	
북 위		35°51′30″.878	35°43′46″.532	45°39′58″.199	
동 경		128°35′46″.186	128°17′26″.070	128°43′36″.841	

외에 구 소삼각측량지역, 특별 소삼각측량지역, 특별 도근측량지역 및 특별 세
부측량지역은 기타의 원점을 사용하고 있으며 이 원점들은 〈표 10-5〉와 같다.

4대원점 및 기타 원점의 경위도와 국가기본삼각점의 경위도좌표를 평면직
교좌표로의 변환은 현재 가우스 이중투영에 의한 값을 사용하고 있다.

② 소지측량적 좌표표현

국지적인 좌표의 표현방법에는 극좌표방식과 삼변장방식의 두 가지가 있다.

가) 극좌표방식

극좌표방식은 〈그림 10-34〉와 같이 1필지의 경계점 또는 근처의 점 중에서
상호 시통(視通)이 되고, 거리측량이 가능한 두 점에 영구적이며 완전한 표지를
설치하여 이 두 점을 기준으로 하여 1필지 내의 각 지점까지의 방향각과 거리를
필요로 하는 정확도로 측량하여 기록해 놓는 방법이다. 이 방법은 기준이 되는
두 점이 부동으로 명확하게 표지가 유지 보존되면 다른 경제점의 위치는 요구되
는 정확도로 쉽게 복원될 수 있다.

〈그림 10-34〉에서 ⓐ는 필지의 근처에 기준이 되는 두 점 A, B를 설정한
경우이며, ⓑ는 필지의 경계점에 기준점을 설치한 경우이다. 어느 것이나 두 점
중에서 한 점(A 또는 P_1)을 원점으로 하고 다른 한 점(B 또는 P_2)으로의 방향선
을 원방향으로 하여, 즉 B 또는 P_2점을 방위점으로 하여 방향각과 거리로써 각
경계점의 위치를 표시한다.

그림 10-34 극좌표방식 ●●●

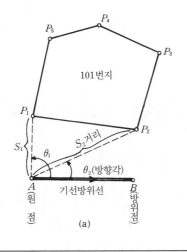

(a)

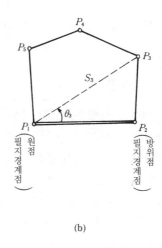

(b)

그림 10-35 삼변장방식

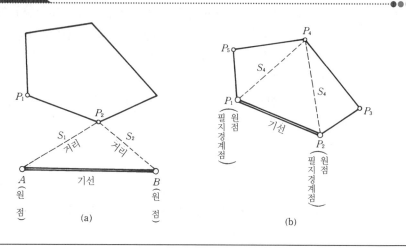

(a)

(b)

나) 삼변장방식

삼변장방식(三邊長方式)도 〈그림 10-35〉와 같이 1필지 근처의 두 점(그림 ⓐ)이나 경계점(그림 ⓑ) 중에서 시통이 잘 되는 두 점을 선택하여 원점을 설치하고, 이 원점으로부터 각 경계점까지의 거리를 측량하여 각 점의 위치를 표현하는 방법이다.

이와 같은 국지적 좌표표현은 평면직교좌표로 변환하는 것이 가능하지만 이것은 어디까지나 아주 협소한 범위에 사용되는 것에 불과하므로 평면직교좌표와는 구별하여야 한다. 그리고 이 방법은 그 기준이 되는 두 점의 부동성에 의심이 생기는 경우는 그 복원은 무의미하게 되고 따라서 측량기록도 무의미하게 되므로 원점을 이동되지 않게 유지하여야 한다.

(6) 기초측량

지적의 기초측량은 지적측량에 필요한 기초점의 설치를 위해서 실시하거나 세부측량을 시행하기 위하여 필요한 경우에 실시하는 측량이다. 기초측량은 데오돌라이트나, TS, GPS 또는 사진측량방법으로 시행하며 삼각측량, 삼각보조측량 및 도근측량으로 구분한다.

삼각측량과 삼각보조측량은 지적에 필요한 기초점을 신설 및 보수할 필요가 있을 때 실시하며 도근측량은 구획정리 또는 축척변경을 시행하는 지역이나 집단이동지의 면적이 해당 지적도 또는 임야도 1매에 해당하는 지역에서 실시한다.

■■ 표 10-6 삼각측량의 계산 단위

종 별	각	변길이	대 수	좌표	경 위 도	자오선 수차
단 위	초	cm	6자리 이상	cm	초 아래 3자리	초 아래 1자리

① 삼각측량

지적의 삼각측량은 국가기본삼각점과 지적측량용삼각점을 기초로 시행하며 삼각점의 매설은 다음 사항을 고려하여야 한다. 첫째, 삼각점 사이의 거리는 2km~5km로 협각이 30° 이상 120° 이하로 설치하며, 둘째 영구적으로 보존할 수 있는 장소에 행정단위별로 일련번호를 부여하여 구성한다.

삼각측량의 수평각은 10″ 이상의 정밀데오돌라이트를 사용하여 3대회(윤곽도는 0°, 60°, 120°)의 방향관측법으로 방향각, 1관측회의 폐색 및 삼각형 내각합과 180° 외의 차는 각각 30″ 이하, 기지각과의 차이는 40″ 이하로 측량하여야 한다.

이때 계산단위는 〈표 10-6〉에 의하여 실시하며, 삼각점의 표고를 등록할 때는 두 삼각점의 고저각을 관측하여 그 교차(較差)가 1관측점에서는 30″ 이하, 소구점에서 기지점을 관측한 수직각의 교차가 90″ 이하인 때는 그 평균값을 수직각으로 한다.

또 2개의 기지점에서 소구점의 표고를 산출한 결과 그 산출교차가 $5cm+5cm(S_1+S_2)$ 이하인 때에는 그 평균값을 표고로 한다. 여기서 S_1, S_2는 기지점에서 소구점까지의 수평거리로서 km 단위이다.

② 보조삼각측량

삼각보조점은 도근측량을 시행할 때 기설의 삼각점과의 연결이 곤란한 경우에 설치하여 국가기본삼각점 및 지적측량용 삼각점에 의하여 시행하고, 지형상 부득이한 경우에 삼각보조점을 혼용할 수 있다. 삼각보조점의 평균거리는 1~3km로서 삼각형의 내각이 30° 이상 120° 이하로 설치한다. 점의 결정은 전방교선법 또는 측방교선법으로 하며 교선은 3방향 교선에 의한다. 다만, 2방향으로 결정해야 하는 지형에서는 삼각형의 내각의 차가 40″ 이하일 때 각 각에 배분하여 사용한다. 각관측은 20″ 이상의 데오돌라이트를 사용하며 2대회(윤곽도 0°와 90°)의 방향관측법으로 하며 1방향각 및 1관측회의 폐쇄는 40″ 이하, 삼각형의 내각의 차 및 기지점과의 차는 50″ 이하로 한다. 계산단위는 각, 변길이, 좌표 및 대수를 〈표 10-6〉의 삼각측량과 같이하며 2개의 삼각형으로부터 산출

한 위치의 연결오차($=\sqrt{(종선차)^2+(횡선차)^2}$)가 0.3m 이하인 때는 그 평균값을 삼
각보조점의 위치로 결정한다.

③ 도근측량

도근점측량(圖根點測量)은 국가기본삼각점, 지적측량용 삼각점 및 삼각보조
점을 기초로 하여 세부측량의 기준이 되는 도근점을 설치하기 위하여 실시하는
측량이다. 측량방법은 일반적으로 다각측량에 의하며, 경우에 따라 다각측량과
함께 교선법을 병행하기도 하여 결과를 평면직교좌표로 표시한다.

가) 다각측량

다각측량(또는 도선법)은 1등 다각점(또는 도선)과 2등 다각점으로 구분하며
1등 다각점은 기본삼각점, 지적측량용 삼각점 및 삼각보조점을 연결하여 가,
나, 다순의 고딕체로 표시하며 2등 다각점은 기본삼각점, 지적의 삼각점, 삼각
보조점 및 도근점을 연결하는 것으로 ㄱ, ㄴ, ㄷ 순의 고딕체로 표기한다.

다각점은 기초점을 연결하는 결합다각측량으로 하는 것을 원칙으로 하지
만, 지형상 폐합다각측량 또는 왕복측량을 하는 경우도 있다. 1다각측량의 다
각점은 30점 이하로 하되 지형에 따라 10점을 증가시킬 수 있으며 점 사이의 거
리는 해당지역의 축척 분모의 1/10m를 기준으로 하며 300m 이하로 한다. 거
리관측은 2회로 하여 그 교차가 축척분모의 5/1,000cm 이하인 경우에 평균값
으로 하며 거리와 좌표의 계산은 cm 단위까지로 한다. 경사거리는 수평거리로
환산하며 고저각이 1°이하일 때는 수평거리로 간주한다. 그리고 임야도 작성시
지형상 부득이한 경우는 시거측량에 의하여 거리를 측량할 수도 있다.

다각측량 폐합오차의 제한은 다음과 같다.

> 1등다각: 해당지역 축척분모수의 $\dfrac{1}{100}\sqrt{n}$cm 이내(단, n은 측선의 총거리를
> 100으로 나눈 수)
> 2등다각: 해당지역 축척분모수의 $\dfrac{1.5}{100}\sqrt{n}$cm 이내
> 축척 1/3,000 이하지역: 이 지역의 오차제한에 준용

각의 관측은 20″ 이상의 데오돌라이트를 이용하며 고저각은 상향각(앙각)과
하향각(부각)을 관측하여 평균하며, 수평각은 배각법이나 방위각법을 사용한다.

(ㄱ) 배각법

수평각 관측에서 배각법(倍角法)은 시가지에서 사용하며, 3배각으로 초단위
까지 관측 계산을 한다. 각관측의 오차제한은 1배각과 3배각의 교차(較差)에 대하

여 30초로 하고 1다각측량의 내각관측차는 1등도선이 $20\sqrt{n}''$, 2등도선이 $30\sqrt{n}''(n$은 관측변수)으로 한다. 각 관측오차가 이 오차제한 내에 든 경우에 오차 배분은 다음 식에 의해 관측선길이에 반비례하여 각 각에 배분한다.

$$K_1=\frac{R}{e}\times0.5$$

$$K_2=K_1+\frac{R}{e}$$

$$\vdots$$

$$K_n=K_{n-1}+\frac{R}{e} \tag{10.12}$$

여기서 K_1, K_2, $\cdots$, K_n은 1″, 2″, $\cdots$, n''를 배분하여야 할 관측선길이 반수(反數)(=1,000/관측선길이)의 최소한, e는 오차, R은 관측선길이 반수의 총합계이다.

다각측량 결과의 연결오차는 배분은 각 관측선의 종선차 또는 횡선차에 비례하여 배분한다.

$$T_1=\frac{L}{e}\times0.5$$

$$T_2=T_1+\frac{L}{e}$$

$$\vdots$$

$$T_n=T_{n-1}+\frac{L}{e} \tag{10.13}$$

여기서 T_1, T_2, $\cdots$, T_n은 1cm, 2cm, $\cdots$, $n$cm를 배분할 종선차(縱線差) 또는 횡선차(橫線差)의 최단거리, e는 종선 또는 횡선오차, L은 종선차 또는 횡선차의 절대값의 총합계이다.

(ㄴ) 방위각법

수평각관측에서 방위각법은 시가지를 제외한 기타지역에서 사용하며 각 관측점에서 1회씩 분단위까지 측량한다.

방위각법에서의 폐합오차는 1등다각점에서 $\sqrt{n}'$, 2등다각점에서 $1.5\sqrt{n}'$이 허용한계이다. 각 관측선에 대한 방위각의 배분은

$$K_1=\frac{S}{e}\times0.5$$

$$K_2=K_1+\frac{S}{e}$$

$$\vdots$$

$$K_n = K_{n-1} + \frac{S}{e} \tag{10.14}$$

여기서 K_1, K_2, $\cdots$, K_n은 1분, 2분, $\cdots$, n분을 배분하여야 할 처음변, e는 오차량, S는 변수이다.

로 하며, 종횡선오차의 배분은 다음 식으로 한다.

$$C_1 = \frac{L}{e} \times 0.5$$

$$C_2 = C_1 + \frac{L}{e}$$

$$\vdots$$

$$C_n = C_{n-1} + \frac{L}{e} \tag{10.15}$$

여기서 C_1, C_2, $\cdots$, C_n은 1cm, 2cm, 3cm를 배분하여야 할 관측선길이의 최단거리, e는 오차, L은 관측선길이의 합이다.

(ㄷ) 교선법

교선법(交線法)은 다각측량으로는 지형상 측량하기 곤란한 도근점을 전방 또는 측방교선법으로 3방향교선에 의해 관측하는 것이다. 교선법에 의한 도근점은 교선의 길이가 평균 200m, 교각이 30° 이상 120° 이하가 되도록 설치하며, 각관측은 다각측량방법과 마찬가지로 시가지에서는 배각법(3배각, 초단위 관측)을 사용하고, 기타지역에서는 방위각법(1회, 분단위 관측)을 사용한다.

3방향교선에서 2개 삼각형으로부터 계산한 위치오차($=\sqrt{\overline{\text{종선교차}^2 + \text{횡선교차}^2}}$)의 제한은 0.3m 이내이다.

시가지: 0.5m   기 타: 0.8m   임야도시행: 1.0m

④ **도근점의 전개**

도근점(圖根點)의 전개는 세부측량을 실시하기 위하여 기초측량의 성과를 측량원도에 표시하는 작업이다. 전자평판측량을 실시하게 되는 측량원도의 도곽(圖廓)은 종선길이(남북) 33.33cm(1.1척), 횡선길이(동서) 41.67cm(1.375척)이다. 단, 구획정리지구나 축척변경시행지역에서 새로 지적도를 만드는 곳은 도곽폭을 30cm×40cm로 하고 있다. 도근점의 좌표는 앞의 좌표계에서 설명한 측량의 4대원점과 기타원점을 이용한 평면직교좌표계에 따른다. 따라서 도곽을 직사각형으로 도곽선을 작도하고 이 도곽선에 의해 도근점을 전개한다. 도곽선은 도곽판

(도곽정규라고도 함)을 이용하거나 피타고라스 정리를 이용하여 도면의 축척과 동일한 축척으로 작도한다.

축척별 도곽의 크기와 실제거리는 〈표 10-7〉과 같다.

예를 들어, 축척 1/1,200인 지역에서 도근점 11(127377.10, 42812.60)과 12(127473.80, 42734.00)를 전개한다. 도곽선은 축척에 맞게 구획되므로 종선은 400m, 횡선은 500m이다. 11과 12의 종축(x)좌표를 보면 400m씩 구획될 때 가장 가까운 종선값은 127,200m이며, 횡축(y)좌표는 500m씩 구획되어서 가장 가까운 횡선값은 42,500m이므로 이 구역의 도곽은 〈그림 10-36〉과 같이 된다. 그림에서처럼 11점과 12점의 전개는 도곽의 상하 및 좌우변에서 도곽선으로부터의 거리를 잡아서 점의 위치를 결정하며, 도상거리를 관측하여 정확하게 되었는지의

■■ 표 10-7 축척별 도곽의 크기

구분 \ 축척	$\frac{1}{500}$	$\frac{1}{1,000}$	$\frac{1}{600}$	$\frac{1}{1,200}$
도상길이	30cm × 40cm	30cm × 40cm	33.33cm × 41.67cm	33.33cm × 41.67cm
실제거리	150m × 200m	300m × 400m	200m × 250m	400m × 500m

구분 \ 축척	$\frac{1}{2,400}$	$\frac{1}{3,000}$	$\frac{1}{6,000}$
도상길이	33.33cm × 41.67cm	33.33cm × 41.67cm	33.33cm × 41.67cm
실제거리	800m × 1,000m	1,000m × 1,250m	2,000m × 2,500m

그림 10-36 도곽선과 도근점의 전개

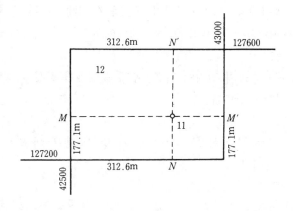

여부를 검사한다.

⑤ 세부측량

가) 세부측량의 종류

세부측량은 도근점을 기초로 하여 1필지마다의 형상을 측량하는 것, 즉 1필지의 경계점의 좌표를 결정하여 지적도(임야도를 포함)를 작성하는 측량으로, 1필지측량이라 할 수 있다.

세부측량을 시행하는 경우는 토지이동의 신청 등에 의한 것으로 다음과 같은 여덟 가지로 나누어진다.

(ㄱ) 신규등록측량

공유수면매립의 준공 등으로 새로운 토지가 생겼을 때 토지를 새로이 지적공부에 등록하는 측량이다.

(ㄴ) 등록전환측량

임야도의 토지를 지적도에 옮겨 등록하는 경우의 측량으로 이것은 지적공부의 정확도를 높이기 위한 것이다.

(ㄷ) 축척변경측량

지적도(임야도 포함)의 정확도를 높이기 위하여 소축척도를 대축척도로 축척을 변경하는 경우에 시행한다.

(ㄹ) 분할측량

1필지의 토지를 2필지 이상으로 나누는 경우로서 토지의 일부매매, 또는 공공시설물의 설치 등으로 시행하게 되며 지적에서 세부측량을 실시하는 대종을 이루는 측량이다.

(ㅁ) 확정측량

도시계획, 농지개량, 토지구획정리사업 등에 의해 실시되는 측량으로, 대부분의 경우 환지(換地)가 교부되므로 세부측량에서도 가장 정밀하게 실시된다.

(ㅂ) 경계정정측량

현지의 경계는 변동이 없지만 지적공부상에 경계가 잘못 기록되었을 때 공부를 정정하기 위한 측량이다.

(ㅅ) 복구측량

천재·지변 또는 인위 등으로 지적공부가 망실되었을 때 망실 전의 상태로 복구하기 위한 측량이다.

(ㅇ) 경계감정측량(또는 경계복원측량)

지적공부에 등록된 경계를 현지에 표시하는 행정처분으로 등록할 당시의 측량방법과 동일한 방법으로 시행하여야 한다. 이것은 최근에 지적측량으로 규정되었다(1976년).

　　1필지측량은 측량 전에 필지의 조사가 선행되어야 하며 필지의 조사는 해당지역의 지적도를 투사하여 조사도를 작성한다. 세부측량은 일반적으로 전자평판(측판)에 의한 도해법으로 실시되어 왔으나, 최근에는 데오돌라이트에 의한 수치지적이 이루어지고 있다.

　　나) 도 해 법

　　전자평판측량에서는 교선법, 전진법(또는 도선법), 방사법, 지거법, 비례법으로 실시하며 거리측량단위는 5cm(임야도는 50cm)로 한다. 측량원도는 해당지역의 지적도와 동일한 축척으로 작성하며, 경계위치는 지상경계선과 도상경계선의 일치상태를 현형법(現形法), 도상원호교선법, 지상원호교선법, 거리비교확인법 등으로 확인한다. 이때 도상 길이가 15cm 미만인 경계는 그 차이가 1mm 이내, 도상길이가 15cm 이상 경계는 매 15cm마다 1mm를 더한 차이 이내일 때 경계의 이동은 없는 것으로 한다. 그리고 도상에 영향을 미치지 않는 지상거리의 축척별 한계는 $L=\dfrac{1}{10}M$mm로 한다(L은 지상거리, M은 축척분모수).

　　다) 교 선 법

　　교선법은 전방교선법 또는 측방교선법에 의하여 3방향교선으로 실시한다. 방향각의 교각은 30°이상 150°이하로 하며, 방향선의 도상길이는 평판의 방위맞추기(또는 표정)에 사용한 방향선의 도상길이 이하로서 10cm 이내로 한다. 시오삼각형이 생겼을 때는 내접원의 지름이 1mm 이하일 때 그 중심점을 취한다.

　　라) 전진법(또는 도선법)

　　전진법에서의 관측선길이는 도상 8cm 이하로서 관측선(또는 도선)수는 20변 이하로 한다.

　　관측선연결오차의 제한은 $\sqrt{n}/3$mm 이내이며, 오차배분은

$$M_1=\frac{e}{n}, \ M_2=M_1+\frac{e}{n}, \ \cdots, \ M_n=M_{n-1}+\frac{e}{n} \qquad (10.16)$$

　　단, n: 변수, e: 오차량

으로 한다.

(7) 확정측량

① 가구(街區)확정측량의 순서

가) 작업준비

측량작업에 들어가기 전에 작업계획을 수립하고, 현지를 답사하여 작업방침을 결정한다.

나) 계획가로의 중심점 및 준거점의 측량과 계산

간선가로인 도시계획가로의 중심점위치가 정해져 있을 때는 그 중심점을, 그렇지 않을 때는 가로설정의 조건이 되는 준거점(건축물 또는 견고한 시설물)을 측량하고 그 좌표를 계산하여 가로 중심선을 조건에 맞춘다.

다) 중심점좌표, 중심점 사이의 거리, 방향각계산

각 가로의 교차중심점이나 절점이 되는 중심점의 좌표를 계산하고, 이 중심점 사이의 거리와 방향각을 구하여 이 성과를 확정원도에 기입한다.

라) 가구변의 길이, 가구점의 좌표, 가구면적의 계산

가구의 교차중심점의 좌표를 기준으로 하여 각 가구변의 길이, 가구점의 좌표, 가구의 면적을 계산한다.

마) 중심점, 가구점, 절점의 측설

좌표가 계산된 교차중심점, 가구점 및 절점을 근처의 다각점과 역계산을 하여 현지에 측설한다.

바) 가구확정원도 작성

켄트지에 교차중심점, 가구점, 절점을 도화하여 각 가구를 작성하고 확정원도를 작성한다.

② 원곡선부의 가구점 처리

일반적으로, 시가지에서 도로선형은 완화곡선이 삽입되지 않은 단곡선으로 되어 그 선형계산은 노선측량방법에 의한 계산식에 따른다. 그러나 공공용지나 택지는 등기 또는 토지이용면에서 곡선경계로 하지 않고 외측에 외접하고, 내측에 내접하는 등변다각형으로 정한다(〈그림 10-37〉 참조).

이 등변다각형으로 도로곡선의 폭이 확보되고, 면적이 크게 변하지 않도록 하기 위해서는 곡선 중심각의 분할을 6° 이하로 하고 가구의 절선길이는 5m 이상으로 하지만, 분할된 호의 길이와 현의 길이의 차이가 5mm 이내가 되도록 한다.

그림 10-37 원곡선부의 가구점

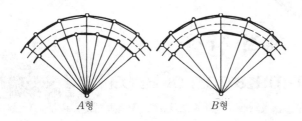

A형 B형

(8) 수치지적

수치지적(數值地籍)은 필지의 경계에 대한 정확도를 높이고 도해법에 의한 문제점을 보완하기 위하여 경계점을 수치(X, Y 좌표)로 표현하는 것이다. 2001년 지적법 개정으로 수치지적부는 경계점좌표등록부로 명칭이 변경되었다. 수치지적도는 도해도면보다 신도, 축도가 용이하며 다양한 축척으로 변환할 수 있으며 확대 재생산 등이 가능하다. 경계점좌표등록부를 설치한 지역에 있어서는 토지의 경계결정과 지표상의 복원은 좌표로 한다.

트랜시트에 의한 세부측량은 20″ 이상의 데오돌라이트를 사용하여 10″단위로 측량하며 방향관측법 또는 2대회 이상의 배각법에 의하여 시행한다. 거리측량은 수평거리 2회 관측하며 cm단위로 관측하고 좌표계산도 cm단위로 한다.

세부측량 중 도시계획사업, 토지구획정리사업, 농지개량사업 및 지역개발사업 등의 지적확정측량은 데오돌라이트에 의한 수치계산으로 경계점좌표등록부를 작성한다. 따라서 경계점의 좌표를 결정하기 위해서는 소정의 계산식을 사용하여야 한다. 그리고 필요에 따라 평판 및 사진측량을 사용할 수도 있다.

면·체적 산정
(computation of area and volume)

1. 면적의 산정

(1) 면적 산정의 개요

토지의 면적은 그 토지를 둘러싼 경계선을 기준면에 투영시켰을 때 그 선 내의 넓이를 말하며 측량구역이 작은 경우에는 수평면으로 간주하여도 무관하나 넓은 경우에는 기준면을 평균해수면으로 잡는다.

면적의 관측법에는 직접법과 간접법이 있는데 전자는 현지에서 직접 거리를 관측하여 구하는 방법이고, 후자에는 도상에서 값을 구하여 계산하거나 구적기를 사용하여 구하는 방법과 기하학을 이용하여 구하는 방법 등이 있다. 간접관측법은 도상에서의 거리관측의 오차, 도지의 신축 등이 면적계산에 영향을 미치므로 직접관측법에 비하여 정확도가 낮다.

(2) 면적 산정의 도상거리법

① 삼 사 법

밑변과 높이를 관측하여 면적을 구하는 방법

$$A = \frac{1}{2} ah \tag{11.1}$$

그림 11-1

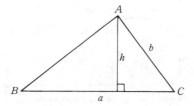

각 각의 크기, 변의 길이가 기지인 경우에는

$$A=\frac{1}{2}ab\cdot\sin C=\frac{1}{2}ac\cdot\sin B=\frac{1}{2}bc\cdot\sin A \qquad (11.2)$$

여기서 삼각형의 밑변과 높이는 되도록 같게 하는 것이 이상적이다.

② **삼 변 법**

삼각형이 밀집된 경우에는 이 방법을 이용하여 삼각형의 3변 a, b, c를 관측하여 면적을 구한다. 이 경우 삼각형은 정삼각형에 가깝도록 나누는 것이 이상적이다.

$$A=\sqrt{s(s-a)(s-b)(s-c)} \qquad (11.3)$$

단, $s=\frac{1}{2}(a+b+c)$

그림 11-2

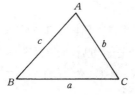

③ **사다리꼴의 공식**(臺形法)

경계선의 굴절이 심한 경우 〈그림 11-3〉처럼 경계선을 직선으로 간주하고, 구할 면적을 몇 개의 대형(臺形)으로 구분하여 식 (11.4)에 의하여 구한다.

그림 11-3

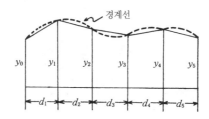

$$A=\frac{1}{2}\{(y_0+y_1)d_1+(y_1+y_2)d_2+\cdots+(y_4+y_5)d_5\} \tag{11.4}$$

이 식을 일반식으로 나타내면,

$$A=\frac{1}{2}\{d_1y_0+(d_1+d_2)y_1+\cdots+(d_{n-1}+d_n)\cdot y_{n-1}+d_ny_n\} \tag{11.5}$$

여기서 지거(支距)의 간격이 같을 경우에는 식 (11.5)에서

$$d_1=d_2=d_3=\cdots=d_n=d\text{이므로}$$

$$A=d\left\{\frac{y_0+y_n}{2}+y_1+y_2+\cdots+y_{n-1}\right\}=d\left(\frac{y_0+y_n}{2}+\sum_{i=1}^{n-1}y_i\right) \tag{11.6}$$

로 된다.

④ **투사지법**

가) **격자법**(grid method)

투사지에 일정한 간격으로 격자선을 그려서 도면상에 얹어놓고, 구하려는 면적에 둘러싸인 부분의 격자수를 센다. 경계선이 격자에 들어간 경우는 비례에 의하여 그 자릿수를 읽는다(〈그림 11-4〉 참조).

나) **스트립법**(strips method)

투사지에 일정간격 d로 횡선을 그려 두고 이것을 도면상에 두어 좌우의 경계선에 둘러싸인 각 스트립(종접합모형)의 중앙길이 l을 구한다. 각 스트립의 면적은 dl로써 구하게 되므로 이 총합을 구하면 된다(〈그림 11-5〉 참조).

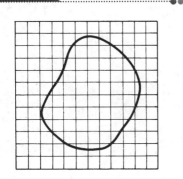

그림 11-4

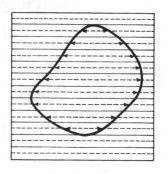

그림 11-5

(3) 면적 산정의 지거방법

① 심프슨(Simpson)의 제1법칙

〈그림 11-6〉에서 2구간을 1조로 한 도형 $ABCDE$의 면적 A_1을 구하면,

$$A_1 = (대형 ABDE) + (포물선 BCD) = \left(2d \times \frac{y_0 + y_2}{2}\right)$$

$$+ \frac{2}{3}\left(y_1 - \frac{y_0 + y_2}{2}\right) \times 2d = \frac{d}{3}(y_0 + 4y_1 + y_2) \tag{11.7}$$

또 〈그림 11-7〉으로부터

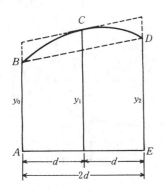

그림 11-6

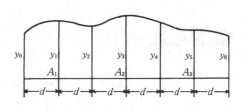

그림 11-7

$$A_2 = \frac{d}{3}(y_2 + 4y_3 + y_4)$$

$$A_3 = \frac{d}{3}(y_4 + 4y_5 + y_6)$$

....

$$A_n = \frac{d}{3}(y_{2n-2} + 4y_{2n-1} + y_{2n})$$

으로 되어 전면적 A는 식 (11.8)로 표시된다.

$$A = \frac{d}{3}\{y_0 + y_n + 4(y_1 + y_3 + \cdots + y_{n-1}) + 2(y_2 + y_4 + \cdots + y_{n-2})\} \quad (11.8)$$

$$= \frac{d}{3}(y_0 + y_n + 4\sum y_{홀수} + 2\sum y_{나머지짝수})$$

여기서 n은 짝수이며 홀수인 경우는 끝의 것은 사다리꼴로 계산한다.

② 심프슨의 제 2 법칙

〈그림 11-8〉에서 3구간을 1조로 한 도형 $ABCDEFG$의 면적 A_1을 구하면,

$$A_1 = (대형 ABDE) + (포물선 BCD) = \left(3d \times \frac{y_0 + y_3}{2}\right)$$

$$+ \frac{3}{4}\left(\frac{y_1 + y_2}{2} - \frac{y_0 + y_3}{2}\right) \times 3d = \frac{3}{8}d(y_0 + 3y_1 + 3y_2 + y_3)$$

일반적인 경우

$$A_2 = \frac{3}{8}d(y_3 + 3y_4 + 3y_5 + y_6)$$

그림 11-8

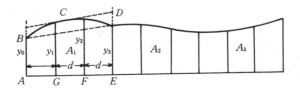

$$A_3 = \frac{3}{8}d(y_6 + 3y_7 + 3y_8 + y_9)$$

$$\cdots\cdots\cdots\cdots\cdots$$

$$A_n = \frac{3}{8}d(y_{3n-3} + 3y_{3n-2} + y_{3n})$$

로 되어 전면적 A는 식 (11.9)로 표시된다.

$$A = \frac{3}{8}d\{y_0 + y_n + 2(y_3 + y_6 + \cdots + y_{n-3})\} + 3(y_1 + y_2 + y_4 \qquad (11.9)$$

$$+ y_5 + \cdots + y_{n-2} + y_{n-1})$$

$$= \frac{3}{8}d\{y_0 + y_n + 2\sum y_{3의 \ 배수} + 3\sum y_{나머지수}\}$$

여기서 n은 3의 배수이다.

(4) 면적 산정의 자동구적기 방법

자동면적측량기 및 자동좌표독취기는 원도를 그대로 좌표 전개기에 고정하고 광학적으로 수배 확대한 도형 투명부에서 관측하므로 각 관측점의 각 각에 십자선을 맞추어 추적하면 변환기에 의하여 수치화하여 각 각점의 좌표를 기록하고 그 결과를 소형의 전산기에 연결하여 면적을 구하도록 되어 있다.

(5) 면적 산정의 횡단면적 방법

① 횡단면적의 기장법

토공량(土工量)을 알기 위하여 횡단면도를 만드는 데는 일반적으로 종횡의 축척을 같게 취하고 방안지상에 횡단측량의 결과 또는 지형도의 등고선으로부터 기준이 되는 점을 기입하고 이것을 직선으로 연결하여 만든다.

각 단면도에는 〈그림 11-9〉와 같이 각 단면도 밑에 관측점번호를, 단면도 내에는 그 단면적을, 단면을 쓰는 기준점에는 노반의 중심을 원점으로 한 좌표값을 (1.5)/(7.3)과 같이 표시한다. 이 경우 분모는 원점으로부터의 수평거리를, 분자는 노반면으로부터의 높이를 표시한다.

그림 11-9

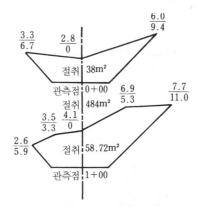

② 횡단면적을 구하는 방법

도로나 철도 공사와 같이 토공량을 계산하기 위한 횡단면이 비교적 좁을 경우에 단면을 정하는 것으로 일반적으로 2~3점에서 거리와 높이를 관측하면 충분하다.

단면이 간단한 경우 단면적을 구하는 공식은 다음과 같다.

w: 노반의 저폭(底幅)
s: 사면의 기울기(연직 1에 대하여 수평 s)
n: 원지반의 기울기
c: 중심선에서의 굴삭의 깊이
d_1, d_2: 중심선으로부터 양측의 사면말뚝까지의 거리
h_1, h_2: 사면말뚝의 노반면에서의 높이
A: 횡단면적

가) 수평단면(원지반이 수평인 경우) (〈그림 11-10〉 참조)

$$d_1 = d_2 = \frac{w}{2} + sh, \quad A = c(w + sh) \tag{11.10}$$

그림 11-10

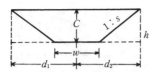

나) **등경사단면**(양측면의 높이가 다르고 그 사이가 일정한 경사로 되어 있는 경우) (〈그림 11-11〉 참조)

$$d_1=\left(c+\frac{w}{2s}\right)\left(\frac{ns}{n+s}\right)$$

$$d_2=\left(c+\frac{w}{2s}\right)\left(\frac{ns}{n-s}\right)$$

$$A=\frac{d_1d_2}{s}-\frac{w^2}{4s}=sh_1h_2+\frac{w}{2}(h_1+h_2) \tag{11.11}$$

그림 11-11

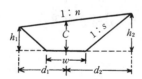

다) **삼고도단면**(3점의 높이가 기지인 경우) (〈그림 11-12〉 참조)

$$d_1=\left(c+\frac{w}{2s}\right)\left(\frac{n_1s}{n_1+s}\right)$$

$$d_2=\left(c+\frac{w}{2s}\right)\left(\frac{n_2s}{n_2-s}\right)$$

$$A=\frac{(d_1+d_2)}{2}\left(c+\frac{w}{2s}\right)-\frac{w^2}{4s}=\frac{c(d_1+d_2)}{2}+\frac{w}{4}(h_1+h_2) \tag{11.12}$$

그림 11-12

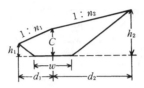

라) 불규칙한 단면의 경우(〈그림 11-13〉 참조): 이 경우 야장에는 분모에 횡좌표, 분자에 종좌표를 다음과 같이 기입한다.

$$\frac{H_2}{D_2} \cdot \frac{H_1}{D_1} \cdot \frac{c}{O} \cdot \frac{h_1}{d_1} \cdot \frac{h_2}{d_2}$$

이것에 부호를 붙이고 M, N점의 좌표값도 가하여 다음과 같이 표시한다.

$$\frac{O}{-\dfrac{w}{2}} \cdot \frac{H_2}{-D_2} \cdot \frac{H_1}{-D_1} \cdot \frac{c}{O} \cdot \frac{h_1}{+d_1} \cdot \frac{h_2}{+d_2} \cdot \frac{O}{+\dfrac{w}{2}}$$

면적을 계산하기 위하여 다음과 같이 사용한다. 즉, 각 항의 분모 우측에 그 부호와 반대의 부호를 기입한다.

$$\frac{O}{-\dfrac{w}{2}+} \times \frac{H_2}{-D_2+} \times \frac{H_1}{-D_1+} \times \frac{c}{O} \times \frac{h_1}{+d_1-} \times \frac{h_2}{+d_2-} \times \frac{O}{+\dfrac{w}{2}-}$$

그림 11-13

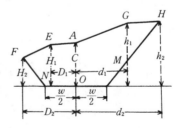

면적은 다음 법칙에 의하여 구하여진다.

각 분자에 서로 인접한 항의 분모의 대수합을 곱한다. 이때 분모의 부호는 곱하는 분자의 측에 있는 부호로 한다. 이러한 넓이의 합은 횡단면적의 2배이다.

$$면적(A)=\frac{1}{2}\left[O\times\left(-D_2-\frac{w}{2}\right)+H_2\left(\frac{w}{2}-D_1\right)+H_1(D_2-O)\right.$$

$$+c(D_1+d_1)+h_1(O+d_2)+h_2\left(-d_1+\frac{w}{2}\right)$$

$$\left.+O\times\left(-d_1-\frac{w}{2}\right)\right] \tag{11.13}$$

예제 11.1 불규칙한 단면에 있어서 횡단면측량을 한 결과 다음 값을 얻었다. 횡단면 좌측 3.5m, 4.5m일 때 고도가 각각 1.4m, 0.8m이고 우측 5.0m, 8.4m일 때 고도가 각각 2.8m, 3.4m, 중앙점고도가 2.0m이고 노반의 폭은 7.0m일 때 이 단면적을 구하시오.

해답

$$\frac{0}{-3.5+}\ \frac{0.8}{-4.5+}\ \frac{1.4}{-3.5+}\ \frac{2.0}{0}\ \frac{2.8}{+5.0-}\ \frac{3.4}{+8.4-}\ \frac{0}{+3.5-}$$

$0\times(-4.5-3.5)=0$

$0.8\times(+3.5-3.5)=0.0$

$1.4\times(+4.5-0)=6.3$

$2.0\times(+3.5+5.0)=17.0$

$2.8\times(0+8.4)=23.52$

$3.4\times(-5.0+3.5)=-5.1$

$0\times(-8.4-3.5)=0$

배면적 $41.72m^2$

$\therefore$ 면적$=20.86m^2$

(6) 면적의 분할

① 삼각형의 분할

가) 한 변에 평행한 직선에 의한 분할

〈그림 11-14〉(a)와 같이 삼각형면적을 $m:n$으로 분할할 경우 $\triangle ABC$의 높이를 h, 면적을 S, $\triangle ADE$의 높이를 h', 면적을 M이라 하면,

그림 11-14

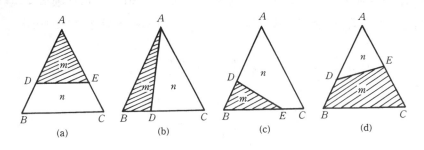

(a)　　　　(b)　　　　(c)　　　　(d)

$$M=\frac{1}{2}h'\cdot DE, \qquad S=\frac{1}{2}h\cdot BC$$

$$\frac{M}{S}=\frac{m}{m+n}=\frac{h'}{h}\cdot\frac{DE}{BC}=\left(\frac{DE}{BC}\right)^2=\left(\frac{AD}{BC}\right)^2=\left(\frac{AE}{AC}\right)^2$$

$$\therefore AD=AB\sqrt{\frac{m}{m+n}}, \qquad AE=AC\sqrt{\frac{m}{m+n}} \tag{11.14}$$

나) 한 꼭지점을 지나는 직선에 의한 분할(〈그림 11-14〉(b) 참조)

$$M=\frac{1}{2}h\cdot BD, \qquad N=\frac{1}{2}h\cdot CD, \qquad S=\frac{1}{2}h\cdot BC$$

$$\frac{M}{S}=\frac{m}{m+n}=\frac{BD}{BC}, \qquad \frac{N}{S}=\frac{n}{m+n}=\frac{CD}{BC}$$

$$\therefore BD=\frac{m}{m+n}BC, \qquad CD=\frac{n}{m+n}BC \tag{11.15}$$

다) 한 변상 고정점을 지나는 직선에 의한 분할

(ㄱ) $M<\triangle BCD$일 경우

$\triangle ABC$의 높이를 h, $\triangle BED$의 높이를 h'라 하면

$$h'=\frac{BD}{AB}h$$이므로,

$$\frac{h'}{2}\cdot BE=\frac{m}{m+n}\cdot\frac{h}{2}\cdot BC$$

$$\frac{h}{2}\frac{BD}{AB}\cdot BE=\frac{m}{m+n}\cdot\frac{h}{2}\cdot BC$$

$$\therefore BE=\frac{m}{m+n}\cdot\frac{AB}{BD}\cdot BC \tag{11.16}$$

(ㄴ) $M > \triangle BCD$일 경우

$\quad$ $\triangle ABC$와 $\triangle ADE$의 변 AC에 수직한 높이를 h 및 h'라 하면

$h' = \dfrac{AD}{AB} h$이므로,

$$\dfrac{h'}{2} \cdot AE = \dfrac{n}{m+n} \cdot \dfrac{h}{2} \cdot AC$$

$$\dfrac{h}{2} \cdot \dfrac{AD}{AB} \cdot AE = \dfrac{n}{m+n} \cdot \dfrac{h}{2} \cdot AC$$

$$\therefore \ AE = \dfrac{n}{m+n} \cdot \dfrac{AB}{AD} \cdot AC \tag{11.17}$$

② 사각형의 분할

〈그림 11-15〉와 같은 사다리꼴을 밑변에 평행한 직선으로 $m : n$으로 분할할 경우

$$\triangle BCG = \dfrac{h''}{2} \cdot BC, \quad \triangle EFG = \dfrac{h'}{2} \cdot EF, \quad \triangle ADG = \dfrac{h}{2} \cdot AD$$

$$\square BCFE = \dfrac{m}{m+n}(\triangle ADG - \triangle BCG) = \triangle EFG - \triangle BCG$$

$$\dfrac{m}{m+n}\left(\dfrac{h}{2} \cdot AD - \dfrac{h''}{2} \cdot BC\right) = \dfrac{h'}{2} \cdot EF - \dfrac{h''}{2} \cdot BC$$

$$\dfrac{m}{m+n} \cdot AD + \dfrac{m}{m+n} \cdot \dfrac{h''}{h} \cdot BC = \dfrac{h''}{h} \cdot EF$$

$$\dfrac{h''}{h} = \dfrac{BC}{AD}, \ \dfrac{h'}{h} = \dfrac{EF}{AD}$$이므로

그림 11-15

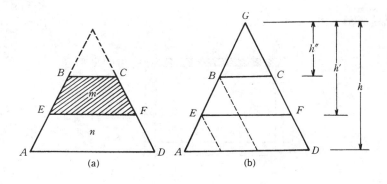

(a) $\qquad$ (b)

$$\frac{m}{m+n}\cdot AD+\frac{n}{m+n}\cdot\frac{BC^2}{AD}=\frac{EF^2}{AD}$$

$$\frac{1}{m+n}(mAD^2+nBC^2)=EF^2$$

$$\therefore\ EF=\sqrt{\frac{mAD^2+nBC^2}{m+n}}$$

또한,

$$AE=\frac{AD-EF}{AD-BC}\cdot AB \tag{11.18}$$

(7) 관측면적의 정확도

〈그림 11-16〉에 표시한 것처럼 동일한 정밀도로 거리관측을 실시하여 관측값 x, y를 얻고, 각각에 오차 dx, dy가 생긴 것으로 한다. 오차 dy에 의해 생기는 면적의 오차(그림중 사선을 친 부분)를 dA_y, 오차 dx에 의해 만들어지는 면적의 오차를 dA_x라 하면 식 (11.19)가 성립된다.

$$\frac{dy}{y}=\frac{dA_y}{A},\quad \frac{dx}{x}=\frac{dA_x}{A} \tag{11.19}$$

여기서 dx, dy는 미소(微少)이어서 생략하고, $dA=dA_x+dA_y$로 하면,

$$\frac{dA}{A}=\frac{dA_x}{A}+\frac{dA_y}{A}=\frac{dx}{x}+\frac{dy}{y} \tag{11.20}$$

그림 11-16

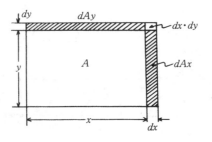

거리관측은 동일정밀도로 행하여졌기 때문에

$$\frac{dx}{x}=\frac{dy}{y}=K$$

$$\therefore \quad \frac{dA}{A}=2K \tag{11.21}$$

로 되어

$$dA=2KA \tag{11.22}$$

로 된다.

예제 11.2   면적이 약 $50\,\text{m}^2$인 구역에서 다각측량을 하여, 그 면적을 $0.1\,\text{m}^2$까지 정확히 관측하였다. 각 관측선의 거리는 어느 정도 정확히 관측하면 좋은가?

단, 다각형의 최단변의 길이는 약 15m, 변수는 5이고, 수평각 관측에는 오차는 없는 것으로 한다.

해답   측량구역을 $ABCDE$로 하여, 그림처럼 3개의 삼각형으로 나눈다고 하자. 변길이의 관측오차는, 거리가 동일정밀도로 관측된 것으로 하면 식(11.21)로부터

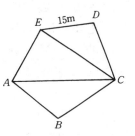

$$\frac{dA}{A}=2\frac{dx}{x}=2\frac{dy}{y}$$

이다. 여기서 삼각형의 수는 3개이므로, 전체에 대해서는

$$\frac{dA}{A}=\left(2\times\frac{dx}{x}\right)\times 3=\frac{6dx}{x}$$

$$\frac{dx}{x}=\frac{dA}{6A}$$

윗 식에 $dA=0.1\,\text{m}^2$ $A=500\,\text{m}^2$를 대입하면,

$$\frac{dx}{x}=\frac{0.1}{6\times 500}=\frac{0.1}{3,000}=\frac{1}{30,000}$$

(8) 지적도의 면적 산정

① 면적산정의 일반사항

지적측량에서 필지의 경계와 좌표를 결정하는 것과 함께 중요한 역할을 하

는 것이 필지의 면적산정이다. 면적은 세부측량을 실시할 때에 필지마다 산정하여야 한다. 면적산정법은 크게 도상법과 지상법으로 나눌 수 있는데 지적측량의 축척은 거리 및 면적산정의 공차로 선정되기 때문에 도상법이 주로 이용된다. 도상법은 지적측량의 정확도에 따라 적당한 방법이 선택될 수 있지만 우리 나라의 규정에 의하면 세 가지로 나누어진다. 첫째, 세부측량이 데오돌라이트로 이루어져 좌표가 산출된 수치지적부가 있는 지역은 좌표법으로 산정된다. 둘째, 필지의 면적이 축척분모의 $1/50m^2$ 이하인 경우는 삼사법으로 산정한다. 셋째, 임야도에서는 구적기(求積器)에 의해 산정된다.

면적산정방법은 소개되었으므로 여기서는 생략한다. 면적의 표시는 $1m^2$의 단위로 $0.5m^2$ 이상은 반올림하지만, 축척이 $\dfrac{1}{500}$ 또는 $\dfrac{1}{600}$인 지역은 $0.1m^2$를 단위로 $0.05m^2$ 이상을 반올림한다.

② **면적관측의 절차**

면적관측은 각 필지마다 행하며 좌표법, 삼사법, 구적기(planimeter) 또는 전자면적계에 의한다. 지적도면에서 도곽선길이에 0.5mm 이상의 신축이 있을 때는 이를 보정하여야 한다.

면적을 분할하는 경우, $5,000m^2$ 이상의 면적에 대하여 1 필지의 면적이 그 중 80% 이상이 될 때는 먼저 20% 미만 필지의 면적을 재어서 원래 면적에서 뺀 값으로 한다.

지적도에서는 $M/50(m^2)$ 이하(M은 축척분모), 임야도에서는 $200m^2$ 이하인 경우는 삼사법 또는 전자면적계에 의한다.

③ **지적도면의 면적계산 및 허용오차**

가) **좌표면적계산법**

필지별 면적관측은 경계점좌표에 의하며, 산출면적은 $1/1,000(m^2)$까지 계산하여 $1/10(m^2)$ 단위로 정한다.

나) **전자면적관측기(digital planimeter)**

도상에서 2회 관측하여 그 교차가 다음 산식에 의한 허용면적 이하인 때에는 그 평균값을 관측면적으로 하며, 관측면적은 $1/1,000(m^2)$까지 계산하여 $1/10(m^2)$ 단위로 정한다.

$$A = 0.023^2 M \sqrt{F}$$

단, A: 허용면적, M: 축척분모, F: 2회 관측한 면적의 합계를 2로 나눈 수

다) 등록전환 및 분할에 따른 오차허용범위 및 배분

(ㄱ) 분할지

등록전환과 토지분할의 경우 오차의 허용범위 계산식

$$A = 0.026^2 M \sqrt{F} \tag{11.23}$$

단, A: 오차허용면적, M: 등록전환시 임야도 축척분모, 토지분할시 축척분모,
F: 등록전환시 등록전환될 면적, 토지분할시 원면적

이 경우 1/3,000지역의 축척분모는 1/6,000로 한다.

면적오차 $e(\leq e_A)$는 다음 식에 따라 각 필지에 분배한다.

$$r = \frac{F}{A} \times a \tag{11.24}$$

여기서 r은 각 필지의 산출 면적, a는 각 필지의 관측 또는 보정면적, A는 a의 합계, F는 원면적(토지대장상의 면적)이다.

(ㄴ) 구획정리지

가구(街區)의 경우, 각 필지면적의 합계와 가구면적의 교차는 1/500 이내로 한다. 지구(地區)의 경우는 각 가구와 도로, 하천 및 기타의 면적의 합계와 지구 층면적의 교차를 1/200 이내로 한다.

④ **도면의 조제**

도면은 측량원도 또는 경계점 좌표에 의하여 조제 및 정리한다. 지적도의 도곽은 30cm×40cm, 도곽선수치는 원점을 기준으로 하여 정한다.

⑤ **측량성과의 인정한계**

측량성과와 검사성과의 연결오차가 다음 각호의 1의 한계 이내인 때에는 성과에 관하여 다른 입증을 할 수 있는 경우를 제외하고 그 측량성과에 잘못이 없는 것으로 인정한다.

가) 지적삼각점 0.20m 이내

나) 지적삼각보조점 0.25m 이내

다) 도근점

    (ㄱ) 수치지적부 시행지역 0.15m 이내

    (ㄴ) 기타지역 0.25m 이내

라) 경계점

(ㄱ) 수치지적부 시행지역 0.10m 이내

(ㄴ) 기타지역 10분의 3M mm 이내(M은 축척분모)

2. 체적의 산정

(1) 체적 산정의 개요

토목공사를 행하기 위하여는 자주 체적을 산정할 필요가 있는데, 여기에는 다음의 3가지 방법이 있다. 즉, ① 단면법, ② 점고법, ③ 등고선법 등이다.

철도·도로 및 수로 등을 축조할 때처럼 자세히 토지의 토공량을 산정하는 데는 ①이 사용되고, 정지작업을 행할 때와 같이 넓은 면적의 토공량 산정에는 ②, ③이 사용된다. 저수지용량의 산정은 특히 ③에 의하여 한다.

(2) 체적 산정의 단면법(computation of volume by cross sections)

철도·도로와 같은 노선측량에서는 먼저 중심선을 따라서 종단측량을 하고, 그 중심선에 직각으로 어떤 간격으로 설치한 관측점에서 횡단을 관측한다. 다음으로 종단면도에 시공기준면(formation level)을 기입하여 각 관측점의 중심선상의 시공높이를 정하고 다음에 횡단면도에 시공단면을 기입한다. 이것에 의해 각 횡단면의 토공면적을 관측하여 단면과 단면과의 사이에서 이 토공면적이 직선적 비율로 변화한다고 가정하고, (2)에 기술한 기본공식을 적용하여 토공체량(土工體量)을 구하고, 이것들을 합계하여 그 노선의 전토공량이라 한다. 이 경우 횡단면간의 간격은 보통 같은 거리로 하고, 토지의 상태, 필요 정확도 등에 따라서 적당히 정할 수 있지만, 지형이 급변하는 곳에서는 꼭 횡단면을 추가하여야 한다.

① 횡단면의 토공면적의 산정

횡단면형이 불규칙한 경우는 횡단면도에서부터 구적기를 이용하여 구할 때가 많은데, 비교적 규칙적인 단면형일 때는 〈그림 11-17〉과 〈그림 11-18〉에 표시한 공식에 의하여 면적을 구한다.

$$\langle \text{그림 11-17} \rangle \text{의 경우} \quad A = bd + rd^2 = \frac{1}{2}(m+n+b)d \qquad (11.25)$$

단, $m=n$, $h=k=d$

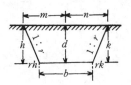
그림 11-17

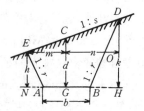
그림 11-18

〈그림 11-18〉의 경우 $A = \dfrac{s^2 r}{s^2 - r^2}\left(d + \dfrac{b}{2r}\right) - \dfrac{b^2}{4r}$

$$= \dfrac{b}{2}(h+k) + rhk = \dfrac{1}{2}bh + mk$$

$$= \dfrac{1}{2}bk + nh \tag{11.26}$$

〈그림 11-19〉의 경우 $A = \dfrac{1}{2}\left(d + \dfrac{b}{2r}\right)(m+n) - \dfrac{b^2}{4r}$

$$= \dfrac{1}{2}d(m+n) + \dfrac{1}{4}b(h+k) \tag{11.27}$$

〈그림 11-20〉의 경우 $A' = \triangle QEB = \left(\dfrac{b}{2} + sd\right)^2 / 2(s-r)$

$$A'' = \triangle QDA = \left(\dfrac{b}{2} - sd\right)^2 / 2(s-r) \tag{11.28}$$

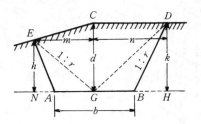
그림 11-19

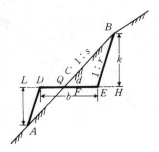
그림 11-20

실제 계산에 필요한 모든 양은 야장에서 직접 구하든지 또는 도상에서 그 길이를 관측하여 구하든지 하는데, 되도록이면 전자에 의하여 구하는 편이 정확하다. 또 위의 면적계산을 간단히 하기 위해 도표가 작성되어 있다. Trautwine, Goering Müller 등의 것이 유명하다.

② 토공량산정에 대한 기본공식

가) 각주공식(prismoidal formula)

다각형인 양저면이 평행이고 측면이 전부 평면형인 입체를 각주(角柱, 또는 의도⟨擬墻⟩)라 부른다. 이 체적은 심프슨 제1법칙을 적용하면(⟨그림 11-21⟩ 참조)

$$V_0 = \frac{h}{3}(A_1 + 4A_m + A_2) \tag{11.29}$$

여기서 A_1, A_2는 양저면적, A_m은 높이 h의 중앙에서의 단면적이다. 식 (11.29)는 바닥에 평행인 단면적을 바닥에서의 거리의 2차식으로 표시하여 얻은 것보다 더 용이하다.

각도(角墻)·각추(角錐) 및 설형(楔型)은 모두 각주의 특별한 경우인데, 밑면적을 A, 높이를 h라 하면, 각각 다음의 식으로 얻어진다.

$$\left.\begin{array}{l} \text{각도:} \ V_0 : \ hA \\[2mm] \text{각추:} \ V_0 = \frac{1}{3}hA \\[2mm] \text{설형:} \ V_0 = \frac{1}{2}hA \end{array}\right\} \tag{11.30}$$

그림 11-21

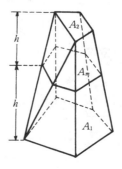

일반적으로 어떤 노선의 전토공량을 구할 때는, 중심선에 수직인 평행단면으로 절단하여, 각각을 각주로 가정하고 그 2개씩을 1조로 하여 위의 공식을 적용하면 된다. 지금 A_0, A_1, $\cdots$, A_n(단, n 은 짝수)을 같은 간격 l 마다에서 구한 토공량이라 하면, 전토공량은

$$V=\sum V_0=\frac{h}{3}\{A_0+A_n+2(A_2+A_4+\cdots+A_{n-2})+4(A_1+A_3+\cdots$$

$$+A_{n-1})\}=\frac{h}{3}\{A_0+A_n+4\sum A_{홀수}+2\sum A_{나머지짝수}\} \tag{11.31}$$

나) 양단면평균법(end area formula)

가)에 있어서 $A_m=\frac{1}{2}(A_1+A_2)$로 가정할 때의 공식은

$$V_0=\frac{l}{2}(A_1+A_2) \tag{11.32}$$

$$V=l\left\{\frac{1}{2}(A_0+A_n)+\sum_{r=1}^{n-1}A_r\right\} \tag{11.33}$$

이 식은 가)의 경우보다도 약간 큰 값을 갖는 경향이 있는데, 간단하므로 실제의 토공량산정에는 널리 이용되고 있다.

다) 중앙단면법(middle area formula)

가)에 있어서 A_m을 A_1과 A_2의 중앙에 위치한 단면으로 가정할 때의 공식은

$$V_0=A_m l, \quad V=l\sum A_m \tag{11.34}$$

이 식은 가)의 경우보다 약간 작은 값을 갖는 경향이 있지만, 매우 간단하여 실용상 자주 이용되는 것은 나)와 마찬가지이다. 체적산정결과는 나), 가), 다)의 크기로 나타난다.

③ 곡선부의 토공량산정

노선의 중심선이 곡선으로 되는 경우도, 간단히 직선부와 같이 ②에서처럼 계산을 하는 것이 보통이다. 그러나 엄밀히 말하면, 단면 중심이 노선중심선상에 있는 경우에 한하여 직선부와 동일한 값이 되며, 그 이외의 경우에는 일반적으로 보정이 필요하다.

Pappus의 정리에 의하면, 1평면상의 폐곡선이 그 평면 내의 축의 주위로 회전하여 생긴 체적은 그 폐곡선의 중심이 그리는 길이에 그 폐곡선내의 면적을

그림 11-22

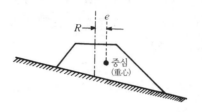

곱한 것과 같다. 따라서 노선곡선부에서 중심선의 반경을 R, 길이를 l로 하고 단면적 A의 중심점과 중심선과의 수평거리(이것을 단면의 편심거리라 한다)를 e라 하면, 이 곡선부의 체적은(〈그림 11-22〉참고)

$$V_0 = A\left(l \frac{R \pm e}{R}\right) = lA \pm lA \frac{e}{R} \tag{11.35}$$

식 중의 ±는 중심이 회전축에서, 생각하는 중심선보다 외측에 있을 때를 양 (+), 내측에 있을 때를 음(−)으로 한다. 여기서 $\pm lA \frac{e}{R} \equiv \varDelta_c$를 곡률보정 (curvature correction)이라 부른다. 〈그림 11-23~34〉의 경우에는 각각 다음 과 같이 표시된다.

〈그림 11-23〉의 경우

$$\varDelta_c = \pm \frac{l(m+n)}{3R}\left\{\frac{1}{2}d(n-m) + \frac{1}{4}b(k-h)\right\} \tag{11.36}$$

그림 11-23

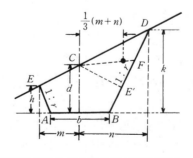

그림 11-24

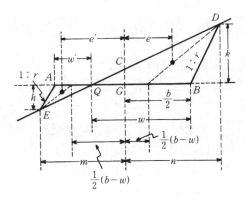

$$= \pm \frac{l}{6R}(n^2 - m^2)\left(d + \frac{b}{2r}\right) \qquad \Big\rfloor$$

〈그림 11-24〉의 경우

절토 QBD에 대하여 $\Delta_{c1} = \pm \dfrac{l(b+n-w)}{3R} \cdot \dfrac{wk}{2}$

성토 QAE에 대하여 $\Delta_{c2} = \mp \dfrac{l(b+m-w')}{3R} \cdot \dfrac{w'k}{2}$

$\qquad\qquad\qquad\qquad\qquad\qquad\qquad\qquad\qquad\qquad$ (11.37)

만약 〈그림 11-25〉와 같이 단면적 A와 편심거리 e가 점변(漸變)한다면, 삼각형

그림 11-25

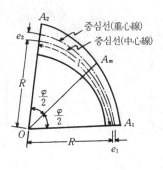

단면에 대하여

$$V_0 = \frac{l}{6}(A_1 + 4A_m + A_2) + \frac{l}{6R}\{(A_1 + 2A_m)e_1 + (2A_m + A_2)e_2\} \quad (11.38)$$

이 된다. 식 중에서 우변의 제1항은 곡률을 고려하지 않는 경우의 각주공식에 의한 용적이므로, 제2항에는 곡률보정 Δ_c를 나타내고 있다. 삼각형 단면 이외의 경우에도 근사적으로 윗 식을 적용하면 차이는 없지만, 엄격히 하려면 적당히 고려를 해야 한다. 예를 들면 〈그림 11-23〉과 같은 경우에는, CE에 대칭인 CE'를 그린 단면을 $CEABE'$와 $CE'D$의 2부분으로 분할하면, 전자에 대해서는 중심(重心)과 중심선(中心線)이 일치하여서 $\Delta_c = 0$이 되고, 후자에 대해서는 삼각형 단면이므로 위 식이 때때로 적용된다.

(3) 체적 산정의 점고법(computation of volume by spot levels)

일반적으로 양단면이 평면으로 되어 있다면, 어떠한 도체(墻體, cylinder or prism)에서도 그 체적은 양단면의 중심(重心)점간의 거리에 수직면적을 곱한 것과 같다. 따라서 〈그림 11-26〉과 같은 직사각형도체에서는, 중심축(重心軸)의 길이 $h = \frac{1}{4}(h_1 + h_2 + h_3 + h_4)$로 되므로, 그 수직단면에서 어떤 구형의 면적을 A로 하면, 체적 V_0는

$$V_0 = \frac{1}{4} A (h_1 + h_2 + h_3 + h_4) \tag{11.39}$$

〈그림 11-27〉과 같은 삼각도체에서는 그 수직단면적을 A라 하면,

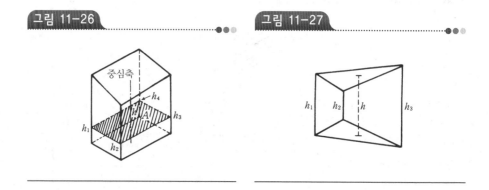

그림 11-26 그림 11-27

$$V_0 = \frac{1}{3}A(h_1 + h_2 + h_3)$$ (11.40)

건물부지의 정지, 토취장 및 토사장의 용량관측과 같이, 넓은 면적의 토공용적을 산정할 경우, 위의 기본정리를 이용하면 매우 적합하다. 그래서 전구역에 종횡 각 같은 거리에 말뚝을 박아 같은 면적으로 분할하고, 각 직사각형의 모서리의 지반고를 레벨과 표척으로 관측한다. 다음에 그 모서리의 시공기면을 결정하면, 이것들의 지반고와의 차에 의하여 절취 또는 성토의 토공고(土工高)가 구해진다. 지금 1개의 직사각형의 4모서리의 토공고의 합을 $\sum h$로 표시하고, 직사각형면적을 A라 하면, 그 직사각형 내의 토공량은 $V_0 = \frac{1}{4}A\sum h$로 된다. 그 체적을 전체에 걸쳐서 총계하면 소요의 전토공용적 V를 알 수 있으므로, 〈그림 11-28〉처럼 우선 각 모서리에 집중되어 있는 직사각형의 수를 기입하고, 1로 쓰인 모서리의 지반고의 합을 $\sum h_1$, 2로 쓰인 모서리 지반고의 합을 $\sum h_2$, …로 하면,

$$V = \sum V_0 = \frac{1}{4}A(\sum h_1 + 2\sum h_2 + 3\sum h_3 + 4\sum h_4)$$ (11.41)

이 경우 각 직사각형의 4 모서리가 되도록이면 1평면 내에 존재하고, 또 그 구형 내의 지반고가 평면이 되도록, 구형의 크기를 선택하여야 하므로 소요 정확도 및 토지의 상황에 대하여 구형의 크기를 적당히 변경하지 않으면 안 된다.

더욱 정밀을 요할 때는 〈그림 11-28〉을 다시 〈그림 11-29〉와 같이 삼각형으로 나누어 삼각도체의 공식을 적용하면 된다.

그림 11-28

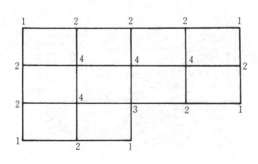

그림 11-29

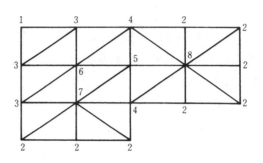

삼각형의 모서리는 꼭 한 평면 내에 존재하여야 하고 처음에 기술한 기본 정리의 가정을 더욱더 만족시켜야 되기 때문이다. 이 경우 전과 같이 각 모서리의 토공고를 산정하면, 모서리에 집중된 삼각형의 수를 기입하여 $\sum h_1$, $\sum h_2$, …를 계산하면, 전토공용적 V는

$$V = \sum V_0 = \frac{1}{3} A (\sum h_1 + 2\sum h_2 + \cdots + 7\sum h_7 + 8\sum h_8) \tag{11.42}$$

여기서 A는 구형면적, 즉 삼각형 1개의 면적이고, 직사각형을 사각형으로 분할할 때는 각 삼각형 내의 지반고가 되도록이면 평면을 이루도록 주의해야 한다.

(4) 체적 산정의 등고선법(computation of volume from contour lines)

체적을 근사적으로 구하는 경우 대단히 편리한 방법이다.

그림 11-30

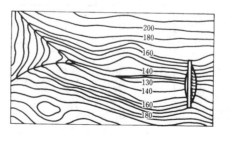

① 계획면이 평면인 경우

정지작업, 저수지의 용량관측 등에 쓰인다. 예를 들면, 후자의 경우는 대체로 저수지 평면도에 지저(池底)지반의 등고선을 기입하고, 각 등고선 내의 면적을 구한다. 다음에 이 면적을 각주의 저면적, 등고선 간격을 그 높이로 생각하여 저수지용량을 구한다.

〈그림 11-30〉은 저수지 수면의 높이를 165m로 한 경우, 그 용량을 구하기 위하여 지저지반의 등고선을 기입한 것이다.

② 계획면이 경사진 경우

큰 산의 절취 등의 체적산정에 이용되는 것으로 〈그림 11-31〉(a), (b)로 그 방법을 설명하겠다. 실선과 점선은 각각 원지반과 계획면의 등고선을 표시하고 있으므로 같은 높이의 양등고선의 교점을 연결한 굵은 실선을 그으면 계획면과 원지반과의 교선으로 되고, 그 내측에는 절토, 외측에는 성토가 필요하게 된다.

절토체적을 산정하는 데는, 먼저 그림 (b)에 나타난 것처럼 각 등고선에 해당하는 수평면에 의하여 많은 수평층으로 분할되는 것으로 생각한다. 각 층의 양단면적은 평면도 (a)에서 높이가 같은 2조의 등고선으로 둘러싸인 폐곡선을 따라 구적기를 사용하여 보다 용이하게 구할 수 있으므로, 각 등고선 간격을 각 수평층의 높이로 생각하고 식 (11.29)의 공식을 사용하여 그 체적을 산정하면 된다. 예를 들면 그림 (b)에서 빗금친 수평층의 양단면은 그림 (a)에서 빗금을 그은 75m와 80m의 2폐곡선으로 표시되고, 그 높이는 등고선 간격 5m로 된다.

또 위와 같은 수평층으로 분할한 대신에 계획면에 평행인 층으로 분할하고, 되도록이면 면적을 구하는 수고를 더는 경우도 있지만, 그만큼 새로운 등고

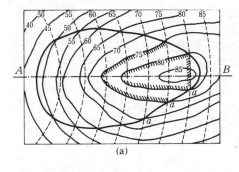

(a)

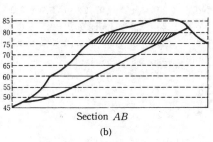

Section *AB*

(b)

선을 그릴 필요가 있어서 잘 이용되지 않는다.

(5) 유토(流土)곡선(mass curve)에 의한 토량계산

종단고저측량과 횡단고저측량에 의해 작성된 종횡단면도에서, 각 관측점의 단면적을 절토(흙깎기)는 (+), 성토(흙쌓기)는 (−)로 하여 각 관측점마다 토량을 구해 누가토량(累加土量)을 구한다. 이 누가토량을 종단면도의 축척과 동일하게 기준선을 설정하여 작도한 것을 유토곡선이라 한다. 이 곡선은 Brukner 곡선, 또는 토량곡선이라고도 한다.

종횡단고저측량에 의해 얻어진 각 관측점의 단면적에 의해 유토곡선을 작도하는 과정은 〈표 11-1〉, 〈그림 11-32〉와 같다

〈그림 11-32〉에서 나타난 것과 같이 유토곡선은 다음과 같은 성질을 갖고 있다.

① 유토곡선이 하향인 구간은 성토구간이고 상향인 구간은 절토구간이다.

② 곡선의 저점은 성토에서 절토로, 정점은 절토에서 성토로 바뀌는 점이다.

③ 곡선과 평행선(기선)이 교차하는 점, 즉 c, e, g는 절토량과 성토량이 거의 같은 평형상태를 나타낸다.

■■ 표 11-1 토적계산표

관측점	거리	절 토			성 토					차인*2 토량	누가*3 토량	횡방*4 향토량
No.	m	단면	평균 단면	토량	단면	평균 단면	토량	토량환산 계 수	보정*1 토량			
No.0	0	0			0			0.9		0.0	0.0	
No.1	20	2.0	1.0	20.0	5.0	2.5	50.0	0.9	55.6	−35.6	−35.6	20.0
No.2	20	5.0	3.5	70.0	2.8	3.9	78.0	0.9	86.7	−16.7	−52.3	70.0
No.3	20	3.2	4.1	82.0	1.2	2.0	40.0	0.9	44.4	37.6	−14.7	44.4
No.4	20	6.2	4.7	94.0	0.8	1.0	20.0	0.9	22.2	71.8	57.1	22.2
No.5	20	5.8	6.0	120.0	5.3	3.1	62.0	0.9	68.9	51.1	108.2	68.9
No.6	20	3.1	4.5	90.0	6.7	6.0	120.0	0.9	133.3	−43.3	64.9	90.0
No.7	20	1.1	2.1	42.0	3.1	4.9	98.0	0.9	108.9	−66.9	−2.0	42.0
No.8	20	5.9	3.5	70.0	4.8	4.0	80.0	0.9	88.9	−18.9	−20.9	70.0
No.9	20	6.8	6.4	128.0	2.3	3.6	72.0	0.9	80.0	48.0	27.1	80.0
No.10	20	2.1	4.5	90.0	0.9	1.6	32.0	0.9	35.6	54.4	81.5	35.0
계	200			806.0					724.5	81.5		542.5

주) *1) 보정토량＝토량/토량환산계수 *2) 차인(差引)토량＝절토량−성토량
*3) 누가토량＝차인토량의 합 *4) 횡방향토량＝절토량과 성토량 중 적은 값

그림 11-32

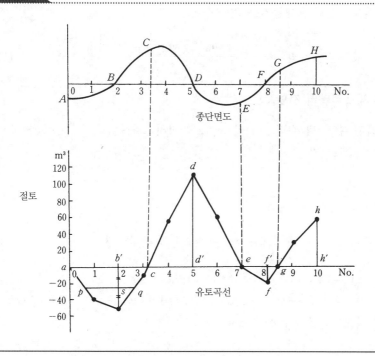

〈그림 11-32〉에서 $a{\sim}c$구간, $c{\sim}e$구간, $e{\sim}g$구간의 절토와 성토량은 균형을 이룬다.

④ 평행선에서 곡선의 저점이나 정점까지 높이는 절토에서 성토로 운반되는 전토량을 나타낸다. 그림에서 $a{\sim}c$구간에서는 bb', $c{\sim}e$구간에서는 dd', $e{\sim}g$구간에서는 ff'가 전토량을 의미한다.

⑤ AH구간에서 사토량(捨土量)은 hh'가 된다.

⑥ 절토와 성토의 평균운반거리는 유토곡선토량의 $\frac{1}{2}$점간의 거리로 한다. 예로써, AC구간의 평균운반거리는 bb'의 $\frac{1}{2}$점인 s점을 통과하는 평행선의 길이 pq이다.

평균운반거리는 절토부분의 중심과 성토부분의 중심간의 거리를 의미한다. 따라서 총토공량은 총토량을 평균운반거리만큼 운반한 것을 뜻하므로,

$$평균운반거리 = \frac{총토공량}{총토량} \tag{11.43}$$

이다. 총토공량은 유토곡선과 평행선으로 둘러싸인 부분의 면적에 해당하며 총
토량은 유토곡선의 최대종거를 의미한다.

$$평균운반거리 = \frac{유토곡선과\ 평행선으로\ 둘러싸인\ 면적}{최대종거} \qquad (11.44)$$

(6) 체적측량의 정확도

관측된 수평 및 수직거리 x, y, z의 거리오차를 dx, dy, dz라 하고, 거
리 관측의 정확도가

$$\frac{dx}{x} = \frac{dy}{y} = \frac{dz}{z} = K \qquad (11.45)$$

로 동일하다고 할 때 체적오차 dV는 미소항을 생각하면

$$
\begin{aligned}
dV &= (x+dx)(y+dy)(z+dz) - xyz \\
&= xydz + yzdx + zxdy + xdydz + ydzdx + zdxdy + dxdydz \\
&\fallingdotseq xydz + yzdx + zxdy
\end{aligned} \qquad (11.46)
$$

이고,

$$\frac{dV}{V} = \frac{dx}{x} + \frac{dy}{y} + \frac{dz}{z} = 3K \qquad (11.47)$$

이다. 이 경우 체적측량의 정확도는 거리측량의 정확도의 $\frac{1}{3}$이 된다.

예제 11.3 약 600m³의 체적을 정확하게 산출하려고 한다. 수평 및 수직 거리를 동일
한 정확도로 관측하고 체적산정 오차를 0.2m³ 이내에 들게 하려면 거리관측의 허
용 정확도는 얼마로 해야 하는가?

해답 $\dfrac{dV}{V} = \dfrac{0.2}{600} \geqq 3K$

$\therefore K \leq \dfrac{0.2}{1,800} = \dfrac{1}{9,000}$

연·습·문·제

도면 제작

1) 다음 각 사항에 대하여 약술하시오

① 도면제작의 의의
② 도면제작 방법
③ 지도표현내용에 따른 분류
④ 지도제작방법에 따른 분류
⑤ 지형도 제작 및 지적도 제작 시 기준점성과의 차이점
⑥ 지도대상물 표현에 따른 분류
⑦ 종이지도의 허용오차한계
⑧ 지형의 표시방법
⑨ 지형도작성에 관한 지상측량 방법
⑩ 항공영상에 의한 지형도 제작 방법
⑪ 항공영상에 의한 영상도면 작성
⑫ 수치지도 제작 방법
⑬ 수치형상모형 제작
⑭ 지형도의 허용오차
⑮ 지형도의 이용
⑯ 인공위성관측값을 이용한 이동식 도면화 작성체계(MMS: Mobal Mapping System)
⑰ 지적도 제작 방법
⑱ 지적측량의 좌표표현
⑲ 지적측량에 있어 확정측량
⑳ 수치지적
㉑ 도상거리에 의한 면적산정 방법
㉒ 횡단면적을 구하는 방법
㉓ 삼각형의 면적분할 방법
㉔ 면적산정값의 정확도
㉕ 지적도면의 면적계산 및 허용오차
㉖ 지적측량성과의 인정한계

㉗ 단면법에 의한 체적의 산정 방법
㉘ 등고선법에 의한 체적산정
㉙ 체적산정의 정확도

제 Ⅳ 편

영상탐측학

제12장

영상탐측학

1. 개 요

영상(image)은 대상물이 센서(sensor)에 의하여 비쳐서 나타나는(가시화) 형상이다. 영상탐측학(映像探測學: imagematics)은 전자기파를 이용하여 대상물(토지, 자원 및 환경 등)에 대한 크기, 위치, 형상을 알아내는 정량적(定量的) 해석과 특성 및 현상변화를 도출하는 정성적(定性的) 해석을 하는 학문이다. 여기서 탐측(探測: matics)은 라틴어로 탐(探: 살피고 찾음 – exploration)과 측(測: 헤아려서 알아냄 – search)의 뜻을 내포하고 있다.

개개의 대상이 비쳐서 단순히 나타낸 상태가 협의의 영상(image)이고 개개의 영상에 처리과정을 거쳐 대상이 집합적으로 가시화된 상태를 광의의 영상(imagery)이라고 한다. 영상의 가장 작은 단위(cell)는 영상소(映像素: pixel or picture element)이며 영상을 면상(面狀: screen)으로 가시화시킨 상태를 영상면(映像面: image plane or imagery)이라 한다. 영상면을 정제(精製)하여 종이(paper)나 판상의 물체에 나타낸 것이 사진(寫眞: photograph)이다.

일반적으로 사용되는 사진은 비스캐닝(non-scanniing) 센서체계인 광학카메라 영상이고, 인공위성 사진은 스캐닝 센서체계의 수치영상이다.

일반적으로 사진측량(photogrammetry)은 카메라에 의하여 취득된 영상을 정제하여 사진을 만든 다음 행하는 탐측방법이며 원격탐측(remote sensing)은 관측대상물에 직접 접근하지 않고 센서를 이용하여 멀리 떨어진 거리에서 관측한 정보를 추출해내는 탐측방법이다. 또한 영상면판독(imagery interpretation)은 영상면의 정성 및 정량적 정보를 판별해 내는 기법이다.

　　과거에는 사진을 제작하여 각종 관측과 연구가 이루어졌지만 최근에는 각종 센서(수동적 센서, 능동적 센서 등)가 개발됨에 따라 사진이 이루어지기 전인 영상을 직접 처리하여 정성적 및 정량적 해석을 하고 있다. 사진은 일반생활에서 가시화가 필요한 사항(지도제작, 대상물형상 표현 등)에 주로 활용되어 왔지만 최근 영상면은 지도제작은 물론, 토지, 자원, 환경, 의료, 통신, 디자인, 우주 개발 및 각종 대상의 다자인 등에 관하여 정성적 및 정량적 해석을 할 수 있는 기법으로 급성장하고 있다. 이에 영상이 사진의 기본요소일 뿐만 아니라 대상물에 대한 탐측(探測 : matics)이 사진보다 더 포괄적으로 활용되어가는 추세이므로 영상탐측학(imagematics)이라는 용어가 제안되었다.

2. 영상탐측과 영상면의 해상도 분류

　　영상면에 관한 촬영방향, 관측방법 등에 의해 분류하면 다음과 같다.
　　촬영방향에 따라 〈그림 12-1〉과 같은 영상면을 얻을 수 있다.

그림 12-1　촬영방향에 의한 영상면의 분류

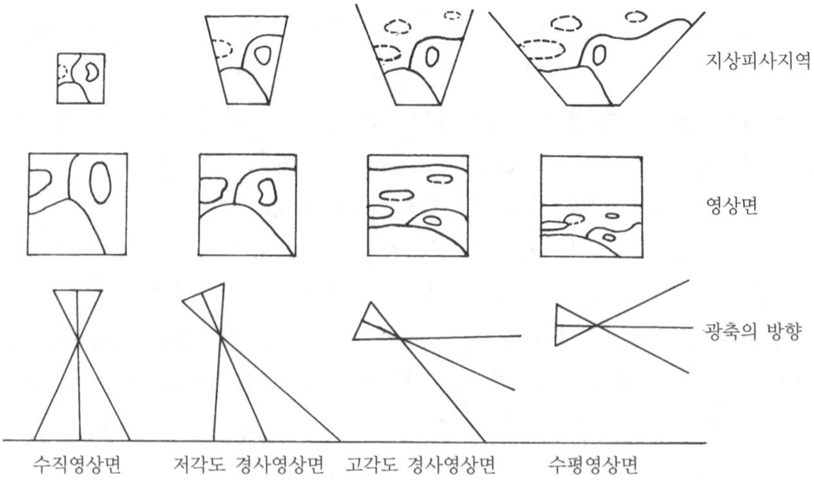

지상피사지역

영상면

광축의 방향

수직영상면　　저각도 경사영상면　고각도 경사영상면　　수평영상면

(1) 영상탐측의 분류

① 항공촬영방향에 의한 영상면분류

가) 수직영상면(vertical imagery)

광축이 연직선과 거의 일치하도록 공중에서 촬영한 영상면(경사각 3° 이내)이다.

나) 경사영상면(oblique imagery)

광축이 연직선 또는 수평선에 경사지도록 촬영한 영상면(경사각 3° 이상)이며 경사사진에는 지평선이 영상에 나타나는 고각도경사영상과 지평선이 영상면에 찍히지 않는 저각도경사영상이 있다.

다) 수평영상면(horizontal imagery)

광축이 수평선과 거의 일치하도록 지상에서 촬영한 영상면이다.

② 관측방법에 의한 영상탐측의 분류

가) 항공영상탐측(aerial imagematics)

항공기 및 기구 등에 탑재된 측량용 카메라로 연속촬영된 중복영상면을 정성적 분석(판독에 의한 환경 및 자원조사) 및 정량적으로 해석(지상위치 및 형상해석)하는 관측방법이다.

나) 지상영상탐측(terrestrial imagematics)

지상에서 촬영한 영상면을 이용하여 건조물 및 시설물의 형태 및 변위관측 등을 위한 측량방법으로 대략 300m 이내에서 이루어진다. 촬영거리가 짧은 경우 근거리영상탐측(close-range imagematics)이라 하며, 공학적으로 널리 이용되고 있다.

다) 수중영상탐측(underwater imagematics)

수중영상탐측은 해저영상탐측이라고도 한다. 이는 수중카메라에 의해 얻어진 영상을 해석함으로써 수중자원 및 환경을 조사하는 것으로 플랑크톤의 양 및 수질조사, 해저의 기복상황, 수중식물의 활력도, 분포량 등을 조사한다.

라) 원격탐측(remote sensing)

지상에서 반사 또는 방사하는 각종 파장의 전자기파를 센서로 수집처리하여 토지, 환경 및 자원문제에 이용하는 영상탐측의 새로운 기법 중의 하나이다.

마) 비지형영상탐측(non-topographic imagematics)

지도작성 이외의 목적으로 X선, 모아레(moirè)영상, 홀로그래피(holograph)영상면 등을 이용하여 의학, 고고학, 문화재조사, 변형조사 등에 이용된다.

바) 디지털영상탐측(digital imagematics)

수치영상을 이용하여 대상물을 처리하는 기법으로 디지털 센서(digital sensor)를 이용하여 대상물 공간을 디지타이징(digitizing)이나 스캐닝(scanning)하여 직접적으로 수치영상을 취득하거나 기존의 항공 및 지상영상면을 디지타이징이나 스캐닝하여 간접적으로 수치영상을 취득할 수 있다.

(2) 영상면의 해상도 분류

영상면의 해상도(imagery resolution)는 관측 및 해석과정에서 대상물의 세부묘사를 분별할 수 있는 능력을 뜻하는 것으로 표현장비를 이용하여 출력 가능한 영상소 수로써 나타낸다. 위성영상에서는 공간해상도(spatial resolution), 분광해상도(spectral resolution), 방사해상도(radiometric resolution), 주기해상도(temporal resolution) 등으로 나누어 다루고 있다.

① 공간해상도

영상면 내에서 영상소(pixel)가 표현가능한 대상의 크기(예, 지상의 면적)를 표현하는 것으로 일반적으로 해상도라면 이 공간해상도를 뜻한다. 예로 1m급 공간해상도라면 대상물의 크기가 가로, 세로 1m 이상인 물체이면 판단이 가능한 것이다.

② 분광해상도

센서가 수집할 수 있는 다양한 분광파장을 표현하는 것으로 영상면의 질적 성능을 판별할 수 있는 중요한 기준이 된다. 예로 가시광선 영역의 영상면(Red, Green, Blue 영역 해당) 취득, 근적외, 중적외, 열적외 등 다양한 분광영역의 영상면을 수집하는 것으로 분광해상도가 좋을수록 영상면 분석 결과의 이용가능성이 증대된다.

③ 방사해상도

센서가 수집한 영상면에서 얼마나 다양한 결과값을 도출할 수 있는가를 표시하는 것으로 영상면 분석정밀도를 분별할 수 있다. 예로 영상소의 표현에 따라 만일 한 영상소를 8bit로 표현할 경우 그 영상소가 포함하고 있는 정보(대상물체가 건축물, 나무, 물 등인지에 관한 정보)를 256(2^8)개의 성질로 분류할 수 있고, 또한 영상소를 11bit로 표현할 경우 그 영상소가 포함하고 있는 정보(대상물체가 나무로 구분된 분류 중에서도 건강한지, 병충해가 있는지, 활엽수인지, 침엽수인지 등)를 2,048(2^{11})개로 자세하게 분류할 수 있다.

④ 주기해상도

특정지역을 어느 주기로 자주 촬영 가능한지를 표현하는 것으로 대상물 변화양상을 파악할 수 있다. 예로 건설공사의 진척사항, 재해지역의 변화사항 등을 파악할 수 있는데 이 경우 위성에 탑재된 하드웨어의 성능에 많은 영향을 받는다.

3. 영상의 취득

(1) 전자기파장대

파장대(波長帶)는 전자기파(광파 및 전파)의 진동수에 따라 나눌 수 있다. 진동수가 아주 높은 전자기파는 우주선(宇宙線)과 방사성물질로부터 발생하는 γ선, X선 등이 있으며 각각의 파장은 0.03nm(1nm$=10^{-9}$m)~3nm 정도로 아주 짧다. 사람의 눈은 일곱 가지 색의 색채감으로 물체를 판별할 수 있으나 가시광선(0.4~0.7μm) 파장대에서만 육안으로 식별된다. 전자기 파장역은 $10^{-10}\mu$m의 짧은 것에서부터 $10^{11}\mu$m(100km) 이상의 긴 파장을 포함한다. 각 파장역은 명칭이 정해져 있으며 특징에 따라서 파장대영역이 달라지지만 파장대 명칭에 의해 명확하게 구분되지는 않고 어느 정도 중복되어 있다.

예를 들면, 극초단파의 가장 짧은 파장대는 적외선영역과 엄밀히 구분하기

그림 12-2 전자기파장대

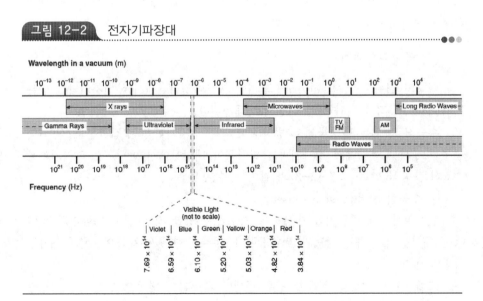

■■ 표 12-1 전자기파의 파장별 특징

밴 드	파 장	비 고
감마선 (Gamma ray)	<0.03nm	방사성물질의 감마방사는 저고도 항공기에 의해 탐측된다.(태양으로부터의 입사광은 공기에 흡수)
X-선	0.03~3nm	입사광은 공기에 의해 흡수되어 원격탐측에 이용되지 않는다.
자외선 (UV)	3nm~0.4μm	입사되는 0.3μm보다 작은 파장의 자외선은 공기상층부 오존에 흡수된다.
사진자외선	0.3~0.4μm	필름의 광전변환기에 탐지되나 공기산란이 심하다.
가시광선	0.4~0.7μm	필름과 광전변환기에 탐지된다.
적외선(IR)	0.7~1,000μm	물질의 상호작용으로 파장이 변화한다.
반사적외선	0.7~3μm	이것은 주로 태양광반사이다. 물질의 열적 특성은 포함되지 않는다.
열적외선 (Thermal IR)	3~5μm 8~14μm	이 파장대의 영상은 광학적인 감지기를 이용하여 얻어진다.
극초단파	0.01~1,000cm	구름이나 안개를 투과하며 영상은 수동이나 능동적 형태로 얻어진다.
레이더	0.1~100cm	극초단파 원격탐측의 능동적 형태.

어렵다. 일반적으로 전자기파를 파장대로 나누면 〈그림 12-2〉와 같고 파장대별 특성을 요약하면 〈표 12-1〉과 같다.

(2) 영상취득체계

영상의 취득은 센서(sensor)에 의하여 이루어진다. 센서는 전자기파를 담는 기기로서 수동적 센서와 능동적 센서로 대별된다.

수동적 센서는 대상물에서 방사(放射)되는 전자기파를 수집하는 방식이며, 능동적 센서는 센서에서 전자기파를 발사하여 대상물에서 반사되는 전자기파를 수집하는 방식으로 〈그림 12-3〉과 같이 구분된다.

① 수동적 센서(passive sensor)

인공위성이나 항공기를 이용하여 지구를 촬영할 경우 일반 카메라처럼 일정한 대상을 촬영하는 방법과 비행방향과 같은 방향에 순차적으로 촬영해가는 방법이 있다.

고해상도의 영상을 취득할 경우 비행방향과 같은 방향으로 따라가면서 촬

그림 12-3

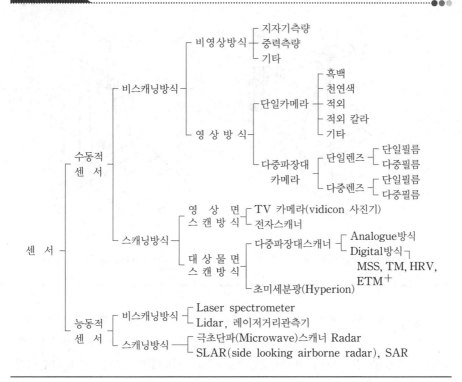

영 폭이 좁은 영상을 여러 개를 모아 넓은 구역의 영상면을 취득하여야 되기 때문에 다중분광 및 초미세분광 방법을 이용하고 있다. 이 방법에는 휘스크브룸 방식과 푸시브룸 방식을 이용하여 영상을 취득하고 있다.

가) 자료취득 방법

(ㄱ) 휘스크브룸(whisk broom) 방식

탑재체의 비행방향 축에 직각방향으로 회전가능한 반사경(scanning mirror)을 이용하여 일정한 촬영폭(swath width)을 유지하며 넓은 영상폭의 영상을 취득한다. 반사경이 회전하는 데 따른 복잡한 기하구조를 가지므로 기하보정이 쉽지 않다. 영상취득 시간이 짧으며 영상의 해상력은 반사경의 각도에 따라 달라지며 영상왜곡도 크다〈그림 12-4〉(a).

LANDSAT의 ETM+, NOAA의 AVIRIS 등이 이용하고 있다.

(ㄴ) 푸시브룸(push broom) 방식

카메라 본체는 움직이지 않고 선형센서를 이용하여 띠 모양의 영상을 취득

그림 12-4 whisk broom과 push broom 방식

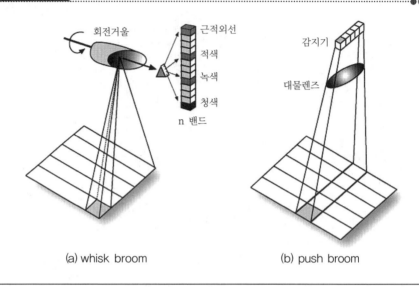

(a) whisk broom   (b) push broom

하는 방식이다. 휘스크브룸에 비해 영상폭이 좁으며 기하구조도 단순하여 기하보정이 쉽다. CCD 배열로 영상을 취득하므로 휘스크브룸에 비해 영상왜곡이 적은 긴 영상을 취득할 수 있다〈그림 12-4〉(b). SPOT의 HRV, 아리랑위성의 EOC, Quickbird 등이 이용하고 있다.

나) 단일파장대 카메라 체계

항공카메라를 용도별로 분류하면 측량용 카메라와 판독용 카메라로 대별된다. 이들을 구조의 차이에 따라 분류하면 다음과 같다.

(ㄱ) 프레임 카메라(frame camera)

프레임 카메라에는 단일렌즈방식과 다중렌즈방식이 있다. 단일렌즈방식 중에서 가장 많이 사용되고 있는 항공카메라에는 Wild의 RC-10이나 Zeiss의 RMK 등이 있다.

다중렌즈방식은 여러 개의 렌즈로 되어 있으며, 렌즈의 앞부분에 각각 다른 필터를 장치하여 동일지역을 동일시각에 각기 다른 파장역의 영상면으로 기록하는 방식이다.

(ㄴ) 파노라마 카메라(panoramic camera)

이 카메라는 약 120도의 피사각을 가진 초광각렌즈와, 렌즈 앞에 장치한 프리즘이 회전하거나 렌즈 자체의 회전에 의하여 비행방향에 직각방향으로 넓은 피사

그림 12-5 구조에 의한 카메라의 분류

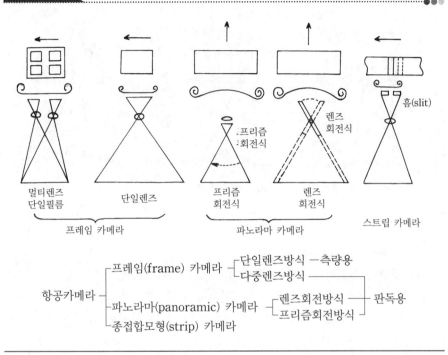

항공카메라 ─┬─ 프레임(frame) 카메라 ─┬─ 단일렌즈방식 ─측량용
            │   └─ 다중렌즈방식 ──────┐
            ├─ 파노라마(panoramic) 카메라 ─┬─ 렌즈회전방식 ──┼─ 판독용
            │   └─ 프리즘회전방식 ─┘
            └─ 종접합모형(strip) 카메라

각을 촬영한다. 1회의 비행으로 광범위한 지역을 기록할 수 있는 장점이 있으며 판독용으로 사용된다.

(ㄷ) 스트립 카메라(strip camera)

이 카메라는 항공기의 진행과 동시에 연속적으로 미소폭(微小幅)을 통하여 얻어진 영상을 롤(roll) 필름에 종접합으로 기록하는 카메라이다.

촬영의 원리는 항공기상에서 바라본 지형의 이동속도에 맞추어 필름을 움직이고 렌즈를 통한 영상을 가는 흠(slit)을 통하여 필름에 감광하도록 하는 것이다.

다) 다중파장대 카메라(MSC: MultiSpectral Camera) 체계

다중파장대 카메라는 필터와 필름을 이용하여 여러 개의 파장영역에 분광하여 여러 밴드의 흑백영상을 촬영하는 카메라이다.

(ㄱ) 다중카메라방식

여러 대의 카메라를 사용하는 방법으로 각각의 카메라에는 각각 다른 필터와 필름이 구비되어 있다. 이 방식은 카메라의 수, 필터와 필름을 목적에 따라 선택할 수 있는 이점이 있다.

그림 12-6 다중파장대 카메라

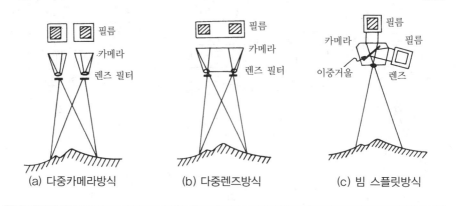

(a) 다중카메라방식   (b) 다중렌즈방식   (c) 빔 스플릿방식

(ㄴ) 다중렌즈(multilens)방식

이 방법은 단일카메라에 여러 개의 렌즈와 필터를 조합시키고 1대의 큰 필름상에 각각 다른 밴드의 흑백영상을 촬영하는 것이다. 이 방식의 이점은 1매의 필름에 동시에 다른 밴드의 영상이 촬영되어 있으므로 현상처리를 동시에 할수 있다는 것과 보존에 편리하다.

(ㄷ) 빔 스플릿(beam split)방식

이 방식은 1개의 렌즈를 통한 빛을 카메라의 내부에서 2중거울(dichroic mirror)을 사용하여 여러 밴드로 나누어 흑백영상을 촬영하는 것이다. 이 경우 여러 필름에 상을 맺게 하는 것과 1매의 필름상에 여러 개의 상을 맺게 하는 방식이 있다.

라) 비디콘 카메라(vidicon camera) 체계

영상필름 대신 비디콘(vidicon)과 같은 축적형의 촬상관(撮像管)을 사용한 광전(光電, flaming) 방식의 센서이다. 광학계의 구성은 영상방식과 비슷하며 다중밴드로 만들기 위해서는 다중사진기 배열방식이 사용된다. 광전변환면(光電變換面)에 기록된 상은 전자빔(beam)에 의하여 주사(走査)되며 영상신호로 변환된다. 전자적인 영상신호는 직접 지상에 무선신호로 전송되며 수치적으로 컴퓨터에 입력할 수 있는 점 등이 영상면필름과 기능적으로 다른 특징이다.

RBV(Return Beam Vidicon)는 광전면에 축적된 상을 읽어내는 것으로, 읽는 데 사용한 전자빔을 굴절시켜 2차전자증폭기에서 고감도의 신호검출을 하는 방식의 비디콘이다. 공간해상력은 40×40m이다.

| 그림 12-7 | MSS 관측도 |

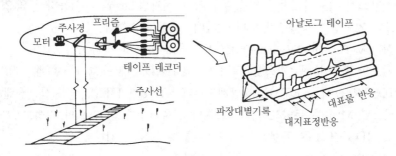

마) 다중파장대 스캐너(MSS: MultiSpectral Scanner) 체계

다중파장대 스캐너(MSS)는 지표로부터 방사되는 전자기파를 렌즈와 반사경으로 집광하여 필터를 통해 분광한 다음 파장별로 구분하여 각각 영상면을 테이프에 기록하는 것으로 관측도는 〈그림 12-7〉과 같다.

비행방향에 직각으로 회전하는 반사경을 이용하여 지표면을 대상으로 관측한다. 이것을 스캔〔走査〕이라고 하며 자료를 기록하는 최소관측시야단위를 순간시야(IFOV: Instantaneous Field of View: 센서가 한 번의 노출로 커버하는 대상의 영역)라 하며 밀리라디안(milli-radian)으로 표시한다. 이것에 대응하는 지표의 관측최소단위면적을 영상소라 하며 이것은 광학카메라의 분해능에 상당한다. 항공기에 탑재하는 MSS는 가시근적외역(可視近赤外域)을 10밴드 정도로 나누고 열적외역(熱赤外域)을 1~2밴드 더 추가한 것이 많다. 영상소는 80×80m이다.

바) 초미세분광(Hyperion) 체계

하이퍼스펙트럴(Hyperspectral) 영상은 일반적으로 5~10mm에 해당하는 좁은 대역폭(bandwidth)을 가지며 40~200 정도의 밴드수로 대략 0.4~2.5lm영역의 파장대를 관측한다(부록 3.1 참조).

사) 전자스캐너 체계

실리콘 등의 전자광감응소자 여러 개를 선상(線狀) 또는 면상(面狀)으로 매우 고밀도로 배열하고 그 위에 맺어진 광학적 상을 전기신호로 변경하도록 하는 형식의 주사기이다. 전자스캐너〔電子走査機〕는 대상물의 면을 주사하지 않고 대상물에서 광학계를 지나 얻어진 영상면을 여러 개의 전자감광소자로 광전변환한다. 이와 같은 방법을 푸시-브룸(push-broom) 스캐너라고 한다. 따라서 한 개의 검지소자(檢知素子)에 입력되는 자료가 1영상소에 대응하므로 분산능은 검지소자의 수에 따라 결정된다.

전자스캐너는 기계적인 가동부가 없고 전자빔(beam)을 사용하지 않으므로 신뢰도와 기구상의 정확도가 비디콘 카메라보다 우수하다.

아) TM(Thematic Mapper)과 ETM⁺(Enhanced TM-Plus) 체계

지표면의 고분해능관측을 목적으로 LANDSAT-4호와 5호에는 TM과 LANDSAT-7에는 ETM⁺가 탑재되었다. TM과 ETM⁺의 지상스캔밴드는 기본적으로 MSS와 동일하지만 밴드수와 검출기수가 더 많으며 위성고도가 낮다. LANDSAT 1-7 특성을 나타내면 〈부록 3-8〉과 같다.

자) HRV(High Resolution Visible) 체계

HRV센서의 제원은 〈부표 3-15〉와 같으며 다중파장대형(multispectral code; XS형)과 흑백형(또는 전정색〈全整色〉 panchromatic code; P형)으로 분류되며 각각에 따라 파장대, 영상소의 크기 및 수가 다르게 된다.

차) 방사계(radiometer) 체계

방사계는 시야 내에 있는 물체로부터 방사 또는 반사되는 것을 입력하여 정해진 파장역의 전자기파 강도를 관측하는 장치이다. MSS나 TM 등도 넓은 의미에서 방사계로 볼 수 있으나 주로 기상위성에 탑재되는 가시·적외 영역의 주사형 방사계를 방사계로 호칭하고 있다.

② 능동적 센서(active sensor)

극초단파센서(microwave sensor)는 능동적이고 전천후형으로 시간과 지점을 중요하게 여기는 정보수집에 이용되었으며 가시·적외역의 영상취득이 가능한 장점을 갖고 있다.

극초단파 중 레이더파를 지표면에 주사하여 반사파로부터 2차원영상면을 얻는 센서로 SLR은 일반적으로 항공기에 탑재되어 사용되므로 SLAR(Side Looking Air-borne Radar)라고도 하며, SLAR에는 저해상영상 레이더인 실개구(實開口)레이더(RAR; Rear Aperture Radar)와 고해상영상 레이더인 합성개구(合成開口)레이더(SAR; Synthetic Aperture Radar)가 있다. SLAR는 저해상영상 레이더를 주로 사용하며 항공기의 진행방향에 직각으로 전파를 발사하며 안테나 빔(antena beam)은 진행방향으로는 폭이 좁고 직각방향으로는 폭이 넓은 부채꼴모양을 이룬다. 대상지역에서 반사되는 반사파의 시간차를 정밀하게 관측하여 대상지역의 형태를 판독하며 빔폭(beam width)을 작게 하면 해상도를 높일 수 있다.

고해상영상 레이더인 SAR는 해상도가 높은 영상을 얻기 위한 것으로 저해

상영상 레이더인 RAR와 다른 것은 반사파강도 이외의 위상도 관측하며 위상조
정 후에 해상도가 높은 2차원영상면을 작성한다. 고해상영상 레이더는 해상도
가 높은 영상을 얻기 위해 수신신호를 비행방향과 비행방향에 직각인 방향으로
분해하여 처리하는 방법을 사용하고 있다.

(3) 항공영상자료취득

① 항공영상탐측용 카메라

영상탐측용 카메라는 영상면지표가 있으며 일반카메라와 비교하여 다음과
같은 특징이 있다.

가) 초점거리가 깊다(88, 150, 210, 300mm 등).

나) 렌즈의 지름이 크다.

다) 왜곡이 극히 적으며 왜곡이 있더라도 역의 왜곡을 가진 보정판을 이용
   함으로써 왜곡을 없앨 수 있다.

라) 피사각이 크다.

마) 거대하고 중량이 크다(카메라의 중량 80kg의 것이 있다).

바) 셔터의 속도는 $\frac{1}{100} \sim \frac{1}{1,000}$ 초이다.

사) 필름은 폭 24cm(또는 19cm), 길이 60m, 90m, 120m의 것을 이용한
   다.

아) 파인더(finder)로 영상면의 중복도를 조정한다.

자) 주변부라도 입사하는 광량의 감소가 거의 없다.

항공영상탐측용 카메라를 렌즈의 피사각에 따라 분류하면 〈표 12-2〉와
같다.

■■ 표 12-2 항공영상탐측용 카메라의 종류

종　류	렌즈의 피사각	초점거리 (mm)	사진의 크기(cm)	필름의 길이(m)	최단셔터 간격(초)	사용 목적
보통각카메라(N.A.) (normal angle)	50° 60°	300 210	23×23 18×18	300 120	2.5 2	도시관측 산림조사용
광각카메라(W.A.) (wide angle)	90°	152~153	23×23	120	2	일반도화, 판독용
초광각카메라(S.W.A.) (super wide angle)	120°	88	23×23	60	3.5	소축척 도화용

② **촬영보조기재**

가) 수평선카메라(horizontal camera)

주된 카메라의 광축에 직각방향으로 광축이 향하도록 부착시킨 소형카메라이다.

나) 고도차계(statoscope)

고도차계는 U자관을 이용하여 촬영점 간의 기압차관측에 의하여 촬영점간의 고도차를 환산기록하는 것이다.

다) APR(Airborne Profile Recorder)

APR은 비행고도자동기록계라고도 하며, 항공기에서 바로 밑으로 전파를 보내고 지상에서 반사되어 돌아오는 전파를 수신하여 촬영비행중의 대지(對地)촬영고도를 연속적으로 기록하는 것이다.

라) 자이로스코프(gyroscope)

회전하는 자이로(자동평형; gyro)의 원리를 이용하여 항공기의 동요 등이 사진기에 주는 영향을 막고 영상면상에 연직방향을 촬영과 동시에 찍히도록 하는 것이다.

마) 항공망원경(navigation telescope)

접안격자판에 비행방향, 횡중복도가 30%인 경우의 유효폭 및 인접코스, 연직점위치 등이 새겨져 있어서, 예정코스에서 항공기가 이탈되지 않고 항로를 유지하는 데 이용된다.

③ **중심투영**(central projection)

영상면의 상은 피사체로부터 반사된 광이 렌즈중심을 직진하여 평면인 필름면에 투영되어 축소 또는 확대되어 나타난다. 이와 같은 투영을 중심투영(中心投影)이라 하며, 지상 또는 항공카메라에 의한 영상면은 중심투영상이다. 센서에 의한 영상면의 정사투영(ortho projection)은 지도투영과 같이 기준면에 대하여 일정한 축척으로 재현된다.

항공영상의 원리 및 수직영상에 있어서 지표면과의 상관관계를 나타내면 〈그림 12-8〉과 같다.

영상면원판(음화면)은 도립실상(倒立實像)이므로, 영상탐측에서는 이를 밀착인화시켜 정립실상인 투명영상면(diapositive)으로 만들어 사용한다. 이 투명영상면을 확대하여 〈그림 12-8〉의 아래 그림과 같이 피사체의 크기와 같도록 하였다고 가정하면, 지형도상에서 a로 나타나 있는 A점의 중심투영상이 a'로 나타남을 알 수 있다.

그림 12-8 중심투영과 정사투영

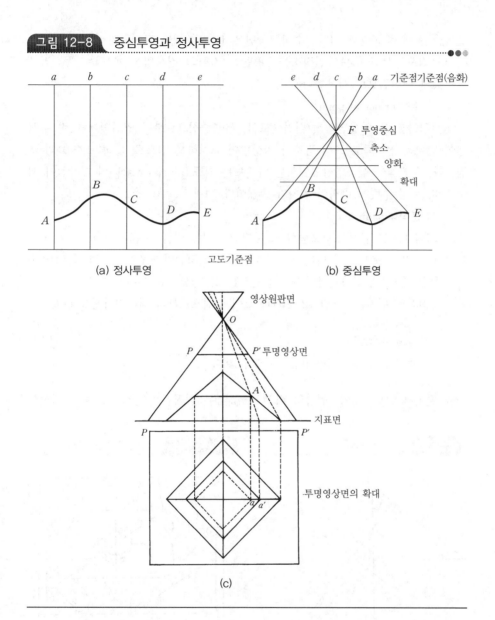

(a) 정사투영 (b) 중심투영

(c)

이와 같이 지표면이 평탄한 경우는 지도와 영상면이 같으나, 기복이 있는 지형에서는 정사투영인 지도와 중심투영인 영상면에 차이가 생긴다.

④ **항공영상면의 특수 3점**

영상면의 특수 3점이란 주점, 연직점, 등각점을 말하며, 영상면의 성질을 설명하는 데 중요한 점이다. 수직영상면에서는 주점을, 고저차가 큰 지형의 수직 및 경사영상면에서는 연직점을, 평탄한 지역의 경사영상면에서는 등각점을 각관측의 중심점으로 사용한다.

가) 주점(principal point)

주점(主點)은 영상면의 중심점으로서, 투영중심으로부터 영상면에 내린 수직선이 만나는 점, 즉 렌즈의 광축과 영상면이 교차하는 점으로 〈그림 12-9〉의 m점이다. 일반적인 항공영상면에서는 마주보는 지표(fiducial mark)의 대각선이 서로 만나는 점 주변에 주점의 위치가 존재한다(〈그림 12-10〉 참조).

나) 연직점(nadir point)

〈그림 12-9〉와 같이 렌즈중심으로부터 지표면에 내린 수직선이 만나는 점 N을 지상연직점(地上鉛直點)이라 하며, 그 선을 연장하여 영상면과 만나는 n점, 즉 렌즈중심을 통한 연직축과 영상면과의 교점을 연직점(또는 영상면연직점)이라 한다.

연직점의 위치는 〈그림 12-10〉과 같이 주점으로부터 최대경사선상에서

$$\overline{mn} = f \tan i \tag{12.1}$$

여기서 f는 초점거리이며, i는 경사각이다.

만큼 떨어져 있으며, 영상면상의 비고점(比高點)은 연직점을 중심으로 한 방사선상

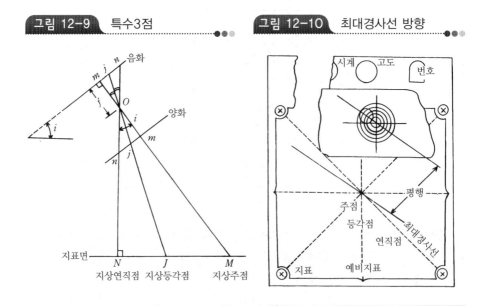

그림 12-9 특수3점

그림 12-10 최대경사선 방향

에 있다.

다) 등각점(isocenter)

등각점(等角點)은 영상면과 직교하는 광선과 연직선이 이루는 각을 2등분하는 광선이 교차하는 점, 즉 〈그림 12-9〉의 j점이다.

등각점의 위치는 주점으로부터 최대경사방향선상으로

$$\overline{mj} = f \tan \frac{i}{2} \qquad\qquad (12.2)$$

만큼 떨어져 있으며, 등각점에서는 경사각 i에 관계없이 수직영상면의 축척과 같은 축척으로 된다.

4. 항공영상면에 의한 대상물의 재현

공간상에 존재하는 임의의 점 P로부터 출발한 빛은 앞 ③에서 설명한 바와 같이 투영중심 O를 통과하여 필름면상의 p에 상이 기록된다. 따라서 이 상점 p의 위치나, 역의 p로부터 P점의 위치를 구하는 방법은 p점, O점 및 P점이 동일 직선상에 있어야 한다는 조건을 이용한다. 이 조건을 공선조건(共線條件, collinearity condition)이라 하며 영상탐측의 기본원리이다. 영상탐측에 쓰이는 다른 조건들도 이 공선조건의 조합에 의해 얻어진다.

공선조건을 이용하는 데 있어 얻어진 영상면이 1매인 경우와 2매인 경우와는 큰 차이가 있다. 즉, 영상면 1매인 단영상탐측에서는 다른 별도의 조건이 주어지지 않는 한 2차원정보밖에 없는 영상면 1매로써 피사체의 3차원좌표를 결정하기 어렵지만, 피사체를 서로 다른 위치에서 촬영한 2매 이상의 영상면을 이용하는 입체영상탐측에서는 2개 이상의 공선조건이 얻어지므로 피사체의 3차원좌표를 2개 이상의 광선의 교점으로 결정할 수 있다.

〈그림 12-11〉에 나타낸 것 같이 각각의 영상면상에서 주점을 원점으로 하고 비행방향을 x축으로 갖는 평면 직교좌표계 (x_1, y_1), (x_2, y_2)를 영상면좌표계라 한다. 또한 왼쪽 영상면의 투영중심 O_1을 원점으로 하여 O_2에 향한 방향을 X축, 연직방향을 Z축, 이에 직교하는 Y축을 갖도록 3차원좌표계를 가정하면 임의의 점 $P(X, Y, Z)$는 두 영상면상에 $p_1(x_1, y_1)$과 $p_2(x_2, y_2)$로 나타난다. O_2p_2에 평행한 $O_1p_2{}'$를 왼쪽 영상면에 취하면 $\triangle O_1 p_1 p_2{}'$와 $\triangle O_1 O_2 P$와의 비례관계에서 다음 식을 얻을 수 있다.

그림 12-11 수직영상면에서의 좌표계

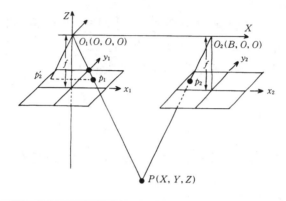

$$X = \frac{x_1}{x_1 - x_2}B \tag{12.3}$$

$$Y = \frac{y_1}{x_1 - x_2}B = \frac{y_2}{x_1 - x_2}B$$

$$Z = \frac{f}{x_1 - x_2}B \tag{12.4}$$

여기서 $x_1 - x_2$는 12장 7.(1)에서 설명하는 시차차(視差差)이다.

따라서 f와 B의 값을 알면 p_1, p_2의 영상면좌표를 관측하여 위의 식으로부터 P의 공간좌표 X, Y, Z를 구할 수 있다. 영상면좌표는 렌즈왜곡 등을 제거한 상태로 관측된 좌표 또는 정밀좌표관측기(comparator)를 이용하여 관측한다.

5. 영상면의 기하학적 성질

(1) 기복변위(relief displacement)

지표면에 기복이 있을 경우, 연직으로 촬영하여도 축척은 동일하지 않으며, 영상면에서 연직점을 중심으로 방사상의 변위가 생기는데 이를 기복변위(起伏變位)라 한다. 〈그림 12-12〉에서 P점은 정사투영인 지도상에 A점으로 나타나지만 중심투영에 의한 영상면에서는 a점에서 기복 h에 의한 변위 $\varDelta r$만큼 떨어져 P점으로 나타난다. 따라서 P점의 위치를 영상면상에서 찾기 위해서는 기복변위량 $\varDelta r$을 계산하여야 한다.

그림 12-12	기복변위

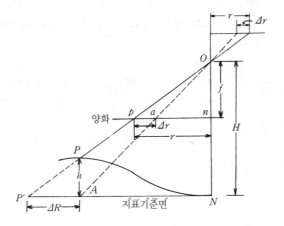

〈그림 12-12〉에서 $\Delta r : \Delta R$의 축척관계와 $\triangle PP'A \backsim \triangle Opn$의 관계로부터

$$\Delta r = \frac{f}{H} \cdot \Delta R = \frac{f}{H} \cdot \frac{r}{f} \cdot h = \frac{h}{H} \cdot r \tag{12.5}$$

단, Δr: 기본변위량

h: 비고

H: 촬영고도

r: 연직점(또는 주점)으로부터의 거리

과 같은 기복변위공식을 얻을 수 있다. 기복변위공식을 응용하여 영상면에 나타난 탑, 굴뚝 및 건물 등의 높이를 구할 수 있다.

예제 12.1 촬영고도 750m에 촬영한 영상면상에 굴뚝의 윗 부분이 주점으로부터 80mm 떨어져 나타나 있으며, 굴뚝의 변위가 7.15mm일 때 굴뚝의 높이는 얼마인가?

해답 $h = \dfrac{\Delta r}{r} H = \dfrac{7.15}{80} \times 750 = 67.03\text{m}$

(2) 렌즈왜곡

렌즈왜곡(lens distortion)은 방사방향의 왜곡(radial distortion)과 접선방향의 왜곡(tangential distortion)으로 나누어진다.

방사방향의 렌즈왜곡은 대칭형이고, 사진기마다 다르며, 렌즈왜곡에 큰 영 향을 미치므로 일반적으로 방사방향의 왜곡만을 보정하는 경우가 많다. 주점 으로부터 거리 r에 대한 방사방향왜곡(Δr)이 구해진 경우 영상면좌표(x', y')는 다음과 같이 보정된다.

$$x = x' - \frac{x'}{r}\Delta r$$
$$y = y' - \frac{y'}{r}\Delta r \qquad (12.6)$$

여기서 $r = \sqrt{x'^2 + y'^2}$ 이다.

방사방향왜곡 Δr는 검정결과값으로부터 근사적으로 구하는 방법과 다음 식 (12.7)과 같은 다항식근사법이 있다.

$$\Delta r = k_1 r^1 + k_2 r^3 + k_3 r^5 + k_4 r^7 + \cdots k_n r^{2n-1} \qquad (12.7)$$

여기서 k_1에서 k_n은 방사방향 렌즈왜곡항의 계수이며 일반적으로 r^7항까지만 고려하면 충분하다.

접선방향왜곡은 비대칭형으로, 렌즈의 제작 및 합성과정에서 각 렌즈들의 중심이 일치하지 않게 발생한다. 일반적으로 접선방향의 왜곡($\pm 2 \mu$m)은 방사방 향왜곡($\pm 20 \sim 25 \mu$m)의 1/10 정도로 매우 작아 무시하지만 정밀한 관측을 요할 경우에는 conrady model에 의한 다음 보정식으로 영상면좌표를 보정한다.

$$\Delta x = P_1(r^2 + 2x'^2) + 2P_2 x'y'$$
$$\Delta y = P_2(r^2 + 2y'^2) + 2P_1 x'y' \qquad (12.8)$$

여기서 P_1, P_2는 접선방향왜곡항의 계수이다.

(3) 대기굴절

촬영고도가 높아지면 광선은 대기굴절(atmospheric refraction)의 영향을 받는다. 대기굴절에 대한 보정량 Δr은 다음 식 (12.9)와 같이 주점으로부터의 거리 r의 함수로 나타내어진다.

$$\Delta r = D_x \left\{ 1 + \left(\frac{r}{f} \right) \right\}^2 r \qquad (12.9)$$

그림 12-13 대기굴절보정

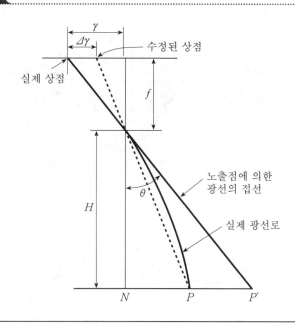

여기서 D_x는 $1.5\times10^{-5}(H-h)\{1-0.035(2H+h)\}$, H는 촬영고도[km], h는 지점의 고도[km], f는 초점거리이다.

대기굴절에 의한 영상면좌표의 보정은 식 (12.9)의 보정량 Δr를 사용해 보정한다.

(4) 지구곡률

지상점의 위치를 수평위치로 계산하려면 지구곡률(地球曲率: earth curvature)에 의한 상의 왜곡을 보정해야 하는데, 그 보정량 Δe는 다음 식과 같이 주점으로부터의 거리 r의 함수로 나타내어진다.

$$\Delta e=\frac{Hr^3}{2Rf^2}\tag{12.10}$$

여기서 H는 촬영고도, R은 지구반지름, f는 초점거리이며, 영상면좌표의 보정은 식 (12.6)처럼 보정한다.

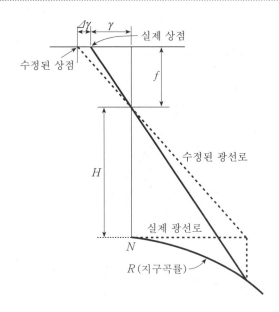

그림 12-14   지구곡률보정

(5) 필름변형

필름의 수축 및 팽창량은 지표 사이의 관측된 거리와 검정자료를 비교해 결정한다. (x_m, y_m)을 지표간의 관측된 거리라 하고 (x_c, y_c)를 검정자료라 하면 보정된 영상면좌표는 다음 식 (12.11)과 같다.

$$x = \left(\frac{x_c}{x_m}\right)x'$$

$$y = \left(\frac{y_c}{y_m}\right)y' \tag{12.11}$$

여기서 x_c/x_m과 y_c/y_m은 x, y방향의 축척계수이다.

6. 공간상에서 영상면이 이루어내는 3가지 기하학적 조건

(1) 공선조건

공간상의 임의의 점(X_P, Y_P, Z_P)과 그에 대응하는 영상면상의 점(x, y) 및

그림 12-15 공선조건

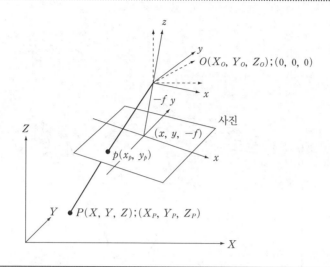

카메라의 촬영중심(X_O, Y_O, Z_O)이 동일직선상에 있어야 하는 조건을 공선조건
(collinearity condition)이라 한다.

공선조건식은 식 (12.12)와 같다.

$$F_x(X, Y, Z, \omega, \phi, \chi, X_O, Y_O, Z_O, x_p, f)$$

$$x = x_p - f \frac{r_{11}(X_P - X_O) + r_{12}(Y_P - Y_O) + r_{13}(Z_P - Z_O)}{r_{31}(X_P - X_O) + r_{32}(Y_P - Y_O) + r_{33}(Z_P - Z_O)}$$

$$= x_p - f \frac{N_x}{D}$$

$$F_y(X, Y, Z, \omega, \phi, \chi, X_O, Y_O, Z_O, y_p, f)$$

$$y = y_p - f \frac{r_{21}(X_P - X_O) + r_{22}(Y_P - Y_O) + r_{23}(Z_P - Z_O)}{r_{31}(X_P - X_O) + r_{32}(Y_P - Y_O) + r_{33}(Z_P - Z_O)}$$

$$= y_p - f \frac{N_y}{D} \tag{12.12}$$

(2) 공면조건

3차원 공간에서 한쌍의 중복된 영상면이 동일면상에서 일치(영상면상의 점
및 투영중심이 일치)해야 하는 조건을 공면조건이라 한다.

그림 12-16 공면조건

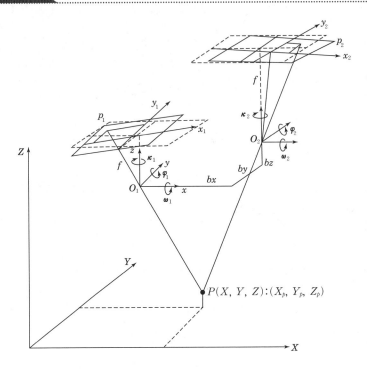

공면조건식 식 (12.13)은 다음과 같이 간략하게 나타낼 수 있다.

$$\begin{vmatrix} bx & by & bz \\ X_1 & Y_1 & Z_1 \\ X_2 & Y_2 & Z_2 \end{vmatrix} = 0 \tag{12.13}$$

(3) 공액조건

〈그림 12-17〉은 공액기하(epipolar geometry)를 이루고 있는 각각의 투영중심이 C', C''인 입체쌍을 나타내고 있다. 공액면(共軛面, epipolar plane)은 2개의 투영중심(C', C'')과 대상점 P에 의해 이루어진다. 공액선(共軛線, epipolar line)은 공액면과 영상면의 교선(intersection)인 e', e''이고, 공액은 영상면과 모든 가능한 공액면과의 교선인 공액들의 수렴중심이다.

〈그림 12-17〉에서 공액선은 주사선에 대해 평행하고 동일하다. 또한 수직

그림 12-17 공액기하

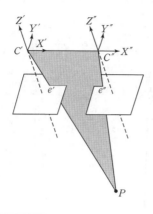

영상면이므로 공액은 무한대에 놓여 있다. 그러나 대부분의 경우에 2개의 카메라축은 평행하지 않고 촬영기선(C', C'')에 대해 수직이 아니므로 공액기하상태로 변환하기 위해서는 공액선이 영상면좌표체계에서 동일한 y좌표를 갖고, x축에 평행이 되도록 변환시켜야 한다. 이렇게 변환된 영상면은 촬영기선이 평행하고 동일한 초점거리(focal length)를 가져야 한다. 하나의 초점거리를 선택하고난 뒤에도 촬영기선을 회전하면 무한한 수의 가능한 공액기하가 존재하게 된다.

실제적용을 위해서는 수치영상의 행(row)과 공액선이 평행하도록 만드는데 이러한 입체쌍(stereopairs)을 정규화영상(normalized images)이라고 한다.

7. 입 체 시

(1) 입체시의 원리

〈그림 12-18〉(a)는 사람이 물체 $\overline{PQ}$ 를 위에서 보고 있는 것으로 이 경우 P쪽이 Q쪽보다 가깝게 보일 것이다. 이것은 수렴각(또는 시차각) r_1과 r_2의 값이 다르기 때문이다. 또한 P와 Q는 각각 안구(眼球)에 있는 렌즈의 중심 O_1, O_2를 통하여 망막상의 p_1', p_2' 및 q_1', q_2'에 사상(寫像)되는데 이 $\overline{p_1'p_2'}$와 $\overline{q_1'q_2'}$를 각각 점 P 및 점 Q의 시차(視差, parallax)라 한다. 따라서 원근을 느끼는 것은 점 P와 Q의 시차의 차이며 이것을 시차차(視差差, parallax difference)라 한다.

〈그림 12-18〉(a)를 항공기에서 중복영상촬영하는 것으로 고려하여 O_1, O_2

| 그림 12-18 | 망막상의 상의 입체감 |

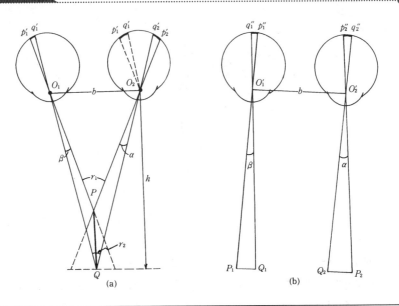

를 카메라 렌즈의 중심이라면 굴뚝 PQ는 필름상에 각각 $\overline{p_1'q_1'}$, $\overline{p_2'q_2'}$의 길이로 찍힌다. 지금 이와 같이 찍힌 영상면을 (b)처럼 두고(영상면상의 굴뚝의 꼭대기와 밑을 각각 P_1Q_1, P_2Q_2라 한다) 왼쪽 눈으로 왼쪽 영상면, 오른쪽 눈으로 오른쪽 영상면을 바라보면 그 상은 망막상에 $\overline{p_1''q_1''}$, $\overline{p_2''q_2''}$로 나타나므로 원근감을 얻을 수 있다.

입체감을 얻기 위한 입체영상면의 조건은 다음과 같다.

① 1쌍의 영상면을 촬영한 사진기의 광축은 거의 동일평면 내에 있어야 한다.

② B를 촬영기선길이라 하고, H를 기선으로부터 피사체까지의 거리라 할 때 기선고도비 B/H가 적당한 값이어야 하며 그 값은 약 0.25 정도이다. 영상탐측에서는 대상에 따라 다르지만 대략 1/4~1/2값이 이용된다.

③ 2매의 영상면축척은 거의 같아야 한다. 축척차가 15%까지는 어느 정도 입체시될 수 있지만 장시간 동안 입체시할 경우에는 5% 이상의 축척차는 좋지 않다.

(2) 입체시의 방법

입체시(stereoscopic vision)에서 정입체시(orthoscopic vision: 고저가 있는 그대로 보임)와 역입체시(preudoscopic vision: 고저가 반대로 보임)가 있으며 정입체시방법에는 자연입체시와 인공입체시(육안식, 렌즈식, 반사식, 여색식, 편광식, 순동식), 컴퓨터상에서의 입체시, 컬러입체시 등이 있다.

① 육안입체시

중복영상면을 명시거리(약 25cm 정도)에서 영상면상에 대응하는 점들이 안기선(眼基線)의 길이보다 조금 짧은 약 6cm(일반적으로 중복도가 60%인 경우이나 중복도에 따라 약간의 차이가 있음)가 되도록 떨어뜨려 안기선과 평행하게 놓는다. 왼쪽 눈으로 왼쪽 영상면을, 오른쪽 눈으로 오른쪽 영상면을 보면 좌우의 영상면 상이 하나로 융합되면서 입체감을 얻게 된다. 이를 입체시(立體視)라 하며 눈의 훈련만으로 기구 없이 입체시하는 것을 육안입체시라 한다.

② 기구에 의한 입체시

가) 입체경(stereoscope)

(ㄱ) 렌즈식 입체경(lens stereoscope)

〈그림 12-19〉(a)는 2개의 볼록렌즈를 사람의 안기선(eye base)의 평균값인 65mm 간격으로 놓고 조립한 것이다. 이와 같은 렌즈를 통하여 영상면을 볼 때에는 렌즈의 초점이 영상면에 닿아 광각(光角)이 자연상태에 가깝기 때문에 입체시가 평상입체시에 가까워져 쉽게 입체감을 얻을 수가 있다. 더구나 렌즈의 배율로 영상면의 세부까지도 알 수 있다. 그러나 렌즈수차 때문에 상이 기울어져 수평면은 완곡면으로 보이며 또는 시야가 좁기 때문에 일부분은 잘 보이나 그 이외의 부분은 굴절되어 보이는 단점이 있다.

(ㄴ) 반사식 입체경(mirror stereoscope)

이 형식은 영상면의 시야가 넓어 렌즈수차에 의한 완곡감도 적게 느껴진다. 렌즈식 입체경의 결점을 보완한 것이며 영상면에서 눈에 이른 광로가 길기 때문에 그만큼 입체시가 좋게 된다. 〈그림 12-19〉(b)에서 명백히 알 수 있듯이

그림 12-19 입체경에 의한 입체시

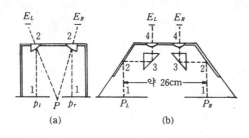

(a)　　　　(b)

영상면상의 기선이 안기선의 수배인 25 cm~30 cm 정도로 되므로 입체시가 한 번에 넓은 범위에서 이루어진다.

나) 여색입체시(anaglyph)

여색(餘色)입체시법에는 두 종류의 방법이 있는데 하나는 여색인쇄법이고 다른 하나는 여색투영광법이다.

(ㄱ) 여색인쇄법(餘色印刷法)

1쌍의 입체영상면의 오른쪽은 적색으로 왼쪽은 청색으로 현상하여 이것을 겹쳐 인쇄한 것으로 이 영상면의 오른쪽에 청색, 왼쪽에 적색 즉, 여색의 안경으로 보면 입체감을 얻는다. 이것을 애너글리프(anaglyph)에 의한 입체감이라 하며 일반적으로 여색입체시라 하면 이것을 뜻한다.

(ㄴ) 여색투영광법(餘色投影光法)

암실 내에서 여색필터를 끼운 투영렌즈에 입사된 빛을 좌우의 투영대에 얹어진 흑백투명양화를 통하여 백색판상에 투영시키면 적색광과 청색광의 중첩효과가 나타난다. 한쌍의 투명양화를 좌우의 투영대에 장착시키고 여색관계가 있는 필터를 통하여 백색광을 투영시키면 착색영상면이 생긴다. 이때 적색광영상면은 청색안경으로 청색광영상면은 적색안경으로 보면 착색영상면은 명확히 흑색이 되고, 영상 이외의 투과부(여색인쇄법의 인쇄지의 백색부에 해당하는 부분)는 착색광이 되어 투영되기 때문에 같은 색안경에 흡수되어 버린다. 그래서 투영광과 반사필터쪽은 앞에서와 같이 영상면부분이 흑색이 되고 투과광 부분도 필터의 여색광이 차단되어 똑같이 흑색이 된다. 이 때문에 영상면부나 투과부는 흑색이 되므로 영상면은 전혀 보이지 않는다. 이상과 같은 이유로 왼쪽 영상면은 왼쪽 눈에 오른쪽 영상면은 오른쪽 눈에 보여지게 되어 정상입체감이 얻어진다. 이 원리를 이용한 도화기가 켈쉬 플로터(Kelsh plotter)이다.

다) 편광입체시

여색입체시는 지금까지 널리 이용되고 있으나, 여색을 이용하기 때문에 컬러영상면에는 불리한 큰 결점이 있다. 편광입체시법은 서로 직교하는 진동면을 갖는 두 개의 편광광선이 한 개의 편광면을 통과할 때 그 편광면의 진동방향과 일치하는 진행방향이 광선만 통과하고 여기에 직교하는 광선은 통과 못하는 편광의 성질을 이용하는 방법이다.

라) 순 동 법

순동법(瞬動法)은 영화와 같이 막망상의 잔상을 이용하여 입체시각을 얻는 방법이다. 투영광선도 중간에 격판을 설치하여 좌우영상면의 광로를 교대로 보

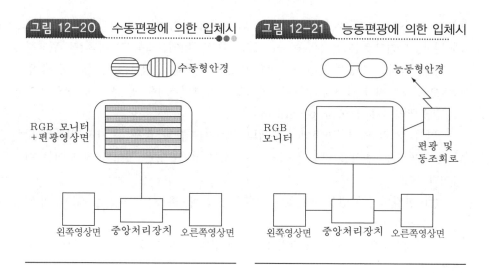

| 그림 12-20 | 수동편광에 의한 입체시 | 그림 12-21 | 능동편광에 의한 입체시 |

내고, 이에 대응하게 좌우의 눈앞에도 동일한 격판을 설치하여 왼쪽 영상면이 투영될 때는 왼쪽격판을 열고 다음 오른쪽 영상면이 투영될 때는 왼쪽격판은 닫히고 오른쪽격판이 열리게 한다. 이 개폐를 $\frac{1}{16}$초 정도로 급속히 진행하면 입체시각을 얻을 수 있다.

이 방법의 결점은 다른 방법에 비해 기구적인 문제점, 급속개폐에 따른 진동 때문에 관측의 불안정성 및 진동음에 의한 장시간관측의 곤란 등이 있다.

마) 컴퓨터상에서의 입체시

현재 가장 일반적인 방법은 수동 또는 능동 형식에 의한 일시적 분리와 편광의 조합이다. 수동적 편광의 경우에서 편광영상면(polarization)이 모니터의 앞에 탑재된다. 영상면들이 120Hz의 간격으로 연속적으로 출력이 되며 편광영상면은 출력되는 영상면과 동조되어 편광을 바꾸게 된다. 사용자들은 수직 또는 수평적으로 편광화된 관측안경을 사용한다. 능동편광의 경우에서는 편광영상면은 〈그림 12-21〉에서 보는 바와 같이 조망경(viewing glasses)과 결합된다.

바) 컬러입체시

컬러입체시(chromostereoscopy)로 알려진 효과를 이용하여 컬러심도의 3차원(Chromodepth 3-D) 처리에 기본을 두고 있다. 기본개념은 색상(color)에 의해 심도(depth)를 영상면에 부여한 다음 심도지각(depth perception)을 생성하는 광학에 의해 다시 색상을 얻는 것이다.

전방에 위치한 물체는 붉은색을 띠게 되고 후방의 물체는 파란색을 나타내며 그 사이에 있는 물체는 전자기파분광(spectrum)의 위치에 따라 색을 나타내게 된다. 그러므로 오렌지색 물체는 붉은색보다 뒤에, 초록색보다 앞에 위치하게 된다. 이러한 과정은 안경을 사용하지 않을 때에는 편평한 표준 정규 컬러 영상면으로 보이지만 컬러심도 3차원 안경을 사용하면 3차원 영상면으로 보인다.

사) 역입체시(pseudoscopic vision)

역입체시란 입체시과정에서 본래의 고저가 다음과 같은 두 가지 원인에 의해 반대가 되는 현상을 말한다. 즉, 높은 것이 낮게, 낮은 것이 높게 보이는 현상이다.

(ㄱ) 한쌍의 입체영상면에 있어서 영상면의 좌우를 바꾸어 놓을 때(단, 이 경우 주점기선길이는 같게 한다.)

(ㄴ) 정상적인 여색입체시과정에서 색안경의 적과 청을 좌우로 바꾸어서 볼 경우

③ 입체상의 변화

가) 기선의 변화에 의한 변화

입체상(立體像)은 촬영기선이 긴 경우가 촬영기선이 짧은 경우보다 더 높게 보인다.

나) 초점거리의 변화에 의한 변화

렌즈의 초점거리가 긴 쪽의 영상면이 짧은 쪽의 영상면보다 더 낮게 보인다.

다) 촬영고도의 차에 의한 변화

같은 카메라로 촬영고도를 변경하며 같은 촬영기선에서 촬영할 때 낮은 촬영고도로 촬영한 영상면이 촬영고도가 높은 경우보다 더 높게 보인다.

라) 눈의 높이에 따른 변화

눈의 위치가 약간 높아짐에 따라 입체상은 더 높게 보인다.

마) 눈을 옆으로 돌렸을 때의 변화

눈을 좌우로 움직여 옆에서 바라볼 때에 항공기의 방향선상에서 움직이면 눈이 움직이는 쪽으로 비스듬히 기울어져 보인다.

④ 입체시에 의한 과고감

과고감(過高感, vertical exaggeration)은 인공입체시하는 경우 과장되어 보이는 정도이다. 항공영상면을 입체시하여 보면 수평축척에 대하여 수직축척이 크게 되기 때문에 실제 모형보다 산이 더 높게 보인다.

〈그림 12-22〉에서 사람이 양쪽 눈의 간격 $\overline{AB} = b = 65mm$에 대해 촬영고도 H는 매우 크므로 수렴각 γ_p, γ_q는 상당히 작아 P와 Q는 고도감이 없이

그림 12-22 과고감 ●●●

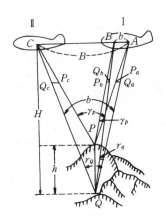

평평하게 보인다. 일반적으로 사람 눈이 수렴각의 차($\Delta\gamma=\gamma_p-\gamma_q$)의 분해능은 $10''\sim25''$(거리 $500\sim1,300$m에 해당) 정도이므로 아주 먼 거리의 물체는 수렴각이 거의 $0''$에 가까워지므로 고저 및 원근을 구별할 수 없다. 그러나 Ⅰ의 상공 A에서 촬영하고 촬영기선 B만큼 떨어진 Ⅱ의 상공 C점에서 촬영한 두 장의 영상면을 입체시하면 수렴각 γ_p, γ_q가 커지므로 항공기상에서 내려다본 감각보다 더 명료한 고도감, 즉 과고감을 느낄 수 있다.

촬영기선길이 B와 안기선길이 b의 비를 부상비(浮上比) n이라 할 때 다음과 같이 표시된다.

$$n=\frac{B}{b} \tag{12.14}$$

과고감은 촬영고도 H에 대한 촬영기선길이 B와의 비인 기선고도비 B/H에 비례한다.

⑤ **시차와 시차공식**

두 투영중심 O_1과 O_2에서 나온 대응하는 광선이 평면 r과 만나는 점 A'와 A''가 〈그림 12-23〉과 같이 일치하지 않는 경우 평면 r상의 벡터 $\overrightarrow{A''A'}$를 시차(視差, parallax) p라 하며, 시차 p의 X성분의 횡시차(x-parallax) px, Y성분을 종시차(y-parallax) py라 한다.

〈그림 12-24〉는 정확하게 연직인 2매의 영상면이 같은 고도에서 h인 탑을

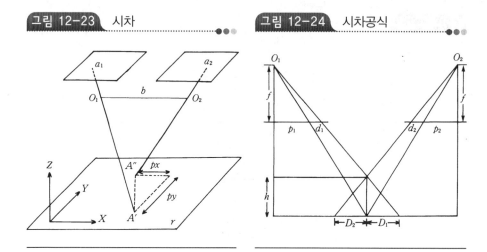

그림 12-23 시차

그림 12-24 시차공식

촬영한 관계를 나타내고 있다.

이때 $D_1 = (d_1 + p_1) \dfrac{h}{f}$, $D_2 = (d_2 + p_2) \dfrac{h}{f}$ 이므로,

$$D_1 + D_2 = \frac{h}{f}(d_1 + d_2 + p_1 + p_2) \tag{12.15}$$

$d_1 + d_2 = \Delta p$(시차차), $p_1 + p_2 = b$(주점기선길이)라 놓으면,

$$h = \frac{f(D_1 + D_2)}{\Delta p + b} = \frac{f}{\Delta p + b} \cdot \frac{H}{f}(d_1 + d_2) = \frac{\Delta p}{\Delta p + b} H \tag{12.16}$$

의 시차공식(parallax formula)을 얻을 수 있다. Δp가 b에 비해 무시할 정도로 작은 경우 다음과 같은 간략식을 쓸 수 있다.

$$h = \frac{\Delta p}{b} H \tag{12.17}$$

예제 12.2 촬영고도 6,000m, 영상면 Ⅰ의 주점기선길이=80mm, 영상면 Ⅱ의 주점기선길이=81mm일 때, 시차차 1.0mm의 그림자의 고저차는 얼마인가?

해답 $h = \dfrac{\Delta p}{b} H = \dfrac{6,000}{\dfrac{80+81}{2}} \times 1.0 = 74.5\,\text{m}$

그림 12-25

⑥ 시차관측기에 의한 시차관측

시차관측기(parallax bar)는 스테레오미터(stereometer)라고도 하며 1mm 의 $\frac{1}{10}$ 까지 정확하게 마이크로미터로 읽을 수 있고 목측(目測)을 적용하면 1/100 까지도 읽어 낼 수가 있다. 일반적으로 입체시용의 영상면을 정상적인 입체시가 되도록 영상면을 놓은 경우 저지(低地)보다 고지 쪽이 시차의 길이가 짧게 되는 것이 일반적이다. 시차관측기는 양관측점 간의 시차를 읽은 눈금이 시차길이의 신축의 역수로 40mm 사이에 mm단위로 새기고 1mm 이하는 마이크로미터로 읽는다.

〈그림 12-25〉의 유리판에는 ○, ●, +의 세 관측표가 새겨져 있으므로 그중 잘 보이는 것을 사용하여 왼쪽 영상면을 관측할 때 시차점에 왼쪽의 관측 표를 일치시켜 입체시하고 오른쪽 영상면의 대응점에 오른쪽의 관측표를 일치하 도록 하면 영상면상에 대하여 관측표가 뜨거나 가라앉는 것이 전혀 없이 영상면 상에 관측표가 정착된 것처럼 보인다. 이때의 마이크로미터의 읽은 값이 시차 p 이다. 영상면의 2점 A, B의 비고는 p_a, p_b로 구한다. 이와 같이 시차가 같은 점은 눈으로부터 등거리, 즉 같은 높이에 있는 것같이 보인다. 이것을 등시차 (等視差)라 하며 등고면은 등시차면과 일치하므로 등고선을 그릴 수가 있다.

⑦ 부점(floating mark)

부점(浮點)의 원리는 영상면상에서 지형(지형·지물)을 그리고 높이를 재기 위하여 사용된다. 〈그림 12-26〉에서 Ⅰ, Ⅱ의 정사각형판을 평행하게 놓고 그 위에 똑같은 2개의 삼각형판, $M_Ⅰ$, $M_Ⅱ$를 그림에서처럼 y방향의 거리가 같게 하여 O_l, O_r의 점에서 입체시하면 공간상에서 1개의 점 P가 생긴다. 지금 $M_Ⅱ$를 그 대로 두고 y를 일정하게 하고 M_1을 M_2, M_3로 움직이면 그 상의 위치는 $\overline{O_r P}$ 의 연장을 따라 $M_{(2)}$, $M_{(3)}$로 자유로이 원근이 변화한다. 따라서 Ⅰ, Ⅱ의 정사각 형판을 영상면으로 바꾸어 놓고 $M_Ⅰ$, $M_Ⅱ$에 있어서 간격의 변화량을 관측하면 원근도가 관측된다. 여기서 $M_Ⅰ$, $M_Ⅱ$의 이동을 항상 같게 x방향과 y방향이 자

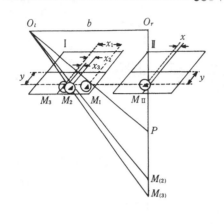

그림 12-26

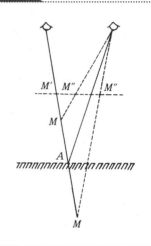

그림 12-27 부점의 위치

유로이 움직일 수 있도록 하면 영상면입체상이 어느 곳에서나 관측되어질 수 있다. 이처럼 관측할 수 있는 역할을 하는 점을 부점(floating mark) 또는 관측표 (measuring mark)라 하고 흑 또는 적의 환형이나 십자형 또는 광점(필터에 의하여 자유로운 색으로 착색광이 됨) 등이 있다.

그리고 〈그림 12-27〉에서 보는 바와 같이 A를 볼 때에는 1점으로 안착되어 보이며 이때를 부점정위(浮點正位, on the ground)라 하고 M을 볼 때에는 떠보이거나 가라앉아 보이는데 이때를 각각 부점상위(浮點上位, over the ground), 부점하위(under the ground)라고 한다. 여기서 떠보이거나 가라앉아 보이는 것은 편위에 의한 것이므로 관측시에는 쓸 수 없으며 반드시 부점정위상 태하에서 관측을 실시하여야 한다.

여색이나 편광의 이용에 의하여 영상면을 투영하고 〈그림 12-28〉에 나타난 바와 같이 입체상을 관측하는 도화기로부터 알게 된 것처럼 부점을 상하로 끊는 광점을 지상에서 움직여 광점중의 모든 점에 대응하는 광선의 교점 바로 밑에 연필로 위치를 표시한다. 또한 이것에 의하여 표고를 알 수도 있다.

만약 광선의 교점에 대하여 위 또는 아래에 부점이 있을 때 투영판상에는 같은 점의 광점이 좌우 2개로 분리된다. 단, 광선이 한 평면상에 없는 경우 투영판상의 교점을 모아도 종변위(종시차)가 생기고 입체상은 흩어져서 입체시가 되지 않는다. 이 종시차(y-parallax)를 없애는 작업이 뒤에서 설명할 상호표정이다.

그림 12-28

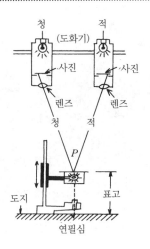

8. 항공영상면의 표정

(1) 표정의 의의

표정(標定, orientation)은 영상 취득 후 관측값으로부터 최확값을 구하는 단계적인 작업이다. 영상탐측에서는 카메라와 영상촬영시의 주위사정으로 엄밀 수직영상을 얻을 수 없으므로 촬영점의 위치나 카메라의 경사 및 영상면축척 등을 구하여 촬영시의 카메라와 대상물좌표계와의 관계를 재현하는 것을 영상면의 표정이라 하며 영상면의 단위에 따라 한 장의 영상면만을 이용하여 좌표를 해석하기 위한 단영상면표정(orientation of single imagery)과 2장 이상의 영상면을 중복 촬영하여 3차원좌표(X, Y, Z)를 얻기 위한 입체영상면표정(또는 중복영상면표정 : orientation of stereo imagery)으로 대별된다. 표정의 해석방법에는 기계적 방법(analogue method)과 해석적 및 수치적 방법(analytical or digital method)이 있다.

(2) 직접표정과 간접표정

최근에는 영상의 위치와 자세를 GPS, INS 센서의 조합에 의하여 지상기준점을 이용하지 않고 실시간으로 최확값을 구하는 과정을 직접표정(DO: Direct

그림 12-29 직접표정

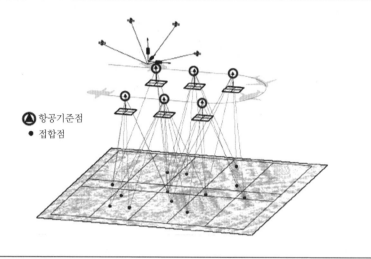

▲ 항공기준점
● 접합점

그림 12-30 간접표정

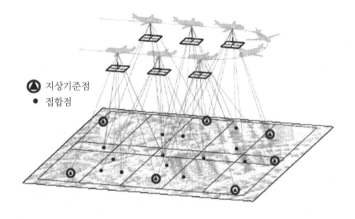

▲ 지상기준점
● 접합점

Orientation)이라 한다. 지상기준점을 수를 줄이거나 사용하지 않으므로 시간과 비용면에서 효율을 기할 수 있어 지상기준점이 적거나 설치하기 힘든 지역에도 적용할 수 있다. 이 방법은 GPS 신호와 INS 관측값의 신호 동기화 센서간의 정확한 거리와 각도의 관측 등의 관측체계(영상센서, GPS, INS)간의 관계보정이 필수적이다.

간접표정(IO: Indirect Orientation)은 지상기준점을 이용하여 외부표정요소를 구하여 최확값을 구한다.

내부표정에 오차가 있는 경우 간접표정 방법을 적용하면 외부표정값이 광속조정에 의하여 내부표정의 오차가 처리되어 정확한 지상좌표를 얻을 수 있다. 그러나 직접표정의 경우 GPS와 INS에 의해 외부표정이 정해지므로 내부표정의 오차가 있다면 지상좌표 결정시 오차가 전파되어 정확한 지상좌표값(최확값)을 얻을 수 없다. 직접표정인 경우는 반드시 정확한 내부표정을 해야 한다.

내부표정은 영상면의 주점을 도화기의 촬영중심을 일치시키고 초점거리를 도화기의 눈금에 맞추는 작업이 기계적 내부표정방법이고 기계좌표(machine coordinate)로부터 영상면좌표(imagery coordinate)를 구하는 수치처리를 해석적 내부표정방법이라 한다.

외부표정은 다시 상호표정(relative orientation), 접합표정(successive orientation)과 절대표정(또는 대지표정: absolute orientation)으로 세분된다.

기계적 상호표정은 입체도화기에서 내부표정을 거친 후 상호표정인자(b_y, b_z, κ_1, φ, ω)에 의하여 종시차(P_y: y-parallax)를 소거한 입체시를 통하여 3차원 가상좌표인 입체모형좌표(model coordinate)를 구할 수 있는 작업이다. 해석적 상호표정은 영상면좌표(imagery coordinate: 좌우영상면좌표)로부터 수치적으로 입체모형좌표를 얻는 작업이다. 상호표정의 경우 최소한 영상면상에서 5점의 표정점이 필요하다. 접합표정은 입체모형간, 스트립간을 접합하여 좌표계를 통일시키는 작업으로 기계적 접합표정은 만능도화기(base in과 base out이 되는 입체도화기: universal instrument. 예: A-7, C-8 등)에 의한 스트립좌표계(strip coordinate system)를 구하는 것을 뜻하며 해석적 접합표정은 입체모형(model)을 종방향으로 접합시켜 스트립좌표계(종접합모형, strip coordinate system)나, 스트립을 횡방향으로 접합시켜 블럭좌표계(종횡접합모형, block coordinate system)로 만드는 수치작업으로 이때 표정인자는 λ, κ, φ, ω, S_x, S_y, S_z이다. 절대표정은 가상좌표(2차원 및 3차원 가상좌표)를 대상물의 절대좌표로 환산하는 작업이다. 기계적 절대표정은 입체도화기상에서 내부, 상호표정을 마친 후 대상물의 좌표값을 이용하여 경사[한 입체 영상 모형당 수직위치값(Z or H)에 해당되는 3점]과 축척[한 입체 영상 모형당 수평위치값(X, Y)에 해당되는 2점]을 조정하여 대상물과 상사(相似)가 되게 하는 작업이고 해석적 절대표정은 2차원(X, Y)이나 3차원(, Z) 가상좌표를 대상물절대좌표계로 환산하기 위한 λ, κ, ϕ, Ω, C_x, C_y, C_z 인자의 수치적 처리이다.

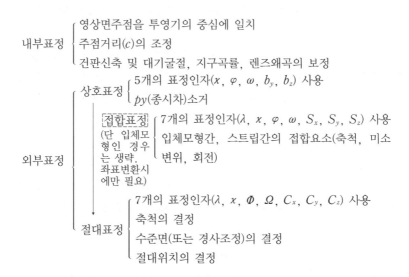

(3) 기계적 및 해석적 절대표정(absolute orientation for analogue and analytical method)

내부, 상호, 접합표정에 관하여 기계적 및 해석적 표정의 자세한 내용은 부록 2에서 다루기로 하고 여기서는 절대표정에 관한 기계적 및 해석적 표정에 대해서만 기술한다.

① 기계적 절대표정(analogue absolute orientation)

절대표정은 대지표정(對地標定)이라고도 하며, 상호표정이 끝난 입체모형을 피사체기준점 또는 지상기준점을 이용하여 피사체좌표계 또는 지상좌표계와 일치하도록 하는 작업이다. 절대표정은 ① 축척의 결정, ② 수준면(또는 경사조정)의 결정, ③ 절대위치의 결정 순서로 한다. 절대표정에서는 K, Φ, Ω, X_0, Y_0, Z_0, λ의 7개 표정인자가 필요하며, 2점의 X, Y좌표와 3점의 H좌표가 필요하므로 최소한 3점의 표정점이 필요하다.

가) 축척의 결정

투영기의 간격, 즉 기선의 길이 bx에 의해 축척이 결정된다.

〈그림 12-31〉에서 A, B점의 축척화된 길이를 S_g, 입체모형상의 길이를 S_m이라 하면 b_x의 수정량 Δb_x는

그림 12-31 축척의 결정

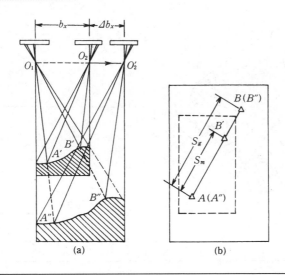

(a)   (b)

$$\Delta b_x = \frac{S_g - S_m}{S_m} \cdot b_x \qquad\qquad (12.18)$$

로 계산되며, b_x에 Δb_x를 보정하여 축척을 결정한다.

　나) 수준면의 결정

　수준면 결정의 목적은 입체모형상에서의 표고와 실제 지표면상에서의 표고차가 각 점에서 비례적으로 맞도록 경사조정을 하는 데 있다.

　〈그림 12-32〉(a)의 입체모형경사를 X축, Y축으로 분리해 고려하면 (b), (c)와 같다. 도화기의 모든 구조는 그레이드(grade)로 되어 있기 때문에 라디안을 그레이드로 환산하기 위한 상수 63.66을 사용하여, Ω와 Φ의 수정치 $\Delta\Omega$와 $\Delta\Phi$를 계산하면 다음과 같다.

$$\Delta\Omega = 63.66 \cdot \frac{\Delta h_C - \Delta h_B}{BC \cdot m} \,(\text{〈그림 12-32〉 (c)에서는 } \Delta h_B = 0) \qquad (12.19)$$

$$\Delta\Phi = 63.66 \cdot \frac{\Delta h_B - \Delta h_A}{AB \cdot m} \,(\text{〈그림 12-32〉 (b)에서는 } \Delta h_A = 0) \qquad (12.20)$$

여기서 $\overline{AB}$ 는 입체모형축척 $1/m$ 상의 거리이다.

그림 12-32 수준면 결정

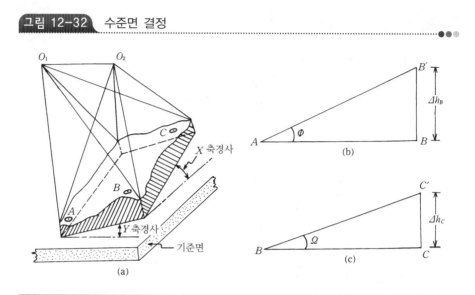

(a)

(b)

(c)

식 (12.20)은 실제높이를 그대로 사용할 경우이며, Δh를 입체모형 축척화한 경우에는 $m=1$이 된다.

다) 절대위치의 결정

2점의 수평위치(x, y) 기준점으로 축척을, 3점의 수직위치(z) 기준점으로 경사를 조정함으로써 절대위치를 결정할 수 있다. 절대표정을 마치면 사진상의 점과 실제점과 상사관계가 이루어진다.

② 해석적 절대표정

절대표정은 입체모형(model)좌표, 스트립(strip)좌표 및 블럭(block)좌표의 가상 3차원 좌표로부터 표정기준점좌표를 이용해 축척 및 경사 등을 조정함으로써 절대(또는 대지)좌표를 얻는 과정을 의미한다. 절대표정의 일반식은 다음과 같다.

$$\begin{bmatrix} X_G \\ Y_G \\ Z_G \end{bmatrix} = SR \begin{bmatrix} X_m \\ Y_m \\ Z_m \end{bmatrix} + \begin{bmatrix} X_o \\ Y_o \\ Z_o \end{bmatrix} \tag{12.21}$$

여기서 X_G, Y_G, Z_G는 절대좌표, X_m, Y_m, Z_m은 입체모형좌표, X_o, Y_o, Z_o는 입체모형좌표계의 원점위치이며, S는 축척인자, R은 회전행렬이다.

(4) 수치적 표정(digital orientation)

투명양화를 관측장치대에 정치하고 모형(model)에 대한 시야의 조정이 이루어지고 난 후에 표정이 진행된다. 이 과정은 기계 및 해석적 영상탐측과 수치영상탐측 양쪽 모두의 체계에서 중요한 것이다. 수치영상탐측체계에 관련되는 표정을 설명하기 위해 전통적인 항공영상면 입체쌍을 가정한다.

① 내부표정

내부표정(interior orientation)은 건판과 영상면좌표계 간의 관계를 처리하는 과정으로 이동지지대의 투명영상면을 정확하게 위치설정시키는 것이다. 수치영상탐측체계상에서의 내부표정은 수치영상과 관련되어 있으므로 수학적인 모형이 스캐너의 기하학적 특성이나 정오차에 대해 고려되어야 하고, 그런 다음 영상소와 영상면좌표간에 변환계수가 고려되어야 한다.

해석도화기는 내부표정과정을 처음으로 거친 후에 첫 번째 영상면지표(指標: fiducial wark)를 도출한다. 조작자는 체계가 자동적으로 그 다음 지표를 찾아가는 동안 지표에 대한 정확한 위치를 결정하고 이에 대한 기록을 해야 한다. 수치영상탐측체계도 이와 동일한 기능을 갖고 있다. 이 경우 건판을 이동하지 않고 단지 커서나 표현의 변화만을 이용해 이루어져야 한다. 수치영상탐측체계는 건판이나 광학기기의 이동이 없다는 것이 특징이다.

어떻게 조작자의 관찰없이 일괄적인 작업만으로 자동적인 내부표정을 할 수 있는가는 수치화된 항공영상면에 대한 영상면지표의 일치화로 형태인식학적인 기법에 의해 해결할 수 있다. 이러한 경우 동일한 체계환경 내에서 스캐닝한 후에 바로 내부표정을 실시할 수 있으므로 수치영상면은 변환계수를 가지게 된다.

② 상호표정

상호표정(relative orientation)에서 모형(model)을 형성하기 위해서는 5개의 표정요소를 이용해 공액점의 시차를 제거함으로써 이루어진다. 해석도화기체계에서 시차는 고정된 하나의 건판에 대해 다른 건판을 움직임으로써 제거할 수 있다. 수치영상탐측체계에서 이러한 과정은 하나의 커서를 움직이는 동안 다른 하나의 커서를 고정시켜서 달성할 수 있다. 수치영상탐측체계에서 공액점은 조작자가 양질의 초기근사값을 제공한다면 자동적으로 찾을 수 있음을 예상할 수 있다.

현재의 수치영상탐측체계는 좌표관측형식에서 입체모형형식으로 변환하는 과정에서 많은 시간이 소요되는데, 이것은 영상면이 공액기하상태를 만들기 위

해 재배열과정을 거쳐야 하기 때문이다. 따라서 실제영상면을 표준화된 위치로
변환해 행방향이 기선과 평행하도록 해야 한다. 이런 경우 공액점은 동일한 열
에 놓이게 된다. 이것은 영상정합의 과정을 신속하게 하고 영상면이동을 손쉽게
할 수 있도록 하는 탐색영역의 범위를 축소할 수 있게 한다.

■■ 표 12-3 해석도화기와 수치영상탐측체계의 비교

해 석 도 화 기	수치영상탐측체계의 기능
영상면처리	수치영상처리
카메라, 지상기준점 등의 자료입력	카메라, 지상기준점 등의 자료입력
양화를 운반대에 장착	영상입력
기준점식별 • 투명영상면에 밝기 조절 • 부점관측 • 확대축소가 연속적이고 빠름 • 도브프리즘 이용	• 영상면강조(유연화, 히스토그램 평활화) • 커서(모양, 크기, 색상) • 영상면의 재표현 느림 • 영상면회전
내부표정 • 영상면지표 관측 • 내부표정요소 계산	• 영상면지표관측 • 내부표정요소 계산(반자동)
상호표정 • 영상면이동 및 회전 • 시차소거 • 상호표정요소 계산 • 모형에서 자유롭게 이동	• 커서이용 영상이동 • 상호표정요소 계산(자동) • 공액영상 재배열 • 모형 내에서 이동
절대표정 • 지상기준점 식별 • 대상물 관측 • 절대표정요소 계산 • 2장 이상의 영상면을 볼 수 있으나 번거로움 • 공액점을 찾기 위해서는 조작자가 항상 필요	• 지상기준점 식별 지원 • 절대표정요소 계산(반자동) • 여러 개의 윈도를 통해 다중으로 볼 수 있음 • 자동적으로 영상정합수행
수치고도모형 • 수치고도모형 생성방법 정의 • 불연속선(breakline)을 디지타이징 • 점진적 표본화	• 수치고도모형 생성방법 정의 • 반자동에 의한 불연속선(breakline) 디지타이징 • 생성자동화
항공삼각측량 • 점선택 • 점이사 • 블럭조정	• 점선택 • 반자동에 의한 점이사 • 자동블럭조정

상호표정은 자동적인 일괄작업과정을 수행함으로써 어느 정도 자동화할 수 있다. 공액기하에 대한 영상면재배열은 표정 이후 바로 실시할 수 있기 때문에 매우 유용하다고 할 수 있다. 더욱이 이 일괄작업과정은 비용을 절감할 수도 있다.

③ 절대표정

절대표정(absolute orientation)은 모형공간과 실제대상공간 사이의 관계를 이용해 실제대상공간을 기준으로 조정하는 작업으로 영상면에 대해서 이와 상응하는 실제대상공간에 대한 기준점(또는 절대좌표)의 관측값을 필요로 한다. 종종 기준점의 식별문제가 대두되는데, 이것은 점들이 부분적으로 보이고 배경과의 대조가 잘 이루어지지 않기 때문이다. 만약 수작업에 의해 점들을 찾아내기가 어려운 경우 이를 전산기를 통해 식별한다는 것은 더욱 어려운 일이므로 자동적인 기준점의 인식은 향후 계속적인 연구가 이루어져야 할 것이다.

해석도화기와 수치영상탐측체계 사이의 비교에 있어 중요한 관점은 〈표 12-3〉에 요약되어 있다.

9. 항공삼각측량

항공삼각측량(aerial triangulation)은 입체도화기 및 정밀좌표관측기에 의하여 영상면상에서 무수한 점들의 좌표를 관측한 다음, 소수의 지상기준점의 성과를 이용하여 관측된 무수한 점들의 좌표를 조정기법에 의하여 절대(또는 측지)좌표로 환산하여 내는 기법이다.

입체영상탐측에서 하나의 입체모형의 절대표정을 위해서는 최소한의 지상기준점수는[(x, y, z)좌표성과 2점 및 (z)좌표성과 1점이나 (x, y)좌표성과 2점 및 (z)좌표성과 3점]이 필요하다. 즉 표정점의 좌표를 알아야 하며, 소요되는 점수는 입체모형수에 비례하여 증가하게 된다. 이 점들을 증설하는 데 드는 시간과 경비를 대폭 절감시켜 높은 정확도와 경제성을 도모할 수 있는 것이 항공삼각측량이다.

항공삼각측량은 영상면단위(광속조정법), 입체모형단위(독립모형법), 스트립단위(다항식법)에 의해 형성된 블럭(block)에 의한 조정 등이 있다.

(1) 항공삼각측량의 종류

① 촬영경로수에 의한 분류

항공영상에서 전후영상면이 입체시가 가능하도록 중복되게 일직선상으로

그림 12-33 촬영경로수에 의한 분류

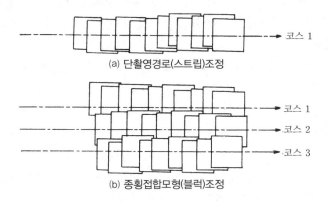

(a) 단촬영경로(스트립)조정

(b) 종횡접합모형(블럭)조정

촬영된 지역(또는 영상면)을 촬영경로라 한다.

〈그림 12-33〉(a)와 같이 하나의 촬영경로영상면들을 이용하여 항공삼각측량을 하는 경우는 단촬영경로조정(또는)이라 하며, (b)와 같이 여러 촬영경로의 영상면을 이용하여 항공삼각측량을 하는 경우를 블럭 조정법(block adjustment)이라 한다.

② **조정기본단위의 종류에 의한 분류**

항공삼각측량에는 조정의 기본단위로서 영상면좌표, 입체모형(model)좌표 및 스트립(strip)좌표가 있으며, 이것을 기본단위로 하는 항공삼각측량방법을 각각 광속조정법(bundle adjustment), 독립모형조정법(IMT: independent model triangulation) 및 다항식조정법(polynomial adjustment)이라 한다. 번들은 광속을 의미하며, 각 영상면의 촬영시 렌즈중심을 통하는 일군의 광속을 나타낸다. 독립모형은 각 입체모형의 입체모형좌표계가 서로 독립적임을 의미한다.

가) 다항식법

다항식법은 한 촬영경로의 입체모형들을 종방향으로 접합시킨 스트립좌표(strip coordinate)를 기본 단위로 하여 절대좌표를 구한다. 촬영경로마다 접합표정 또는 개략의 절대표정을 한 후, 복수촬영경로에 포함된 기준점과 접합점(tie point)을 이용하여 각 촬영경로의 절대표정을 다항식에 의한 최소제곱법으로 절대좌표를 결정하는 방법이다. 미지수는 다항식의 계수와 접합점의 좌표에 의하여 일반적으로 수직위치와 수평위치의 조정을 나누어 실행한다. 이 방법은 다른 방법에 비해 필요한 기준점의 수가 많게 되고 정확도도 저하된다. 단, 계

그림 12-34 조정의 기본단위의 종류에 의한 분류

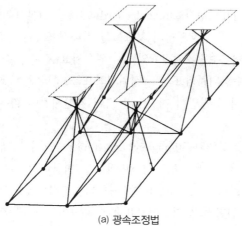

(a) 광속조정법

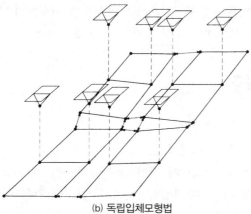

(b) 독립입체모형법

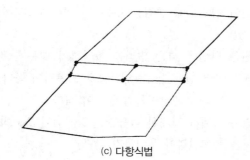

(c) 다항식법

산량은 다른 방법에 비해 적게 소모된다.

나) 독립모형법

독립모형법은 입체모형좌표(model coordinate)를 기본단위로 하여 접합점과 기준점을 이용하여 여러 입체모형의 좌표들을 절대좌표로 환산하는 방법이다.

조정방식은 첫째, 수평위치좌표와 수직위치좌표(X, Y, Z)를 동시에 조정하는 방법과, 둘째, 수평위치좌표와 수직위치좌표를 분리하여 조정하는 방법으로 나눌 수 있으나, 후자의 방법이 미지수가 적어 계산시간이 짧은 이점이 있다.

다) 광속조정법

광속조정법은 영상면좌표(imagery coordinate)를 기본단위로 하여 절대좌표를 구한다. 이 경우 기계좌표를 영상면좌표로 변환시킨 다음 영상면좌표로부터 직접절대좌표(absolute coordinate)를 구한다. 블록(block) 내의 각 영상면상에 관측된 기준점, 접합점의 영상면좌표를 이용하여 최소제곱법으로 각 영상면의 외부표정요소 및 접합점의 최확값을 결정하는 방법이다.

각 점의 영상면좌표가 관측값으로 이용되므로 다항식법이나 독립모형법에 비해 정확도가 가장 양호하며 조정 능력이 높은 방법이다.

10. 지상영상탐측

(1) 지상영상탐측의 특징

지상영상탐측과 항공영상탐측을 비교하면 다음과 같다.

① 항공영상탐측은 촬영당시 카메라의 정확한 위치를 모르고 촬영된 영상면에서 촬영점을 구하는 후방교선법이지만 지상영상탐측은 촬영카메라의 위치 및 촬영방향을 미리 알고 있는 전방교선법이다.

② 항공영상면이 감광도에 중점을 두는 데 비하여 지상영상은 렌즈왜곡에 많은 고려를 하고 있다.

③ 항공영상면은 한번에 넓은 면적을 촬영하기 때문에 광각영상면이 바람직하나 지상영상면은 여러 번 찍을 수 있으므로 보통각이 좋다.

④ 항공영상면에 비하여 기상변화의 영향이 적다.

⑤ 지상영상면은 시계가 전개된 적당한 촬영지점이 필요하다.

⑥ 지상영상면은 축척변경이 용이하지 않다.

⑦ 항공영상면은 지상 전역에 걸쳐 찍을 수 있으나 지상영상면에서는 삼

림, 산 등의 배후는 찍히지 않아 보충촬영을 할 필요가 있다.

⑧ 항공영상면에 비하여 평면 정확도는 떨어지나 높이의 정확도는 좋다.

⑨ 작업지역이 좁은 곳에서는 지상영상탐측이 경제적이고 능률적이다.

⑩ 소규모 지물의 판독은 지상영상면쪽이 유리하다.

(2) 지상영상탐측의 방법

지상영상탐측은 그 촬영방법에 따라 다음의 세 가지로 나누어진다(〈그림 12-35〉).

① 직각수평촬영

양카메라의 촬영축이 촬영기선에 대하여 직각방향으로 향하게 하여 평면 촬영을 하는 방법으로, 도화계측의 절단면은 촬영기선과 평행인 평면으로 결정된다.

② 편각수평촬영

양카메라의 촬영축이 촬영기선에 대하여 일정한 각도만큼 좌 또는 우로 수평편각하여 촬영하는 방법으로, 이 경우에 쓰이는 카메라에는 각도를 정확히 읽을 수 있는 장치가 달려 있다.

③ 수렴수평촬영

양카메라의 촬영축을 촬영기선에 대하여 어느 각도만큼 내측으로 향해, 즉 수평수렴상태에서 촬영하는 방법으로, 카메라의 광축은 서로 교차한다. 이와 같이 하면 촬영기선이 길어진 것과 같은 결과가 되므로 높은 정확도가 얻어진다. 이 경우 기선에 대한 광축방향은 정확히 관측해 두어야 한다.

직각수평촬영인 경우, 절대좌표의 정확도와 영상면좌표의 정확도와의 관계식은 다음과 같다.

그림 12-35 지상영상면의 촬영방법

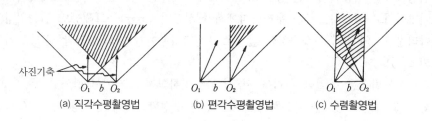

(a) 직각수평촬영법　　(b) 편각수평촬영법　　(c) 수렴촬영법

$$\sigma X = \frac{H}{f} \cdot \sigma x$$

$$\sigma Y = \frac{H}{f} \cdot \sigma y$$

$$\sigma Z = \sqrt{2} \, \frac{H}{f} \cdot \frac{H}{B} \cdot \sigma x \qquad\qquad (12.22)$$

여기서 σX, σY, σZ는 절대좌표의 정확도, σ_x, σ_y는 영상면좌표의 정확도, H 는 촬영거리, f는 초점거리, 그리고 B는 촬영기선길이이다.

11. 원격탐측(RS: Remote Sensing)

(1) 개   요

원격탐측 분야는 인공위성에 탑재된 다양한 센서를 통하여 취득되어진 영 상을 이용하여 지형공간정보의 자료들을 구축하는 탐측 기술이다. 원격탐측은 실제 관찰하고자 하는 목적물에 접근하지 않고 멀리 떨어진 거리에서 관측된 값 으로부터 정보를 추출하여 내는 기법이나 학문을 포괄적으로 의미한다. 인공위 성이나 항공기 등의 관측 대에 탑재된 관측기기를 사용하여 여러 가지 파장에서 반사 또는 복사되는 전자기파 에너지 등의 매개체를 통하여 대상물을 관측 기록 한 후 이를 분석하여 필요한 자료를 추출하여 내는 기술로 관찰되는 대상이 관 측자와 직접적인 접근이 없이도 관찰 대상에 대한 정보를 보다 신속하고 광역적 으로 취득할 수 있으며, 이러한 자료를 활용, 분석하여 토지, 환경, 도시 및 자 원에 대해 필요한 정보를 얻을 수 있다.

(2) 이용 현황

원격탐측은 과거에 위성센서의 한계로 인하여 측량분야에서의 활용도가 매 우 낮았으나 현재 고해상도 인공위성의 등장으로 각광받고 있는 측량 기술이다. 위성측량을 이용한 3차원 공간정보 취득에 대한 연구는 현재까지도 지속적으로 이루어지고 있으며, 최근 우리나라에서 해상도가 1m급의 고해상도 인공위성인 아리랑 2호의 발사에 성공하여 앞으로 위성측량분야가 더욱 발전할 것으로 기대 되고 있다.

원격탐측은 동일한 지역을 서로 다른 기하학적 조건에서 촬영한 두 장 이 상의 고해상도 영상을 이용하여 입체모형을 구성함으로써 항공영상을 이용하는 경우와 유사하게 입체도화나 DEM 추출, 정사영상 제작 등을 수행할 수 있고 이를 통해 보다 현실감이 뛰어난 3차원 공간정보를 취득할 수 있게 되었다. 원격탐측은 기본적으로 디지털 센서를 사용하여 영상을 취득하므로 필름기반의 항공영상에 비해 영상 자체의 기하학적, 분광학적 정밀도가 낮으나, 다양한 스펙트럼 밴드에 대한 정보취득이 가능하며, 항공기나 사람이 접근하기 어려운 비접근 지역 또는 대규모 지역 또는 대규모 지역에 대한 신속한 자료취득이 용이하다는 특징을 가지고 있다. 그러나 항공영상과 마찬가지로 구름이나 기상상태 등 대기의 영향에 민감하고, 제한된 궤도상에서만 관측이 가능하다는 점에서 양질의 위성영상의 취득에 많은 어려움을 내포하고 있다. 또한 항공영상에 비하여 넓은 지역을 포함하지만 상대적으로 낮은 공간 해상도로 인하여 지형(지모와 지물)에 대한 엄밀한 판독과 정확도 유지가 어려운 실정이며, 정확한 자료처리를 위해 높은 기술력과 고해상영상 등이 소요된다. 입체영상을 이용하는 경우에도 대상물의 옆면에 대한 정보는 사실상 취득이 불가능하며, 고해상도 위성영상에 대한 제반 기술에 대한 정보 부족으로 정확한 입체모형 구성 및 3차원 공간정보 취득에 상대적으로 어려움을 내포하고 있는 실정이다. 이런 원격탐측의 기법에는 원격탐측에서 얻어진 영상의 영상질 개선, 특징 추출을 위한 특수처리 등을 수행한 영상처리 기술이 사용되어 왔으며, 1960년대 이전에는 항공영상이 원격탐측 활동에 주로 사용되었고, 그 후 Mercury 계획에 의해 위성영상이 나옴으로써 급격한 발전과 함께 위성영상이 원격탐측 활동의 중요한 자료 취득기법으로 대두하게 되었다. 고정밀 위성영상(HPSI: High Precision Satellite Image)은 인공위성 탑재센서(sensor)에 의해 취득된 영상을 처리한 후, 지상해상도(ground resolution)가 대체로 1m보다 작은 영상소(pixel: picture element)의 범위 안에서 지형적 오차를 갖도록 형성된 영상이다. 미국의 상업위성 IKONOS가 1999년에 발사되어, 지상해상도 1m급인 영상들이 2000년부터 민간에 보급되기 시작하면서, 고정밀 위성영상의 활용이 각광을 받고 있다. 이로 인해 이들 고해상도의 영상을 처리하여 고부가가치의 위성영상 결과물의 도출연구가 활발해지고 있다. 이전까지는 미국의 안보기관에서 10m보다 정밀한 해상도의 위성영상이 민간에 보급되는 것을 극도로 제한해 왔기 때문에 고해상도의 위성영상을 처리하거나 활용하는 기술개발이 민간에게는 한계가 있었다.

최근 위성영상 처리기술의 발전 추세는 크게 네 가지 측면으로 나누어 볼 수 있다. 첫째는 영상소의 지상 분해능의 고도화, 둘째는 관측 파장대역의 다중화, 셋째는 관측 파장대역이 긴 파장 쪽으로의 확장, 넷째는 자료의 높은 비트(high bit)화이다. 위성궤도와 같이 지표면 상공 수백 km 이상의 높은 고도에서

사용되는 센서체계기술은 고도의 첨단 우주기술에 속하는 분야이기 때문에 선진
국을 필두로 극소수의 나라에서만 기술개발이 진척되어 왔다. 특히 1m급의 고
해상도 위성영상은 각 영상소에 포함된 지상 면적이 1m² 정도로 작아, 지상의
건물이나 유사한 표적물들이 여러 조각으로 나누어지기 때문에 기존의 분류방법
에 의한 분석으로는 컴퓨터에 의한 자동분류 시 만족스런 결과를 얻을 수 없기
때문에 고해상도 영상들에 대한 새로운 분류방법론이 제기되고 있다.

(3) 영상 취득

최근에 개발되고 있는 위성들에 의해 취득되는 영상은 고해상도화와 더불
어, 관측파장대의 다중화로 인해 많아지는 분석 밴드(band) 수와 기술의 첨단화
로 인한 디지털(digital)영상의 높은 샘플링(sampling) 수(high bit data rate per
channel per pixel) 때문에 대상 목표물의 관측 자료량이 폭증되고 있다. 기존
의 영상 처리방법으로는 다량 자료의 전산 처리효율이 급격히 떨어지므로, 이와
같은 고해상도의 영상을 적시에 분석하고 유용한 결과를 도출하기 위해서는 자
료처리의 효율 극대화 기술이 필요하다. 또한 관측 파장대역이 광파에서 긴 파
장쪽으로 확장되어 초단파까지 가게 되면서, 분석 영역이 가시광 영역 밖으로
전개되었기 때문에 보이지 않는 파장 영역의 분석기술이 요구되고 있다. 최근에
는 지구관위치관측성의 증가와 함께 다양한 사양을 갖춘 위성영상자료의 취득이
가능하게 되었고, 센서에 따라 서로 다른 공간해상도(spatial resolution)와 파장
영역을 가진 영상들의 장점을 함께 활용하고자 하는 관심이 증가하고 있다. 일
반적으로 센서에서 감지되는 신호는 공간해상도, 파장 폭, 감지 시간 등의 인자
에 의하여 제한을 받게 되므로, 어느 하나의 인자에 우선하여 영상을 촬영하면
다른 인자는 그만큼 희생되어야 한다. 즉 공간해상도가 높은 영상을 얻기 위해
서는 파장 폭을 상대적으로 넓게 해야 하고, 반대로 파장 폭을 좁게 하여 여러
파장대의 영상을 얻기 위해서는 공간해상도를 낮추어야 한다. SPOT 위성영상
에서 10m 해상도 자료는 광역의 파장 폭으로 흑백영상을 얻는 데 반하여, 공간
해상도를 20m로 낮추면 여러 파장대의 영상을 얻을 수 있다. 이와 같이 공간
해상도와 분광 영역을 달리하는 영상 자료를 융합하는 연구가 활발히 진행되고
있다.

원격탐측의 영상융합에서 동시에 또는 서로 다른 시간에 두 개 또는 그 이
상의 센서들에 의해 얻어지거나 서로 다른 시간대에 얻어지는 특정 지역의 지표
면 정보는 단일 센서에서 취득할 수 없는 그 지역에 대한 특성을 분석하기 위해

결합된다. 다음으로 중요한 과정은 적절한 융합수준을 결정하는 것이다. 융합수준에 따라 필요한 전 처리과정이 달라진다. 다른 센서들로부터의 영상융합은 몇 가지 추가적인 전 처리 과장을 요구하고 일반적인 영상분류 기법에서는 해결할 수 없는 여러 어려움들이 제기된다. 개개의 센서는 자신의 고유의 특성을 가지고 있고 영상 수집과정은 수정되거나 삭제되어야만 하는 다양한 인공적인 요소들을 포함한다. 또한 원격탐측 영상들은 기하학적 보정이 필요하고 영상융합을 위해서 서로 다른 센서로 관측된 영상들 간의 공간적 연결성을 보여 줄 공통 공간 참조(common spatial reference)가 필요하다. 예를 들어 영상소별 정보의 결합에 근거한 영상융합에서는 영상들이 같은 공간해상도를 갖고 있지 않으면 그들이 같은 크기의 영상소 크기를 가지도록 재표본추출을 하여야 하며 정확한 영상간의 상호등록(co-registration)이 필요하다.

영상융합은 발달된 영상처리기술을 이용하여 다양한 소스의 영상을 결합하는 도구이며 영상면에 분명히 존재하는 정보를 개선시키고 영상면으로부터 얻을 수 있는 정보에 대한 해석의 신뢰성을 증가시키기 위하여 서로 별개이면서 상호보완적인 자료를 통합하는 것이 목적이다. 영상융합을 통하여 자료는 더욱 정확한 정보를 가지게 되고 자료의 실용성(utility)은 증가되므로 융합자료는 매우 효과적인 운영상 성능, 즉 확신의 증가, 모호함의 감소, 신뢰의 개선, 분류의 개선을 제공할 수 있다.

(4) 원격탐측의 분류

원격탐측은 이용하는 대상분야에 의한 분류, 자료취득방법에 의한 분류, 탑재기에 의한 분류, 관측파장영역에 의한 분류 등으로 나눌 수 있다.

원격탐측을 이용하는 대상분야는 지구상에 존재하는 모든 것이라고 해도 과언이 아닐 정도로 다양하다. 식물의 분광특성을 이용한 농업·삼림·초지 등의 원격탐측, 지상자원탐사에 이용되는 지질판독에 의한 원격탐측, 해양상의 수온, 해류분포, 어족조사 및 수질오염조사 등을 위한 해양원격탐측, 대기오염, 도시환경 변화 등에 대한 환경원격탐측, 그리고 기상원격탐측, 군사정보수집을 위한 군사원격탐측 등 많은 분야가 있다.

자료취득방법에 의한 분류는 정보를 수집하는 센서(sensor)에 의해 크게 수동적 센서(passive sensor)에 의한 것과 능동적 센서(active sensor)에 의한 것으로 나뉜다.

탑재기에 의한 분류는 지상탑재기, 기구, 항공기 및 인공위성으로 나누어지는데 이들을 높이에 따라 분류하면 다음과 같다. 정지위성, 궤도위성, 고고도 항공기(고도 20~40km), 저고도항공기(고도 5~10km), 헬리콥터(고도 0.2~ 2km) 및 지상관측기로 나뉘며, 위성은 고도에 따라 다시 저고도(150~200km)인 단기간(1~3주)위성, 중고도(350~1,500km)인 장기간(7년 이상)위성, 정지궤도(35,800km)위성으로 나뉜다.

원격탐측은 정보를 취득할 수 있는 파장영역이 매우 넓으며 각 파장대에 따라 자외선, 가시광선, 적외선 및 극초단파 등으로 나누어진다. 또한 원격탐측은 각 파장을 관측하는 장소에 따라 지상관측과 항공기관측 및 인공위성관측으로 나뉘며 그 특성을 보면 다음과 같다.

지상관측에 의한 정보수집방법은 정량적인 관측이 가능할 뿐만 아니라 정성적인 정확도가 높지만 넓은 지역을 대상으로 하거나 동시자료를 얻는 것은 거의 불가능하다. 항공기관측에 의한 정보수집방법의 특성은 정성적인 해상력이 우수하고 지상관측보다는 신속하게 정보를 얻을 수 있지만 주기관측이나 수량적 정확도를 높이는 데는 너무 많은 경비를 요한다. 인공위성에 의한 원격탐측은 짧은 시간 내에 넓은 지역을 동시에 관측할 수 있으며 반복관측이 가능하다. 또한 일반적으로 다중파장에 의하여 자료를 수집하므로 원하는 목적에 적합한 정보취득이 용이하고 관측자료가 수치적으로 기억되며 판독이 자동적이며 정량화가 가능하다. 관측은 매우 먼 거리에서 행해지고 관측시각(view angle)이 좁아서 얻어진 영상은 정사투영상에 가깝고 탐사된 자료가 즉시 이용될 수 있다. 즉, 자료수집의 광역성 및 광역동시성·주기성·수량적인 정확도 등이 가장 큰 장점이며 정성적이나 정량적인 해석능력도 보조자료를 이용하면 더욱 높일 수 있다. 단 회전주기가 일정하므로 원하는 지점 및 시기에 관측하기 어렵다. 따라서 이런 결점을 보완하기 위하여 LANDSAT-4, 5는 원하는 시기와 지점에 즉시 이용할 수 있는 가변궤도를 채택하려고 시도하였으며, 극지방은 극궤도위성을 이용하여 자료를 수집한다.

(5) 지구관측위성

토지, 자원 및 환경관측을 위한 인공위성은 수없이 많으나 대표적인 것만 열거하면 다음과 같으며 좀 더 자세한 것은 부록에 수록하였다.

① LANDSAT

미국 NASA에서 1972년 7월 23일 1호(발사 당시는 ERTS), 2호(1975. 1. 22), 3호(1978. 3. 5), 4호(1982. 7. 16), 5호(1984. 2. 1) 발사하였으며 센서로는 해

상력 80m인 MSS, 30m인 TM 등이 있다. 1999년 4월 15일에 발사된 LANDSAT-7의 ETM$^+$는 15m(P)와 30m(XS)가 있다.

② SPOT

프랑스에서 1호는 1986년 2월 22일, 2호는 1990년 1월 22일에 발사하였으며 센서로는 해상력 10m인 P형(panchromatic: 전정색 또는 흑백영상) HRV, 20m인 XS형(다중파장대영상)이며 2002년 5월 3일에 발사된 SPOT-5는 P형이 5m, XS형이 10, 20m이다.

③ RADARSAT

캐나다 우주국에서 발사된 SAR 탑재위성으로 Fine 형식은 10m, 표준형식은 30m의 해상력이 있다.

④ SPIN-2에 장착한 KVR

소련의 위성으로 2m 해상도의 panchro-matic 영상을 제공한다.

⑤ IKONOS

미국위성으로 1999년 9월 24일 발사되어 해상도 1m(전정색: P), 4m 다중파장대의 영상을 제공한다.

⑥ 아리랑1호(KOMPSAT-Ⅰ)

한국위성으로 1999년 12월 21일 발사되어 해상도 6.6m의 영상을 제공하였으며 2006년 7월 28일에 발사된 KOMPSAT-Ⅱ는 1m 해상력의 영상을 얻을 수 있다. KOMPSAT는 KOrea Multi-Purpose SATellite의 약자로 다목적 관측위성인 아리랑 위성을 뜻한다.

⑦ 천리안위성(COMS; Communication Ocean and Meteorological Satellite)

한국위성으로 2010년 6월 27일 발사되어 가시 및 적외선탑재기가 적재되었고 기상, 해양, 통신 등에 활용된다.

⑧ IRS-IC

인도에서 1995년 12월에 발사한 위성으로 고도 917km, 해상도 5m(Pan)의 영상을 제공한다.

⑨ QuickBird-2

미국 지구관측 위성으로 2001년 10월 18일에 발사되어 해상도 0.61m(P형), 2.44m(XS형)의 영상을 얻을 수 있다.

(6) 자료의 체계와 처리

① 자료의 체계

원격탐측자료를 처리하여 이용하려면 먼저 조사지역과 탐측목적을 설정하고 이에 따른 판별항목, 실험지역, 표본추출, 지상검증(ground truth) 등의 기본작업을 행한다. 인공위성이나 항공기의 센서에서 얻은 자료를 자기테이프 등에 기억시켜 전처리하고 지상검증자료를 참고로 하여 공간적 해석처리, 다중파장대(multispectral)의 자료처리 등을 행한다. 이와 같이 처리된 자료를 영상면이나 프린터에 의해 출력하거나 필름에 기록한다.

② 원격탐측자료의 처리

가) 컬러표시방식

수치원격탐측자료는 RGB(Red, Green, Blue: 빛의 삼원색인 적색, 녹색, 청색) 컬러좌표체계를 사용하여 가법컬러이론으로 색소혼합에 의해 표현된다. 8비트 영상인 경우 가법컬러이론에서 255, 0, 0의 RGB밝기값은 밝은 적색영상소로, 255, 255, 255의 RGB값을 가진 영상소는 밝은 백색영상소로, 0, 0, 0의 RGB값은 흑색영상소를 만든다. 이와 같은 방법으로 총 $2^{24}=16,777,216$가지의 컬러조합을 표현할 수 있다.

나) 수치영상자료포맷

수치영상자료는 BIP(Band Interleved by Pixel), BIL(Band Interleaved by Line), BSQ(Band SeQuential)와 같은 다양한 형태로 제공된다. BIP자료는 각각의 영상소의 밝기값을 밴드순서에 따라 순차적으로 정렬한 자료형태이며, BIL자료는 각각의 열과 관련된 밴드의 밝기값을 순차적으로 정열한 자료형태이며, BSQ자료는 각각의 밴드 안의 모든 개별적인 영상소의 분리된 파일에 위치시킨 자료형태이다.

다) 대기의 방사보정

원격탐측자료의 대기보정하는 방법으로 절대보정과 상대보정이 있다. 절대보정은 원격탐측에서 기록된 밝기값을 비율표면 반사도로 바꾸는 것이며, 상대보정은 단일원격탐측영상 내의 밴드들 사이의 강도를 정규화하는 데 이용하거나 다중시기 원격탐측자료의 강도를 분석기에 의해 선택된 표준영상에 맞춰 정규하는데 이용된다.

라) 기하보정

기하보정에는 영상대지도보정과 영상대영상등록이 일반적으로 이용되고 있다. 영상대지도보정은 영상면의 기하학적 조건을 평면으로 만드는 과정이고, 영상대영상등록은 동일한 지역의 비슷한 기하학적 조건을 가진 두 영상면에서 동일한 물체들이 서로 같은 위치에 표현되도록 두 영상면을 변환 및 회전시키는 처리과정이다.

마) 영상강조

영상강조 알고리즘은 사람의 시각적 분석을 용이하게 하거나 기계를 이용한 일련의 분석을 하기 위해 이용한다. 원격탐측자료의 시각적 분석 및 일련의 기계 분석에 필요하다고 알려진 다양한 영상강조 방법들 중 점연산(point operation)은 영상면에서 이웃하는 영상소의 특성에 관계없이 각각의 영상소 밝기값을 수정하는 과정이며, 지역연산(local operation)은 한 영상소를 둘러싸고 있는 영상소들의 밝기값을 참조하여 영상소 밝기값을 하나씩 수정하는 과정이다.

바) 자료추출방법

자료를 분석하여 주제정보를 추출하기 위한 방법 중 패턴인식기법(pattern recognition)이 널리 쓰인다. 자료추출은 감독분류(supervised classification), 무감독분류(unsupervised classification)방법으로 나뉜다. 일반적으로 산림, 농지 등과 같은 이산적인 항목으로 분류된 지도를 만들기 위해 범주형 분류(hard classification)논리를 사용하며 이질적이며 불균일한 자료의 경우 퍼지분류(Fuzzy classification)가 쓰이기도 한다. 감독분류는 도심지, 농경지, 습지 등의 토지피복 형태와 현장확인, 항공영상면의 판독, 지도분석, 개인의 경험 등 기존 자료의 조합이 가능한 경우에 적용되며, 무감독분류는 지상의 참조정보가 부족하거나 영상면상의 표면구조물들이 정상적으로 정리되어 있지 않아 토지피복 형태를 선험적으로 알 수 없을 경우 이용한다.

12. 라이다와 레이더 영상

(1) 개 요

라이다(LiDAR: Light Detection And Ranging)는 RADAR와 동일한 원리를 이용하는 관측방법으로 레이저(LASER: Light Amplification by Stimu-lated Emission of Radiation) 단면 관측을 뜻한다. LiDAR 장비는 목표물을 향하여 레이저 파를 발사한다. 발사된 레이저 파는 목표점에서 일부는 반사되고 일부는 흡수되고 흩어질 것이다. 이러한 반사특성을 이용하여 목표물의 특성을 알아내고 레이저 파가 돌아오는 시간을 이용하여 목표지점까지의 거리를 관측하게 된다. 라이다는 크게 3가지 종류가 있다.

① Range Finders

가장 간단한 LiDAR로 거리 관측을 위한 장비이다.

② DIAL(Differential Absorption Lidar)

대기중의 오존, 증기, 오염물 등의 화학적 밀도를 관측하기 위한 장비이다.

③ Doppler Lidars

도플러 원리를 이용하여 움직이는 물체의 속도를 관측하기 위한 장비이다.

일반적인 항공레이저관측에 사용되는 LiDAR 체계는 Laser Scanner, GPS, 관성항법체계(INS: Inertial Navigation System)로 구성되어 있으며 GPS가 센서의 위치를, INS가 센서의 자세를, 레이저스캐너가 센서와 지표면과의 거리를 관측하여 지표면 상의 고도점에 대한 X, Y, Z 좌표를 구하는 것이 LiDAR의 위치결정의 기본원리이다.

레이저에 의한 라이다관측은 정밀하고 빠르게 물체의 3차원 형상을 관측할 수 있는 기법이다. 기본적으로 종전의 레이저 관측의 기능을 갖고 있으며, 초당 최대 5,000~500,000점까지 레이저를 대상체 표면에 발사하여 대상체 표면의 지형공간위치정보(x, y, z)를 갖는 무수한 관측점군(point-cloud)으로서 표현하게 된다.

(2) 지상 LiDAR

지상 LiDAR는 대상체면에 투사한 laser의 간섭이나 반사를 이용하여 대상체면상의 관측점의 지형공간정보를 취득하는 관측방식으로서, 3차원 정밀 관측은 대상체의 표면으로부터 상대적인 3차원(X, Y, Z) 지형공간좌표를 각각의 점 자료(point data)로 기록하며, 관측방법에 따라 일정량의 굴절각 증분을 주기 위해 하나 또는 두 개의 거울(mirror)을 사용하거나, 장비 전체가 회전하여 3차원 지형공간좌표를 얻는다. 이와 함께 디지털 카메라를 이용하여 스캐닝과 동시에 디지털 영상을 확보하여 3차원 모형의 구축 시 텍스처(texture) 자료로 활용이 가능하므로 3차원 지형공간 정보 구축에 큰 편리성을 확보할 수 있다.

현재 레이저 스캐닝 체계는 지형 및 일반 구조물 관측, 윤곽 및 용적 계산, 구조물의 변형량 계산, 가상공간 및 건축 모의관측, 역사적인 건물의 3차원 자료 기록보관, 영화배경세트의 시각효과 등에 활용성이 증대되고 있다. 레이저 스캐닝 체계를 이용하여 대상물의 3차원 위치를 구하는 과정은 다음과 같다.

① 대상물의 표면에 레이저를 발진한다.

② 대상물의 표면에서 일부의 레이저가 반사되어 스캐너로 되돌아온다.

③ 반사되어 온 레이저를 스캐너가 감지한다.

④ 발사된 레이저가 반사되어 되돌아오는 시간을 관측하여 대상물의 거리를 계산한다.

빛의 속도를 알고 발사된 레이저가 되돌아오는 시간을 알면 대상물의 거리를 구할 수 있으며 발사된 레이저의 각은 매우 정밀하고 빠른 속도의 servo 모터가 달린 거울을 이용하여 구할 수 있다. 이렇게 하여 구해진 거리와 각을 이용하여 대상물의 직교좌표(x, y, z)를 구할 수 있다.

지상 LiDAR 탐측을 해석하는 방법으로는 시간차(time-of-flight)방식, 위상차(phase shift)방식, 삼각측량법(triangulation)방식 등이 있다.

TOF(Time-Of Flight)방식은 레이저를 발사하여 반사되어 오는 시간적인 차이로 거리를 계산하며 레이저 송신부, 수신부, 처리부로 구성되어 있다. 레이저가 반사되어 돌아오는 시간을 계산하여 거리를 결정하고 각도만큼 수평, 수직으로 회전하여 관측한 점 위치를 결정하는 방법이다. 이 방법은 삼각법에 비하여 근거리에는 정밀도가 다소 떨어지나 중·장거리 거리 관측에는 많이 사용하는 방법이다.

최근에는 사용의 편리성 및 정확도가 확보되는 시간차방식이 주로 사용되어지고 있다.

위상차(phase shift)방식은 주파수가 다른 파를 동시에 발산하여 생성된 두 파의 위상변위는 거리와 시간에 따라 점진적으로 큰 위상변위를 생성한다. 동일한 거리에서 두 신호를 검출하고 두 파의 출발시간을 알면 위상변위를 알 수 있다. 관측된 위상변위를 발생하기 위해 생성된 파일의 수와 일정한 속도가 주어진다면, 관측거리는 계산될 수 있다.

삼각측량법(triangulation) 방식은 일반적으로 근거리에 대한 지형공간자료 취득을 위하여 사용되는 기술이며, 지도 제작법이나 GPS 위치관측에 사용된다. 간단한 삼각측량법(tringulation)원리를 이용한 방법이며, 레이저가 점이나 선으로 대상 물체 표면에 투영되는 것으로 하나 또는 그 이상의 광전소자(CCD: Charge Coupled Device) 카메라로 물체의 위치를 기록한다. 레이저 빔의 각도는 스캐너가 내부적으로 기록하고, 고정된 기선(base) 길이로부터 기하학적으로 대상 물체와 장비의 거리가 결정되는 정밀한 측량방법으로서, 특히 가까운 거리에서의 정밀도가 높다.

정확도는 스캐너의 기선길이와 물체와의 거리에 의존하며, 정밀도가 높은 반면에 시간이 오래 걸린다는 것과 실물에 주사된 레이저가 CCD 카메라로 구분이 가능해야 하므로 직사광선이 있는 곳에서는 자료의 오류가 많이 발생하므로 보다 좋은 자료를 얻기 위해서는 야간에 관측해야 하는 불편함을 가지고 있다. 레이저 스캐너 내부에서의 관측각을 사용하여 기지점을 근거로 미지점의 위치를 개별적으로 구하는 방법으로서, 주로 전방교선법(intersection)이 적용된다. 기지점(레이저 스캐너에 의해 인식된 임의의 기계좌표)에 기기를 설치하여 미지점의 방향을 관측한 후 그들 방향선의 교점으로서 미지점의 위치를 결정하게 된다.

(3) 항공 LiDAR

항공 LiDAR 관측은 Laser 스캐너, GPS, 관성항법장치(GPS/INS) 등으로 구성되어 있고 레이저 스캐너는 거리관측부와 스캐닝부로 다시 구분되어 상호보완적으로 정밀한 위치정보를 갖는 점 자료를 확보할 수 있는 측량기술이다.

LiDAR 체계는 움직이는 비행기에 탑재되어 사용되어지며 정지상태가 아닌 항공기에서 관측하기 때문에 지상좌표를 나타낼 항공기의 정확한 위치를 알기 위하여 항공기의 초기 위치값은 GPS/INS로부터 제공받고, 레이저 스캐너에 의해 레이저펄스를 지표면에 주사하여 반사된 레이저파의 도달시간을 이용하여 물체의 3차원 위치좌표를 계산한다. 항공 LiDAR 관측은 광범위한 지역의 DEM을 적은 비용으로 효율적으로 구축하기 위해서 개발되었다.

항공 LiDAR 탐측의 관측점 밀도는 단위시간당 송신할 수 있는 펄스의 수, 촬영각도, 항공기의 고도, 비행속도 등에 따라 결정된다. INS의 우연오차로 인해 수직방향 오차보다 수평방향 오차가 약 2~3배 정도 크다. 일반적으로 LiDAR의 수직정확도는 15cm, 수평정확도는 30cm로 보고 있으며 사용되는 레이저펄스의 파장대는 1㎛ 이상의 적외선 영역이다.

LiDAR를 이용해 취득되는 자료로 첫 번째는 지표면의 3차원 좌표이다. 좌표계는 UTM, WGS84로 국지좌표계로의 변환이 필요하며, 고도는 GPS를 이용하는 다른 방법들과 같이 타원체고이므로 지오이드(geoid)를 고려한 고도값 환산이 필요하다. 그리고 저장방식은 ASCII 혹은 binary 형태의 포맷으로 다른 매체와의 호환가능성이 매우 높다. 두 번째로, 입사하는 레이저펄스와 반사되는 레이저펄스의 강도비를 나타내는 반사강도(intensity) 자료는 토지피복분류와 지표상 건물추출 등에 이용되고 있다. 또한 레이저펄스가 수관층을 투과하는 성질을 이용하여 식물과 지표면의 상태를 모두 기록한 다중반사(multiple return) 자료가 LiDAR 자료에 포함된다. 다중반사는 빔이 물체에 도달하면서 지름이 팽창할 때 빔의 일부는 지붕의 끝부분에 부딪히고 나머지는 지상에 도달하게 된다면, 이 장비는 지붕에서의 반사와 지상에서의 반사를 기록하여, 단일 펄스에 대한 두 개의 다른 고도를 제공한다는 것을 의미한다. 지붕에서 계산된 고도를 "선 반사(first return)", 지상에서 계산된 고도를 "후 반사(last return)"라고 부른다. 만약 레이저펄스가 나무에 충돌한다면, 첫 번째 반사는 나무의 고도를 제공할 것이고 두 번째 또는 세 번째 반사는 중간에 있는 나뭇가지의 고도를, 마지막 반사는 나무 아래 지상의 고도를 제공하게 된다. 이것은 LiDAR의 표면 거칠기 정보와 수관층의 두께·생체량(biomass) 등을 추정하는 자료로 활용될 수 있으며, 지표면의 정보와 지상물의 정보를 동시에 취득할 수 있다는 점에서 중요한 가치를 지닌다.

LiDAR 체계의 장단점으로는 첫째, 주야, 계절 등에 관계없이 관측이 가능하다(단, 구름이 비행고도보다 위에 있을 경우에만 관측이 가능하다). 둘째, 지형·고도자료를 신속·정확하고 저렴하게 취득할 수 있다. 한 번의 측량으로 X, Y, Z좌표를 모두 취득하게 되며, 광범위한 기준점 망 없이 30km의 지역에 단지 1개의 지상 기준국만이 필요하다. 셋째, LiDAR는 좁고 긴 지역의 지도제작에 이상적이며, 연안선에 대한 정확한 정보를 제공한다. 넷째, 밀집한 숲을 투과할 수 있는 LiDAR점 자료를 이용하여 순수한 지상의 지형을 제작할 수 있다.

단점으로는 첫째, LiDAR 센서는 비, 안개, 연무, 스모그, 눈보라 등 상황에서는 사용이 불가능하다. 둘째, 수체에 반사된 자료는 신뢰할 수 없다. 적외선 파장은 물에 잘 흡수되기 때문이다. 셋째, LiDAR 자료는 점밀도에 따라 경계선의 관측이 용이하지 못하다. 넷째, 수직오차에 비해 수평오차가 약 3배 가량 크다. 다섯째, 과밀한 식생지역에서는 레이저펄스가 지면까지 투과할 수 없다.

요구되는 점의 밀도에 따라 비행기의 속도, 고도 및 스트립간의 폭이 결정되는 단점을 보완하기 위해서 면적단위로 등고선을 관측하는 레이저 스캐닝 방법이 단면측량 방법으로 대체되고 있다.

항공 LiDAR 측량이 기술을 개선시킨다면 지금까지의 평면적인 분석에서 3차원인 입체분석이 가능해지며, 더욱 빠르고 정밀한 고도모형을 저비용으로 생산할 수 있게 될 것이다. 이를 통해 국가 DEM 제작, 3D 모형화, 수치 영상지도 제작 등의 지형공간정보 취득은 물론 해마다 반복되고 있는 각종 재난재해의 사전 대비와 관리를 위한 하천 및 해안조사, 홍수지도, 재해지도 제작이 간편해지며 토목설계, 전력선 및 철도측량, 불법건축물판독 등의 다양한 분야에 활용될 수 있을 것이다.

(4) 오 차

LiDAR 관측에서 대상물의 좌표를 계산하기 위한 관측값으로 레이저 스캐너의 위치(X, Y, Z), 레이저 광선의 순간 주사각을 포함한 자세(ω, ϕ, x), 목표물 까지의 거리(D)가 있다. 레이저 주사기(scanner)의 순간주사각(scan angle)에 발생하는 오차는 장비 제작과정의 검정과정을 통하여 최소화되었다고 가정하면 실제 LiDAR 관측시 관측에서 발생하는 오차는 기준점 위치관측기의 관측오차 [항공기의 활용시는 GPS 관측의 오차, 관성관측기(IMU: Inertial Measurement Unit) 관측의 오차], 레이저 거리관측의 오차 및 이들 센서의 통합을 위한 좌표계 변환 등으로 나누어 고려할 수 있다.

(5) 활용분야

LiDAR 체계의 등장으로 이전에는 할 수 없었던 지형공간정보분야에 다양한 응용이 가능해졌다. 정확하고 정밀한 수치고도자료를 이용한 3차원 도시 모형이 가능해져 도시계획, 경관, 무선통신 분야의 기지국 설치 및 전파확산모형 분석 등에 응용되고 있다. 또한 홍수피해예측, 해안선 관리, 산림 관리, 수목량 수출, 송전탑 위치 분석, 전선 위치 모형화, 철도 및 도로의 관리, 군사전략사업, 환경분석 및 계획 등 다양한 분야에서 활용되고 있다.

(6) 레이더 영상탐측

① 의 의

1950년 Carl Wiley가 Doppler Beam Sharpening 이론을 개발하였으며, 이를 발전시켜 1970년대에 항공기에 SLAR를 탑재하여 영상을 취득함으로써 민간 및 국방 분야 등에 걸쳐 다양한 응용분야가 개발되었다. 저해상 영상 레이더인 RAR와 고해상 영상 레이더인 SAR는 극초단파중 레이더(RADAR: RAdio Detection And Ranging)파를 지표면에 발사하여 돌아오는 반사파를 이용하여 2차원 영상을 취득하는 센서이다. 대부분의 광학영상 체계가 수직(Nadir) 영상을 취득하는 반면 레이더 영상(radar imagery)의 경우 파의 왕복시간으로만 거리(위치)를 파악하는 특성으로 측면촬영(side-looking)방식을 취하고 있다. 이는 레이더로 수직영상을 얻기 위한 수직촬영(down-looking)방식을 택할 경우 수직축을 중심으로 좌·우의 레이더파 왕복시간값을 구할 수 없기 때문이다. RAR의 경우 촬영고도가 고정되어 있을 때 레이더의 특성상 입사각(incidence angle)이 클수록 측면방향 해상도가 증가하지만 센서의 진행방향의 해상도는 감소하게 되는 특성이 있다. 그러나 입사각에 따른 센서 진행방향의 해상도의 문제점을 해소시킨 SAR를 사용함으로써 해결할 수 있다. RAR는 물리적으로 매우 큰 안테나 배열을 사용하며 SAR는 이러한 RAR의 안테나 배열을 수신파의 특성을 이용함으로써 물리적으로 매우 작은 안테나를 이용하여 고해상의 2차원 (X, Y) 영상을 취득할 수 있도록 신호를 합성하여 처리하므로 합성개구레이더로 명명되었다.

② 자료취득 기하(幾何)에 의한 왜곡

측면촬영방식으로 인한 SAR 영상의 왜곡은 크게 음영(陰影, shadow), 단축(短縮, foreshortening), 전도(顚倒, layover)로 나타낼 수 있다. 음영은 지형의 특성으로 인하여 센서에서 발사한 극초단파가 도달하지 못하여 영상면에서 그 지역이 매우 어둡게 나타나는 현상이다. 단축은 레이더 방향으로 기울어진 면이 영상면에 짧게 나타나게 되는 왜곡을 의미하며 전도는 고도가 높은 대상물의 신호가 먼저 들어옴으로써 수평위치가 뒤바뀌는 현상을 의미한다(〈그림 12-36〉).

그림 12-36

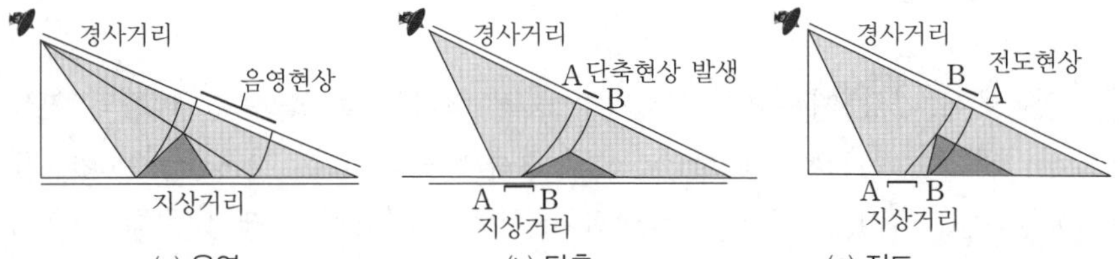

(a) 음영 (b) 단축 (c) 전도

③ 활용분야

해상의 기름유출시 오염 모니터링, 능동센서(active sensor)의 특징을 이용한 홍수 모니터링, 간섭기법(interferometry)을 이용한 정밀한 수치고도모형(DEM) 생성, 빙하의 이동경로 관측, 지표의 붕괴 및 변이 관측, 화산활동의 관측 등에 이용되고 있다.

13. 수치영상정합 및 융합

(1) 수치영상탐측의 의의

수치영상탐측(digital imagematics)은 필름 대신 수치영상을 이용하여 수치영상처리에 의해 이루어진다. 수치센서(digital sensors)를 이용하여 대상물공간을 디지타이징(digitizing)이나 스캐닝(scanning)하여 직접적으로 수치영상을 취득하거나 기존의 항공영상을 디지타이징이나 스캐닝하여 간접적으로 수치영상을 취득할 수 있다. 또한 수치영상, 수치영상탐측의 이용은 새로운 처리기법을 적용하는 것이 특징이다.

수치영상탐측이 이용되는 이유는 첫째, 다양한 수치영상의 이용이 가능, 둘째, 하드웨어와 소프트웨어가 발전, 셋째, 실시간처리의 필요성, 넷째, 비용절감, 다섯째, 작업속도 증가, 여섯째, 자동화, 일곱째, 일관된 결과물 산출이 가능하기 때문이다.

(2) 수치영상의 처리과정

여기서는 수치영상처리 중 영상정합과 영상융합만 간단히 기술할 것이므로 수치영상표정의 자동화에 관한 내용은 영상탐측학개관(동명사 간)을 참고하기 바란다.

① 영상정합

가) 개   요

영상에서 가장 기본적인 처리과정 중의 하나는 둘 또는 그 이상의 영상면상에서 공액점(conjugate point)을 찾고 관측하는 것이다. 기계적(analog), 해석적(analytical) 영상탐측학에서 공액점의 식별은 인간에 의해서 직접 수행되었다. 그러나 수치영상탐측체계에서는 영상정합(imagematching)에 의한 자동처리로 그 문제를 해결하려고 시도하고 있다. 이 장에서는 영상정합의 여러 가지 양상에 대해서 기술한다. 그리고 대부분의 예제는 중심투영을 하는 항공사진에 대해서 언급되고 있다.

영상탐측학에서 가장 기본적인 과정은 입체영상면의 중복영역에서 공액점을 찾는 것이라 할 수 있으며, 기계적이거나 해석적 영상탐측에서는 이러한 공액점을 수작업으로 식별하였으나, 수치영상탐측(digital imagematics) 기술이 발달함에 따라 이러한 공정은 점차 자동화되고 있다.

영상접합은 입체영상면 중 한 영상면의 한 위치에 해당하는 실제의 대상물이 다른 영상면의 어느 위치에 형성되었는가를 발견하는 작업으로서, 상응하는 위치를 발견하기 위해 유사성 관측을 이용한다. 이는 영상탐측학이나 로봇시각(robot vision) 등에서 3차원 정보를 추출하기 위해 필요한 주요기술이며, 수치영상탐측학에서는 입체영상면에서 수치고도모형을 생성하거나, 항공삼각측량에서 점이사(point transfer)를 위해 적용된다.

나) 영상정합의 분류 및 작업

영상정합은 정합의 대상기준에 따라 다음과 같이 분류한다.

- 영역기준정합(또는 단순정합)(area based matching or single matching): 영상소의 밝기값 이용
- 형상기준정합(feature based matching): 경계정보(edge information) 이용
- 관계형정합(대상물 또는 기호정합)(relational matching, structural matching or symbolic matching): 대상물(structure)의 점, 선, 면의 밝기값 등을 이용한 정합처리 방법은 영상정합문제의 해결을 위한 전반적인 기술을 말하며, 처리방법에는 계층적 방법(hierarchical approach), 신경망적 방법(neural networks approach)을 들 수 있다. 〈표 12-4〉는 이들 용어가 어떻게 연관되어 있는지를 보여 주고 있으며, 첫 번째 열은 세 가지의 가장 잘 알려진 정합방법을 나타내고 있다.

■■■ 표 12-4 정합방법과 정합요소와의 관계

영상접합방법	유사성 관측	영상정합요소
영역기준정합	상관성, 최소제곱	밝기값
형상기준정합	비용함수	경계
관계형 또는 기호정합	비용함수	기호특성: 대상물의 점, 선, 면 밝기값

(ㄱ) 영역기준정합

영역기준정합에서는 왼쪽 영상면의 일정한 구역을 기준영역(template area)으로 설정한 후, 이에 해당하는 오른쪽 영상면의 동일구역을 일정한 범위 내에서 이동시키면서 찾아내는 원리를 이용하는 기법이다. 사전정보가 필요 없으며 평균제곱근 오차가 최소가 되도록 점진적으로 정합을 시행한다. 최근에는 상관정합기법에 의해서 영상면정보 취득의 효율을 크게 높이고 있다. 영역기준정합

에는 밝기값상관법(GVC: Gray Value Correlation)과 최소제곱정합법(LSM: Least Square Matching)을 이용하는 정합방법이 있으며 이에 대한 기법은 부록 2장 4절에서 기술한다.

(ㄴ) 형상기준정합

형상기준정합에서는 대응점을 발견하기 위한 기본자료로서 특징(점, 선, 영역 등이 될 수 있으나, 일반적 경계정보를 의미함)적인 인자를 추출하는 기법이다. 두 영상면에서 대응하는 특징을 발견함으로써 대응점을 찾아내는데, 이 경우 각 점에 대한 평균값이나 분산과 같은 대표값을 계산하여 두 영상면의 값을 서로 비교한 후 공액점을 이용한다. 특징정보를 추출하는 연산자(operator)는 이미 컴퓨터 시각분야에서 많이 연구되어 있으며, 대개 이러한 연산자들을 사용하거나 변경하여 사용한다.

형상기준정합을 수행하기 위해서는, 먼저 두 영상면에서 모두 특징을 추출해야 한다. 이러한 특징정보는 영상면의 형태로 이루어지며, 대응하는 특징을 찾기 위한 탐색영역을 줄이기 위하여 공액 정렬을 수행해야 한다. 특징검출자로는 LoG(Laplacian of Gaussian) 연산자, Sobel 연산자, Moravec 연산자, Forstner 연산자 등이 있다. 이러한 검출자들은 경계의 강도나, 방향 등을 고려하여 특징을 추출한다.

한 정합점이 있을 때 주변의 정합점과의 모순이 발생하지 않으려면 유사성만을 이용해서 해결할 수 없다. 전역적인 정합점을 구하기 위해 완화법(relaxation) 동적 프로그래밍에 의한 최소경로계산(minimal path computation), 모의관측단련(simulated annealing) 기법 등이 이용될 수 있다. 정합의 정확도는 영상면의 질에 많은 영향을 받으나, 일반적으로 부영상소(subpixel) 범위 내로 얻을 수 있다.

(ㄷ) 관계형정합(또는 기호정합)

영역기준정합과 형상기준정합은 여전히 전역적인 정합점을 구하기에는 역부족이다. 관계형 정합은 영상면에 나타나는 특징들을 선이나 영역 등의 부호적 표현을 이용하여 묘사하고, 이러한 관계대상들뿐만 아니라 관계대상들끼리의 관계까지도 포함하여 정합을 수행한다.

점(points), 무의(blobs), 선(line), 면 또는 영역(region) 등과 같은 구성요소들은 길이, 면적, 형상, 평균밝기값 등의 특성을 이용하여 표현된다. 이러한 구성요소들은 지형공간적 관계에 의해 도형으로 구성되며, 두 영상면에서 구성되는 도형(graph)의 구성요소들의 특성들을 이용하여 두 영상면을 정합한다. 입체영상면의 시야각이 다르기 때문에 구성요소들의 차이가 발생할 수 있으며, 정합 과정에서 이러한 차이를 보정할 수 있는 방법이 필요하다.

관계형정합은 아직 연구개발 단계에 있으며, 상호표정인자를 결정하거나 인공지물의 복원에 활용되고 있으나, 앞으로 많은 발전이 있어야만 실제상황에서의 적용이 가능할 것이다.

다) 정합의 특성비교

이미 설명한 바와 같이 세 가지 정합(영역, 형상 및 관계형)은 하나의 계층적 구조로 잘 설명할 수 있다. 즉, 관계형 정합은 전역적인 개략 정합점들을 구하는 데 유리하며, 이러한 정합결과는 형상기준정합이 국부적이며, 정밀한 정합점들을 구하는 데 이용될 수 있다. 또한, 형상기준정합의 결과는 매우 정밀한 정합점을 계산하기 위해서 영역기준정합의 근사초기값으로 사용될 수 있다. 영역기준정합과 형상기준정합은 이미 사진측량분야에서 많이 연구되었으며, 관계형 정합은 현재 활발하게 연구되고 있다.

라) 영상정합의 수행과정

영상정합은 다음과 같은 과정에 의해 수행될 수 있다.

(ㄱ) 하나의 영상면에서 정합요소(점이나 특징)를 선택한다.

(ㄴ) 나머지 영상면에서 대응되는 공액요소를 찾는다.

(ㄷ) 대상공간(object space)에서 정합된 요소의 3차원 위치를 계산한다.

(ㄹ) 영상정합의 품질을 평가한다.

명백하게 두 번째 단계가 가장 해결하기가 어렵다. 나머지 단계는 다소 사소하게 생각할 수 있으나, 여전히 관심 있는 문제를 포함하고 있다. 예로서 전형적인 입체쌍(stereopair)을 선택한다. 두 영상면에서 어느 영상면의 정합요소를 선택해야 하는가? 어떤 실체요소(entity)가 선택되어야 하고, 어떻게 그것을 결정할 것인가? 능한 공액점이 없다고 한다면 어떻게 대상공간(object space)에서 위치를 계산해야 하는가? 등의 문제를 고려해야 한다.

② **영상융합(image fusion)**

가) 영상융합의 의의

영상융합은 일반적으로 둘 혹은 그 이상의 서로 다른 영상면들을 이용하여 새로운 영상면을 생성함으로써 영상면의 효과를 극대화시켜 영상분류(classification)의 정확도를 향상시키는 데 사용되는 기법이다. 영상융합을 통해 개선된 영상면으로부터 영상에 존재하는 정보를 최대한으로 얻음으로써 자료의 모호함을 감소, 신뢰성확보 및 분류의 개선을 할 수 있다. 영상융합의 유형은 크게 두 가지이다.

    ―case1: 광학영상 간의 융합으로 고해상영상(예: panchromatic 영상)과 저
          해상영상(예: multispectral 영상)을 융합하여 공간해상도와 분광
          해 상 도 를 향 상 시 킨 다 (예 : Landsat TM이 나 SPOT
          Phanchromatic 영상 또는 SPOT XS와 SPOT Phanchromatic 영
          상과의 융합).

    ―case2: 광학영상과 레이더영상 간의 융합으로 레이더위성영상의 정밀한
          지형공간정보에 의한 지형의 기복을 상세히 표현하거나 DEM의
          정확도 향상에 효과적으로 기여한다(예: 광학영상인 Landsat TM
          과 Radasat의 레이더영상과의 융합).

14. 영상면판독

영상면판독은 영상면상의 정성 및 정량 정보를 판별하는 것을 말한다. 영
상면판독(imagery interpretation)은 색조(tone or color), 형태(pattern), 질감
(texture), 형상(shape), 크기(size), 음영(shadow) 등의 6가지 기본요소와 위치
상호관계(location or situation), 과고감(vertical exaggeration)의 보조요소에
의하여 영상면상에서 각종 자료를 추출해 내는 것으로 피사체(자원, 환경, 지표상
의 형상, 상태, 식생, 지질 등)에 대한 연구수단으로 이용되고 있다.

(1) 영상면판독의 요소

① 색조(tone or color)

대상물이 갖는 빛의 반사에 의한 것으로 인간의 육안으로 10~15단계의 구
별이 가능하다. 색조는 명도, 색상, 채도의 3가지 성질로 나타낼 수 있다.

② 형태(pattern)

대상물의 배열상황에 의하여 판별되는 것으로 영상면 상에서 볼 수 있는
식생, 지형 또는 지표상의 구조물 등을 뜻하는 요소이다.

③ 질감(texture)

색조, 형상, 크기, 음영 등의 여러 요소의 조합으로 구성된 조밀, 거칠음,
세밀함 등으로 표현하는 요소이다.

④ 형상(shape)

개체나 목표물의 윤곽, 구성배치 및 모양새를 알아내는 요소이다.

⑤ 크기(size)

어느 대상물이 갖는 입체적 및 평면적인 길이와 넓이를 뜻하며, 영상면 상에 나타나는 대상물이 갖는 가장 기본적인 요소가 된다.

⑥ 음영(shadow)

어떤 대상물의 형태를 읽기 위해서는 그 자체가 갖는 색조 이외에도 대상물의 윤곽을 주는 음영이 큰 역할을 하고 있다. 영상면 판독시 빛의 방향과 촬영시의 빛의 방향을 일치시키는 것이 입체감을 얻기 쉽다. 따라서 음영이 자기 앞에 오도록 하여 관찰하는 것이 좋다.

⑦ 위치상호관계(location or situation)

어떤 영상면에 나타난 대상이 주위의 대상과 어떠한 관계가 있는가를 파악하는 것이다. 영상면에 나타난 형태를 주변환경의 특성과 관련시켜 대상을 식별할 수 있다.

⑧ 과고감(vertical exaggeration)

과고감(過高感)은 대상물(형상이나 지표면의 기복 등)이 과장되어 나타낸 것으로 낮고 평탄한 지역에서의 지형판독에 도움이 되는 반면, 사면의 경사는 실제보다 급하게 보이므로 오판에 주의할 필요가 있다.

(2) 판독의 순서

항공영상에 의한 영상면의 판독은 일반적으로 다음과 같은 순서로 한다.

① 촬영계획, 촬영 및 영상면 제작

목적설정, 영상면축척의 결정, 영상면의 종류, 촬영일시, 범위, 렌즈 및 센서 등을 고려해 촬영계획을 하여 촬영한 다음 영상면을 제작한다.

② 판독기준의 작성

판독항목에 따라 영상면의 특성을 고려하여 판독요소를 설정한다.

③ 판독

판독기준을 기초로 광역의 판독과 부분적·중심적인 판독을 행한다. 필요에 따라 현지조사의 계획도 함께 행한다.

④ 현지조사

판독결과의 확인, 보정, 정정 등을 한다.

⑤ 판독

현지조사의 자료를 기초로 하여 다시 판독하고 결과를 정리한다.

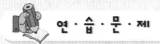

연·습·문·제

12장 영상탐측학

1) 다음 각 사항에 대하여 약술하시오

① 영상탐측학의 의의

② 영상탐측의 관측방법에 의한 분류

③ 영상면의 해상도

④ 영상취득체계

⑤ 영상취득방식에서 휘스크브룸방식과 푸시브룸방식

⑥ 다중파장대스케너(MSS: Multi Spectral Scanner)

⑦ 초미세분광(Hyperion)

⑧ RBV(Return Beam Vidicon)

⑨ HRV(High Resolution Visible)

⑩ 능동적 센서(active sensor)

⑪ 중심투영

⑫ 항공영상면의 특수3점

⑬ 기복변위

⑭ 공선조건

⑮ 공면조건

⑯ 공액조건

⑰ 시차 및 시차차

⑱ 입체시의 원리

⑲ 육안 및 기구에 의한 입체시의 종류

⑳ 역입체시

㉑ 입체시에 의한 과고감

㉒ 부점

㉓ 영상면좌표의 보정시 렌즈. 대기, 지구곡률 및 필름보정

㉔ 항공영상면에 관한 표정의 의의 및 종류

㉕ 절대표정에 관한 기계 및 해석적 방법

㉖ 직접표정, 간접표정

㉗ 수치적(또는 자동화) 내부, 상호 및 절대표정

㉘ 해석도화기와 수치영상탐측체계의 비교

㉙ 항공삼각측량

㉚ 지상영상탐측시 촬영방법

㉛ 원격탐측의 의의, 영상취득방법

㉜ LIDAR의 관측 빙법

㉝ 지상 LIDAR

㉞ 항공 LIDAR

㉟ LIDAR의 오차 및 활용분야

㊱ 레이더영상에 의한 관측방법

㊲ SAR

㊳ 수치영상탐측의 의의

㊴ 영상정합의 의의

㊵ 영상융합의 의의

㊶ 영상면판독의 의의, 요소 및 순서

㊷ 원격탐측에서 자료의 체계와 처리

㊸ 영상탐측자료처리에서 가) 컬러표시방법(RGB), 나) 수치영상자료포맷(BIP, BIL, BSQ), 다) 대기의 방사보정, 라) 기하보정, 마) 영상강조, 바) 자료추출방법(감독분류, 무감독분류)

㊹ LANDSAT, SPOT, RADARSAT, COSMOS, IKONOS 아리랑 I, II호 (KOMPSAT-1,2), 천리안(COMS), IRS-IC, Quickbird-2

2) 어떤 지역을 축척 1/15,000로 촬영하였다. 촬영한 수직영상을 C-계수가 1,200인 도화기로서 도화할 수 있는 최소등고선간격이 1.5m였다면 기선고도비는 얼마인가?(단, 영상면크기 23×23, 횡중복도 30%, 종중복도 60%)

3) 어느 지역을 중복하여 촬영한 항공영상이다. 밀착영상면상에서 주점기선길이 11cm일 때 인접영상면과의 종중복도는 얼마인가?(단, 영상면크기 23×23cm)

4) 평지를 촬영고도 4,500m에서 촬영한 밀착영상면의 종중복도가 60%, 횡중복도가 30%일 때 이 수직영상의 유효모형의 면적을 구하시오.(단, 영상면의 크기 23×23cm, 초점거리 150mm)

5) 영상면축척 1/30,000, 종중복도 60%, 영상면크기 23×23cm로 1/60,000 지형도로 세로 7cm, 가로 18cm의 도화지역을 촬영하는 데 필요한 영상면 매수는 얼마인가?(단, 안전율 20%)

6) C-계수가 1,300인 도화기로써 1/60,000의 항공영상을 도화작업할 때 신뢰할 수 있는 최소 등고선 간격은?(단, 초점거리 150mm)

7) 표고 700m이고 20km×40km인 장방형의 구역을 표고(해발고도) 3,700m에서 초점거리 210mm의 사진기로써 촬영하였다. 이때 필요한 영상면매수는?(단, 종중복도 60%, 횡중복도 30%, 영상면의 크기 23×23cm, 안전율 30%)

8) 대지고도 3,500m로 촬영한 편위수정영상면이 있다. 지상연직점으로부터 800m인 곳에 있는 비고 1,300m의 산꼭대기는 몇 mm변위로 찍혀지는가?(단, 축척 1/25,000)

제 Ⅴ 편

지형공간정보학

제13장

지형공간정보학

1. 개   요

지형공간정보학(GIS: Geo-Spatial Informatics)은 지구 및 우주공간 등 인간생활 영역에 관련된 제반형상 및 현상에 관한 정보를 해석하여 신속성(迅速性), 정확성(正確性), 융통성(融通性), 완결성(完結性) 있게 함으로써 모든 상황에 관한 의사결정, 편의제공 등을 극대화시키는 학문이다. 지형공간정보를 체계화시킨 것을 지형공간정보체계(地形空間情報體系, GIS: Geospatial Information System 또는 GSIS: GeoSpatial Information System)라 한다. 지형공간정보학을 이루는 지형공간자료는 지형자료와 공간자료로 구분할 수 있다.

정보(情報, information)는 자료를 처리하여 사용자에게 의미 있는 가치를 부여한 것이다. 이러한 정보는 체계의 개념을 떠나서는 과학적으로 분석될 수도 없기 때문에 기본적인 대상인 지형자료와 활용적 대상인 공간자료를 고려한 체계와 연결시켜야만 효율적으로 설명되어질 수 있는 것이다.

정보의 주요한 특성은 다음과 같다. 정보는 시간의 차원을 가지고 있기 때문에 미래에 유용하게 사용될 수 있고, 복사가 가능하기 때문에 대량생산이 가능하며, 정보의 소비자는 이를 이용하여 새로운 분야에 대한 정보의 생산자가 될 수 있으며, 정보는 아무리 분배를 해도 줄어들지 않고 오히려 새로운 사용자에 의해서 그 가치는 더욱 증대하게 된다.

정보는 대상물의 특성을 일정한 기준에 따라 처리, 규격화함으로써 의미를 가지며, 정보의 가치는 정보의 시기적절함, 정보가 적용되는 내용, 그리고 정보의 수집, 저장, 조작과 표현에 소요되는 비용에 달려 있다. 오늘날 정보는 가치 있는 자산이며, 높은 가격으로 사고팔 수 있는 상품이다.

체계(體系, system)는 지형과 공간상에 존재하는 대상물들의 형상과 현상을 관측함으로써 자료가 취득되며, 이러한 자료를 통합하여 특별한 의미를 부여하게 될 때 생성되는 것이 정보이다. 이러한 다양한 정보들의 상관관계를 규정함으로써 여러 종류의 정보들에 대한 연결을 시도하고 이에 대한 자체적인 제어능력을 가진 개별 요소들의 집합체를 체계라고 한다.

정보체계(情報體系, information system)는 다양한 이질적 관측량들을 적절히 가공하여 자료화하고, 이들 자료를 보다 이용하기 쉽도록 자료기반(DB: Database)을 구축하고 이를 바탕으로 하여, 일정한 목적에 부합하는 의미와 기능을 갖는 정보를 생산하며, 이들 자료와 정보를 효율적으로 결합·운영하여 통합된 기능을 발휘할 수 있도록 하는 체계이다.

위의 정의들을 토대로 하여 지형공간정보체계(Geospatial Information System: GIS)를 정의하면 지형공간정보체계는 제반 지구상에 존재하는 대상의 기본적인 형상의 특성 및 형체(지형정보: geo information)와 생활공간에 존재하는 대상의 활용적인 현상에 관한 발생의 위치, 영역 및 시간에 관한 모형화나 위상관계(공간정보: spatial information)를 처리·해석하는 정보체계라 할 수 있다. 즉 지구 및 우주공간에 관련된 제반 과학적 정보(GSI: Geo-Scientific Information)에 중점을 둔 정보체계라고 정의할 수 있다.

2. 지형공간정보체계(GIS)의 용어변천

지형공간정보체계는 1950년 미국 워싱턴대학의 지리학과에서 GIS(Geographic Information System)를 제안한 이래 1988년 Ubiquitous(Mark Weiser 제시), 1991년 SIS[Spatial Information System(Cracknell 제시-LIS, UIS, GIS 등을 총칭] 이어 GSIS[Geo-Scientific Information System(Tuner와 Kolm 제시-GIS, UIS, LIS 등을 총칭]란 정보체계용어가 지속적으로 등장되면서 발전해가고 있었다. 이러한 정보체계의 통합용어 제안 추세에 따라 우리나라에서도 1992년 2월 3일 본인에 의해 GSIS[Geo-Spatial Information System(Yeu, B.M. 제시-GIS,

UIS, LIS, SIS, AM/FM Ubiquitous 등을 총칭)]를 제창하게 되었다.[1] 이는 인간의 총체적인 영역인 Geo(地 또는 地形 : 삶을 영위하는 영역)와 Space(空間 : 변화 또는 시간과 위치가 관련되어 변화하는 현상들의 영역)를 결합한 Geospace라는 신종 용어를 제작한 후 이의 형용사인 Geospatial을 활용한 Geo-Spatial Information System(초기에는 GSIS였으나 시간이 경과됨에 따라 GIS라고도 칭했음)이 모든 정보체계를 연계 및 융·복합하여 가장 적절하고 포괄적으로 표현할 수 있다고 주장한 것이다. 여기서 지형자료(地形資料: Geo Data)는 지구(삶의 터전)상에 존재하는 천연적 자연과 인공물이 물리화학적 측면에 의하여 모양새와 특성이 다르게 변형되어 나타나는 형상[形象-appearance]인 지모(地貌: 강, 산, 계곡, 바다 등)와 지물(地物 : 가옥, 도로, 교량, 광물, 나무 등) 등 모든 생명체들이 살아갈 수 있도록 이미 마련되어 있는 것들로 국토 및 도시 관리, 사회기반시설 마련, 각종 삶의 요구에 필요한 대상의 형상 및 현상 등에 관한 계획, 설계, 제작 및 유지관리에 필수적으로 소요되는 기본적 대상[基本的 對象: Basic Object, 또는 정적 대상〈靜的 對象: Static Object〉]이고 공간자료(空間資料: Spatial Data)는 지구상에 존재하는 대상이 시(時 또는 시간: time)와 위(位 또는 위치: position)에 관련되어 물리화학적 및 인문사회적 측면에 의하여 변화되어 나타나는 현상(現象-Phenomena)이 각종 수요에 따라 다양하게 나타나는 것으로 살아가면서 이루어지는 환경조성, 교통, 재난, 각종 생활양식 변화 등에 필연적으로 대비하여야 하는 활용적 대상[活用的 對象: Applicable Object, 또는 〈動的 對象: Dynamic Object〉]을 뜻하는 것이다. 즉, 인간이 삶을 영위하기 위하여 필수요소의 기본적인 면을 다루는 기본자료(지형자료)와 활용적인 면을 다루는 활용자료(공간자료)를 다함께 수용할 수 있는 정보체계용어로 Geospatial Information System을 제창하게 된 것이다(〈표 13-1〉). 어느 한 자료만을 중시해서는 선진화된 정보화를 이룰 수가 없는 것이다. Geospatial Information 이라는 용어를 창출하여 국제사회에 처음으로 제시하면서 정보화 사회에 기여할 수 있도록 한국에서는 1993년 4월 24일에 한국지형공간정보학회(KOGSIS: Korean Society Geo-Spatial Information System)가 창립되었고, 1년 후인

---

1) 모든 정보를 체계화시킬 수 있는 정보체계용어는 인간생활권의 총체적 영역인 땅[지(地) 또는 지형(地形), Geo-삶의 터전에 존재하는 자연 및 인공물에 대한 형상(形象)들의 영역]과 하늘〔천(天) 또는 공간(空間), Space-자연 및 인간의 특성이 시간과 위치(時·位)에 관련되어 발생되는 현상(現象)들의 영역〕을 고려하여 Geo-Space로 합성한 후 이의 형용사화한 Geo-Spatial을 이용하여 이루어진 Geo-Spatial Information System이 가장 적절한 정보체계용어라는 것이 Yeu, B, B.(유복모: 柳福模)에 의해 1992년 2월 3일에 제창되었다.

■■ 표 13-1 Geo Information, Spatial Information, Geospatial Information

대상항목	Geo Information 지형정보	Spatial Information 공간정보	Geospatial Information 지형공간정보
나타나는 대상의 모습	삶의 터전(또는 地球) 및 삶의 터전과 관련된 영역(地球와 地球와 관련된 영역)에 존재하는 자연물과 인공물로 일정한 형상[形象) 또는 형태(形態)]으로 나타낸다. 생존할 수 있도록 마련된 것으로 삶의 기본적인 대상임	무한하고 비어있는 영역(空)의 일부분인 제한된 영역[간(間) 또는 사이]에서 자연 및 인간의 특성이 시간과 위치(時·位)에 관련되어 발생되는 현상[現象 또는 상태(狀態)]으로 나타낸다. 생존해 가면서 이루어지는 것으로 삶에 활용적인 대상임	삶의 터전(또는 地球)에서 형상(形象 또는 形態)을 갖춘 실체(實體)가 비어있는 영역(空) 중 제한된 영역(또는 사이, 間)에 어떠한 특성이 명시되어 現象(또는 狀態)으로 나타냄
식별 및 구분	색(色)을 지니고 있는 대상들로 가시화가 되므로 식별이 잘되며 실체(實體)로 구분됨	색이 없으므로 가시화가 안되어 식별이 안 되며 實體가 없이 특성으로만 구분됨	실체로써 대상의 특성이 잘 식별이 됨
가치 확인	과학기술을 적용시켜 삶의 필수품을 이루어 갈 수 있으므로 가치 확인이 쉽게 이루어짐	지형정보를 기반으로 인문사회학 및 과학기술 처리과정을 거쳐야만 대상의 특성이 가치를 이루게 됨으로써 확인이 될 수 있음 예: 도시·국토개발-지형정보를 기반으로 계획, 설계, 작품제작 및 관리함으로써 가치가 확인됨	대상을 지형정보를 기반으로 공간정보를 활용하여 자연과학기술 및 인문사회학을 적용시켜 처리하면 새로운 가치가 창출됨을 확인할 수 있음

예 : 서울의 북악터널 입구에서 ○○년 ○월 ○일 오후 2시에 승용차 접촉사고가 있었다.
　　　　　　　①　　　　　　　　　　　　　　　②
① 삶의 터전[또는 지구(地球)]에 존재하는 대상(서울의 북악터널)이 일정한 형상[形象) 또는 형태(形態): 터널]으로 기반이 되는 면을 나타냈음으로 이루어진 정보이므로 지형정보(地形情報)임
② 제한한 영역[터널공간(空間)]에서 시간과 위치(○○년 ○월 ○일 오후에 입구에서)에 관련되어 발생된 현상[現象) 또는 상태(狀態): 승용차 접촉사고]으로 활용적인 면을 나타냈음으로 이루어진 정보임으로 공간정보(空間情報)임

1994년 3월 5일~12일에 개최된 국제측량사연맹[FIG: International Federation of Surveyors—FIG XX International Congress Melbourne, AUSTRALIA, March 5~12 1994] 총회에 A Study in Geo-Spatial Information System for Urban Change Detection by Digital Processing of Aerial Photographs(FIG Congress. 1994.3(Yeu Bock_Mo-Korea)라는 논문이 발표

된 후 1994년 4월부터 미국 지리학회를 비롯한 GIS 관련 분야에서 Geographic 보다 포괄적이고 완성도 높게 이루어진 용어가 Geospatial이란 것이 인정되고 사용됨에 따라 우리나라에서 처음으로 제창한 Geospatial Information이 국제적 정보용어로 자리 잡게 되었다. 이로써 미국, 캐나다, 중국, 일본 등 선진국에서 GIS에서 이용되는 G는 "Geographic" 대신에 "Geospatial"로 사용하는 것이 일반화되었다. 미국 사진측량 및 원격탐측학회인 PE&RS (Photogrammetric Engineering & Remote Sensing)에서도 학회지명을 "The official journal for imaging and geospatial information science and technology"로 표기하고 있다. 또한 1992년에 제안하여 1994년 국제정보체계용어로 정착된 Geospatial Information의 발전적인 GGIM(Global Geospatial Information Management)에 관한 UN 첫 Forum이 UN산하 NGII(National Geographic Information Institute)의 주최로 2011년 10월 24일~27일에 87개국 지리원장, 24개 국제기구의 장, 국내·외 정보분야 관련 전문가 등이 참석한 가운데 Geospatial information을 처음으로 제창한 한국(Coex Convention Center, Grand Ball Room, Seoul Korea)에서 개최되었다.

3. 국내·외의 동향

(1) 국내의 발전 동향

정보의 다양성, 고유성, 정확성을 최대화시킬 수 있는 양질의 정보환경으로 변화되어 감에 따라 GIS의 몫이 민간차원에서는 한계가 있어 국가 전체의 지형공간정보체계와 기관과의 협력체계로 발전하게 되었다. 이에 우리나라의 국가 GIS구축사업의 제 1 단계는 1995~2000년으로 GIS기반조성, 제 2 단계는 2000~2005년으로 GIS활용의 확산, 제 3 단계는 2005~2010년으로 GIS연계통합으로 추진되어 왔으며 장차 제 4 단계는 2010~2015년으로 GIS연계, 통합, 활용으로 제 5 단계는 2015~2020년으로 GIS의 국내뿐만 아니라 전 세계의 GIS의 활용이 가능해짐에 따라 Global GIS 공유 및 활용을 확대할 계획을 추진하고 있다.

① 제 1 단계(1995~2000년)

국가적으로 IMF를 맞고 대구지하철 가스폭발, 삼풍백화점 및 성수대교 붕괴, 지방자치시대개막 등으로 인한 환경, 방재 등 사회 전반적으로 GIS에 대한 인식이 높아짐에 따라 제 1 차 GIS구축사업이 시작되기에 이르렀다. 이에 지형도, 공동주택도, 지하시설물도 및 지적도 등 수치지도제작과 지형공간정보를 활용한 근로사업을 통하여 인력양성 등을 시행하였다.

② **제 2 단계**(2000~2005)

모바일폰 등장과 밀레니엄버그, 세계무역센터 테러, 보안기술개발 등으로 인한 국가정보보안기술에 대한 인식이 요구되어 국가 GIS유통망을 구축하고 기구축한 자료기반(database)을 응용체계로 발전시키게 되었다.

③ **제 3 단계**(2005~2010)

휴대폰(인터넷)원스톱, 홈뱅킹온라인민원업무, 3차원 국토GIS연계 및 활용, GIS를 이용한 내비게이션의 사용자 확대, 유비쿼터스의 사회로의 진입을 위한 지능형 기술개발이 진행되었다.

④ **제 4 단계**(2010~2015)

수요자중심의 지형공간정보 맞춤형 서비스를 위해 다각화된 지형공간정보의 제공과 효율적 관리를 위해 지형공간정보의 연계, 통합, 활용 및 저탄소녹색성장(GG: Green Growth)의 기반인 정밀한 실내·외 지형공간정보 생산을 통한 U-City(Ubiquitous-City) 등 다양한 활용분야적용을 시도하고 있다. 이로써 국경 없는 새로운 지역사회형성 및 친환경 지속가능한 녹색도시공간을 이루는 데 목적을 두고 있다.

⑤ **제 5 단계**(2015~2020)

모든 대상들이 지능화됨에 따라 현실공간과 가상공간의 상호작용이 이루어지면서 개인별 지형공간정보의 자동갱신이 요구되어 고정밀 지형공간정보를 탑재한 로봇이 다양한 분야에서 활용할 수 있고, 재난·재해·범죄에 대처한 능동적 안정망을 구축할 계획이다. 이러한 제반기술을 한반도뿐만 아니라 전 세계의 지형공간정보활용이 가능하게끔 Global 지형공간정보를 공유하고 활용할 계획을 구상하고 있다.

(2) 국외의 발전 동향

① **미 국**

GOS(Geospatial One-Stop)사업을 중심으로 국가지형공간정보기반을 추진하고 있으며 자료정비의 효율화를 도모하기 위한 표준을 정하였다. 포털사이트 운영을 통해 분산된 자료에 대한 통합적 접근이 가능하도록 연방정부의 모든 지형공간정보의 서비스가 등록된 GOS1포털사이트 'http://gos2.geodata.gov/wps/portal/gos'를 개설하여 각종 지형공간정보를 검색 및 서비스를 제공하고 있다. 또한 민간분야 인식증대 및 적극적인 참여유도를 위해 공간기술산업협회 (STIA: Spatial Technologies Industry Association)에 관련과제들을 연구하고 있다.

② 캐나다

각종 기관이 소유한 다양한 자료와의 통합 및 활용개발, 부가가치창출이 가능한 캐나다 지형공간정보기반(CGDI: Canadian Geospatial Data Infrastructure)을 구축하였다. 지형공간정보표준을 국가표준(CANOGSB)을 운용하고 있으며 미국과 함께 북미지역표준화 공동추진 및 국제표준기구활동에 적극 참여하고 있다. 또한 민간의 경비부담을 최소화시키기 위해 인터넷을 통해 정부의 지형공간정보를 찾을 수 있도록 제공하고 있다. 지오매틱스(geomatics) 전문가 양성 및 성장산업지원, 지오매틱스 교육 홍보로 캐나다의 지오매틱스 부분의 경쟁력 및 능력강화를 시도하고 있으며 고도의 지형공간정보기술개발을 가속시키기 위해 프로그램[자료활용, 지도제작, 기본지형공간정보구축 및 혁신(Geo Innovations) 파트너십, 기술개발, 지속가능위원회 운용, 산업협력체계 등)]을 구상하고 있다.

③ 유 럽

유럽 전역의 지형공간자료기반정비를 목적으로 INSPIRE(INfrastructure for SPatial InfoRmation in Europe) 프로젝트를 추진하고 있다. 또한 지형공간 정보의 접근 및 활용, 온라인 서비스를 위한 개방적이고 협력적인 기반구축, 유럽 국가들의 INSPIRE 참가와 동시에 국가차원에서의 지형공간자료정비를 추진하고 있다. 독일은 국가연방정부, 민간의 협력하에 German SDI를 구축하고 핀란드는 시민을 위해 중앙·지방정부·산업·유저가 함께 Finnish SDI를 구축하여 지형공간정보를 공급하고 있다.

④ 일 본

지형공간정보활용추진기본법(2007년 8월)을 제정하고 기본적이며 기반이 되는 3종류(기본지형공간자료, 지형공간자료기반, 디지털영상)를 기반으로 구축한 국가지형공간자료를 기준으로 국가 GIS산업을 체계적으로 추진하고 있다. 기반지도정보정비 관련업무의 기반지도정보 상호활용 및 원활한 유통, 인터넷을 통한 기본지형공간정보의 제공, 클리어링하우스 확충을 통한 유통환경정비, 지형공간정보체계와 관련된 위성의 활용, 파트너십 등에 관하여 연구개발을 활발히 함으로써 실무활용을 확대시켜 나가고 있다.

4. 우리나라 지형공간정보체계의 추진방향

(1) 국가지형공간정보정책의 방향설정

'국가지형공간정보정책'이라는 용어의 등장은 단순한 용어 변화 이상의 의미를 가지게 된다. 국가지형공간정보에 관한 법률에 정의된 바와 같이 지형공간정보를 활용할 수 있는 제반 환경을 포괄하는 정책[2]이라고 볼 수 있다.

본 저서에서는 국가공간정보를 국가지형공간정보로 표기하기로 한다.

국가지형공간정보정책은 〈그림 13-1〉과 같이 기본지형공간정보, 지형공간정보 관련 표준, 지형공간정보 유통(메타자료 포함), 지형공간정보 기술, 지형공

그림 13-1 국가지형공간정보정책의 구성

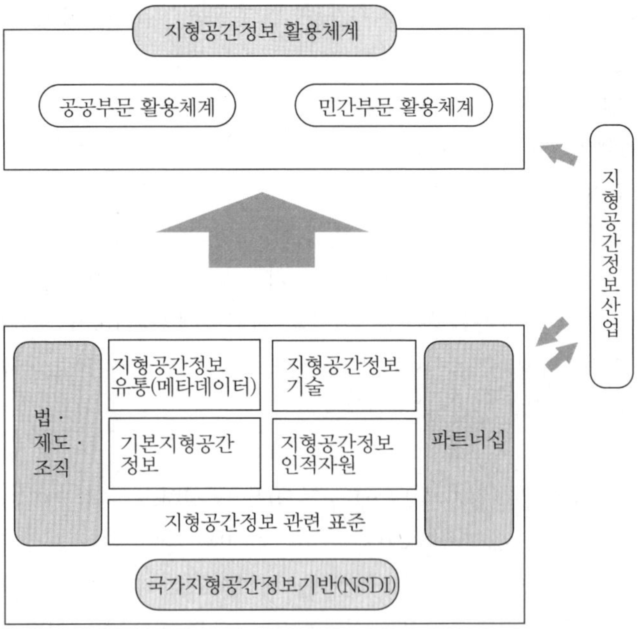

자료: 국토해양부, '제4차 국가지형공간정보정책 기본계획(2010~2015)', 2010.3. 인용

---

2) 정책은 국가기관이 당위성에 입각하여 사회문제의 해결 및 공익달성을 위한 정책의 목표와 수단에 대해서 공식적인 정치·행정적 과정을 거쳐 의도적으로 선택한 장래의 행동지침(박석복·이종렬, 2000)으로 정의됨.

간정보 인적자원, 파트너십, 법제도, 조직 등의 요소로 구성된 국가지형공간정
보기반(NSDI)과 이를 활용하기 위한 공공 부문과 민간 부문의 활용체계 및 지
형공간정보산업을 포괄하는 것을 말한다.

　　국가지형공간정보정책을 체계적이고 합리적으로 수행하기 위해서는 새로운
패러다임에 부합하는 방향을 설정할 필요가 있다. 새로운 국가지형공간정보정책
의 방향 설정을 위해 새로운 분석틀인 ERRC(Eliminate, Reduce, Raise,
Create)를 활용하였다. 첫째, 지금까지 관행처럼 추진된 요소 가운데 시대의 변
화에 맞지 않아 제거해야 할 요소는 무엇인가? 둘째, 점차 그 기능과 역할 또는
중요도를 감소시켜야 할 요소는 무엇인가? 셋째, 미래의 발전을 위해서 증가시
켜야 할 요소는 무엇인가? 넷째, 앞으로 새롭게 창조해야 할 요소는 무엇인가?
이러한 고민을 토대로 〈그림 13-2〉와 같은 국가지형공간정보정책 방향의 설정
요소를 도출하였다.

　　〈그림 13-2〉와 같은 ERRC 방법론에 근거해 설정된 요소들을 토대로 향
후 국가지형공간정보정책이 추구해야 할 기본방향을 결정하였다. 기본방향은 정
보환경, 정보형태, 활용대상, 업무수행방식, 정보공개, 정보영역의 부문에서의
변화를 수용하는 방향으로 설정되었다. 디지털(digital) 환경에서 유비쿼터스
(ubiquitous) 환경에 부합하는 국가지형공간정보체계 구축이 필요하고, 2차원지
리정보에서 이동객체에 적합한 3차원지형공간정보의 수요에 부응할 필요가 있
다. 지자체, 산업체, 시민 등 사용자의 파워와 기능이 커짐에 따라 공급자 중심
에서 사용자 중심의 국가지형공간정보체계를 구축해야 한다. 중앙부처, 지자체,

| 그림 13-2 | 정책방향의 설정요소 |

제　거	증　가
• 단방향 의사소통 • 배타적 추진 • 지형공간자료의 부정확성	• 민간/지자체의 역할과 기능 • 적극적인 업무처리 정보화 의지 • 구글과 같은 서비스 환경

감　소	창　조
• 공급자 중심의 사고 • 중복투자 • 일방(하향)적 추진방식	• 지형공간정보의 부가가치(산업) • 지형공간정보의 융·복합적 활용 • 유비쿼터스 지형공간정보(u-GIS)

■■ 표 13-2 국가지형공간정보정책의 기본방향

구　분	현　재	향　후
정보환경	디지털	유비쿼터스
정보형태	2차원지리정보	3차원지형공간정보
활용대상	공급자(supply) 중심	사용자(demand) 중심
업무수행	독립적	협력적
정보제공	폐쇄적, 제한적 공개(보안)	개방적, 공개
정보영역	개별분야	연계 · 통합

민간의 협력체계 구축을 통한 국가지형공간정보정책이 추진되어야 한다. 폐쇄적
이고 제한적인 정보공개에서 수요자 층에 맞는 맞춤형 지형공간정보의 개방적이
고 비제한적인 지형공간정보 제공이 이루어져야 한다. 각 분야별/부처별 등으로
구분되어 구축 · 관리되었던 정보영역에서 활용성을 높이는 지형공간정보의 연
계 · 통합이 필요하다(〈표 13-2〉 참조).

(2) 제4차 국가지형공간정보정책 기본계획의 기조

새로운 조직과 새로운 법률에 근거한 국가지형공간정보정책을 시행하기
위해 기존에 수행되던 '제 3 차 국가지리정보체계 기본계획(2006~2009)'에 이
어 '제 4 차 국가지형공간정보정책 기본계획(2010~2015)'을 2010년 3월에 수립
하였다.

제 4 차 국가지형공간정보정책 기본계획은 〈그림 13-3〉과 같이 '녹색성장
을 위한 그린(GREEN)[3]지형공간정보사회 실현'이라는 비전을 설정하였다. 또한
'녹색성장의 기반이 되는 지형공간정보', '어디서나 누구라도 활용 가능한 지형
공간정보', '개방 · 연계 · 융합 활용 지형공간정보'의 3대 목표 및 '상호협력적
거버넌스', '쉽고 편리한 지형공간정보접근', '지형공간정보 상호 운영', '지형
공간정보기반 통합', '지형공간정보기술 지능화'의 5대 추진전략을 정책기조로
추진하고 있다.

---

3) 그린(GREEN)이란 GR(GReen Growth), EE(Everywhere Everybody), N(New deal)
　의 약자를 결합한 것으로 GREEN의 의미를 구현할 수 있는 사회를 그린(GREEN) 지형공간
　정보사회라 한다.

그림 13-3 제 4 차 국가지형공간정보정책 정책기조

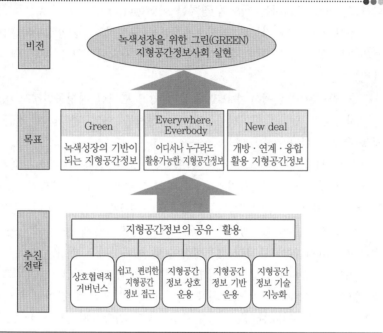

자료: 국토해양부, '제 4 차 국가지형공간정보정책 기본계획(2010~2015)', 2010.3. 인용

(3) 국가지형공간정보정책의 추진전략

① 일방적 지시체제(goverment)에서 상호협력체제(governance)로

상호협력적 측면에서는 지형공간정보 생산자, 사용자, 서비스 제공자 그리고 중앙정부, 지방자치단체, 산업체, 학술기관 등 이해관계자가 참여하는 협력적인 지형공간정보 운용체계의 구축을 목표로 하였다.

국가차원에서 다양한 정보를 함께 공유하기 위해 지형공간정보인프라가 구축될 것이며, 이를 효율적으로 구축하기 위해 이해관계자가 모두 참여하는 추진체계가 필요하다. 향후 지방자치단체의 역할과 기능 확대, 지형공간정보산업 성장에 따라 중앙정부와 지방자치단체 그리고 산업체, 학술기관 간에 수평적 · 수직적으로 합리적인 수행체계를 갖추어야 한다.

이를 위한 추진방향으로는 중앙정부, 지방자치단체, 산업체, 학술기관이 함께 참여하여 파트너십(partnership) 관계를 유지할 수 있는 운영조직을 구축할 예정이다. 실무적인 협력방안으로 다양한 워킹그룹(working group) 등을 구성하여 운용하고, 지형공간정보를 공유하고 활용하는 데 장애가 되는 요소를 파악하고, 이를 제거하는 제도적 장치를 마련한다.

정보의 공유가 가능한 의사소통체계를 구축하고, 중앙정부와 지방자치단체 간의 상생협력을 위하여 광역자치단체, 기초자치단체의 기능과 역할도 정립할 예정이다.

② 공급자 중심에서 수요자 중심의 쉽고 편리한 지형공간정보 접근으로

사용자가 언제, 어디서나 지형공간정보를 쉽고 편리하게 접근·활용하는 것을 목표로 한다.

모든 사용자가 필요로 하는 지형공간정보를 언제 어디서나 쉽게 접근하여 활용하는 것이 국가지형공간정보인프라의 지향점이며, 지금까지 공급자 중심의 "유통"은 사용자 중심의 "접근"의 개념으로 개선될 필요가 있다. 중앙부처가 주도적으로 자료를 수집·공급하고 있으나 지방자치단체 등 자료 생산·보유자가 적극 참여하지 않음에 따라 활용실적이 낮게 나타나고 있다.

이를 해결하기 위한 추진방향은 지형공간정보를 생산·관리하고 있는 기관과 개인들이 정보공유의 필요성을 인식하고 자발적으로 참여할 수 있는 운영체계를 구축하고, 필요한 경우 관계 중앙부처와 지방자치단체가 함께 자료를 모으고 공유할 수 있는 방안(법제화 등)을 공동으로 추진하는 것이다. 공공부문과 민간부문이 생산·관리하고 있는 지형공간정보를 서로 제공·공유·활용할 수 있는 개방적 지형공간정보 접근방안을 모색하고, 사용자가 자료의 특성과 내용을 용이하게 파악할 수 있도록 자료의 생산과 함께 메타자료(meta data: 자료설명서 또는 자료의 이력)의 작성을 의무화한다. 사용자들이 지형공간정보와 서비스에 용이하게 접근할 수 있는 활용기술을 개발 및 지원하고, 지형공간정보의 접근에 어려움을 초래하는 규제 및 행정적 장애를 최소화할 수 있는 일관된 정책과 모범적인 실행절차를 마련한다.

사용자들이 자료 이용의 필요성에 대하여 이해할 수 있는 소통 체제를 구축하고, 사용자의 편의를 위해 국가차원에서 지형공간정보 목록을 작성하고, 사용자가 피드백할 수 있는 체계를 개발하며, 지형공간정보 및 서비스의 접근성 향상을 위한 지형공간정보통합포털로 발전시킨다.

③ 개별적 운용에서 지형공간정보 상호운용으로

국가지형공간정보 상호운용성(표준)을 확보하여 지형공간정보의 공유결합을 위한 적시성(適時性) 확보 및 첨단 기술 적용을 가능하게 하여 기술적 가치가 증대될 수 있도록 한다.

제1 · 2 · 3차 국가GIS사업을 통해서 구축된 자료와 응용체계의 연계에 대한 요구가 증가하고 있으며, ITS, U−City, 전자정부 등 타 부처 정보화 산출물과 지형공간정보 연계를 통한 효율성이 증대되고 있다.

또한 지형공간정보와 첨단기술을 결합시키는 융 · 복합 지형공간정보 표준의 중요성이 증대되어 모바일 위치기술과 차량 제어기술의 결합, 지형공간마이닝 기술과 로봇기술의 결합, 건설기술과 지형공간정보기술의 결합 등이 이루어지고 있다. '세계 로봇시장 규모는' 2013년 300억 달러,[4] 초고층 빌딩시장 규모 약 40조 원으로 전망[5]된다.

GIS표준을 시장확보 및 시장선점을 위한 전략적 도구로서 활용하는 추세이다. 웹 기술 등장 이후 특정기관이 국제표준을 주도적으로 독점 개발하는 사례가 증가하고 있다. ESRI사에서 ISO 메타자료 표준을 개발하고, 유럽 Spacebel사가 소형인공위성시장을 겨냥한 해결책(solution)인 프로바(Proba)와 연계된 OGC표준을 개발하는 등 다수 사례가 조사되었다.

향후 지형공간정보참조체계 부여 및 지형공간정보 사업간 상호운용성의 시험 · 인증체계를 상시 운영함으로써 사업간 연계를 보장하고, 실무적으로 사용할 수 있는 국가지형공간정보 표준을 개발한다. 또한 지형공간정보 표준과 첨단 기술 결합을 통한 융 · 복합 표준개발 및 기술 지적재산권과 결합한 전략적 국제표준을 개발함으로써 국제 · 지역 표준협력체계 확대를 통한 국내지형공간정보기술의 해외 시장진출 장벽을 해소하고, 지형공간정보 표준 기초역량을 강화하여 다각적으로 활용한다.

④ 분산형에서 지형공간정보기반 통합으로

다양한 지형공간정보의 원활한 통합 · 활용을 통해 사용자가 문제를 보다 효과적으로 해결할 수 있는 능력을 제고하는 것을 목표로 한다.

상호운용성과 마찬가지로 자료의 통합능력은 지형공간정보의 활용성을 높이는 매우 중요한 요소이며, 다양한 자료의 실질적인 가치는 유관한 자료 셋을 서로 통합하여 지형공간분석의 효율성을 높이는 데 있다.

향후 추진방향은 우선순위가 높고 사용자의 필요성에 부합하는 기본지형공간정보 셋을 개발하고, 이를 활용하도록 함으로써 지형공간정보의 통합성을 확보한다. 국가기본지형공간정보 셋의 공유 및 활용을 용이하게 하는 공통 분류체계, 지형공간적 참조 및 표준 목록, 자료 모형 등을 개발하고 이를 지속적으로

4) 교육과학기술부 외, 2009, 제1차 지능형로봇 기본계획, p.4.
5) 국토해양부, 2008년도 국가GIS지원연구—국가GIS표준체계확립 및 표준관리, p.33.

개선한다. 지형공간정보 생산에 대한 표준과 기준을 제시하고, 이를 준수하도록 함으로써 지형공간정보의 통합성을 확보한다. 지형공간정보 통합의 장애요인을 파악하고, 이를 해소할 수 있는 기술적 행정적 방안을 모색하며, 유비쿼터스시대를 선도하기 위한 핵심지형공간정보를 구축한다.

◆ 개별·폐쇄적 활용기술 중심에서 지형공간정보기술 지능화로

센서기술, 네트워크 기술 등 지능화 관련기술과 결합한 지형공간정보를 생산·활용함으로써 유비쿼터스 정보환경에 능동적으로 대응하는 것을 목표로 한다.

무선전파식별자(RFID: Radio Frequency IDentification), 센서, 센서네트워크 등 스스로 인식하고 능동적으로 자료를 수집하는 유비쿼터스 관련기술이 발전함에 따라 지형공간정보도 점차 지능화 추세로 진화하고 있다. 또한 U−City 등 첨단정보도시 건설이 본격화됨에 따라 지형공간정보의 지능화에 대한 수요도 점차 커지고 있으며, 로봇산업이 활성화되고, 각종 모바일 장비에 위치인식 기능이 부착됨에 따라 능동적인 지형공간정보의 수요가 늘어나고 있다.

향후 추진방향은 지형공간정보와 유비쿼터스 관련기술을 연계하는 R&D 사업을 지속적으로 추진하여 지형공간정보의 지능화를 세계적으로 선도하며, 지능형 지형공간정보의 유용성을 실험할 수 있는 검정장(test bed)을 설치하고 실험과 검증을 실시한다. 지능형 지형공간정보를 활용하는 실험프로젝트를 수행하고, 활용의 범용화를 모색하며, 지형공간정보 지능화의 기반이 되는 3차원 지형공간정보, 실내위치관측, 시간개념을 포함하는 자료기반(DB) 등에 대한 지속적인 연구개발을 추진한다.

(4) 지형공간정보산업 진흥

세계적으로 지형공간정보 서비스가 빠르게 발전되고 확산됨에 따라 지형공간정보산업을 육성하려는 선진국의 움직임이 활발한 가운데 우리나라도 지형공간정보산업진흥법을 2009년 2월에 제정하였다. 우리나라의 지형공간정보산업을 육성하기 위해 정부의 다양한 시책을 제시할 필요가 있으며, 한국의 지형공간정보산업을 국가성장동력산업으로 자리매김할 수 있도록 하기 위해 지형공간정보산업 진흥 기본계획을 별도로 수립하였다.

① 변화전망

세계 지형공간정보산업의 규모는 급속하게 팽창 중이며 특히, 2000년대 초부터 시작된 지형공간정보 응용기술들의 본격적인 활용과 산업간 융·복합 등

지형공간정보 활용범위가 지속적으로 확산되고 있어 그 성장세가 폭발적으로 증가하고 있다.

또한 지형공간정보산업의 급격한 성장과 변화에 기업들의 신속한 대응이 이루어짐에 따라 고도화된 IT기술에 지형공간정보가 결합된 신기술 배양에 중점을 두고 있다. 또한 지형공간정보의 활용으로 새로운 수익모형 창출과 소비자의 다양한 요구충족을 위해 기업 간 M&A를 추진하여 기술과 서비스의 융·복합 활성화를 추진하고 있다. 구글, MS 등 대형 포털 및 IT기업의 지형공간정보산업으로의 진출과 영향력 확대를 위한 노력이 지속되고 있다.

각국 정부는 지형공간정보산업을 위한 정책, 제도, 예산지원 등을 통해 지형공간정보산업 활성화에 대한 지원을 강화하고 있다.

② 목표 및 추진전략

지형공간정보산업진흥 기본계획(2010~2015)은 지형공간정보산업 성장기반 조성 및 국가성장 동력 산업화라는 목표를 설정하였다. 추진전략으로는 공공부문의 선도적 활용으로 시장 조기 창출, 지형공간정보 유통·공유 촉진 및 규제완화로 민간주도 산업발전 유도, 튼튼한 산업기반 조성을 통한 지속적 고도성장 실현을 설정하였다.

위의 목표와 추진전략을 달성하기 위한 추진과제로는 첫째, 지형공간정보산업 수요기반 확충이다. 이를 위해 선도적 수요 발굴 및 인식 제고, 지형공간정보 시범사업 실시, 지형공간정보 서비스 확산 등의 세부과제를 도출하였다.

둘째, 지형공간정보의 원활한 생산, 유통, 공유 촉진이다. 이를 위해 공공 지형공간정보의 제공 및 유통 확대, 민간 지형공간정보 생산·유통 활성화, 지형공간정보의 생산·유통 활성화를 위한 제도개선 등의 세부과제를 도출하였다.

셋째, 지형공간정보산업 성장기반 구축이다. 이를 위해 품질인증 및 표준화 체계 확립, 종합적인 산업지원체계 구축, 건전한 산업생태계 조성 등의 세부과제를 도출하였다.

넷째, 기술개발 및 국제경쟁력 강화이다. 이를 위해 기술경쟁력 제고, 전문인력 양성, 국제협력 및 해외진출 지원 등의 세부과제를 도출하였다.

5. GIS에 관한 국내여건 조성 및 전망

(1) 계획수립 여건 및 환경

정보환경을 digital에서 Ubiquitous로 정보형태는 1차원 및 정적(static)인 정보를 3차원 및 동적(dynamic)인 정보로 할 것이다. 활용대상은 공급자(supply) 중심에서 사용자(demand) 중심으로 한다. 업무수행은 독립적인 체제에서 협력적인 체제로 전환하며 정보제공은 폐쇄적이며 제한적 공개(보안)가 아닌 개방적인 공개로 유도할 것이다. 또한 정보영역은 개별분야에서 연계 및 통합분야로 발전시킬 계획이다.

(2) 정책기조의 추진방향

녹색성장을 위한 그린(green)지형공간정보사회의 실현을 위하여 첫째, 녹색성장(green growth)기반이 되는 지형공간정보, 둘째, 언제 어디서나 누구(every where & every body)라도 활용 가능한 지형공간정보로, 셋째, 새로운 개발 연계 융합활용(new deal)을 할 수 있는 지형공간정보를 확보하는 것이다.

(3) 추진전략

지형공간정보의 공유 및 활용을 위하여 상호 협력적 환경을 조성하고 쉽고 편리한 지형공간정보접근을 유도하며 지형공간정보 상호운용, 지형공간정보의 기반통합 및 기술의 지능화를 도모하는 추진전략을 실행한다.

(4) 국가지형공간정보정책의 구성

국가지형공간정보기반과 이를 활용하기 위한 공공부분과 민간부분의 활용체계를 구성하여 관련법, 제도 및 조직과 관련된 표준화체계를 확립하고 종합적인 산업지원시스템 구축 및 건전한 산업생태계 조성을 위하여 기술경쟁력 제고, 전문인력양성, 기술개발, 국제협력 및 해외진출의 적극적 지원을 통해 국제경쟁력 강화에 최선을 다한다.

(5) 미래 지형공간정보사회의 모습

2000년 이후 모바일폰 등장과 밀레니엄버그 등으로 인해 국가정보보안기술개발에 대한 수요가 요구되었으며, 기 구축한 자료기반을 기반으로 응용체계 및

그림 13-4 1995년부터 2020년까지 지형공간정보 관련 주요이슈

	기반조성	활용확산	연계통합	의사결정지원	지능형 공간
공간 정보 관련 추진 업무	• 도면전산화 – 지형도, 공통주제도, 지하시설물도 및 지적도 등 수치지도화 • 정보화 근로사업을 통한 인력양성	• 데이터베이스 유통 및 응용시스템 구축 • 국가지리정보유통망 구축 – 총 139억 약 70만건 유통	• 데이터베이스와 응용 시스템의 연계·통합 • KOPSS, UPIS, 3차원 국토공간정보 등 연계 및 활용	• 수요자 중심의 공간 정보 맞춤형 서비스 • 실내외 공간정보 구축 및 제공	• 물리공간과 가상 공간의 상호작용 • 고정밀 공간정보 적용분야 도출
산업· 기술적 이슈	Modem IPv4 Homepage E-mail Pager → City phone	Web portal PDA LAN, WAN T1, Cable Mobile Phone	Web 2.0, Blog Smart Phone Wireless, Fiberglass CNS, PNS, ITS, GPS Google map/Earth Cyber world, Convergence RFID, USN *Our GIS* *Profossional GIS*	Twitter Wearable computing Intelligent CNS, D-GPS Mirror world, Metaverse Second Life Space Intelligence Social Network, U-City *MY GIS* *Geospatial Web*	Semantic web Invisible Devices Calm technology Grid computing Disposable computing Robot
사회· 문화적 이슈	대구 지하철 가스폭발 삼풍백화점·성수대교 붕괴 지방자치 시대 개막 IMF	세계무역센터 테러 밀레니엄버그 보안기술개발	UCC 휴대폰(인터넷) 원스톱, 홈뱅킹 온라인 민원 업무	국경 없는 새로운 지역 사회 형성 친환경 지속가능 녹색 도시공간	가상현실의 디지털 정체성 시·공간 개념의 변화 재난·재해·범죄에 대처한 능동형 안전망

| 1995 | 2000 | 2005 | 2010 | 2015 | 2020 |

국가지형공간정보유통망이 구축되었다.

2005년부터 Web2.0, UCC(User Created Contents)의 활성화와 지형공간정보를 활용한 내비게이션의 사용자 확대와 RFID, USN(Ubiquitous Sensor Network) 등 유비쿼터스 사회로의 진입을 위한 지능형 기술개발이 진행되고 있다.

향후 지형공간정보를 자유자재로 활용하는 사회가 도래할 것이다. 이를 위해서는 수요자 중심의 지형공간정보 맞춤형 서비스를 위한 다각화된 지형공간정보의 제공과 효율적 관리가 가능한 지형공간정보의 연계·통합·활용이 이루어져야 한다. 또한 저탄소 녹색성장의 기반인 정밀한 실내외 지형공간정보 생산을 통해서 지형공간정보를 활용한 U−City 등 다양한 활용분야에 적용될 것이다.

사물이 지능화됨에 따라 현실지형공간과 가상지형공간의 상호작용이 이루어지면서 개인별 지형공간정보 자동갱신이 가능해질 것이며, 고정밀 지형공간정보를 탑재한 로봇이 다양한 분야에서 활동할 것이다. 한반도뿐만 아니라 전 세계의 지형공간정보 활용이 가능해짐에 따라 글로벌 지형공간정보의 공유와 활용이 대세를 이루게 될 것이다. 또한 재난·재해·범죄 등에 대처한 사회적 안전망이 보다 세밀하게 구성되어 최근에 자주 발생하고 있는 사건·사고의 발생빈도가 상당히 줄어들게 될 것이다.

(6) 향후 발전방안

국가지형공간정보정책과 관련된 사업을 추진함에 있어 많은 분야와의 결합을 통한 컨버전스가 이루어질 것이다. 국민생활을 편리하게 하는 교통, 보건·의료·복지, 환경, 방범·방재, 시설물관리, 교육, 문화·관광·스포츠, 물류서비스 등 다양한 분야에 활용될 수 있는 정보 및 정보체계가 국가지형공간정보정책에 의해 제시될 것이다. 이를 토대로 우리 국민들은 보다 더 편리하고 쾌적한 생활을 누릴 수 있으며, 우리의 도시들은 스마트하고 지속 가능한 미래 도시로 성장해 나갈 것이다.

언제 어디서나 인터넷을 통해 원하는 지형공간정보를 쉽게 취득하고 활용할 수 있는 '지형공간정보사회'가 실현될 것이다. 이러한 지형공간정보사회는 앞으로 10년 후의 우리생활을 지형공간과 관련된 모든 사항을 의식하지 않아도 활용할 수 있는 사람과 지형공간이 완벽하게 결합된 형태로 변화시킬 것이라고 생각된다.

이러한 변화를 유도하는 방향성을 제시하는 것이 바로 제 4 차 국가지형공간정보정책 기본계획이며, 이 기본계획에 근거하여 내용들이 추진됨으로써 우리 생활에 많은 변화가 이루어질 것이다.

6. 지형공간정보체계의 자료구성요소

지형공간정보체계의 자료기반(資料基盤: DB, Database)을 효율적으로 형성하기 위해서 많은 종류의 자료를 필요로 하나 크게 자료구조를 지형자료의 기본인 특성자료와 공간자료의 기본인 위치자료로 구분하여 처리하고 있다. 특성자료(特性資料: descriptive data)는 도형 및 속성자료(圖形 및 屬性資料: graphic & attribute data)와 영상 및 속성자료(映像 및 屬性資料: image & attribute data)로 세분된다. 위치자료(位置資料: positional data)는 절대위치자료(絶對位置資料: absolute positional data)와 상대위치자료(相對位置資料: relative positional data)로, 또는 절대위치 및 시간, 상대위치 및 시간으로 세분된다.

절대위치는 현실(現實) 또는 실제공간(實際空間, reality space)이나 측지학적 공간(測地學的空間, geodetic space)에서의 위치이고 상대위치는 모형공간(模形空間, model space)이나 가상공간(假想空間, virtual space)에서의 위치이다.

위치에는 1차원, 2차원, 3차원 위치로 분류할 수 있다.

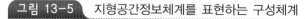
그림 13-5 지형공간정보체계를 표현하는 구성체계

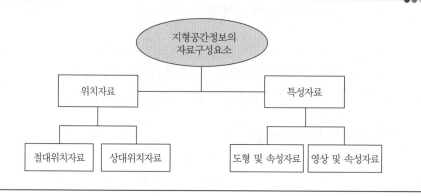

1차원 위치는 거리(距離, distance)와 고도(高度, height)가 있다. 고도는 일반적인 높이와 측지학적 높이(測地學的, geodetic height)로 평균해수면(平均海水面, MSL-Mean Sea Level)으로부터의 고도인 표고(標高, elevation, Z)가 있다.

2차원 위치는 일반적인 직교좌표상에서의 수평위치(水平位置, plane position, x, y)와 측지학상의 직교좌표에서 수평위치인 경도(經度: longitude-λ or Länge-L)와 위도(緯度: latitude-ψ or Breite-B)가 있다.

3차원 위치는 일반적인 직교좌표상의 수평 및 수직(垂直)위치인 x, y, z와 측지학상의 경도, 위도 및 표고인 λ, ψ, z가 있다.

영상자료(映像資料: image data)는 일반필름영상면(지상 또는 항공카메라 영상면, X-ray 영상면 등), 스캐닝(scanning)체계(인공위성, 레이저, 레이더 등)에 의한 영상, 비디오 및 각종 영상 취득 장치에 의한 영상면이 있다.

도형자료(圖形資料, graphic data)는 대상의 형상을 가시화한 것으로 도면(계획 및 설계도면, 구조물도면, 각종 대상의 도면), 지형도, 지도 등이 있다.

속성자료(屬性資料, attribute data)는 대상물의 자연, 인문, 사회, 행정, 경제, 환경 등에 관한 특징을 나타내는 자료로서 지형공간정보 분석이 가능하도록 문자나 숫자로 되어 있다.

정보의 생활화를 위한 정보체계의 정량화 과정에서 정보체계 구성요소취득이 가장 중요한 몫이다. 여기서 위치자료와 도형자료는 측량학의 고유 업무이며 영상자료 또한 일부 신호처리 이외는 영상탐측에서 다루어지고 있으므로 정보체계를 표현하는 구성요소 취득의 대부분이 측량을 통하여 이루어지고 있다.

7. 지형공간정보의 자료처리체계

지형공간정보체계의 자료처리체계는 자료입력, 자료처리, 출력의 3단계로 구분할 수 있으며, 보다 세부적으로는 ① 부호화, ② 자료입력, ③ 자료정비, ④ 조작처리, ⑤ 출력의 다섯 단계로 구분할 수 있다.

(1) 자료입력(data input)

자료입력 과정은 지형공간자료인 위치자료, 도형자료, 영상자료 및 특성자료에 따라 방법이 다르지만 주로 키보드로 입력되는 특성자료를 제외하고는 기존의 자료 활용측면과 새로운 자료취득 측면으로 나눌 수 있다. 기존의 자료활용 측면에서 가장 많이 이용되는 것이 지도의 디지타이징과 스캐닝이며, 이는 반자동방식(디지타이저), 자동방식(스캐너)으로 구분된다.

그림 13-6 자료처리체계

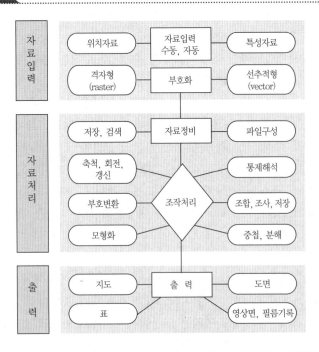

(2) 지형공간자료의 변량을 부호화 및 표현하는 방식

점, 선, 면 또는 다각형 등에 포함된 지형공간적 변량을 부호화나 표현하는 데는 격자(raster)방식, 선추적(vector)방식, 메타자료(meta data)방식, 세밀도(LOD)방식, 자료기반(DB)방식 등이 있다.

① 격자형 방식(raster 방식)

자료의 표현을 격자형(또는 작은 방: cell)들의 집합으로 형성된다. 또한 각 격자형은 속성값을 지니고 있으며 X, Y축을 이루어 존재한다.

② 선추적방식(Vector 방식)

자료의 표현을 마디(또는 고리 : mode)로 구성된다. 점(點)은 하나의 마디, 선(線)은 두 마디 이상이나 수개의 절점(vertex)으로 연결, 면(面)은 하나의 마디와 수개의 절점으로 구성된 연결로 표현된다. 또한 벡터자료는 기하학(geometric)정보[점(x, y)은 하나로 저장, 선은 연결된 점들의 집합, 면은 면의 내부를 확인하는 참조점으로 구성]와 위상구조(topology)정보[점, 선, 면들의 공간형상들의 공간관계를 인접성(adjacency), 연속성(continuity), 영역성(area definition) 등으로 구성] 등을 구축한다.

③ 메타자료방식(meta data)

자료의 대한 이력(자료의 개요, 품질, 구성, 형상 및 속성, 정보취득방법, 참조정보 등이 저장됨)을 설명하는 자료로서 정보에 대한 시간과 비용의 절약 및 정보유통의 효율성을 증대시킬 수 있다.

④ 자료의 세밀도(LOD : Level Of Detail)

자료 중 가까운 대상은 자세히 표현하고 먼 대상은 세부적인 사항(level)을

그림 13-7 부호화

 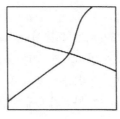

(a) 격자형   (b) 선추적형

축약하여 개략적으로 표현한다.

⑤ **자료기반**(DB : Data Base)

서로 연관성 있는 자료들 간에 특정한 의미를 가지는 자료의 모임으로 자료의 표준화가 되어 많은 사용자가 자료를 공유할 수 있으나 초기에 자료구축비용과 자료 유지관리비가 많이 소요된다.

(3) 자료처리(data processing)

① **자료정비**

자료의 방대함과 다양함 또는 응용범위의 광대함에 비추어서 자료관리 과정은 지형공간정보체계의 효율적 작업의 성공 여부에 매우 중요한 것이다. 자료유지관리는 모든 자료의 등록, 저장, 재생 및 유지에 관한 일련의 프로그램으로 구성된다.

② **자료처리**

지형공간정보체계의 자료처리에는 표면분석과 중첩분석의 두 가지 자동분석이 가능하다. 표면분석은 하나의 자료층 상에 있는 변량들 간의 관계분석에 적용하며, 중첩분석은 둘 이상의 자료층에 있는 변량들 간의 관계분석에 적용된다.

중첩에 의한 정량적 분석은 각각의 정성적 변량에 관한 수치지표를 부여하여 수행되며, 변량들의 상대적 중요도에 따라 경중률을 부가함으로써 보다 정밀한 중첩분석을 행할 수 있다.

정량적 해석과 경중률 부여기법에 의한 자료은행(data bank)은 두 가지 형태의 예측모형에 이용될 수 있다. 예를 들어서 평가모형은 산불 가능성, 지하수 오염, 교통체계 등의 환경특성평가에 적용될 수 있으며, 배치모형은 도시개발, 교통노선, 관개농경개발 등의 특정한 토지이용에 가장 적합한 지역결정에 적용될 수 있다.

③ **출 력**

지형공간정보체계는 도면이나 도표의 형태로 검색 및 출력할 수 있다. 대부분의 체계에서는 인쇄도면, 그림, 표 및 지도 등을 여러 가지 형태와 크기로 제작할 수 있으며, 관찰(관측 및 감시: monitor)스크린(screen)을 통해서 자료기반의 한 구역 또는 다중 자료기반에 관한 도형 및 도형정보를 표시해 볼 수 있다.

8. 지형공간정보체계의 자료 기반의 발전 동향

(1) 자료의 형태와 자료기반

① 자료의 형태

지형공간정보의 메타자료는 지형공간정보에 대한 내용, 품질, 용도, 판매 가격, 조건 및 기타 특성 등의 상세한 정보를 사전에 제공함으로써 사용자의 요구에 맞는 정보의 접근을 용이하게 하는 자료 설명서이다.

메타자료의 핵심요소는 자료품질정보, 지형공간자료 구성정보, 지형공간참조정보, 실체 및 특성정보, 배포정보, 메타자료 참조정보가 있다. 메타자료의 생성은 내부미디어(intra-media)나 외부미디어(extra-media) 정보를 근거로 한다. 내부미디어 메타자료는 미디어 내부의 정보를 설명한다. 반면에 미디어내간 메타자료는 여러 개의 미디어와 그들 간의 관계에 대한 설명을 다룬다. 추출 함수의 종류에 따라서 내용-종속 메타자료(content-dependent metadata), 내용-특성 메타자료(content-descriptive metadata), 내용-독립 메타자료(content-independent metadata)로 메타자료를 분류할 수 있다. 메타자료의 생성방법에 있어서 메타자료는 미디어 개체에 추출 함수를 적용함으로써 생성된다. 메타자료를 추출하기 위해서 미디어 종속(media dependent), 미디어 독립(media independent), 메타상관관계(meta correlations)가 사용된다.

② 자료기반관리체계의 변천

가) 관계형 자료기반관리체계(RDBMS: Relational Data Base Management System)

RDBMS는 관계형 자료기반을 만들거나, 수정하고 관리할 수 있게 해주는 정보체계이다. 또한, 2차원의 행과 열로서 자료를 조직하고 접근하는 자료기반 체계로서 전형적으로 관계되는 정보들을 구조화 질의 언어를 이용하여 접근되도록 한다. 또한 다른 파일들로부터 자료 항목을 다시 결합할 수 있고 자료 이용에 효율적인 체계를 제공한다. RDBMS는 사용자가 입력하거나, 또는 응용프로그램 내에 포함된 SQL 문장을 이용하여 자료기반의 생성, 수정 및 검색 등의 서비스를 제공한다. 잘 알려진 RDBMS로는 마이크로소프트의 액세스, 오라클의 오라클11g, Ardent의 UniData 등이 있다.

RDBMS는 기업이 다양하게 변하는 업무 형태와 요구에 대해 빠른 대응을 위해서 개발되었다. 자료기반에서 가장 중요한 것은 자료기반 설계이다. 일반적으로 자료기반 설계를 하는데 전체 개발기간의 70% 이상을 소요하고 특히 실행과 밀접한 관계가 있다. RDBMS 설계에서 가장 중요한 것은 자료의 중복성을 제거하는 것이다.

　　나) 객체지향 자료기반관리체계(OO−DBMS: Object Oriented Data Base
　　　　Management System)

　　객체지향 자료모형을 사용하여 자료기반에 표현되어 있는 대량의 자료를 보관, 관리하고 실세계를 표현, 모형화하는 체계를 의미한다. 사용자로부터 자료처리 요청을 받아 자료기반에 접근하여 작업을 수행하며 프로그램 내에서 처리절차보다는 조작의 대상이 되는 자료의 기능과 의미를 중요시하여 취급하는 사고방식을 말하며 이 개념을 사용하면 소프트웨어가 보다 사용자 중심이 되어 사용하기 편리하다.

　　다) 객체관계형 자료기반관리체계(OR−DBMS: Object Relational Data Base
　　　　Management System)

　　관계형 DBMS 기술과 객체 DBMS 기술의 결합을 사용자가 자료 형식과 완성된 프로그램(routine: 자료 형식을 처리하기 위한 저장 프로시저와 기능) 그리고 자신만의 접근 방법(access method)을 정의해서 자료 형식을 효율적으로 저장하고 접근이 가능하도록 되어 있다.

　　라) 멀티미디어 자료기반관리체계(M−DBMS: Multimedia Data Base
　　　　Management System)

　　여러 명의 사용자가 동시에 대용량의 멀티미디어 자료기반을 구축, 검색, 삽입 · 삭제 · 갱신 등의 편집과 관리(보완, 회복 등)할 수 있게 하는 것이 소프트웨어 체계이다. 또한 멀티미디어 DBMS는 각 자료형태에 속한 모든 자료를 자료 형식에 독립적으로 다룰 수 있다. M−DBMS는 기존의 DBMS 기능에 내용 검색체계 기능, 대용량 저장 체계 지원, 인터넷 지원 등의 기능을 향상시킨 체계이다.

(2) 자료기반 체계의 동향

① 개방형 GIS(OpenGIS)

OpenGIS는 GIS구축환경이 점점 다양하고 복잡해짐으로써 지형공간정보 자료 공유의 필요성이 대두됨에 따라, GIS 소프트웨어들 간의 공통표준으로서, 사용자들의 자신이 가지고 있는 다양한 형태의 저장자료에 대한 사용자의 접근 및 자료 처리 기능을 제공할 수 있는 지형공간정보 체계이다. openGIS를 실현하기 위한 상호가동성(interoperability)은 복잡하고 다양한 자료원과 자료형태를 지니고 있는 지형공간정보체계 관련분야를 효율적이고 경제적인 자료처리가 가능하도록 한다.

② **기업형 GIS**(Enterprise GIS)

Enterprise GIS는 분산되어 사용되고 있는 각 부서의 지형공간정보를 자료기반 관리기술과 사용자/서버(client/server) 기술로 통합관리하는 GIS, 즉 기업형 GIS를 의미하고, 경영정보체계(MIS: Management Information System)와 GIS체계를 통합하여 공동자료기반을 이용하는 것을 말한다. 이러한 기술이 가장 활발하게 운영되고 있는 예로는 은행, 대리점을 가진 업체 등을 들 수 있다.

③ **컴포넌트 GIS**(Component GIS)

컴포넌트 GIS란 정의된 인터페이스를 통해 특정서비스를 제공할 수 있는 소프트웨어의 최소단위라 할 수 있다. 컴포넌트 GIS는 응용프로그램, 네트워크, 언어, 도구와 운영체제를 넘어 플러그 앤 플레이(plug and play)가 가능한 독립적인 객체이다. 특정 목적의 자료기반을 개발하거나 기존의 응용을 더욱 확장시킬 수 있는 컴포넌트(component)를 요구하는 추세에 따라 구성요소를 중요시하는 기술이 등장하면서 객체(object)기술이 OLD(Object Linking Embedding), COM(Component Object Model), DCOM(Distributed Component Object Model), CORBA(Common Object Request Broker Architecture) 등으로 발전되어 가고 있다. 컴포넌트(component)는 하드웨어, 소프트웨어, 언어, 생산자, 전산환경 등에 종속되지 않고 컴포넌트별 전문적 생산으로 개발비 및 유지비를 감소시키고, GIS의 주요 client/server 개발 도구의 통합 작업형태를 제공한다. componentGIS의 등장으로 기술의 범용화가 가능해졌고, 분산환경에 적합한 통합 작업형태를 제공하게 되었다. componentGIS는 GIS 정보를 확장시킬 수 있는 새로운 도구가 될 것이다.

④ **인터넷/웹 GIS**

인터넷/웹 GIS는 인터넷의 기술을 GIS와 접목하여 지형공간정보의 입력, 수정, 조작, 분석, 출력 등 GIS자료와 서비스 제공이 인터넷 환경에서 가능하도록 구축된 것이다. internet GIS 구축과 관련 있는 표준 및 규약에는 openGIS, 하이퍼텍스트통신규약(HTTP: Hyper Text Transfer Protocol), JAVA, CORBA, Z39.50 등이 있고, internetGIS의 구현기법은 CGI(Common Gateway Interface), ActiveX컨트롤방식, JAVA 애플릿(applet: 작은 응용프로그램) 방식 등을 이용한다. 그리고 익스플로러(explorer)와 같은 브라우저

(browser)를 이용하여 GIS자료를 볼 수 있도록 하는 것이다. 또한 인터넷/웹 GIS는 대용량의 지형공간자료처리 및 GIS 애플리케이션 서버 요청과 web 서버 요청 사이의 트랜잭션 분산과 다중 사용자 처리가 중요하고 자료 근원(source) 접근을 효율적으로 분산시키므로 대량의 온라인 트랜잭션 처리와 트랜잭션의 집중을 여러 대의 서버에 분산하는 데 적합하다.

⑤ 비즈니스 GIS(Business GIS)

비즈니스 GIS는 복잡한 분석을 필요로 하지 않고 단순히 주어진 자료를 쉽게 지도로 생성하여 사용자들이 직관적으로 그 공간적 분포를 이해할 수 있도록 도와주는 기능을 갖추고 있다. 비즈니스 GIS 제품에는 지형공간 연산 및 질의 등이 포함되지 않으며 업무에서 그 사용이 빈번하고 동작을 단순화시킬 수 있는 특징이 있다.

⑥ 데스크탑 GIS(Desktop GIS)

데스크탑(desktop) GIS란 전문적(professional) GIS 성능에는 미치지 못하지만 최근 그 성능면에서 급속히 발전하는 탁상 PC(데스크탑 PC)상에서 사용자들이 손쉽게 지형공간정보의 도면화와 지형공간분석을 수행할 수 있는 소프트웨어를 말한다. desktop GIS의 활용으로는 고객관리 및 분석, 입지선정분석, 자연보호에 활용, 교통사고 위험지역 분석 등 다양한 지형공간분석이 이루어지고 있다.

⑦ 전문적 GIS(Professional GIS)

전문적 GIS는 각 분야의 전문성과 특정목적에 적용시킬 수 있는 GIS이다. 전문적 GIS에서는 특성자료를 RDBMS와 연동할 수 있으며 각 제품에 따른 다양한 지형공간자료모형으로 위상관계를 형성할 수 있는 기능을 제공한다. 또한 데스크탑(desktop)이나 워크스테이션 이상의 설치영역(platform)에서 운영되어 효율적인 지형공간분석 기능과 지도작성 기능을 제공한다.

⑧ 가상 GIS(Virtual GIS)

가상(virtual) GIS는 지형공간 세계를 3차원적인 가상공간으로 모형화하여 사용자로 하여금 고도의 현실감 속에서 가상 세계를 통해 각종 GIS 분석을 가능하게 해주는 정보체계를 말한다. 즉 2차원으로 입력되어 있는 지형공간자료를 실제와 같은 3차원의 지형공간자료로 보여주는 정보체계로 다양한 종류의 3차원 지상 및 지하 시설물을 모형화하고 분석 처리할 수 있는 기능을 제공한다.

⑨ 모바일 GIS(Mobile GIS)

모바일 GIS는 언제, 어느 장소에서나 지형공간정보에 기반을 둔 유무선환경의 통신망을 통해 현재 위치 기반의 필요 정보를 제공할 수 있도록 구현된

GIS로써 위치기반 서비스, 텔레매틱스, 지형공간정보기반 고객관계체계(g-CRM) 및 무선 판매관리시점(POS: Point of Sales)을 이용한 유통관리 체계 등의 현장 지원 체계에 활용되고 있다. 모바일 GIS 기술은 사용자의 요청에 의해 서버에서 보유한 위치정보 및 특성정보를 검색, 처리한 결과 값을 유/무선통신 망을 통해 사용자가 원하는 클라이언트(client)로 보내주는 것을 기본으로 하고 있으므로 웹 GIS의 개념에 이동통신망 등의 무선 통신망과 휴대용 단말기 (PDA, Pocket PC, Cellular Phone 등)가 결합된 형태이다.

⑩ 3차원 GIS

기존의 2차원 GIS는 실세계의 지형공간요소를 2차원적인 점, 선, 면의 객체로 추상화, 일반화함으로써 많은 정보의 손실을 가져온다는 단점이 있다. 3차원 GIS(지형공간정보체계)는 이러한 2차원 GIS(지리정보체계)의 한계를 극복하여, 현실세계를 사실적으로 표현해 줌으로써 좀 더 가시적이고 정량적 분석이 가능한 장점이 있다. 또한 3차원 지형 및 시설물의 연동 관리, 3차원 지형공간정보가 위상학적인 자료구조를 다양하게 관리하여 3차원 지형공간정보의 검색, 편집, 분석이 가능하고 사용자 질의처리 및 몰입적 상호작용을 지원한다. 3차원 GIS는 사용자가 가시적이고 정량적 분석을 신속하게 할 수 있어 현실 같은 가상세계에서 쉽게 정보를 이해하고 의사결정을 할 수 있게 하는 체계이다.

⑪ 비디오 GIS(Video GIS)

비디오 GIS(Video GIS: Video Geospatial Information System)란 비디오 영상을 기반으로 하여 직접 사용자와 상호작용이 가능하고 지형공간자료를 분석·가공하는 것으로 지형공간정보 자료가 실제로 어떠한 모습으로 존재하고 있는지에 대한 정보를 얻을 수 있는 체계다. 이러한 영상 정보를 통해서 사용자는 현실 세계와 컴퓨터상으로 표현되는 지형공간정보 자료의 관계성을 더 정확하고 빠르게 알아볼 수 있다. 비디오 GIS를 구축하기 위하여 요구되는 기술들을 비디오 자료 취득 및 위치관측을 위한 기술, 영상 처리 및 지형공간 객체 추출을 위한 기술, 연계정보 구축을 위한 기술 등이 있다. 텔레매틱스 기술과 연계하여 실시간으로 취득되는 영상정보와 항법자료를 기반으로, 운전자에게 현실감과 인지력, 편의를 제공할 수 있는 차량항법 기술 개발이 이루어져 가고 있다.

⑫ 지능형 교통체계

지능형 교통체계(ITS: Intelligent Transportation System)는 고도의 정보처리 기술(전자, 제어, 통신 등)을 교통운용에 적용시킨 것으로 도로, 운전자, 차량, 신호체계, 대중교통 이용자들에게 매순간의 교통상황에 따른 적절한 대응책을 제시함으로써 원활한 교통소통과 교통시설의 효율적 운영, 운전자의 편의성과 안전성을 극대화하는 첨단의 도로교통체계이다. 지능형 교통체계의 구성으로는 첨단교통관리, 첨단교통정보, 첨단대중교통, 상용차량운행, 첨단차량제어체계로 크게 5개 분야로 구분할 수 있다.

가) 첨단교통관리체계(ATMS: Advanced Traffic Management System)

도심 및 교통수요의 통제와 조정을 통하여 교통량을 노선별로 적절히 분산시키고 지체시간을 줄여 도로의 효율성을 증대시키는 체계이다.

나) 첨단교통정보체계(ATIS: Advanced Traffic Information System)

차량 내외부 표시장치 및 단말기를 통하여 각종 교통정보를 제공하여 안전하고 쾌적한 이동을 지원하는 체계이다.

다) 첨단대중교통체계(APTS: Advanced Public Transportation System)

버스, 지하철, 다인승 차량 등 대중교통을 효율적으로 운행관리하며, 현재 도로상에서 운행되는 버스, 지하철 등의 위치를 식별하여 운행상태를 파악하는 등 대중교통 운영정보와 요금징수를 자동으로 관리할 수 있는 체계이다.

라) 상용차량운행체계(CVO: Commercial Vehicle Operations)

운행 중인 트럭, 택시, 버스 등 상업용 차량의 위치를 파악하고 고객과 화물을 효율적으로 연결시켜 빈 차량의 운행이나 교통지체를 줄이고 통행속도를 높여 운행비용을 절감시키기 위한 체계이다.

마) 첨단차량제어체계(AVCS: Advanced Vehicle Control System)

이 체계는 운전자의 운전행위를 도와주는 것으로 차량 내·외부에 송수신장치를 장착하여 주행 중 차량간격, 차선위반여부, 속도 등의 안전운행에 관한 체계이다.

⑬ 위치기반서비스

가) 의 의

LBS(Location Based Services)란 위치기반(位置基盤)서비스로 필요한 장소, 필요한 시간에 위치기반 정보를 전달하는 응용분야로 정의할 수 있다. 위치기반서비스는 이동식 사용자가 그들의 지리학적 위치, 소재 또는 알려진 존재에 대한 서비스를 받도록 하는 것[미국의 연방통신위원회(FCC, Federal Communications Committee)의 정의]으로 사용자는 이러한 서비스를 컴퓨터, 휴대폰, PDA(Personal Digital Assistant), 무선호출기 등의 장비를 이용하여 접근할 수 있다. LBS에서 사용자의 위치를 결정하는 방법으로는 크게 기존 이동통신 기지국망을 이용하는 방법과 GPS를 이용한 방법으로 구분되고 있다.

나) 위치 결정

(ㄱ) 기존의 이동통신망을 이용한 사용자의 위치 결정

 (i) AOA(Angle Of Arrival) 방식   2개 이상의 기지국에서 단말기로부터 오는 신호의 방향을 관측하여 방위각을 이용한 단말기의 위치를 결정한다.

 (ii) TOA(Time Of Arrival)   3개 이상의 기지국으로부터의 전파전달 시간을 이용하여 거리를 기반으로 위치를 결정한다.

(ㄴ) GPS 및 Galileo를 이용하여 사용자의 위치를 결정

(ㄷ) 이동객체자료기반(DBMS: Data Based Mobile System)를 이용하여 위치정
 보 취득

(ㄹ) Cell ID 방식

이용자가 속한 기지국의 서비스 셀ID를 통해 이용자의 위치를 결정한다.

다) 문제점

LBS의 그 활용성이 방대하고 많은 이점을 지니고 있지만 개인정보유출 및 사생활 보호, 무선광고 등의 범람에 관한 문제가 해결되어야 한다. 이러한 문제는 법적으로 규제가 되어야 하며 기술적 해결방안에는 통지, 동의, 보안 그리고 기술적 중립성 등이 반드시 포함되어야 한다.

라) 응용분야

지형공간정보를 활용한 유비쿼터스 시대의 가장 중요한 서비스로 위치기반서비스(LBS)가 주목을 받고 있다. LBS은 대부분의 통신 회사들이 자신들의 망 내에서 유선 또는 휴대전화 기반의 위치 추적 기술을 추구할 계획을 가지고 있다. 현재 LBS는 엔터테인먼트 위주로 '친구찾기'와 같은 형태로 발전하고 있으나 향후에는 사람뿐만 아니라 자동차나 화물, 물체의 위치정보를 바탕으로 다양한 부가 서비스를 제공하게 될 것으로 예상된다. 주로 항법장치, 응급수송, 고객의 위치를 이용한 광고 및 마케팅, 도난차량 회수 등에 사용되고 있다.

9. 유비쿼터스(Ubiquitous)와 무선전파식별기(RFID: Radio Frequency IDentification)

(1) 유비쿼터스(Ubiquitous)

① 의 의

유비쿼터스(Ubiquitous)는 라틴어 어원으로 '동시·도처에 존재하는(being

or seeming to be everywhere at the same time), 편재(遍在)하는(omnipresent)' 등의 뜻 즉, 시간과 장소에 구애받지 않고 언제 어디에서나 원하는 정보에 접근할 수 있는 기술이나 환경을 의미하는 것으로 1988년 Xerox의 PARC(Palo Alto Research Center)의 Mark Weiser가 처음으로 주장하였다. 실세계의 각종 제품들과 환경 전반에 걸쳐 컴퓨터들이 존재하게 하되, 이들이 사용자에게는 컴퓨터로서의 겉모습을 드러내지 않도록 환경 내에 효과적으로 내재시키는 기술을 의미한다. 세분화시키면 물리공간을 지능화하는 유비쿼터스 컴퓨팅(ubiquitous computing)과 물리공간에 펼쳐진 각종 사물들을 언제(anytime), 어디서(anywhere, anyplace), 어떤 장치(anymedia)임에 구애받지 않고 망으로 연결하는 유비쿼터스 망(UN: Ubiquitous Network)으로 구분할 수 있다.

가) 유비쿼터스 환경에서 정보를 교환하는 상대는 '사람과 사람' 중심에서 '사람과 기계'로 바뀌고 있으며, '기계와 기계' 간의 통신도 증가하고 있다.

나) 유비쿼터스의 특징은 기기가 눈에 보이지 않아야 하고 유비쿼터스 망은 언제 어디서나 사용이 가능해야 하며, 반드시 망에 연결되어 있어야 한다.

다) 유비쿼터스 정보기술을 활용한 차세대 전자정부의 서비스 모형은 빠른 접속(fast), 상시접속(always on), 모든 곳(everywhere)에서 접속, 쉽고 편리한 (easy & convenient) 이용, 온·오프라인 연계(on-off line connection), 지능화 (intelligent) 그리고 자연스러운 사용(natural)이 가능한 서비스를 지향한다.

② 기술의 문제점

가) 모든 사물에 편재된 컴퓨터의 소유 및 설치 문제

(ㄱ) 소유자에 따라 설치, 컴퓨터의 목적 및 사양이 달라질 수 있음

(ㄴ) 유비쿼터스 환경은 오랜 시간에 걸쳐 광범위하게 진행되므로 시간에 따라 또는 지역에 따라 설치 체계가 달라질 수 있음

나) 공공시설에 설치된 컴퓨터의 보안성 문제

(ㄱ) 현재로서는 공공시설로의 접근은 용이한 편으로 컴퓨터의 조작 가능성이 존재한다.

(ㄴ) 개인보안장치를 이용한 체계 접근도 공공시설의 접근포인트(access point)에서는 보안성을 보장받지 못함 → 광범위하게 설치되는 컴퓨터에 대한 관리 및 법규 문제가 있다.

다) 필요 시 사용할 수 있는 보편성 및 신뢰성 문제

(ㄱ) 언제, 어디서나 사용자가 원할 때 사용할 수 있기 위해서는 access point에 대한 보편성 및 신뢰성이 필수적이다.

(ㄴ) 사용자가 지금이라도 불편을 느낀다면 자신만의 정보기기를 휴대할 것
　　이다(공중전화도 유비쿼터스의 한 형태로 생각할 수 있으며 사용자는 이를 외
　　면하고 무선기기를 휴대함).

③ **활용분야**

개인이 살기 좋은 최적의 상태를 유지하기 위해 주위에 산재한 '위험요소'
를 제거하는 서비스로 노부모 모니터링, 필요한 지원을 제공하는 조직(병원, 경
찰서, 의사, 공공건강센터, 관련 커뮤니티 등)과의 연결한다. 유비쿼터스를 활용한
전자정부 서비스는 다음과 같다.

가) 조세부문

상품 스캔과 동시에 조세담당 행정기관에 정보가 전달되어 과세 및 세금징
수 등이 가능하다.

나) 환경부문

부품이나 폐기물에 RFID 장착으로 리사이클 등을 효율적으로 관리 가능
하다. RFID는 전자tag를 사물에 부착하여 사물의 주위환경을 인지하고 기존
IT시스템과 실시간으로 정보를 교환 및 처리할 수 있는 기술이다.

다) 보건의료부문

복지를 위한 인적자원의 고갈문제와 새로운 서비스기대수준에 대응하는 서
비스 제공이 가능하다.

라) 교통부문

향상된 내비게이션 서비스가 가능하다.

마) 방재 및 방범

산불, 홍수, 가뭄 등 자연재해 등을 자동 감지하여 대책 서비스 제공이 가
능하다.

바) 유지·보수 부문

수도, 전기, 가스 등의 공공시설에 대한 효과적인 보수로 인한 비용 절감이
가능하다. 향후 기술 발전 가능성과 발전 속도를 감안할 때, 신기술인 유비쿼터
스 정보기술이 공공 서비스에 이식되어 서비스 제공 방식과 서비스의 파급효과
를 혁신적으로 변화시킬 차세대 전자정부서비스로의 실현가능성은 매우 높다.

사) U-City

첨단 정보통신기반과 유비쿼터스 정보서비스를 도시지형공간에 융합하여 생
활의 편의증대와 삶의 질을 향상, 체계적 도시 관리에 의한 안전과 주민복지증
대, 신산업창출 등 도시기반기능을 혁신시킬 수 있는 첨단도시가 U-city이다.

아) U-생태도시(U-Eco City)

생태도시(Eco-city)는 자연환경의 변화 및 지구환경문제에 대한 위기의식에 의해 자원, 에너지기술, 자원복원기술 등을 기반으로 이루어진 도시를 뜻한다. 생태도시 건설의 국면(paradigm) 변화와 미래도시에 대한 새로운 요구에 따라 차세대 도시환경인 U-City와 지속가능한 생태도시의 개념이 융·복합된 새로운 형태의 도시가 U-생태도시(U-Eco City)이다.

(2) 무선전파식별기(RFID)

① RFID(Radio Frequency IDentification)의 의의

RFID는 초소형 칩을 내장한 자료수집장치(data capture mechanism)로 기능은 바코드와 비슷하지만 원거리에서 인식이 가능하고 동시(同時)에 여러 가지를 인식할 수 있어 바코드보다 활용범위가 훨씬 넓다. 또한 RFID는 스캐너로 인식하는 것이 아니라 원거리에서 판독기(reader)로 인식하고 언제, 어느 공장에서 제조되어 어디로 출하되었는지의 정보를 지닐 수 있어 비즈니스와 공공업무분야에서 활용되었으나 현재는 자동차 통행료 자동지불, 박물관의 전시상품 보호, 군수물자의 조달, 항공사의 화물추적, 출입국 심사, 보안지역의 출입통제용, 유통경로상의 제품 하나하나의 위치를 확인, 위조지폐나 모조품의 유통도 방지, 슈퍼에서 RFID 태그가 부착된 물품을 구입하고 이를 판독할 수 있는 장치가 달려있는 바구니에 넣으면 자동으로 계산 등이 이루어지므로 소매업체, 물류업체, 제조업체가 많은 편익을 얻게 되었다.

② RFID체계의 구성요소

RFID는 무선전파를 이용하여 태그에 자료를 기록하여 판독하는 체계로 안테나(antenna), 태그(tag: transponder)와 판독기(reader)로 구성되고 있다. RFID기술은 AM, FM 라디오와 비슷하나 극소화된 부품들이 작은 실리콘 칩에 내장된 점이 다르다. 무선신호를 받은 태그는 판독기가 발신하는 무선신호의 에너지를 이용하여 자신이 지니고 있는 물품의 고유 ID를 반송하여 상세정보를 취득할 수 있다.

가) 안테나

안테나는 판독기에 부착되어 태그에 입력된 전자상품코드(EPC: Electronic Product Code)를 읽기 위한 신호의 수발신(受發信) 기능을 가지고 있어 컴퓨터와 태그사이의 통신을 할 수 있는 기능을 지니고 있다.

나) 태 그

태그는 크기(피부에 삽입할 수 있는 소형에서 대형 컨테이너 등에까지 사용), 모양(신용카드에서 나선형 모양까지) 및 메모리 용량(용도에 따라 다름) 등이 다양하다. 태그형식에서도 read-only 태그는 정보내용의 변경이 불가능하게 제조시 프로그래밍 되었으나 가격이 저렴하여 단순인식을 요하는 분야에서 이용되고 WORM(Write Once Read Many) 태그는 자료입력을 사용자가 할 수 있으나 입력한 후에는 변경이 불가능하다. Read/Write 태그는 자료의 입력 및 변경을 여러 번 할 수 있게 만든 구조이다.

태그는 신호발신기 존재에 따라 수동형[6])과 능동형[7])이 있다. 태그는 크기와 사용목적에 따라 칩형, 비(非)칩(chip less)형, 초소용 등을 개발하여 5센트 이하를 목표로 하고 있다.

태그는 물품의 환경(컨테이너나 팔레트의 작업 중에 훼손되지 않게 부착, 외관을 중시하는 품목은 포장에 부착, 다양한 취급환경에서 태그 또는 그 덮개가 손상되지 않도록 함)을 고려하여 다루어야 한다.

RFID태그는 일반적인 바코드에 비해 장점은 가) 손상의 염려가 적다. 나) 다수의 태그를 빠른 속도로 동시에 판독할 수 있고, 태그와 판독기 사이에 장애물의 영향을 극복하고 판독이 가능하다. 다) 읽기와 쓰기 기능이 있어 태그의 재사용이 가능하다. 라) 태그의 수동 및 능동형에 따라 메모리 양을 다르게 조정할 수 있다. 메모리는 읽기전용, 일기 및 쓰기 겸용 등으로 방식을 구성할 수 있다. 마) 태그의 유효기간 동안 자료의 추가 입력, 습도계, 온도계, 고도계 등 각종 센서기능 등을 부가할 수 있다.

다) 판독기

판독기는 안테나와 제어장치로 구성되어 안테나, 태그, 컴퓨터, 서버, 네트워크 사이의 통신을 관리하고 태그에 담긴 전자상품코드(EPC)로 직접 처리를 제어할 수도 있다. RFID 판독기는 다량의 태그판독이 가능하며 판독률도 높다. 판독기는 휴대용이 가능한 이동식과 출입구나 선반 등에 세우는 고정식이

6) 외부전원의 공급이 없으므로 구조가 간단하고 읽기전용으로 높은 출력의 판독기가 필요하며 감지거리가 1m 전후만 가능(최근 UHF 대역의 도입으로 출력에 따라 10m도 가능)하며 저가이고 수명도 반영구(10년 이상)여서 소단위 낱개 물품에 많이 사용된다. 중간단계인 반(半) 수동형(semi passive)은 배터리를 내장하고 있으나, 판독기로부터 신호를 받을 때까지는 작동하지 않으므로 오랜 시간 사용이 가능하여 지속적인 식별이 필요하지 않는 물품에 사용된다.
7) 배터리를 내장하고 읽기/쓰기가 가능하고 수명이 10년으로 제한된다. 장거리(30~100m) 자료교환을 할 수 있고 고가($1 이상)의 기기나 대형창고 등의 물류유통분야 및 컨테이너, 트럭 등에서 많이 이용된다.

있다. 주위환경과 제품특성이 판독에 영향을 미친다. 금속이나 액체의 비율이 높거나 RFID의 전파를 반사하거나 흡수하면 정확한 판독이 어렵다. 현재 주파수대역은 5개이고 대역에 따라 활용이 각각 다르다. 가) 125~135KHz는 축산물유통, 출입카드로 활용, 나) 13.56MHz는 신용카드, 교통카드, 낱개상품 등에 활용, 다) 433.92MHz부터 능동형 태그가 작용되어 컨테이너, 트럭 등에 활용, 라) 860~960MHz나 2.45GHz의 고주파는 30m 이상의 판독거리로 철도, 물류, 유통 등에서 활용, 마) 860~960MHz은 세계 공통의 물류유통 공용주파수대로 활용되고 있다. 고주파일수록 인식속도가 빠르며 환경에 민감하고 태그크기가 작아진다. 미국에서는 865~868MHz는 의료용으로 제한되어 있다. 리더와 태그 사이의 통신을 위해 사용되는 통신규격은 125KHz, 135KHz, 13.56MHz, 433MHz(능동형), 860~930MHz, 2.45GHz(수동형, 능동형) 등이며, 주파수 표준을 정하는 문제가 국제표준화의 핵심이다. 현재 RFID용으로 사용 가능한 주파수 대역이 국제적으로 통일되지 못하고 있으며 일반적으로 무선통신 주파수의 규정이 국가별로 다르고 관리기구도 각각 다르다. 〈표 13-3〉과 같이 세계적으로 사용이 허용된 주파수 대역과 신규 사용이 제한된 주파수 대역이 공

■■ 표 13-3 주파수별 RFID 구분 및 특성

주파수	저주파 125.13KHz	고주파 13.56MHz	극초단파 433.92MHz	마이크로파 860~960MHz	2.45GHz
인식거리	60cm미만	60cm미만	~50~100m	~3.5~100m	~1m 이내
	• 비교적 고가 • 환경에 의한 성능저하 거의 없음	• 저주파보다 저가 • 짧은 인식거리와 다중태그 인식에 응용	• 장거리 인식 • 실시간 추적 및 컨테이너 내부 습도, 충격 등 환경감지	• IC기술발달로 가장 저가 • 다중태그 인식, 거리와 성능이 가장 뛰어남	• 900대역 태그와 유사한 특성 • 환경에 대한 영향을 가장 많이 받음
동작방식	• 수동형	• 동형	• 능동형	• 능동/수동형	• 능동/수동형
적용분야	• 공정자동화 • 출입통제/보안 • 동물관리	• 수화물관리 • 대여물관리 • 출입통제/보안	• 컨테이너 관리 • 실시간 위치 추적	• 공급연쇄관리 • 자동통행료 징수	• 위조방지
인식속도	저속		고속		
환경영향	강인		민감		
태그크기	대형		소형		

표되고 있으며 사용목적에 따라 판독을 높이는 것과 긴 판독거리 확보를 위한 RFID연구가 지속적으로 이루어져 가고 있다.

③ 유통물류에서 RFID의 효용

RFID는 실시간으로 물류흐름을 파악, 관리 및 통제할 수 있어 활용의 범위와 효용이 날로 증대되어 가고 있다.

가) 교통분야

카드에 내장된 RFID칩이 버스나 지하철에 설치된 판독기에 접촉되는 순간 무선으로 통신되어 결재가 이루어진다. 고속도로 요금소에 설치된 판독기가 차량에 부착된 RFID칩을 읽는 순간 판독기를 통해 차량식별 및 사후에 요금을 징수할 수 있으므로 운전자들은 차량을 멈추지 않고 통과할 수 있다.

나) 식품분야

RFID칩이 부착된 음식물 재료에 단말기가 접촉되는 순간 유통과정, 적당한 요리법, 신선도 정보가 영상면에 나타난다. 또한 레스토랑 그릇에 부착된 RFID칩은 음식의 종류 및 가격에 대한 정보를 담고 있으므로 손님이 주문한 음식을 먹고 나가면 자동으로 계산될 뿐만 아니라 레스토랑 운영자에게는 식자재(食資材) 재고관리에 대한 정보가 취득될 수 있다.

다) 의류 및 상품분야

의류 및 상품에 부착된 RFID칩은 무인판매, 도난 및 불법유통을 방지할 뿐만 아니라 RFID태그에 고유의 제품별, 일련번호를 제시하면 모조품의 제조가 불가능하게 된다.

라) 병원 및 제약분야

의료정보(혈액형, 혈압, 의료기록 등)를 담은 RFID칩을 팔찌나 몸에 지닐 수 있어 진료 받을 때 쉽고 정확하게 진찰이 이루어지며, 환자를 치료하고 약을 투여할 때 실수를 줄이고 어느 병원에서나 환자의 의료기록정보가 공유되므로 진찰이 쉽게 이루어질 수 있다. 또한 의약품에 RFID칩을 부착하면 모조약품을 방지할 수 있다.

마) 여가선용 이용분야

여가선용공간에 입장하는 입장객들이 RFID칩을 팔찌에 부탁하고 입장하게 되면 현금이나 신용카드를 이용하지 않고도 여가선용공간 내 레스토랑 이용 및 기념품 구입이 가능하고 어린이의 경우 어린이들의 위치추적이 가능하여 미아를 방지할 수 있다.

바) 컨테이너 터미널 및 회수물류분야

항만에 RFID 기반의 U-port 인프라를 구축하여 컨테이너 및 차량의 실시간 위치추적을 할 수 있다. 농산물, 음료수 등을 팔레트, 통(桶)과 같은 회수용기에 RFID태그를 부착하여 관리하면 실시간 변동되는 상황을 파악할 수 있어 관리에 필요한 정보를 활용할 수 있다.

사) 유통물류의 흐름

RFID태그를 사용하면 매장, 창고, 공장 및 운송중인 화물에 대한 실시간 정보제공으로 재고수준 및 품질의 감소, 물품의 분실 및 멸실 감소와 안전하고 신속한 작업진행이 이루어진다.

아) 도서관 서비스 분야

도서관내 자가(自家)대출, 반납기를 통해 수초 만에 대출·반납할 수 있고, 휴대용 리더기로 책을 찾을 수 있게 된다. 또한 24시간 무인(無人)대출반납이 가능해지는 등 도서관 서비스가 향상되고, 관리·운영비도 크게 절약될 수 있다.

자) 지하시설물 관리분야

지중의 매설물 위치표시 및 탐사가 가능하고 중첩 및 인접된 여러 개의 관로를 구분할 수 있다. 또한 도로 덧씌우기 등으로 매몰된 시설물의 정확하고 신속한 탐사로 유지보수가 가능할 뿐만 아니라 주요 급수관의 분기점을 정확히 파악할 수 있으므로 향후 지자체에서 급수관 누수복구나 원관폐쇄 업무 등에 활용할 수 있다. 이에 각종 굴착사고시 관로파손의 사전예방이 가능하다.

④ RFID 기반의 물류활용

RFID 기반의 물류활용에는 고객서비스 및 지원체계[8](CSS & OMS: Customer Service & Support System), 창고관리체계[9](WMS: Warehouse Management System), 운송관리체계[10](TMS), 인도관리체계[11](引渡管理體系,

---

8) CSS/OMS는 고객사와 물류회사가 주문 및 납품에 대하여 정보를 교환할 수 있는 URECA (Ubiquitous RFID Environment Collaboration Area: RFID 기반 유비쿼터스 협업영역)에서 고객의 수발주(受發注)를 효율화시킬 수 있는 주문관리체계이다.
9) WMS는 물류센터내 제반작업(발주, 입고, 출고, 재고관리 등)의 유통과정 전체를 체계적으로 관리하여 물류관리 및 운영의 최적화와 효율화를 시킨다. 또한 RFID를 기반으로 한 WMS는 물품검사의 간소화 및 자동화, 작업의 정확도로 안정된 재고율 유지, 입출고 처리의 유연성 및 적정 재고유지 및 정확한 출고(FIFO: First In First Out, 先入先出, LIFO: Last In First Out, 後入先出)로 물품처리량의 극대화, 실시간 정보서비스로 업무개선 및 표준화 등의 관리가 가능하게 하는 체계이다.
10) TMS는 수배송관리를 지원하여 차량과 화물의 배정을 효율적으로 관리하고 최적의 수배송 경로의 계획 및 실행을 통해 차량의 흐름을 관제하고 최적화하는 체계이다.
11) DMS는 수출입 물류 및 국제물류를 수송, 통관, 보세운송 등에 관한 통합서비스와 물류관련자들 정보를 공유하여 신속하고 최적화된 선적 및 수송을 지원하는 관리체계이다.

DMS: Delivery Management System), 가시성관리체계[12](可視性管理體系, VMS: Visibility Management System), 공급연쇄 이벤트(사건 또는 사고)관리[13] (SCEM: Supply Chain Event Management) 등이 있다.

⑤ RFID의 문제점과 전망

가) RFID의 문제점

RFID의 문제점으로는 기술적인 면과 제도적인 면이 있다.

기술적인 문제로는 주위의 환경조건에 따라 인식률이 많은 차이가 있다. 건축물내부나 외부에서 태그를 인식할 때 주위의 금속 등으로 전파 반사물이 있거나 형광등, 네온 등의 장해요인이 있는 경우, 어떠한 재질의 부착물인가에 따라 인식률에 많은 차이가 나타난다.

무선판독기가 설치되어 있는 곳에 RFID태그가 부착된 물품을 가지고 움직일 경우 판독기가 정보를 읽을 수 있어 개인의 일거일동을 감시할 수 있다. 태그가 부착된 옷을 사 입을 때 리더만 읽으면 그 사람의 브랜드 취향과 구매시기 등을 알 수 있다. 또한 저가의 태그는 해킹 및 위조의 위험도 있다. 사회적 문제는 사생활 침해(RFID체계 자체가 아니라 그 안에 들어있는 정보가 네트워크나 인터넷을 통해 유출되는 것이 문제)가 논란의 대상이다. 경제적 문제는 기술의 진전으로 태그가격이 대폭 절감이 되어 기존의 바코드를 대체할 수 있는 수준에 이르러야 활용도가 많아질 것이다. RFID기술은 전파를 이용해 소리 없이 개인의 정보를 추적할 수 있으므로 개인정보가 노출되어 악용될 가능성도 있다. 이러한 연유로 미국(2004년 유타 주와 캘리포니아 주)에서는 태그부착 사실의 사전고지(事前告知), RFID를 통한 정보수집 및 추적시 소비자들의 동의, 구매시점에 소비자의 태그기능 정지요구, 소비자가 매장을 떠날 경우 태그를 떼어내거나 파괴하는 것 등을 고려한 'RFID소비자 보호법'을 통과시켰다. 우리나라도 RFID의 사생활침해, 신원인증, 정보보안에 대한 안전성 등을 고려하여 RFID/USN에서의 '정보침해 방지기술 발전계획'을 수립하여 기술적인 해결방안을 지속적으로 연구하고 있다. 사생활보호법으로 2005년 7월 홈네트워크, 텔레메틱스 등 서비스별 필요성을 대비해 일반법으로 'USN(Ubiquitous Sensor Network) 정

---

12) VMS는 기업 내외부(內外部)에 가시성(可視性)을 제고하여 주요정보를 관리 항목별로 분류하여 그래프나 문서형태로 보여줌으로써 경영자의 신속하고 정확한 의사결정지원과 지표를 관리할 수 있는 체계이다.

13) SCEM은 물류처리과정에서 발생할 수 있는 다양한 문제점(event)을 사전에 신속한 감지와 분석을 통하여 정의된 규칙에 따라 문제점을 예방하여 정상적인 물류처리가 가능하게 하는 체계이다.

보보호에 관한 법률'을 제정할 계획을 수립해 놓고 있다.

나) RFID의 전망

RFID의 태그가격(일본 총무성 발표에 의하면 10만원 정도면 군사나 의료분야에서 위치관측과 진단, 보안 등에 사용할 수 있고 10원 정도면 소매품목의 관리 및 추적 등에 사용할 수 있다고 분석한 바 있음)별 적용분야가 다르나 지속적으로 가격이 낮아져서 일반적인 저가제품에서는 1센트에 접근하고 고가제품에는 $10의 태그를 붙여 물류효율을 높인다면 태그가격은 문제가 되지 않는다고 한다.

또한 국가별로 RFID의 규격이 다를 경우 보급에 한계가 있기 때문에 국제적으로 규격통일이 필수적이며 주파수에 대한 국제표준이 결정되고 태그가격이 하락하면 RFID가 각 산업분야로 확산되어 물류처리과정을 혁신적으로 변화시킬 수 있을 것이다. 국내·외 물류분야의 RFID적용은 공공분야 중심으로 진행되어야 한다. 이는 기업들이 투자효과를 명확히 확인할 수 없어 관망하고 있기 때문에 공공분야에서 뚜렷한 성공사례를 제시하여야만 기업들의 RFID기술 도입을 적극적으로 유도할 수 있기 때문이다. 산업현장에서도 지속적인 적용 및 연구를 통해 RFID의 문제점들을 해결해 가고 있다. RFID에 대한 적절한 태그가격 및 인식률, 사생활보호 문제 등 해결하여야 할 과제에 대한 조속한 대처방안 마련, 명확한 비즈니스 모형(model)과 그간의 적용성과들을 고속 성장하는 정보기술과 연동이 되고 안정적으로 운영할 수 있는 RFID기술이 활용된다면 고객의 요구와 환경변화에 대응하고 낭비요인을 제거할 수 있어 공급연쇄 전체에 대하여 RFID는 효율을 높일 수 있는 혁신적 기술로 정착될 것이다.[14]

10. 지형공간정보체계의 활용

지형공간정보학을 활용할 지형공간정보체계의 소체계는 다음과 같다.

(1) 토지정보체계(土地情報體系, LIS: Land Information System)

토지정보체계는 지형분석, 토지의 이용, 개발, 행정, 다목적 지적 등 토지자원 관련 문제해결을 위한 정보분석체계이다. 토지정보체계를 이용하여 다목적 국토정보체계 구축(표준좌표체계, 고정밀도 대축척 기본지도, 전국지적정보체계, 표준특성자료파일), 건설계획과 환경보호의 조화를 이룬 최적계획수립, 발전소위치

14) 임석민, "물류학원론", 두남, pp.343~376, 2010; 조진행·오세조, "물류관리", 두남, pp.205~226, 2008.

설정계획(환경, 토지이용, 인접발전소 위치 등을 고려한 수력, 화력, 풍력 발전소 계획 수립), 수치형상모형[(數値形象模型, DFM: Digital Feature Model—수치지형모형 (DTM), 수치고도모형(DEM), 수치외관모형(DSM)]을 이용한 지형분석 경관정보, 등기부의 자료기반화와 공정자산 정보관리를 할 수 있는 토지부동산 정보관리체계 및 다목적 지적정보체계도 구축할 수 있다.

(2) 지리정보체계(地理情報體系, GIS: Geographic Information System)

지리정보체계는 지리좌표에 관련된 도형 자료를 효율적으로 수집, 저장, 갱신, 분석하기 위한 정보체계이다. 즉, 지도, 통계자료 등 지리자료, 특성자료의 입력, 정비, 가공 DB 구축, 분석, 출력에 관련된 일련의 정보체계를 말하는 것이다.

지리정보체계를 이용하여 계획요소의 지리적 분포, 통계분석의 가시적 표시 및 변화추출을 할 수 있는 행정업무지원체계, 공중보건위생관리체계, 야생동식물보호관리체계, 교육 및 학제관리, 경영 및 판매전략수립을 효과적으로 할 수 있다.

(3) 도시 및 지역정보체계(都市 및 地域情報體系, UIS/RIS: Urban And Regional Information System)와 국토정보체계(國土情報體系, NLIS: National Land Information System)

도시정보체계는 도시계획 및 도시화 현상에서 발생하는 인구, 자원 및 교통의 관리, 건물면적, 지명, 환경변화 등에 관한 자료를 다루는 체계로서, 도시현황파악 및 도시계획, 도시정비, 도시기반시설관리를 효과적으로 할 수 있다. 지역 및 국토정보체계(RIS/NLIS)를 이용하여 국면소득—물가통계 인구, 토지, 자원 사회복지 국가총예산회계 등을 고려하여 국정기본 정보 수집에의 활용 및 조직망을 구성할 수 있다. 또한, 대규모 건설공사계획 수립을 위한 지질, 지형 자료 체계 구축을 하기 위해 수치지형자료 및 지리, 지질, 토양 등의 특성자료, 도로망, 철도망 등 수송체계를 고려한다. 지역계획자료 체계를 구축하여 공업, 상업자료, 농어업 자료, 인구, 도시건설자료와 위치 및 지도자료를 결합 분석할 수 있으며, 교통망·공공설비망을 기본으로 국토정보체계 자료기반구축을 할 수 있다.

(4) 수치지도제작 및 지도정보체계(數值地圖製作 및 地圖情報體系, DM/MIS: Digital Mapping and Map Information System)

수치지도제작은 지상측량, 항공영상탐측 또는 기존 지형도의 입력 등에 의하여 대상 지형(지모·지물)의 위치 및 특성자료를 수치형태로 입력하고, 편집·가공함으로써 도면 형태, 자기테이프 등의 소요형태로 지형도면 또는 수치정보를 얻는다. 측량체계에 의해 수치지도를 제작하는 것을 일반적으로 수치지도제작이라 한다.

수치지도제작은 위치, 지모, 지물, 기타 특성자료를 종합한 다목적 수치주제도 작성을 통하여 지형공간정보체계의 기준자료를 제공한다. 수치지도제작을 하는 방법에는 기존지도 스캐너에 의한 수치지도제작, 지상측량자료에 의한 수치지도제작, 항공사진, 지상사진을 이용한 수치지도제작, 인공위성(LANDSAT, SPOT, GPS 등)을 이용한 수치지도제작, 입체영상접합(stereo image matching) 기법을 이용한 지형도작성의 자동화 등이 있다.

지도정보체계는 수치지도의 활용면에 중점을 둔 정보체계로서 생활편리정보, 관광 및 위락 정보, 판매 경영정보(area marketing and business information), 차량운행 및 보행자 안내정보, 부동산 유통정보, 토지평가 및 토지가옥 관리정보, 안전관리정보 등이 있다.

(5) 도면자동화 및 시설물관리(圖面自動化 및 施設物管理, AM/FM: Automated Mapping and Facility Management)

도면자동화는 전산 도형해석을 이용한 소프트웨어를 이용하여 지형정보를 생성, 수정 및 합성하여 시설물관리를 효과적으로 하기 위한 체계이다. 도면자동화는 지도자료, 지점 또는 축척 등의 다양한 도면에 대한 정보를 조합하여 출력할 수 있는 체계이다. 이 체계는 시설물 관리체계에서 이용되는 지도나 도면을 수치정보화한다.

도면자동화란 수치적 방법에 의한 지도제작공정 자동화에 중점을 두는 것으로서, 주로 관련시설물 관리를 위한 기본도 및 현황도 제작과 대축척 지도제작에 중점을 둔다. 이러한 도면자동화를 기본으로 하여 상수도시설 관리체계, 하수도시설 관리체계, 전화시설 관리체계, 전력시설 관리체계, 가스시설 관리체계, 도로시설관리, 철도시설관리, 유선방송(CATV) 시설관리, 공항시설관리,

항만시설관리 등을 효율적으로 관리할 수 있다.

(6) 측량정보체계(測量情報體系, SIS: Surveying Information System)

측량정보체계는 광파종합관측기(TS: Total Station)에 의한 수치지형도 작성 및 DTM 자료기반구축을 하는 측량 및 조사정보체계, GPS 위성측량에 의한 3차원 위치를 결정하는 측지정보체계, 항공사진을 이용한 정밀 지형도 작성을 할 수 있는 영상탐측정보체계, 위성영상의 분석처리에 의한 자원탐사, 환경변화를 검출할 수 있는 원격탐측정보체계를 통틀어 측량정보체계라 한다.

(7) 도형 및 영상정보체계(圖形 및 映像情報體系, GIIS: Graphic and Image Information System)

도형 및 영상정보체계는 적 · 녹 · 청의 명도, 색상, 채도변환을 이용한 고해상도 천연색 인공위성 영상합성을 이용하는 수치영상처리를 기본으로 하여, 인공위성 영상의 수평위치 및 고도추출점 정확도를 향상시켜 2차원, 3차원 도형자료를 분석하는 체계를 말한다.

도형 및 영상정보체계를 이용하여 수치영상접합(DIM: Digital Image matching) 기법에 의하여 지형 추출점의 판별자동화 및 수치지형모형(DTM)을 생성할 수 있으며, 영상복원 및 입력부호화(encoding) 기법을 이용한 고속이동물체 영상의 선명도를 향상시켜, 핵자기공명영상(NMRI) 처리에 의한 선명도 개선 및 3차원 입체영상을 재현할 수 있다.

(8) 교통정보체계(交通情報體系, TIS: Transportation Information System)

교통정보체계를 이용하여 육상교통관리, 해상교통관리, 항공교통관리, 교통계획 및 교통영향평가를 할 수 있으며, 교통량 · 노선연장 · 운송업 · 화물수송량 · 도로보수공정 · 도로완공일정 등을 효과적으로 관리할 수 있다. 교통정보체계에는 철도운송체계현황, 고속도로교통현황, 국내선박여객 운송량, 운행시간표, 항만관리체계, 항만 및 항로시설물 조직망구성, 공항별 화물운송량, 운행 횟수, 공항창고 출입량, 적재량, 항공운송정책 조사자료 등이 들어 있다. 지능형교통체계(ITS: Intelligent Transportation System)의 활용성이 증대되고 있다.

(9) 환경정보체계(環境情報體系, EIS: Environmental Information System)

환경정보체계는 대기오염정보, 수질오염정보, 고형폐기물처리정보, 유해폐기물위치평가와 관련된 전산정보체계를 환경정보체계라 한다. 환경정보체계를 활용하여 산업체 입지분포, 풍향, 지형특성 등을 고려한 대기오염 예측 및 분석을 할 수 있으며, 하천수계별 수질오염분석, 화력 및 원자력 발전소의 냉각수의 온도확산 분포조사, 오염물 확산 평가, 산업쓰레기, 고형폐기물 처리를 위한 소각장, 매립장, 입지선정 및 영향평가, 원격탐측과 공간분석기법을 이용한 유해폐기물 위치평가, 골프장 건설에 의한 자연환경, 생활환경, 생태계, 경관변화예측 및 영향평가, 고층건물 및 대형시설물 건설에 따른 일조량 변화, 경관변화, 교통흐름 및 교통량 변화 대책수립을 체계적으로 할 수 있다.

(10) 자원정보체계(資源情報體系, RIS: Resource Information System)

자원정보체계는 농산자원정보, 삼림자원정보, 수자원정보, 지하자원 정보 등과 관련된 정보체계를 자원정보체계라 한다. 자원정보체계를 활용하여 위성영상과 지형공간정보기법을 활용한 농산물 작황조사, 병충해 피해조사, 수확량예측, 수목성장도, 수종별분포, 토양 및 토질, 지표특성 등을 고려한 삼림자원경영 및 관리대책 수립, 수리, 강수량, 유량, 함수비, 증발량, 기상, 수질, 지하수 등을 고려한 수문자료기반구축, 수자원계획, 수리, 수문에 관한 정기간행물 등의 자료기반 구축, 농업용수, 저수지운용, 상수도, 강설량 등을 고려한 수자원 모형 수립, 석탄·석유 수급현황분석 및 비상시 공급체계 대책수립을 세울 수 있다.

(11) 조경 및 경관정보체계(造景 및 景觀情報體系, LIS/VIS: Landscape and Viewscape Information System)

조경 및 경관정보체계는 수치형상모형, 조경을 이용한 환경해석, 경관요소 및 계획대안을 고려한 다양한 모의관측이 가능하여, 최적 경관계획안 수립을 가능하게 한다. 조경 및 경관정보체계를 이용하여 수치지형자료와 계획요소의 조합에 의한 경관조사, 계획 및 평가를 할 수 있으며, 3차원 도형해석과 수목, 석재 등을 이용하여 조경설계를 하며, 도로경관, 교량경관, 터널경관, 도시경관, 하천 및 호수경관, 항만경관, 자연경관 및 경관개선대책수립을 할 수 있다. 또한, 산악도로건설에 따른 외부경관 변화예측 및 자연경관보존, 생태계 피해 최소화를 위한 시설물, 조경계획 수립시 전원도시의 아름다운 skyline 보존과 개선을 위한 건축물 형태, 크기, 규제, 지침수립시 고층건물, 전망탑 등 지상표지(Landmark) 건설계획에서의 경관평가시에도 이용된다.

(12) 재해정보체계(災害情報體系, DIS: Disaster Information System)

재해정보체계는 홍수방재체제 수립, 지진방재체제 수립, 민방공체제 구축, 산불방재대책수립시 필요하다. 재해정보체계를 이용하여 수계특성, 유출특성 추출 및 강우빈도와 강우량을 고려해 홍수도달시간을 예측할 수 있고, 지진 빈발지역의 정기적 탐측에 의한 이상징후, 수집체계 구축, 지구과학 정보의 종합해석을 통한 지진예측, C^4I(Command, Control, Communication, Computer and Intelligence) 체제에 의한 긴급출동 및 범죄예방체제 구축, 수종, 산악지형, 풍향, 토지경사, 주변지역 급수대책 등을 고려하여 적절한 산불방재대책을 수립할 수 있다.

강수량, 토질, 사면경사, 골프장 시설물 건설에 따른 지형변화 등을 고려한 산사태 방재대책, 인공위성 영상분석에 의한 핵누출사고 탐지 및 경보, 방사능 물질 운송경로추적 및 영향평가, 원자력발전소 위치 선정 및 방사능 오염 모의관측 등도 할 수 있다.

(13) 해양정보체계(海洋情報體系, MIS: Marine Information System)

해양정보체계는 해저영상수집, 해저지형정보, 해저지질정보, 해수유동, 해상정보 등을 포함한다. 해양정보체계를 이용하여 측면주사측심기(side scan sonar)에 의한 해저영상수집 분석, 초음파탐측에 의한 해저지형 및 해양지질조사, 해석영상처리에 의한 해저지질구조 분석 및 해양지하자원탐측, 조류와 조석관측에 의한 파력 에너지 활용대책수립, 인공위성 영상자료결합분석에 의한 어로자원 이동상황 및 어장 현황예측을 할 수 있다. 또한, 인공위성 영상을 이용한 극지역 해양에서의 빙하유동 상황추적 및 이동경로예측, 항공방재대책 수립시나 해상관측자료와 시계열 분석을 이용한 조석예보, 해일 등에 의한 해안지역 피해예보를 하는 데 이용된다.

(14) 기상정보체계(氣象情報體系, MIS: Meteorological Information System)

기상정보체계는 지상 및 인공위성의 영상면분석에 의한 기상변동예측 및 장기간 일기예보체계 구축, 기후 및 기상관측의 자료전송 연결조직망(network) 구성, 기상정보의 실시간처리체계 구축, 위성영상 자료해석과 기상예측 모형의 발전방안을 수립, 기상위성 관측자료와 지형특성을 고려한 태풍경로추적 및 피해예측 등을 할 수 있다. 또한, 농업기상정보, 어업기상정보, 등산, 낚시 등 여가활용(recreation) 기상정보, 야외행사 일정계획 수립 등도 기상정보체계를 이용하여 효과적으로 할 수 있다.

(15) 국방정보체계(國防情報體系, NDIS: National Defense Information System)

국방정보체계는 인공위성자료를 이용한 적 지역 지형도작성 및 지도 자료기반 구축, 시계열 영상분석(time-series analysis)에 의한 적정 변화 탐지 및 대응체제 수립을 할 수 있고, 위성영상 · GPS · 수치지형모형자료 조합해석에 의한 미사일 공격목표 선정 및 최대공격효과 예측, 항공영상면 및 위성영상의 수치지형모형 중첩에 의한 작전지역의 3차원 영상면생성 및 항공침투모의훈련, 지형특성분석에 의한 레이더탐색범위 추출 및 방공체계 구축, SLAR(Side-Looking Airborne Radar) 영상면에 의한 적정탐지 및 수치영상면지도작성, 위성 영상분석에 의한 적 지역 농업, 삼림자원 현황조사 및 식량무기화 방안대책, 수치형상모형을 활용한 가시도(view shape analysis) 분석, 관측소 및 직사화기 발사점, 목표점간 은폐 · 엄폐분석 등을 효과적으로 할 수 있다.

국방행정정보 자료기반구축 및 활용을 통하여, 국군인사관리정보, 국군장비현황정보, 예비군정보, 군사과학기술 연구발전정보를 처리하고, 또한 작전정보체계 구축은 작전지휘통제 정보, 적정 상황보고, 치안정보 등을 다룬다.

(16) 지하정보체계(地下情報體系, UGIS: Under Ground Information System)

지하정보체계는 지하시설에 대한 정보를 의미하는 것으로 건축물, 도시시설, 교통시설, 도시공급처리시설 등의 기본도를 가지고 불가시, 불균질한 지형공간을 가시화시켜 시설물의 3차원 위치정보와 그 특성정보(지하상가, 지하철, 건축물 기초, 공동구 등)를 포함한다. 지하정보체계를 이용하여 지하지도를 작성할 수 있다. 여기서 말한 지하지도는 크게 도시계획도(지하도로 현황도, 주차장준공도, 지하도로 평면도 등), 지하도로도(지하도로 구조도, 각종 준공도, 건축도, 공사도, 지질도사도 등), 상하수도도(시설평면도, 관리도, 시공도, 배관도, 간선도 등), 통신도

(관로 케이블도, 관로도, 평면도, 관로관리도, 관로매설도 등), 전기·가스도(평면도, 종단도, 계통도, 시설도 등), 소방도(지하도로도면, 소방활동자료 등), 도로·철도도(선로평면도, 선로종횡단도, 노선계획도, 출입로계획도) 등, 지하시설물과 이에 관련되는 지상정보와의 연계를 지하정보체계에서 다룬다. 또한, 지반지질정보와 지반자료기반과 결합하여 3차원 형상모형의 작성, 시추자료를 기초정보로 한 자료기반화, 지층의 구별 및 자갈층의 특성의 추적, 공내(空內) 재하시험, 탄성파 측량을 통한 정보취득 등을 처리하는 데 중요한 몫을 한다.

(17) 마케팅정보체계(販賣情報體系, MIS: Marketing Information System)

마케팅정보체계분야는 현재와 미래의 소비자위치, 마케팅량 및 지역추정, 경쟁회사는 현재와 미래에 어디에 있게 될 것인가를 검색, 경쟁에 의한 마케팅 효과 등을 평가함으로써 적절한 위치선정, 판매, 소량시장판매, 시장조사 및 분배로 제품과 서비스에 관한 최적의 해법을 찾을 수 있다.

(18) 물류 및 부동산체계(物流·浮動産情報體系, LREIS: Logistics and Real Estate Information System)

물류정보체계에서는 운송, 택배 및 공급연쇄관리에 의하여 배달경로계획, 분배최적화와 평가, 서비스지역 확대, 공항계획, 비상대책 등을 처리한다. 부동산정보체계에서는 건설개발회사 소유자, 임대차, 은행, 보험회사, 상사(商社), 중개업, 재산가치의 증감 및 성장역사 등을 평가하고 처리하는데 기여한다.

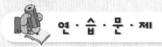

연 · 습 · 문 · 제

13장 지형공간정보학

1) 다음 각 사항에 대하여 약술하시오

    ① 지형공간정보학의 의의

    ② 지형공간정보체계

    ③ 지형자료(geo data)

    ④ 공간자료(spatial data)

    ⑤ 정보(information)및 체계(system)

    ⑥ 지형공간정보체계의 용어변천

    ⑦ 국내의 GIS 발전동향

    ⑧ 미국, 캐나다, 일본의 GIS 발전동향

    ⑨ 국가지형공간정보의 정책의 방향설정

    ⑩ 국가지형공간정보정책시 추진전략

    ⑪ GIS에 관한 국내여건조성 및 전망

    ⑫ 지형공간정보체계의 자료구성요소

    ⑬ 지형공간적 변량을 표현하는 방식에서 격자(raster)방식, 벡터(vector)방식,
        세밀도(LOD)방식, 자료기반(DB)방식

    ⑭ 지형공간정보의 자료처리체계

    ⑮ 지형공간정보체계의 자료기반체계의 발전동향

    ⑯ 위치기반서비스(LBS: Location Based Service)

    ⑰ 유비쿼터스(ubiquitous)

    ⑱ RFID의 의의, 구성요소, 효용, 문제점 및 전망

    ⑲ U-city, U-Eco city

    ⑳ LIS, UIS/RIS, AM/FM, SIS, TIS, EIS, RIS, MIS, NDIS, LREIS

제 Ⅵ 편

단지조성, 교통, 수자원, 지하 및 사회기반시설 개선을 위한 측량

제14장

단지조성측량

1. 개   요

단지(plant)조성은 토지의 이용도 및 효율성을 증대시키기 위하여 집단적이며 계획적으로 부지(주거, 업무, 상업, 여가 및 운동시설, 국가 및 지방산업단지, 농공, 유통, 관광 등 공용의 목적으로 개발되는 부지형태)를 마련하기 위한 작업이다. 단지조성에는 기준점관리, 지형 및 현황관리, 용지경계설정, 도로 및 관로관리, 종·횡단측량, 연약지반 및 호안관리, 확정 및 준공측량작업 등을 수행하여야 한다.

2. 단지조성측량 사전준비작업

(1) 기준점관리

① 기준점 설정

일반적인 단지조성인 경우 국토지리정보원의 좌표체계를 이용하나 택지조성인 경우 지적공사의 좌표체계를 이용한다. 두 좌표의 제원은 다르나 좌표전환을 거치면 지형의 위치는 일치함을 알 수 있다.

② 시공 전 기준점측량계획서 작성

시공 전 설계측량 시 수평기준점(X, Y) 및 수직(고도 또는 수준) 기준점(Z)

을 확인 후 이 기준점을 이용한 용지경계측량, 공구경계측량, 종·횡단측량, 중요구조물의 위치에 관한 수량산출 및 문제점을 조사하여 공사가 원활히 이루어지도록 계획서를 작성한다.

(2) 지장물조사 및 처리

용지보상과 관련되는 사유재산 및 육상에 설치된 모든 시설물(건축물, 구조물, 농작물, 묘지, 전주, 가로등, 신호등, 표지판 등)을 지장물(또는 지상시설물)이라 한다. 지장물을 표시한 자료를 설계서 후면에 명기하고 있다.

측량사는 설계 시 누락된 지장물의 유·무를 점검하여 공사담당자에게 업무를 이관한다.

지하매설물은 도로(차도, 도보), 하천의 제방 및 고수부지, 교량의 상·하류부의 도강(渡江)한 부분의 개구(맨홀)부 등이 있다. 설계도에 있는 지하매설물도를 기준으로 개구부의 정확한 위치 및 종류를 정밀 답사하여 확인한 후 유관관계자의 업무협조요청과 현재 관련자료를 취득한다. 취득된 확인자료를 설계도와 비교검토 후 정비된 도면자료를 공사관계자에게 인계한다. 지하매설물의 이설 및 신설, 철거 및 폐기업무를 수행할 시는 관련관계자의 입회를 요청하여야 한다.

(3) 도로의 형상과 기준

도로는 도시의 골격을 이루는 주간선도로(광로, 대로)와 근린생활권 형성에 연결하는 보조간선도로(대로, 중로), 근린생활권 내 교통집산기능이나 근린생활 외곽을 연결하는 집산도로(중로), 도로지역을 구획하는 국지도로(소로), 보행자나 자전거의 전용도로 등으로 분류하여 기준을 설정한다. 또한 보도와 차도의 경계선은 복합곡선이나 원호를 이용하고 교차지점의 곡선반경은 큰 도로의 곡선반경 기준(주간선도로 15m, 보조간선 12m, 집산도로 10m, 국지도로 6m 이상)을 적용시켜 처리한다. 도로의 종류와 설계속도는 〈표 14-1〉과 같다.

■■ 표 14-1 도로의 종류 및 설계속도

구분	도로 폭(m)	설계속도(km/hr)	도로구분
광로	50	80(60)	주간선도로
광로	40	80(60)	주간선도로
대로 1류	35	80(60)	주간선도로
대로 2류	30	60	부조간선도로
대로 3류	25	60	부조간선도로
중로 1류	20	50	집산도로
중로 2류	15	50	집산도로
중로 3류	12	50	집산도로
소로 1류	10	40(30)	국지도로
소로 2류	8	40(30)	국지도로
소로 3류	6	40(30)	국지도로

(   )는 부득이한 경우 적용 설계속도

(4) 관 로

관로에는 우수관로와 오수관로로 대별된다.

① 우수관로

우수관로는 우수를 하수본관에 유입시키기 위해 우수받이의 심도는 800~1,000mm, 내경의 크기는 300~500mm, 우수받이의 간격은 30m 이내로 하여 도로의 좌우측 L형 측구에 설치하는 관로이다. 또한 우수관로는 교통의 안전이나 토사 등의 유입을 방지하기 위하여 구멍이 있는 덮개나 연결관의 관거보다 15cm 이상 높게 모래받이를 조성한다.

② 오수관로

오수관로에는 차집관로와 쓰레기압송관로가 있다. 차집관로는 단지 내 소하천에 구간경사와 완만하게 설치하는 것으로 구간 내 역류가 일어나지 않도록 정확한 고저측량을 요하는 관로이다. 쓰레기압송관로는 도로부지와 녹지공간을 이용하여 설치한다.

(5) 호안 및 연약지반

① 호   안

호안은 유수에 의한 훼손 및 침식을 보호하기 위하여 제방 앞 또는 제외지 비탈에 설치하는 구조물이다.

② 연약지반

연약지반은 지질이 연약하거나 다양한 지질형성으로 인하여 부등침하, 유동, 국부전단파괴가 발생하여 기반의 수평상태유지가 곤란한 지반이다. 압밀수의 양이 많아서 샌드메트만으로 배수가 충분하지 않을 때 유공관을 이용하여 배수관의 경사는 1‰ 이상으로 한다. 또한 집수정 배공도나 침하판을 설치 후 주기적인 관측값을 분석할 때 성토 중에는 주위지반의 융기와 붕괴 등을 관찰하여 최종마무리높이의 허용오차가 ±10cm 이내로 하고 후속작업을 진행하도록 한다.

3. 단지조성 현지측량

(1) 착공 전 기준점측량

① 수평위치(X, Y)

측량의 팀(TS팀, GPS팀, 레벨팀, 종·횡단팀, 현황측량팀, 용지 및 공구경계측량팀, 중요구조물 확인팀)이 설계 시 설정된 수평기준점과 수준점을 인수하여 확인측량을 한다. 기준점측량은 국토지리정보원에서 발급하는 국가기준점을 원칙으로 하나 인접공구가 있을 시는 상호 협약하되 공문으로 문서화한다. 지구경계(용지경계)는 대한지적공사에 의뢰하여 경계점을 측량한 다음 측량값을 현장좌표로 변경해야 한다. 공사에 필요하여 적합한 위치에 기준점을 설치할 경우 기반이 견고하고 후속측량 시 시통이 양호한 위치이어야 한다. 또한 교량이나 터널등의 주요시설물의 시점과 종점 부근에는 반드시 기준점을 설치하여야 한다. 단지조성현장의 기준점측량은 일반적으로 결합트래버스측량을 원칙으로 한다. 각 관측값의 허용오차는 시가지 : $0.3\sqrt{n}\sim0.5\sqrt{n}$분, 평지 : $0.5\sqrt{n}\sim1\sqrt{n}$분, 산지 : $1.5\sqrt{n}$분으로 하며 트래버스 폐합비 허용오차는 장애물이 적은 평지 또는 시가지 : 1/5,000~1/10,000, 평지 : 1/2,000~1/5,000, 장애물이 많은 지형이나 산지 : 1/1,000~1/2,000로 한다.

② **수직**(고저 또는 수준)**위치**(Z)

국토지리정보원에서 발급하는 국가수준점을 성과를 이용하여 왕복측량을 하되 〈표 14-2〉의 값을 초과 시 재관측을 하여 성과를 이용한다.

■■ **표 14-2** 기점과 결합 시 폐합차의 허용범위

환폐합차	1등 고저측량	2등 고저측량	L : 환전장 단위 km
	2.0mm$\sqrt{L}$ 이하	5.0mm$\sqrt{L}$ 이하	

(2) 종 · 횡단측량 및 수량산정

① 종 · 횡측량

설계서를 기준으로 평지는 20m, 또는 굴곡부는 플러스체인으로 종단측량을 수행하고 중심접선의 직교방향으로 횡단측량을 하되 용지경계 밖으로 10~20m까지 횡단측량을 한다. 종 · 횡단측량에서 평지는 광파종합관측기(TS)로 중심선을 측설하고 레벨을 이용한 고저측량을 수행하며 아울러 구조물 설치점의 위치도 측량하여 성과표를 작성한 후 설계성과와 비교검토한다.

② 종 · 횡단 측량의 수량산출

종 · 횡단측량에 의한 횡단면도를 이용하여 수량 토적표작성, 공종별 토공수량집계표 및 총괄수량집계표를 작성한다. 토공량계산에서는 흙깎이, 흙쌓기, 누가토량을 산정하고 흙깎기와 흙쌓기에 대한 값은 설계 시와 측량한 성과와의 비교값을 표로 작성하여 필요 시 이용할 수 있도록 한다.

(3) 용지경계측량

용지경계(지구계)측량은 토지소유자의 재산권 및 공사부지면적의 확정과 관련되므로 고도의 정밀성을 요구하며 준공완료시까지 용지경계 측량값은 보존하고 관리하여야 한다. 경계측량이 대규모공사인 경우는 대한지적공사가 직접 측량하나 임야나 구릉지 등 민원의 문제가 별로 없는 구역은 시공사가 우선 측량하여 확인하는 방법과 대한지적공사가 직접 측량하는 방법을 병행하는 경우도 있다. 주택밀집지역이나 재산권 권리행사가 발생하는 지역은 반드시 대한지적공사의 측량에 의존해야 한다. 대한지적공사에서 측량한 경계는 반드시 측량하여 현장좌표로 변환하여 성과표로 보관하여야 한다.

(4) 도로 및 지하매설물 측량

① 도   로

최신 지형공간정보를 토대로 도로의 교차점(IP : Intersection Point) 제원을 토대로 원활하고 충분한 교통조건을 확보하도록 하며 광역도로에 관한 좌표전개도 및 편경사전개도를 이용하여 기능별 도로의 중심 및 경계좌표를 산출하여 단지측량 시 및 단조성완료 후 기본자료로 활용한다.

② 지하매설물

지하매설물은 상수도, 우수관로, 전선관로, 통신관로, 도시가스, 지역난방 등으로 계획고 및 위치를 검토하여 현장측량 및 변경 시공할 경우 이용할 수 있도록 자료를 마련하여 둔다. 또한 우수받이는 노면포장 시 곡선부의 시점, 종점부에 설계고와 도로편경사도가 잘 유지되도록 정확한 측량작업으로 점검되어야 한다.

(5) 확정, 검사 및 준공측량

① 확정측량

확정측량은 측량대상지역을 현지에서 위치, 형상 및 면·체적을 확정하는 작업으로서 가구확정측량과 필지확정측량으로 대별된다.

가) 가구확정측량

가구확정측량은 공공용지(도로, 공원, 수로, 녹지 등)와 사유용지에 대한 좌표값을 이용하여 현지에 표시하는 작업이다.

나) 필지측량

필지측량은 환지설계된 자료를 이용하여 면적을 관측한 후 현지에서 필지의 한계에 대한 말뚝을 현지에 표시하는 작업이다. 확정측량은 공사 완료 후 공동 및 단독택지, 공공용지(공원, 도로, 철도, 도시지원시설, 하천 등)의 경계를 설정하고 기준점을 기준으로 이들에 관한 좌표 및 면적산출과 도면을 작성한다. 등기용 지적도는 등기소에 영구보존된다.

② 검사측량

검사측량은 공사가 완료된 후 시설물(건축물, 도로, 공공시설물) 및 필지경계점의 위치를 관측하여 가구의 형상, 필지의 형상, 면적 등이 기본설계자료와 이상이 있을 경우 계획기관의 지시에 의해 수행하는 작업이다. 검사측량에는 가구의 면적과 형상을 검사하는 가구검사측량과 필지경계점의 위치를 검사하는 필지검사측량 등이 있다.

③ 준공측량

준공측량은 측량시행자가 측량작업을 완료하고 준공검사의 신청을 위한 측량작업의 제반사항[준공도서, 신·구 지적대조도, 공공시설의 귀속조서 및 도면, 조성자의 소유자별 면적조서, 토지의 용도별 면적조서 및 평면도, 시장·군수가 인정하는 실측평면도와 구적평면도, 기타 국토교통부(실시기관의 최고기관)령이 정하는 서류]을 제출하기 위한 작업이다. 준공검사는 택지개발사업이 실시계획대로 완료되었다고 인정되면 국토교통부장관(실시기관의 최고기관장)은 준공검사서를 시행자에게 교부하고 이를 관보에 공고한다.

(참조 : 현장측량 실무지침서, (주)케이지에스테크, 구미서관, 2012)

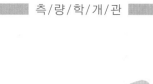

제15 장

도로 및 철도노선측량

1. 개   요

도로(road) · 철도(rail road) · 운하(canal) 등의 어느 정도 폭이 좁고 길이가 긴 구역의 측량을 총칭하여 노선측량(路線測量, route survey)이라 한다. 따라서 이 작업에서는 삼각측량 또는 다각측량에 의하여 골조를 정하고 이를 기본으로 하여 지형도를 만드는 작업과 종횡단면도의 작성, 토공량, 교량의 경간, 터널의 길이 등을 정하는 작업 등이 포함된다.

노선의 위치를 어디로 택하는지는 매우 많은 요소에 지배되므로, 여기에서는 다만 노선을 설계하는 데 필요한 자료를 얻기 위한 측량작업을 기술한다.

노선측량의 순서를 크게 나누면, 노선의 선정, 노선의 결정, 공사량의 산정으로 분류할 수 있다. 그러나 일반적으로 사용하고 있는 순서나 방법은 각종 노선의 특성 및 규격, 각 계획부서에서 정하는 일정한 사무절차의 형식, 측량기계의 종류 및 성능에 따라 달라질 수 있다.

2. 노선측량의 순서 및 방법의 비교

노선측량의 작업을 크게 나누면 ① 노선선정, ② 계획조사측량, ③ 실시설계(또는 중심선)측량, ④ 세부측량, ⑤ 용지측량, ⑥ 공사측량 등이다.

이 중, 중심선측량만을 보아도 여러 가지의 방법이 있다. 지형의 상황, 계획의 내용, 소요정확도 등에 의하여 다른 것은 물론이지만, 현재 실시하고 있는 것을 보면 다음과 같다.

① 현지에서 교선점(I.P.) 및 곡선에의 접선을 직접 결정하고, 접선의 교각 또는 IA를 실제 관측하여 주요점·중간점을 설치한다.

② 지형도에 의해, 중심선의 좌표 성과를 현지작업을 하기 전에 계산하여 놓고, 이 성과를 현지에 설치한다.

③ ①과 ②의 방법을 지형 등에 따라서 적당히 병용한다.

항공영상탐측 성과의 사용방법, 지적조사와의 관련 등을 고려하여, 노선측량의 순서 및 방법을 나타내면 다음과 같다(〈표 15-1〉 참조).

■■ 표 15-1 노선측량의 순서 및 방법

---

1. 노선선정
   ① 도상선정: 국토지리정보원 발행의 1/50,000 지형도(또는 1/25,000 지형도, 필요에 따라 1/200,000 지형도)를 사용하여, 생각하는 노선은 전부 취하여 검토하고, 여러 개의 노선을 선정한다.
   ② 종단면도 작성: 1-①의 노선에 관하여 지형도에서부터 종단면도(축척 종 1/2,000, 횡 1/25,000)를 작성한다.
   ③ 현지답사: 이상의 노선에 대하여 현지답사를 하여 수정할 개소는 수정하고 비교 검토하여 개략의 노선(route)을 결정한다.

---

2. 계획조사측량
   ① 지형도 작성: 계획선의 중심에서, 폭 약 300m(비교선이 어느 정도 떨어져 있는 경우는 필요에 따라 폭을 넓힌다)에 대하여, 항공사진의 도화(축척 1/5,000 또는 1/2,500)를 한다.
   ② 비교노선의 선정: 1/5,000의 지형도상에 비교노선을 기입하고, 평면선형을 검토한다. 관측점의 간격은 100m로 한다.
   ③ 종단면도 작성: 지형도에서 종단면도(축척 종 1/500, 횡 1/5,000 또는 종 1/250, 횡 1/2,500)를 작성한다.
   ④ 횡단면도 작성: 비교선의 각 관측점의 횡단면도(축척 1/200)를 지형도에서 작성한다.
   ⑤ 개략노선의 결정: 이상의 결과를 현지답사에 의하여 수정하여, 개산공사비를 산출해서 비교검토하고 계획중심선을 결정한다.

---

3. 실시설계측량
   ① 지형도 작성: 계획선의 중심에서 폭 약 100m(필요에 따라 폭을 넓힐 수 있다)에 대하여 항공사진의 도화(1/1,000)를 한다.
   ② 중심선의 선정: 중심선이 결정되지 않은 경우에는 1/1,000의 지형도상에 비교선을 기입하여, 종횡단면도를 작성하고, 필요하면 현지답사를 실시하여 중심선을 결정한다.
   ③ 중심선 설치(도상): 1/1,000의 지형도상에서, 다각형의 관측점의 위치를 결정하여 교각을 관측하고, 곡선표, 크로소이드표 등을 이용하여 도해법으로 중심선을 정하여, 보조말뚝 및 20m마다의 중심말뚝 위치를 지형도에 기입한다.

---

④ 다각측량: 용지폭말뚝의 위치를 지적측량의 정확도로 얻기 위하여, 각 관측점 위치의 좌표를 정확히 구하여 측량의 정확도 향상과 신속히 하기 위하여 IP(교점 : Intersection point)점을 연결한 다각측량 혹은 노선을 따라서 다각측량을 실시한다. IP점간에서 시준이 되지 않을 때는 적당한 중간에 절점을 설치한다.

⑤ 중심선설치(현지): 다각측량의 결과 IP점에 있어서의 교각과 IP점간의 거리가 직접 혹은 간접으로 정확히 구해지므로, 이것을 기초로 하여 완화곡선과 단곡선의 계산을 하여 직접 지형도에 기입하고, 다시 현지에 중심말뚝을 설치한다.

⑥ 고저측량
  ㉠ 고저측량 — 중심선을 따라서 고저측량을 실시한다. 고저기준점(BM : Bench Mark)의 간격은 500m~1,000m로 하고, 노선에서 약간 떨어진 곳에 설치한다.
  ㉡ 종단면도 작성 — 중심선을 따라서 종단측량과 횡단측량을 실시하여, 종단면도(축척 종 1/100, 횡 1/1,000)와 횡단면도(축척 1/100 또는 1/200)를 작성한다.

4. 세부측량
구조물의 장소에 대해서, 지형도(축척 종 1/500~1/100)와 종횡단면도(축척 종 1/100, 횡 1/500~1/100)를 작성한다.

5. 용지측량
횡단면도에 계획단면을 기입하여 용지 폭을 정하고, 축척 1/500 또는 1/600로 용지도를 작성한다. 용지폭말뚝을 설치할 때는 중심선에 직각인 방향을 구하는 것에 주의해야 한다. 구점의 요구 정확도에 따라 직각기 혹은 트랜시트, 레벨(수평분도원이 부착된 것)을 이용하여 방향을 구하고, 관측에는 천줄자 또는 쇠줄자 등을 이용하든가, 시거측량이나 관측봉(觀測棒)을 이용하는 방법을 취한다.

6. 공사측량
① 검사관측: 중심말뚝의 검사관측, TBM(가고저기준점 : Temporary Bench Mark)과 중심말뚝의 높이의 검사관측을 실시한다.
② 가인조점 등의 설치, 기타: 필요하면, TBM을 500m 이내에 1개 정도로 설치한다. 또, 중요한 보조말뚝의 외측에 인조점(引照點)을 설치하고, 토공의 기준틀, 콘크리트 구조물의 형간(型桿)의 위치 측량 등을 실시한다.

3. 노선의 측량

장거리에 걸쳐서 단시일에 같은 정확도의 측량을 일관하여야 할 경우 〈표 15-1〉의 최근의 방법 중에서 중심선 설치(도상)를 한 후 노선의 주요점·중간점의 좌표값을 적당한 방법으로 결정하여야 한다.

먼저 IP의 위치를 도상에서 결정한 후 도화기를 사용하여 좌표값을 구하든가 또는 1/1,000의 도상에서 또는 현지에서 직접 기설의 삼각점 또는 다각점을 기준으로 하여 IP의 좌표값을 구한다. 즉, 도화기를 사용할 경우에는 도화기의 정확도가 허용하는 범위의 좌표값을, 또한 도화기를 사용치 않을 경우는 도상에 설치하여 자로 얻을 수 있는 정확도의 좌표값을 그 IP의 좌표값으로서 결정한다. 다음에 이 좌표값에서 교각(IA : Intersection Angle)을 계산하고 주요점 및 중간점의 좌표값을 산출하고 현지에는 삼각점 또는 다각점을 이용하여 중심말뚝을 측설한다. 이 방법을 취한 경우는 삼각측량 또는 다각측량을 하여 기준점을 설치하고, 기준점으로부터 중심말뚝을 측설할 수 있도록 하여야 한다. 중심말뚝의 위치의 정확도도 이들 기준점 측량의 정확도에 따른다.

(1) 도면의 축척

이미 설명한 바와 같이 노선 선정에서 공사측량에 이르는 여러 단계에서 평면도나 종횡단도면 등을 작성하거나 또는 이미 만들어져 있는 도면을 사용한다. 측량순서 또는 정확도에 따라서 축척도 달라지는 것으로서 〈표 15-2〉에 일반국도, 철도 및 산림도에 관하여 정리하였다.

(2) 종단측량

① 종단측량의 정의

종단측량(縱斷測量)이라 함은 〈그림 15-1〉과 같이 중심선에 설치된 관측점 및 변화점에 박은 중심말뚝, 추가말뚝 및 보조말뚝을 기준으로 하여 중심선의 지반고를 측량하고 연직으로 토지를 절단하여 종단면도를 만드는 측량이다. 보통 중심말뚝을 설치할 경우 거리는 관측되어 있으므로 말뚝머리의 지반고만을 관측하지만 중심말뚝의 사이에 있어서도 지반고가 변화하는 곳은 중심말뚝에서의 거리를 관측하여 지반고를 구한다.

종단측량의 정확도, 관측제한 등은 전술한 고저측량에 대한 것으로 한다. 종단측량에 앞서 고저측량을 실시하여 가고저기준점(TBM)을 설치하여 두는 것이 보통이며 종단측량은 가고저기준점(假高低基準點)을 기준으로 하여 실시한다.

그림 15-1

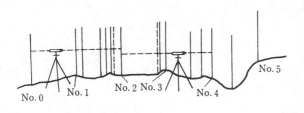

■ ■ 표 15-2 완성도(完成圖 또는 사용도)의 축척

종별	명칭	일반국도 축척	적요	명칭	철도 축척	적요	명칭	임도(林道) 축척	적요
노선 선정	지형도	1/50,000 또는 1/25,000	도상선정	지형도	1/50,000 또는 1/25,000	도상선정	지형도	1/50,000 또는 1/25,000	도상선정
	종단면도	종1/2,000 횡1/25,000	도상에서 작성	종단면도	종1/2,000 횡1/25,000	도상에서 작성	선정		
	횡단면도			횡단면도			선정		
계획조사측량	지형도	1/5,000 또는 1/2,500	항공영상도화	지형도	1/5,000	항공영상도화	지형도	1/2,000~1/1,000	시거측량 및 평판측량
	종단면도	종1/500 횡1/5,000 또는 종1/250	도상에서 작성	종단면도	종1/800 횡1/5,000	도상에서 작성	종단면도	종1/100~1/200 횡1/1,000~1/2,000	시거측량 또는 헨드레벨과 메저를 사용
	횡단면도	횡1/2,500 1/200	도상에서 작성	횡단면도	횡1/200	도상에서 작성	횡단면도	1/100~1/200	헨드레벨과 메저, 폴 횡단
실시설계측량	지형도	1/1,000 종1/100 횡1/1,000	항공영상도화 레벨사용	지형도	1/2,500 또는 1/1,000 1/500	항공영상도화 개략설계용 레벨사용	지형도	종1/2,000~1/500	시거측량 및 평판측량 등 교선간격 2~5m 레벨사용
	종단면도			종단면도	종1/400 종횡1/2,500 종횡1/500	교량부분 등 직각기, 헨드레벨 사용	종단면도	종1/100~1/200 횡1/1,000~1/2,000	
	횡단면도	1/100, 1/200	레벨, 트랜시트, 소측차 사용	횡단면도	횡1/100		횡단면도	1/100~1/200	레벨사용 또는 폴 횡단
세부측량	지형도	1/500~1/100 종1/100 횡1/500~1/100	평판측량 레벨사용	지형도	1/250~1/100 1/250~1/100	평판측량 레벨사용	지형도 종단면도 횡단면도		국도나 철도와 같다
	종단면도 종횡 모두		세부측량	종단면도 종횡		세부측량			
용지측량	용지도	1/500 또는 1/600	평판측량	용지도	1/600	평판측량	용지도	1/600	"

가고저기준점에 폐쇄되는 것에 의해서 정확도를 검사할 수 있으며 동시에 오차를 교정하여 누적되는 것을 피할 수 있다.

② **종단면도의 작성**

외업(外業)이 끝나면 종단면도를 작성하게 된다. 종단면도를 만들려면 먼저 수평한 직선을 그리고 그것을 기준으로 하여 그 기선상에 기점에서 순차로 수평거리를 재서 표고를 기입한다. 수직축척은 일반적으로 수평축척보다도 크게 잡으며 고저차를 명확히 알아볼 수 있도록 한다. 종단면도에는

　가) 관측점위치
　나) 관측점간의 수평거리
　다) 각 관측점의 기점에서의 누가거리
　라) 각 관측점의 지반고 및 고저기준점(BM)의 높이
　마) 관측점에서의 계획고
　바) 지반고와 계획고의 차(성토, 절토 별)
　사) 계획선의 경사

등을 기입하든가 기타란 밖의 하부에 중심선에 있어서 곡선·직선의 구별, 곡선의 방향, 변경, clothoid의 매개변수 등을 기입하여 둔다. 성과품으로는 가)~라)에 관하여 방안지 원도에 제도하며 이것에서 트래싱원도와 제도원도(최근에는 폴리에스텔지를 사용)를 작성한다.

〈그림 15-2〉에 종단면도의 예를 표시하였다.

예제 15.1 도로의 중심선에 따라 종단측량을 행하여 표에 기입한 표고를 얻었다. 거리 60m의 점을 기준으로 기울기 1/100인 도로로 개량하도록 한다. 중심선상 각 점의 절토고 및 성토고를 계산하여 표중에 써넣으시오.

해답 해답은 표중에 고딕체로 표시하였다.

관측점 1(거리 0m)에서 관측점 7(거리 120m)로 향하여 1/100의 오름기울기(상향기울기)로 한다. 각 점의 표고의 계산식은 60m의 지점을 관측점 4로 하면,

$$h = (\text{관측점 4의 표고}) - \frac{(\text{관측점 4의 거리}) - (\text{관측점 } n\text{의 거리})}{100} - (\text{관측점 } n\text{의 표고})$$

로 표시되며 h가 (+)라면 성토고, (−)라면 절토고를 나타낸다. 각 점에 관하여 계산하면, 관측점 1(72.05m−60m/100)−71.05m=+0.40m

　　　　　2(72.05m−40m/100)−70.01m=+1.64m
　　　　　3(72.05m−20m/100)−70.07m=+1.78m
　　　　　4(72.05m−0m)−72.05m=±0.00m

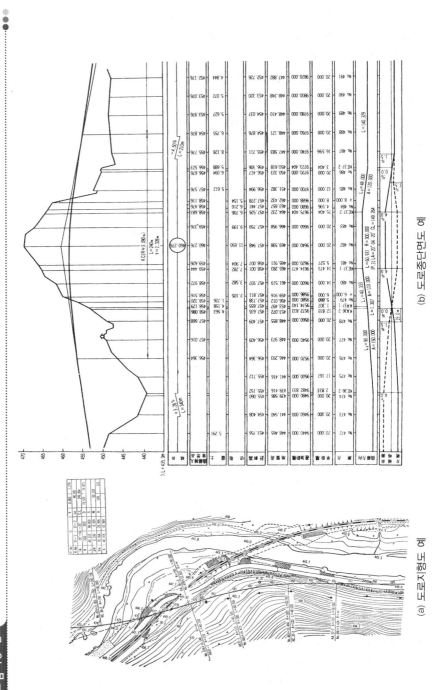

(b) 도로종단면도 예

(a) 도로지형도 예

그림 15-2

$$5(72.05m+20m/100)-73.89m=-1.64m$$
$$6(72.05m+40m/100)-74.61m=-2.16m$$
$$7(72.05m+60m/100)-73.16m=-0.51m$$

거 리	표 고	경 사	절 취 고	성 토 고
0m	71.05m			0.40m
20	71.01			1.64
40	70.07			1.78
60	72.05	$\frac{1}{100}$	0.00m	0.00
80	73.89		1.64	
100	74.61		2.16	
120	73.16		0.51	

(3) 횡단측량

① 횡단측량의 정의

횡단측량에서는 〈그림 15-3〉과 같이 중심말뚝이 설치되어 있는 지점에서 중심선의 접선에 대하여 직각방향(법선방향)으로 지표면을 절단한 면을 얻어야 한다. 이때 중심말뚝을 기준으로 하여 좌우의 지반고가 변화하고 있는 점의 고저 및 중심말뚝에서의 거리를 관측하는 측량이 횡단측량이다. 특히 중심말뚝을 설치할 경우 종단방향의 변화점 이외에 횡단방향으로 변화가 있는 지점에도 추가말뚝을 박고 횡단측량을 한다.

횡단도면은 종단도면과 더불어 토목공사에 기초를 이루는 것으로서 종래에는 높은 정확도를 필요로 하지 않는다고 하여 다른 측량에 비하여 안이하게 하였다. 그러나 실제로는 토공량, 구조물의 작업량을 산출하는 기초가 되는 자료

그림 15-3

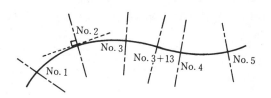

로써 용지폭말뚝의 설치에까지 영향을 주는 것이므로 높은 정확도의 측량이 필요하다. 횡단측량의 순서는

    가) 횡단방향의 설치

    나) 횡단방향선에 따른 지반고 및 중심말뚝에서의 거리측량

    다) 제도, 조사(照査)

로 된다. 사용기기는 지형이나 소요정확도에 따라서 다른데 level · 트랜시트 · 줄자 등 외에 경우에 따라 hand level · 추 · pole 등의 간단한 것도 사용한다.

② **횡단면도의 작성**

외업이 끝나면 성과를 정리하여 횡단면도를 작성하게 되는데, 도로, 하천 및 철도에 따라 쓰는 순서에 차이가 있다.

〈그림 15-4〉에 횡단면도의 배치 예를 표시하였다. 도로인 경우는 기점(起點)측에서 종점(終點)측을 본 형의 횡단면을 관측점의 순으로 밑에서 위로 일단면(一斷面)씩 기입하지만 하천인 경우는 상류에서 하류방향을 본 형의 횡단면을 관측점의 순(보통은 하류에서 상류로)으로 위에서 밑으로 일단면씩 기입한다. 철도인 경우는 종점측에서 기점측을 본 형을 순서대로 위에서 밑으로 일단면씩 기입한다.

그림 15-4

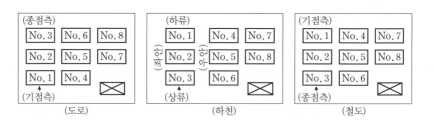

(도로)　　　　　(하천)　　　　　(철도)

③ **횡단측량에서의 주의사항**

횡단측량작업의 정확도는 개개의 원인을 규명하여 가면 오차의 영향은 줄일 수 있으나 측량이 잘못되었을 경우 공사량(특히 토공량)에 큰 영향을 주는 사항으로,

    가) 추가말뚝의 부족

    나) 횡단방향설정의 착오

    다) 횡단방향관측점 설치의 부족 및 부적

라) 횡단방향의 높이와 거리의 오측

등이 있다.

4. 곡선설치법

(1) 곡선의 분류

선상(線狀)축조물의 중심선이 굴절한 경우, 곡선에서 이것을 연결하여 방향의 변화를 원활히 할 필요가 있으므로 다음과 같은 곡선이 이용된다. 수평선 내에 있으면 수평곡선(또는 평면곡선: horizontal curve), 수직면 내에 있으면 수직곡선 (vertical curve)으로 종단곡선과 횡단곡선이 있다.

중심선의 구성요소는 직선, 완화곡선, 원곡선이다.

또 철도에서도, 종래 완화곡선으로 사용하던 3차 포물선 대신 최근에는 반 파장 정현곡선(正弦曲線)을 체감곡선(遞減曲線)으로 하는 곡선(sine 체감곡선)을 사 용하고 있다. 곡선을 그 형상·성질에 의해 분류하면 〈표 15-3〉과 같이 된다.

■■ 표 15-3 곡선의 분류

형상에 의한 분류		성질에 의한 분류
수평곡선	단곡선 복곡선 반향곡선 머리핀곡선	원곡선
	완화곡선	3차 포물선(일반철도에 이용) 고차포물선 반파장 sine 체감곡선(고속철도에 이용) 활권선(滑卷線) lemniscate(시가지 전철에 이용) clothoid(고속도로에 이용)
수직곡선	종단곡선	2차 포물선 원곡선
	횡단곡선	직 선 쌍곡선 2차 포물선

(2) 원곡선의 설치

① 원곡선의 성질

가) 원곡선(圓曲線)의 술어와 기호

〈표 15-3〉에서와 같이, 단곡선(또는 단심곡선)도 조합에 의해 여러 가지 형태의 단곡선으로 분할하므로, 특수한 예를 제외하고, 여기에서는 1개의 단곡선에 관하여 그 성질과 설치법을 기술한다. 〈그림 15-5〉에서처럼 1개의 원호에 대하여, 일반적으로 쓰이는 술어와 기호는 〈표 15-4〉와 같다.

나) 원곡선의 공식

원곡선에서 매개변수간의 관계식은 〈표 15-5〉와 같으며 중심말뚝은 직선부와 곡선부에서는 추가말뚝을 제외하고는 일반적으로 20m 간격으로 설치하나

■■ 표 15-4 원곡선의 술어와 기호

기 호	술 어	적 요
BC	원곡선시점(beginning of curve)	A
EC	원곡선종점(end of curve)	B
IP	교선점(intersection point)	D
R	반경(radius of curve)	$OA=OB$
T.L.(또는 T)	접선길이(tangent length)	$AD=BD$
E	외할(外割, external secant)	CD
M	중앙종거(middle ordinate)	Cm
SP	곡선중점(secant point)	C
CL	곡선길이(curve length)	$\overarc{ACB}$
L	장현(long chord)	AB
l	현길이(chord length)	AF
c	호길이(arc length)	$\overarc{AF}$
IA(또는 I)	교각(intersection angle)	=중심각
δ	편각(deflection angle)	$\angle DAF$
θ	중심각(central angle)	$\angle AOF$
$I/2$	총편각(total deflection angle)	$\angle DAB=\angle DBA$

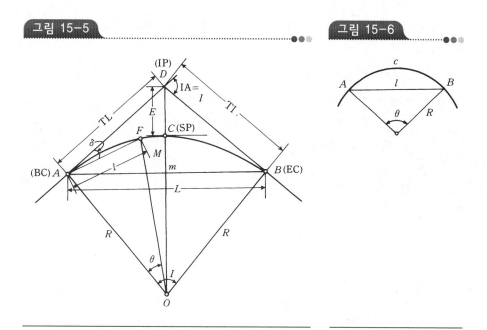

그림 15-5

그림 15-6

■■ 표 15-5 원곡선의 공식

관 계 사 항	공 식
접선의 길이	$TL(또는\ I)=R\tan\dfrac{I}{2}$
교각과 중심각	$IA=I=\angle AOB$
편각과 중심각	$\delta=\dfrac{\theta}{2}=\dfrac{l}{2R}$ (라디안)
곡선길이와 중심각	$CL=RI$(I는 라디안)$=RI/\rho$(I는 도)
호의 길이와 편각	$l=R\cdot\theta=2R\cdot\delta$
호길이와 편각	$l=2R\ \sin\delta=2R\ \sin\dfrac{\theta}{2}$
	$L=2R\ \sin\dfrac{I}{2}$
secant	$E=R\left(\sec\dfrac{I}{2}-1\right)$
중앙종거	$M=R\left(1-\cos\dfrac{I}{2}\right)$

원호상에서는 현길이를 관측하여 대용한다. 따라서 호길이와 현길이의 차가 발생하게 된다.

〈그림 15-6〉에서 $c=\widehat{AB}$, $l=\overline{AB}$, 곡률반경 R, 중심각 θ로 하면, 〈표 15-5〉의 식에서

$$l=2R\sin\delta=2R\sin\frac{\theta}{2} \tag{15.1}$$

$c\fallingdotseq l$로 하면,

$$\sin\frac{\theta}{2}\fallingdotseq\frac{c}{2R}-\frac{1}{6}\left(\frac{c}{2R}\right)^3$$

이것을 식 (15.1)에 대입하면,

$$l\fallingdotseq2R\left\{\frac{c}{2R}-\frac{1}{6}\left(\frac{c}{2R}\right)^3\right\}=c-\frac{c^3}{24R^2}$$

따라서 호길이와 현길이의 차는

$$c-l\fallingdotseq\frac{c^3}{24R^2} \tag{15.2}$$

이며, 반경 300m 이상의 경우는 $c=l$로 생각한다.

또한, 〈그림 15-7〉에서 중앙종거(M)와 곡률반경(R)의 관계는 다음과 같다. ΔOBm에서

그림 15-7 중앙종거와 곡률반경의 관계

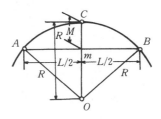

$$R^2 - (L/2)^2 = (R-M)^2$$

$$\therefore \ R = \frac{L^2}{8M} + \frac{M}{2} \tag{15.3}$$

이고, M의 여러 가지 값에 대한 R의 값을 식 (15.3)에서 계산한 것이 원도표이며 M의 값이 L의 값에 비해 작으면 식 (15.3)의 우변 제 2 항은 무시한다.

② 단곡선 설치

단곡선 설치과정은 방법에 따라 차이가 있으나 전반적인 설치과정을 기술하면 다음과 같다.

가) 단곡선의 반경(R), 접선(2방향), 교선점(D), 교각(I)을 정한다.

나) 단곡선의 반경(R)과 교각(I)으로부터 접선길이(TL), 곡선길이(CL), 외할(E) 등을 계산하여 단곡선시점(BC), 단곡선종점(EC), 곡선중점(SP)의 위치를 결정한다.

다) 시단현(始端弦: l_1)과 종단현(終端弦: l_{n+1})의 길이를 구하고 중심말뚝의 위치를 정한다.

이상의 순서에 따라서 계산을 하여 교선점(IP)말뚝, 역(役)말뚝, 중심말뚝을 설치하면 된다.

③ 복곡선 및 반향곡선

가) 복곡선(또는 복심곡선, 복합곡선: compound curve)

반경이 다른 2개의 단곡선이 그 접속점에서 공통접선을 갖고 그것들의 중심이 공통접선과 같은 방향에 있는 곡선을 복곡선(複曲線)이라 하고 접속점을 복곡선접속점(PCC: Point of Compound Curve)이라 한다. 철도나 도로에서 복곡선을 사용하면 그 접속점에서 곡률이 급격히 변화하기 때문에 차량에 동요를 일으켜 승객에게 불쾌감을 주므로 될 수 있는 한 피하는 것이 좋다. 이러한 경우에는 접속점 전후에 걸쳐서 완화곡선을 넣어 곡선이 점차로 변하도록 해야 한다. 또 산지의 특수한 도로나 산길 등에서는 곡률반경과 경사, 건설비 등의 관계 및 복잡한 완화곡선을 설치할 경우의 자동차 속도 저하 때문에 복곡선을 설치하는 경우가 많다. '도로기하구조요강'에서는 동일방향으로 굽은 복곡선의 경우 큰 원과 작은 원의 관계를 규정하고 있다.

(ㄱ) 완화곡선의 설정에서 작은 원으로부터 큰 원의 이정(移程)[1]이 0.1m 미

---

1) 이정량(移程量 : shift) : 클로소이드곡선이 삽입될 경우 클로소이드곡선의 중심에서 내린 수선의 길이와 접속되는 원곡선의 반지름과의 차이(ΔR : 그림 15-22)

만인 경우

$$R_2 < \frac{R_1}{1-\alpha \cdot R_1} \tag{15.4}$$

단, $\alpha = \dfrac{1}{\left(\dfrac{V}{3.6}\right)^2 \sqrt[3]{\dfrac{1}{24SP^2}}}$

R_2 : 큰 원의 반경(m) V : 설계속도(km/h)

R_1 : 작은 원의 반경(m) S : 이정량(=0.1m)

P : 원심가속도의 변화율(m/sec³)

(ㄴ) 큰 원의 곡률과 작은 원의 곡률차가 〈표 15-6〉에서 규정한 한계곡선반경 이하에 있는 경우

$$\frac{1}{R_0} > \frac{1}{R_1} - \frac{1}{R_2} \tag{15.5}$$

여기서, R_0는 〈표 15-6〉의 규정에서 완화곡선을 설치할 때 최소한계곡선반경(m), 일반적으로 작은 원의 반경이 〈표 15-6〉의 한계곡선반경의 최소값 이상이면,

설계속도 80km/h 이상의 경우 …… $R_2 \leqq 1.5R_1$
설계속도 80km/h 미만의 경우 …… $R_2 \leqq 2.0R_1$ $\tag{15.6}$

■■ 표 15-6 평면선형의 도로기아구조요강표

설계속도 (km/h)	최소곡선반경(m)				편경사도(-2%)	최소곡선길이 (m)		최소완구길이 (m)	한계곡선반경 (m)		시 거 (m)	
	설계최소값	최대편경사도							최소	표준	제동	추월
		6%	8%	10%								
120	1,000	710	630	570	—	1,400/θ	200	100	2,000	4,000	210	—
100	700	460	410	380	—	1,200/θ	170	85	1,500	3,000	160	500
80	400	280	250	230	—	1,000/θ	140	70	900	2,000	110	350
60	200	150	140	120	220	700/θ	100	50	500	1,000	75	250
50	150	100	90	80	150	600/θ	80	40	350	700	55	200
40	100	60	55	50	300	500/θ	70	35	250	500	40	150
30	65	(30)	—	—	55	350/θ	50	25	130	—	30	100
20	30	(15)	—	—	25	280/θ	40	20	60	—	20	70

※ θ는 도로교각.

그림 15-8

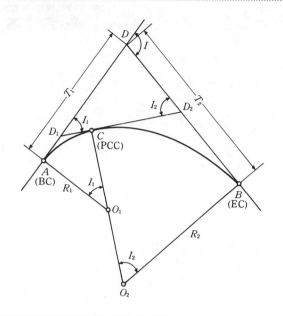

R_1: 작은 원의 반경
R_2: 큰 원의 반경
T_1: 작은 원의 접선길이
T_2: 큰 원의 접선길이
I_1: 작은 원의 중심각
I_2: 큰 원의 중심각
D_1: 작은 원의 IP
D_2: 큰 원의 IP
O_1: 작은 원의 중심
Q_2: 큰 원의 중심
I: 복곡선의 교각 $I=I_1+I_2$
D: 복곡선의 IP
A: BC
B: EC
C: PCC

이다.

〈그림 15-8〉에서 기호는 각각 다음의 것을 나타낸다.

R_1, R_2, T_1, T_2, I_1, I_2, I의 7개의 값 중에서 4개가 주어지면 다른 3개의 값은 〈표 15-7〉의 공식에서 산출된다. 여기에서 vers $\alpha=1-\cos\alpha$ 이다.

실제로 복곡선을 설치하는 경우 교선점 D를 정하여 교각 I를 재고 다시 현지의 상황에 맞게 하여 다시 3개의 양을 적당히 판정하면 다른 3개의 값을 구할 수 있다. 가령 곡선시점 A 및 곡선종점 B의 위치를 정하면 T_1, T_2가 주어지게 되고 한쪽의 원반경 R_1을 적당히 판정하면 다른 3개의 R_2, I_1, I_2가 구해진다.

이것들의 값에서 호의 길이 $\overparen{AC}$, $\overparen{CB}$를 계산하면 A, B, C 각 점의 추가거리를 정한다.

다음에 〈그림 15-8〉에 있는 것처럼 접선 $\overline{AD}$, $\overline{BD}$ 상에 각각 D_1, D_2를

$$\overline{AD_1}=R_1\tan\frac{I_1}{2}, \quad \overline{BD_2}=R_2\tan\frac{I_2}{2} \tag{15.7}$$

가 되도록 하여 D_1, D_2를 정하면 $\overline{D_1D_2}$는 점 C에서 공통접선으로 된다. 점 C

■■ **표 15-7 복곡선의 공식**

주어진 제원	구하는 제원	계　　산　　식
R_1 R_2 I_1 I_2	I T_1 T_2	$I = I_1 + I_2$ $T_1 = \dfrac{R_1 \text{ ver } I + (R_2 - R_1) \text{ vers } I_2}{\sin I}$ $T_2 = \dfrac{R_2 \text{ vers } I - (R_2 - R_1) \text{ vers } I_1}{\sin I}$
R_1 R_2 T_1 I	T_2 I_1 I_2	$\text{vers } I_2 = \dfrac{T_1 \sin I - R_1 \text{ vers } I}{R_2 - R_1}$ $I_1 = I - I_2$ $T_2 = \dfrac{R_2 \text{ vers } I - (R_2 - R_1) \text{ vers } I_1}{\sin I}$
R_1 R_2 T_2 I	I_1 I_2 T_1	$\text{vers } I_1 = \dfrac{R_2 \text{ vers } I - T_2 \sin I}{R_2 - R_1}$ $I_2 = I - I_1$ $T_1 = \dfrac{R_1 \text{ vers } I + (R_2 - R_1) \text{ vers } I_2}{\sin I}$
R_1 T_1 T_2 I	I_2 I_1 R_2	$\tan \dfrac{I_2}{2} = \dfrac{T_1 \sin I - R_1 \text{ vers } I}{T_2 + T_1 \cos I - R_1 \sin I}$ $I_1 = I - I_2$ $R_2 = R_1 + \dfrac{T_1 \sin I - R_1 \text{ vers } I}{\text{vers } I_2}$
R_2 T_1 T_2 I	I_1 I_2 R_1	$\tan \dfrac{I_1}{2} = \dfrac{R_2 \text{ vers } I - T_2 \sin I}{R_2 \sin I - T_2 \cos I - T_1}$ $I_2 = I - I_1$ $R_1 = R_2 - \dfrac{R_2 \text{ vers } I - T_2 \sin I}{\text{vers } I_1}$
R_1 T_2 I_1 I	I_2 R_2 T_2	$I_2 = I - I_1$ $R_2 = R_1 + \dfrac{T_1 \sin I - R_1 \text{ vers } I}{\text{vers } I_2}$ $T_2 = \dfrac{R_2 \text{ vers } I - (R_2 - R_1) \text{ vers } I_1}{\sin I}$
R_2 T_2 I_2 I	I_1 R_1 T_1	$I_1 = I - I_2$ $R_1 = R_2 - \dfrac{R_2 \text{ vers } I - T_2 \sin I}{\text{vers } I_1}$ $T_1 = \dfrac{R_1 \text{ vers } I + (R_2 - R_1) \text{ vers } I_2}{\sin I}$
T_1 T_2 I_1 I_2	I R_1 R_2	$I = I_1 + I_2$ $R_1 = \dfrac{T_1 \sin I (\text{vers } I - \text{vers } I_1) - T_2 \sin I \cdot \text{vers } I_2}{\text{vers } I (\text{vers } I - \text{vers } I_1 - \text{vers } I_2)}$ $R_2 = \dfrac{T_2 \sin I (\text{vers } I - \text{vers } I_2) - T_1 \sin I \cdot \text{vers } I_1}{\text{vers } I (\text{vers } I - \text{vers } I_1 - \text{vers } I_2)}$

는 이 접선상에 $\overline{D_1C} = \overline{AD_1}$ 또는 $\overline{D_2C} = \overline{BD_2}$ 로 하여 구해지며, 곡선설치는 2개의 원곡선으로 나누어 하면 된다.

예제 15.2 복곡선에 있어서 교각 $I = 63°24'$, 접선길이 $T_1 = 135$m, $T_2 = 248$m, 곡선반경 $R_1 = 100$m인 경우 큰 원의 곡선반경 R_2와 I_1, I_2를 구하시오.

해답 ① 〈표 15-7〉로부터

$$\tan \frac{I_2}{2} = \frac{T_1 \sin I - R_1 \operatorname{vers} I}{T_2 + T_1 \cos I - R_1 \sin I}$$

$$= \frac{135 \times \sin(63°\,24') - 100 \times \operatorname{vers}(63°\,24')}{248 + 135 \times \cos(63°\,24') - 100 \times \sin(63°\,24')}$$

$$= 0.298982$$

$$\therefore I_2 = 33°\,18'$$

$$\therefore I_1 = I - I_2$$

$$= 63°\,24' - 33°\,18' = 30°\,6'$$

$$\therefore R_2 = R_1 + \frac{T_1 \sin I - R_1 \operatorname{vers} I}{\operatorname{vers} I_2}$$

$$= 100 + \frac{135 \times \sin(63°24') - 100 \times \operatorname{vers}(63°24')}{\operatorname{vers}(33°18')}$$

$$= 499\text{m}$$

② ①의 해석법과 다른 방법으로 단곡선반경을 R로 하면,

$$R = \frac{T_1 + T_2}{2} \tan \frac{180 - I}{2} = \frac{135 + 248}{2} \tan \frac{180 - 63°24'}{2} = 310.06\text{m}$$

$$r = \frac{T_2 - T_1}{2} = \frac{248 - 135}{2} = 56.5\text{m}$$

$R_1 = R - r \cot \dfrac{I_1}{2}$ 으로부터,

$$\cot \frac{I_1}{2} = \frac{I}{r}(R - R_1) = \frac{1}{56.5}(310.06 - 100) = 3.717876$$

$$\therefore I_1 = 30°6'$$

$$\therefore I_2 = I - I_1 = 33°18'$$

$$\therefore I_2 = R + r \cot \frac{I_2}{2}$$

$$= 310.06 + 56.5 \cot \left(\frac{33°18'}{2} \right) = 499\text{m}$$

그림 15-9 반향곡선의 일반적인 경우

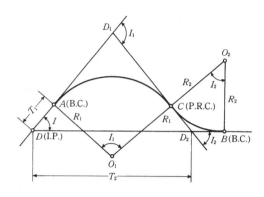

나) 반향곡선(reverse curve, s-curve)

반경이 똑같지 않은 2개의 원곡선이 그 접속점에서 공통접선을 갖고 이것들의 중심이 공통접선의 반대쪽에 있을 때 이것을 반향곡선(反向曲線)이라 하며 접속점을 반향곡선접속점(PRC: Point of Reverse Curve)이라 한다. 반향곡선은 복곡선보다도 곡률의 변화가 심하므로 적당한 길이의 완화곡선을 넣을 필요가 있고, 지형관계로 어쩔 수 없이 완화곡선을 넣어 사용하는 경우에서도 접속점의 장소에 적당한 길이의 직선부를 넣어 자동차 핸들의 급격한 회전을 피하도록 해야 한다.

반향곡선은 일반적으로 〈그림 15-9〉와 같지만 그 기하학적 성질은 복곡선과 같고 복곡선의 모든 공식으로 R_2와 I_2의 부호를 반대로 하여 그대로 사용하며 설치법도 복곡선의 설치법과 같다.

〈그림 15-10〉은 2개의 평행선 사이에 반향곡선을 넣은 경우로 2점 A, B를 맺는 선은 점 C를 지나고 이 경우 교각 $I=0$, $I_1=I_2$로 된다. 지금 평행한 두 접선 사이의 거리 d와 R_1, R_2가 주어졌다면 다음의 각 식에서 I_1, I_2, T_1, T_2 등을 구할 수 있다.

$$\text{vers } I_1 = \text{vers } I_2 = \frac{d}{R_1+R_2} \tag{15.8}$$

$$\overline{AB} = 2R_1 \sin\frac{I_1}{2} + 2R_2 \sin\frac{I_2}{2}$$

$$= 2(R_1+R_2)\sin\frac{I_1}{2}$$

그림 15-10 반향곡선(2개의 접선이 평행한 경우)

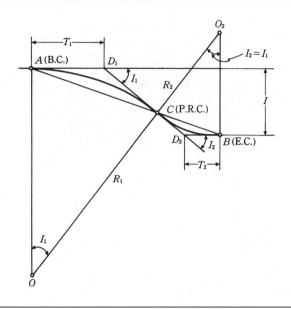

$$=2(R_1+R_2)\sqrt{\frac{1-\cos I_1}{2}}$$

$$=\sqrt{2(R_1+R_2)d} \tag{15.9}$$

$$T_1=R_1\tan\frac{I_1}{2}=R_1\sqrt{\frac{1-\cos I_1}{1+\cos I_1}}$$

$$=R_1\sqrt{\frac{d}{R_1+R_2}\cdot\frac{1}{2-\dfrac{d}{R_1+R_2}}}$$

$$=R_1\sqrt{\frac{d}{2(R_1+R_2)-d}} \tag{15.10}$$

$$T_2=R_2\sqrt{\frac{d}{2(R_1+R_2)-d}} \tag{15.11}$$

④ 장애물이 있는 경우의 원곡선 설치법 및 노선변경법

가) IP 부근에 장애물이 있는 경우

(ㄱ) 시통선(L)을 설치할 경우

장애물이 있어서 IP에 접근하지 못하는 경우에는 〈그림 15-11〉에서 $\overline{AD}$

그림 15-11 IP 부근에 장애물이 있는 경우 (a)

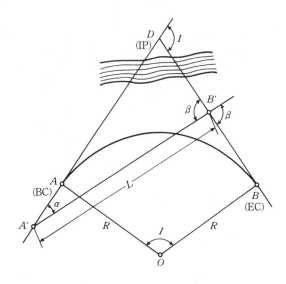

및 $\overline{BD}$ 또는 그 연장상의 점 A', B'를 적당히 잡아 $\angle DA'B' = \alpha$ 및 $\angle DB'A' = \beta$와 $\overline{A'B'} = L$을 관측하면,

$$I = \alpha + \beta \tag{15.12}$$

sin 법칙에서

$$A'D = \frac{\sin \beta}{\sin I} \cdot L \tag{15.13}$$

$$B'D = \frac{\sin \alpha}{\sin I} \cdot L \tag{15.14}$$

곡선반경 R을 알면 $TL = R \tan \dfrac{I}{2}$로 되므로,

$$\left.\begin{array}{l} \overline{A'A} = \overline{AD} - \overline{A'D} = R \tan \dfrac{I}{2} - \dfrac{\sin \beta}{\sin I} \cdot L \\[3mm] \overline{B'B} = \overline{BD} - \overline{B'D} = R \tan \dfrac{I}{2} - \dfrac{\sin \alpha}{\sin I} \cdot L \end{array}\right\} \tag{15.15}$$

이것에서 점 A(EC) 및 점 B(BC)의 위치를 정할 수가 있다. 여기에 $\overline{A'A}$, $\overline{B'B}$의 값은 A' 및 점 B'가 점 A, 점 B에 대하여 IP에 가까운 쪽에 있을 때 (+)로 한다.

예제 15.3 AC와 BD선 사이에 곡선을 설치하는데 장애물이 있어서 교점을 구할 수 없을 때 AC, CD 및 DB선의 방위각과 CD의 거리를 관측하였다. 곡선의 시점이 C인 경우 곡선의 반경과 D점으로부터 곡선종점까지 거리를 구하시오. 단, $\alpha_{AC}=45°$, $\alpha_{CB}=80°$, $\alpha_{DB}=135°$

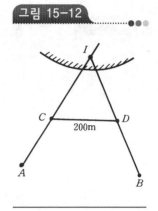

그림 15-12

해답 $\angle ICD = \alpha_{CD} - \alpha_{AC} = 80° - 45° = 35°$

$\angle IDC = \alpha_{DB} - \alpha_{CD} = 135° - 80° = 55°$

$\angle CID = 180° - (35° + 55°) = 90°$

$\therefore \overline{CI} = 200 \times \sin(55°)/\sin(90°) = 163.83\text{m}$

$\overline{DI} = 200 \times \sin(35°)/\sin(90°) = 114.72\text{m}$

$TL = \overline{CI} = R\,\tan\dfrac{I}{2} = R\,\tan\dfrac{90°}{2} = 163.83\text{m}$

$\therefore R = 163.83\text{m}$

D 점으로부터 곡선종점까지의 거리 $TL - \overline{DI} = 163.83 - 114.72 = 49.11\text{m}$

(ㄴ) 트래버스를 설치할 경우

①의 경우에 대하여 2점 A'와 B'의 사이가 시통되지 않는 경우에는 이것들이 2점을 시점 및 종점으로 하여 다각형을 만들어 계산에 의하여 $\overline{A'B'} = L$을 구하면 된다.

그래서 〈그림 15-13〉에서 $\overline{A'H}$, $\overline{HB'}$ 및 각 α, β, γ를 실측하면,

$\angle DKA' = \beta + \gamma$

$\therefore I = \alpha + \angle DKA' = \alpha + \beta + \gamma$

$\overline{HK} = \dfrac{\sin\beta}{\sin(\beta+\gamma)} \cdot \overline{HB'}$

$\overline{KB'} = \dfrac{\sin\gamma}{\sin(\beta+\gamma)} \cdot \overline{HB'}$

$\overline{A'K} = \overline{A'H} + \overline{HK}$

$\therefore \overline{A'D} = \dfrac{\sin(\beta+\gamma)}{\sin I} \cdot \overline{A'K}$

$$= \frac{\sin(\beta + \gamma)}{\sin I} \cdot \left\{ \overline{A'H} + \frac{\sin\beta}{\sin(\beta + \gamma)} \cdot \overline{HB'} \right\}$$

$$= \frac{\sin(\beta + \gamma)}{\sin I} \cdot \overline{A'H} + \frac{\sin\beta}{\sin I} \cdot \overline{HB'} \qquad (15.16)$$

그림 15-13 IP 부근에 장애물이 있는 경우 (b)

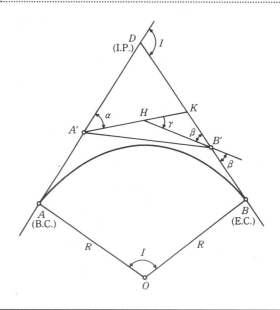

같은 모양으로

$$\overline{B'D} = \overline{DK} + \overline{KB'}$$

$$= \frac{\sin\alpha}{\sin I} \cdot \overline{A'K} + \frac{\sin\gamma}{\sin(\beta + \gamma)} \cdot \overline{HB'}$$

$$= \frac{\sin\alpha}{\sin I} \cdot \overline{A'H} + \frac{1}{\sin I \cdot \sin(\beta + \gamma)} \{\sin\alpha\sin\beta + \sin I \sin\gamma\} \overline{HB'} \qquad (15.17)$$

나) BC(또는 EC) 부근에 장애물이 있는 경우

(ㄱ) 곡선중점(C)으로부터 설치할 경우

곡선시점에 접근하지 못하는 경우는 곡선종점 B에서 곡선설치를 하지만

그림 15-14

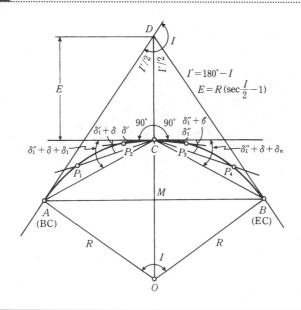

〈그림 15-14〉처럼 곡선중점 C에서 하는 방법이 있다.

교선점 D에서 곡선중심 C를 구해 점 C에 트랜시트를 고정시키고 교선점 D를 후시하여 망원경을 90° 회전시키면 시준선은 점 C에 놓여진 곡선의 접선 방향을 가리킨다. 이 접선을 새로 기준선으로 하여 그 좌우에 중심말뚝을 설치하면 된다. 이 경우 점 A 및 점 B의 위치는 〈그림 15-11〉 또는 〈그림 15-13〉의 방법 등으로 점 A' 및 점 B'의 위치를 관측하여 구할 수 있다. 점 A가 계산되면 점 C의 추가거리는 점 A의 추가거리에 $\frac{1}{2}$(CL)을 가하여 얻어져 이 경우의 시단호(始端弧) 및 종단호(終端弧)의 길이를 계산할 수가 있다. 〈그림 15-14〉에서 알 수 있듯이 이 경우의 시단호와 종단호는 점 C의 양쪽에 각각 2개씩 생기게 된다. 각 점의 편각에 대하여는 그림을 보면 알 수 있다.

(ㄴ) 접선을 기준선으로 하는 경우

〈그림 15-15〉에서처럼 곡선시점 A에 접근하지 못할 때에 점 A의 부근에서 곡선설치를 하는 경우에는 점 A부근의 점 P에 있어서 추가거리와 곡선에 접한 접선의 방향을 알면 이 접선을 기선으로 하여 설치하면 된다.

지금 〈그림 15-15〉에서, $\angle AOP = \alpha$, 점 P로부터 $\overline{AD}$에 내린 수선의 발

그림 15-15

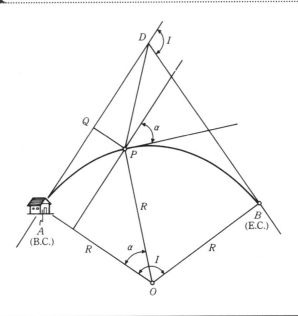

을 Q로 하면,

$$\overline{PQ}=R(1-\cos\alpha)$$
$$\overline{DQ}=R\tan\frac{I}{2}-R\sin\alpha \qquad (15.18)$$
$$\angle PDQ=\tan^{-1}\frac{\overline{PQ}}{\overline{DQ}}$$

로 되므로 다음과 같은 순서로 하면 된다.

(i) 적당한 α를 선택하여 $\overline{PQ}$, $\overline{DQ}$, $\angle PDQ$를 계산한다.

(ii) 교선점 D에서 접선 $\overline{AD}$상에 $\overline{DQ}$를 잡아 점 Q를 정하고 점 Q에서 접선 $\overline{AD}$에 수선 $\overline{PQ}$를 세우면 점 P는 곡선상의 점이 된다.

(iii) 트랜시트를 점 P에 고정, 교선점 D를 시준하여 $\angle PDQ$만큼 돌리면 시준선은 직선 AD에 평행하게 되고 다시 각 α만큼 돌리면 시준선은 점 P에서 곡선에 접한 접선의 방향으로 된다.

다) 노선변경법

계획노선을 변경하는 경우, 전에는 현지에서 측설하면서 보다 좋은 노선을

그림 15-16

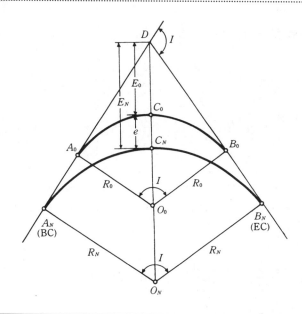

결정하는 방법이 많이 이용되었으므로 여러 종류에 대하여 설계방법이 고안되어
졌으나 최근에는 지도상에서 노선선정을 하게 되고 또 크로소이드 곡선 등을 사
용하기 때문에 간단한 계산으로 변경노선의 제원을 구하는 것은 힘이 들게 되었
다. 그러나 산길 등은 현지에 따라서 노선을 측설할 필요가 있고 또 지도상 선
정의 경우에도 계산으로 어느 정도 손쉽게 설치할 수 있는 이점이 있으므로 몇
개의 예에 대하여 기술한다.

〈그림 15-16〉 이후의 그림에서 N첨자가 있는 것이 새로운 노선에 대한
제원이고 O의 첨자가 있는 것이 옛 노선에 관한 제원이다.

(ㄱ) 접선의 위치 및 방향이 변하지 않는 경우

〈그림 15-16〉에서

$$E_N = E_0 + e$$

로 변화한 경우에는

$$E_N = R_N \left(\sec \frac{I}{2} - 1 \right), \ E_0 = R_0 \left(\sec \frac{I}{2} - 1 \right)$$

따라서

$$R_N\left(\sec\frac{I}{2}-1\right)=R_0\left(\sec\frac{I}{2}-1\right)+e$$

그리하여

$$R_N=R_0+\cfrac{e}{\left(\sec\dfrac{I}{2}-1\right)} \tag{15.19}$$

가 얻어진다.

(ㄴ) 한쪽의 접선이 옛 접선에 평행으로 이동한 경우(BC는 불변)

〈그림 15-17〉에서 접선 $\overline{D_0B_0}$ 를 평행으로 e 만큼 이동하여 $\overline{D_NB_N}$ 으로 하고 점 A(BC)를 고정시키면,

$$\overline{D_ND_0}=\frac{e}{\sin I}\qquad \overline{A_ND_N}=T_N=R_N\,\tan\frac{I_N}{2}$$

$$\overline{A_ND_0}=T_0=R_0\,\tan\frac{I_N}{4}$$

으로 되므로,

$$T_0+\frac{e}{\sin I}=T_N$$

고쳐 쓰면,

$$R_N\,\tan\frac{I_N}{2}=R_0\,\tan\frac{I_N}{2}+\frac{e}{\sin I_N}$$

따라서

$$R_N=R_0+\cfrac{e}{\sin I_N\tan\dfrac{I_N}{2}}=R_0+\cfrac{e}{2\sin^2\dfrac{I_N}{2}} \tag{15.20}$$

$$=R_0+\frac{e}{2(1-\cos I_N)}$$

$$\left(\because\ \sin\frac{I}{2}=\sqrt{\frac{1-\cos I}{2}}\right)$$

그림 15-17

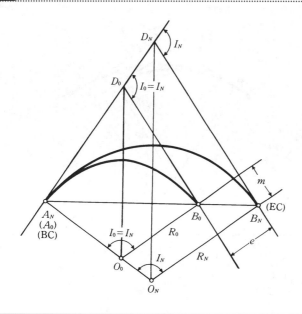

다시 m은

$$m = e \ \cot \frac{I}{2} \tag{15.21}$$

로 구해진다.

예제 15.4 그림에서 반경 R의 단곡선의 시점 A 위치는 그대로 하고 종점 B에서는 접선만을 외측으로 2.000m 평행이동한다.

이동 후의 단곡선에서 종점의 위치 B' 및 그 곡선반경 R'를 구하시오. 단 $R=80.00$m로 하여 그 교각 I는 $I=81°31'$ 으로 한다.

해답 먼저 곡선반경 R'를 구한다.

$$AP' = R' \ \tan \frac{I}{2}$$

$$\therefore \ R' = AP' \cot \frac{I}{2} \cdots\cdots ①$$

P'에서 PB에 수선 $P'C$를 내리면,

그림 15-18

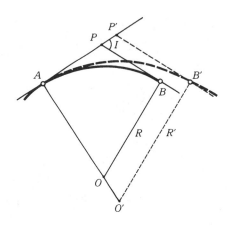

$$D'P = \frac{P'C}{\sin I}$$

또 $AP = R \tan \dfrac{I}{2}$

$$\therefore\ AP' = AP + PP'$$
$$= R \tan \frac{I}{2} + \frac{P'C}{\sin I}$$

식 ①에 대하여

$$R' = R + P'C\,\frac{\cot \dfrac{I}{2}}{\sin I} \cdots\cdots ②$$

다음에 B' 의 위치(방향과 거리)를 P' 를 기준으로 하여 구한다.

B' 의 방향: P' 에서 $P'A$를 기준으로 하면 $P'B'$ 의 방향 $= I + 180° = 261°30'$

$P'B'$ 의 거리: $P'B' = AP' = R' \tan \dfrac{I}{2} \cdots\cdots ③$

식 ②③에 수치를 넣어 계산한다(대수계산에 의함).

$P'C = 20$m	1.3010		R'	2.0148
$\cot \dfrac{I}{2}$	0.0647		$\tan \dfrac{I}{2}$	9.9353
$\dfrac{1}{\sin I}$	0.0048		$P'B'$	1.9501
			$=$	89.14m$=AP'$
합	1.3705			
$=$	23.47m			
$R=$	80.00m			
$R'=$	103.47m			

5. 완화곡선

차량이 직선부에서 곡선부로 들어가거나 도로의 곡률이(곡률반경의 역수) 0 에서 어떤 값으로 급격히 변화하기 때문에 원심력에 의해서 횡방향의 힘을 급격히 받는다. 이 힘의 크기는 차량의 속도와 곡선의 곡률에 의해 생기며 이 영향은 차량의 운행을 불안정하게 하는 동시에 승객에게는 불쾌감을 준다. 이처럼 급격히 가해진 힘을 없애기 위하여 곡률을 0에서 조금씩 증가시켜 일정한 값에 이르게 하기 위해 직선부와 곡선부의 사이에 매끄러운 곡선을 넣는다. 이 곡선을 완화곡선(緩和曲線, transition curve)이라 한다.

(1) cant 혹은 편경사(cant, superelevation) 및 확폭(slack)

차량이 곡선을 주행할 경우 곡률과 차량의 주행속도에 의하여 원심력이 작용되는데 이 때문에 다음과 같이 불리한 점이 있다.

① 철도의 경우

가) 외측 rail이 큰 중량 및 횡압을 받아 일반적으로 외측 rail 및 차량의 마모가 격심하다.

나) 이 때문에 열차저항이 증가하고 내측 rail에 가해지는 중량이 감소되어 약간의 지장(支障 : 장애되는 요인)에 의해서도 탈선을 일으키기 쉽다.

② 도로의 경우

가) 외측의 차륜에 큰 하중이 걸리기 때문에 스프링이 압축되고 외측으로 전복시키려는 힘이 작용한다.

나) 노면이 평행한 원심력의 분력이 타이어의 마찰저항 및 노면에 평행한

그림 15-19 편경사와 원심력의 관계

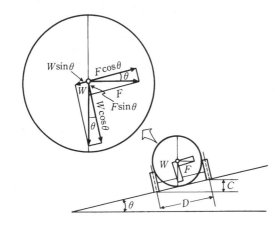

R : 곡률반경(m)
W : 차량중량(kg)
V : 주행속도(km/h)$=V/3.6$(m/sec)
g : 중력의 가속도$=9.8$m/sec^2
F : 원심력(kg)
f : 마찰계수
θ : 편경사의 각도
D : rail 간격(m)
C : cant(m)

자중의 분력의 합보다도 커지면 미끄러져서(slip) 외측으로 밀려나간다.

이와 같은 것을 방지하기 위하여 내외측 rail 사이에 높이의 차를 두거나 노면에 편경사를 두거나 한다. 이 높이의 차나 편경사를 캔트(cant)라 한다.

위와 같은 경우 〈그림 15-19〉에서 노면에 평행한 힘의 분력의 적응을 고려하면 미끄러지는(slip) 것을 방지하기 위한 조건은 식 (15.22)와 같다.

$$F\cos\theta \leqq W\sin\theta + (W\cos\theta + F\sin\theta)f \tag{15.22}$$

우변의 제2항은 노면과 타이어 사이의 마찰저항이며 궤도인 경우에는 외측 rail에 횡력으로서 작용하는 힘이다.

식 (15.22)을 변형하여

$$\frac{F}{W}(1-f\tan\theta) \leqq \tan\theta + f \tag{15.23}$$

지금 F와 W의 합력이 노면에 수직인 경우, 즉 $f=0$인 경우를 생각하면,

$$\frac{F}{W} = \tan\theta \tag{15.24}$$

그런데,

$$F=\frac{W}{R}\cdot\frac{\left(\frac{V}{3.6}\right)^2}{g}=W\cdot\frac{V^2}{127R} \tag{15.25}$$

$$\therefore \ \frac{F}{W}=\frac{V^2}{127R} \tag{15.26}$$

또한 θ가 적을 때는

$$\frac{C}{D}=\sin\theta\fallingdotseq\tan\theta \tag{15.27}$$

식 (15.24), (15.26), (15.27)에서

$$\frac{C}{D}\fallingdotseq\frac{V^2}{127R} \tag{15.28}$$

철도인 경우 D의 값으로서는 실제 궤간보다도 오히려 좌우의 rail 두부(頭部)와 차량답면의 접촉점 간격을 취하는 것으로 하면 1,067mm의 궤간에 대해서는 일반적으로 D=1,127mm로 하여

$$C=\frac{DV^2}{127R}=8.87\frac{V^2}{R} \tag{15.29}$$

또한 1,345mm의 궤간에 대해서는 일반적으로 D=1,500mm로 하여

$$C=\frac{DV^2}{127R}=11.8\frac{V^2}{R} \tag{15.30}$$

가 된다. 속도 V(km/h)와 cant C(mm)와의 관계가 식 (15.29), (15.30)과 같은 관계에 있을 때 V를 cant C에 대한 '적응속도'라 하며 또한 C를 V에 대한 '균형 cant'라 한다. 그런데 열차의 계획 최고속도를 고려한 경우는 다음과 같이 표시된다.

$$C=C_m+C_d=8.87\frac{V^2}{R}\ (\text{궤간 1,067mm}) \tag{15.31}$$

$$C=C_m+C_d=11.8\frac{V^2}{R}\ (\text{궤간 1,345mm}) \tag{15.32}$$

그림 15-20

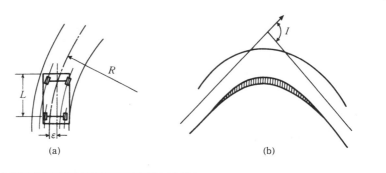

(a)   (b)

단, V: 열차의 계획 최고속도(km/h)
　　C_m: 실 cant량(mm)
　　C_d: cant 부족량(mm)

C_m의 한도는 곡선중에 열차가 정지하였을 경우나 저속운전시에 외측으로 부터 바람에 의한 열차의 횡전(橫轉)에 대한 안전성과 승차감에 의해 결정된다. 곡선상에서 정차한 경우의 C_m의 한계는 $\dfrac{\text{cant}}{\text{궤간}} = 0.13$ 정도이다. 또한 C_d는 곡선중의 고속운전시 외측으로서의 전도나 원심력에 의한 승차감의 악화, 외력에 의한 궤도보수작업의 증가 등에 제한을 받는다.

자동차가 곡선부를 주행할 경우는 〈그림 15-20〉 (a)에서와 같이 뒷바퀴는 앞바퀴보다도 항상 안쪽을 지난다. 그러므로 곡선부에서는 그 내측부분을 직선부에 비하여 넓게 할 필요가 있다. 이것을 곡선부의 확폭(擴幅, slack widening)이라 한다(〈그림 15-20〉 (b) 참조). 곡선부의 확폭량 ε은 다음 식으로 나타난다.

$$\varepsilon = \frac{L^2}{2R}$$

단, R: 차선중심선의 반경(차량전면 중심의 회전반경)
　　L: 차량의 전면에서 뒷바퀴까지의 거리

(2) cant의 체감과 완화곡선

cant를 체감하는 방법에는 곡선장의 동경(動徑), 횡거(橫距)에 따라 일정한 비율로 체감하는 직선체감법과 직선의 주위에 5차곡선이나 sin곡선을 적용한 곡선체감법이 있다.

3차포물선은 곡률이 횡거에 비례하여 변하며 캔트는 직선체감이다. lemniscate 곡선은 곡률반경이 동경에 반비례하여 변화하며 캔트는 직선체감이다. 크로소이드곡선은 곡선길이에 비례하여 변화하며 캔트는 직선체감이다. 그러므로 직선에서 곡선으로의 원활한 접속은 단지 평면에서만 만족할 뿐이며 입체면에서는 고려되지 않고 있다.

즉, 직선체감법에 의한 완화곡선의 양 끝에서는 cant(편경사) 때문에 외측 rail(외측노측)의 경사가 급변하게 되며 이 부분을 통과하는 차량에 동요나 충격을 주게 된다. 철도에서는 1960년경부터 반파장정현곡선을 cant의 원활체감곡선으로 하였고 도로에서는 편경사에 관하여 완충종단곡선을 삽입함으로써 크로소이드 곡선을 그대로 사용하고 있다.

지금 〈그림 15-21〉과 같이 완화곡선의 시점(BTC)을 직교좌표의 원점으로 하고 접선의 방향을 x축이라 하며 이것과 직각방향으로 y축을 잡는다. 또한, 사인반파장곡선은 곡률은 곡선변화이며 캔트는 곡선체감이다.

C_0: 원곡선(반경$=R$)에서의 cant
C_x: 완화곡선중의 cant
L: 완화곡선길이

그림 15-21 편경사의 직선체감과 완화곡선의 관계

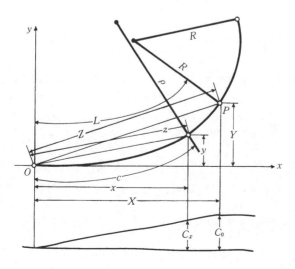

ρ: cant C_x인 점에서의 완화곡선의 곡률반경

으로 하여 cant를 직선체감법으로 체감하면,

$$C_x = C_0 \frac{x}{X}$$
(15.33)

그런데, cant와 곡률반경과의 일반적 관계는 식 (15.28)에서

$$C_0 = \frac{DV^2}{127R} \qquad C_x = \frac{DV^2}{127\rho}$$

$$\therefore \quad \frac{C_x}{C_0} = \frac{\frac{1}{\rho}}{\frac{1}{R}}$$
(15.34)

식 (15.33), (15.34)에서

$$\frac{R}{\rho} = \frac{x}{X}$$

$$\therefore \quad \frac{1}{\rho} = \frac{x}{RX}$$
(15.35)

식 (15.35)는 cant가 횡거 x에 직선적으로 비례하는 것으로 하여 구하였지만 만약 동경 z에 직선적으로 비례한다고 하면,

$$\frac{1}{\rho} = \frac{z}{RZ}$$
(15.36)

가 되며, 또한 cant가 완화곡선길이 C에 직선적으로 비례한 경우에는

$$\frac{1}{\rho} = \frac{C}{RL}$$
(15.37)

가 된다. 이들은 상이한 곡선이며 식 (15.35)에는 3차포물선이 식 (15.36)에는 렘니스케이트 곡선이, 식 (15.37)에는 크로소이드 곡선이 각각 대응된다.

(3) 완화곡선의 성질 및 길이

완화곡선이 가지고 있는 성질은 다음과 같다.

① 곡선반경은 완화곡선의 시점에서 무한대, 종점에서 원곡선 R로 된다.

② 완화곡선의 접선은 시점에서 직선에, 종점에서 원호에 접한다.

③ 완화곡선에 연한 곡선반경의 감소율은 캔트의 증가율과 동률(다른 부호)로 된다.

또 종점에 있는 캔트는 원곡선의 캔트와 같게 된다.

정률로 캔트를 증가시키는 데 따른 필요한 완화곡선길이(L)의 구하는 방법은 세 가지가 있다.

① 곡선길이 L(m)을 캔트 h(mm)의 N배에 비례인 경우

$$L = \frac{N}{1,000} \cdot h = \frac{N}{1,000} \ \frac{v^2 s}{gR}$$

단, L: 완화곡선길이 v: 속도 h: 캔트 R: 곡률반경 S: 레일간 거리

N의 값은 차량속도에 따라 300~800을 택한다.

② r을 캔트의 시간적 변화율(cm/sec)이라 하고 완화곡선(L)을 주행하는데 필요한 시간을 t라 할 때 일정시간율로 경사시킨 경우

$$t = \frac{L}{v} = \frac{h}{r} = \frac{sv^2}{rgR} \qquad \therefore \ L = \frac{sv^3}{rgR} \tag{15.38}$$

③ 원심가속도의 시간적 변화율이 승객에게 불쾌감을 주기 때문에 P를 원심가속도의 허용변화율이라 할 경우

$$L = \frac{v^3}{PR} \tag{15.39}$$

허용값 P는 0.5~0.75m/sec^{2}으로 한다.

■■ 표 15-8

설계속도 (km/h)	완화구간의 길이 (m)	설계속도 (km/h)	완화구간의 길이 (m)
220	100	50	40
100	85	40	35
80	70	30	25
60	50	20	20

도로구조령에서는 이것을 고려하면 완화구간의 길이를 〈표 15-8〉과 같이
규정했다.

(4) 완화곡선의 요소

일반적인 완화곡선의 요소를 나타내는 기호 및 그 설명을 〈그림 15-22〉와
〈표 15-9〉에 표시하였다.

또한 〈그림 15-23〉과 같이 clothoid 상에 임의의 현을 취하였을 때

    B: 곡선길이
    S: 현길이
    ρ: 현각
    F: 공시(拱矢)

가 된다.

그림 15-22 완화곡선의 요소 ....●●●

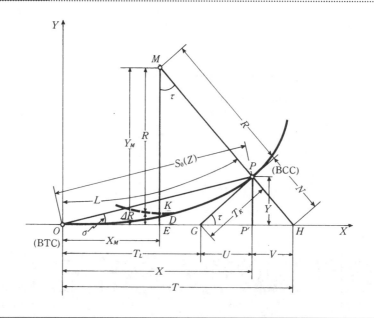

■■ 표 15-9 완화곡선의 요소

기 호	요 소	적 요
O	완화곡선원점	
M	완화곡선상의 점 P에 있어서 곡률의 중심	
$\overline{OX}$	주접선(완화곡선원점에 있어서 접선)	
A	크로소이드의 매개변수	
X, Y	점 P의 X, Y 좌표	
L	완화곡선길이	$\overset{\frown}{ODP}$
R	점 P에 있어서 곡률반경	$\overline{MP}$
ΔR	이정량(shift)	$\overline{EK}$
X_M, Y_M	점 M의 X좌표, Y좌표	
τ	점 P에 있어서 접선각	$\angle PGH$
σ	점 P의 극각(편각, 편의각)	$\angle POG$
T_K	단접선 길이	$\overline{PG}$
T_L	장접선 길이	$\overline{OG}$
$S_0(Z)$	동 경	$\overline{OP}$
N	법선의 길이	$\overline{PH}$
U	T_K의 주접선에의 투영길이	$\overline{GP'}$
V	N의 주접선에의 투영길이	$\overline{HP'}$
T	$X+V=T_L+U+V$	$\overline{OH}$

그림 15-23 완화곡선의 요소

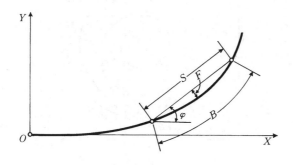

(5) 각종 완화곡선

완화곡선은 크게 나누어 3차포물선, 렘니스케이트(lemniscate)곡선, 클로소이드(clothoid)곡선으로 구분되며 형상을 비교하면 〈그림 15−24〉와 같다.

① 3차포물선

일반적으로 직교좌표로 다음과 같은 방정식을 가진 곡선을 3차포물선이라 한다.

$$y = a^2 x^3 \tag{15.40}$$

그런데 일반적으로 곡선의 곡률 $1/\rho$은 직교좌표에 있어서

$$\frac{1}{\rho} = \frac{\dfrac{d^2 y}{dx^2}}{\left\{ 1 + \left(\dfrac{dy}{dx} \right)^2 \right\}^{3/2}} \tag{15.41}$$

로 표시되지만 일반적인 경우에서 $\left(\dfrac{dy}{da} \right)^2$은 1에 비하여 매우 적으므로 근사적으로 다음과 같이 놓을 수 있다.

$$\frac{1}{\rho} \fallingdotseq \frac{d^2 y}{dx^2} \tag{15.42}$$

그림 15−24   완화곡선의 형상 비교

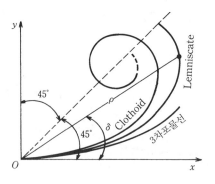

식 (15.35)를 식 (15.42)에 적용하면,

$$\frac{d^2y}{dx^2} = \frac{x}{RX}$$

이것을 풀면,

$$y = \frac{x^3}{6RX} \tag{15.43}$$

$$a^2 = \frac{1}{6RX}$$

이라 놓으면, 식 (15.41)과 식 (15.43)은 일치한다.

〈그림 15-25〉에서 접선각은 일반적인 경우 적으므로,

$$\left.\begin{array}{l} \tau' \fallingdotseq \tan \tau' = \dfrac{dy}{dx} = \dfrac{x^2}{2RX} \\[3mm] \tau \fallingdotseq \tan \tau = \dfrac{X^2}{2RX} = \dfrac{X}{2R} \end{array}\right\} \tag{15.44}$$

a와 τ를 매개변수로 한 경우 〈표 15-10〉과 같은 공식이 구하여진다.

완화곡선으로서의 3차포물선은 곡률에 관한 근사식에서 얻어진 것이기 때문에 접선각 τ'가 증대함에 따라 오차가 증대한다. 또한 x가 커질수록 곡률반

그림 15-25

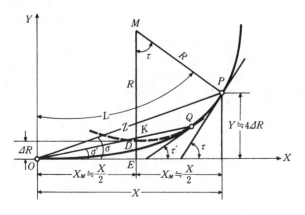

τ' : 완화곡선상의 임의의 점 Q의 접선이 X축과 이루는 각(접선각)

τ : 완화곡선의 종점 P에서의 접선각

σ' : 완화곡선상의 임의의 점 Q 및 원점 O를 지나는 현이 X축과 이루는 각(극각, 편각, 편의각)

σ : 완화곡선의 종점 P에서의 극각

$X\,Y$: 완화곡선종점의 좌표

$\varDelta R$: 이동량(shift)$= \overline{EK}$

■■ 표 15-10 3차포물선의 공식

사 항	공 식
접 선 각	$\tan \tau = 3a^2 X^2$
X 좌 표	$X = \dfrac{1}{a}\sqrt{\dfrac{\tan \tau}{3}}$
Y 좌 표	$Y = \dfrac{1}{a}\left(\sqrt{\dfrac{\tan \tau}{3}}\,\right)^3$
곡 선 반 경	$R = \dfrac{1}{a}\dfrac{1}{\sqrt{6\cdot\cos^2\tau}\cdot\sqrt{\sin 2\tau}}$
완 화 곡 선 길 이	$L = \dfrac{1}{a}\displaystyle\int_0^{\tau}\dfrac{d\tau}{\sqrt{6\cdot\cos^2\tau}\cdot\sqrt{\sin 2\tau}}$
shift	$\Delta R = \dfrac{1}{a}\left\{\sqrt{\dfrac{\tan\tau^3}{3}} - \dfrac{1-\cos\tau}{\sqrt{6\cdot\cos^2\tau}\cdot\sqrt{\sin 2\tau}}\right\}$ $= \dfrac{1}{a}\cdot\dfrac{(1-\cos\tau)(2\cos^2\tau+2\cos\tau-3)}{3\sqrt{6a}\cdot\cos^2\tau\cdot\sqrt{\sin 2\tau}}$

경 ρ 가 적어지는 조건은 어떤 일정범위의 x 에 대하여만 만족된다. 즉,
$x = \sqrt[4]{0.8}\cdot\sqrt{RX}$ 에 있어서 반경이 최소가 된다. 그러므로,

$$x^2 = X^2 = \sqrt{0.8}\,R\cdot X = 0.89443R\cdot X$$
$$\therefore \ X = 0.89443R \tag{15.45}$$

이 X 보다 긴 완화곡선을 사용해서는 안 된다. 또한 반경이 최소가 되는 점의
접선각은

$$\tau = 24°05'\,4.4'' \tag{15.46}$$

이며 이 최소반경의 값은 $1.31422R$ 이다.

예제 15.5 $R = 400\text{m}$, $X = 30\text{m}$ 인 3차포물선을 설치하시오.

해답 식 (15.43)으로부터

$$x_1 = \frac{1}{4}X = 7.5\text{m}$$
$$x_2 = \frac{1}{2}X = 15\text{m}$$
$$x_3 = \frac{3}{4}X = 22.5\text{m}$$

$x_4 = X = 30\text{m}$

$y_1 = \dfrac{x_1^3}{6RX} = \dfrac{7.5^3}{6 \times 400 \times 30} = 0.0059\text{m}$

$y_2 = \dfrac{x_2^3}{6RX} = \dfrac{15^3}{6 \times 400 \times 30} = 0.047\text{m}$

$y_3 = \dfrac{x_3^3}{6RX} = \dfrac{22.5^3}{6 \times 400 \times 30} = 0.158\text{m}$

$y_4 = \dfrac{x_4^3}{6RX} = \dfrac{30^3}{6 \times 400 \times 30} = 0.375\text{m}$

그림 15-26

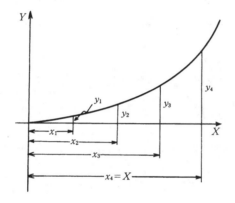

② **렘니스케이트**(연주형)**곡선**

직교좌표로 다음과 같은 방정식을 가진 곡선을 일반적으로 lemniscate 곡선이라 한다.

$$(x^2+y^2)^2 = a^2(x^2-y^2) \tag{15.47}$$

〈그림 15-27〉과 같이 극좌표로 표시하면,

$$Z^2 = a^2 \sin 2\sigma \tag{15.48}$$

극좌표에 있어서 곡률반경 ρ는 일반적으로 다음과 같이 표시된다.

그림 15-27

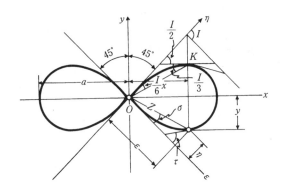

$$\rho = \frac{\left\{z^2 + \left(\dfrac{dz}{d\sigma}\right)^2\right\}^{3/2}}{z^2 + 2\left(\dfrac{dz}{d\sigma}\right)^2 - z\dfrac{d^2z}{d\sigma^2}}$$ (15.49)

식 (15.48), (15.49)에서 계산하면 lemniscate 곡선의 기본식은

$$\rho = \frac{a^2}{3z}$$ (15.50)

이며, 여기서

$$\frac{3}{a^2} = \frac{1}{RZ}$$

즉,

$$a = \sqrt{3RZ} = 3R\sqrt{\sin 2\sigma}$$

여기서

$$\sigma = \frac{1}{2}\sin^{-1}(Z/3R)$$ (15.51)

식 (15.50)은

$$\frac{1}{\rho} = \frac{z}{RZ}$$

라 고쳐 쓸 수 있으며 식 (15.36)과 일치한다.

lemniscate곡선길이는

$$L = a \int_0^\sigma \frac{d\sigma}{\sqrt{\sin 2\sigma}}$$
$$= \frac{C}{\sqrt{2}} \left\{ 2\sqrt{\tan \sigma} - \frac{1}{5}\sqrt{\tan^5 \sigma} + \frac{1}{12}\sqrt{\tan^9 \sigma} \cdots \right\} \tag{15.52}$$

이며, 여기서

$$C = \sqrt{2x} = 3R \sqrt{\sin\left(\frac{x}{3}\right)}$$

이다.

$$z = \sqrt{3RZ \sin 2\sigma} = 3R \sin\frac{I}{3} \tag{15.53}$$

또한 접선각 τ와 극각 σ의 관계는 다음과 같다.

$$\tan \tau = \tan 3\sigma$$
$$\therefore \tau = 3\sigma \tag{15.54}$$

3차포물선에서의 $\tau \fallingdotseq 3\sigma$에 해당하지만 3차포물선의 경우는 $\tan \tau = 3\tan \sigma$ 로부터 유도하여 나온 것이며 같은 극각 σ에 대한 lemniscate 및 3차포물선의 접선각을 τ_L 및 τ_P라 하면 일반적으로 $\tan \tau_L = \tan 3\sigma > 3 \tan \sigma = \tan \tau_F$이 된다. 접선각은 lemniscate 곡선의 경우가 더욱 커지므로 급각도로 구부린 곡선의 경우에 유리하다.

a를 매개변수로 하고 lemniscate곡선의 요소를 극좌표로 표시하면 〈표 15-11〉과 같이 된다. σ가 미소값일 때에는 아래와 같이 3차포물선과 다른 식이 성립한다(〈그림 15-28〉 참조).

$$Z \fallingdotseq 6R\sigma \tag{15.55}$$

■■ **표 15-11**   lemniscate 공식

사　　　　항	공　　　　　　　식
매　개　변　수	$a^2 = R_{S0}$　　$a = \sqrt{3RZ}$
접　　선　　각	$\tau = 3\sigma$
곡　선　길　이	$L = a \displaystyle\int_0^\sigma \dfrac{d\sigma}{\sqrt{\sin 2\sigma}}$
X　좌　　표	$X = 3R \sin 2\sigma \cdot \cos \sigma$
Y　좌　　표	$Y = 3R \sin 2\sigma \cdot \sin \sigma$
shift	$\varDelta R = R(3 \cos \sigma - 2 \cos^3 \sigma - 1)$
M의　X　좌　표	$X_M = R(3 \sin \sigma - 2 \sin^3 \sigma)$
곡　률　반　경	$R = \dfrac{a}{3\sqrt{\sin 2\sigma}}$
수직선(법선)길이	$N = 6R \cdot \dfrac{\cos^2 \sigma}{4 \cos^2 \sigma - 3}$
동　경（動　徑）	$Z = \sqrt{3RZ \sin 2}$

그림 15-28   렘니스케이트 완화곡선

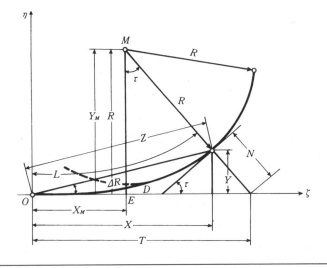

$$\Delta R \fallingdotseq \frac{Z^2}{24R} \tag{15.56}$$

$$X_M \fallingdotseq \frac{Z}{2} \tag{15.57}$$

$$\overline{DE} \fallingdotseq \frac{\Delta R}{2} \tag{15.58}$$

예제 15.6 〈그림 15-27〉에서 교각(I)이 63°15′이고 최소반경(R)이 300m일 때 lemniscate 곡선을 설치하시오.

해답 동경(Z)은 식 (15.53)으로부터

$$Z = \sqrt{3RZ \sin 2\sigma} = 3R \sin\frac{I}{3}$$

$$= 3 \times 300 \times \sin\left(\frac{63°15'}{3}\right) = 323.75\text{m}$$

접선길이($\overline{OD}$)는 $\triangle ODK$에서 sin 법칙에 의해

$$\frac{\overline{OK}}{\sin\left(90° - \frac{I}{2}\right)} = \frac{\overline{OD}}{\sin\left(90° + \frac{I}{3}\right)}$$

$$\overline{OD} = \frac{\sin\left(90° + \frac{I}{3}\right)}{\sin\left(90° - \frac{I}{2}\right)} Z = \frac{\sin\left(90° + \frac{63°15'}{3}\right)}{\sin\left(90° - \frac{63°15'}{2}\right)} \times 323.75$$

$$= 354.76\text{m}$$

$$\overline{DK} = \frac{\sin\left(\frac{I}{6}\right)}{\sin\left(90° - \frac{I}{2}\right)} Z = \frac{\sin\left(\frac{63°15'}{6}\right)}{\sin\left(90° - \frac{63°15'}{2}\right)} \times 323.75 = 69.56\text{m}$$

곡선길이(L)는 식 (15.52)에 의해,

$$L = \frac{C}{\sqrt{2}}\left\{2\sqrt{\tan\sigma} - \frac{1}{5}\sqrt{\tan^5\sigma} + \frac{1}{12}\sqrt{\tan^9\sigma}\cdots\right\}$$

$$C = 3R\sqrt{\sin\left(\frac{I}{3}\right)} = 3 \times 300 \times \sqrt{\sin\left(\frac{63°15'}{3}\right)} = 539.79$$

$$\tan\sigma = \tan\frac{I}{6} = 0.18609$$

$$L = 381.69\left\{2\sqrt{0.18609} - \frac{1}{5}\sqrt{(0.18609)^5} + \frac{1}{12}\sqrt{(0.18609)^9}\cdots\right\}$$

$$= 328.18\text{m}$$

③ 클로소이드곡선

가) clothoid의 기본적 성질

(ㄱ) clothoid의 정의

곡률이 곡선의 길이에 비례하는 곡선을 clothoid 곡선이라 한다. 차가 일정속도로 달리고 그 앞바퀴의 회전속도를 일정하게 유지할 경우 이 차가 그리는 운동궤적은 clothoid가 된다.

식 (15.37)은

$$\frac{1}{\rho} = \frac{C}{R \cdot L} = \alpha \cdot C$$

이며, 다시 정리하면 다음과 같다.

$$\rho \cdot C = R \cdot L = \frac{1}{\alpha} \text{(일정)}$$

여기서 양변의 차원을 일치시키기 위하여 $\frac{1}{\alpha}$ 대신에 A^2라 놓으면 하나의 clothoid상의 모든 점에서 다음 항등식이 성립한다. 식 (15.59)를 clothoid 기본식이라 한다.

$$R \cdot L = A^2 \tag{15.59}$$

이 A를 clothoid의 매개변수라 하며 A는 길이의 단위를 가진다. 원에 있어서 R이 정해지면 원의 크기가 정해지는 것과 같이 clothoid에 있어서 A가 정해지면 clothoid의 크기가 정해진다. 하나의 clothoid상의 각 점에서의 반경 R과 곡선길이 L은 clothoid상의 장소에 따라 다르지만 R과 L의 곱은 일정한 값 A^2이어야 한다. 그러므로 R, L, A 중 두 가지를 알면 다른 하나는 정확하게 구하여진다.

(ㄴ) 단위 clothoid

clothoid의 매개변수 A에 있어서 $A=1$, 즉

$$R \cdot L = 1 \tag{15.60}$$

의 관계에 있는 clothoid를 단위 clothoid라 한다. 단위 clothoid의 요소에는 알파벳의 소문자를 사용하면,

$$r \cdot l = 1 \tag{15.61}$$

또는 $R \cdot L = A^2$의 양변을 A^2으로 나누면,

$$\frac{R}{A} \cdot \frac{L}{A} = 1$$

그러므로 $R/A = r$, $L/A = l$이라 놓으면 식 (15.61)이 얻어진다. 이것에서 $R = A \cdot r$, $L = A \cdot l$이므로 매개변수 A인 clothoid의 요소중 길이의 단위를 가진 것(R, L, X, Y, X_M, T_L 등)은 전부 단위 clothoid의 요소(r, l, x, y, x_M, t_L 등)는 A배 하며 단위가 없는 요소$\left(\tau, \sigma, \frac{\Delta r}{r} \text{ 등} \right)$는 그대로 계산한다. 단위 clothoid의 제 요소를 계산한 것은 단위 clothoid표로서 작성되어 있다.

(ㄷ) clothoid의 공식

clothoid 곡선을 실제로 사용하기 위해서는 clothoid표가 있다면 좋지만 clothoid 구간에 구조물 등이 있어 정확한 계산을 요하는 경우에는 엄밀해가 필요하다. clothoid에 관한 공식을 일괄하여 〈표 15-12〉에 표시하였다. 또한 $R = A = L$인 범위에서는 다음 근사식이 성립한다.

$$B - S \doteqdot \frac{B^3}{24R^2} \tag{15.62}$$

$$\Delta R \doteqdot \frac{L^2}{24R} \tag{15.63}$$

$$X_M \doteqdot \frac{L}{2} \tag{15.64}$$

$$A \doteqdot \sqrt[4]{24R^3 \cdot \Delta R} \tag{15.65}$$

clothoid요소 및 기호에 관하여서는 〈그림 15-22〉 및 〈표 15-9〉의 것을 그대로 사용하면 된다.

지금 〈그림 15-29〉에 있어서 dL, $d\tau$, dX, dY를 각각 L, τ, X, Y의 미소변화량이라 하면 다음 세 식이 성립한다.

$$\begin{cases} dL = R \cdot d\tau & (15.66) \\ dX = dL \cdot \cos \tau & (15.67) \\ dY = dL \cdot \sin \tau & (15.68) \end{cases}$$

■■ 표 15-12 클로소이드의 공식

사 항	공 식
곡 률 반 경	$R=\dfrac{A^2}{L}=\dfrac{A}{l}=\dfrac{L}{2\tau}=\dfrac{A}{\sqrt{2\tau}}$
곡 선 의 길 이	$L=\dfrac{A^2}{R}=\dfrac{A}{r}=2\tau R=A\sqrt{2\tau}$
접 선 각	$\tau=\dfrac{L}{2R}=\dfrac{L^2}{2A^2}=\dfrac{A^2}{2R^2}$
매 개 변 수	$A^2=R\cdot L=\dfrac{L^2}{2\tau}=2\tau R^2$ $A=\sqrt{R\cdot L}=l\cdot R=L\cdot r=\dfrac{L}{\sqrt{2\tau}}=\sqrt{2\tau}R$
X 좌 표	$X=L\left(1-\dfrac{L^2}{40R^2}+\dfrac{L^4}{3,456R^4}-\dfrac{L^6}{599,040R^6}+\cdots\right)$
Y 좌 표	$Y=\dfrac{L^2}{6R}\left(1-\dfrac{L^2}{56R^2}+\dfrac{L^4}{7,040R^4}-\dfrac{L^6}{1,612,800R^6}+\cdots\right)$
shift	$\Delta R=Y+R\cos\tau-R$
M 의 X좌 표	$X_M=X-R\sin\tau$
단 접 선 의 길 이	$T_K=Y\operatorname{cosec}\tau$
장 접 선 의 길 이	$T_L=X-Y\cot\tau$
동 경	$S_0=Y\operatorname{cosec}\sigma$

그림 15-29

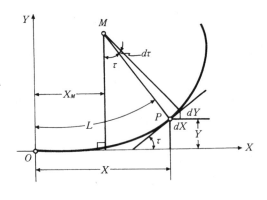

식 (15.59)와 (15.66)으로부터 R을 소거하면,

$$dL = \frac{A^2}{L}d\tau \tag{15.69}$$

$\tau = 0$이며 $L = 0$인 초기 조건에서 식 (15.69)를 적분하면,

$$L^2 = 2A^2\tau \tag{15.70}$$

식 (15.70)과 (15.59)에서

$$\tau = \frac{L^2}{2A^2} = \frac{L}{2R} \tag{15.71}$$

또는

$$R = \frac{A^2}{L} = \frac{A}{\sqrt{2\tau}} \tag{15.72}$$

식 (15.67), (15.68)에 각각 식 (15.69)를 대입하고 다시 식 (15.72)를 대입하면,

$$\left. \begin{array}{l} dX = dL\cos\tau = \dfrac{A^2}{L}\cos\tau \cdot d\tau = \dfrac{A}{\sqrt{2\tau}}\cos\tau \cdot d\tau \\[3mm] dY = dL\sin\tau = \dfrac{A^2}{L}\sin\tau \cdot d\tau = \dfrac{A}{\sqrt{2\tau}}\sin\tau \cdot d\tau \end{array} \right\} \tag{15.73}$$

식 (15.73)을 적분하면,

$$\left. \begin{array}{l} X = \dfrac{A}{\sqrt{2}}\displaystyle\int_0^\tau \dfrac{\cos\tau}{\sqrt{\tau}}\,d\tau \\[4mm] Y = \dfrac{A}{\sqrt{2}}\displaystyle\int_0^\tau \dfrac{\sin\tau}{\sqrt{\tau}}\,d\tau \end{array} \right\} \tag{15.74}$$

이것은 프레넬의 적분이라 부르며 우변은 급수로 전개하여 수치적분할 수 있다. 즉,

$$\cos\tau = 1 - \frac{\tau^2}{2!} + \frac{\tau^2}{4!} - \frac{\tau^2}{6!} + \cdots = 1 - \frac{\tau^2}{2} + \frac{\tau^4}{24} - \frac{\tau^6}{720} + \cdots$$

$$\sin \tau = \tau - \frac{\tau^3}{3!} + \frac{\tau^5}{5!} - \frac{\tau^7}{7!} + \cdots = \tau - \frac{\tau^3}{6} + \frac{\tau^5}{120} - \frac{\tau^7}{5,040} + \cdots$$

이므로,

$$\int_0^\tau \frac{\cos \tau}{\sqrt{\tau}} d\tau = 2\sqrt{\tau}\left(1 - \frac{\tau^2}{10} + \frac{\tau^4}{216} - \frac{\tau^6}{9,360} + \cdots\right)$$

$$\int_0^\tau \frac{\sin \tau}{\sqrt{\tau}} d\tau = \frac{2}{3}\tau\sqrt{\tau}\left(1 - \frac{\tau^3}{14} + \frac{\tau^4}{440} - \frac{\tau^6}{25,200} + \cdots\right)$$

그러므로,

$$\left. \begin{array}{l} X = \dfrac{A}{\sqrt{2}} \cdot 2\sqrt{\tau}\left(1 - \dfrac{\tau^2}{10} + \dfrac{\tau^4}{216} - \dfrac{\tau^6}{9,360} + \cdots\right) \\[4mm] Y = \dfrac{A}{\sqrt{2}} \cdot \dfrac{2}{3}\tau\sqrt{\tau}\left(1 - \dfrac{\tau^2}{14} + \dfrac{\tau^4}{440} - \dfrac{\tau^6}{25,200} + \cdots\right) \end{array} \right\}$$

(15.75)

식 (16·75)에 $A = \sqrt{R \cdot L}$, $\tau = \dfrac{L}{2R}$ 을 대입하여 R, L로 고쳐 쓰면,

$$X = L\left(L - \frac{L^2}{40R^2} + \frac{L^4}{3,456R^4} - \frac{L^6}{599,040R^6} + \cdots\right)$$

(15.76)

$$Y = \frac{L^2}{6R}\left(1 - \frac{L^2}{56R^2} + \frac{L^4}{7,040R^4} - \frac{L^6}{1,612,800R^6} + \cdots\right)$$

(15.77)

(ㄹ) clothoid의 형식

clothoid를 조합하는 형식에는 다섯 가지가 있다.

(i) 기본형　　　직선, clothoid, 원곡선의 순으로 나란히 하는 기본적인 형으로 대칭형과 비대칭형이 있다(〈그림 15-30〉 (a) 참조).

(ii) S형　　　반향곡선의 사이에 2개의 clothoid를 삽입한 것(〈그림 15-30〉 (b) 참조).

(iii) 난형　　　복심곡선의 사이에 clothoid를 삽입한 것(〈그림 15-30〉 (c) 참조).

(iv) 철(凸)형　　　같은 방향으로 구부러진 2개의 clothoid를 직선적으로 삽입한 것으로 clothoid와 clothoid의 접합점은 곡률이 최소가 되는 점에서

그림 15-30 클로소이드의 조합

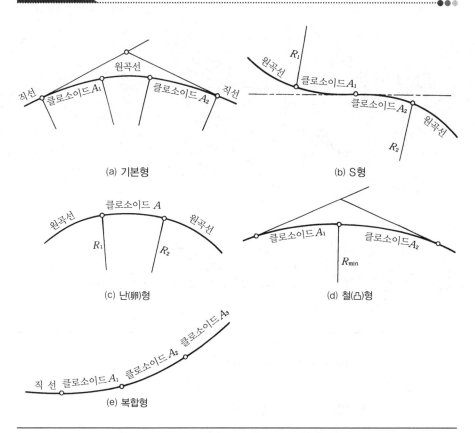

(a) 기본형

(b) S형

(c) 난(卵)형

(d) 철(凸)형

(e) 복합형

이어져 있어 이것은 교각이 작을 때나 산의 출비(出鼻)의 curve 등에 쓰여진다 (〈그림 15-30〉 (d) 참조).

(v) 복합형　　　같은 방향으로 구부러진 2개 이상의 clothoid를 이은 것, clothoid의 모든 접합점에서 곡률은 같다(〈그림 15-30〉 (e) 참조).

(ㅁ) clothoid설치법

clothoid는 주요점의 설치, 중간점 설치의 순서로 설치한다. 주요점의 설치는 앞에서 설명한 원곡선의 경우와 같은 방법으로 실시하면 되므로 여기서는 중간점 설치에 관하여 설명한다.

clothoid곡선 설치에는 다음과 같은 방법이 있다.

(i) 주접선에서 직교좌표에 의한 설치법 (a)

그림 15-31 클로소이드 설치법

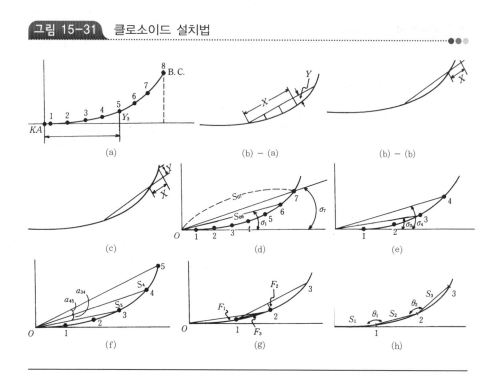

(a)　　　　　　　　(b) − (a)　　　　　　　　(b) − (b)

(c)　　　　　　　　(d)　　　　　　　　(e)

(f)　　　　　　　　(g)　　　　　　　　(h)

(ii) 현에서 직교좌표에 의한 설치법 (b)

(iii) 접선으로부터 직교좌표에 의한 설치법 (c)

(iv) 극각동경법(極角動徑法)에 의한 설치법 (d)

(v) 극각현장법(極角弦長法)에 의한 설치법 (e)

(vi) 현각현장법에 의한 설치법 (f)

(vii) 2/8법에 의한 설치법 (g)

(viii) 현다각(弦多角)으로부터의 설치법 (h)

이들 중 널리 쓰여지고 있는 것은 (i) (iv) (v) (vii)이다.

(ㅂ) clothoid의 제 성질

(i) clothoid는 나선의 일종이며 그 전체의 형은 〈그림 15-32〉와 같다.

(ii) 모든 clothoid는 닮은꼴이다. 즉, clothoid의 형은 하나밖에 없지만 매개변수 A를 바꾸면 크기가 다른 무수한 clothoid를 만들 수 있다.

매개변수 A는 일반적으로 메타 단위로 표시되며 원인 경우 1/1,000의 도면에 반경 100m의 원호를 기입하려면 콤파스로 10cm의 원을 그리는 것과 마찬가지로 매개변수 $A=100m$의 clothoid를 1/1,000 도면에 그리기 위해서는

그림 15-32 클로소이드의 전부분의 형

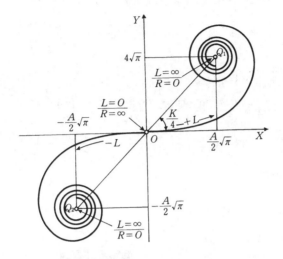

$A=10$cm인 clothoid를 그려 넣으면 된다.

　　(iii) clothoid 요소에는 길이의 단위를 가진 것(L, X, Y, X_M, R, ΔR, T_K, T_L 등)과 단위가 없는 것$\left(\tau,\ \sigma,\ \dfrac{\Delta r}{r},\ \dfrac{\Delta R}{R},\ \dfrac{l}{r},\ \dfrac{L}{R}\ 등\right)$이 있다.

　　어떤 점에 관한 clothoid 요소 중 두 가지가 정해지면 clothoid의 크기와 그 점의 위치가 정해지며 따라서 다른 요소도 구할 수 있다. 또한 단위의 요소가 하나 주어지면 이것을 기초로 단위 clothoid표를 유도할 수 있으며 그들을 A배 하면 구하려는 clothoid요소가 얻어진다.

예제 15.7　$R=80$m, $L=20$m의 두 가지가 주어져 있는 경우에 있어서 clothoid의 각 요소를 계산하시오.

해답　$A^2=R\cdot L$에서 $A^2=80\times20=1{,}600$

그러므로 $A=40$이므로 $l=\dfrac{L}{A}=\dfrac{20}{40}=0.5$를 인수로 하여 단위 clothoid표를 찾으면,

$$x=0.499219,\ y=0.020810,\ x_M=0.249870$$

이며, x, y 계산을 식 (15.75)로부터 하면 $X=Ax$, $Y=Ay$이므로 x, y가 계산된다.

$$x=\sqrt{2\tau}\left(1-\frac{\tau^2}{10}+\frac{\tau^4}{216}-\frac{\tau^6}{9{,}360}+\cdots\right)$$

$$y = \frac{\sqrt{2}}{3} \tau \sqrt{\tau} \left(1 - \frac{\tau^2}{14} + \frac{\tau^4}{440} - \frac{\tau^6}{25,200} + \cdots \right)$$

여기서 $\tau = \dfrac{L}{2R}$ 이다.

$$\tau = \frac{20}{2 \times 80} = 0.125$$

$$x = \sqrt{2 \times 0.125} \left(1 - \frac{(0.125)^2}{10} + \frac{(0.125)^4}{216} - \frac{(0.125)^6}{9,360} + \cdots \right) = 0.499219$$

$$y = \frac{\sqrt{2}}{3} \times 0.125 \times \sqrt{0.125} \left(1 - \frac{(0.125)^2}{14} + \frac{(0.125)^4}{440} - \frac{(0.125)^6}{25,200} + \cdots \right)$$

$$= 0.020810$$

다음에 x, y, x_M을 각각 A배 하면,

$$X = 19.969\text{m}, \ Y = 0.832\text{m},$$
$$X_M = 9.995\text{m}$$

가 얻어진다. 또한 τ, σ는 단위 clothid표에서 직접

$$\tau = 7° \, 09' \, 43'', \ \sigma = 2° \, 23' \, 13''$$

그림 15-33

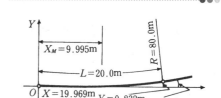

가 얻어진다. 그러므로 〈그림 15-33〉의 점 P의 위치($R=80\text{m}$, $L=20\text{m}$)가 구하여진다.

예제 15.8 $A=100\text{m}$이며 $R=250\text{m}$인 경우(매개변수 $A=100\text{m}$의 clothoid를 이용하여 반경 $R=250\text{m}$의 원에 접속하는 경우)의 clothoid를 계산하시오.

해답 A로부터 직접 L, X, Y, X_M, τ 등이 구하여진다. 즉,

$$L = 40.000\text{m}, \ \Delta R = 0.267\text{m},$$
$$X_M = 19.996\text{m}, \ X = 39.974\text{m},$$
$$Y = 1.066\text{m}, \ S_0 = 39.989\text{m},$$
$$\tau = 4° \, 35' \, 01'', \ \sigma = 1° \, 31' \, 40''$$

그림 15-34

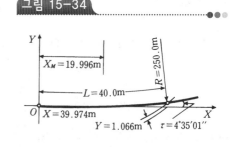

가 되며 〈그림 15-34〉와 같이 된다.

그림 15-35

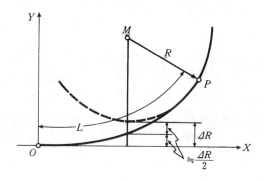

(iv) 접선각 τ를 라디안으로 표시하면 곡선장 L과 반경 R 사이에는

$$\tau=\frac{L}{2R} \tag{15.78}$$

인 관계가 있다. clothoid로 $R=L=A$인 점은 clothoid의 특성점이라 하며,

$$\tau=\frac{L}{2R}=0.5(\text{Rad})=28°38'52''≒30°$$

이다. clothoid는 도로에 사용할 때에는 일반적으로 접선각 τ는 45° 이하인 것이 많지만 이 범위 내에서는 접선장의 비는 $T_K : T_L=1 : 2$이며 τ가 적을수록 정확하다. 또한 이동량 $\varDelta R$의 중점을 clothoid가 지난다고 생각하여도 된다 (〈그림 15-35〉 참조).

예제 15.9 교각 $I=52°50'$, 곡선반경 $R=300$m의 기본형 대칭형의 클로소이드를 설계하시오.

해답 매개변수 $A=\frac{R}{2}=\frac{300}{2}=150$m로 하여 클로소이드표 중 클로소이드 A표에 의하여 클로소이드 요소를 구하면,

$$X_M=37.480\text{m},\ X=74.883\text{m},\ Y=3.122\text{m},\ \tau=7°9'43'',\ \varDelta R=0.781\text{m}$$

그러므로,

$$W=(R+\varDelta R)\tan\frac{I}{2}=(300+0.781)\tan 26°25'$$
$$=300.781\times 0.46677$$
$$=149.419\text{m}$$

■■ 표 15-13 클로소이드 A표

A=150		1/A=0.0066666666		A²=22,500				1/(6A²)=0.0000074074074		
R	L	τ ° ′ ″	σ ° ′ ″	ΔR	X_M	X	Y	T_K	L_L	S_0
750	30.000	1 08 45	0 22 55	.050	15.000	29.999	.200	10.000	20.000	29.999
700	32.143	1 18 56	0 26 19	.011	16.071	32.141	.246	10.715	21.429	32.142
650	34.615	1 31 32	0 30 31	.777	17.307	34.613	.307	11.539	23.078	34.614
600	37.500	1 47 26	0 35 49	.098	18.749	37.496	.391	12.501	25.001	37.498
550	40.909	2 07 51	0 42 37	.127	20.454	40.903	.507	13.638	27.235	40.907
500	45.000	2 34 42	0 51 34	.169	22.498	44.991	.675	15.003	30.003	44.996
450	50.000	3 10 59	1 03 40	.231	24.997	49.985	.926	16.672	33.339	49.993
400	56.250	4 01 43	1 20 31	.330	28.120	56.222	1.318	18.759	37.510	56.238
350	64.286	5 15 43	1 45 14	.492	32.134	64.232	1.967	21.446	42.876	64.262
300	75.000	7 09 43	2 23 13	.781	37.480	74.883	3.122	25.037	50.041	74.948
250	90.000	10 18 48	3 26 12	1.348	44.951	89.709	5.388	30.083	60.102	89.870
225	100.000	12 43 57	4 14 32	1.849	49.918	99.507	7.381	33.491	66.840	99.781
200	112.500	16 06 52	5 22 04	2.626	56.102	111.613	10.487	37.785	75.313	112.105
190	118.421	17 51 19	5 56 49	3.065	59.019	117.276	12.216	39.842	79.353	117.911
180	125.000	19 53 40	6 37 29	3.601	62.250	123.501	14.343	42.151	83.966	124.331
175	128.571	21 02 51	7 00 28	3.917	63.998	126.847	15.592	43.416	86.328	127.802
170	132.353	22 18 13	7 25 30	4.270	65.844	130.361	16.989	44.764	88.946	131.464
160	140.625	25 10 44	8 22 45	5.114	69.862	137.933	20.317	47.755	94.716	139.422
150	150.000	28 38 52	9 31 44	6.194	74.379	146.293	24.557	51.222	101.342	148.340
140	160.714	32 53 12	10 55 53	7.596	79.483	155.500	30.033	55.311	109.052	158.373
130	173.077	38 08 26	12 39 55	9.451	85.276	165.563	37.206	60.244	118.182	169.692
125	180.000	41 15 11	13 41 24	10.602	88.467	170.890	41.627	63.129	123.429	175.887
120	187.500	44 45 44	14 50 33	11.944	91.875	176.375	46.740	66.377	129.245	182.463
110	204.545	53 16 15	17 37 27	15.368	99.396	178.557	59.584	74.343	143.098	196.794
100	225.000	64 27 28	21 14 54	20.165	107.817	198.144	77.048	85.394	161.324	212.597
95	236.842	71 25 17	23 28 54	23.281	112.545	202.595	88.014	92.853	174.011	220.887
90	250.000	79 34 39	26 04 17	27.021	117.380	205.895	100.740	102.430	187.365	229.219
85	264.706	89 12 54	29 05 24	31.522	122.349	207.341	115.357	115.368	205.760	237.271
80	281.250	100 42 55	32 37 23	36.939	127.323	205.928	131.813	134.152	230.871	244.501
75	300.000	114 35 58	36 45 58	43.433	132.082	200.279	149.644	164.572	268.765	250.010

$$D = W + XM = 149.419 + 37.480 = 186.899\text{m}$$

$$\alpha = I - 2\tau = 52°50' - 2 \times 7°09'43'' = 38°30'34''$$

$$L_C = 0.0174533 \times R \times \alpha = 0.0174533 \times 300 \times 38.508 = 201.628\text{m}$$

$$L = \frac{A^2}{R} = \frac{150^2}{300} = 75\text{m}$$

$$\text{CL} = 2L + L_C = 351.628\text{m}$$

매개변수 A가 클로소이드 A표에 없을 때는 단위 클로소이드 표로부터 $l = A/R$ 또는 $r = R/A$를 구하여 x_M, τ, Δr, x, y 등을 찾아 A배로 하여 X_M, ΔR, X, Y를 구한다.

지금 교점 IP의 추가거리를 452.250m라 하면,

$$KA_1\text{의 추가거리} = 452.250 - 186.899$$
$$= 265.351\text{m} = \text{No.13} + 5.351\text{m}$$
$$KE_1\text{의 추가거리} = 265.351 + 75 = 340.351 = \text{No.17} + 0.351\text{m}$$

가 된다. 여기에서 각 중심말뚝의 위치를 주접선으로부터의 직교좌표법에 의하여 구할 때는 다음과 같이 하면 된다.

먼저 K_{A1}에서 중심말뚝까지의 곡선장 L을 구하고 $l = L/A$의 값을 단위 클로소이드 표에서 구하여 해당하는 x, y 를 찾아 A배 하여 각 중심말뚝의 좌표값 X, Y를 구한다.

이것은 〈그림 15-36〉에 표시한 극각현길이법에 의하여 측설할 경우 필요한 수치는 다음과 같이 하여 구한다.

먼저 단위 클로소이드표로부터 l에

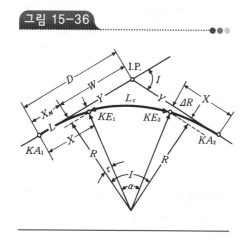

그림 15-36

■■ 표 15-14

No.	L	$l = L/A$	x	y	$X = A \cdot x$	$Y = A \cdot y$
14	14.649	0.097660	0.097660	0.000155	14.649m	0.023m
15	34.649	0.230993	0.230977	0.002054	34.647	0.308
16	54.649	0.364327	0.364166	0.008058	54.625	1.209
17	74.649	0.497660	0.496897	0.020520	74.535	3.078
KE_1	75.000				74.883	3.122

■■ 표 15-15 극각현길이법에 의한 설치에 필요한 수치

No.	L	l	σ	S
14	14.649	0.097660	0° 05′ 28″	14.649m
15	34.649	0.230993	0° 30′ 34″	20.000
16	54.649	0.364327	1° 16′ 03″	20.000
17	74.649	0.497660	2° 21′ 53″	20.000
KE	75.000		2° 23′ 13″	0.351

그림 15-37

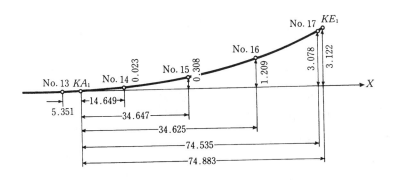

대한 극각 σ를 구하고 다음에 극각현길이 표에 의하여 곡선길이 B에 대한 현길이 S를 구한다. 단, 이 경우 별차이가 없으므로 $B=S$로 해도 좋다.

예제 15.10 〈그림 15-38〉과 같은 대칭형의 철형 클로소이드를 설계하시오.

단, 곡선반경 $R=100$m, 교각 $I=34° 18′ 00″$, 접선각 $\tau=\dfrac{I}{2}=17° 09′$ 이다.

그림 15-38

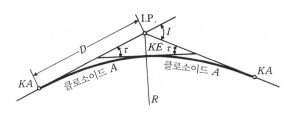

해답 접선각 $\tau = 17° 09'$ 는 단위클로소이드표에 없으므로, 표중에 있는 $17° 07' 05''$ 및 $17° 09' 44''$ 로부터 비례배분의 법칙에 의한 계수를 구하고 단위클로소이드표중의 각 값을 보정한다.

$$보정계수 = \frac{17° 09' 00'' - 17° 07' 05''}{17° 09' 44'' - 17° 07' 05''} = \frac{1' 55''}{2' 39''} = \frac{115}{159} = 0.723$$

또 단위클로소이드표로부터

$$l = 0.773 + 0.001 \times 0.723 = 0.773723$$
$$r = 1.293661 - 0.001671 \times 0.723 = 1.292453$$
$$\Delta r = 0.019184 + 0.000074 \times 0.723 = 0.019238$$
$$x_M = 0.385353 + 0.000492 \times 0.723 = 0.385709$$
$$x = 0.766129 + 0.000955 \times 0.723 = 0.766819$$
$$y = 0.076492 + 0.000295 \times 0.723 = 0.076705$$
$$t = 0.789687 + 0.001111 \times 0.723 = 0.790490$$

다음에 매개변수 $A = R/r = \frac{100}{1.29} = 77.5$ 에 대한 클로소이드 곡선요소를 계산하면,

$$L = l \cdot A = 0.773723 \times 77.5 = 59.964 \text{m}$$
$$\Delta R = \Delta r \cdot A = 0.019238 \times 77.5 = 1.491 \text{m}$$
$$X_M = x_M \cdot A = 0.385709 \times 77.5 = 9.892 \text{m}$$

■■ 표 15-16 단위클로소이드표   0.750000~0.775000

l	τ ° ' ''	σ ° ' ''	r	Δr	x_M	x	y
0.750000	16 06 52	05 22 04	1.333333	0.017529	0.374013	0.744089	0.069916
1000	2 39	53	1684	73	493	956	292
0.771000	17 01 46	05 40 20	1.297017	0.019036	0.384368	0.764217	0.075905
1000	2 39	53	1680	74	492	956	293
0.772000	17 04 25	05 41 13	1.295337	0.019110	0.384860	0.765173	0.076198
1000	2 40	53	1676	74	493	956	294
0.773000	17 07 05	05 42 06	1.293661	0.019184	0.385353	0.766129	0.079492
1000	2 39	53	1671	74	492	955	295
0.774000	17 09 44	05 42 59	1.291990	0.019258	0.385845	0.767084	0.076787
1000	2 40	53	1667	75	493	956	295
0.775000	17 12 24	05 43 52	1.290323	0.019333	0.386338	0.768040	0.077082
l	τ	σ	r	Δr	x_M	x	y

0.750000~0.775000

t_K	t_L	t	n	S_0	$\Delta r/r$	l/r	l
0.251899	0.502088	0.764288	0.072776	0.747367	0.013146	0.562500	0.750000
347	683	1110	325	980	76	1541	1000
0.259182	0.516399	0.787466	0.079386	0.767977	0.014677	0.594441	0.771000
348	682	1110	325	980	76	1543	1000
0.259530	0.517081	0.788576	0.079711	0.768957	0.014753	0.595984	0.772000
347	683	1111	327	981	76	1545	1000
0.259877	0.517764	0.789687	0.080038	0.769938	0.014829	0.597529	0.773000
348	682	1111	327	980	77	1547	1000
0.260225	0.518446	0.790798	0.080365	0.770918	0.014906	0.599076	0.774000
348	683	1112	329	980	77	1549	1000
0.260573	0.519129	0.791910	0.080694	0.771898	0.014981	0.600625	0.775000
t_K	t_L	t	n	S_0	$\Delta r/r$	l/r	l

$$X=x\cdot A=0.766819\times 77.5=59.428\text{m}$$
$$Y=y\cdot A=0.076705\times 77.5=5.945\text{m}$$
$$D=T=t\cdot A=0.790490\times 77.5=61.263\text{m}$$

여기서 교점 I.P.의 추가거리를 452.250m라 하면,

KA의 추가거리＝452.250－61.263＝390.987m＝No.19＋10.987m

KE의 추가거리＝390.987＋59.964＝450.951m＝No.22＋10.951m

각 중심말뚝의 위치를, 주접선으로부터 직교좌표법에 의하여 구한 값을 〈표 15-17〉에 표시한다.

■■ 표 15-17

No.	L	$L=L/A$	x	y	$X=Ax$	$Y=Ay$
20	9.013	0.116297	0.116296	0.000262	9.013	0.020
21	29.013	0.374361	0.374178	0.008737	28.999	0.677
22	49.013	0.632426	0.629901	0.042038	48.817	3.258
KE	59.964	0.773729	0.766825	0.076707	59.429	5.945

이것을 〈그림 15-31〉(d)에 나타낸 극각동경법에 의하여 측설하는 경우에 필요한 값은 다음과 같이 구한다.

■■ 표 15-18

관측점	L	l	s	σ	S_0
No. 20	9.013	0.116297	0.116297	7′ 4″	9.013
21	29.013	0.374361	0.374252	1° 20′ 13″	29.013
22	49.013	0.632426	0.631306	3° 49′ 05″	49.013
KE	59.964	0.773729	0.770652	5° 42′ 44″	59.964

설치는 트랜시트를 KA점에 세우고 〈그림 15-31〉(d)에 표시한 것과 같이 주접선에서 σ의 각을 취하여 줄자에 의하여 KA로부터 각 S_0의 값을 취하면 크로소이드곡선의 각 중간점 및 B.C.가 구해진다.

④ 반파장 Sine(정현) 체감곡선

편경사(cant)의 체감(遞減)에 반파장(半波長) Sine(정현)곡선을 이용한 완화곡선이다. 시점(BTC)에 접선(시접선)을 x축으로 하고 곡률 및 편경사의 체감현상이 $\sin\left(-\dfrac{\pi}{2}\sim\dfrac{\pi}{2}\right)$의 곡선이 된다. 반파장 Sine 체감곡선은 곡률이 곡선변화를 하는 것으로 편경사는 곡선체감이다. 이 곡선은 주로 고속전철에 이용된다. 곡률의 변화 $\left(0\sim\dfrac{1}{R}\right)$에 $\sin\left(-\dfrac{\pi}{2}\sim\dfrac{\pi}{2}\right)$, 즉 〈그림 15-39〉의 $A\sim B$의 곡선을 이용하면 변화는 $-1\sim+1$로 되지만 이것을 $0\sim+1$이 되도록 변환한다.

$$\frac{1}{2}\left\{1+\sin\left(-\frac{\pi}{2}+x\right)\right\}=\frac{1}{2}(1-\cos x) \tag{15.79}$$

또는 $\cos(-\pi\sim0)$을 이용하여 고려하면,

$$\frac{1}{2}\{1+\cos(-\pi+x)\}=\frac{1}{2}(1-\cos x) \tag{15.80}$$

그림 15-39

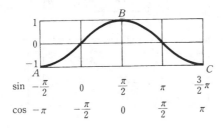

또한 $B{\sim}C$간을 이용하면 $\cos{(0{\sim}\pi)}$에서 $+1{\sim}-1$의 변화가 되므로 1로부터 차를 빼어 $\frac{1}{2}$을 곱하는 변환을 하면 $\frac{1}{2}(1-\cos x)$가 된다. 지금 완화곡선길이를 L, 그 x축길이를 X라 하면 〈그림 15-40〉에서 점 $0(x=0$, 곡률$=0)$으로부터 점 $P\left(x=X,\ 곡률=\frac{1}{R}\right)$까지의 곡률은 $\cos x$에서의 변수 x의 변역$(0{\sim}\pi)$을 $0{\sim}X$로 하며,

$$\frac{1}{\rho}=\frac{1}{2R}\left(1-\cos\frac{\pi}{X}x\right) \tag{15.81}$$

또는 $\frac{x}{X}=\lambda$라 놓으면,

$$\frac{1}{\rho}=\frac{1}{2R}(1-\cos\lambda\pi) \tag{15.82}$$

반파장정현곡선에 의한 체감인 경우 곡선길이 L에 첨부하여 곡선체감을 하는 것이지만 L과 x의 차는 대단히 적으므로 $L{\fallingdotseq}X$로 처리한다. 곡률의 일반공식의 근사식 식 (15.41)을 사용하면,

$$\frac{d^2y}{dx^2}=\frac{1}{2R}\left(1-\cos\frac{\pi}{X}x\right)$$

그림 15-40 반파장정현(sin) 체감곡선

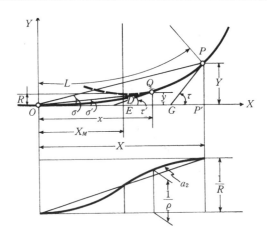

접선각 τ' 는

$$\tan \tau' = \frac{dy}{dx} = \frac{X}{R}\left(\frac{\lambda}{2} - \frac{1}{2\pi}\sin \lambda\pi\right) \qquad (15.83)$$

일반적으로 $\tau' \fallingdotseq \tan \tau'$ 로 한다. 식 (15.83)을 다시 적분하면,

$$y = \frac{1}{R}\left\{\frac{x^2}{4} - \frac{X^2}{2\pi^2}\left(1 - \cos\frac{\pi}{X}x\right)\right\} \qquad (15.84)$$

$$= \frac{X^2}{R}\left\{\frac{\lambda^2}{4} - \frac{1}{2\pi^2}(1 - \cos \lambda\pi)\right\} \qquad (15.85)$$

극각(편각) σ' 는

$$\tan \sigma' = \frac{y}{x} = \frac{X}{R}\left\{\frac{\lambda}{4} - \frac{1}{2\pi^2 X}(1 - \cos \lambda\pi)\right\} \qquad (15.86)$$

접선각 및 극각의 일반식은 식 (15.83), (15.86)으로부터

$$\tau' = \frac{X}{R}\left(\frac{\lambda}{2} - \frac{1}{2\pi}\sin \lambda\pi\right) \qquad (15.87)$$

$$\sigma' = \frac{X}{R}\left\{\frac{\pi}{4} - \frac{1}{2\pi^2\lambda}(1 - \cos \lambda\pi)\right\} \qquad (15.88)$$

종점 P(BCC)에서는

$$\left.\begin{aligned}
\frac{1}{\rho} &= \left(\frac{d^2 y}{dx^2}\right)_{x=X} = \frac{1}{R} \\
\tan \tau &= \left(\frac{dy}{dx}\right)_{x=X} = \frac{X}{2R} \\
Y = (y)_{x=X} &= \left(\frac{1}{4} - \frac{1}{\pi^2}\right)\frac{X^2}{R} = 0.14868\frac{X^2}{R} \\
\tan \sigma &= \left(\frac{y}{x}\right)_{x=X} = 0.14868\frac{X}{R}
\end{aligned}\right\} \qquad (15.89)$$

이 된다.

예제 15.11 $I = 70°40'$, $R = 400$m, $L = 100$m 교점의 추가거리 399.077m로 하여 크로소이드의 각 요소를 단위클로소이드표에서 구하여 지거측량으로 완화곡선을 측설하시오.

해답 매개변수 A를 먼저 구한다.

$$A^2 = R \cdot L \qquad \therefore \ A = \sqrt{RL} = \sqrt{40,000} = 200$$

$$l = \frac{L}{A} = \frac{100}{200} = 0.5$$

이 l값을 인수로 하여 단위 클로소이드표를 유도한다(실장으로 하기 위해서 $A = 200$을 넣는다.)

이정점거리	$X_M = 0.249870 \times 200 = 49.974m$
이정량(移程量)	$\varDelta r = 0.005205 \times 200 = 1.041$
접선각	$\tau = 7°9'43''$
BC(ETC)의 x좌표값	$X = 0.499219 \times 200 = 99.844$m
BC(ETC)의 y좌표값	$Y = 0.028810 \times 200 = 4.162$m

교점과 이정점까지 거리

$$= (R + \varDelta r)\tan\left(\frac{I}{2}\right) = (400 + 1.041)\tan 35°20' = 284.304\text{m}$$

교점에서 BTC까지의 거리 $= X_M + 284.303 = 49.974 + 284.303 = 334.277$m

원곡선의 중심각 $\theta = I - 2\tau = 70°40' - 14°19'26'' = 56°20'34'' = 56.3428°$

원곡선길이

$$= R\theta(\text{rad}) = 0.0174533R\theta° = 400 \times 0.0174533 \times 56.3428° = 393.347\text{m}$$

BTC의 추가거리 $= 399.077 - 334.227 = 64.850\text{m} = \text{No.3} + 4.850\text{m}$

ETC의 추가거리 $= 64.850 + L = 64.850 + 100 = 164.850\text{m} = \text{No.8} + 4.800\text{m}$

이하 20m마다 완화곡선상에 중심말뚝을 측설하기 때문에 l을 인수로 하여 다음과 같이 측설한다(〈그림 15-41〉 참조).

그림 15-41

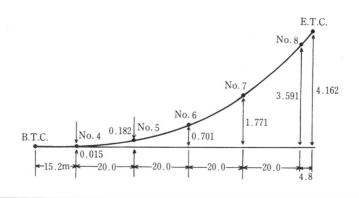

■■ 표 15-19 단위 클로소이드곡선표

l	τ ° ′ ″	σ ° ′ ″	r	Δr	X_M	X	Y
0.075000	00 09 40	00 03 13	13.333333	0.000018	0.037500	0.075000	0.000070
1000	16	6	175438	0	500	1000	3
0.076000	00 09 56	00 03 19	13.157895	0.000018	0.038000	0.076000	0.000073
1000	15	5	170882	1	500	1000	3
0.077000	00 10 11	00 03 24	12.987013	0.000019	0.038500	0.077000	0.000076
⋮		⋮		⋮		⋮	
0.175000	00 52 38	00 17 33	5.714286	0.000223	0.087499	0.174996	0.000893
1000	37	12	32468	4	500	1000	16
0.176000	00 53 15	00 17 45	5.681818	0.000227	0.087699	0.175996	0.000909
1000	36	12	32100	4	500	1000	15
0.177000	00 53 51	00 17 57	5.649718	0.000231	0.088499	0.176996	0.000924
⋮		⋮		⋮		⋮	
0.275000	02 09 59	00 43 20	3.636364	0.000866	0.137493	0.274961	0.003466
1000	57	19	13176	10	500	999	38
0.276000	02 10 56	00 43 39	3.623188	0.000876	0.137993	0.275960	0.003504
1000	57	19	13080	10	500	999	38
0.277000	02 11 53	00 43 58	3.610108	0.000886	0.138493	0.276959	0.003542
⋮		⋮		⋮		⋮	
0.375000	04 01 43	01 23 34	2.666667	0.002197	0.187469	0.374815	0.008786
1000	1 17	26	7093	17	500	997	70
0.376000	04 03 00	01 21 00	2.659574	0.002214	0.187969	0.375812	0.008856
1000	1 18	26	7054	18	499	998	71
0.377000	04 04 18	01 21 26	2.652520	0.002232	0.188468	0.376810	0.008927
⋮		⋮		⋮		⋮	
0.475000	06 27 49	02 09 16	2.105263	0.004463	0.237399	0.474396	0.017846
1000	1 38	32	4423	29	499	993	113
0.476000	06 29 27	02 09 48	2.100840	0.004492	0.237898	0.475389	0.017959
1000	1 39	33	4404	28	499	994	113
0.477000	06 31 06	02 10 21	2.096436	0.004520	0.238397	0.476383	0.018072
⋮		⋮		⋮		⋮	
0.500000	07 09 43	02 23 13	2.000000	0.005205	0.249870	0.499219	0.020810
1000	1 43	35	3992	32	499	992	125
0.501000	07 11 26	02 23 48	1.996008	0.005237	0.250369	0.500211	0.020935
1000	1 44	34	3976	31	498	993	125

6. 종단곡선

종단경사가 급격히 변화하는 노선상의 위치에서는 차가 충격을 받으므로 이것을 제거하고 시거를 확보하기 위해 종단곡선을 설치한다. 종단경사도의 최대값은 노선을 주행하는 차량의 등판성능에 좌우되나 도로에서는 설계속도에 따라 2~9%로 하며 철도에서는 특수한 예를 제외하고 35~10‰로 한다. 철도의 경우 수평곡선의 반경이 800cm 이하인 곡선에서는 종곡선곡선반경을 4000cm로 하여, 그 이외의 경우는 반경을 3000cm로 한다.

(1) 원곡선에 의한 종단곡선

원곡선은 주로 철도에 이용되며 경사도 i_1, i_2에 비해 반경 R가 매우 크므로, 교각 α에 대해 근사식으로 표시하면 다음과 같다.

$$\tan|\alpha/2| \fallingdotseq \sin|\alpha/2| \fallingdotseq |i_1 - i_2|/2 \tag{15.90}$$

〈그림 15-42〉에서,

$$\overline{VA} = \overline{VB} = R\tan\frac{\alpha}{2} \fallingdotseq R\frac{i_1 - i_2}{2} \tag{15.91}$$

$$l = l_1 + l_2 = 2R\sin\frac{\alpha}{2} \fallingdotseq 2R\tan\frac{\alpha}{2}$$

$$\fallingdotseq R(i_1 - i_2) \tag{15.92}$$

그림 15-42　원곡선에 의한 종단곡선

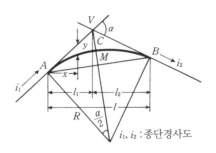

i_1, i_2 : 종단경사도

$$\overline{CM} = R\left(1-\cos\frac{\alpha}{2}\right) \fallingdotseq R\ \frac{(i_1-i_2)^2}{8} \tag{15.93}$$

$$\overline{VC} = \overline{AM}\ \tan\frac{\alpha}{2} - \overline{CM}$$

$$\fallingdotseq R\tan^2\frac{\alpha}{2} - R\left(1-\cos\frac{\alpha}{2}\right)$$

$$\fallingdotseq R\ \frac{(i_1-i_2)^2}{4} - R\ \frac{(i_1-i_2)^2}{8}$$

$$= \frac{R(i_1-i_2)^2}{8} = \frac{\overline{VA}^2}{2R} \tag{15.94}$$

곡선설치는 곡선상의 임의점을 〈그림 15-42〉에서와 같이 $(x,\ y)$로 표시해야 하나 계산과정이 복잡하므로 실제에는 포물선에 근사시켜 계산한다.

$$l_1 \fallingdotseq \frac{1}{2}l = \frac{R}{2}(i_1-i_2) \tag{15.95}$$

종단곡선의 시점 A를 결정하고 이 원점으로부터 종거 y를 구한다.

$$y = \frac{x^2}{2R} \tag{15.96}$$

(2) 2차포물선에 의한 종단곡선

도로의 종단곡선에는 일반적으로 2차포물선이 이용되며 〈그림 15-43〉에 의해 표시하면 다음과 같다.

그림 15-43 2차포물선에 의한 종단곡선

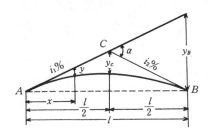

$$y = ax^2 \tag{15.97}$$

여기서, a는 상수이다.

$x = l$이라고 하면,

$$y_B = al^2 \tag{15.98}$$

또는,

$$y_B \fallingdotseq \frac{l}{2}\tan \alpha \tag{15.99}$$

이다. 식 (15.98)과 (15.99)로부터,

$$a = \frac{\tan \alpha}{2l} \tag{15.100}$$

이며,

$$\frac{i_1}{100} - \frac{i_2}{100} = \frac{i}{100} \tag{15.101}$$

라 하면 $\tan \alpha = i/100$로부터 y값이 유도된다.

$$a = \frac{i}{200l} \tag{15.102}$$

$$\therefore y = \frac{ix^2}{200l} = \frac{i}{200l}\left(\frac{l}{2}\right)^2 = \frac{il}{800} \tag{15.103}$$

예제 15.12 곡률반경 $R = 3,000$m, $I_1 = 2\%$, $I_2 = 3\%$의 원곡선에 의한 종단곡선을 측설하시오. 단, 시점·종점간의 중점 C의 추가거리는 365m로 한다.

해답 시종점간 수평거리 $l = R|I_2 - I_1| = 3,000\left|-\dfrac{3}{100} - \dfrac{2}{100}\right| = 3,000 \times \dfrac{5}{100}$
$= 150$m

A점의 위치 $= 365\text{m} - 75\text{m} = 290\text{m} = \text{No.}14 + 10\text{m}$

따라서 A점의 추가거리는 10m이다. 그러므로 각 중심말뚝의 종거 y는 식 (15.96)을 이용하여 다음과 같이 된다.

No.	No. 15	No. 16	No. 17	No. 18	C	No. 19	No. 20	No. 21	No. 22
x	10m	30m	50m	70m	75m	60m	40m	20m	0
y	0.017	0.150	0.417	0.817	0.938	0.600	0.267	0.067	0

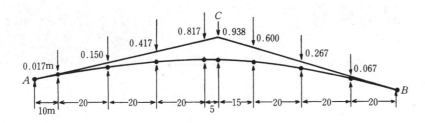

이 예제에 나타난 것 같이 노선의 경사는 보통 대단히 작으므로 접선의 길이 $\overline{AC}$, $\overline{BC}$ 는 같은 것으로 한다. 또 $\overline{AC}+\overline{CB} ≒ \overline{AB} ≒ \overset{\frown}{AB}$ 로 생각해도 좋다.

예제 15.13 이차포물선에 대한 종단곡선설치에서 $i_1=0\%$이고 $i_2=7.0\%$이며 경사도의 변환점은 No.26+8.5m에 위치할 때 y_1, y_2, y_3, y_4를 계산하시오(단, $l=40$m).

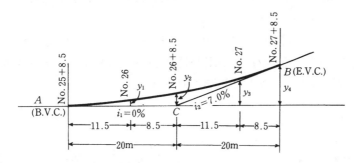

해답 식 (15.103)으로부터

$$y_1 = \frac{7.0}{200 \times 40} \times (11.5)^2 = 0.116\text{m}$$

$$y_2 = \frac{7.0}{200 \times 40} \times (20)^2 = 0.35\text{m}$$

$$y_3 = \frac{7.0}{200 \times 40} \times (31.5)^2 = 0.868\text{m}$$

$$y_4 = \frac{7.0}{200 \times 40} \times (40)^2 = 1.40\text{m}$$

제16장

교량측량

1. 개   요

교량(bridge)은 하천·계곡·호소·해협, 운하, 저지 등을 횡단하여 연결하는 시설물로서 상부구조와 하부구조로 나누어진다.

교량의 위치는 하천이나 수로에 대해 직각으로 설치되는 것이 원칙이나 지형상 하천의 중심선에 경사지게 설치되는 경우도 있다. 교량축방향과 하천방향이 이루는 각을 α로 한 경우, 일반적으로

석공교는 $\alpha > 30°$ 이고

그림 16-1　교량축방향

목교는 $\alpha > 25°$,

철교는 $\alpha > 20°$ 로

하고 있다.

교량의 노선계획은 축척 1/1,000∼1/2,500의 지형도에 중심선을 넣어 결정하며, 종단도[축척 : 종(1/100∼1/200), 횡(1/1,000∼1/2,500)] 및 횡단도(종과 횡의 축척 ; 1/100∼1/200)를 작성하여 교량의 개략적인 위치를 정하고 교량에 관한 중요한 시설물에 관한 상세한 사항은 추가로 작업을 실시한다.

(1) 실시설계측량

예정 교량가설지점을 지형도(1/200∼1/500)상에 계획중심선을 삽입하고 이 중심선을 따라 종단측량을 하여 종단면도를 작성한다. 지형변화가 심한 곳은 중심선 좌우에 적당한 간격까지 종단측량을 하는 것이 좋다.

교대나 교각과 같은 하부구조는 1개 또는 여러 개의 기준선을 정하여 이 기준선으로부터 각각의 하부구조위치를 구하고 도면에 기준선 및 필요한 좌표를 표시한다.

(2) 지간 및 고저측량

지간측량(支間測量)방법은 크게 직접측량방법과 간접측량방법으로 나누어지며, 직접측량방법은 쇠줄자나 피아노선, 전자기파 거리측량기 등이 사용되고 간접측량방법은 삼각측량이 많이 이용되고 있다.

교량지점의 양쪽에는 전환수준점(TBM : Turning Bench Mark)을 설치하고 양쪽의 고저관계를 연결시키고 필요한 경우는 교각위치 부근에 가 TBM을 설치한다. 양쪽의 고저측량은 교호고저(또는 교호수준)측량을 사용하지만 거리가 긴 경우는 도해고저(또는 도해수준) 측량방법을 이용한다.

2. 하부 및 상부구조물측량

(1) 하부구조물

하부구조물공사가 실시되면 중심말뚝이 없어지게 되므로 인조점(引照點)을 X형으로 하부구조의 최고점보다 높은 위치에 설치하여 다음 측량에 이용한다.

① 말뚝설치측량

② 우물통(또는 케이슨)의 설치측량

③ 형틀설치측량

④ 받침대위치의 측량

(2) 상부구조물

① 규격검사 및 가조립검사

교량상부구조중에서도 강교는 일반적으로 가설현장과는 다른 공장에서 제작되므로 하부구조와는 측량오차가 있으면 교량이 걸리지 않게 되는 사태도 생길 위험이 있다. 따라서, 크기값(치수)검사, 가조립검사 등을 하여 완전을 기해야 한다.

가) 쇠줄자의 검사

나) 원치수검사

다) 가조립검사

② 가설중 측량

③ 가설 후의 측량

제17장

터널측량

1. 개   요

터널(tunnel)은 교량의 정의와는 상대적으로 "위쪽에 땅을 남겨 놓고 그 밑을 뚫어 그곳에 만들어진 공간을 어떤 용도로 제공하는 것"이라 할 수 있다.

터널이라 함은 일반적으로 수평에 가까운 가늘고 긴 통로를 말하지만 광의로 해석하면 수직갱(垂直坑 또는 立坑)과 사갱(斜坑) 또는 지하발전소나 지하공장 등의 돔(Dome) 모양의 큰 인공적 공동(空洞)도 포함되며 특히 개삭공법(開削工法)에 의하여 만들어진 것도 터널로 포함시킨다.

터널측량은 크게 나누면 갱외측량, 갱내측량과 갱내외 연결측량으로 나누어진다. 터널공사에 필요한 각종 측량은 그 지역의 지형상태, 터널의 규모, 시공방법 등에 의하며 또한 목적에 적합한 형으로 하기 위하여서는 반드시 일정한 방식의 순서로 실시되어야 한다. 그 방법은 〈표 17-1〉과 같다.

터널 측량작업은 다음과 같다.

■■ 표 17-1 터널공사에 있어서의 측량

구 분	시 기	목 적	내 용	성 과
갱외기준점의 측량	설계 완료후 시공전	굴삭을 위한 측량의 기준점의 설치	삼각측량 또는 외각측량 및 고저측량	기준점의 설치 및 중심선 방향의 설치
세부측량	갱외 기준점 설치후 시공전	갱구 및 터널 가설 계획에 필요한 상세한 지형도의 작성	평판측량, 고저측량 등	1 : 200 지형도
갱내측량	시공중	설계 중심선의 갱내에의 설정 및 굴삭, 지보공, 형틀설치 등의 조사	외각측량 고저측량	갱 내 기 준 점 의 설치
작업갱으로부터의 측량	작업갱 완성후	작업갱으로부터의 중심선 및 수도(水道)의 도입	동상(同上) 또는 특수측량방법	갱 내 기 준 점 의 설치

(1) 답   사

미리 실내에서 개략적인 계획을 세우고 현장 부근의 지형이나 지질을 조사하여 터널의 위치를 예정한다.

(2) 예   측

답사의 결과에 따라 터널위치를 약측에 의하여 지표에 중심선을 미리 표시하고 다시 도면상에 터널을 설치할 위치를 검토한다.

(3) 지표설치

예측의 결과로 결정한 중심선을 현지의 지표에 정확히 설정하고 이때 갱문이나 입갱[立坑 또는 수갱(竪坑)]의 위치를 결정하고 터널의 연장도 정밀히 관측한다.

(4) 지하설치

지표에 설치된 중심선을 기준으로 하고 갱문에서 굴삭을 시작하고 굴삭이 진행함에 따라 갱내의 중심선을 설정하는 작업을 한다.

2. 갱외측량

(1) 갱외기준점

터널입구 부근은 대개 지형도 나쁘고 좁은 장소가 많으므로 반드시 인조점(引照點)을 설치한다. 기준점은 이것을 기초로 하여 터널작업을 진행하여 가므로 측량정확도를 높이기 위하여서는 후시를 될 수 있는 한 길게 잡고 고저측량용 기준점은 갱구부근과 떨어진 곳에 2개소 이상 설치하는 것이 좋다. 기준점을 서로 관련시키기 위하여서는 기설삼각점을 주어진 점으로 하여 기준점이 시통되는 곳에 보조삼각점을 설치하여 기준점의 위치를 정하고 양기준점 간의 중심선의 방향을 연결하여 두어야 한다.

착공 전에 행하는 측량으로는 지형측량, 중심선측량, 고저측량 등이 있다.

(2) 중심선측량

터널의 중심선측량은 양갱구의 중심선상에 기준점을 설치하고 이 두 점의 좌표를 구하여 터널을 굴진하기 위한 방향을 줌과 동시에 정확한 거리를 찾아내는 것이 목적이다.

터널측량에 있어서는 방향과 고저, 특히 방향의 오차는 영향이 크므로 되도록 직접 구하여 터널을 굴진하기 위한 방향을 구하는 것과 동시에 정확한 거리를 찾아내는 것이 목적이다.

① 지형이 완만한 경우

산넘기가 쉬운 경우와 터널 연장이 짧은 경우는 물론 매우 긴 경우에서도 일반의 노선측량과 같이 산상에 중심선을 설정하고 일단으로부터 전환점(TP)을 설치해 거리를 관측한다(〈그림 17-1〉 참조).

그림 17-1

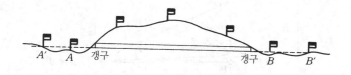

② 지형이 약간 복잡·급준한 경우

산상에 중심선을 설정할 수 있어도 직접 관측하기 곤란한 경우는 삼각측량 또는 다각측량을 병용하여 거리를 산출한다. 중심선의 설정은 〈그림 17-2〉와 같이 산정 부근에서 양갱구가 보이는 경우는 산상의 중심선상에 중간점을 설치하여 트랜시트를 장치하고 양갱구를 시준하여 위치를 수정하며 거의 중심선상에 왔을 때 $\overline{AP}$ 또는 $\overline{BP}$ 의 방향을 터널의 방향으로 한다.

또한 〈그림 17-3〉과 같은 경우에는

가) 지형도에서 $\overline{AB}$ 상에 가까운 점 P_1, P_2를 선정하고 현지에 점을 정한다.

나) 점 P_1으로부터 점 A를 시준하고 망원경을 반전하면 점 P_2가 아닌 점 P_2^0가 보인다.

다) $\overline{AP_1}$, $\overline{P_1P_2}$, $\overline{P_2B}$의 개략적인 거리를 지형도상에서 구하고 $\overline{P_2P_2^0}$를 실

그림 17-2

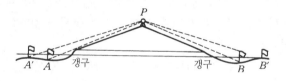

그림 17-3

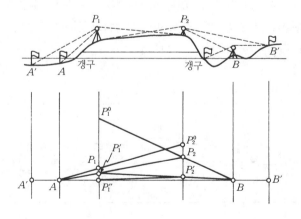

측하여 $\overline{P_1P_1'} = \overline{P_2P_2^0} \times \dfrac{\overline{AP_1}}{AP_2}$ 만큼 점 P_1을 이동하면 점 P_1'는 거의 $\overline{AP_2}$상에 있다.

라) 점 P_2에서 점 B를 시준하고 망원경을 반전하면 점 P_1^0가 보인다. ③과 마찬가지로 하여 $\overline{P_2P_2'} = \overline{P_1'P_1^0} \times \dfrac{\overline{BP_2}}{BP_1}$ 만큼 점 P_2를 이동하면 점 P_2'는 거의 $\overline{BP_1'}$ 상에 있다.

마) 이상의 순서를 반복하여 마지막으로 오차가 적은 곳에서 $\overline{P_1^{(n)}P_2^{(n)}}$ 또는 $\overline{P_1^{(n)}P_2^{(n-1)}}$의 방향을 터널 중심선방향으로 하고 반대로 점 A, B의 위치를 변경한다.

바) 점 P_1과 점 P_2가 $\overline{AB}$ 의 양측에 있는 경우, 제1회째의 점의 이설로써 $\overline{AB}$ 와 같은 쪽에 2점이 있게 되므로 이하는 같은 순서로 하면 된다.

③ 지형이 복잡 급준하며 터널 연장이 긴 경우

이 경우는 전면적으로 간접측량에 의존하지만 직접 삼각망을 짜든가 국토지리정보원에서 설치한 기본삼각점을 이용하여 소삼각망을 짜 각 기준점의 좌표를 구하여 방향과 변길이를 계산한다. 〈그림 17-4〉에 후자의 삼각망의 일례를

그림 17-4

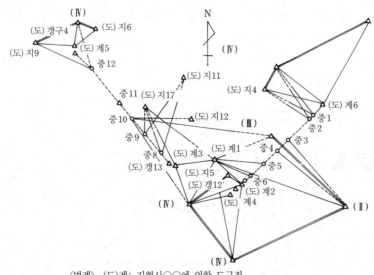

〈범례〉 (도)계: 지형사○○에 의한 도근점
(도)지: 국토지리정보원도근점
중: 중간점

표시하였다.

이와 같이 지형의 상황이 나쁘고 터널 연장이 긴 경우에도 되도록이면 중심선의 방향만은 정하여 두는 것이 바람직하며 다음과 같은 방법을 취한다.

가) 국토지리정보원의 기본삼각점 등의 기지점을 이용하여 소삼각측량을 행하고 기준점의 위치를 구한다.

나) 도상에서 선점을 하고 중심선상에 시통이 좋은 2점을 고른다.

다) 예비측량을 하여 현지에 TP를 2점 설치한다. 이 경우 2점 이상에서 전방교선법으로 임시 말뚝을 설치하고 다시 정밀하게 각을 관측하여 위치를 수정한다.

라) 이 두 점의 방향을 연장하여 양갱구 및 필요한 기준점을 만든다.

마) 이들 기준점을 새로운 삼각점으로 하여 도상에서 전 선에 걸친 망을 짜 정밀한 삼각측량을 한다.

이와 같이 한 경우에는 계산상의 방위, 좌표와 실측한 중심선방향이 일치하므로 매우 안전하다.

④ **거리관측**

터널의 거리관측은 이제까지 삼각측량 이외에는 대자 또는 쇠줄자를 수평으로 잡아당겨 계단식으로 직접 측량을 하였다. 이 방법에 의하는 경우는 지형이 복잡, 급준할수록 정확도는 급격히 낮아지는 것은 어쩔 수 없다. 다각측량에 의한 경우는 〈그림 17-5〉와 같이 두 상태의 다각형을 조합하고 경위거법(經緯距法)에 의하여 중심선의 길이 $\overline{AB}$와 기준선 $\overline{AN}$에 대한 $\overline{AB}$의 방위각 α를 계산한다. 즉, 제1다각형에서

$$\overline{AB}=\sqrt{(\sum 종거)^{2}+(\sum 횡거)^{2}}$$

그림 17-5

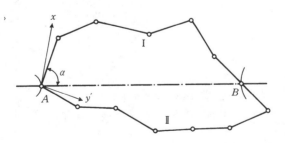

$$\alpha = \tan^{-1} \frac{(\sum 횡거)}{(\sum 종거)}$$

를 구하고 제2다각형에 관해서도 같은 계산을 하여 양자의 차가 미소할 때는 평균값을 취하여 소요의 $\overline{AB}$, α로 한다.

(3) 고저측량

기준점의 평면좌표가 구해지면 다음 표고(또는 양갱구의 고저차)를 구해야 한다. 지형이 완만하다면 일반적인 노선측량과 같이 설정된 중심선을 따라 level로 수준측량을 하지만 지형이 급준하여지면 측량이 용이한 길로 우회하든가 가까이 있는 국토지리정보원의 기본 고저기준점(또는 수준점)을 사용하여 각 갱구별로 표고를 구한다. 일반적으로 터널의 양갱구간에는 고저차가 있어서 시공상은 이 상대적인 고저차를 알면 지장은 없으므로 될 수 있는 한 양갱구를 직접 연결하는 고저측량을 행하여 가는 편이 안전하다.

3. 갱내측량

(1) 갱내측량의 일반성

터널의 굴삭이 진행됨에 따라 갱구에 설치한 기준점을 기초로 하여 갱내의 중심선측량 및 고저측량을 하여 가는 것이지만 갱내가 어둡고 좁은 한편, 설 자리가 불편하다는 것 이외에는 지상측량과 다를 바 없다. 갱내가 길어지면 갱내에 설치한 기준점만을 사용하여 측량할 수밖에 없는데 이것은 오차가 누적되는 위험이 있어 갱내가 어느 길이로 된 후 터널 작업을 중지하고 갱구로부터 바꾸어 측량을 하여 고쳐야 한다.

이 측량을 할 때(개측시)마다 고저의 변동, 중심선의 이동을 기록하여 두고 몇 회 개측(改測)하여도 틀릴 경우에는

① 갱구 부근에 설치한 갱외의 기준점이 움직였나의 여부

② 갱내의 도벨이 나쁜가의 여부

③ 측량기계가 나쁜가의 여부

④ 지산(地山)이 움직이고 있는가의 여부

등의 원인을 조사하여 둘 필요가 있다.

갱내는 공사중 특히 환기가 잘 안 되고 먼지도 많아 흐려져 시통이 나빠진

다. 측량할 때는 조명을 충분히 하는 한편 환기에 매우 주의하여 갱내에 흐려짐
이 없도록 주의하여야 한다. 측량의 정확도는 관통시의 오차가 10cm 이내 정도
이다.

(2) 갱내 중심선측량

① 도벨(dowel)의 설치

갱내에서의 중심말뚝은 차량 등에 의하여 파괴되지 않도록 견고하게 만들
어야 한다. 보통은 도벨이라 하는 기준점을 설치한다.

이것은 노반을 사방 30cm, 깊이 30~40cm 정도 파내어 그 안에 콘크리트
를 넣고 〈그림 17-6〉과 같이 목괴를 묻어서 만든다. 이것에 가는 정을 연직으
로 깊이 박든가 경우에 따라 정두(釘頭)를 남겨 놓는 때도 있다.

설치 장소는 불필요물이나 재료의 반출입에 지장이 없거나 측량기계를 설
치하는 데 용이한 곳을 중심선상으로 택한다. 이 경우 배수용의 도랑(溝)이 설치
되어 있는 것이 많은데 〈그림 17-7〉과 같이 도랑의 양안을 콘크리트로 메우고
이것에 각재를 넣어 매입하고 중심정을 박는다. 트럭에 의하여 불필요물을 반출
하는 경우에는 중심선을 피하여 옆으로 도벨을 설치하는 것도 있다.

그림 17-6

그림 17-7

그림 17-8

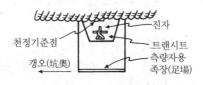

천정기준점
진자
트랜시트
측량자용
갱오(坑奧)
족장(足場)

그림 17-9

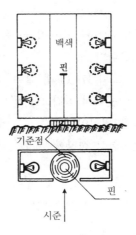

백색
핀
기준점
핀
시준

도갱을 굴삭하는 경우 적당한 장소를 찾지 못할 때 지보공(支保工)의 천단(天端)에 중심점을 만든다. 그러나 장기간에 걸쳐 사용하는 중심점을 지보공으로 잡는 것은 부적당하며 되도록 빠른 기회에 정식으로 도벨을 설치하는 것이 좋다.

무지보 또는 지보공이 있어도 괘시판(掛矢板)에 간격이 있을 때는 천단의 암반에 구멍을 뚫고 목편을 끼워 그것에 중심정을 박는 것도 있다. 이 천정의 도벨은 터널의 굴삭이 완료된 구간 또는 복공이 완성된 구간 중 하부에 설치할 수 없는 경우에 사용된 경우는 〈그림 17-8〉과 같이 트랜시트와 측량하는 사람이 설 장소는 따로 만든다.

터널 내의 측량에는 특별한 조명을 사용할 필요가 있는데 간단한 경우에는 pin 뒤에 백지를 세워 그 뒤로부터 회중전등이나 홍광램프(flood lamp)로 비추는 방법을 취한다. 여기에서는 호롱을 사용하여 pin을 비추는 것이다. 〈그림 17-9〉트랜시트는 조명이 부착된 트랜시트를 사용하면 십자반 및 분도원의 읽기에 매우 좋다.

② 갱내 곡선설치

터널이 직선인 경우는 트랜시트를 이용하여 중심선을 연장하지만, 곡선인 경우는 정확한 곡선설치를 해야 한다.

갱 내는 협소하므로 현편거법(弦偏距法)이나 트래버스 측량에 의해 설치하며, 트래버스 측량에 의한 방법에는 내접(內接) 다각형법과 외접(外接) 다각형법이 있다.

가) 현편거법

설치작업에서 절우(切羽)의 중심을 찾는데는 현(弦) 길이가 허용하는 범위에서 되도록 길게 잡아 현편거, 접선편거(接線偏距)를 산출하고 이것을 사용하여 현편거법과 접선편거법을 적용한다.

일반적으로 현편거법은 〈그림 17-10〉과 같이, 기설(既設)의 중심점 A, B의 시통선상에 거리 l을 잡고, 이곳에서 직각으로 $d' = \dfrac{l^2}{R}$ 인 곳에 점 C를 결정한다. 이 방법은 오차가 누적될 위험이 있으므로, 어느 정도 길어지면 다각형을 짜서 거리와 내각(內角)을 관측하고 정확한 위치를 구해야 한다.

그림 17-10 현편거법 ●●●

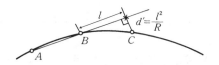

나) 내접 다각형법
〈그림 17-11〉에서

$$\overline{AB} = \overline{BC} = \overline{CD} = \cdots = l$$
$$\angle AOB = \angle BOC = \angle COD = \cdots = \alpha \qquad (17.1)$$
$$\angle A'AB = \alpha/2, \ \angle ABC = 180° - \alpha$$
$$단, \ \sin\frac{\alpha}{2} = \frac{\overline{AB}}{2R}$$

그림 17-11 내접 다각형법

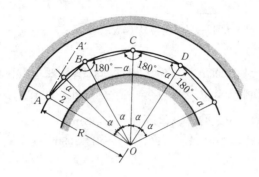

따라서, 곡선설치는 다음과 같이 설치한다.

(ㄱ) 시점(始點) A에 트랜시트를 설치하고 접선 $\overline{AA'}$에서 $\dfrac{\alpha}{2}$만큼 망원경을 회전한다.

(ㄴ) 그 시준선상에 $\overline{AB}=l$인 곳에 점 B를 설치한다.

(ㄷ) 점 B에 트랜시트를 옮겨 $\overline{BA}$선에서 $180°-\alpha$인 방향을 설정하고 $\overline{BC}=l$인 점을 C로 한다.

(ㄹ) 이상의 방법을 반복하여 곡선을 설치한다.

이 경우 l의 길이는 곡선 반경(R)과 터널의 폭(W)에 제한을 받으며, 〈그림 17-12〉에서

그림 17-12 트래버스 현 길이의 제한

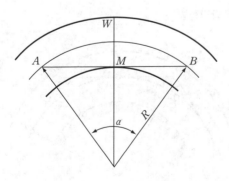

$$\overline{AM}=\sqrt{R^2-\left(R-\frac{W}{2}\right)^2}=\sqrt{RW-\frac{W^2}{2}}$$

$$\therefore\ \overline{AB}=2\sqrt{RW-\frac{W^2}{4}}=\sqrt{W(4R-W)} \tag{17.2}$$

예제 17.1 곡선 반경 300m인 경우, 굴삭 후 터널폭이 도갱에서 4m인 경우와 상부 반단면(半斷面)에서 9m인 경우 각각의 관측선 길이는 얼마인가?

해답 도갱의 경우: $\overline{AB}=\sqrt{4(4\times300-4)}≒69\text{m}$
상부 반단면의 경우: $\overline{AB}=\sqrt{9(4\times300-9)}≒103\text{m}$

다) 외접 다각형법

설치순서를 〈그림 17-13〉에서 사용한 부호에 의해 설명하면 다음과 같다.

(ㄱ) 시점 A에서 접선방향으로 측벽(側壁)에 근접한 점 B를 정한다.

(ㄴ) 접선상의 점 A에서 x의 거리에 대한 지거 $y=R-\sqrt{R^2-x^2}$을 계산한다.

(ㄷ) x, y값을 이용하여 곡선의 중간점을 설치한다.

(ㄹ) $\varphi=\tan^{-1}\dfrac{R}{AB}$를 계산한다.

(ㅁ) 점 B에 트랜시트를 설치하고 $\angle ABC=2\varphi$가 되게 방향을 잡고 $\overline{BC}=\overline{CD}=\overline{AB}$로 하면 점 C는 곡선상의 점이 된다.

(ㅂ) $B \sim C$, $C \sim D$간은 접선에 대한 지거를 이용하여 설치한다.

(ㅅ) 이와 같은 과정을 반복하여 곡선설치를 한다.

이 경우에 관측선 길이의 제한은 〈그림 17-13〉에서 점 B는 측벽에서 50cm 떨어지게 하므로 다음과 같이 표시된다.

그림 17-13 외접 다각형법

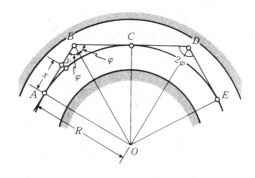

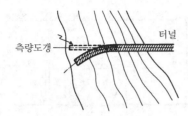

그림 17-14

$$\overline{AB}=\sqrt{\left(R+\frac{W}{2}-0.5\right)-R^2}=\frac{1}{2}\sqrt{(W+4R-1)(W-1)}$$

$$\therefore \text{측선 길이}=2\overline{AB}=\sqrt{(W+4R-1)(W-1)} \tag{17.3}$$

갱구 부근에서만 곡선으로 되어 있는 터널은 〈그림 17-14〉와 같이 터널의 직선 부분을 연장한 방향으로 특별한 도갱을 파서 이것을 통하여 중심선측량을 하는 경우가 있다. 이것은 측량도갱(測量導坑)이라 부르는데 일반적으로 배수 또는 불필요물을 반출하는 데도 많이 이용한다.

예제 17.2 앞의 내접 다각형법의 예제와 조건이 동일하다면 관측선의 길이는 얼마인가?

해답 도갱의 경우: $2\overline{AB}=\sqrt{(4+4\times300-1)(4-1)}\fallingdotseq60\text{m}$
상부 반단면의 경우: $2\overline{AB}=\sqrt{(9+4\times300-1)(9-1)}\fallingdotseq98\text{m}$

(3) 갱내 고저측량

터널의 굴삭이 진행됨에 따라 갱구 부근에 이미 설치된 고저기준점(BM)으로부터 갱내의 BM에 고저측량으로 연결하여 갱내의 고저를 관측한다. 갱내 BM은 갱내작업에 의하여 파손되지 않는 곳에 설치가 쉽고 측량에 편리한 장소를 택하면 된다.

갱내의 고저측량에 표척과 level을 사용하는 것은 갱외와 같지만 먼지나 연기 때문에 흐릴 경우가 많으므로 표척과 level을 조명할 필요가 있으며 때로는 조명이 달린 표척을 사용한다. 갱내는 좁으므로 표척은 3m 또는 그 이하의 짧은 것과 천단에 BM을 설치할 경우를 위하여 5m의 것을 사용하면 된다. 갱내에서 천정에 BM을 만든 경우는 표척을 반대로 사용하며, 이것을 '역 rod'라 칭한다(〈그림 17-15〉 참조). 이 경우는

그림 17-15

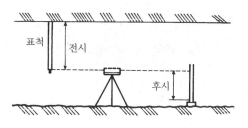

표고＝후시＋전시＋후시점의 표고

가 된다.

(4) 갱내 단면관측

터널의 중심선과 높이가 정해지면 그것에 대응하는 단면을 정하여 굴삭해야 한다. 단면형은 일반적으로 절단의 중심으로부터 지거를 관측하여 만드는 것이 대부분이지만 이것을 정확히 하지 않으면 여굴삭의 증가를 초래하고, 굴삭수량의 증가, 콘크리트의 되비비기 증가 등을 초래하여 큰 손실이 된다. 굴삭을 마치면 단면측량기로 갱구단면의 형태를 관측하고 여굴삭의 상태를 파악한다.

4. 터널 완성 후의 측량

터널 완성 후의 측량에는 준공검사의 측량과 터널이 변형을 일으킨 경우의 조사측량이 있는데 방법은 동일하다.

(1) 중심선측량

완성한 측벽간의 중심 C를 터널 단면의 중심으로 하는 한편 터널의 갱구로부터 소정의 중심선을 추입(追入)하여 중심 C'를 구하고 점 C'가 C와 일치하면 그 터널의 중심은 소정의 중심선상에 있으며 만약 x만큼 떨어져 있다면 그만큼 터널이 횡으로 변위되어 있는 것이다. 간격은 일반적으로 20m로 한다.

수로 터널에서는 이 변위는 문제가 되지 않지만 철도 터널과 같이 궤도를 소정의 중심선에 맞추어 정확히 부설해야 하는 터널에서는 이 최대 편의에 따라 그 부근의 궤도의 중심을 가감해야 한다. 도로 터널의 경우는 적은 편의(偏倚)는 노견의 부분으로 조정할 수 있지만 어느 정도 이상의 편의가 생기면 철도와 같은 최대 편의량에 따라 도로 중심선을 적당히 고칠 필요가 있다.

터널이 지변 등 기타 이유로 이동하고 있는 경우의 조사에서는 측량시 매번 20m 간격으로 C점을 설정하고, 이때의 x값이 어떻게 변동하여 가는가를 관찰한다.

(2) 고저측량

터널의 고저측량의 기준을 어디에 잡는가 하는 것은 여러 가지가 있지만 철도의 경우는 시공기면을, 수로 터널과 같이 역 아치인 인버트(invert)가 있는 경우는 인버트의 중심을, 도로 터널에서는 arch crown 및 포장의 중심을 고저측량의 기준으로 한다. 이 측량도 중심선측량과 같이 20m 간격으로 level을 사용하여 고저측량을 하고 터널의 기울기가 소정의 기울기로 되어 있는가를 점검한다.

터널의 이동관측의 경우는 판정하고 싶은 위치에 도벨을 설치하고 그 높이의 변화를 기록하여 둔다.

(3) 단면의 관측

터널의 단면검사 및 변형검사에서는 반드시 실시하는 측량으로 이 경우 일반적으로 단면측량기를 사용한다(〈그림 17-16〉 참조). 터널이 곡선인 경우는 접선에 직각방향으로, 또한 기울기가 있는 경우는 그 기울기에 수직방향의 단면을 관측해야 한다.

단면측량기에는 기연식 · 기록식 수도(隧道)단면측량기, MS식 자동기록터널

그림 17-16

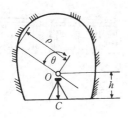

단면측량기 및 복부식(服部式) 수도단면측량기 등이 있다.

5. 갱내외의 연결측량

갱내와 갱외의 측량을 연결하는 방법은 지상과 지하가 어떻게 연결되어 있는가에 따라서 다르다. 수평에 가까운 터널 또는 30° 이상 35° 이하의 사갱으로 연결되어진 경우에는 특별한 방법을 이용할 필요는 없다. 일반적으로 트랜시트는 삼각 대신에 특별한 방법으로 지지하지 않으면 안 될 경우가 있다. 경사가 급한 경우에는 보조망원경이 있는 트랜시트를 이용해야 한다.

단면이 대단히 작을 때, 또는 양측의 지주나 정부(頂部)의 갱목으로부터 적당한 지지대가 있을 때에는 트랜시트는 일반적으로 삼각 대신에 3본의 짧은 pin으로 지탱되는 지지대를 사용하는 것이 좋다.

(1) 1개의 수직갱에 의한 연결방법

1개의 수직갱으로 연결할 경우에는 수직갱에 2개의 추를 매달아서 이것에 의해 연직면을 정하고, 그 방위각을 지상에서 관측하여 지하의 측량으로 연결한다. 〈그림 17–17〉은 그 일례이다. 추를 드리울 때는 얕은 수직갱에서는 일반적으로 철선, 강선, 황동선 등이 사용되며, 깊은 수직갱에서는 피아노선이 이용된다. 추의 중량은 얕은 수직갱에서는 5kg 이하, 깊은 수직갱에서 50~60kg에 이른다(〈그림 17–18〉 참조). 수직갱의 바닥(底)에는 물 또는 기름을 넣은 탱크를 설치하고, 그 속에 추를 넣어 진동하는 것을 방지한다.

① 정 렬 식

갱내의 2본의 수선(垂線)을 연결한 직선상에 가능한 한 수선에 가깝게 트랜

그림 17-17

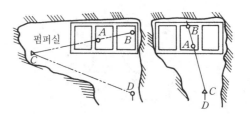

그림 17-18

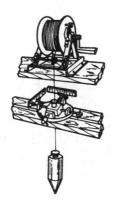

시트를 고정시킨다. 수선을 연결한 선의 방위각은 미리 지상에서 관측하여 둔다. 이 방향을 기준으로 하여 적당한 각을 재어 그 시준선상에 2점을 정하고, 이 직선을 기준으로 하여 지하측량을 한다. 그러므로 지하측량은 지상측량과 같은 방위를 기준으로 하여 실시할 수 있다.

2개의 수선을 연결한 직선상에 트랜시트를 세울 경우, 트랜시트는 가능한 한 수선에 가깝도록 설치하여야 한다. 이것은 수선의 간격이 좁으므로, 방위를 결정하는 데 있어서 오차를 될 수 있는 한 작게 하기 위해서이다.

② **삼 각 법**

이것은 가장 일반적인 방법이다. 〈그림 17-19〉에서 A, B점은 모두 수선점, P, C점은 지상의 관측점, 1, 2는 갱내의 관측점이다. 먼저 지상의 C점에 트랜시트를 세우고 $\angle PCB$, $\angle PCA$를 정밀하게 관측한다. 다음에 삼각형 ABC의 세 변의 길이 S_1, S_2를 쇠줄자로 잰다.

다음에 트랜시트를 갱내의 관측점 1로 이동하고, 지상과 같이 $\angle A12$, $\angle B12$를 관측한다. 그리고 삼각형 $AB1$의 세 변의 길이 S_1, S_4, S_5를 잰다. 이들의 값으로부터 sine 법칙을 이용하여 다음의 관계식을 얻는다.

$$\sin \beta_2 = \frac{S_2}{S_1} \sin \beta_1$$

$$\sin \beta_4 = \frac{S_4}{S_1} \sin \beta_3$$

그림 17-19

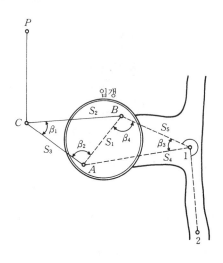

여기서 $\beta_1 = \angle PCA - \angle PCB$, $\beta_3 = \angle B12 - \angle A12$

따라서, 관측선 AB는 관측선 AC와 β_2, 관측선 $B1$은 관측선 AB와 $(360° - \beta_1)$, 관측선 12는 관측선 $B1$과 $(360° - \beta_2)$에서 얻어진다. 이것에 의해 지상다각형의 각 관측선의 방위각을 점차적으로 결정한다.

(2) 2수직갱의 연결방법

2개의 수직갱에, 각각 1개씩 수선 A, E를 정한다(〈그림 17-20〉 참조). 이 A, E를 기점 및 폐합점으로 하고, 지상에서는 $A\,6\,7\,8\,E$, 갱내에서는 $A\,1\,2\,3\,4\,E$의 다각측량을 실시한다. 그리고, 이들의 측량결과로부터 다음과 같이 지상측량과 갱내측량을 연결한다.

① 지상측량에 의해서 A점을 원점으로 하고, 자오선을 기준축으로 한 좌표계에 의하여 E점의 위치를 결정한다. 이것에 의해서 직선 AE의 방위각 α와 수평거리 S가 얻어진다.

② 갱내측량에 의하여 A점을 원점으로 하고, $A1$(제1관측선)을 기준축으로 한 좌표계에 있어서, E점의 위치를 결정하고 직선 AE의 $A1$과 이루는 각 α'과 수평거리 S'를 구한다.

③ 지상과 갱내의 측량결과는 일치하지 않으면 안 된다. 만일 이들이 허용

그림 17-20

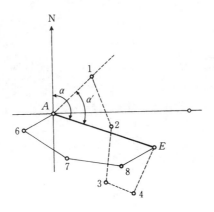

범위 내에서 일치하지 않을 경우에는 측량을 다시 해야 한다. 일반적으로 갱내 측량에서 오차가 생기는 수가 많다.

④ AE의 방위각 α와, $A1$과 AE가 이루는 각 α'와의 관계로부터 $A1$의 방위각이 계산된다. 따라서, 갱내 각 관측선의 방위각이 구하여진다.

6. 관통측량

지상의 개발이 진행될 때 암석이나 광상(鑛床)으로 차단되면 2개의 갱도 사이에 새로운 갱도가 필요하게 된다. 이것은 수평갱뿐만 아니라 사갱이나 수직갱에도 필요하다. 이 2점간의 굴진방향·경사·거리 등의 측량을 관통측량(貫通測量)이라 한다.

터널의 관통측량은 일반적으로 양쪽에서 굴삭하는데 터널의 길이가 길 때는 적당한 곳에 수직갱이나 횡갱을 판다. 터널의 중심선측량은 중심선이 가능한 한 직선이 되도록 하며 또 터널 내의 배수관계는 일반적으로 중앙을 높게 하고 터널의 양쪽 입구를 낮게 경사를 만들어 배수한다.

터널에서의 곡선은 되도록 피하여야 하나 부득이한 경우 곡선설치를 할 때에는 지상에 곡선을 설치한 후에 지하곡선설치를 한다. 이 방법은 노선측량의 경우와 같다.

제18장

비행장측량

1. 개   요

    비행장(airport)은 용도에 따라 민간비행장과 군용비행장으로 나누어진다.

    민간비행장은 민간정기항공노선과 일반비행에 사용되며 관 또는 민간 주도 하에 정부보조를 통해 개발되고 운영된다. 군용비행장은 국가방위상의 기본시설로서 정부에 의해 개발된다.

    민간비행장은 ICAO(International Civil Aviation Organization)와 FAA(Federal Aviation Administration)에 의해 활주로 길이와 비행장 기능에 따라 세분되고 있는데, ICAO는 활주로의 평균 해수면 길이에 따라 $A \sim E$까지 문자를 사용하여 구분하고 있다. 또한, FAA는 비행장의 기능을 위주로 구분되며 항공수송비행, 업무와 행정을 위한 비행, 상업적 비행, 교육비행 등으로 구분하고 있다. 비행장 건설을 위한 계획은 그 주변의 관련지역을 포함한 전 지역을 대상으로 한 종합적인 개발계획이며, 비행장의 개선이나 신설을 위한 종합적인 계획을 세워야 한다.

2. 비행장 조사측량

    비행장의 제원 중에 가장 중요한 것 중 하나가 활주로이다.

최근 항공기의 발달에 따라 활주로의 길이가 길어지고 있으며, 이것은 비행장의 입지조건에 의해 지배되고 있다. 일반적인 활주로방향은 최다풍향방향으로 향하게 하는 것이 보편적인 것이지만, 활주로의 배치와 수는 용량결정에 중요한 요소이므로 충분한 기상조사, 항공로 경로, 부근의 지세조사측량을 실시해야 한다.

비행장의 풍분포는 수평면지표에서의 풍속분포로 하고, 수직분포도 알아두는 것이 좋다. 따라서 풍선 등을 이용하여 시간별로 경년조사를 하여 통계적 처리를 하는 것이 필요하다.

제설비 계획설정에 있어서는 지세조사측량, 풍속의 수평·수직분포, 풍속풍향의 빈도분포, 활주로계획과 설정, 보안설비계획과 설정, 전계강도의 위치적 분포와 계획, 진입·진출활주로와 항공로의 공역할부계획과 같은 조사측량을 실시한다.

3. 입지선정측량

비행장의 입지선정을 위한 절차는 비행장 후보지역들의 정확한 자료수집과 입지선정에 미칠 요소선택과 분석을 하고 이것을 기초로 최종건설지역을 선정한다.

입지선정은 효용성과 경제성에 관련된 물리적 요소뿐 아니라 사회, 정책적 요소를 포함한 여러 요소에 의해 영향을 받는다. 소형비행장은 약 5만 평~12만 평, 대형비행장은 500만 평 이상의 면적을 갖추어야 하며 주요 요소는 다음과 같다.

① 주변지역의 개발형태
항공기의 이착륙에 의한 소음은 공해로서 고려해야 할 중요한 요소 중의 하나이다. 또한, 비행장 건설에 의한 인근지역주민의 불편을 해소하기 위해 주변지역의 토지이용에 대한 연구가 이루어져야 한다.

② 기 후
비행장은 바람, 온도, 강우량 등의 기후조건에 적합한 배치, 즉 활주로의 길이와 형태, 청사지역의 조건을 만족하는 위치이어야 한다.

항공기의 이착륙에서 바람방향은 커다란 영향을 주며, 횡풍성분은 허용한도를 넘지 않도록 한다. 횡풍한계는 ICAO에서 5.1m/s~10.3m/s로 하고 있으며, 이 한계를 넘지 않는 빈도가 95% 이상이 되어야 한다.

③ 접근성

항공기 이용승객에게 비행장까지의 양호한 접근성을 제공하기 위해 도심지역과의 교통체계를 고려해야 한다. 접근성은 거리보다 시간으로 결정하며 접근성이 불량한 비행장인 경우, 항공시행시간보다 지상교통이용시간이 더 많이 소요되는 사례가 많다.

④ 장애물

항공기진입구역이 산, 고층건물, 전주, 굴뚝 등 장애물의 방해를 받지 않아야 하며, 이러한 장애물이 존재할 경우 제거할 수 있어야 한다.

⑤ 지원시설

비행장 운영에 필수적인 전력, 용수, 연료, 가스, 체신, 상하수, 비행장 진입교통시설과 수단 등의 지원시설의 공급에 대한 조사가 이루어져야 한다.

4. 활주로측량

비행장의 용량은 임의시간 내에 처리하는 항공기의 운항수로 정의하며, 비행장의 최대량(peak) 시간값을 이용한다. 활주로의 용량을 결정하는 요인은 활주로의 배치형태, 항공기의 기종구성, 도착과 출발의 비율, 기상조건, 비행형식 등이 있다.

비행장 용량은 미국항공국 방법을 주로 이용하고 있는데, 이 방법은 상기의 다섯 가지 요인 중에서 가장 큰 영향을 주는 첫째·둘째 요인을 택하여 비행장을 분류하고 표준용량을 구한다. 그 외, 용량에 영향을 주는 요인에 대해 표준용량을 보정하여 실제용량을 구한다.

활주로의 형태로는 단일활주로, 평행활주로, 교차활주로, V형활주로 등이 있다.

① 단일활주로

가장 단순한 형태로 유도로는 활주로와 평행하며 동시에 이착륙을 할 수 없고, 이륙과 착륙 중 어느 하나만 가능하다. 활주로용량은 시계비행규칙(VFR: Visual Flight Rules)에 따르면 45~100회/시이며, 계기비행규칙(IFR: Instrument Flight Rules)에서는 40~50회/시 정도이다(〈그림 18-1〉(a) 참고).

② 평행활주로

활주로의 수와 사이 간격에 따라 용량 차이가 있으며, 일반적으로 2 또는 4 평행활주로가 많이 이용되고 있다.

활주로는 독립성에 따라 소간격, 중간격, 대간격으로 나누어진다. 소간격 평행활주로는 210m~1,000m 사이의 간격으로 IFR 상태에서 활주로 운항에 제한을 받는다. 중간격평행활주로는 1,000m~1,500m 사이의 간격으로 IFR 상태에서 한 활주로의 착륙은 다른 활주로의 이륙과는 무관하게 운행할 수 있다. 대간격평행활주로는 1,300m 이상의 간격으로 IFR 상태에서 두 활주로는 이착륙이 독립적으로 운행될 수 있다.

VFR 상태에서 용량은 100~200회/시이며, IFR 상태에서는 소간격이 50~60회/시, 중간격이 75~80회/시, 대간격이 85~105회/시이다〈그림 18-1〉 (b), (c) 참고).

그림 18-1 활주로의 형태

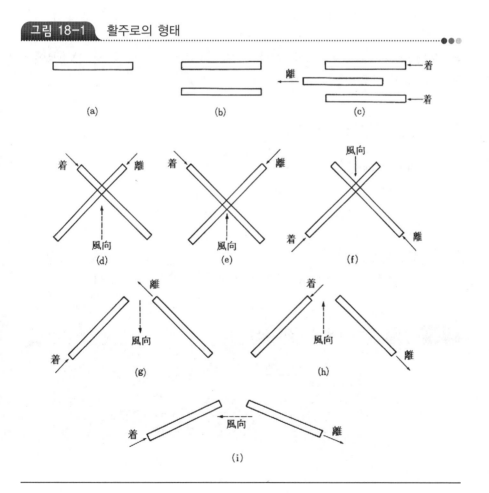

③ 교차활주로

교차활주로는 대부분이 이용하는 가장 보편적인 형태이다.

횡풍분력이 허용되는 한계값을 초월하여 하나의 활주로만으로는 운항이 원활치 못한 경우에 적용된다. 그러나 풍속이 약한 대부분의 경우에는 한 활주로는 이륙, 다른 활주로는 착륙에 이용하여 용량을 증가시킬 수 있다.

〈그림 18-1〉에서 (d)는 IFR에서 60~70회/시, VFR에서 70~175회/시이다. (e)는 IFR에서 45~60회/시, VFR에서 50~100회/시이고, (f)는 IFR에서 40~55회/시, VFR에서 60~100회/시이다.

④ V형활주로

V형활주로는 교차활주로의 경우와 같이, 바람의 영향을 극복하기 위한 범위를 크게 하기 위한 형태이다. 최대용량은 운행방향이 V형활주로로부터 벌어진 방향일 때 IFR에서 60~70회/시, VFR에서 80~200회/시 정도이다. 이착륙의 운행방향이 V형활주로를 향한 경우, IFR은 50~60회/시, VFR에서 50~100회/시 정도이다(〈그림 18-1〉 (g), (h), (i) 참고).

5. 비행장 조명과 표지측량

① 진입설명조명

착륙하고자 하는 항공기에 진입방향을 알려주기 위해 활주로중심선의 연장선을 따라 고광도점멸등을 설치한다. 진입조명의 방법으로 ICAO의 Calvert방식을 그림으로 나타내면 〈그림 18-2〉와 같다.

② 활주로말단조명

진입구역을 지나갈 때 항공기로 하여금 활주로의 시작을 알려서 착륙 여부

그림 18-2 Calvert방식의 진입조명

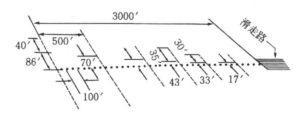

를 결정하도록 하기 위한 조명이다.

　소형비행장에서는 말단의 양측에 각각 네 개의 등을 설치하고 대형비행장
에서는 말단부의 전폭을 반점멸등으로 설치한다.

　③ **활주로조명**

　활주로변등은 활주로포장면으로부터 10ft 이내의 간격을 두어서 반점멸등
을 설치하고 등의 높이는 포장면에서 30in 미만으로 한다(〈그림 18-3〉 참고). 활
주로 중심선등은 중심선을 따라 25ft 정도의 간격을 두고 직경 8in의 팬케이크

그림 18-3 　고광도 활주로조명

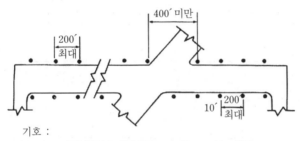

기호 :

●····360° 백색등(단 계기활주로의 끝 2000´는 제외)

그림 18-4 　활주로 중심선등

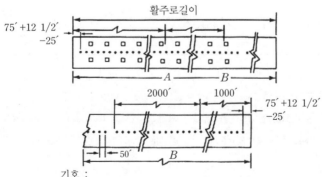

기호 :

□ 비방향성 접지대등

○ 2 방향성 활주로 중심선등(백색)

R●W 한 방향으로는 백색, 반대 방향으로는

W○R 붉은 색인 중심선등

그림 18-5 접지대등

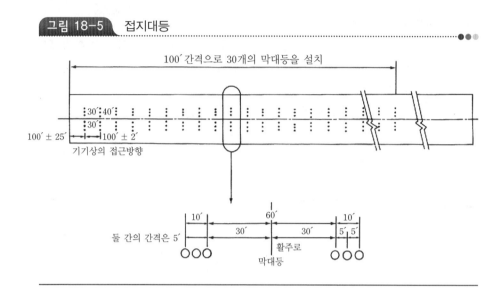

그림 18-6 유도로출입점의 등

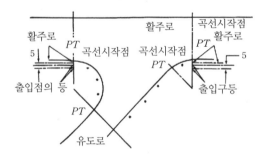

형등을 설치한다(〈그림 18-4〉 참고).

접지대등은 100ft 간격을 두고 30개의 열로 배치되며, 각 열은 활주로 중심선등의 양측으로 각각 30ft의 거리를 둔 2개의 막대형상을 이루게 된다(〈그림 18-5〉 참고).

④ 유도로조명

유도로의 포장면으로부터 10ft 이내의 거리에 30in 미만의 높이로 등을 설치하며, 출입지점의 간격배치가 〈그림 18-6〉에 표시되어 있다.

⑤ 노면표시 및 표지

비행장에 구역표시를 하여 항공기에 대한 안내를 제공하는 것으로, 활주로에는 백색으로 표시하고 유도로와 계류장에는 대개 한 줄의 황색선으로 하여서 기두기어의 방향을 유도하게 되어 있다.

6. 배수계획

배수체계의 적당한 설계와 설치는 비행장의 운용에 있어서 중요한 요소이며, 배수시설을 완전하게 함으로써 비행장 내의 토질을 양호하고 안전하게 보호할 수 있다. 지표수(surface water)와 지표하수(subsurface water)가 효율적으로 배수되어야 활주로를 안전하게 사용할 수 있다.

비행장배수의 목적은 인접지로부터 지표수 및 지하수 유입을 차단하고 비행장의 지표수를 가능한 빨리 제거하는 데 있다.

① 지표면 배수망설계

배수관로의 경사는 최저평균속도가 2.5ft/sec를 유지할 수 있어야 하며, 충분한 단면을 유지하기 위해서 배수로 직경이 12in 이상이어야 한다. 집수구는 쇠격자망 또는 철근콘크리트로 된 뚜껑을 가진 콘크리트 박스로, 이착륙하는 항공기의 하중에 저항할 수 있도록 설계되어야 한다.

② 지표하배수(subsurface drainage)

지표하배수의 목적은 기층과 기반층으로부터 물을 제거하고 샘이나 투수층으로부터의 흐름차단이나 집수·제거하는 데 있다.

기층은 포장면의 가장자리에 평행하거나 인접해 있는 지표하 배수설비에 의해 배수된다. 배수관로의 중심은 기층 밑부분에서 최소 1ft 아래에 있어야 한다. 기반층은 포장 가장자리에 설치된 배수관로에 의해 배수되고 지하수위가 상당히 높은 경우에는 포장 밑면에 관로를 설치하기도 한다. 지표하배수관의 중심은 지하수위에서 1ft 이상 낮은 곳에 설치한다. 배수관의 경사는 100ft당 0.15ft로 경사를 주는 것을 권장하고 있으며, 이들 관들은 최소 6in의 여과재로 둘러싸야 한다.

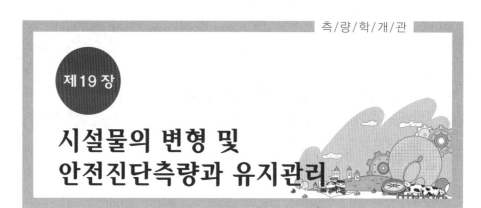

제19장

시설물의 변형 및 안전진단측량과 유지관리

1. 시설물변형측량

(1) 개   요

사회기반시설물(infra structure)의 안정성 조사를 위해 지금까지 strain gange나 extensometer, inclinometer 등을 이용하여 변형을 관측함으로써 안정성 진단을 하여 왔다.

이들 방법은 관측대상물에 강력한 접착제로 부착해야 하며, 여기서 얻어진 값을 전체가 균일하다고 가정하여 시설물변형을 해석함으로써 대규모 시설물변형관측에 어려움이 있어 왔다.

그러나 영상탐측이나 측지측량을 이용한 시설물변형측량은 시설물을 손상시키지 않으며, 멀리 떨어진 곳에서 관측할 수 있어 붕괴위험이 있는 시설물에는 매우 적합한 방법으로서 최근에 그 활용이 점점 증대되어 가고 있다.

따라서, 본 절에서는 각종 시설물의 안정성 진단을 위해 변형측량을 실시한 예를 들어 서술한다.

(2) 댐변형측량

댐의 안정성 조사를 위해 이루어지는 주기적인 변형측량이 댐 전체 건설비의 약 0.7%를 점유하고 있다고 IADC(International Association of Dam

Constructions)는 발표하고 있으며, 최근에 영상탐측과 측지측량에 의한 댐변형
측량이 활발히 연구되고 있다.

① 영상탐측에 의한 방법

영상탐측에 의한 방법은 순간변형에 대한 동시관측이 가능하므로 댐상류부의
수위에 따른 댐의 변형이나 동결과 같은 온도에 따른 국부변형을 조사할 수 있다.

변형측량의 예로 캐나다 퀘벡시에서 북쪽으로 약 400km 부근에 위치한 수
력발전소로서 댐 하류면에 17개의 표정점을 설치하였다. 초점거리 165mm(100×
140mm)인 지상영상 카메라를 이용하여 촬영했으며, 지상기준점의 표준오차가
±1cm가 되도록 데오돌라이트 T3을 이용하였다.

〈그림 19-1〉에서 D11, D14, D15는 암반에 설치된 지상기준점이고 12점
(M22, M26, M32, M36, M40, TH1, M2, TH5, M6, TH4, M7, M21)을 댐에
설치하여 댐의 변형을 관측했다. 지상기준점측량은 D11, D14, D15, D17 점을
이용하여 삼각수준측량을 실시했다(〈그림 19-2〉).

〈그림 19-3〉은 지상영상촬영방향을 표시한 것으로 6개의 촬영지점에서 사
진기축방향을 표시한 것이다.

〈그림 19-4〉는 관측된 변형량을 도시한 것으로 좌표해석에서 표준편차는

그림 19-1 지상기준점과 표정점배치(Brandenberger, 1974)

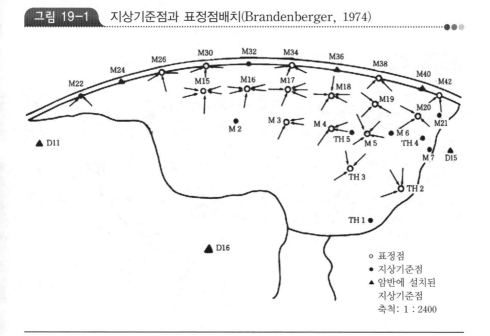

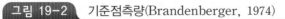

그림 19-2   기준점측량(Brandenberger, 1974)

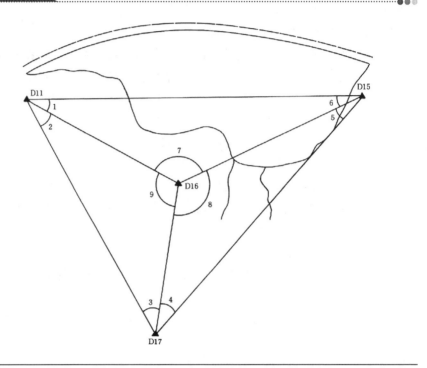

그림 19-3   지상영상촬영지점과 방향(Brandenberger, 1974)

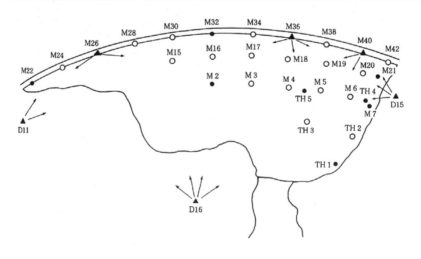

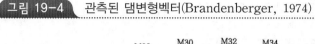

그림 19-4 관측된 댐변형벡터(Brandenberger, 1974)

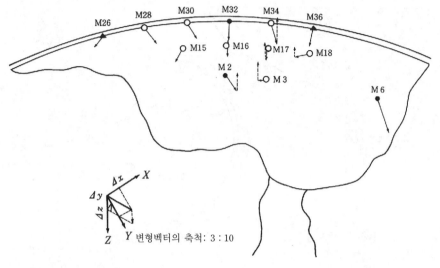

$\sigma_x = \pm 2.0 \sim 2.1\text{cm}$, $\sigma_y = \pm 1.6 \sim 1.9\text{cm}$, $\sigma_z = \pm 1.7 \sim 1.8\text{cm}$로 나타났다.

② 측량망조정에 의한 방법

측량망조정에 의한 방법은 삼각측량, 삼변측량, 다각측량, 수준측량 등을 이용하여 댐에 설치된 표정점의 좌표를 관측함으로써 변형을 조사할 수 있다. 측량조정망방법은 영상탐측에 의한 방법에 비해 관측시간이 많이 소요되므로 순간적인 변형보다는 장기적인 변형관측에 유용하게 이용된다.

데오돌라이트나 광파거리측량기, 정밀레벨 등을 이용하여 표정점을 반복관측하여 표정점의 이동량을 계산함으로써 댐의 변형량이나 방향 등을 조사할 수 있다.

중앙아프리카의 카리바 수력발전소에 대한 변형측량결과를 설명하면 다음과 같다.

카리바댐은 콘크리트 아치댐으로서 1958년에 완공되었으며, 높이는 128m, 길이는 617m이다.

각측량에는 T3 데오돌라이트가 이용되었으며, 기선이 강바닥에 292m로 설치되어 있고, 표정점은 콘크리트로 높이가 30mm이고 직경이 25mm인 원통형을 설치했다.

그림 19-5 댐의 단면도 및 표정점배치(IZZETT, 1983)

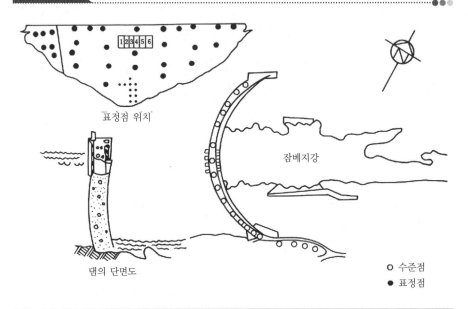

표정점 위치

잠베지강

댐의 단면도

O 수준점
● 표정점

그림 19-6 댐의 수직이동량(이동량: 년)(IZZETT, 1983)

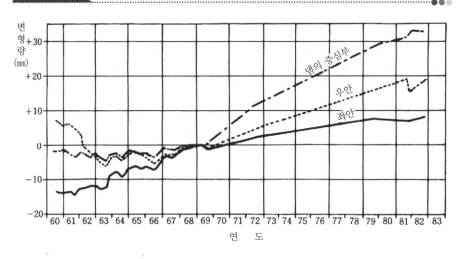

지상기준점좌표의 정확도는 ±3mm, 새로 설치되는 표정점은 ±0.3mm로 관측되었으며, 〈그림 19-5〉는 댐의 단면도와 표정점 배치상황을 표시한 것이고, 〈그림 19-6〉은 1960년부터 1982년까지 댐의 변형량을 도시한 그래프이다.

변형량을 구하기 위해 invar tape를 이용한 트래버스 측량이 이용되었으며, 표정점간의 상대정확도는 0.2mm이었다.

(3) 제방의 변형측량

제방의 변형측량에 대한 예로서 미국의 시애틀 지역에 있는 gabion wall의 측량성과를 서술한다.

gabion wall은 건물의 골재로 쓰였던 흙이나 돌을 채운 돌망태의 제방으로 3ft×3ft×3ft의 강철선 망사에 돌이 채워져 있다.

제방의 길이는 1,200ft이고 높이는 지형에 따라 5~54ft이다. 이 제방을 사진측량에 의해 변형관측을 하기 위해 초점거리가 610mm이고 영상면 크기가 23cm×23cm인 지상영상 카메라를 이용하여 촬영거리가 1,000m인 곳에서 관측하였다.

그림 19-7 영상탐측계획도(Veress, Jackson, Hatzopoulos, 1980)

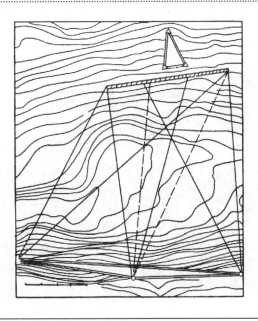

표정점은 직경이 16cm이고 흰 알루미늄판(9×9×1/8in)에 검은 색으로 원을 그렸다.

영상탐측에 의해 얻어진 좌표정확도는 1/50,000~1/140,000이었으며, 표준오차는 ±6mm~±15mm로 분포되었다. 〈그림 19-7〉은 영상탐측을 위한 계획을 나타낸 그림이다.

(4) 건축물변형측량

건축물의 온도나 습도, 하중변화에 따른 변형을 영상탐측에 의해 관측하는 것은 매우 중요한 일이며, 국부적인 단순하중이나 풍하중, 콘크리트의 양생과정 및 습도, 온도에 따라 수축·팽창을 관측할 수 있음은 물론 건축물의 전반적인 정보를 얻을 수 있어 유지관리에 필요한 자료를 제공해 준다.

〈그림 19-8〉은 경기장의 본부석으로 D, V, X, Y, Z로 표시된 점은 지상기준점을 표시한 것이며, F, G, H, I는 영상면의 지표를 나타낸다. 지상기준점은 장기적인 변형을 조사하기 위해 동결심도 이하에 기초를 둔 콘크리트 기초에 세운 금속제로 벽에 표시했다. 촬영에 이용된 카메라는 초점거리가 151.66mm

그림 19-8　경기장 본부석의 표정점배치

이고 영상면 크기는 13×18cm이며 촬영거리는 무한대에서 5.5m까지 접근하여 촬영할 수 있다.

표정점은 관측대상지역에 표지를 부착하는 경우도 있고, 페인트칠 과정에서 색이 교차하여 표지로 이용할 수 있는 지점 및 건물모서리, 파이프선 등을 이용하여 주기적인 반복관측에 의해 좌표해석을 함으로써 변형해석을 한다.

표정점의 해석은 A-7 autograph로 하였으며, 정확도는 영상면상의 거리로 약 1/9,000 정도였다.

(5) 교량의 변형측량

교량의 건설과정에서 필요한 측량은 교량조정망의 설치 및 관측, 피어의 측설, 교량 부재의 치수측량, 교량조립을 위한 측량, 완성 후 주기적인 검사측량 등이 있다.

〈그림 19-9〉는 교각이 16개로 이루어진 교량으로 길이가 1,038m로서 여러 장의 영상면에 의해 해석해야 하므로 〈그림 19-10〉에서와 같이 60m~70m 간격으로 영상면을 촬영하였다.

viaduct 교량측량에서 영상탐측점의 지상좌표 정확도는 1mm~2mm이었으며, 촬영기선장은 모형지역의 폭과 동일하게 촬영했다.

중복도는 약 60%이었으며, 촬영기선장과 촬영거리의 비는 1:1~1:1.5로 계획했으며, 정밀좌표관측기(comparator)의 관측정밀도는 $1\mu m$~$2\mu m$, 수평 및 수직각의 관측정밀도는 $1''$~$2''$이었다.

(6) 전송탑의 변형측량

전송탑에 하중이 가해질 때 전송탑의 변형을 관측하기 위해 〈그림 19-11〉에서처럼 부재의 교차점에 표정점을 설치하였다.

이 전송탑은 1,200kW용으로서 〈그림 19-12〉와 같이 지상기준점 101, 102, 103, 104, 105를 설치하고 카메라를 C-2, C-3와 C-4, C-5에서 촬영했다.

표정점의 크기는 촬영거리와 카메라 피사각에 의해 결정되며, 여기에서는 직경이 10cm이었으며 배치된 위치에 따라 카메라로부터 59m~237m 떨어진 곳에 위치했다.

지상기준점측량은 DM 500(kern) 데오돌라이트를 이용했으며, 정확도가 0.8mm인 정밀수준측량도 실시했다.

카메라는 Hasselblad MK 70(f=60mm)을 사용했으며 〈그림 19-13〉은

그림 19-9   교량영상면과 개략도(Čerňanský, 1983)

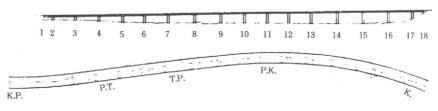

그림 19-10   교량의 지상영상탐측 개략도(Čerňanský, 1983)

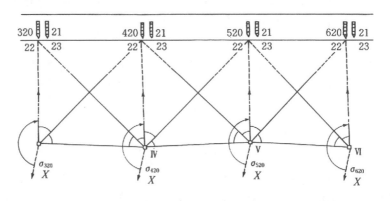

그림 19-11 전송탑의 표정점 배치(Veress, 1984)

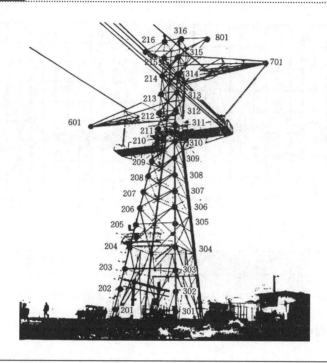

그림 19-12 전송탑영상촬영 개략도(Veress, 1984)

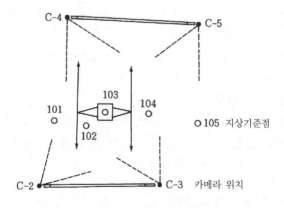

그림 19-13 9,000lb의 횡하중에 의한 변형량(Veress, 1984)

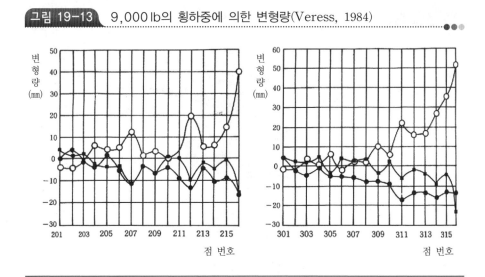

전송탑에 9,000lb의 횡하중이 작용할 경우의 각 표정점의 3차원이동량이다.

(7) 대형압축기의 열변형측량

고정밀근접영상탐측은 온도변화에 따른 대형압축기의 변형을 관측하는 데 적용되었다. 요구정확도는 약 0.1mm로서 초점거리가 120mm인 CRC-1 사진기가 사용되었으며, 압축기는 높이가 3m이고 평면적이 8×10m이다.

〈그림 19-14〉는 4개의 실린더가 있는 압축기를 정밀촬영하기 위해 촬영지점과 표정점배치를 나타낸 개략도이다.

지상기준점측량을 위한 망조정의 정확도는 0.2mm이었으며, 영상좌표관측 정 밀도는 3μm이었다. 계획사진축척은 1/50로 계획했으나 촬영점의 위치에 따라 1/20~1/100로 나타났다.

냉각상태와 압축기가 작용하여 열이 발생한 상태 사이에 일어난 변형량을 관측한 결과, 24번 표정점에서 2.5mm로 가장 큰 변형이 발생했으며, 일반적으로 변형량이 0.8~1.2mm에 분포하고 있었다.

(8) 산사태지역의 안정도 측량

산사태 지역과 같은 붕괴위험이 있는 지역에 대한 안정도 측량으로 영상탐측기법이 이용되고 있다. 특히, 영상탐측은 대상물에 직접 접촉하지 않고 원거

그림 19-14 압축기의 촬영계획(Fraser, 1985)

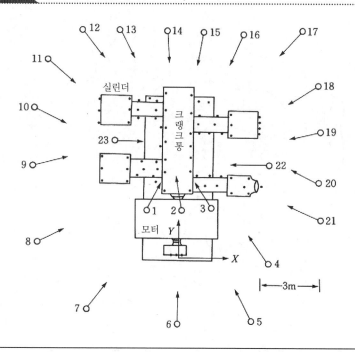

리에서 관측할 수 있어 붕괴위험이 있는 곳의 측량에 적합하다.

〈그림 19-15〉는 캐나다의 알버타주에 있는 Turtle산으로서 붕괴되어 내려

그림 19-15 Turtle산의 남쪽 산봉우리 균열(Fraser, 1983)

그림 19-16 Turtle산의 균열과 변형(Fraser, 1983)

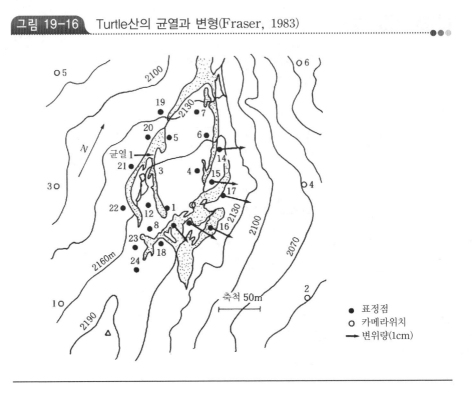

온 석회석의 부피가 약 3천만m³으로 추정되고 있다.

Turtle산의 붕괴과정을 조사하기 위해 항공영상탐측기법을 적용했으며, 촬영고도는 남쪽 봉우리로부터 320m(해발 2,480m)로 계획하고 150mm 사진기로 촬영했다. 따라서, 축척은 1/2,100이며 촬영위치는 6개로서 〈그림 19-16〉에 표시되어 있다.

〈그림 19-16〉은 붕괴지역의 암석균열에 대한 형상을 도화한 것으로 변형이 발생한 관측점에서는 화살표(→)로 방향을 표시하였다.

2. 시설물안전진단측량

(1) 시설물안전진단

영상탐측과 측량망조정방법을 이용한 시설물안전진단은 대규모시설물에 적용되어 왔으나, 최근에는 근거리영상탐측기법의 개발과 정확도 향상에 의해 소규모정밀기계변형에까지 적용되고 있다.

영상탐측방법은 짧은 시간 간격을 두고 관측할 수 있어 대규모시설물에서 소규모시설물에 이르기까지 정적 및 동적변형을 광범위하게 관측할 수 있다.

반면에 측량망조정방법은 관측시간이 영상탐측방법에 비해 많이 소요되므로 장기간에 걸친 변형해석에 적용되고 있다.

영상탐측이나 측량망조정방법은 시설물에 표정점을 설치하고 이것을 주기

■■ 표 19-1 시설물 변위 및 변형관측

구 분	종래의 방법	개선된 방법
① 관측방법	• 관측기기에 의함	• 관측기기에 의함
② 관측방법의 특징	• 종래에는 주로 변형관측을 통하여 변형량만을 추정 계산하고 시설물의 안전성을 파악하였음	• 최근에는 관측방법 및 관측 영역의 선택에 따라 달라질 수 있는 전역적 변위와 변형에 대해 상호 연관성있는 신뢰값 도출을 위해 변형을 주로 관측하는 종래의 관측기기에 의한 관측 외에 변형량과 변위량을 직접 관측하는 측량장비에 의한 관측을 병행하고 있음 • 특히 중요교량에는 자동관측장비를 통한 상시관측뿐만 아니라 측량장비에 의한 주기적 점검과 전역적인 관측이 필요함
③ 관측의 목적	• 국부적인 변형의 관측	• 시설물의 국부적인 변위 및 변형뿐만 아니라 전역적인 변위 및 변형의 관측
④ 관측장비의 종류	• 변형율계, 처짐계, 온도계, 경사계 등	• 변형율계, 처짐계, 온도계, 경사계 등과 GPS, Total Station, Level 등
⑤ 관측범위	• 시설물 개별 부재의 변형량을 관측 • 국부적(또는 미시적: micro) 변형의 관측	• 시설물 개별부재의 변형 및 변위 • 시설물의 전역적인 변위 및 변형 • 국부적(또는 미시적: micro) 관측과 시설물 전체에 대한 전역적(또는 거시적: macro) 변위 및 변형의 관측
⑥ 관측의 기준	• 상대위치 관측	• 상대위치 관측 • 절대위치관측(전역적 변위와 변형 점검)
⑦ 관측대상	• 교량의 슬래브, 거더 등 주로 상부구조물의 거동	• 상부구조물의 거동과 교대, 교각 등 하부구조물의 전역적인 변위 및 변형 관측과 접근로 등 측량
⑧ 관측주기	• 일시적 관측 • 자동관측기기에 의한 상시적 관측	• 일시적 관측 • 자동관측기기 및 첨단측량장비에 의한 상시적 관측 • 측량장비에 의한 주기적 관측
⑨ 적용범위	• 교량의 안전점검 시 주로 관측	• 교량의 안전점검 및 유지관리를 위한 주기적 관측 • 중요교량의 자동관측기기에 의한 상시 관측

적으로 관측하여 이동량과 이동형태를 분석함으로써 변형량 계산 및 안전진단, 그리고 앞으로의 변형형태를 예측할 수 있다.

특히, 영상탐측방법은 시설물의 비균질성에 따른 국부변형이나 암석과 같이 균열이 존재하여 지역간의 변형이 불규칙한 것을 상세히 조사할 수 있고 관측 당시 대상지역의 정확한 상황도를 제시할 수 있으며, 필름을 보존하여 조사 후에도 계속 자료를 제공할 수 있는 장점을 갖고 있다.

안전진단을 위해 시설물에 설치된 표정점의 3차원좌표 변화량을 관측하고, 이 변화량을 이용하여 축방향 및 전단변형률을 구함으로써 대상시설물의 안전을 진단할 수 있다.

(2) 시설물안전진단측량

영상탐측과 측량망조정방법을 이용한 시설물안전진단측량은 대규모시설물에 적용되어 왔으나, 최근에는 근거리영상탐측기법의 개발과 정확도 향상에 의해 소규모 정밀기계 변위 및 변형에까지 적용되고 있다.

영상탐측방법은 짧은 시간 간격을 두고 관측할 수 있어 대규모시설물에서 소규모시설물에 이르기까지 정적 및 동적 변위 및 변형을 광범위하게 관측할 수 있다.

반면에 측량망조정방법은 관측시간이 영상탐측방법에 비해 많이 소요되므로 장기간에 걸친 변위 및 변형해석에 적용되고 있다.

영상탐측이나 측량망조정방법은 시설물에 표정점을 설치하고 이것을 주기적으로 관측하여 이동량과 이동형태를 분석함으로써 변위 및 변형량 계산 및 안전진단, 그리고 앞으로의 변위 및 변형형태를 예측할 수 있다.

특히, 영상탐측방법은 시설물의 비균질성에 따른 국부변위 및 변형이나 암석과 같이 균열이 존재하여 지역간의 변위 및 변형이 불규칙한 것을 상세히 조사할 수 있고 관측 당시 대상지역의 정확한 상황도를 제시할 수 있으며, 영상면 (또는 필름)을 보존하여 조사 후에도 계속 자료를 제공할 수 있는 장점을 갖고 있다.

안전진단을 위해 시설물에 설치된 표정점의 3차원좌표 변위 및 변형량을 관측하고, 이 변위 및 변형량을 이용하여 축방향 및 전단변형률을 구함으로써 대상시설물의 안전을 진단할 수 있다.

3. 시설물 유지관리

시설물의 유지관리를 위해서는 시설물에 관한 지형공간정보를 모아 자료기
반(DB: Data Base)을 구축한 다음 지속적이며 표준화된 갱신이 이루어져야 할
것이다. 또한 단순한 시설물의 변동사항이나 갱신뿐만 아니라 각각의 시설물의
특성에 따른 모니터링(monitoring: 관찰 또는 감시 및 관측) 체계를 통합함으로써
보다 효율적인 관리가 이루어질 수 있도록 하여야 한다. 시설물에 관하여 과학
적이고도 합리적인 정보수집과 해석을 통하여 일관성있는 시설물 유지관리를 수
행하여야 할 것이다.

1. 개   요

하천(rivers or water ways) 개수공사나 하천 공작물의 계획, 설계, 시공에 필요한 자료를 얻기 위하여 실시하는 측량을 하천측량(河川測量)이라고 한다. 하천측량에서는 하천의 형상, 수위, 심천단면, 기울기, 유속 및 지물의 위치를 측량하여 지형도, 종단면도, 횡단면도 등을 작성한다. 하천측량의 결과는 치수·이수의 계획에 이용되므로 측량을 실시하는 데 있어서는 하천에 대한 기술이나 하천공학의 기초적 지식을 습득하여 둘 필요가 있다.

2. 하천측량의 순서

하천측량의 일반적인 작업 순서를 표시하면 〈그림 20-1〉과 같다.

그림 20-1	하천측량의 작업순서

① 도상조사 ……1/50,000의 지형도를 이용하여 유로(流路)상황, 지역면적, 지형, 토지이용상황, 교통이나 통신시설 상황을 조사한다.

② 자료조사 ……홍수의 피해나 수리권(水利權)의 문제, 물의 이용상황, 기타 현재까지의 제반 자료를 모아 조사한다.

③ 현지조사 ……도상조사, 자료조사를 기초로 하여 실시하는 측량으로 답사선점을 말한다. 하천이나 양안의 상황을 답사하여 삼각측량, 기선의 위치나 유량관측을 행할 지점 및 수목의 벌채를 요하는 장소를 조사하여 둔다.

④ 지형측량 ……1. 평면측량 : 삼각측량, 다각측량에 의하여 세부측량의 기준이 되는 골조측량을 실시하고 전자평판측량에 의하여 세부측량을 실시하여 평면도를 제작한다.
　　　　　　　　　2. 고저측량 : 종단측량, 횡단측량을 행한다. 유수부는 심천측량에 의하여 종단면도, 횡단면도를 제작한다. 이 경우 오래 전부터 거리표를 사용하고 있다.

⑤ 유량측량 ……각 관측점에서 수위관측, 유속관측, 심천측량을 행하여 유량을 계산하고 유량곡선을 제작한다.

⑥ 기타의 측량 ……필요에 따라 강우량측량, 하천구조물의 조사를 실시한다.

3. 하천의 지형측량

　　지형측량의 범위는 하천의 형상을 포함할 수 있는 크기로 한다. 일반적으로 그 범위는 유제부(有堤部)에서는 제외지(堤外地) 및 제내지(堤內地) 300m 이내, 무제부에서는 홍수가 영향을 주는 구역보다 약간 넓게(약 100m 정도) 한다.

　　또한 주운(舟運)을 위한 하천 개수공사의 경우 하류는 하구까지로 하며, 홍수방어가 목적인 하천공사에서는 하구에서부터 상류의 홍수피해가 미치는 지점까지, 사방공사의 경우에는 수원지(水源池)까지를 측량 범위로 한다.

그림 20-2

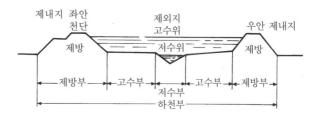

(1) 골조측량

① 삼각측량

삼각점은 원칙적으로 국가 삼각점에 연결해야 하지만, 소규모의 하천의 삼각측량에서는 연결하지 않아도 된다. 삼각점 관측표에 있어서 일시적인 것은 단면 12×15cm, 길이 1.0~2.0m 정도의 나무 말뚝을 사용하여 두부(頭部)에 못을 박고, 빨간 페인트를 칠하며 하부에는 방부제를 칠해 두면 좋다. 영구적인 것은 〈그림 20-3〉과 같이 표석을 묻고 콘크리트로 고정하여 말뚝에 번호·지방명을 새겨 둔다. 유실의 우려나 동절기(冬節期)에 동결의 우려가 있는 지방은 지하설치의 삼각점으로 한다. 삼각망은 소삼각망의 경우 〈그림 20-4〉와 같이 단삼각망으로 하천을 덮고 합류점, 분류점이나 만곡이 심한 장소 및 기준설치장소는

그림 20-3

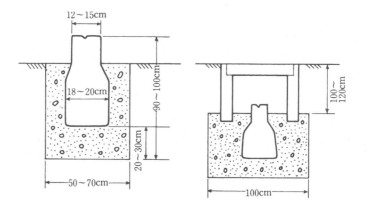

그림 20-4

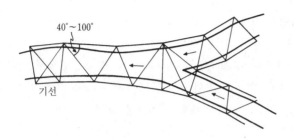

그림 20-5

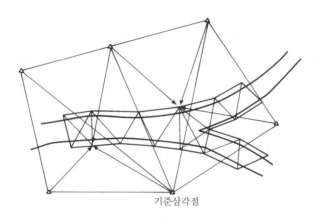

높은 정확도를 얻어야 하므로 사변형으로 하는 편이 좋다. 기본삼각점을 이용할 수 있는 경우는 〈그림 20-5〉와 같이 기본 삼각점으로부터 단삼각망상의 삼각점 위치를 구한다.

　② **다각측량**

　　일반적으로 삼각점의 배치수는 세부측량의 기준점으로서는 부족하므로 일반적으로 약 200m마다 다각망을 만들어 기준점을 증가시킨다. 다각망은 삼각점을 기점과 종점으로 하는 결합다각형으로 하고 개다각형은 이용하지 않는다. 위치관측값에서 폐합오차는, 각도는 3′ 이내, 거리는 전관측선길이의 1/1,000 이내로 한다. 최근에는 TS와 GPS에 의한 측량이 수행되고 있다.

(2) 세부측량

① 세부측량의 대상

세부측량의 대상이 되는 것은 하천의 형태, 제방, 다리(강교, 콘크리트교), 방파제, 행정구획상의 경계(국유지, 도, 시, 군, 면 등), 건축물, 하천공사물, 각종의 측량표, 양수표, 하안의 수애(水涯), 묘지 등 하천유역에 있는 모든 것이다.

세부측량은 평판(전자평판)측량, TS측량 등에 의하여 수행되고 있다.

② 수애선의 측량

수면과 하안과의 경계선을 수애선(水涯線)이라 한다. 수애선은 하천수위의 변화에 따라 변동하는 것으로 평수위(平水位)에 의하여 정해진다. 평수위라 함은 어떤 기간 계속하여 관측한 수위 가운데 1/2은 그 수위보다 높고 다른 1/2은 낮은 수위이다. 수애선의 측량에는 동시관측에 의한 방법과 심천측량에 의한 방법이 있다.

가) 동시관측에 의한 방법

(ㄱ) 〈그림 20-6〉 (a)에 표시한 바와 같이 처음에 평수위에 가까운 수위인 경우에 되도록이면 다수의 인원으로 동시각에 수애에 따라 말뚝(수면말뚝) A_1, A_2, …, B_1, B_2, …를 50~100m 간격으로 박는다.

(ㄴ) 합도(合圖)에 의하든가 또는 동시각에 수위를 말뚝에 기입하고 그 수위를 수위표로부터 관측한다.

(ㄷ) 수면 말뚝을 포함하여 횡단측량을 하고 〈그림 20-6〉 (b)와 같은 횡단면도를 작성한다. 횡단면도에 평수위 Δh를 기입하면 수애의 위치 a_1b_1이 구해진다. 같은 방법으로 하여 a_2b_2, a_3b_3를 구한다.

그림 20-6

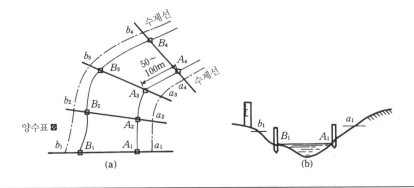

(a) (b)

나) 심천측량에 의한 방법

수위의 변화가 적은 시기에 심천측량을 행하여 하천의 횡단면도를 만들고 그 도상에서 수위의 관계로부터 평수시의 수위를 구한다. 그 밖에 감조부(感潮部)의 하천에서는 하구의 기준면인 평균해수면을 사용할 경우도 있다.

그림 20-7

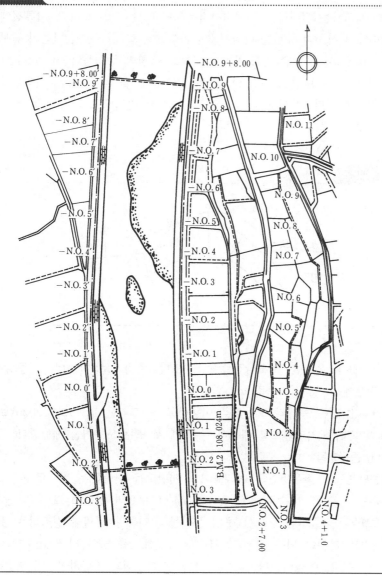

③ 고저측량

하천측량에서의 고저측량은 거리표설치 · 종횡단측량 · 심천측량을 총칭하여 말한다.

가) 거리표설치

거리표(距離標)는 하천의 중심에 직각방향, 양안의 제방 법견(法肩, 무제방인 경우는 하안의 적당한 장소)에 설치한다. 거리표는 하구 또는 하천의 합류점에서의 위치를 표시하는 것이다. 그 설치간격은 하구 또는 간천(幹川)의 합류점에 설치한 기점에서 하천의 중심을 따라서 200m를 표준으로 하는데, 하천의 규모 등에 따라 500m마다 설치할 때도 있다. 실제로 하천의 중심을 따라 200m 간격을 설정하는 것은 곤란한 경우가 많으므로, 좌안(左岸)을 따라 200m 간격으로 설치하는 경우가 많다. 우안(右岸)의 거리표는 200m 간격으로 하지 않는 경우도 있다(〈그림 20-8〉 참조).

그림 20-8

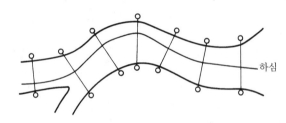

거리표의 위치는 보조삼각측량, 보조다각측량으로 하는데, 기준삼각점이 아닌 경우에는 기준삼각측량으로 한다.

표지(標識)는 콘크리트 말뚝을 이용하고 그 크기는 12×12×120cm로 측면에 계획기관명 · 거리번호를 새기며, 두부에 철 또는 도기병을 매립한다.

나) 종단측량

종단측량은 좌우양안의 거리표고와 지반고를 관측하는 것으로 제방고 · 수문 · V관 · 용수로 · 배수로 등의 부고(敷高), 양수표의 영점고, 교량의 높이, 기타 필요한 공작물이나 필요한 곳의 높이를 고저측량에 의해 결정하는 것이다. 고저측량의 기준이 되는 고저기준표(또는 수준기표)를 양안 약 5km마다의 암반 등에 설치하고, 이들의 기표(基標)는 국가고저기준점과 결합하여 놓는다. 측량의 순서는 국가 1등 고저기준점(수준점)에서 부근의 고저기표 또는 거리표로 고저측량을 실시하여, 높이를 구한다. 특히 지반 침하지역에서는 침하되지 않는 고저기준점에서 높이의 기준을 구하여야 한다. 고저측량은 왕복관측을 원칙으로 하

그림 20-9 하천종단면도

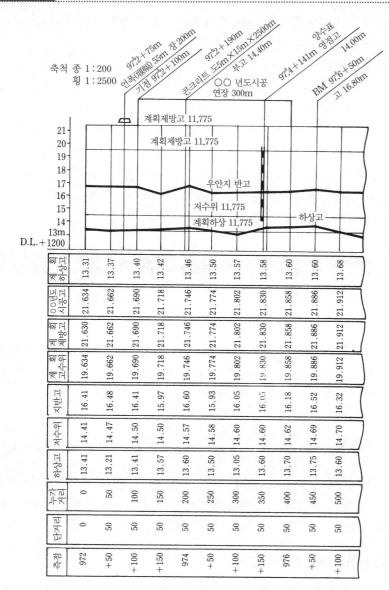

구분											
계획 하상고	13.31	13.37	13.40	13.42	13.46	13.50	13.57	13.58	13.60	13.60	13.68
○○년도 시공고	21.634	21.662	21.690	21.718	21.746	21.774	21.802	21.830	21.858	21.886	21.912
계획 제방고	21.630	21.662	21.690	21.718	21.746	21.774	21.802	21.830	21.858	21.886	21.912
계획 고수위	19.634	19.662	19.690	19.718	19.746	19.774	19.802	19.830	19.858	19.886	19.912
지반고	16.41	16.48	16.41	15.97	16.60	15.93	16.05	16.05	16.18	16.52	16.32
저수위	14.41	14.47	14.50	14.50	14.57	14.58	14.60	14.60	14.62	14.69	14.70
하상고	13.41	13.21	13.41	13.57	13.60	13.50	13.05	13.60	13.70	13.75	13.60
누가 거리	0	50	100	150	200	250	300	350	400	450	500
단거리	0	50	50	50	50	50	50	50	50	50	50
측점	972	+50	+100	+150	974	+50	+100	+150	976	+50	+100

느니만큼 5km마다에 대안(對岸)과 결합하는 환폐합(環閉合)으로 한다. 고저기표의 결정에는 2급 고저측량, 기타의 고저측량에는 3급 고저측량을 적용한다. 고저측량의 높이는, 고저기준 원점을 기초로 하는 것 외에 계획입안에서 그 하천 독자의 기준을 이용하는 방법이 편리한 것이다. 이것을 공사용 고저기준이라 부른다. 종단측량의 결과에서 종단면도를 작성한다. 그림의 축척은 종 1/100, 횡 1/1,000~1/10,000로 한다. 종단면도는 하류측을 좌측으로 하여 〈그림 20-9〉에 나타난 것 같은 각종의 자료를 기입한다.

다) 횡단측량

횡단측량은 200m마다 거리표를 기준으로 하여 고저(수애말뚝을 포함)를 측량하는 것으로 좌안을 기준으로 한다. 이때 수애말뚝과 수위와의 관계를 명시하여 놓는다. 이들 하천·저수지 등의 횡단 변화의 측량 결과는 하천개수·관리 및 하상의 변동 조사 등의 자료도 된다. 횡단측량에는 쇠줄자(steel tape), level, transit, TS 등을 이용하여 거리와 고저차를 관측한다. 고저차의 관측은 지면이 평탄한 경우에도 5~10m 간격으로 하며 경사변환점에서도 필히 실시한다. 관측정확도는 다음의 표와 같다.

	거 리	높 이
평 지	1/500	$2cm+5cm\sqrt{skm}$
산 지	1/300	$5cm+30cm\sqrt{skm}$

횡단측량과 심천측량의 결과에서부터 횡단면도를 작성한다. 축척은 종 1/100, 횡 1/1,000~1/10,000이다. 횡단면도는 좌안을 좌측으로 하고, 좌안거리표를 기점으로 하여 거리표의 번호를 제도한다.

4. 측심측량

측심측량은 하천의 수심 및 유수부분의 하저상황을 조사하고 횡단면도를 제작하는 측량이다. 유수의 실태를 파악하기 위해 하상의 물질을 동시에 채취하는 것이 보통이다.

(1) 심천측량용 기구·기계

측심측량에 사용된 기구에는 〈그림 20-10〉에 표시한 로드[rod, 측심봉(測深

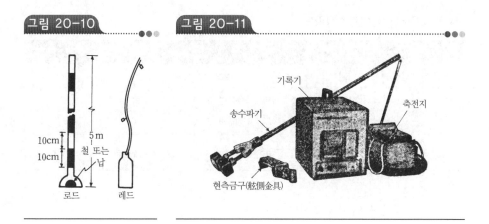

그림 20-10

10cm
10cm
5m
철 또는
납
로드
레드

그림 20-11

기록기
송수파기
축전지
현측금구(舷側金具)

棒)]와 레드[lead, 측심추(測深錘)]가 있다. 수심이 큰 경우에는 〈그림 20-11〉에서 표시한 음향측심기 등이 사용된다.

① 로드(rod)

〈그림 20-10〉과 같이 길이 5m 정도에 10cm씩 적과 백색으로 교대로 칠하여 1m마다 표를 붙이고 하단은 철, 또는 납[鉛]을 붙여서 무겁게 한다. 그 끝은 하저의 토사 속에 파묻지지 않도록 넓게 하며, 수심 5m까지는 사용가능하나 1~2m의 경우에 효과적이다.

② 레드(lead)

〈그림 20-10〉과 같이 와이어 또는 로프 끝부분(先端)에 3~5kg의 연의 추를 붙여 만든다. 로프는 직경 1~1.5cm의 마나 목면을 사용하고 사용중의 인장의 오차를 방지하기 위해 미리 수중에서 늘여 놓아 20~30cm마다 눈금을 표시한다. 최근의 경향으로는 나일론, 비닐론 등 내수성 화학섬유를 사용하는 일이 많다.

레드의 추는 수심이나 유속이 증가함에 따라 큰 것을 사용하며 최대 13kg까지 있다. 레드를 수중에 내리고 추가 하저에 있을 때 와이어를 만족할 만큼 잡아당긴 후 와이어의 길이를 읽는다. 그러나 수심이 깊게 되면 추와 비교하여 와이어의 중량이 크게 되고 추가 하저에 도착한 것을 정확히 판단할 수 없다.

③ 음향측심기

레드로 관측 불가능한 깊은 곳에 음향측심기가 사용된다. 음향측심기는 수상에서 수저(水底)로 향하여 초음파를 발사하여 하저에서 반사하여 돌아올 때까지의 시간을 관측하여 수심을 관측하게 된다. 초음파의 속도는 약 1,500m/sec가 된다.

최근 전자기술의 발달에 의해 아주 높은 정확도를 얻게 되며 댐, 하천하류

■■ 표 20-1 깊이관측정확도

종 별		정 확 도	적 요
정기 횡단 · 저수 유량관측		±15cm	
기타횡단	급 류	±30cm	
	완 류	±20cm	
호 · 댐		$\pm\left(10+\dfrac{7}{100}\right)$cm	음향측심기용(h: cm)

부, 항만, 해안 등의 수심조사에 사용된다.

〈표 20-1〉은 측량작업규정에 따른 깊이관측정확도의 값이다.

(2) 하천심천측량

① 하천폭이 넓고 수심이 얕은 경우

〈그림 20-12〉와 같이 양안 거리표를 시준한 선상에 수면말뚝을 박고 와이어로 길이 5~10m마다 수심을 관측한다. 다음에 하저의 토질을 조사하고 양수표의 수위 및 수면말뚝의 높이를 관측한다. 하천이 얕을 때는 보도로 물을 건너가면서 필요한 곳을 관측한다. 야장에는 수면말뚝의 표고와 관측시의 수위와의 관계, 관측장소의 위치와 수심, 관측시각을 기입한다.

그림 20-12

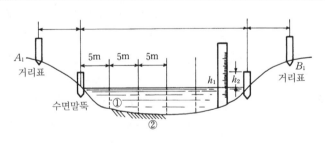

② 하천폭이 넓고 수심이 깊은 경우

하천폭이 넓고 로프가 길지 않은 경우는 배(船)에 의해 심천측량을 행한다.

〈그림 20-13〉에 있어서 A, B를 거리표로 하고 AB를 시준한 선상에 C

그림 20-13

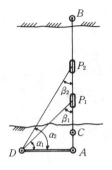

점을 설치한다. 배가 하천 가운데 나아가 CA를 시준하고 배를 AB선상에 넣도록 이동한다. 한편, 육상의 기선 AD를 설치하고 D점에 트랜시트를 세워 $\angle P_1DA=\alpha_1$을 관측한다. 기선 DA를 AB와 직교되도록 설치하면,

$$AP_1 = AD \tan \alpha_1 \tag{20.1}$$

이 되며 배의 위치는 쉽게 구하여진다.

선상과 육상을 근거리연락용 휴대용무전기(transciever) 등에 의해 합도(合圖)를 하여 각도와 수심의 관측을 동시에 행한다. 이 경우 배가 흐르는 물에 의해 설치가 변하지 않도록 주의하여야 한다. 또 선상에서 육분의로 각 β_1, β_2를 관측하여 배[船]의 위치 AP_1, AP_2를 구하는 방법도 있다. 수심이 깊고 넓은 하천의 수심측량은 최근 GPS, Geodimeter, echo sounder 등을 이용하여 수행한다.

(3) 하구심천측량

하구심천측량은 하구 부근 하저 및 해저의 지형을 밝히며 또한 토지, 표사의 조사를 목적으로 한다. 측량결과는 하구의 항만시설·해안보전 시설의 설계자료로 사용된다. 하구 부근은 조석, 파랑 등의 영향을 받아 계속 수위가 변하는데, 기본수준면(또는 기본고저기준면)을 설정할 때, 조위(潮位)를 관측하고, 실측한 수심을 기본수준면으로부터의 수심으로 보정하여 심천측량의 정확도를 높인다.

관측선간격은 50~200m 정도이고, 하천부분은 50m를 표준으로 하고 있

그림 20-14

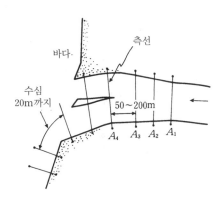

다. 관측선은 안(岸)에 직각 방향으로 시준하고, 별로 변화가 없는 곳에서 시준
한 선상에 20m 정도의 간격으로 관측점을 설치한다. 해안에서는 수심 20m 되
는 앞바다까지를 측량구역으로 한다.

깊이관측은 보통 배에서 행하고, 그 방향은 항만이나 해안에서의 측심측량
의 방향과 같으며, 육상에서는 트랜시트, 선상에서는 육분의를 사용한다. 최근,
대규모의 지역에서는 전파가 이용되고 있다.

① 트랜시트에 의한 방법

가) 관측선을 평행으로 하는 방법

〈그림 20-15〉에 표시한 것과 같이, 안(岸)을 따라서 설치한 기준점 A, B
의 시준선상에 일정 간격으로 말뚝 1, 2, 3, …을 박는다. 각 점은 기선에 대하
여 직각방향으로 적당한 장소에 말뚝을 박아 A', $1'$, $2'$, $3'$, …로 한다.

그림 20-15

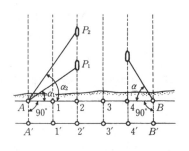

측량 배의 위치는, 시준선상에 있게 하여 배의 중심을 정한다. 지금 22′의 시준선 연장상의 점 P_1에 배가 있을 때, A점에서 관측각 α_1을 얻었고, 점 P_2에 있을 때 α_2를 얻었다. 나머지는 같은 방법으로 하여 각 시준선상에 있어서 깊이관측의 위치를 구한다.

나) 시준선을 하나의 정점에서 방사상으로 하는 방법

〈그림 20-16〉과 같이 육상에 기선 AB를 잡고, 일정한 간격으로 분할하여, 기선의 후방에다 수상에서는 떨어져 보이는 등대, 탑, 기간(旗竿) 등을 한 정점 Q로 정한다. 측량 배를, Q와 기선상의 각 점을 연결하는 선상으로 진행하여 깊이관측시에 합도에서 기선상의 1점을 트랜시트에 의해 각관측을 한다. 그림에서, 1 또는 2와 Q의 시준선의 경우는 A점에서 각관측을 하면 각관측오차가 크게 되므로 다른 기선 AB를 이용한 C점에서 각관측하면 좋다.

그림 20-16

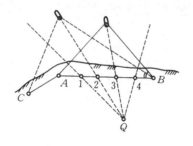

다) 육상의 2점에서의 교선법에 의한 방법

〈그림 20-17〉에서와 같이, 기선 AB의 양단점 A, B에 트랜시트를 세우

그림 20-17

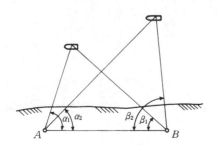

고, 깊이관측시에 선상에서의 신호(기를 흔드는 등)에 의해, 2직선의 교점으로 하여 배의 위치를 구한다.

이 방법은 ①과 ②의 방법과 같이 어떤 시준선상에 배를 진행하여 실시하면, 더욱 정확을 기할 수가 있다.

그리고, 수상과 육상의 연락은 근거리연락용 휴대무전기에 의하면 된다.

② **육분의**(sextant)**에 의한 방법**

〈그림 20-18〉과 같이, 방사상의 시준선상에서 수심관측시에 선상에서 2대의 육분의에 의하여 각 α와 β를 관측하여 배의 위치를 구하는 방법이다.

그림 20-18

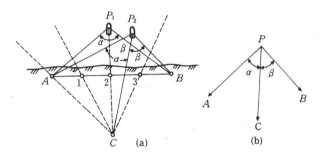

(4) 하천이나 해양의 측심측량

최근 하천이나 해양에서 많이 이용되고 있는 음향측심기로 단일빔음향측심기(SBES: Single Beam Echo Sounder)가 있으며 SBES보다 성능이 좋은 다중빔음향측심기(MBES: Multi Beam Echo Sounder)가 있다. MBE에 대한 자세한 설명은 본서 5장 고저측량편에서 다루었으므로 여기는 약하기로 한다.

5. 수위관측

하천의 수위는 주기적 혹은 계절적으로 변화되고 있다. 이 변화하는 수위의 관측에는, 수위표(양수표)와 촉침(觸針)수위계가 이용되고 있다.

(1) 수위관측기기

① 보통수위표

보통수위계라고도 하며 〈그림 20–19〉와 같이 목제 또는 금속제의 판에 눈금을 새긴 것에, 보조말뚝을 세워 장치한 것이다. 또, 교대, 교각, 호안에 직접 눈금판을 붙이고, 또 직접 페인트로 쓴 경우도 있다. 보조말뚝을 세울 때는, 하상을 1m 이상 파서 매설하는데, 지반이 약할 경우에는 콘크리트 기초를 하는 것이 좋다. 수위표의 눈금의 0은 최저수면 이하로 되고, 고수시 즉 홍수 때에 수위를 읽을 수 있도록 〈그림 20–19〉와 같은 방법으로 수위표를 설치할 때도 있다.

수위의 관측은, 일반적으로 조석으로 일정시각에 2회 행하는데, 원칙적으로 12시간 또는 6시간마다 행한다. 특히, 고수시에는 1시간 또는 30분마다, 최고수위의 전후에는 5~10분마다 관측할 필요가 있다.

그림 20–19

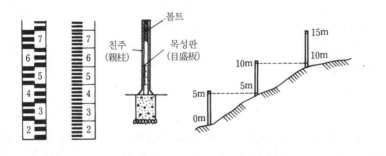

② 자동기록수위표

하구부근이나 치수·이수의 중요지점, 또는 관측에 불편한 곳에 수위변화를 자동기록장치에 의해서 기록할 경우에 이용되며, 일반적으로 부자식(浮子式)이 많다. 기록지는 시계에 의해 회전된다. 기록시간은 1일에서부터 1주간 또는 수개월에 이르는 것도 있고, 부자의 상하의 움직임에 의한 수위의 변화를 직접 pen의 움직임으로 회전되는 기록지에 기입하도록 되어 있다.

풍파 등에 의한 수면의 움직임으로 기록되는 것을 방지하기 위해 도관에 도수하여, 우물모양으로 함으로써 수면을 정온상태가 되도록 한 것이 많으며 기타 각종의 수위계가 있다.

그림 20-20

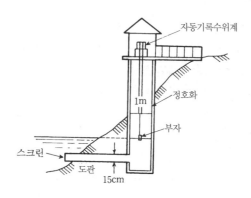

(2) 하천 수위의 종류

하천측량에서 관측한 수위를 다음과 같이 구분하고 있다.

① 최고수위(HWL)와 최저수위(LWL)

어떤 기간에 있어서 최고·최저의 수위로, 연단위나 월단위의 최고·최저로 구분한다.

② 평균최고수위(NHWL)와 평균최저수위(NLWL)

이것은 연과 월에 있어서의 최고·최저의 평균으로 나타낸다. 전자는 축제(築堤)나 가교, 배수공사 등의 치수적으로 이용되고, 후자는 주운(舟運)·발전·관개 등 이수관계에 이용된다.

③ 평균수위(MWL)

어떤 기간의 관측수위를 합계하여 관측횟수로 나누어 평균값을 구한 수위

④ 평균고수위(MHWL)와 평균저수위(MLWL)

어떤 기간에 있어서의 평균수위 이상의 수위의 평균, 또는 평균수위 이하의 수위로부터 구한 평균수위

⑤ 평수위(OWL : Ordinary Water Level)

어떤 기간에 있어서의 수위 중 이것보다 높은 수위와 낮은 수위의 관측횟수가 똑같은 수위로 일반적으로 평균수위보다 약간 낮다.

⑥ 최다수위(MFWL : Most Frequent Water Level)

일정기간중에 제일 많이 기록된 수위

⑦ **지정수위**

홍수시에 매시 수위를 관측하는 수위

⑧ **통보수위**

지정된 통보를 개시하는 수위

⑨ **경계수위**

수방요원의 출동을 필요로 하는 수위

(3) 수위관측소의 설치

하천의 수위관측은 하천의 개수계획, 하천구조물의 신축공사, 하천수의 이수계획을 세우기 위해 하는 것으로 관측지점은 다음과 같은 사항을 고려하여 적당한 장소를 선정한다.

① 관측지점의 위치는 그 상하류의 상당한 범위까지 하안과 하상이 안전하고 세굴(洗掘)이나 퇴적이 되지 않아야 한다.

② 상하류의 길이 약 100m 정도의 직선이어야 하고 유속의 변화가 크지 않아야 한다.

③ 수위를 관측할 경우 교각이나 기타 구조물에 의하여 수위에 영향을 받지 않아야 한다.

④ 홍수 때는 관측지점이 유실, 이동 및 파손될 염려가 없는 곳이어야 한다.

⑤ 평시는 홍수 때보다 수위표를 쉽게 읽을 수 있는 곳이어야 한다.

⑥ 지천의 합류점 및 분류점으로 수위의 변화가 생기지 않는 곳이어야 한다.

6. 유속관측

유속관측은 유속계에 의한 방법, 부자(浮子)에 의한 방법, 하천기울기를 이용한 방법 등이 있으며 유속관측장소는 다음과 같은 곳을 선정하여 관측한다.

(1) 유속관측의 위치

① 직류부로서 흐름이 일정하고 하상(河床)의 요철이 적으며 하상경사가 일정한 곳

② 수위의 변화에 의해 하천횡단면형상이 급변하지 않고 지질이 양호한 곳

③ 관측장소의 상하류의 유로는 일정한 단면을 갖고 있으며 관측이 편리한 곳

(2) 유속의 관측

〈그림 20-21〉에서 표시한 바와 같이 하천 횡단면을 따라서 와이어 등으로 약 5m 사이의 구간에 표를 하여 각 구간마다 각각 평균유속을 구한다. 각 구간의 유속관측점은 각 구간의 중심연직선상으로 하는 것이 좋다.

양안에 긴 와이어로 달아맨 통의 가운데로부터 유속측량기를 달아 매어 관측할 수 있지만 유수의 흐름으로 충분한 정확도를 기대할 수는 없다.

소정의 깊이까지 유속측량기를 내리고 30초 경과한 후의 회전수를 관측한다. 이때 유속측량기는 항상 수평으로 유지하도록 한다. 흐름이 경사질 때는 추를 달든지 미리 마련된 밧줄로써 균형을 유지하도록 한다. 또한 회전수 관측시의 시간은 스톱워치(stopwatch)를 사용하여 관측한다. 동일연직선을 따라서 유속을 관측할 때는 낮고 가까운 쪽에서부터 순차적으로 수면에 가까운 곳으로 실시한다. 유속측량기는 횡단면과 직교하는 방향으로 향하도록 한다.

그림 20-21

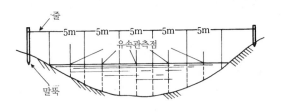

① 유속계 및 유속관측 방법

유속계(current meter)에는 연직축에 붙어 있는 수개의 원추상배(杯)가 유수의 작용에 의한 연직축의 회전으로 유속을 구하는 배형 유속측량기(cup-type current meter), 수평축에 붙어 있는 날개의 유수의 작용에 의한 수평축의 회전으로부터 유속을 구하는 익형유속측량기(propeller type current meter) 및 날개의 회전으로부터 생기는 전기출력으로부터 유속을 구하는 전기유속측량기(electric current meter) 등이 있다(〈그림 20-22〉 참조). 관측범위는 0.08m/sec~ 3m/sec 정도로 되어 있다.

익형유속측량기에 의한 유속의 공식은 다음과 같다.

그림 20-22

종 류		관측범위(매초)
부라이스전기식 유속계		10cm ~ 4m
광정전기식 유속계		3cm ~ 3m
광정음향식 유속계		3cm ~ 3m
전기유속계	고유속용	50cm ~ 8m
	저유속용	10cm ~ 3m
	미유속용	1cm ~ 50cm

1. 지시메타부   2. 현수기
3. 꼬리날개   4. 프로펠라보호대
5. 프로펠라

$$v = a + bn \tag{20.2}$$

단, v: 유속

a, b: 기계의 특유정수

n: 1초 동안의 회전수

② 평균유속을 구하는 방법

하천횡단면에 있어서 임의의 연직선상의 각각의 수심에서 유속을 관측하고 〈그림 20-23〉과 같이 종유속곡선을 만든 후 구적기 등으로 그 면적을 구한다. 전수심을 분할하면 그 연직선상에서의 평균유속이 구하여진다. 평균유속을 구하

그림 20-23

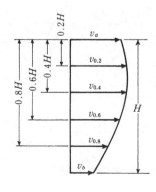

는 방법에는 평균유속계산식, 1점법, 2점법, 3점법 등이 있다.

가) 평균유속계산식

가우스의 평균치법을 사용하여 유속계의 관측점수에 대한 연직선상의 관측위치와 평균유속의 관계를 구하는 식으로 유속관측점수를 n으로 하면 평균유속 v_m은

$$n=2의 경우\ \ v_m=\frac{1}{2}(v_{0.211}+v_{0.789}) \tag{20.3}$$

$$n=3의 경우\ \ v_m=\frac{1}{18}(5v_{0.113}+8v_{0.5}+5v_{0.887}) \tag{20.4}$$

$$n=4의 경우\ \ v_m=0.174(v_{0.07}+v_{0.93})+0.326(v_{0.33}+v_{0.67}) \tag{20.5}$$

단, v_i: 수표면에서 i로 나눈 깊이의 유속

식 (20.3), (20.4), (20.5)는 수위나 유량이 변동하는 경우 될 수 있는 한 단시간에 전단면에서의 유속을 관측할 필요가 있다.

(3) 평균유속 산정

관측선간격은 하상의 형태, 하폭의 대소 및 관측정확도에 따라 다르나 유속관측수는 7~10 이상을 등간격으로 관측하며 수류횡단면중 하나의 연직선에 따른 유속은 〈그림 20-24〉와 같이 수심에 따라 변한다.

유속계를 관측점 수에 따라 평균유속은 다음과 같다.

그림 20-24 유속의 분포

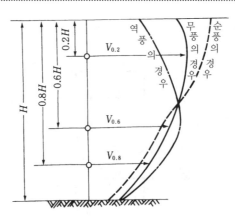

① 1점법

수면에서의 수심의 60%되는 지점(0.6H)의 유속을 관측하여 평균유속으로 하는 방법이다.

$$V_m = V_{0.6} \tag{20.6}$$

② 2점법

수면에서 수심의 20%(0.2H) 및 80%(0.8H)인 지점의 유속을 관측하여 평균유속을 구하는 방법이다.

$$V_m = \frac{1}{2}\left(V_{0.2} + V_{0.8}\right) \tag{20.7}$$

③ 3점 및 4점법

수면에서 수심의 20%(0.2H), 40%(0.4H), 60%(0.6H), 80%(0.8H)인 지점의 유속을 관측하여 평균유속을 구하는 방법이다.

$$3점법 : V_m = \frac{1}{4}\left(V_{0.2} + 2V_{0.6} + V_{0.8}\right) \tag{20.8}$$

$$4점법 : V_m = \frac{1}{5}\left(V_{0.2} + V_{0.4} + V_{0.6} + V_{0.8}\right) + \frac{1}{2}\left(V_{0.2} + \frac{1}{2}V_{0.8}\right) \tag{20.9}$$

(4) 부자에 의한 유속관측

유속이 매우 빠르거나 유속관측기에 의해 관측이 어려운 경우, 부자를 흘려 보내면서 부자의 속도를 관측하여 유량을 계산한다. 이것은 하천의 적당한 구간을 부자가 유하하는 시간을 관측하여 유속을 구한다.

① 부자의 종류

가) 표면부자

나무·코르크·병·죽통(竹筒) 등을 이용하여 작은 돌이나 모래를 넣어 추로 하고 흘수선(吃水線)은 0.8~0.9로 한다. 평균유속은 표면부자의 속도를 v_s로 한 경우, 큰 하천에서는 0.9v_s, 얕은 하천에서는 0.8v_s로 한다.

나) 이중부자

표면부자에 실이나 가는 쇠줄로 수중부자와 연결시켜 만든 부자로 수면에서 수심의 3/5인 곳에 수중부자를 가라앉혀서 직접 평균유속을 구할 때 사용되나 정확한 값은 얻을 수 없다.

그림 20-25 부자의 종류

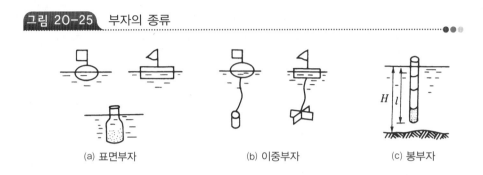

(a) 표면부자   (b) 이중부자   (c) 봉부자

다) 봉부자

봉부자는 〈그림 20-26〉과 같이 거의 수심과 같은 길이의 죽통이나 파이프의 하단에 추를 넣어 연직으로 세워 하천에 흘려보낸다. 상단은 눈에 띌 정도로 수면에 약간 나타나도록 한다.

봉부자는 수면에서부터 하천바닥에 이르는 전수심의 유속에 영향을 받으므로 평균유속을 비교적 얻기 쉽다. 하천바닥의 상태가 불규칙할 때는 전수류를 d, 부자상단에서 하천바닥까지의 거리를 d', 부자의 유속을 v_r이라면 평균유속 v_m은 프란시스공식 (20.10)으로 구하여진다.

$$v_m = v_r \left(1.012 - 0.116 \sqrt{\frac{d'}{d}} \right) \tag{20.10}$$

윗 식에서 $d' \leqq \dfrac{d}{4}$로 한다.

또 $v_m = K v_r$로 하여 간단히 평균유속을 구하는 경우도 있다. 이 경우 K를 보정계수라 하고 〈표 20-2〉의 값으로부터 취하게 된다.

그림 20-26

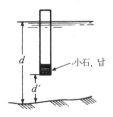

■■ 표 20-2 K의 값

$(d-d')/d$	0.95	0.90	0.80	0.70	0.65
K	0.99~1.00	1.97~1.00	0.94~0.97	0.92~0.95	0.91~0.94

■■ 표 20-3 K의 값

부자번호	1	2	3	4	5
수심(m)	0.7 이하	0.7~1.3	1.3~2.6	2.4~5.2	5.2 이하
부자의 흘수$(d-d')$m	표면부자 사용	0.5	1.0	2.0	4.0
보정계수 K	0.85	0.88	0.91	0.94	0.96

또 일반적으로 수심에 따라 부자를 5개로 분리하여 각각의 수심에 따라 사용하고 있으며 일정한 보정계수를 사용하여 실용상 간단히 유속을 구하도록 되어 있다.

② 부자에 의한 유속관측

부자에 의한 유속관측은 하천의 직류부를 선정하여 실시한다. 직류부의 길이는 하폭의 2~3배, 30~200m로 한다.

〈그림 20-27〉에서와 같이 부자출발선에서부터 첫번째 시준하는 선까지의 거리는 부자가 도달하는 데 약 30초 정도가 소요되는 위치로 하고 시준선은 유심에 직각이 되도록 한다. 부자출발선상에서 일정한 간격으로 분할하고 각 구간 중앙에 부자를 투하한다. 하폭에 대한 분할수는 〈표 20-4〉의 값을 참고로 하는

그림 20-27

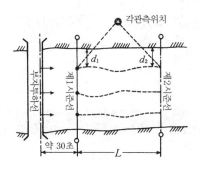

■■ 표 20-4

하천폭(m)	50 이하	50~100	100~200	200~400	400~800	800 이상
분할수	3	4	5	6	7	8

것이 좋다.

분할폭은 각 구간의 유량이 거의 같게 되도록 하고 계획고 수위에서의 하폭을 기준으로 하여 구분한다. 분할의 폭은 하천의 중앙부에서는 약간 넓게, 하천안(河川岸) 부근에는 수심의 변화가 심하므로 약간 좁게 한다.

거리 L과 부자가 유하한 시간 t를 관측할 때, 부자의 유속은 $v = \dfrac{L}{t}$에 일정한 계수를 붙여 평균유속으로 한다.

부자의 투하는 다리를 이용하든가 하천을 따라 케이블을 건네고 투하장치를 사용한다. 또 투하된 부자가 시준선상의 어떤 위치에 있는가를 찾기 위하여 하안으로부터의 거리를 구한다.

③ 부자에 의한 유속계산

부자의 유속관측은 하천의 직선부를 선정하여 실시하며 직선부의 길이는 하폭의 2~3배로서 30~200m로 한다. 부자투하선에서부터 약 30초 정도 소요되

그림 20-28 부자에 의한 유속관측

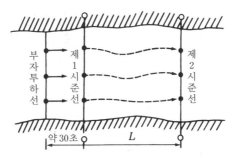

■■ 표 20-5 C 보정계수값(봉부자인 경우)

$(H-l)/H$	0.05	0.10	0.20	0.30	0.40
C	0.986	0.969	0.942	0.919	0.908

* $l = (0.87 \sim 0.996)H$

는 위치에 제일시준선을 정하고 거리(L)와 부자가 유하한 시간(t)을 관측하여 부자 속도(V)를 구하여 평균유속(V_m)을 계산한다.

$$V_m = C \cdot V$$

단, V_m: 평균유속, V: 봉부자의 속도(L/t), C: 보정계수

(5) 하천의 기울기를 이용한 유속관측

기울기를 이용한 유속관측은 부자나 유속관측기에 의한 유속관측이 불가능하거나 수로신설에 따른 설계에 이용되며, 하천의 수면기울기, 하상상태, 조도계수(粗度係數)로부터 평균유속을 구한다.

① Chezy의 식

$$V_m = C\sqrt{RI} \qquad\qquad (20.11)$$

단, V_m: 평균유속(m/sec)　　　　　　　　C: Chezy의 계수
　　R: 경심(유적/윤변)[徑深(流積/潤邊)]　　I: 수면기울기

② Manning의 식

$$V_m = \frac{1}{n} R^{2/3} I^{1/2} \qquad\qquad (20.12)$$

단, n은 하도의 조도계수

7. 유량관측

유량계나 부자 또는 하천기울기를 이용하여 평균유속을 구하고 하천의 횡단면적을 곱하여 유량을 계산한다.

$$Q = A \cdot V_m \,(\text{m}^3/\text{sec}) \qquad\qquad (20.13)$$

단, Q: 유량(m³/sec), A: 단면적(m²), V: 평균유속(m/sec)

유량관측은 하천측량에서의 중요한 작업의 한 가지이다. 그러나, 하천의 흐름은 대단히 복잡하여 관측방법도 완전한 것이 아니고, 다른 일반측량과 비교

그림 20-29 저수량(低水量)관측에 의한 수위유량 곡선

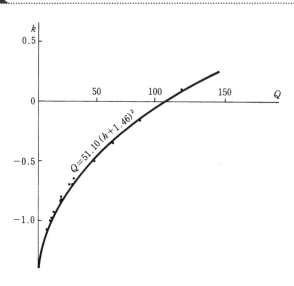

하여도 정확도의 면에서 낮다. 일반적으로 유량을 관측하는 방법에는 다음과 같은 것이 있다.

(1) 유량을 관측하는 방법

① 유수(流水)를 일정용량의 용기에 받아 만수에 이르기까지의 시간을 관측하여 유량을 구하는 방법이 있다.

② 벤추리 미터(venturi meter), 오리피스(orifice)나 양수계 등의 계기에 의해 구하는 방법이 있으며 관로 등의 경우에 이용한다.

③ 수로 내에 둑을 설치하고, 사방댐의 월유량의 공식을 이용하여 유량을 구하는 방법이 있다.

④ 수위유량곡선을 미리 만들어서 필요한 수위에 대한 유량을 그래프상에서 구하는 방법이 있다.

⑤ 유량과 유역면적의 관계로부터 하천유량을 추정하는 방법이 있으며 하천개수계획이나 수력발전계획 등의 자료로 이용된다.

이것들의 유속·유량의 관측에는 다음과 같은 곳을 택할 필요가 있다.

① 직류부로서 흐름이 일정하고, 하상의 요철이 적고 하상경사가 일정한 곳이 좋다(와류가 일어나는 곳은 피한다).

② 수위의 변화에 의해 하천 횡단면형상이 급변하지 않고, 지질이 양호한 하상이 안정하여 세굴·퇴적이 일어나지 않는 곳(저수로의 위치가 시시각각 변화되거나 섬〔洲〕이 만들어지는 곳은 피한다)

③ 관측장소의 상·하류의 유로는 일정한 단면을 갖는 곳(초목 등의 하천공작물의 장애 때문에, 유수가 저해되는 곳은 피한다)

④ 관측이 편리한 곳, 예를 들면 다리 등을 이용할 수 있는 곳

(2) 유량을 구하는 방법

〈그림 20-30〉과 같이 제1, 제2 시준선의 측심측량결과에 의해 작성된 2개의 단면도를 겹쳐 수면위치와 수로폭중심을 일치시켜 각 단면의 중간을 통하는 선을 구하여 이것을 평균단면을 나타내는 선으로 한다. 부자의 평균위치 사이의 각 단면적을 A_1, A_2, A_3, …로 하고 평균유속을 계산하여 v_1, v_2, v_3, …로 하면 전체 유량은, 식 (20.14)로 표시된다.

$$Q = \frac{2}{3}v_1 A_1 + \frac{v_1 + v_2}{2}A_2 + \frac{v_2 + v_3}{2}A_3 + \cdots \tag{20.14}$$

그림 20-30

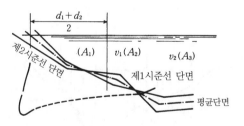

예제 20.1 부자에 의한 유량관측에서 유하거리는 시간 및 거리의 관측오차에 의한 유속의 정확도에 따라 정하여진다.

지금 유하거리의 관측오차를 0.1m, 유하시간의 관측오차를 1′로 하면 최대유속 1.5m/sec일 때 유속의 오차를 2% 이내로 하기 위해 필요한 부자유하거리를 구하시오.

해답 유하거리의 오차 $\dfrac{dl}{l} = \dfrac{0.1}{l} \times 100 = 10/l\,(\%)$

유하시간의 오차 $\dfrac{dt}{l}=\dfrac{1}{l/1.5}\times 100=150/l(\%)$

그러므로

유속의 오차 $\dfrac{dV}{l}=\sqrt{\left(\dfrac{10}{l}\right)^2+\left(\dfrac{150}{l}\right)^2}=\dfrac{150.3}{l}$

이 결과 $l=\dfrac{150.3}{2}=75.2 \rightarrow 75.2$ 이상으로 한다.

또 〈그림 20-32〉와 같이 깊이관측점에서 각각의 평균유속을 구할 때는 식 (20.15)에 의해 유량을 구하여도 좋다.

$$Q=\frac{2}{3}v_1\frac{h_1\cdot b_1}{2}+\frac{v_1+v_2}{2}\cdot\frac{h_1+h_2}{2}b_2$$
$$+\cdots+\frac{v_{n-1}+v_n}{2}\cdot\frac{h_{n-1}+h_n}{2}b_{n-1}+\frac{2}{3}v_n\cdot\frac{h_nb_n}{2} \qquad (20.15)$$

도식적으로 구하면 〈그림 20-33〉과 같이 유속관측점에서의 평균유속에 각 점의 수심을 곱한 v_1h_1, v_2h_2, $\cdots$, v_nh_n의 값을 취한다. 이것을 이어서 v_mh 곡선을 그리고, v_mh 곡선과 수면과 이루어진 면적을 구적기 등으로 관측하여 그 값

그림 20-31

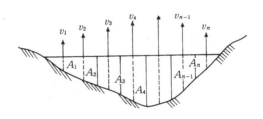

그림 20-32

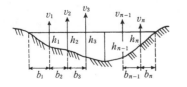

그림 20-33

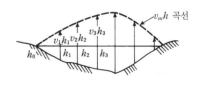

을 소요유량으로 한다.

예제 20.2   오른쪽 그림에 표시된 것 같
은 어떤 하천의 유속을 좌안(左岸)에
서 5m 간격으로 1점법 및 2점법에
의해 유속측량기로써 관측한다. 유속
공식을 $v=0.7n+0.02$로 하고 각 관
측수선에서 평균유속을 구하고 전유량
을 계산하시오. (n은 초당회전수)
    유속관측결과는 아래 표와 같다.

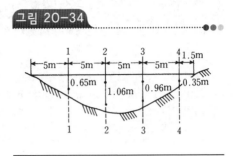

그림 20-34

■■ 표 20-6 유속관측결과

관측수점 번호	거 리		수 심	관측점수심	회전수	초 수
1	좌안관측점에서 5m		0.65m	0.39m	50	88
2	〃	10	1.06	0.21	100	56
				0.85	70	72
3	〃	15	0.96	0.19	70	58
				0.77	50	63
4	〃	20	0.35	0.21	20	77

해답   관측결과로부터 평균유속을 구하면 다음과 같이 된다.

■■ 표 20-7 평균유속계산결과

관측수점 번호	거 리		수심 (m)	관측점 수심(m)	회전수	초수	매초 회전수	유속 (m/sec)	평균유속 (m/sec)
1	좌안관측점에서 5m		0.65	0.39	50	88	0.57	0.42	0.42
2	〃	10	1.06	0.21	100	56	1.77	1.26	0.98
				0.85	70	72	0.97	0.70	
3	〃	15	0.96	0.19	70	58	1.20	0.86	0.72
				0.77	50	63	0.80	0.58	
4	〃	20	0.35	0.21	20	77	0.26	0.20	0.20

평균유속의 결과로부터 유량을 계산하면 〈표 20-8〉과 같이 된다.

■■ 표 20-8   유량계산

관측수점 번호	평균유속 (m/sec)	평균유속평 균(m/sec)	관측점간 거리(m)	수심 (m)	평균수심 (m)	유적 (m²)	유량 (m³/sec)
1	0.42	0.28	5.0	0.65	0.325	1.625	0.455
2	0.98	0.70	5.0	1.06	0.855	4.275	2.993
3	0.72	0.85	5.0	0.96	1.010	5.050	4.293
4	0.20	0.46	5.0	0.35	0.655	3.275	1.507
우안수애	0	0.13	1.5	0	0.175	0.2625	0.034
						합계	9.282

그림 20-35   하천단면의 분할

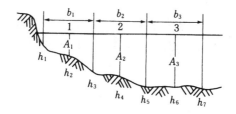

〈그림 20-35〉와 같이 하천단면을 분할하여 각각의 면적을 A_1, A_2, $\cdots$, A_n으로 하고 각 구간의 평균유속을 V_1, V_2, $\cdots$, V_n으로 하면 전 유량(Q)은 다음과 같다.

$$Q = V_1 A_1 + V_2 A_2 + \cdots + V_n A_n \tag{20.16}$$

$$\text{단, } A_1 = \frac{b_1}{2}(h_1 + h_3), \ A_2 = \frac{b_2}{2}(h_3 + h_5)$$

$\cdots\cdots\cdots\cdots\cdots$

b_1, b_2 : 유속관측선간격, h_1, h_2 : 수심

(3) 유량계산

① 부자에 의한 유속관측에서 유량계산

제1, 제2시준선의 횡단면도를 서로 겹쳐 수면단위와 수로폭중심을 일치시켜 각 단면의 중간을 통하는 선을 구하여 평균단면선으로 한다. 부자의 평균위치 사이의 각 단면적을 A_1, A_2, A_3, $\cdots$로 하고 평균유속을 V_1, V_2, V_3, $\cdots$라

그림 20-36 평균단면

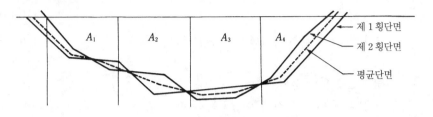

하면 전체유량은 다음과 같다.

$$Q = \frac{2}{3}V_1 A_1 + \frac{V_1 V_2}{2}A_2 + \frac{V_2 V_3}{2}A_3 + \cdots$$

② 웨어에 의한 유량관측

하천이 작은 경우, 웨어를 설치하여 유량을 구하며 단면형상에 따라 사각웨어, 전폭웨어, 삼각웨어, 수중칼날형웨어 등이 있다. 여기에서는 사각웨어와 삼각웨어에 의한 유량계산식을 서술한다.

가) 사각웨어

$$Q = cbh^{3/2} \tag{20.17}$$

$$c = 1.7859\frac{0.0295}{h} + 0.237\frac{h}{D} - 0.428\frac{(B-b)h}{BD} + 0.034\sqrt{\frac{B}{D}} \tag{20.18}$$

단, Q : 유량(m³/sec), b : 월류웨어폭, h : 월류수심

그림 20-37 사각웨어

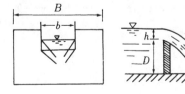

그림 20-38 직각삼각웨어

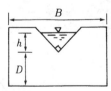

나) 직각삼각웨어

$$Q = ch^{5/2} \tag{20.19}$$

$$c = 1.354 + \frac{0.004}{h} + \left(0.14 + \frac{0.2}{\sqrt{D}}\right)\left(\frac{h}{B} - 0.09\right)^2 \tag{20.20}$$

③ 유량곡선에 의한 유량관측

어떤 지점의 수위와 이것에 대응하는 유량을 관측하고 수위를 종축에, 유량을 횡축으로 취하여 작도하면 〈그림 20-39〉와 같은 수위유량곡선이 된다.

수위유량곡선을 나타낸 식의 기본형은 2차 포물선이라 가정하고 최소제곱법에 의하여 계수를 구한다. 식의 기본형은 다음과 같이 표시된다.

$$\left.\begin{array}{l} Q = K \cdot (h \pm Z)^2 \\ Q = a + bh + ch^2 \end{array}\right\} \tag{20.21}$$

단, Q: 유량, h: 수심, Z: 수위표 O점과 하상과의 고저차, a, b, c, K: 계수

수위유량곡선은 수위와 유량을 동시관측에 의하여 얻은 많은 자료를 근거로 작성한다.

이 경우에는 증수시(增水時)와 감수시(減水時)에는 같은 수위로 되어도 〈그림 20-39〉에 표시한 바와 같이 유량이 다른 것은 보통이다. 또 복단면의 하천에서의 수위가 홍수위를 넘는 경우와 같이 유로단면의 변화가 심할 때 유량곡선은 수위의 고저에 따라 각각 만들어둔다.

홍수시의 경우 유량관측이 되지 않으므로 홍수량을 보정하기 위한 유량곡선을 연장하여 구한 경우가 있다. 그러나 어디까지나 이것은 어림으로써 참고로 하

그림 20-39

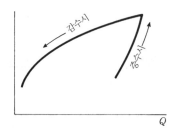

는 정도에 지나지 않는다. 유량곡선이 치수나 이수계획의 참고자료로 쓰이는 경우도 하상의 변동이나 그 이외의 상황의 변화에 따라 유량선식을 만들 필요가 있다.

④ 월류부에 의한 유량관측

작은 하천 또는 수로에 있어서는 월류부(越流部, weir)를 설치하고 웨어의 공식에 의해 유량을 구하는 경우가 있다. 이같이 유량관측을 목적으로 한 웨어를 관측웨어라 말한다.

일반적으로 웨어는 단면의 형에 따라 인형(刃形)웨어와 폭후월류부(幅厚越流部)로 분리된다. 전자는 월류부의 형상이 예민하게 되어 있으며 사각월류부, 전폭월류부, 삼각월류부가 그 예이다. 칼날형 월류부는 월류수맥이 안전하고 월류수심의 관측이 용이하므로 널리 사용되어진다.

가) 4각월류부

채택하고 있는 식은 다음과 같다.

$$Q = Cbh^{\frac{3}{2}} \tag{20.22}$$

$$C = 1.7859\frac{0.0295}{h} + 0.237\frac{h}{D} - 0.428\frac{(B-b)h}{BD} + 0.034\sqrt{\frac{B}{D}} \tag{20.23}$$

단, Q: 유량(m^3/sec)

8. 하천도면작성

하천측량에 의하여 다음과 같은 도면이 만들어진다. 즉, ① 평면도, ② 종단면도, ③ 횡단면도 등이다.

도면에는 모두 측량의 연월일, 측량자, 방위, 축척, 기타 필요한 사항을 명기하여야 한다.

(1) 지형도의 제작

지형도는 하천개수나 하천구조물의 계획, 설계, 시공의 기초가 되는 것으로 골조측량으로 구한 기준점은 전부 직교좌표에 의하여 전개되고 이것에 의하여 정확한 지형도를 결정한다. 지형도에는 축척, 자북, 진북, 측량연월일, 측량자명 등을 기입한다. 도식은 원칙상 국토지리정보원 지형도 도식에 의하지만 하천공사용 목적에 있어서는 단독으로 도식을 사용하는 것도 있다. 또한 축척은 보통 1/2,500이다. 단, 재래의 도면을 이용할 경우나 하폭 50m 이하의 경우에는 1/10,000이 쓰여진다. 그 외에 하천법의 대상이 되는 하천에 관해서는 하천 대장을 만들고 이 하천대장의 지형도 축척은 1/2,500, 상황에 따라서는 1/5,000 이상이 쓰여진다.

(2) 종단면도

종단측량의 결과로부터 종단면도를 제작한다. 종단면도의 축척은 종 1/100~1/200, 횡 1/1,000~1/10,000로 하지만 종 1/100, 횡 1/1,000을 표준으로 하지만 경사가 급한 경우에는 종축척은 1/200로 한다. 종단면도에는 양안의 거리표고, 하상고도, 계획고수위, 계획 제방고도, 수위표, 교대고도(橋臺高度), 수문 및 배수용 갑문 등을 기입하며 하류를 좌측으로 하여 제도한다.

(3) 횡단면도

횡단면도는 육상부분의 횡단측량과 수중부분의 심천측량의 결과를 연결하여 작성된다.

축척은 횡 1/1,000, 종 1/100로 하고 고도는 기준 수준면에서 좌안을 좌·우안을 우로 쓰고, 양안의 거리, 표위치, 측량시의 수위, 고수위, 저수위, 평수위 등을 기입한다. 역시 필요에 따라 수면 밑의 유적(流積), 윤변(潤邊) 등도 기입한다. 〈그림 20-40〉 (a)는 하천 횡단면도의 일 예이다. 횡단면도의 배치는 〈그림 20-40〉 (b)와 같다.

그림 20-40

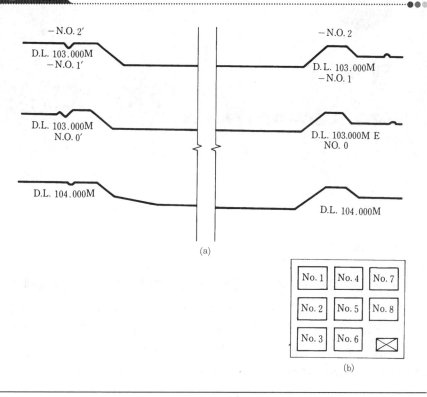

(a)

(b)

제21장

댐 측 량

1. 개   요

댐(dam)은 축조되는 재료의 종류나 수압저항에 활용되는 방법 등에 따라 분류되며 중력식, 아치식, 부벽식, 흙댐, 록필댐(rock fill dam) 등으로 구분된다. 중력댐은 댐에 작용하는 모든 외력을 댐 자체 중량으로 저항하여 견딜 수 있도록 만든 것으로, 콘크리트 중력댐이 널리 이용되고 있다. 아치댐은 주로 콘크리트로 축조하며 수압이나 기타 외력을 아치 단면으로 견디도록 되어 있다. 부벽식댐은 물을 저수시키게 해주는 댐벽체를 댐축과 직각방향으로 된 다수의 부벽으로 지주가 되게 만든 형식이며, 흙댐은 가장 보편적인 댐형식으로 흙 운반용 장비의 발달로 경비절감이 이루어져 인건비가 많이 소요되는 콘크리트댐보다 흙댐 건설이 많이 유리해지고 있다. 록필댐은 상류비탈면에 야석적으로 하고 기초면까지 도달하는 차수벽을 설치하여 만든 암석으로 된 댐으로 시멘트값이 비싸거나 흙댐용 재료를 얻기 힘든 지점에 적합하다.

이와 같은 댐을 축조하기 위한 측량은 크게 세 가지로 분류된다.

첫째, 조사계획측량은 하천의 개발계획, 즉 발전, 치수, 농업 및 공업용수 등의 종합계획에 중점을 두고 실시한다. 따라서, 항공영상탐측은 물론 지상측량에 대해서도 국가삼각점, 국가고저기준점(또는 국가수준점)을 기준으로 하여 계획을 실시한다.

둘째, 실시설계측량은 세부도를 작성하는 것으로 제체, 지부, 배수로, 터널, 운반도로, 토사장, 가설비지점 등의 각종 설계시공에 필요한 측량을 한다.

셋째, 안전관리측량은 댐의 변형 및 변위를 관측하기 위해 공사중의 시공관리, 완성 후의 유지관리 및 장래에 필요한 설계자료를 얻을 목적으로 실시한다.

2. 조사계획측량

댐을 건설하기 위한 조사사항으로 수문, 지형, 지질, 보상, 재료원, 가설비 등을 조사한다.

(1) 수문자료

수문자료는 댐의 계획, 설계, 시공, 관리에 있어 널리 활용되는 기본자료로 기존자료뿐만 아니라 부족한 자료가 있으면 단기간 관측을 해서 자료수집을 한다. 댐계획에 필요한 수문자료로는 강수량, 적설 및 결빙상태, 홍수관측기록, 유사, 수질, 폭풍우강도와 일수 등이 있다.

(2) 지형 · 지질조사

댐계획에 있어서 지형적 요소는 댐의 설계, 공비 등과 밀접한 관련이 있으며, 항공영상탐측의 발달에 따라 시간이 훨씬 단축되고, 값이 싸게 댐 · 못 · 저수지에 대한 지형도를 얻을 수 있게 되었으며, 지형도를 토대로 단층의 예측, 풍화의 깊이, 누수에 대한 예측 등을 할 수 있다. 지형조사에서 준비해야 할 것은 위치도, 댐지점지형도, 저수지 지형도 등이다. 또한, 지질조사로써 암질, 지질구조, 풍화, 변질에 대한 사항을 조사한다.

(3) 보상조사

댐건설은 사회적으로 커다란 영향을 주므로 수몰지 내의 재산, 권리 등을 희생시키게 되고 관련지역의 정치, 경제에도 커다란 영향을 미치므로 단순한 재산권만의 보상으로 충분치 않으므로 수몰민의 생활재건과 수몰지역의 지역개발 등에도 대책을 강구해야 한다.

(4) 재료원조사

댐형식에 따라 축조재료의 제약을 받으므로 채취지점의 원근, 양, 천연골재의 유무 등이 댐건설비에 크게 영향을 미치므로 채취지점을 결정하게 될 조사에서는 예비조사단계부터 충분히 검토해야 한다. 조사순서는 기존의 지형도, 지질도, 항공영상에 의해 채취예정지점의 검토를 실시한다.

(5) 가설비조사

댐의 공사용 가설비는 재료, 기계의 반출입 등 수송시설, 골재제조, 저장시설, 콘크리트혼합, 운반설비, 암석의 선별용설비 등이 있다. 댐의 건설은 이에 소요되는 축조재료가 대량이므로 가설비용량, 수송로 등 충분한 조사를 실시해야 한다.

3. 실시설계측량

실시설계를 하기 위해서는 조사도면보다 더 자세한 정밀도면이 필요하므로 항공영상탐측성과와 현장에서 실시한 지상측량성과를 이용하여 세부측량을 한다.

(1) 삼각측량

댐건설 장소와 필요한 지점을 포함한 지역에 대하여 삼각측량을 하며 기본삼각점을 연결하는 기선을 설정하여 독자적으로 측량을 한다. 나중에 거푸집을 설치하는 것을 고려하여 선점해야 하고 $0.1' \sim 0.2'$ 독 트랜시트를 이용하여 수평각은 3대회, 수직각은 1대회로 관측하며 관측제한은 〈표 21-1〉과 같다.

■■ 표 21-1 댐측량의 관측오차

관측오차	오차한계
수 평 각 관 측 오 차	$45'' \sim 24''$ 이내
수 직 각 교 차	$60''$ 이내
삼 각 형 의 폐 합 차	$60'' \sim 10''$ 이내
좌 표 의 폐 합 차	20cm 이내
표 고 의 폐 합 차	30cm 이내
기 준 의 정 확 도	계산값과 실측값의 교차가 10~20mm

그림 21-1 댐측량에서의 삼각측량

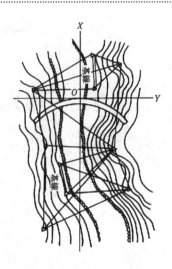

(2) 다각측량

1/500~1/1,000의 지형측량을 할 때 삼각측량에서 설치한 삼각점 사이를 다각측량으로 연결하여 세부측량의 도근점으로 한다. 다각측량에서 거리관측은 쇠줄자로 왕복관측할 경우 교차가 1/5,000 이내로 해야 하며, 수평각은 2대회 관측으로 관측오차가 45″ 이내이어야 한다. 또한 계산상에서 방향각의 폐합차는 $60″\sqrt{n}(n$: 점수)이며 좌표폐합차는 1/3,000 이내로 제한하고 있다.

(3) 평면도

삼각점과 다각점을 이용하여 stadia측량과 평판측량을 이용하여 지형측량을 한다. 평면도의 정확도는 도상위치오차가 ±0.5mm, 표고가 ±1.0mm로 하며 지형도의 축척과 등고선의 간격은 〈표 21-2〉와 같다.

■■ 표 21-2 댐측량에서 평면도의 축척과 등고선 간격

종류	축척	등고선 간격(도상에서 cm)
저 수 지	1/2,500~1/5,000	5~10
댐	1/300~1/1,000	1~2
가 설 비 지 점 , 토 사 장	1/250~1/500	1~2

그림 21-2 댐의 평면도

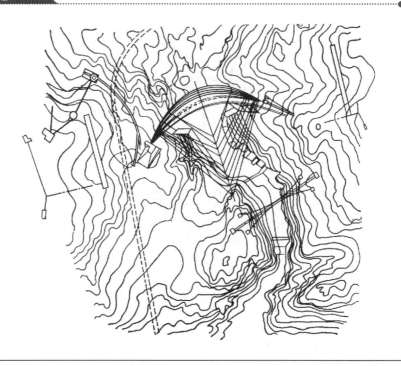

(4) 종·횡단측량

축조예정지에 중심선을 정하고 일반적으로 10m 간격으로 관측점을 설치하여 종단측량을 실시하며 필요에 따라 관측점 사이에 말뚝을 박아 추가로 관측한다. 종단측량은 적어도 왕복관측을 하여 수준점과 연결시키며 관측오차는 1km에 대해 10mm 이내로 한다.

종단면도는 횡축척이 1/500~1/1,000, 종축척이 1/100~1/200로 하여 작성하며 도면은 명칭, 축척, 관측번호, 거리, 추가거리, 지반고, 계획축조고 등을 기입한다(〈그림 21-3〉 참고).

횡단측량은 중심선에 설치된 측점에서 실시하며 계획축조 범위보다 약 10m 더 범위를 넓혀 측량한다. 관측오차한계는 거리에 대해 1/1,000 이내, 높이에 대해 1/20,000 이내로 한다.

횡단면도의 축척은 종횡이 동일하게 하며 1/100~1/500이 적당하다(〈그림 21-4〉 참고).

그림 21-3 댐측량에서의 종단면도

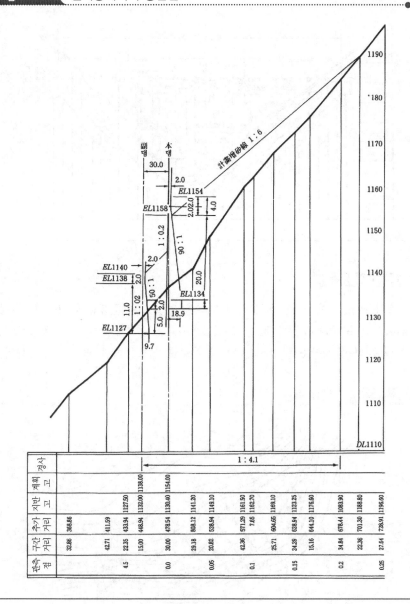

그림 21-4 댐측량의 횡단면도

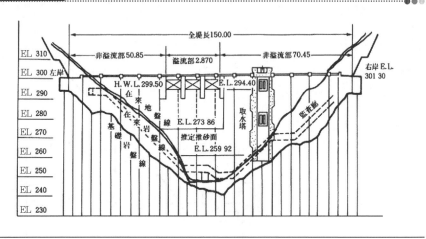

(5) 토취장측량

토취장예정지에 약 50m 간격의 방안을 만들고 수준측량에 의하여 각 방안점의 표고를 구한다. 각 방안점은 1/1,000~1/2,500 지형도에 그 위치를 표시하고 보링을 하여 계장도를 작성한다. 각 시료를 입도분석한 결과를 조합하여 토

그림 21-5 토취장측량

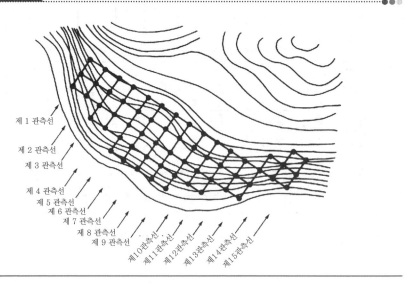

질 또는 암질을 판단하고 토취작업을 할 때 잡목이나 잡초가 혼합되지 않도록 제거해야 한다. 또한, 유기질이 혼합된 표토도 제거한다.

(6) 동바리 및 거푸집 설정측량

① 중력댐

중력댐 건조에서 동바리를 만드는 경우 댐의 횡단면상에 적당한 간격으로 2점을 선정하여 동바리를 만든다. 암반일 때는 구멍을 뚫고 콘크리트로 매립하든가 또는 끌로 구멍을 뚫어 원형철근을 박아 만든다. 중심선을 기준으로 하여 대강의 폭을 정하고 지상에서 1.2m 가량 높은 곳에 동바리의 근을 하천의 하류 방향으로 하여 수직동바리대와 결속시킨다. 이것을 횡동바리대라 하며 횡동바리대의 한 개 길이가 모자랄 경우 연결하여 사용하며 차례로 조립하여 올라간다.

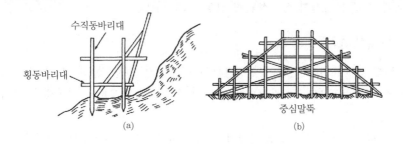

그림 21-6 댐의 동바리

(a)

(b)

② 아치댐

동력댐과 같이, 댐의 표면이 평면이면 한 개의 기준선을 설치하여 거푸집을 설치할 수 있어 용이하지만, 아치댐과 같이 상하류면 혹은 반경방향이 곡면이면 거푸집을 설치할 경우 각각의 곡면들을 연결할 때 정확한 측량을 해야 한다.

댐의 위치에 대한 삼각측량을 실시하여 중심선과 아치의 하류반경 등을 하상에 전석을 이용하여 설치한다.

굴삭완료 후 제체콘크리트의 일부와 블록을 설치하고 임의 지점에 기준이 되는 수평 동바리를 설치한다.

아치의 중심위치가 변할 경우, 중심위치의 이동에 대한 표고와의 중심점좌표를 계산하여야 하며, 댐의 거푸집 설정측량도 작성을 위해 계산 예가 〈그림 21-7〉과 같다.

그림 21-7 아치댐의 중심위치변화

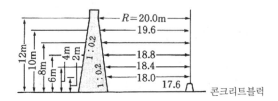

4. 안전관리측량

댐은 안전하고 경제적인 시설물이 되어야 하므로 댐의 설계 및 시공에 있어서 모형실험으로 밝혀지지 않은 현상을 검사할 필요가 있다. 댐의 변위, 경사, 왜곡, 응력, 수위, 퇴사면 등에 의한 영향을 관측하여 실제의 댐과 설계상의 댐을 비교 분석하여 장기적인 안전성을 조사한다.

(1) 절대변위

삼각측량에 의하여 댐의 수평방향의 절대변위를 관측할 수 있으며, 변위를 구하려면 댐의 표면과 댐 부근의 암반상의 관측점을 이용하여 반복법에 의해 관측한다.

관측점은 지형 및 정확도면에서 적어도 세 개 이상의 고정대상에 설치된 관측점을 이용하여 관측하며 절대위치결정에 대한 정확도는 0.5~1.0mm 정도이다.

연직방향의 절대변위는 댐의 정상 부근이나 밑에 관측할 수 있는 장소에 수준점을 설치하여 레벨로 정밀수준측량을 실시해서 구한다. 정확도는 1km의 왕복차가 0.4mm 이내로 하고 있다.

(2) 상대변위

① 시준변위

댐의 정상 부근에 설치한 관측점의 상하류방향에 대한 수평이동을 양안에 설치한 관측점과 고정관측점을 연결시켜 직선으로 관측한다. 이 방법은 이동을 구하는 점에 고정표지를 설치하여 각관측을 하는 방법과 미동나사로 이동을 조정하는 이동표지를 이용하는 관측방법이 있다. 관측기로는 트랜시트를 이용하며 이동량은 0.1mm까지 관측할 수 있다.

그림 21-8 연직추에 의한 상대변위

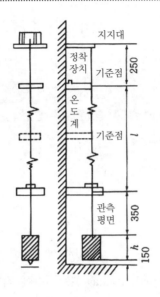

② 연직추에 의한 방법

연직선상에 있는 댐상의 각 점 변위를 연직추에 의해 관측하는 방법으로 기계적인 방법과 광학적인 방법이 있다.

기계적 방법은 〈그림 21-8〉과 같이, 기준점을 여러 개 설치하여 연직추선을 고정하고 그 기준점과 관측평면의 상대변위를 관측한다.

연직추선은 2.5mm 정도의 인바나 스테인리스(stainless)강으로 하고 있으며, 추는 200~250kg이고 관측정확도는 0.05cm 정도이다. 광학적인 방법은 연직추의 지지점을 항상 동일점으로 하고 관측평면을 밑에서 위로 이동시켜 지표장치에 접촉하게 하여 이동량을 관측하는 방법으로 관측정확도는 0.05~0.02mm이다.

제22장

상하수도측량

1. 개 요

상수도(water supply and drainage)는 식수에 적합한 물을 공급하는 것을 우선으로 하고 있으며, 그 외 요리, 세탁, 목욕, 청소 등의 가정용수 및 공업용수를 공급하는 것을 목적으로 하고 있다.

상수도는 취수 · 도수 · 정수 · 배수 · 급수로 이루어지며 양질의 물을 충분한 수압과 수량으로 공급하여 시민의 보건위생과 민생안전에 기여하는 것이다.

하수도는 인간생활이나 산업생활로 발생하는 오수나 양수 및 지하수를 빠르게 배제하고 처리하는 시설이다. 하수도는 하수를 배제하기 위한 배수설비 · 관로 및 하수처리시설 · 펌프시설로 구성된다.

2. 상수도측량

(1) 기본계획

계획대상지역의 물수요의 동향과 물자원의 상황, 인근의 수도사업 또는 수도용수 공급사업 등에 대하여 총괄적인 검토를 한다. 기본계획에서는 1일 최대급수량을 산정하고 이에 따른 상수도시설의 규모를 정한다. 그 외에 기본계획과정에서 고려할 사항으로 시설규모, 급수구역, 급수량, 수원, 취수지점, 취수량 등을 고려한다.

(2) 수원(水源) 및 취수시설

상수도의 수원은 크게 지표수와 지하수로 나눌 수 있다. 지표수는 수량이 풍부하고 비교적 간단히 취수할 수 있기 때문에 상수원으로 널리 이용되고 있으나, 오염될 가능성이 많아 수질에 대한 보호 및 조사가 필요하다.

지표수는 우수와 하천수, 호수로 나누어지며, 우수는 대기중의 미생물, 매연, 진애, 세균 등이 혼합되어 다소 오염이 되어 있으며 약한 산성을 나타낸다. 하천수는 비교적 정확한 유량이 관측되어 필요량의 취수에 안정감과 항구성이 있어 가장 널리 이용되고 있다. 호수는 하천수보다 비교적 수질이 양호하며, 자정작용도 우수한 편이다. 그러나 오염물질의 유입과 침전물을 교란하여 물을 혼탁하게 할 위험이 있어 취수위치 및 방법 등을 잘 고려해야 한다. 지하수는 지중에 저류되어 있는 물로서 유속은 매우 느리고 경사도 작아 동요범위가 좁다.

지하수는 지표수보다 수질이 우수하나 수량을 정확히 파악하는 것이 어려우므로 지하수를 수원으로 할 경우 충분한 수량조사가 되어야 한다. 지하수는 지표면에 제일 가까운 천수, 천수보다 깊은 곳에 있는 심수, 자연히 지표로 용출하는 천수로 나누어진다.

수원으로부터 취수하기 위한 취수시설은 취수탑, 취수문, 취수관으로 이루어진다. 취수탑은 흐름이 완만한 하류 평탄지역이 적당하며 원형 또는 타원형으로 만든다. 취수문은 직접 하안에 설치하거나 하천에 횡단뚝을 만들어 취수문으로 인도하는 것이 있다.

(3) 도수 및 정수시설

수원에서 취입한 물을 정수장에 보내는 것을 도수라 하며, 방식에 따라 자연유하식과 펌프압송식이 있다. 도수는 될 수 있는 한 단거리로 하는 것이 바람직하며, 장거리인 경우 자연유하식이 좋다. 펌프압송식은 수원이 급수지역에 접근하여 고저차가 작을 경우, 특히 지하수원의 도수에 이용된다.

정수는 자연수 중에 혼합되어 있는 불순물을 제거하는 것으로 원수의 수질을 조사하고 필요한 정화도를 얻기 위한 정수법을 사용해야 한다. 정수법에는 침전법(sedimentation)과 여과법(filteration), 폭기법(aeration), 살균법(disinfection) 등이 있다. 침전법은 물을 정지상태에 두거나 매우 완속도로 흐르게 하여 물속의 부유물질을 침전시키는 방법으로 약품을 이용하여 유기성 물질

을 침전시키는 약품침전법도 있다. 여과법은 퇴사층을 물이 통하게 하여 부유물
질을 제거하는 방법이며, 폭기법은 물을 공기와 접촉시켜 산소를 공급함으로써
철, 망간 기타의 피산화물을 산화시키는 방법이다.

살균법은 수중의 세균을 살균하는 것으로 염소살균이 가장 널리 이용되고
있다.

(4) 배수 및 급수시설

배수는 광의로는 정수를 급수구역 내의 모든 수요자에게 분배하는 것이며,
협의는 급수구역 내의 포설된 배수관에 필요한 수량을 공급하는 것을 뜻한다.
배수시설은 음료에 적합한 정수를 공급하는 것으로 외부로부터의 오염이 없어야
하며, 수량과 수압이 적절하여 시간변동에 지장없이 공급할 수 있어야 한다. 배
수시설은 배수관의 연장이 매우 크므로 수도시설공사 60~70%의 건설비용을 차
지한다.

급수시설은 배수관으로부터 일반 수요자에게 공급하기 위한 시설을 의미한
다. 급수관은 주로 아연을 도금한 강철관이나 동관, 비닐관 등이 이용되고 있으
며, 중도시 이상에서는 급수관을 보호하기 위한 배수본관에 직접 연결해서는 안
된다.

(5) 관로의 설치측량

배수관의 배치방식은 망목식과 수지장식이 있는데, 이것은 관망(pipe
network)이라 한다.

망목식은 관을 망목처럼 서로 연결하는 것으로 물이 정체되지 않고 수압도
유지하기 쉬우며, 화재시 특히 유리하나 관망의 수리계산이 매우 복잡하다. 수
지장식은 관이 연결되지 않고 수지상으로 나누어져 끝으로 갈수록 가늘어지므로
수량이 서로 보충되지 않고 수압이 저하된다. 따라서, 망목식으로 계획하는 것
이 일반적으로 좋다. 배수관은 도로 중앙에 매설하여 양쪽에서 급수관이 같은
거리가 되게 하는 것이 원칙이나 도로가 좁은 곳에서는 교통불편을 가져오므로
한 쪽으로 편의시킨다.

배수관의 깊이는 그 지방의 기후, 도로의 노면하중, 부설장소의 지질, 다른
매설물과의 관계 및 두께 등에 따라 결정된다. 일반적으로, 흙덮이는 1~1.5m
이나 한지에서는 2~3m로 한다.

평면도와 종단면도에 구폭은 바깥지름에 여유를 두고 소관경이면

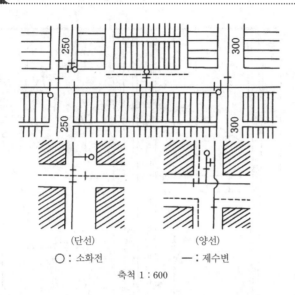

| 그림 22-1 | 연결급수관 부설평면도 |

(단선)   (양선)

○ : 소화전   ─ : 제수변

축척 1 : 600

30~50cm, 대관경은 50~60cm로 넓게 하고 접합부는 폭뿐만 아니라 깊이도 여유 있게 판다. 지질이 나쁜 곳은 토유공사를 하고 구저의 기초지질이 나쁜 곳은 항타, 깬 조약돌 또는 침목으로 기초공사를 한다. 관매설은 관내부를 청소하고 대관은 기중기로써, 소관은 인력으로 운반하고 관매립 후 흙을 15cm씩 덮고 잘 다진다.

3. 하수도측량

(1) 기본계획측량

하수계획에 있어서는 그 구역을 답사해서 토지의 상황을 세밀히 파악해야 한다. 도로의 폭, 측구의 유무, 건축종류, 상업지역, 주택지역, 공장지역의 배치 등을 조사한다. 지하에는 가스·수도·전선 등을 연결하는 관거가 많이 시설되어 있으므로 이들의 위치·고저·크기 등을 정밀하게 조사하고 하천의 수위, 종래의 배수로상황, 강우시에 있어서 배수상황 등에 대한 자료를 수집한다.

또한, 하수도의 축조인가 신청에 첨부할 축척 1/3,000 이상의 실측평면도 및 실측종단면도를 작성하자면 계획구역 전반에 대한 평면측량과 고저측량이 반

그림 22-2 관망도

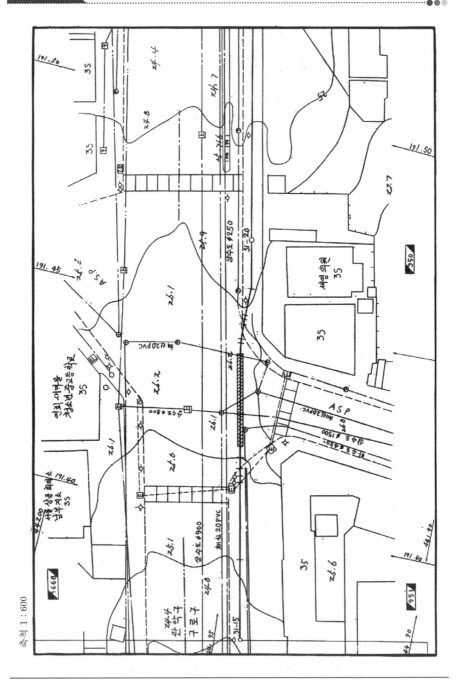

축척 1 : 600

드시 필요하다.

① 평면측량

항공영상탐측 또는 평판측량을 하는데, 기존의 지적도나 임야도를 이용하여도 좋고 각 도시계획위원회에서 참고도를 구입해도 된다.

② 고저(수준)측량

하수도측량은 고저측량에 의해 고저(수준)기표를 정확하게 결정해야 하므로, 부근에 고저기표를 기준으로 하여 600~1,200mm마다 고저기표를 배치하고 실측시에 사용한다.

③ 지형측량

등고선이 기입된 등고선도가 있는 지역에서는 고저(또는 수준)측량만으로 족하나 등고선도가 없는 지역은 계획구역 전반에 대한 수준측량을 실시하여 등고선을 기입하고 착색하여 지형을 표시한다.

④ 부설평면도 및 종단면도

축척 1/3,000의 평면도에 설계표준에 따라 배수구계·관거·펌프장·처리장 및 관거의 안지름·구배·연장 등을 기재하여 실측부설평면도를 작성하고 종단면도에 지반고·매설고·관저고·掘鑿지반고, 추가거리 등을 기입하여 종단

그림 22-3 배수구획평면도 ●●●●

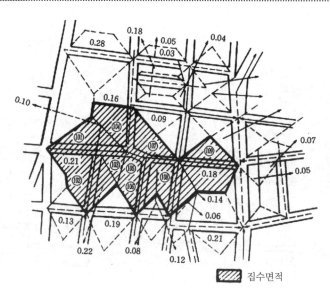

집수면적

및 평면으로 배관을 도시한다.

(2) 하수관설측량

배수구획 분할평면도는 배수구 하수관거의 단면 및 관경결정에 중요한 자료로서, 관거 및 맨홀의 위치·형상·치수를 도시한 설계도면이다. 일반적으로 1/2,500의 평면도를 사용하고 있다.

배수구획분할은 도로에 의해 둘러싸인 평평한 부지로 도로 교각의 2등분선에 의해 면적을 나누어 그 면적 내에서는 도로로 향해 배수된다. 배수구획분할이 작도되면 각 구획을 플라니미터 또는 삼사법 등을 이용하여 면적을 계산하고, 이들 면적의 합이 배수분구면적과 일치하도록 배수구획의 면적을 수정한다.

하수관의 종단면도는 맨홀 위치와 각 구간에 대한 추가거리, 관저고, 흙덮

그림 22-4 하수관시설평면도

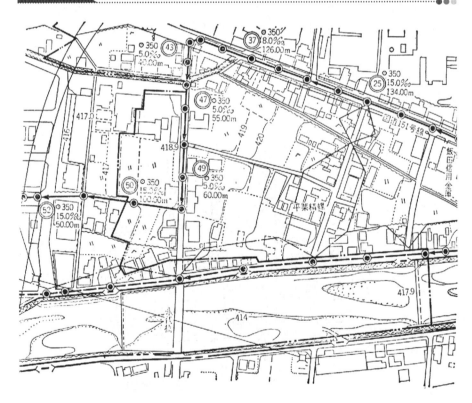

그림 22-5 하수관의 종단면도와 평면도

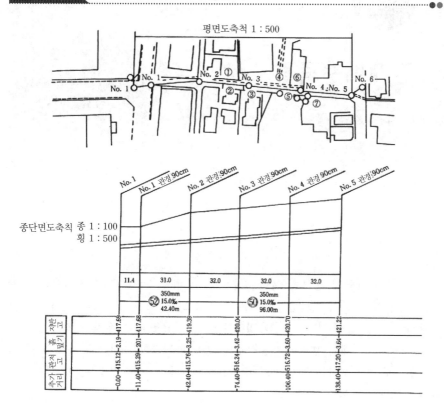

기, 지반고 등을 기입하고 하수관거 및 맨홀의 치수번호 등을 표시한다. 흙덮기는 1m 이상으로 하나 일반적으로 1.5~2m 정도가 좋다.

　관시설평면도는 〈그림 22-4〉와 같으며 배수구역 경계선, 배수구 경계선, 관거의 위치, 형상, 치수, 관거의 저고, 하수의 유향, 맨홀 위치와 종류, 치수 등을 기재한다. 또한, 종단면도와 평면도를 동시에 나타낸 것은 〈그림 22-5〉와 같다.

제23장

관개배수측량

1. 개   요

농작물의 생육에 필요한 물을 공급하거나 비료성분을 보급하고 수온과 환경을 조절하고 해초나 해충을 방제하는 목적으로 물을 공급하거나 제어하는 것을 관개(irrigation)라 한다. 관개계획은 작물의 성장을 돕기 위해 농경지에 조직적으로 급수하는 계획이다. 또한, 작물의 생육에 적합한 수분으로 되게 하기 위해 과잉수분을 배제하는 것을 배수(drainage)라 한다. 배수방법은 명거배수, 기계배수, 암거배수 등이 있다.

2. 관개측량

(1) 계   획

관개계획에서는 용수원에서 필요한 수량을 확보하는 문제와 완전한 관개시설을 갖추는 문제, 소비수량의 절약문제 등이 중요한 사항이며 계획순서는 다음과 같다.

① 계획대상지역의 범위를 결정한다.

② 그 지역의 현황과 현재 물이 어떻게 쓰여지고 있는가, 즉 용수상황을 포함한 현황 조사를 실시한다.

③ 계획용수량을 산정한다.

④ 용수량을 얻을 수 있는 용수원계획을 수립한다.

⑤ 용수원에서 관개지역까지 물을 끌어오는 도수시설을 계획한다.

(2) 현황조사측량

관개계획지역의 범위를 결정한 다음에는 계획용수량을 산정하고 전체계획을 세우는 데 필요하게 될 여러 가지 자료를 얻기 위하여 그 지역 전반에 걸쳐 현황조사를 하여야 한다.

지형을 정확하게 파악하는 것은 계획의 기본적인 사항이며, 지형 여하에 따라 계획의 내용이 자연히 달라진다. 저수지나 보의 위치, 용수로, 구조물 등의 위치나 공법 등은 전부가 지형에 따라 좌우되는 것이므로 지구 내외의 지세, 각 지목의 분포상황 및 지물의 유무 등을 1/50,000 지형도를 이용해서 조사한다. 또한 용수원의 유역에 대해서도 그 지형과 식생상황 등을 아울러 조사하도록 한다.

지형은 충적평야, 하안단구, 홍적대지, 구릉지, 선상지, 사구지 등으로 구분되며, 이것에 의거하여 대략적인 용수량을 추정한다.

(3) 저수지측량

유역면적은 실측할 경우도 있으나 주로 1/50,000 지형도에서 구한다. 측량범위는 저수지 마루의 표고에 저수지 높이의 20%를 더한 표고가 되는 구역을 측량하며, 저수지의 양끝에서 바깥쪽으로 40~50m 되는 비탈의 끝에서 100m 정도까지를 측량하되 지형이 비탈져 영향이 하류에 미칠 것으로 예상되면 측량구역을 확장한다.

또한 여수로(spillway)의 위치와 노선, 취수장의 위치 등도 측량한다.

저수지의 부지 및 이에 인접한 구역의 토지, 각 필지의 경계와 지목, 관측점의 위치 등을 명시한 평면도를 작성하여 매수 또는 보상 등의 자료를 얻기 위한 측량으로 삼각측량·다각측량·스타디아측량·평판측량 등에 의해 도·군·면·리 등의 경계 및 명칭, 필지의 경계 및 지번, 지목의 구별, 측점, 도면의 명칭, 기호, 축척, 방위, 범례 등을 도시한다.

또한, 수류의 방향, 도로·도랑 그 밖의 각종 시설물의 위치 및 명칭, 만수면의 수계선, 등고선 및 표고, 매수, 보상물에 대한 사항도 표시한다.

저수지 부지에 대해서는 골짜기 낮은 부분에 중심선을 설치하여 종단측량을 하고, 이것에 직각방향으로 횡단측량을 하여 등고선을 그리고 저수지의 내용적을 측량한다.

제당(堤塘)에 대해서는 축제부의 중심선을 따라 종·횡단측량을 하여 절토와 성토량을 구한다.

3. 배수측량

(1) 계   획

배수계획은 대상지역의 현황이 파악되면 그 현황에 적합한 처리방법을 결정하는 것이 일반적인 것이지만 합리적이고 경제적인 계획을 세우려면 체계적인 순서에 의해 이루어져야 한다.

계획에서 고려할 기본사항으로 허용담수, 배수본천, 내외수위 등이 있다.

허용담수는 홍수 때 농작물에 피해가 가지 않는 범위에서 물이 담수되도록 하는 것으로 피해가 없을 정도로 책정하고 시설규모를 작게 하여 공사비를 절약해야 한다.

계획지역의 배수는 외수와 밀접한 관계가 있으며, 배수본천의 하천상황을 조사해야 한다. 또한, 계획대상지역 안의 배수위와 지역 바깥 하천 등의 홍수위와의 관계로부터 자연배수로 하느냐 펌프배수로 하느냐를 결정한다.

(2) 명거배수

지표면에 괴는 물을 배수하는 것으로 배수로는 가급적 얕은 곳에 배치하고 배수구역을 넓게 하며 하류로 갈수록 단면을 넓게 해야 한다. 또한, 배수로의 위치는 가급적 자연배수를 할 수 있도록 배수로를 경지면보다 0.9~1.2m 낮게 하고 외수위보다 높은 곳에 마련한다. 배수로의 기울기는 배수간선이 1/3,000~1,500, 배수지선이 1/1,000~1/3,000 정도로 하고 있으며, 배수로의 바닥폭과 수심의 비는 0.5~6 정도이다.

(3) 기계배수

외수위가 높아서 자연배수를 할 때 배수가 되지 않을 경우에는 펌프로 양수하여 배수한다. 자연배수에 비해 공사비나 유지관리비가 많이 소요되므로 가급적 그 대상지역의 넓이를 좁히도록 하여야 한다. 펌프는 원심펌프와 축류펌프, 사류펌프가 있으며, 원심펌프는 양정이 30m~50m 정도이며, 여러 가지 종류가 있다. 축류펌프는 양정이 얕고 배수량이 많은 경우에 사용되며, 사류펌프는 위의 두 가지 펌프의 중간적인 구조로 양정이 15m 정도이다.

(4) 암거배수

암거배수는 토양 중의 과잉수분을 배수하는 데 효과가 크며, 흙 속에 배수시설이 묻히므로 경작지를 감소시키지 않고 동일수량을 배제하므로 운반하는 토량이 적다.

암거배수는 흡수거, 집수거, 배수구, 승수거, 수갑으로 구분되며 〈그림 23-1〉에 표시되어 있다.

흡수거는 배수지역 전반에 배치하여 땅 속의 물을 직접 흡수하는 것으로 가장 중요한 부분이며, 재료는 돌, 나뭇가지, 통나무, 콘크리트관, PVC관 등이 사용된다.

그림 23-1　암거배수의 구성

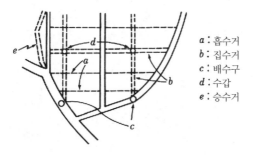

a : 흡수거
b : 집수거
c : 배수구
d : 수갑
e : 승수거

그림 23-2　암거배수시설의 종류

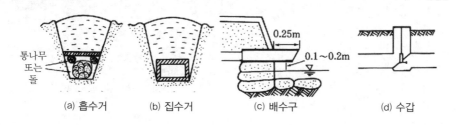

(a) 흡수거　　(b) 집수거　　(c) 배수구　　(d) 수갑

집수거는 흡수거에서 유입한 물을 모아 배수구로 보내는 역할을 하며, 배수구는 암거배수 체계의 제일 마지막 부분으로 바깥 배수로로 나가는 부분이다. 개구리나 들쥐가 들어가지 않도록 스크린을 마련하거나 지면에서 조금 위로 올려 설치한다.

승수거는 배수 대상지구의 바깥지역에서 지하수가 유입하는 것을 막기 위해 설치되는 암거이다. 수갑은 계획지구의 지하수위를 조절하기 위해 집수거와 흡수거의 연결부위에 설치되는 장치이다.

제24장

간척지측량

    간척(land reclamation by drainage)은 수면 아래 토지의 이용가치를 높이기 위한 토목의 수단으로 수면을 육지화하여 간척지로 이용하는 사업으로서 새로 국토를 조성하는 의의를 가지는 것이다. 간척의 계획, 설계, 시공에 필요한 측량은 일반측량과 크게 다를 것이 없으나, 다만 해안간척의 경우 측량작업이 조위에 밀접한 관계가 있으므로 측량의 기준표고를 어떻게 결정하는가가 문제된다.

1. 측량의 범위 및 표고기준

    해수면은 간척예정지구 및 제방예정선에서 외측 200m 이상, 배후지는 수륙경계선에서 100m 이상 및 용배수 기타 간척으로 인하여 이해관계가 생기는 구역을 조사의 범위로 한다.

    간척계획에 쓰이는 표고기준은 부근에 있는 항만의 중등조위를 사용한다. 조사지구에 설치하는 고저기준표석(또는 수준표석)은 가까운 일등고저기준점(또는 일등수준점)에서 표고를 끌어옴과 동시에 가까운 검조소, 항만, 하천 등의 고저기준표석과의 관계를 구해 두면 편리하다. 또한, 일등고저기준점은 지반변동에 따라 변동될 경우가 있으므로 관계기관에 조회하여 확인할 필요가 있다.

2. 지형측량

지형측량은 계획지구 및 인접지역의 지세, 지형, 면적, 표고, 해안선, 간사지 등의 현황을 파악하기 위해 실시한다.

지형도 작성시 축척은 1/1,200, 1/2,500, 1/5,000, 1/10,000의 4종을 표준으로 하고 등고선은 원칙적으로 평지는 20m, 산지는 5m 간격으로 삽입한다.

제방선에 대해서는 특히 관측점간격을 좁게 하고 종횡단측량을 한다. 측량간격은 50m 또는 100m가 적당하다. 중심말뚝은 어선의 통항 등으로 이동 또는 손상되지 않도록 보호하여야 한다.

고저측량은 간척계획의 기본이 되는 것으로 지반고, 기울기 등에 특히 신중을 요하며, 평면측량과 관련하여 제방, 방조제, 배수문 등의 높이 등을 관측한다. 고저측량은 될 수 있는 한 간조시 직접고저측량에 따르나 불가능한 경우 심천측량에 의한다.

배후지의 고저측량을 할 때에는 지반의 표고를 확실하게 관측해야 한다. 심천측량은 음향측심기로 하는 것을 원칙으로 하나 수심이 얕은 경우에는 측봉, 측추를 사용하며, 쾌청하며 바람이 없고 해상이 조용한 날을 골라서 실시한다.

최근 간척계획이 대규모가 되고 또 종합개발적인 견지에서 계획수집을 할 필요가 있는 경우, 항공탐측영상을 이용하는 경우가 많다.

이때에는 구역도화축척, 지도에 기입하는 등고선 간격 등을 설계시 명시할 것이며, 지상에 설정하는 기선측량에는 꼭 입회해야 한다.

제25장

항만측량

항만(harbor)은 화물의 수륙수송을 전환하는 기능으로 선박이 안전하게 출입하고 정박할 수 있는 시설이어야 한다. 따라서, 항만은 선박이 안전하게 입출항하고 하역을 하기 위한 평온한 수면적과 접안시설, 하역장비, 보관시설, 수송시설 등이 필요하며 선박수리시설, 급유, 급수 등의 보급시설과 외항선의 입출항에 따른 세관, 검역소 등의 시설이 있어야 한다.

항만은 해항과 하항 및 항구항을 총괄하여 사용되며, 대륙국가에서는 해항보다는 하항 및 하구항이 많은 편이고, 해양국가에서는 해항이 많으며 우리나라도 해항의 수가 많다.

1. 항만계획시 조사사항

항만계획이란 항만건설 이전에 그 건설에 대한 정당성 여부, 추진방법, 유형과 무형의 결과 및 이해관계를 검토하는 것으로, 이 계획은 항만건설 및 건설후의 운영의 난이와 항만과 관계되는 공장입지의 가부를 좌우하는 아주 중요한 사업단계이다.

항만계획은 기술적인 조사와 경제적 조사가 행해지는데, 특히 경제적 조사는 기술적인 조사보다 선행해야 하며, 경제적 조사는 항만의 기능에 따라 달라지나 기술적 조사는 어느 항만이든 거의 비슷하다.

첫째, 기술적 조사는 해안선 지형측량, 수심측량, 수질조사, 기상조사(10m/sec 이상의 바람에 대한 풍향별 빈도 고려), 해상조사, 토질조사(해저지반 및 지질조사), 표사 및 침식, 공사장 및 장비조사 등을 한다.

둘째, 경제적 조사는 배후권의 경제지표(인구, 산업별 소득, 공업출하액의 실적), 산업입지조건, 배후교통(철도, 도로의 운송능력의 현상과 장래), 도시계획 등을 한다.

셋째, 환경조건조사는 대기질(환경기준, NO_2, SO_2, CO 등), 수질(환경기준, COD, DO, SS, PH, N, P 등), 저질(수은, Cd, 납, 크롬화합물 등), 생태계, 문화재 등을 조사한다.

넷째, 이용상황조사는 취급화물량(품목별, 내외화물별, 시계열분석), 배후측량(출발지, 도착지, 육상반출입유동조사 등), 입항선박, 시설이용 등을 조사한다.

2. 항만시설과 배치

항만시설과 배치에는 수역시설, 항로, 박지, 외곽시설 등에 대해 고려한다.

(1) 수역시설

항로, 박지, 조선수면 및 선유장과 같이 선박이 항행 또는 정박하는 항내 또는 만내의 수면을 수역시설이라 한다.

(2) 항 로

항로는 선박의 안전조선을 위해 바람과 파랑방향에 대해 30° ~60° 정도의 각을 갖는 것이 좋으며, 조류방향과 작은 각을 갖는 것이 좋다. 항로에 있어서 굴곡부가 없는 것이 좋으나 부득이한 경우 중심선의 교각이 30°를 넘지 않도록 해야 하며, 곡선반경은 대상선박 길이의 4배 이상이 되어야 한다.

항로는 특별한 경우를 제외하고는 왕복항로를 원칙으로 하나 일반적으로 항로의 폭은 왕복항로의 경우 선박길이의 1~1.5배, 편도항로는 선박길이의 0.5배 이상으로 한다.

항로의 수심은 대상선박의 운항에 필요한 수심을 사용하는 것을 표준으로 하나, 파랑, 바람, 조류 등이 특히 강한 항로와 간만차가 매우 큰 항로에 대해서는 파랑에 의한 선박의 진동, 선박의 전후요동(pitching), 선박의 복강(squat) 등을 고려하여 여유 수심을 더한다.

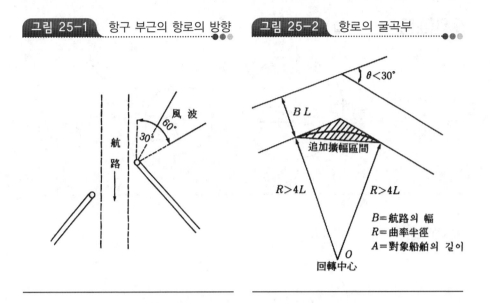

그림 25-1 항구 부근의 항로의 방향

그림 25-2 항로의 굴곡부

(3) 박　지

　　박지는 묘박지, 부표박지, 선회장 및 슬립(slip) 등으로 구분되며, 방파제
및 부두의 배치계획과 대상선박의 조선, 바람 및 파랑 등의 외력을 고려하여 설
계되어야 한다.

　　묘박지의 크기는 사용목적, 묘박방법에 따라 〈표 25-1〉의 값 이상으로 하
는 것이 좋다.

　　부표박지의 크기는 단부표, 쌍부표묘박지에 따라 〈그림 25-3〉과 같은 값을
기준으로 한다.

■■ 표 25-1 묘박지의 표준면적

목　　　적	묘박방법	지반조건, 풍속	반　　　경
대 기 및 하 역	단묘박	양　　　호	$L+6D$
		불　　　량	$L+6D+30m$
	쌍묘박	양　　　호	$L+4.5D$
		불　　　량	$L+4.5D+25m$
피　　　난		풍속 20m/sec	$L+3D+90m$
		풍속 30m/sec	$L+4D+145m$

주) D: 박지수심　L: 선장

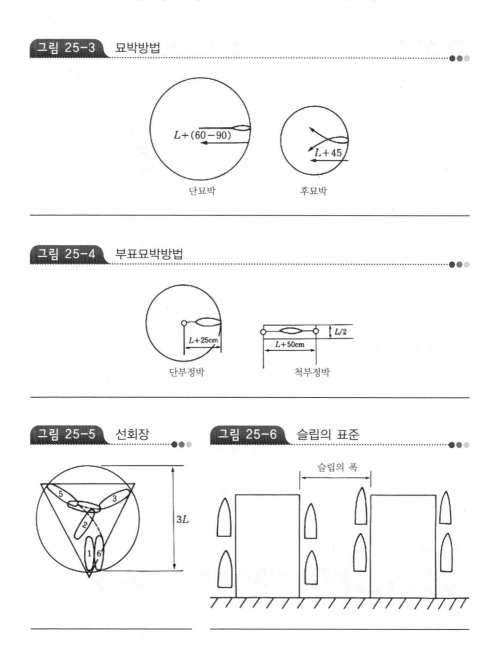

그림 25-3 묘박방법

$L+(60-90)$

단묘박

$L+45$

후묘박

그림 25-4 부표묘박방법

$L+25cm$

단부정박

$L+50cm$ $L/2$

척부정박

그림 25-5 선회장

$3L$

그림 25-6 슬립의 표준

슬립의 폭

선회장의 직경은 자항의 경우 $3L$, 예항의 경우 $2L$을 기준으로 한다.

슬립의 폭은 부두가 3버드 이하일 때 L, 4버드 이상일 때 $1.5L$을 기준으로 하며, 박지의 수심은 선박의 만재흘수보다 10%의 여유수심을 두어 계획해야 한다.

(4) 외곽시설

외곽시설에는 방파제, 파제제, 호안, 갑문, 도류제 등이 있으며, 본 절에서
는 방파제의 배치에 관해서만 논하기로 한다. 방파제의 배치는 해안지형, 기상,
해상, 대상선박 등의 조건에 따라 좌우되지만 파랑을 방지하며, 항내의 흐름을
방지하고, 표사에 의한 매몰이 방지되도록 항구를 설치해야 한다.

또한, 파랑에너지가 집중하는 부분에 항구를 배치해서는 안 된다. 일반적
인 방파제 배치를 나타내면 〈그림 25-7〉과 같다. (a), (b)는 사빈해안의 굴입항
만에 많이 적용되며 A 및 B 부분은 자연해빈 또는 소파호안으로 하는 것이 많
다. (c)는 하구를 분리하여 만든 항에 많이 적용되며, 하구측의 돌제는 하구도

그림 25-7 방파제 배치의 형식

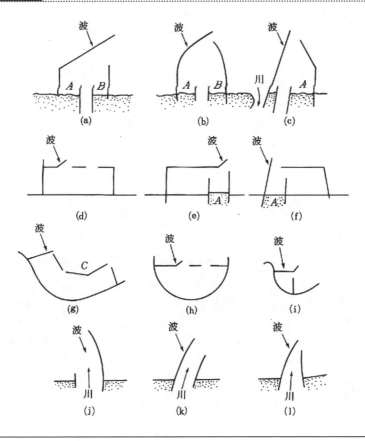

유제와 같은 역할도 한다. (d)는 항내의 파가 비교적 작은 항에 적용된다. (e),
(f)는 어항에 많이 적용되는 형이며, (g), (h), (i)는 해안선이 만곡된 곳에 많이
적용된다. (j), (k), (l)은 하구항의 배치로서 (l)에서와 같이 하구를 좁히면 수심
유지면에서는 좋으나 하천의 홍수유량의 배출상 문제가 된다.

제26장

해양측량

1. 개   요

　해양(ocean)측량은 해상위치결정, 수심관측, 해저지형의 기복과 구조, 해안선의 결정, 조석의 변화, 해양중력 및 지자기의 분포, 해수의 흐름과 특성 및 해양에 관한 제반정보를 체계적으로 수집, 정리하여 해양을 이용하는 데 필수적인 자료를 제공하기 위한 해양과학의 한 분야이다.

　해양측량은 항해용 해도를 작성하기 위한 수로측량(hydrographic survey)을 위주로 발전해 왔으며, 항해용 해도에는 수심, 해저지질, 해저지형, 해류 및 조류 등 항해와 관련된 사항이 기재된다. 최근 해양측량의 범위가 확산되고 해양과학 및 해양공학과의 상호관련성이 높아짐에 따라서 해양측량의 결과는 주로 항해용 해도는 물론, 해저지형도, 천부지층분포도, 중력이상도 등의 다양한 형태의 도면으로 작성되어 제공되며, 이를 기초로 하여 해양의 이용과 개발을 위한 항해안전과 항만, 방파제 등 해양구조물건설, 자원탐사 및 개발계획 등이 이루어진다.

2. 해양측량의 내용

(1) 해상위치측량(marine positioning survey)

해상에서 선박의 위치를 정확하게 결정하기 위한 측량으로 해안부근 목표물 확인에 의한 방법, 천문관측법, 전파신호수신법, 인공위성신호수신법, 해저매설표신호수신법 등이 연안, 항로, 대양 등 측량지역과 측량목적에 따라 두루 이용된다.

(2) 수심측량(bathymetric survey)

해수면으로부터 해저까지의 수심을 결정하기 위한 측량으로 주로 초음파왕복시간차에 의한 방법이 많이 사용되므로 음향측심(sounding)이라고도 한다. 해상위치측량과 함께 가장 활용도가 높은 측량이다.

(3) 해저지형측량(underwater topographic survey)

해저지형의 기복을 정확하게 결정하기 위한 측량으로 주로 해상위치측량과 음향측심을 동시에 실시하는 방법이 널리 이용되며, 직접 잠수에 의한 수중측량, 항공사진 또는 수중사진에 의한 방법도 이용된다.

(4) 해저지질측량(underwater geological survey)

해저지질 및 지층구조를 조사하기 위한 측량으로, 일반적으로 음파조사에 의한 방법이 가장 널리 사용되며 투연에 의한 방법, 탐니기에 의한 방법, 시추공에 의한 방법도 사용된다.

(5) 조석관측(tidal observation)

해수면의 주기적 승강의 정확한 양상을 파악하기 위한 조석관측은 연안선 박통행, 수심관측의 기준면 결정, 항만공사 등 해양공사의 기준면 설정, 육상수준측량의 기준면 설정 등에도 중요하다.

(6) 해안선측량(coast line survey)

해안선의 형상과 성질을 조사하는 측량으로 해안선 부근의 육상지형, 소도, 간출암, 저조선 등도 함께 측량하여 해안지역의 이용에 중요한 자료를 제공한다.

(7) 해도작성을 위한 측량(hydrographic survey)

일반적으로 수로측량이라고 하며, 그 측량대상지역 및 측량대상에 따라 다음과 같이 구분된다.

① 항만측량(harbour survey)

항만 및 그 부근에서 항해의 안전을 목적으로 실시하는 측량이며, 1/5,000~1/10,000을 표준축척으로 한다. 다만, 선박의 안전항행에 지장을 줄 수 있는 준설지역, 암암, 침선 등의 장해물, 천소 등은 축척과 무관하게 빠짐없이 측량하여야 한다.

② 항로측량(channel or passage survey)

주로 항로에 있어서 선박의 안전항행을 목적으로 실시하는 측량으로, 항로의 폭은 통항선박 길이의 5배가 확보되도록 정측하는 것이 상례이다. 항만측량과 마찬가지로 천소 및 장해물은 측량축척(1/20,000~1/30,000)과 무관하게 빠짐없이 측량하여야 한다.

③ 연안측량(coastal survey)

연안지역에서 선박의 안전항행을 목적으로 실시하는 측량으로, 1/50,000을 표준축척으로 한다. 역시 천소의 장해물은 빠짐없이 측량한다.

④ 대양측량(oceanic survey)

대양에서의 선박의 안전항행을 목적으로 실시하는 측량이다. 1/200,000~1/500,000을 표준축척으로 하며, 항해에 필요한 모든 해저지형을 측량한다.

⑤ 보정측량(correction survey)

해저기복의 국지적 변화에 대응하여 해도를 정비하기 위하여 실시되는 측량으로 항만정비에 따른 준설구역, 해안선 및 항로의 변동, 박지의 수심보정, 해양시설물 준공 후의 확인측량 등 필요에 따라 시행한다.

(8) 소해측량(sweep or wire drag survey)

천초, 천퇴, 침선 등과 같은 모든 장해물을 수색하여 선박의 안전항행을 위한 최대안전수심을 보장하기 위하여 실시하는 측량이다.

(9) 해양중력측량(marine gravity survey)

해상 또는 수중에서 중력을 관측하여 해면 지오이드 결정과 같은 해양측지학, 해양지구물리, 해저지각구조 및 자원탐사 등의 자료를 제공하기 위한 측량이다.

(10) 해양지자기측량(marine magnetic survey)

해양에 있어서의 지자기의 3요소를 관측하여 항해용 지자기분포도, 해양자원탐사자료 등을 작성하기 위한 측량이다.

(11) 해양기준점측량(marine control survey)

해안부근의 육상지형, 해안선, 도서지방 등의 정확한 위치결정에 필요한 기준점을 설정하기 위한 측량으로 원점측량이라고도 하며, 천문측량, 위성측량, 삼각측량, 삼변측량, 다각측량, 도해수준측량 등에 의한다.

3. 해도(marine chart)

해도는 바다를 주체로 한 지도로서 육지의 지도와 마찬가지로 그 대상지역 및 사용 목적에 따라 다양한 종류가 있으나, 크게 보아서 바다의 기본도와 항해용 해도 및 특수해도로 구분할 수 있다.

해도는 항해자에게는 없어서는 안 될 필수적인 구비품목으로서, 해상시설물건설 및 정비, 해양자원개발, 어업, 해상교통, 관광, 기타 해운경제운용면에도 필수불가결한 자료가 된다. 또한, 최대축척의 해도상에 기재된 저조선은 국제해양법상 영해의 폭원을 정하는 중요한 기준이 되기도 한다.

(1) 국가해양기본도(basic map of the sea)

국립해양조사원은 해양부존자원 및 에너지개발 등 해양개발을 위한 기초자료의 제공과 해상교통의 안전항로 확보, 해양환경보존 및 해양정책 수립시 필수 정보를 확보하기 위해 우리나라 관할 해역 중 영해외측 375,000km²를 대상해역으로 하여 제 1 단계 사업으로 1996년부터 2011년 완료 목표로 처음으로 동해남부해역에서 국가해양기본도조사를 시작하였다.

국가해양기본도조사는 바다 밑의 정보를 조사한 다음 그 자료를 분석하여 해저지형도, 중력이상도, 지자기전자력도, 천부지층분포도 등 4개의 도면을 1조로 하는 국가해양기본도를 간행하는 사업으로 선박에 탑재된 각종 조사측량장비를 이용한다. 즉, 해저지형측량은 심해용다중음향탐사기(MBES: Mulit Beam Echo Sounder)를 사용하며, 중력계(gravity meter)와 지자기관측기(magneto meter) 및 천부지층탐사기(sub-bottom profiler)를 사용하여 중력, 지자기 천부지층을 조사 측량하고 있다. 국가해양기본도의 축척은 1:250,000, 1:500,000이 있다.

(2) 항해용 해도(nautical or navigational chart)

항해의 안전을 목적으로 항로, 해저수심, 장해물, 목표물, 연안지형지물, 좌표, 방위, 거리 등 항해상 필요한 제반사항을 정확하고 이용하기 쉽게 표현한 도면으로서, 일반적으로 「해도」라 함은 이 항해용 해도를 가리키는 경우가 많다. 항해용 해도는 수로측량의 성과를 기초로 하여 간행되며, 간행된 후에 기재내용이 변동될 경우에는 즉시 항로고시에 의하여 변동사항을 항해자에 통보함으로써 안전항해를 보장한다.

항해용 해도는 항만, 박지 등 대축척으로 표현되는 항박도로부터 광대한 지역을 소축척으로 표현하는 총도에 이르기까지 여러 가지가 사용되며, 일반적으로 축척에 따라 다음과 같이 구분된다.

① **총도**(general chart)

매우 광대한 해역을 일괄하여 볼 수 있도록 만든 해도로서, 원양항해나 항해계획수립용으로 사용된다. 일반적으로, 축척은 1/400만 이하로 되어 있다.

② **원양항해도**(sailing chart)

원양항해에 사용되는 해도로서 외해의 수심, 주요 등대, 등부표, 관측 가능한 육상물표 등이 게재되며, 축척은 1/100만 이하이다.

③ **근해항해도**(coast navigational chart)

육지의 가시거리 내에서 항해할 때 사용되는 해도로서 선박위치(또는 선위)를 육지의 제반 물표, 등대, 등부표 등에 의하여 결정할 수 있게 되어 있다. 축척은 1/30만 이하로 적당한 구역을 중복시켜 통일된 연적도로 되어 있다.

④ **해안도**(coast chart)

연안항해에 사용되는 해도로서 연안의 제반지형, 물표가 상세하게 표시되어 있다. 축척은 1/50,000 이하로 통일된 연속도로 함을 원칙으로 한다.

⑤ 항박도(harbour plan)

비교적 소구역을 대상으로 항만, 묘박지, 어항, 수도, 착안시설 등을 상세하게 게재한 해도로서, 축척은 1/50,000 이상이며, 항만, 임해공업단지의 규모나 중요도에 따라 1/5,000, 1/15,000 등으로 축척이 다양하다.

(3) 특수해도(special chart)

기본도, 항해용 해도 이외의 여러 가지 참고용 해도를 말하며, 다음과 같은 것들을 대표적으로 들 수 있다.

① 심해용 해저지형도(bathy-topographic chart)

해저지형을 정밀한 등심선이나 음영법으로 표시하여 대륙붕이나 해산, 해구 등 해저 지형특성을 파악하기 쉽도록 제작된 도면으로 해저자원조사 및 개발, 학술연구 등에 적합하다.

② 어업용도(fishery chart)

연안어업에 편의를 제공하기 위하여 일반항해용 해도에 각종 어업에 관한 정보와 규제내용 등을 색별로 인쇄한 도면으로서 해도번호앞에 'F' 자를 덧붙여 구분한다.

③ 전파항법도(electronic positioning chart)

일방항해용 해도에 Loran, Decca, Hi-Fix 등 어느 해역 내에서 운용 가능한 전파항법체계(system)의 위치선과 그 번호를 기입한 해도로서 Loran해도인 경우, 해도번호 앞에 'L' 자를 덧붙인다.

④ 조류도

연안수로에서의 선박통행에 참고가 되도록 조류의 흐름과 분포를 기재한 도면이다.

4. 해양측량의 정확도와 축척

(1) 지형표현의 축척과 등심선간격

해저지형을 상세하게 표현하기 위해서는 가능한 대축척이어야 하고, 등심선의 간격도 작을수록 좋다. 이를 위해서는 측량의 정확도를 높이고 측심간격을 보다 조밀하게 하여야 하므로, 일반적으로 측량대상해역과 해저지질에 따라서 다음 표들과 같은 값들을 기준으로 한다.

■■ 표 26-1 해양측량의 지형표현과 축척

측량구역	축척	등심선간격	보조등심선
해 안 선 부 근	1/ 10,000 이상	1~2m	
대 륙 봉	1/ 50,000 1/200,000	5m 20m	10m
대 륙 봉 사 면	1/200,000	100m	50m
대 양 저	1/ 50,000	500m	100m

■■ 표 26-2 해저지질에 따른 등심선간격과 측심간격

등 심 선 간 격	측 심 간 격	
	사니질해저	암초해저
1m	80m	0~7m
10m	400m	70m
100m	4,000m	700m
500m	20,000m	3,500m

위와 같은 기준은 해저지형도뿐만 아니라 지질구조도, 지자기분포도, 중력이상도 등을 작성하기 위한 해양측량에도 적용된다. 예를 들어서, 1,000m급의 지질구조측량, 50γ 단위의 전자력선도 작성을 위한 측량, 10mgal 단위의 중력이상도 작성을 위한 측량의 경우, 측심선 간격은 4,000m, 축척 1/200,000을 기준으로 한다.

(2) 항행안전을 위한 측심선간격

주요항로와 준설구역 등에 대하여 선박의 안전한 항행을 보장하기 위하여 실시하는 수로측량은 최천부의 확인이 가장 주된 목적이므로 누락되는 부분이 없도록 정밀한 측량을 실시하여야 하며, 수심 및 저질에 따라서 측량도의 축척과 무관하게 다음과 같은 값들을 기준으로 한다.

■■ 표 26-3 항행안전을 위한 측심선간격

측량구역	해저상태 및 수심	미측심폭	측심등급
항로, 박지 및 준설 구역	암반 및 장애물 철 거 지 역 사니질준설구역 사니질자연해저	0.5～ 2m 3～ 5m 3～ 20m 20～ 50m	A급 B급 C급 D급
기타 구역	수심 30m 미만 수심 30m 이상	50～150m 150～250m	

여기서 미측심폭은 음파의 지향각 밖에 있어서 음향측심이 되지 않는 폭을 말한다. 한편, 해안부근의 수심측량에서 측심선간격은 다음과 같은 기준을 사용한다.

■■ 표 26-4 연안수심측량의 측심선간격

수 심	10m	50m	100m
측심선간격	200m	300m	500m

암반의 자연해저에 대해서는 위 기준의 2배 이상의 밀도로 하며, 그 결과에 따라서 보측 및 심초를 실시한다. 또한, 수심측량결과를 검사하기 위한 검측심격은 주측심의 5~10배를 기준으로 한다.

5. 해안선측량(cost line survey)

(1) 개 요

해안선측량은 해안선의 형상과 그 종별을 확인하여 도면화하기 위한 측량으로 해안선 부근의 육상지형, 소도, 이암, 간출암, 저조선(간출선) 등도 함께 관측하는 것이 일반적이다.

해안선 및 부근 지형은 일반적으로 영상탐측에 의함을 원칙으로 하며, 사진측량에 의할 수 없는 경우에는 실측에 의한다. 여기서는 실측법을 위주로 기술한다.

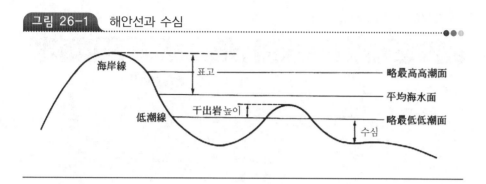

그림 26-1 해안선과 수심

육지의 표고는 평균해수면으로부터의 높이임에 비하여 해안선과 해저수심은 이보다 높거나 낮은 평균수면을 기준으로 정한다.

즉, 해안선은 해면이 약최고고조면에 달하였을 때의 육지와 해면의 경계로 표시한다.

또한, 해저수심, 간출암의 높이, 저조선은 약최저저조면을 기준으로 한다.

또한, 해안선의 종별은 그 지형과 지질에 따라 평탄안, 급사안, 절벽안, 모래해안(사빈), 암빈, 암해안, 군석안, 수목안, 인공안 등으로 구분되며, 해안선의 형태와 함께 이들 종별이 해도나 연안지도상에 표기되어야 한다.

급사안(steep coast)은 해안지형의 경사가 45° 이상이며, 그 높이가 그다지 높지 않는 것으로 암질안 또는 토질안으로 구분된다.

절벽안(cliffy coast)은 급사안보다 경사가 더욱 급하여 90°에 가까운 해안으로 일반적으로 높이 10m 이상의 것을 말한다.

해안선 중에는 그 경계를 뚜렷이 정하기 힘든 것이 있는데, 수목안, 덤불안 및 군석안이 이런 성질의 대표적인 것들이다. 수목안은 망그로우브(Mangrove)와 같은 수중생장수목이, 덤불안에서는 갈대와 같은 수초가 무성하여 해안선의 경계가 뚜렷하지 못하며, 군석안의 경우는 크고 작은 암석이 산재하여 해안선을 획일적으로 결정하기 곤란하다.

이 밖에도 보다 자세하게 구분할 수 있으나 그 대표적인 예를 〈표 26-5〉에 게재한다.

■■ 표 26-5 해안선의 종별

종 별	안 선	간 출	종 별	안 선	간 출
실측안선 (홍 색)			절벽해안		
구 안 선			수 목 안		
미측안선			습 지 안		
모 래 안 선			노 출 암	(25) (표고는 홍색으로 기재)	간 출 암	(홍색)
자 갈 안 선						
사 석						
군 석			세 암	(홍색)	암 암	(홍색)
바 위						

(2) 항공영상탐측에 의한 해안선측량

항공영상면상에 나타난 수애선이 실제적인 해안선이라면 문제가 없으나 실제로 해수면은 조석현상에 따라 변동을 거듭하므로 촬영 당시 항공영상면에 나타난 수애선과 실제 지도상에 표기해야 할 해안선의 관계를 정확하게 규명해 두어야 한다.

해안의 경사가 작을수록 조석에 따른 수애선의 변동이 커지게 되며, 촬영시각이 만조시일 때는 대략 영상면상에서 수애선 위치를 그대로 채택하여도 크게 지장이 없으나, 그 이외의 경우에는 촬영시각과 현지의 조석시간을 비교하여 해안지형의 경사에 따른 보정을 해 주어야 한다.

또한, 해안의 종별이 암해안 등과 같은 경우에는 해안지형이 크게 달라지지 않지만, 모래사장 등의 경우에는 연안류, 파랑, 바람 등에 의하여 해안지형의 변동이 커지게 된다.

따라서, 항공영상면으로부터 해안선을 결정하려면 위에 언급한 사항과 함께 다음과 같은 요소들을 잘 고려하여 항공영상면을 판독해야 한다.

그림 26-2 조착보정에 의한 해안선 결정

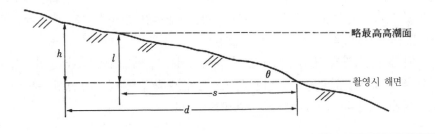

① 항만, 방파제 등의 인공안은 그대로 해안선으로 결정한다.

② 촬영시각이 약최고고조시와 일치할 때는 영상면상에서의 해면과 육지의 경계를 해안선으로 채용한다.

③ 해안경사가 완만한 바위 또는 모래해안에서는 해안에 떠 밀려온 부유물의 흔적, 즉 고조량을 해안선으로 한다.

④ 고조량이 없는 지역에서는 촬영시의 조도와 약최고고조면의 조차(l)를 현지의 조석표에서 구하고, 도화기로 해안선과 직각방향의 평균경사각(θ)을 구하여 보정량(s)을 다음 식으로 정한다(〈그림 26-2〉 참조).

$$s = l \cot \theta$$
$$= \tan^{-1}(h/d) \tag{26.1}$$

⑤ 대축척항공영상면(1/1,000~1/5,000)일 경우, 영상면상 기준점의 높이를 기준으로 하여 약최고고조시의 높이를 도화기에 입력한 다음, 등고선도화와 같은 원리로 해안선의 위치를 결정한다.

⑥ 천연색 또는 적외선 영상면을 사용하면 판독이 더욱 용이하다.

⑦ 촬영시각을 저조시로 선택하면 저조선과 함께 암초, 간출암, 모래톱 등을 발견하는 데 도움이 된다.

6. 해상위치측량(marine positioning survey)

(1) 개 요

해상에서의 선박의 위치를 결정하기 위한 해상위치측량은 선박의 항로유지, 수심측량 등 해양측량뿐만 아니라 모든 해상활동에 있어서 가장 기초적이고도 중요한 것이다. 계획된 항로를 정확하게 유지하며 항행하기 위한 해상위치결정의 기법을 일반적으로 항법(navigation)이라고 한다. 해양위치측량은 대부분 항법의 원리와 방법을 동일하게 사용하지만, 일반적인 항법에 비하여 그 정확도와 관측방법을 더욱 엄밀하게 하는 것이다.

해상위치측량의 방법은 관측장비에 따라서는 광학기기에 의한 방법, 전자파에 의한 방법, 인공위성에 의한 방법, 기타 방법(초음파에 의한 방법, 광학기기와 전자파를 병용하는 방법 등)으로 구분할 수 있다.

(2) 위성항법(satellite navigation)

인공위성은 지구중력장의 성질을 반영하면서 궤도운동을 하므로, 위성궤도를 정확히 관측함으로써 지구의 중력장해석, 지오이드결정 등과 같은 측지학, 지구물리학적 연구에 중요한 자료를 제공할 수 있을 뿐만 아니라, 인공위성으로부터의 전파교신을 수신함으로써 수신점의 위치를 결정할 수 있다.

최근에, 지구상 장거리 지점간 상호위치관계를 신속하고 상당히 정확하게 결정할 수 있는 위성측량(satellite surveying)의 기법이 실용화되고 있는 추세이며, 이 위성측량은 원래 대양을 항해하는 선박 또는 항공기의 전천후 위치결정을 목적으로 개발된 위성항법을 기본으로하여 발전한 것이다.

위성항법은 전파신호를 이용하여 위성과 관측자 사이의 거리 및 거리변화율을 관측함으로써 위치를 결정하게 되며, 현재 실용중인 위성항법방식으로는 미해군항행위성방식인 NNSS(Navy Navigation Satellite System)와 범세계위치결정방식인 GPS(Global Positioning System)가 있다.

NNSS는 1959년 최초로 실시된 위성항법방식으로 도플러 효과를 이용한 거리변화율관측의 원리에 의한다.

현재 65개의 위성이 작동중이며 정확도는 수 m 정도이다.

GPS는 1973년 시작된 방식으로 총 31개(보조위성 7개 포함)의 위성으로 지구 전체를 포괄하여 지구상 어느 지점, 어느 시각에서도 위치결정이 가능하도록 계획된 방식이다. GPS는 도플러 효과와 함께 전파도달시간차에 의한 거리관측을 병용한 원리에 의하며, NNSS가 수 분 내지 수십 분의 관측소요시간을 요하는 데 비하여 수초 이내에 위치결정이 가능하고, 상대정확도 $10^{-6} \sim 10^{-7}$으로 정확도면에서도 양호하다. 따라서, NNSS가 저속으로 운항하는 선박에 적합한 데 비하여 GSP는 고속운항 중인 항공기에서도 적용 가능한 방식이며, 앞으로 범세계측지측량망결합 및 기준점측량에서도 활용성이 기대되는 방식이다.

제27장

지하시설물 및 지하자원측량

1. 개   요

　현대도시는 상하수도, 전기, 통신, 가스 및 난방 등의 공급체계를 이루는 각종 시설물들이 도시의 생명선 역할을 하고 있다. 이러한 도시의 시설물들이 복잡해짐에 따라서 공급체계를 원활히 유지하고, 효과적으로 관리하는 것은 매우 중요한 일이 되었다. 시설물을 효과적으로 관리하기 위해서는 그 위치를 측량하고, 형태, 하중능력, 재질 등을 파악하여 유지관리하는 기록이 기본자료가 된다.

　도시의 공급체계를 이루는 시설물은 지상 및 지하에 설치되어 있으며, 도시가 복잡해짐에 따라 지하에 설치되는 비중이 높아지고 있다. 특히, 지상에 설치되었던 전기 및 통신 시설물에 대해서도 도시미관, 유지보수의 용이성 및 전압의 증가에 따른 위험방지 등의 이유로 지하에 매설하는 경향이 높아졌다.

　지하시설물(underground infra structure)의 관리를 위해서는 지하시설물측량에 의해 도면을 작성하여 이에 대한 정보체계를 확립하는 것이 초기비용은 많이 들지만, 이미 실시한 도시의 경험을 비추어 볼 때 그 비용이 빠르게 회복됨을 알 수 있다. 지하시설물에 대한 체계적인 자료가 필요하다는 것은 70여년 전 유럽에서 인식되기 시작하였으며, 1915년 스위스의 Olten시에서 처음으로 지하시설물대장이 만들어지고, 1917년 Basel시에서 도면이 작성되었다. 오늘날 유럽이나 미국의 대부분의 도시들은 지하시설물 종합관리체제를 확립하고 있다.

지하시설물은 건설된 후 복개하기 전에 즉시 측량되어야 하며, 구미에서는 많은 도시들이 이에 대해 엄격한 규정을 갖고 있다. 매설된 지하시설물이나 지하자원에 대해서는 전기탐사, 음파탐사 지중관통레이더(GPR: Ground Penetrating Radar) 등을 이용하여 지하시설물측량에 의한 도면 작성 및 석유, 광물 등의 유무를 탐사하는 것이다.

2. 지하시설물의 종류

도시의 지하시설물은 주로 상수도, 하수도, 전기선, 가스선 등으로 이루어진다. 이들 중 고압전기선 및 지하도선은 도로의 중앙부에 매설되며, 상수도선, 전화선 및 가스선은 인도와 가까운 차도를 따라 설치된다. 최근에는 개발지구 등에서 지하시설물을 위한 공동구가 설치되고 있어서 편리하지만, 기존도시의 시설물은 밀집되거나 중첩되어 매설된 부분이 많아서 혼선을 이루고 있다.

(1) 상 수 도

상수도는 음료수를 포함한 가정용수 외에 각종 산업 및 공업용수를 제공하는 도시생활에 중추적인 역할을 담당하고 있다. 상수를 제공하는 데 사용되는 관의 종류는 주철관, 강관, PVC관 및 석면시멘트관 등이 있다.

주철관은 제작이 비교적 간편하고 내구성이 좋아 옛부터 많이 사용되어온 것으로써, 보통주철관과 고급주철관이 있으며, 현재는 고급주철관이 사용된다.

강관은 주철관에 비해 강도가 크므로 관 두께가 얇고 취급에 편리하다.

PVC관은 녹이 슬지 않고 가격이 저렴하며, 시공이 단단하기 때문에 최근에 많이 이용된다. 그러나, 외부압력에 약하기 때문에 직경이 적은 가정용관이 많이 이용된다.

(2) 하 수 도

하수는 크게 오수, 우수, 공장폐수로 나누어지며, 도시의 거대화와 산업의 발달로 인하여 하수도 시설이 차지하는 비중이 커지고 있다.

하수도에 사용되는 것의 대부분이 시멘트토관이며, 대형은 간선도로의 중앙에 하수로로 이루어져 있다. 다른 시설물에 비하여 개략적인 위치는 쉽게 알 수 있으나, 정확한 위치 및 깊이와 다른 시설물과의 상관성을 측량할 필요가 있다.

(3) 전 력 선

산업의 발전과 생활수준의 향상 등에 따라 전력의 수요가 급증하고, 전압의 승압이 필요하게 됨으로써 전력선의 지중선 가설이 요구되고 있다. 지중선의 가설은 안전사고가 적으며, 미관 및 보안상 유리하고, 통신선, 상수도 등과 공동으로 설치할 수 있으며, 화재나 폭우 등의 외적 영향을 받지 않는 등의 장점이 있다.

(4) 전 화 선

전화선은 가공선, 지하선, 수저선 등으로 나누어지지만, 현대 도시내의 전화선은 대부분 지하선으로 이루어져 있다. 지하전화선로는 지하관로를 만들고, 여기에 케이블을 설치한 관로케이블선로와 공동구에 설치된 공동구 케이블선로가 있다. 전화의 지하선로도 전력의 지중선과 같이 온도변화, 우천 등의 자연적인 영향이나 인공적인 고장이 적어 전화의 신뢰도가 높으며, 도시의 미관을 해치지 않는 장점이 있다.

(5) 가 스 관

현재 우리나라의 가스관은 극히 일부지역에만 국한되어 설치되어 있으나 대도시의 LNG 도입은 급속히 증가할 것으로 기대된다. 연료의 안전공급 및 안전관리로 시민생활의 편익을 제공하기 위하여 도시가스 공급확대사업은 지속적으로 추진되고 있으므로 이의 관리를 위해서도 상세한 지하매설물도면이 요구된다.

3. 전기탐사법

(1) 전기탐사기

지하에 매설된 전도체에 전류가 흐르면 그 에너지에 의해 전도체를 중심으로 원통형의 자장이 형성된다. 이 자장을 전파탐사기수신기의 1차코일로 직각방향으로 차단하며 수신기에 미소한 전류가 흐르게 된다. 이 미소전류를 2차코일로 증폭시켜서 가청주파수로 바꾸어 헤드폰(head phone)으로 청취하고, 또 한번 발진시켜서 지시계의 바늘을 움직이게 한다. 가장 강한 신호의 위치를 확인하여 그 지하시설물의 평면위치 및 수직위치를 관측한다.

그림 27-1 도체를 중심으로 폐곡선의 회전에 의한 자장과 전류와의 관계 ●●○

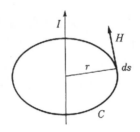

지하시설물에 흐르는 전류에 의하여 발생하는 자장은 암페어의 오른쪽 나사법칙에 따르며, 전류가 흐르는 도체의 둘레에 생기는 폐곡선의 자장을 폐곡선을 따라 적분하면 그 값은 도체에 흐르는 전류와 같다.

$$\int H \cdot ds = I \tag{27.1}$$

여기서, H는 자장의 강도, I는 전류이다. 도체가 무한히 긴 직선모양으로 전류가 흐른다면, 식 (27.1)은 $\int_c H \cdot ds = 2\pi r H = I$가 되어서 자장의 강도 H는

$$H = \frac{I}{2\pi r} \tag{27.2}$$

가 되며, 이 식에서 자장의 강도 H는 도체에서의 거리에 반비례함을 알 수 있다.

전류에 의해 발생하는 자장을 검출하는 원리는 유도전압 e는 회로와 직교하는 자속수 ϕ의 감소비율에 비례하여

$$e = -\frac{d\phi}{dt} \tag{27.3}$$

로 표시되며, 회로와 직교하는 단면적에 대해 평균자장강도 H로부터 $\phi = \mu H$(여기서 μ는 투자율)가 되어서 유도전압은

$$e = -\frac{d\phi}{dt} = -\mu\frac{dH}{dt} = -\mu\frac{I}{2\pi r} \cdot \frac{dI}{dt} \tag{27.4}$$

가 된다. 이 식에서 유도전압 e는 시간에 따라 변화하는 전류의 변화에 비례하고 도체의 거리에 반비례함을 알 수 있다.

(2) 안테나의 종류

안테나의 종류는 〈그림 27-2〉와 같이, CCV 안테나, SSV 안테나, GRM 안테나 등이 있다.

그림 27-2 안테나의 종류

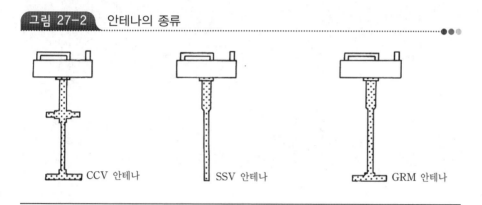

CCV 안테나　　　　　SSV 안테나　　　　　GRM 안테나

CCV 안테나는 표준형으로 검색과 추적에 사용되며, 시설물이 있는 위치에서 최대신호를 나타낸다.

SSV 안테나는 시설물의 바로 위에서는 신호가 없으며, 시설물을 중심으로 양쪽으로 움직이면 신호가 급격히 상승했다가 서서히 줄어든다. 이것은 CCV 안테나보다 방해전파를 적게 받기 때문에 시설물의 정확한 위치를 찾는 데 사용된다.

GRM 안테나는 지하에 매설된 맨홀이나 금속시설물을 탐사하는 데 사용된다.

각 시설물에 대한 안테나의 반응특성은 〈표 27-1〉과 같다.

■■ 표 27-1 안테나의 반응특성

시설물 \ 안테나	CCV 안테나	SSV 안테나	GRM 안테나
전력선	45° 45°	45° 45°	
전화선	30° 30°	30° 30°	
상수도			모서리 부분에서 고음신호

(3) 수평위치결정

지하시설물의 위치를 결정하는 데는 우선 지하시설물의 존재 여부를 파악하기 위하여 일정 지역을 검색한다. CCV 안테나를 수신기와 일직선 되게 놓고

그림 27-3 지하시설물의 검색

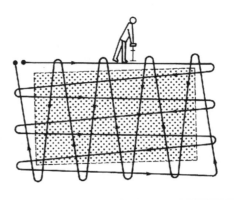

대상구역을 〈그림 27-3〉과 같이 격자형태로 검색한다.

시설물의 위치를 확인한 후 CCV 안테나로 수신기에 직각되게 하여, 최대신호위치를 파악하여 지하시설물의 방향과 위치를 확인하여 추적한다. 시설물의 위치가 확인되면 정밀관측에 의해 위치를 결정한다.

(4) 깊이관측

깊이관측은 정확한 위치가 확인되면 시설물의 상부에서 수직깊이를 관측하는 방법과 정확한 위치로부터 안테나의 기울기가 〈그림 27-4〉처럼 45° 되도록 하여 수신기의 신호가 최소로 되는 위치를 찾아서 깊이를 구하는 방법이 있다.

〈그림 27-4〉 (b)와 같이, 양쪽의 거리가 다를 경우는

$$T = \frac{D-B}{2} \tag{27.5}$$

로 양거리를 이등분하여 매설깊이로 결정한다.

그림 27-4 깊이관측

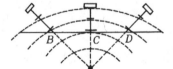
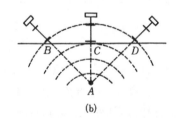

(a) (b)

4. 지하시설물 도면작성

모든 종류의 지하시설물을 한 장의 도면 안에 표시함으로써 전체 시설물의 현황을 일목요연하게 나타내므로 시설물의 설계 및 계획에 유용하며, 도로굴착작업에도 계획대로 진행시킬 수 있다. 지하시설물에 대한 도면의 표시방법은 다른 것과 마찬가지로 통일성을 기하여야 한다. 모든 지하시설물을 포함하는 종합관리도에 표시되는 시설물과 그 표시방법은 〈표 27-2〉에 표시되어 있다.

그리고 상수도, 하수도, 가스 등 그 크기가 25cm보다 클 때는 두 선으로

■■ 표 27-2 지하시설물표시선

시　설　물	지　　상	시설물≦20cm 크기	시설물〉20cm
상　수　도	———— 0.4	8.0 · · · · — — 0.4 / 2.0	
하　수　도	———— 0.4	15.0 · · · — — 0.4 / 0.2	15.0 ▷ ▷ 0.2 / 0.2 / 2.0
가　　　스	———— 0.4	8.0 · · · — — 0.4 / 3.0	
난　방　선	———— 0.4	15.0　5.0 — — 0.2 / 15.0　5.0 — — 0.6	15.0 ⊢⊣ 0.2 / 5.0 0.2
전　　　기	———— 0.2	0.4 — — 0.2 / 3.0	4.0 ∫ ∫ 0.2 / 3.0 0.2
전　　　화	———— 0.2	4.0　2.0 — — 0.2 / 4.0　2.0 — — 0.6	4.0 Z Z 0.2 / 2.0 0.2
송　유　관	———— 0.4	8.0 · · · — — 0.4 / 7.0	8.0 ⊠ ⊠ 0.2 / 7.0 0.2
관　로　선	————	8.0　7.0 · · · — — 0.4 / 2.0	8.0 Ⓢ Ⓢ 0.2 / 2.0　7.0 0.2

축척에 맞게 표시되지만, 그 크기가 이보다 작을 때에는 중심선만 그려지게 되며 그 크기는 숫자로 표시할 수 있다. 평행하게 매설되어 있는 케이블이 같은 관리기관에 속하고 용도가 같으면서 인접한 케이블과의 간격이 30cm 이내일 때에는 합쳐서 한 선으로 그려진다.

도면작성에는 신축이 적고 투명한 용지를 사용하여 정밀도를 유지할 수 있도록 한다. 도면의 축척은 일반적으로 1/600을 이용하지만, 시설물이 복잡하게 설치되어 있는 곳은 1/300을 사용한다.

도로의 명칭은 도로의 중앙에 흑색으로 기입하며 폭원은 표시하지 않고 시설물은 색깔로써 구별한다. 즉, 전기는 붉은 색, 상수도는 파랑색, 하수도는 보라색, 전화는 파랑색, 가스는 노랑색을 사용하며 그 시설물에 부수되는 부속물 및 노출물도 도식범례에 따라 착색한다.

지하구조물 및 시설물에 따르는 지상의 부대설비인 맨홀, 소화전, 취수구, 신호등, 가로등 등을 그 관리기관별로 표시할 때 그 부호가 서로 상이하여 혼란을 야기시킬 수 있으므로, 색깔 및 크기를 알 수 있는 경우는 축척별로 하지만,

너무 작아서 표시할 수 없는 경우는 부호화하여 나타낸다. 그리고, 지하에 설치되어 있는 지하상가, 지하로 등 지하구조물은 점선으로 표시하며 착색하지 아니한다. 그 시설물의 특성을 도식화할 수 없는 것은 글자를 기입함으로써 특성을 설명할 수가 있다. 즉, 크기(용량)·깊이·재질 등 시설물을 확인할 수 있는 장소에 기입하여 주어야 하며, 공동구에 모든 시설물이 함께 설치되어 있는 경우는 공동구위치만 표시하여 주고 그 단면을 표시하여 글씨로써 특성을 설명하여 주어야 한다. 또한, 시설물의 길이는 지표면에서 시설물의 상단까지의 거리로써 각 출곡점마다 길이를 관측하여 센티미터 단위로 표시한다.

5. 지하자원탐사(물리탐사)

지하의 암석분포나 퇴적분지의 존재여부에 대한 판단을 통하여 유망구조를 도출하는 기법으로 중·자력탐사와 탄성파탐사가 있다.

(1) 중·자력탐사

지하에 분포하는 암석의 밀도와 자력의 물성차이를 이용하여 중력 및 자력값을 관측함으로써 지하의 암석분포(퇴적암, 화성암 등)나 퇴적분지의 존재여부를 판단한다. 주로 항공기 또는 탐사선을 이용한다.

(2) 탄성파탐사(seismic survey)

지표 또는 해상에서 음파발생기(air gun)로 탄성파를 발사하여 지하 지층의 경계면에서 반사되어 되돌아 오는 반사파를 해석함으로써 석유나 광물의 부존가능성이 높은 유망구조를 도출한다.

제28장

지진측량

1. 개   요

지각(earthquake)의 일부에 외부로부터 힘이 가해지면 지각은 변형을 하게 되고, 이 변형된 왜곡량이 약 10^{-4}(1m 막대의 끝이 0.1mm 휘는 정도)에 달하면 지각을 구성하고 있는 암석의 강도한계를 초과하여 파괴된다. 이 파괴는 단층을 형성하게 되고, 이 단층의 형성이 결국 지진을 발생시키는 원인이 된다. 지각의 탄성왜곡이 축적되고, 이 왜곡이 한계값을 초과할 때 단층이 반발적으로 운동하여 지진파를 발생한다는 지진의 탄성반발설은 미국의 Reid에 의해 처음으로 제창되었다. Reid의 지진의 탄성반발설은 1960년의 샌프란시스크 대지진에 대해서 지진 전의 삼각측량성과와 지진 직후에 실시한 삼각측량의 성과를 비교한 결과로 나온 것으로, 지진 전 50년간 단층의 상대변위는 약 3.2m이었으나 지진시의 단층의 최대변위는 약 6.2m이므로 샌프란시스코 발생주기는 (6.5m/3.2m)×50≒100년이라고 예측하였다. 최근에 이 지역단층의 굴삭조사로는 대지진의 발생간격을 평균 200년으로 판정하였다.

지진에 의한 화재는 돌발적이면서 그 파괴력이 강하기 때문에 지진에 대한 예측은 방화 대책과 불가분의 관계를 갖게 된다. 지진의 예측이 그 파괴력을 약하게 할 수는 없지만, 파괴에 의해 발생하는 2차재해를 경감할 수 있다. 암석에 따라서 파괴형태가 다르기 때문에 확률적으로 예측하고, 지진의 위험도를 확률적으로 이해하여도 방재상에는 큰 도움이 될 수 있다. 따라서, 지진의 과정을 파악하고 주파괴 전의 전조현상을 관측함으로써 확실한 지진의 예측을 하는 것은 지진에 의한 재해를 경감시키는 데 중요한 요인이 된다.

최근 우리나라에서도 지진의 발생에 대한 우려가 높아져 가고 있으므로 지진의 예측에 필요한 측지측량망의 정비 및 정기적인 관측 등이 필요할 것이다. 여기서는 지진의 과정을 파악하고 측량에 의한 지진의 예측에 대해 소개하기로 한다.

2. 지진의 진행과정

지진을 지면의 진동으로 관측하는 것은 지각의 파괴가 생긴 후반을 보는 것이기 때문에, 지진현상의 전체를 파악할 수가 없다. 지진현상을 파악하기 위해서는 지진 에너지가 왜곡이 진행되게끔 축적되고, 결국 파괴에 이르는 과정을 모두 지진현상의 일부로 보아야 한다. 지진을 예측하는 입장에서 보면 파괴가 발생한 후의 현상보다 파괴 전 단계가 더 중요하다.

지진이 파괴에 이르기 전까지의 과정은 일반적으로 크게 네 단계로 나누어진다. 첫째 일정한 왜곡의 진행, 둘째 한계점에 도달, 셋째 본 파괴의 시동, 넷째 본 파괴의 발생의 순서이다. 첫 번째 단계는 지진에너지의 축적으로 아주 온건하게 진행한다. M8 등급의 태평양환대의 거대 지진은 100년 내지 200년 정도 걸리며, M7 정도의 내륙부는 아주 긴 세월이 걸린다. 두 번째 단계는 탄성한계에 가까워져서 이미 정상상태는 아니어서 왜곡의 진행도 일정하지는 않게 된다. 이 상태에서도 본 파괴에 이르는 기간은 상당히 시간이 걸리며, 이 유예기간은 Dilatancy 이론에 의하여 본 파괴의 크기, 즉 지진의 크기에 따르는 것으로 생각한다. 세 번째 단계는 본 파괴의 전초부분으로 본 파괴는 돌연적으로 발생하는 것이 아니라 며칠 또는 몇 시간 전초현상을 수반하게 되는데, 이 시간을 말한다.

지진이 발생하는 한계왜곡에 도달하기 전의 일정한 왜곡이 진행되는 상태는 긴 세월동안 거의 일정하게 진행되므로 대지측량(또는 측지측량)의 반복이 가장 유효한 방법이다. 대지측량의 반복은 넓은 지역을 공간적으로 덮을 수 있기 때문에 에너지 축적범위를 밝혀내고, 장래에 있을 지진의 크기를 추정하는 것이 가능하다. 한계점에 도달한 단계 이후는 왜곡의 진행이 시간적·공간적으로 일정하지 않게 된다. 따라서, 간헐적인 측량의 반복만으로는 중요한 정보를 얻기 어렵게 되어 왜곡의 변화를 연속으로 관측하여야 한다.

3. 지진예측 및 관측

(1) 예측방법

대지진의 발생과정은 각기 복잡다양하고, 그 재현시간도 수십 년에서 천 년 이상인 것도 있다. 이와 같이, 다양한 모든 지진을 관측하고 그 전조현상을 해석한 후에 객관적이며 정량적인 지진예측방법을 만들 수는 없는 것이다. 따라서, 파괴의 전체과정은 서로 동일하지 않더라도 그 직전현상에 대해서 기초적인 연구를 함으로써 설명할 수 있는 몇 개의 유사점을 찾을 수 있게 된다. 이러한 것들을 기초로 하여 지진의 예측에 대한 연구가 시작될 수 있으며, 지진의 예측은 크게 두 가지 국면으로 나누어서 생각할 수 있다.

첫째는, 장기적인 필연성에 기초를 두고 지진의 형상으로 예상되는 지진의 단층모형으로 표시함으로써 지각변동과 지진활동 등의 이상으로부터 지진의 발생가능성 및 장래에 발생할 지진의 시기, 장소, 크기 등을 예측하는 것이다. 둘째는, 단기적인 결정론적 법칙에 근거를 두고 직전현상을 해명하여 지진의 발생시간을 최종적으로 예측하는 과정이다.

장기적인 예측에 대한 수단은 여러 가지 다양한 관측과 조사로 이루어지며, 단기적인 예측은 지진전조현상의 검출과 그 진원에 대한 물리학적 해석이다. 이것은 양쪽 모두 현상론적ㆍ통계적인 것만이 아니고, 실체론적이며 구체적인 것이다.

지진의 파괴, 발생과정에서 최종적인 진원단층운동의 규모와 양식까지 알기 어렵고 전조현상의 관측을 효율적으로 하기 위해서 장기적인 예측에 의해 가까운 장래의 대지진의 발생의 가능성을 확실하게 인식하여 예상되는 지진현상을 유도해 내는 것은 단기적인 예측을 하기 위해서도 필요불가결하다.

장기적인 예측을 위해서는 전국적인 측지측량망을 연결한 기본관측과 지진학적 연구를 함으로써 이상지역을 발견하고 주의를 필요로 하는 지역을 확인하여 집중적으로 관측하고 연구하여야 한다. 단기적인 예측은 이러한 요주의 지역에 대해 지진전조현상을 보조하기 위한 집중관측과 진원물리학의 연구로 장기적 예측을 보다 정밀하게 분석하여 수정함으로써 이상현상을 발견하고, 단기적인 직전예측을 하게 된다. 장기적인 예측으로부터 단기적인 예측에 이르는 흐름은

그림 28-1 지진예측방법과 흐름도

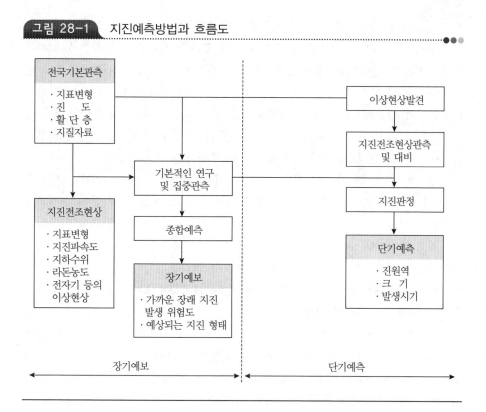

〈그림 28-1〉과 같게 된다.

(2) 측량의 반복에 의한 지진의 장기예측

지각의 변동을 관측하기 위해서는 정확한 지형도가 작성되어 있어야 하며, 이를 위해서는 점의 수평위치(위도, 경도)와 높이가 정확하게 측량되어 있는 기준점이 필요하다. 기준점은 지구가 타원체인 것을 고려한 정밀한 대지측량(측지측량)에 의한 전국적인 기준망이 작성되어야 하며, 천문측량, 중력측량도 포함되지만 삼각측량과 고저(또는 수준)측량이 주요측량이다.

토지의 변동은 삼각점과 고저기준점(또는 수준점)의 연속관측에 의한 변화로부터 구할 수 있으며, 측량의 반복에 의한 방법은 넓은 지역의 변동을 알 수 있는 것이 특징이다. 지진에 의한 지표의 변동은 단층의 크기, 형, 활동량에 의해 결정되므로, 지표의 변형으로부터 단층의 위치, 크기, 변량 등을 구할 수 있다. 이 양들은 지진에 있어서 기본적인 것들로서 지진의 발생 후 측량을 실행하여 토지의 변동을 밝히는 것은 지진의 연구뿐만 아니라 지진예측에도 매우 중요하다.

지진에는 현저한 전진을 수반하는 것이 있는가 하면, 지진 직전에 토지에 이상한 변동이 관측되는 예도 있다. 지진의 관측과 지각변동의 관측으로부터 단기예측은 간단히 이루어질 것으로 생각하기 쉽지만, 이러한 단기전조는 지진이 발생하였기 때문에 그 후에 전조라는 것을 알게 되는 경우가 많다. 따라서, 단기전조를 지진발생 전에 나타나는 전조로 판단하기 어려우며, 전진과 군발지진을 구별하여도 전진으로부터 본진의 크기를 추정하는 것은 곤란하다.

정확한 단기예지가 현실적으로 가능하기 위해서는 앞에서 서술한 것과 같은 장기예지가 선행되어서, 미리 발생할 지진의 규모, 장소 및 시간이 추정되어야 한다. 지진의 장기예측은 지각이 파괴에 가까워져서 나타날 것으로 예상되는 장기전조를 검지(detection)하는 것으로 시작한다. 지진은 지각의 왜곡의 한계에 도달하였을 때, 지각 내에 단층운동이 생겨서 왜곡을 없애는 현상이어서, 지각의 왜곡은 지표나 경사와 토지의 신축으로 나타나므로 토지의 변동을 감시하는 것이 장기예측의 기본이 된다.

지각의 이상변동이 관측되면 이상상태의 지역적 분포를 파악하는 것이 현상을 규명하는 데 중요하다. 지역적 분포를 파악하기 위해서는 고정적인 관측점의 수를 증가시키는 것도 중요하지만, 고정관측점은 국지적인 조건에 지배를 받기 쉬우므로 장기예측에는 측량의 반복이 필요하다. 반복적인 측량의 결과로서 지진을 예측할 수 있는 지각 변동에는 수평적인 한계왜곡과 이상융기현상이 있다.

① **지각의 한계왜곡**

지진이 발생하게 되는 한계왜곡은 지진예측에서 중요한 변량이며, 한계왜곡의 크기와 현재의 왜곡상태를 알면 지진의 발생시기를 예측할 수 있다. 지각이 파괴되는 왜곡의 크기는 일정하지 않지만, 현재 일반적으로 1×10^{-4}이 넓게 이용된다. 한계왜곡의 차이는 1×10^{-5} 정도이며, 이것은 왜곡의 진행속도를 $2 \sim 3 \times 10^{-7}/y$라 하면, 발생시기의 차이는 단순히 계산하여 30~50년이 되어서 장기적인 예측에서 발생시기는 큰 차이가 생기지 않는다.

한계왜곡을 사용하여 예측하는 경우에 생기는 문제점은 측량이 시작된 후, 또는 측량이 시작된 지 얼마 되지 않아서 지진이 발생한 경우 등은 왜곡의 축적량을 알 수 없는 것이다. 그리고 측량의 반복에 의해 얻어지는 왜곡량은 측량의 시작시에 왜곡을 알아야 하므로, 그 발생간격이 천 년 이상으로 생각되는 내륙의 지진에 대해서는 한계왜곡에 의해 장기적인 예측을 하는 것은 거의 불가능하다.

그러나 기준점측량이 이루어져 있는 지역에서 측량이 시작된 지 얼마되지 않아서 지진이 발생하는 지역에서 지진의 반복간격이 수백 년 정도로 비교적 짧은 지역에서는 측량에 의해 축적량을 구할 수 있으며, 이에 따라 대지진의 발생을 장기적으로 예측할 수 있다.

현재 정상적인 지각의 수평왜곡의 진행속도는 $2 \sim 3 \times 10^{-7}/y$로서 큰 곳에서도 $5 \times 10^{-7}/y$ 정도인 것으로 알려져 있다. 이것은 지진의 장기전조로서 왜곡의 진행속도가 2배로 증가하여도 왜곡의 변화량은 10년간 5×10^{-6} 정도이므로 트랜시트를 사용한 종래의 삼각측량 성과의 정확도와 별로 차이가 없다. 종래의 삼각측량을 10년마다 반복하여도 전조로서의 수평왜곡의 이상을 검출할 수 있는지에 대해서는 의문이 생긴다. 그러나, 최근의 광파거리측량기는 2×10^{-6}의 정확도로 측량할 수 있으므로 수평왜곡의 이상이 3×10^{-6} 이상이면 검출할 수 있다.

② 지진변동의 이상

지진의 발생 전에 일어나는 현상으로 토지의 이상융기를 볼 수 있는데, 지진과 이상융기의 인과관계가 명확하지는 않지만, 지진의 장기적 선행현상으로서 가장 주목되는 것의 하나가 토지의 이상융기현상이다.

토지의 이상융기를 지진의 선행현상으로 설명하는 것에는 다음의 두 모델이 있다. 그 하나는 다이라탄시(Dilatancy)모형(model)으로서 지진발생 전에 지하암석 내에 미소한 분열이 발생하고 성장함으로써 지반의 융기와 지진파속도가 변화하는 등의 전조현상을 설명하는 것이다(〈그림 28-2〉(a)). 다른 하나는 지진에 앞서서 지각하부에 천천히 비지진성의 활동이 진행하여, 이에 따라서 상부지각이 융기하고 지진이 된다는 모형이다(〈그림 28-2〉(b)).

두 모형 모두 지각의 왜곡이 한계상태에 이르러, 지각이 높은 응력 상태로 될 때, 지표의 변형이 생겨 이상융기가 발생할 가능성은 있게 된다.

그림 28-2 지각변동의 이상

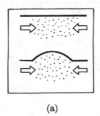
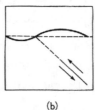

(a)   (b)

고저측량(수준)노선의 반복측량으로 지반의 융기를 관측하는 데에는 측량의 오차의 누적에 의해 생기는 융기현상을 주의하여야 한다. 우연오차가 10~ 20km 정도의 파장을 갖고 변동하는 경우는 실제변동과 구별하기 힘들므로 측량을 반복하여 확실한 이상융기를 제거하여야 한다.

(3) 지각변동의 연속관측

지진발생과정에서 왜곡이 일정하게 진행되어서 한계왜곡에 도달함으로써 본 파괴가 시동되는 단계까지는 측량의 반복 및 연속관측 등에 의한 장기예측에 따르지만, 본 파괴가 시동된 것이 확인되면 단기적인 예측은 지각변동의 연속관측에 의존하게 된다.

지진현상은 돌발적인 것이 아니라 수 일 내지 수 시간 정도의 본 파괴로 진행되는 시동현상이 전초현상으로 나타난다. 이 과정을 검지하고 해명하는 것은 지진발생의 과정을 알고, 유효한 지진단기예측을 가능하게 하는 관건이 되며, 이 과정은 지각변동의 연속관측에 따르게 된다.

연속관측의 대상은 지반의 신축과 경사로서 양자 모두 변화의 양은 아주 작다. 신축이 10^{-7}, 경사가 0.1초 정도로서 변화를 얻는 방법도 일단위, 월단위로 아주 완만하다.

4. 지구내부의 특성

(1) 개   요

지구내부의 구조를 파악하는 데에 중요한 역할을 하는 것은 자연지진의 주시곡선을 해석하는 것으로서, 사람의 손이 직접 미치지 못하는 지구내부의 구조는 19세기 말 근대적인 지진계가 발명되면서 비교적 자세하게 알려지게 되었다. 지구의 평균밀도가 지각의 평균밀도보다 약 2배 가량 높기 때문에 지구중심부에는 지각에 비해 훨씬 무거운 물질이 존재할 것이라는 추정이 지구의 내부구조에 대한 연구의 시작이라 할 수 있다.

1909년 유고슬라비아의 A. Mohorovičić는 지진파의 굴절에서 지하 35km 부근에 지진파 속도의 불연속면이 있음을 발견하였다. 이 면을 모호면(M면)이라 하고, 현재는 대륙에는 30km 내외, 해양에서는 10km 내외에 존재하는 것으로 확인되지만, 어떤 물질이 어떤 상태로 존재하는지를 확인하기 위해 미국의 캘리포니아 부근의 해상에서 시추되고 있다. 1914년 독일의 B. Gutenberg가 지하 약 2,900km에 존재하는 불연속면을 발견하였으며, 이후 이것은 여러 연구결과와 일치하여 지구의 핵을 이루는 경계면인 것으로 확인되었다.

현재까지 시추공에 의한 보오링으로 가장 깊이 내려간 것은 약 8km(끝 직경 10cm) 정도로 지구반경의 약 1/800에 불과하다. 이보다 깊은 부분인 지구내부의 특성은 중력측량, 지자기측량 및 탄성파측량 등에 의해 추정하고 있지만, 이 중에서 탄성파(지진파)에 의한 방법이 가장 효과적인 것으로 알려져 있다.

(2) 지구의 평균밀도

지구의 평균밀도(ρ_m)를 지구자전에 의한 원심력의 영향을 고려하지 않는 극의 중력값 g_p로부터 구해보면, 질량 M이 지구반경 R과 만유인력상수 G로부터 $G \cdot M = R \cdot g_p$이 되고 지구의 체적 $V = \frac{4}{3} \pi R^3 = 1.08332 \times 10^{27} \text{cm}^3$이므로, $R = 6,371 \times 10^8 \text{cm}$, $g_p = 983.23 \text{cm} \cdot \text{sec}^{-2}$, $G = 6.67 \times 10^{-8} \text{dyne} \cdot \text{gr}^{-2}$를 대입하면 $\rho_m = 5.52 \text{gr} \cdot \text{cm}^{-3}$이 된다.

지각을 구성하고 있는 암석의 평균밀도는 $2.6 \sim 3.2 \text{g/cm}^3$이므로 지각 밑의 지부내부의 밀도는 지표면에 비해 크다는 것을 추정할 수 있다. 그러나 지구의 평균밀도는 중력의 절대관측의 정확도나 지구의 기하학적 형상관측의 정확도에 비해 정확도가 아주 나쁘다.

(3) 지구의 층상구조

지진파에 의해 추정되는 지구내부의 층상구조는 지표에서 아주 얇은 지각이 있으며, 지각 밑에 모호면이 존재하여 그 아래는 지진파의 속도가 증가하는 맨틀층으로 그 깊이는 2,900km 깊이의 구텐베르그 불연속면까지 연속된다. 그 하부에는 지구의 중심핵이 존재하여 중심핵은 외핵과 그보다 높은 속도를 갖는 내핵으로 이루어지며, 지진파의 P파는 내핵의 표면에서 반사되거나 내핵에서 굴절되는 것으로 생각된다. 내핵과 외핵 사이의 불연속면은 약 5,100km 깊이에 존재하며, 외핵은 용융상태의 액체이고 내핵은 저속도의 S파를 통과시키는 고체상태인 것으로 추정된다.

이 층상구조와 각 부분에 대한 지진파의 속도는 〈그림 28-3〉과 같다. 지구의 한 점에서 지진이 발생하여 이 지진파가 지구내부를 전파해가는 형태는 〈그림 28-4〉와 같다. 〈그림 28-4〉에서처럼 진앙 F에서 출발한 지진파는 진앙에서 11,000km까지는 P파, S파가 모두 도달하지만 11,000km와 16,000km 사이에

그림 28-3 지구의 해부

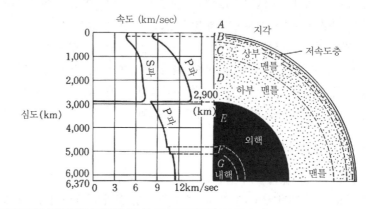

그림 28-4 P파와 S파의 전파경로와 각 지점의 지진기록

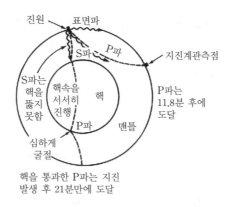

는 도달하지 않는다. 이것은 진앙에서 각거리 105°~143° 사이로서 맨틀과 외핵 사이에 존재하는 불연속면이 원인되는 것으로 암영대라 한다. 이 불연속면의 아래, 즉 진앙에서 16,000km 이상에는 S파가 도달하지 않는 것이 관측되어 횡파인 S파가 액체를 통과하지 못한다는 것과 기타 다른 이유로 지구의 외핵은 액체상태인 것으로 추정된다.

① 지 각

지각은 지구의 겉부분으로 모호불연속면의 상층으로 지구 전체체적의 1%, 질량의 0.5% 정도이다. 심도는 지역에 따라 커다란 차이를 나타내며, 대륙에서는 평균 35km, 해양에서는 해저면으로부터 약 5km 정도로 분류된다.

Conrad(1925)는 지진파 속도의 차에 따라 지각이 두 개의 층으로 구성되어 있다고 주장하였다. 이 경계면을 콘라드 불연속면이라 하며, 이것을 경계로 상부지각층과 하부지각층으로 나누어 부른다. 그러나 콘라드 불연속면은 해양지각에서는 발견되지 않으며, 대륙지각에서도 곳에 따라서는 확인하기 힘들다. 지각구조에 대한 연구는 1950년대 이후에 인공발파를 이용한 연구로 활발해졌으며, 이 인공지진은 진원의 위치와 발진시간을 정확히 알 수 있기 때문에 가까운 지진기록을 얻기 곤란한 해양지각이나 지진이 잘 발생되지 않는 대륙부분의 조사에 도움이 크다.

② 맨 틀

맨틀은 지각, 핵으로 나누어지는 세 부분 중 가장 큰 부분을 차지하며, 체적은 전 지구의 83%, 질량은 69%이다. 맨틀은 모호면 아래에서부터 2,886km 깊이의 구텐베르그 불연속면 사이에 있는 것으로 3개의 층으로 구분하기도 하지만, 일반적으로 상부맨틀(모호면에서 640km 깊이까지)과 하부맨틀로 구분된다.

상부맨틀에는 구텐베르그(1929)가 처음으로 시사한 저속도층이 존재하는데, 그 위치나 속도감소의 정도가 지역에 따라 크게 다르다. 〈그림 28-5〉는 Dorman(1969)이 서로 다른 지체구조구(tectonic province)에서 얻는 속도분포를 도시한 것이다.

그림 28-5 맨틀 상부의 저속도층의 지역적 특성

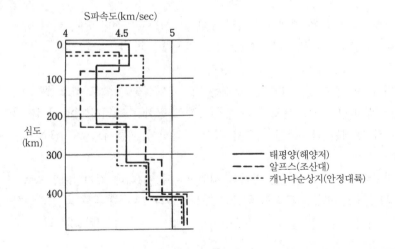

　　해양저와 알프스 조산대에서는 뚜렷한 저속도층이 깊이 90~220km 사이에서 나타나지만, 안정된 대륙지역에서는 뚜렷하지 않지만 더 깊은 곳에서 나타난다.

　　하부맨틀의 지진파속도는 비교적 완만하게 증가하지만, 각과 경계에 접하는 약 100km 구간에서는 속도가 약간 떨어진다. 이 부분을 전이대(transition zone)라 하며, 그 두께가 얼마되지 않지만 이 부분에서 지진파의 거동은 매우 복잡하며, 맨틀 전체를 통하여 천천히 일어나고 있는 암석의 대류에 대한 이론을 설명하거나, 지구 내부의 온도를 추정하는 데 중요하다.

　　③ 핵

　　핵은 지구 전체 체적의 16%, 질량의 31%를 차지하며, 맨틀로 둘러싸인 그 반경은 약 3,486km이다. 핵은 외핵과 내핵으로 나누어지며, 바깥쪽 2,270km 구간이 외핵으로 유체상태인 것으로 추정된다. 외핵의 존재는 자유진동의 관측 결과를 해석하거나 지구자장의 성인(成因)을 설명하는 데 필수적이다. 외핵에서 P파의 속도는 약 1,700km까지는 완만하게 변하며 진폭이 감쇠도 매우 적다.

　　외핵과 내핵의 전이대는 약 400km 정도의 두께를 갖는데, 외핵과의 경계에서 약간 속도가 증가한 후 거의 일정한 속도를 가지다가 내핵의 경계에서 뚜렷한 속도의 증가를 보인다. 그러나, 이 전이대의 존재는 무시할 수 있다는 설도 있다(Bott, 1982).

　　내핵은 존재상태가 Lehman(1936)에 의해 발견되었으며, 내핵의 경계에서 P파의 속도는 10.2에서 10.9km/sec로 급속히 증가한다. Bullen(1953)은 이와 같은 약 6% 정도의 속도증가는 내핵을 구성하는 물질의 탄성률의 증가를 의미하며, 따라서 내핵은 액체가 아니라 고체일 것으로 추정하였다. 현재 내핵과 외핵의 주 구성물질은 Fe, Co, Ni로 서로 동일한 것으로 추정한다.

　　④ 지구내부의 밀도, 중력 및 압력

　　지각 및 맨틀 상부의 밀도 추정은 지각균형설을 기초로 하고 있으며, 해양과 대륙에 따라서 밀도분포가 다른 횡방향의 변화를 고려하여야 한다. 이와 같이, 지각 내에는 국지적인 변화가 많고 복잡하여 이론적으로 취급하기는 매우 어렵다.

　　지구내부의 밀도변화는 지각을 제외한 부분에 대해 깊이방향만으로 변화할 것이라는 가정 아래 이론적인 취급이 가능하였다. 지구내부를 물질의 변화가 없는 물질이며, 밀도의 증가는 그 위에 있는 것의 무게에 의한 것이라고 하면 지구의 반경방향의 밀도변화는 다음 식으로 표시된다.

$$\frac{dP}{dr} = -\frac{g\rho}{\phi} + a\rho\tau \tag{28.1}$$

$$\phi = \frac{K_s}{\rho} = V_p^2 - \frac{4}{3}V_s^2$$

$$\tau = -\frac{dT}{dr} - \frac{Tag}{C_p}$$

단, ρ: 밀도, r: 동경, a: 열팽창계수, T: 절대온도

K_s: 단열적 체적탄성률, g: 중력가속도, C_p: 정압비열

V_s: 횡파속도, V_p: 종파속도

지구내부의 밀도분포로서 현재 일반적으로 사용되는 Bullen의 밀도분포는 식 (28.1)에서 우측 2항은 무시하고, 즉 온도분포의 영향의 항을 무시하고 온도경사는 단열압축에 의한 온도경사와 같다고 가정하여 계산한다.

그리고 지구의 내부를 정수압적 평형상태로 보고 큰 정수압을 가할 때 물질의 밀도 변화는 Hook의 법칙에 따르지 않고 이론적으로

$$\frac{2P}{3K_0} = \left(\frac{\rho}{\rho_0}\right)^{\frac{7}{3}} - \left(\frac{\rho}{\rho_0}\right)^{5/3} \tag{28.2}$$

의 식으로 나타난다. 여기서, P: 압력, ρ: 압력 P일 때의 밀도, $\rho_0 K_0$: 압력 0일 때의 밀도 및 체적탄성률이다. 식 (28.2)에서 보는 것과 같이, (P/K_0)와 (ρ/ρ_0)의 관계는 물질에 관계 없다. 브리지먼이 실험한 Li, Na, K, Pb, Cs에 대한 결과는 이론식과 거의 일치한다. 이러한 이론에 의해 Bullen의 밀도분포와 그에 상응하는 압력 및 중력의 심도에 따른 변화는 〈그림 28-6〉과 같다.

그림 28-6 지구내부의 밀도(σ), 압력(P) 및 중력(g)의 분포

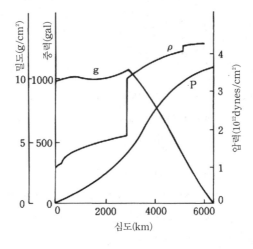

제29장

중력측량

1. 개   요

　지구의 표면이나 주위에서 측량을 하는 경우, 그 기기들은 여러 가지 물리적인 힘의 영향을 받는다. 그 측량의 결과들을 적절히 해석하기 위해서는 이 물리적 힘의 영향을 이해해야 한다. 지구의 표면에서 존재하는 가장 쉽게 느낄 수 있는 힘이 중력이며, 지구상의 모든 물체는 중력에 의해 지구중심방향으로 끌리고 있다.

　중력(gravity)은 만유인력법칙에 의해 지구표면으로 낙하하는 물체의 낙하속도의 증가율로서 중력가속도를 말하며, 이 중력이 미치는 범위를 중력장이라 한다.

　중력측량은 지구를 완전히 타원체로 가정한 이론적인 값과 실측한 값의 차이를 구함으로써 지구의 형태를 연구하는 측지학적 분야, 중력장 내에서 각 지역의 밀도변화에 의한 중력의 차이를 구함으로써 지하구조 및 자원심사에 이용되는 지형, 지질학적 분야 및 지구의 평균중력값의 정밀측량에 의한 태양계의 역학적 관계를 규명하는 천문학 분야 등 여러 분야에서 중요한 역할을 한다.

　중력의 관측은 오래 전부터 정밀하게 관측하기 위하여 노력해온 분야로서 중력진자에 의한 관측으로 19세기 말에 1 mgal의 정확도로 관측되었다. 중력의 단위는 gal(cm · sec^{-2})로 Galilei를 기념하기 위하여 그 이름의 첫 자를 딴 것이다. 1930년대에 지구를 완전한 타원체로 가정하고 위도에 따라 구할 수 있는 국제중력식이 제정된 이래 중력관측은 계속 발전되어 중력관측계로 10^{-8}gal, 낙하법에 의한 절대관측에서는 그 이상의 정확도를 갖게 되었다.

2. 중력관측

중력의 관측은 어느 지점의 중력값을 다른 점과 관계없이 그 절대값을 구하는 절대관측과 중력기지점의 중력값을 기준으로 관측점상호간의 절대중력값의 차이를 구하여 미지점의 중력값을 구하는 상대관측으로 나눌 수 있으며, 일반적으로 중력관측의 오차범위는 ±0.1 mgal 이하이어야 한다.

(1) 절대관측

① 자유낙하법

자유낙하법은 중력장 안에서 자유운동하는 물체의 낙하거리(s)와 경과시간(t) 사이의 관계를 알아서 이로부터 중력값을 구하는 것이다. 즉, 식

$$s = gt^2/2 + v_0 t + s_0 \tag{29.1}$$

에서 s와 t를 관측량으로 하여 g를 구하는 것이다.

자유낙하법은 운동물체를 출발시키는 방법에 따라 낙하법과 투상법으로 구분할 수 있다.

(2) 상대관측

중력의 상대적인 변화를 관측하는 상대관측은 중력계(gravimeter)를 사용하며, 중력계의 원리는 중력에 의한 탄성체의 변형에 의해 중력을 관측하는 기기이다. 중력계는 탄성변형을 이용하는 것과 탄성진동을 이용하는 것으로 나눌 수 있으며, 전자의 것이 후자의 것에 비해 관측범위는 좁지만 분해능이 높으며, 가볍고 사용하기 편리하다.

(3) 야외관측

중력측량은 육상과 해상에서 주로 실시되지만, 최근에는 항공기를 이용한 측량도 실시되고 있다. 중력관측에서 일반적으로 고려하여야 할 사항은 첫째, 대상지역 근처의 중력기준점과 각 관측점간의 상대중력값을 관측한다. 둘째, 관측점

의 수평위치 및 표고를 정확하게 하여야 하며, 셋째 관측점에서의 관측시간을 기록하며, 넷째 관측기간 동안의 중력의 시간적 변화를 관측하여 기록하여야 한다.

3. 중력보정

중력은 높이의 함수이므로 서로 다른 고도 및 위도의 중력값을 직접 비교할 수 없으며, 중력의 지리적 분포를 구하기 위해서는 실측된 중력값을 기준면(지오이드 또는 평균해수면)의 값으로 보정하여야 한다. 또는, 같은 장소에서 1시간 정도의 시간차로 중력을 관측할 때 1 mgal 내외의 차이를 보이는데, 이것은 중력계 내의 스프링의 크립(creep) 현상과 지구의 태양 및 달 등의 천체와의 시간에 따른 상대적인 위치변화에 의한 기조력(tidal force)의 변화 및 온도변화 등의 원인이 된다. 그리고, 해상 및 항공 중력관측에서는 속도가 빠른 배나 비행기에서 관측하기 때문에 속도의 동서방향성분이 지구의 자전속도를 상대적으로 증감시키는 효과를 일으켜 중력의 변화를 가져온다.

그 밖에 관측점 주위 지형의 차이도 중력값에 영향을 미치므로 상기 요인들에 의해 발생하는 중력변화량을 제거시키는 것을 중력보정(gravity correction)이라 한다.

4. 중력이상

중력이상(gravity abnormaly)은 중력보정을 통하여 기준면에서의 중력값으로 보정된 중력값에서 표준중력값을 뺀 값이다. 중력이상의 주 원인은 지하의 지질밀도가 고르게 분포되어 있지 않기 때문이며, 일반적으로 질량이 모자라는 지역에서 음(−)값을 갖고, 질량이 남는 지역에서는 양(+)값을 가지며, 밀도가 큰 물질이 지표면 가까이 있을 때는 양(+)값, 반대의 경우는 음(−)값을 갖는다. 따라서, 중력이상은 지하구조나 지하광물체에 의한 중력효과이므로, 역으로 중력이상을 해석함으로써 이들을 탐사할 수 있다.

중력이상에는 어떤 보정을 실시하였느냐에 따라서 free−air 이상, Bouguer 이상 및 지각평형이상으로 나누어진다.

(1) 프리−에어이상

프리−에어이상은 관측된 중력값으로부터 위도보정(Δg_L)과 프리−에어보정

(Δg_F)을 실시한 중력값에서 기준점에서의 표준중력값 g_0를 뺀 값이다. 즉

$$\delta g_{FA} = g_F{}' - g_0 \tag{29.2}$$

이며, 여기서 $g_F{}' = g_{obs} + \Delta g_L + \Delta g_F$로서 프리-에어 중력이라 한다(단, 관측점이 지오이드보다 낮으면 Δg_F는 음(−)의 값, 즉 질량결손값이 된다).

프리-에어이상은 관측점과 지오이드 사이의 물질에 대한 영향을 고려하지 않았기 때문에 고도가 높은 점일수록 양(+)으로 증가한다. 즉, 질량과잉값이 된다.

(2) 부게이상

부게이상은 중력관측점과 지오이드면 사이의 질량을 고려한 중력이상으로서 지형보정을 실시하느냐 하지 않느냐에 따라 두 가지로 나누어진다.

부게이상은 프리-에어이상에 부게보정(Δg_B) 및 지형보정(Δg_r)을 더하여 얻은 중력이상으로 지형보정을 실시하지 않고, 부게보정만을 실시한 경우를 단순부게이상이라 한다. 즉

$$\delta g_{BA} = g_r{}' - g_0 \tag{29.3}$$

으로 여기서, $g_B{}' = g_{obs} + \Delta g_L + \Delta g_F - \Delta g_B$인 경우를 단순부게중력(simple bouguer gravity), $g' = g_{obs} + \Delta g_L + \Delta g_F - \Delta g_B + \Delta g_r$인 경우를 부게중력이라 한다(단, 관측점이 지오이드보다 낮으면 Δg_F와 Δg_B는 부호가 반대이다).

부게이상은 프리-에어이상과는 반대로 고도가 높을수록 (−)로 감소한다.

(3) 지각균형이상

지각균형이상은 지질광물의 분포상태에 따른 밀도차의 영향을 고려한 것으로 부게이상에 지각균형보정(Δg_I)을 실시하여 얻은

$$\delta g_{IA} = \Delta g_{EA} - \Delta g_I \tag{29.4}$$

의 값이 된다.

(4) 중력이상과 지하구조

중력이상은 지하에 존재하는 물질의 분포에 따라서 여러 가지 형태로 나타나는데, 그 몇 가지 예가 〈그림 29-1〉에 표시되어 있다. 그림 (a)는 배사구조이

그림 29-1 지하구조에 따른 중력이상

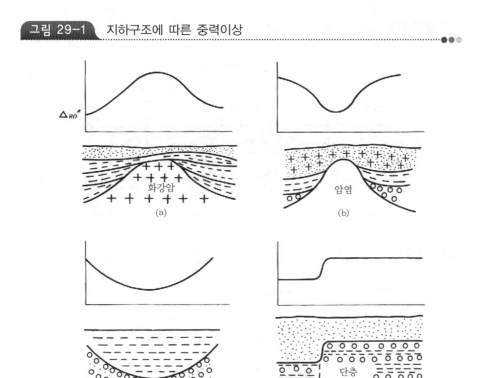

며, (b)는 주위보다(지각의 평균밀도 약 2.76g/cm³) 밀도가 작은 화강암(약 2.64g/cm³)이나 암반(약 2.22g/cm³) 등에 의한 이상이다. 그리고 (c)는 향사구조 이며, (d)는 단층에 의한 이상이다.

5. 중력관측값의 해석

중력관측값의 해석은 관측된 중력이상으로부터 지하구조나 광물체에 대한 정보를 얻기 위하여 실시된다. 중력관측값은 다음과 같은 두 가지 성질로 인하여 일률적으로 해석하기 힘들다.

첫째, 관측된 중력이상은 수많은 질량분포의 중첩된 영향을 나타내고 있기 때문에 비교적 국소적인 구조의 인력은 큰 구조에 의한 중력영향의 조그마한 변

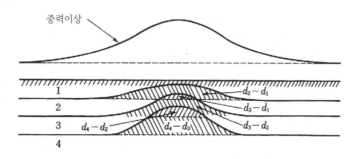

그림 29-2 밀도 변화와 밀도차에 의한 중력이상 d_1~d_4는 1~4층에서의 밀도이다

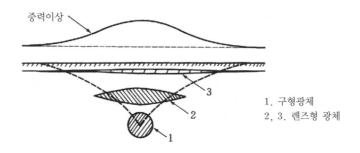

그림 29-3 중력이상곡선으로부터 해석할 수 있는 광체의 예

1. 구형광체
2, 3. 렌즈형 광체

형으로 보일 수 있다. 따라서, 관측대상과 주위 물질과의 밀도차를 정확히 알아야 한다. 예를 들어, 〈그림 29-2〉에서 양 끝 층 사이에 밀도차가 존재하지만 중력이상은 나타나지 않는다. 즉 중력이상을 해석할 때 밀도의 수평 및 수직적 변화를 정확히 알아야 한다.

둘째, 관측된 중력이상을 발생시킬 수 있는 질량분포의 형태는 여러 가지이다. 예를 들어, 〈그림 29-3〉과 같이, 깊이 묻혀 있는 구형광물체는 이보다 얕게 묻혀 있는 렌즈형의 광물과 같은 중력이상을 일으킨다.

따라서, 관측된 중력이상에 대해 실제에 맞는 해석을 하기 위해서는 세밀한 지질조사나 탄성파측량, 지자기측량 및 시추 등의 결과를 서로 비교하고 분석하여야 한다.

제30장

지자기측량

1. 개   요

　　지자기측량(magnetic surveying)은 중력측량과 함께 지하측량에 많이 이용되는 측량으로, 중력측량은 지하물질의 밀도차이가 원인이 되지만, 지자기측량은 지하물질의 자성의 차이가 원인이 된다. 밀도는 한 암석에서 거의 일정하지만 자성은 한 암석이 구성하는 작은 부분에 의해 크게 변화할 수 있기 때문에 한 암석에 대해서 쉽게 판단하기 어렵다. 이와 같이, 지하의 구조 및 광물체의 물리적 성질에 의한 이상을 발견하고, 퍼텐셜이론을 기본으로 하는 것은 지자기측량이 중력측량과 유사한 점이지만, 그 측량방법과 해석방법은 좀 더 복잡하고 어렵다고 할 수 있다.

　　지구가 자성을 갖는 큰 자석과 같다는 생각은 기원전 3세기경부터 시작되었으며, 나침반을 이용한 항해는 12세기 말경이었다. 지자기측량에 대한 체계적이고, 정량적인 실시는 1600년 William Gilbert가 지자기장에 관한 개념과 방향성에 대해 기술함으로써 가능하게 되었고, 1640년에 스웨덴에서 지자기장의 국지적 이상에 의한 철광상탐사가 실시되었다. 지자기측량과 해석이 1834년 Gauss에 의해 처음으로 정확하게 이루어져서 그 이후 지구자기학이 체계적으로 발전하게 되었다. 현재와 같은 지자기측량은 1870년 Thalen과 Tiberg가 자력심사용기기를 개발하면서부터 발전되기 시작하였다.

지구자장에 대한 연구는 지하물질의 탐사 외에도 고지자기학으로 발전하여 지구자장의 반전, 극의 이동, 대륙의 부동 및 해양저확장설 등의 중요한 정량적 증거를 제시하게 되었다.

2. 지자기측량

지자기는 그 방향과 크기를 구함으로써 결정되며, 편각은 간략하게 자석을 수평으로 하여 공중에 매달았을 때 정지하는 방향과 진북 방향을 비교함으로써 구할 수 있다.

지구자장 내에서 코일을 회전시키면 전자유도법칙에 따라 코일의 양단에 교류전류가 발생하는데, 이때 전압은 회전수에 비례하고, 자장이 코일면과 직각을 이룰 때 최대가 되며, 코일의 회전축의 방향과 일치할 때 기전력이 영이 된다. 기전력이 영이 될 때의 회전축의 방향이 지구자장의 방향이므로, 이때의 축의 방향으로부터 편각 및 복각을 구할 수 있다.

지자기측량은 일반적으로 강도관측에 의하며, 그 방법은 수평분력 및 연직분력을 관측하는 방법, 전자력을 관측하는 방법, 그리고 수평 및 연직분력의 1차미분값인 자기경사를 관측하는 방법이 있다.

3. 자기보정 및 자기이상

(1) 자기보정

자기보정은 지자기장의 위치변화에 따른 보정과 지자기장의 일변화 및 기계오차에 의한 시간적 변화에 따른 보정 및 기준점보정, 온도보정 등이 있다.

지자기장의 위치에 따른 보정은 위도보정으로서 이것의 수학적 표현은 매우 복잡하기 때문에, 전 세계적으로 관측된 지자기장의 표준값을 10γ 간격의 등자기선으로 표시한 자기분포도를 사용한다. 지구자장의 위도에 따른 변화는 1km에 대하여 연직분력이 약 7γ, 수평분력이 약 4γ이다.

관측시간에 따른 보정은 지자기장의 일변화가 약 $10\sim100\gamma$ 정도이므로, 이에 대한 보정을 하는 것으로서 관측장소 부근의 지자기장의 일변화곡선을 작성하여서 보정한다. 한 대의 관측기를 사용하는 경우는 $2\sim3$시간 간격으로 반복관측하므로 오차범위가 10γ 정도이며, 두 대의 관측기를 이용하는 경우는 한

| 그림 30-1 | 지자기의 일변화곡선의 예 |

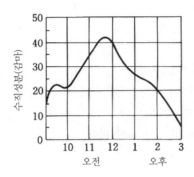

대를 시작점에 고정시켜 놓고, 연속 또는 10~15분 간격으로 관측하여 일변화곡선을 작성하므로 정밀도가 높다. 〈그림 30-1〉은 지자기의 일변화곡선의 예를 보인 것이다.

기준점 보정을 관측장비에 충격을 가하든가 하면 자침의 평형위치는 쉽게 변하므로 관측구역 부근에 기준점을 설정하고 1일 수회 기준점에 돌아와 동일한 관측값을 얻는지 확인하여 이에 대한 보정을 하여야 한다.

자침의 자기능률과 중심의 위치는 온도에 따라서도 변하므로 기계에 부착된 온도계에 온도로부터 표준온도(20℃)의 값으로 보정하여야 하며, 기계오차는 반복하여 관측한 값들의 차이에 따라 보정하여야 한다.

(2) 자기이상(磁氣異常)

자기이상은 관측지역에 있는 자성의 차이가 큰 물질분포, 자기위도에 따른 지자기장의 방향, 물질의 자화방향 및 측선방향 등에 의해 복합적으로 발생한다.

물질의 형태에 따른 자기이상을 알기 위해서는 암석의 대자율을 알아야 하며, 이에는 두 가지 방법이 있다. 첫째는, 야외에서 채취한 시료와 대자율을 이미 알고 있는 시료를 대비하여 관측하는 방법으로 대자율 k_s는 다음 식으로 구해진다.

$$k_s = k_t \cdot d_s / d_t \tag{30.1}$$

여기서, k_t는 알고 있는 시료의 대자율, d_s와 d_t는 시험시료와 알고 있는 시료의 변위이다. 둘째는 솔레노이드 코일(solenoid coil) 내에 시료를 놓고, 나타나는 인덕턴스의 변화율을 이용하는 방법이다.

4. 지자기측량값의 해석

지자기측량값의 해석은 퍼텐셜 이론에 기초를 두고 있다는 점에서 중력측량의 해석방법과 비슷하다. 특히, 연직성분을 관측한 경우는 매우 유사한 점이 많지만, 전자력을 관측한 경우는 여러 가지 원인에 의해 해석이 복잡하여 간단함 모형에 의한 해석방법이 많이 이용된다.

(1) 정성적 해석

지자기측량에서 얻은 자료를 해석하는 데에 있어서 많은 경우에 자기이상도 또는 단면도를 이용한 정량적 해석을 실시한다. 이것은 지자기측량의 목적이 지표 부근의 얕은 곳에 기반암이 존재하는 지역에서 단층이나 관입암체를 조사하는 경우가 많기 때문이다. 단층이나 관입암체가 존재하는지의 여부를 파악하고, 그 개략적인 경계를 도화하는 것이 그 형상이나 깊이를 결정하는 것보다 더 중요하다.

어느 지역에 경암이 얕고, 일정하게 자화되어 가정하면, 특히 선형 관측이 될 때 암석의 구조에 대해 유용한 정성적인 자료를 얻을 수 있다. 퇴적분지에서 등자기선의 고저는 지형뿐 아니라 퇴적분지 지하에 존재하는 기반암의 암질, 즉

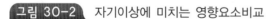

그림 30-2　자기이상에 미치는 영향요소비교

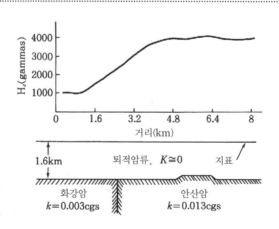

대자율의 수평적 변화에도 좌우된다. 〈그림 30-2〉는 기반암에서 지형의 고저차
가 자기이상에 미치는 영향보다 대자율의 수평적 변화가 자기이상에 미치는 영
향이 훨씬 큼을 보여 준다.

자기이상도에 의해 정성적 해석을 할 때는 개략적인 구조가 자기이상도로
부터 파악되면, 특징적인 부분에 대해 다음 단계로 유의하면서 해석한다. 첫째,
음의 이상과 양의 이상의 상대적인 위치와 크기, 둘째 등자기곡선에서 선형으로
나타나는 형태의 연장선, 셋째 등자기곡선의 간격으로 표현되는 경사의 정도
등을 조사한다.

(2) 정량적 해석

지자기측량값은 정량적 해석으로 자기이상의 최대 및 최소값의 위치를 이
용하여 지질구조나 광물체의 위치와 분포를 조사하는 것이다. 정량적 해석의 방
법은 자기장의 연속을 이용하는 방법, 모형에 의한 방법 및 수치해석법 등이 있
으나, 여기서는 모형에 의한 방법만 서술하도록 한다.

모형에 의한 해석방법은 가장 많이 적용되는 방법으로서, 우선 가장 적절하
다고 생각되는 모형을 설정하고, 이에 의한 자기이상을 계산한 후 실제로 관측
된 자기이상과 비교하면서 이들이 서로 일치될 때까지 모형을 변경시켜 나간다.

제31장

탄성파측량

1. 개   요

일찍이 물리학자들 가운데 S. D. Poisson, G. G. Stokes, J. Rayleigh 등은 단성파동에 관한 연구를 해 왔다. 이들의 연구가 탄성파측량(seismic surveying)에 의한 지진학과 연관되기에는 지진계에 의한 관측이 실용화되고부터이다. 19세기 중엽 영국의 R. Mallet가 폭약을 사용하여 인공적으로 지진파를 발생시켜서 암석층 내를 통과하는 지진파의 속도를 관측하였다. 이와 더불어 유럽의 젊은 과학자들에 의해 정밀한 지진계가 발명되어 지진파에 의한 지구내부추정이 시작되었다. 20세기에 들어오면서 미국에서 유전탐사에 이용하기 시작하여 암염, 탄전의 발견 등으로 큰 발전을 하게 되었다. 현재는 지반조사, 금속, 비금속광산에서 복잡한 지질구조조사 등에도 사용되고 있다.

물체에 외력을 가했다가 외력을 제거했을 때 원상태로 돌아올 수 있는 상태에서 변형의 비율은 외력에 비례한다(Hook의 법칙). Hook의 법칙이 적용되는 고체를 탄성체라 하며, 탄성체에 충격을 주어 급격한 변형을 일으키면 변형은 파장이 되어 주위로 전파되는데, 이 파를 탄성파라 한다. 탄성파에는 실체파라고 하는 종파(p파)와 횡파(s파), 그리고 지표상의 관측자에게는 탄성체 표면에만 전달되는 표면파의 3종류가 있으며, 표면파는 다시 지하구조에 의해 Rayleigh파와 Love파로 구분된다.

탄성파가 지표에 도달하면 그곳의 표면층에 진동이 발생하고 이것을 지진동으로 관측한다. 지진동 중에서 최초의 진동을 초동이라 하며, 이것으로부터 진원에서 어떤 힘이 작용하였는가를 나타내는 발진기구를 추정할 수 있다.

탄성파측량은 모든 지구물리학에 가장 널리 이용되고 있으며, 이 관측은 지질학적 면으로 쉽게 변화시킬 수 있다. 특히, 반사파에 의한 측량은 지구내부구조조사에서 중력, 지자기, 전자기측량에 의한 것보다 더 정확한 결과를 보인다.

2. 탄성파의 특성

(1) 탄성파의 종류

① 종파(compressional wave 또는 longitudinal wave)

종파는 매질밀도의 증감에 의한 입자의 운동에 의해 발생하는 파로서 파의 진동방향이 진행방향과 일치한다(〈그림 31-1〉(a)). 파의 진행에 의해 압축력이 생기므로 압축파, 조밀파 또는 쌍용파라 부르기도 한다. 종파는 탄성파 중에서 속도가 가장 빠르며, 지진의 경우에 최초로 도달하는 초기미동은 이 파에 의한 것으로 p파(primary wave)라고도 한다. 종파는 고체 및 액체와 기체 중에서도 전파되며, 무한매질 중에서의 종파의 전파속도와 탄성상수와의 관계는 다음과 같다.

그림 31-1 고체중 강성법

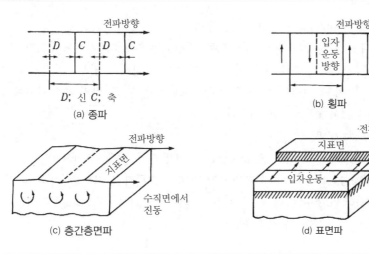

D; 신 C; 축
(a) 종파

(b) 횡파

(c) 층간층면파

(d) 표면파

$$V_p = \sqrt{\frac{K + (4G/3)}{\rho}} = \sqrt{\frac{E}{\rho} \frac{1-\sigma}{(1-2\sigma)(1+\sigma)}} \qquad (31.1)$$

단, ρ : 밀도, K : 체적탄성상수, G : 강성률, E : 영률, σ : 프와송비

이 식은 지진의 반사파 및 굴절파 관측에 사용되며, 밀도 ρ는 2, 프와송비 σ는 0.25 정도의 상수에 가까우므로 지진파의 속도를 지배하는 가장 중요한 변수는 매질의 탄성계수 E이다.

② **횡파**(shear wave 또는 transverse wave)

횡파는 파의 진동방향이 진행방향에 직교를 이루는 파로서(〈그림 31-1〉 (b)) 변형이 전단변형을 가져오므로 전단파라고도 하녀, 고체상태의 매질만을 통과하는 특성이 있다. 지진의 경우, p파에 이어서 계속 나타나는 진폭이 큰 파로 s파 (secondary wave)라고도 한다. 횡파의 전파속도와 탄성상수의 관계는

$$V_s = \sqrt{\frac{G}{\rho}} = \sqrt{\frac{E}{\rho} \frac{1}{2(1+\sigma)}} \qquad (31.2)$$

이다. 식 (31.1)과 식 (31.2)를 비교하면 V_p와 V_s의 비는

$$\frac{V_p}{V_s} = \sqrt{\frac{K}{G} + \frac{4}{3}} = \sqrt{\frac{1-\sigma}{1/2-\sigma}} \qquad (31.3)$$

가 된다. 이 식에서 K와 μ는 양수이며, σ는 0.5보다 작기 때문에 횡파의 속도가 같은 물체에서 횡파의 속도보다 항상 크다는 것을 알 수 있다.

③ **표면파**(surface wave)

표면파는 탄성체의 표면 부근으로 전달되는 파로서 지진에서 p파, s파에 비해 속도가 느리고, 파장이 길며, s파 다음으로 진폭이 커서, 지진에 의한 재해는 대부분 이 표면파에 의한 것이다. 표면파는 지표 밑의 지하구조에 의해 Raleigh파의 Love파로 나누어진다.

가) Rayleigh파

Rayleigh파의 입자의 운동방향은 진행방향에 대해 연직으로 회전운동을 한다. 회전운동은 타원으로 진행방향과 반대로 후퇴하여 역행운동이라 하며, 탄성체의 자유표면만을 따라서 움직인다(〈그림 31-1〉 (c)), Rayleigh파의 속도는 같은 물질 속에서 횡파의 약 0.9배이다.

나) Love파

탄성체의 표층에 이질적인 성질을 갖는 층이 있는 경우에 표층의 사이에서 발생하는 파가 Love파이다. 이 파는 Rayleigh파와 마찬가지로 발견자 A. E. H. Love(영)의 이름을 따서 붙인 이름으로, 탄성파의 전달속도가 높은 층 위에 전달속도가 낮은 층이 있을 때 관측되는 표면파이다. Love파는 파의 진행에 직교하여 표면으로 진동하면서 전파하게 되며, 낮은 속도층의 위·아래면 사이에서 중복반사로 전파된다(〈그림 31-1〉(d)). 이 파의 움직임은 항상 수평적이므로 지표의 연직움직임에만 반응하도록 설계된 지진예측기구는 기록되지 않는다.

탄성파의 전달속도는 종파, 횡파, 표면파의 순서이며, 프와송비 $\sigma = 0.25$일 때 $V_P : V_S : V_L = 1.73 : 1 : 0.92$이다. 즉, $V_P = \sqrt{3} V_S$로 p파의 속도는 s파의 속도보다 약 70%가 빠르다.

3. 굴절파관측의 보정

굴절파의 관측에서 표고와 풍화대의 두께변화에 대한 보정이 필요하게 되는데, 이것을 표고보정(elevation correction) 및 풍화대보정(weathering correction)이라 한다. 표고보정은 발파지점과 수진지점의 표고변화에 기인하는 시간차를 제거하며, 풍화대보정은 장소에 따라서 그 두께가 다른 지표 부근의 풍화대(저속도층)에 따른 시간차를 제거한다.

4. 굴절파에 의한 측량방법

측량목적과 대상에 따라서 단면구조조사법, 평면구조조사법, 미세구조조사법 등이 있다.

(1) 단면구조조사법

관측선하의 지하구조를 연직단면에 가까이 탐사할 때 쓰는 방법으로서 현재 대부분의 굴절조사법은 일반 단면법을 사용하고 있다.

① 일반단면법

폭발점을 2개 이상 설정하여 직선하부의 단면구조를 조사하는 방법이다.

② 연속절점법

주시곡선상의 절점과 상관되는 지점에 폭발점을 두어 지하구조의 정보를 얻는 방법으로써, 탄전의 지하구조와 같이 층의 두께가 간단하고 얕은 구조지역에 적당하다.

③ 굴절상관법

초동 이후의 굴절파를 잡아서 이에 상관되는 단면을 작성하는 방법을 말한다.

④ Bore hole법

시추공을 이용하여 시추공간의 광체단면 혹은 지하구조를 검출하는 방법으로써 up-hole test, down-hole test, cross-hole test 등의 방법이 있다.

(2) 편면구조조사법

조사지역 내의 알고자 하는 층(혹은, 광체)의 평면적, 혹은 기복을 조사하는 방법으로 이에 대한 조사법의 종류는 다음과 같다.

① 선형법

폭발점을 중심으로 지진파의 주시는 방사상, 혹은 선형상으로 관측해 그 주시의 차(혹은, 분포)로부터 지역 내의 특수구조, 광체의 넓이를 조사하는 방법으로써 유전의 암염, dome 구조, 탄전에 있어서 기반화강암의 용기 등의 탐사에 이용되고 있다.

② 전개교착법

지거법(offset position)에 의한 위치에 교차하는 다수의 측선을 잡아 그 측점주시의 차를 관측해서 목적층의 기복을 산정하는 방법이다. 각 측점주시의 차는 각점의 원점시주의 차를 나타내는 것이다. 조사지역의 심도는 이들에 의해서 환산된다.

(3) 미세구조조사법

토목, 건축 또는 밖에 행하는 얕은 층의 미세구조를 조사하는 방법을 말한다. dam site 공사에 있어서 암반조사, 반사법, 굴절법에 있어서 저속층보정조사 등은 여기에 속한다. 이는 전술한 단면조사법, 평면조사법을 이용해 측량하지만 관측점, 폭발점, 관측선배치가 일정한 것이 특징이다.

(4) 관측선계획

굴절법에 의한 측량에서 관측선계획은 조사지역의 지표, 지질조건에 따라서 조정되어야 하지만, 고려할 요소들은 관측선의 방향, 길이, 간격과 관측점 및 폭발점간격 등이다.

폭발점은 그 위치와 간격의 설정이 결과에 미치는 영향이 크므로, 좁은 간격으로 배치할수록 측량의 정확도는 향상되지만, 일반적으로 수신점 6~12점에 40~120m 간격으로 설치한다.

수신점간격은 일반적으로 일정한 간격으로 지표에 설치하지만 지표의 상태나 조사 목적에 따라서 결정한다. 간격이 좁은 것이 좋지만 측량심도의 1/10보다 좁은 것은 무의미한 경우가 많으며, 토목공사를 위한 지질조사에서는 5~20m이지만, 일반적으로 5m, 10m의 간격이 이용된다.

관측선의 배치는 조사지역의 지표조건이나 지질조건 등을 고려하여 가능하면 지형이 평탄하고, 작업이 쉬운 곳으로 한다. 관측선이 지질구조선에 사교하는 경우는 단면해석 결과가 좋지 않을 수 있으므로, 관측선은 일반적으로 구조선주향방향에 평행하거나 직각되게 설치한다. 그리고, 폭파관측은 반드시 왕복관측을 하여야 하며, 왕복관측이란 관측양단에서 폭파하고 그 진동을 각 관측선의 끝까지 관측하는 것이다. 이 관측양단의 폭파점을 주폭파점이라 하고, 이로 얻어진 주시곡선을 주주시곡선이라 한다. 주폭파점의 진동이 관측되는 가장 먼 거리를 최대수신거리라 하며, 이 거리가 짧으면 암반의 상황을 파악하지 못하거나 지하구조의 해석이 틀리게 되는 원인이 된다. 최대수신거리는 측량심도와 밀접한 관계가 있고, 지형·지질 및 지층의 탄성파속도에 따라 신선한 암반심도 또는 목적층심도에 7~10배 이상의 거리가 필요하다. 이에 따라 1회에 사용되는 폭약량이 정해지고, 일반적으로 폭약량은 거리의 제곱에 비례하여 늘린다.

또한, 폭파점에 가까운 주시곡선의 부분은 지하의 얕은 부분을 전파하여 심부의 상황은 나타나지 않으므로, 관측선의 연장상 떨어진 지점에서 폭파함으로써 주주시곡선의 불비점을 보완하여 관측선양단부근의 심부의 상황을 구한다.

(5) 공동탐사

지하저장시설을 위한 인공적인 공동이나 자연공동의 위치·크기·분포 및 범위를 조사하기 위하여 시추나 여러 가지 물리적인 탐사법이 적용된다. 탄성파측량에 의한 공동의 조사는 주시의 지연에 의하여 결정될 수 있다. 탄성파의 경로 중에 공동이 있으며 파면은 비틀어지고, 따라서 주시는 지연되므로 주시곡선상에서 이것이 판별되면 공동조사가 가능하게 된다. 탄성파의 정상파가 공동에 부딪히면, 그 배후에는 그림자와 같은 효과가 나타나 진폭이 감소하게 된다. 진폭이 감소하는 정도는 파장과 공간의 크기와의 비율에 의해 결정되고, 초동의 충격인 경우는 정상파에 비해 더 많이 감소된다.

공동의 배후에서는 초동의 진폭이 미약하여 초동이 보이지 않게 되어서 다음의 위상을 초동으로 해석하기 때문에 주시에 지연이 생겨서 공동의 영향은 크게 나타난다.

5. 반사파관측의 보정

반사파관측에서도 굴절파에서와 마찬가지로 표고보정과 비압밀층보정이 있다.

(1) 고저차를 알기 위한 표고보정(elevation correction)

반사경로가 수직이라면 실제의 오차는 없으므로, 이 가정에 의해 표고차에 의한 보정은 연직거리를 이동하는 데 걸리는 시간을 뺌으로써 구할 수 있다. 여기에는 일반적으로 두 단계의 방법이 사용된다. 첫 번째는 발파점과 탐지기가 같은 높이에 있다고 가정할 때의 반사시간을 적용하는 것으로서, 각 발파점에서 관측된 반사면까지의 깊이는 발파점 위치에서 표고로서 계산된다. 두 번째는, 굴절법에서 설명한 것처럼 기준면보다 높게 발파점과 관측점을 놓으면 발파점에서 기준면까지 내려가고, 기준면에서 수신점까지 올라가는 데 걸리는 시간을 빼면 된다. 이때의 초과시간은 높이차를 지표 부근의 평균속도로 나눔으로써 계산되며, 기준면 아래의 깊이는 보정된 반사시간으로부터 계산된다.

(2) 비압밀층두께를 알기 위한 풍화대보정(weathering correction)

이 보정은 저속도층의 두께의 변화가 이동시간에 미치는 영향을 제거하는 것이다. 반사법 기록에서 최초로 도달하는 비암밀층 바로 아래에 있는 고속도층의 윗 면을 따라 굴절된 것이다. 관측선 양쪽에 처음 도달한 주시곡선을 사용함으로써 굴절법에서와 같이 비암밀층의 두께를 계산할 수 있다. 발파점이 풍화대의 아래에 있는 경우, 관측점에서의 궤도의 끝부분은 원점주시(intercept time)에 따르며, 이 원점주시와 지체시간을 같다고 볼 수 있다.

6. 반사파에 의한 측량방법

반사파는 직접파보다 나중에 도착하게 되므로 기록상에는 이미 진동이 있는 곳에서 새로운 진동이 나타나게 된다. 반사파를 식별하기 위해서는 여러 개의 지진기록계를 전기적 방법으로 동일선상에 설치하여 기록한다. 여러 관측선에서 기록하게 되면 반사파는 관측점의 거리의 차이는 있어도 거의 동시에 직하로부터 도착하므로 모든 기록에 거의 같은 시각에 같은 모양을 가진 진동이 나타난다. 즉, 몇 개의 기록에 동일위상으로 나타나는 진동은 반사파에 의한 것이라 볼 수 있다.

연속적인 기록계의 간격과 발파점과 수신점의 배열은 측량결과의 정확도, 조사목적, 지하지질의 상태 및 대상지역의 지표조건 등에 따라 결정한다.

발파점과 수신점의 간격은 초기에는 약 2km 정도 떨어지도록 하였으나, 최근에는 넓은 간격으로 지질의 연속상태를 가정하는 데에 큰 오차가 발생하고, 지질면에서 중요한 지하세부도가 틀릴 수 있다는 경험으로 수신점에서 약 400m 떨어진 곳에서 발파한다.

제32장

건축측량과
건물주변환경측량

1. 개   요

건축물측량(architectural surveying)은 설계도에 나타난 내용을 공사현장에 위치형상 등을 표시하여 정확한 공사시공이 이루어지도록 함은 물론, 완공 후 축조된 건물이 설계도에 따라 시공되었는가를 검사하는 준공공사측량까지를 통칭하고 있다.

설계도는 건물 각부의 위치와 모양을 나타내고 시방서는 각부 공사의 종류, 품위, 시공법 및 사용재료에 대해 규정되어 있으므로 측량기사는 이들 모든 사항을 고려하여 측량을 실시해야 한다.

공사를 실시하는 데 필요한 여러 가지 중심선, 경계선, 수평선 등을 공사현장에 측설하고 기초공사에서 기둥중심, 바닥깊이 등을 표시하기 위해 말뚝이나 기준틀을 사용하여 표시하고 공사가 진행됨에 따라 고정된 건축물에 이들을 옮겨 표시한다.

건축공사에 있어 측설측량은 정확하게 이루어져야 하며, 부정확한 경우는 공사의 지연이나 공사비용의 낭비를 가져오므로 신뢰성 있는 측량장비를 이용하여 정확한 측설이 이루어져야 한다.

2. 건축물측량계획

건조물은 건물, 사회기반시설물, 문화재 등으로 인류가 문명의 발달과정에 나타난 인공적인 대상물들을 말한다.

건축물 측량계획은 설계도에 나타난 내용을 공사현장에 위치 및 형상 등을 표시하여 정확한 공사시공이 이루어지도록 함은 물론, 착공 후 축조된 건축물이 설계도에 따라 시공되었는가를 검사하는 준공공사측량까지를 통칭하여 계획함을 말한다.

설계도는 건축물 각부의 위치와 모양을 나타내고 있으며 시방서는 각부 공사의 종류, 품위, 시공법 및 사용재료에 대해 규정되어 있으므로 측량기사는 이들 모든 사항을 고려하여 측량을 실시해야 한다.

건축물공사에 있어 측설측량은 정확하게 이루어져야 하며, 부정확한 경우는 공사의 지연이나 공사비용의 낭비 및 건축물 안전을 확보 못하는 경우가 발생하므로 책임 측량사가 신뢰성 있는 측량장비를 이용하여 정확한 측설을 하여야 한다.

건물주변설계 및 시공측량에서 부지, 지하시설물 측설, 마무리 공사측량은 건축물 시공 측량과 같은 방법으로 수행한다.

3. 건축물 시공측량(architectural construction survey)

(1) 개   요

건축물 시공측량은 건축물의 축조, 현존, 건물의 확장, 수선, 변경, 파괴, 유지관리 등을 위하여 수행하는 작업으로 관리당국의 계획, 건축물의 규정, 건축물 축조방법 등에 대해서도 충분한 정보를 갖고 있어야 한다. 측량축척은 건축물의 복잡성에 따라 다르지만 일반적으로 1:100을 사용한다. 도면은 방별, 각층의 평면도, 각층, 전측면의 구조적인 세부사항에 대한 입면도, 단면도, 전기선, 상하수도관, 토관 등의 배치를 표시한 도면 등을 작성한다.

최근 건축물은 그 형상이 수려해지고 초고층화되는 추세에 있어서 상대적으로 정밀 미려하고 고도의 시공 기술과 그에 수반이 되는 고도의 측량 기술이 요구되고 있다. 특히 지하 깊이에 설치되는 구조물과 초고층 구조물의 위치 측설 및 수직도 유지를 위해서는 매우 정밀하고 정확한 관측 성과가 요구된다.

(2) 건축물측량의 순서

그림 32-1 건축물측량 순서

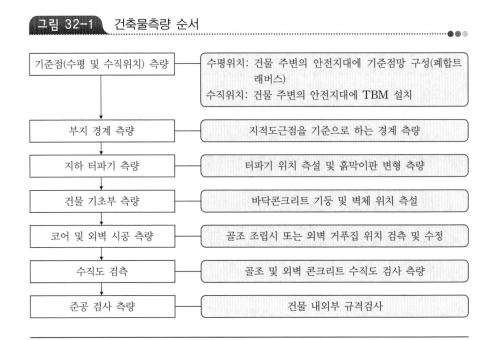

기준점(수평 및 수직위치) 측량	수평위치: 건물 주변의 안전지대에 기준점망 구성(폐합트래버스) 수직위치: 건물 주변의 안전지대에 TBM 설치
부지 경계 측량	지적도근점을 기준으로 하는 경계 측량
지하 터파기 측량	터파기 위치 측설 및 흙막이판 변형 측량
건물 기초부 측량	바닥콘크리트 기둥 및 벽체 위치 측설
코어 및 외벽 시공 측량	골조 조립시 또는 외벽 거푸집 위치 검측 및 수정
수직도 검측	골조 및 외벽 콘크리트 수직도 검사 측량
준공 검사 측량	건물 내외부 규격검사

(3) 부지측량

건축물이 위치할 부지에 대한 측량방법으로 대각선측량법, 방사측량법, 트래버스 측량법, 삼각 및 삼변측량법 등이 사용되며, 대상지역의 크기와 특성에 맞는 방법을 택하여 부지측량을 한다.

부지가 소면적인 경우는 〈그림 32-2〉와 같이, 대각선측량법을 이용하거나 〈그림 32-3〉과 같이 트랜시트와 쇠줄자를 이용하여 부지면적을 측량한다. 또한, 면적이 더 커지거나 장애물이 있는 경우는 다각이나 삼각 및 삼변측량을 이용하며, 〈그림 32-4〉는 트래버스 측량에 의한 방법을 나타내고 있다.

인접지역의 건물이나 공유지에 속하는 보도·차도상의 가공전력선·전신전화선용 전주·식수지 등을 측량하고 부지 내외의 지반고나 절·성토량·신지반고·출입구·상고 등을 결정하여 측량한다.

그림 32-2 대각선측량에 의한 부지측량

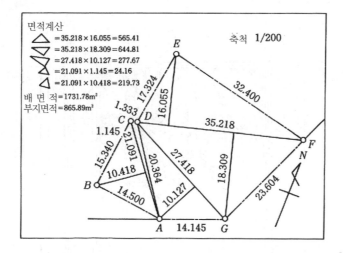

그림 32-3 트랜시트와 쇠줄자에 의한 부지측량

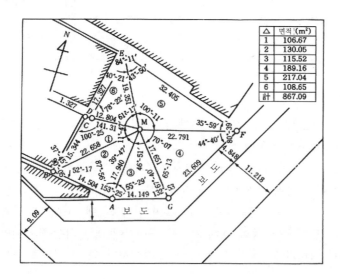

그림 32-4 트래버스 측량에 의한 부지측량

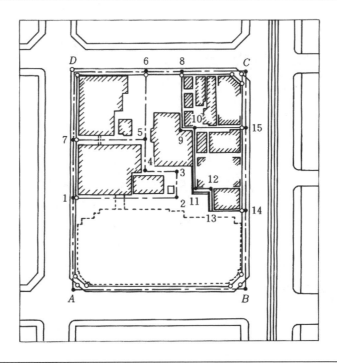

(4) 측설측량

공사를 하는 데 있어 중심선, 경계선, 수평선은 중요한 역할을 하므로 정확하고 이동이 없도록 설치한다.

중심선이나 경계선, 수평선을 설치하기 위해 기준틀이 사용되는데, 이 기준틀은 사용하는 곳에 따라 여러 가지 형태로 제작된다.

〈그림 32-5〉 ⓐ는 기준틀에 자를 붙여 판자조각에 기초파기 밑면, 잡석의 높이, 콘크리트의 높이 등에 대해 기준틀 꼭대기에 대한 치수를 표시한 것이며, 자를 기준틀 꼭대기에 맞추어서 잘라 어느 쪽에서나 쓸 수 있도록 하는 것이 편리하다.

〈그림 32-5〉 ⓒ는 바닥파기의 경우로서 적당한 높이의 기준틀을 세우고 수평대에 중심선과 비탈머리선, 비탈끝선을 표시하여 기초파기의 깊이는 기준틀에서 바닥까지의 거리를 자로 재서 정한다.

또한, 설계도는 모든 세부사항을 기재한 도면이므로 측설하는 데 편리하도

그림 32-5 기준틀의 여러 형태

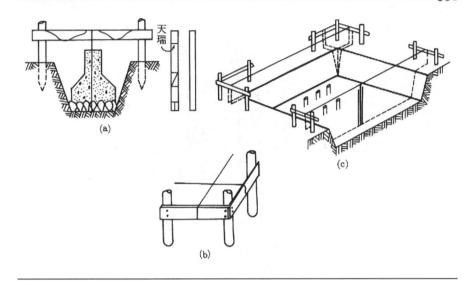

(a)

(b)

(c)

그림 32-6 기초공사측설도

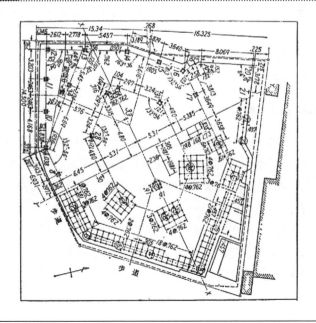

그림 32-7 거푸집의 경사조정

록 되어 있지 않다. 따라서, 측설에 필요한 사항을 기재한 측설도가 필요하며, 〈그림 32-6〉과 같다. 정사각건축인 경우 예비계산을 요구하는 경우가 많으므로 이들을 종합한 도면을 사용하면 매우 편리하다.

또한, 거푸집을 설치하고 〈그림 32-7〉에서와 같이, 수직이 되도록 추를 내려 거푸집의 경사를 바로잡는다.

(5) 마무리공사측량

콘크리트가 양생되어 거푸집을 해체하고 정리한 후부터 마무리공사를 하게 된다. 기준점이나 기준선으로부터 주요중심선 또는 먹줄선을 표시한다.

내부공사는 바닥, 벽, 천정의 마무리와 타일, 돌공사, 목공사 등이 있으며 외부공사로 외벽장식이 있다.

전기설비나 급배수, 바닥, 벽 등의 공사는 먹줄선을 기준으로 하여 공사를 실시하며, 먹줄선 표시는 기준먹줄표시와 조적공사, 돌공사, 타일공사, 목공사, 미장공사 등에 필요한 먹줄표시가 있다.

4. 건축물 주변 정원측량

(1) 정원의 의의

정원은 그 시대를 지배한 가치체계, 지형, 기후 등의 배경을 통하여 이루어진 정서문화의 산물이다. 정원(庭園: garden)은 울타리로 둘러싸여 건물 앞의 공지인 정(庭)과 과실수를 기르던 동산의 원(園)의 복합어이다. 중국에서는 위치에 따라 원(園)과 원림(園林)으로 구분하고 있다. "원"은 성내, 즉 도시 내에 있는 열락형 정원으로서 상주하는 주택의 내부 또는 인접지에 이루어지는 정원이고 "원림"은 성외, 즉 성곽주변에 수려한 자연환경 속에 만들어진 자연형, 열락형의 정원이다.

우리의 주택정원은 예로부터 기능면보다는 감상면에서 중점을 두었으나, 인간의 생활문화가 다양하게 발달되어감에 따라 정원의 기능적인 측면과 관상적인 측면이 다함께 중시되어가고 있다.

주택 내의 정원은 주택을 제외한 외부공간을 아름답게 장식하고, 인간들이 가정생활을 하는 데 불편함이 없도록 설계되어야 한다.

(2) 전통정원(傳統庭園: traditional garden)

전통정원은 소규모의 민간주택에서부터 궁궐에 이르기까지 건물과 관련되어 형성되는 외부공간은 물론 성 내외의 명승지에서 이루어지는 자연형, 열락형인 한거장소(閑居場所)를 뜻한다. 전통정원은 사상적 배경, 공간구성 및 시설배치, 정원조성기법에 따라 다르다.

여기서는 우리나라의 전통정원의 특징을 공간적 구성, 시각구성, 경관요소의 활용 및 건축적 요소에 따라 기술하고 한국전통정원의 유형 및 개념을 역사적 배경 및 의의, 규모, 유형규모에 따라 살펴보면 다음과 같은 특징이 있다.

(3) 정원의 면적에 의한 분류와 활용

① 소정원(小庭園)

정원의 부지면적이 60~150m²(약 20~50평) 정도로 일조량이 부족하고, 만족스러운 정원을 꾸미기에 어려운 점이 많다.

정원을 가꾸는 재료로 음지식물이 많이 이용되며, 정원 내의 매우 어려운

■■ 표 32-1 한국전통정원의 유형별 개념

구 분	역사적 배경 및 의의	규모에 따른 특징		
		소 (200평)	중 (2,500~5,000평)	대 (5,000~10,000평)
1. 궁궐 정원	전통궁궐을 상징표현에서 직선적 요소와 절대왕권의 화려하고 고급스러운 정원양식을 표현	전통적인 궁궐정원을 집약해서 표현(조선시대)	대표적인 궁궐정원양식을 조합해서 구현 가능	궁궐정원양식을 총괄적으로 구현(삼국, 고려, 조선)
2. 별서 정원	조선시대 사대부의 은둔처로서의 기능과 무위자연의 지행합일을 표현한 대표적 정원	별서정원의 특징을 집약하여 일반적 특징을 구현	대표적인 별서정원 일부를 집약해서 구현	현재 남아있는 몇 군데의 대표적인 별서정원을 지방별 또는 양식에 따라 복합적으로 구현
3. 민가 정원	한국적 정감의 고양과 토석적인 고유의 민가정원의 원류를 구현	한 군데 정원의 전통민가정원을 집약해서 구현 가능	대표적인 민가정원 양식을 지방별로 조합해서 구현	각 지방의 대표적인 민가정원양식의 도입이 가능하며, 민가정원의 다양한 접경물 등을 구현(호남, 영동, 제주)

■■ 표 32-2 한국정원의 특징

구분		한 국
1. 공간구성 측면		• 공간의 구성이 수평적인 구분보다는 수직적인 구분이 특징 ― 주택구조에 있어 공간의 구분 및 위치, 영역성, 연속성이 두드러짐 • 후원에 돈대를 설치하여 좁은 공간에서 수직적 변화 ― 수목, 식물을 이용하여 수직공간 장식
2. 시각구성		• 정원 자체를 자연경관 속에 순응하여 배치하였기 때문에 자연경관 일부로 인식 • 담장이 낮고 정원 내의 건축물이나 정자에서 주위를 잘 관찰할 수 있도록 하는 차경수법 발달
3. 조경 요소의 활용 기법	수목	• 중국과 유사
	물	• 직선형의 방지활용 • 중앙에 원형의 섬을 조성 ― 음양오행 원리를 상징화시켜 줌
	암석	• 암석을 장식적 요소로 활용 • 중국과 같이 괴석을 사용하나 배치에 있어 석함·석분에 심어서 배치
4. 건축적 요소	다리 담장 포장	• 담장에 의해 주거공간이 위계를 갖고 구분되고 있으나 담장 자체를 경관으로 볼 수 없음 • 마당을 정원의 일종으로 보는 것도 무리가 있음 • 다리 모양은 단순한 형태인 평교와 완만한 곡선의 아치교가 사용되었고, 문양도 중국처럼 그리 현란하지 않았고 용두석이나 석수 등을 장식물로 활용

부분은 밝은색 계통의 강석(江石)을 이용하는 것이 좋다.

② 중정원(中庭園)

중정원의 부지면적은 150~300m²(약 50~100평) 정도로써, 소정원에 비해서 활용공간이 많다. 이 정도 면적의 정원 내에는 조그마한 연못이나 폭포, 잔디 밭, 벤치 등을 설치할 수 있다.

③ 대정원(大庭園)

대정원의 부지면적은 600m²(200평) 이상이므로, 도시 근교의 별장정원 등이 이에 해당한다. 이 정원의 경우 공간을 매우 효과적으로 활용하기에 용이하다.

정원 내에는 과수원, 화단, 온실, 조각물, 분수, 약수터 등의 각종 시설물 들을 적절한 장소에 배치할 수 있다.

(4) 정원의 계획

정원의 계획은 주거부지(住居敷地) 면적에 따라서 그 규모가 결정된다. 부지 면적을 200m² 이하, 300m² 정도, 600m² 정도, 1,000m² 이상 나누어서 생각한 다. 200m² 이하인 경우는 정원을 풍부하게 계획하는 것이 어려우므로 경계 등 에 필요한 공간과 10m² 이상의 여백을 취하여 일부에 관상목적(觀賞目的)의 작 은 정원을 고려하는 정도이다. 이 경우 기능적으로 가정 구성원의 취미활동, 원 예(園藝)나 분재(盆栽) 등을 위하여 쓰이기는 하나, 이동들의 활동을 위해서는 여 유가 없다. 300m²일 때는 어느 정도의 전정(前庭)이나 주정(主庭)을 고려할 여지 가 있으며, 방문객의 방문을 준비하기 위한 20~30m²의 전정을 잡으면 주정은 100m² 정도의 면적이 된다. 이것으로 유아의 유희장에 모래밭을 갖추기는 어려 우나 어느 정도의 오락이나 운동이 가능하도록 설계할 수 있다.

300m² 이상의 주거부지에서는 관상용 정원설정이 고려되어야 할 것이다. 600m² 정도의 부지를 가질 경우는 경계식재(境界植栽) 등에 필요한 면적을 확보 하고, 주정(主庭)의 면적은 200~300m²에 달하며, 유소년(幼少年)에게 어느 정도 만족을 줄 만한 놀이터를 생각해 볼 수 있다. 그리고 다른 가족이 원예(園藝) 등 의 취미활동을 할 수 있도록 설계할 수 있고, 관상정(觀賞庭)으로 생각하여도 완 결성이 높은 조경이 가능하다.

1,000m² 이상의 부지일 경우, 전체 부지를 몇 개의 부분으로 나누어 각각 독자적인 기능을 갖도록 하여, 운동·취미활동 등을 부지 내에서 공존시킬 수 있으며, 또한 500m²(테니스구장), 300m²(수영장), 10m²(주차구역), 경재폭원(境栽 幅員) 및 화원을 가로지르는 화원로(花園路)의 폭원(幅員)을 1m로 할 수 있다.

(5) 정원의 규모에 따른 측량

경관(또는 조경)을 고려한 측량에서는 등고선을 그려 넣는 지형도의 제작을 생각할 수 있으며, 이를 축척별로 나누어보면 다음과 같은 측량을 하는 것이 좋다.

축척 1 : 100 정도는 개인정원의 조경이 이용되고, 나뭇가지 형태로부터 암석의 요철(凹凸)에 이르기까지 측량하여 고저차 0.5m 이하의 등고선 간격을 사용한다.

축척 1 : 300 정도는 대규모의 개인정원이나 공공건물 앞의 정원 및 소규모의 공원녹지에 해당하고, 고목(高木)의 형상이나 암석의 위치 등을 구할 필요가 있으며, 고저차 0.5m 내지 1m 간격의 등고선(等高線)으로 나타난다. 축척 1 : 1,000 정도의 경우는 공원녹지(公園綠地)나 소단지(小團地)의 조경 등에 이용된다. 그 정밀도는 고목(高木)의 종류에 대한 위치를 알 수 있는 정도로 하고, 고저차 1m 간격의 등고선으로 한다. 축척 1 : 3,000 정도가 되면 소규모의 녹지나 단지의 조경 등에 이용되며 높이차 2m 간격의 등고선으로 한다. 소규모의 1 : 10,000 정도는 그 이상의 것과 마찬가지로 국토지리정보원(國土地理情報院)에서 발생하는 지형도를 이용하여 그 수정에 의하여 작도하는 것이 좋다. 이 때는 도상(圖上) 1mm가 10m에 해당하므로, 일반 지형도에 나타나지 않은 특수한 지물(地物) 등이 관측에 주가 되고, 높이차에 대해서는 5m 간격의 등고선에 의한 경우가 많다.

5. 건축물 주변 지하시설물측량

(1) 개 요

기존의 전기, 통신케이블 등의 지상 도시시설물들은 도시집중화로 인한 건설안전, 도시미관, 유지관리의 용이성 때문에 지하에 매설되어 왔다. 매설 이후 장기간의 관리미흡으로 인하여 지형(지모 및 지물)변화에 의한 위치파악 곤란, 지하수 이동에 의한 유출현상, 매설관의 부식에 의한 누수 등의 많은 문제점이 야기되고 있다. 지하공간을 효율적으로 이용하고 무질서한 지하시설물을 정비하기 위해서는 지하시설물 측량이 필수적인 작업이다.

지하시설물측량(underground facility survey)은 지하에 설치된 상수도, 하수도, 가스, 난방, 전기, 통신, 지하도, 지하상가, 지하철, 지하주차장 등 인간

■■ 표 32-3 지하시설물의 조사 항목

구 분	종 류
지하시설물	상수도, 하수도, 전기, 가스, 통신, 공동구, 지하도, 지하차도, 터널, 지하상가 등
도로구성물	차도, 보도, 분리대, 교량터널의 위치, 폭원구조, 포장별, 석축, 옹벽, 육교, 지하도 등
도로부속물	가드레일, 철책, 가로수, 녹지대, 가로등, 교통표지판, 안내표지판, 도로표지판, 도로정보 제공장치, 가로주차장, 공동구, 노출부, 도로원표, 이정표
안전시설물	낙석방지책, 추락방지책, 소음방지책, 가드레일, 가드케이블, 오토가드, 교통난간, 하천난간, 과속방지책, 미끄럼방지책
도로점용물	각종 맨홀, 소화전, 양수기, 전주, 통신주, 전화 Booth, 배전탑, 신호기, 광고간판 등
겸용공작물	제반, 호안, 건널목, 고속도로, 고가도로, 입체교차로 등
기 타	도로번호, 도로명, 도로시종점, 행정경계, 지변, 지목, 주요건물명

생활을 영위하기 위하여 인위적으로 지하에 설치한 시설물과 지하시설물과 연결되어 지상으로 노출된 각종 맨홀, 전주, 체신주 등 가공선과, 시설물 관리와 운용에 필요한 모든 자료에 대하여 조사 및 관측을 하고 정리하여 자료기반 (database)을 구축하고 관리할 수 있는 자료 제공을 위한 작업을 말한다.

(2) 지하시설물의 조사

실질적인 지하시설물관측에 앞서 지상시설물에 대한 조사가 필요하며 그 항목은 〈표 32-3〉과 같다.

이상의 지상시설물에 대한 조사 시 노출된 지하시설물의 조사와 맨홀 개방을 통한 맨홀 및 변실조사를 병행하여야 한다.

(3) 지하시설물의 관측

지하시설물에 대한 관측은 현장현황조사, 관련기관과의 협의, 현장안전대책, 작업안전시설의 설치, 지하시설물 관로관측, 위치관측 등을 모두 포함한다. 지하시설의 관측방법은 굴착하지 않고 지표로부터 매설물의 위치와 심도 등을 관측하는 것으로, 종래에는 공사를 하기 위해 굴착이 필요한 경우 시험굴착에 의하여 직접 눈으로 확인한 후 공사를 시작하였으나 최근 관측장비의 발달로 인하여 다음과 같은 9가지 지하시설물 관측방법 등이 가능하게 되었다.

① 자장관측법

전자유도방식의 원리는 지하시설물관이나 케이블에 교류전류를 흐르게 하여 그 주변에 교류자장을 발생시켜 지표면에서 발생된 교류자장을 수신기의 관측코일의 감도 방향성을 이용하여 수평위치를 관측하고 지표면으로부터 전위경도에 대해 수직위치(심도)를 관측한다. 전료를 통과시키는 토질은 국지적으로 다르다. 습기가 있는 토양은 건조한 모래보다 훨씬 좋은 도체이다.

② 지중레이다관측법

지하를 단층촬영하여 시설물위치를 판독하는 방법으로 지상의 안테나에서 지하에 전자기파를 발사시켜 대상물에서 반사 또는 방사되는 전자기파를 수신하여 반사강도(함수율)에 따라 8가지 생상으로 표시되고, 이를 분석하여 수평 및 수직위치를 관측하는 방법이다.

③ 음파관측법

음파관측법은 원래 누수를 찾기 위한 기술이었는데 현재는 이 기술을 이용하여 수도관로 중 PVC 또는 플라스틱관을 찾는 데 이용되고 있다. 이 기술의 원리는 물이 가득히 흐르는 관로(수도관)에 음파신호(sound wave signal)를 보내 수신기로 하여금 관내에 발생된 음파를 관측하는 방법으로 비금속(플라스틱, PVC 등) 수도관로 관측에 유용하나 음파신호를 보낼 수 있는 소화전이나 수도미터기 등이 반드시 필요하다.

④ 전기관측법

전기관측법은 지반 중에 전류를 흘려보내어 그 전류에 의한 전압 강하를 관측함으로써 지반 내의 비저항값의 분포를 구하는 것이다. 전류를 흘려보내는 순간의 전류전극과 전압 강하를 관측한다. 이는 문화유적지 등에 적합한 방법이라 할 수 있다.

⑤ 전자관측법

전자관측법은 지반의 전자유도현상을 이용한 관측법으로 지반의 도전율(비저항의 역수)을 관측함으로써 지하구조와 고도 전체의 위치를 파악하는 것이다. 전자관측장비에는 관측심도가 깊은 곳에서부터 지표근접 수 미터를 대상으로 하는 것까지 다양하게 있지만, 시설물 조사에는 층을 조사할 수 있는 간단한 것이 사용되고 있다.

⑥ CCTV 관내조사

라이트와 카메라가 장착된 TV 카메라를 원격조정이 가능한 자주차에 탑재하여 관거 내부에 투입시켜 관거내부를 조사하는 장비이다. 또한 자주차에 소형

발신기를 탑재하면 지상에서 관로의 수평 및 수직위치를 관측할 수도 있다.

⑦ 탄성파관측법

지하시설물이 아닌 일반적인 경우에는 탄성파에 의한 방법을 많이 사용한다. 탄성파에 의한 방법은 지상에서 폭발시키거나 지상의 판(plate)을 해머로 두들겨서 충격파를 유도하는데 이 충격파는 geophone이라는 장치에 의하여 수신된다. 토양표면에서 파의 속도는 geophone에서 움직이는 파의 시간경과를 기록함으로써 결정된다. 측량하는 순서는 원하는 선을 따라 충격발생장치를 움직이고, 충격을 유도하는 거리의 주어진 간격으로 충격지점에서 geophone까지 거리(d)와 충격파 운동시간(t)을 기록한다.

⑧ 자기관측법

지구자장의 변화를 관측하여 자성체의 분포를 알아내는 것이다. 조사구역을 적당한 격자 간격으로 분할하여 그 격자점에 대한 자력값을 관측함으로써 조사 구역 내의 자정변화를 확인하여 지하의 자성체의 분포를 추정할 수 있다.

위와 같은 지하시설물 관측 및 위치결정을 통하여 1 : 500 축척의 지하시설물원도와 대상물의 상세사항기록서(대장조서)를 작성한다.

⑨ 무선전파식별기(RFID)

전자 tag를 대상물에 부착하여 대상물의 주위환경을 인지하고 기존 정보기술(IT)체계와 실시간으로 정보를 교환 및 처리를 할 수 있다.

(4) 지하시설물의 해석

지하시설물의 해석은 지하시설물 관측자료의 분석, 편집 및 자료기반화이다. 관측을 통하여 수집된 지하시설물원도와 조서대장을 이용하여 조서대장입력과 도면제작편집을 수행하게 되고 구조화편집(위상 및 속성자료연결)을 하면 자료기반화를 완성하게 된다. 이렇게 마련된 자료기반을 토대로 각종 지하시설물의 효율적 유지관리에 이용한다.

제33장

유형문화재측량

1. 개   요

　　민족문화의 결정체인 유형문화재(tangible cultural properties)를 보존, 복원하기 위한 각 방면의 노력이 활발하고 원형보존에 역점이 주어지고 있다.

　　문화재를 정확히 기록보존하는 방법으로서 간단한 기기에 의한 관측 방법이 이용되어 왔으나, 노력과 시간이 많이 소요될 뿐 아니라 숙련도에 따라 정확도가 좌우되어 최근에 와서는 영상탐측기법을 이용하고 있다.

　　지상영상탐측은 지상의 두 점에서 대상물의 종류에 관계없이 입체영상면으로 측량하는 것으로서 피사체와 영상면의 위치 및 방향 등을 자유롭게 조정할 수 있어 단시간 내에 많은 대상물을 촬영할 수 있다. 그 촬영된 영상면을 보관함으로써 대상물에 대한 재확인 및 재현이 가능하고 섬세하게 조각된 부분도 확대도화가 가능하며 문화재 측량에 많은 장점을 갖고 있다.

　　우리나라는 최근에 지상영상탐측용 카메라 및 레이저스케닝체계(LiDAR)가 도입됨으로써 문화재 측량에 관한 연구가 활발히 진행되고 있다.

　　지상영상탐측용 카메라와 입체도화기의 활용 및 지상 LiDAR의 이용으로 문화재의 평면, 입면 및 등고선도를 얻고 해석적 방법을 적용하여 각 부재의 정확한 치수와 중요지점의 3차원 좌표를 구한다.

　　따라서, 문화재의 건조시대, 건조방식과 시간경과에 따른 변화를 영구히 기록하고, 그 구조적인 선을 분석하여 현상태의 보존과 변화과정을 알아내고 복원시 정확한 재료를 제공하는 데 영상탐측방법이 유용하게 이용된다.

2. 지상영상탐측방법

(1) 기준점측량

대상물에 부착된 표정점좌표를 해석하기 위해 지상기준점을 설치하며, 이 지상기준점의 3차원좌표를 얻기 위해 지상기준점측량을 실시한다. 지상기준점은 표지를 설치하거나 면·선·표척 등을 이용하며 기준점측량을 〈그림 33-1〉과 같이 한다.

그림 33-1 기준점측량

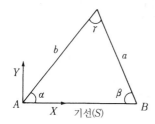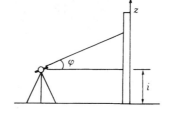

$$X = b \cos \alpha = \frac{\sin \beta \cdot \cos \alpha}{\sin \gamma} S$$

$$Y = \frac{\sin \beta \cdot \sin \alpha}{\sin \gamma} S \qquad (33.1)$$

$$Z = \frac{\sin \beta \cdot \tan \varphi}{\sin \gamma} S + i$$

〈그림 33-2〉는 기준점배치방법들을 열거한 것으로 대상물의 특성과 현장조건에 적합한 형태를 선택하여 설치한다.

그림 33-2 기준점 배치방법

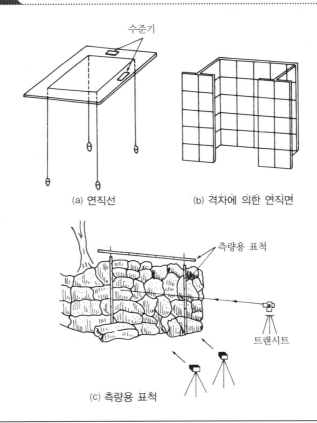

(a) 연직선   (b) 격차에 의한 연직면

(c) 측량용 표척

(2) 영상면촬영

대상물의 크기와 도화정확도를 고려한 영상면축척 등을 분석하여 촬영거리와 촬영기선장을 정한다. 표정점배치는 자료분석에서 필요한 곳에 부착하며 도화할 때 장애가 없도록 한다. 영상탐측과 대상물과의 기하학적 관계를 표시하면 〈그림 33-3〉과 같으며, 여기서 얻어진 영상면을 입체도화기에 설치하여 표정과정을 거쳐 도화를 하면 등고선도가 작성된다.

그림 33-3 영상탐측의 기하학적 관계

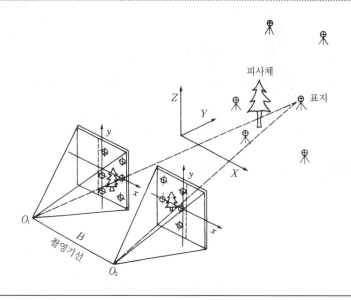

3. 레이저관측에 의한 방법

레이저 스캐닝 체계는 정확하고 빠르게 현장에서 물체의 3차원 자료를 측량할 수 있는 장비이다. 표면이 노출된 부분을 정밀한 3차원 좌표로 구할 수 있다. 현재 레이저 스캐닝 체계는 지형 및 일반 구조물 측량, 윤곽 및 용적 계산, 구조물의 변형량 계산, 가상공간 및 건축 모의관측, 역사적인 건축물의 3차원 자료기록보존, 영화배경세트의 시각효과 등에 활용성이 증대되고 있다.

레이저 스캐닝 체계를 이용하여 대상물의 3차원 위치를 구하는 과정은 다음과 같다.

① 대상물의 표면에 레이저를 발진한다.

② 대상물의 표면에서 일부의 레이저가 반사되어 스캐너로 되돌아온다.

③ 발사되어 온 레이저를 스캐너가 감지한다.

④ 발사된 레이저가 반사되어 되돌아오는 시간을 관측하여 대상물의 거리를 계산한다.

작업과정은 레이저 스캐너를 관측하고자 하는 대상물의 방향을 맞추면 체계에 연결된 노트북이나 데스크탑 컴퓨터에 대상지역이 나타나고 이 중에 스캐

그림 33-4 레이저 스캐닝 체계

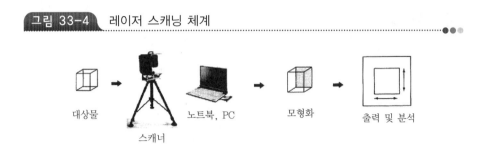

대상물 → 스캐너 노트북, PC → 모형화 → 출력 및 분석

그림 33-5 레이저 스캐닝 자료처리 과정

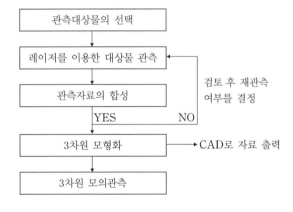

넝할 지역을 선정한다.

스캐닝한 후 결과를 현장에서 바로 볼 수 있으며 스캐닝을 좀 더 자세하게 할 부분은 어디인지, 아니면 다시 해야 할 부분은 어디인지를 판단한 후 스캐닝 작업을 부분적으로 다시 할 수도 있다. 임의의 한 위치에서 관측한 후 보이지 않는 부분을 위하여 다른 위치로 이동하여 관측을 할 수 있으며 야간에는 안전하고 신속하게 자동관측이 가능하다. 기준점을 측량하여 대상물의 3차원 위치 정보를 임의의 좌표로 변환할 수도 있다.

레이저 스캐닝을 측량된 대상물의 관측점들을 정합하여 세밀한 가로 · 세로 단면을 얻을 수 있다.

4. 문화재 조형미해석

조형미 비례관계는 사물의 크기나 길이에 대하여 그들이 갖는 양과 양 사이의 관계를 나타내는 말로서 조화의 근본이 되는 균형을 뜻한다.

균형은 부분과 전체의 관계 또는 부분과 부분의 관계를 나타내고 법칙적으로 규정지은 것으로 황금분할이 있는데 $1:1,618$의 비를 황금비$\left(1:\dfrac{1+\sqrt{5}}{2}\right)$라 한다. 이 황금비는 우리나라에서 신라시대부터 조형물상에 많이 나타난 $3:5$비와 거의 같다. 장변과 단변의 비가 황금비가 되는 직사각형과 함께 정사각형 기준으로 하여 이루어진 일련의 제곱근비로 정사각형과 $\sqrt{2}$, $\sqrt{3}$, $\sqrt{4}$, $\sqrt{5}$의 직사각형은 옛부터 균제가 이루어지고 안정된 형태로 이용되고 있다.

로마의 비트루비우스(Vitruvius)는 인체의 조형미 비례관계를 이용하여 척도의 기준으로 삼았으며, 독일의 아돌프자이싱은 비례관계를 연구하여 황금분할법을 확립하였다.

우리나라 불교사찰의 평면비례관계를 고찰하면 삼국시대에는 $9:4$, $5:4$, $7:5$, $5:3$, $2:5$로서 이 중 $5:3$의 비가 많이 이용되고 있으며, 신라시대의 석탑과 부석사의 무량수전의 평면과 입면에 대해 직사각형분할법과 정사각형비, $3:5$에 의해 구성된 것을 볼 수 있으나 삼국시대를 대표하는 백제정림사오층탑, 불국사의 다보탑과 석가탑, 감은사지의 동탑과 서탑, 석굴암본존불 등은 $1:\sqrt{2}$(안정적이고 사실적인 조화비형성), 고려시대의 대표적 걸작품인 관촉사의 은진미륵불은 $1:\sqrt{3}$(추상적인 조화비형성)의 조형비를 갖추고 있다.

〈표 33-1〉은 삼국, 고려 및 서양의 조형비에 대한 비교표이다.

■■ 표 33-1 조형비 비교

서 양	삼 국	고 려
황금비	정사각형의 원리	정삼각형의 원리
$1:\dfrac{1+\sqrt{5}}{2}$	$1:\sqrt{2}$	$1:\sqrt{3}$
BC 1650년 이집트 피라미드 건설에 사용 Euclid(BC 365~BC 300)가 언급 Leonardo da Vinici(AD 1452~1519)가 그의 예술작품에 활용	삼국시대의 대표적 불상(석굴암 본존불)과 석탑(다보탑, 석가탑 등)에서 정사각형의 구도가 사용됨으로써 사실적 묘사	고려시대에 축조된 동양 최대의 석불상인 은진미륵은 정삼각형의 구도를 이용하여 축조됨으로써 추상화적 묘사

5. 우리나라 석조문화재 실측 및 조형미 해석

(1) 석조문화재 대상

■■ 표 33-2

	석굴암 본존불	은진미륵
시 대	서기 751년 신라 경덕왕 때 김대성에 의해 건립, 774년 완공	서기 985년 고려 4대왕인 광종
조 성 배 경	왕실의 긍지를 계승하고 선왕을 기리기 위해	후삼국의 혼란을 수습하고 새로운 통일 국가를 기리기 위해
위 치	경남 경주 토함산 석굴암	충남 논산군 은진면 관촉리 관촉사
규 모	높이 3.26m	높이 18.12m
기 타	국보 24호 가장 한국적인 미가 응축된 최고의 걸작 사실적 묘사와 우아하고 세련된 기법	보물 218호 국내 최대의 거상 추상화적 묘사와 토속적 형태를 갖춤

(2) 삼국시대의 석조문화재 측량 및 조형미 해석

① 영상탐측에 의한 본존불 관측

그림 33-6

측량용 사진기   해석 도화기

② 석굴암 본존불과 은진미륵의 조형비 비교

그림 33-7 정사각형 구도

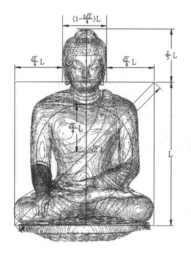

그림 33-8 정삼각형 구도

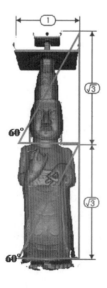
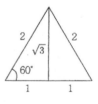

(3) 고려시대의 석조문화재 측량 및 조형미 해석

① 레이저 스캐닝에 의한 은진미륵 관측

그림 33-9

레이저 스캐닝 체계

② 은진미륵의 조형비 분석

그림 33-10 전체 조형비

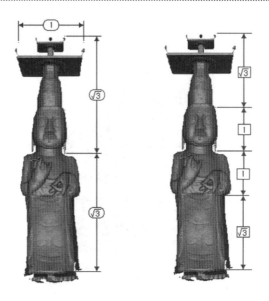

그림 33-11 백호를 중심으로 한 조형비

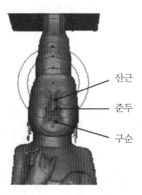

삼국시대의 석탑 및 석불상의 조형미구도는 안정적이고 사실적 구도인 1 : $\sqrt{2}$이나 고려시대의 조형미구도는 진취적이고 추상적인 구도인 1 : $\sqrt{3}$으로 조성되었다. 이는 추상화적인 화풍을 정립한 스페인의 피카소(1881.10.21~1973.4.8)보다 800여년전에 이미 고려인에 의해 추상화적인 예술작품이 실현되었음이 확인된 것이다.

제34장

경관측량

1. 개   요

경관(景觀, viewscape)은 인간의 시지각적(視知覺的) 인식에 의하여 파악되는 공간구성에 대하여 대상군(對象群)을 전체로 보는 인간의 심적 현상이다. "경관"이라고 하는 경우는 여러 개의 대상 또는 대상군 전체를 보는 것을 말하며, 더욱 추상적인 표현으로는 대상(또는 대상군)이 전체적으로 보여지는 상태라 할 수 있다.

경관현상에는 대상이 되는 물리적 사실뿐만 아니라, 대상을 보는 인간의 심리적 또는 생리적 사실도 고려해야 한다. 즉, "경관이란 대상(또는 대상군)의 전체적인 조망이며, 이를 계기로 형성되는 인간(또는 인간집단)의 심적(심리적 또는 생리적) 현상"이라고 말할 수 있다. 경관은 시각적, 객관적, 개선 가능한 것을 뜻하나 경치나 경색은 감상적, 주관적, 개선 불가능한 것을 뜻한다.

환경에 관한 지형 및 공간의 유형적(type) 사고방식에서 지표적인 방법에 의한 정량화와 정량적인 경관예측을 위한 표현방법이 발전되어 감에 따라 경관측량의 효용성이 날로 증대되고 있다. 경관측량은 녹지와 여공간(餘空間)을 이용하여 휴식, 산책, 운동, 오락 및 관상 등을 목적으로 하는 도시공원조성이나 토목구조물 등이 자연환경과 이루는 조화감(調和感), 순화감(順化感), 미의식(美意識)의 상승(上昇) 등을 고려하는 데 이용된다. 대상이 환경과 조화감, 순화감, 미의

식의 상승을 이루는 것을 경관의 3요소라 한다. 경관측량의 궁극적인 목적은 인간의 쾌적한 생활공간을 창조하는 데 필요한 조사와 설계에 기여하는 데 있다. 경관에서는 차경(借景), 첨경(添景) 등을 많이 이용한다.

2. 경관의 구성요소, 지점 및 형상적 분류

(1) 구성요소

일반적으로 경관구성요소에 의하여 대상계, 경관장계, 시점계, 상호계로 구분된다. 경관은 인식대상이 되는 대상계(對象界), 이를 둘러싸고 있는 경관장계(景觀場界), 그리고 인식의 주체인 시점계(視點界)가 있다. 또한 대상계, 경관장계 및 시점계를 구성하는 요인과 성격에 관한 상호성을 규명하고 이들 사이에 존재하는 관계계(關係界)가 있다.

(2) 지점경관

지점경관 구성요소는 시점, 시점장, 주대상, 대상장으로 나눌 수 있다.

시점(視點, view point)은 경관은 인간이 물리적 대상을 보는 것에 의해 비로소 성립되는 현상임에 따라 인간의 존재가 경관을 구성하는 중요한 요소가 된다.

전망할 수 있는 물리적 대상 또는 대상군은 시점으로부터의 거리에 따라 시점장(視點場, viewscape setting here, view point field)과 대상장(對象場, viewscape setting there)의 두 가지 구성요소로 분류된다. 즉, 시점장이란 경관을 얻을 때의 시점이 존재하는 "장"으로 시점 부근의 공간을 의미한다.

주대상(主對象, dominant object)은 경관의 주제가 물리적 대상 또는 대상군인 경우의 해당 대상 또는 대상군을 의미하며, 주제가 공간인 경우는 주대상이라 부르지 않는다.

대상장(對象場, viewscape setting there)은 전망하고 있는 대상군에서 전술한 시점장과 주대상을 제외한 모든 대상을 의미하며, 지점경관의 "배경" 즉, 주역이 되는 요소를 떠올리게 하는 배경적 부분을 나타낸다. 일반적으로 대상장은 면적으로나 대상의 종류에 있어서도 전망의 대부분을 차지한다.

(3) 형상적 분류

경관은 포괄적인 현상을 개별요소로 분해하고 이들 요소와 관계가 있는 요소를 통해 전체를 재구성하려고 하는 요소주의, 구성주의 또는 대상군적인 접근방법으로 분류할 수 있다.

지점경관(地點景觀, scene viewscape)은 고정적인 시점에서 얻을 수 있는 경관을 의미한다.

이동경관(移動景觀, sequence viewscape)은 경관의 변화는 시점의 변화에 따르는 경관이다. 특히 시간에 따른 경관의 변화가 현저하거나 시점의 이동경로가 한정되고 의도적인 경우에 이동경관이라 한다.

장(場)의 경관은 한정된 시점에서의 전망이 아니라 복수 또는 불특정의 시점에서의 전망을 종합한 어떤 일정 범위 내에서 전망의 총체를 나타내는 형태의 경관을 말한다. 삼림경관, 도시경관은 장의 경관의 범주에 포함된다.

변천경관(變遷景觀)은 비교적 긴 시간의 경과에 따라 대상이 변화해 가는 경관을 변천경관이라 한다.

3. 경관의 정량화

경관의 정량화를 해석하기 위해서는 시각적 측면과 시각현상에 잠재되어 있는 의미적 측면을 동시에 고려하여야 한다.

경관을 해석하기 위해서 의미적인 것을 공학적으로 기술하는 것은 매우 어려우나 시각특성, 경관주체와 대상, 경관유형, 경관평가지표 및 경관표현방법 등을 통하여 경관의 정량화가 이루어지고 있다. 대상을 바라보는 인간의 시지각이 어떠한 특성을 갖고 있는지를 아는 것은 분석에 있어서 가장 기본적인 지식으로서 시야, 시력, 공간주파수에 관한 속성을 알아야 한다. 대상의 시각속성이란 바라보는 대상이 시각적으로 어떠한 특징을 갖는가를 의미한다. 여러 가지 사항을 고려할 수 있으나 일반적으로 대상의 크기(또는 규모), 형상, 색채, 질감을 주로 고려한다. 여기서는 지표, 주시대상물과 위치관계, 시점과 배경, 평가함수, 경관표현 등에 의한 경관의 정량화에 관해서 기술하겠다.

(1) 지표에 의한 방법

경관의 정량적 해석을 위하여 경관평가지표로 식별의 명확, 보는 범위에 따르는 시설물의 규모에서 받는 인상, 형태에 의한 인상, 부재구성의 아름다움으로부터 받는 인상 등을 기준으로 하여 가시(可視)·불가시(不可視), 식별도(識別度), 위압감(威壓感), 스케일감(規模感, scale), 입체감(立體感), 변화감(變化感), 조화감(調和感)의 7개항으로 나누어 해석한다.

(2) 주시 대상물과 위치관계에 의한 방법

경관평가를 규정하는 기본요인으로는 관점과 주시 대상물의 위치관계 즉, 거리, 대상물을 보는 각도(수평시각과 수직시각과 대상물의 축선과 시축이 이루는 각) 및 기준면에 대한 시점의 높이로 나누어진다. 이때 시각은 주시 대상물 전체를 보는 시준선의 교각을 말하고 수평시각은 대상물에 대한 수평방향의 시점과 종점을 시준할 때의 각도를 말한다. 그리고 수직시각은 대상물의 특정부분의 상하단(예를 들어, 교량의 교탑의 정상과 수면)을 시준하는 각도이다.

① 시 거 리

시거리는 시점부터 대상까지의 거리를 나타내며, 외관의 크기(s)는 대상의 크기(S)와 시거리(d)에 의해서 다음과 같이 나타난다.

$$s \propto S/d \tag{34.1}$$

② 상향각(앙각)

상향각은 도시에 대한 주변부의 감각을 나타내는 지표로서, 광장과 가로의 분석, 설계에 이용되어 왔다. 벽면의 상향각 45°에서는 완전한 밀폐감(이보다 큰 상향각에서는 일반적으로 밀실공포증이 생김), 18°에서는 밀폐감의 최소값, 14°에서는 밀폐감이 없어진다.

③ 하향각(부각)

시점이 높은 곳에 있어서 대상을 내려다 볼 경우 주 대상에 대한 하향각의 크기에 따라 경관이 크게 변화한다. 하향각이 −30°∼−10°가 시각적으로 중요한 영역이나 호수나 항만의 경우 −8°∼−10° 정도의 시선이 수면에 도달하는 중요한 각이다.

④ 시선 입사각

경관을 구성하고 있는 대상을 가지각색의 크기와 각도를 갖는 면의 집합으로 생각할 수 있다. 안정적인 시선 입사각(수평각, 수직각, 시준선과 시설물축선)이 이루는 각은 다음과 같다.

가) 수평시각

θ_H ☞ $10° < \theta_H \le 30°$

나) 수직시각

θ_V ☞ $0° \le \theta_V \le 15°$

다) 시준선과 시설물 축선이 이루는 각

α ☞ $10° \le \alpha \le 30°$

(3) 시점과 배경에 의한 방법

시점과 배경의 위치관계(F_B)에 기인하는 요인은, 배경의 다양성으로 심리적 영향에 따라 인상이 크게 변하기 때문에 정량적 분석은 매우 곤란하다. 따라서, 어느 시점에서 시계 내에서 잡은 전망에 대한 배경의 영향은 시점의 상태에 따른 영향, 배경과 대상물의 위치관계에 따른 영향, 배경의 상태에 따른 영향, 기상조건에 따른 영향의 5개항으로 나누어 배경과 경관도의 관계를 추출할 수 있다. 이 항목에 의하여 주시대상(注視對象)의 주위에 대한 환경상태(배경의 경관도)는 8개항에 따라서 규정한다. 즉 입지조건, 시준율, 대상 시설물의 시준범위, 시점과 배경과의 거리, 하향각 및 상향각, 육해공의 비율, 배경의 시준범위 및 기상조건 등이다.

(4) 평가함수에 의한 방법

시설물 경관의 평가지표는 앞에서 설명한 7개항(가시·불가시, 식별도, 위압감, 스케일감, 입체감, 변화감, 조화감)으로 X_i, 이 지표에 의한 경관규정 요인은 수평시각(θ_H), 수직시각(θ_V), 시준선과 대상물 축선이 이루는 각(α), 기준면에 대한 시점의 높이(Δ_H), 대상물과 시점간의 거리(D), 배경의 경관도(F_B)로 Y_i이다. 시설물 경관의 경관도를 E로 설정하여 경중률 적용에 의한 평가를 한다.

(5) 경관표현에 의한 방법

① 정사투영도에 의한 방법

정사투영도(正射投影圖)에 의한 방법은 설계자료를 그대로 이용할 수가 있어 조작하기에 용이하고 모든 조건을 정량적으로 판단할 수 있다고 하는 장점이 있지만 입체적 파악이 어려워 시각적인 면에서 현실성이 떨어진다는 결점이 있다.

② 스케치 및 회화에 의한 방법

개략적인 묘사(sketch)는 각각의 영상을 개략적으로 파악하는 방법이며, 담채 스케치는 설계 비교안을 간단한 첨경과 함께 영상화한 다음 스케치상에 엷게 채색하는 방법이고, 채색(coloring)은 설계 비교안을 주변의 경관과 함께 상세하게 색으로 그리는 방법이다.

③ 투시도에 의한 방법

투시도에 의한 방법은 다른 시점에서 합쳐진 작도가 가능할 뿐 아니라 시각성이 양호하여 판단하기 쉬운 장점이 있으나 설계자의 주관이 포함되기 쉬우며 자연조건까지 포함하는 데는 제약이 따르는 단점이 있다. 투시도에 의한 방법은 투시도 제작에 시간이 많이 소요되지만 가장 많이 이용되고 있는 방법이다.

④ 영상면 몽타지(imagery montage)에 의한 방법

영상면 몽타지에 의한 방법은 경관 정비의 경우에는 새로운 경관 구성요소의 그림을, 개발계획의 경우에는 완성예정인 구조물과 주변의 조형 부분의 그림을 현황사진에 합성한 몽타지(montage) 사진과 비교해서 영향의 정도를 평가하는 방법이다.

⑤ 색채모의관측(color simulation)에 의한 방법

구조물 색채 및 재질을 사진 내에 투영하여 입력한 요소를 광학적으로 처리하거나 변화시켜 검토하는 방법을 색채모의관측이라 한다.

⑥ 비디오 영상에 의한 방법

비디오 영상에 의한 방법은 비디오에 의한 영상합성을 이용하는 방법으로 몽타지가 비교적 용이하고 장관도(panorama) 경관 및 이동경관 등 시야가 연속적으로 변화하는 동경관을 처리할 수 있는 장점 이외에 시각성, 현실성, 정량성이 우수한 장점이 있다.

그러나, 이 방법은 영상면에 비해서 고가의 장비가 필요하며 색채의 질이 떨어지고 영상의 질도 약간 나쁜 단점이 있다.

⑦ 영상(image)처리에 의한 방법

전산기를 이용한 영상처리에 의한 투시도법은 우선 지형 및 구조물 등의 표고 및 위치 등 3차원자료를 전산기에 입력하고 수치형상모형(DFM: DTM, DEM, DSM)의 투영법에 의해 임의의 지점으로부터 조망한 투시도를 작성해서 특정 지점에서의 조망을 나타내는 방법이다.

⑧ 모형(model)에 의한 방법

모형(model)에 의한 방법은 구조물 및 지형 등과 같은 모형 재료에 의해 3차원 모형으로 표현하는 방법이다. 경관정비 및 개발계획 사업의 계획단계에서

는 지형모형을 용이하게 만들 수 있으며 경관정비의 새로운 경관 구성요소 또는 구조물과 주변의 조형 부분의 모형을 더하여 경관 및 전망을 검토하는 방법이다.

4. 경관의 적용

경관조성은 인간이 파괴로 인한 훼손된 대자연을 자연에서 얻어진 각종 경관재료를 활용하여 위안과 휴식, 편리, 오락, 보건위생, 적응 등의 목적을 충족시키기 위하여 입체적 공간으로부터 평면적 공간에 이르기까지 형태학적 또는 생태학적으로 연구, 계획, 분석 설계하여 이를 시공 및 관리하며, 인간이 생활을 영위하기 위한 환경을 개선하는 것을 목적으로 한다.

경관의 적용에는 경관해석(도시, 도로, 수변공간, 사회기반시설물 등에 관한 경관 조성), 조경관리, 공원녹지계획, 자연환경조사, 인문사회환경조사, 전산지원해석, 경관정보체계를 이용한 광역경관계획 등이 있다.

5. 경관의 평가

경관에 대한 평가는 대단히 추상적인 것이며 사람의 주관에 의해서 변하는 것이므로 평가하는 사람에 따라 달라서 일정하지 않을 뿐만 아니라, 더욱이 경관의 좋고 나쁨이 사람의 주관에 의거하기 때문에 사람들이 어떤 경관을 좋다라고 생각하는 것을 계량화하거나 쾌적한 경관이란 어떤 것인가를 구체적으로 나타내는 것은 매우 난해한 문제이다.

경관의 평가구조를 해석하는 방법으로는 역사적으로 정평 있는 전통적인 경관분석과 계량심리학적 방법이 있으나, 모든 방법이 충분하게 평가구조에 대해 해명되고 있지 않으며 생리학, 민족학, 문화인류학 등으로부터의 접근방법도 필요하다.

경관의 정량적인 평가를 위해서는 인간의 심리적 반향을 나타내는 평가항목을 물리적으로 관측 가능한 요인으로 표시한 관측지표(parameter)가 필요하지만 평가항목에 따라서는 적당한 관측지표를 찾기 어려우므로 이와 같은 경우에는 몽타지 사진 등에 의한 정성적인 평가에 만족할 수밖에 없다.

일반적으로 정량적인 평가기준을 이용하지 않고 경관의 정성적인 평가만을 하는 방법으로는 관찰법 및 영상추출법 등이 있다. 이 경우에는 일원적 평가실험을 통한 통계처리에 의해 정성분석을 수행하고 경관의 가치를 분석해서 경관의 향상 또는 저해 요인을 탐색하거나 평가대상의 순위부여 등에 의해 직접적인 종합평가를 수행한다.

정성적인 경관평가에서 평가주체는 경관전문가, 자연보호단체, 평가대상사업관계자, 원주민, 관광여행자로 대별된다. 이들에 의한 경관평가는 평가주체의 입장과 자라온 환경에 따라 평가하는 착안점과 평가경향이 다르지만 세부적인 부분에서 차이점은 있더라도 평가항목에서는 전체적인 맥락에 따라 통일성을 부여하는 것이 필요하다.

또한, 평가주체가 전문가인 경우에는 평가의 평균값을 많이 벗어나지 않지만 일반인의 경우에는 평가값의 분산이 커져 정밀도가 저하된다. 일반적으로 경관평가의 평가항목은 조사항목과 예측항목이 서로 동일함이 바람직하다.

제35장

초구장(또는 골프장)측량

1. 개   요

최근 급속한 경제성장에 의해 국민생활이 윤택해짐에 따라 여가선용을 위한 위락(recreation)시설이 급증하고 있다.

이러한 위락시설 중 초구장은 단순한 유기장시설로서가 아니라 관광진흥대책과 지역 경제발전에 기여하는 공공사업의 차원에서 평가되고 있다.

초구장(golf course)은 일반적으로 골프경기경로(golf course), 골프클럽, 컨트리클럽(country club) 등으로 호칭되고 있으며, 설계에서는 토지의 선택, 경기경로의 기본설계, 초구장휴게소의 기본설계로 나눌 수 있다.

초구장 대상지역이 결정되면 항공사진측량에 의해 1/1,000, 1/3,000, 1/5,000 등의 지형도를 작성하고 현지를 답사하여 필요사항을 지형도에 기입한다. 초구장경로는 18개의 표준경로규정을 고려하여 예상경로를 상호 조정하여 배치한다.

초구장 전체지역에 대한 지형도는 시공용(1/1,000~1/2,000), 휴대용(약 1/3,000), 안내용(약 1/5,000)으로 각각 작성하며 출발구역(Tee)으로부터 마무리 풀밭(green)까지의 구역인 홀(hole)설계도도 평면도, 종단면도, 횡단면도를 횡축척이 1/1,000, 종축척이 1/500~1/200으로 작성한다. 측점은 선수권자출발구역(champion tee)을 기준점으로 하여 20m 간격으로 배치하며 타구(batting)도와 마무리풀밭설계도는 축척이 1/300~1/500 되게 작성한다.

2. 부지의 선택

(1) 부지의 조사

부지의 조사에는 현황, 입지조건, 자연환경 등을 조사한다.

① 부지의 현황조사

부지의 현황조사는 현주소, 지적, 절대농지유무, 토지소유자, 지역권, 지가의 동향, 가옥의 이전, 고압선과 같은 장애물의 유무 등을 조사한다.

② 경영에 있어 필요한 입지조건 조사

위치, 대상도시의 초구인구, 교통사정, 주변의 기존초구장에 대한 경영실태, 용수, 전기, 가스, 전화, 관광지, 숙박시설 등을 조사한다.

③ 자연환경조사

지형, 면적, 부지의 방위, 사면의 방향, 지질, 표토두께, 암석의 상태, 수질, 수량, 주변환경, 삼림, 기상, 기후풍토 등을 조사한다. 특히, 기상에 대한 조사에서 일조시간, 강우량, 온도 0℃ 이하의 기간, 여름과 겨울철의 건습도, 풍향, 풍속, 강설량, 천둥·번개의 발생상황 등을 자세히 조사한다.

(2) 부지의 조건과 면적

① 부지의 조건

초구장으로서 개발될 수 있는 부지의 적합조건은 여러 가지 조건이 있으며, 그중 중요한 요소를 서술하면 다음과 같다.

첫째, 경관이 아름다우며 공기가 좋아야 한다. 둘째, 기복이 완만한 곳으로 적은 굴곡이 있으며 평야에 가까운 곳이 좋다. 셋째, 초구장 내에 호수나 늪, 유수, 샘이 있는 곳이 좋으며, 수목이 잘 조성된 곳이 적합하다. 넷째, 남북방향에 횡으로 자리잡고 있어 태양광선이 경기에 장애가 되지 않는 곳이 좋다. 다섯째, 물이 풍부하고 좋은 음료수를 얻을 수 있는 곳이 좋다.

② 부지의 면적

1경로(18홀)의 표준면적을 계산할 때, 1-마무리풀밭(green)인 경우 면적은 약 55만m², 2-마무리풀밭인 경우 면적은 약 60만m²이고, 연습장은 2만m², 초구장휴게소건물 외에 3만m²로 하여 총 60~65만m²(18~20만 평)가 된다. 부지의

그림 35-1 경로계획

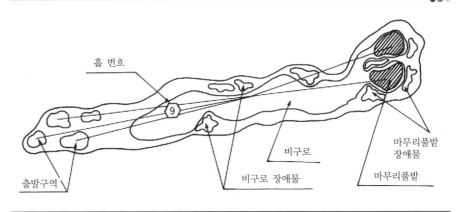

홀 번호

마무리풀밭
장애물

비구로

마무리풀밭

비구로 장애물

출발구역

형상과 지형을 만족하는 면적을 고려할 때, 평지(표준면적×110%; 20~22만 평), 구릉지(표준면적×130%; 24~26만 평), 산지(표준면적×150%; 27~30만 평)를 고려해서 면적을 산정한다.

3. 초구장경로의 계획

고대의 경로는 스코틀랜드의 사구에서 엄격한 조건하에 시작하여 오늘날에는 다양하게 변화하는 경로로 변천되어 왔으며, 각 초구장마다 경로가 다양하며 동일한 것이 없지만 규칙이 허용하는 범위 내에서 경로가 결정되고 있다.

(1) 경로와 홀(course and hole)

1경로에는 18개의 홀이 있으며 1번 홀에서 시작하여 18번 홀에서 끝나게 된다. 정규 1회경기(정규 round)는 위원이 지시하는 경우를 제외하고 정규순서로 경기하는 것을 의미하며 정규 1회경기의 홀수는 위원의 지시가 없으면 18개이다.

1번 홀에서 9번 홀까지를 전반경로(out course)라 하고, 10번 홀에서 18번 홀까지를 후반경로(in course)라 한다.

경로에는 경기할 홀의 출발구역(tee-ground), tee-ground와 putting ground 사이의 구역인 안전비구로(fair-way), 득점구(hole)를 위하여 특별히 정비된 구역인 마무리구역(또는 경타구역; putting green, putting ground), 모래

장애물(bunker) 등으로 이루어지며, 장애물은 위치에 따라 횡방향장애물, 측방
향장애물, 안내장애물이 있다. 안내장애물은 과거에는 마무리풀밭(green)에 밀
착해 있던 것이 지금은 10~20m 떨어져 만들어지고 있다. 또 안전비구로 부근
에서 횡방향장애물은 작아지고 있고, 측방향장애물은 장애물로서의 역할이 강해
지고 있다. 횡방향장애물은 안전비구로의 중앙에 옆으로 길게 놓여 있는 것으로
출발구역에서 150~180m 근처에 설치하여 장타력의 유무를 가린다. 측방향장
애물은 안전비구로의 좌우나 잡초가 우거진 곳인 불안전비구로(rough)와의 경계
선에 놓여 있어 굽은 과오타(miss shot)나 경기장외구역(O.B.; out of bound) 안
에 들어가지 않게 하는 벙커이다. 안내장애물은 마무리풀밭 주위에 설치하는 것
으로, 기교, 구제 및 전략성의 세 가지 목적에 의해 만들어진다.

(2) 기준타수(par)와 거리

기준타수는 숙련된 경기자인 경우, 목적된 홀에 대해 기대되는 타수로서,
기준타수가 3인 것을 단거리홀(또는 소타수구역; short hole), 4인 것을 중거리홀
(또는 중타수거리; middle hole), 5인 것을 장거리홀(또는 다타수구역; long hole)로
명칭되어 있으며 〈표 35-1〉은 기준타수와 거리와의 관계를 표시한 것이다.

〈표 35-1〉로부터 단거리홀과 중거리홀, 장거리홀의 표준거리를 나타내면
각각 160~250야드, 340~470야드, 480~600야드이다(기준타수와 야드는 〈표 35-
1〉 참조).

■■ 표 35-1 기준타수와 거리

기 준 타 수	남 자	여 자
3	250 야드 이하	210 야드 이하
4	251~470 야드	211~400 야드
5	471 야드 이상	401~575 야드
6	–	576 야드 이상

(3) 비구선(line of play)

비구선을 플레이선이라고도 하며 비구선의 거리변화는 장거리홀과 단거리
홀의 거리를 교대로 연결하여 변화를 주며 같은 거리의 홀을 연결하여 거리변화
가 없는 것도 있다. 일반적으로는, 장거리홀 다음에 단거리홀을 연결하는 것이

그림 35-2 비구선(line of play)의 방향

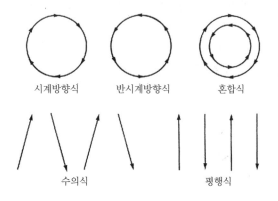

좋다.

비구선의 방향은 〈그림 35-2〉와 같이, 시계방향식, 반시계방향식, 혼합식, 수의식, 평행식이 있다.

시계방향식과 반시계방향식은 볼을 지면(ground)상에 떨어지기 쉽도록 한 방법이며, 전반에는 시계방향식을 이용하고 후반에는 반시계방향식을 이용하며 혼합식은 이 두 방법을 조합한 형태이다.

수의식과 평행식은 비구선을 평행 또는 조금 경사지게 한 것으로 단조로운 형태이다. 그러나 부지의 형상에 적합한 배치를 위해 여러 가지 방법을 혼합시킬 수 있으나 비구선이 교차되는 것은 허용되지 않는다.

(4) 홀의 폭과 변화

① 홀의 폭과 굽은 경로(dog-legs)

안전비구로의 주변은 장해구역(hazard), 둔덕(mound)과 수림 등이 있으며, 안전비구로의 폭은 장해구역이 배치된 부근은 60야드, 수림이 있는 곳은 80야드의 여유가 필요하다.

굽은 경로(dog-legs)는 홀 내의 비구선 방향을 변화시켜 안전비구로를 곡선으로 하고 각도를 주는 것이다.

절점에서 비구선의 각도는 30°에서 최대 90°까지 임의로 정하게 된다.

② 인접 홀과의 관계

마무리풀밭과 다음 출발구역(tee)과의 거리는 경기도중 볼에 의한 위험을 방지하기 위해 여유를 두어야 하며, 일반적으로 30야드~60야드로 하고 있다. 마무리풀밭부터 출발구역까지의 높이 차는 완만하게 하며 7m 이상일 경우는 리프트(lift)가 필요하다.

(5) 마무리풀밭(green)

마무리풀밭은 마무리구역의 초지로 종타초지, 또는 그린이라고도 하며, 그 형상은 평지형, 접시형, 기복형이 있으며, 평지형은 단조로운 형태의 마무리풀밭이며, 접시형은 중앙에 홀이 있으며 중력의 원리에 의해 공이 중앙으로 모이게 되어 있고, 후방경사면 위에 홀이 있으면 공을 치기가 어렵다. 기복형은 경기자의 기량을 발휘할 수 있는 형태이나 지나친 기복은 유해하다. 그린과 지형의 관계를 이용하여 크게 세 가지로 나누면 산정형마무리 풀밭, 산복형마무리풀밭, 곡형마무리풀밭이 있다.

산정형마무리풀밭은 산정에 있는 마무리풀밭으로 마무리풀밭상에 도달하는데 어려우며, 마무리풀밭에서의 풍경이 좋고 스포츠적인 마무리풀밭이다. 산복형마무리풀밭은 공의 휨을 바로잡아 주며 장타구(long drive)에 대해 공의 구름

그림 35-3 홀의 폭과 굽은 경로(dog-legs)

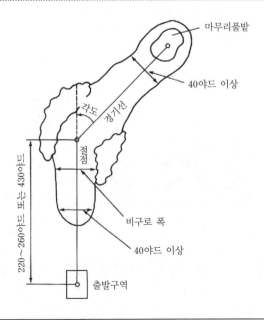

그림 35-4 그린과 다음 홀의 출발구역까지의 거리

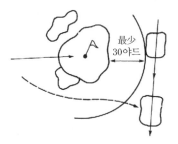

그림 35-5 마무리풀밭(green)의 종류

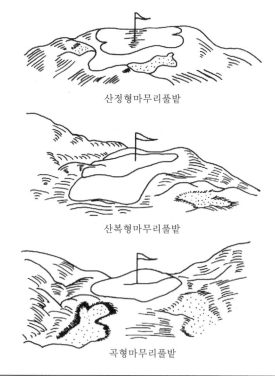

산정형마무리풀밭

산복형마무리풀밭

곡형마무리풀밭

을 막아 주어 가장 원만한 형태이다. 곡형마무리풀밭은 앞의 두 형에 비해 단조로우며, 홀에 접근하기 쉽게 되어 있어 경기용으로는 적합지 않다. 따라서 마무리풀밭 주위에 모래장애물(bunker)을 설치할 필요가 있다.

마무리풀밭 주위에 모래장애물을 설치하는 위치에 따라 여러 가지로 구분할 수 있으나 〈그림 35-5〉에서 나타난 형태가 대표적인 경우이다.

4. 초구장휴게소(club house)

초구장휴게소는 품위가 있으며 쾌적한 공간을 갖는 것이 좋다. 초구장의 중심이 되는 초구장휴게소는 경치가 아름답고 조화가 잘 이루어져야 하며 품위가 있어야 한다.

위치도 높은 곳보다는 중간위치에 있어 접근이 쉽게 되어야 한다. 초구장휴게소 및 부대시설을 구분하여 서술하면, 첫째, 초구장휴게소 본체에는 대합실, 사무실, 욕실, 세면실, 매점, 식당, 주차장, 거실, 건조실, 기계실 등이 위치해야 한다. 둘째, 초구장휴게소의 부대시설로서 정화조, 취수시설, 발전소, 소각장, 오락실 등이 있다. 그 외에 대피소, 종업원숙소 등이 필요하다.

그림 35-6 마무리풀밭(green)과 모래장애물(bunker)

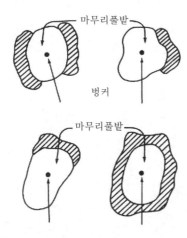

■■ 표 35-2 표준코스의 파와 야드지(yardage)

야드지	레이팅	표준코스				전장 7,000야드의 코스 예				
		레이팅	표준 야드지	홀수	표준 전장 (야드)	파	레이팅	표준 야드지	홀수	표준 전장
~125	2.7									
126~145	2.8									
146~165	2.9	파-3								
166~185	3.0	3.0	175.5	4	702	파-3	3.0	175.5	2	351
186~205	3.1									
206~225	3.2						3.2	215.6	1	215.5
226~245	3.3						3.3	235.6	1	235.5
246~265	3.4									
266~285	3.5									
286~305	3.6									
306~325	3.7									
326~345	3.8									
346~365	3.9	파-4					3.9	355.5	1	355.5
366~385	4.0	4.0	375.5	10	3,755		4.0	375.5	2	751
386~405	4.1					파-4	4.1	395.5	2	791
406~425	4.2						4.2	415.5	2	831
426~445	4.3						4.3	435.5	2	871
446~465	4.4						4.4	455.5	1	455.5
466~485	4.5									
486~505	4.6						4.6	495.5	1	495.5
506~525	4.7						4.7	515.5	1	515.5
526~545	4.8					파-5				
546~565	4.9	파-5					4.9	555.5	1	555.5
566~585	5.0	5.0	575.5	4	2,302		5.0	575.5	1	575.5
586~605	5.1									
606~625	5.2									
626~645	5.3									
646~665	5.4									
666~	5.5									
		파 72		홀 18	6,759	파 72	77.6		홀 18	6,999

■■ 표 35-3 야드지(예)

Hole No.	A.G.C					H.C.C									
	PAR	HCP	Cha-mp	Reg	Diff	PAR	HCP	Summer Green				Winter Green			
								Cha-mp	Reg	Front	Diff	Cha-mp	Reg	Front	Diff
1	4	9	350	330	20	4	9	427	410		17	393	376		17
2	4	3	400	370	30	5	3	531	484		47	528	482		46
3	4	13	345	305	40	3	17	154	125		29	164	135		29
4	3	17	175	150	25	4	11	375	348		27	365	339		26
5	5	1	495	470	25	4	5	398	363		35	400	365		35
6	3	15	170	140	30	5	1	562	532		30	537	505		32
7	4	7	430	400	30	4	13	347	320		27	357	330		27
8	5	5	535	480	55	3	15	209	187		22	192	171		71
9	4	11	440	395	45	4	7	444	396	368	48 (76)	438	390	360	48 (78)
Out	36		3,340	3,040	300	36		3,447	3,165	3,137	282 (310)	3,374	3,093	3,063	281 (311)
10	4	12	355	335	20	4	4	477	433		44	423	380		43
11	5	2	535	490	45	4	10	372	338		34	383	349		34
12	4	14	435	390	45	3	16	180	139		41	183	142		41
13	4	8	385	350	35	5 (4)	2	520	472		48	498	446		52
14	3	18	175	140	35	4	6	439	411		28	410	383		27
15	4	4	350	315	35	4	14	352	318		43	365	332		33
16	3	16	215	185	30	4	8	399	372		27	361	334		27
17	5	6	570	530	40	3	18	194	174		20	198	178		20
18	4	10	390	355	35	5	12	551	507	455	44 (96)	513	473	417	40 (96)
In	36		3,410	3,090	320	36 (35)		3,484	3,164	3,112	320 (372)	3,334	3,017	2,961	317 (373)
Total	72		6,750	6,130	602	72 (71)		6,931	6,329	6,249	602 (682)	6,708	6,110	6,023	598 (684)

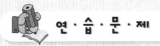
연·습·문·제

단지조성, 교통, 수자원, 지하 및 주거환경 개선을 위한 측량

1) 다음 각 사항에 대하여 약술하시오

① 단지조성측량의 사전준비작업

② 단지조성측량의 현지측량

③ 도로 및 철도노선측량의 순서 및 방법

④ 곡선설치범위 분류

⑤ 단곡선, 복곡선 및 반향곡선의 설치

⑥ 완화곡선

⑦ 편경사(cant)및 확폭(slack)

⑧ 3차포물선

⑨ 템니스케이트(연주형)곡선

⑩ 크로소이드(clothoid)곡선의 기본성질

⑪ 크로소이드곡선의 형식

⑫ sine체감곡선

⑬ 종단곡선

⑭ 교량측량의 중요항목

⑮ 터널측량의 순서 및 종류

⑯ 갱내중심선측량

⑰ 갱내고저측량

⑱ 터널완성 후의 측량

⑲ 관통측량

⑳ 비행장측량시 중요항목

㉑ 건축물, 교량 및 댐의 변위 및 변형측량

㉒ 시설물의 변위 및 변형 및 안전진단측량

㉓ 하천측량의 순서

㉔ 하구심천측량

㉕ 하천의 수위 종류

㉖ 유량관측방법

㉗ 유량계산방법

㉘ 유속관측방법
㉙ 유속관측장소의 선정과 평균유속의 구하는 방법
㉚ 유속관측을 위한 부자의 종류와 특징
㉛ 하천도면작성
㉜ 댐안전관리측량
㉝ 상수도측량과 하수도측량의 차이점
㉞ 관계배수 및 간척지 측량시
가) 관계측량과 배수측량의 차이점
나) 간척지측량의 범위와 표고기준
㉟ 항만측량의 조사사항, 항만시설과 배치
㊱ 해양측량의 내용
㊲ 해도의 종류
㊳ 해양측량의 정확도와 축척
㊴ 해안선측량의 종류
㊵ 해상위치결정의 종별
㊶ 해상위치결정에 관한 현재 실용중인 위성항법방식
㊷ 지하시설물의 관측의 중요항목 및 지하자원측량
㊸ 지하시설물관측법의 종류
㊹ 지진의 진행과정
㊺ 지질예측방법
㊻ 지구내부의 특성
㊼ 중력측량의 의의 및 2가지 관측방법
㊽ 중력보정
㊾ 중력값의 해석방법
㊿ 지자기측량의 의의 및 측량의 범위
(51) 자기보정 및 자기이상
(52) 지자기측량값의 해석
(53) 탄성파측량의 중요성과 탄성파의 특성
(54) 굴절파 및 반사파에 의한 측량방법
(55) 건축물측량계획 및 시공측량의 개요
(56) 건축물주변정원의 유형별 개념
(57) 정원면적에 의한 분류와 활용
(58) 건축물주변 지하시설물 측량
(59) 유형문화재 측량방법에서 영상탐측 및 레이저의 의한 방법
(60) 유형문화재조형비해석

⑥ 우리나라 삼국시대 및 고려시대 유형문화제 조형비와 서양의 황금비율에 의한 조형비와의 비교

⑥ 경관의 의의

⑥ 경관의 정량화 방법

⑥ 경관의 평가

⑥ 초구장(또는 골프장)(golf or country club)측량시 부지, 경기장경로 및 휴게소 선정에 중요사항

2) 반경 150m의 단곡선을 설치하기 위하여 교각 I를 관측하였더니 57° 36′ 00″ 이었다. 곡선시점은 교선점(IP)으로부터 몇 m가 되는가? 또한 곡선길이는 몇 m가 되는가?

단, tan 57° 36′ =1.575748, tan28° 48′ =0.549755

3) 도로를 개수(改修)하여 구(舊)곡선의 중앙에 있어서 10m만큼 곡선을 내측으로 옮기고자 한다. 신곡선의 반경을 구하시오. 단, 구곡선의 곡선반경은 100m이고 그 교각은 60°로 하며 접선방향은 변하지 않는 것으로 한다.

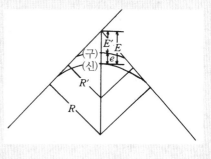

4) 그림의 AC 및 DB간에 곡선을 넣으려 하는데 그 교점에 갈 수가 없다. 그래서 $\angle ACD = 150°$, $\angle CDB = 90°$ 및 $CD = 200m$를 관측하여 C점에서 BC점까지의 거리를 구하려 한다. 곡선반경을 300m라 하면 그 거리는 얼마인가?

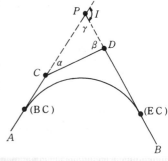

5) 오름경사도 3%, 내림경사도 3%인 그림과 같은 곳에서 길이 60m의 종곡선을 계획하시오. 단, 종곡선은 $y = (i/2l)x^2$을 사용하는 것으로 한다.

6) 그림과 같은 곡선을 설정하고자 하였지
   만 노선중에 못이 있어서 BC점이 못
   가운데 있음을 알았다. 그래서 점 C에
   서 $CD=50$m의 보조기선을 취하여
   $\alpha=84°20'$, $\beta=68°30'$ 를 관측하였다.
   $I=101°10'$ 로 하고 단곡선의 반경

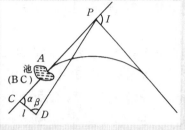

   $R=60$m로 정하였을 때 TL, CL 및 SL을 계산하고 C로부터 BC까지의
   거리를 구하시오.

7) 단곡선 설치에 있어서 가장 널리 사용되고 편리한 방법은 무엇인가?

8) 우리나라에서 철도에 적용하는 경사는 무엇인가?

9) 일반적으로 널리 쓰이고 있는 종곡선의 형상은 무엇인가?

10) 복곡선 설치에서 교각(I)이 $57°14'$, 접선길이 $T_1=120$m, $T_2=230$m, 곡
    률반경(R_1)이 120m인 경우 큰 원의 곡선반경(R_2)과 I_1, I_2를 구하시오.

11) $R=500$m, $X=40$m인 3차포물선
    을 설치하시오.

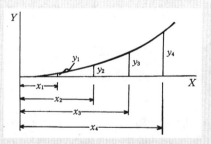

12) 부표를 띄울 때 그 필요한 유하거리는 시간 및 관측오차에 의한 유속의
    허용정확도에 따라 정해진다고 한다. 지금 유하거리에 ±0.1m, 그리고 시
    간의 관측에 ±0.5초의 오차가 따른다고 하면 관측유속 1.0m/sec인 경우
    그 오차를 2% 이내로 하기 위하여는 유하거리를 얼마로 하면 되는가?

13) 우리나라 하천측량에 있어서 수준측량의 오차의 허용범위는 4km에 대하
    여 어떻게 정해져 있는가?

14) 하천측량을 하는 범위는?

15) 유량관측을 하기 위하여 하폭을 폭 l의 10구간으로 나누어 각 구간마다 수심을 관측하여 횡단면적 A를 구하고 또한 각 구간마다의 평균유속을 구하여 그 유량 Q를 계산하였다. 측심점의 하단에서의 거리는 정확히 결정되어야 하지만 수심의 관측에 ±5% 또한 유속의 관측에 ±10%의 오차는 허용한다고 하면 전 유량에는 몇 %의 오차를 예상하여야 하는가?

16) 하천측량을 실시하는 주목적은 무엇인가?

17) 지하(갱내) 측량에서는 관측점을 천정에 설치하는 것이 통례이다. 어떤 사갱에서 관측점의 고저차를 구하기 위하여 그림과 같이 관측점에 추를 달아 관측점에서 기계까지의 높이 (IH), 망원경 시준점의 높이(HP), 그때의 망원경이 가리키는 연직각 α, 망원경의 중심에서 시준점까지의 사거리 S'를 관측하여 다음 결과를 얻었다.

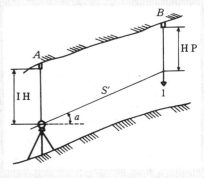

   (IH)=1.28m, (HP)=1.65m
   S'=44.69m, $\alpha=+14°25'$

AB의 고저차는 얼마인가?

18) 갱내의 좌표(1,265.45m, −468.75m) (2,185.31m, +1,691.60m), 높이 (86.30m, 112.40m) 되는 AB점을 연결하는 갱도를 굴진하는 경우 그 갱도의 사거리는?

19) 그림과 같이 두 추선(錘線) 1, 2에 의하여 방위를 지하에 연결한다. 두 추선의 간격은 1.50m이다. 이 때 추선의 하나가 추선의 면에 대

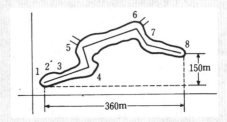

하여 직각방향으로 0.002m 차가 있었다면 지하에서 관측한 다각형의 방위각에 얼마의 차가 생기는가? 또한 지하 다각형의 계산을 해본 결과 관측점 8의 위치는 그림과 같다. 추선에 위의 오차가 있었다고 하면 관측점 8에 얼마의 위치오차가 생겼는가?

20) 갱내에서 관측점을 시준할 때의 주의사항에 대하여 기술하시오.

21) 경사갱에서 다각측량을 할 때에는 트랜시트의 어느 부분을 잘 조정하여야 하는가?

22) 깊이 100m, 직경 5m인 한 개의 수갱에 의해서 갱내외를 연결하는 데는 어느 방법이 가장 간단하고 적당한가?

23) 경사 30°의 사갱의 갱구와 갱저간의 고저차를 가장 정밀하고 용이하게 관측하는 데 가장 적당한 방법은?

부 록

부록
제 1 장

관측값 해석

관측을 여러 번 되풀이 하게 되면 다른 관측값을 갖게 되는 변수들이 발생된다. 이들 변수들은 관측값에 의해 조정을 함으로써 최확값을 얻게 된다. 이 조정 방법에는 간이법, 엄밀법(또는 최소제곱법)으로 대별되나 최근 가장 많이 이용되고 있는 방법은 최소제곱법이다.

1. 관측값 해석에 관한 최소제곱법, 오차전파, 오차타원

(1) 최소제곱법(LSM: Least Square Method)

① 개   요

최소제곱법은 미지값의 수보다 관측값에 의한 조건식의 수가 많을 때 적용하는 것으로 관측방정식(observation equation)을 이용하는 방법, 조건방정식(condition equation)을 이용하는 방법, 미정계수를 이용하는 방식이 있다. 최근 computer의 활용으로 관측방정식의 방법이 주로 이용되고 있다.

가) 최확값을 얻을 수 있는 기본 가정

(ㄱ) 관측값에는 과대오차 및 정오차는 모두 제거되고 우연오차만 남아있다.

(ㄴ) 조정할 관측값의 수는 충분히 많다.

(ㄷ) 오차의 빈도 분포는 정규분포이다.

나) 수식표현

임의의 관측군이 있을 경우, 이들 관측값의 잔차를 v_1, v_2, $\cdots$, v_n, h를 관측의 정밀도 계수라 할 때, 오차가 생길 수 있는 확률밀도함수는 정규분포곡선식으로부터

$$f(x) = \left(\frac{h}{\sqrt{\pi}}\right)^2 e h^2 (v_1{}^2 + v_2{}^2 + \cdots + v_n{}^2) = \left(\frac{h}{\sqrt{\pi}}\right)^2 e h^2 [v^2] \tag{1.1}$$

이 된다(e : exponential). 식 (1.1)에 의하여 최확값을 구하기 위해서는 분모항이 최소가 되어야 하므로 다음과 같은 식의 조건을 만족시켜야 한다.

(ㄱ) 관측값의 정밀도가 동일한 경우

$$\Phi = v_1{}^2 + v_2{}^2 + \cdots + v_n{}^2 = \sum_{i=1}^{n} v_i{}^2 \rightarrow \text{최소} \tag{1.2}$$

(ㄴ) 관측값의 정밀도가 다를 경우

$$\Phi = w_1 v_1{}^2 + w_2 v_2{}^2 + \cdots + w_n v_n{}^2 = \sum_{i=1}^{n} w v_i{}^2 \rightarrow \text{최소} \tag{1.3}$$

여기서 w_1, $w_2 \cdots w_n$은 관측값 l_1, l_2, $\cdots$, l_n에 대한 경중률이다.

즉, 잔차의 제곱의 합이 최소가 되는 값이 최확값이므로 이와 같은 조건은 매우 중요하다. 복잡한 관측의 경우에도 최확값을 얻기 위해서는 이 조건을 기초로 하여 조정계산을 한다.

② 관측방정식에 의한 최소제곱법 해석

관측방정식에 의한 최소제곱법 해석의 경우 미지항보다 관측방정식이 많으므로 미지계수행렬(Jacobian 행렬 : B)을 정사각행렬로 만들기 위해 양변에 B행렬의 전치행렬(B^T)을 곱하여 해를 얻는다.

가) 최확값 계산

$$v_1 = a_{11} x_1 + a_{12} x_2 + \cdots + a_{1n} x_n - l_1$$
$$v_2 = a_{21} x_1 + a_{22} x_2 + \cdots + a_{2n} x_n - l_2$$
$$\vdots$$
$$v_n = a_{n1} x_1 + a_{n2} x_2 + \cdots + a_{mn} x_n - l_n$$

$$V = BX - L \tag{1.4}$$
$$BX = L + V$$

$$B^T W B X = B^T W L \tag{1.5}$$

(B : Jacobian 행렬, X : 계수행렬, L : 상수항벡터, W : 경중률)

$\quad\quad (m \times n) \quad\quad\quad (n \times 1) \quad\quad (m \times 1)$

$$N X = t \tag{1.6}$$

$$X = N^{-1} t \tag{1.7}$$

($N = B^T W B,\ t = B^T W L$)

식 (1.7)로부터 최확값이 얻어진다.

나) 오차해석

미지량 X, Y, Z의 값을 구하기 위하여 초기근사값은 X_0, Y_0, Z_0 그 보정량을 x, y, z으로 놓고 ($X = X_0 + x$, $Y = Y_0 + y$, $Z = Z_0 + z$) 반복계산을 실시한다. 계산단계에서 경중률 계수행렬, 분산-공분산행렬은 다음과 같다.

오차전파식을 이용하여

$$Q_{xx} = N^{-1} = (B^T W B)^{-1} \tag{1.8}$$

$\sum xx = \sigma_0^2 Q_{xx}$가 된다. N^{-1}는 대칭행렬이므로

$$\sigma_{xx} = \sigma_0^2 (B^T W B)^{-1} = \begin{bmatrix} \sigma_{x_1^2} \sigma_{x_1 x_2} \cdots \sigma_{x_1 x_n} \\ \sigma_{x_2 x_1} \sigma_{x_2 x_2} \cdots \sigma_{x_1 x_n} \\ \vdots \\ \sigma_{x_n x_1} \quad \cdots \quad \sigma_{x_n^2} \end{bmatrix} \tag{1.9}$$

여기서 대각선은 분산이고 그 이외의 공분산이다. 공분산이 0이면 독립성이 있음을 뜻한다. 표준편차 σ_0는

$$\sigma_0 = \sqrt{\frac{V^T W V}{m-n}} \tag{1.10}$$

여기서, $m-n$은 자유도이고 V는 $V = BX - L$이다. 또한 관측값의 조정값은 $L + V$이다.

미지수(최확값)에 대한 표준편차는 Q_{xx}의 대각선 요소를 이용하여 다음과 같이 산출한다.

$$\sigma_{xx}=\pm\sigma_0\sqrt{Q_{xx}} \qquad\qquad (1.11)$$

부예제 1.1　〈부그림 1-1〉과 같은 수준(고저)망을 측량한 각 구간의 표고(높이)차가 아래와 같다. 최소제곱법 중 관측방정식방법을 적용하여 B, C, D점의 최확표고를 구하고, 이에 대한 오차를 해석하시오(단, 표고기준점 A의 고도는 100.000m이다).

부그림 1-1

시점	종점	표고차(m)
B	A	$l_1=21.973$
D	B	$l_2=20.940$
D	A	$l_3=42.932$
C	B	$l_4=-11.040$
D	C	$l_5=31.891$
A	C	$l_6=-11.017$

해답　관측방정식을 다음과 같이 구성한다.

$B=A-l_1+v_1$　　$B=100-21.973+v_1$　　$B=78.027+v_1$

$D=B-l_2+v_2$　　　　　　　　　　　　$-B+D=-20.940+v_2$

$D=A-l_3+v_3$　　$D=100-42.932+v_3$　　$D=57.068+v_3$

$C=B-l_4+v_4$　　$C=B-(-11.040)+v_4$　　$-B+C=11.040+v_4$

$D=C-l_5+v_5$　　$D=C-31.891+v_5$　　$-C+D=-31.891+v_5$

$A=C-l_6+v_6$　　$100=C-(-11.017)+v_6$　　$-C=-88.983+v_6$

관측방정식 $BX=L+V$　　　　$X=(B^TB)^{-1}B^TL$에서

$$\begin{bmatrix} 1 & 0 & 0 \\ -1 & 0 & 1 \\ 0 & 0 & 1 \\ -1 & 1 & 0 \\ 0 & -1 & 1 \\ 0 & -1 & 0 \end{bmatrix}\begin{bmatrix} B \\ C \\ D \end{bmatrix}=\begin{bmatrix} 78.027 \\ -20.940 \\ 57.068 \\ 11.040 \\ -31.891 \\ -88.983 \end{bmatrix}+\begin{bmatrix} v_1 \\ v_2 \\ v_3 \\ v_4 \\ v_5 \\ v_6 \end{bmatrix}$$

$$B^TB = \begin{bmatrix} 1 & -1 & 0 & -1 & 0 & 0 \\ 0 & 0 & 0 & 1 & -1 & -1 \\ 0 & 1 & 1 & 0 & 1 & 0 \end{bmatrix} \begin{bmatrix} 1 & 0 & 0 \\ -1 & 0 & 1 \\ 0 & 0 & 1 \\ -1 & 1 & 0 \\ 0 & -1 & 1 \\ 0 & -1 & 0 \end{bmatrix} = \begin{bmatrix} 3 & -1 & -1 \\ -1 & 3 & -1 \\ -1 & -1 & 3 \end{bmatrix}$$

$$B^TL = \begin{bmatrix} 1 & -1 & 0 & -1 & 0 & 0 \\ 0 & 0 & 0 & 1 & -1 & -1 \\ 0 & 1 & 1 & 0 & 1 & 0 \end{bmatrix} \begin{bmatrix} 78.027 \\ -20.940 \\ 57.068 \\ 11.040 \\ -31.891 \\ -88.983 \end{bmatrix} = \begin{bmatrix} 87.927 \\ 131.914 \\ 4.237 \end{bmatrix}$$

$$X = \begin{bmatrix} 3 & -1 & -1 \\ -1 & 3 & -1 \\ -1 & -1 & 3 \end{bmatrix}^{-1} \begin{bmatrix} 87.927 \\ 131.914 \\ 4.237 \end{bmatrix} = \begin{bmatrix} 0.5 & 0.25 & 0.25 \\ 0.25 & 0.5 & 0.25 \\ 0.25 & 0.25 & 0.5 \end{bmatrix} \begin{bmatrix} 87.927 \\ 131.914 \\ 4.237 \end{bmatrix}$$

$$= \begin{bmatrix} 78.001 \\ 88.998 \\ 57.079 \end{bmatrix}$$

최확값은 $B=78.001$, $C=88.998$, $D=57.079$이다.

[참고] $B^TB=N$의 역행렬(Inverse matrix)을 N^{-1}로 놓으면

$$N^{-1} = \frac{\text{adj}N}{\det N}$$ 단, adj$N$: N의 수반행렬(adjoint matrix)

$\det N$: N의 행렬식(determinant)

N의 여인수

$$N = \begin{bmatrix} 3 & -1 & -1 \\ -1 & 3 & -1 \\ -1 & -1 & 3 \end{bmatrix}$$

$N_{11} = \begin{bmatrix} 3 & -1 \\ -1 & 3 \end{bmatrix} = 8$ $\quad N_{12} = -\begin{bmatrix} -1 & -1 \\ -1 & 3 \end{bmatrix} = 4$ $\quad N_{13} = \begin{bmatrix} -1 & 3 \\ -1 & -1 \end{bmatrix} = 4$

$N_{21} = -\begin{bmatrix} -1 & -1 \\ -1 & 3 \end{bmatrix} = 4$ $\quad N_{22} = \begin{bmatrix} 3 & -1 \\ -1 & 3 \end{bmatrix} = 8$ $\quad N_{23} = -\begin{bmatrix} 3 & -1 \\ -1 & -3 \end{bmatrix} = 4$

$$N_{31}=\begin{bmatrix} -1 & -1 \\ 3 & -1 \end{bmatrix}=4 \quad N_{32}=-\begin{bmatrix} 3 & -1 \\ -1 & -1 \end{bmatrix}=4 \quad N_{33}=\begin{bmatrix} 3 & -1 \\ -1 & 3 \end{bmatrix}=8$$

$$\text{adj}N=\begin{bmatrix} N_{11} & N_{21} & N_{31} \\ N_{12} & N_{22} & N_{32} \\ N_{13} & N_{23} & N_{33} \end{bmatrix}=\begin{bmatrix} 8 & 4 & 4 \\ 4 & 8 & 4 \\ 4 & 4 & 8 \end{bmatrix}$$

$$\det N=3\times N_{11}+(-1)\times N_{21}+(-1)\times N_{31}$$
$$=3\times 8+(-1)\times 4+(-1)\times 4=16$$

$$N^{-1}\frac{1}{16}\begin{bmatrix} 8 & 4 & 4 \\ 4 & 8 & 4 \\ 4 & 4 & 8 \end{bmatrix}=\begin{bmatrix} 0.5 & 0.25 & 0.25 \\ 0.25 & 0.5 & 0.25 \\ 0.25 & 0.25 & 0.5 \end{bmatrix}$$

관측값의 조정값 : $L+V$

$$\begin{bmatrix} 21.973+(-0.026) \\ 20.940+(0.018) \\ 42.932+(0.011) \\ -11.040+(-0.043) \\ 31.891+(-0.028) \\ -11.017+(-0.015) \end{bmatrix}=\begin{bmatrix} 21.947 \\ 20.958 \\ 42.943 \\ -11.083 \\ 31.863 \\ -11.032 \end{bmatrix}$$

$$V^T V=(-0.026 \quad 0.018 \quad 0.011 \quad -0.043 \quad -0.028 \quad -0.015)\begin{bmatrix} -0.026 \\ 0.018 \\ 0.011 \\ -0.043 \\ -0.028 \\ -0.015 \end{bmatrix}=3.98\times 10^{-3}$$

$$\sigma_0=\sqrt{\frac{V^T V}{m-n}}=\sqrt{\frac{3.98\times 10^{-3}}{6-3}}=0.036m$$

분산 및 공분산 행렬은

$$\sigma_{xx}=\sigma_0{}^2(B^T B)^{-1}=0.0013\begin{bmatrix} 0.5 & 0.25 & 0.25 \\ 0.25 & 0.5 & 0.25 \\ 0.25 & 0.25 & 0.5 \end{bmatrix}=10^{-4}\begin{bmatrix} 6.5 & 3.25 & 3.25 \\ 3.25 & 6.5 & 3.25 \\ 3.25 & 3.25 & 6.5 \end{bmatrix}m^2$$

표준편차는 Q_{xx}의 대각선요소를 이용한 산출로 구한다.

$$\sigma_B=10^{-2}\sqrt{6.5}=0.0255m$$
$$\sigma_C=10^{-2}\sqrt{6.5}=0.0255m$$
$$\sigma_D=10^{-2}\sqrt{6.5}=0.0255m$$

부예제 1.2 평면삼각형 세 내각을 관측한 최확값과 표준오차는 다음과 같다. 최소제곱법을 이용하여 조정하시오(단, 0.1″ 단위까지 계산하시오).

$a_1=56°21'32''(\sigma\pm1'')$, $a_2=49°52'09''(\sigma_2=\pm2'')$, $a_3=79°46'28''(\sigma_3=\pm3'')$

해답 관측방정식은

$(a_1+v_1)+(a_2+v_2)+(a_3+v_3)-180°=0$에서

$v_1+v_2+v_3=180°-(56°21'32''+49°52'09''+73°46'28'')=-9''$

관측방정식을 행렬로 정리하면

$$(1 \quad 1 \quad 1)\begin{pmatrix} v_1 \\ v_2 \\ v_3 \end{pmatrix}=(-9'')$$

이 된다.

편차가 $\pm1''$, $\pm2''$, $\pm3''$이므로 경중률(W : Weight)을 구하면

$$W_1:W_2:W_3=\frac{1}{\sigma_1^{\;2}}:\frac{1}{\sigma_2^{\;2}}:\frac{1}{\sigma_3^{\;2}}=\frac{1}{1^2}:\frac{1}{2^2}:\frac{1}{3^2}=1:0.25:0.11=9:2.25:1$$

$$N=(AWA^T)^{-1}(A^TWL)$$

$$AWA^T=(1 \quad 1 \quad 1)\begin{pmatrix} \dfrac{1}{9} & 0 & 0 \\ 0 & \dfrac{1}{2.25} & 0 \\ 0 & 0 & 1 \end{pmatrix}\begin{pmatrix} 1 \\ 1 \\ 1 \end{pmatrix}=1.555$$

$$A^TWL=\begin{pmatrix} 1 \\ 1 \\ 1 \end{pmatrix}\begin{pmatrix} \dfrac{1}{9} & 0 & 0 \\ 0 & \dfrac{1}{2.25} & 0 \\ 0 & 0 & 1 \end{pmatrix}(-9)=\begin{pmatrix} -1 \\ -4 \\ -9 \end{pmatrix}$$

$$N=\frac{1}{1.555}\begin{pmatrix} -1 \\ -4 \\ -9 \end{pmatrix}=\begin{pmatrix} -0.64 \\ -2.57 \\ -5.78 \end{pmatrix}$$

$$a_1=56°21'32''-0.64''=56°21'31.4''$$
$$a_2=49°52'09''-2.57''=49°52'06.4''$$
$$\underline{a_3=73°46'28''-5.78''=73°46'22.2''}$$
$$180°00'00''$$

③ 미정계수에 의한 최소제곱법 해석

조건식의 수를 결정하여 관측오차를 구한 다음 표준방정식으로부터 미정계수를 구한다. 얻어진 미정계수로부터 보정값을 구해 최확값을 구한다. 미정계수법 풀이과정은 다음과 같다.

가) 조건식의 수(N_k)로 계산

$$N_k = r - (n-m) \tag{1.12}$$

단, r : 관측개수, n : 관측점수, m : 기지점수

나) 조건식으로부터 오차(v) 계산

$$\begin{bmatrix} v_1 \\ v_2 \\ \vdots \\ v_n \end{bmatrix} = \begin{bmatrix} a_0 & a_1 & \cdots & a_n \\ b_0 & b_1 & \cdots & b_n \\ & & \vdots & \\ r_0 & r_1 & \cdots & r_n \end{bmatrix} \begin{bmatrix} l_1 \\ l_2 \\ \vdots \\ l_n \end{bmatrix} \tag{1.13}$$

다) 표준방정식을 설정하여 미정계수(k)를 계산(W : 경중률)

$$\left[\frac{aa}{W}\right]k_1 + \left[\frac{ab}{W}\right]k_2 + \cdots + \left[\frac{ar}{W}\right]k_r + v_1 = 0$$

$$\left[\frac{ab}{W}\right]k_1 + \left[\frac{bb}{W}\right]k_2 + \cdots + \left[\frac{br}{W}\right]k_r + v_2 = 0 \;\Big\}$$

$$\vdots$$

$$\left[\frac{ar}{W}\right]k_1 + \left[\frac{br}{W}\right]k_2 + \cdots + \left[\frac{rr}{W}\right]k_r + v_r = 0 \tag{1.14}$$

라) 보정값 v'를 계산

$$v'_1 = \frac{1}{W_1}(a_1 k_1 + b_1 k_2 \cdots r_1 k_r)$$

$$v'_2 = \frac{1}{W_2}(a_2 k_1 + b_2 k_2 \cdots r_2 k_r) \;\Big\}$$

$$\vdots \qquad \vdots$$

$$v'_n = \frac{1}{W}(a_n k_1 + b_n k_2 \cdots r_n k_r) \tag{1.15}$$

마) 관측값(l_i)에 보정값을 가하여 최확값을 계산

$$x_1 = l_1 + v_1', \; x_2 = l_2 + v_2', \; x_3 = l_3 + v_3', \; \cdots, \; x_r = l_r + v_r' \tag{1.16}$$

부예제 1.3 〈부그림 1-2〉에서 고저기준점 A, B를 연결하는 고저측량을 행하여 다음과 같은 관측값을 얻었다.

$l_1 = 5.666m$ $l_2 = -1.195m$

$l_3 = 3.481m$ $l_4 = -1.999m$

$l_5 = -5.972m$ $l_6 = -4.463m$

$l_7 = -1.981m$

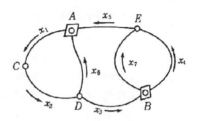

부그림 1-2

위의 관측값을 미정계수법으로 조정하시오.

단, A, B 고저기준점의 표고는 $H_A = 18.396m$, $H_B = 26.317m$이며 각 구간의 거리는 동일하다.

해답   조건식수 $N_k = r - (n-m)$에서 $N_k = 7 - (5-2) = 4$

조건식은

$$x_1 + x_2 + x_6 = 0$$
$$x_3 + x_7 + x_5 - x_6 = 0$$
$$x_4 - x_7 = 0$$
$$H_A - x_6 + x_3 = H_B$$

이다.

각 구간의 거리가 동일하므로 경중률은 1이다. $H_A - H_B = -7.921m$이고 조건식을 정리하면

$$x_1 + x_2 + 0 \cdot x_3 + 0 \cdot x_4 + 0 \cdot x_5 + x_6 + 0 \cdot x_7 = 0$$
$$0 \cdot x_1 + 0 \cdot x_2 + x_3 + x_4 + x_5 + (-1)x_6 + x_7 = 0$$
$$0 \cdot x_1 + 0 \cdot x_2 + 0 \cdot x_3 + x_4 + 0 \cdot x_5 + 0 \cdot x_6 + (-1)x_7 = 0$$
$$0 \cdot x_1 - 0 \cdot x_2 + x_3 + 0 \cdot x_4 + 0 \cdot x_5 + (-1)x_6 + 0 \cdot x_7 - 7.921 = 0$$

이다. 관측오차 v_1, v_2, v_3, v_4는 다음과 같다.

$$v_1 = 5.666 - 1.195 - 4.463 = 0.008m = 8mm$$
$$v_2 = 3.481 - 1.981 - 5.912 + 4.463 = -0.009m = -9mm$$
$$v_3 = -1.999 + 1.981 = -0.018m = -18mm$$
$$v_4 = 4.463 + 3.481 - 7.921 = 0.023m = 23mm$$

그리고

$[aa]=1+1+0+0+0+1+0=3$

$[ab]=0+0+0+0+0-1+0=-1$

$[ac]=0+0+0+0+0+0+0=0$

$[ad]=0+0+0+0+0-1+0=-1$

$[bb]=0+0+1+0+1+1+1=4$

$[be]=0+0+0+0+0+0-1=-1$

$[bd]=0+0+1+0+0+1+0=2$

$[cc]=0+0+0+1+0+0+1=2$

$[cd]=0+0+0+0+0+0+0=0$

$[dd]=0+0+1+0+0+1+0=2$

이다. 식 (1.14)로부터 표준방정식을 구성한다.

$3k_1-k_2-k_4+8=0$

$-k_1+4k_2-k_3+2k_4-9=0$

$-k_2+2k_3-18=0$

$-k_1+2k_2+2k_4+23=0$

위의 식을 풀면

$k_1=-7.8,\ k_2=27.3,\ k_3=22.67,\ k_4=-42.74$

이다. 미정계수 k_1, k_2, k_3, k_4를 이용하여 보정값 v'를 식 (1.15)에서 구한다.

$v_1'=k_1=-7.8\text{mm}$　　　$v_2'=k_1=-7.8\text{mm}$　　　$v_3'=k_2+k_4=-15.4\text{mm}$

$v_4'=k_3=22.67\text{mm}$　　　$v_5'=k_2=27.34\text{mm}$　　　$v_6'=k_1-k_2-k_4=7.6\text{mm}$

$v_7'=k_2-k_3=4.67\text{mm}$

따라서 최확값은 식 (1.16)에 의하여 구할 수 있다.

$x_1=l_1+v_1'=5.666-0.0078=5.658$

$x_2=l_2+v_2'=-1.203$　　　　　$x_3=3.446$　　　$x_4=-1.976$

$x_5=-5.945$　　　　　　　　$x_6=-4.445$　　$x_7=-1.976$

④ 조건방정식에 의한 최소제곱법 해석

조건방정식에 의한 최소제곱조정은 다음과 같은 조건방정식으로 표시한다.

$$B\quad V = L \qquad\qquad\qquad (1.17)$$

$k, n\quad n, 1\quad k, 1$

부그림 1-3 고저측량망

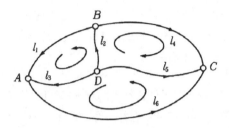

여기서 k는 조건방정식수이며 n은 주어진 관측값의 수이다. 식 (1.17)은 n개 관측값의 잔차에 대한 k개의 방정식이며 k가 n보다 적으면 이 조건만으로는 해(값)를 얻을 수 없다. 따라서 추가적인 방정식이 비상관적이며 동일정밀도로 관측된 경우 식 (1.2)로부터 얻어져야 하며 관측값이 비상관적이고 정밀도가 다르게 관측된 경우 식 (1.3)으로부터 얻어야 한다.

〈부그림 1-3〉과 같은 고저측량망에 대한 관측을 할 경우 3개의 조건식은 다음과 같다.

$$v_1+v_2-v_3=-(l_1+l_2-l_3)=f_1 \tag{1.18}$$
$$v_2+v_4-v_5=-(l_2+l_4-l_5)=f_2$$
$$v_3-v_5+v_6=-(l_1-l_5+l_6)=f_3$$

또는

$$\begin{bmatrix} 1 & 1 & -1 & 0 & 0 & 0 \\ 0 & 1 & 0 & 1 & -1 & 0 \\ 0 & 0 & 1 & 0 & -1 & 1 \end{bmatrix} \begin{bmatrix} v_1 \\ v_2 \\ v_3 \\ v_4 \\ v_5 \\ v_6 \end{bmatrix} = \begin{bmatrix} f_1 \\ f_2 \\ f_3 \end{bmatrix} \tag{1.19}$$

6번의 관측이 비상관적이며 동일하지 않은 경중률로 관측되었다고 하면 ϕ는

$$\phi=W_1v_1^2+W_2v_2^2+W_3v_3^2+W_4v_4^2+W_5v_5^2+W_6v_6^2 \rightarrow \text{최소} \tag{1.20}$$

이다. Lagrange 승수(Lagrange multiplier)인 K_i값을 고려하여 ϕ가 최소

가 되도록 정리하면 다음과 같다.

$$
\begin{aligned}
\phi = {} & W_1v_1{}^2 + W_2v_2{}^2 + W_3v_3{}^2 + W_4v_4{}^2 + W_5v_5{}^2 + W_6v_6{}^2 \\
& - 2K_1(v_1+v_2-v_3-f_1) - 2K_2(v_2+v_4-v_5-f_2) \\
& - 2K_3(v_3-v_5+v_6-f_3)
\end{aligned}
\tag{1.21}
$$

식 (1.21)에서 -2는 잔차를 구분할 때 $(-)$부호가 생기는 것을 방지하기 위해 $(-)$부호를 붙였으며 미지값은 잔차, 즉 v_1, v_2, $\cdots$, v_6와 Lagrange승수 K_1, K_2, K_3이다.

ϕ'을 최소로 하기 위해 이들 미지수에 대해 편미분하면 다음과 같다.

$$
\begin{aligned}
\frac{\partial \phi'}{\partial v_1} = 2W_1v_1 - 2K_1 = 0 && v_1 = \frac{1}{W_1}K_1 \\[4pt]
\frac{\partial \phi'}{\partial v_2} = 2W_2v_2 - 2(K_1+K_2) = 0 && v_2 = \frac{1}{W_2}(K_1+K_2) \\[4pt]
\frac{\partial \phi'}{\partial v_3} = 2W_3v_3 - 2(K_1+K_3) = 0 && v_3 = \frac{1}{W_3}(-K_1+K_3) \\[4pt]
\frac{\partial \phi'}{\partial v_4} = 2W_4v_4 - 2K_2 = 0 && v_4 = \frac{1}{W_4}K_2 \\[4pt]
\frac{\partial \phi'}{\partial v_5} = 2W_5v_5 - 2(-K_2-K_3) = 0 && v_5 = \frac{1}{W_5}(-K_2-K_3) \\[4pt]
\frac{\partial \phi'}{\partial v_6} = 2W_6v_6 - 2K_3 = 0 && v_6 = \frac{1}{W_6}K_3
\end{aligned}
\tag{1.22}
$$

K_1, K_2, K_3에 대한 ϕ'를 미분하면

$$
\begin{aligned}
\frac{\partial \phi'}{\partial K_1} &= -2(v_1+v_2-v_3-f_1) = 0 \\[4pt]
\frac{\partial \phi'}{\partial K_2} &= -2(v_2+v_4-v_5-f_2) = 0 \\[4pt]
\frac{\partial \phi'}{\partial K_3} &= -2(v_3-v_5+v_6-f_3) = 0
\end{aligned}
$$

또는

$$
\begin{aligned}
v_1+v_2-v_3 &= f_1 \\
v_2+v_4-v_5 &= f_2 \\
v_3-v_5+v_6 &= f_3
\end{aligned}
\tag{1.23}
$$

이다. ϕ'를 lagrange 승수에 대해 편미분하는 경우 lagrange 승수는 ϕ가

최소로 되는 조건을 만족시켜 준다.

식 (1.22)를 행렬 형태로 정리하면

$$\begin{bmatrix} v_1 \\ v_2 \\ v_3 \\ v_4 \\ v_5 \\ v_6 \end{bmatrix} = \begin{bmatrix} 1/W_1 & & & & & \\ & 1/W_2 & & & & \\ & & 1/W_3 & & & \\ & & & 1/W_4 & & \\ & & & & 1/W_5 & \\ & & & & & 1/W_6 \end{bmatrix} \begin{bmatrix} 1 & 0 & 0 \\ 1 & 1 & 0 \\ -1 & 0 & 1 \\ 0 & 1 & 0 \\ 0 & -1 & -1 \\ 0 & 0 & 1 \end{bmatrix} \begin{bmatrix} K_1 \\ K_2 \\ K_3 \end{bmatrix} \quad (1.24)$$

이다. 식 (1.24)의 오른쪽 첫 번째 항은 관측값의 경중률행렬 W의 역행렬이고 이것을 여인수행렬(cofactor matrix)이라 하며 기호는 Q로 표시한다.

$$Q = W^{-1} \tag{1.25}$$

식 (1.24)의 오른쪽 두 번째 항은 식 (1.19)에서 계수행렬 B의 전치행렬이다. Lagrange 승수벡터를 K라고 표시하면 K는 다음과 같다.

$$K = \begin{bmatrix} K_1 \\ K_2 \\ K_3 \end{bmatrix} \tag{1.26}$$

V를 잔차벡터로 표시하면 식 (1.24)는

$$V = W^{-1}B^T K = QB^T K \tag{1.27}$$

이고 식 (1.17)에 V를 대입하면

$$B(QB^T K) = (BQB^T)K = f \tag{1.28}$$

이다.

(BQB^T)를 정규방정식의 계수행렬이라 하며 Q_e로 표시한다.

$$Q_e = BQB^T \tag{1.29}$$

식 (1.28)은 다음과 같이 표시된다.

$$Q_e K = f \tag{1.30}$$

식 (1.30)의 해는

$$K = Q_e^{-1} f = W_e f \tag{1.31}$$

이다.

여기서 Q_e의 역행렬을 W_e로 표기한다. 이는 Q_e와 W_e는 여인수와 경중률행렬을 각각 표시하기 때문이다.

$$W_e = Q_e^{-1}(BQB^T)^{-1} \tag{1.32}$$

식 (1.27)과 식 (1.32)는 비상관 관측값뿐만 아니라 상관관측값에 대하여서도 일반적으로 적용된다. K는 Lagrange 승수의 벡터이며 ϕ는 조건방정식 (1.17)에 의해 관련되어 있으며 그 식은 다음과 같다.

$$\phi' = V^T W V - 2K^T(BV - f) \tag{1.33}$$

ϕ'를 V에 대해 편미분하여 0으로 놓으면 ϕ'의 편미분식은 다음과 같다.

$$\frac{\partial \phi'}{\partial V} = 2V^T W - 2K^T B = 0 \tag{1.34}$$

이를 다시 정리하면

$$WV = B^T K \tag{1.35}$$

이다. 여기서 W는 대칭행렬이며 $W^T = W$이다.

$$V = W^{-1} B^T K = QB^T K \tag{1.36}$$

계수행렬 Q_e는 식 (1.29)에 의해 계산되며 K^T값과 잔차 V는 식 (1.27)에 의해 계산된다. 이때 조정된 관측값 ℓ을 구하기 위해 관측값 ℓ을 추가해야 한다.

부예제 1.4　삼각의 내각을 관측한 결과 $a_1 = 57° 48' 40''$, $a_2 = 76° 24' 50''$, $a_3 = 45° 46' 00''$이다. 이 값을 조건방정식을 이용한 최소제곱법으로 각 내각을 조종하시오.

(1) 비상관 관측값이며 동일한 경중률로 관측된 경우

(2) 비상관 관측값이며 동일하지 않은 경중률, 즉

$W_1=0.97$, $W_2=0.5$, $W_3=0.8$인 경우

해답 조건방정식은

$a_1+v_1+a_2+v_2+a_3+v_3-180°$ 에서

$v_1+v_2+v_3=180°-(57°48'40''+76°24'50''+45°46'00'')=30''$

이다. 행렬로 표시하면

$$[1\ 1\ 1]\begin{bmatrix} v_1 \\ v_2 \\ v_3 \end{bmatrix}=[30'']$$

이다.

(1) 경중률이 같은 경우이므로 $W=Q=I$이다.

식 (1.29)로부터

$$Q_e=BWB^T=[1\ 1\ 1]\begin{bmatrix} 1 \\ 1 \\ 1 \end{bmatrix}=[3]$$

이다.

식 (1.31)로부터

$$K=Q_e^{-1}f=[1/3][30'']=[10'']$$

이다.

V는 식 (1.27)로부터 계산된다.

$$V=QB^TK=B^TK=\begin{bmatrix} 1 \\ 1 \\ 1 \end{bmatrix}[10'']=\begin{bmatrix} 10'' \\ 10'' \\ 10'' \end{bmatrix}$$

관측값에 잔차를 추가하여 관측값을 조정하면 다음과 같다.

$$\overline{a}_1=a_1+v_1=57°48'50''$$
$$\overline{a}_2=a_2+v_2=76°25'00''$$
$$\underline{\overline{a}_3=a_3+v_3=45°46'10''}$$
$$180°00'00''$$

(2) $W_1=0.97$, $W_2=0.5$, $W_3=0.68$이기 때문에 경중률행렬은

$$W=\begin{bmatrix} W_1 & & \\ & W_2 & \\ & & W_3 \end{bmatrix}=\begin{bmatrix} 0.97 & & \\ & 0.5 & \\ & & 0.68 \end{bmatrix}$$

이다. 여인수행렬 N은

$$N = W^{-1} = \begin{bmatrix} 1/W_1 & & \\ & 1/W_2 & \\ & & 1/W_3 \end{bmatrix} = \begin{bmatrix} 1 & & \\ & 2 & \\ & & 1.5 \end{bmatrix}$$

이다. 식 (1.29)와 식 (1.31), 식 (1.27)을 이용하여 계산한다.

$$Q_e = BWB^T = [1 \ 1 \ 1] \begin{bmatrix} 1 & & \\ & 2 & \\ & & 1.5 \end{bmatrix} \begin{bmatrix} 1 \\ 1 \\ 1 \end{bmatrix} = [4.5]$$

$$K = Q_e^{-1}f = [1/4.5][30''] = [6.7'']$$

$$V = WB^T K = \begin{bmatrix} 1 & & \\ & 2 & \\ & & 1.5 \end{bmatrix} \begin{bmatrix} 1 \\ 1 \\ 1 \end{bmatrix} [6.7''] = \begin{bmatrix} 7'' \\ 13'' \\ 10'' \end{bmatrix}$$

조정된 관측값은 다음과 같다.

$$\overline{a_1} = a_1 + v_1 = 57° \ 48' 47''$$
$$\overline{a_2} = a_2 + v_2 = 76° \ 25' 03''$$
$$\underline{\overline{a_3} = a_2 + v_3 = 45° \ 46' 10''}$$
$$180° \ 00' 00''$$

(2) 오차의 전파

정오차의 전파(propagation of systematic error)와 우연오차의 전파 (propagation of random error)는 다음과 같다.

① 정오차의 전파

오차의 부호와 크기를 알 때 이들 오차의 함수는

$$y = f(x_1, \ x_2, \ x_3, \ \cdots, \ x_n) \tag{1.37}$$

이며, 각각의 변수는 정오차 $\Delta x_1, \ \Delta x_2, \ \cdots \ \Delta x_n$를 가지고 있는 경우 함수식은 편미분방정식으로 표시할 수 있다.

$$\Delta y = \frac{\partial y}{\partial x_1} \Delta x_1 + \frac{\partial y}{\partial x_2} \Delta x_2 + \frac{\partial y}{\partial x_3} \Delta x_3 + \cdots + \frac{\partial y}{\partial x_n} \Delta x_n \tag{1.38}$$

② 우연오차의 전파

관측값이 어떤 결과값을 형성하기 위해 합하게 될 때 이 때 평균제곱근 x 오차는 각 평균제곱근의 제곱합의 제곱근이 된다.

$$x = x_1 + x_2 + x_3 + \cdots + x_n \tag{1.39}$$

$$\sigma = \sqrt{(\sigma_1^2 + \sigma_2^2 + \sigma_3^2 + \cdots + \sigma_n^2)} \tag{1.40}$$

독립변수가 x_1, x_2, x_3, $\cdots$, x_n이고 독립변수들의 표준편차가 $\pm\delta_{x_1}$, $\pm\delta_{x_2}$, $\pm\delta_{x_3}$, $\cdots$, $\pm\delta_{x_n}$일 때, $y = f(x_1, x_2, x_3, \cdots, x_n)$을 Taylor 급수에 의해 전개하면 y의 오차는

$$\sigma_y'^2 \simeq \left(\frac{\partial f}{\partial x_1}\right)^2 \delta_{x_1}^2 + \left(\frac{\partial f}{\partial x_2}\right)^2 \delta_{x_2}^2 + \left(\frac{\partial f}{\partial x_3}\right)^2 \delta_{x_3}^2 + \cdots + \left(\frac{\partial f}{\partial x_n}\right)^2 \delta_{x_n}^2 \tag{1.41}$$

이다. 여기서, δ_{xi}는 표준편차 또는 표준오차이다.

(3) 오차타원

분산이나 표준편차는 각이나 거리와 같이 1차원의 경우에 대한 정밀도의 척도이다. 그러나 점의 수평위치와 같이 2차원 상에서의 정밀도영역은 오차타원으로 나타내며(〈부그림 1-4〉) 3차원 상에서 정밀도영역은 오차타원체로 나타낸다.

어떤 점을 h방향으로 변환할 때 식은

$$x' = x \cos\theta + y \sin\theta$$
$$y' = y - x \sin\theta + y \cos\theta \tag{1.42}$$

이며 관측값 a, b에 대해 분산 σ_a^2, σ_b^2, 공분산 σ_{ab}이라면 a, b의 함수 F의 분의 분산 σ_F^2은

$$\sigma_F^2 = \sigma_a^2 (\partial F/\partial a)^2 + \sigma_b^2 (\partial F/\partial b)^2$$
$$+ \cdots + 2\sigma_{ab}(\partial F/\partial a)(\partial F/\partial b)$$
$$+ \cdots \tag{1.43}$$

로 표현된다. 식 (1.43)과 식 (1.42)로부터

부그림 1-4 오차타원 $OA=\sigma_X=$ 최대, $OB=\sigma_Y=$ 최소, $OB=\sigma_\theta$

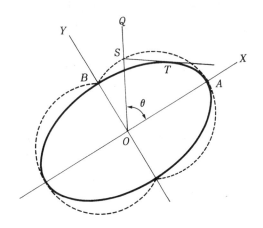

$$\sigma_{x'}^2=\sigma_x^2\cos^2\theta+\sigma_y^2\sin^2\theta+2\sigma_{xy}\sin\theta\cos\theta \qquad (1.44)$$

이며 마찬가지로

$$\sigma_{y'}^2=\sigma_x^2\sin^2\theta+\sigma_y^2\cos^2\theta-2\sigma_{xy}\sin\theta\cos\theta \qquad (1.45)$$

가 된다. $\sigma_{x'}^2$이 θ에 따라 변화하며 최댓값을 갖는 θ를 구하면 $\partial\sigma_{x'}^2/\partial\theta=0$으로 하여 θ를 계산한다.

$$\tan 2\theta=2\sigma_{xy}/(\sigma_x^2-\sigma_y^2) \qquad (1.46)$$

식 (1.46)에서 θ는 θ_1과 θ_2의 두 개 값이 있으며 $\pi/2$만큼 차이가 난다. 하나는 $\sigma_{x'}^2$의 최댓값을 나타내고 다른 하나는 최솟값을 나타내며 식은 다음과 같다.

$$\sigma_{\max}^2=\frac{1}{2}[(\sigma_x^2+\sigma_y^2)+\{(\sigma_x^2-\sigma_y^2)^2+4(\sigma_{xy})^2\}^{1/2}] \qquad (1.47a)$$

$$\sigma_{\min}^2=\frac{1}{2}[(\sigma_x^2+\sigma_y^2)-\{(\sigma_x^2-\sigma_y^2)^2+4(\sigma_{xy})^2\}^{1/2}] \qquad (1.47b)$$

〈부그림 1-4〉에서 X축을 기준으로 하여 θ만큼 각을 이룬 OQ방향의 분산 σ_θ^2을 구하려면 식 (1.44)에서 $\sigma_{xy}=0$으로 하면

$$\sigma_\theta^2 = \sigma_X^2 \cos^2\theta + \sigma_Y^2 \sin^2\theta \tag{1.48}$$

이다. 여기서 σ_x는 장반경(semimajor axes)과 σ_y는 단반경(semiminor axes)이고 S는 OQ상에 있으며 이것에 수직인 ST가 어느 점에서 타원에 접할 때의 점이다. 이 S점이 나타내는 궤적을 수족선(pedal curve)이라 하며 오차곡선(error curve)이라고도 한다. 오차타원은 주축방향으로 σ_X, σ_Y를 가질 때의 타원이며 X축으로부터 θ방향의 표준편차 σ_θ의 궤적은 오차곡선이 된다. 여기서 장반경축이 $\sigma_{\max}$이고 단반경축이 $\sigma_{\min}$인 타원을 표준오차타원(standard error ellipse)이라고 한다.

부그림 1-5 표준오차타원

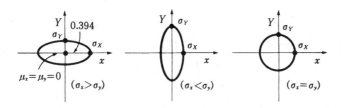

예를 들면, 2차원에서 95%의 신뢰도를 요구할 때 타원의 장반경은 표준오차타원의 장반경 σ_x의 2.447배이고 단반경도 σ_y의 2.447배이며 σ_x와 σ_y의 영역 내에 있을 확률은 겨우 0.394에 불과하다. 이때 표준오차타원의 장반경과 단반경에 2.447배가 되는 타원을 고려할 수 있는데 이런 타원을 신뢰타원(confidence ellipse)이라고 한다.

부그림 1-6 신뢰타원

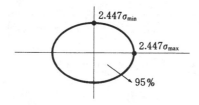

부그림 1-7   수족선

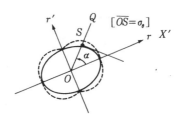

또한, 주축으로부터 α방향의 표준편차 σ_α의 궤적을 수족선(pedal curve)이라 하며 $\overline{OQ}$와 이에 수직인 타원의 접선 $\overline{ST}$의 교점 S의 궤적을 나타내기도 한다.

$$\sigma_x^2 = (\sigma_x \cos \alpha)^2 + (\sigma_y \sin \alpha)^2 \tag{1.49}$$

부예제 1.5 $\triangle PQR$에서 $\angle P$와 변 길이 q, r을 TS(Total Station)로 관측하였다. 다음을 계산하 시오. 단, $\angle P = 60° 00' 00''$, $q = 200.00$ m, $r = 250.00$ m이며, 각 관측의 표준오차 $\sigma_a = \pm 40''$, 거리관측의 표준오차 $\sigma_l = \pm \left(0.01 \text{ m} + \dfrac{D}{10{,}000}\right)$, D는 수평거리이다(단, 거리는 소수 3자리까지 구 하시오).

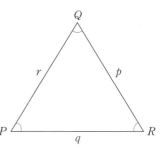

(1) $\triangle PQR$의 면적(A)에 대한 표준오차(σ_A)

(2) $\triangle PQR$의 면적(A)에 대한 95% 신뢰구간

해답   (1) $\triangle PQR$의 면적(A)에 대한 표준오차(σ_A)

$$A = \frac{1}{2} r \cdot q \sin \angle P$$

면적(A)에 대한 표준오차(σ_A)는 오차전파법칙에 의해 다음과 같이 표현한다.

$$\sigma_A = \pm \sqrt{\left(\frac{1}{2} \triangle r \, q \sin \angle P\right)^2 + \left(\frac{1}{2} r \, \triangle q \sin \angle P\right)^2 + \left(\frac{1}{2} r q \cos \angle P \frac{\triangle a''}{\rho''}\right)^2}$$

여기서 $\triangle r$, $\triangle q$, $\triangle \alpha$를 구하면 다음과 같다.

$$\triangle r = \pm \sqrt{(0.01)^2 + \left(\frac{D}{10{,}000}\right)^2} = \pm \sqrt{(0.01)^2 + \left(\frac{250}{10{,}000}\right)^2} = \pm 0.027 \text{m}$$

$$\Delta q = \pm\sqrt{(0.01)^2 + \left(\frac{D}{10,000}\right)^2} = \pm\sqrt{(0.01)^2 + \left(\frac{200}{10,000}\right)^2} = \pm 0.022 \text{ m}$$

$$\Delta a = \pm 40''$$

※ 일반적으로 TS 제작회사에서는 정밀도 표시를 $\pm(a+bD)$ppm으로 한다. a는 거리에 비례하지 않는 오차이고, bD는 거리에 비례하는 오차의 표현 이다. 그러므로 종합 정밀도(σ)는 $\sqrt{a^2+bD^2}$이 된다.

$$\sigma_A = \pm\sqrt{\frac{1}{2}\left[(0.027 \times 200 \times \sin 60°)^2 + (250 \times 0.022 \times \sin 60°)^2 + \left(250 \times 200 \times \cos 60° \times \frac{40''}{206,265''}\right)^2\right]}$$

$$= \pm 4.125 \text{ m}^2$$

$$\therefore \text{ 표준오차}(\sigma_A) = \pm 4.125 \text{ m}^2$$

(2) $\triangle PQR$의 면적(A)에 대한 95% 신뢰구간

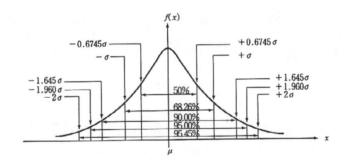

$$\therefore \text{ 95\% 신뢰구간은 } \pm(1.960\,\sigma_A) = (1.960 \times 4.125) = \pm 8.085 \text{ m}^2$$

차원별 좌표변환, 영상면의 표정, 지구좌표계변환, 도형의 투영도법

1. 차원별 좌표변환(coordinates transformation for dimension)

(1) 개   요

좌표변환은 동일좌표계에서의 변환과 다른 좌표계로의 변환으로 나눌 수 있다.

측량에서의 좌표변환은 2차원에서 3차원으로 또 3차원에서 2차원으로의 변환이 필요하며, 연속적인 좌표변환이 요구되는 경우도 있다.

(2) 1차원 좌표변환

투영중심 O로부터 제1평면 A_1, B_1, C_1, D_1을 통과하여 제2평면 A_2, B_2, C_2, D_2에 도달한 경우 교차율에 의한 다음의 관계가 성립한다.

$$\frac{A_1 C_1}{B_1 C_1} : \frac{A_1 D_1}{B_1 D_1} = \frac{A_2 C_2}{B_2 C_2} : \frac{A_2 D_2}{B_2 D_2} = 일정 \tag{2.1}$$

(3) 2차원 좌표변환

(x, y)점으로부터 새로운 (x', y')점을 만드는 데 이용한다.

평행변환

부그림 2-1 교차율

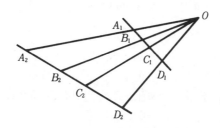

$$x' = x + X_0, \ y' = y + Y_0 \tag{2.2}$$

회전변환 : 원점으로부터 시계방향으로 θ만큼 회전한 경우

$$x' = x\cos\theta + y\sin\theta, \ y' = -x\sin\theta + y\sin\theta \tag{2.3}$$

축척변환

$$x' = xS_x, \ y' = yS_y \tag{2.4}$$

$S_x, \ S_y$는 $x, \ y$축의 축척

이들 변환을 행렬로 나타내면

$$\text{선형이동}: \begin{bmatrix} x' \\ y' \end{bmatrix} = \begin{bmatrix} 1 & 0 & X_0 \\ 0 & 1 & Y_0 \end{bmatrix} \begin{bmatrix} x \\ y \\ 1 \end{bmatrix} \tag{2.5}$$

부그림 2-2 2차원 좌표변환

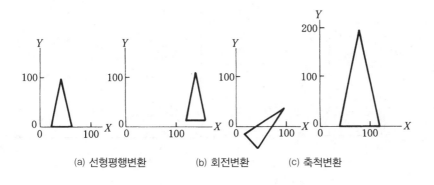

(a) 선형평행변환   (b) 회전변환   (c) 축척변환

$$\text{회전} : \begin{bmatrix} x' \\ y' \end{bmatrix} = \begin{bmatrix} \cos\theta & \sin\theta \\ -\sin\theta & \cos\theta \end{bmatrix} \begin{bmatrix} x \\ y \end{bmatrix} \tag{2.6}$$

$$\text{축척변환} : \begin{bmatrix} x' \\ y' \end{bmatrix} = \begin{bmatrix} S_x & 0 \\ 0 & S_y \end{bmatrix} \begin{bmatrix} x \\ y \end{bmatrix} \tag{2.7}$$

극좌표로부터 평면직교좌표로의 변환식은 다음과 같다.

$$X = r \cdot \cos \theta$$
$$Y = r \cdot \sin \theta$$

2. 공간(또는 영상면)에서 2차원 및 3차원 회전변환(공간상의 회전변환)과 공선조건식

(1) 2차원 회전변환

기본좌표축을 X, Y, 변환된 좌표축을 x', y'라 할 때 〈그림 2-3〉 (a)를 해석하면 식 (2.8)과 같이 표현할 수 있다.

점 P의 좌표 (X, Y)는

$$X = \overline{Od} - \overline{cd} = x' \cos \theta - y' \sin \theta$$
$$Y = \overline{Oa} + \overline{ab} = x' \sin \theta + y' \cos \theta \tag{2.8}$$

부그림 2-3

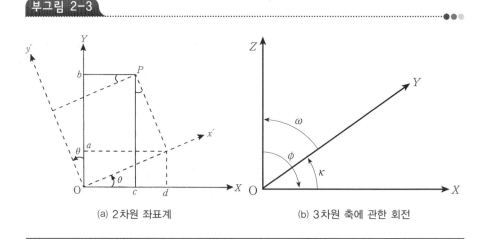

(a) 2차원 좌표계   (b) 3차원 축에 관한 회전

행렬에 의해 표시하면 식 (2.8)은 기준좌표계로의 표현으로 식 (2.9)와 같다.

$$\begin{bmatrix} X \\ Y \end{bmatrix} = \begin{bmatrix} \cos\theta & -\sin\theta \\ \sin\theta & \cos\theta \end{bmatrix} \begin{bmatrix} x' \\ y' \end{bmatrix} \tag{2.9}$$

$$X = Rx' \tag{2.10}$$

(2) 3차원 회전변환

① ω인 경우

$$x' = x_\omega + 0 + 0$$
$$y' = 0 + y_\omega \cos\omega - z_\omega \sin\omega \tag{2.11}$$
$$z' = 0 + y_\omega \sin\omega + z_\omega \cos\omega$$

$$\begin{bmatrix} x' \\ y' \\ z' \end{bmatrix} = \begin{bmatrix} 1 & 0 & 0 \\ 0 & \cos\omega & -\sin\omega \\ 0 & \sin\omega & \cos\omega \end{bmatrix} \begin{bmatrix} x_\omega \\ y_\omega \\ z_\omega \end{bmatrix} \tag{2.12}$$

역변환은 다음과 같다.

$$\begin{bmatrix} x_\omega \\ y_\omega \\ z_\omega \end{bmatrix} = \begin{bmatrix} 1 & 0 & 0 \\ 0 & \cos\omega & \sin\omega \\ 0 & -\sin\omega & \cos\omega \end{bmatrix} \begin{bmatrix} x' \\ y' \\ z' \end{bmatrix} \tag{2.13}$$

부그림 2-4 ω의 변화

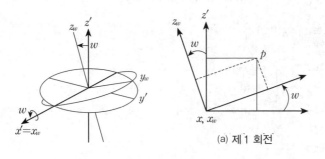

(a) 제1 회전

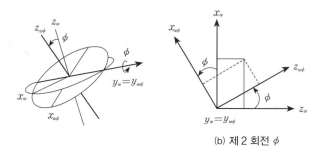

부그림 2-5 ϕ의 변화

(b) 제2 회전 ϕ

$$\begin{bmatrix} x \\ y \\ z \end{bmatrix} = \begin{bmatrix} 1 & 0 & 0 \\ 0 & \cos \omega & -\sin \omega \\ 0 & \sin \omega & \cos \omega \end{bmatrix} \begin{bmatrix} x' \\ y' \\ z' \end{bmatrix} = R_w^T \begin{bmatrix} x' \\ y' \\ z' \end{bmatrix} \tag{2.14}$$

ω(omega)는 x축 회전으로 쌍곡선변형을 하며 전후요동(pitching)과 같은 효과가 있다.

② ϕ인 경우

$$x' = x_{\omega\phi} \cos \phi + 0 + z_{\omega\phi} \sin \phi$$
$$y' = 0 + y_{\omega\phi} + 0 \tag{2.15}$$
$$z' = -x_{\omega\phi} \sin \phi + 0 + z_{\omega\phi} \cos \phi$$

$$\begin{bmatrix} x' \\ y' \\ z' \end{bmatrix} = \begin{bmatrix} \cos & 0 & \sin \phi \\ 0 & 1 & 0 \\ -\sin \phi & 0 & \cos \phi \end{bmatrix} \begin{bmatrix} x_{\omega\phi} \\ y_{\omega\phi} \\ z_{\omega\phi} \end{bmatrix} \tag{2.16}$$

역변환은 다음과 같다.

$$\begin{bmatrix} x_{\omega\phi} \\ y_{\omega\phi} \\ z_{\omega\phi} \end{bmatrix} = \begin{bmatrix} \cos \phi & 0 & -\sin \phi \\ 0 & 1 & 0 \\ \sin \phi & 0 & \cos \phi \end{bmatrix} \begin{bmatrix} x' \\ y' \\ z' \end{bmatrix} \tag{2.17}$$

부그림 2-6 x의 변화

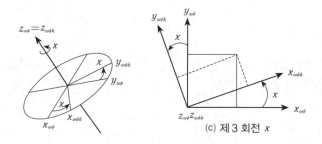

(c) 제3 회전 x

$$\begin{bmatrix} x \\ y \\ z \end{bmatrix} = \begin{bmatrix} \cos \phi & 0 & \sin \phi \\ 0 & 1 & 0 \\ -\sin \phi & 0 & \cos \phi \end{bmatrix} \begin{bmatrix} x^{'} \\ y^{'} \\ z^{'} \end{bmatrix} = R_\phi^T \begin{bmatrix} x^{'} \\ y^{'} \\ z^{'} \end{bmatrix} \tag{2.18}$$

ϕ(phi)는 y축 회전으로 포물선변형을 하며 좌우요동(rolling)과 같은 효과가 있다.

③ x인 경우

$$x^{'} = x_{\omega\phi x} \cos x - y_{\omega\phi x} \sin x + 0$$
$$y^{'} = x_{\omega\phi x} \sin x + y_{\omega\phi x} \cos x + 0 \tag{2.19}$$
$$z^{'} = 0 + 0 + z_{\omega\phi x}$$

$$\begin{bmatrix} x^{'} \\ y^{'} \\ z^{'} \end{bmatrix} = \begin{bmatrix} \cos x & -\sin x & 0 \\ \sin x & \cos x & 0 \\ 0 & 0 & 1 \end{bmatrix} \begin{bmatrix} x_{\omega\phi x} \\ y_{\omega\phi x} \\ z_{\omega\phi x} \end{bmatrix} \tag{2.20}$$

역변환은 다음과 같다.

$$\begin{bmatrix} x_{\omega\phi x} \\ y_{\omega\phi x} \\ z_{\omega\phi x} \end{bmatrix} = \begin{bmatrix} \cos x & \sin x & 0 \\ -\sin x & \cos x & 0 \\ 0 & 0 & 1 \end{bmatrix} \begin{bmatrix} x^{'} \\ y^{'} \\ z^{'} \end{bmatrix} \tag{2.21}$$

$$\begin{bmatrix} x \\ y \\ z \end{bmatrix} = \begin{bmatrix} \cos x & -\sin x & 0 \\ \sin x & \cos x & 0 \\ 0 & 0 & 1 \end{bmatrix} \begin{bmatrix} x^{'} \\ y^{'} \\ z^{'} \end{bmatrix} = R_x^T \begin{bmatrix} x^{'} \\ y^{'} \\ z^{'} \end{bmatrix} \tag{2.22}$$

x(kppa)는 z축 회전으로 타원변형을 하며 수평요동(yawing)과 같은 효과가 있다.

(3) 공선조건식

다음 〈부그림 2-7〉에서 카메라투영중심과 P의 상점 및 대상물 사이에는 식 (2.23)과 같은 관계가 성립한다.

$$\begin{bmatrix} X_P - X_O \\ Y_P - Y_O \\ Z_P - Z_O \end{bmatrix} = R \begin{bmatrix} x \\ y \\ -f \end{bmatrix} \tag{2.23}$$

$$\frac{X - X_O}{X_P - X_O} = \frac{Y - Y_O}{Y_P - Y_O} = \frac{Z - Z_O}{Z_P - Z_O} \tag{2.24}$$

식 (2.23)을 식 (2.24)에 대입하고 또한 PO와 pO 사이의 비를 S(축척계수)라 하면

$$\frac{x}{X_P - X_O} = \frac{y}{Y_P - Y_O} = \frac{-f}{Z_P - Z_O} = S \tag{2.25}$$

부그림 2-7 공선조건

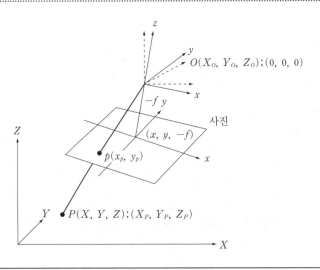

즉
$$\begin{bmatrix} x \\ y \\ z \end{bmatrix} = S \begin{bmatrix} X_P - X_O \\ Y_P - Y_O \\ Z_P - Z_O \end{bmatrix} \tag{2.26}$$

이며 주점에서의 영상면좌표 $[x_p, y_p :$ 상좌표(x, y)가 카메라 검정값과의 차$]$. X, Y, Z좌표축에 대한 x, y, z축의 방향여현(方向餘弦 : direction cosine)을 R이라 하면

$$\begin{bmatrix} x - x_p \\ y - y_p \\ -f \end{bmatrix} = S \cdot R \begin{bmatrix} X_P - X_O \\ Y_P - Y_O \\ Z_P - Z_O \end{bmatrix} \tag{2.27}$$

이다. 이때 R은 $R_{\omega\phi\chi}$로

$$R_{\omega\phi\chi} = \begin{bmatrix} 1 & 0 & 0 \\ 0 & \cos\omega & -\sin\omega \\ 0 & \sin\omega & \cos\omega \end{bmatrix} \begin{bmatrix} \cos\phi & 0 & \sin\phi \\ 0 & 1 & 0 \\ -\sin\phi & 0 & \cos\phi \end{bmatrix} \begin{bmatrix} \cos\chi & -\sin\chi & 0 \\ \sin\chi & \cos\chi & 0 \\ 0 & 0 & 1 \end{bmatrix}$$

$$= \begin{bmatrix} \cos\phi\cos\chi & -\cos\phi\sin\chi & \sin\phi \\ \cos\omega\sin\chi + \sin\omega\sin\phi\cos\chi & \cos\omega\cos\chi - \sin\omega\sin\phi\sin\chi & -\sin\omega\sin\phi \\ \sin\omega\sin\chi - \cos\omega\sin\phi\cos\chi & \sin\omega\cos\chi + \cos\omega\sin\phi\sin\chi & \cos\omega\cos\phi \end{bmatrix}$$

$$= \begin{bmatrix} r_{11} & r_{12} & r_{13} \\ r_{21} & r_{22} & r_{23} \\ r_{31} & r_{32} & r_{33} \end{bmatrix} \tag{2.28}$$

$$S = \frac{-f}{r_{31}(X_P - X_O) + r_{32}(Y_P - Y_O) + r_{33}(Z_P - Z_O)} \tag{2.29}$$

라 할 때 공선조건식은 식 (2.30)과 같다.

$$F_x(X, Y, Z, \omega, \phi, \chi, X_O, Y_O, Z_O, x_p, f)$$

$$x = x_p - f \frac{r_{11}(X_P - X_O) + r_{12}(Y_P - Y_O) + r_{13}(Z_P - Z_O)}{r_{31}(X_P - X_O) + r_{32}(Y_P - Y_O) + r_{33}(Z_P - Z_O)}$$

$$= x_p - f \frac{N_x}{D}$$

$$F_y(X, Y, Z, \omega, \phi, \chi, X_O, Y_O, Z_O, y_p, f)$$

$$y = y_p - f \frac{r_{21}(X_P - X_O) + r_{22}(Y_P - Y_O) + r_{23}(Z_P - Z_O)}{r_{31}(X_P - X_O) + r_{32}(Y_P - Y_O) + r_{33}(Z_P - Z_O)}$$

$$= y_p - f \frac{N_y}{D} \tag{2.30}$$

3. 영상면의 표정과 영상정합 및 융합기법

(1) 기계적 내부표정(analogue inner orientation)

내부표정이란 도화기의 투영기에 촬영시와 동일한 광학관계를 갖도록 양화필름을 장착시키는 작업이다.

부그림 2-8   입체도화기의 기본개념   ●●●

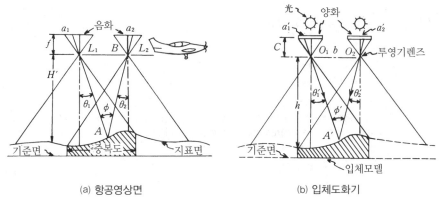

(a) 항공영상면   (b) 입체도화기

---

① 주점위치의 결정

양화필름의 4개 지표를 건판지지기(photo-carrier)의 유리에 있는 4개의 지표와 일치시켜 영상면주점과 투영기의 중심점을 일치시킨다.

② 주점거리(c)의 결정

주점거리(principal distance)는 렌즈(또는 투영) 중심점으로부터 영상면까지 내린 수직거리로서, 일명 영상면거리(映像面距離)라고도 한다. 초점거리는 물리학적인 개념이며, 주점거리는 수학적인 개념으로 거의 같은 값을 갖는다.

주점거리 c를 구하는 경우에는 렌즈의 절점 O의 위치를 정확히 알고 있지 못하므로, 〈부그림 2-9〉 (a)와 같이 h_1 및 h_2, 즉 Δh만큼 떨어진 다른 투영거리에서 투영상 $\overline{A'B'}$, $\overline{AB}$의 길이를 재면 ΔOab와 $\Delta A'AC$의 닮은꼴로부터 주점거리 c를 다음 식 (13.23)과 같이 구할 수 있다.

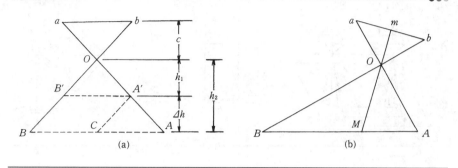

부그림 2-9 주점거리 C의 결정

$$c = \overline{ab} \cdot \frac{\Delta h}{AB - \overline{A'B'}}$$

(2.31)

또한 $\overline{A'B'}$ 에서 절점 O까지의 거리 h_1은

$$h_1 = \overline{A'A'} \cdot \frac{\Delta h}{AB - \overline{A'B'}}$$

(2.32)

로 구한다.

이때 투영기가 〈부그림 2-9〉 (b)와 같이 기울었을 때는 정확한 c를 구할 수 없으므로, $\overline{AM}$ 과 $\overline{BM}$ 을 재어 짧은 변으로 주점의 상 M이 이동하도록 회전 인자 ω, φ를 수정하여 투영기를 수평이 되게 해야 한다.

(2) 기계적 상호표정(analogue relative orientation)

대상물과의 관계는 고려하지 않고 좌우영상면의 양투영기에서 나오는 광속(光束, bundle of rays)이 이루는 종시차를 소거하여 하나의 입체모형(model) 전체가 완전입체시되도록 하는 작업을 상호표정(相互標定)이라 한다.

① **상호표정인자의 운동**

상호표정인자는 회전인자 x, φ, ω와 평행인자 by, bz로서 표정을 위해서는 최소 5점의 표정점이 있으면 가능하지만 일반적으로 〈부그림 2-10〉과 같이 대칭형으로 6점을 취하고 그림과 같이 번호를 붙인다.

점 1, 2는 좌우영상면의 주점이거나 그 가까이에 있는 점이다.

투영기의 미소회전 및 평행변위(〈부그림 2-11〉 참조)에 의한 영향은 〈부그림

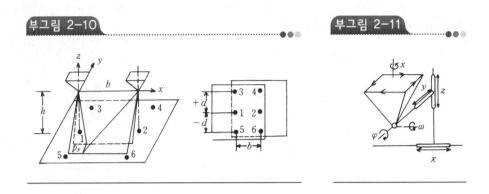

부그림 2-10   부그림 2-11

부그림 2-12   투영기의 미소회전 및 평행이동에 의한 영향

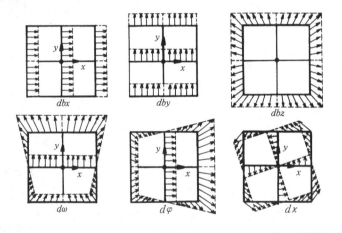

2-12〉와 같다.

상호표정점을 〈부그림 2-12〉와 같이 선택하고, 투영기선의 길이를 b라 할 때, $Z-Z_0=-h$에 대한 각 표정점들의 입체모형좌표의 근사값은 〈부표 2-1〉 의 왼쪽난에 기입한 것과 같다.

또한 각 표정점에 대한 y시차를 계산하면 〈부표 2-1〉의 오른쪽난에 나타 낸 것과 같다.

② **상호표정인자의 선택**

상호표정은 5개의 독립한 표정인자에 의해 종시차를 소거해 나가는 것으 로, 앞에서 설명한 X방향의 이동성분을 제외한 8개의 표정인자로부터 5개를 선택하는 데 있어 서로 독립되도록 선택하여야 한다.

■■ **부표 2-1** 표정인자의 미소변동에 따른 y시차의 변화량

표정점	모형좌표			상호표정인자의 변동									
				dby		dbz		dx		$d\varphi$		$d\omega$	
	X	Y	Z	dby'	dby''	dbz'	dbz''	dx'	dx''	$d\varphi'$	$d\varphi''$	$d\omega'$	$d\omega''$
1	0	0	$-h$	-1	$+1$	0	0	0	$-b$	0	0	$-h$	h
2	b	0	$-h$	-1	$+1$	0	0	$-b$	0	0	0	$-h$	h
3	0	d	$-h$	-1	$+1$	$-\dfrac{d}{h}$	$+\dfrac{d}{h}$	0	$-b$	0	$+\dfrac{db}{h}$	$-h\left(1+\dfrac{d^2}{h^2}\right)$	$+h\left(1+\dfrac{d^2}{h^2}\right)$
4	b	d	$-h$	-1	$+1$	$-\dfrac{d}{h}$	$+\dfrac{d}{h}$	$-b$	0	$+\dfrac{db}{h}$	0	$-h\left(1+\dfrac{d^2}{h^2}\right)$	$+h\left(1+\dfrac{d^2}{h^2}\right)$
5	0	$-d$	$-h$	-1	$+1$	$+\dfrac{d}{h}$	$-\dfrac{d}{h}$	0	$-b$	0	$-\dfrac{db}{h}$	$-h\left(1+\dfrac{d^2}{h^2}\right)$	$+h\left(1+\dfrac{d^2}{h^2}\right)$
6	b	$-d$	$-h$	-1	$+1$	$+\dfrac{d}{h}$	$-\dfrac{d}{h}$	$-b$	0	$-\dfrac{db}{h}$	0	$-h\left(1+\dfrac{d^2}{h^2}\right)$	$+h\left(1+\dfrac{d^2}{h^2}\right)$

＊표에서 (′)은 왼쪽인자를, (″)은 오른쪽인자를 나타낸다.

부그림 2-13

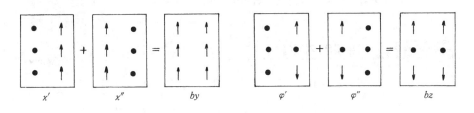

예를 들어 〈부그림 2-13〉과 같이 x', x'', by와 φ', φ'', bz를 고려하면 by는 x'와 x''의 합이며, bz는 φ'와 φ''의 합인 관계를 알 수 있다.

x와 by는 평행변위의 특징이 있으며, φ와 bz는 축척을 변화시키는 작용을 한다. 따라서 상호표정의 인자는 다음과 같이 3개의 부분으로 나눌 수 있다.

가) 평행변위부(x', x', by)

이들은 y 방향의 크기는 불변이며 투영점을 이동시킬 뿐이다.

나) 축척부(φ', φ', bz)

이들은 중앙의 점에 대해 대칭으로 이동되며, y 방향선분의 크기를 일정하게 분배하여 변화시킨다.

다) ω부

상호표정은 평행변위부에서 2개, 축척부에서 2개의 인자를 임의로 택하여

이것과 ω에 의한 5개의 표정인자를 사용한다.

대표적인 표정요소의 선택방법으로는 첫째, 양 영상면의 회전요소만을 고려하는 방법(독립표정법, x', x'', φ', φ'', ω'' 사용)과, 둘째 왼쪽 영상면을 고정시키고 오른쪽 영상면의 표정요소만을 고려하는 방법(종속표정법, by, bz, x'', φ'', ω'' 사용)이 있다.

③ **그루버법**(Gruber's method)**에 의한 상호표정**

이것은 x', x'', φ', φ'', ω의 5개 인자를 사용하는 제일 기본적인 방법으로 모든 도화기에서 사용한다. 이때 ω는 좌우 어느쪽이라도 좋다.

작업순서는 〈부그림 2-14〉와 같이 변화한다(단, $\dfrac{h}{d}=\dfrac{3}{2}$이다).

가) p_1을 x''로 소거한다.

나) p_2를 x'로 소거한다.

다) p_2를 φ''로 소거한다.

라) p_4를 φ'로 소거한다.

마) p_5를 $k\varDelta\omega$ 만큼 과잉수정한다.

과잉수정계수(OCF.: Over Correction Factor) k는

부그림 2-14   그루버의 기계법

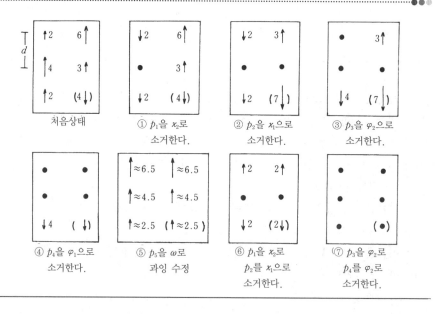

처음상태

① p_1을 x_2로 소거한다.

② p_2을 x_1으로 소거한다.

③ p_3을 φ_2으로 소거한다.

④ p_4을 φ_1으로 소거한다.

⑤ p_5을 ω로 과잉 수정

⑥ p_1을 x_2로 p_2를 x_1으로 소거한다.

⑦ p_3을 φ_2로 p_4를 φ_2로 소거한다.

$$k = \frac{1}{2}\left(\frac{h^2}{d^2} - 1\right) = \frac{1}{2}\left(\frac{f^2}{y'^2} - 1\right) \tag{2.33}$$

여기서 h는 투영중심에서 영상면까지는 거리이고 f는 촬영사진기의 초점거리, d나 y는 밀착영상면상에서의 1점과 3점의 거리이다.

과잉수정량은 $k\Delta\omega$이며 〈부그림 2-14〉에서는 $k = 0.625$, $\Delta\omega = 4$이므로 $k\Delta\omega = 2.5$이다. 따라서 총수정량은 $2.5 + 4 = 6.5$이다.

속도율(Speed Ratio) SR은

$$SR = \frac{p_1}{p_5} = \frac{h \cdot d\omega}{h\left(1 + \frac{h^2}{d^2}\right)d\omega} = \frac{9}{13} \tag{2.34}$$

이다.

$$p_1 = \frac{9}{13} \times p_5 = \frac{9}{13} \times 6.5 = 4.5$$

바) 위의 가)~라)를 되풀이한다.

이 과정 중 가), 나) 및 다), 라)의 순서는 서로서로 바꾸어도 좋다.

④ **불완전입체모형**(incomplete model)**의 상호표정**

불완전입체모형이라 함은 입체모형의 일부가 수면이나 구름에 가리워져서 표정점 6점의 배치를 이상적으로 할 수 없는 입체모형을 불완전입체모형이라 한다.

예를 들어 〈부그림 2-15〉와 같은 평지의 불완전입체모형을 회전인자만으로 표정하는 단계는 다음과 같다.

가) p_1을 x''로 소거한다.

나) p_3를 φ''로 소거한다.

다) p_7을 ω''를 사용하여 과잉수정한다.

이때의 과잉수정계수(OCF) k는

$$k = \frac{h^2 + de}{e^2 - d \cdot e} = \frac{-(4h^2 + d^2)}{d^2} \tag{2.35}$$

이다.

불완전입체모형

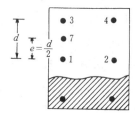

라) p_1을 x''로 다시 소거한 후, p_2를 x'로 소거한다.

마) p_3를 φ''로 다시 소거하고, p_4를 φ'로 소거한다.

(3) 해석적 내부표정

정밀좌표관측기에 의해 관측된 기계좌표(器械座標: machine coordinate)로부터 영상면좌표로 변환하는 작업이다.

① 좌표변환식

정밀좌표관측기(comparator)에 의한 4점 지표의 관측좌표(x, y)와 대응하는 지표의 영상면좌표(x, y)를 이용해 최소제곱법으로 변환식의 계수를 구한다. 좌표변환에 이용되는 관측방정식에는 다음과 같은 식들이 있다.

가) 선형등각사상변환(linear conformal transformation 또는 Helmert transformation)

$$\begin{bmatrix} x \\ y \end{bmatrix} = S \begin{bmatrix} \cos\theta & -\sin\theta \\ \sin\theta & \cos\theta \end{bmatrix} \begin{bmatrix} x \\ y \end{bmatrix} + \begin{bmatrix} x_0 \\ y_0 \end{bmatrix}$$
$$x = ax - by + x_0$$
$$y = bx + ay + y_0 \tag{2.36}$$

나) 부등각사상변환(affine transformation)

$$\begin{bmatrix} x \\ y \end{bmatrix} = \begin{bmatrix} 1 & r \\ 0 & 1 \end{bmatrix} \begin{bmatrix} s_x & 0 \\ 0 & s_x \end{bmatrix} \begin{bmatrix} \cos\theta & -\sin\theta \\ \sin\theta & \cos\theta \end{bmatrix} \begin{bmatrix} x \\ y \end{bmatrix} + \begin{bmatrix} x_0 \\ y_0 \end{bmatrix}$$
$$x = a_1 x + a_2 y + x_0$$
$$y = b_1 x + b_2 y + y_0 \tag{2.37}$$

다) 의사부등각사상변환(pseudo affine transformation)

$$x = a_1x + a_2y + a_3xy + x_0$$
$$y = b_1x + b_2y + b_3xy + y_0 \tag{2.38}$$

(4) 해석적 상호표정

해석적 상호표정방법에는, 첫째 공면조건을 이용하는 방법, 둘째 종시차(縱視差)를 소거하는 방법이 있으며, 이 두 방법에 의한 상호표정은 3차원 가상좌표인 입체모형좌표(model coordinate)를 형성하게 된다.

① 공면조건

3차원공간상에서 평면의 일반식은 $AX + BY + CZ + D = 0$이다. 〈부그림 2-16〉과 같이 2개의 투영중심 $O_1(X_{O1}, Y_{O1} Z_{O1})$, $O_2(X_{O2}, Y_{O2}, Z_{O2})$와 공간상의 임의의 점 P의 상점(像點) $p_1(X_{p1}, Y_{p1}, Z_{p1})$, $p_2(X_{p2}, Y_{p2}, Z_{p2})$가 동일평면에 있기

부그림 2-16 공면조건

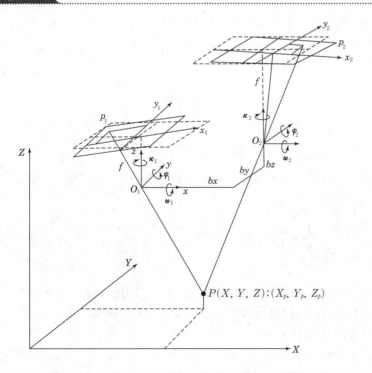

위한 관계식은 다음과 같다.

$$\begin{bmatrix} X_{O1} & Y_{O1} & Z_{O1} & 1 \\ X_{O2} & Y_{O2} & Z_{O2} & 1 \\ X_{p1} & Y_{p1} & Z_{p1} & 1 \\ X_{p2} & Y_{p2} & Z_{p2} & 1 \end{bmatrix} \begin{bmatrix} A \\ B \\ C \\ D \end{bmatrix} = \begin{bmatrix} 0 \\ 0 \\ 0 \\ 0 \end{bmatrix} \tag{2.39}$$

따라서 4점(O_1, O_2, p_1, p_2)이 동일평면 내에 있기 위한 조건인 공면조건(共面條件, coplanarity condition)을 만족하기 위해서는 다음의 행렬식이 0이 되어야 한다.

$$\begin{vmatrix} X_{O1} & Y_{O1} & Z_{O1} & 1 \\ X_{O2} & Y_{O2} & Z_{O2} & 1 \\ X_{p1} & Y_{p1} & Z_{p1} & 1 \\ X_{p2} & Y_{p2} & Z_{p2} & 1 \end{vmatrix} = 0 \tag{2.40}$$

기선(基線) b의 x, y, z 성분인 $bx = X_{O2} - X_{O1}$, $by = Y_{O2} - Y_{O1}$, $bz = Z_{O2} - Z_{O1}$과 O_1의 좌표를 이용해 O_2점의 좌표를 나타내면 $O_2(X_{O1} + bx, Y_{O1} + by, Z_{O1} + bz)$이다.

또한

$$\begin{bmatrix} X_1 \\ Y_1 \\ Z_1 \end{bmatrix} = R_1 \begin{bmatrix} x_{p1} \\ y_{O1} \\ f \end{bmatrix}, \qquad \begin{bmatrix} X_2 \\ y_2 \\ Z_2 \end{bmatrix} = R_2 \begin{bmatrix} x_{p2} \\ y_{p2} \\ f \end{bmatrix} \tag{2.41}$$

이라면 공면조건식 식 (2.42)는 다음과 같이 간략하게 나타낼 수 있다.

$$\begin{vmatrix} bx & by & bz \\ X_1 & Y_1 & Z_1 \\ X_2 & Y_2 & Z_2 \end{vmatrix} = 0 \tag{2.42}$$

즉, 3차원 공간에서 한쌍의 중복된 영상면이 동일면상에서 일치(영상면상의 점 및 투영중심이 일치)해야 하는 조건을 공면조건이라 한다.

② 공면조건에 의한 방법

영상면좌표계에서 표정요소, 즉 왼쪽의 회전각(x_1, φ_1, ω_1)과 오른쪽의 회전각(x_2, φ_2, ω_2) 및 평행인자(by, bz)를 공면조건(共面條件)에 의해 구하는 상호표정 방법이다.

〈부그림 2-17〉과 같은 사진좌표계에서 표정요소, 즉 왼쪽의 회전각(x_1, φ_1, ω_1)과 오른쪽의 회전각(x_2, φ_2, ω_2) 및 평행인자(by, bz)를 공면조건(共面條件)에 의해 구하는 상호표정방법이다. 공면조건식 (2.43)을 행렬로 바꾸면 다음과 같다.

$$(X_1,\ Y_1,\ Z_1) \begin{pmatrix} 0 & bz & -by \\ -bz & 0 & bx \\ by & -bx & 0 \end{pmatrix} \begin{pmatrix} X_2 \\ Y_2 \\ Z_2 \end{pmatrix} = 0 \tag{2.43}$$

여기서

$$\begin{pmatrix} X_1 \\ Y_1 \\ Z_1 \end{pmatrix} = R_1 \begin{pmatrix} x_1 \\ y_1 \\ f \end{pmatrix} \qquad \begin{pmatrix} X_2 \\ Y_2 \\ Z_2 \end{pmatrix} = R_2 \begin{pmatrix} x_2 \\ y_2 \\ f \end{pmatrix}$$

부그림 2-17 공면조건을 이용한 상호표정

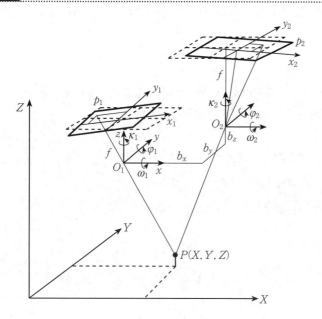

R_1, R_2는 회전행렬이다. 그러므로 식 (2.43)은

$$(x_1,\ y_1,\ f)R_1^T \begin{pmatrix} 0 & bz & -by \\ -bz & 0 & bx \\ by & -bx & 0 \end{pmatrix} R_2 \begin{bmatrix} x_2 \\ y_2 \\ f \end{bmatrix} = 0 \tag{2.44}$$

이다. $\overline{x}=\dfrac{x}{f}$, $\overline{y}=\dfrac{y}{f}$, $U_y=\dfrac{by}{bx}$, $U_z=\dfrac{bz}{bx}$이라 하면 식 (2.44)는

$$(\overline{x},\ \overline{y},\ 1)R_1^T \begin{bmatrix} 0 & U_z & -U_y \\ -U_z & 0 & 1 \\ U_y & -1 & 0 \end{bmatrix} R_2 \begin{bmatrix} \overline{x_2} \\ \overline{y_2} \\ 1 \end{bmatrix} = 0 \tag{2.45}$$

이며 식 (2.45)는 비선형방정식이므로 표정요소 근사값을 x_1^0, φ_1^0, ω_1^0, x_2^0, φ_2^0, ω_2^0, U_y^0, U_z^0라 하고, 그 보정량을 $\varDelta x_1$, $\varDelta \varphi_1$, $\varDelta \omega_1$, $\varDelta x_2$, $\varDelta \varphi_2$, $\varDelta \omega_2$, $\varDelta U_y$, $\varDelta U_z$라 하여 다음과 같은 Taylor 전개에 의해 선형화시킨다.

$$\begin{aligned}
F(&x_1,\ \varphi_1,\ \omega_1,\ x_2,\ \varphi_2,\ \omega_2,\ U_y,\ U_z) \\
\fallingdotseq\ &F(x_1^0,\ \varphi_1^0,\ \omega_1^0,\ x_2^0,\ \varphi_2^0,\ \omega_2^0,\ U_y,\ U_z) \\
&+ \frac{\partial F}{\partial U_y}\varDelta U_y + \frac{\partial F}{\partial U_z}\varDelta U_z + \frac{\partial F}{\partial x_1}\varDelta x_1 + \frac{\partial F}{\partial \varphi_1}\varDelta \varphi_1 \\
&+ \frac{\partial F}{\partial \omega_1}\varDelta \omega_1 + \frac{\partial F}{\partial x_2}\varDelta x_2 + \frac{\partial F}{\partial \varphi_2}\varDelta \varphi_2 + \frac{\partial F}{\partial \omega_2}\varDelta \omega_2
\end{aligned} \tag{2.46}$$

식 (2.45)를 식 (2.46)에 대입해 정리하면 다음 식 (2.47)과 같은 공면조건을 이용한 종시차방정식(縱視差方程式)이 얻어진다.

$$\begin{aligned}
(\overline{x_2}-\overline{x_1})\varDelta U_y &+ (\overline{x_1y_1}-\overline{x_2y_1})\varDelta U_z + \overline{x_1}\varDelta x_1 \\
&- \overline{x_2}\varDelta x_2 + \overline{x_1y_2}\varDelta \varphi_1 - \overline{x_2y_1}\varDelta \varphi_2 \\
&- (\overline{y_1y_2}+1)\varDelta \omega_1 + (\overline{y_1y_2}+1)\varDelta \omega_2 = -L
\end{aligned} \tag{2.47}$$

이며, 여기서

$$L = [\overline{x_1}\ \ \overline{y_1}\ \ 1]R_1^T \begin{bmatrix} 0 & U_z & -U_y \\ -U_z & 0 & 1 \\ U_y & -1 & 0 \end{bmatrix} R_2 \begin{bmatrix} \overline{x_2} \\ \overline{y_2} \\ 1 \end{bmatrix}$$

이다.

식 (2.47)에 최소제곱법을 적용해 표정요소의 미소보정량을 구하며, 최종표정요소는 축차근사계산에 의해 구한다. 공면조건에 의한 상호표정은 상호표정요소 5개만으로도 수행할 수 있으며 이는 투영기에 따라 50여 개의 조합을 이룰 수 있다. 이들 중에서 가장 널리 쓰이는 것은 투영중심(投影中心 : projection centor)을 연결하는 방법(x_1, φ_1, x_2, φ_2, ω_2)과 왼쪽 사진기좌표를 고정하는 방법 (x_2, φ_2, x_2, by, bz)이다.

가) 독립적 상호표정 방법(independent relative orientation method)

투영중심을 연결하는 방법으로 〈부그림 2-18〉과 같이 왼쪽의 투영중심을 원점으로 오른쪽의 투영중심과 연결한 선을 입체모형좌표계의 X축으로 한다. 입체모형(model)의 축척은 기선길이를 단위길이로 한다. 이때 표정요소는 왼쪽의 회전각 x_1, φ_1, 오른쪽의 회전각 x_2, φ_2, ω_2의 5개 회전각이 독립변수로 이용된다.

이와 같이 입체모형좌표계 및 표정요소를 선택하면 공면조건식은 다음과 같이 된다.

부그림 2-18 투영중심을 연결하는 방법

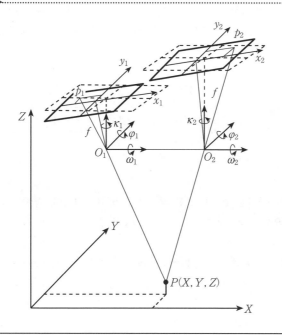

$$(\overline{x_1}\ \overline{y_1}\ 1)R_1^T \begin{bmatrix} 0 & 0 & 0 \\ 0 & 0 & 1 \\ 0 & -1 & 0 \end{bmatrix} R_2 \begin{bmatrix} \overline{x_2} \\ \overline{y_2} \\ 1 \end{bmatrix}=0 \qquad (2.48)$$

여기서 입체모형좌표계($\overline{x}$, $\overline{y}$, $\overline{z}$)와 사진기좌표계(x, y, f) 사이에는 다음과 같은 좌표변환의 관계식이 성립한다.

$$\begin{bmatrix} \overline{x_1} \\ \overline{y_1} \\ \overline{z_1} \end{bmatrix}=\begin{bmatrix} \cos\varphi_1 & 0 & \sin\varphi_1 \\ 0 & 1 & 0 \\ -\sin\varphi_1 & 0 & \cos\varphi_1 \end{bmatrix}\begin{bmatrix} \cos\varkappa_1 & -\sin\varkappa_1 & 0 \\ \sin\varkappa_1 & \cos\varkappa_1 & 0 \\ 0 & 0 & 1 \end{bmatrix}\begin{bmatrix} x_1 \\ y_1 \\ f \end{bmatrix} \qquad (2.49)$$

$$\begin{bmatrix} \overline{x_2} \\ \overline{y_2} \\ \overline{z_2} \end{bmatrix}=\begin{bmatrix} 1 & 0 & 0 \\ 0 & \cos\omega_2 & -\sin\omega_2 \\ 0 & \sin\omega_2 & \cos\omega_2 \end{bmatrix}\begin{bmatrix} \cos\varphi_2 & 0 & \sin\varphi_2 \\ 0 & 1 & 0 \\ -\sin\varphi_2 & 0 & \cos\varphi_2 \end{bmatrix}$$

$$\begin{bmatrix} \cos\varkappa_2 & -\sin\varkappa_2 & 0 \\ \sin\varkappa_2 & \cos\varkappa_2 & 0 \\ 0 & 0 & 1 \end{bmatrix}\begin{bmatrix} x_2 \\ y_2 \\ f \end{bmatrix}+\begin{bmatrix} 1 \\ 0 \\ 0 \end{bmatrix} \qquad (2.50)$$

표정요소의 근사값을 $\varkappa_1^0$, φ_1^0, $\varkappa_2^0$, φ_2^0, ω_2^0라 하고, 그 보정량을 각각 $\Delta\varkappa_1$, $\Delta\varphi_1$, $\Delta\varkappa_2$, $\Delta\varphi_2$, $\Delta\omega_2$라 하면, 식 (2.48)의 공면조건식은 Taylor 전개에 의해 다음과 같이 선형화된다.

$$F(\varkappa_1,\ \varphi_1,\ \varkappa_2,\ \varphi_2,\ \omega_2)\fallingdotseq F(\varkappa_1^0,\ \varphi_1^0,\ \varkappa_2^0,\ \varphi_2^0,\ \omega_2^0)$$

$$+\frac{\partial F}{\partial \varkappa_1}\Delta\varkappa_1+\frac{\partial F}{\partial \varphi_1}\Delta\varphi_1+\frac{\partial F}{\partial \varkappa_2}\Delta\varkappa_2+\frac{\partial F}{\partial \varphi_2}\Delta\varphi_2$$

$$+\frac{\partial F}{\partial \omega_2}\Delta\omega_2=0 \qquad (2.51)$$

표정요소의 근사값을 식 (2.49)와 식 (2.50)에 대입해 얻어진 값을 이용하면 식 (2.51)은 다음과 같은 관측방정식이 얻어진다.

$$\overline{x_1}\Delta k_1+\overline{x_1}\,\overline{y_2}\Delta\varphi-(\overline{y_1}\,\overline{y_2}+1)\Delta\omega_2-\overline{x_2}\Delta k_2+\overline{x_2}\,\overline{y_1}\Delta\varphi_2=-L \qquad (2.52)$$

여기서

$$L=(\overline{x_1} \quad \overline{y_1} \quad 1)R_1^T\begin{pmatrix} 0 & 0 & 0 \\ 0 & 0 & 1 \\ 0 & -1 & 0 \end{pmatrix}R_2\begin{pmatrix} \overline{x_2} \\ \overline{y_2} \\ 1 \end{pmatrix}$$

식 (2.52)에 최소제곱법을 적용해 축차근사계산(逐次近似計算)으로 표정요소를 구한다.

나) 종속적 상호표정 방법(dependent relative orientation method)

왼쪽 카메라좌표를 고정하는 방법으로 〈부그림 2-19〉와 같이 이 경우에서의 입체모형좌표계는 왼쪽의 카메라좌표계이므로 왼쪽 카메라의 투영중심이 좌표계의 원점이 되며 왼쪽 카메라의 경사는 없다. 따라서 표정요소는 오른쪽 사진기의 투영중심(B_x, B_y, B_z) 및 왼쪽 사진기의 회전각 χ, φ, ω이다. 이때 B_x는 축척에만 영향을 미치므로 단위길이로 하여 $b_y = B_y/B_z$, $b_z = B_z/B_x$를 독립변수로 하고, 여기에 회전각 3개를 포함하면 5개의 독립변수가 얻어진다.

이와 같이 입체모형좌표계와 표정요소를 선택하면 공면조건식은 다음 식이 된다.

부그림 2-19 좌측 사진기좌표계를 고정하는 방법

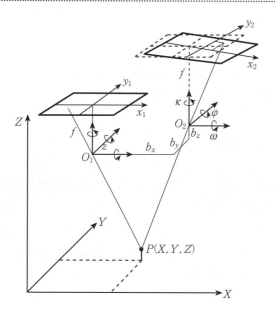

$$
(\overline{x_1}\ \overline{y_1}\ 1)
\begin{bmatrix}
0 & u_z & -u_y \\
-u_z & 0 & 1 \\
u_y & -1 & 0
\end{bmatrix}
R_2
\begin{bmatrix}
\overline{x_2} \\
\overline{y_2} \\
1
\end{bmatrix} = 0
\tag{2.53}
$$

식 (2.53)에서 $(x_1,\ y_1,\ z_1)$, $(x_2,\ y_2,\ z_2)$는

$$
\begin{bmatrix}
\overline{x_1} \\
\overline{y_1} \\
\overline{z_1}
\end{bmatrix} =
\begin{bmatrix}
x_1 \\
y_1 \\
f
\end{bmatrix}
\tag{2.54}
$$

$$
\begin{bmatrix}
\overline{x_2} \\
\overline{y_2} \\
\overline{z_2}
\end{bmatrix} =
\begin{bmatrix}
1 & 0 & 0 \\
0 & \cos\omega & -\sin\omega \\
0 & \sin\omega & \cos\omega
\end{bmatrix}
\begin{bmatrix}
\cos\varphi & 0 & \sin\varphi \\
0 & 1 & 0 \\
-\sin\varphi & 0 & \cos\varphi
\end{bmatrix}
$$

$$
\begin{bmatrix}
\cos\varkappa & -\sin\varkappa & 0 \\
\sin\varkappa & \cos\varkappa & 0 \\
0 & 0 & 1
\end{bmatrix}
\begin{bmatrix}
x_2 \\
y_2 \\
f
\end{bmatrix} +
\begin{bmatrix}
1 \\
by \\
bz
\end{bmatrix}
\tag{2.55}
$$

의 관계가 성립한다.

표정요소의 근사값을 $\varkappa^0$, φ^0, ω^0, b_y^0, b_z^0라 하고, 그의 보정량을 각각 $\varDelta\varkappa$, $\varDelta\varphi$, $\varDelta\omega$, $\varDelta b_y$, $\varDelta b_z$라 하면, 식 (2.53)의 공면조건식은 Taylor 전개에 의해 다음과 같이 선형화된다.

$$
F(\varkappa,\ \varphi,\ \omega,\ b_y,\ b_z) \fallingdotseq F(\varkappa^0,\ \varphi^0,\ \omega^0,\ b_y^0,\ b_z^0)
$$
$$
+ \frac{\partial F}{\partial \varkappa}\varDelta\varkappa + \frac{\partial F}{\partial \varphi}\varDelta\varphi + \frac{\partial F}{\partial \omega}\varDelta\omega + \frac{\partial F}{\partial b_y}\varDelta b_y
$$
$$
+ \frac{\partial F}{\partial b_z}\varDelta b_z = 0
\tag{2.56}
$$

식 (2.54)에서 얻어진 $(\overline{x_1},\ \overline{y_1},\ \overline{z_1})$ 및 식 (2.55)에 표정요소의 근사값을 대입해 얻어진 $(\overline{x_2},\ \overline{y_2},\ \overline{z_2})$를 이용하면 식 (2.52)는 다음과 같은 관측방정식이 된다.

$$
(\overline{x_2}-\overline{x_1})\varDelta u_y + (\overline{x_1}\,\overline{y_2}+\overline{x_2}\,\overline{y_1})\varDelta u_z - \overline{x_2}\varDelta k_2 - \overline{x_2}\,\overline{y_1}\varDelta\varphi_2
$$
$$
+ (\overline{y_1}\,\overline{y_2}+1)\varDelta W_2 = -L
\tag{2.57}
$$

여기서

$$L = (\overline{x_1} \quad \overline{y_1} \quad 1) \begin{pmatrix} 0 & u_z & -u_y \\ -u_z & 0 & 1 \\ u_y & -1 & 0 \end{pmatrix} R_2 \begin{pmatrix} \overline{x_2} \\ \overline{y_2} \\ 1 \end{pmatrix}$$

식 (2.57)에 최소제곱법을 적용해 축차근사계산으로 표정요소를 구한다.

(5) 해석적 접합표정

촬영경로(course)상의 다수의 입체영상면에 대해 각각 독립적으로 입체모형을 형성하면, 입체모형에서 왼쪽 입체모형(左立體模型)의 오른쪽 영상면(映像面)과 오른쪽 입체모형(右立體模型)의 왼쪽 영상면(映像面)은 공통이므로, 인접한 2개의 입체모형 모두에 이용할 수 있는 종접합점(pass point)이 존재한다.

접합표정은 이와 같은 인접한 2개 입체모형에 공통인 요소를 이용해 입체모형의 경사와 축척을 통일시켜 1개의 통일된 스트립의 좌표계로 순차변환하는 것이다. 접합표정의 방법은 크게 나누어, 첫째 상호표정에서 얻어진 표정요소를 이용하는 방법, 둘째 상호표정에서 얻어진 투영중심과 공통인 접합점의 입체모형좌표계만을 이용하는 방법이 있다.

또한 상호표정요소를 이용하는 방법 중 왼쪽 영상면좌표계를 고정시키고 오른쪽 영상면의 경사 및 투영중심을 표정요소로 하는 접합표정의 경우는 다음 식 (2.58)에 의하며

$$\begin{bmatrix} X_{oi} \\ Y_{oi} \\ Z_{oi} \end{bmatrix} = \begin{bmatrix} X_{oi-1} \\ Y_{oi-1} \\ Z_{oi-1} \end{bmatrix} + S_{i-1} R_{i-1} \begin{bmatrix} bx_{(i-1)} \\ by_{(i-1)} \\ b_{2(i-1)} \end{bmatrix} \tag{2.58}$$

투영중심을 연결한 선을 입체모형좌표의 X축으로 하고, 회전각만을 표정요소로 접합표정할 경우는 다음 식 (2.59)에 의한다.

$$\begin{bmatrix} X_{oi} \\ Y_{oi} \\ Z_{oi} \end{bmatrix} = \begin{bmatrix} X_{oi-1} \\ Y_{oi-1} \\ Z_{oi-1} \end{bmatrix} + S_{i-1} R_{i-1} R_i R_{(i-1)}^T \begin{bmatrix} bx \\ 0 \\ 0 \end{bmatrix} \tag{2.59}$$

4. 영상정합 및 융합기법

(1) 영상정합기법

① 영역기준정합

영역기준정합에는 밝기값상관법(GVC : Gray Value Correlation)과 최소제곱정합법(LSM : Least Square Matching)을 이용하는 정합방법이 있다.

가) 밝기값 상관법

간단한 방법으로 〈부그림 2-20〉과 같이 왼쪽 영상면에서 정의된 기준영역을 오른쪽 영상면의 탐색영역(search area)상에서 한 점씩 이동하면서 모든 점들에 대해 통계적 유사성 관측값(상관계수)을 계산하는 것이다. 계산된 관측값 중에서 가장 큰 유사성을 보이는 점을 정합점으로 선택할 수 있다. 탐색영역의 크기는 외부표정요소의 정확성과 허용 가능한 값의 차에 따라 달라지며, 입체정합을 수행하기 전에 두 영상에 대해 공액 정렬을 수행하여 탐색영역 크기를 줄임으로써 정합의 효율성을 높일 수 있다.

밝기값 상관법에서는 유사성 관측식으로 공분산관측식과 유사한 통계식을

부그림 2-20 영역기준 영상정합의 개념 ●●●

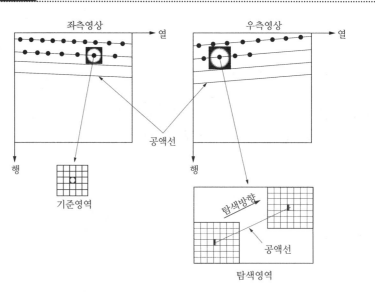

사용한다. g_i^t가 기준영역이고 g_i^s가 한 영상의 탐색영역이라고 하고, 여기서 소이 대상영역의 영상소 수이며, $i=1$, ……, n이라고 할 때 상관계수는 다음 식과 같다.

$$R=\frac{\sum_i (g_i^t-\overline{g^t})(g_i^s-\overline{g^s})}{\sqrt{\sum_i (g_i^t-\overline{g^t})^2 \cdot (g_i^s-\overline{g^s})^2}} \quad (-1 \le R \le 1) \tag{2.60}$$

나) 최소제곱정합법

최소제곱정합법은 탐색영상면에서의 탐색점의 위치(x_s, y_s)를 기준영상 G_t와 탐색영역 G_s의 밝기값들의 함수로 정의한다.

$$g_t(x_t, y_t)=g_s(x_s, y_s)+n(x, y)$$

(x_t, y_t)는 기준영역에서 주어진 좌표이고, (x_s, y_s)는 찾고자 하는 탐색점의 좌표이며, n은 잡영(noise)이다. 위 식을 최소제곱해로 풀면 이동량$(\varDelta_x, \varDelta_y)$을 구할 수 있다.

$$\begin{bmatrix} \varDelta_x \\ \varDelta_y \end{bmatrix} = \begin{bmatrix} \Sigma g_x^2 & \Sigma g_x g_y \\ \Sigma g_x g_y & \Sigma g_y^2 \end{bmatrix}^{-1} \begin{bmatrix} \Sigma g_x \varDelta_g \\ \Sigma g_y \varDelta_g \end{bmatrix} \tag{2.61}$$

여기서 $(g_x, g_y)=(dg_s/dx, dg_s/dy)$이며 $\varDelta g=g_t(x, y)-g_s(x, y)$, 즉 기준영상의 영상소와 탐색영상의 영상소의 밝기값 차이를 말한다.

초기값(x_0, y_0)을 이 식에 대입하여 이동량을 계산하고, 계산된 이동량을 적용하여 다음 식과 같이 근사위치를 구한다.

$$(x_{n+1}, y_{n+1})=(x_n+\varDelta x, y_n+\varDelta y) \tag{2.62}$$

이동량이 매우 작아질 때까지 이러한 과정을 계속 반복하면 원하는 탐색점의 위치로 수렴하게 된다.

다) 문제점

(ㄱ) 이웃 영상소끼리 유사한 밝기값을 갖는 지역에서는 최적의 영상정합이 어렵다.

(ㄴ) 반복적인 부형태(sub pattern)가 있을 때 정합점이 여러 개 발견될 수

있다.

　　(ㄷ) 선형경계주변에서는 경계를 따라서 중복된 정합점이 발견될 수 있다.

　　(ㄹ) 불연속적인 표면을 갖는 부분에 대한 처리가 어렵다.

　　(ㅁ) 계산량이 많다.

(2) 영상융합기법

영상융합에 많이 이용되는 기법들은 다음과 같다.

① Wavelet 융합기법

고해상영상(예: panchromatic영상)을 저해상영상(예: multispectral영상)의 공간해상도와 일치하는 단계까지 다해상도 Wavelet 변환을 적용하여 근사영상과 세부영상으로 나뉜 후 근사영상을 저해상도 영상의 각 분광밴드로 대체한 뒤 역 변환함으로써 영상을 융합하는 기법이다. 신호처리 및 영상처리분야에서 다양하게 적용되고 있다. 특히 영상압축, 경계선추출, 물체인식 등에 많이 이용되고 있다.

② HPF(High Pass Filter) 융합기법

제 1 단계로 저해상도 영상면의 각 분광밴드에 low pass filter를 적용시켜 분광해상도를 유지하면서 저주파성분을 추출하고 고해상도영상에는 high pass filter를 적용시켜 고해상도 정보를 강조하면서 고주파성분을 추출한다. 제2 단계로 두 영상에 경중률(weight ratio)을 적용시켜 영상을 융합한다. 이때 영상의 질을 향상시키기 위해 공간해상도와 분광정보가 유사한 비율로 융합되도록 필터의 경중률과 필터의 크기를 결정해야 한다.

③ CN(Color Normalized) 융합기법

첫 단계로 융합하고자 하는 저해상도영상의 영상소(pixel)와 고해상도영상의 영상소에 각각 1을 더한 후 그 결과에 3을 곱한다. 둘째 단계로 모든 저해상도영상에 대해 영상소값의 합을 구하고 3을 더한 후 이 값을 이용해서 나눈다. 셋째 단계도 나누어진 값에 1을 빼면 새로운 융합영상의 영상소값이 계산된다. 수식은 다음과 같다.

$$CN_i = \left\{ \frac{(MS_i + 1.0) \times (PAN + 1.0) \times 3.0}{\Sigma MS_i + 3.0} \right\} - 1.0 \qquad (2.63)$$

　　단, CN_i: i번째 저해상도와 고해상영상의 융합
　　　　MS_i: 저해상영상(multispectral)의 i
　　　　PAN: 고해상영상(panchromatic)

분모 3.0을 더한 이유는 0으로 나누어지는 것을 피하기 위함이다. 이 방법은 PCA융합기법과 유사한 결과를 기대하는 저해상도 영상면을 한꺼번에 사용해서 영상을 융합할 수 있다.

④ PCA(Principal Component Analysis) **융합기법**

영상부호와 영상압축, 영상향상에 사용되는 기법으로 변량 사이의 상관관계를 고려하여 가능한 정보를 상실하지 않고 많은 변량의 관측값을 적은 개수의 종합지표로 집약시켜 나타낼 수 있다. 3개 이상의 분광밴드(명암, 색조, 채도)로 구성된 영상에 적용할 수 있는 장점이 있다.

5. 지구좌표계 변환

(1) 지리좌표(ϕ, λ, h)에서 지심좌표(X, Y, Z)로의 변환

① ϕ, λ, h, X, Y, Z와 묘유선 곡률반경(N)

공간상의 한 점에 대한 3차원 직교좌표와 타원체좌표와의 관계는 다음 〈부그림 2-21〉을 참고하여 표현하면 다음과 같다.

$$X = (N+h)\cos\phi\cos\lambda \tag{2.64}$$
$$Y = (N+h)\cos\phi\sin\lambda$$
$$Z = (\frac{b^2}{a^2}N+h)\sin\phi$$

부그림 2-21 3차원 직교좌표와 타원체 좌표 ●●●

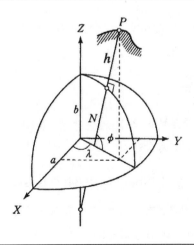

$$N = \frac{a^2}{\sqrt{a^2\cos^2\phi + b^2\sin^2\phi}} \tag{2.65}$$

단, X, Y, Z : 공간상의 한 점에 대한 직교좌표

  ϕ, λ, h : 직교좌표와 동일한 원점을 가지는 타원체 좌표

  N : 묘유선 곡률반경

  a, b : 타원체의 장반경과 단반경

3차원 직교좌표를 지구중심좌표로 나타낼 수 있으며 지심(원점)과 동일하다.

② 지리좌표계에서 지심좌표계로의 변환식

직교좌표 X, Y, Z로부터 타원체좌표 ϕ, λ, h를 계산하는 과정

가) 단계 : $P = \sqrt{X^2 + Y^2} = (N + h)\cos\phi$ \hfill (2.66)

나) 단계 : 타원체고 $h = \dfrac{p}{\cos}\phi - N$ \hfill (2.67)

다) 단계 : 제1이심률의 제곱 $e = \dfrac{a^2 - b^2}{a}$ 을 식 (2.64)의 Z에 관한 식에 대입하면

$$Z = (N + h)(1 - e^2\frac{N}{N+h})\sin\phi \tag{2.68}$$

라) 단계 : 식 (2.64)를 식 (2.65)로 나누고 정리하면

$$\tan\phi = \frac{P}{Z}(1 - e^2\frac{N}{N+h})^{-1} \tag{2.69}$$

마) 단계 : 경도 λ는 식 (2.68)의 두 번째 식을 첫 번째 식으로 나누면 식 (2.70) 과 같이 된다.

$$\tan\lambda = \frac{Y}{X} \tag{2.70}$$

경도 λ는 식 (2.70)으로부터 직접 계산할 수 있으나 타원체고 h와 위도 ϕ는 식 (2.67)과 (2.69)에 의하여 결정할 수 있다.

(2) 세계측지측량기준계 1984(WGS 1984)와 Bessel 타원체상의 좌표변환

두 기준계 상의 위성관측점에 대한 WGS84 및 Bessel 좌표의 측지좌표성분의 편차량($\Delta\varphi$, $\Delta\lambda$, ΔH)을 Molodensky 변환식으로부터 도출하고 이를 보정

하여 두 측지측량계간의 변환을 수행

표준변환공식

$$\Delta\phi'' = \{ -\Delta X \sin\phi\cos\lambda - \Delta Y \sin\phi\sin\lambda + \Delta Z \cos\phi$$
$$+ \Delta a(R_M i^2 \sin\phi\cos\phi)/a + \Delta f[R_M(a/b)] + [R_N(b/a)]$$
$$\times \sin\phi\cos\phi\}[(R_M + H)\sin 1'']^{-1}$$

$$\Delta\lambda'' = [-\Delta X \sin\lambda + \Delta Y \cos\lambda][(R_N + H)\cos\phi\sin 1'']^{-1}$$

$$\Delta H = \Delta X \cos\phi\cos\lambda + \Delta Y \cos\phi\sin\lambda + \Delta Z \sin\phi \qquad (2.71)$$
$$- \Delta a(a/R_N) + \Delta f(b/a)R_N \sin^2\phi$$

단, $e^2 = 2f - f^2$

ΔX, ΔY, ΔZ : 평균 지심편차량

Δf : 두 타원체의 편평률 차 Δa : 타원체의 장반경 차

R_M : 자오선의 곡률반경 R_N : 묘유선의 곡률반경

(3) 지구타원체의 요소 계산(earth ellipsoid elements)

① 지구의 반경

지구를 구형이라고 하면, 〈부그림 2-22〉에 나타난 것과 같이 남북방향의 2점 A, B간의 거리 s와 위도의 차 $\Delta\varphi$를 알면, 지구의 반경 r은

$$r = \frac{s}{\Delta\varphi} = \frac{s}{\Delta\varphi \cdot \frac{2\pi}{360}} \qquad (2.72)$$

으로 구해진다.

부그림 2-22 지구의 반경을 구하는 방법

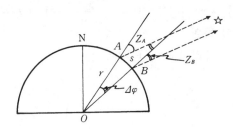

부그림 2-23 자오선의 타원을 결정하는 방법

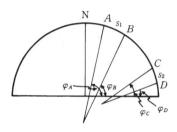

$\Delta\varphi$는 일정한 천체가 A, B를 포함하는 자오선이 통과할 때 양점에서 Z_A, Z_B를 관측하면 $\Delta\varphi$는 다음과 같이 계산된다.

$$\Delta\varphi = Z_A - Z_B \tag{2.73}$$

지구의 회전타원체(rotation ellipsoid)는 〈부그림 2-23〉에 나타나듯이 자오선에 따른 2개의 부분으로 각각의 호의 길이와 그 호의 양단에서 위도의 차를 알면 그 자오선의 타원이 결정된다.

그림에서 A, B의 위도를 φ_A, φ_B라 하고, 그 중심 $\frac{1}{2}(\varphi_A + \varphi_B) = \varphi_1$에서 자오선의 곡률반경을 ρ_1, $\widehat{AB}$의 거리를 s_1이라고 하면,

$$\rho_1 = \frac{s_1}{\varphi_A - \varphi_B} = \frac{s_1}{\Delta\varphi_1} \tag{2.74}$$

타원에 대한 곡률반경은

$$\rho_1 = a \frac{1-e^2}{\sqrt{(1-e^2\sin^2\varphi_1)^3}} \tag{2.75}$$

여기에 a는 적도반경, e는 이심률로서 $e = \frac{\sqrt{a^2-b^2}}{a}$이고, b는 극반경이다.

② **자오선의 오차 타원**

다른 자오선 호에 대하여도 마찬가지로,

$$\rho_2 = \frac{s_2}{\varphi_C - \varphi_D} = \frac{s_2}{\Delta\varphi_2} \tag{2.76}$$

$$\rho_2 = a \frac{1-e^2}{\sqrt{(1-e^2\sin^2\varphi_2)^3}} \tag{2.77}$$

따라서 식 (2.75)÷식 (2.77)에 의하여

$$e^2 = \frac{m-1}{m\sin^2\varphi_1 - \sin^2\varphi_2} \tag{2.78}$$

단, $m = \sqrt[3]{\left(\frac{\rho_1}{\rho_2}\right)^2}$

ρ_1/ρ_2는 식 (2.74)÷식 (2.76)으로 주어지므로 식 (2.78)에 의해 e 및 식 (2.74)에서 a를 알 수 있다.

그리고, 타원을 결정하는 2요소 a와 e, 혹은 a와 편평률 $\varepsilon \left(= \frac{a-b}{a} = 1 - \sqrt{1-e^2}\right)$ 또는 a와 b를 구한다.

미지수 a와 e를 정하는 데는, 위와 같이 2개소에서 호도측량을 행하고, 식 (2.75)와 식 (2.77)의 2식을 풀면 되지만 지구 전체에 대한 평균값을 내는 데는 호도측량을 방향마다 행하고, 그 결과를 최소제곱법으로 처리하면 된다.

6. 도형의 투영도법

(1) 개   요

본 절에서는 도형해석 중 3차원을 2차원으로 표현하는 작업중 투영을 하기 위한 도법, 면·체적의 산정 등을 다루기로 한다.

(2) 투영을 하기 위한 도법

① Tissot의 지시타원

투영면상의 점에 생기는 각과 면적의 변형량을 이론적으로 고찰하기 위해서 Tissot이 명명한 지시타원(indicatrix)이 사용된다. 구면상의 각 점들은 단위반경 (축척계수=1)을 갖는 원으로 표시된다고 할 때 직각을 유지하는 수직교선들의 두 방향에서의 축척계수는 정사투영을 제외하고는 1이 아니며 서로 다르게 된다. 이 경우 지시타원은 축척계수값을 장단축으로 하는 타원이 된다.

② 횡원통도법(transverse cylindrical projection)

원통도법은 적도에서 지구와 원통을 접하여 투영하는 것이므로 길이가 정확히 투영되는 곳은 적도 부근이다. 따라서 어떤 경선에 연해 남북으로 긴 지역 또는 경선 이외의 대권에 연한 지역에 대해서는 부적합하다. 이와 같은 지역에 대해서는 원통을 그 지역의 중앙을 통과하는 경선 또는 대권에 접해 투영하면 그 대권에 연해 길이가 정확히 투영된다. 이 경우 경선에 원통을 접하여 투영하는 방법을 총칭하여 횡원통도법(橫圓筒圖法, TM), 경사진 대권에 원통을 접해 투영하는 방법을 사원통도법(斜圓筒圖法)이라 한다.

　　횡원통도법은 지형도, 그 이상의 대축척도, 또는 측량좌표계용의 도법 등에 널리 쓰이고 있다. 이 경우 정축원통도법이 적도로부터 고위도에 갈수록 변형이 커지는 것과 같이 기준경선으로부터 멀어질수록 변형이 커지므로 대축척 또는 측량좌표계용의 도법 등으로 이용할 경우에는 기준경선을 중앙에 놓고 그 양측에 투영하는 범위를 한정하는 것이 일반적이다.

　가) 등거리횡원통도법(cassini-soldner 도법)

　　이 도법은 y의 값을 지구상의 거리와 같게 하는 도법으로서 1744년부터 시작된 프랑스의 삼각측량에 카시니가 써서 이 도법에 의한 1/86,400의 프랑스지도는 현재 프랑스지도의 기초가 되었다. 그 후 1809년 솔드너가 바이에른의 지적측량에 써서 카시니·솔드너도법이라 불리게 되었다. 이 도법은 프랑스 이외에도 독일, 영국 등의 구식 지형도 등에 널리 쓰였다. 투영식은 $x=R\lambda$, $y=R\varphi$이며, 이 도법의 변형은 선변형 축척계수 $ky=1$, $kx=\sec\varphi$이다.

　나) 등각횡원통도법(또는 람베르트 등각원통도법)

　　횡메르카토르도법으로 불리는 이 도법은 실제 지도에는 이용되지 않지만 가우스이중투영의 기초가 되었으며, 가우스이중투영과 가우스-크뤼거도법을 이해하는 데 필요하다. 등각횡원통도법의 좌표값은

$$x=R\cot^{-1}(\cos\varphi\,\cos\lambda)$$
$$y=\frac{R}{2}\log\frac{1+\cos\varphi\,\sin\lambda}{1-\cos\varphi\,\sin\lambda} \tag{2.79}$$

이며 반구를 이 도법으로 투영하면 〈부그림 2-24〉와 같다.

　　이 그림의 원점은 극이며, 0°의 경선이 중앙경선이다. 점선이 나타내는 도형은 정축메르카토르의 도형을 나타낸다. 이 그림을 90° 회전시키면 현재 수평인 점선은 정축메르카토르의 경선이 되며, 수직인 점선은 위선의 투영이 된다. 따라서 정축과 횡축의 경위선은 적도와 0°와 90°의 경선상에서 일치하게 된다. 경선의 경도를 나타내는 숫자는 정축으로 한 경우의 위도의 여각을 나타내며,

부그림 2-24 메르카토르도법

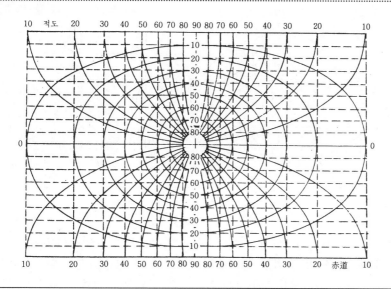

그림에서 위선의 위도 숫자와 정축으로 한 경우의 위도의 경선의 도수 또한 같은 관계가 있다. 이 도법의 변형은 전체방향에 같게 나타나며 선변형 축척계수 k는

$$k = \sec \delta \tag{2.80}$$

이다.

③ 가우스의 이중투영도법

타원체에서 구체로 등각투영하고, 이 구체로부터 평면으로 등각횡원통투영하는 방법으로 2회 투영한다는 뜻에서 이중투영이라 불리게 되었다. 이와 같이 투영하면 회전타원체로부터 평면으로 투영하는 것과 같은 결과를 얻게 된다. 이 방법은 지구 전체를 구에 투영하는 경우와 일부를 구에 투영하는 경우가 있으며 전자는 소축척의 지도에, 후자는 대축척도와 측량의 경우에 이용된다.

④ 가우스-크뤼거도법(Gauss-Krüger's projection or TM)

1912년 크뤼거(Krüger)가 발표하였으나 이것은 가우스의 등각도법의 확장이므로 가우스-크뤼거도법이라고 이름이 붙게 되었다. 1929년 독일에서 채용한 이래 많은 나라에서 대·중축척의 지도와 측량좌표계용의 도법으로 쓰이고 있다.

부그림 2-25 가우스 이중투영도법 ●●●

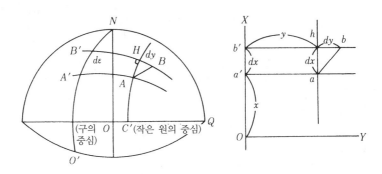

이 도법은 원점을 적도상에 놓고 중앙경선을 X축, 적도를 Y축으로 한 투영으로 축상에서는 지구상의 거리와 같다. 투영범위는 중앙경선으로부터 넓지 않은 범위에 한정되며, 넓은 지역에 대해서는 지구(地區)를 분할하여 지구 각각에 중앙경선을 설정하여 투영한다. 투영식은 타원체를 평면의 등각투영이론에 적용함으로써 구해진다.

⑤ **UTM도법**(Universal Transverse Projection)

UTM(국제횡메르카토르)도법은 지구를 회전타원체로 보고, 80°N~80°S의 투영범위를 경도 6°, 위도 8°씩 나누어 투영한다. 이와 같은 UTM좌표계는 제2차 세계대전중 각국이 서로 다른 도법을 사용한데 기인한 작전상의 불편을 경험하여 1950년대 초 북대서양조약기구(NATO)의 가맹국들 사이에 통일된 지도를 작성하기로 약속함으로써 이루어졌다. 그 투영방식 및 좌표변환식은 가우스-크뤼거(TM)도법과 동일하나 원점에서의 축척계수를 0.9996으로 하여 적용범위를 넓혔다.

UTM좌표계의 구역명칭(zone designatioin)은 〈부그림 2-26〉과 같이 180°W에서 동쪽으로 6°간격씩 1에서 60까지 번호를 붙이고 80°S에서 북쪽으로 8°간격씩 C에서 X(단 I와 O는 제외)까지 20개의 문자로 표시된다.

따라서 우리나라는 col. 51~52(120°E~132°E) 및 row S~T(32°N~48°N)에 속하여 UTM좌표계 51S, 51T, 52S, 52T의 4구역으로 전 국토가 나타내어진다.

각 구역은 그 구역의 중앙자오선과 적도와의 교점을 원점으로 하여 가우스-크뤼커(TM)도법에 의해 등각투영한다. UTM좌표에서 남북방향의 평면종

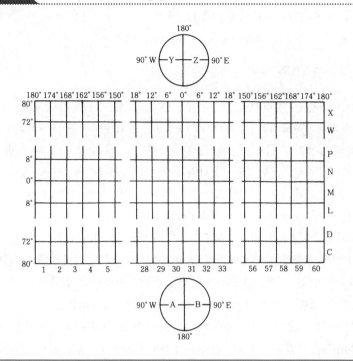

부그림 2-26 UTM좌표계의 구역명칭

좌표 N은 원점인 적도록부터 계산되며 북반구에서는 0m, 남반구에서는 10,000,000m를 원점값으로 한다. 또한 동성방향의 평면횡좌표 E는 중앙자오선에서 원점값을 500,000m로 한다. UTM N, E(northing, easting)와 TM좌표 x, y와의 관계는 다음과 같다.

$$N(\text{북반구})=0.9996x$$
$$N(\text{남반구})=10,000,000-0.9996x \qquad (2.81)$$
$$E \qquad =500,000\pm0.9996y$$

여기에서 x, y는 TM좌표의 절대값이며, E에서 +는 중앙자오선에서 동쪽일 때, -는 서쪽일 때이다. UTM좌표의 실용환산식은

$$N(\text{북반구})=(\text{I})+(\text{II})p^2+(\text{III})p^4+A_6$$
$$N(\text{남반구})=10,000,000-\{(\text{I})+(\text{II})p^2+(\text{III})p^4+A_6\}$$

$$E \qquad =500,000 \pm E' = 500,000 \pm \{(\text{IV})p + (\text{V})p^3 + B_5\}$$
$$C \qquad =(\text{XV})q + (\text{XVI})q^3 + F_5$$
$$k \qquad =0.9996(1+\text{XVIII})q^2 + 0.00003p^4 \qquad (2.82)$$

단, $p = 0.0001 \times \varDelta\lambda$, $g = 0.000001 \times E'$

위 식의 계산은 지리좌표로부터 수평면좌표로의 정확도가 ±0.01m, 가(假)자오선수차의 정확도가 ±0.01초가 되도록 AMS(미육군지도국)에서 발행한 UTM환산표에서 (I), (II), …, (XVIII), A_6, B_5, F_5의 값을 사용하여 계산된다.

가우스이중투영, TM 및 UTM좌표에서의 축척계수의 변화는 〈부그림 2-27〉과 같다. UTM에서 중앙자오선상의 거리는 실제보다 4/10,000만큼 축소되어 있으며, 구역 내에서의 거리편의(距離偏倚)는 약 ±4/10,000에서 ±6/10,000 이내가 되도록 제한되어 있다. 지도제작시 구역의 경계가 서로 30′씩 중복되도록 만들어지며 종래의 다면체도법에 의한 지형도와 같이 접합부에 빈 틈이 생기지 않는다. 우리나라에서는 1/50,000 군용지도에 사용하고 있다.

⑥ UPS도법(Universal Polar Stereographic coordinate)

횡방안선의 종좌표는 북극의 경우, 경도 0°부근의 최하단 횡선이 1,000,000mN, 원점을 지나는 횡축이 2,000,000mN, 경도 180° 부근의 최상

부그림 2-27 축척계수 변화

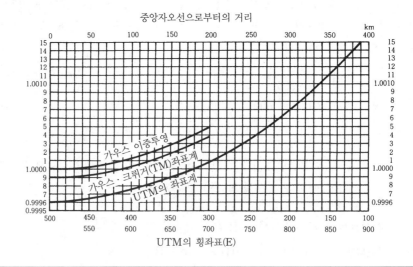

단 횡선이 3,000,000mN이다. 종방안선의 횡좌표는 90°W 부근의 최우단 종선이 1,000,000mE, 원점을 지나는 종축이 2,000,000mE, 90°E 부근의 최우단 종선이 3,000,000mE이다(남극에서는 반대임). 따라서 좌표읽기는 우상독(右上讀)이다. 또 1,000,000m 좌표방안구역은 UTM좌표에서와 마찬가지로 100,000m 좌표방안으로 잘게 재구분하며 각각 두 개의 알파벳문자로 좌표구역표지(grid zone designation)를 준다.

⑦ **원추도법**(conic projection)

경선은 중심으로부터 일정각 내에 방사하는 직선, 위선은 원호로 나타나며, 투영식은 $r = Rf(\delta)$, $\theta = k\lambda$이다. 여기에서 k는 원추의 정각(頂角)을 결정하는 값으로 경선계수라 부르며, 원추가 구체와 접하는 개소의 경위도를 δ_0라 하면 $k = \cos \delta_0$가 된다. 원추도법 중 다면체도법만을 기술하겠다.

가) **다면체도법**(polyhedric projection)

다면체도법은 지구를 일정한 경위선으로 구분하고 그 각각의 구획사변형을 평면상에 중심투여하여 지도를 작성하는 방법이다. 이 도법으로 투영된 경위선의 형은 부채꼴 또는 등변사다리꼴(正台形)로 되고 지구의 표면에 특히 가까운 다면체가 되므로 다면체도법이라 한다. 다수의 도엽을 수평면상에서 접합하여 보면 단(端)쪽으로 균열이 생긴다. 또한 이 도법의 계산에 이용되는 것은 축척이 크고 높은 정확도가 요구되므로 회전타원체가 이용된다.

〈부그림 2-28〉(a)에서 곡면 $ABCD$를 경위선에 의해 나누어진 지구표면이라 하고 $\overarc{AB}$, $\overarc{DC}$를 위선, $\overarc{AD}$, $\overarc{BC}$를 경선, S는 곡면 $ABCD$의 네 귀퉁이를 통과하는 수평면이다. 그림에서 곡면 $ABCD$를 지구의 중심에서 S에 중심투영하면 위선은 타원의 호, 경선은 직선으로 투영되어 〈부그림 2-28〉(b)와 같이 부채꼴이 된다. 여기서 M과 A의 경도차를 λ라 하고, 위선 $\overarc{AB}$상에 M에서 경도 λ_1만큼 떨어진 점 P의 투영 $\overline{P}$에서 AB와 $\overline{A\,B}$의 거리를 d로 하면 d는 다음과 같은 식으로 주어진다.

$$d = \frac{1}{4}N(\lambda + \lambda_1)(\lambda - \lambda_1)\sin 2\varphi \tag{2.83}$$
$$N = \frac{a}{\sqrt{1 - e^2 \sin^2 \varphi}}$$

단, $\varphi : \overarc{AB}$의 위도, $N : \varphi$의 횡곡률

이 d를 도곽곡률이라 하고 $\lambda_1 = 0$인 값을 d_0라 하면

부그림 2-28 다면체도법의 투영방법

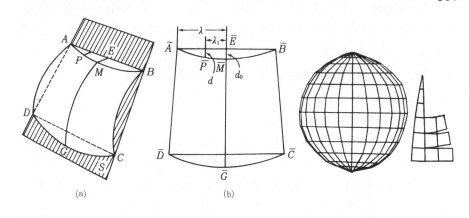

(a) (b)

$$d_0 = \frac{1}{4}N\lambda^2 \sin 2\varphi \tag{2.84}$$

이며, 이것은 도곽중앙곡률이다. 이 도법의 작도는 다음과 같이 한다. $\overline{AB}$, $\overline{DC}$를 경도차에 대한 위선길이, $\overline{LM}$을 위도차에 대한 경선길이로 등변사다리꼴 $ABCD$를 작도하면 $\overline{AD}$, $\overline{BC}$는 경선투영이다. 위선투영은 $\overline{AB}$, $\overline{DC}$를 적당한 수로 나누고(1/20만 지세도에서 6등분), 각각의 경도차에 대한 곡률을 계산하고, 그 길이를 각각의 위치에서 아래로 잡고, 그 단을 절선(折線)하지 않고 작도한다. 1/50,000 이상의 지형도에서는 곡률을 무시해도 지장이 없으므로 등변사다리꼴로 작도한다. 실제 작도에 있어서는 1/200,000지세도, 지형도의 각 축척에서 경위도표가 만들어져 있고 위도를 인수(引數)로 한 위선상의 길이곡률이 축척화되어 기재되어 있으므로 이것을 이용하여 간단하게 작도한다. 이 도법은 우리 나라에서 1/50,000 이상의 지형도에 이용하고 있다.

⑧ **지구의(地球儀)에 대한 도법**

지구는 회전타원체라 불리는 남북으로 약간 편평한 곡면으로 되어 있고 장반경과 단반경의 차가 약 21km이기 때문에 1/10,000,000로 축소하면 그 장반경은 63.8cm, 단반경은 63.6cm이며 그 차는 2mm로 된다. 지구의는 위와 같이 준비한 구 위에 지구상의 도형이 인쇄된 지도를 펴서 만들거나, 1매의 지도로는 구면상에 밀착시키는 것이 불가능하므로 구면상을 UTM도법과 같이 몇 개의 경도대로 나누어 지도를 제작하여 그것을 구 위에 붙인 것이다. 이 지도를

부그림 2-29   지구의주형(地球儀舟形)도법

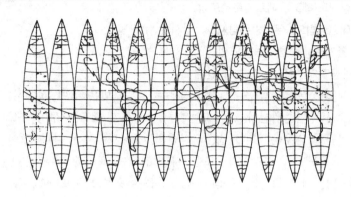

만들 경우의 도법은 중앙경선이 구면과 같은 길이이고 위선의 길이도 구면상에서와 같게 다원추도법을 이용해서 경도대에 투영한다. 경도대의 수는 구의 크기에 따라 6, 9, 12, 18등분하고 극부분은 등거리천정도법 중에서 정축법으로 투영된 지도로 보완한다.

(3) 투영도법의 적용에 대한 분류

① 축척에 의한 도법 선택방법

가) 대·중축척지도의 도법

도형의 변형을 거의 고려하지 않아도 될 만큼 작은 범위를 투영하는 도법이며 국토지리정보원 발행의 국가기본도, 국가지형도, 지세도 및 도시계획도 등 1/1,000~1/200,000 정도의 지도 또한 측량의 평면직교좌표에 이용되는 도법에는 횡원통등각도법(횡메르카토르도법) 및 다면체도법이 이용된다.

나) 소축척지도의 도법

1/500,000 이하의 축척지도, 국토지리정보원 발행의 지방도 등에는 주로 다원추도법, 람베르트등각원추도법, 본느도법, 람베르트등적천정도법, 갈(Gall)도법, 미라도법, 에이토프(Aitoff)도법 등이 이용된다.

② 지도사용목적에 의한 선택방법

지도는 일반도와 특수도로 구분되는 것이 일반적인 경우이며 일반도의 도법은 축척, 지형, 위도 등을 고려하면 되고 특수목적에 쓰이는 지도는 특정도법에 의해야만 한다. 예를 들면 다음과 같다.

가) 항공도: 람베르트등각원추도법, 평사도법, 극심법(극지방)

나) 항해도(해도), 메르카토르도법

다) 대권항법도, 무선방위탐지도: 심사(心射)도법

라) 통계도: 각종 등적도법

③ 대상지역 위도와 도법의 관계

정축도법(또는 극심법)을 고려한 경우는 방위도법은 극이 정확히 표시되고 원추도법에서는 기준위선이, 원통도법에서는 적도가 정확히 투영되므로 대상지역이 극 부근일 경우는 방위도법, 극심법을, 중위도에서는 원추도법을, 적도부근에서는 원통도법이 적당하다. 또한 지구 전체를 표시할 경우에는 상송도법, 몰와이데도법, 에이토프도법 등의 등적도법을 이용하고 구도(求圖) 등의 경우에는 방위도법, 적도법 등이 적당하다.

(4) 세계지도에 대한 평가기준

세계지도의 경우에 취급되는 평가기준은 시각, 범위, 성질, 투영식, 경위선망, 외관 및 변형(또는 왜곡)이 있다. 시각은 지원(地元)을 중심으로 한 세계지도가 가장 자연스럽게 고려될 수 있다. 객관적인 세계인식은 지구의로 인식될 수 있기 때문이다. 범위는 세계 전체를 나타내지 않은 도법 및 전개를 해서 생긴 접합부분을 수정하지 않은 도법은 역시 충분하다고 할 수 없다. 성질은 형상 및 면적의 변형을 작게 한 절충도법보다도 넓은 범위에 걸쳐 오차가 없는 등적도법이 좋다. 왜냐하면, 분포 및 밀도의 상태를 정확히 알 수 있기 때문이다. 투영식은 광범한 체계 중에서 위치를 기입할 수 있고 기술적으로도 취급이 쉬운 것이 요구된다. 경·위선망은 경·위선이 절단되지 않는 방법이 요구되고 위선도 또한 만곡되지 않는 방법이 요구된다. 지역간 비교 및 동위도 비교가 중요한 관심사이기 때문이다. 변형은 전체적으로 작은 것이 바람직하며 해륙의 배치 또한 불균형해서는 안 된다. 외관은 윤곽 등에서 날카로운 부분 및 비틀어진 모양의 불연속된 곳이 없는 것이 요구된다.

7. 투영도법계산

(1) 가우스 이중투영 및 가우스 크뤼거 도법계산

① 가우스 이중투영에 의한 계산식

가) 지리적 경·위도로부터 평면직교좌표의 변환식

지리적 경·위도로부터 구체상의 경·위도를 구하는 식은

$$\tan\left(\frac{b_p}{2}+\frac{\pi}{4}\right)=\frac{1}{R}\tan^v\left(\frac{B_p}{2}+\frac{\pi}{4}\right)\cdot\left(\frac{1-e\sin B_p}{1+e\sin B_p}\right)^{\frac{ve}{2}}$$

$$l_p=v\lambda \tag{2.85}$$

이다. 여기서

$$\lambda=L_p-L_0$$
$$v=\sqrt{1+f^2\cos^2 B_0}$$
$$R=\frac{\tan^v\left(\dfrac{B_0}{2}+\dfrac{\pi}{4}\right)}{\tan\left(\dfrac{b_0}{2}+\dfrac{\pi}{4}\right)}\cdot\left(\frac{1-e\sin B_0}{1+e\sin B_0}\right)^{\frac{ve}{2}}$$
$$\sin b_0=\sin B_0/v$$

단, $b_p,\ l_p$: 임의의 점 P의 구체상에서의 경위도

　　$B_p,\ L_p$: 임의의 점 P에 있어서의 지리적 경위도

　　$B_0,\ L_0$: 평면직교좌표 원점의 지리적 경위도

　　$b_0,\ l_0$: 가정구체상에서의 원점의 경위도

이다. 또한 구체상의 경위도로부터 구면좌표 $X,\ Y$를 구하고자 할 경우는

$$X=r_0(b'-b_0)$$
$$\sin(Y/r_0)=\cos b_p\cdot\sin l_p \tag{2.86}$$

이다. 단, $r_0=a\sqrt{1-e^2}/(1-e^2\sin^2 B_0)$

　　　　$\tan b'=\tan b_p/\cos l_p$

　　여기서 b'는 매개변수로서 구면상의 P점에서 주자오선에 내린 수선의 발의 구면위도이다. 구면좌표 X, Y로부터 평면직교좌표 x, y 및 자오선수차각(子午線收差角) r은

$$x=X$$
$$y=r_0 \ln[\cos(Y/r_0)/\{1-\sin(Y/r_0)\}] \tag{2.87}$$
$$\tan \gamma = \sin b_p \cdot \tan l_p$$

이며 각도는 모두 radian이다.

　　이상은 구체상에서 이를 평면상에 투영하는 방법이며 다음에서는 이를 역용하여 환원하는 계산식을 서술한다.

나) 평면직교좌표로부터 지리적 경·위도로의 변환

　　평면직교좌표 x, y로부터 구면좌표 X, Y를 구할 때는 식 (2.87)로부터

$$X=x$$
$$Y/r_0=2\left(\tan^{-1} 10^{yM/r_0} - \frac{\pi}{4}\right) \tag{2.88}$$

　　구면좌표 X, Y로부터 구면위도 b_p, 구면경도 l_p를 구하는 식은 식 (2.86)으로부터

$$b'=x/r_0+b_0$$
$$\cos b_p=\sqrt{\sin^2 b' \ \sin^2(Y/r_0)-\sin^2 b' +1}$$
$$\sin l_p=\sin(Y/r_0)\cos b_p \tag{2.89}$$

단, x, y : 임의의 점 P에 있어서 평면직교좌표의 종횡축방향

　　γ : 자오선수차각

　　ae : 지구타원체의 장반경, 이심률

　　e' : 제2이심률 $=\sqrt{e^2/(1-e^2)}$

Bessel타원체의 상수를 사용하면

$$a=6377397.155, \ e^2=0.00674372231$$
$$e'^2=0.006719218798$$

이고 구면좌표 b_p, l_p로부터 지리적 경위도를 구하는 식은 식 (2.85)를 역전개한 식은 매우 복잡해지므로 Newton의 축차방정식을 적용하여 식 (2.85)의 좌변을 $H(b_p)$, 우변을 $G(B_p)$라 하면

$$H(b_p) \equiv \tan (b_p/2 + \pi/4) = (1 + \sin b_p)/\cos b_p$$
$$G(B_p) \equiv \tan^v (B_p/2 + \pi/4)[(1 - e \sin B_p)/(1 + e \sin B_p)]^{ve/2}/R \qquad (2.90)$$

이다. 윗 식들은 서로 같으므로

$$F(B_p) \equiv G(B_p) - H(b_p) = 0$$

으로 하고 Newton의 점근식을 유도하면

$$\begin{aligned} B_{p,n+1} &= B_{p,n} - F(B_{p,n})/F'(B_{p,n}) \\ &= B_{p,n} - \cos B_{p,n}(1 - e^2 \sin^2 B_{p,n}) \\ &\quad \{1 - H(b_p)/G(B_{p,n})\}/v(1 - e^2) \end{aligned} \qquad (2.91)$$

여기서 $F'(B_{p,n})$은 $F(B_{p,n})$의 도함수이다. 위도 B_p는 식 (2.91)을 반복으로 사용하여 구하고 경도 L_p는

$$L_p = L_0 + \lambda \qquad (2.92)$$

로 구한다.

② 가우스 크뤼거 도법의 계산식

횡메르카토르도법은 축척이 중앙경선상에서 일정하므로 $\lambda = 0$일 때 $x = 0$이며 회전타원면에서 평면으로 정각투영(conformal mapping)하는 식은 다음과 같다.

$$x + iy = f(\lambda \pm i\tau) \qquad (2.93)$$

여기서,

$$\tau = \int_0^\varphi \frac{R}{N} \sec \varphi\, d\varphi = \log\left[\left\{\tan\left(\frac{\pi}{4} + \frac{\varphi}{2}\right)\right\} \cdot \left(\frac{1 - e \sin \varphi}{1 + e \sin \varphi}\right)^{e/2} \right]$$

이며, R은 자오선타원의 곡률반경이고 e는 이심률이다. 식 (2.93)으로부터 $iy = f(i\tau) = iS_\varphi$이며 S_φ는 적도로부터 위도(φ)까지의 회전타원면상의 경선타원호

부그림 2-30　회전타원면의 N

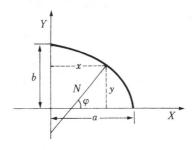

의 길이다.

$$S_\varphi = \int_0^\varphi N \cos \varphi d\tau = f(\tau) \tag{2.94}$$

여기서 N은 회전타원면의 묘유선의 곡률반경이며, a를 회전타원체의 장반경이라 하면

$$N = \frac{a}{\sqrt{1 - e^2 \sin^2 \varphi}} \tag{2.95}$$

이다.

식 (2.93)을 Taylor정리에 의해 전개하면 다음과 같다.

$$x + iy = if(\tau) + \lambda f'(\tau) - \frac{\lambda^2}{2!} if''(\tau) - \frac{\lambda^3}{3!} f'''(\tau) + \frac{\lambda^4}{4!} if^{IV}(\tau)$$
$$+ \frac{\lambda^5}{5!} f^V(\tau) - \frac{\lambda^6}{6!} if^{VI}(\tau) - \frac{\lambda^7}{7!} if^{VII}(\tau) + \frac{\lambda^8}{8!} if^{VIII}(\tau) + \cdots \tag{2.96}$$

식 (2.96)에서 실수부분과 허수부분을 나눠서 전개하면

$$x = \lambda f'(\tau) - \frac{\lambda^3}{3!} f'''(\tau) + \frac{\lambda^5}{5!} f^V(\tau) - \frac{\lambda^7}{7!} if^{VII}(\tau) + \cdots$$
$$y = f(\tau) - \frac{\lambda^2}{2!} if''(\tau) + \frac{\lambda^4}{4!} if^{IV}(\tau) - \frac{\lambda^6}{6!} if^{VI}(\tau) + \frac{\lambda^8}{8!} if^{VIII}(\tau) + \cdots \tag{2.97}$$

이다. 식 (2.97)에서 미분계수를 구하여 대입하면 평면직교좌표 계산식이 유도된다.

$$\frac{x}{N} = \frac{\lambda}{\rho} \cos\varphi + \frac{\lambda^3 \cos^3\varphi}{6\rho^3}(1 - t^2 + \eta^2) + \frac{\lambda^5 \cos^5\varphi}{120\rho^5}(5 - 18t^2 + t^4$$

$$+ 14\eta^2 - 58t^2\eta^2) + \frac{\lambda^7}{5,040\rho^7} \cos^7\varphi(61 - 479t^2 + 179t^4 - t^6) \qquad (2.98)$$

$$\frac{y}{N} = \frac{S_\varphi}{N} + \frac{\lambda^2}{2\rho^2}\sin\varphi \, \cos\varphi + \frac{\lambda^4}{24\rho^4}\sin\varphi \, \cos^3\varphi \, (5 - t^2 + 9\eta^2 + 4\eta^4)$$

$$+ \frac{\lambda^6}{720\rho^6}\sin\varphi \, \cos^5\varphi(61 - 58t^2 + t^4 + 270\eta^2 - 330t^2\eta^2)$$

$$+ \frac{\lambda^8}{40,320\rho^8}\sin\varphi \, \cos^7\varphi(1,385 - 3,111t^2 + 543t - t^6) \qquad (2.99)$$

여기서,

$$\rho = \mathrm{cosec}\,1'', \ t = \tan\varphi, \ \eta^2 = \delta \, \cos^2\varphi = \frac{e^2}{1 - e^2}\cos^2\varphi$$

자오선수차각을 r이라 하면 $\tan r = (\partial y / \partial\lambda)/(\partial x/\partial\lambda)$이며 $(\partial y/\partial\lambda)$와 $(\partial x/\partial\lambda)$는 식 (2.98)과 식 (2.99)에서 계산하여 r식을 유도한다.

$$r = \lambda \sin\varphi\left[1 + \frac{\lambda^2 \cos^2\varphi}{3\rho^2}(1 + 3\eta^2 + 2\eta^4) + \frac{\lambda^4 \cos^4\varphi}{15\rho^4}(2 - t^2)\right] \qquad (2.100)$$

또한 축척계수(s)는 다음과 같다.

$$s = \sqrt{\left(\frac{\partial x}{\partial\lambda}\right)^2 + \left(\frac{\partial y}{\partial\lambda}\right)^2}\,/N\cos\varphi = \frac{1}{N\cos\varphi}\frac{\partial x}{\partial\lambda}\sqrt{1 + \tan^2 r}$$

$$\therefore \ s = \frac{1}{N\cos\varphi}\frac{\partial x}{\partial\lambda}\left(1 + \frac{1}{2}\tan^2 r - \frac{1}{8}\tan^4 r + \frac{1}{16}\tan^6 r - \cdots\right) \qquad (2.101)$$

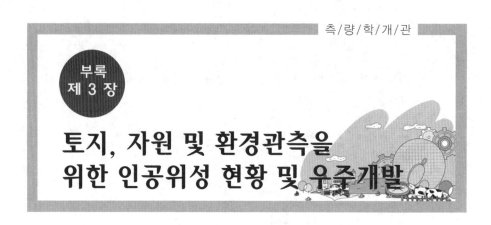

부록
제 3 장

토지, 자원 및 환경관측을
위한 인공위성 현황 및 우주개발

국제적으로 위성영상의 새로운 경향은 고해상도와 '초미세 분광'[참조 :
(hyper spectral bands, 〈부표 3-1〉)]화 및 '높은 비트'(high bit : 통상의 8bits에
서 11bits로 증가)화로 기존 자료에 비해 단위면적당 자료의 양이 방대해지고 있
으며, 이러한 새로운 처리기술은 상용화되는 과정에서 블랙박스(black box)로
출품되어 상세한 사항이 공개되지 않고 있다.

■■ **부표 3-1** 위성에 탑재된 초미세 분광센서

소유국	위성명	센서명	밴드수	밴드폭(µm)	해상도 (m)	촬영폭 (km)	발사연도
미국	EO-1	Hyperion	220	0.43~2.4	30	7.6	2001
미국	Terra(EOS-AM)	MODIS	36	0.405~14.385	250~1,000	2,330	1999
미국	Aqua(EOS-PM)						2002
미국	NEMO	COIS	210	0.4~2.5	30~60	30	2002

1. 위성에 탑재된 초미세분광센서

현재 하이퍼스펙트럴(초분광) 원격탐측(hyperspectral remote sensing)분야

에 활용되고 있는 하이퍼스펙트럴 센서(hyperspectral sensor)는 지질이나 광물 탐사와 구분, 군사적인 목적으로 연구되기 시작되었으며 영상분광학(imaging spectroscopy)이란 용어로 사용되기도 한다. 각 물질의 물리, 화학적 결합에 의한 흡수 특성(absorption feature)을 조사하는 지질학자가 분광학에 관심을 가지면서 1980년대 중반에 하이퍼스펙트럴 영상을 원격탐측에 사용하기 시작하였다.

현재 하이퍼스펙트럴 영상은 부영양화를 통한 수질조사, 암석의 상태(암반, 자갈, 모래 등)의 상태분석, 토양의 수분함량과 투수성 조사, 암석의 종류와 구조를 통한 지질도 제작, 토지와 자원 및 환경분야의 관측과 해석, 군사분야의 지형공간정보 이용 등의 다양한 분야에서 활용되고 있다.

하이퍼스펙트럴 영상은 위성 EO-1경우 $0.43 \sim 24\mu m$에 해당하는 좁은 대역폭(bandwidth)을 가지며 220 정도의 밴드수로 대략 7.6km영역을 관측한다. 하이퍼스펙트럴 영상은 이미지 큐브(image cube)라고 불려지는 3차원 자료구조를 가진다. 이미지 큐브에서 $X-Y$평면은 지형공간정보를 나타내며 Z축은 파장대(또는 밴드수)에 해당하는 축으로 나타내진다. 지상의 지형공간은 센서의 밴드수 (n)만큼의 분광을 가지며 n차원 분광으로 표시되고, 이러한 n차원 분광특성을 분석하여 물질의 특성을 알아낼 수 있다.

초미세분광 데이터 취득 방식에 따라 pushbroom 방식의 센서와 whiskbroom 방식 센서로 나뉜다.

pushbroom 방식 센서는 관측 폭이 좁지만 많은 밴드 수(200 밴드 내외)를 가지며 회절격자나 프리즘 방식 기법으로 밴드를 나눈다.

■■ **부표 3-2** 항공기에 탑재된 초미세 분광센서(pushbroom 방식 센서)

센서명	밴드수	밴드폭	파장범위	탑재방식	분광 해상도	관련 기관
CASI	228개	1.8nm	$0.43 \sim 0.87\mu m$	항공기	12bit	캐나다 ITRES
HYDICE	210개	10nm	$0.4 \sim 2.5\mu m$	항공기	12bit	미국 Hughes Danbury Optical Systems, Inc.
AISA	186개	1.6nm	$0.45 \sim 0.9\mu m$	항공기	12bit	핀란드 Spectral Imaging Ltd.
AAHIS	288개	2.5nm	$0.39 \sim 0.84\mu m$	항공기	12bit	미국 SETS Technology Inc.

■■ **부표 3-3**　항공기에 탑재된 초미세 분광센서(whiskbroom 방식 센서)

센서명	밴드수	밴드폭	파장범위	탑재 방식	분광 해상도	관련 기관
AVIRIS	224개	9.6nm	0.4~2.5㎛	항공기	12bit	미국 NASA JPL
DAIS	79개	0.9~45nm	0.4~12.6㎛	항공기	15bit	독일 GER　DLR
HyMap	126개	10~20nm	0.45~2.5㎛	항공기	12bit	호주 Integrated Spectronics
MAS	50개	20~1,500nm	0.52~14.52㎛	항공기	12bit	미국 NASA GSFC
Probe-1	128개	20nm	0.44~2.5㎛	항공기	12bit	미국 ESSI

whiskbroom 방식 센서는 넓은 시야각을 가지는 반면 적은 밴드 수를 가진다. 각 밴드는 일반적으로 회절격자와 필터 방식을 통해 나뉘어진다.

2. 위치관측의 정확도 보강을 위한 인공위성 체계

3대 위성항법체계(GPS, GLONASS, Galileo) 중에서 GPS와 GLONASS의 보정신호를 제공함으로써 위치관측 정밀도와 무결성을 증강하기 위한 보강 체계로 개발 중이다. 이러한 보강체계는 인공위성을 이용하여 신호를 제공할 경우 SBAS(Space-Based Augmentation System)가 되며, 지상에 구축한 체계를 이용할 경우 GBAS(Ground-Based Augmentation System)가 된다. SBAS의 경우 대표적으로 미국의 WAAS(Wide-Area Augmentation System)/LAAS(Local-Area Augmentation System), 유럽의 EGNOS, 일본의 MSAS, 호주의 GRAS는 GBAS를 들 수 있다.

광역보정체계(WAAS)는 연방 항공국에 의해 개발·운영 중인 GPS 보정체계로 CAT-I 정밀 접근을 통한 모든 비행단계 동안에 1차 항법 수단으로 GPS를 사용하는 항공기 요구조건을 지원하는 데 필요한 정확성, 가용성 및 보전성을 제공하도록 설계되어졌다. 현재 세계 각국에서는 인공위성에 관련된 핵심 기술에 대한 연구와 개발을 통한 원천기술 확보에 적극적으로 참여하고 있는 실정이다.

세계주요국가의 지구관측 인공위성의 현황은 〈부표 3-4〉와 같다.

■■ **부표 3-4** 각국의 지구관측 위성현황

소유국	위성명	센서유형	밴드	해상도 (m)	방사해상도 (bit)	발사연도	촬영폭 (km)
한국	KOMPSAT-2	MS	1 4	1 4	10	2006	15
미국	LANDSAT	*Pan* *ETM*+	1 7	15 30, 60		1999	185
	IKONOS	MS	1 4	1 4	11	1999.9	11
	QuickBird	MS	1 4	0.61 2.44	11	2001.10	16.5
	OrbView	MS	1 4	1~2 4	11	2003.6	8
	GeoEye	MS	1 4	0.41 1.65	11	2008.9	15.2
러시아	KVR-1000	Film Camera	1	2	8	1980	40
	DK-1	Digital Camera	1	0.8	8	1978	40
	RESURS-DK	MS	1 3	1 2	10	2006	28.3
	RESURS-DK-R	MS Radar	1 4	1. 2.5 1.5	10	2003	28.3
캐나다	Radarsat-2	Radar	1	<50		2004	<300
프랑스	SPOT-5	MS	3 1 1	10 10 2.5		2002.5	60
독일	RapidEye	MS	5	5	<12	2008.8	77
인도	IRS-1C/D	Pan	1	5	6	1995	70
	IRS-P5	Pan	1	2.5	10	2005.5	30
	IRS-P6	MS	3 4	5.8 23.5	7	2003.10	23.9
일본	ALOS	MS Radar	1 4 1	2.5 10	8	2005.7	70
이스라엘	EROS-B1	Pan	1	0.82		2002	

3. 아시아의 인공위성

(1) 한   국

우리나라는 국제협력을 통하여 한국최초 우주인 배출과 위성제조 및 지상
설비의 정착으로 우주과학 분야에서의 세계시장 진출이 확대될 것으로 전망하고
있다. 지구 관측분야에서는 다목적실용위성의 한국표준모형 개발로 상업화 조기
달성이 이루어짐으로써 지구관측위치관측성의 독자개발에 의한 영상정보 취득
의 자주화가 실현단계에 이르렀다, 위성 본체 및 지상국의 경우 국내 주도 개발
을 추진하고 또한 탑재체의 경우도 해양, 기상위성의 지속적 수요를 감안하여
국내 개발을 적극 추진하는 등 국내외 위성개발 환경을 고려하여 단계적 위성개
발 기술을 확보할 계획이다. 핵심 위성부품의 국산화를 통해 위성체 플랫폼 제
작 능력 배양에 대한 계획도 수립하고, 우주정보통신의 활성화를 통하여 국민생
활 및 복지 향상에 기여하고, 통신해양기상위성 개발, "정지궤도위성" 개발능력
의 확보, 우리나라 독자 기술에 의한 통신방송용 위성개발 추진, 저궤도 발사체
체계종합 및 독자적 운용능력 확보, 2015년까지 1.5톤급 저궤도 실용위성 발사
체 개발 및 발사와 실용위성 발사체의 신뢰도를 향상시켜 장기적으로 상용화 개
발, 우주센터 건설 등을 통하여 국제 수준의 우주과학기술 능력을 확보할 계획
이다.

다목적실용위성은 국가적 수요에 따른 지상, 해양, 환경 등의 관측 임무를
수행하며, 위성자료의 연속성을 통해 공공수요를 충족시킬 계획이다. 현재 개발
중인 다목적실용위성 3호의 경우 한국 표준관측위성 지정도 검토, 동일 모형 복
제로 제작비용을 줄이고 민간 생산의 적극적인 지원, 탑재체 등에 관해서 국내
산·학·연 협력체제에 의한 개발로 기술자립 및 국산화를 추진해야 할 것이다.
과학기술위성은 실용위성 개발과 관련된 핵심기술의 선행연구 및 우주관측 실험
을 추진하고, 통신해양기상위성에 관해서는 정지궤도위성의 국산화 개발능력을
확보하며, 통신, 해양, 기상 등의 위성 수요 충족에 관해서도 많은 구상을 하고
있다. 이제 한국은 위성체/탑재체 핵심기술, 탑재체 운용/관제체계 기술, 위성
자료 처리/이용기술, 위치관측체계 기술개발 능력 확보 및 종합기반시설 구축에
관한 장·단기계획을 수립하고 실행하고 있다.

한국의 위성발사 현황은 〈부표 3-5〉와 같다.

■■ **부표 3-5** 한국의 위성발사 현황

분류	구분		발사연도	궤도	중량	탑재체	임무
과학기술위성	우리별	1호	1992년 8월 11일	1,300Km, 원궤도	50Kg	지상관측탑재체 우주방사선측정 통신탑재체	위성제작기술습득 위성전문인력양성 위성제작기술습득
		2호	1993년 9월 26일	800Km, 태양동기궤도	50Kg	지상관측탑재체 저에너지입자검출기 적외선감지기 통신탑재체	위성부품국산화 소형위성기술획득
		3호	1999년 5월 26일	720Km, 태양동기궤도	110Kg	지상관측탑재체 우주과학탑재체	지상관측 과학관측
	과학기술위성	1호	2003년 9월 27일	685Km, 태양동기궤도	106Kg	원자외선분광기 방사능영향관측 고에너지입자검출기 정밀지구자기장측정기	우주환경관측
		2호	2009년 8월 25일	300~1,500Km	99.2Kg	Radiometer 레이저반사경	선행기술시험 우주과학연구
		3호		저궤도	150Kg 내외	–	선행기술시험
다목적실용위성		1호	1999년 12월 21일	685Km 태양동기궤도	470Kg	EOC (PAN 6.6m), OSMI, SPS	지상관측 해양관측
		2호	2006년 7월 28일	685Km 태양동기궤도	800Kg	MSC(PAN 1m, MS 4m)	지상관측
		3호	2012년 5월 18일	685Km 태양동기궤도	1ton	AEISS (PAN 0.7m, MS 3.2m)	지상관측
		3A호	2014년 예정	450~890Km	1ton	EO/IR	적외선지구관측
		5호	2013년 예정	저궤도, 태양동기궤도	1.4ton	SAR	전천후 지상관측
정지궤도위성	통신해양기상위성		천리안 (COMS) 2010년 6월 27일	정지궤도	2.5ton	통신탑재체(Ka대역) 기상탑재체(5ch) 통신탑재체(8ch)	정지궤도우주인증 공공통신망구축 기상해양관측

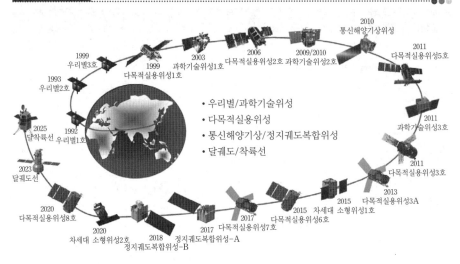

부그림 3-1 우리나라의 인공위성 발사 일정계획

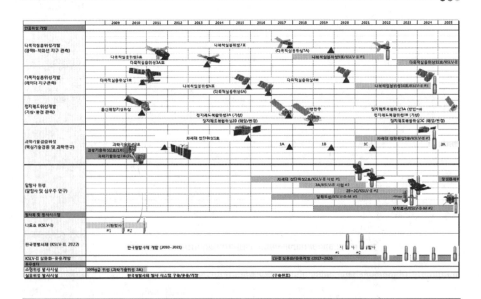

부그림 3-2 각 위성별 후속위성 발사 일정 계획

① 아리랑위성 1, 2호(KOMPSAT-1, 2)

1994년부터 본격적인 위성개발사업의 일환으로 아리랑위성 개발사업이 과

■■ **부표 3-6** 아리랑위성 1호의 제원

개발기간	1995~1999	크기	253(H)×134(D)×690(L)cm
소요전력	636w	임무궤도	685km 태양동기저궤도
용도	지구관측	주요임무	• 한반도 관측(6.6m 해상도)
분류	소형위성		• 지도제작, 국토관리, 해양관측
			• 해양자원
고도	685km		• 환경관측, 과학실험
발사시 중량	500kg	탑재체	• EOC(전자광학 사진기)
			• LRC(저해상도 사진기)
무게	470kg		• SPS(과학실험 탑재체)

기부, 산자부 및 정통부의 주도로 착수되어 1999년 말에 발사되었다. 아리랑위성 1호는 한국 최초의 지구관측용 실용위성으로, 미국의 위성제작사(TRW)와 공동개발을 통해 실용급 위성개발기술의 국내조기정착을 목표로 하였다. 체계의 설계단계에서부터 우리 기술진과 공동수행하고, 제작단계에서는 7개 국내업체가 참여함으로써 많은 기술을 확보하였다.

아리랑위성 1호(KOMPSAT-1 : Korea Multi-Purpose Satellite-1)의 주요 제원은 〈표 3-6〉과 같다.

아리랑 1호는 1999년 12월 21일 오후 4시 13분(한국시간) 토러스 발사체에 의해, 미국의 반덴버그 공군기지에서 발사되어 현재는 운용이 중지되었다.

2006년 7월 28일에 발사한 KOMPSAT-2호는 1m 해상력의 영상을 얻을 수 있다.

가) 영상의 출력

판독이나 분류를 행한 성과나 히스토그램이나 표 등의 계산결과를 그림, 그래프, 영상으로서 출력할 경우, 알기 쉽고 보기 쉽게 출력하기 위해 다음과 같은 점을 유의해야 한다.

첫째, 농담 또는 색이 목적에 맞도록 해야 한다. 둘째, 대상물의 색과 크게 다르지 않은 색이어야 한다. 셋째, 우선도가 높은 것일수록 눈에 잘 띄도록 해야 한다. 넷째, 불쾌한 인상을 가지지 않도록 농담 또는 색의 균형을 유지해야 하며, 다섯째는 영상의 축척을 나타내는 크기, 길이, 면적 등을 계측할 수 있도록 척도가 표시되어야 한다. 여섯째, 지리적 위치를 표시한 좌표축을 삽입하여 위치가 명확하도록 해야 한다. 일곱째, 영상을 작성할 때의 농담 또는 색이 가

부그림 3-3 KOMPSAT-1(아리랑위성 영상 : 잠실올림픽 주경기장)

부그림 3-4 잠실 올림픽 주경기장의 위성 영상

(a) IKONOS

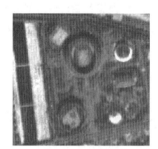

(b) IRS

(c) KVR

(d) STOP

| 부그림 3-5 | IKONOS, KVR, MOMS-02, KOMPSAT-1, SPOT, LANDSAT의 영상소 크기 비교 |

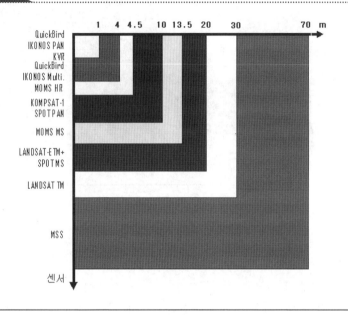

진 의미, 분류명칭, 수치 또는 수치의 폭, 전체의 면적에 대한 비율 등을 색인으로 붙인다. 여덟째, 주요한 지물, 행정계 등의 지리자료를 첨가하고, 과제, 작성자, 작성년월일, 사용장치를 기록하고 성과를 얻기 위한 자료해석방법, 사용한 허용한계값, 정확도 등을 요약하여 부록에 붙이면 좋다.

② **천리안위성**(COMS : Communication Ocean and Meteorological Satellite)

가) 개   요

2010년 6월 27일에 발산된 통신해양기상위성인 천리안위성은 2003년부터 국가 우주개발 중장기 계획에 따라 기상청, 국토해양부, 교육과학기술부, 방송통신위원회공동사업으로 대한민국 최초의 기상관측, 해양관측, 통신서비스 임무를 수행할 수 있는 정지궤도 복합위성으로 미국, 중국, 일본, 유럽연합(EU), 인도, 러시아에 이어 세계에서 일곱 번째로 독자 기상위성보유국으로 자리잡게 되었다.

COMS 인공위성 구성 및 제원은 운용고도 및 기간(36,000km/7년), 운용궤도(적도, 동경 128.2도 위치), 발사중량(2,497kg, 탑재체 포함), 해상도(가시 1km, 적외 4km), 탑재체(기상영상관측센서, 해색관측센서, 통신중계기 및 안테나)로 구성되

부그림 3-6　COMS 위성 기본사양

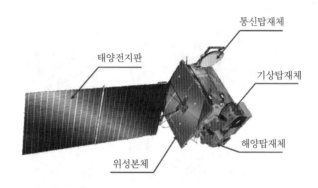

통신탑재체
태양전지판
기상탑재체
해양탑재체
위성본체

어 있다.

나) COMS의 기능 및 활용

(ㄱ) 기상관측

평상시 15분 간격으로 기상정보 취득가능하며, 비상시 특별관측으로 최소 8분간격의 기상정보 제공이 가능하여 장기간의 해수면온도, 구름 자료를 통한 기후변화 분석을 할 수 있다.국내 최초의 24시간 연속관측이 가능한 적외 채널을 보유하여, 연속적인 산불감지 및 산불모니터링, 눈이 쌓인 지역 추정 및 식생지수 분석을 통한 가뭄 정도 파악, 태풍, 집중호우, 황사 등 위험기상 조기탐지를 할 수 있다.

(ㄴ) 해양관측

정지궤도 위성으로 한반도 주변 바다의 가로 · 세로 2,500km 촬영이 가능하다. 한반도 주변해역 해양환경 및 해양생태 감시, 해양의 클로로필 생산량 추정 및 어장정보 취득, 적조의 발생 예측/이동 모니터링을 통한 적조피해 저감 및 효율적인 양식장 관리를 할 수 있다. 또한 해양의 유류오염 피해 감지로 해양재난 피해 저감, IT(RFID/USN, GPS 등)와 위성을 연계한 선박 위치 확인

(ㄷ) 통신서비스

Ka-Band 방식 채택으로 광대역 위성 멀티미디어 서비스가 가능하여 30TV, UHDTV 등 차세대 위성 서비스 기반을 마련하였다.

(2) 일　본

일본에서는 동경대학교 생산기술연구소를 중심으로 민간기업과 협동하여

고해상도 위성영상을 활용하는 도시지역 시설물정보 제작기술 등이 개발되고 있다.

① JRANS

JRANS(Japanese Regional Advanced Navigation Satellite)체계는 일본정부가 계획 중인 아시아 전역을 대상으로 하는 국지 위성 항법체계(RNSS : Regional Navigation Satellite System)이다. 이를 위한 첫 단계가 현재 개발 중인 준천정 위성체계(QZSS : Quasi Zenith Satellite System)이다. 2004년 1월 일본 과학기술정책위원회의 RNSS의 미래를 전망하는 보고서에서는 3기의 위성으로 구성된 QZSS를 미래에 7기의 위성군으로 확장하여 위치관측, 항법, 시각 동기용으로 사용하면서 동시에 GPS와 호환성을 지니도록 할 계획을 담고 있다. JRANS는 향후 독자항법을 가능하게 하고 GPS와 호환성을 유지하면서 국지적 보완체계로 개발되고 있다. 이렇게 제안된 JRANS는 첫 단계에서는 3기의 위성을 준천정 궤도에 배치한 다음 2단계에서는 4기의 위성을 준천정궤도와 정지궤도에 발사할 계획이다. 도심지역에서 JRANS의 서비스가 시작될 경우 GPS만을 단독 사용하는 경우보다 약 2배 정확도의 위성항법을 이용한 위치관측, 항법, 시각동기의 정확도 향상이 기대된다. 특히 도심지역과 같은 음역지역의 경우에는 QZSS를 병행 사용할 경우 여러 이점이 있을 것이다.

QZSS는 사실상 JRANS 구축의 제1단계로 추진되며 이미 언급한 바와 같이 준천정궤도에 3기의 위성을 배치하는 계획이다. GPS와 같은 기본적인 항법 관련 서비스를 제공하는 것 이외에도 QZSS는 통신, 방송, 보정된 DGPS 신호제공 등의 상업적인 서비스도 같이 제공할 것이다.

일본은 2백만 개의 차량 항법체계가 판매되고 있는 실정이다. 차량항법 GPS 수신기의 막대한 보급에도 불구하고 일본의 DGPS 체계는 상대적으로 낮은 수준에 머물러 있다. JCAB(Japan Civil Aviation Bureau)는 지역적인 DGPS 체계를 필요로 하게 되었다. 세계의 주요 도시들은 non-stop 항공기들로써 연결되어 있고 몇몇 국제적인 항공로는 수요가 증폭되어 관제 체계의 변화를 모색하고 있다. 이러한 상황에서 일본은 미국과 일본을 연결하는 북태평양의 항공로의 운용을 최적화하기 위해서 CNS/ATM(Communication Navigation Surveillance/Air Traffic Management) 개념을 채택하게 되었다. 이 체계는 통신, 항법, 감시와 항공교통관리 4개의 수요로 구성되는 세계규모의 항공보안 체계로 위치관측, 통신위성 및 최신 통신기술을 이용하여, 항공교통의 안전성 향상, 교통 용량의 확대 및 경제성 개선을 고려하고 있다. 일본의 MSAS(MSAT

Satellite-based Augmentation System)은 아시아, 태평양 지역에 잠재적 영향을 끼치게 될 GNSS 연구 개발계획이다. MSAS는 한국의 전 범위에도 제공될 것이며 지상부분(ground segment) 계획에는 일본 외의 지역에서 모니터국과 위치관측국의 설치허가도 포함되고 있다.

MSAS의 구성에서 지상감시국은 MTSAT(Multi-functional Transport Satellite)과 GPS를 연속적으로 관측하고 이를 바탕으로 자료를 생성하여 중앙제어국으로 보낸다. 지상감시국은 일본 국내 6개 지역에 있으며 중앙처리국은 무결성, 이온층 정보, 오차보정치값을 결정하기 위한 자료 처리를 한다. 중계국(relay)은 중앙처리국에서 처리한 정보를 MTSAT으로 송신한다. TT&C(Tracking, Telemetry and Command station)는 지상국으로써 MTSAT을 감시하고 위성이 특정지역에서 벗어날 때 필요한 보정사항을 MTSAT에 보내준다.

MSAS 사용 전후의 체계를 비교하면 우선 공항관제가 더욱 정밀하게 되어 보다 많은 항공기의 통제가 가능함으로써 동일한 시간에 처리할 수 있는 항공기 편수가 증가되는 효과가 있다. 또한 항공기의 이동이 항공로와 고도가 정해지는 방법으로서 항공로와 고도를 최적화하여 이동할 수 있게 된다. 산간지방에서의 이동체와 통신국 간의 통신은 어려움이 많으나 MSAS를 사용하면 MTSAT를 경우한 통신이 가능하므로 지역적인 통신 장애가 개선될 것이다.

MTSAT의 계획은 1999년 MTSAT-1을 발사할 예정이었으나 발사에 실패함으로써 2005년에서야 MTSAT-1을 대체하는 MTSAT-1R를 발사하게 되었다. MTSAT-2의 발사 계획은 현재로는 정확하게 밝혀지지 않고 있다. MTSAT-2가 발사되면 최초 계획을 완전히 충족하는 체계를 완성하게 되고, 두 곳의 지상국은 각각의 위성에 완전한 체계를 제공할 수 있다. 체계의 작동은 두 가지의 단계로 볼 수 있는데 phase-1과 phase-2이다. MTSAT-1 발사 직후 phase-1이 작동을 시작하였고 MTSAT-2가 발사된 후 phase-2가 작동하고 있다.

② JERS-1위성

일본국립우주개발국(National Space Development Agency of Japan)에서 개발하여 1992년 2월 11일에 JERS(Japanese Earth Resources Satellite) 1호가 발사되었다. 주로 자원개발을 위해 범지구적 육상지역관측을 목적으로 L-band SAR과 광학센서를 탑재하였으며, 주요임무로 지질학, 대륙관측, 농업, 산림과 어업, 환경예보, 재해예방과 해안 감시 임무를 수행하였다. 궤도는 태양 동주기궤도이며, 고도는 568km로 낮은 편이다. SAR은 35°의 관측각을 가지고 L-band와 수평으로 레이더를 송신하고, 수평으로 반사파를 수신하는 HH-편광에서 작동되며, 관측폭이 75km인 고해상도영상(18×18m with 3 looks)을 생성한다.

일본에서 1987년 2월 19일에 MOS-1, 1990년 2월 7일에 MOS-2를 발사하였으며, 이 MOS(Marine Observation Satellites)는 가시근적외방사계(MESSR : Multispectral Electronic Self-scanning Radiometer), 가시열적외방사계(VTIR : Visible and Thermal Infrared Radiometer), 극초단파탐측방사계(MSR : Microwave Scanning Radiometer)를 탑재하여 해양관측에 이용하였다.

(3) 중   국

중국은 2003년 사천성에 위치한 위성발사 센터에서 위치관측위성 '북두2-A호'를 장정-3A로켓에 실어 쏘아 올렸다. 이로써 현재 정지궤도에 위치한 3대의 항법위성으로 이루어진 북두위성항법체계라는 자체 위성항법체계를 갖추게 되었다. 북두위성은 중국의 통신위성인 DFH-3위성에 근간을 두고 있으며, 3기의 북두위성은 적도부근에서 동경 80~140°에 위치하고 있어 중국뿐만 아니라 아시아 전역과 러시아, 호주를 포함한 광범위한 지역을 서비스할 수 있다. 그러나 전 세계를 대상으로 하기 위해서는 정지궤도가 아닌, 다른 고도와 이심률을 갖는 궤도에 위치한 항법위성을 추가로 배치해야 한다.

현재 설계로는 사용자가 신호를 북두위성에 송신한 뒤 제어국에서 사용자의 좌표를 계산해 주는 방식을 통해야만 GPS보다 정확한 위치관측이 가능하다. 위치관측을 위해 사용자의 신호를 전송하는 과정에서 자신의 위치가 적군에게 노출될 가능성이 있어 군사적 활용에는 많은 제약이 따를 수 있다. 북두위성항법체계의 활용분야는 군사적인 목적에 국한되는 것이 아니라 방송·통신, 경제, 과학 등의 임무를 수행하기 위한 탑재체들이 실려 있는 것으로 알려져 있다. 또한 유럽연합의 Galileo에 중국이 공식적으로 참여하기 때문에 북두위성항법체계는 Galileo의 중국지역 서비스와 관련기술 개발을 위한 역할도 수행할 것으로 예상된다.

(4) 인   도

① IRS-1C

ISRO(Indian Space Research Organization)가 IRS(Indian Remote Sensing Satellite) 계열 위성의 개발과 운영을 책임지고 있다. 이 위성들은 다

■■ **부표 3-7** IRS-IC 위성센서의 사양과 재관측주기(적도 부근)

종류	band No.	정량화 (bits)	파장대(μm)	해상도 (m)	영상크기 (km)	재관측주기
LISS-3	B$_2$	7	0.52~0.59(green)	25	141×141	24일
	B$_3$	7	0.62~0.68(red)	25	141×141	
	B$_4$	7	0.77~0.86(near infrared)	25	141×141	
	B$_5$	7	1.55~1.70(SW infrared)	70	141×141	
WiFS	B$_3$	7	0.62~0.68(red)	180	774×774	5일
	B$_4$	7	0.77~0.86(near infrared)	180	774×774	
Pan	Pan	6	0.5~0.75(green/red)	5	70×70	24일(수직)
						5일(경사)

중분광 영상 및 전정색 영상을 제공하기 위해 다양한 센서를 탑재하고 있다.

IRS-IC는 1995년 12월에 발사되었으며, 고도 817km, 궤도경사각 98.69°의 태양동기궤도를 가진다. 최근에 사용되는 IRS 계열 위성 중에서 가장 주된 위성이다.

IRS-IC에는 다음 세 가지 센서가 탑재되어 있다.

가) LISS : Linear Imaging Self Scanning sensor(LISS-3)

나) WiFS : Wide Field Sensor

다) PANS : PANchromatic Sensor

전정색 센서는 좌우 26°로 경사관측(off-nadir viewing)을 할 수 있으며, 따라서 입체영상 취득이 가능하다. 〈부표 3-7〉은 IRS-IC에 탑재된 세 가지 센서의 사양과 센서에 의해 취득되는 영상의 재관측주기를 나타내고 있다.

(5) 호 주

① GRAS

호주 항공국은 SBAS와 GRAS의 장점을 합쳐 항공기 사용자들에게 혁신적인 보정체계(정확도, 무결성, 이용도를 향상시키기 위함)를 제공하기 위해 수년 동안 적극적으로 개발한 것이 GRAS이다. 최근에 ICAO는 기존의 다른 보정체계 외에도 새로운 보정체계로서 GRAS를 채택했다. 이에 따라 호주는 35개 이상의 나라들과 함께 GRAS를 사용하기 위한 계획을 진행 중에 있다. GRAS는

WAAS, SBAS와 유사한 전국적인 CORS 망을 형성하여 항공기 운영에 안전성과 효율성을 높이고자 하는 데 목적을 두고 있다.

GRAS를 운영함으로써, 첫째, 비행기의 여러 상황에 따른 지원으로 비행기가 활주로 비행장에 있을 때나 이·착륙 시에 그 상황에 맞는 항법기능을 지원할 수 있다. 둘째, 필요한 곳에만 한정해 서비스를 제공할 수 있다. 셋째, GRAS의 망구성은 독립적, 상호의존적, 부가적인 서비스가 필요한 경우 다양하게 지상관제국 설치가 가능하다. 넷째, 일부 나라들은 위성보정신호의 공급에 있어 어느 정도의 자율성과 지역적인 SBAS solution에 참여함으로써 특정 국가를 막을 수 있는 법적 장애물이 될 수도 있다. 다섯째, 제한된 지역에 착륙을 하려고 할 때 정밀한 착륙이 가능함으로써 좁은 지역에 착륙 시 도시 근처에 있는 GRAS 지상관제국으로부터 이·착륙에 관한 적절한 정보를 제공받을 수 있다. 여섯째, SBAS와 GBAS의 특성을 모두 가지고 있고 항공기 설치 시에 큰 변화가 필요하지 않는 호환성을 가지고 있다. 마지막으로 다른 나라에 의해서 운영되는 GPS나 SBAS 체계와 같은 핵심위성체계를 통해 얻어지는 실시간 정보를 항공교통관리서비스에게 제공할 수 있다.

GRAS의 구성은 GRS(GRAS Reference Station), GMS(GRAS Master Station), GVS(GRAS VHF Station), 통신기지 등의 4개의 지상기반요소와 airborne avionics로 구성되어 있다.

GRS의 기능은 SBAS 기준국과 같이 SBAS 기준국과 간이 L1, L2에 있는 항법신호 방송력으로부터 GPS 자료를 모으고 모니터함으로써 자료는 GRS에 의해 형성된 후에 GMS로 보내진다.

GMS는 SBAS 관제국과 동일한 역할을 담당하여 GPS 무결성과 간섭보정정보를 계산하기 위한 중앙처리소이다. 이 정보는 RTCA, WAAS, MOPS에 의하여 SBAS 메시지 형태로 패키지화되어 GRAS 초단파국으로 전송된다.

GVS는 GRAS 메시지에 SBAS 메시지를 처리하고 변환을 검증한다. 이때 GRAS 메시지는 항공기에 전송하기 위해 초단파 송신기로 전송한다. GVS는 GPS 시간에 동기화된 타이밍 카드가 있는 컴퓨터로 구성된다.

4. 미   국

미국에서는 국방성의 ARPA(Advanced Research Project Agency) 주관으로 MIT대학 등이 참여하는 RADIUS(Research And Development for

Image Understanding System) 프로젝트가 추진되면서, 고해상도 위성영상에서 지표상의 미세한 변화를 탐지하고, 자동 수정하는 기술 등이 개발되어 왔다. 민간기관으로는 ERDAS 및 Intergraph사 등이 기존의 수치사진 측량과 분석 소프트웨어들을 개선(upgrade)하여 고해상도와 극다중분광영상의 처리와 분석 기능들을 추가시켰다.

① WAAS

미국의 FAA에서 개발하고 있는 WAAS(Wide Area Augmentation System)와 LAAS(Local Area Augmentation System)방식은 항공기 이·착륙시의 CAT-II, CAT-III를 만족하여 정밀 접근 비행을 실현하기 위한 방법이다.

WAAS는 매우 넓은 서비스 지역을 커버하는 데 사용되는데, WRS(WASS Ground Reference Station)들은 WAAS 망을 형성하여 연결되며, 이 망은 캐나다와 다른 가능한 지역들을 커버하도록 연장되어질 예정이다, 망에 있는 각 기준국들은 보정 정보들을 계산하는 WMS(WASS Master Station)로 자료를 전송하며, WMS에서 보정된 메시지들이 준비되면 GUS(Ground Uplink Station)를 거쳐 지구정지 궤도에 위치한 인공위성으로 자료를 전송한다. 그런 다음 이 메시지들은 WAAS의 서비스 지역에서 비행하는 항공기에 탑재된 수신기로 GPS와 같은 주파수로 방송되어지는 체계로 구성되어 있다.

WAAS전송메시지는 GPS 신호 정확도를 100m에서 대략 7m로 향상시키며, 항법메시지에 포함된 정보는 GPS/WAAS 수신기에 의해 처리되고, 위치 결정 및 보전성 감시에 대한 위성 배치에 추가 위성을 더함으로써 전체 체계의 가용성을 증가시킬 수 있다.

이로서 WAAS에 의해 정확성, 가용성, 보전성, 연속성 강화를 통하여 GPS나 CAT-I 정밀접근 이하의 모든 비행단계에서 1차 항법수단으로서 역할을 다할 수 있도록 구현되고 있다. WAAS는 모든 기능을 제공하는 하나의 통합된 체계로 구성되며, P^3 I(Pre-Planned Product Improvement)를 통한 체계 개량에 의한 3단계로 이루어진다.

1단계(Intial Operation System)는 2개의 주기지국(Master Station)들로 구성되는 FVS(Functional Verification System)가 제공된다. CAT I 정밀접근을 위한 보조수단 능력뿐만 아니라 저정밀 접근능력을 통한 enroute 1차 수단능력을 얻기 위하여 WAAS의 최초 운영체계 구성은 2개의 주기지국(WASS 보정 메시지 생성)과 25개의 기준국(Reference Station, GPS 위성 신호수신), 정지 통신위성 및 GUS(Ground Uplink Station, 보정 메시지 전송)로 구성된다. 간단히 1단계 계약 완료 후, FAA는 NAS(National Airspace System)에 운영을 위해 WAAS를 운영개시하였다. 2단계(increment improvement)에서는 추가적인 master station, reference station 및 통신위성 제공에 의해 최초 구성을 연장할 옵션들로 구성된다. 2단계는 또한 완전한 운영 및 유지보수 기능을 제공할 것이며 2000년 중반에 완료되었다. 3단계(FOC : Full Operarional Capability)는 WAAS FOC를 완료하고 추가적인 주기지국, 기준국 및 통신위성을 제공하여 정밀접근 능력을 제공하고 있다. 이 단계는 2001년 말에 완료되었으며 최초의 WAAS 하드웨어를 개량하고 체계에 대한 원격유지보수 감시능력을 일체화시킬 것이다.

WAAS 계획은 또한 NAS에서 WAAS 운용을 위한 기준, 인증, 시설 및 절차의 개발을 지원할 것이며 이에는 항공교통에 사용하기 위한 GPS 절차, 장애물을 피할 수 있는 요구조건, 항공기 분리 기준, 항공측량, 민간조종사들을 위한 훈련프로그램 지원, 위성항법 사용에 반영하기 위한 비행점검 및 FAA 규정 및 문서의 개정과 같은 요구조건들을 포함할 예정이다.

② LAAS

LAAS는 CAT Ⅱ/Ⅲ 정밀 접근 능력뿐만 아니라 WAAS가 할 수 없는 CAT Ⅰ 정밀접근 능력을 제공하는 국부적인 지역에 관한 보정체계이다. LAAS 신호 성격은 공항 주변에서 보다 정확한 위치정보를 사용자에게 제공하는 것이며 표면 항법 센서와 표면 감시/교통관리 체계로서 LAAS가 사용가능하다. LAAS는 WAAS를 보완하는 것이므로 WAAS가 현재의 항법 및 착륙요구조건을 충족시킬 수 없는 지역에서 사용될 수 있으며, 존재하는 더욱 자세한 CAT Ⅱ/Ⅲ 요구조건을 충족할 수 있다. 또한 CAT Ⅱ/Ⅲ 정밀접근에 대한 대단히 높은 정확성을 제공하므로 end state 구성은 항공기 위치를 1m 이하로 정확히 나타낼 것이며 서비스의 융통성, 안전성 및 사용자 운영비용이 상당히 향상될 것이다.

1992년 이래 CAT Ⅱ/Ⅲ 정밀접근을 위한 LAAS의 가능성을 평가하기 위한 광범위한 연구가 수행되어 왔으며, 1995년에 FAA는 실험용 LADGPA CAT Ⅲ체계의 비행실험을 성공적으로 완료했다. 400회 이상의 성공적인 자동 착륙접근 및 착륙이 4개의 다른 실험용 체계를 사용한 B727, B737, B747 및 IAI Westwind 사업용 제트기에 항정(航程)을 기입(log)하게 되었으며, 미국 회사 및 대학의 원조로 완료된 가능성 연구 결과는 정확도가 대략 1m, 보전성 시간은 1~2초 그리고 체계의 가용성이 충분히 만들어질 수 있는 것으로 나타났다.

LAAS는 처음에는 보완체계로 NAS에 사용될 것이며, 종국에는 무선항법의 1차 수단의 주요성분으로 완성되어져 표면 항법서비스를 요구하는 모든 사용자에게 제공될 것이다. 이 서비스 단계는 단계적 접근으로 구현되어질 것이다. 1단계는 원하는 모든 NAS 사용자들에게 CAT Ⅰ 서비스를 보장할 필요가 있는 WAAS를 보완하는 능력을 제공할 것이다. 2단계는 LAAS가 CAT Ⅱ/Ⅲ 서비스를 제공할 것이며 마지막 3단계는 원하는 모든 사용자들에게 표면항법 능력을 제공할 것이다. 또한 LAAS는 점진적으로 전환되어서 GPS에 근거한 항행 및 착륙체계를 창조하기 위해 WAAS 및 기타 NAS의 능력을 통합할 것이다. LAAS 능력은 표면항법, 장애물 및 지형 Clearance, 계기 접근, 시간분리, 그리고 ADS(Automatic Dependent Surveillance) 구현 분야에서 대하여 개발되어질 것이다.

③ LANDSAT

LANDSAT(LAND SATellite)은 1972년 7월 23일 초기에 ERTS(Earth Resources Technology Satellite)이었으나, 1975년 1월 22일 ERTS-2 발사 시 SEASAT라는 해양 프로그램과 구별하기 위해 LANDSAT 프로그램으로 다시 명명했다.

가) RBV 사진기 체계

RBV(Return Beam Vidicon)는 광전면에 축적된 상을 읽어내는 것으로, 읽는 데 사용한 전자빔을 굴절시켜 2차 전자증폭기에서 고감도의 신호검출을 하는 방식의 비디콘이다. RBV는 185km×185km 규모를 갖는 지역을 동시에 보여줄 수 있는 사진기 3대로 구성되며, RBV의 해상도는 40m×40m이다. RBV 체계는 필름을 포함하지 않으며, 대신에 셔터기에 의해 상의 노출이 이루어지고, 상은 각각의 사진기 내에 있는 사진감응표면에 저장된다. RBV 체계는 사진기 내에 전체 영상면을 순간적으로 영상화시키기 때문에, MSS에 의해 얻어진 영상들보다도 더 높은 지도제작의 정확도를 가진다. 또한 RBV 체계는 영상의 기하학적인 보정을 용이하게 하기 위해서 영상면 내에 방안격자망을 포함하고 있다.

나) MSS

MSS(Multi Spectral Scanner)는 지표로부터 복사 및 반사되는 전자기파를 렌즈와 반사경으로 집광하여 필터를 통해 분광한 다음, 파장별로 구분하여 각각 영상을 테이프에 기록하는 것으로서, 관측도는 〈부그림 3-7〉과 같다. 비행방향

부그림 3-7 MSS 관측도

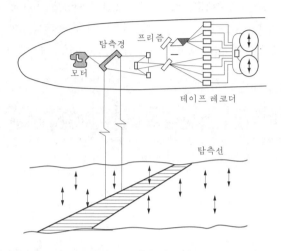

에 직각으로 회전하는 반사경을 이용하여 지표면을 대상으로 주사하여 관측한다. 자료를 기록하는 최소관측시야단위를 순간시야각(IFOV : Instantaneous Field Of View)이라 하며 밀리라디안(mili-radian)으로 표시한다. 이것에 대응하는 지표의 관측최소단위면적을 영상소(pixel)라 하며, 이것은 광학사진기의 분해능에 상당한다. MSS의 해상도는 80m×80m이다. 여기서의 파장대는 MSS 4파장대(녹색, 0.4~0.5μm)와 MSS 5파장대(적색, 0.5~0.6μm 가시영역)가 도시지역, 길, 자갈 지역, 채석장 등의 형상감지에 이용된다. MSS 6파장대(0.6~0.7μm), MSS 7파장대(0.7~0.9μm), 거의 적외선에 가까운 부분영역)는 수역에 대한 윤곽을 감지한다.

활용분야는 농업, 식물학, 지형학, 토목공학, 환경관찰 및 감시, 임학, 지리학, 지질학, 자연지리학, 지상자원분석, 지형이용계획, 해양학, 수자원분석 등이며, 특정한 지역의 평면지도 제작에 많이 이용된다.

다) TM

MSS보다 분광파장대의 수가 많고 영상소의 해상도(30m×30m)가 좋기 때문에 넓은 영역에 대한 영상해석에 이용된다. 파장대의 범위가 넓어 지구표면의 중요형상을 판별하는 작업에 TM(Thematic Mapper) 영상이 많이 이용된다. 또한 TM은 256가지의 수치를 이용하여 기계적 신호를 수치적으로 변환시키는데 이용된다.

기하학적으로 TM 자료는 30m의 순간시야각을 이용하여 얻어지는데, 보
정된 대부분의 자료는 우주경사 메르카토르(SOM Space Oblique Mercator) 투
영법에 등록된 28.5m×28.5m 영상소를 이용하여 제공된다. 이 자료들은 국제
횡메르카토르법(UTM : Universal Transverse Mercator)과 국제극심입체좌표법

■■ 부표 3-8 LANDSAT의 특성

Satellite	Launch	회수시기	궤 도	Sensor	Bandwidth(μm)	Resolution[m]
LANDSAT 1	1972.7.23	1978.1. 6	18일/900km	RBV	(1) 0.18~0.57	80
LANDSAT 2	1975.1.22	1985.2.15	18일/900km		(2) 0.58~0.68	80
					(3) 0.70~0.83	80
				MSS	(4) 0.5~0.6	79
					(5) 0.6~0.7	79
					(6) 0.7~0.8	79
					(7) 0.8~1.1	79
LANDSAT 3	1978.3.5	1983.3.31	18일/900km	RBV	(1) 0.505~0.75	40
				MSS	(4) 0.5~0.6	79
					(5) 0.6~0.7	79
					(6) 0.5~0.6	79
					(7) 0.8~1.1	79
					(8) 10.4~12.6	240
LANDSAT 4	1982.7.16	–	16일/705km	MSS	(4) 0.5~0.6	82
LANDSAT 5	1984.3.1	–	16일/705km		(5) 0.6~0.7	82
					(6) 0.5~0.6	82
					(7) 0.8~1.1	82
				TM	(1) 0.45~0.52	30
					(2) 0.52~0.60	30
					(3) 0.63~0.69	30
					(4) 0.76~0.90	30
					(5) 1.55~1.57	30
					(6) 10.4~12.5	120
					(7) 2.08~2.35	30
LANDSAT 7	1999.4.15	–	16일/705km	ETM^+	(1) 0.45~0.52	30
					(2) 0.52~0.60	30
					(3) 0.63~0.69	30
					(4) 0.76~0.90	30
					(5) 1.55~1.57	30
					(6) 10.4~12.5	60
					(7) 2.08~2.35	30
					PAN 0.50~0.90	15

(UPS : Universal Polar Stereographic coordinate)에 적용시켜 이용한다.

TM의 해상력은 파장대 1, 5, 7에서 30m이며 파장대 6에서는 120m이고, 중량은 227kg, 크기는 1.1×0.7×2.0m이다. LANDSAT의 특성은 〈부표 3-8〉과 같다.

④ IKONOS 위성

아이코노스(IKONOS)는 고해상 위성으로서 1호가 1999년 9월 24일 캘리포니아 Vandenberg 공군기지에서 Athena Ⅱ Rocket와 함께 발사되었다. 이 영상의 공간해상도(spatial resolution) 1m의 흑백(전정색) 영상(panchromatic)과 4m의 다중분광영상(multispectral)으로 구성되어 있으며, 분광해상도(spectral resolution)는 흑백영상에서 0.45~0.52마이크론(microns), 다중분광영상에서는 4개의 밴드로 구성되는데, #1 blue(0.45~0.52), #2 green(0.52~0.60), #3 red(0.63~0.69), #4 Near IR(0.76~0.90)로 나누어진다.

그 밖의 주요 제원은 〈부표 3-9〉와 같다.

■■ 부표 3-9 IKONOS 위성의 제원

scene 크기	nadir 13km	렌즈의 구경	0.7m
고도	681km	초점길이	10m
입사각	98.1°	궤도주기	98분/1회, 약 15회전/day
속도	7km/s	적도통과시간	10:30 AM
재방문주기 (위도 40° 기준)	1m 해상도 : 2.9일 5m 해상도 : 1.5일	궤도유형	태양동기제도 (sun-synchronous)
궤도	태양동주기궤도	시야	0.93°
중량	1,600파운드	자료타입	11비트 또는 8비트
보정단계	정사보정		

⑤ QuickBird

2001년 10월 18일 발사된 QuickBird는 광학위성으로 0.61m(panchromatic Imagery)와 2.44m(Multispectral Imagery)의 해상도를 가진 영상을 얻을 수 있다.

■■ **부표 3-10** QuickBird의 위성의 제원

궤도	450km 고도 : 궤도일주 93.5분 경사 : 97.2°, 태양동주기	
정규촬영폭	연직하 16.5km	
해상도	Pancromatic	Multi-Spectral
	기본 : 연직하 0.61m 연직 25°에서 0.72m	기본 : 연직하 2.44m 연직 25°에서 2.88m
분광밴드폭	450~900nm	blue : 450~520nm green : 520~600nm red : 630~690nm near-IR : 760~900nm

⑥ SEASAT

SEASAT(SEA SATellite, 1978년 6월에 발사되어 약 4개월 작동)는 분광대 중 극초단파에 해당하는 영역을 이용하여 해상을 관측하였다. 해상관측용 센서를 가지고 있는 다른 위성인 Nimbus-7호는 1978년 1월에 발사되었다. 이는 해양의 해안지역의 온도와 색을 관측하기 위한 해안지역 유색스캐너(CZCS : Coastal Zone Color Scanner)를 가지고 있다. CZCS에서 이용되는 분광대는 플랑크톤의 집적 정도를 나타낸 지도제작, 토양에 있는 무생물잔류량에 대한 조사, 해수면의 생물군에 대한 분포도, 육지로부터 수면을 분리, 해안근처나 해안의 해수에 엽록소, 온도, 잔류고형물, 황조류의 구분 등에 유용하게 사용된다.

⑦ NOAA Satellite

가) 개 요

NOAA(National Oceanic and Atmospheric Administration)는 1978년 TIROS-N을 시작으로, NOAA-6에서 NOAA-15까지가 발사되었다. 이 위성들은 가시광선, 근적외선, 그리고 적외선 영역의 센서들을 탑재하고 있으며 주 센서는 적외선 센서로써 지구의 대기와 그 표면, 구름, 유입되는 태양 에너지, 지구 관측과 환경 감시에 기여하고 있다. NOAA는 극궤도의 기상위성으로 약 850km 상공에서 남북방향으로 지구를 회전하며 관측범위는 동서 약 3,000km, 남북 5,000km 정도로 우리나라 상공을 통과하는 것은 NOAA-12가 오전 9시와 오후 9시, NOAA-14가 오전 3시와 오후 3시경이다. 궤도주기는 101.6분으로 이 동안 지구는 25.5° 자전하기 때문에, 적도에서의 제도 간격은

약 2,840km가 된다. 기상청에 NOAA 위성 수신장비가 설치되어 있고, 지상에서 위성을 올려보는 각도가 3° 이상이면 수신이 가능하다. 위성의 궤도는 매일 약간씩 이동하며 하나의 위성에 대해 하루에 두 궤도의 관측으로 한정되는 경우가 많다. NOAA 위성에서 관측한 자료는 테이프 레코더에 기록해, 미국의 위성수신센터 상공에서 재생한다. 테이프의 용량에 제한이 있기 때문에 모든 영상자료를 기록할 수는 없다. 또한 관측 자료는 위성으로부터 직접 방송되고 있기 때문에, 각국에서 NOAA 위성 수신소를 중심으로 수천 km 범위의 구름분포 영상과 기온을 실시간으로 수신할 수 있다.

최근 NOAA-N이 Delte 2 Rocket에 실려 2009년 2월 6일 캘리포니아 반덴버그공군기지에서 발사되었다.

나) NOAA 영상의 특성

NOAA 위성의 영상과 관련된 주된 관측기기는 AVHRR(Advanced Very High Resolution Radiometer)로서, 다섯 개의 channel로부터 각각 영상이 생성된다. AVHRR의 각 channel별 특성은 다음과 같다.

(ㄱ) channel-1 : 가시영상, 0.58~0.68μm의 파장대

구름, 눈, 호수나 바다의 결빙, 오염, 열대성 폭풍을 탐지하는 데 사용되며, 화산 활동이나 에어로졸, 먼지폭풍의 추적에 가장 적합한 channel이다.

(ㄴ) channel-2 : 근적외 영상, 0.73~1.1μm의 파장대

이 영역에서는 흡수체가 가시영역에서 보다 더 강하게 근적외 복사를 흡수하기 때문에 해수면과 육지를 구분하는 데 사용되며, channel-1과 같이 해빙이나 눈이 쌓인 지역을 찾을 때 사용된다.

(ㄷ) channel-3 : 적외 영상, 3.6~9.3μm의 파장대

이 영역은 높은 에너지를 갖는 물체에 민감하기 때문에 가스로 이루어진 섬광, 산불, 활동 중인 화산, 연기흔적 등과 같은 뜨거운 지점을 탐지하는 데 사용된다. 특히 구름과 지표온도를 탐지하는 데 뛰어나며 주간에는 얼음덩어리와 구름, 얼음과 물을 구분하는 데 사용된다.

(ㄹ) channel-4 : 원적외 영상, 10.3~11.3μm의 파장대

이 영역에서는 주·야간에 해수온도와 구름의 온도 탐지에 사용되며, 중위도에서 해수의 흐름, 전선, 권운의 범위를 찾는 데도 사용된다.

(ㅁ) channel-5 : 원적외 영상, 11.5~12.4μm의 파장대

이 영역의 특징은 channel-4의 특징과 비슷하며 더불어 수증기감소 효과와 적도 지방에서 해수 온도를 결정하는 데 사용된다.

5. 캐 나 다

① RADARSAT 위성

RADARSAT 위성은 캐나다 우주국(CSA : Canadian Space Agency)의 주도로 개발되어, 1995년 11월에 발사된 SAR 탑재위성이다. 태양동주기 원형 궤도로 운항되며, 공칭 탑재기 고도 798km, 궤도 경사각 98.6, 공전주기 100.7 분이며, 하루에 지구를 약 14회 회전한다. 이 위성의 SAR 안테나는 파장 5.6cm의 C-밴드 극초단파를 이용하며, 수평으로 레이더를 송신하고 수평으로 수신하는 HH-편광방식으로 운용된다.

관측은 탑재기의 우측방향으로 수행하며, 안테나의 회절에 의해 관측각을 변화시킬 수 있어 지상거리 500km 범위에 대해 6개의 빔형식으로 다양한 관측 각 및 범위에 대한 자료를 취득할 수 있다. 이 위성은 안테나의 회절과 자료처리에 따른 6개의 빔형식에 의해 다양한 해상도와 관측각의 자료를 제공할 수 있는 장점을 가지고 있다. 따라서 사용목적에 따라 최적의 빔형식에 의한 SAR 자료를 취득할 수 있다. 각각의 빔형식은 〈부그림 3-8〉에 나타낸 바와 같이 위성제도방향에 따라 2개의 관측방향을 갖는다.

취득된 자료는 실시간으로 지상 수신소에 전송되거나, 탑재기의 테이프 기록장치에 기록되었다가 후에 지상수신소로 전송된다. 탑재기의 테이프 기록장치는 2대가 장착되어 있으며, 한 대당 약 10분간의 SAR 관측자료를 기록할 수 있다. SAR자료는 한 궤도당 28분간 관측이 가능하며, 하나의 제도에 대해 다

부그림 3-8　RADARSAT SAR의 빔형식　　　●●●

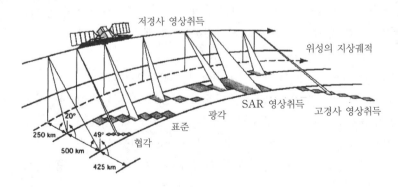

■■ **부표 3-11** RADARSAT 위성의 제원

항 목	제 원
주파수	5.3GHz
파장	5.6cm(C-밴드)
RF 밴드폭	11.6, 17.3 또는 30.0MHz
표본화	12.9, 18.3 또는 30.0MHz
펄스 반복주파수	1,270~1,390Hz
전송기 피크 파워	5kW
전송기 평균 파워	300W(nominal)
평균 자료 전송속도	73.9~100.0Mb/sec
표본 작업 크기	4 bits each I and Q
안테나 크기	15.0m×1.5m

양한 빔형식을 적용하여 자료취득을 수행할 수 있다. 최소관측 시간은 1분으로 서, 이 경우 진행방향으로 약 400km 범위의 지역을 포함한다. 한 궤도당 최대 관측횟수는 6회이며, 관측이 끝난 후 다음 관측을 수행하기 위해서는 약 5초의 시간이 소요된다. RADARSAT SAR의 제원은 〈부표 3-11〉에 나타나 있다.

② **RADARSAT SAR 자료**

RADARSAT 위성은 〈부그림 3-9〉에 나타낸 바와 같이 안테나의 회절과 사료처리에 따른 6개의 빔형식에 의해 다양한 해상도와 관측각의 자료를 제공할

부그림 3-9 RADARSAT 위성의 구성

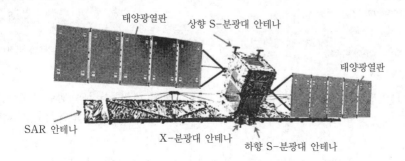

태양광열판　상향 S-분광대 안테나

태양광열판

SAR 안테나

X-분광대 안테나　하향 S-분광대 안테나

■■ **부표 3-12** RADARSAT-1과 RADARSAT-2의 성능특성비교

RADARSAT	RADARSAT-1	RADARSAT-2
Launch Time	1995	207
Spatial Resolution	10 to 100 m	30 to 100 m
Design life	5 years	7 years
Spacecraft Location	S/C ranging	GPS on-board
On-board Recording	Tape recorder	Solid-state recorder
Polarization	HH	HH, HV, V and VH
Look Direction	Right-looking	Routine left-and right-looking
Imaging Frequency	C-Band, $5.3GH_z$	C-Band, $5.405GH_z$
Mass at Launch	2,750kg	2,280kg

■■ **부표 3-13** RADARSAT SAR 자료의 처리단계별 제품

제 품 명	특성	필요한 장비
signal data	경사거리 자료	SAR 처리기
single look complex	경사거리 자료 최소한의 처리 자료검정 및 수행	SAR 모듈이 포함된 전문 영상 처리 장비
path image	지상거리 자료로 변환 궤도방향 표정을 보정하지 않음 자료검정 수행	영상처리 장비 또는 출력장비
path image plus	지상거리 자료로 변환 궤도방향 표정을 보정하지 않음 자료검정 수행 자료간격을 세분화함	영상처리 장비 또는 출력장비
map image	지도투영에 따라 표정을 보정 위치 정확도를 향상시킴	GSIS S/W 또는 영상처리장비
precision map image	지도투영에 따라 표정을 보정 지상기준점을 이용한 위치보정	GSIS S/W 또는 영상처리장비

수 있는 장점을 지니고 있다. 따라서 사용목적에 따라 최적의 빔형식에 의한 SAR 자료를 취득할 수 있다. 각각 빔형식에 따른 특성은 〈부표 3-14〉에 나타나 있다. 또한 Radarsat SAR 자료는 다단계의 기하학적 처리과정에 따라 〈부표 3-14〉와 같은 단계별 제품으로 가공되어 사용자에게 제공된다.

■■ **부표 3-14** RADARSAT SAR 자료의 빔형식

빔형식	빔위치	입사각(°)	공칭 해상도(m)	공칭 면적(km)	다중관측수
Fine	F_1	37~40	10	50×50	1×1
	F_2	39~42			
	F_3	41~44			
	F_4	43~46			
	F_5	45~48			
Standard	S_1	20~27	30	100×100	1×4
	S_2	24~31			
	S_3	30~37			
	S_4	34~40			
	S_5	36~42			
	S_6	41~46			
	S_7	45~49			
Wide	W_1	20~31	30	165×165	1×4
	W_2	31~39		150×150	
	W_3	39~45		130×130	
ScanSAR Narrow	SN_1	20~40	50	300×300	2×2
	SN_2	31~46			
ScanSAR Wide	SW_1	20~49	100	500×500	2×4
Extended High	H_1	49~52	25	75×75	1×4
	H_2	50~53			
	H_3	52~55			
	H_4	54~57			
	H_5	56~58			
	H_6	57~59			
Extended Low	L_1	10~23	35	170×170	1×4

6. 유　럽

　　유럽연합(EU)에서는 ARCHANGEL(Automatic Registration and CHANGE Location) 프로젝트를 통하여 다중센서(multi sensor) 영상정보의 융합과 지표면 변화의 자동탐지기술들이 개발되는 중이다.

- 광학 및 레이더(radar) 센서 영상을 이용하여 보다 정밀한 수치고도모형 (DEM)
- 최근에 개발된 새로운 센서들에서 취득되는 고해상도, 초미세분광 (hyperspectral) 및 '높은 비트' 자료·영상으로부터 물체 특성의 보다 정확한 분석과 활용기술
- 센서나 해상도가 다른 다종(위성, 항공 : SAR, LIDAR 등) 자료 영상의 지능적 융합기술
- 원격 탐측기술과 사진 측량기술의 접목으로 자료체계의 전 과정이 디지털화(digitalized) 기술
- 수학이나 확률 등 지식 및 모형기반의 처리기술
- 패턴인식, 통계, 인공지능 등을 이용한 영상자료 간 연관성을 탐색하는 '자료 마이닝(data mining)' 기술
- 가상현실(VR : Virtual Reality) 미디어, 오감형 미디어 등의 3D 콘텐츠 (contents) 기술

① EGNOS

　　EGNOS(European Geostationary Navigation Overlay Service)는 유럽에서 개발하는 정지궤도에 위치한 인공위성을 이용한 위성 항법 보정체계이다. GPS와 GLONASS는 군에서 관리 및 운영하는 체계이므로 국제적 위기상황이나 자국이 안보에 영향을 미치는 상황에서는 민간 사용자들의 이용에 제한을 가할 수 있다. 이러한 내용에 주목하여 유럽에서는 미국과 러시아의 영향을 덜 받을 수 있는 독자적인 위성항법 체계를 구축하고 있다.

　　유럽의 독자항법체계구축은 GNSS-1과 GNSS-2로 진행되고 있는데 GNSS-1에 해당하는 것이 EGNOS라 할 수 있다. 이를 바탕으로 GNSS-2에서는 Galileo 체계를 개발하는 것이다. EGNOSD 체계 개발은 Tripartite Group이 담당하고 있는데, 이는 유럽위원회, 유럽우주항공국 그리고 유럽항공안전국 세 개 기관으로 이루어져 있다. 유럽위원회는 전체적인 체계 설계와 개

발을 책임지고 있으며 프랑스의 Alcatel Space가 주도하는 컨소시엄과 계약을 체결하여 현재 체계개발이 거의 이루어진 상황이다. EGNOS가 최종 가동되는 시점에서 유럽위원회는 운영주체를 선정할 계획이다. 유럽우주항공국은 프로그램의 기술적 관리에 관한 문제와 국제 협력방안을 모색하고 있으며 항공이용에 관한 내용을 관장하고 있다. EGNOS의 설계, 개발, 검증에 소요되는 비용은 3억 유로로 추정되면, 항공국이 2억 유로를 유럽위원회가 1억 유로를 출자하는 것으로 알려져 있다. EGNOS 체계의 개발은 거의 마무리 단계에 있으며 2010년 EGNOS 운용이 안정화 단계에 이르면 무료로 서비스가 개시될 것이다.

EGNOS를 이용할 경우 위치관측 정확도가 1~2m 수준의 높은 정확도의 위치관측이 가능할 것이다. 이러한 높은 정확도를 얻을 수 있는 것은 EGNOS 보정신호에는 정확한 위성궤도력, 위성에 탑재된 원자시계 오차정보, 그리고 이온층에 의한 위치관측 오차에 관련된 보정신호가 포함되기 때문이다. 또한 무결성 정보가 동시에 제공되어 실시간 위치관측의 경우 신뢰도를 검증하게 되어 매우 안전하고 정확한 위성항법 신호를 취득할 수 있게 되는 것이다.

② ERS-1 위성

ERS-1은 ESA(European Space Agency)의 지구관측 프로그램의 일환으로 개발하여 1991년 7월 17일에 발사된 위성으로 이에는 European SAR가 탑재되었다. 이는 지구 전체에 대한 SAR 영상을 취득하는 최초의 위성이다. 따라서 지구 전체에 대해 반복적으로 관측을 수행할 수 있으며 레이더의 특성에 따라 구름이나 태양광조건에 관계없이 영상을 취득할 수 있다. 또한 해양의 상태, 해수면의 바람, 해류의 흐름, 해양 또는 빙하의 고도 등 광학적 위성으로는 관측할 수 없었던 것들을 관측할 수 있다. 해수면의 온도는 다른 위성에 비해 매우 높은 정확도로 관측할 수 있다.

이 위성으로부터 취득할 수 있는 자료는 해양대기의 상호작용, 해양의 순환과 에너지전달, 북극과 남극의 빙하의 거동, 동적인 해안의 변화 및 오염, 토지이용변화의 탐색 및 관리 등에 관한 것이다. 또한 고도 및 궤도에 관련된 자료는 측지학적 활용에 필요한 정보를 제공한다. ERS-1 위성으로 관측된 자료는 관측된 이후 수 시간 내에 이용 가능하다.

관측장비는 다음과 같다.

가) RA(Radar Altimeter) : 위성직하방향에 대한 펄스 레이더로서 해양과 빙하로부터의 반사파를 관측한다.

나) ATSR(Along-Track Scanning Radiometer) : 적외선 라디오미터와 극

초단파사운더로 구성되어 있으며 적외선 라디오미터(방사계)는 열관측을
수행하고 극초단파사운더는 대기 중의 함수량을 관측한다.

다) 레이저수신계(laser retroflector)는 수동적 센서로서 지상으로부터 레이
저를 수신받아 위성의 고도를 관측한다.

라) AMI(Active Microwave Instrument) : SAR와 Wind Scatterometer
의 레이더로 각각 구성에 있으며 영상방식(image mode), 파장방식(wave
mode), wind방식(wind mode) 등 세 가지 방식으로 작동이 된다.

ERS-1 위성의 임무는 환경현상, 기후현상 등 과학기술 활용의 폭을 넓히
고 원활한 서비스를 제공하는 것이 주요 목적이다. 세계적으로는 빙하지역, 국
부적으로는 해안과 육지지역에 대한 관측에 기여하고 있다.

7. 프 랑 스

프랑스에서는 INRIA(Institute National de Reserche en Informatique et
Automatique)를 중심으로 '컴퓨터 비전'(computer vision) 기술을 이용하여 위
성영상 처리에서 지형공간정보 모형화(modelling) 및 주제정보 추출기술 등의
원격탐측 응용기술 개발이 진행되고 있다.

① SPOT

가) SPOT 위성영상체계 및 구성

SPOT(Le Systeme Probatoire d'Observation de la Terre) 위성은 1977
년 프랑스의 주축으로 계획되었으며, 1986년 2월 22일 SPOT-1호가 발사되었
다. 이 위성에는 HRV(High Resolution Visible) 센서가 탑재되었으며, 전정색
영상(또는 흑백영상, panchromatic image)과 다중분광대영상(multispectral
image)을 취득할 수 있다. 고도 832km에서 26일 주기로 극궤도로 돌고 있는
SPOT 위성은 LANDSAT와는 달리 경사관측이 가능하므로, 관측주기를 4~5
일로 단축될 수 있으며, 입체시 관측이 가능하여 지형도 제작에 이용될 수 있
다. SPOT-2호는 1990년 1월 22일에 발사되었으며, HRV 해상도는 10m×
10m(P형 : panchromatic code), 20m×20m(XS형 : multispectral code)이다.

SPOT 위성은 크게 탑재기와 SPOT의 다중임무항공기인 SPOT multi-
mission bus로 구성되어 있다. 탑재기에는 2대의 HRV 센서, 자기 테이프 기
록기(magnetic tape recorder), 영상자료를 지상수신소로 전송하기 위한 송신장
치 등이 탑재되어 있고, SPOT multi-mission bus는 전원 공급장치, 위성의

부그림 3-10   SPOT 위성의 구성

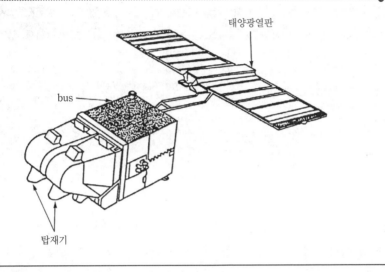

부그림 3-11   광전변환 주사원리

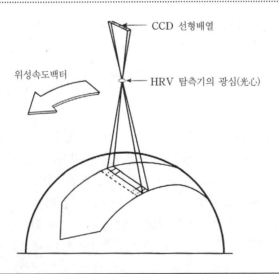

자세 및 궤도조절장치, 전산기, 통신장비 등으로 이루어져 있다.

　　HRV 센서는 〈부그림 3-11〉과 같이 광전변환(push-broom) 스캐닝방식을 채택하고 있으나, 반사경 연속작동(mirror-sweep) 체계에서 사용하는 스캐닝거

■■ **부표 3-15**　HRV 센서의 제원(초점거리 : 1,082mm)

형 항목	다중분광대형(XS)	흑백(전정색)형(P)
파장대	녹색(0.50~0.59μm) 적색(0.61~0.68μm) 근적외(near~infrared)(0.79~0.89)	0.51~0.73μm
시야범위	4.13°	4.13°
영상소 크기(위성직하)	20m×20m	10m×10m
line당 영상소수	3,000	6,000
관측폭(위성직하)	60km	60km

울을 사용하지 않는다. CCD의 선형배열이 위성의 궤도에 비례하여 하나의 선을 따라 각각의 경우로 정렬되어 있다. 영상자료의 한 줄은 배열을 따라 센서의 작동에 의해 자료를 수집하고, 연속적인 선의 집합은 위성이 지구 위를 지나가는 것처럼 배열을 따라 반복적인 방법으로 얻어진다. 이로써 기기의 수명연장과 거울속도에서 생기는 오차를 감소시킨다.

또한 HRV 센서에 의해 얻어지는 영상선은 다중분광대형(XS형)과 전정색형(P형)으로 분류되며, 각각에 따라 파장대, 영상소의 크기 및 수가 다르다.

SPOT 위성의 제도는 다음과 같은 특징이 있다. 궤도는 지표면으로부터 일정한 고도를 유지하여야 하지만, 실제 지구 자체의 편평률에 따라 다르며 〈부그림 3-12〉와 같이 적도보다 극에서의 고도가 21.4km 정도 더 높다. 또한 SPOT 위성의 활동주기(working circle)는 지상의 모든 지역을 규칙적으로 통과할 수 있도록 거의 극궤도운동(near polar orbit)으로 움직인다. 따라서 이를 만족시키기 위해서는 임의의 시차(time interval)에서 위성의 궤도주기와 지구의 자전주기가 일치하여야 하며, SPOT 위성의 주기는 하루에 14+5/26 회전으로, 26일 후에 본래 위치로 다시 돌아오게 되므로 26일 동안 위성의 회전수는 369회전이 된다. 따라서 위성궤도의 1회 소요평균시간은 101.4분이며, 인접궤적(track) 사이의 최대거리는 108.6km이다. 취득일시가 서로 다른 영상들을 비교할 경우, 영상의 취득시간에서 태양광의 조건을 거의 같게 하기 위하여 궤도면과 태양각이 거의 일치하도록 해야 한다. 따라서 830km 고도의 원형궤도에서 태양의 동주기궤도(sun synchronism)는 98.7°의 경사에서 얻어지며, 더욱이 진수시간은 궤도면과 태양 사이의 각이 22.5°일 때를 택하여야 한다. 이와 같은 조건을 만족

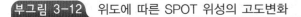

부그림 3-12   위도에 따른 SPOT 위성의 고도변화

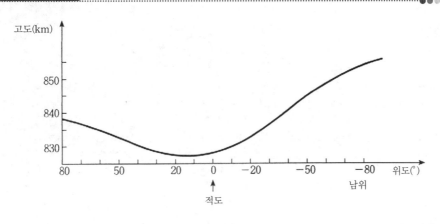

부그림 3-13   수직관측 및 경사관측

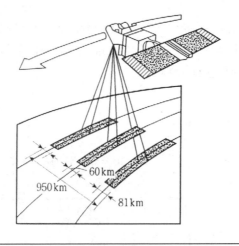

하는 시간은 적도에서 지방시로 매년 6월 15일 오전 10시 30분이다.

　　나) 위성의 영상의 관측 및 기하학적 특성

　　SPOT 위성의 HRV 센서는 시야범위(field of view)가 4.13° 이며 반사경의 각도를 +27°～-27° 까지 스트립선택 반사경(SSM : Strip Selection Mirror)을 기울여 〈부그림 3-13〉과 같이 수직 및 경사관측을 하며 보다 더 짧은 주기로 반복 관측할 수 있어 입체영상을 얻을 수 있다.

부그림 3-14 SPOT 위성 영상의 입체시

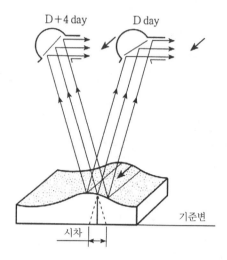

시야각이 $-7.5° \sim +7.5°$ 까지를 수직관측으로 간주하며, $+0.16° \sim -0.16°$ 는 $0°$로 가정한다. 이 경우 영상중심(scene center)의 영상소 횡간격은 P형에서는 10m, XS형에서는 20m이다.

부그림 3-15 영상의 표정 및 크기

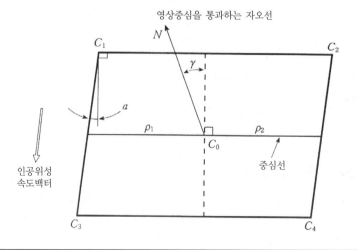

■■ **부표 3-16** XS형과 P형의 영상소 배치

	XS형		P형	
C_0	1,500,	1,501	3,000,	3,001
C_1	1,	1	1,	1
C_2	3,000,	1	1,	6,000
C_3	3,000,	1	6,000,	1
C_4	3,000,	6,000	5,000,	6,000

경사관측 영상은 피사각이 $\pm7.5^\circ \sim \pm27^\circ$ 의 범위에서 얻어지며, 본래 영상의 영상소 횡간격선은 P형에서는 10~13.5m이며, XS형에서는 20~27m에 해당한다.

기하학적인 면에서 SPOT 영상은 〈부그림 3-15〉에 나타낸 바와 같이, 4개의 모서리 C_1, C_2, C_3, C_4와 영상중심 C_0로써 정의할 수 있으며, 이와 같은 XS와 P형의 영상소 배치는 〈부표 3-16〉과 같다.

영상의 대상면적은 경사각(β)과 위도(latitude)에 따라 다르며, 수직관측의 경우 개략적인 폭($\overline{C_1C_2}$ 또는 $\overline{C_3C_4}$)은 약 60km이고, 경사관측의 경우에는 60~81km이다.

다) SPOT 위성사진의 형태

SPOT 위성으로부터 얻은 자료에는 컴퓨터에 적합한 자기테이프(CCT : Computer Compatible Tape)와 필름 두 형태로 나눌 수 있다. 사진형태로 얻을 수 있는 scene은 대부분 1/400,000 축척으로 얻어지며, 1/4 scene에 대해 확대하여 처리함으로써 1/100,000 축척으로 얻을 수 있다. 1/400,000 필름영상의 정확도는 scene에 대한 처리수준에 따라 달라지며, 필름크기 및 특징은 〈부표 3-17〉과 같다.

수준 1A(level 1A)는 각 분광 밴드별 CCD 사진기의 반응값에 대한 복사보정을 거친 표준화처리를 제외하고는 거의 본래영상에 가깝다. 이 수준자료는

■■ **부표 3-17** 전처리수준에 따른 필름크기

전처리 수준	1A, 1B, S₁	L₂, S₂
필름형태	241mm × 241mm(format FT_1)	300mm × 350mm(format FT_2)

최소한의 보정을 거친 영상으로, 주로 기초적인 복사(radiometric) 연구에 적용하기 위해 이용된다. 수준 1B(level 1B)는 방사보정과 위성체계 영향에 의한 기하학적 왜곡(지구자전, 파노라믹 효과, 시야각) 등을 보정한 것으로, 영상판독과 주제별 분석을 위한 처리수준이며, 입체시관측이 가능하다.

　　수준 1AP(level 1AP)는 최근에 포함된 전처리수준으로, 해석도화기를 이용한 영상해석에 응용하기 위해 수준 1A 제품을 사진필름 형태로 제작하여 공급한다.

　　수준 L_2(level 2)는 미세하게 보정된 처리수준으로서 수준 1B의 방사보정에다 6~9개의 지상기준점(GCP : Ground Control Point)에 근거한 기하보정을 실시한 것으로, 이 영상은 임의의 지도투영법에 따라 편위수정을 행한 것이다. 그러나 이 처리방법은 기복에 의한 왜곡을 고려하지 않아 기복이 심하면 정확도가 다소 저하된다.

　　수준 S(level S : S)는 사계절 관측연구가 가능하도록 제작된 것으로서, 기

부그림 3-16　SPOT 영상의 필름형태

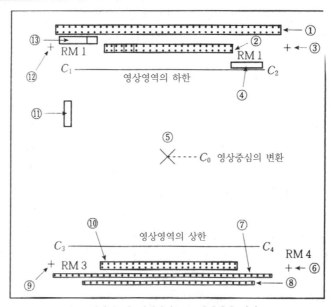

① 표제영역, ② 절대밝기눈금, ③⑥⑨⑫ 지시표,
④ 경도, ⑤ 영상면, ⑦⑧ 주석영역,
⑩ 상대밝기눈금, ⑪ 위도, ⑬ 분광대영역

준영상에 일치시키기 위해 기준점을 사용해서 보정된다. 수준 S의 정확도는 2 개의 영상이 동일한 시각에 기록되었을 경우 0.5 영상소이다. 또한 수준 S는 영상소 취득일이 다른 자료를 이용해야 하는 연구에 적합한 전처리 수준이다.

수준 1B를 수정한 수준 S_1(level $S_1 : S_1$)과 수준 2를 수정한 수준 S_2(level $S_2 : S_2$)로 분류된다. 이 밖에 전처리수준으로 경사관측에서의 지형기복에 대한 영향을 기존 수치고도모형을 통행 보정한 수준 3(level $3 : L_3$)과 입체 SPOT 영상에서 취득된 수치고도모형을 이용하여 전처리를 수행한 수준 4(level $4 : L_4$) 영상이 있다.

필름형태에서, SPOT 영상에는 〈부그림 3-16〉과 같이 표제영역(title zone), 분광대영역(spectral mode zone), 밝기값 눈금영역(gray scale zone), 영상영역(image zone), 주석영역(annotation zone)인 5개 부분으로 나누어져 있다.

8. 독   일

19세기 초에 항공분야 연구를 시작하여 1997년에 현대적 우주센터(German Aerospace Center, DLR)를 창설하였다. 지구와 태양계 분야연구를 목표로 하고 있는 독일 우주센터의 활용분야는 항공우주, 에너지, 교통으로 세분화된다. 대표적인 센서로는 TerraSAR-X위성이 있다.

① TerraSAR-X

TerraSAR-X는 능동적 센서인 X-band(9.6 GHz 주파수) SAR센서를 탑재한 독일우주센터(German Aerospace Center(DLR))에서 과학연구용 위성으로 2007년 6월에 발사되었다. 고해상도 X-band radar 센서는 날씨와 기후에 영향을 받지 않고 전천후 영상을 취득할 수 있다. 514km 고도에서 11일 공전주

■■ **부표 3-18** TerraSAR-X 위성의 제원

소유국	위성명	센서유형	밴드	해상도	방사 해상도	발사연도	촬영폭
독일	TerraSAR-X	능동센서	X-band	1m		2007년 6월	5~10×5km
				2m			10×10km
				3m			30×50km
				18m			100×150km

기를 가지고 있으며 2.5일 간격으로 최대 1m의 지상 해상력을 갖는 영상을 취득할 수 있다.

② TransDEM-X

TransDEM-X는 2010년 발사된 레이더 위성으로 기존의 TerraSAR-X 위성과 일정한 거리를 유지하며 운용되고 있다. 이 위성은 X-band SAR센서의 탑재는 물론 GPS 수신기와 레이더 반사기를 장착하고 있으므로 수직정확도가 좋은 고해상 입체영상을 취득할 수 있어 수치고도모형(DEM) 생성에 크게 기여하고 있다.

9. 러 시 아

1957년 세계 최초의 인공위성인 Sputnik 1호를 쏘아 올렸고 또한 최초의 우주인을 배출한 소련은 주로 군사위성 개발에 매진을 하였다. 소련 연방이 해체되면서 우주 프로그램은 러시아와 우크라이나로 분리되게 되었다.

① COSMOS

소련에서 실험과 과학연구 및 군사이용을 목적으로 쏘아올린 일련의 인공위성. 소련의 인공위성 중 60% 이상을 차지하며, 1962년 3월 16일에 코스모스 1호를 쏘아올린 이래 82년 말까지 1,800개가 넘는다.

특히 비군사용인 것은 우주환경의 탐사 등 광범위한 과학분야에서의 활약을 비롯해 유인비행(有人飛行)이나 실험용 분야의 우주기술 확립을 위한 선구적 위성이다.

기상위성 미티어(meteor) 시리즈를 위해 코스모스 44호, 통신위성 몰니야 시리즈를 위해 코스모스 41호, 유인우주선 소유스 시리즈를 위해 코스모스 133호가 각각 발사되었다.

군사용으로는 항행 · 조기경계 · 해양감시 · 정찰과 위성공격실험을 목적으로 쏘아올리고 있는데, 가장 주목되는 것은 해양감시위성과 위성공격실험위성(킬러위성)이다.

해양감시위성은 미국 해군의 움직임을 감시하기 위한 것으로, 이 위성 중에는 많은 전력을 레이더에 공급하기 위해 원자로를 적재한 것도 있다.

킬러위성은 1977년부터 개발, 81년에는 코스모스 1241호(타깃)와 코스모스 1258호(킬러) 사이에서 실험이 이루어졌다.

② KVR-1000

현재 상업적으로 사용되고 있는 Russian Space Agency에서 발사한 러시아위성으로 플랫폼에 탑재된 센서에 따라 각각 4종의 위성영상을 이용할 수 있다. 이 위성은 KVR 2m 해상도의 흑백영상(panchromatic)을 제공하며 필름 포맷은 18cm×18cm이고, 해상도의 손실 없이 1/10,000까지 확장될 수 있다, 현재 미국 KVR-1000사가 러시아로부터 영상을 공급받아 세계 여러 나라에 공급하고 있다. 한편 이 영상의 원활한 공급을 위해 KVR-1000에서 인터넷에 직접 공급할 수 있는 Terra-Server를 미국의 Microsoft, Digital Equipment, 그리고, Qualcomm System사들과 공동으로 구축하고 있다.

이 위성의 주요 제원은 〈부표 3-19〉와 같다.

■■ **부표 3-19** KVR 카메라의 제원

밴드수	1	고도	220km
파장	490~590nm	대상 면적	40~158km
해상력	2m	촬영 경사	70° 40′
초점길이	1m		

부그림 3-17 KVR 카메라의 영상취득 범위

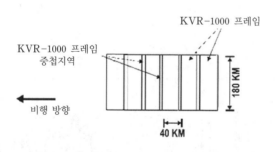

부록
제 4 장

거리측량, 천문측량과 3차원측지측량

1. 거리측량

(1) 직접거리측량

① 평지의 경우

쇠줄자를 사용하여 다음과 같이 하면 거리 관측의 오차를 1/10,000 정도로 할 수 있다. 〈부그림 4-1〉에서 AB의 거리를 A점으로부터 B점까지 재는 경우에 대하여 설명한다.

우선 B에 폴을 세운 다음 후수(後手)는 쇠줄자 선단의 손잡이를 폴에 붙들어 매어 줄자의 O점을 A점에 맞춘다. 전수(前手)는 줄자 끝단의 손잡이를 인장

부그림 4-1

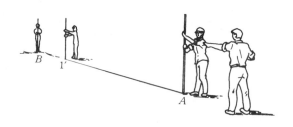

계에 붙들어 매 다시 이것을 폴에 붙들어 매고 지표 말뚝과 망치를 들고 B점으로 향하여 전진한다. 후수는 큰소리로 전수가 줄자의 전(前)길이에 도달하기 조금 전에 이것을 멈추게 하여 1′점에 전수가 서서 폴이 AB선상에 있도록 한다.

다음에 후수는 A점의 지표에 줄자의 0m 부근을 합치시키고 전수는 줄자의 종단 부근(종단에서 약 5cm 앞쪽)에 지표 말뚝을 박고 그 지표 부근에 줄자를 올려놓고 인장계를 소정의 장력(예 : 10kg)이 되도록 잡아당긴다(〈부그림 4-2〉 참조).

전수 및 후수는 소정의 장력을 가하여 줄자의 이동이 멈출 때에 전수가 큰소리로 동시에 각자 눈금을 mm까지 읽는다. 기록수는 그 값을 기장한다.

양눈금의 차를 취하면 AB의 거리가 된다. 줄자를 약 1cm씩 후방으로 이동하는 조작을 여러 번 반복한다. 1′와 B 사이도 같은 모양으로 조작하면 된다. 또 A, B 등의 각 점에 놓인 줄자의 온도를 읽어서 이것을 〈부표 4-1〉과 같이 야장에 기장한다. 높은 정확도를 요구하는 측량이 아닐 때는 적당히 작업을 간

부그림 4-2

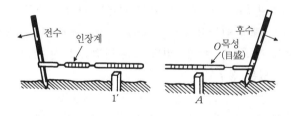

■■ **부표 4-1** 거리관측야장

| 노선번호 ( ) | | | 자 | | 지 | | | 월 일 일기 | | |
| 쇠줄자 No. | | | 장력 kg | | 관측자 | | | 후단 전단 | | |

시분	점	자의 읽음값		차	평균	온도	경사	보정수		결과
		후단	전단					온도	경사	
		m	m	mm	m	°		mm	mm	m

략하게 하는 것이 좋다.

② 경사지의 경우

경사지에 있어서 수평거리를 구하는 방법에는 ① 직접 측량하는 방법, ② 경사거리와 경사각에 의한 방법의 두 종류가 있다.

가) 직접 측량하는 방법

〈부그림 4-3〉(a)에 있어서 AB가 경사지로 되어 있다면 이것을 AC, CD, DB 등과 같이 적당한 구간으로 나누어 이것들에 대한 각 구간의 수평거리의 총합을 구한다.

AC 수평거리의 직접관측법은 다음과 같다.

먼저 C 말뚝의 윗면에 십자선을 긋고 이것을 C의 위치로 하고 그림과 같이 C점 위쪽에 폴을 세워 위쪽 고리에서 아래로 흔들어 그 하단이 C점으로 향하도록 하여 줄자를 수평으로 잡아당겨 C, A에 있는 눈금을 읽어 AC의 수평거리로 한다.

나) 경사거리와 경사각에 의한 방법

〈부그림 4-3〉(b)의 AB경사지에서 한 구간 AC의 수평거리 d를 구할 경우에, AC의 경사거리 l을 그림에서와 같이 지면을 따라서 관측하고 사면의 경사각 i를 간단한 경사계로 관측하여 $d=l \cos i$의 식을 써서 d를 구한다.

다른 구간 CD, DB의 수평거리도 같은 방법으로 잰다.

③ 장애물이 있는 경우

거리 측량을 할 때 삼림, 건물 등 때문에 방해를 받아 관측선의 전방이 보이지 않는 경우가 있거나 혹은 하천, 호수 등에 방해를 받아 직접 관측을 하지 못할 때가 있다. 이와 같은 경우에 장애물을 넘어서 방향을 결정하고 또는 거리를 관측하는 방법은 다음과 같다.

부그림 4-3

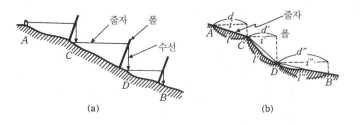

(a)   (b)

가) 직선의 연장

(ㄱ) 〈부그림 4-4〉에서처럼 측선 Aa를 연장할 때 전방에 건물 등이 있으면 그림에서처럼 $ab \perp ad'$, $ab \perp bb'$ 또한 $bb' = ad'$가 되도록 d', b'를 정하고 다음에 d', b' 연장상의 c', d'에 대해서, $c'd' \perp c'c$, $c'd' \perp d'd$, 또한 $c'c = d'd = d'a$가 되도록 c, d를 정하면 분명히 cd는 ab의 연장이 된다.

(ㄴ) 〈부그림 4-5〉에서처럼, 장애물을 넘어 Aa를 연장할 때는 b, d를 적당히 잡아 Aac와 bd의 교점을 c로 하여 ab, ad를 재고 ab 및 ad의 연장상에 $ab : ad = ab' : ad' = ab'' : ad''$가 되도록 b', b''를 설정하여 $b'd'$ 및 $b''d''$상에 $bc : cd = b'c' : c'd' = b''c'' : c''d''$가 되도록 c', c''를 정하면 직선 $c'c''$는 Aa의 연장이 된다.

나) 직선의 측설

(ㄱ) 〈부그림 4-6〉에서처럼 2점 AB의 중간에 구릉이 있어 서로 보이지 않을 때는 A, B에 폴을 세워 갑, 을 두 사람은 각각 폴을 가지고 구릉 위에 선다. 우선 갑은 C_0에 서서 B를 보고 을을 C_0B선 중 D_0에 오게 하고 다음에 을은 A를 보아 갑을 D_0A선 중 C_1에 오게 한다. 서로 같은 모양의 조작을 반복하면

부그림 4-4

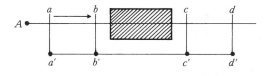

부그림 4-5

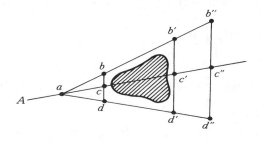

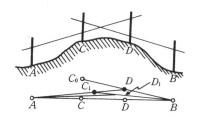

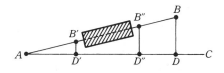

드디어 갑, 을은 각각 폴을 AB선 중의 C, D에 세우게 된다.

(ㄴ) 또 2점 A, B의 중간에 나무, 건물 등이 있어서 서로 보이지 않을 때는 〈부그림 4-7〉에 있는 것처럼 이것에 방해받지 않는 직선 AC를 그려 B에서 수선 BD를 밑으로 다음에 AD상에 D'를 구해 AD, AD', DB를 재어서 $D'B' \perp AD$로 하여

$$D'B' = \frac{AD' \times DB}{AD} \tag{4.1}$$

가 되도록 하여 B'를 정하면 B'는 AB선 중의 점으로 된다. 만일 다른 건물에 대하여 B쪽에 있는 AB선 중의 점을 정하게 될 때는 $D''B'' \perp AD$로 하여

$$D''B'' = \frac{AD'' \times DB}{AD} \tag{4.2}$$

가 되도록 B''를 정한다. 그렇게 하면 B''는 AD선상의 점이 된다.

다) 직선의 간접관측

2점 A, B를 맺는 직선의 중간에 장애물이 있기 때문에 간접으로 거리를

관측하는 경우는 양단(兩端)에 접근 가능한 경우, 일단에 접근 가능한 경우와 양단에 접근 불가능한 경우로 나누어 설명한다.

(ㄱ) 양단에 접근 가능한 경우

(i) 〈부그림 4-8〉에서 A, B는 가깝지만 A, B의 사이에 못이 있어서 직접적으로 거리를 재지 못하면 한 점 C를 취하여 AC 및 BC를 잰다. AC 및 BC의 연장상에 A' 및 B'를 취하여 $CA'=CA$ 및 $CB'=CB$와 같이 한다. $AB=A'B'$, 따라서 $A'B'$를 재면 AB가 구해진다.

(ii) 〈부그림 4-7〉에서 AD 및 BD를 재면 $AB=\sqrt{AD^2+BD^2}$과 같이 AB는 구해진다.

(ㄴ) 일단에 접근 가능한 경우

〈부그림 4-9〉, 〈부그림 4-10〉 (a)에서 강의 양안의 점 A 및 B 사이의 거리 AB를 구하려면,

부그림 4-8

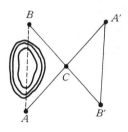

부그림 4-9

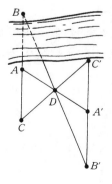

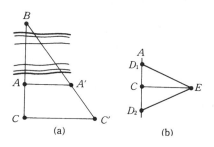

(a)   (b)

(ⅰ) 〈부그림 4-9〉 BA의 연장상에 1점 C 및 다른 점 D를 취하여 AD 및 CD를 재서 다시 그것들을 연장하여 $AD=DA'$ 및 $CD=DC'$와 같이 A' 및 C'를 취한다. $C'A'$ 및 BD의 연장 중에 점 B'를 취하면 $AB=A'B'$ 따라서 $A'B'$를 재면 AB가 구해진다.

(ⅱ) 〈부그림 4-10〉 ⓐ에서 BA 연장상에 점 C를 취하여 A 및 C에서 각 수선을 세운다. B, A' 및 C'가 일직선을 이루도록 A' 및 C'를 취한다. 그러면,

$$AB=\frac{AC\times AA'}{CC'-AA'} \tag{4.3}$$

에서 AB가 구해진다.

수선을 세우는 방법은 〈부그림 4-10〉ⓑ에서와 같이 AC를 연장하고 $CD_1=CD_2$가 되도록 D_1, D_2를 정한 다음에 D_1, D_2를 중심으로 하여 원을 그린다. 이때 두 원의 교점 E와 C를 이으면 AC와 CE는 직각이 된다.

(ㄷ) 양단에 접근 불가능한 경우

〈부그림 4-11〉에 있는 것처럼 강에 대하여 AB의 반대쪽에서 거리 AB를 구하게 될 때는 적당히 C를 설정하여 ②에서 설명한 방법과 같이 CA, CB를 구하여

$$CA:CB=CA':CB' \tag{4.4}$$

가 되도록 A', B'를 정하여 $A'B'$를 재고 다음에 $AB:A'B'=CA:CA'=CB:CB'$에서 얻을 수 있다. 즉

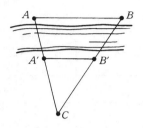

$$AB = \frac{A'B' \times CA}{CA'} \tag{4.5}$$

또는, $AB = \frac{A'B' \times CB}{CB'}$

에서 AB를 계산하면 된다.

④ 기선 및 기선 삼각망의 선정

공공측량에 의한 기준점측량은 기설의 기준측량 또는 공공측량의 기준점을 기지점으로 하는 것이 일반적이므로 삼각측량을 위하여 특별히 기선을 설치할 필요는 없다. 그러나 특별한 목적으로 인한 삼각쇄 또는 삼각망을 단독으로 조립할 경우, 즉 낙도 등에 있어서 기지점이 하나도 없는 경우는 기선을 세우게 된다. 기선 및 기선 삼각망의 선점에서의 일반적 사항은 다음과 같이 된다.

가) 기선은 비교적 평탄한 장소로서 기울기 1 : 30 이하의 직선거리에서 위치를 선정하되, 되도록이면 철도나 고속도로 등을 횡단하지 않도록 하고, 지반이 견고하며 교통 등의 장애가 되지 않는 곳을 선정한다.

나) 기선은 일반적으로 원기선길이의 20~25배 거리의 간격을 두고 설치하는 것이 좋다(大삼각측량에는 약 100~250km 정도).

다) 기선길이는 되도록이면 길게 하지 않으면 안 되나 짧은 기선을 확대한 경우에는 극단의 확대는 피하고 1회의 확대는 3~4배, 확대의 횟수도 2회 정도 하는 것이 적당하다.

라) 기선은 부근의 삼각점에 대하여 연결이 잘 되는 곳을 선정한다.

마) 기선로는 요철(凹凸)이 많지 않은 평탄한 지형이 좋다. 경사지에서는 그 경사가 $\frac{1}{25}$ 이하로 되는 것이 바람직하다.

바) 기선삼각망을 구성하는 삼각형은 될 수 있는 한 정삼각형이 좋으나 지

부그림 4-12

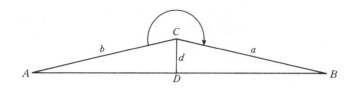

형(지모·지물)의 상황으로 그것이 특히 곤란할 경우라도 1각의 크기가 15° 이하로 되어서는 안 된다. 삼각망을 구성한 삼각점 상호의 시준은 반드시 정, 반 관측에 의한다. 이 경우는 최종확대변의 정확도가 떨어지지 않도록 하는 것이 중요하다.

사) 1km 이상의 특히 긴 기선에 대해서는 기선의 직선성을 확실히 하기 위하여 다음과 같은 직선측량을 행하고 기선의 $\frac{1}{2}$점, 또는 $\frac{1}{4}$점 등을 정한다. 이것은 기선관측에 의한 절점의 설치에 필요하게 된다. 〈부그림 4-12〉에 있어서 C점에 트랜시트를 정치하고 수평각을 관측할 때 $\angle ACB = 180°00'00''$이면 C점은 일직선상에 있다. 만약 $\angle ACB \neq 180°00'00''$이면 다음에 의하여 d를 산출하고 D점을 구한다.

$$\left. \begin{aligned} &A+B=C-180° \\[4pt] &A-B=\frac{(A+B)(a-b)}{a+b} \\[4pt] &d=\frac{A}{\rho''}b \ \text{ 또는 } \ d=\frac{B}{\rho''}a \\[4pt] &a=b\text{가 될 때} \\[4pt] &d=\frac{(C-180°)}{2\rho''}a \end{aligned} \right\} \tag{4.6}$$

단, $C>180°$와 $C<180°$에는 d의 부호가 반대로 됨에 주의하라.

⑤ 인바 기선자

정밀삼각측량, 댐변형측량, 장대교건설공사용 등 1/500,000∼1/1,000,000의 정밀도가 필요한 기선의 관측에는 팽창계수가 매우 작은 인바자(invar tape)가 사용된다.

인바 기선자로는 1.7mm의 쇠줄(wire) 또는 단면 0.5mm×4mm의 줄자

부그림 4-13 인바 기선자의 단척

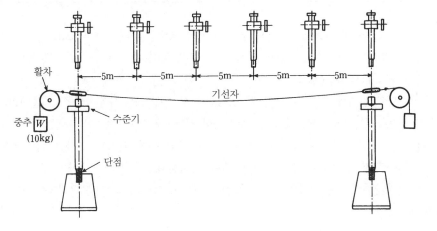

부그림 4-14 인바 기선자에 의한 기선관측방법

(tape)형이 사용되며 전체길이는 25m이다. 눈금은 〈부그림 4-13〉에서 표시한 바와 같이 전체 길이가 8cm인 단척에만 1mm 간격으로 붙여 둔다.

인바자에는 경년(經年)변화가 있으므로 검정에는 정밀한 관측 실험실 설비와 숙련된 관측자가 요구된다.

기선자의 줄자정수의 관측평균값 표준편차는 약 $1\mu \sim 5\mu$ 정도, 즉 $1/1,000,000 \sim 1/5,000,000$ 정도의 정확도가 된다. 〈부그림 4-15〉의 간섭계는 He-Ne 레이저광을 레-만효과에 의하여 2주파수로 나누면 f_1-f_2를 약 1.8MHz로 설정한다. 발광기로부터 레이저광은 간섭계부(사진중앙)를 통과하며 레일 위를 이동한다. 간섭계에 되돌아와 간섭이 일어나며 그 결과가 발광기 내의 계기로 관측되며 최후에 디지탈 표시기에 0.01μ 단위로 표시된다. 이 계수값은 반사경의 이동거리에 대응한다.

부그림 4-15

이동의 가동범위는 60m 정도까지이므로 5m표준줄자는 물론 25m 기선자의 직접절대검정이 가능하게 되며 측지측량이나 정밀공사 측량에 충분히 활용된다.

⑥ 기선관측의 정밀도

인바 기선자에 의한 관측은 통상 몇 개의 기선자를 사용하며 단척을 1cm씩 움직여 5회, 다시 왕복으로 2회(이 사이 전단·후단의 관측자가 교대한다) 관측한다. 그러므로 왕복차에 따르는 관측은 기선자의 수에 따르게 된다. 지금 각각의 왕복관측의 평균값과 전평균값에 대한 잔차를 v, 왕복관측의 횟수를 n으로 하면 전평균값의 표준편차인 표준오차(standard error: 최확값의 평균제곱근오차)는 다음과 같다.

$$m = \pm \sqrt{\frac{[vv]}{n(n-1)}} \tag{4.7}$$

기선측량의 정밀도는 관측값으로부터 구한 산술평균과 표준오차 또는 확률오차와의 비로 표시하는 것이 일반적이다. 기선측량의 정밀도표준은 등급에 따라 다음과 같다.

삼각의 등급	1, 2 등 삼각	3 등 삼각	4 등 삼각
기선길이의 확률오차	1/500,000~1/2,000,000	1/200,000~1/500,000	1/10,000~1/50,000

(2) 간접거리측량

측량할 지형 중에 직접 거리관측이 곤란한 곳이 있다. 예를 들면 경사가 급한 곳, 고저기복이 많은 곳, 혹은 계곡에 접하고 통행이 많은 도로, 논, 늪지대나 하천을 건널 경우 등이다. 간접거리관측과 직접거리관측을 비교하면, 일반적으로 간접거리관측의 정확도가 낮다. 그러나 위와 같은 지형에는 관측방법을 다르게 하면 직접거리관측에 의한 것보다 오히려 간접거리관측이 좋은 결과를 얻을 수 있다. 간접거리관측의 방법에는 시거법, 수평표척에 의한 방법, 삼각측량에 의한 방법, 전자기파거리측량기에 의한 방법, VLBI 및 SLR 방법 등이 있다.

① **표척에 의한 거리관측**

가) 수평표척(horizontal substense bar)을 사용하는 경우

(ㄱ) 원 리

수평표척은 〈부그림 4-16〉에 표시한 것과 양단의 기준점 사이가 정확히 정해져 있는 것이다(일반적으로 2,000.0mm±0.1mm). 이것을 관측단 E에 설치하고 A점에 트랜시트를 정치하여 표척의 양단점을 낀 각 α를 관측하며 거리 S를 계산 또는 계산표에 의하여 구한다(〈부그림 4-17〉 참조). 그림으로부터 다음 관계식을 얻는다.

$$S = \frac{b}{2}\cot\frac{\alpha}{2} \qquad\qquad (4.8)$$

단, b : 표척의 길이

부그림 4-16 수평표척 ●●●

부그림 4-17 ●●●

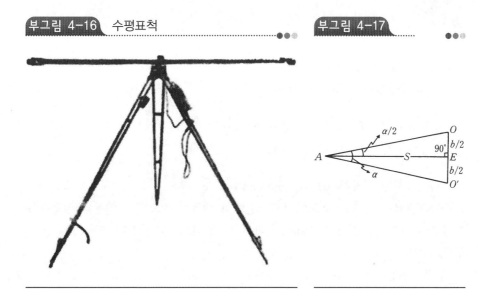

(ㄴ) 정밀도

수평표척을 사용하는 경우 거리관측 정밀도에 영향을 주는 것으로서는, ⓐ 트랜시트의 각관측정밀도, ⓑ 표척 길이의 정밀도, ⓒ 표척과 관측거리방향의 직교성의 정밀도가 있다. 이것들의 영향을 상세히 생각하여 보자.

(i) 각관측의 영향

식 (4.8)로부터 전미분을 실시하면 다음 식이 얻어진다.

$$dS = -(S^2/b)d\alpha \qquad (4.9)$$

(−)부호는 α를 크게 관측하고 거리를 짧게 얻은 것을 표시하고 있다. 각관측의 오차를 ±1″로 하고 dS와 S의 관계를 구하면 〈부표 4-2〉의 관계를 얻는다. 보통 측량용 트랜시트로는 각관측의 오차가 수초~수십초이므로 단거리에서도 매우 정확한 값은 기대할 수 없다.

■■■ **부표 4-2** 각관측오차(±1″)가 거리관측에 미치는 영향

$S(m)$	20	40	60	80	100	2000	400	500
$dS(mm)$	1	4	9	16	24	97	388	606
dS/S	1/20,000	1/10,000	1/6,667	1/5,000	1/4,167	1/2,062	1/1,031	1/825

(ii) 표척 길이의 정밀도

식 (4.9)로부터 다음 식이 얻어진다.

$$dS = (S/b) \cdot db = (S/2000.0)db \qquad (4.10)$$

여기서 $b=2000.0$mm로 한다.

공장에서의 공칭검정오차는 ±0.05mm 정도이다.

INVAR 기선자는 온도에 의한 길이의 변화는 적으며 길이는 일정하다고 생각하여 길이의 오차를 0.1mm로 하면 이 원인으로 상대 정밀도는 1/20,000 정도로 된다.

(iii) 직각도

관측선과 표척의 축방향의 간격을 δ라고 하면 이것이 관측거리에 미치는 영향은 다음 식으로 표시된다.

$$dS = (S/2)\sin^2\delta \tag{4.11}$$

dS/S를 $1/20,000$로 하면 $\delta = 35'$로 된다.

표척에는 시준 망원경이 붙어 있어 수분 이내의 각의 정밀도로 직교성을 확보할 수가 있으며 실관측에서는 이 오차를 거의 문제시하지 않는다.

이제까지 설명한 바와 같이 표척을 사용하는 방법은 거리가 멀어지면 각관측의 정밀도가 크게 떨어지므로 정밀 관측에서는 거의 사용하지 않는다.

(ㄷ) 장 점

(ⅰ) 고저차에 의한 보정이 필요없다(시거측량에 비하여).

(ⅱ) 정밀도가 높은 트랜시트를 이용한다.

(ⅲ) 적은 수의 사람으로 신속히 관측되므로 경제적이다.

(ㄹ) 수직표척(vertical base-staff)을 사용하는 경우

〈부그림 4-18〉에 나타난 것과 같이 B점에 표척(base-staff)을 세워 A점으로부터 표척상의 2점의 고저각을 관측한다. 그림으로부터 다음 관계를 얻는다.

$$b = h_2 - h_1 = d(\tan \beta_2 - \tan \beta_1)$$
$$d = \frac{b}{\tan \beta_2 - \tan \beta_1} \tag{4.12}$$

한편, 고저차는

$$h_1 = b\frac{\tan \beta_1}{\tan \beta_2 - \tan \beta_1}, \quad h_2 = b\frac{\tan \beta_2}{\tan \beta_2 - \tan \beta_1} \tag{4.13}$$

부그림 4-18

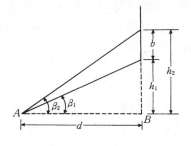

으로 된다.

고저각을 2″의 정밀도로 관측하고 표척의 오차를 ±1mm로 하여 100m의 거리를 관측한다고 가정하면 $b=2$m에서 ±10cm의 오차, $b=3$m에서 ±6cm의 오차가 생긴다. 기타 표척의 수직성의 오차도 있어서 이 방법은 거의 사용하지 않는다.

나) 시각법(視角法)

팔을 쭉 펴서 높이를 아는 물체를 시준했을 때 팔길이가 l, 물체의 높이가 H, 자의 길이가 h이면 구하는 거리 D는 다음 관계로부터 알 수 있다(〈부그림 4-19〉 참조).

$$D=\frac{l}{h}\times H \tag{4.14}$$

부그림 4-19 시각법

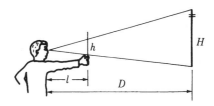

다) 음측(音測, acoustic measurement)

$$D=[\{340+0.6(T-15)\}t]\text{m} \tag{4.15}$$

여기서, T는 대기온도, t는 발음체에서 관측자까지의 소요시간(초)이다. 1초에 넷을 세도록 훈련하면(10초에 40)을 헤아린 수에 100m를 곱하여 개략적인 거리를 알 수 있다(예를 들어 야간에 번개불빛을 보고 천둥소리가 들릴 때까지 35를 세었다면 거리는 $D=35\times100=3500$m이다).

라) 윤정계(odometer)

윤정계(輪程計)는 원둘레를 정확히 알고 있는 바퀴의 회전수로부터 거리를 환산해 내는 기구이다. 윤정계는 차량이나 자전거에 연결하여 주행거리를 재거나 노선 측량예비선점, 마라톤 경로 등을 관측하는 데 활용한다. 일반적으로 정밀도는 약 1/200이나 기선검정을 통한 윤정계의 사용시는 1/1000까지도 가능하다. 바퀴의 크기가 작은 것은 단거리관측용 또는 곡선거리를 재는 데 매우 유용하다. 도면상에서 곡선길이를 재는 곡선계(curvimeter)의 원리도 이와 동일하다.

마) 평판시준기(alidade)

보통 평판시준기(peep-sight alidade)의 시준판에 나타난 눈금을 이용하면 A, B점간의 수평거리 D를 구할 수 있다. 평판시준기의 전시준판(前視準板)에는 전·후 시준판간격의 1/100을 간격으로 하여 눈금을 새겨 놓았다. 따라서 〈부그림 4-20〉에서 $\triangle on_1 n_2 \backsim \triangle oab$인 관계로부터 눈금 하나의 간격을 s라 하면 $100s/(n_1-n_2)s = D/l$이므로

$$D = \frac{100}{n_1-n_2} \cdot l = \frac{100}{n}l \qquad (4.16)$$

여기서 l은 시준판의 눈금 n_1, n_2에 상당하는 표척의 읽음값, a, b간의 길이이다. 망원경평판시준기(telescopic alidade)를 사용할 경우 망원경 내에 시거선이 있을 경우에는 식 $D = Kl\cos^2 v + C\cos v$를 적용하면 된다. 또 비만 아크(Beaman's arc)가 부착된 경우에는 다음 식을 이용한다.

$$D = (100 - H.S.)l \qquad (4.17)$$

여기서 l은 협장(제2장 시거측량 참조)이고 $H.S.$는 비만 아크에서 읽은 수평값(horizontal scale)이다.

부그림 4-20 평판시준기에 의한 거리관측

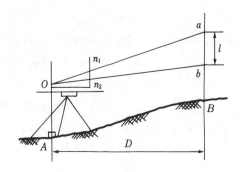

바) 지거측량

일반적으로 관측선(觀測線)으로부터 직각의 방향으로 관측한 거리를 지거(支距) 또는 옵셋(offset)이라 한다. 지거는 지상의 세부위치를 구할 때 관측되는 것이다. 지거를 잴 때는 관측선상에 줄자를 잡아당겨 놓고 다른 줄자의 한쪽 끝을 건물·울타리 등의 지거를 재는 점 A에 유지시켜 줄자를 연장하여 관측선을 향해서 잡아당기고 관측선에 수직으로 지거 AB를 잰다(〈부그림 4-21〉 참조).

이때 수선의 발 B의 위치는 지거가 짧을 때는 〈부그림 4-21〉처럼 목측하여 α와 β가 같게 해서 결정한다. 지거가 길 때는 〈부그림 4-22〉와 같이 줄자로 원호를 그리고, 이것이 관측선과 만나는 2점 C, D를 맺는 선분 CD의 중점을 구하여 수선의 발의 위치 B를 알아낸다.

또 중요한 점의 위치를 결정할 때는 〈부그림 4-23〉처럼 3변의 길이를 잰다. 이때 AB, AC를 사지거(斜支距, diagonal offset)라 한다.

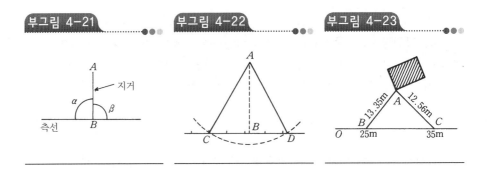

부그림 4-21　　　부그림 4-22　　　부그림 4-23

(3) 직접거리측량의 오차

① 오차의 특성

기선이나 쇠줄자로 관측할 경우 거리측량에서 신뢰할 만한 값을 구하기 위하여서는 매우 주의를 하여야 한다. 착오를 피해 각종 방법으로 정오차를 없애고, 남아 있는 우연오차를 합리적으로 취급하여 목적하는 바의 정확도에 해당하는 값을 구할 필요가 있다.

이 오차의 가벼운 정오차는 주로 거리의 길이, 관측횟수에 비례하고 우연오차는 관측횟수의 제곱근에 비례한다. 즉, 〈부그림 4-24〉와 같이 전길이 L을 n구간으로 나누어 한 구간 l의 정오차를 δ, 우연오차를 ε이라 하면,

전길이의 정오차 $\delta_s = n\delta$, 정확도 $\dfrac{\delta_s}{L} = \dfrac{n\delta}{nl} = \dfrac{\delta}{l}$ (4.18)

전길이의 우연오차 $\varepsilon_s = \sqrt{n} \cdot \varepsilon$, 정밀도 $\dfrac{\varepsilon_s}{L} = \dfrac{\sqrt{n} \cdot \varepsilon}{nl} = \dfrac{\varepsilon}{\sqrt{n} \cdot l}$

(4.19)

이것들을 동시에 생각한 전길이의 확률오차 r은 오차전파의 법칙에서 다음 식으로 주어진다.

$$r = \sqrt{(\delta n)^2 + (\varepsilon\sqrt{n})^2} = \sqrt{\alpha^2 L + \beta^2 L}$$ (4.20)

$$단,\ \alpha = \dfrac{\delta\sqrt{n}}{\sqrt{l}},\ \ \beta = \dfrac{\varepsilon}{\sqrt{l}}$$

위의 식에서 거리측량의 오차는 일반적으로 거리 L에 비례하는 정오차가 대부분을 차지하므로 구한 정밀도가 높은 한 이 정오차를 보정하여 오차를 되도록이면 우연오차만으로 한다.

이것들의 오차원인과 그 보정은 다음과 같다.

② 착오와 정오차의 원인

착오는 논리상의 오차로 취급하지 않으므로 관측값에 중대한 영향을 미친다. 이것은 주로 관측자의 부주의에서 생긴다. 눈금 또는 숫자의 잘못 읽는 경우와 기록의 틀림 등이 있다.

언제나 오차는 생기게 되므로 반드시 같은 측선을 2회 이상 반복하여 이것의 평균을 취하거나 관측자를 바꾸어서 측량하여 이것을 방지할 필요가 있다.

정오차의 원인에는

가) 줄자의 길이가 표준길이와 다른 경우(줄자의 특성값 보정)

나) 관측시의 쇠줄자의 온도가 검정시의 온도와 다른 경우(온도보정)

다) 쇠줄자에 가한 장력이 검정시의 장력과 다른 경우(장력보정)

라) 줄자의 처짐(처짐 보정)

마) 줄자가 똑바로 수평으로 되지 않은 경우(경사보정)

바) 줄자가 기준면상의 길이로 되지 않은 경우(표고보정)

등이 있다.

줄자 및 기선자 정오차의 보정은 측량실무개관에서 다루기로 한다.

③ 직접거리측량의 정확도 허용범위

줄자나 기선지로 거리측량시의 거리측량의 정확도를 나타내는 데는 두 가지 방법이 있다.

가) 1관측

1관측의 표준편차의 추정값 또는 몇 회 관측한 평균값의 표준편차의 추정값과 잰 길이와의 비로 나타낸다.

나) 2회 관측

2회의 관측이 일치하지 않는 경우로, 즉 교차(較差)의 1/2과 잰 길이의 비로 나타낸다.

가)의 방법이나 나)의 방법이나 정확도를 나타내는 수치는 다르다. 나)에 의하면 계통오차가 소거되어 우연오차만을 비교하는 경우에 좋으므로 일반적으로 정확도가 높은 측량에서는 이 방법을 사용하는 경우가 있으나 일반적인 경우에는 가)의 방법이 널리 쓰이고 있다.

어떤 거리를 같은 정도로 관측한 경우의 관측값을 l_1, l_2, $\cdots$, l_n으로 하면 최확값은 그 산술평균 $\overline{x} = \dfrac{[l]}{n}$로 주어진다. 또 각각의 관측에 대한 참값, 참오차의 관계는

$$\varepsilon = X - l \tag{4.21}$$

$$\text{단, } \varepsilon : \text{참오차}, \; X : \text{참값}, \; l : \text{관측값}$$

X, ε은 알 수 없는 것이지만 추계학에서 보면,

$$u_1 = \sqrt{\frac{[\varepsilon\varepsilon]}{n}} = \sqrt{\frac{[vv]}{n-1}} \tag{4.22}$$

$$[\varepsilon\varepsilon] = (x - l_1)^2 + (x - l_2)^2 + \cdots + (x - l_n)^2$$

$$[vv] = (\overline{x} - l_1)^2 + (\overline{x} - l_2)^2 + \cdots + (\overline{x} - l_n)^2$$

인 관계가 성립하므로 참값 X 대신에 최확값 $\overline{x}$를 쓰고 참오차 대신에 잔차 v를 사용하여 개개의 관측값에 대한 표준편차의 추정값 u_1을 구할 수 있다. 그리하여 개개의 관측값의 정밀도는 $\dfrac{u_l}{l_e}$, $\dfrac{u_l}{l_2}$, $\cdots$, $\dfrac{u_l}{l_n}$로 주어진다. 또 최확값 $\overline{x}$에 대한 표준편차의 추정값은

$$u_x = \frac{u_l}{\sqrt{n}} = \sqrt{\frac{[vv]}{n(n-1)}} \tag{4.23}$$

로 되며 $\bar{x}$ 의 정도는 $\dfrac{u_x}{\bar{x}}$ 로 나타나게 된다.

그리고 2점 사이를 단 한번 측량한 때의 정밀도를 알아서 단위 측쇄에 대한 표준편차를 구한다. 이것을 정하면 n 측쇄 어떤 거리를 n회 재어 그 n개의 관측값에 대한 표준편차의 추정값을 구하여

$$u_l = \sqrt{\frac{[vv]}{n-1}} \tag{4.24}$$

지금 구한 것과 같이 단위 길이, 즉 1chain에 대한 표준차를 k로 하면 오차전파의 법칙에서

$$u_l{}^2 = k^2 + k^2 + \cdots + k^2 = nk^2 \tag{4.25}$$

$$\therefore \ k = \frac{u_l}{\sqrt{n}}$$

처음에 k를 결정하여 놓으면 한번 측량하여 Mchains이면 이것에 대한 표준편차는 $u_M = k\sqrt{M}$, 그리하여 정밀도는 $\dfrac{u_M}{M}$으로 구해진다. 단위 길이에 대한 표준편차를 알게 되면 거리 d에 대한 표준편차는 $\sqrt{d}$를 곱하여 구한다.

④ **관측지역**

그리고 거리측량시 줄자의 허용정밀도를 장애물의 많고 적음에 따라 구별하여 그 개략을 나타내면 다음과 같다.

① 평탄한 지역   1/2,500 양호   1/5,000 우량

② 산 지   1/500 가능   1/1,000 양호

③ 시가지   1/10,000~1/50,000의 정밀도를 요한다.

④ 사용하는 줄자의 정확도

    천줄자 : 1/500~1/2,000

    측 쇄 : 1/1,000~1/5,000 상당히 주의하면 1/10,000

    쇠줄자 : 1/5,000~1/25,000(특히 면밀한 주의를 하여 충분한 보정을 하면 1/100,000 이상이 가능)

    검정공차 $\varDelta$mm(D : 줄자 길이 m)

    금속제 줄자 $\varDelta = 0.6 + 0.1(D-1) = 0.5 + 0.1D$

    최초의 1m에 대해서는 0.6mm, 나머지 1m 증가하는 데 따라 0.1mm 가산 (50m 쇠줄자의 $\varDelta = 5.4$mm)

쇠줄자 이외의 줄자 $\varDelta=4+1.5(D-1)=2.5+1.5D$

최초의 1m에 대해서는 4mm, 나머지 1m 증가하는 데 따라 1.5mm 가산(50m 의 천줄자, 유리섬유줄자, 측쇄 등 측량용줄자의 $\varDelta=77.5$mm, 30cm 스케일 의 $\varDelta=0.5$mm)

　사용공차라 하는 것도 있다. 이것은 일단 검정에 합격한 자라도 사용중에 길이가 변하기 때문에 사용해 얻은 한도의 오차를 계량기사용공차령으로 규정한 것이다. 사용공차는 대개 1.5$\varDelta$로 정해져 있다.

(4) 관측선의 길이, 분할 및 관측횟수에 대한 정확도의 관계

① 줄자의 길이와 정확도의 관계
　관측선 AB를 〈부그림 4-24〉와 같이 길이 l의 줄자로 n회 나누어 관측한 것으로 하고 줄자 1회의 오차를 m이라 하면 전길이 L에 대한 평균제곱근오차 (또는 중등오차) M은 오차전파의 법칙에 의하여 $M=\pm\sqrt{n}m=\pm\sqrt{\dfrac{L}{l}}m$이다. 즉, 거리관측의 오차는 사용하는 줄자 길이의 제곱근에 비례한다. 또한 동일줄 자로 관측할 경우에는 관측거리의 제곱근에 비례하여 오차가 커진다.

② 관측횟수와 정확도의 관계
　어떤 관측선을 동일경중률로 n회 관측하였을 경우 그 최확값 l_0 및 평균제 곱근오차 m_0는

$$l_0=\frac{[l]}{n}, \quad m_0=\pm\sqrt{\frac{[v^2]}{n(n-1)}} \tag{4.26}$$

이다. 또한 1회 관측한 평균제곱근오차를 m이라 하고 정밀도를 R이라 하면,

$$m=m_0\sqrt{n}, \quad R=\frac{m_0}{l_0} \tag{4.27}$$

부그림 4-24

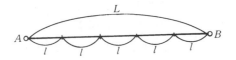

이므로 관측횟수가 많을수록 최확값의 정밀도가 좋아진다.

③ 관측선의 분할관측의 정확도

다각측량, 삼각측량의 기선측량을 할 때 〈부그림 4-25〉와 같이 전길이 L을 n구간으로 분할하고 각 구간의 최확값 및 평균제곱근오차를 각각 l_1, l_2, ⋯, l_n 및 m_1, m_2, ⋯, m_n이라 하면 전길이의 최확값 L_0 및 평균제곱근오차 M_0는

$$L_0 = l_1 + l_2 + \cdots + l_n$$
$$M_0 = \pm\sqrt{m_1^{\,2} + m_2^{\,2} + \cdots + m_n^{\,2}} \tag{4.28}$$

이 된다.

부그림 4-25

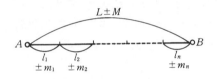

---

(5) 직접거리측량의 정확도

거리측량의 정확도는 일반적으로 오차/참길이로 표시된다(분자 1인 분수형태로 표시). 그러나 오차와 참길이를 알아내는 것이 일반적으로 불가능하므로 이것에 가까운 것으로 대용한다.

측량에서는 관측값으로부터 착오를 제외하고 정오차를 계산 또는 관측기(觀測器)의 수리, 보정에 의하여 제거하므로 우연오차만이 들어 있는 관측값으로부터 정밀도를 구한다.

① 교차와 평균길이의 비에 의한 정확도

주어진 양을 2회 관측하였을 경우 그 양자의 차를 교차(較差, discrepancy)라 한다. 그리고 정밀도를 교차/평균길이(1/m인 형의 분수)로 표시한다.

거리측량기로써 교차에 의한 정밀도는 대략 〈부표 4-3〉과 같다.

■■■ **부표 4-3** 각종 줄자의 표준정밀도

기 기	정 밀 도	기 기	정 밀 도
보 측	1/50~1/200	대 자	1/3,000~1/10,000
시 거 측 량	1/300~1/1,000	유리섬유줄자	1/3,000~1/10,000
천 줄 자	1/500~1/2,000	쇠 줄 자	1/5,000~1/50,000

2. 천문측량

(1) 개   요

지구자전축과 연직선을 기준으로 천체, 즉 태양, 별 등을 관측함으로써 시 및 경위도와 방위각을 결정하는 것을 천문측량(astronomy surveying 또는 practical astronomy)이라 한다. 천문측량의 기본이론은 구면삼각형(spherical triangle)의 공식인 sine법칙, cosine법칙, 그리고 두 각과 세 변의 관계를 확장한 천문삼각형(astronomical triangle)을 해석하여 경위도 및 방위각을 결정하는 것으로 정확도를 높이기 위한 정확한 시계와 계산에 이용되는 역표(almanac)가 있어야 한다.

관측상 주의할 점은 정밀한 기계로 관측하여도 대기의 굴절에 의한 대기차(refraction), 지구중심이 아닌 지표면에서 관측하므로 생기는 시차(parallax), 특히 바다에서 관측할 때는 지평복각(dip of horizon)을 보정하여야 하며 지구가 회전함에 따라 생기는 광행차(aberration)인 연주광행차, 일주광행차를 보정하여야 한다. 또한 태양관측시는 시반경을 보정하여야 한다.

(2) 천구(celestial sphere)

천문학과 천문측량에서 관측의 대상이 되는 천체의 위치를 부여하기 위해 구면좌표계의 도입이 필요하다. 천문학과 천문측량에 관계되는 중요한 용어는 다음과 같다.

① 천 구

모든 천체는 지구를 중심으로 하고 반지름이 무한대인 구면상에 고정되어 있다고 생각하는데, 이러한 가상구면을 천구라 한다. 천체를 포함하는 천구는 지구의 자전 때문에 하루에 한 번씩 동쪽에서 서쪽으로 회전하는 것처럼 보이는데, 이것을 천구의 일주운동(diurnal motion)이라 한다.

부그림 4-26 천 구

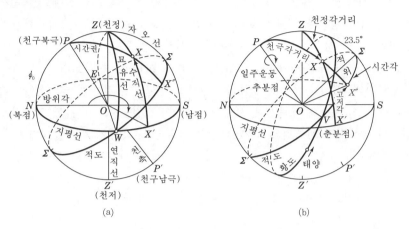

(a)   (b)

방위각 $A=\widehat{NX'}$, 고저각 $h=\widehat{X'X}$, 천정각거리 $z=\widehat{ZX}$, 적 위 $\delta=\widehat{X''X}$

천극각거리 $p=\widehat{PX}$, 적적 $a=\widehat{VX''}$, 시간각 $H=\widehat{\Sigma X''}$, 천문위도 $\phi_0=\widehat{PN}=\widehat{S\Sigma}$

---

② **천정과 천저**(zenith & nadir)

관측자의 연직선이 위쪽에서 천구와 만나는 점을 천정(天頂, 〈부그림 4-26〉에서 Z), 아래쪽에서 만난는 점을 천저(Z')라 한다.

③ **대원과 소원**(great circle & small circle)

천구의 중심을 지나는 임의의 평면과 천구의 교선을 천구의 대원(大圓), 그 밖의 평면과 천구의 교선을 천구의 소원(小圓)이라 한다.

④ **지평선과 수직권**(horizontal & vertical circle)

관측자(또는 지구 중심)를 지나며 관측자의 연직선과 직교하는 평면과 천구의 교선인 대원을 천구지평선이라 하며, 관측자의 연직선을 포함하는 임의의 평면과 천구의 교선을 수직권(垂直圈)이라 한다. 따라서, 수직권은 천정과 천저를 지나는 대원이다. 지평선과 수직권은 직교하며, 한 지점에서 지평선은 유일하지만 수직권은 무수히 많다. 자오선은 천구의 극을 지나는 수직권이다.

⑤ **천축과 천극**(celestial axis & celestial pole)

지구의 회전축을 천구에까지 연장한 것을 천축이라 하고, 천축과 천구의 교점을 천극이라 한다. 천극에는 천구북극(天球北極, north celestial pole)과 천구남극(天球南極, south celestial pole)이 있다.

⑥ **적도와 시간권**(celestial equator & hour circle)

지구 적도면의 연장과 천구의 교선인 대원을 천구적도라 한다. 천축을 포함하는 임의의 평면과 천구의 교선, 즉 천구의 양극을 지나는 대원을 시간권(時間圈)이라 한다. 천구의 적도는 유일하지만 시간권은 무수히 많다.

⑦ **자오선과 묘유선**(celestial meridian & prime vertical)

관측자의 천정과 천극을 지나는 대원을 천구(천문)자오선이라 한다. 따라서, 천구 자오선은 수직권인 동시에 시간권이다. 천구자오선은 한 지점에서는 유일하게 정해지며 관측자의 위치에 따라 달라진다. 천구자오선과 지평선의 교점은 남점(S)과 북점(N)을 결정하고, 이것을 연결한 직선이 일반측량에서 쓰이는 자오선이다. 지평선상에서 남점과 북점의 2등분점은 동점(E)과 서점(W)이며, 동점·서점과 천정을 지나는 수직권을 묘유선(卯酉線)이라 한다.

⑧ **황도**(ecliptic)

1년중 하늘에서 태양이 움직이는 겉보기 궤도를 황도라 하며, 지구 궤도면이 천구와 만나서 이루는 대원이다. 적도면과 황도면은 황도 경사각(obliquity of the ecliptic) $23°26.5'$ 만큼 기울어져 있어서 오직 두 분점(分點)에서만 만난다.

⑨ **춘분점과 추분점**(vernal equinox & autumnal equinox)

황도와 적도의 교점을 분점(equinox)이라 하는데 태양이 적도를 남에서 북으로 자르며 갈 때의 분점을 춘분점, 그 반대의 것을 추분점이라 한다. 춘분점은 천구상에 고정된 점으로 양자리(aries)의 첫째 점으로 알려져 있으며, 적도좌표계와 황도좌표계의 원점이다. 황도상에서의 두 분점의 중앙점을 지점(支點, solstice)이라 한다.

⑩ **천구좌표**(celestial coordinates)

천구상 천체의 위치를 표시하는 데는 지구상 각 지점을 위도와 경도로 표시하는 것과 같은 구면좌표를 사용하는데 지평좌표·적도좌표·황도좌표·은하좌표 등이 있다.

⑪ **고저각과 천정각 거리**(또는 고도와 천정 거리 : altitude & zenith distance)

어느 천체를 포함하는 수직권을 따라 그 전체까지 지평선으로부터 잰 각 거리(angular distance) $\overarc{X'X} = h$를 고저각, 천정으로부터 잰 각 거리 $\overarc{ZX} = z$를 천정각 거리라 한다. 고저각 h와 천정각 거리 z는 여각($z = 90° - h$)인 관계가 있다(〈부그림 4-26〉 참조).

⑫ **방위각**(azimuth)

관측자의 자오선과 어느 천체의 수직권 사이의 지평선상 각 거리 $\widehat{NX'}=A$ 를 방위각이라 하는데, 지평선을 따라 북점(N)으로부터(남점으로부터 재는 경우도 있다) 수직권의 발(X')까지 동쪽(천구 북극에서 보았을 때 시계방향)으로 재며 $0\sim360°$ 범위로 나타낸다.

⑬ **적위와 천극각 거리**(declination & polar disstance or angle)

어느 천체를 포함하는 시간권을 따라 적도로부터 그 천체까기 잰 각 거리 $\widehat{X''X}=\delta$를 적위(赤緯), 천극으로부터 잰 각 거리 $\widehat{PX}=p$를 천극각 거리라 한다. 적위는 적도상에서 $0°$이고 적도로부터 북극쪽으로 $+90°$, 남극쪽으로 $-90°$까지 표시하며 적위 δ와 천극각 거리 p는 여각이다($p=90°-\delta$).

⑭ **적경**(right ascension)

춘분점으로부터 어느 천체의 시간권의 발까지 적도를 따라 동쪽(천구의 북쪽에서 보았을 때 반시계 방향, 또는 일주운동의 반대방향)으로 잰 각 거리 $\widehat{VX''}=\alpha$를 말하며 $360°$를 24^h로 표시한다.

⑮ **시간각**(hour angle)

천체가 천구자오선의 서쪽으로 얼마나 떨어져 있는지를 시의 단위로 나타낸 것으로, 시각과 관측자의 위치에 좌우된다. 즉, 적도상에서 자오선과 적도의 교점($\sum$점)으로부터 전체를 통하는 시간권의 발(X'')까지 서쪽(일주운동 방향)으로 잰 각 거리 $\widehat{\sum X''}=H$를 말하며, $360°$를 24^h로 표시한다.

(3) 경위도, 방위각 결정의 일반사항

경위도 및 방위각의 결정방법은 다음과 같다.

① **시 및 경도의 결정**

시와 경도의 관계에서 1시간은 경도 $15°$에 해당하므로 경도를 결정한다는 것은 바로 시를 결정하는 것과 동일하다. 즉 시의 결정은 관측지점의 지방항성시와 그리니치 항성시, 지방평시와 그리니치평시, 지방시각과 그리니치시각과의 시차로 구할 수 있다. 그리니치시는 라디오시보나 크로노미터로 알 수 있으며 지방평시나 지방시각은 천체의 고저각을 관측하여 구하게 된다. 위도와 적위를 알고 있으면 관측순간의 지방시각을 천문삼각형에서 구하면 된다.

가) 항성시

항성시=춘분점의 시간각(LST=H_v)

춘분점이 남중(南中)할 때 항성시는 $0^h0^m0^s$이고 다시 남중할 때 $24^h0^m0^s$가

부그림 4-27 항성시

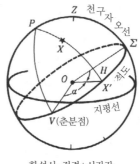

항성시=적경+시간각

$$\angle \Sigma OV = \angle VOX' + \angle \Sigma OX'$$
$$\;\;\;\;(H_V)\;\;\;\;\;\;\;(\alpha)\;\;\;\;\;\;\;\;\;(H)$$

되어 1항성일이 경과한다. 적경(赤經) α인 천체의 시간각이 H일 때 춘분점의 시간각(H_v)은 $\alpha+H$이므로(〈부그림 4-27〉)

$$LST = Hv = \alpha + H \tag{4.29}$$

이다. 특히 전체가 남중할 때는 $H=0$이므로 남중하는 천체의 적경을 알면 바로 항성시를 알 수 있다. 이 항성시의 관측에는 그 지점의 자오선이 관계되므로 같은 순간이라도 지방의 경도에 따라 다르므로 지상시(地方時, local time)라고도 부른다.

부예제 4.1 적경이 $3^h30^m20^s$인 천체의 시간각이 $35°\,20'\,30''$일 때 이 천체의 항성시는 얼마인가?

해답 $35°/15° = 2^h20^m,\;\; 20'/15' = 1^m20^s,\;\; 30''/15'' = 2^s$
$\quad \therefore H = 2^h20^m + 1^h20^m + 2^s = 2^h21^m22^s$
$\quad \therefore ST = \alpha + H = 3^h30^m20^s = 5^h51^m42^s$

나) 평균태양시 균시차

(ㄱ) 평균태양시

평균태양시=평균태양의 시간각($H_{m.s}$)+12^h인 관계가 있다. 즉

$$LMT = H_{m \cdot s} + 12^h \tag{4.30}$$

(ㄴ) 균시차(equation of time)

시태양시와 평균태양시 사이의 차를 균시차(均時差)라 한다. 균시차의 효과는 누적되어 나타나므로 평균태양은 진태양(true sun)을 앞지르거나 뒤로 처지게 된다.

$$균시차 = 시태양시 - 평균태양시 \tag{4.31}$$

균시차는 지구궤도의 이심률(異心率)과 황도경사 때문에 계절에 따라 달라지며 $-14^m 19^s$ 와 $+16^m 24^s$ 사이를 변한다.

(ㄷ) 항성시와 평균태양시

〈부그림 4-28〉에서 지구자전에 의하여 1항성일이 경과하는 동안 지구는 공전궤도상을 따라 각거리 $\frac{360^\circ}{365} \approx 1^\circ$ 만큼을 움직이고 춘분점은 1항성일 전의 자오선과 평행한 방향에 오게 된다. 그러므로 태양이 지방자오선에 돌아오려면 이 각도만큼 더 자전해야 하며 이때 비로소 1평균태양일이 경과된다. 각거리 1° 는 시간 4분에 해당하므로 1평균태양일은 1항성일보다 약 4분이 길어진다. 우리가 일상적으로 사용하는 평균태양시의 단위로 1항성시는 23시간 56분 4.09초이다.

부그림 4-28 항성일과 평균태양일

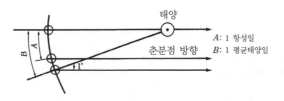

태양
춘분점 방향
A: 1 항성일
B: 1 평균태양일

다) 세계시

식 (4.29)의 천체를 평균태양으로 하고 $\alpha_{m.s.}$ 를 평균태양의 적경, $H_{m.s.}$ 를 평균태양의 시간각으로 하면 〈부그림 4-29〉로부터 다음관계가 있다.

$$LST = \alpha_{m.s.} + H_{m.s.} \tag{4.32}$$

부그림 4-29 지방시(LST)와 평균태양시(LMT)

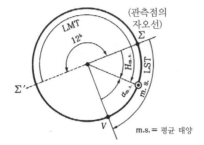

부그림 4-30 세계시와 지방시

m.s.＝평균 태양

부그림 4-31

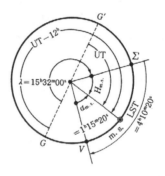

〈부그림 4-30〉에서 $UT-12^h=GST-\alpha_{m.s.}$이므로

$$UT=GST-\alpha_{m.s.}+12^h \tag{4.33}$$

이다. 여기서 GST는 그리니치항성시(Greenwich Sidereal Time)로서 관측지점의 경도를 서경 λ라 하면

$$GST=LST+\lambda \tag{4.34}$$

이다.

역시 〈부그림 4-31〉로부터 $UT-12^h=H_{m.s.}+\lambda=LST-\alpha_{m.s.}+\lambda$이므로

$$UT = LST - \alpha_{m.s.} + \lambda + 12^h \tag{4.35}$$

이다.

부예제 4.2   동경 $127° 00' 00''$ 인 곳에서 지방시가 $4^h 10^m 30^s$ 일 때 세계시는 얼마인가? 단 이때의 평균태양의 적경은 $1^h 15^m 20^s$ 이다.

해답   서경 $\lambda = 360° - 127° = 223° = 15^h 32^m 20^s$

식 (4.35)로부터

$$UT = LST - \alpha_{m.s.} + \lambda + 12^h$$
$$= 4^h 10^m 30^s - 1^h 15^m 20^s + 15^h 32^m 00^s + 12^h$$
$$= 30^h 27^m 10^s = 6^h 27^m 10^s$$

② 위도의 결정

위도는 연직선의 방향, 즉 천정을 정확히 유지할 수 있으면 역표에서 천체의 적위를 얻고 관측으로 천정각거리를 구하여 간단하게 위도를 결정할 수 있다. 그러나 일반적으로는 천체의 천정과 천북극의 위치에 따라 위도를 구하는 식이 달라지게 된다.

동일한 고저각(또는 고도)을 갖는 두 변을 관측할 때 각각의 적위, 천정각거리를 이용하여 위도를 결정하는 것을 탈코트(Horrebow-Talcott)법이라 한다.

③ 방위각의 결정

방위각은 북을 기준으로 한 방위표와 천체 사이의 수평각을 더한 것으로 천체관측으로 천체의 고저각을 구하고 천문삼각형의 세 변을 이용하여 계산할 수 있다. 방위각의 결정은 주로 주극성(circumpolar stars)을 관측하여 간단히 구할 때는 북극성의 고저각 및 수평각을 관측하여 결정한다. 특히 주극성이 일주운동을 할 때 가장 동쪽 혹은 서쪽에 있을 때인 이격점(points of elongation)에 위치할 때는 더욱 간단히 구할 수 있다. 천체는 자오선상을 통과할 때 고저각이 가장 높기 때문에 태양 혹은 별의 고저각을 연속 관측하여 진북을 찾을 수 있다.

경위도는 지도상에서 어느 정도 정확하게 찾을 수 있으나, 방위각은 지상에 기지의 방위각선들이 없으면 지도상에서 구할 수 없다. 진방위각을 얻기 위해서는 대략의 위도와 관측시각을 알아야 한다.

위도의 근사값과 관측시각은 지도와 라디오 시보를 통해 얻을 수 있으나, 이것이 불가능할 경우, 천문측량에 의해 결정해야만 한다.

관측대상은 주간에는 태양을, 야간에는 별을 관측하지만, 태양관측은 별관측에 의한 것보다 정확도가 떨어진다.

태양이나 별의 위치는 천측력에 그리니치시로 나와 있으므로 지방시로 바꾸어 사용한다.

관측장비로는 애스트로레이브(astrolabe), 데오돌라이트, 크로노미터와 보정을 위한 온도계, 기압계 등이 필요하며, 간이법으로는 트랜시트와 일반 손목시계를 이용한다. 육분의는 정밀을 요하지 않는 항해에서 사용된다. 시각을 알기 위해서는 라디오 시보를 이용한다. 태양을 관측할 때는 눈을 보호하기 위해 검은색 필터를 꼭 사용해야만 한다.

천문측량을 하기 위해서는 첫째 천체 및 시간에 관한 기본지식과, 둘째 구면삼각법을 포함한 제반 수학적 개념을 알고 있어야 하며, 마지막으로 관측자의 경험과 숙련도가 요구된다.

(4) 천문측량의 사용상의 분류

천문측량의 목적을 대별하면 다음의 네 가지를 들 수 있다.

① 경위도원점(측지측량원점)의 결정

국가의 측량좌표계를 동일한 경위도원점으로부터 출발하기 위해, 지오이드면의 연직선상에서 항성을 이용한 천문측량에 의하여 측지측량원점의 위치관측 및 진북방향으로부터 원방위점의 방위각을 관측한다.

② 도서 및 측지측량망과 독립된 지역의 위치결정

한 국가의 국토는 동일한 경위도원점을 이용하여 측지측량망을 연결하는 것이 가장 이상적이지만, 육지에서 멀리 떨어진 도서 등과 같이 독립된 지역에서는 천문측량에 의해 위치를 결정하게 된다.

③ 측지측량망의 방위각조정

삼각망이 확대 연결됨에 따라 오차가 누적되어 변의 방위각은 진방위각과 차이가 발생하게 된다. 따라서, 정밀삼각망(1, 2등 삼각점) 중의 $\frac{2}{3}$ 또는 점간 50km마다 라플라스점(Laplace station)을 설치하고 천문관측에 의해 이를 조정한다.

④ 연직선편차의 결정

측지측량위치는 준거타원체를 기준으로 하는 반면, 천문관측은 지오이드면을 기준으로 하므로 양자는 연직선편차만큼의 차이가 발생한다. 각 지점에서의 연직선편차를 이용하여 지오이드면과 거의 일치하는 새로운 기준타원체를 구할 수 있다. 현재, 우리나라의 연직선편차의 벡터방향은 태백산맥을 경계로 하여 동해안부분을 제외하고는 북서방향으로 거의 일정하게 기울어져 있다.

또한, 다각측량 등에서 천문방위각과 측지측량방위각과의 차이가 각오차의 허용범위 내에 들어오므로 천문방위각을 그대로 사용할 경우가 있으며, 또한 점들 간의 시통이 어려운 경우, 천문방위각을 관측함으로써 능률적으로 경제적인 측량을 할 수 있다.

(5) 천문좌표와 천문삼각형

① 천문좌표계

천문좌표계는 지평좌표, 적도좌표, 황도좌표 및 은하좌표가 있으며, 천문측량에서는 이 중 지평좌표와 적도좌표가 이용된다.

가) 지평좌표(horizontal coordinate)

관측자를 중심으로 천체의 위치를 간략하게 표시하는 좌표계로서 방위각－고저각 좌표계라고도 한다. 지평좌표계에서는 시각과 장소만 주어지면 고저각과 방위각으로 천체의 위치를 쉽게 찾아낼 수 있으나, 천체의 일주운동으로 시간에 따라 방위각과 고도가 모두 변하기도 하고, 또 같은 천체라도 관측자의 지구상 위치는 달라지는 결점이 있다.

천체 X의 위치는 $\angle NOX'$와 $\angle X'OX$로 나타낼 수 있는데, 자오선의 북점으로부터 지평선을 따라 천체를 지나는 수직권의 발 X'까지 잰 각거리 A

부그림 4-32 지평좌표계

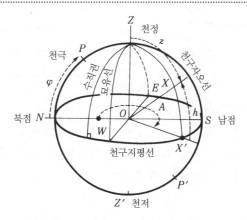

($\angle NOX'$)를 방위각, 지평선으로부터 천체까지의 수직권을 따라 잰 각거리 $h(\angle X'OX)$를 고저각이라고 한다.

　나) 적도좌표(equatorial coordinate)

　어떤 천체의 위치를 지평좌표로 나타내면 그 값이 시간과 장소에 따라 변하므로 불편하다. 천구상 위치를 천구적도면을 기준으로 해서 적경과 적위 또는 시간각과 적위로 나타내는 좌표계를 적도좌표계라 하는데 시간과 장소에 관계없이 좌표값이 일정하지만 특별한 시설이 없으면 천체를 바로 찾기는 어렵다.

　천체 X의 위치는 적경 $\alpha(\angle rOX'')$와 적위 $\delta(\angle X''OX)$로 천구상에 확정될 수 있다. 적경은 본초시간권(춘분점 r을 지나는 시간권)으로부터 적도면을 따라 동쪽으로 잰 각거리로서 0h~24h의 값을 갖는다. 적위는 적도면에서 천체까지 시간권을 따라 잰 각거리로서 $0°$~$\pm90°$의 값을 가지며 천구의 북반구에서는 양의 값을, 남반구에서는 음의 값을 갖는다.

부그림 4-33　적도좌표계

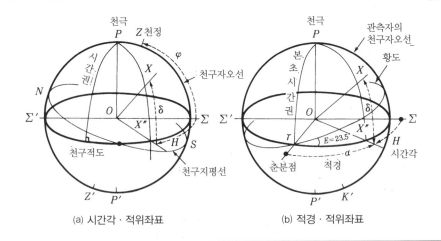

(a) 시간각·적위좌표　　(b) 적경·적위좌표

　다) 황도좌표(ecliptic coordinate)

　태양계 내의 천체의 운동을 설명하는데는 황도좌표계가 대단히 편리하다. 이것은 태양계의 모든 천체의 궤도면이 지구의 궤도면과 거의 일치하며 천구상에서 황도 가까운 곳에 나타나기 때문이다.

　지구공전궤도면을 기준으로 하는 좌표계로 황도를 기준으로 하고 두 극은 북황극과 남황극이다. 황경은 춘분점을 원점으로 하여 황도를 따라 동쪽으로 잰

부그림 4-34 황도좌표계

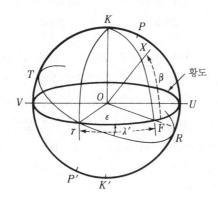

각거리로 0°~360°의 값으로 나타낸다. 황위는 황도에서 떨어진 각거리로서 0°~ ±90° 사이의 값을 가진다.

라) 은하좌표계(galactic coordinate)

은하계의 적도면을 기준으로 하는 좌표계로서 은하의 중간평면을 기준면으로 하는 은하적도에 대한 두 극을 북은극, 남은극이라 한다.

② 천문측량에 이용되는 좌표계

천문관측에서의 좌표체계는 지평좌표계를 이용한 고도 · 방위각체계 및 적도좌표계를 이용한 적위 · 적경체계와 적위 · 시간각체계의 세 가지 주된 체계가 이용된다. 첫 번째와 세 번째 체계는 좌표계가 지구에 고정된 것이며, 두 번째 체계는 천구에 고정된 것이다.

가) 지평좌표(고도 · 방위각체계)

이 체계는 지상관측자의 위치를 기준으로, 즉 천구지평선과 북점을 기준으로 하여 천체의 위치를 고도 h와 방위각 A로 정의한다.

방위각은 천체를 지나는 수직권과 관측점의 자오선이 이루는 각거리를 북에서 시계방향으로 관측한다. 고도는 수직권을 따라 지평면으로부터 천체까지의 각거리를 말하며, 고도의 여각, 즉 천정에서 천체까지의 각거리를 천정각거리라고 한다. 따라서, 천체의 위치를 방위각 A와 천정각거리 z_d로 표시하기도 한다.

관측점에서 r거리에 있는 천체의 직교좌표는 다음과 같이 변환된다.

$$
\begin{bmatrix} x^N \\ y^E \\ z \end{bmatrix} = r \begin{bmatrix} \cos h \cos A \\ \cos h \sin A \\ \sin h \end{bmatrix} = \begin{bmatrix} \sin z_d \cos A \\ \sin z_d \sin A \\ \cos z_d \end{bmatrix} \tag{4.36}
$$

여기에서 x 축은 NS방향, y축은 EW방향, z축은 천정방향이다.

천체는 극축을 따라 회전하는 천구에 고정되어 있으므로, 방위각과 고도는 시간에 따라 계속 변화하며, 또한 지표면상의 모든 점에 대해 각각 다르다.

따라서, 이 체계는 지표면상의 관측자 위치에 고정된 좌표계로 천체의 위치를 결정하는 데만 적합하지만, 좌표값을 직접 관측할 수 있기 때문에 중요하다. 천극의 고도는 관측지점의 천문위도와 같으며, 천문경도는 관측지점의 자오선과 그리니치자오선이 이루는 각이다.

나) 적도좌표

시간과 장소에 관계없이 좌표값이 일정하지만 특별한 관측기기를 필요로 한다.

(ㄱ) 적위 · 적경체계

이 체계는 가장 대표적인 천문좌표체계로서, 좌표계가 천구상에 고정되고 천구를 따라 회전하는 체계이며, 천구의 위치는 천구적도와 춘분점을 기준으로 하여 적위 δ와 적경 α로 나타낸다.

적위는 천구의 중심에서 천체를 통과하는 시간권을 따라 관측된 천체와 천구적도와의 사이각으로, 천극각거리와는 여각관계가 있다.

적경은 지구에서의 경도와 유사하며, 춘분점으로부터 시간권까지를 천구적도면을 따라 동쪽으로 잰 각거리로서 각도단위 대신에 시간단위로 표시한다.

관측점에서 r 거리에 있는 천체의 직교좌표는 다음과 같이 변환된다.

$$
\begin{bmatrix} x^N \\ y^E \\ z \end{bmatrix} = r \begin{bmatrix} \cos \delta \cos \alpha \\ \cos \delta \sin \alpha \\ \sin \delta \end{bmatrix} \tag{4.37}
$$

여기에서 x축은 자오선방향이며, z축은 천극방향이다.

(ㄴ) 적위 · 시간각체계

이 좌표계는 지구의 극축에 고정된 것으로서, 천체의 위치를 적위 δ와 시간각 H로 나타낸다.

천체의 시간각은 천구자오선에서 천체를 포함하는 시간권까지 천구적도면을 따라 서쪽으로 관측한 각거리로서, 적경과는 다음과 같은 관계가 성립한다.

$$\theta = H + \alpha \tag{4.38}$$

여기에서 θ는 춘분점의 시간각으로서 그 관측점의 항성시라고 한다.

관측점에서 r 거리에 있는 천체의 직교좌표는 다음과 같이 변환된다.

$$\begin{bmatrix} x^N \\ y^E \\ z \end{bmatrix} = r \begin{bmatrix} \cos\delta\,\cos H \\ -\cos\delta\,\sin H \\ \sin\delta \end{bmatrix} \tag{4.39}$$

여기서 x축은 자오선방향, z축은 천극방향이다.

③ 국심좌표와 지심좌표와의 관계

관측자를 중심으로 한 천구좌표는, 근거리에 있는 천체에 대해서는 지심시차의 영향이 크므로 관측자중심을 지심으로 환산하여 취급해야 한다.

가) 지평좌표의 경우

〈부그림 4-35〉와 같이, 관측지점 O의 천문 및 지심위도를 각각 φ 및 φ', 지심반경을 ρ라 하자.

천체의 방위각, 천정각거리, 거리를 관측자 중심 O 및 지심 C에 대해 각각 A, z_d, r 및 A', z_d', r'라 하면, 식 (4.36)을 이용하여

$$r'\begin{bmatrix} \sin z_d'\,\cos A' \\ \sin z_d'\,\sin A' \\ \cos z_d' \end{bmatrix} = r\begin{bmatrix} \sin z_d\,\cos A \\ \sin z_d\,\sin A \\ \cos z_d \end{bmatrix} + \begin{bmatrix} \rho\sin(\varphi-\varphi)' \\ 0 \\ \rho\cos(\varphi-\varphi)' \end{bmatrix} \tag{4.40}$$

부그림 4-35 국심 및 지심지평좌표의 관계

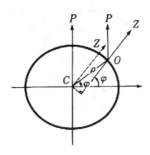

의 관계식이 성립되며, 다음과 같은 근사식이 얻어진다.

$$A - A' = \frac{\rho}{r} \sin(\varphi - \phi') \frac{\sin A}{\sin z_d} \tag{4.41}$$

$$z_d - z_d' = \frac{\rho}{r} \{\cos(\varphi - \phi') \sin z_d - \sin(\varphi - \phi') \cos A \cos z_d\}$$

나) 적도좌표의 경우

〈부그림 4-36〉과 같이, 관측지점의 항성시, 지심위도 및 지심반경을 각각 θ, ϕ', ρ라 하자.

천체의 적경, 적위, 거리 및 시간각을 관측자 중심 O 및 지심 C에 대해 각각 α, δ, r, H 및 α', δ', r', H'라 하면, 식 (4.37)을 이용하여

$$r' \begin{bmatrix} \cos \delta' \cos \alpha' \\ \cos \delta' \sin \alpha' \\ \sin \delta' \end{bmatrix} = r \begin{bmatrix} \cos \delta \cos \alpha \\ \cos \delta \sin \alpha \\ \sin \delta \end{bmatrix} + \rho \begin{bmatrix} \cos \delta' \cos \theta \\ \cos \phi' \sin \theta \\ \sin \delta' \end{bmatrix} \tag{4.42}$$

의 관계식이 성립되며, 다음과 같이 근사식이 얻어진다.

$$\alpha' - \alpha = \frac{\rho}{r} \cos \phi' \frac{\sin H}{\cos \varphi} \tag{4.43}$$

$$\delta' - \delta = \frac{\rho}{r} \{\cos \varphi \sin \phi' - \sin \delta \cos \phi' \cos H\}$$

부그림 4-36　국심 및 지심적도좌표의 관계

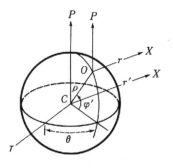

④ **천문삼각형**(astronomical triangle)

천구상에 있어서 천극, 천정, 천체를 정점으로 하는 구면삼각법을 천문삼각형이라 한다. 천문삼각형으로 얻어지는 공식들은 구면삼각법을 적용하여 구할 수 있다.

천극 P의 고도는 관측지점의 위도와 같기 때문에 $\widehat{ZP}$는 $(90°-\varphi)$이다. $\widehat{ZX}$는 천체 X의 천정각거리 $z_d(=90°-h)$이며, $\widehat{PX}$는 $(90°-\delta)$이다. 또한, $\angle ZPX(=t)$는 천체가 자오선의 서쪽에 있을 때는 시간각 H와 같으며, 자오선의 동쪽에 있을 때는 (24^h-H)이다. $\angle PZX(=z)$는 천체가 자오선의 동쪽에 있을 때는 방위각 A와 같으며, 서쪽에 있을 때는 $(360°-A)$이다. $\angle PXZ$는 극정대각(parallactic angle)이라 한다. 따라서, 천문삼각형 PXZ에 있어서 구면삼각법의 정현법칙으로부터

$$\sin t \, \cos \delta = \cos h \, \sin z = \sin z_d \, \sin z \tag{4.44}$$

이 되며, 여현법칙으로부터

$$\sin h = \cos z_d = \sin \varphi \, \sin \delta + \cos \varphi \, \cos \delta \, \cos t \tag{4.45}$$

또한,

$$\begin{aligned} \sin \delta &= \sin \varphi \, \sin h + \cos \varphi \, \cos h \, \cos z \\ &= \sin \varphi \, \cos z_d + \cos \varphi \, \sin z_d \, \cos z \end{aligned} \tag{4.46}$$

부그림 4-37 천문삼각형

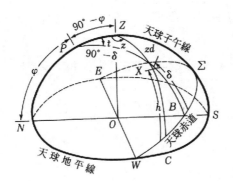

이다.

그리고, 구면삼각법의 2각과 3변공식으로부터

$$
\begin{aligned}
\cos h \ \cos z &= \sin z_d \ \cos z \\
&= \cos \varphi \ \sin \delta - \sin \delta \ \cos \delta \ \cos t
\end{aligned}
\tag{4.47}
$$

또한,

$$
\begin{aligned}
\cos \delta \ \cos t &= \cos \varphi \ \sin h - \sin \varphi \ \cos h \ \cos z \\
&= \cos \varphi \ \cos z_d - \sin \varphi \ \sin z_d \ \cos z
\end{aligned}
\tag{4.48}
$$

이다.

시간각 H를 계산하기 위해서는 다음 2개의 공식이 이용된다.

$$
\sin \frac{t}{2} = \sqrt{\frac{\cos(s+\varphi) \ \cos(s+\delta)}{\cos \varphi \ \cos \delta}}
\tag{4.49}
$$

$$
\text{단, } s = \frac{1}{2}\{270° - (\varphi + \delta + h)\}
$$

또는, 식 (4.45)로부터

$$
\cos t = \frac{\sin h - \sin \varphi \ \sin \delta}{\cos \varphi \ \cos \delta}
\tag{4.50}
$$

이 얻어진다.

방위각 A를 계산하기 위해서는 다음 두 식이 이용된다.

$$
\sin \frac{z}{2} = \sqrt{\frac{\cos(s+\varphi) \ \cos(s+h)}{\cos \varphi \ \cos h}}
\tag{4.51}
$$

여기서 s는 식 (4.49)와 같다. 또한, 식 (4.46)으로부터

$$
\cos z = \frac{\sin \delta - \sin \varphi \ \sin h}{\cos \varphi \ \cos h}
\tag{4.52}
$$

이 얻어진다.

(6) 천문경도와 위도의 동시결정

천문경위도를 동시에 관측하는 방법에는 사진천정통(PZT : photographic Zenith Tube) 또는 애스트로레이브(astrolabe)의 관측장비가 이용된다. 여기에서는 애스트로레이브를 이용한 관측원리를 설명한다.

항성의 적경을 α라 하면 시간각 t는 〈부그림 4-38〉에서

$$t = GST + \lambda - \alpha \tag{4.53}$$

이다. 따라서 천문삼각형의 공식 (4.45)에 대입하면

$$\cos Z_d = \sin \delta \, \sin \varphi + \cos \delta \, \cos \varphi \, \cos(GST + \lambda - \alpha) \tag{4.54}$$

이 얻어진다. 어느 항성의 적위 δ와 경도 α는 알 수 있으며, GST는 항성의 관측시각으로부터 환산된다. 따라서, 미지수는 Z_d, φ, λ의 세 개이므로, 세 개 이상의 항성을 관측하면 미지수를 구할 수 있다.

애스트로레이브는 항성이 일정고도, 즉 $60°$의 고도에 달하는 시간을 관측한다.

〈부그림 4-39〉에서 정각이 $60°$인 삼각프리즘을 사용하고, 항성으로부터의 평행광 X와 X'가 고도 $60°$로 입사하면, X와 X'의 항성상은 망원경의 시야 내에서 합치한다. 그러나 합치하는 순간의 천정각거리는 기차의 영향으로 $30°$로 고정되지 않으므로 ΔZ_d를 고려한다. 또한 관측지점의 위도 φ와 경도 λ는 미지이지만, 일반적으로 개략값 φ_0와 λ_0를 알 수 있으므로

부그림 4-38 *GST*와 *LST*의 관계

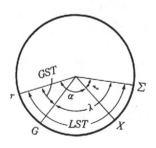

부그림 4-39 프리즘식 애스트로레이브의 원리

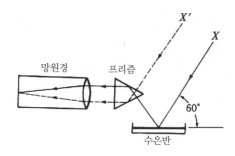

$$Z_d = Z_{d0} + \Delta Z_d$$
$$\varphi = \varphi_0 + \Delta \varphi \qquad\qquad (4.55)$$
$$\lambda = \lambda_0 = \Delta \lambda$$

로 나타낼 수 있다. 따라서, ΔZ_d, $\Delta \varphi$, $\Delta \lambda$가 정해지면 개략값을 보정하여 참값에 도달할 수 있다.

식 (4.54)의 우변을 좌변으로 이동하면,

$$F = \cos Z_d - \sin \delta \ \sin \varphi - \cos \delta \ \cos \varphi \ \cos(GST + \lambda - \alpha) \qquad (4.56)$$

이 되며, 식 (4.56)에 $Z_d = Z_{d0} = 30°$ 및 $\varphi = \varphi_0$, $\lambda = \lambda_0$를 대입하며 일반적으로 $F \neq 0$이다. 따라서 ΔZ_d, $\Delta \varphi$, $\Delta \lambda$에 대해 F를 미분하면,

$$\Delta F = \left[\frac{\partial F}{\partial Z_d} \right]_0 \Delta Z_d + \left[\frac{\partial F}{\partial \varphi} \right]_0 \Delta \varphi + \left[\frac{\partial F}{\partial \lambda} \right]_0 \Delta \lambda \qquad (4.57)$$
$$= -\Delta Z_d \cdot \sin Z_{d0} - \Delta \varphi \{ \sin \delta \ \cos \varphi_0 - \cos \delta \ \sin \varphi_0 \ \cos(GST + \lambda_0 - \alpha) \}$$
$$+ \Delta \lambda \ \cos \delta \ \cos \varphi_0 \ \sin(GST + \lambda_0 - \alpha)$$

으로, 3개의 미지수 ΔZ_d, $\Delta \varphi$, $\Delta \lambda$에 관한 방정식이 된다.

따라서, 다수의 항성에 대한 관측값으로부터 ΔZ_d, $\Delta \varphi$, $\Delta \lambda$를 최소제곱법을 구해 정확도가 높은 Z_d, φ, λ를 결정할 수 있다.

(7) 천문방위각의 결정

일반적으로 방위각의 관측은

첫째, 지상에 설정된 방위표에 이르는 방위선과 천체 사이의 수평각관측과

둘째, 천체의 방위각을 관측하는 것으로 이루어진다. 〈부그림 4-40〉에서 방위선 OM_a의 방위각을 구하는 경우를 고려해 보자.

천체 X의 방위각 A는 다음 식으로 얻어진다.

$$A = A_m + (K - M) \tag{4.58}$$

즉, 방위각은 방위표(M_a)의 방위각(A_m)에 방위표와 천체 사이의 수평각 $(K-M)$을 더함으로써 얻어진다.

정밀한 천문방위각의 관측은 주극성을 여러 번 관측하여 결정한다. 주극성으로는 북극성을 선택하는 경우가 많다.

① 시각관측에 의한 방법

방위각 A를 계산하는 실용식은 식 (9.9)를 식 (9.12)로 나누고 Z 대신에 $360° - A$를 대입함으로써

$$\tan A = \frac{\sin t}{\sin \phi \, \cos t - \cos \phi \, \tan \delta} \tag{4.59}$$

를 얻을 수 있다. 또한,

부그림 4-40 천문방위각의 결정

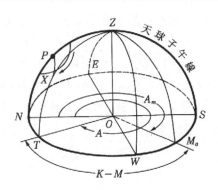

$$\tan A = \sin t \cdot \cot \delta \cdot \sec \varphi \cdot \frac{1}{1-a} \tag{4.60}$$

단, $a = \tan \varphi \cdot \cot \varDelta \cdot \cos t$

로 표시할 수 있으며, 성표에 $\dfrac{1}{1-a}$의 표가 들어 있으므로 식 (9.24)보다 더 편리하게 이용할 수 있다.

② 고도관측에 의한 방법

임의 시각의 천체의 고도와 시각을 관측하고, 관측지점의 위도를 안다면, 다음 식으로 방위각을 계산하여 진북을 결정할 수 있다.

$$\sin \frac{A}{2} = \frac{\sqrt{\sin \frac{1}{2}(90° - \delta - h + \varphi) \cdot \sin \frac{1}{2}(90° - \delta + h - \varphi)}}{\cos \varphi \ \cos h}$$

$$\cos \frac{A}{2} = \frac{\sqrt{\cos \frac{1}{2}(90° - \delta - h - \varphi) \cdot \cos \frac{1}{2}(90° - \delta + h + \varphi)}}{\cos \varphi \ \cos h} \tag{4.61}$$

$$\tan \frac{A}{2} = \sqrt{\frac{\sin \frac{1}{2}(90° - \delta - h + \varphi) \cdot \sin \frac{1}{2}(90° - \delta + h - \varphi)}{\cos \frac{1}{2}(90° - \delta - h - \varphi) \cdot \cos \frac{1}{2}(90° - \delta + h + \varphi)}}$$

방위각의 관측은 천체의 운행이 시간에 대한 방위각의 변화가 가장 적을 때 행하는 것이 좋다. 천체가 관측지점의 자오선을 통과하는 순간 및 그 이후는 방위각의 변화가 심할 때이며, 동방 또는 서방 최대간격일 때는 변화가 적다. 따라서, 북극성과 같은 주극성일 경우는 이때 관측하는 것이 제일 좋다.

태양을 관측할 경우는 〈부그림 4-41〉과 같이, 망원경을 정위에 놓고 ①, ②의 대회관측을 행하고 망원경을 반전위에 놓고, ③, ④의 대회관측하여 각기의 고도 또는 관측시각 및 기선으로 하는 각을 관측해서 평균하면 기계의 조정의 불완전, 시반경, 기차 등에 의한 오차를 적게 할 수가 있다. 단, 이것들의 네 가지 관측은 예민하게 행하는 것이 중요하다. 태양관측에 의해 고도를 관측할 경우 기차, 시차의 보정을 하여 진고도를 구하는데, 별을 관측했을 경우는 고도에 대하여 광선의 굴절차만 보정하면 된다.

부그림 4-41 태양관측

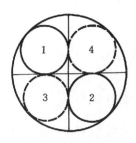

③ 최대이격에 있는 주극성 관측에 의한 방법

주극성은 자오선 상통과 및 하통과를 같이 관측할 수 있는 별이므로, 이러한 별의 자오선 통과의 시각을 미리 구하여 두고, 그 시각에 별을 관측하면 진북을 쉽게 결정할 수 있으나, 앞에서 기술한 바와 같이 이 때는 방위각의 변화가 가장 심하므로, 진북측량으로서는 동방 혹은 서방의 최대이격에 있을 때에 관측하는 것이 좋다.

최대이격시에 있어서 별의 시각을 t_e, 적도를 δ, 고도를 h라 하고, 관측점의 위도를 h라 하면 2각과 3변의 공식을 사용하여 $X = X' = 90°$로 하면,

$$\cos t_e = \cot s \cdot \tan \varphi \tag{4.62}$$

이므로 최대이격에 이르는 시각을 구할 수 있다. 최대이격점의 방위각을 A_e라

부그림 4-42 최대이격

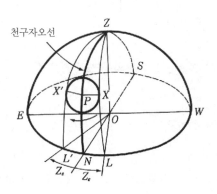

하면 정현공식을 사용하여

$$\sin A_e = \cot \delta \cdot \sec \varphi \tag{4.63}$$

이 되며, 2각과 3변의 공식에 의해

$$\cos A_e = \sin \delta \cdot \sin t_e \tag{4.64}$$

가 얻어진다. 이 위치에서는 별의 방위각의 시간적 변화가 0이므로 방위각의 관측에서는 가장 적합하다. 그러나, 관측정확도를 향상시키기 위해서는 최대이격 전후에서도 관측을 반복하고 관측횟수를 증가시킬 필요가 있다. 이를 위해서는 최대이격점에서 방위각 A_e의 수값은 최대이므로 관측시각에 있어서 방위각 A를 구하기 위해서는 A_e에 더하는 보정값을 구하여 두는 것이 좋다.

3. 3차원측지측량(three-dimensional geodetic surveying)

(1) 측지경도, 측지위도, 표고와 3차원 직교좌표와의 관계

① 측지경도, 측지위도, 표고에 의한 N, E, Z의 결정

적도반경 a, 극반경 b인 기준타원체면상에 측지경도 λ, 측지위도 φ 및 표고 h의 위치에 삼각점 P가 있다고 하자.

P점의 직교좌표 x^N, y^E, z는

$$\left.\begin{array}{l} x^N = (N_R + H)\cos \varphi \cos \lambda \\ y^E = (N_R + H)\cos \varphi \sin \lambda \\ z = \left(\dfrac{b^2}{a^2} N_R + H\right)\sin \varphi \end{array}\right\} \tag{4.65}$$

로 표시된다. 여기에서 N_R은 묘유선의 곡률반경으로,

$$N_R = \frac{a^2}{\sqrt{a^2\cos^2\varphi + b^2\sin^2\varphi}} = \frac{a}{\sqrt{1 - e^2\sin^2\varphi}} \tag{4.66}$$

이다.

(x^N, y^E, z)좌표의 미소변화$(\Delta x^N, \Delta y^E, \Delta z)$는 식 (4.65)를 φ, λ, H로 각

각 미분함으로써 $(\varphi,\ \lambda,\ H)$에 관한 미소변화$(\varDelta\varphi,\ \varDelta\lambda,\ \varDelta H)$로 다음과 같이 행렬로 표시될 수 있다.

$$\begin{bmatrix} \varDelta x^N \\ \varDelta y^N \\ \varDelta z \end{bmatrix} = \begin{bmatrix} -\sin\varphi\cos\lambda & -\sin\lambda & \cos\varphi\cos\lambda \\ -\sin\varphi\sin\lambda & \cos\lambda & \cos\varphi\sin\lambda \\ \cos\varphi & 0 & \sin\varphi \end{bmatrix} \begin{bmatrix} (M+H)\varDelta\varphi \\ (N_R+H)\varDelta\lambda\cos\varphi \\ \varDelta H \end{bmatrix}$$

(4.67)

여기에서 M은 자오선의 곡률반경으로 다음 식과 같다.

$$M = \frac{a^2 b^2}{(a^2\cos^2\varphi + b^2\sin^2\varphi)^{3/2}} = \frac{a(1-e^2)}{(1-e^2\sin^2\varphi)^{3/2}}$$

(4.68)

따라서, $(\varDelta x^N,\ \varDelta y^E,\ \varDelta z)$를 알고, $(\varDelta\varphi,\ \varDelta\lambda,\ \varDelta H)$를 구하기 위해서는 식 (4.67)의 역행렬인 다음 식에 의해 구할 수 있다.

$$\begin{bmatrix} (M+H)\varDelta\varphi \\ (N_R+H)\varDelta\lambda\cos\varphi \\ \varDelta H \end{bmatrix} = \begin{bmatrix} -\sin\varphi\cos\lambda & -\sin\varphi\sin\lambda & \cos\varphi \\ -\sin\lambda & \cos\lambda & 0 \\ \cos\varphi\cos\lambda & \cos\varphi\sin\lambda & \sin\varphi \end{bmatrix} \begin{bmatrix} \varDelta x^N \\ \varDelta y^N \\ \varDelta z \end{bmatrix}$$

(4.69)

(2) $x,\ y,\ z$로부터 측지 경·위도 및 표고의 계산

직교좌표$(x^N,\ y^E,\ z)$가 기지일 때 $(\varphi,\ \lambda,\ H)$를 구하는 방법, 즉 식 (4.65)의 역문제에 대해 고려해 보자. 실제 문제에서는 $(x^N,\ y^E,\ z)$가 기지일 때 대응하는 $(\varphi,\ \lambda,\ H)$의 근사값이 예상될 수 있는 경우가 대부분이다.

측심경도 λ는 식 (4.65)의 제1식과 제2식으로부터 얻어지는 관계

$$\tan\lambda = \frac{y^E}{x^N}$$

(4.70)

에 따라 정확히 구해진다.

φ와 H의 근사값이 어느 정도 예측할 수 있을 때는, 다음과 같은 반복해에 의해 정확한 값을 구할 수 있다.

φ와 H의 근사값을 $\varphi°$, $H°$라 하고, 이에 대응하는 직교좌표를 $(x^{N\circ},\ y^{E\circ},\ z°)$라 하면 식 (4.65)와 식 (4.66)은 각각

$$
\left.\begin{array}{l}
x^{N\circ} = (N_R{}^\circ + H^\circ)\cos\varphi^\circ \ \cos\lambda \\[4pt]
y^{E\circ} = (N_R{}^\circ + H^\circ)\cos\varphi^\circ \ \sin\lambda \\[4pt]
z^\circ = \left(\dfrac{b^2}{a^2}N_R{}^\circ + H^\circ\right)\sin\varphi^\circ
\end{array}\right\}
\tag{4.71}
$$

이 된다. 참좌표(x^N, y^E, z)와 근사좌표($x^{N\circ}$, $y^{E\circ}$, z°)와의 차를

$$
\left.\begin{array}{l}
\Delta x^{N\circ} = x^N - x^{N\circ} \\[4pt]
\Delta y^{E\circ} = y^E - y^{E\circ} \\[4pt]
\Delta z_0 = z - z_0
\end{array}\right\}
\tag{4.72}
$$

라 놓으면 이들 값은 기지량이다.

이 직교좌표에서의 미소변화($\Delta x^{N\circ}$, $\Delta y^{E\circ}$, Δz°)와 φ°, H°의 미소변화 ($\Delta\varphi^\circ$, ΔH°)와의 사이에는 식 (4.69)에서 $\Delta\lambda = 0$으로 한 경우와 같은 관계가 되므로

$$
\begin{bmatrix}
(M^\circ + H^\circ)\Delta\varphi^\circ \\[4pt]
\Delta H^\circ
\end{bmatrix}
=
\begin{bmatrix}
-\sin\varphi^\circ \cos\varphi^\circ \\[4pt]
\cos\varphi^\circ \sin\varphi^\circ
\end{bmatrix}
\begin{bmatrix}
\Delta x^{N\circ}\cos\lambda + \Delta y^{E\circ}\sin\lambda \\[4pt]
\Delta z^\circ
\end{bmatrix}
\tag{4.73}
$$

여기에서 $M = \dfrac{a(1-e^2)}{(1-e^2\sin^2\varphi)^{3/2}}$

라고 할 수 있으며, 이로부터 $\Delta\varphi^\circ$와 ΔH°를 구할 수 있다. 이 $\Delta\varphi^\circ$와 ΔH°를 근사값 φ°와 H°에 보정하여 제2근사값 φ^1, H^1

$$
\left.\begin{array}{l}
\varphi^1 = \varphi^\circ + \Delta\varphi^\circ \\[4pt]
H^1 = H^\circ + \Delta H^\circ
\end{array}\right\}
\tag{4.74}
$$

를 얻고, 앞의 과정과 같은 반복작업을 계속함으로써 참값 φ와 H에 가까워질 수 있다.

부록
제 5 장

한국토지측량의 근대사

측량학은 B.C. 3000년경 나일강 하류의 이집트에서 매년 일어나는 대홍수로 범람하는 경작지를 정리하는 데 이용되었다. 거대한 피라미드의 사변이 정확하게 동서남북을 나타내고 사면과 저면이 이루는 각이 모두 일정한 것은 놀랄 만한 측량결과의 작품인 것이다. 또한 B.C. 1100년경 중국 주(周)나라에서도 측천양지(測天量地), 즉 땅을 재고 하늘을 헤아리는 학문으로 치산치수 및 각종 건설에 이용하였다.

근대의 측량은 15세기의 아라비아인에 의한 콤파스의 발명, 네덜란드의 스넬(Willebrord Snell Van Royen ; 1591~1626)에 의한 삼각측량의 고안 등으로 시작되었다. 그 후 17세기 프랑스의 버니어(Pierre Vernier ; 1580~1637)에 의한 아들자(Vernier)나 18세기의 각측량기인 트랜시트의 고안, 독일의 가우스(Karl Friedrich Gauss ; 1777~1855)에 의한 최소제곱법의 연구로 측량은 정밀관측의 방향으로 발전하기에 이르렀다.

19세기 중엽, 프랑스의 로세다(Aimé Laussedat)에 의해 사진측량이 시작되고, 20세기에 들어와서 독일의 풀프리히(Karl Pulfrich ; 1858~1927)에 의하여 입체도화기 및 정밀좌표관측기가 만들어지면서 근대 영상탐측의 기초가 쌓여졌다. 최근의 측량은 해양저, 특히 대륙붕의 해저지형의 측량 및 인공위성을 사용한 지구의 형상관측, 도면화, 광역의 위치관측이 가능하게 되었다.

우리 나라의 측량사를 고찰해 보면 다음과 같다.

　　삼국사기와 삼국유사를 보면 6세기 중엽부터 7세기 초에 이르는 동안 측량학이 발달되었음을 알 수 있다. 통일신라시대의 경덕왕 때에는 옛 삼국이 각각 3개주를 신설하고 주를 군, 현으로 나눈 지형도인 「신라구주현총도」(新羅九州縣總圖)를 제작하였으며 이때에 이르러 측량학기술이 많이 발달하였다.

　　고려시대에는 목종 때(11세기 초) 전국을 10도로 나눈 「고려지리도」(高麗地理圖)를, 현종 때 다시 5도로 고친 후의 「5도양계주현총도」(五道兩界州縣總圖)가 있었고, 고려 건국 200년 만인 인종 때는 「삼국사기지리지」(三國史記地理誌)가 제작되었으며 여기에는 지명, 연혁, 국토의 위치 등이 기록되었다.

　　조선시대에는 태종 2년(15세기)에 「혼일강리역대국도지도」(混一疆理歷代國都之圖)라는 세계지도를 김사형(金士衡), 이술(李茂), 이회(李薈) 등이 제작했고 「천하도」(天下圖)는 저자와 제작연도는 모르나 그 방위표시방법이 현대적인 방법에 가까운 세계지도이다.

　　그 당시 한국지리서로서는 노사신(盧思愼)이 제작한 「동국여지승람」(東國輿地勝覽)과 맹사성(孟思誠)의 「팔도지리지」(八道地理志) 등이 있었으며 17세기에 이르러 정상기(鄭尙驥)에 의해 만들어진 「동국지도」(東國地圖)는 축척, 수륙교통 및 연해항로까지 표시한 현대적인 지형도에 가깝다.

　　김정호(金正浩) 선생이 대동여지도에 앞서 1834년에 제작한 「청구도」(靑邱圖)는 축척 약 1:160,000지도이며 십리마다 좌표격자를 넣었고 경·위선표와 투영법의 설명이 있다.

　　1861년(철종 12년)에는 다시 청구도의 내용을 보충하여 대동여지도를 제작하였고 축척은 약 1:162,000으로 전국을 22단으로 나누었으며 도로 선상에 십리 간격으로 점을 찍고, 하천·바다·산·산맥 등을 일정한 기호로 잘 표시하였다. 〈부그림 5-1〉은 청구도, 대동여지도 및 현재지도와의 비교이다. 고산자(古山子) 김정호 선생이 27년 만에 걸쳐 전국을 두루 답사하여 만든 이 대동여지도는 우리 민족의 역사상 길이 남을 불후의 걸작품이다. 막대한 경비와 시간을 들여 만든 최신의 우리 나라 전국지도와 대동여지도가 거의 일치한다는 것은 경이적인 사실이 아닐 수 없다.

　　그러나 현재 우리 국토보다 더 넓게 제작되었다는 "대동여지도 원본"이 외세에 의하여 축소 제작되었다는 사실이 제기되고 있는 한 이는 반드시 규명해야 할 과제로 남아 있다.

　　구한국시대인 1894년부터 1895년 사이에는 일본이 전시(戰時)에 사용하기 위한 1:2,000,000 한국 전도와 평판측량만으로 1:50,000지도 54개 도엽을 제작

부그림 5-1

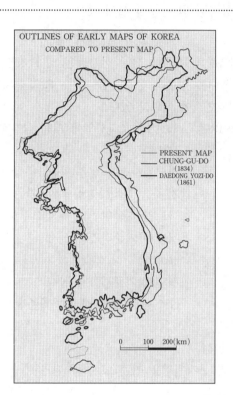

한 일이 있고, 1900년부터 구한국 정부에서는 최초의 토지조사사업으로 지적측량을 시작하였으며, 1909년 경기도 일부와 대구 부근에서 12개 임시 측량원점을 설치하여 3각측량을 하였으며, 1910년 1월에는 토지조사국에서 측량 및 지도 제작 7개년 계획을 수립하였으나 한일합병으로 중단되었다.

그러나 후에 이것이 현대측량사업의 근원이 되었으며, 지금 사용하고 있는 1:50,000지형도, 1:600, 1:1,200지적도, 1:2,400, 1:3,000, 1:6,000 임야도 등 각종 지도가 1910년부터 약 8년간에 걸쳐 제작되었다.

1945년부터 항측에 의한 1:50,000의 국가지형도 수정보완과 1966년부터 1:25,000(1966~1974 항측방법으로 남한지역을 대상으로 사진축척 1:37,500, 1:40,000)의 국가지형도가 제작되었고, 1975년부터는 1:5,000(1975~1998 항측방법으로 남한지역을 대상으로 사진축척 1:20,000)의 국가기본도가 제작되기에 이르렀다.

(1) 우리나라 삼각점 및 수준점 설치 역사

① 삼각점

우리나라 측지측량의 기준이 되는 삼각점은 일제 강점기 시절 조선총독부 임시토지조사국에 의해서 일본의 동경원점을 기준으로 설치된 이래, 다음과 같은 보완 과정을 통해 현재에 이르고 있다.

가) 1910년~1918년　　조선토지조사사업에 의해 삼각점 설치(약 34,447점의 삼각점)

나) 1930년대　　정밀측지망 구성을 위한 1등삼각측량

다) 1950년대　　전후 기준점(60% 이상 손실된 것을) 복구사업 실시

라) 1960년대 후반　　국토건설을 위한 기준점 복구사업 실시

마) 1975년　　정밀1차기준점측량 실시 (광파 측정기를 이용한 삼변측량 방식)

바) 1986년　　정밀2차기준점측량 실시

사) 1997년~현재　　GPS를 이용한 정밀2차기준점측량 실시

② 수준점

가) 수준원점의 결정

삼각점이 일본의 동경원점을 기준으로 설치된 것에 비해 수준점은 인천만의 평균해수면을 기준으로 설치하였는데 이는 평균해수면과 높이가 일치하는 지오이드면을 표고의 기준면으로 이용하기 때문이다. 평균해수면(MSL: Mean Sea Level)은 장기간 동안 관측한 해수의 약최고고조면과 약최저저조면 높이의 평균값을 뜻하며 1913년 12월부터 1916년 6월까지 2년 6개월 동안 관측한 인천 검조장의 수준기점을 이용하여 1963년 12월 대한민국 수준원점(표고: 26.6871m)을 인하공전 교정에 설치하였다.

나) 수준측량 개요도

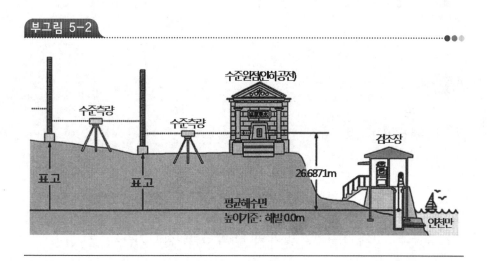

수준원점(인하공전)

수준측량   수준측량

검조장

26.6871m

표고   표고

평균해수면
높이기준: 해발 0.0m

인천만

연·습·문·제·해·답

I 편

1. 서 론

①~⑨는 본문 참조

II 편

2. 측량의 좌표계, 좌표투영 및 우리나라의 측량원점과 기준점

①~⑫는 본문 참조

3. 각관측

1)의 ①~③은 본문 참조

2) 평균제곱근오차에 대한 경중률은 오차의 제곱에 역수이므로,

$$w_1 : w_2 : w_3 = \frac{1}{(3.2)^2} : \frac{1}{(2.9)^2} : \frac{1}{(3.6)^2} = 1.0 : 1.2 : 0.8$$

조정각 $\alpha = \dfrac{w_1 \alpha_1 + w_2 \alpha_2 + w_3 \alpha_3}{w_1 + w_2 + w_3} = 68° \ 26' + \dfrac{1.0 \times 32 + 1.2 \times 27 + 0.8 \times 25}{1.0 + 1.2 + 0.8}$

$$= 68° \ 26' + \frac{84.4''}{3.0} = 68° \ 26' \ 28.1''$$

조정각의 평균제곱근오차는

조정각	관측각	δ	w	$w\delta$	$w\delta\delta$
28.1″	32″	−3.9″	1.0	−3.9	15.21
	27″	+1.1″	1.2	+1.3	1.43
	25″	+3.1″	0.8	+2.5	7.75

$\Sigma w = 3.0$　$\Sigma w\delta\delta = 24.39$　∴ $M = \sqrt{\dfrac{24.39}{3 \times 2}} = \sqrt{4.06} = \pm 2.0''$

그러므로 다음과 같이 표시한다.

$68° \ 26' \ 28.1'' \pm 2.0''$ (m.e.)

(m.e.)는 평균제곱근오차를, (p.e.)는 확률오차를 표시하는 것이며 이것을 써넣는 것은 오차의 종류를 명시하기 위해서다.

3) 관계도를 그리면 옆의 그림과 같이 된다. 그러므로 C점에서 $\angle CAB$를 관측하여야 하는데 $\angle CAB$ 대신에 $\angle PAB$를 관측하였으므로 $\angle PAC=x$를 계산하여 $\angle PAB-x=\angle CAB$를 구하는 것이다.

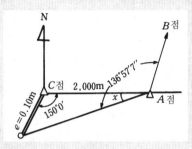

두 변과 그 사이에 낀 각이므로 계산은 각자 하기 바람.

(답) $136°\,57'\,2''$

4. 거리관측

1)의 ①②③④번 해답은 본문 참조

2) $m_0=\pm\sqrt{\dfrac{25475}{10(10-1)}}\fallingdotseq\pm16.8\text{mm}$

$\therefore\ 240.356\text{m}\pm16.8\text{mm}$

정밀도 $=\dfrac{0.0168}{240.356}\fallingdotseq\dfrac{1}{14300}$

1관측의 평균제곱근오차 $m=\pm\sqrt{\dfrac{25475}{10-1}}=\pm53.2\text{mm}$

3) 그림에서 경사각 α로 인해

$$AB-AC=AB-AB'=BB'\ (\because AC=AB')$$

즉 $BB'/AB=(AB-AC)/AB$

$$=1-\frac{AC}{AB}$$

$$=1/5000$$

$\therefore\ \dfrac{AC}{AB}=\dfrac{5000-1}{5000}=\dfrac{4999}{5000}=0.9998$

$\therefore\ BC=\sqrt{1^2-0.9998^2}=0.02$

$0.02\text{ rad}=206.265''\times0.02=1°\,08'$

4) $E_s^2=E_1^2 E_2^2+\cdots$

$E_s=\sqrt{(0.0014)^2+(0.0012)^2+(0.0015)^2+(0.0015)^2}$

$\quad=\pm0.0028\text{m}$

5. 고저측량

1)의 답은 본문 참조

2) 이 문제에서 주의하여야 할 것은 level Q에 있어서 $C \to B = +0.386$m는 $B \to C$로 고치면 부호가 반대로 되어 $B \to C = -0.386$m로 되며 이 P와 Q 양관측값의 평균을 취하는 것이다.

$$B \to C = \frac{1}{2}\{-0.344\text{m} + (-0.386\text{m})\} = -0.365\text{m}$$

∴ A점의 표고 = 2.545m

$A \to B = -0.512$

$B \to C = -0.365$

$\underline{C \to D = +0.636(+}$

∴ D점의 표고 = 2.304m

3) 왕관측(往觀測)의 폐합차와 복관측(復觀測)의 폐합차를 구한다.

고저기준점 A의 표고 - 수준점 B의 표고 = 24.678 - 2.134 = 22.541m

왕관측의 폐합차 $E_1 = -0.033$m

복관측의 폐합차 $E_2 = -0.036$m

그러므로 왕관측과 복관측의 폐합차는 거의 같다고 보아도 좋으므로 왕복관측의 평균을 취하여 관측표고를 구하고 조정값, 조정표고를 계산하면 다음 표와 같다.

관측점	고 저 차			관측표고	조 정 값	조정표고
	왕관측	복관측	평 균			
A				2.134m		2.134m
1	+3.643m	-3.651m	+3.647m	5.781	+0.006m	5.787
2	+25.325	-25.312	+25.318	31.099	+0.012	31.111
3	+78.476	-78.488	+78.482	109.581	+0.018	109.599
4	-18.934	+18.945	-18.940	90.641	+0.024	90.665
5	-52.717	+52.706	-52.712	37.929	+0.030	37.959
B	-13.282	+13.292	-13.287	24.642	+0.036	24.678

오차 $E = 24.642 - 24.678 = -0.036$m

관측점수는 6점이므로 +0.036/6 = +0.006(조정값은 오차의 부호와 반대이므로) 이것에 의하여 조정표고가 구하여진다.

∴ 관측점 5의 표고는 37.959m이다.

4) $x = 116.00 \times \tan 30° = 66.97$m

∴ B점의 지반고 = (125.31 + 1.23) - (66.97 + 1.95) = 57.62m

5) ⑴ $BB' = \dfrac{3 \cdot AA'}{4} = 0.15$m

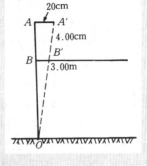

$$OB = \sqrt{(OB')^2 - (BB')^2}$$

$$= \sqrt{3^2 - 0.15^2} = 2.996\text{m}$$

$$\therefore \ 오차 = 3.000\text{m} - 2.996\text{m}$$

$$= +4\text{mm}$$

(2) $\dfrac{20 \times 50}{206265''} = 5\text{mm}$

6) 고저측량망의 각각의 환의 폐합차를 구하고 다음에 각 환의 거리를 계산하고 $1.0\,\text{cm}\sqrt{S}$에 의해 폐합차의 제한조건을 구하여, 각 환의 폐합차가 각각의 제한조건 내에 있는가를 조사한다. 관측은 화살표의 방향으로 하였으므로 그의 부호를 주의한다.

각 환의 폐합차 W를 구하면,

I. $W_1 = (1) + (2) + (3) = +2.474 - 1.250 - 1.241 = -0.017\text{m} = -1.7\text{cm}$

II. $W_2 = -(2) + (4) + (5) + (6) = +1.250 - 2.233 + 3.117 - 2.115 = +0.019\text{m}$
$$= +1.9\text{cm}$$

III. $W_3 = -(3) - (6) + (7) + (8) = +1.241 + 2.115 - 0.378 - 3.094 = -0.116\text{m}$
$$= -11.6\text{cm}$$

IV. $W_4 = (5) + (7) - (9) = +3.117 - 0.378 - 2.822 = -0.083\text{m} = -8.3\text{cm}$

외주 $W_5 = (1) + (4) + (9) + (8) = +2.474 - 2.233 + 2.822 - 3.094 = -0.031\text{m}$
$$= -3.1\text{cm}$$

각 환의 거리 S_i를 구하고 폐합차의 제한조건을 계산하면,

I. $S_1 = 4.1 + 2.2 + 2.4 = 8.7\text{km}$ $1.0\sqrt{8.7} = 2.9\text{cm}$

II. $S_2 = 2.2 + 6.0 + 3.6 + 4.0 = 15.8\text{km}$ $1.0\sqrt{15.8} = 4.0\text{cm}$

III. $S_3 = 2.4 + 4.0 + 2.2 + 2.3 = 10.9\text{km}$ $1.0\sqrt{10.9} = 3.3\text{cm}$

IV. $S_4 = 3.6 + 2.2 + 3.5 = 9.3\text{km}$ $1.0\sqrt{9.3} = 3.0\text{cm}$

외주 $S_5 = 4.1 + 6.0 + 3.5 + 2.3 = 15.9\text{km}$ $1.0\sqrt{15.9} = 4.0\text{cm}$

각 환의 폐합차와 각각의 제한조건을 비교하면 III과 IV의 환의 폐합차가 제한조건보다 크고, 기타의 환은 제한조건 내에 있다. 그러므로 III 또는 IV의 환을 재관측할 필요가 있고 III의 환에 관하여는 (3), (6), (8)의 각 구간은, 다른 환에 있어서 제한조건 내에 있으므로 나머지 구간 (7)을 재관측하여야 한다.

IV의 환에 관해서도 마찬가지로 (7)의 구간을 재관측하여야 한다. 따라서 재관측을 요하는 구간은 III과 IV환의 공통부분인 (7) 구간으로 판정한다.

7) (1) 관측방정식으로 구하는 경우

최확값을 $\hat{l}_1, \cdots, \hat{l}_4$, 관측값을 $l_1, \cdots, l_4$, 잔차를 $v_1, \cdots, v_4$라 하면 관측방정식은

$$\begin{cases} L+\hat{l}_1-Q=17.533+\hat{l}_1+v_1-Q=0 \\ A+\hat{l}_2-P=17.533+l_2+v_2-P=0 \\ Q+\hat{l}_3-P=Q+l_3+v_3-P=0 \\ A+\hat{l}_4-P=17.533+l_4+v_4-P=0 \end{cases}$$

$$\begin{cases} v_1=-4.250-17.533+Q=Q-21.783 \\ v_2=-17.533+8.537+P=-8.996+P \\ v_3=12.781+P-Q \\ v_4=-17.533\times8.557+P=-8.976+P \end{cases}$$

잔차의 제곱의 합이 최소가 된다는 최소제곱법에 의해

$$\phi=v_1^2+v_2^2+v_3^2+v_4^2$$
$$=(Q-21.783)^2+(-8.996+P)^2+(12.781+P-Q)^2+(-8.976+P)^2$$

이 되므로,

$$\frac{\partial\phi}{\partial P}=2(-8.996+P)+2(12.781+P-Q)+2(-8.976+P)=0$$

$$\frac{\partial\phi}{\partial Q}=2(Q-21.783)-2(12.781+P-Q)=0$$

이 된다. 이것을 P, Q에 대해 정리하면,

$$\begin{cases} 3P-Q=5.191 \\ -P+2Q=34.564 \end{cases}$$

가 되므로,

$$\therefore\ P=8.9892\,(\text{m}) \qquad Q=21.7766\,(\text{m})$$

(2) 행렬에 의한 최소제곱법은 다음과 같다.

관측방정식을 다음과 같이 구성한다.

$A=Q-l_1+v_1$ $\qquad$ $17.533=Q-l_1+v_1$ $\qquad$ $-Q=-21.783+v_1$

$A=P-l_2+v_2$ $\qquad$ $17.533=P-l_2+v_2$ $\qquad$ $-P=-8.996+v_2$

$Q=P-l_3+v_3$ $\qquad$ $Q=P-l_3+v_3$ $\qquad$ $Q-P=12.781+v_3$

$A=P-l_4+v_4$ $\qquad$ $17.533=P-l_4+v_4$ $\qquad$ $-P=-8.996+v_4$

관측방정식 $BX=L+V$, $X=(B^TB)^{-1}B^TL$에서

$$\begin{bmatrix} 0 & -1 \\ -1 & 0 \\ -1 & 1 \\ -1 & 0 \end{bmatrix} \begin{bmatrix} P \\ Q \end{bmatrix} = \begin{bmatrix} v_1 \\ v_2 \\ v_3 \\ v_4 \end{bmatrix} + \begin{bmatrix} -21.783 \\ -8.996 \\ 12.781 \\ -8.976 \end{bmatrix}$$

$$B^TB=\begin{bmatrix} 0 & -1 & -1 & -1 \\ -1 & 0 & 1 & 0 \end{bmatrix} \begin{bmatrix} 0 & -1 \\ -1 & 0 \\ -1 & 1 \\ -1 & 0 \end{bmatrix} = \begin{bmatrix} 3 & -1 \\ -1 & 2 \end{bmatrix}$$

$$B^T L = \begin{bmatrix} 0 & -1 & -1 & -1 \\ -1 & 0 & 1 & 0 \end{bmatrix} \begin{bmatrix} -21.783 \\ -8.996 \\ 12.781 \\ -8.976 \end{bmatrix} = \begin{bmatrix} 5.191 \\ 34.564 \end{bmatrix}$$

$$X = \begin{bmatrix} 3 & -1 \\ -1 & 2 \end{bmatrix} \begin{bmatrix} 5.191 \\ 34.564 \end{bmatrix} = \frac{1}{5} \begin{bmatrix} 2 & 1 \\ 1 & 3 \end{bmatrix} \begin{bmatrix} 5.191 \\ 34.564 \end{bmatrix} = \begin{bmatrix} 8.9822 \\ 21.7766 \end{bmatrix}$$

$$\therefore P = 8.9892(\mathrm{m}) \qquad Q = 21.7766(\mathrm{m})$$

(3) 조건방정식을 이용하는 경우

조건식수 $K = r - (n - m) = 4 - (3 - 1) = 2$

가 되며, 여기서 r은 관측수, n은 관측점수, m은 표고기지점수이다.

각 노선의 최확값을 $\hat{l}_1, \cdots, \hat{l}_4$, 관측값을 $l_1, \cdots, l_4$, 잔차를 $v_1, \cdots, v_4$라 하면 조건식은

$$\begin{cases} \hat{l}_1 - \hat{l}_2 + \hat{l}_4 = 0 \\ \hat{l}_2 - \hat{l}_4 = 0 \end{cases}$$

이 되므로,

$$v_1 - v_2 + v_3 + (l_1 - l_2 + l_3) = v_1 - v_2 + v_3 + 0.006 = 0$$

$$v_2 - v_4 + (l_2 - l_4) = v_2 - v_4 + 0.02 = 0$$

이 된다. 최소제곱법에 의하면,

$$[v^2] = v_1^2 + v_2^2 + v_3^2 + v_4^2 = \text{최소}$$

조건방정식인 경우 Lagrange 승수인 K_i값을 고려하여 정리하면,

$$\phi' = v_1^2 + v_2^2 + v_3^2 + v_4^2 - 2K_1(v_1 - v_2 + v_3 + 0.006) - 2K_2(v_2 - v_4 + 0.02) = \text{최소}$$

이다. ϕ'값을 최소로 하기 위해 미지변수에 대해 편미분하면,

$$\frac{\partial \phi}{\partial v_1} = 2v_1 - 2K_1 = 0$$

$$\frac{\partial \phi}{\partial v_2} = 2v_2 + 2K_1 - 2K_2 = 0$$

$$\frac{\partial \phi}{\partial v_3} = 2v_3 - 2K_1 = 0$$

$$\frac{\partial \phi}{\partial v_4} = 2v_4 + 2K_2 = 0$$

$$\therefore \begin{cases} v_1 = K_1 \\ v_2 = -K_1 + K_2 \\ v_3 = K_1 \\ v_4 = -K_2 \end{cases}$$

가 된다.

이것을 윗 식에 대입하면,

$$\begin{cases} 3K_1 - K_2 = -0.006 \\ -K_1 + 2K_2 = -0.02 \end{cases}$$

$$\therefore K_1 = -0.0064 \quad K_2 = -0.0132$$

가 되며,

$$v_1 = -0.0064, \quad v_2 = -0.0068, \quad v_3 = -0.0064, \quad v_4 = 0.0132$$

가 된다. 따라서,

$\hat{l}_1 = 4.250 - 0.0064 = 4.2434\,\text{m}$ ㅤㅤㅤㅤ $\hat{l}_2 = -8.537 - 0.0068 = -8.5438\,\text{m}$

$\hat{l}_3 = -12.781 - 0.0064 = -12.7874\,\text{m}$ ㅤㅤ $\hat{l}_4 = -8.557 + 0.0132 = -8.5438\,\text{m}$

가 되므로,

$$\therefore \begin{cases} P점의\ 표고 = A점의\ 표고 + \hat{l}_2 = 17.533 - 8.5438 = 8.9892\,(\text{m}) \\ Q점의\ 표고 = A점의\ 표고 + \hat{l}_1 = 17.533 + 4.2434 = 21.7764\,(\text{m}) \end{cases}$$

가 된다.

8) (1) $13.794 - 12.573 = +1.221\text{m}$

(2) ①, ②의 평균제곱근오차를 m_1, m_2라 하면 B, C간 비고의 평균제곱근오차 M은

$M = \pm\sqrt{m_1{}^2 + m_2{}^2}$

$\therefore M = \pm\sqrt{(2\sqrt{6.2})^2 + (2\sqrt{5.0})^2}$

ㅤㅤ$= \pm\sqrt{4(6.2 + 5.0)} = \pm 2\sqrt{11.2}$

ㅤㅤ$= \pm 6.7\text{mm}$

9) $H = \dfrac{(a_1 - b_1) + (a_2 - b_2)}{2} = \dfrac{(a_1 + a_2) - (b_1 + b_2)}{2}$

$\therefore H = \dfrac{(0.74 + 1.87) - (0.07 + 1.24)}{2} = \dfrac{2.61 - 1.31}{2} = 0.65$

A점의 표고가 50m이므로 B점의 표고는

$50.0 + 0.65 = 50.65$

10) 경중률(확실도)은 거리에 반비례하므로

$W_1 : W_2 : W_3 : W_4 = \dfrac{1}{3.0} : \dfrac{1}{2.0} : \dfrac{1}{1.0} : \dfrac{1}{2.5}$

ㅤㅤㅤㅤㅤㅤ$= 0.33 : 0.50 : 1.00 : 0.40$

	P점의 관측표고 (H)(m)	개략평균값 (H')(m)	$H - H'$	경중률(W)	$W(H - H')$
$A \to P$	34.241		0.041	0.33	0.01353
$B \to P$	34.240	34.2	0.040	0.50	0.02000
$C \to P$	34.235		0.035	1.00	0.03500
$D \to P$	34.238		0.038	0.40	0.01520
				2.23	0.08373

P점의 최확값은

$H_0 = \dfrac{\sum PH}{\sum P} = H' + \dfrac{\sum P(H - H')}{\sum P} = 34.2 + \dfrac{0.08373}{2.23}$

ㅤㅤ$= 34.2 + 0.038 = 34.238$

11) 비고에 대한 관측값의 경중률은 2점간의 거리에 반비례한다. 각 비고에 대한 관측값의 경중률 W_i는

$A \rightarrow P$의 관측값의 경중률 $W_1 = \dfrac{1}{2.8} \fallingdotseq 0.36$

$P \rightarrow C$의 관측값의 경중률 $W_2 = \dfrac{1}{7.8} \fallingdotseq 0.13$

$B \rightarrow P$의 관측값의 경중률 $W_3 = \dfrac{1}{4.2} \fallingdotseq 0.24$

$P \rightarrow D$의 관측값의 경중률 $W_4 = \dfrac{1}{5.6} \fallingdotseq 0.18$

따라서 $W_1 : W_2 : W_3 : W_4 = 7 : 3 : 5 : 4$

각 점으로부터 따로 구해진 W점의 표고 H_i는

$A \rightarrow P$에서 구하여진 W점의 표고 $H_1 = 21.568 + 10.536 = 32.104$m

$P \rightarrow C$에서 구하여진 W점의 표고 $H_2 = 22.672 + 9.450 = 32.122$m

$B \rightarrow P$에서 구하여진 W점의 표고 $H_3 = 25.192 + 6.919 = 32.111$m

$P \rightarrow D$에서 구하여진 W점의 표고 $H_4 = 27.588 + 4.518 = 32.106$m

W점의 표고의 최확값 H_0는

$$H_0 = \frac{[WH]}{[W]} = \frac{W_1 H_1 + W_2 H_2 + W_3 H_3 + W_4 H_4}{W_1 + W_2 + W_3 + W_4}$$

$$= 32.100 + \frac{7 \times 0.004 + 3 \times 0.022 + 5 \times 0.011 + 4 \times 0.006}{7 + 3 + 5 + 4}$$

$$= 32.100 + \frac{0.173}{19} = 32.100 + 0.009 = 32.109\text{m}$$

12) 각 고저기준점에서 구한 P점의 관측표고 H^i는 다음과 같다.

$A \rightarrow P$: $H_1 = 40.718 - 6.208 = 34.510$m

$P \rightarrow C$: $H_2 = 26.845 + 7.680 = 34.525$m

$B \rightarrow P$: $H_3 = 36.276 - 1.764 = 34.512$m

$P \rightarrow D$: $H_4 = 42.333 - 7.808 = 34.525$m

관측표고를 H_i, 경중률을 W_i라 하면 W_i는 그 노선의 거리에 반비례한다.

$$W_1 : W_2 : W_3 : W_4 = \frac{1}{2.4} : \frac{1}{2.5} : \frac{1}{1.2} : \frac{1}{4.2} = 4.2 : 4.0 : 8.3 : 2.4$$

최확값 $H_0 = \dfrac{[WH]}{[W]}$

$$= 34.500 + \frac{4.2 \times 0.010 + 4.0 \times 0.025 + 8.3 \times 0.012 + 2.4 \times 0.025}{4.2 + 4.0 + 8.3 + 2.4}$$

$$= 34.500 + \frac{0.3016}{18.9} \fallingdotseq 34.500 + 0.016 = 34.516\text{m}$$

노 선	관측표고 H_i	경중률 w_i	잔 차 v_i	$w_i v_i$	$w_i v_i^2$
$A \rightarrow P$	34.510m	4.2	-0.006m	-0.0252	0.0001512
$P \rightarrow C$	34.525	4.0	$+0.009$	$+0.0360$	0.0003240
$B \rightarrow P$	34.512	8.3	-0.004	-0.0332	0.0001328
$P \rightarrow D$	34.525	2.4	$+0.009$	$+0.0216$	0.0001944
계		18.9		-0.0008	0.0008024

계산결과를 정리하면 위의 표와 같다.

최확값 $H0$의 평균제곱근오차 $m0$는

$$m_0 = \pm \sqrt{\frac{[wv^2]}{[w](n-1)}}$$

$$= \pm \sqrt{\frac{0.0008024}{18.9(4-1)}} = \pm 0.0038\text{m} = \pm 3.8\text{mm}$$

(답) (2)

6. 다각측량

1)은 본문 참조

2) 그림과 같은 결합 traverse의 각관측오차 Δa는 $\Delta a = (W_a - W_b) + [a] - 180°$ $(n-3)$에서 구할 수 있다.

∴ $\Delta a = (12° 43' 18'' - 351° 42' 51'') + 878° 59' 04'' - 180°(6-3) = -29''$

3) 진행방향에서 좌로 각관측하였으므로(+),

∴ 어떤 관측선의 방위각=(하나앞 관측선의 방위각)+180°+(교각)

AB관측선의 방위각=138° 15' 00''

BC관측선의 방위각=138° 15' 00'' +180° +70° 44' 00'' =28° 59' 00''

CD관측선의 방위각=28° 59' 00'' +180° +112° 47' 40'' =321° 46' 40''

DA관측선의 방위각=321° 46' 40'' +180° +89° 02' 00'' =230° 48' 40''

(검산) AB관측선의 방위각=230° 48' 40'' +180° +87° 26' 20'' =138° 15' 00''

4) 변 수 7의 다각형의 내각의 합은 $(7-2) \times 180 = 900°$

내각의 관측값의 합은 900° 01' 25''

∴ 각관측오차는 900° 01' 25'' -900° =1' 25'' =85''

이것을 각 각에 조정하는 데는 85''/7=12'' 나머지 1''

그러므로 각 각에서 12''를 빼고 한 각만은 13''를 뺀 후 방향각을 계산한다.

결과는 다음 표와 같다.

관 측 점	실제관측내각	조 정 내 각	방 향 각
			3° 00′ 10″
1	91° 32′ 47″	91° 32′ 35″	94 32 45
2	192 45 52	192 45 40	107 18 25
3	33 13 40	33 13 28	320 31 53
4	208 02 32	208 02 20	348 34 13
5	100 09 07	100 08 55	268 43 08
6	179 33 27	179 33 14	268 16 22
7	94 44 00	94 43 48	183 00 10
합	900° 01′ 25″	900° 00′ 00″	

5)

관측점	야		장	경 위 거 계 산			
	방 위		거 리	경 거		위 거	
				E(+)	W(−)	N(+)	S(−)
A	N52° 00′ E		106.3m	83.8m		65.4m	
B	S29° 45′ E		41.0	20.3			35.6
C	S31° 45′ W		76.9		40.5		65.4
D	N61° 00′ W		71.3		62.4	34.6	

위거의 폐합오차 $\sum L = 65.4 + 34.6 - (35.6 + 65.4) = -1.0\text{m}$

경거의 폐합오차 $\sum D = 83.8 + 20.3 - (40.5 + 62.4) = +1.2\text{m}$

$\therefore$ 폐합오차 $E = \sqrt{(\sum L)^2 + (\sum D)^2} = \sqrt{(-1.0)^2 + (1.2)^2} = 1.56\text{m}$

$\therefore$ 폐합비 $R = \dfrac{1.56}{106.3 + 41.0 + 76.9 + 71.3} = \dfrac{1}{189.4} \fallingdotseq \dfrac{1}{190}$

6) 위거의 폐합차 $(100.53 + 41.93) - (54.55 + 58.47 + 29.42) = +0.02\text{m}$

경거의 폐합차 $(26.17 + 29.14 + 89.13) - (104.14 + 40.29) = +0.01\text{m}$

관측선 1~2에서의 조정량: $\sum l = -\dfrac{0.02 \times 100.53}{284.90} = -0.01$, $\sum d = -\dfrac{0.01 \times 26.17}{288.87} = 0$

관측선 2~3에서의 조정량: $\sum l = -\dfrac{0.02 \times 41.93}{284.90} = 0$ $\sum d = -\dfrac{0.01 \times 104.14}{288.87} = 0.01$

관측선 3~4에서의 조정량: $\sum l = -\dfrac{0.02 \times 54.55}{284.90} = 0$ $\sum d = -\dfrac{0.01 \times 40.29}{288.87} = 0$

관측선 4~5에서의 조정량: $\sum l = +\dfrac{0.02 \times 58.47}{284.90} = 0.01$ $\sum d = -\dfrac{0.01 \times 29.14}{288.87} = 0$

관측선 5~1에서의 조정량: $\sum l = -\dfrac{0.02 \times 29.42}{284.90} = 0$ $\sum d = -\dfrac{0.01 \times 89.13}{288.87} = 0$

$\therefore$ 배횡거＝(하나앞 관측선의 배횡거)＋(하나앞 관측선의 경거)＋(그 관측선의

경거)

관측선 1~2에서의 배횡거: 26.17

관측선 2~3에서의 배횡거: 26.17+26.17−104.15=−51.81

관측선 3~4에서의 배횡거: −51.81−104.15−40.29=−196.25

관측선 4~5에서의 배횡거: −196.25−40.29+29.14=−207.40

관측선 5~1에서의 배횡거: −207.40+29.14+89.13=−89.13

배면적 $2S=\Sigma\{(각측선의\ 위거)\times(각측선의\ 배횡거)\}$

관측선 1~2에서의 배면적: $100.52\times26.17=+2630.61$

관측선 2~3에서의 배면적: $41.93\times(-51.81)=-2172.39$

관측선 3~4에서의 배면적: $(-54.55)\times(-196.25)=10705.44$

관측선 4~5에서의 배면적: $(-58.48)\times(-207.4)=12128.75$

관측선 5~1에서의 배면적: $(-29.42)\times(-89.13)=2622.21$

∴ 면적 $25914.62/2=12957.31\text{m}^2$

관측점	거리(m)	위거(m) +	위거(m) −	경거(m) +	경거(m) −	조정위거(m) +	조정위거(m) −	조정경거(m) +	조정경거(m) −	배횡거	배면적
1~2	103.88	100.53		26.17		100.52		26.17		+26.17	+2630.61
2~3	112.26	41.93			104.93	41.93			104.15	−51.81	−2172.39
3~4	67.81		54.55	40.29			54.55		40.29	−196.25	+10705.44
4~5	65.33		58.47	29.14			58.48	29.14		−207.40	+12128.75
5~1	93.86		29.42	89.13			29.42	89.13		−89.13	+2622.21
계	443.14	142.46	142.44	144.44	144.43	142.45	142.45	144.44	144.44		+25914.62

7) 각관측오차를 $d\theta$, 1 rad을 ρ''라 하면,

$$\frac{200}{\rho''}=\frac{0.02}{d\theta}\qquad d\theta=\frac{0.02}{200}\times206265''=21''$$

8) B점이 B'점으로 각오차로 인하여 이동하였다 한다. 관측선의 길이를 S, 각관측 오차를 $d\theta$라 하면

$$\frac{BB'}{S}=d\theta\,\text{rad}\qquad BB'=\frac{S\cdot d\theta}{\rho''}=\frac{158\times20''}{206265''}=1.53\text{cm}$$

그러므로 1.53cm의 변위가 생기게 된다.

9) 절점간의 평균거리 200m에 대하여 각관측오차는 ±20″이므로 중심각 θ를 낀 호의 길이를 dl이라 하면

$$\theta=\frac{dl}{R}\qquad \therefore\ dl=\theta\cdot R$$

단, θ는 rad로 표시한 각이므로 $dl=\dfrac{\theta''R}{\rho''}$

θ''가 $\pm 20''$이므로 $dl = \dfrac{\pm 20'' \times 200}{206265''} = \pm 0.019\text{m} \fallingdotseq \pm 0.02\text{m} \pm 2\text{cm}$

10) 계산 결과는 표와 같다.

시 준 점	망원경의 위치	평 균 값	결 과	소 요 값
A	정	2° 32′ 30″	0° 00′ 00″	
B	정	218 46 40	216 14 10	72° 04′ 43.3″
B	반	312 12 10	218 13 50	72° 04′ 36.7″
A	반	95 58 20	00 00 00	

기기오차는 A, B 양 아들자의 읽음값을 조정함으로써 편심오차가 소거되며
정·반의 관측각의 조정값을 구하면 수평축오차와 시준축오차 및 외심오차(망원
경 편심오차)가 소거된다.

$72° 4' + \dfrac{43.3'' + 36.7''}{2} = 72° 04' 40.0''$

11) 좌회전의 다각형에서 교각으로부터 방위각을 구하는 데는

(어떤 관측선의 방위각)=(하나전관측선의 방위각)+(양관측선이 이루는 교각)$-180°$

AB의 방위각$=125° 27'$

BC의 방위각$=125° 27' + 125° 46' - 180° = 71° 13'$

CD의 방위각$=71° 13' + 82° 25' + 360° - 180° = 333° 38'$

12) 결합 다각형의 각관측폐합차 ε은

$\varepsilon = \alpha B - \{\alpha A + (\beta_1 + \beta_2 + \cdots + \beta_5)\} + (n+1)180°$

로 구하여진다.

$\varepsilon = 91° 35' 46'' - \{325° 14' 16'' + (68° 26' 54'' + 239° 58' 42'' + 149° 49' 18''$
$\quad + 269° 30' 15'' + 118° 36' 36'')\} + (5+1)180°$

$= 91° 35' 46'' - (325° 14' 16'' + 846° 21' 45'') + 1080° = -15''$

조정량은 $-15''$이다. 이것을 5등분하여 1측점 $-3''$씩 조정하면 된다.

방향각의 계산

$\alpha A - C = 325° 14' 16''$

$\alpha A - 1 = 325° 14' 16'' + 68° 26' 54'' - 360° = 33° 41' 10''$

$\alpha_{1-2} = 33° 41' 10'' + 239° 58' 42'' - 180° = 93° 39' 52''$

$\alpha_{2-3} = 93° 39' 52'' + 149° 49' 18'' - 180° = 63° 29' 10''$

$\alpha_{3} - B = 63° 29' 10'' + 269° 30' 15'' - 180° = 152° 59' 25''$

$\alpha B - D = 152° 59' 25'' + 118° 36' 36'' - 180° = 91° 36' 01''$

답은 표와 같다.

관 측 점	관측한 교각	관측방향각	조 정 량	조정방향각
A	$68°26'54''$	$33°41'10''$	$-3''$	$\alpha A=325°14'16''$ $33°41'07''$
1	$239°58'42''$	$93°39'52''$	$-6''$	$93°39'46''$
2	$149°49'18''$	$63°29'10''$	$-9''$	$63°29'01''$
3	$269°30'15''$	$152°59'25''$	$-12''$	$152°59'13''$
B	$118°36'36''$	$91°36'01''$	$-15''$	$\alpha B=91°35'46''$

13) 트랜시트 법칙을 사용하여 조정한다. 각 관측점이 조정량은 다음 식으로부터 구한다.

조정량 $\delta x=\dfrac{\varepsilon_L\cdot\varDelta x_i}{\sum|\varDelta x|}$　$\delta y=\dfrac{\varepsilon_D\cdot\varDelta y}{\sum|\varDelta y|}$

단, ε_L: 위거의 폐합차(=+0.02m)　ε_D: 경거의 폐합차(=+0.01m)

$\varDelta x_i$: 임의관측선의 위거　$\varDelta y_i$: 임의관측선의 경거　$\sum|\varDelta x|$: 위거의 절대값의 합

$\sum|\varDelta y|$: 경거의 절대값의 합

관측선 1~2의 조정량

$\delta_x=-\dfrac{0.02\times100.53}{284.90}=-0.01$　$\delta_y=-\dfrac{0.01\times26.17}{288.87}=0$

관측선 2~3의 조정량$=-\dfrac{0.01\times104.14}{284.90}=-0.01$

관측선 4~5의 조정량$=+\dfrac{0.02\times58.47}{288.87}=+0.01$

계산결과는 표와 같다.

관 측 선	위거조정량	경거조정량	조 정 위 거	조 정 경 거
1~2	-0.01m	0　m	$+100.52$m	$+26.17$m
2~3	0	-0.01	$+42.93$	-104.15
3~4	0	0	-54.55	-40.29
4~5	0.01	0	-58.48	$+29.14$
5~1	0	0	-29.42	$+89.13$

14) $R=\dfrac{\sqrt{E_l^2+E_d^2}}{\sum S}=\dfrac{\sqrt{(-0.12)^2+(0.23)^2}}{1240}$

$\qquad=\dfrac{1}{4,769}\fallingdotseq\dfrac{1}{4,770}$

15) $2\sqrt{n}$

16) 위거에 대한 영향이 크다.

방위각이 $0°$ 또는 $270°$에 가까울 때에는 경거에 대한 영향이 더 크다.

7. 삼각측량

1)의 답은 본문 참조

2) 그림에 있어서 준거타원체상의 투영길이는 다음 식으로 된다.

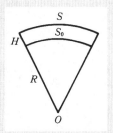

$$\frac{S_0}{S} = \frac{R}{R+H}$$

$$S_0 = \frac{S}{1+H/R} = S\left(1+\frac{H}{R}\right)^{-1} \fallingdotseq S - \frac{H}{R}S$$

여기서 R: 지구의 반경　H: 관측지의 표고(평균)

　　　S: 수평거리　　　S_0: 투영거리

$$\therefore \ S_0 = 500.423 - \frac{300}{6,400,000} \times 500.423 = 500.400\text{m}$$

3) 반경 2,000m의 원에 있어서 중심각 $1''$인 호 DC의 길이를 구하면

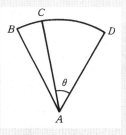

$$\widehat{DC} = \frac{\theta \times AB}{1\ \text{rad}} = \frac{1'' \times 2,000}{206,265''} \fallingdotseq 0.010\text{m}$$

$1''$이내로 하기 위해서는 $\widehat{DC} \fallingdotseq \overline{DC}$를 0.010m 이내로 하면 된다.

4) $x_1'' = \rho'' \dfrac{e}{S_1} \sin \varphi$

$$x_1'' = 2 \times 10^5 \times \frac{0.2}{2000} \sin 120°$$

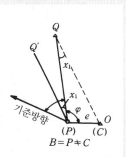

$$= 2 \times 10^5 \times 1 \times 10^{-4} \times \frac{\sqrt{3}}{2}$$

$$= 2 \times 10 \times \frac{1.732}{2} = 17''$$

그러나 문제는 O점에서 Q점방향의 편심조정이 므로 옆의 그림과 같이 (B)의 기준방향으로부 터 우회전의 각을 OQ의 방향으로 조정하는 데 는 $-17''$가 된다.

5) 1. 점조건식

　　(1) ①+②=$\angle A$　(2) ③+④=$\angle B$　(3) ⑤+⑥=$\angle C$　(4) ⑦+⑧=$\angle D$

　　(5) ⑨+⑩=$\angle E$　(6) ⑪+⑫=$\angle F$　(7) ⑬+⑭+⑮+⑯+⑰+⑱=360°

　2. 각조건식

　　(1) ②+③+⑭=180°　(2) ④+⑤+⑮=180°　(3) ⑥+⑦+⑯=180°

　　(4) ⑧+⑨+⑰=180°　(5) ⑩+⑪+⑱=180°　(6) ⑫+①+⑬=180°

(7) ⑬＋⑭＋⑮＋⑯＋⑰＋⑱＝180°

3. 변조건식

$$\frac{\sin ① \cdot \sin ③ \cdot \sin ⑤ \cdot \sin ⑦ \cdot \sin ⑨ \cdot \sin ⑪}{\sin ② \cdot \sin ④ \cdot \sin ⑥ \cdot \sin ⑧ \cdot \sin ⑩ \cdot \sin ⑫}＝1$$

6) $h＝S \cdot \tan \alpha + \frac{(1-k)}{2R} S^2$ 에 있어서 $\alpha=0$ 이므로

$$h＝\frac{(1-k)}{2R} S^2 \qquad \therefore S^2＝\frac{2R}{(1-k)} h \qquad \therefore S＝\sqrt{\frac{2R \cdot h}{(1-k)}}$$

$$\therefore S＝\sqrt{\frac{2 \times 6370 \times 10^3 \times 1.4}{(1-0.14)}} ≒ 4500\text{m}$$

7) $h＝\frac{S^2}{2R} - k\frac{S^2}{2R}＝\frac{S^2}{2R}(1-k)$

$$0.01＝\frac{S^2}{2 \times 6.37 \times 10^6}(1-0.14)$$

$$\therefore S＝\sqrt{\frac{0.01 \times 2 \times 6.37 \times 10^6}{(1-0.14)}}＝385\text{m}$$

8) $T＝T'-x＝60°33'15'' - 206265'' \times \frac{5}{1300}\sin 57°04'＝60°16'23''$

9) $A＝\frac{\sqrt{3}}{2}l^2＝\frac{\sqrt{3}}{2} \times 1.5^2＝2\text{km}^2$

10) $\angle ABD＝T'$ $\angle ACD＝T$ 라 하면

$$T+x_1＝T'+x_2 \qquad \therefore T＝T'-x_1+x_2 \qquad\qquad \cdots\cdots(1)$$

$\triangle ABC$에 있어서 $AD＝S_1$이라 하면

$$\frac{e}{\sin x_1}＝\frac{S_1}{\sin (360°-\varphi)} \qquad \sin x_1＝\frac{e}{S_1}\sin (360°-\varphi)$$

$$\therefore x_1''＝\rho'' \frac{e}{S_1}\sin (360°-\varphi) \qquad\qquad \cdots\cdots(2)$$

(여기서 $\sin^{-1}x ≒ x$ 이것을 각도의 초로 표시하기 위하여 ρ''를 곱한다.) 같은 방법으로 하여 $\triangle CBD$에 있어서 $CD＝S_2$라 하면

$$\sin x_2＝\frac{e}{S_2}\sin (360°-\varphi+T')$$

$$\therefore x_2''＝\rho'' \frac{e}{S_2}\sin (360°-\varphi+T') \qquad\qquad \cdots\cdots(3)$$

식 (1)에 식 (2)(3)을 대입하면 $\angle ACD$가 구해진다.

(답) $\angle ACD＝T'-x_1+x_2$

11) 연직눈금은 반시계 방향으로 그림과 같이 되어 있고 망원경 우에서 망원경을 수평으로 하면 90°(실제는 아들자장치로 인한 오차가 있다)를 읽는다. 연직각 Z와 Z_r(망원경 우의 관측값), Z_l(망원경 좌) 및 아들자에 의한 오차 C의 관계는 다음과 같다.

$$90° - Z = 90° - Z^r + C$$

$$Z = Z_r - C \qquad \cdots\cdots(1)$$

망원경 좌에서는

$$Z = -Z_l + C + 360° \qquad \cdots\cdots(2)$$

(1)+(2)로부터 $2Z = Z_r - Z_l + 360°$

또한 상수차 k는 (1)과 (2)와의 차로부터

$$Z_r + Z_l = 360° + 2C = 360° + k$$

$$\therefore \ k = Z_r + Z_l - 360°$$

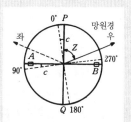

시준점 대천에서는 평균값 88° 42.9′ $r - l = 2Z = 177° 25.1′$

$$\frac{271 \ \ 17.8}{360° \ \ 0.7′} \qquad Z = 88° 42.6′$$

$$k = 42″ \qquad a = +1° 17′ 24″$$

시준점 (6)에서는 평균값 87° 49.1′ $r - l = 2Z = 175° 38.1′$

$$\frac{272 \ \ 11.0}{360° \ \ 0.1′} \qquad Z = 87° 49.0′$$

$$k = 6″ \qquad a = +2° 11′ 0″$$

시준점 중산에서는 평균값 90° 38.6′ $r - l = 2Z = 181° 17.1′$

$$\frac{269° \ 21.5′}{360° \ \ 0.1′} \qquad Z = 90° 38.6′$$

$$k = 6″ \qquad a = -0° 38′ 36″$$

12) 점조건식은 없다. 각조건식, 변조건식은 다음과 같다.

(1)+(2)+(3)+(4)+(5)+(6)+(7)+(8)=360°

(1)+(2)=(5)+(6) (3)+(4)=(7)+(8) (각조건식)

$$\frac{\sin(1) \ \sin(3) \ \sin(5) \ \sin(7)}{\sin(2) \ \sin(4) \ \sin(6) \ \sin(8)} = 1 \ \text{(변조건식)}$$

13) 지구의 곡률반경을 R, 수평거리를 S라 하면 지구의 곡률에 의한 오차[球差] E_C는

$$E_C = \frac{S^2}{2R} = \frac{5^2 \times 10^6}{2 \times 6.37 \times 10^6} = 1.962 \text{m}$$

14) 정삼각형

15) 1. 단삼각망

a. 점조건식: p(삼각점수)-2, 1점에서 2개각 이상 있을 때 성립

b. 삼각형 조건식: n개(삼각형의 수)

c. 방향각 조건식: 1개(기선의 방향각으로부터 각 변의 방향각을 경유하여 점선의 방향각과 일정하게 하는 조건식)

d. 변조건식(含基線條件): 기선으로부터 변의 길이와 각의 sine 공식에 의하여 검선의 길이에 일치하게 하는 조건식 1개,

$$\Sigma \log \sin \alpha + \log S_0 = \Sigma \log \sin \beta + \log S_n$$

e. 좌표조건식: 1개, 변조건식에 의하여 오차 조정이 완결되므로, 일반적으로 정도가 낮은 측량에 적용된다.

2. 복삼각망

a. 점조건식: 4

b. 각조건식: 7개, 4변형 내의 4개의 삼각형의 내각의 합이 각각 $180°$가 되어야 하는 것과 $b+c=g+f$, $a+b=d+e$, $\angle A+\angle B+\angle C+\angle D=360°$가 되는 7개의 조건식이 성립한다.

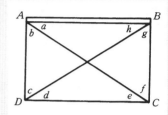

c. 변조건식: 1개, 즉

$\Sigma \log \sin \alpha = \Sigma \log \sin \beta$

d. 방향각 조건: 2개, 2개 이상의 4변형이 연속되고 점선이 있을 때 실시한다. 단삼각망에 준한다.

8. 삼변측량

1)은 본문 참조

2) 사변형 내의 4개 삼각형의 내각의 합이 $180°$가 되어야 한다.

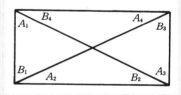

$$A_1+B_1+A_2+B_2=180° \quad \cdots\cdots(1)$$
$$A_2+B_2+A_3+B_3=180° \quad \cdots\cdots(2)$$
$$A_3+B_3+A_4+B_4=180° \quad \cdots\cdots(3)$$
$$A_4+B_4+A_1+B_1=180° \quad \cdots\cdots(4)$$

이상에서 3개식만 만족시키면 나머지 조건식도 만족시킨다. 이것을 삼각규약조정법이라 한다. 각조건에 의한 조정은 (5)(6)(7)이고 변조건에 의한 조정은 식(8)이다.

$$A_1+B_1=A_3+B_3 \quad \cdots\cdots(5)$$
$$A_2+B_2=A_4+B_4 \quad \cdots\cdots(6)$$
$$A_1+B_1+A_2+B_2+A_3+B_3+A_4+B_4=360° \quad \cdots\cdots(7)$$
$$\frac{\sin(B_1)\ \sin(B_2)\ \sin(B_3)\ \sin(B_4)}{\sin(A_1)\ \sin(A_2)\ \sin(A_3)\ \sin(A_4)}=1 \quad \cdots\cdots(8)$$

식 (5)~(8)을 동시에 취급하는 것이 엄밀법이고 각조건과 변조건을 각각 하는 것을 근사법이라 한다.

3) $\overline{AB}=\sqrt{(2,404.12-1,125.0)^2+(2,534.35-1,875.0)^2}=1,439.06\text{m}$

$\theta_{AB}=\tan^{-1}\left(\dfrac{2,404.12-1,125.0}{2,534.35-1,875.0}\right)=\tan^{-1}\left(\dfrac{1,279.12}{659.35}\right)=62°43'49''$

$\angle A=\cos^{-1}\left(\dfrac{b^2+c^2-a^2}{2bc}\right)=\cos^{-1}\left(\dfrac{1,097.9^2+1,439.06^2-1,360.53^2}{2\times1,097.9\times1,439.06}\right)=63°11'22''$

$\theta_{AC} = \theta_{AB} + \angle A = 62°43'49'' + 63°43'49'' = 126°27'38''$

$X_C = X_A + b \cos \theta_{AC} = 1{,}125.0 + 1{,}097.9 \cos 126°27'38'' = 472.55 \text{ m}$

$Y_C = Y_A + b \sin \theta_{AC} = 1{,}875.0 + 1{,}097.9 \sin 126°27'38'' = 2{,}758.00 \text{ m}$

4) (1) 1차계산

　㉠ 초기 근사값

　　ⓐ $\overline{AB}$의 방위각

$$\theta_{AB} = 180° + \tan^{-1}\left(\frac{X_b - X_a}{Y_b - Y_a}\right) = 180° + \tan^{-1}\left(\frac{1{,}824.42 - 649.05}{1{,}535.44 - 3{,}395.36}\right)$$

$$= 180° - 32°17'27'' = 147°42'33''$$

　　ⓑ $\overline{AB}$의 거리

$$\overline{AB} = \sqrt{(X_b - X_a^2) + (Y_b - Y_a)^2}$$

$$= \sqrt{(1{,}824.42 - 649.05)^2 + (1{,}535.44 - 3{,}395.36)^2} = 2{,}200.18 \text{ m}$$

　　ⓒ $\overline{AU}$의 방위각

　　　코사인 제2법칙 $c^2 = a^2 + b^2 - 2ab \cos C$에서

$$\angle UAB = \cos^{-1}\left(\frac{4{,}536.75^2 + 2{,}200.18^2 - 3{,}552.00^2}{2 \times 4{,}536.75 \times 2{,}200.18}\right) = 50°05'50''$$

$$\theta_{AU} = \theta_{AB} - \angle UAB = 147°42'33'' - 50°05'50'' = 97°36'43''$$

　　ⓓ X_U, Y_U의 계산

$$X_U = 649.05 + 4{,}536.75 \sin 97°36'43'' = 5{,}145.82 \text{ m}$$

$$Y_U = 3{,}395.36 + 4{,}536.75 \cos 97°36'43'' = 2{,}794.41 \text{ m}$$

　㉡ $\overline{AU}$, $\overline{BU}$, $\overline{CU}$의 계산

　　X_U와 Y_U가 실측값으로부터 계산되었기 때문에 $\overline{AU}$와 $\overline{BU}$는 그들의 실측거리와 똑같다. 따라서

$$\overline{AU} = 4{,}536.75 \text{ m}$$

$$\overline{BU} = 3{,}552.00 \text{ m}$$

$$\overline{CU} = \sqrt{(5{,}145.82 - 2{,}148.92)^2 + (2{,}794.41 - 20.36)^2} = 4{,}083.72$$

　㉢ 관측방정식을 해석하기 위하여 행렬을 구성한다.

　　ⓐ A행렬

　　　식 (8.25~27)에 의하여

$$a_{11}dX_U + a_{12}dY_U = L_1 + V_1$$

$$a_{21}dX_U + a_{22}dY_U = L_2 + V_2$$

$$a_{31}dX_U + a_{32}dY_U = L_3 + V_3$$

　　　여기서

$$a_{11} = \frac{5{,}145.82 - 649.05}{4{,}536.75} = 0.991$$

$$a_{12} = \frac{2,794.41 - 3,395.36}{4,536.75} = -0.132$$

$$a_{21} = \frac{5,145.82 - 1,824.42}{3,552.00} = 0.935$$

$$a_{22} = \frac{2,794.41 - 1,535.44}{3,552.00} = 0.354$$

$$a_{31} = \frac{5,145.82 - 2,148.92}{4,083.72} = 0.734$$

$$a_{32} = \frac{2,794.41 - 20.36}{4,083.72} = 0.679$$

ⓑ L행렬

$$L_1 = 4,536.75 - 4,536.75 = 0.00$$

$$L_2 = 3,552.00 - 3,552.00 = 0.00$$

$$L_3 = 4,084.87 - 4,083.72 = 1.15$$

ⓒ X와 V행렬

$$X = \begin{bmatrix} dX_U \\ dY_U \end{bmatrix}, \quad V = \begin{bmatrix} v_{au} \\ v_{bu} \\ v_{cu} \end{bmatrix}$$

ⓔ 행렬 X 구하기

$$X = (A^T A)^{-1} A^T L$$

$$A^T A = \begin{bmatrix} 0.991 & 0.935 & 0.734 \\ -0.132 & 0.354 & 0.679 \end{bmatrix} \begin{bmatrix} 0.991 & -0.132 \\ 0.935 & 0.354 \\ 0.734 & 0.679 \end{bmatrix}$$

$$= \begin{bmatrix} 2.395 & 0.698 \\ 0.698 & 0.604 \end{bmatrix}$$

$$(A^T A)^{-1} = \frac{1}{0.96} \begin{bmatrix} 0.604 & -0.698 \\ -0.698 & 2.395 \end{bmatrix}$$

$$A^T L = \begin{bmatrix} 0.991 & 0.935 & 0.734 \\ -0.132 & 0.354 & 0.679 \end{bmatrix} \begin{bmatrix} 0.00 \\ 0.00 \\ 1.15 \end{bmatrix} = \begin{bmatrix} 0.844 \\ 0.802 \end{bmatrix}$$

$$X = \frac{1}{0.96} \begin{bmatrix} 0.604 & -0.698 \\ -0.698 & 2.395 \end{bmatrix} \begin{bmatrix} 0.844 \\ 0.802 \end{bmatrix} = \begin{bmatrix} -0.052 \\ +1.387 \end{bmatrix}$$

ⓜ 수정된 U의 좌표 계산

$$X_U = 5,145.82 - 0.052 = 5,145.768$$

$$Y_U = 2,794.41 + 1.387 = 2,795.797$$

(2) 반복 2차 계산

㉠ $\overline{AU}$, $\overline{BU}$, $\overline{CU}$의 계산

$$\overline{AU}=\sqrt{(5,145.768-649.05)^2+(2,795.797-3,395.36)}=4,536.513$$
$$\overline{BU}=\sqrt{(5,145.768-1,824.42)^2+(2,795.797-1,535.44)}=3,552.443$$
$$\overline{CU}=\sqrt{(5,145.768-2,148.92)^2+(2,795.797-20.36)}=4,084.623$$

ⓛ 행렬의 형성

본 예제에서는 길이의 변화량이 적어 A행렬을 형성하여 계산하여도 많은 변화가 없으므로 $(A^T A)^{-1}$값도 변화가 없다. 이에 L행렬만 다시 형성하여 계산한다.

$$L_1=4,536.75-4,536.513=0.237$$
$$L_2=3,552.00-3,552.443=-0.443$$
$$L_3=4,084.87-4,084.623=0.247$$

ⓒ X행렬

$$A^T L =\begin{bmatrix} 0.991 & 0.935 & 0.734 \\ -0.132 & 0.354 & 0.679 \end{bmatrix}\begin{bmatrix} 0.237 \\ -0.443 \\ 0.247 \end{bmatrix}=\begin{bmatrix} 0.002 \\ -0.020 \end{bmatrix}$$

$$X=\frac{1}{0.96}\begin{bmatrix} 0.604 & -0.698 \\ -0.698 & 2.395 \end{bmatrix}\begin{bmatrix} 0.002 \\ -0.020 \end{bmatrix}=\begin{bmatrix} +0.016 \\ -0.051 \end{bmatrix}$$

ⓔ 수정된 U좌표

$$X_U=5,145.768+0.016=5,145.784$$
$$Y_U=2,795.797-0.051=2,795.746$$

9. 3차원측량

1)은 본문 참조

Ⅲ 편

도면 제작

1)의 답은 본문 참조

12. 영상탐측학

1)의 답은 본문 참조

2) $\dfrac{B}{H} = \dfrac{ma\left(1-\dfrac{p}{100}\right)}{C \cdot \Delta h} = \dfrac{15,000 \times 0.23 \times 0.4}{1,200 \times 1.5} = 0.7666$

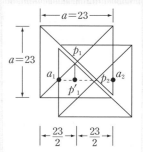

3) $\overline{p_1' \, p_2} = 11\text{cm}$

$\overline{a_1 p_1'} = \overline{a_2 p_2'} = \dfrac{23}{2} - 11 = 0.5\text{cm}$

$\therefore$ 종중복도 $\dfrac{\overline{a_1 a_2}}{a} = \dfrac{0.5 + 11 + 0.5}{23}$

$\qquad\qquad\qquad = 0.5217 \fallingdotseq 0.52 \fallingdotseq 52\%$

4) $B = 0.23 \times \left(1 - \dfrac{60}{100}\right) \times 30,000 = 2,760\text{m} = 2.760\text{km}$

$C = 0.23 \times \left(1 - \dfrac{30}{100}\right) \times 30,000 = 4,830\text{m} = 4.83\text{km}$

단, $\dfrac{1}{m} = \dfrac{f}{H} = \dfrac{0.15}{4500} = \dfrac{1}{30000}$

$\therefore$ 유효입체모형면적 $= 2.76 \times 4.83 = 13.3308 \fallingdotseq 13.3\text{km}^2$

5) $m = \dfrac{S}{B} = \dfrac{0.18 \times 60000}{0.23 \times \left(1 - \dfrac{60}{100}\right) \times 30000} = 3.9 \fallingdotseq 4$

$4 \times 1.2 = 4.8 \fallingdotseq 5 \qquad 5\text{매}$

6) $\Delta h = \dfrac{H}{C} = \dfrac{60,000 \times 0.15}{1300} = 6.9\text{m}$

7) $\dfrac{1}{m} = \dfrac{0.21}{3,700 - 700} = \dfrac{1}{14,286}$

사진매수 $= \dfrac{20 \times 40 \times 10^6}{(0.23 \times 14,286)^2 \times \left(1 - \dfrac{60}{100}\right)\left(1 - \dfrac{30}{100}\right)} \times \left(1 + \dfrac{30}{100}\right) = 343.98$

$\therefore$ 344매

8) $\Delta r = \dfrac{h}{H} r = \dfrac{1,300}{3,500} \times 800 = 297.14\text{m}$

$\dfrac{297.14 \times 1,000}{25,000} = 11.89$

Ⅴ편

13. 지형공간정보학

1)의 답은 본문 참조

Ⅵ편

단지조성 교통, 수자원, 지하 및 사회기반시설 개선을 위한 측량

1)의 답은 본문 참조

2) $\text{T.L.} = R\tan\dfrac{I}{2} = 150 \times \tan 28°\,48' = 150 \times 0.549755 = 82.46\,\text{m}$

$\text{C.L.} = \pi R\dfrac{I}{180°} = 3.14 \times 150 \times \dfrac{57.6}{180°} = 150.82\,\text{m}$

3) $\text{S.L.} = E = R\left(\sec\dfrac{I}{2} - 1\right)$

(구) $E' = R\left(\sec\dfrac{I}{2} - 1\right)$

(신) $E = R\left(\sec\dfrac{I}{2} - 1\right)$

그런데 곡선의 중점을 내측으로 $e = 10\,\text{m}$ 만큼 옮겼다고 하면 $E = E' + e$

$\therefore\ R\left(\sec\dfrac{I}{2} - 1\right) = R'\left(\sec\dfrac{I}{2} - 1\right) + e$

$\therefore\ R = R' + \dfrac{e}{\sec\dfrac{I}{2} - 1} = 100 + \dfrac{10}{\sec 30° - 1} = 100 + 64.64 = 164.64\,\text{m}$

4) AC와 BD의 교점을 P라 하면 그림으로부터

$\alpha = 180° - \angle ACD = 180° - 150° = 30°$

$\beta = 180° - \angle CDB = 180° - 90° = 90°$

$\gamma = 180° - (\alpha + \beta) = 180° - (30° + 90°) = 60°$

$\therefore\ I = 180° - \gamma = 180° - 60° = 120°$

$\therefore\ \text{T.L.} = R\tan\dfrac{I}{2} = 300 \times \tan 60° = 300 \times \sqrt{3} = 519.6\,\text{m}$

다음에 $\overline{CP}$는 $\triangle PCD$에 있어서 삼각비례공식에 의하여

$\dfrac{CP}{\sin\beta} = \dfrac{CD}{\sin\gamma}$

$\therefore\ CP = \dfrac{CD \cdot \sin\beta}{\sin\gamma} = \dfrac{200 \times \sin 90°}{\sin 60°} = \dfrac{200 \times 1}{\sqrt{3}/2} = 230.9\,\text{m}$

고로 C점에서 BC까지의 거리 (x)는

$x = \text{T.L.} - \overline{CP} = 519.6 - 230.9 = 288.7\,\text{m}$

5) $i = \dfrac{+3}{100} - \dfrac{-3}{100} = \dfrac{6}{100}$　$y = \dfrac{i}{2l}x^2 = \dfrac{0.06}{2\times60}x^2 = 0.0005x^2$

　　$x_1 = 10\text{m}$인 점　$y_1 = 0.0005 \times 10^2 = 0.05\text{m}$

　　$x_2 = 20\text{m}$　〃　$y_2 = 0.0005 \times 20^2 = 0.20\text{m}$

　　$x_3 = 30\text{m}$　〃　$y_3 = 0.0005 \times 30^2 = 0.45\text{m}$

　　$x_4 = 40\text{m}$　〃　$y_4 = 0.0005 \times 40^2 = 0.80\text{m}$

　　$x_5 = 50\text{m}$　〃　$y_5 = 0.0005 \times 50^2 = 1.25\text{m}$

　　$x_6 = 60\text{m}$　〃　$y_6 = 0.0005 \times 60^2 = 1.80\text{m}$

6) $PC = \dfrac{\sin\beta}{\sin(\alpha+\beta)} \cdot l = 101.9\text{m}$　$PA = \text{T.L.} = R\cdot\tan\dfrac{I}{2} = 73.0\text{m}$

　　$AC = PC - PA = 101.9 - 73.0 = 28.9\text{m}$

　　$\text{C.L.} = \dfrac{RI}{\rho^\circ} = 106.0\text{m}$

　　$\text{S.L.} = R\left(\sec\dfrac{I}{2} - 1\right) = 42.0\text{m}$

7) 편각설치법

8) $\dfrac{n}{1,000}$

9) 포물선

10) $\tan\dfrac{I_2}{2} = \dfrac{T_1\sin I - R_1\text{vers}\,I}{T_2 + T_1\cos I - R_1\sin I}$

　　　　$= \dfrac{120\times\sin(57^\circ\,14') - 120\times\text{vers}(57^\circ\,14')}{230 + 120\times\cos(57^\circ\,14') - 120\times\sin(57^\circ\,14')}$

　　　　$= \dfrac{45,852}{194,040} = 0.2363$

　　$\therefore\ I_2 = 26^\circ\,35'\,25''$

　　$\therefore\ I_1 = I - I_2$

　　　　$= 57^\circ\,14' - 26^\circ\,35'\,25'' = 30^\circ\,38'\,35''$

　　$\therefore\ R_2 = R_1 + \dfrac{T_1\sin I - R_1\text{vers}\,I}{\text{vers}\,I_2}$

　　　　$= 120 + \dfrac{120\times\sin(57^\circ\,14') - 120\times\text{vers}(57^\circ\,14')}{\text{vers}(26^\circ\,35'\,25'')}$

　　　　$= 120 + \dfrac{100,447}{0.10577} = 1069.68\text{m}$

11) $x_1 = \dfrac{1}{4}X = \dfrac{40}{4} = 10\text{m}$

　　$x_2 = \dfrac{1}{2}X = 20\text{m}$

　　$x_3 = \dfrac{3}{4}X = 30\text{m}$

$x_4 = X = 40\text{m}$

$y_1 = \dfrac{x_1^3}{6RX} = \dfrac{10^3}{6\times500\times40} = 0.0083\,\text{m}$

$y_2 = \dfrac{20^3}{6\times500\times40} = 0.0667\,\text{m}$

$y_3 = \dfrac{30^3}{6\times500\times40} = 0.2250\,\text{m}$

$y_4 = \dfrac{40^3}{6\times500\times40} = 0.5333\,\text{m}$

12) 유하거리의 오차 $\dfrac{dl}{l} = \dfrac{0.1}{l}\times100 = \dfrac{10}{l}(\%)$

유하시간의 오차 $\dfrac{dt}{t} = \dfrac{0.5}{l/1.0}\times100 = \dfrac{50}{l}(\%)$

유속의 오차 $\dfrac{dv}{v} = \sqrt{\left(\dfrac{10}{l}\right)^2 + \left(\dfrac{50}{l}\right)^2} \fallingdotseq \dfrac{51}{l}(\%)$

문제에서 $\dfrac{51}{l} \leq 2$ $\therefore l \geq 25.5\text{m}$

13) 급류부 $\pm20\text{mm}$, 완류부 $\pm15\text{mm}$, 감조부 $\pm12\text{mm}$

14) 유제부에서 제내 30m 이내, 무제부에서는 홍수위선에서 100m까지의 범위

15) 본문에 있어서

각 구간의 유량 $q = a\cdot v = l\cdot h\cdot v$

문제에서 l에 오차가 없다고 하면 h 및 v에 각각 Δh 및 Δv의 오차가 있기 때문에 q에 Δq의 오차가 만들어진다. 그 관계식은

$\left(\dfrac{\Delta q}{q}\right)^2 = \left(\dfrac{\Delta h}{h}\right)^2 + \left(\dfrac{\Delta v}{v}\right)^2$

그런데 $\Delta h = \pm\dfrac{5}{100}h$ $\Delta v = \pm\dfrac{10}{100}v$

$\therefore \left(\dfrac{\Delta q}{q}\right)^2 = \left(\dfrac{\pm5h}{100h}\right)^2 + \left(\dfrac{\pm10v}{100v}\right)^2$

$\therefore \Delta q^2 = \left\{\left(\dfrac{5}{100}\right)^2 + \left(\dfrac{10}{100}\right)^2\right\}\cdot q^2$

$\Delta q = +\dfrac{\sqrt{5^2+10^2}}{100}\cdot q = \pm\dfrac{11}{100}\cdot q$

고로 전단면에서의 전유량 Q의 오차 ΔQ는 l이 10 구간이므로

$\Delta Q = \Delta q\sqrt{10}\cdot Q = \pm\dfrac{11}{100}\cdot\sqrt{10}\cdot Q = \pm\dfrac{33}{100}\cdot Q$

즉, 전유량 Q의 33%의 오차를 예상하여야 한다.

16) 하천측량은 하천의 형상, 수위, 심천, 단면, 경사 등을 관측하여 하천의 평면도, 종단도를 작도함과 동시에 유속, 유량 등도 조사하여 하천 개수공사를 하는 데 필요한 자료를 얻는 데 있다.

17) $H_B = H_A + (\pm\text{I.H.}) \pm (S'\sin a) - (\pm\text{H.P.})$

$$\therefore\ H_B - H_A = -(\pm \text{I.H.}) + S'\sin\alpha + (\text{H.R.})$$
$$= -1.28 + 44.69 \times \sin 14°\,25' + 1.65\,\text{m}$$
$$= 11.4965 \fallingdotseq 11.50\,\text{m}$$

I.H.와 H.P.는 천정으로부터 재면 $(-)$, 바닥에서부터 재면 $(+)$, α는 고각은 $(+)$ 저각은 $(-)$

18) $\Delta x = 2,185.31 - 1,265.45 = 919.86\,\text{m}$

$\Delta y = 1,691.60 - (-468.75) = 2,160.35\,\text{m}$

$\therefore$ 사거리 $S = \sqrt{\Delta x^2 + \Delta y^2} = \sqrt{5,513,254.5} = 2,348.03\,\text{m}$

19) A를 각오차라 하면 $A = \tan^{-1}\dfrac{0.002}{1.50} = 0.0762° = 0°\,04'\,34''$

측점 8까지의 거리는 $\sqrt{150^2 + 360^2} = 390\,\text{m}$

1.50m에 대하여 0.002m의 오차이므로

측점 8의 위치오차는 $390 \times \dfrac{0.002}{1.50} = 0.52\,\text{m}$

20) 단거리인 경우는 추선을 시준하고 그 후방에는 백지 또는 백포를 대고 추선의 후측방 또는 추선과 백지와의 중간측에서 조명한다. 그리고 거리가 30m 이상일 때 등화의 불빛을 직접 시준하여 특별히 표등을 사용한다. 또한 거리가 멀고 빛이 약하여 보기가 곤란할 때는 반사경, 조명기가 사용된다.

21) 사갱의 측량에서 트랜시트를 설치해서 시준하는 것이 어려우므로, 수평축의 틀림에 의한 오차를 각 관측방법에 의해 소거할 수 없고 또 이 오차가 크게 영향을 끼치므로 수평축 조정은 엄밀히 해야 한다.

22) 트랜시트와 수선에 의한 방법

23) 트랜시트로 경사를 재고 사거리를 재어 계산으로 구한다.

|참|고|문|헌|

(1) 유복모, 「측량학원론(I)」 중판 박영사, 1999.

(2) 유복모, 「측량학원론(II)」 제3판 박영사, 2004.

(3) 유복모, 「경관공학」 3판 동명사, 2003.

(4) 유복모 · 토니 쉥크 공저, 「현대 디지털 사진 측량학」 피어슨 에듀케이션 코리아, 2003

(5) 유복모, 「측지학」 최신토목공학강좌 6 제3회 배본 동명사, 1992.

(6) 유복모, 「측량공학」 제6판 박영사, 2010.

(7) 유복모, 「디지털측량공학」 제4판 박영사, 2006.

(8) 유복모, 「사진측량학」 제5판 문운당, 2007.

(9) 유복모 · 유연 공저, 「지형공간정보학 개관」 동명사, 2011.

(10) 유복모, 「건조물측량」 대가, 2007.

(11) 유복모 · 유연 공저, 「지형공간개선」, 문운당, 2015.

(12) 조규전, 「측량정보공학」, 양서각, 2003.

(13) 최창조, 「한국의 풍수사상」, 민음사, 1984.

(14) 임정호 · 박종화 · 손홍규 역, 「원격탐사와 디지털영상처리(John R. Jensen 저)」, 시그마프레스, 2005.

(15) 최윤수 · 허민 · 서용철 역, 「신 GPS 측량의 기초(土屋淳 · 辻宏 道著), 대한측량협회, 2005.

(16) 최근 발간되고 있는 국내 · 국외(미국, 네덜란드, 일본 등)의 정보관련 학회지 및 보고서 참조

(17) 국토해양부, 제4차 국가공간정보정책기본계획(2010~2015). 2010.3

(18) 국토해양부, 제3차 국가 GIS 사업백서, 2010.12

(19) 대한토목학회, 「최근 10년 한국토목사」, 2010.

(20) 김수경, 「컴퓨터 그래픽」, 디자인신문사 출판국, 1992.

(21) 김용운, 「위상의 기하학」, 동아출판사, 1992.

(22) 김우철, 「현대통계학」, 영지출판사, 1989.

(23) 방석현, 「行政情報體系論」, 법문사, 1989.

(24) 삼성데이터 시스템, 「정보경제 2원호」, 삼성데이터 시스템, 1993.

(25) 서만석, 「우주의 기하학」, 동아출판사, 1991.

(26) 이상범·이계영, 「전산학 개론」, 정익사, 1992.

(27) 국토개발연구원, 「국토정보지」, 국토개발연구원, 1992.

(28) 국토와 건설, 「서베이 하이테크 50선」 ①~⑪, 국토와 건설, 1992~1993.

(29) 임석민, 「물류학원론」, 두남, 2010.

(30) 이원동, 「실무 화물운송론」, 두남, 2010.

(31) 조진행·오세조, 「물류관리」, 두남, 2008.

(32) 道路環境硏究所, 「道路景觀整備 マニュアル(案)」, 大成出版社, 1990.

(33) 都市夜間景觀硏究會, 「都市の夜間景觀の演出」, 大成出版社, 1990.

(34) 東京大學 土木工學科 測量硏究室, 「都市·地域計劃における地理情報 システーム(GIS)の利用に關す ワークショップ」, 日本測量協會, 1992.

(35) 星仰, 「地形情報處理學」, 森北出版社, 1991.

(36) 日本土木學會, 「港の景觀設計」, 技寮堂出版社, 1991.

(37) 日本測地協會, 「測地學の槪觀」, 1974.

(38) 坪川家恒·大森又吉, 「測地學序說」, 山海堂, 1968.

(39) ASPRS, 「Manual of Photogrammetry」, 5th ed., 1980.

(40) ASPRS, 「Manual of Remote Sensing」, 2nd ed., 1981.

(41) Wolf. P.R., 「Elements of Photogrammetry」, 3rd ed., McGraw Hill, 2000.

(42) Alfred Leick, 「GPS Satellite Surveying」, 2nd ed., John Willey & Sons, INC, 1995.

(43) Vanićek. G. 8t Krakiwsky. E.J., 「Geodesy」, North Holland, 1982.

(44) Schenk. T., 「Digital Photogrammetry」, Terra Science, 1999.

(45) Paul K. Wolf & Charles D. Ghilani, Prentice Hall, 「Elementary Surveying An Introduction to Geomatics」, 10th ed., 2002.

(46) Wolfgang Torge, de Gruyter, 「Geodesy」, 3rd ed., 2001.

(47) John R. Jensen 「Remote Sensing of the Environment An Earth Resource Perspective」, Prentice Hall, Inc, 2000.

(48) Lillesand, Kifer & Chipman, Wiley, 「Remote Sensing and Image Interpretation」, 6th ed., 2008.

ㅇ

ㅊ

M

공저자약력

유복모(柳福模 : Yeu, Bock_Mo)
서울대학교 공과대학 토목공학과 학사 졸
네덜란드 ITC에서 사진측량학 수학
1975년 6월 19일 일본, 동경대학에서 공학박사 학위수여
연세대학교 공과대학 토목공학과 교수역임(1976.3~2001.2)
서울대학교 공과대학 토목공학과, 환경대학원 강사역임
   (1978~1980, 1980~1984, 1986~1992)
1982년 토목분야 측량 및 지형공간정보기술사 취득
IUGG의 IAG 한국분과위원장 역임(1987~1993)
한국지형공간정보학회 회장 역임(1993~1997)
한국전통조경학회 회장 역임(1995~1996)
대한토목학회 회장 역임(1997~1998)
한국측량학회 회장 역임(1998~2000)
서울시 문화상 수상(1999 10 28 건설 부문)
홍조근정훈장수여(2000.3 30 제5609호)
현 재단법인 석곡관측과학기술연구원 이사장
   연세대학교 명예교수(2001.2~현재)
   미국, 사진측량 및 원격탐측학회 명예회원
   [Emeritus Member of ASPRS(American Society of Photogrammetry & Remote Sensing) (2004.1~현재)

주요저서
측량공학(박영사 간), 1977초판, 2006 6판, 911쪽
사진측량학개론(희중당 간), 1977초판, (사이택미디어
   간), 2005 3판, 432쪽
도시계획(문교부 간), 1979초판, 227쪽
측량학원론(I)(박영사 간), 1984초판, 1995개정판, 692쪽
측량학원론(Ⅱ)(박영사 간), 1989초판, 2004 3판, 863쪽
사진측량학(문운당 간), 1991초판, 2007 5판, 512쪽
측지학(동명사 간), 1992초판, 2000년 5판, 393쪽
원격탐측(개문사 간), 1992초판, 259쪽
지형공간정보학(동명사 간), 1994초판, 2001 3판, 491쪽

경관공학(동명사 간), 1996 초판, 2003 3판, 305쪽
현대 디지털 사진측량학(Toni F. Schenk 공저, 피어슨
   에듀케이션 코리아 간), 2003초판, 434쪽
건조물측량학(대가 간), 2007초판, 270쪽
지형공간정보학개관, 유연 공저(동명사 간), 2011초판,
   650쪽
영상탐측학개관, 유연 공저(동명사 간), 2012초판, 558쪽
기본측량학개관, 유연 공저(동명사 간), 2013초판, 684쪽
지공탐측학개관, 유연 공저(박영사 간), 2013초판, 931쪽
측량실무개관, 유연 공저(박영사 간), 2014초판, 336쪽
지형공간개선, 유연 공저(문운당 간), 2015초판, 531쪽
외 5월 출간

유 연(柳 然 : Yeu, Yeon)

주요약력
서울대학교 공과대학 토목공학과 학사 졸
2011년 6월 12일 미국 OSU(The Ohio State University)에서
   Geodetic Science 전공으로 공학석사 및 공학박사 학위수여
현 재단법인 석곡관측과학기술연구원 선임연구위원
한양대학교 건설환경공학과 출강

주요저서
지형공간정보학개관, 유복모 공저(동명사 간), 2011초판, 650쪽
영상탐측학개관, 유복모 공저(동명사 간), 2012초판, 558쪽
기본측량학개관, 유복모 공저(동명사 간), 2013초판, 684쪽
지공탐측학개관, 유복모 공저(박영사 간), 2013초판, 931쪽
측량실무개관, 유복모 공저(박영사 간), 2014초판, 336쪽
지형공간개선, 유복모 공저(문운당 간), 2015초판, 531쪽
측량 및 지형공간정보공학(씨 아이알 간), 2016초판, 896쪽
사회환경안전관리(씨 아이알 간), 2016초판, 410쪽
외 2권 출간

제2개정 증보판
측량학개관

초판발행	2012년 4월 10일
제2판발행	2013년 9월 10일
제2개정 증보판 발행	2016년 8월 30일
중판발행	2023년 1월 30일

지은이   유복모 · 유 연
펴낸이   안종만 · 안상준

편 집   김효선
기획/마케팅   조성호
표지디자인   권효진
제 작   고철민 · 조영환

펴낸곳   (주) 박영사
           서울특별시 금천구 가산디지털2로 53,
           210호(가산동, 한라시그마밸리)
           등록 1959. 3. 11. 제300-1959-1호(倫)
전 화   02)733-6771
f a x   02)736-4818
e-mail   pys@pybook.co.kr
homepage www.pybook.co.kr
ISBN   979-11-303-0312-3 93530

정 가   45,000원